数学名著译丛

代数几何

〔美〕R.哈茨霍恩 著

冯克勤 刘木兰 胥鸣伟 译

胥鸣伟 校

科学出版社

北京

内 容 简 介

本书使用概型和上同调等现代数学的方法讲述代数几何学. 第一章给出代数簇的基本概念和例子, 第二、三章讨论概型和上同调方法. 最后两章研究代数曲线和代数曲面. 本书结构合理, 论述严谨, 每节后有大量的习题.

本书可供高等院校数学系高年级学生、研究生和教师阅读.

图书在版编目(CIP)数据

代数几何/(美)哈茨霍恩(Hartshorne, R.)著;冯克勤,刘木兰,胥鸣伟译. -北京:科学出版社,2001.7

(数学名著译丛)

ISBN 978-7-03-002970-6

Ⅰ. 代… Ⅱ. ①哈… ②冯… ③刘… ④胥… Ⅲ. 代数几何 Ⅳ. 0187

中国版本图书馆 CIP 数据核字(2001)第 00022893 号

责任编辑:林 鹏 刘嘉善/责任校对:陈玉凤

责任印制:赵 博

科学出版社 出版

北京东黄城根北街 16 号

邮政编码: 100717

http://www.sciencep.com

保定市中画美凯印刷有限公司印刷

科学出版社发行 各地新华书店经销

*

2001 年11月第 一 版 开本:850×1168 1/32

2025 年 1 月第九次印刷 印张:18 5/8

字数:493 000

定价: 79.00 元

(如有印装质量问题,我社负责调换)

前　　言

本书使用概型和上同调方法讲述抽象代数几何学，主要研究对象是代数闭域上仿射空间或射影空间中的代数簇．在第一章中给出一些基本概念和例子，然后在第二章和第三章中讨论概型和上同调方法．我们不打算过分地追求一般化，而是着重于方法的应用．本书最后两章(第四章与第五章)运用这些方法研究代数曲线和曲面的经典理论中的课题．

对于代数几何的这种讲法，所需要的预备知识是交换代数的结果与某些初等拓扑学的知识．关于交换代数我们只叙述那些需要用到的结果，而不需要复分析或微分几何的知识．全书共有400多个习题，它们不仅提供了许多特殊的例子，而且也介绍了正文中未涉及的一些更专门的课题．书后三个附录简要地介绍了当前的一些研究领域．

本书可作为代数几何基础课程的教材在研究生的抽象代数基础课之后讲授．我最近在伯克利用五个学期教过这些内容，基本上每学期讲一章．第一章也可作为一个短课单独地讲授．另一种值得考虑的教学方法是：讲完第一章之后立即讲第四章，只需要知道第二章和第三章的少数定义，并且承认关于曲线的 Riemann-Roch 定理即可．这使我们可很快学到有趣的材料，而且回过头来再认真学习第二章和第三章的时候，有了更多的直观背景．

读过本书所涉及的材料之后，就可以进一步去读更高深的著作，如 Grothendieck[EGA]，[SGA]，Hartshorne[5]，Mumford[2，5]或 Shafarevich[1]．

在写这本书的过程中，我试图介绍对于代数几何基础课程来说是最本质的那些材料．我希望能使外行人容易理解数学的这一领域，它的结果至今还分散在各处，只是用未发表的“民间传说”将这些材料连接起来．我重新组织了这些材料并改写了证明，于是这本书大体成了我从我的老师、同事和学生那里学来的知识的综合体．他们对我的帮助太多以至我无法一一列举．我要特别感谢 Oscar Zariski，J. -P. Serre，David Mumford 和 Arthur Ogus 的支持和鼓励．

本书中的"经典"材料需要历史学家来追寻它们的起源．除此之外的材料，我要特别感谢 A. Grothendieck．他的巨著 [EGA] 是概型和上同调理论的权威性参考文献．在整个第二章和第三章中，对于他的结果均没有作特别声明．至于其他的结果，只要我知道，都设法注明所讲材料的来源．

在写本书的过程中，我曾将初稿寄给许多人，并从他们那里得到了有价值的评论意见．在这里我向他们表示谢意，特别要感谢 J. -P. Serre，H. Matsumura 和 Joe Lipman，他们仔细阅读书稿并提出了详细的建议．

我在哈佛和伯克利教过这些材料，我感谢参加听课并提出富有启发性问题的那些研究生．

我还要感谢 Richard Bassein，他将他那数学家和艺术家的才能融为一体，为本书绘制了插图．

几句话是不能表达出我对妻子 Edie Churchill Hartshorne 的谢意．当我埋头写书的时候，她为我和我们的儿子 Jonathan 和 Benjamin 创造了温暖的家庭，她那永恒的支持和友谊使我的生活更富有人情味．

我感谢日本京都大学数学研究院、美国国家科学基金会和加州大学伯克利分校，在我准备本书期间，他们提供了经济资助．

R. 哈茨霍恩

1977 年 8 月 29 日

加里福尼亚州，伯克利

目　　录

引　论

任何人若想写一本关于代数几何的引论性著作，都会面临一个艰难的任务：它既要提供几何的洞察力和例子，同时又要阐明这一学科的现代专用术语．这是因为在代数几何中，构成起点的直观思想和当前研究中采用的专门方法之间有一条鸿沟．

第一个问题是语言问题．代数几何过去的发展是波浪式的，每次发展都有它自己的语言和观点．从 19 世纪末期的文献，我们可以看到 Riemann 的函数论方法、Brill 和 Noether 偏重于几何的方法、Kronecker, Dedekind, Weber 的纯代数方法和以 Castelnuovo, Enriques 和 Severi 为代表的意大利学派在代数曲面分类方面积累的大量材料．到了 20 世纪，以周炜良、Weil 和 Zariski 为代表的“美国学派”对意大利人的直观思想给予了坚实的代数基础．最近，Serre 和 Grothendieck 创立了法国学派，他们用概型和上同调语言重新叙述了代数几何基础，从而在以新的技术解决古老问题方面有着令人印象深刻的记录．这些学派中的每一个都引进了新的概念和方法．在写一本引论性书籍的时候，究竟是使用接近于几何直观的古老语言好，还是从一开始就采用当前研究中使用的术语好？

第二个问题是概念性问题．现代数学具有忽视历史的倾向，每个新学派都以自己的语言重写其数学分支的基础部分，这在逻辑上是一种改良，但是教起来则更为困难．如果一个人不知道代数数域的整数环、代数曲线和紧黎曼面均是“一维正则概型”的例子，那么既使知道概型的定义又有什么用呢？一本引论性书籍的作者怎样才能够既指明数论、交换代数和复分析对代数几何的推动作用，又向读者介绍主要研究对象——仿射空间或射影空间中的代数簇，同时还采用概型和上同调这些现代语言？选择什么课题才既能表达出代数几何的意义又能作为进一步学习和研究的坚实基础呢?

我自己比较偏向于古典几何方面.我相信,代数几何的最重要问题都是从仿射空间或射影空间古老形式的代数簇产生出来的,它们提供了几何上的直觉性，由此推动了整体进一步的发展.在本书中我开始先用一章谈代数簇,给出许多例子,并抛开技术性的细节,以最简单的形式叙述一些基本思想.在这以后我才在第二章和第三章中系统地采用概型、凝聚层和上同调语言，这两章构成本书的技术核心.在这里我试图放进所有最重要的结果，但并不竭力追求其最一般化的叙述.例如,我们只对 Noether 概型的拟凝聚层讲述上同调理论，因为这较为简单，并且对多数应用来说这已经够了.又如，"正象层的凝聚性"定理只对射影态射加以证明，而不是对任意本征态射加以证明的.基于同样的理由，我没有讲述可表示函子、代数空间、平展上同调、sites 和 topoi 这些更为抽象的概念.

第四章和第五章讲述古典材料,即非异射影曲线和曲面,但是采用概型和上同调技巧，我希望这些应用会使人感到为了吸收前两章的全部专业内容而作出的努力是值得的.

我采用交换代数作为代数几何的基本语言和逻辑基础，它的益处是精确.此外，在数论中的应用总要迫使我们在任意特征的基域上处理问题,这使我们对复数基域 $\mathbf{C}$ 上的古典理论赋予新的观点.几年前,当 Zariski 开始准备写一卷代数几何的时候,他必须一边写一边发展他所需要的代数知识,这项任务不断增长,以至于他写出了专门讲交换代数的一本书.所幸的是，现在我们已有不少关于交换代数的优秀著作：Atiyah-Macdonald[1]，Bourbaki[1]，Matsumura[2]，Nagata[7] 和 Zariski-Samuel[1].我所采取的办法是引述所需要的纯代数结果，关于这些结果的证明则指出参考文献,本书末尾列出所用到的全部代数结果的一览表.

我原来打算写一系列附录，对当前许多研究领域作简短的综述,从而在本书正文和研究文献之间起到桥梁性作用.可是由于时间和篇幅所限，只保留下三个附录，对于没能包含其他附录我只能表示歉意，并建议读者参看 Arcata 文集（Hartshorne 编[1]），它收集了许多专家为外行人所写的关于各自领域的一系列文章．此外，关于代数几何的历史发展我向大家推荐 Dieudonné[1]．由于这里没有篇幅来探讨代数几何与我比较喜爱的那些相邻领域之间的联系，我建议参看 Cassels[1] 的综述文章（与数论的联系）和 Shafarevich [2，第 III 部分]（与复流形和拓扑的联系）．

我非常赞成积极的教学方式，所以本书包含了大量的习题．其中一些习题是正文中没能讲述的重要结果，而另一些习题则是用来说明一般现象的专门性的例子．我认为，研究一些特例与发展一般理论是不可分割的．用功的学生应当尽可能多地作这些习题，但也不应希望立刻就能解决这些习题．许多习题需要真正创造性的努力去理解它们，比较困难的习题均加上一个星号，而两个星号则表示这是一个未解决的问题．

第一章第 8 节对于代数几何与本书内容作了进一步的介绍．

术语

本书采用的术语绝大多数与常用术语一致，但也有少数例外，值得在这里注明．一个代数簇始终指的是不可约的，并且总是在代数闭域上的代数簇．在第一章中所有代数簇都是拟射影代数簇，而在第二章第 4 节中我们扩大了定义以包含抽象代数簇，这就是代数封闭域上的整的可分有限型概型．曲线、曲面、立体这些词分别用来表示 1，2，3 维代数簇．但是在第四章，曲线一词只表示非异射影曲线，而在第五章中曲线则是非异射影曲面上的一个有效除子．在第五章中曲面始终指的是非异射影曲面．

这里的概型在［EGA］第一版中叫做准概型（prescheme），但是在［EGA］新版（第一章）中改称概型．

本书中射影态射和极强可逆层的定义与［EGA］中的相应定义是不等价的，见第二章第 4 节和第 5 节．我们的定义在技术上较为简单，但缺点是对基概型不是局部的．

非异一词只用于代数簇，而对于更一般的概型则用正则和光滑这些词。

代数结果

我假定读者熟悉关于环、理想、模、Noether 环和整性相关方面的基本结果，并且假定读者愿意接受或者查阅交换代数或同调代数的其他结果，这些结果只要是需要的均加以叙述并给出参考文献。这些结果标以记号 A（例如：定理 3.9A）用来区别于正文中给出证明的那些结果。

下面是一些基本的约定：环均指的是含 1 的交换环，环的同态均将 1 映成1。在整环或域中，$1\neq 0$。素理想（或极大理想）指的是环 A 中理想 $\mathfrak{p}$，使得商环 $A/\mathfrak{p}$ 为整环（或域）。因此，环自身不看作是它的素理想或极大理想。

环 A 中的乘法集合是指 A 的一个对乘法封闭的子集并且包含 1。局部化 $S^{-1}A$ 定义为由分式 $a/s(a\in A,\ s\in S)$ 的等价类而形成的环，其中 a/s 和 a'/s' 等价是指存在 $s''\in S$ 使得 $s''(s'a-sa')=0$（例如可参见 Atiyah-Macdonald [1，第三章]）。下面是经常使用的两种特别情形。如果 $\mathfrak{p}$ 是环 A 的素理想，则 $S=A-\mathfrak{p}$ 为乘法集合，而相应的局部化表示成 $A_{\mathfrak{p}}$。如果 $f\in A$，则 $S=\{f^n\mid n\geqslant 1\}\cup\{1\}$ 是乘法集合，而相应的局部化表示成 A_f。（例如若 f 为幂零元素，则 A_f 是零环。）

引用记号

引用文献先写明文献作者，再用方括号中的数字指出是该作者的哪个著作，例如 Serre[3, p.75]。引用同一章中的定理，命题和引理则用圆括号中的数字，例如(3.5)。引用习题表成（习题 3.5）。引用其他章的结果，前面冠以第几章，例如（第二章，3.5）或者（第二章，习题 3.5）。

第一章 代 数 簇

本章的目的是使用尽可能少的工具对代数几何作一介绍．我们将在一个固定的代数闭域 k 上进行叙述．我们定义主要研究对象——仿射空间或射影空间中的代数簇，介绍一些最重要的概念，如维数、正则函数、有理映射、非异代数簇和射影代数簇的次数．最重要的是：我们在每节末尾以习题形式给出许多专门的例子．选择这些例子是为了说明正文未能提到的许多有趣和重要的现象．如果你仔细地研究了这些例子，你就不仅能很好地理解代数几何的基本概念，而且还为领会现代代数几何某些更抽象的发展建立了基础和背景，同时也具有了检验你直觉能力的一个来源．在本书的其余部分，我们将不断地参考这些例子．

本章最后一节对本书作进一步的介绍，其中讨论了“分类问题”，这个问题大大推动了代数几何的发展．这一节还讨论了代数几何的基础应该扩充到的广度，正是这个提供了概型理论发展的动力．

1. 仿射代数簇

设 k 为固定的代数闭域，我们定义 k 上 n 维仿射空间 $\mathbf{A}_k^n$（或简记为 $\mathbf{A}^n$）为元素属于 k 的全部 n 元组构成的集合．元素 $P\in\mathbf{A}^n$ 叫做点，如果 $P=(a_1,\cdots,a_n)$，$a_i\in k$，则 a_i 叫作 P 的坐标．

设 $A=k[x_1,\cdots,x_n]$ 是 k 上 n 个变量的多项式环．我们把 A 中元素看成是 n 维仿射空间到 k 的函数，定义为 $f(P)=f(a_1,\cdots,a_n)$，其中 $f\in A$，$P\in\mathbf{A}^n$．因此若 $f\in A$ 是多项式，我们可以讨论 f 的零点集合，即 $Z(f)=\{P\in\mathbf{A}^n\mid f(P)=0\}$．更一般地，如果 T 是 A 的任一子集合，我们定义 T 的零点集合为 T 中所有元

素的公共零点的全体，即

$$Z(T)=\{P\in \mathbf{A}^n \mid f(P)=0, \text{对所有 } f\in T\}.$$

如果 $\mathfrak{a}$ 是 A 中由 T 生成的理想，显然 $Z(T)=Z(\mathfrak{a})$. 进而，由于 A 是 Noether 环，每个理想 $\mathfrak{a}$ 均有有限的生成元集合 $f_1,\cdots,f_r$. 从而 $Z(T)$ 可表示成有限个多项式 $f_1,\cdots,f_r$ 的公共零点集合.

定义 $\mathbf{A}^n$ 的子集合 Y 称作代数集合，是指存在子集合 $T\subseteq A$，使得 $Y=Z(T)$.

命题 1.1 两个代数集合的并集是代数集合. 任意多个代数集合的交集是代数集合. 空集和整个空间 $\mathbf{A}^n$ 都是代数集合.

证明 如果 $Y_1=Z(T_1), Y_2=Z(T_2)$，则 $Y_1\cup Y_2=Z(T_1T_2)$，其中 T_1T_2 表示 T_1 中元与 T_2 中元所有乘积的集合. 事实上，如果 $P\in Y_1\cup Y_2$，则或者 $P\in Y_1$ 或者 $P\in Y_2$，则 p 是 T_1T_2 中每个多项式的零点；反之，如果 $P\in Z(T_1T_2)$ 而 $P\notin Y_1$，则存在 $f\in T_1$ 使得 $f(P)\neq 0$. 现在对每个 $g\in T_2$，$(fg)(P)=0$，从而 $g(P)=0$. 于是 $P\in Y_2$.

如果 $Y_\alpha=Z(T_\alpha)$是任意一族代数集合，则 $\cap Y_\alpha=Z\left(\bigcup_\alpha T_\alpha\right)$，从而 $\cap Y_\alpha$ 是代数集合. 最后，$\phi=Z(1)$，而整个空间 $\mathbf{A}^n=Z(0)$.

定义 取所有代数集合的补集为 $\mathbf{A}^n$ 的开集. 这是 $\mathbf{A}^n$ 的一个拓扑，因为根据上述命题，两个开集的交是开集，任意多个开集的并是开集，最后，空集和整个空间均是开集. 我们称 $\mathbf{A}^n$ 的这个拓扑为 Zariski 拓扑.

例 1.1.1 考虑仿射直线 $\mathbf{A}^1$ 上的 Zariski 拓扑. 由于 $A=k[x]$ 中每个理想均是主理想，从而每个代数集合均是单个多项式的零点集合. 因为 k 为代数闭域，每个非零多项式均可写为 $f(x)=c(x-a_1)\cdots(x-a_n)$，其中 $c,a_1,\cdots,a_n\in k$. 于是 $Z(f)=\{a_1,\cdots,a_n\}$. 因此，$\mathbf{A}^1$ 中代数集合不过是全部有限子集合（包括空集）以及整个空间（对应于 $f=0$）. 而开集即是全体有限子集合的补集以及空集合，特别值得注意的是，这个拓扑不是 Hausdorff 拓扑.

定义 拓扑空间 X 的非空子集 Y 叫做不可约的，是指它不能表示成 $Y = Y_1 \cup Y_2$，其中 Y_1 和 Y_2 均是 Y 的真子集并且在 Y 中闭。空集不看作是不可约的.

例 1.1.2 $\mathbf{A}^1$ 是不可约的，因为由 k 的代数封闭性知 $\mathbf{A}^1 = k$ 是无限集，而它的每个真闭子集都是有限集合.

例 1.1.3 不可约空间的每个非空开集都是不可约的稠子集.

例 1.1.4 如果 Y 是 X 的不可约子集，则它在 X 中的闭包 $\overline{Y}$ 也不可约.

定义 $\mathbf{A}^n$ 中每个不可约闭子集（加上其诱导拓扑）叫做仿射代数簇（或简称仿射簇）. 仿射簇的开子集叫做拟仿射簇.

这些仿射簇和拟仿射簇是我们第一批研究对象. 但是在我们作进一步研究之前，甚至在我们给出有意义的例子之前，我们需要展示 $\mathbf{A}^n$ 的子集与 A 中理想之间更深刻的联系. 对每个子集 $Y \subseteq \mathbf{A}^n$，定义 Y 在 A 中的理想为

$$I(Y) = \{f \in A \mid f(P) = 0, \text{ 对所有 } P \in Y\},$$

于是我们有函数 Z 将 A 的子集映成代数集合， 又有函数 I 将 $\mathbf{A}^n$ 的子集映成理想. 下面的命题综合了这两个函数的性质.

命题 1.2 (a) 如果 $T_1 \subseteq T_2$ 是 A 的两个子集，则 $Z(T_1) \supseteq Z(T_2)$.

(b) 如果 $Y_1 \subseteq Y_2$ 是 $\mathbf{A}^n$ 的两个子集，则 $I(Y_1) \supseteq I(Y_2)$.

(c) 对于 $\mathbf{A}^n$ 的任意两个子集 Y_1 和 Y_2，均有 $I(Y_1 \cup Y_2) = I(Y_1) \cap I(Y_2)$.

(d) 对于每个理想 $\mathfrak{a} \subseteq A$，$I(Z(\mathfrak{a})) = \sqrt{\mathfrak{a}}$（$\mathfrak{a}$ 的根）.

(e) 对于每个子集 $Y \subseteq \mathbf{A}^n$，$Z(I(Y)) = \overline{Y}$（Y 的闭包）.

证明 (a)，(b) 和 (c) 是显然的. (d) 是下面叙述的 Hilbert零点定理的直接推论，因为 $\mathfrak{a}$ 的根定义为

$$\sqrt{\mathfrak{a}} = \{f \in A \mid \text{ 存在某个 } r \geqslant 1, \text{使得} f^r \in \mathfrak{a}\}.$$

为了证明 (c),我们注意 $Y\subseteq Z(I(Y))$,而右边为闭集,从而 $\bar{Y}\subseteq Z(I(Y))$. 另一方面,设W为任一包含Y的闭集,则 $W=Z(\mathfrak{a})$ (对某个理想 $\mathfrak{a}$). 于是 $Z(\mathfrak{a})\supseteq Y$,而由 (b) 则有 $IZ(\mathfrak{a})\subseteq I(Y)$. 但是显然 $\mathfrak{a}\subseteq IZ(\mathfrak{a})$,从而由 (a) 又知 $W=Z(\mathfrak{a})\supseteq ZI(Y)$. 因此 $ZI(Y)=\bar{Y}$.

定理 1.3A (Hilbert 零点定理) 设k是代数闭域,$\mathfrak{a}$ 为 $A=k[x_1,\cdots,x_n]$ 中的理想,$f\in A$ 为多项式,$Z(\mathfrak{a})$ 的所有点均是 f 的零点,则存在某个整数 $r>0$,使得 $f^r\in\mathfrak{a}$.

证明 Lang[2,p.256],或者 Atiyah-Macdonald [1, p.85],或者 Zariski-Samuel[1,第 2 卷,p.164].

系 1.4 在 $\mathbf{A}^n$ 的代数集合和A的根式理想(即满足 $\mathfrak{a}=\sqrt{\mathfrak{a}}$ 的理想 $\mathfrak{a}$) 之间存在如下的一一对应:$Y\longmapsto I(Y)$, $\mathfrak{a}\longmapsto Z(\mathfrak{a})$. 此外,代数集合是不可约的,当且仅当它的理想是素理想.

证明 只需证明最后部分.如果Y不可约,我们证明 $I(Y)$ 是素理想. 事实上,如果 $fg\in I(Y)$,则 $Y\subseteq Z(fg)=Z(f)\cup Z(g)$. 于是 $Y=(Y\cap Z(f))\cup(Y\cap Z(g))$,右边两项均是$Y$的闭子集. 因为$Y$是不可约的,从而 $Y=Y\cap Z(f)$,即 $Y\subseteq Z(f)$,或者 $Y\subseteq Z(g)$. 即 $f\in I(Y)$,或者 $g\in I(Y)$.

反之,设 $\mathfrak{p}$ 是素理想,如果 $Z(\mathfrak{p})=Y_1\cup Y_2$,则 $\mathfrak{p}=I(Y_1)\cap I(Y_2)$,从而 $\mathfrak{p}=I(Y_1)$ 或者 $\mathfrak{p}=I(Y_2)$. 因此 $Z(\mathfrak{p})=Y_1$ 或者 Y_2,即 $Z(\mathfrak{p})$ 是不可约的.

例 1.4.1 $\mathbf{A}^n$ 是不可约的,因为它对应于A中的零理想,而零理想是素理想.

例 1.4.2 设f是 $A=k[x,y]$ 中不可约多项式. 由于A是唯一因子分解整环,从而f生成A中的素理想,于是零点集合 $Y=Z(f)$ 是不可约的. 我们将Y叫做由方程 $f(x,y)=0$ 定义的仿射曲线. 如果f是d次多项式,则称Y为d次曲线.

例 1.4.3 更一般地,设f为 $A=k[x_1,\cdots,x_n]$ 中不可约多项式,则得到仿射簇 $Y=Z(f)$,当 $n=3$ 时叫做曲面,而 $n>3$ 时叫做超曲面.

例 1.4.4 $A = k[x_1, \cdots, x_n]$ 的极大理想 m 对应于 $\mathbf{A}^n$ 中极小不可约闭子集，而后者必然是一点 $P = (a_1, \cdots, a_n)$。这表明 A 中每个极大理想均有形式 $\mathfrak{m} = (x_1 - a_1, \cdots, x_n - a_n)$，其中 $a_1, \cdots, a_n \in k$。

例 1.4.5 如果 k 不是代数封闭的，这些结果不再成立。例如取 $k = \mathbf{R}$，曲线 $x^2 + y^2 + 1 = 0$ 在 $\mathbf{A}^2_{\mathbf{R}}$ 中没有点。从而(1.2d)不再成立。还参见习题 1.12。

定义 如果 $Y \subseteq \mathbf{A}^n$ 是仿射代数集合，我们把 $A/I(Y)$ 叫做 Y 的仿射坐标环，表示成 $A(Y)$。

注 1.4.6 如果 Y 是仿射簇，则 $A(Y)$ 为整环。此外，$A(Y)$ 是有限生成 k 代数。反之，每个有限生成 k 代数 B 如果也是整环，则它必是某个仿射簇的仿射坐标环。事实上，$B = A/\mathfrak{a}$，其中 $A = k[x_1, \cdots, x_n]$ 是多项式环，而 $\mathfrak{a}$ 为 A 的某个理想，取 $Y = Z(\mathfrak{a})$ 即可。

接下来我们研究代数簇的拓扑。为此需要引进一类重要的拓扑空间，它们包含所有代数簇。

定义 拓扑空间 X 称作是 Noether 的，是指它满足闭集降链条件：对每个闭集序列 $Y_1 \supseteq Y_2 \supseteq \cdots$，存在整数 r，使得 $Y_r = Y_{r+1} = \cdots$。

例 1.4.7 $\mathbf{A}^n$ 是 Noether 拓扑空间。因为若 $Y_1 \supseteq Y_2 \supseteq \cdots$ 是闭集降链，则 $I(Y_1) \subseteq I(Y_2) \subseteq \cdots$ 是 $A = k[x_1, \cdots, x_n]$ 的理想升链。由于 A 是 Noether 环，这个理想链是稳定的。但是对每个 i，$Y_i = Z(I(Y_i))$，于是链 $\{Y_i\}$ 也是稳定的。

命题 1.5 在 Noether 拓扑空间 X 中，每个非空闭集 Y 均可表示成有限个不可约闭集的并：$Y = Y_1 \cup \cdots \cup Y_r$，如果再要求 $Y_i \not\supseteq Y_j$（只要 $i \neq j$），则这些 $\{Y_i\}$ 是唯一决定的。它们叫做 Y 的不可约分支。

证明 先证 Y 的这种表达式的存在性。令 $\mathfrak{S}$ 为 X 中不能写成有限个不可约闭子集并的非空闭子集的集合。如果 $\mathfrak{S}$ 非空，由于 X 是 Noether 的，从而 $\mathfrak{S}$ 必包含极小元 Y。于是由 $\mathfrak{S}$ 的定义知Y是可约的. 从而可以写成 $Y=Y'\cup Y''$,其中 Y' 和 Y'' 均是闭集，并且都是Y的真子集. 由Y的极小性可知 Y' 和 Y'' 均可表示成有限个不可约闭集的并，因而Y也是如此，这就导致矛盾. 从而每个闭集Y均可表示成有限个不可约闭子集的并. 必要时去掉某些 Y_i,我们总可假定当 $i\neq j$ 时，$Y_i\not\supseteq Y_j$.

现在假定 $Y=Y'_1\cup\cdots\cup Y'_s$ 是另一个这样的表达式.则 $Y'_1\subseteq Y=Y_1\cup\cdots\cup Y_r$,从而 $Y'_1=\cup(Y'_1\cap Y_i)$. 但是 Y'_1 不可约，从而存在某个 i，使得 $Y'_1\subseteq Y_i$. 不妨设 $i=1$. 类似地有某个 j 使得 $Y_1\subseteq Y'_j$. 于是 $Y'_1\subseteq Y'_j$,从而 $j=1$. 这就表明 $Y_1=Y'_1$. 现在令 $Z=(Y-Y_1)^-$. 则 $Z=Y_2\cup\cdots\cup Y_r=Y'_2\cup\cdots\cup Y'_s$. 然后对 r 归纳即可证 $\{Y_i\}$ 的唯一性.

系 1.6 $\mathbf{A}^n$ 中每个代数集合均可唯一地表示成有限个仿射簇的并，使得这些仿射簇彼此不相包含.

定义 设X为拓扑空间，我们把X中存在长为 n 的不相同的不可约闭集链 $Z_0\subset Z_1\subset\cdots\subset Z_n$ 的整数 n 的上确界称作是 X 的维数，表示成 $\dim X$. 一个仿射簇或者拟仿射簇的维数定义成把它看成拓扑空间时的维数.

例 1.6.1 $\mathbf{A}^1$ 的维数是 1,因为只有整个空间和一点是 $\mathbf{A}^1$ 的不可约闭集.

定义 在环A中素理想 $\mathfrak{p}$ 的高定义为 A 中存在不同素理想的链 $\mathfrak{p}_0\subset\mathfrak{p}_1\subset\cdots\subset\mathfrak{p}_n=\mathfrak{p}$ 的整数 n 的上确界. 而A的维数(或叫做 Krull 维数)定义为A中所有素理想的高的上确界.

命题 1.7 设Y为仿射代数集合，则 Y 的维数等于它的仿射坐标环 $A(Y)$ 的维数.

证明 如果Y是 $\mathbf{A}^n$ 中仿射代数集合，则Y的不可约闭子集对应于 $A=k[x_1,\cdots,x_n]$ 中包含 $I(Y)$ 的素理想. 而后者又对应于 $A(Y)$ 中素理想. 于是 $\dim Y$ 等于 $A(Y)$ 中素理想链的最大长度,即是 $A(Y)$ 的维数.

这一命题可使我们将 Noether 环维数理论中的结果用到代数几何上来.

定理 1.8A 设 k 为域，B 为整环同时是有限生成 k 代数，则

(a) B 的维数等于 B 的商域 $K(B)$ 对于 k 的超越度。

(b) 对于 B 中每个素理想 $\mathfrak{p}$,

$$\text{height } \mathfrak{p} + \dim B/\mathfrak{p} = \dim B.$$

证明 Matsumura [2, 第 5 章, §14]，当 k 为代数封闭域时可见 Atiyah-Macdonald[1,第二章].

命题 1.9 $\mathbf{A}^n$ 的维数等于 n.

证明 根据(1.7)，命题 1.9 相当于说多项式环 $k[x_1, \cdots, x_n]$ 的维数是 n，这由上述定理的 (a) 部分推出.

命题 1.10 如果 Y 是拟仿射簇，则 $\dim Y = \dim \bar{Y}$.

证明 设 $Z_0 \subset Z_1 \subset \cdots \subset Z_n$ 是 Y 的不可约闭子集序列，则由(1.1.4)可知 $\bar{Z}_0 \subset \bar{Z}_1 \subset \cdots \subset \bar{Z}_n$ 是 $\bar{Y}$ 的不可约闭子集序列，从而 $\dim Y \subseteq \dim \bar{Y}$. 特别地，$\dim Y$ 有限. 从而可取一个最长链 $Z_0 \subset \cdots \subset Z_n$, $n = \dim Y$. 这时 Z_0 必然是一点，而由(1.1.3)可知链 $P = \bar{Z}_0 \subset \cdots \subset \bar{Z}_n$ 也是最长的，现在 P 对应于 $\bar{Y}$ 的仿射坐标环 $A(\bar{Y})$ 的极大理想 $\mathfrak{m}$，$\bar{Z}_i$ 对应于包含在 $\mathfrak{m}$ 中的素理想，从而 height $\mathfrak{m} = n$. 另一方面，由于 P 是仿射空间中的一点，由(1.4.4)知 $A(\bar{Y})/\mathfrak{m} \cong k$. 再由 (1.8Ab) 即知 $n = \dim A(\bar{Y}) = \dim \bar{Y}$. 于是 $\dim Y = \dim \bar{Y}$.

定理 1.11A (Krull 主理想定理) 设 A 为 Noether 环，$f \in A$，f 不是零因子也不是单位，则包含 f 的每个极小素理想的高均为 1.

证明 Atiyah-Macdonald[1,p.122].

命题 1.12A 一个 Noether 整环 A 是唯一因子分解整环 $\Leftrightarrow A$ 的每个高为 1 的素理想均是主理想.

证明 Matsumura[2,p.141]或者 Bourbaki[1,第 7 章 § 3].

命题 1.13 $\mathbf{A}^n$ 中仿射簇 Y 的维数是 $n-1$，当且仅当 Y 是零点集 $Z(f)$，其中 f 是 $A = k[x_1, \cdots, x_n]$ 中某个不为常数的不可约多项式.

证明 如果 f 是不可约多项式，我们已经知道 $Z(f)$ 为代数

簇．它的理想是素理想 $\mathfrak{p}=(f)$．由(1.11A)知 $\mathfrak{p}$ 的高为1，再由(1.8A)即知 $Z(f)$ 的维数是 $n-1$．反之，$n-1$ 维的代数簇对应于高为1的一个素理想 $\mathfrak{p}$．但是多项式环 A 为唯一因子分解整环，从而由（1.12A）可知 $\mathfrak{p}$ 是主理想，于是 $\mathfrak{p}$ 必然由一个不可约多项式 f 生成，从而 $Y=Z(f)$．

注 1.13.1 多项式环中高为2的素理想不一定能由两个元素生成（习题 1.11）．

习　题

1.1 (a) 设 Y 是平面曲线 $y=x^2$（即 Y 是多项式 $f=y-x^2$ 的零点集合）．求证 $A(Y)$ 同构于 k 上一个变量的多项式环．

(b) 设 Z 是平面曲线 $xy=1$．求证 $A(Z)$ 不同构于 k 上一个变量的多项式环．

*(c) 设 f 是 $k[x,y]$ 中不可约二次多项式，W 是由 f 定义的圆锥曲线．求证 $A(W)$ 同构于 $A(Y)$ 或者 $A(Z)$．试问何时为 $A(Y)$ 何时为 $A(Z)$?

1.2 三次扭曲线　设 $Y\subseteq\mathbf{A}^3$ 是集合 $Y=\{(t,t^2,t^3)\mid t\in k\}$．求证 Y 是一维仿射簇．求理想 $I(Y)$ 的生成元集合．证明 $A(Y)$ 同构于 k 上一个变量的多项式环．Y 是由参数表达式 $x=t,y=t^2,z=t^3$ 给出的．

1.3 设 Y 是 $\mathbf{A}^3$ 中由多项式 x^2-yz 和 $xz-x$ 定义的代数集合．求证 Y 是三个不可约分支的并．写出这三个不可约分支并求出它们的素理想．

1.4 如果将 $\mathbf{A}^2$ 自然等同于 $\mathbf{A}^1\times\mathbf{A}^1$，求证 $\mathbf{A}^2$ 上的 Zariski 拓扑不等于两个 $\mathbf{A}^1$ 上 Zariski 拓扑的积拓扑．

1.5 求证：k 代数 B 同构于 $\mathbf{A}^n$（对某个 n）中某代数集合的仿射坐标环，当且仅当 B 是有限生成的 k 代数并且没有幂零元素．

1.6 不可约拓扑空间的每个非空开集均是不可约的稠子集．如果 Y 是拓扑空间 X 的子集，并且 Y 对于其诱导拓扑是不可约的，则其闭包 $\bar{Y}$ 也不可约．

1.7 (a) 求证关于拓扑空间 X 的下列诸条件彼此等价．(i) X 是 Noether 拓扑空间；(ii) 每个非空的闭集族均有极小元；(iii) X 满足开集升链条件；(iv) 每个非空的开集族均有极大元．

(b) Noether 拓扑空间是拟紧的，即每个开覆盖均具有有限子覆盖.

(c) Noether 拓扑空间的每个子集对于诱导拓扑仍是 Noether 拓扑空间.

(d) Noether，Hausdorff 拓扑空间必然是具有离散拓扑的有限集合.

1.8 设 Y 是 $\mathbf{A}^n$ 中 r 维仿射簇. H 为 $\mathbf{A}^n$ 中超曲面，并且 $Y \not\subseteq H$. 则 $Y \cap H$ 的每个不可约分支都是 $r-1$ 维的(它的推广见(7.1)).

1.9 设 $\mathfrak{a}$ 是 $A = k[x_1, \ldots, x_n]$ 中由 r 个元素生成的理想，则 $Z(\mathfrak{a})$ 的每个不可约分支的维数均 $\geqslant n-r$.

1.10 (a) 如果 Y 是拓扑空间 X 的子集合，则 $\dim Y \leqslant \dim X$.

(b) 如果 $\{U_i\}$ 是拓扑空间 X 的开覆盖，则 $\dim X = \sup \dim U_i$.

(c) 给出拓扑空间 X 和它的稠开集 U 的例子，使得 $\dim U < \dim X$.

(d) 如果 Y 是有限维不可约拓扑空间 X 的闭子集，并且 $\dim Y = \dim X$，则 $Y = X$.

(e) 给出无限维 Noether 拓扑空间的例子.

*1.11 设 Y 是 $\mathbf{A}^3$ 中由参数方程 $x = t^3, y = t^4, z = t^5$ 给出的曲线，求证 $I(Y)$ 是 $k[x,y,z]$ 中高为 2 的素理想，并且不能由两个元素生成. Y 不是局部完全交(参见习题 2.17).

1.12 给出不可约多项式 $f \in \mathbf{R}[x,y]$ 的例子，使得它在 $\mathbf{A}^2_{\mathbf{R}}$ 中的零点集合 $Z(f)$ 不是不可约的(参见 1.4.2).

2. 射影代数簇

定义射影代数簇与定义仿射簇的方式类似，只是我们要在射影空间中处理问题.

设 k 是固定的代数闭域，元素属于 k 的 $(n+1)$ 元组 $(a_0, \cdots, a_n) \neq (0, \cdots, 0)$. 的等价类集合称作是 k 上 n 维射影空间，表示成 $\mathbf{P}^n_k$ (或简记为 $\mathbf{P}^n$)，其中等价关系是 $(a_0, \cdots, a_n) \sim (\lambda a_0, \cdots, \lambda a_n)$ (对每个 $\lambda \in k$, $\lambda \neq 0$). 另一种说法是: $\mathbf{P}^n$ 作为集合是 $\mathbf{A}^{n+1} - \{(0, \cdots, 0)\}$ 对于如下等价关系的商集合，其中在 $\mathbf{A}^{n+1}$ 中同一条过原点的直线上的点均彼此等同.

$\mathbf{P}^n$ 中元素叫做点. 如果 P 是点，则等价类 P 中每个 $(n+1)$ 元组 $(a_0, \cdots, a_n)$ 都叫做 P 的齐次坐标.

设 S 是多项式环 $k[x_0, \cdots, x_n]$. 我们希望将 S 看成是分次环,先让我们简单回忆一下什么是分次环.

一个分次环是环 S 以及将 S 分解成一些 Abel 群 S_d 的直和: $S = \bigoplus_{d\geqslant 0} S_d$,并且对每组 $d, e \geqslant 0$, $S_d \cdot S_e \subseteq S_{d+e}$. S_d 中元素称作是 d 次齐次元素. 于是 S 中每个元素均可唯一地写成(有限个)齐次元素之和. S 的理想 $\mathfrak{a}$ 叫做齐次理想,是指 $\mathfrak{a} = \bigoplus_{d\geqslant 0}(\mathfrak{a} \cap S_d)$. 我们需要关于齐次理想的一些基本事实(可见 Matsumura [2,§10]或者 Zariski-Samuel [1,第2卷,第7章,§2]). 理想 $\mathfrak{a}$ 是齐次的,当且仅当 $\mathfrak{a}$ 可由一些齐次元素生成.齐次理想之和、积、交和它的根均是齐次的. 为了检验一个齐次理想是否为素理想,只需证明:对任意两个齐次元素 f 和 g,如果 $fg \in \mathfrak{a}$,则 $f \in \mathfrak{a}$ 或者 $g \in \mathfrak{a}$.

我们将多项式环 $S = k[x_0, \cdots, x_n]$ 作成分次环,办法是:取 S_d 为 S 中关于 $x_0, \cdots, x_n$ 的 d 次单项式的全部 k 线性组合而构成的集合. 如果 $f \in S$,我们不能用它来定义 $\mathbf{P}^n$ 上的函数,因为齐次坐标可有多种取法. 但若 f 是 d 次齐次多项式,则 $f(\lambda a_0, \cdots, \lambda a_n) = \lambda^d f(a_0, \cdots, a_n)$,从而 f 是否取值为零这一性质只依赖于 $(a_0, \cdots, a_n)$ 的等价类. 于是 f 给出从 $\mathbf{P}^n$ 到$\{0,1\}$的函数:当 $f(a_0, \cdots, a_n) = 0$ 时令 $f(P) = 0$,而当 $f(a_0, \cdots, a_n) \neq 0$ 时令 $f(P) = 1$.

因此我们可谈及一齐次多项式的零点集合,即$Z(f) = \{P \in \mathbf{P}^n \mid f(P) = 0\}$. 如果$T$是$S$中任意齐次元素集合,我们定义$T$的零点集合为

$$Z(T) = \{P \in \mathbf{P}^n \mid f(P) = 0, \text{对每个 } f \in T\}.$$

如果 $\mathfrak{a}$ 是 S 的齐次理想,定义 $Z(\mathfrak{a}) = Z(T)$,其中T是 $\mathfrak{a}$ 中全部齐次元素组成的集合. 由于 S 是 Noether 环,每个齐次元素集合T均存在有限子集合 $f_1, \cdots, f_r$,使得 $Z(T) = Z(f_1, \cdots, f_r)$.

定义 $\mathbf{P}^n$ 的子集合Y称作是代数集合,是指存在S的一个齐

次元素集合 T，使得 $Y = Z(T)$.

命题 2.1 两个代数集合的并仍是代数集合，任意多个代数集合的交也是代数集合. 空集和整个空间都是代数集合.

证明 留给读者（类似于前面(1.1)的证明）.

定义 取 $\mathbf{P}^n$ 中全体代数集合的补集为开集，由此定义的 $\mathbf{P}^n$ 的拓扑叫 Zariski 拓扑.

一旦有了拓扑空间，我们便可采用第 1 节中定义的不可约子集合以及子集的维数这些概念.

定义 $\mathbf{P}^n$ 中不可约代数集合（加上它的诱导拓扑）叫做射影代数簇（或简称射影簇）. 射影簇的开子集叫做拟射影簇. 射影簇或拟射影簇的维数指的是它作为拓扑空间的维数.

如果 Y 是 $\mathbf{P}^n$ 的子集，定义 Y 在 S 中的齐次理想为由$\{f$ 为 S 中齐次元素 $| f(P) = 0$，对每个 $P \in Y\}$ 所生成的理想， 表示成 $I(Y)$. 如果 Y 是代数集合，定义 Y 的齐次坐标环为 $S(Y) = S/I(Y)$. 关于射影空间中代数集合与其齐次理想的各种性质请参见习题 2.1—2.7.

下一个目标是证明 n 维射影空间具有由 n 维仿射空间作成的开覆盖，从而每个(拟)射影簇均具有由(拟)仿射簇作成的开覆盖. 我们先介绍一些记号.

如果 f 是 S 中线性齐次多项式，则 f 的零点集合称作超平面. 特别对每个 $i = 0, \cdots, n$，以 H_i 表示 x_i 的零点集合. 令 U_i 为开集 $\mathbf{P}^n - H_i$，则 $\mathbf{P}^n$ 由诸开集 U_i 所覆盖，这是因为若 $P = (a_0, \cdots, a_n)$ 是一点，则至少有一个 $a_i \neq 0$，于是 $P \in U_i$. 定义映射 $\varphi_i: U_i \to \mathbf{A}^n$，如果 $P = (a_0, \cdots, a_n) \in U_i$，则 $\varphi_i(P) = Q$，其中 Q 是以

$$\left(\frac{a_0}{a_i}, \cdots, \frac{a_n}{a_i}\right) \qquad \left(\text{删去 } \frac{a_i}{a_i}\right)$$

为仿射坐标的点，注意比值 a_j/a_i 与齐次坐标的选取方式无关，从而映射 φ_i 是可以定义的.

命题 2.2 映射 φ_i 是 U_i（对于诱导拓扑）到 $\mathbf{A}^n$（对于 Zariski 拓扑）的同胚映射.

证明 φ_i 显然是一一对应，只需再证 U_i 中闭集由 φ_i 可等同于 $\mathbf{A}^n$ 的闭集. 不妨设 $i=0$，而 U_0 简记为 U，φ_0 简记为 $\varphi: U \to \mathbf{A}^n$.

令 $A=k[y_1,\cdots,y_n]$. 定义映射 $\alpha: S^h \to A$，和 $\beta: A \to S^h$，其中 S^h 是 S 的齐次元素集合. 对于 $f \in S^h$，令 $\alpha(f)=f(1,y_1,\cdots,y_n)$. 另一方面，给了 A 中 e 次元素 g，则 $x_0^e g(x_1/x_0,\cdots,x_n/x_0)$ 是 e 次齐次多项式，令它为 $\beta(g)$.

现在设 Y 是 U 的闭集，令 $\overline{Y}$ 为它在 $\mathbf{P}^n$ 中的闭包，这是代数集合，从而 $\overline{Y}=Z(T)$，T 是 S^h 的某个子集，令 $T'=\alpha(T)$，可直接验证 $\varphi(Y)=Z(T')$. 反之，设 W 是 $\mathbf{A}^n$ 的闭集，则 $W=Z(T')$，T' 是 A 的某个子集. 易知 $\varphi^{-1}(W)=Z(\beta(T'))\cap U$. 从而 φ 和 φ^{-1} 均是闭映射，即 φ 为同胚映射.

推论 2.3 设 Y 是(拟)射影簇，则 Y 具有开覆盖 $\{Y\cap U_i \mid 0\leqslant i\leqslant n\}$，其中每个 $Y\cap U_i$ 由上述映射 φ_i 均同胚于(拟)仿射簇.

习　题

2.1 证明“齐次化的零点定理”：如果 $\mathfrak{a}$ 为 S 的齐次理想，f 为 S 中次数 $\geqslant 1$ 的齐次多项式，并且 $f(P)=0$，对 $\mathbf{P}^n$ 中每个点 $P\in Z(\mathfrak{a})$，则存在 $q\geqslant 1$，使得 $f^q\in\mathfrak{a}$. [提示：将问题化成 $(n+1)$ 维仿射空间中的问题，使此 $n+1$ 维仿射空间的仿射坐标环为 S. 然后利用通常的零点定理(1.3A).]

2.2 设 $\mathfrak{a}$ 是 S 中齐次理想，求证下列诸条件彼此等价：

(i) $Z(\mathfrak{a})=\varnothing$ (空集)；

(ii) $\sqrt{\mathfrak{a}}=S$ 或者 $\sqrt{\mathfrak{a}}=S_+=\bigoplus\limits_{d\geqslant 1}S_d$；

(iii) 存在 $d\geqslant 1$ 使得 $\mathfrak{a}\supseteq S_d$.

2.3 (a) 设 T_1,T_2 为 S^h 中子集，$T_1\subseteq T_2$，则 $Z(T_1)\supseteq Z(T_2)$.

(b) 设 Y_1,Y_2 为 $\mathbf{P}^n$ 中子集，$Y_1\subseteq Y_2$，则 $I(Y_1)\supseteq I(Y_2)$.

(c) 对于 $\mathbf{P}^n$ 中任意两个子集 Y_1 和 Y_2，$I(Y_1\cup Y_2)=I(Y_1)\cap I(Y_2)$.

(d) 若 $\mathfrak{a}$ 为 S 的齐次理想并且 $Z(\mathfrak{a})\neq\varnothing$，则 $I(Z(\mathfrak{a}))=\sqrt{\mathfrak{a}}$.

(c) 对于每个子集 $Y\subseteq\mathbf{P}^n$，$Z(I(Y))=\overline{Y}$.

2.4 (a) $Y\mapsto I(Y)$ 和 $\mathfrak{a}\mapsto Z(\mathfrak{a})$ 给出集合 {$\mathbf{P}^n$ 的代数集合 Y}与 {S 的齐次根式理想 $\mathfrak{a}\mid\mathfrak{a}\not\supseteq S_+$} 之间反序(指包含序)的一一对应. 注意：由于 S_+ 在这个一一对应中不出现，有时候 S_+ 称作是 S 的假极大理想.

(b) $\mathbf{P}^n$ 中代数集合 Y 是不可约的，当且仅当 $I(Y)$ 为素理想.

(c) 求证 $\mathbf{P}^n$ 本身是不可约的.

2.5 (a) $\mathbf{P}^n$ 是 Noether 拓扑空间.

(b) $\mathbf{P}^n$ 中每个代数集合均可唯一地表示成有限个彼此不相包含的不可约代数集合之并. 这些不可约代数集合叫做它的不可约分支.

2.6 设 Y 是射影簇，$S(Y)$ 是它的齐次坐标环，求证 $\dim S(Y)=\dim Y+1$. [提示：设 $\varphi_i: U_i\to\mathbf{A}^n$ 是(2.2)中的同胚映射，Y_i 为仿射簇 $\varphi_i(Y\cap U_i)$，$A(Y_i)$ 是 Y_i 的仿射坐标环，求证 $A(Y_i)$ 可以等同于局部环 $S(Y)_{x_i}$ 的零次元素子环.] 然后证明 $S(Y)_{x_i}\cong A(Y_i)[x_i,x_i^{-1}]$. [利用(1.7)，(1.8A) 和习题 1.10 并考虑超越次数]. 同时还得出结论：当 Y_i 非空时 $\dim Y=\dim Y_i$.

2.7 (a) $\dim\mathbf{P}^n=n$.

(b) 如果 Y 是 $\mathbf{P}^n$ 中拟射影簇，则 $\dim Y=\dim\overline{Y}$. [提示：利用习题 2.6 将问题化为(1.10).]

2.8 $\mathbf{P}^n$ 中射影簇 Y 的维数是 $n-1$，当且仅当 Y 是某个正次数不可约齐次多项式 f 的零点集合. Y 叫做 $\mathbf{P}^n$ 中超曲面.

2.9 仿射簇的射影闭包 设 Y 是 $\mathbf{A}^n$ 中的仿射簇，利用同胚映射 φ_0 将 $\mathbf{A}^n$ 等同于 $\mathbf{P}^n$ 的开集 U_0. 于是可以说 Y 在 $\mathbf{P}^n$ 中的闭包 $\overline{Y}$，称作是 Y 的射影闭包.

(a) 证明 $I(\overline{Y})$ 是由 $\beta(I(Y))$ 生成的理想(这里采用(2.2)证明中的记号).

(b) 设 $Y\subseteq\mathbf{A}^3$ 是习题 1.2 中的三次扭曲线，它的射影闭包 $\overline{Y}\subseteq\mathbf{P}^3$ 叫做 $\mathbf{P}^3$ 中的三次扭曲线. 求 $I(Y)$ 和 $I(\overline{Y})$ 的生成元. 利用此例证明：如果 $f_1,\cdots,f_r$ 生成 $I(Y)$，则 $\beta(f_1),\cdots,\beta(f_r)$ 不一定生成 $I(\overline{Y})$.

2.10 射影簇上的圆锥(图 1). 设 Y 是 $\mathbf{P}^n$ 中非空代数集合，令 $\theta:\mathbf{A}^{n+1}-\{(0,\cdots,0)\}\to\mathbf{P}^n$ 将仿射坐标为 $(a_0,\cdots,a_n)$ 的点映成齐次坐标为 $(a_0,\cdots,a_n)$ 的点. 定义 Y 上仿射圆锥为

$$C(Y)=\theta^{-1}(Y)\cup\{(0,\cdots,0)\}.$$

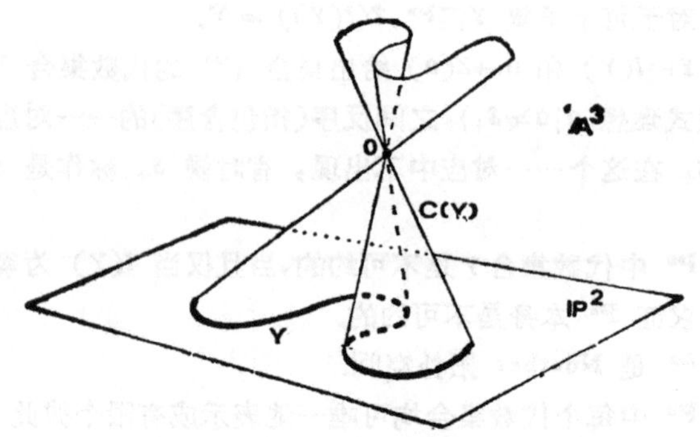

图 1 $\mathbf{P}^2$ 中曲线上的圆锥

(a) 求证 $C(Y)$ 是 $\mathbf{A}^{n+1}$ 中代数集合，它的理想等于 $I(Y)$ [看成是 $k(x_0,\cdots,x_n)$ 中的通常理想].

(b) $C(Y)$ 不可约，当且仅当 Y 不可约.

(c) $\dim C(Y) = \dim Y + 1$.

有时我们考虑 $C(Y)$ 在 $\mathbf{P}^{n+1}$ 中的射影闭包 $\overline{C(Y)}$. 这叫作 Y 上的射影圆锥.

2.11 $\mathbf{P}^n$ 中线性簇. 由一个线性多项式定义的超曲面叫做超平面.

(a) 求证对于 $\mathbf{P}^n$ 中射影簇 Y 的下列条件等价：

(i) $I(Y)$ 可由一些线性多项式生成；

(ii) Y 是一些超平面的交.

在这种情况下 Y 叫作 $\mathbf{P}^n$ 中线性簇.

(b) 设 Y 是 $\mathbf{P}^n$ 中 r 维线性簇，求证 $I(Y)$ 以 $n-r$ 个线性多项式为极小生成组.

(c) 设 Y 和 Z 是 $\mathbf{P}^n$ 中线性簇，$\dim Y = r, \dim Z = s$. 如果 $r+s-n \geqslant 0$，则 $Y \cap Z \neq \varnothing$. 进而，如果 $Y \cap Z \neq \varnothing$，则 $Y \cap Z$ 是维数 $\geqslant r+s-n$ 的线性簇. (将 $\mathbf{A}^{n+1}$ 看成 k 上的向量空间，讨论它的向量子空间.)

2.12 d 重分量嵌入. 给定 $n, d > 0$，令 $M_0, M_1, \cdots, M_N$ 为关于 $n+1$ 个变量 $x_0, \cdots, x_n$ 的全部 d 次单项式，其中 $N = \binom{n+d}{n} - 1$. 定义 ρ_d: $\mathbf{P}^n \to \mathbf{P}^N$ 把 $P = (a_0, \cdots, a_n)$ 映成点 $\rho_d(P) = (M_0(a), \cdots, M_N(a))$ (将 $a_0, \cdots, a_n$ 代入每个单项式 M_i). 这叫做 $\mathbf{P}^n$ 在 $\mathbf{P}^N$ 中的 d 重分量嵌入. 例如对于 $n=1, d=2$，则 $N=2$，而 $\mathbf{P}^1$ 的二重嵌入在

$\mathbf{P}^2$ 中的象 Y 为圆锥曲线.

(a) 设 $\theta: k[y_0, \cdots, y_N] \to k[x_0, \cdots, x_n]$ 是同态，将 y_i 映成 M_i。令 $\mathfrak{a} = ker\theta$，则 $\mathfrak{a}$ 是齐次素理想，从而 $Z(\mathfrak{a})$ 是 $\mathbf{P}^N$ 中射影簇.

(b) 证明 ρ_d 的象是 $Z(\mathfrak{a})$。(容易证明一个方向的包含关系，而另一方向则需要一些计算).

(c) 证明 ρ_d 是 $\mathbf{P}^n$ 到射影簇 $Z(\mathfrak{a})$ 上的同胚映射.

(d) 证明 $\mathbf{P}^3$ 中的三次扭曲线(习题 2.9)等于 $\mathbf{P}^1$ 在 $\mathbf{P}^3$ 中的三重分量嵌入(对适当选取的坐标).

2.13 设 Y 是 $\mathbf{P}^2$ 的二重分量嵌入在 $\mathbf{P}^5$ 中的像.这叫做 Veronese 曲面.如果 $Z \subseteq Y$ 是闭曲线(曲线即指一维射影簇)，求证存在超曲面 $V \subseteq \mathbf{P}^5$，使得 $V \cap Y = Z$.

2.14 Segre 嵌入. 设映射 ψ: $\mathbf{P}^r \times \mathbf{P}^s \to \mathbf{P}^N$ 定义为 $(a_0, \cdots, a_r) \times (b_0, \cdots, b_s) \mapsto (\cdots, a_i b_j, \cdots)$ (右边排成字典序，$N = rs + r + s$). 注意 ψ 是可定义的，并且是单射. 这叫做 Segre 嵌入.证明 ψ 的像是 $\mathbf{P}^N$ 的子簇. [提示: 设 $\mathbf{P}^N$ 的齐次坐标是 $\{z_{ij} | 0 \leqslant i \leqslant r, 0 \leqslant j \leqslant s\}$，而令 $\mathfrak{a}$ 为同态 $k[\{z_{ij}\}] \to k[x_0, \cdots, x_r, y_0, \cdots, y_s]$，$z_{ij} \mapsto x_i y_j$ 的核. 证明 $I_m\psi = Z(\mathfrak{a})$.]

2.15 $\mathbf{P}^3$ 中二次曲面(图 2). 考虑由方程 $xy - zw = 0$ 定义的 $\mathbf{P}^3$ 中曲面 Q (曲面即指二维射影簇).

(a) 证明 Q 等于 $\mathbf{P}^1 \times \mathbf{P}^1$ 在 $\mathbf{P}^3$ 中的 Segre 嵌入 (对适当选取的坐标).

(b) 证明 Q 包含两个以 $t \in \mathbf{P}^1$ 参数化的直线族 $\{L_t\}$, $\{M_t\}$ (一维线性簇叫做直线)，并且具有如下性质: 如果 $L_t \neq L_u$，则 $L_t \cap L_u = \varnothing$; 如果 $M_t \neq M_u$，则 $M_t \cap M_u = \varnothing$; 对所有 $t, u, L_t \cap M_u$ 均为一点.

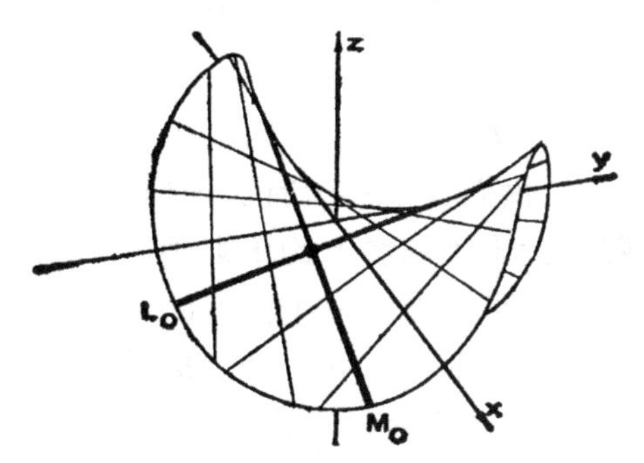

图 2 $\mathbf{P}^3$ 中的二次曲面

(c) 证明除了这些直线之外还包含另一些曲线,从而Q上 Zariski 拓扑通过ψ不同胚于 $\mathbf{P}^1 \times \mathbf{P}^1$ 的积拓扑(其中每个 $\mathbf{P}^1$ 均具有 Zariski 拓扑).

2.16 (a) 两个射影簇的交不一定是射影簇. 例如设 Q_1 和 Q_2 分别是由方程 $x^2 - yw = 0$ 和 $xy - zw = 0$ 给出的 $\mathbf{P}^3$ 中二次曲面. 证明 $Q_1 \cap Q_2$ 是一个三次扭曲线和一条直线的并.

(b) 即使两个射影簇 X_1, X_2 的交 $X_1 \cap X_2$ 是射影簇,则 $X_1 \cap X_2$ 的理想也可能不一定为 X_1 和 X_2 的理想之和. 例如设 C 是由方程 $x^2 - yz = 0$ 给出的 $\mathbf{P}^2$ 中圆锥曲线,L为直线 $y = 0$. 求证$C \cap L$是一点 P,而 $I(C) + I(L) \neq I(P)$.

2.17 完全交. $\mathbf{P}^n$ 中 r 维射影簇Y称作是(严格的)完全交, 是指 $I(Y)$ 可由 $n - r$ 个元素生成. Y叫做集合式完全交,是指Y可写成 $n - r$ 个超曲面的交.

(a) 设Y为 $\mathbf{P}^n$ 中射影簇,$Y = Z(\mathfrak{a})$,并且假设 $\mathfrak{a}$ 可由 q 元生成. 求证 $\dim Y \geqslant n - q$.

(b) 证明严格的完全交必然是集合论的完全交.

*(c),(b) 的逆不成立. 例如设Y是 $\mathbf{P}^3$ 中三次扭曲线(习题 2.9).证明 $I(Y)$ 不能由 2 元生成. 另一方面,求 2 次超曲面 H_1 和 3 次超曲面 H_2,使得 $Y = H_1 \cap H_2$.

**(d), $\mathbf{P}^3$ 中每个不可约闭曲线是否均为两个曲面的集合式的交,这是一个未解决的问题. 见 Hartshorne[1] 和 Hartshorne [5, III, §5] 中的评论.

3. 态　　射

至今我们定义了仿射簇和射影簇, 但是没有讨论它们之间允许什么样的映射. 我们甚至都没有讨论何时两个代数簇是同构的. 本节中我们将讨论代数簇上的正则函数, 然后定义代数簇之间的态射. 从而我们可以处于一个良好的范畴中.

设Y是 $\mathbf{A}^n$ 中拟仿射簇. 我们要考虑从Y到k的函数 f.

定义　函数 $f: Y \to k$ 称作在点$P \in Y$正则,是指存在开邻域U($P \in U \subseteq Y$) 和多项式 $g, h \in A = k[x_1, \cdots, x_n]$, 使得在$U$上$h$

处处非零并且 $f=g/h$. (这里将这些多项式看成是 $\mathbf{A}^n$ 上的函数,从而也是 Y 上的函数.)如果 f 在 Y 的每个点均正则,则称 f 在 Y 上正则.

引理 3.1 正则函数是连续函数,其中 k 等同于 $\mathbf{A}_k^1$ 并且采用 Zariski 拓扑.

证明 只需证明闭集的原像仍是闭集. 由于 $\mathbf{A}_k^1$ 中闭集只包含有限个点,从而只需对每个 $a\in k$, 证明 $f^{-1}(a)=\{P\in Y\mid f(P)=a\}$ 是闭集. 这可以局部地考查: 拓扑空间 Y 的子集 Z 是闭的,当且仅当 Y 具有开覆盖 $\{U_i\}$,使得对每个 U_i, $Z\cap U_i$ 是 U_i 中闭集. 现在取 U 为一个开集,使得在 U 上 h 不取零值并且 $f=g/h$,其中 $g,h\in A$. 则 $f^{-1}(a)\cap U=\{P\in Y\mid g(P)/h(P)=a\}$. 但是 $g(P)/h(P)=a$, 当且仅当 $(g-ah)(P)=0$. 从而 $f^{-1}(a)\cap U=Z(g-ah)\cap U$, 这是闭集. 于是 $f^{-1}(a)$ 在 Y 中闭.

现在考虑拟射影簇 $Y\subseteq\mathbf{P}^n$.

定义 函数 $f:Y\to k$ 称作在点 $P\in Y$ 正则,是指存在开邻域 $U(P\in U\subseteq Y)$ 和同次数的齐次多项式 $g,h\in S=k[x_0,\cdots,x_n]$,使得在 U 上 h 不取零值并且 $f=g/h$. (注意在这种情况下,即使 g 和 h 不是 $\mathbf{P}^n$ 上的函数, 只要 $h\neq 0$, 它们的商可以定义成函数,因为 g 和 h 的次数相同.)如果 f 在 Y 的每个点均正则,则称 f 在 Y 上正则.

注 3.1.1 与拟仿射簇的情形一样, 正则函数一定连续(证明由读者补足). 由此得到一个重要的推论: 如果 f 和 g 是射影簇 X 上的正则函数,并且在某个非空开集 $U\subseteq X$ 上 $f=g$, 则在 X 的每个点处均有 $f=g$. 这是由于 $f-g=0$ 的点集为稠闭集, 从而等于 X.

现在我们可以定义簇范畴.

定义 设 k 是固定的代数闭域. k 上的簇(或简称簇)是指如上所述的任何仿射簇,拟仿射簇,射影簇, 或者拟射影簇. 如果 X 和 Y 是两个簇,则态射 $\varphi:X\to Y$ 是指 φ 是连续映射,并且对每个

开集 $V\subseteq Y$ 和每个正则函数 $f:V\to k$，函数 $f\circ\varphi:\varphi^{-1}(V)\to k$ 均是正则的.

两个态射的合成显然仍是态射，从而我们得到一个范畴. 特别地，我们有同构概念：两个簇之间的同构 $\varphi:X\to Y$ 是指 φ 是态射并且存在逆态射 $\psi:Y\to X$，使得 $\psi\circ\varphi=id_X$，$\varphi\circ\psi=id_Y$. 注意同构一定是一一对应和双方连续的，但是一个态射如果双方连续并且一一对应，则不一定是同构(习题 3.2).

现在对每个簇引进一些函数环.

定义 设 Y 为簇. 以 $\mathcal{O}(Y)$ 表示 Y 上全体正则函数形成的环. 如果 P 为 Y 上一点，我们定义 Y 上在 P 的局部环 $\mathcal{O}_{P,Y}$ (或简记为 $\mathcal{O}_P$) 为 Y 上全部在 P 附近正则函数的芽形成的环. 换句话说，$\mathcal{O}_P$ 中的元素是 $\langle U,f\rangle$，其中 U 是 Y 的开集并且包括 P，而 f 是 U 上正则函数. 若 $\langle V,g\rangle$ 也有此性质，并且在 $U\cap V$ 上 $f=g$，则将 $\langle U,f\rangle$ 和 $\langle V,g\rangle$ 等同. [利用(3.1.1)验证这是等价关系.]

注意 $\mathcal{O}_P$ 是局部环：它的唯一极大理想 $\mathfrak{M}$ 是在 P 取零值的正则函数芽全体. 因为若 $f(P)\neq 0$，则 $1/f$ 在 P 的某个邻域中也是正则函数. 剩余类域 $\mathcal{O}_P/\mathfrak{M}$ 同构于 K.

定义 设 Y 是簇，如下定义 Y 的函数域 $K(Y)$. $K(Y)$ 中元素是 $\langle U,f\rangle$ 的等价类，其中 U 是 Y 的非空开子集，f 为 U 上正则函数. 并且当在 $U\cap V$ 上 $f=g$ 的时候，我们将 $\langle U,f\rangle$ 等同于 $\langle V,g\rangle$. $K(Y)$ 中元素叫做 Y 上的有理函数.

注意 $K(Y)$ 事实上是域. 因为 Y 不可约，从而任意两个非空开集均有非空交. 由此可定义 $K(Y)$ 中加法和乘法，从而成为环. 如果 $\langle U,f\rangle\in K(Y)$，并且 $f\neq 0$，则 f 在开集 $V=U-U\cap Z(f)$ 上处处不为零，于是 $1/f$ 为 V 上正则函数，即 $\langle V,1/f\rangle$ 为 $\langle U,f\rangle$ 的逆.

对于每个簇 Y，我们已经定义了整体函数环 $\mathcal{O}(Y)$，在 Y 中一点 P 的局部环 $\mathcal{O}_P$ 和函数域 $K(Y)$. 通过函数的限制，由(3.1.1)可知自然映射 $\mathcal{O}(Y)\to\mathcal{O}_P\to K(Y)$ 均是单射，从而通常我们把

$\mathscr{O}(Y)$ 和 $\mathscr{O}_P$ 看作是 $K(Y)$ 的子环。

将 Y 换成另一同构的簇，则相应的环也同构。因此我们可以说，$\mathscr{O}(Y)$，$\mathscr{O}_P$ 和 $K(Y)$ 是簇 Y（和点 P）的同构不变量。

下一个任务是研究 $\mathscr{O}(Y)$，$\mathscr{O}_P$ 和 $K(Y)$ 与仿射簇的仿射坐标环 $A(Y)$ 和射影簇的齐次坐标环 $S(Y)$ 之间的联系。我们发现对于仿射簇 Y，$A(Y)=\mathscr{O}(Y)$，从而这是同构不变量。但是对于射影簇 Y，$S(Y)$ 不是不变量：它依赖于 Y 在射影空间中的嵌入（习题 3.9）。

定理 3.2 设 Y 是 $\mathbf{A}^n$ 中仿射簇，$A(Y)$ 为它的仿射坐标环，则

(a) $\mathscr{O}(Y)\cong A(Y)$。

(b) 对于每个点 $P\in Y$，令 $\mathfrak{m}_P\subseteq A(Y)$ 是在 P 处为零的函数构成的理想，则 $P\longmapsto\mathfrak{m}_P$ 给出 Y 的点与 $A(Y)$ 的极大理想之间的一一对应。

(c) 对每个点 P，$\mathscr{O}_P\cong A(Y)_{\mathfrak{m}_P}$，$\dim\mathscr{O}_P=\dim Y$。

(d) $K(Y)$ 同构于 $A(Y)$ 的商域，从而 $K(Y)$ 为 k 的有限生成扩域，并且对 k 的超越次数为 $\dim Y$。

证明 我们分几步证明。首先定义映射 $\alpha: A(Y)\to\mathscr{O}(Y)$。每个多项式 $f\in A=k[x_1,\cdots,x_n]$ 定义出 $\mathbf{A}^n$ 上一个正则函数，从而也是 Y 上正则函数。于是有同态 $A\to\mathscr{O}(Y)$。它的核为 $I(Y)$，从而得到单同态 $\alpha: A(Y)\to\mathscr{O}(Y)$。

由(1.4)我们知道，Y 的点（即 Y 的极小代数子集合）和 A 的包含 $I(Y)$ 的极大理想之间是一一对应的。以 $I(Y)$ 作商环之后，它们又一一对应于 $A(Y)$ 的极大理想。进而，通过 α 将 $A(Y)$ 中元素等同于 Y 上正则函数，则对应于 P 的极大理想恰好是 $\mathfrak{m}_P=\{f\in A(Y)\mid f(P)=0\}$。这就证明了 (b)。

对每个 P，存在自然映射 $A(Y)_{\mathfrak{m}_P}\to\mathscr{O}_P$。由于 α 为单射，从而这也是单射。再由正则函数的定义可知这也是满射。于是 $A(Y)_{\mathfrak{m}_P}\cong\mathscr{O}_P$。从而 $\dim\mathscr{O}_P=\operatorname{height}\mathfrak{m}_P$。由于 $A(Y)/\mathfrak{m}_P\cong k$，从(1.7)和 (1.8A) 即知 $\dim\mathscr{O}_P=\dim Y$。这就证明了 (c)。

由 (c) 知 $A(Y)$ 的商域同构于 $\mathcal{O}_P$ 的商域(对每个 P),并且它等于 $K(Y)$,这是因为每个有理函数均在某个 $\mathcal{O}_P$ 之中. 由于 $A(Y)$ 是有限生成 k 代数, 从而 $K(Y)$ 是 k 的有限生成扩域. 并且由 (1.7) 和 (1.8A) 可知 $K(Y)/k$ 的超越次数等于 $\dim Y$. 这就证明了 (d).

为证 (a), 注意 $\mathcal{O}(Y)\subseteq\bigcap\limits_{P\in Y}\mathcal{O}_P$, 其中所有环均看成 $K(Y)$ 的子环. 利用 (b) 和 (c) 可知

$$A(Y)\subseteq\mathcal{O}(Y)\subseteq\bigcap_{\mathfrak{m}}A(Y)_{\mathfrak{m}},$$

其中 $\mathfrak{m}$ 过 $A(Y)$ 的全部极大理想. 再由下面一简单代数事实即知 $A(Y)=\mathcal{O}(Y)$: 如果 B 为整环,则 $B=\bigcap\limits_{\mathfrak{m}}B_{\mathfrak{m}}$,其中 $\mathfrak{m}$ 取 B 的全部极大理想.

命题 3.3 设 U_i 是 $\mathbf{P}^n$ 中由方程 $x_i\neq 0$ 定义的开集, 则 (2.2) 前面定义的映射 $\varphi_i: U_i\to\mathbf{A}^n$ 是簇同构.

证明 我们已经证明了这是同胚映射, 因而只需再验证在任意开集上正则函数相同. 在 U_i 上的正则函数局部是关于 $x_0,\cdots,x_n$ 的同次数齐次多项式之商,而 $\mathbf{A}^n$ 上正则函数局部是关于 $y_1,\cdots,y_n$ 的多项式之商. 通过(2.2)证明中的映射 α 和 β 不难看出这两个概念是一致的.

在叙述下一个结果之前我们要引进一些记号. 设 S 是分次环,$\mathfrak{p}$ 为 S 的齐次素理想, 我们以 $S_{(\mathfrak{p})}$ 表示 S 对于乘法集合 T 的局部化中 0 次元素构成的子环, 其中 T 为 S-$\mathfrak{p}$ 中齐次元素全体. 注意 $T^{-1}S$ 具有由 $\deg(f/g)=\deg f-\deg g$ 给出的自然分次,其中 f,g 是齐次元素,且 $f\in S,g\in T$. $S_{(\mathfrak{p})}$ 是局部环, 其唯一极大理想是 $(\mathfrak{p}\cdot T^{-1}S)\cap S_{(\mathfrak{p})}$. 特别若 S 为整环, 则对于 $\mathfrak{p}=(0)$ 我们得到域 $S_{(0)}$. 类似地,如果 f 为 S 中齐次元素,以 $S_{(f)}$ 表示局部化 S_f 中 0 次元素子环.

定理 3.4 设 Y 为 $\mathbf{P}^n$ 中射影簇,$S(Y)$ 是它的齐次坐标环,则

(a) $\mathcal{O}(Y)=k$.

(b) 对每个点 $P \in Y$，令 $\mathfrak{m}_P$ 是由使 $f(P)=0$ 的齐次元素 $f \in S(Y)$ 生成的理想，则 $\mathcal{O}_P = S(Y)_{(\mathfrak{m}_P)}$。

(c) $K(Y) \cong S(Y)_{((0))}$。

证明 设 U_i 为 $\mathbf{P}^n$ 中开集 $x_i \neq 0, Y_i = Y \cap U_i$，由(3.3)中的同构 φ_i 可知 U_i 同构于 $\mathbf{A}^n$，从而不妨将 Y_i 看作是仿射簇。我们如下构作同构 $\varphi_i^*: A(Y_i) \cong S(Y)_{(x_i)}$：首先有同构 $k[y_1, \cdots, y_n] \cong k[x_0, \cdots, x_i](x_i)$，$f(y_1, \cdots, y_n) \longmapsto f(x_0/x_i, \cdots, x_{i-1}/x_i, x_{i+1}/x_i, \cdots, x_n/x_i)$（见(2.2)的证明），这一同构将 $I(Y_i)$ 映成 $I(Y)S(x_i)$（见习题 2.9），然后转入商环即给出所希望的同构 φ_i^*。

现在证明 (b)。设 P 为 Y 中任一点，取 i 使得 $P \in Y_i$。由(3.2)知 $\mathcal{O}_P \cong A(Y_i)\mathfrak{m}'_P$，其中 $\mathfrak{m}'_P$ 是 $A(Y_i)$ 中对应于 P 的极大理想。易知 $\varphi_i^*(\mathfrak{m}'_P) = \mathfrak{m}_P \cdot S(Y)_{(x_i)}$。但是 $x_i \notin \mathfrak{m}_P$，而局部化运算是可传递的，从而 $A(Y_i)\mathfrak{m}'_P \cong S(Y)(\mathfrak{m}_P)$，这就证明了 (b)。

为证明 (c)，我们再利用(3.2)可知 $K(Y)=K(Y_i)$，而 $K(Y_i)$ 为 $A(Y_i)$ 的商域，再由 φ_i^* 即知它又同构于 $S(Y)_{((0))}$。

为证明 (a)，令 $f \in \mathcal{O}(Y)$ 为整体正则函数，则对每个 i，f 在 Y_i 上正则，从而由(3.2)可知 $f \in A(Y_i)$。但是我们刚证明了 $A(Y_i) \cong S(Y)_{(x_i)}$，从而 f 可写成 $g_i/x_i N_i$，其中 $g_i \in S(Y)$ 是 N_i 次齐次元素。将 $\mathcal{O}(Y), K(Y)$ 和 $S(Y)$ 均看成 $S(Y)$ 的商域 L 的子环，则对每个 $i, x_i^{N_i} f \in S(Y)_{N_i}$，取 $N \geqslant \Sigma N_i$，则 $S(Y)_N$ 是由关于 $x_0, \cdots, x_n$ 的 N 次单项式中至少有某个 x_i 的次数 $\geqslant N_i$ 的那些张成的 k-向量空间。于是 $S(Y)_N \cdot f \subseteq S(Y)_N$。通过迭代可知对每个 $q>0, S(Y)_N \cdot f^q \subseteq S(Y)_N$。特别地 $x_0^N f^q \in S(Y)$（对每个 $q>0$）。这表明 L 的子环 $S(Y)[f]$ 包含在 $x_0^{-N}S(Y)$ 之中，而后者为有限生成 $S(Y)$ 模。由于 $S(Y)$ 为 Noether 环，$S(Y)[f]$ 是有限生成 $S(Y)$ 模，从而 f 在 $S(Y)$ 上整(见 Atiyah-Macdonald[1,p.59])。这意味着存在元素 $a_1, \cdots, a_m \in S(Y)$，使得

$$f^m + a_1 f^{m-1} + \cdots + a_m = 0.$$

由于 f 的次数是 0，我们可把 a_i 改成只用 a_i 的 σ 次齐次分量，

上述等式仍旧成立．但是 $S(Y)_0 = k$，从而 $a_i \in k$，即 f 在 k 上代数．由于 k 是代数封闭域，可知 $f \in k$．这就完成了证明．

下一个结果表明：如果 X 和 Y 是仿射簇，则 X 同构于 Y，当且仅当作为 k 代数 $A(X)$ 同构于 $A(Y)$．但事实上证明给出更多的内容，从而我们叙述更强的结果．

命题 3.5 设 X 是任意的簇．Y 是仿射簇．则存在集合间自然的一一对应

$$\alpha: \mathrm{Hom}(X,Y) \cong \mathrm{Hom}(A(Y),\mathcal{O}(X)),$$

其中左边 Hom 表示簇的态射，而右边 Hom 表示 k 代数同态．

证明 给了态射 $\varphi: X \to Y$，φ 把 Y 上正则函数映成 X 上正则函数．从而 φ 诱导出映射 $\mathcal{O}(Y) \to \mathcal{O}(X)$，并且这显然是 k 代数同态．但是在 (3.2) 中已知 $\mathcal{O}(Y) \cong A(Y)$，从而又得到同态 $A(Y) \to \mathcal{O}(X)$．这就定义了映射 α．

反之，设 $h: A(Y) \to A(X)$ 为 k 代数同态．如果 Y 是 $\mathbf{A}^n$ 中闭集，则 $A(Y) = k[x_1, \cdots, x_n]/I(Y)$．以 $\bar{x}_i$ 表示 x_i 在 $A(Y)$ 中的象，考虑元素 $\xi_i = h(\bar{x}_i) \in \sigma(X)$，它们是 X 上的整体函数，从而用它们可定义映射 $\psi: X \to \mathbf{A}^n$，$\psi(P) = (\xi_1(P), \cdots, \xi_n(P))$（对于 $P \in X$）．

我们证明 $\mathrm{Im}\psi \subseteq Y$ 由于 $Y = Z(I(Y))$，只需证明对每个 $f \in I(Y)$，$f(\psi(P)) = 0$ 即可．但是

$$f(\psi(P)) = f(\xi_1(P), \cdots, \xi_n(P)).$$

现在 f 是多项式而 h 为 k 代数同态，从而由 $f \in I(Y)$ 可知

$$f(\xi_1(P), \cdots, \xi_n(P)) = h(f(\bar{x}_1, \cdots, \bar{x}_n))(P) = 0.$$

于是 ψ 定义出一个映射 $X \to Y$，而此映射诱导出给定的同态 h．

为完成证明，我们只需再证 ψ 是态射，这是下面引理的推论．

引理 3.6 设 X 是任意簇，Y 为 $\mathbf{A}^n$ 中仿射簇，则集合映射 $\psi: X \to Y$ 是态射，当且仅当对每个 i，$x_i \circ \psi$ 是 X 上正则函数，其中 $x_1, \cdots, x_n$ 为 $\mathbf{A}^n$ 上坐标函数．

证明 由态射定义即知，当 ψ 为态射时，$x_i \circ \psi$ 必为正则函数．反之，假设 $x_i \circ \psi$ 正则，则对每个多项式 $f = f(x_1, \cdots, x_n)$，$f \circ \psi$

也是 X 上正则函数. 由于 Y 的闭集均可由一些多项式的公共零点来定义,并且正则函数均是连续的,从而 ψ^{-1} 将闭集映成闭集,即 ψ 是连续的. 最后, 由于在 Y 的开子集上正则的函数局部均是多项式的商,从而对于在 Y 的任意开集上正则的每个函数 g,$g\circ\psi$ 均正则, 于是 ψ 为态射.

系 3.7 设 X 和 Y 是仿射簇, 则 X 和 Y 同构,当且仅当 $A(X)$ 和 $A(Y)$ 作为 k 代数是同构的.

证明 由上述命题直接推出.

采用范畴语言,上述结果可表达成如下形式:

系 3.8 函子 $X\longmapsto A(X)$ 给出 k 上仿射簇范畴和 k 上有限生成整环范畴之间的一个反箭头的等价.

最后我们叙述一个代数结果,它在习题中要用到.

定理 3.9A (整闭包的有限性) 设 A 为整环,同时是域 k 上有限生成代数,K 为 A 的商域,L 为 K 的有限代数扩张, 则 A 在 L 中的整闭包 A' 是有限生成 A 模,也是有限生成 k 代数.

证明 Zariski-Samuel [1,第 1 卷,第 5 章,定理 9, p. 267].

习　　题

3.1 (a) 求证 $\mathbf{A}^2$ 中每条圆锥曲线或者同构于 $\mathbf{A}^1$ 或者同构于 $\mathbf{A}^1-\{0\}$ (参见习题 1.1).

(b) 求证 $\mathbf{A}^1$ 不同构于它的任何真开子集(这结果可推广成后面的习题 6.7).

(c) $\mathbf{P}^2$ 中每条圆锥曲线均同构于 $\mathbf{P}^1$.

(d) 我们以后可知(习题 4.8),任何两条曲线都是同胚的. 但是试证明 $\mathbf{A}^2$ 不同胚于 $\mathbf{P}^2$.

(e) 如果某仿射簇同构于一个射影簇,则此仿射簇只是一点.

3.2 簇的态射如果也是拓扑空间的同胚映射,则它不一定是簇的同构.

(a) 例如设 $\varphi:\mathbf{A}^1\to\mathbf{A}^2$, $t\mapsto(t^2,t^3)$. 证明 φ 定义出从 $\mathbf{A}^1$ 到曲线 $y^2=x^3$ 上的一一对应且双方连续的态射,但是 φ 不是同构.

(b) 又如: 设基域 k 的特征为 $p>0$,定义映射 $\varphi:\mathbf{A}^1\to\mathbf{A}^1$,$t\mapsto t^p$. 求证 φ 是一一对应且双方连续,但不为同构, 这个 φ 叫做 Frobenius 态

射．

3.3 (a) 设 $\varphi: X\to Y$ 为态射，则对每个 $p\in X$，φ 诱导出局部环的同态 $\varphi_p^*: \mathcal{O}_{\varphi(p),Y}\to \mathcal{O}_{p,X}$.

(b) 求证：态射 φ 为同构，当且仅当 φ 是同胚并且对每个 $P\in X$，在局部环上的诱导映射 φ_P^* 均是同构．

(c) 求证若 $\varphi(X)$ 在 Y 中稠密，则对每个 $P\in X$，φ_P^* 均是单射．

3.4 求证 $\mathbf{P}^n$ 的 d 重分量嵌入(习题 2.12)是 $\mathbf{P}^n$ 与嵌入象之间的同构．

3.5 虽然语言有些混乱，但是我们将把同构于仿射簇的每个簇都叫做"仿射的"．如果 $H\subseteq \mathbf{P}^n$ 是超曲面，求证 $\mathbf{P}^n-H$ 是仿射的．[提示：设 H 的次数为 d．考虑 $\mathbf{P}^n$ 在 $\mathbf{P}^N$ 中的 d 重分量嵌入，并且利用如下事实：$\mathbf{P}^N$ 减去一个超平面是仿射的．]

3.6 存在拟仿射簇不是仿射的．例如，证明 $X=\mathbf{A}^2-\{(0,0)\}$ 不是仿射的．[提示：证明 $\mathcal{O}(X)\cong k[x,y]$ 并且利用(3.5)．(第三章，习题 4.3)给出另一证明．]

3.7 (a) 求证 $\mathbf{P}^2$ 中任意两条曲线的交均非空．

(b) 更一般地，求证：若 Y 为 $\mathbf{P}^n$ 中维数 $\geqslant 1$ 的射影簇，H 为超曲面，则 $Y\cap H\neq\phi$．[提示：利用(习题 3.5)和(习题 3.1e)关于进一步推广可见(7.2)．]

3.8 设 H_i 和 H_j 分别是 $\mathbf{P}^n$ 中由 $x_i=0$ 和 $x_j=0$ 定义的超平面($i\neq j$)．求证 $\mathbf{P}^n-(H_i\cap H_j)$ 上的正则函数必为常数（这给出 (3.4a) 对于 $Y=\mathbf{P}^n$ 情形的另一个证明)．

3.9 射影簇的齐次坐标环不是同构不变量．例如取 $X=\mathbf{P}^1$，Y 为 $\mathbf{P}^1$ 在 $\mathbf{P}^2$ 中的 2 嵌入，则 $X\cong Y$ (习题 3.4)．但是证明 $S(X)\ncong S(Y)$．

3.10 子簇．拓扑空间的一个子集叫做是局部闭集，是指它是它的闭包的开集．或者等价地说，它是一个开集与一个闭集的交．

如果 X 是拟仿射簇(或者拟射影簇)，Y 是 X 的不可约的局部闭子集，则 Y 是同一仿射(或射影)空间的局部闭子集，从而也是拟仿射簇(或者拟射影簇)．我们将它称作是 Y 上的诱导结构，并且称 Y 为 X 的子簇．

设 $\varphi: X\to Y$ 为态射，$X'\subseteq X$ 和 $Y'\subseteq Y$ 均是局部闭子集，并且 $\varphi(X')\subseteq Y'$．求证 $\varphi|_{X'}: X'\to Y'$ 是态射．

3.11 设 X 为任意簇，$P\in X$．求证在局部环 $\mathcal{O}_P$ 的素理想和 X 的包含 P 的闭子簇之间存在一一对应．

3.12 如果 P 是簇 X 上一点，则 $\dim \mathcal{O}_P = \dim X$。[提示：化到仿射情形然后利用 (3.2c).]

3.13 子簇的局部环．设 Y 是 X 的子簇．$\mathcal{O}_{Y,X}$ 为 $\langle U,f\rangle$ 的等价类集合，其中 U 为 X 中开集，$U\cap Y\neq\varnothing$，并且 f 为 U 上正则函数．此外，$\langle U,f\rangle$ 与 $\langle V,g\rangle$ 等价是指在 $U\cap V$ 上 $f=g$。求证 $\mathcal{O}_{Y,X}$ 为局部环，其剩余类域为 $K(Y)$，并且 $\dim\mathcal{O}_{Y,X}=\dim X-\dim Y$。这叫作 X 上在 Y 的局部环．注意若 $Y=P$ 为一点，则 $\mathcal{O}_{Y,X}=\mathcal{O}_P$。而当 $Y=X$ 时，$\mathcal{O}_{Y,X}=K(X)$。又若 Y 不是一点，则 $K(Y)$ 不是代数闭域，由此我们得到一些局部环，其剩余类域不是代数闭的．

3.14 从一点的投射．令 $\mathbf{P}^n$ 为 $\mathbf{P}^{n+1}$ 的一个超平面，$P\in\mathbf{P}^{n+1}-\mathbf{P}^n$。定义映射 $\varphi:\mathbf{P}^{n+1}-\{P\}\to\mathbf{P}^n$，$\varphi(Q)=$ 过 P 和 Q 的唯一直线与 $\mathbf{P}^n$ 的交。

(a) 求证 φ 是态射．

(b) 设 Y 为 $\mathbf{P}^3$ 中三次扭曲线，它是 $\mathbf{P}^1$ 的 3 重分量嵌入的象(习题 2.12)，令 t,u 为 $\mathbf{P}^1$ 上齐次坐标，我们称 Y 为由参数化 $(x,y,z,w)=(t^3,t^2u,tu^2,u^3)$ 给出的曲线．设 $P=(0,0,1,0)$，$\mathbf{P}^2$ 为超平面 $z=0$。求证 Y 从点 P 的投射是平面中一条有尖点的三次曲线，决定此曲线的方程．

3.15 仿射簇的积．设 $X\subseteq\mathbf{A}^n$ 和 $Y\subseteq\mathbf{A}^m$ 是仿射簇．

(a) 求证 $X\times Y\subseteq\mathbf{A}^{n+m}$ 对于其诱导拓扑是不可约的．[提示：设 $X\times Y$ 是两个闭子集之并 $Z_1\cup Z_2$。令 $X_i=\{x\in X\mid x\times Y\subseteq Z_i\}$，$i=1,2$。证明 $X=X_1\cup X_2$，并且 X_1 和 X_2 均闭．于是 $X=X_1$ 或者 X_2，从而 $X\times Y=Z_1$ 或者 Z_2.]仿射簇 $X\times Y$ 叫作 X 与 Y 之积．注意仿射簇 $X\times Y$ 的拓扑一般不等于积拓扑(习题 1.4)．

(b) 求证 $A(X\times Y)\cong A(X)\otimes_k A(Y)$。

(c) 求证 $X\times Y$ 是簇范畴中的积，即要证明：

(i) 投射 $X\times Y\to X$ 和 $X\times Y\to Y$ 均是态射；(ii) 给了簇 Z 和态射 $Z\to X$，$Z\to Y$，则存在唯一的态射 $Z\to X\times Y$，使得图表是交换的．

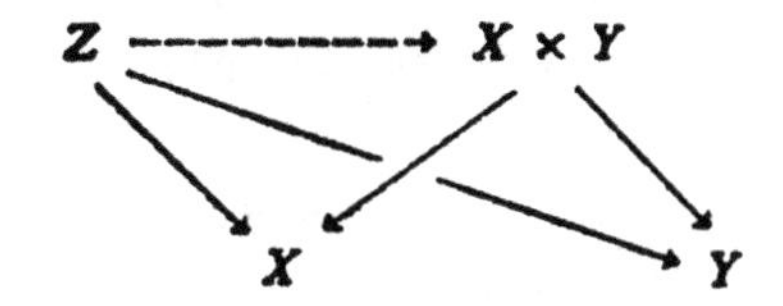

(d) 求证 $\dim(X\times Y)=\dim X+\dim Y$。

3.16 拟射影簇的积. 利用 Segre 嵌入(习题2.14)将 $\mathbf{P}^n\times\mathbf{P}^m$ 等同于它的象,从而得到 $\mathbf{P}^n\times\mathbf{P}^m$ 的射影簇结构. 现在对任意两个拟射影簇 $X\subseteq\mathbf{P}^n$ 和 $Y\subseteq\mathbf{P}^m$,考虑 $X\times Y\subseteq\mathbf{P}^n\times\mathbf{P}^m$.

(a) 求证 $X\times Y$ 是拟射影簇.

(b) 如果 X 和 Y 均是射影簇,则 $X\times Y$ 也是射影簇.

*(c) 求证 $X\times Y$ 是簇范畴中的积.

3.17 正规簇. 簇 Y 称作是在点 P 处正规的,是指 $\mathcal{O}_P$ 是整闭环. 若 Y 在每点处均正规,则 Y 叫正规簇.

(a) 求证 $\mathbf{P}^2$ 中每个圆锥曲线必正规.

(b) 求证 $\mathbf{P}^3$ 中二次曲面 $Q_1:xy=zw$ 和 $Q_2:xy=z^2$ 是正规的(对后者参见(第二章,习题 6.4).).

(c) 求证 $\mathbf{A}^2$ 中尖点三次曲线 $y^2=x^3$ 不正规.

(d) 若 Y 为仿射簇,则 Y 正规$\Leftrightarrow A(Y)$ 整闭.

(e) 设 Y 为仿射簇. 求证存在正规仿射簇 $\tilde{Y}$ 和态射 $\pi:\tilde{Y}\to Y$ 具有如下性质: 若 Z 为正则簇,且 $\varphi:Z\to Y$ 为支配态射(即 $\varphi(Z)$ 在 Y 中稠密),则存在唯一的态射 $\theta:Z\to\tilde{Y}$,使得 $\varphi=\pi\circ\theta$. $\tilde{Y}$ 叫做 Y 的正规化,证明需要前面的 (3.9A).

3.18 射影式正规簇. 射影簇 $Y\subseteq\mathbf{P}^n$ 称作是射影式正规的(对给定的嵌入而言),是指齐次坐标环 $S(Y)$ 是整闭的.

(a) 若 Y 是射影式正规的,则 Y 是正规的.

(b) 在射影空间中存在正规簇不是射影式正规的. 例如取 Y 为 $\mathbf{P}^3$ 中由参数化 $(x,y,z,w)=(t^4,t^3u,tu^3,u^4)$ 给出的四次扭曲线,则 Y 正规但不射影式正规. 关于更多的例子见(第三章,习题 5.6).

(c) 求证上述四次扭曲线同构于 $\mathbf{P}^1$,而 $\mathbf{P}^1$ 是射影式正规的,于是射影式正规性与嵌入方式有关.

3.19 $\mathbf{A}^n$ 的自同构. 设 $\varphi:\mathbf{A}^n\to\mathbf{A}^n$ 是由 n 变量 $x_1,\dots,x_n$ 的多项式 $f_1,\dots,f_n$ 给出的态射, $J=\det\left(\dfrac{\partial f_i}{\partial x_j}\right)$ 是 φ 的 Jacobi 多项式.

(a) 若 φ 为同构(称作 $\mathbf{A}^n$ 的自同构),则 J 为非零常数.

**(b) 甚至对于 $n=2$ 的情形 (a) 的逆是否成立, 也是未解决问题,例如见 Vitushkin[1].

3.20 设 Y 为维数$\geqslant 2$ 的簇, P 为 Y 的正规点, f 为 $Y-P$ 上正则函数.

(a) 求证 f 可扩充成 Y 上正则函数.

(b) 求证当 $\dim Y=1$ 时这不再成立, 关于进一步推广见(第三章,习题 3.5).

3.21 群簇. 群簇是簇 Y 和态射 μ: $Y\times Y\to Y$, 使得 Y 的点集合对于运算 μ 形成群,并且逆映射 $y\mapsto y^{-1}$ 也是态射 $Y\to Y$.

(a) 设加法群 $\mathbf{G}_a$ 为由簇 $\mathbf{A}^1$ 和态射 $\mu:\mathbf{A}^2\to\mathbf{A}^1$, $\mu(a, b)=a+b$ 给出的,求证 $\mathbf{G}_a$ 是群簇.

(b) 设乘法群 $\mathbf{G}_m$ 是由簇 $\mathbf{A}^1-\{(0)\}$ 和态射 $\mu(a, b)=ab$ 给出的,求证 $\mathbf{G}_m$ 为群簇.

(c) 如果 G 为群簇, X 为任意簇, 求证 $\mathrm{Hom}(X,G)$ 具有自然的群结构.

(d) 对于每个簇 X,我们有加法群同构 $\mathrm{Hom}(X,\mathbf{G}_a)\cong\mathcal{O}(X)$.

(e) 对于每个簇 X,我们有乘法群同构 $\mathrm{Hom}(X,\mathbf{G}_m)\cong\mathcal{O}(X)$ 的单位群.

4. 有理映射

本节我们介绍对于簇的分类很重要的概念:有理映射和双有理等价. 有理映射是只定义在某个开子集上的态射,由于簇的开子集是稠密的,这就已经具有了许多信息. 从这方面来看,代数几何比微分几何或者拓扑学更为"刚性",特别地,只在代数几何中才有双有理等价概念.

引理 4.1 设 X 和 Y 为簇, $\varphi,\psi:X\to Y$ 均是态射, 并且存在非空开集 $U\subseteq X$, 使得 $\varphi|_U=\psi|_U$,则 $\varphi=\psi$.

证明 可设 $Y\subseteq\mathbf{P}^n$ (对某个 n). 通过与包含态射 $Y\to\mathbf{P}^n$ 合成,我们可设 $Y=\mathbf{P}^n$. 考虑积 $\mathbf{P}^n\times\mathbf{P}^n$, 它具有由 Segre 嵌入给出的射影簇结构(习题 3.16),态射 φ 和 ψ 决定出映射 $\varphi\times\psi$: $X\to\mathbf{P}^n\times\mathbf{P}^n$, 由习题 3.16(c) 知这是态射. 令 $\Delta=\{P\times P\mid P\in\mathbf{P}^n\}$ 是 $\mathbf{P}^n\times\mathbf{P}^n$ 的对角子集,它由方程 $\{x_iy_j=x_jy_i\mid 0\leqslant i, j\leqslant n\}$ 所定义,从而是 $\mathbf{P}^n\times\mathbf{P}^n$ 的闭子集. 由假设可知 $\varphi\times\psi(U)\subseteq\Delta$. 但是 U 在 X 中稠密,而 Δ 为闭集,从而 $\varphi\times\psi(X)\subseteq\Delta$. 此即 $\varphi=\psi$.

定义 设 X 和 Y 为簇,有理映射 $\varphi:X\to Y$ 指的是 $\langle U, \varphi_U\rangle$

的等价类，其中U为X的非空开集，$\varphi_U: U \to Y$ 为态射．并且$\langle U, \varphi_U\rangle$与$\langle V, \varphi_V\rangle$等价，当且仅当在$U \cap V$上$\varphi_U$与$\varphi_V$一致．如果等价类$\varphi$中对于某个$\langle U, \varphi_U\rangle$（从而每个$\langle U, \varphi_U\rangle$），$\mathrm{Im}\varphi_U$在$Y$中稠密，则称有理映射$\varphi$是支配的．

注意由引理 4.1 可知上面定义的$\langle U, \varphi_U\rangle$之间的关系是等价关系，还要注意：有理映射$\varphi: X \to Y$一般不是集合$X$到$Y$的映射，支配的有理映射的复合显然仍是支配性有理映射，从而我们可以考虑簇与支配性有理映射组成的范畴，而这个范畴中的"同构"就是所谓的双有理映射．

定义 具有逆的有理映射 $\varphi: X \to Y$ 叫做双有理映射． 也就是说，存在有理映射$\psi: Y \to X$，使得作为有理映射我们有$\psi\circ\varphi = id_X$和$\varphi\circ\psi = id_Y$．如果存在从X到Y的双有理映射，则称X和Y双有理等价或简称为双有理的．

本节的主要结果是：簇与支配的有理映射组成的范畴等价于k的有限生成扩域范畴（但箭头反向）．在给出这一结果之前，我们需要一些引理，以表明在任何簇上全体仿射开子集构成拓扑基．如果一个簇同构于仿射簇，我们不确切地把这个簇说成是仿射的．

引理 4.2 设Y是$\mathbf{A}^n$中由方程$f(x_1, \cdots, x_n) = 0$给出的超曲面，则$\mathbf{A}^n - Y$同构于$\mathbf{A}^{n+1}$中由$x_{n+1}f = 1$给出的超曲面H．特别地$\mathbf{A}^n - Y$是仿射的，并且它的仿射坐标环为$k[x_1, \cdots, x_n]_f$．

证明 对于$P = (a_1, \cdots, a_{n+1})$，令$\varphi(P) = (a_1, \cdots, a_n)$．则$\varphi: H \to \mathbf{A}^n$显然是态射，它对应于环同态$A \to A_f$，其中$A = k[x_1, \cdots, x_n]$．$\varphi: H \to \mathrm{Im}\varphi$显然是一一对应，而$\mathrm{Im}\varphi = \mathbf{A}^n - Y$．为证$\varphi$是同构，只需再证$\varphi^{-1}$为态射．但是$\varphi^{-1}(a_1, \cdots, a_n) = (a_1, \cdots, a_n, 1/f(a_1, \cdots, a_n))$，从而由(3.6)可知$\varphi^{-1}$为$\mathbf{A}^n - Y$到$H$的态射．

命题 4.3 每个簇Y均具有由一些开仿射子集构成的拓扑基．

证明 我们需要证明：对任意点$P \in Y$和开集$U \ni P$，均有开仿射集V使得$P \in V \subseteq U$．首先，由于U也是簇，我们可设$U -$

Y. 其次,由(2.3)知每个簇均有拟仿射簇组成的覆盖,于是又可设 Y 为 $\mathbf{A}^n$ 中拟仿射簇. 令 $Z = \bar{Y} - Y$,这是 $\mathbf{A}^n$ 中闭集,令 $\mathfrak{A} \subseteq A = k[x_1, \cdots, x_n]$ 是 Z 的理想. 由于 Z 是闭集,并且 $P \notin Z$, 存在多项式 $f \in \mathfrak{A}$,使得 $f(P) \neq 0$. 设 H 为 $\mathbf{A}^n$ 中超曲面 $f = 0$,则 $Z \subseteq H$,但是 $P \notin H$. 于是 $P \in Y - Y \cap H$, 而这是 Y 的开集. 此外 $Y - Y \cap H$ 又是 $\mathbf{A}^n - H$ 的闭子集,而由(4.2)知 $\mathbf{A}^n - H$ 是仿射的,从而 $Y - Y \cap H$ 也是仿射的, 于是 $Y - Y \cap H$ 即为所需的 P 的仿射邻域.

现在讲述本节主要结果. 设 $\varphi: X \to Y$ 是支配的有理映射, $\langle U, \varphi_U \rangle$ 是它的一个表示,令 $f \in K(Y)$ 是有理函数,表示成 $\langle V, f \rangle$,其中 V 是 Y 的开集, f 为 V 上正则函数. 由于 $\varphi_U(U)$ 在 Y 中稠密, $\varphi_U^{-1}(V)$ 为 X 的非空开集,从而 $f \circ \varphi_V$ 是 $\varphi_U^{-1}(V)$ 上正则函数. 由此给出 X 上一个有理函数,并且定义出从 $K(Y)$ 到 $K(X)$ 的 k-代数同态.

定理 4.4 设 X 和 Y 是任意两个簇,则上述构造给出下列两个集合之间的一一对应.

(i) 从 X 到 Y 的支配的有理映射全体;

(ii) 从 $K(Y)$ 到 $K(X)$ 的 k 代数同态全体.

进而, 这个对应给出簇与支配的有理映射形成的范畴与 k 的有限生成扩域范畴之间的反箭头等价.

证明 我们来构造上述映射的逆. 设 $\theta: K(Y) \to K(X)$ 是 k 代数同态, 我们想定义从 X 到 Y 的一个有理映射. 由(4.3)知 Y 有仿射簇覆盖,因此可设 Y 是仿射的. 设 $A(Y)$ 为 Y 的仿射坐标环, $y_1, \cdots, y_n$ 为 k 代数 $A(Y)$ 的生成元,则 $\theta(y_1), \cdots, \theta(y_n)$ 是 X 上有理函数. 我们可以求得开集 $U \subseteq X$, 使得所有函数 $\theta(y_i)$ 在 U 上均正则, 于是 θ 定义出 k 代数单同态 $A(Y) \to \mathscr{O}(U)$. 由(3.5)知它对应于态射 $\varphi: U \to Y$, 这就给出从 X 到 Y 的一个支配的有理映射. 不难看出它给出从集合 (ii) 到集合 (i) 的映射, 并且是以前定义的映射的逆.

为了看出定理中所述的范畴等价性, 我们只需检查: 对每个

簇 Y，$K(Y)$ 在 k 上是有限生成的；反之，如果 K/k 为有限生成扩张，则存在某个 Y 使得 $K=K(Y)$。假如 Y 为簇，则有 Y 的仿射开集 U 使得 $K(Y)=K(U)$，因此可设 Y 是仿射的。然后由 (3.2d) 知 $K(Y)$ 是 k 的有限生成扩域。另一方面，设 K 是 k 的有限生成扩域，令 $y_1,\cdots,y_n\in K$ 是其生成元集合，B 是由 $y_1,\cdots,y_n$ 生成的 K 的 k 子代数。则 B 是多项式环 $A=k[x_1,\cdots,x_n]$ 的商，从而在 $\mathbf{A}^n$ 中有某个簇 Y 使得 $B\cong A(Y)$。于是 $K\cong K(Y)$，这就完成了证明。

系 4.5 对于任意两个簇 X 和 Y，下列诸条件彼此等价。

(i) X 和 Y 双有理等价；

(ii) 存在开集 $U\subseteq X$ 和 $V\subseteq Y$，使得 U 与 V 同构；

(iii) $K(X)\cong K(Y)$(k 代数同构)。

证明 (i) ⇒ (ii)。设 $\varphi:X\to Y$ 和 $\psi:Y\to X$ 是互逆的有理映射。φ 表示成 $\langle U,\varphi\rangle$，ψ 表示成 $\langle V,\psi\rangle$。则 $\psi\circ\varphi$ 可表示成 $\langle\varphi^{-1}(V),\psi\circ\varphi\rangle$，由于 $\psi\circ\varphi=id_X$（作为有理映射），从而 $\psi\circ\varphi$ 在 $\varphi^{-1}(V)$ 上是恒等映射。类似地，$\varphi\circ\psi$ 在 $\psi^{-1}(U)$ 上是恒等映射。现在取 $\varphi^{-1}(\psi^{-1}(U))$ 为 X 中开集，取 $\psi^{-1}(\varphi^{-1}(V))$ 为 Y 中开集，则由构作方法可知 φ 和 ψ 给出这两个开集是同构的。

(ii) ⇒ (iii)。由函数域的定义推出。

(iii) ⇒ (i)。由定理 4.4 推出。

作为双有理对应这个概念的一个说明性例子，我们现在利用域扩张理论的某些代数结果证明每个簇均双有理同构于超曲面。我们假定读者熟悉域的可分代数扩张，超越基以及域无限扩张的超越次数这些概念(见 Zariski-Samuel [1,第 2 章])。

定理 4.6A(本原元素定理) 设 L/K 是域的有限可分扩张，则存在元素 $\alpha\in L$，使得 $L=K(\alpha)$。进而，如果 $L=K(\beta_1,\cdots,\beta_n)$ 并且 K 是无限域，则 α 可取成 $\{\beta_i\}$ 的 K 线性组合 $\alpha=c_1\beta_1+\cdots+c_n\beta_n$，$c_i\in K$。

证明 Zariski-Samuel [1,第 2 章，定理 19，p.84]。第二个论断由那里的证明过程即知。

定义 域扩张 K/k 叫做可分生成的，是指存在 K/k 的超越基 $\{x_i\}$，使得 $K/k(\{x_i\})$ 为可分代数扩张，这样的超越基叫做可分超越基。

定理 4.7A 如果域扩张 K/k 是有限生成并且可分生成的，则每个生成元集合均包含一个子集合是可分超越基。

证明 Zariski-Samuel [1,第 2 章,定理 30,p.104]。

定理 4.8A 设 k 是完全域(例如代数闭域均是完全域)，则每个有限生成域扩张 K/k 都是可分生成扩张。

证明 Zariski-Samuel [1,第 2 章，定理 31，p.105]，或者 Matsumura [2,第 10 章,系，p.194]。

命题 4.9 每个 r 维簇 X 均双有理等价于 $\mathbf{P}^{r+1}$ 中某个超曲面。

证明 X 的函数域 K 是 k 的有限生成扩域，由(4.8A)知 K/k 是可分生成的。从而有超越基 $x_1,\cdots,x_r\in K$，使得 $K/k(x_1,\cdots,x_r)$ 为有限可分扩张。再由 (4.6A) 我们可再找到 $y\in K$，使得 $K=k(x_1,\cdots,x_r,y)$。现在 y 在 $k(x_1,\cdots,x_r)$ 上代数，从而 y 是系数属于 $k(x_1,\cdots,x_r)$ 的某个多项式方程的零点，通分后得到不可约多项式 $f(x_1,\cdots,x_r,y)=0$，它定义了 $\mathbf{A}^{r+1}$ 中一个超曲面，并且其函数域为 K。由(4.5)可知此超曲面双有理等价于 X。它的射影闭包(习题 2.9)就是所求的超曲面 $Y\subseteq\mathbf{P}^{r+1}$。

胀开

作为双有理映射的另一个例子，我们现在构作簇在一点的胀开，这个重要构造是代数簇奇点分解理论的主要工具。

首先构造 $\mathbf{A}^n$ 在点 $\mathcal{O}=(0,\cdots,0)$ 的胀开。考虑积 $\mathbf{A}^n\times\mathbf{P}^{n-1}$，由习题 3.16 知这是拟射影簇。如果 $x_1,\cdots,x_n$ 是 $\mathbf{A}^n$ 的仿射坐标，$y_1,\cdots,y_n$ 是 $\mathbf{P}^{n-1}$ 的齐次坐标(这与通常记号不同)，则 $\mathbf{A}^n\times\mathbf{P}^{n-1}$ 中闭集均由一些关于 x_i,y_j 的多项式定义的，并且这些多项式关于诸 y_j 是齐次的。

$\mathbf{A}^n$ 在点 $\mathcal{O}$ 的胀开定义为 $\mathbf{A}^n\times\mathbf{P}^{n-1}$ 中由诸方程 $\{x_iy_j=$

$x_jy_i | 1 \leqslant i, j \leqslant n\}$ 定义的闭子集 X。

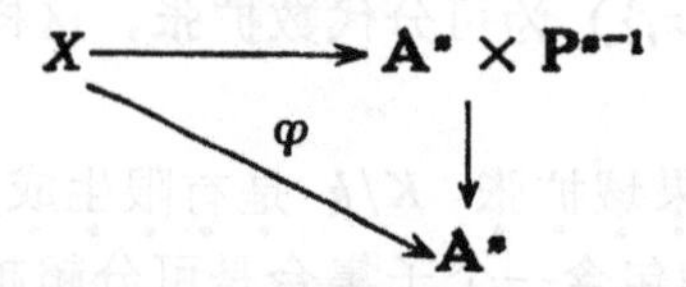

通过 $\mathbf{A}^n \times \mathbf{P}^{n-1}$ 到第一分量 $\mathbf{A}^n$ 上的投射我们得到自然态射 $\varphi: X \to \mathbf{A}^n$。现在研究$X$的性质。

(1) 如果 $P \in \mathbf{A}^n$, $P \neq 0$,则 $\varphi^{-1}(P)$ 是一点. 事实上, φ 给出同构 $X - \varphi^{-1}(0) \cong \mathbf{A}^n - O$. 因为若 $P = (a_1, \cdots, a_n)$, 其中某个 $a_i \neq 0$,如果 $P \times (y_1, \cdots, y_n) \in \varphi^{-1}(P)$,则对每个 $j, y_j = (a_j/a_i)y_i$,从而 $(y_1, \cdots, y_n)$ 作为 $\mathbf{P}^{n-1}$ 中的点是唯一决定的. 因为令 $y_i = a_i$,我们可取 $(y_1, \cdots, y_n) = (a_1, \cdots, a_n)$. 于是 $\varphi^{-1}(P)$ 是一点. 进而若 $P \in \mathbf{A}^n - O$, 取 $\psi(P) = (a_1, \cdots, a_n) \times (a_1, \cdots, a_n)$ 便定义出 φ 的逆态射. 这表明 $X - \varphi^{-1}(O)$ 同构于 $\mathbf{A}^n - O$。

(2) $\varphi^{-1}(O) \cong \mathbf{P}^{n-1}$. 这是因为 $\varphi^{-1}(O) = \{$点 $O \times Q \mid Q = (y_1, \cdots, y_n) \in \mathbf{P}^{n-1}\}$(不加任何限制).

(3) $\varphi^{-1}(O)$ 中点一一对应于 $\mathbf{A}^n$ 中过 O 的直线. 事实上, $\mathbf{A}^n$ 中过O的直线L可由参数方程 $x_i = a_it\,(1 \leqslant i \leqslant n)$ 给出,其中 $a_i \in k$ 不全为零, 而 $t \in \mathbf{A}^1$. 现在考虑 $X - \varphi^{-1}(O)$ 中直线 $L' = \varphi^{-1}(L - O)$,它由参数方程 $x_i = a_it$, $y_i = a_it$, $t \in \mathbf{A}' - O$ 给出. 但是 y_i 为 $\mathbf{P}^{n-1}$ 中齐次坐标,从而 L' 同样可描述成 $x_i = a_it$, $y_i = a_i$, $t \in \mathbf{A}' - O$. 这些方程对 $t = 0$ 也有意义, 由此给出 L' 在X中的闭包 $\bar{L}'$. 现在 $\bar{L}'$ 与 $\varphi^{-1}(O)$ 交于点 $Q = (a_1, \cdots, a_n) \in \mathbf{P}^{n-1}$,从而我们看到, $L \longmapsto Q$ 给出 $\mathbf{A}^n$ 中过O直线与 $\varphi^{-1}(O)$ 中点的一一对应.

(4) X 是不可约的. 事实上,$X = (X - \varphi^{-1}(O)) \cup \varphi^{-1}(O)$. 前者同构于 $\mathbf{A}^n - O$, 从而不可约. 另一方面, 我们已经知道 $\varphi^{-1}(O)$ 中每个点均在 $X - \varphi^{-1}(O)$ 的某个子集(即直线 L')的闭包中,从而 $X - \varphi^{-1}(O)$ 在X中稠,因此X不可约.

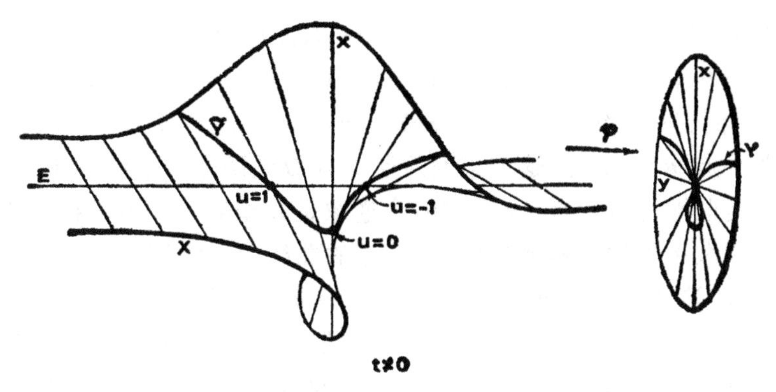

图 3 胀开

定义 设 Y 是 $\mathbf{A}^n$ 的闭子簇并且 $O \in Y$. 我们把 $\widetilde{Y} = (\varphi^{-1}(Y - O))^-$ 称作是 Y 在点 O 的胀开，其中 $\varphi: X \to \mathbf{A}^n$ 是上面描述的 $\mathbf{A}^n$ 在点 O 的胀开. 我们还以 $\varphi: \widetilde{Y} \to Y$ 表示将 $\varphi: X \to \mathbf{A}^n$ 限制于 $\widetilde{Y}$ 而得到的态射. 通过坐标线性变换将点 P 变成 O 之后，可以得到在 $\mathbf{A}^n$ 中任何点 P 的胀开.

注意 φ 给出同构 $\widetilde{Y} - \varphi^{-1}(O) \cong Y - O$, 从而 φ 是 $\widetilde{Y}$ 到 Y 的双有理态射，又注意：胀开的定义看起来依赖于 Y 在 $\mathbf{A}^n$ 中的嵌入，但事实上我们将看到胀开是内蕴性质(第二章，7.15.1).

将 Y 中一点胀开所起的作用是在 O 附近沿过 O 直线的不同方向将 Y“拉开”，我们将用例子说明这个作用.

例 4.9.1 设 Y 是由方程 $y^2 = x^2(x+1)$ 给出的平面三次曲线. 我们在点 O 将 Y 胀开(图 3). 设 t 和 u 是 $\mathbf{P}^1$ 的齐次坐标，则 $\mathbf{A}^2$ 在 O 的胀开 X 由 $\mathbf{A}^2 \times \mathbf{P}^1$ 中方程 $xu = ty$ 所定义，它很象 $\mathbf{A}^2$ 只是把 O 换成 $\mathbf{P}^1$ 与过 O 的诸斜率相对应. 我们将这个 $\mathbf{P}^1$ 叫做例外曲线，并且记成 E.

考虑 $\mathbf{A}^2 \times \mathbf{P}^1$ 中方程组 $y^2 = x^2(x+1)$ 和 $xu = ty$, 便得到 Y 在 X 中的整个逆像，$\mathbf{P}^1$ 由两个开集 $t \neq 0$ 和 $u \neq 0$ 所覆盖，现在分别考虑这两个开集. 如果 $t \neq 0$, 可设 $t = 1$, 用 u 作为仿射参数，于是我们有 $\mathbf{A}^3$ 中以 x, y, u 为坐标的方程组

$$y^2 = x^2(x+1), \quad y = xu.$$

做变量代换得到 $x^2u^2 - x^2(x+1) = 0$,左边可因式分解,从而我们得到两个不可约分支,一个定义成 $x = 0, y = 0, u$ 任意,这就是 E;而另一个定义成 $u^2 = x + 1, y = xu$,这是 $\widetilde{Y}$. 注意 $\widetilde{Y}$ 与 E 交于点 $u = \pm 1$. 这些点对应于 Y 在 O 处两个分支的斜率.

类似地可以检查,x 轴的整个逆像是 E 和另一个不可约曲线,后者叫做 x 轴的严格变形(以前描述的曲线 $\bar{L}'$ 对应于直线 $L = x$ 轴). 这个严格变形与 E 交于点 $u = 0$. 如果考虑 $\mathbf{A}^2 \times \mathbf{P}^1$ 的另一开集 $u \neq 0$,可知 y 轴的严格变形与 E 交于点 $t=0, u=1$.

这些结论均显示在图 3 中,胀开的作用是分开曲线过 O 的那些分枝(按它们不同斜率分开). 如果这些斜率彼此不同,它们的严格变形在 X 中不再相交,但是它们与 E 交于对应不同斜率的那些点.

习 题

4.1 设 f 和 g 分别是簇 X 的开集 U 和 V 上的正则函数,并且在 $U \cap V$ 上 $f=g$,求证由"在 U 上为 f,在 V 上为 g"定义的函数在 $U \cup V$ 上正则. 于是若 f 为 X 上有理函数,则存在 X 的一个最大开集 U,使得 f 在 U 上可表成正则函数. 我们称 f 在 U 的诸点有定义。

4.2 对于有理映射可提同样问题. 设 $\varphi: X \to Y$ 为有理映射,求证存在 X 的最大开集 U,使得 φ 在 U 上可表成态射. 我们称 φ 在 U 的诸点有定义.

4.3 (a) 设 f 为 $\mathbf{P}^2$ 上由 $f = x_1/x_0$ 给出的有理函数. 求 f 有定义的点集并刻划其对应的正则函数.

(b) 现在把上述 f 看成有理映射 $\mathbf{P}^2 \to \mathbf{A}^1$. 将 $\mathbf{A}^1$ 嵌到 $\mathbf{P}^1$ 中,令 $\varphi: \mathbf{P}^2 \to \mathbf{P}^1$ 为最后合成的有理映射. 求 φ 有定义的点集,并描述其对应的态射.

4.4 双有理等价于 $\mathbf{P}^n$ (对某个 n) 的簇 Y 称作是有理的(或者由(4.5)可以等价地定义成: $K(Y)$ 是 k 的纯超越扩张).

(a) $\mathbf{P}^2$ 中每个圆锥曲线都是有理曲线.

(b) 三次尖点曲线 $y^2 = x^3$ 是有理曲线.

(c) 设 Y 为 $\mathbf{P}^2$ 中三次结点曲线 $y^2z = x^2(x+z)$.

求证由点 $P = (0,0,1)$ 到直线 $z = 0$ 的投射 (习题 3.14) 诱导出从

Y 到 $\mathbf{P}^1$ 的双有理映射. 从而 Y 为有理曲线.

4.5 求证 $\mathbf{P}^3$ 中四次曲面 $Q: xy = zw$ 双有理等价于 $\mathbf{P}^2$, 但是不同构于 $\mathbf{P}^2$ (参见习题 2.15).

4.6 平面 Cremona 变换. $\mathbf{P}^2$ 到自身中的双有理映射叫做平面 Cremona 变换. 这里给出一个二次变换的例子,它是有理变换 $\varphi: \mathbf{P}^2 \to \mathbf{P}^1$, $(a_0, a_1, a_2) \mapsto (a_1a_2, a_0a_2, a_0a_1)$ (a_0, a_1, a_2 至多只有一个为零).

(a) 求证 φ 为双有理变换,并且逆为 φ 自身.

(b) 求开集 $U, V \subseteq \mathbf{P}^2$,使得 $\varphi: U \to V$ 为同构.

(c) 求 φ 和 φ^{-1} 有定义的开集, 并描述相应的态射, 还见(第五章 4.2.3).

4.7 设 X 和 Y 是两个簇, 如果存在点 $P \in X$ 和 $Q \in Y$, 使得局部环 $\mathcal{O}_{P,X}$ 和 $\mathcal{O}_{Q,Y}$ 作为 k 代数是同构的, 求证存在开集 U 和 V, $P \in U \subseteq X$, $Q \in V \subseteq Y$ 和同构 $U \simeq V$ 将 P 映成 Q.

4.8 (a) 求证 k 上维数 $\geqslant 1$ 的簇均与 k 等势. [提示: 先作 $\mathbf{A}^n$ 和 $\mathbf{P}^n$,然后对任意的 X 对于 $\dim X$ 归纳. 利用 (4.9) 使 X 双有理等价于超曲面 $H \subseteq \mathbf{P}^{n+1}$. 利用习题 3.7 证明从 H 外一点将 H 到 $\mathbf{P}^n$ 的投射是满射,并且 $\mathbf{P}^n$ 中每点的原像均是有限个点.]

(b) 由此推出 k 上任意两个曲线均同胚(参见习题 3.1).

4.9 设 X 是 $\mathbf{P}^n$ 中 r 维射影簇, $n \geqslant r+2$. 求证可适当选取 $P \notin X$ 和线性簇 $\mathbf{P}^{n-1} \subseteq \mathbf{P}^n$, 使得从 P 到 $\mathbf{P}^{n-1}$ 的投射 (习题 3.14) 诱导出 X 到它象 $X' \subseteq \mathbf{P}^{n-1}$ 上的双有理态射, 证明需要利用 (4.6A), (4.7A) 和 (4.8A). 特别地这表明(4.9)中的双有理映射均可通过有限次这种投射得到.

4.10 设 Y 为 $\mathbf{A}^2$ 中三次尖点曲线 $y^2 = x^3$. 在点 $O = (0, 0)$ 作胀开. 令 E 为例外曲线, $\tilde{Y}$ 为 Y 的严格变形.求证 Y 与 $\tilde{Y}$ 交于一点并且 $\tilde{Y} \cong \mathbf{A}^1$. 这种情形下, 态射 $\varphi: \tilde{Y} \to Y$ 为双方连续的一一对应但不是同构.

5. 非 异 簇

代数几何中非异簇概念对应于拓扑学中流形概念. 例如在复数域上,非异簇就是对"通常"拓扑的复流形,非异性的最自然定义方式(也是历史上最早的定义方式)正是利用了定义该簇的那些多项式的微商.

定义 设Y为$\mathbf{A}^n$中仿射簇. $f_1,\cdots,f_t\in A=k[x_1,\cdots,x_n]$是$Y$的理想的生成元集合. 如果矩阵$\|(\partial f_i/\partial x_j)(p)\|$的秩为$n-r$ ($r=\dim Y$),则称Y在点$P\in Y$是非异的. 如果Y在每点均非异,则称Y是非异的.

让我们作一些评论. 首先,在任何域上多项式对它某个变量的偏微商均是有意义的. 我们可以只应用通常的微商法则,而不需要极限过程. 但是在特征$p>0$的情形会发生一些古怪的事情. 例如由于在k中$p=0$,从而当$f(x)=x^p$时,$df/dx=px^{p-1}=0$. 在任何情况下,如果$f\in A$为多项式,则对每个i, $\partial f/\partial x_i$也是多项式. 矩阵$\|(\partial f_i/\partial x_j)(P)\|$叫做在$P$的 Jacobi 阵. 不难证明,非异性的这个定义与Y的理想生成元集合的选取方式是无关的.

我们定义的一个缺点是它看起来依赖于Y在仿射空间中的嵌入. 但是 Zariski 在一篇奠基性文章[1]中证明了,非异性可以用局部环语言内蕴地加以描述.

定义 设A为 Noether 局部环,$\mathfrak{m}$是它的极大理想,$k=A/\mathfrak{m}$是它的剩余类域,如果$\dim_k\mathfrak{m}/\mathfrak{m}^2=\dim A$,则称$A$为正则局部环.

定理 5.1 设Y是$\mathbf{A}^n$中仿射簇,$P\in Y$,则Y在点P非异,当且仅当局部环$\mathcal{O}_{P,Y}$为正则局部环.

证明 设$P=(a_1,\cdots,a_n)\in\mathbf{A}^n$, $\mathfrak{a}_P=(x_1-a_1,\cdots,x_n-a_n)$为$A=k[x_1,\cdots,x_n]$中相对应的极大理想. 定义线性映射

$$\theta:\ A\to k^n,\ \theta(f)=\left\langle\frac{\partial f}{\partial x_1}(P),\cdots,\frac{\partial f}{\partial x_n}(P)\right\rangle\ (f\in A).$$

显然$\{\theta(x_i-a_i)\mid 1\leqslant i\leqslant n\}$形成$k^n$的基,并且$\theta(\mathfrak{a}_P^2)=0$.从而$\theta$诱导出同构$\theta':\ \mathfrak{a}_P/\mathfrak{a}_P^2\to k^n$.

令$\mathfrak{b}$为Y在A中的理想,$f_1,\cdots,f_t$为$\mathfrak{b}$的生成元集合. 则 Jacobi 阵$\|(\partial f_i/\partial x_j)(P)\|$的秩等于$k^n$的子空间$\theta(\mathfrak{b})$的维

数. 利用同构 θ' 可知这又等于 $\mathfrak{a}_P/\mathfrak{a}_P^2$ 的子空间 $(\mathfrak{b}+\mathfrak{a}_P^2)/\mathfrak{a}_P^2$ 的维数. 另一方面, A 除以 $\mathfrak{b}$ 然后在极大理想 $\mathfrak{a}_P$ 处作局部化就得出 Y 上在 P 的局部环 $\mathscr{O}_P$. 从而若 $\mathfrak{m}$ 为 $\mathscr{O}_P$ 的极大理想,则

$$\mathfrak{m}/\mathfrak{m}^2 \cong \mathfrak{a}_P/(\mathfrak{b}+\mathfrak{a}_P^2).$$

计算诸向量空间的维数,即知 $\dim \mathfrak{m}/\mathfrak{m}^2 + \operatorname{rank} J = n$.

现令 $\dim Y = r$. 则由(3.2)知 $\mathscr{O}_P$ 是 r 维局部环, 从而 $\mathscr{O}_P$ 正则 $\Longleftrightarrow \dim_k \mathfrak{m}/\mathfrak{m}^2 = r$. 而这又等价于 $\operatorname{rank} J = n - r$, 即等价于 P 是 Y 的非异点.

注 以后我们将给出非异点的另一种描述方式((第二章 8.15), 用 Y 上的微分形式层).

现在我们知道非异性是内蕴的. 这个定义可推广到任意簇上.

定义 Y 为任意簇. 我们称 Y 在点 $P \in Y$ 是非异的, 是指局部环 $\mathscr{O}_{P,Y}$ 为正则局部环. 如果 Y 在每点均是非异的, 则 Y 叫做非异的. 如果 Y 不是非异的, 则称 Y 是奇异的.

我们的下一目标是要证明: 一个流形的多数点都是非异的. 为此需要一个代数预备知识.

命题 5.2A 若 A 为 Noether 局部环, $\mathfrak{m}$ 和 k 为它的极大理想和剩余类域, 则 $\dim_k \mathfrak{m}/\mathfrak{m}^2 \geqslant \dim A$.

证明 Atiyah-Macdonald [1, 系 11.15, p. 121] 或者 Matsumura [2, p. 78].

定理 5.3 设 Y 为簇, 则 Y 的奇点全体形成的集合 $\operatorname{Sing} Y$ 是 Y 的真闭子集.

证明 (也可见第二章 8.16)先证 $\operatorname{Sing} Y$ 为闭集. 这只需证明对 Y 的某个开覆盖 $Y = \bigcup Y_i$, $\operatorname{Sing} Y_i$ 均是闭集. 于是由(4.3)我们可假设 Y 是仿射的. 由(5.2)和(5.1)的证明我们知道, Jacobi 阵的秩永远 $\leqslant n - r$. 从而奇点集合即是 $\{P \in Y \mid$ Jacobi 阵在 P 处的秩 $< n - r\}$. 从而 $\operatorname{Sing} Y$ 是由 $I(Y)$ 和方阵 $\|\partial f_i/\partial x_j\|$ 的全部 $(n-r)$ 阶子阵的行列式一起生成的理想所定义的代数集合. 于是 $\operatorname{Sing} Y$ 为闭集.

为证 $\mathrm{Sing}Y$ 是 Y 的真子集，我们先用(4.9)使 Y 双有理等价于 $\mathbf{P}^n$ 中超曲面. 因为双有理同构的簇具有彼此同构的开集，从而可设 Y 为超曲面. 由于只需考虑 Y 的任一开仿射集，从而又可设 Y 是由一个不可约多项式 $f(x_1,\cdots,x_n)=0$ 定义的 $\mathbf{A}^n$ 中超曲面.

于是 $\mathrm{Sing}Y=\{P\in Y\mid(\partial f/\partial x_i)(P)=0,\ 1\leqslant i\leqslant n\}$. 如果 $\mathrm{Sing}Y=Y$,则函数 $\partial f/\partial x_i$ 在 Y 上为零,从而对每个 i, $\partial f/\partial x_i\in I(Y)$. 但是 $I(Y)$ 是由 f 生成的主理想，并且对每个 i, $\deg(\partial f/\partial x_i)\leqslant\deg f-1$,从而必然 $\partial f/\partial x_i=0$ (对每个 i).

在特征 0 情形这是不可能的,因为若 x_i 出现在 f 中,则 $\partial f/\partial x_i\neq 0$. 于是 $\mathrm{char}k=p>0$，并且由 $\partial f/\partial x_i=0$ 可知 f 为 x_i^p 的多项式(对每个 i),联系数的 p 次方根 (注意 k 为代数闭的) 我们得到多项式 $g(x_1,\cdots,x_n)$ 使得 $f=g^p$. 但这与 f 的不可约假设相矛盾,从而 $\mathrm{Sing}Y<Y$.

完备化

为了对奇性作局部分析，我们现在叙述完备化技巧. 设 A 为局部环, $\mathfrak{m}$ 是它的极大理想. $\mathfrak{m}$ 的全部幂定义了 A 上一个拓扑, 叫做 $\mathfrak{m}$ 进拓扑. 由对此拓扑的完备化我们得到 A 的完备化 $\hat{A}$.或者也可将 $\hat{A}$ 定义为逆向极限 $\varprojlim A/\mathfrak{m}^n$. 关于完备化的进一步知识可见 Atiyah-Macdonald [1,第 10 章],Matsumura[2,第 9 章], 或者 Zariski-Samuel [1,第 2 卷,第 8 章].

完备化在代数几何中的重要意义在于：通过将簇 X 在点 P 的局部环作完备化 $\hat{\mathcal{O}}_P$，我们可以研究 X 在 P 附近的局部性状. 我们已经看到 (习题 4.3)，如果在点 $P\in X$ 和 $Q\in Y$ 有同构的局部环,则 P 和 Q 已经有同构的邻域,特别地，X 和 Y 双有理等价. 这表明通常局部环 $\mathcal{O}_P$ 几乎包含了 X 的全部信息. 但是我们将看到,完备化 $\hat{\mathcal{O}}_P$ 包含更多的局部信息，更接近于我们在拓扑学或微分几何中对于“局部”含义的直观理解.

让我们回忆完备化的代数性质然后给出一些例子.

定理 5.4A 设 A 为 Noether 局部环，$\mathfrak{m}$ 是它的极大理想，$\hat{A}$ 是 A 的完备化.

(a) $\hat{A}$ 为局部环，它的极大理想为 $\hat{\mathfrak{m}}=\mathfrak{m}\hat{A}$，并且有自然的单同态 $A\to\hat{A}$.

(b) 如果 M 是有限生成 A 模，则它对于 $\mathfrak{m}$ 进拓扑的完备化 $\hat{M}$ 同构于 $M\otimes_A\hat{A}$.

(c) $\dim A=\dim\hat{A}$.

(d) A 正则，当且仅当 $\hat{A}$ 正则.

证明 见 Atiyah-Macdonald [1，第 10，11 章]，或者 Zariski-Samuel [1，第 2 卷，第 8 章].

定理 5.5A (Cohen 结构定理) 设 A 为 n 维完备正则局部环并且包含某个域，则 $A=k[[x_1,\cdots,x_n]]$(形式幂级数环)，其中 k 是 A 的剩余类域.

证明 Matsumura [2，系 2，p. 206] 或者 Zariski-Samuel [1，第 2 卷，系，p. 307].

定义 点 $P\in X$ 和 $Q\in Y$ 叫做解析同构，是指有 k 代数同构 $\hat{\mathcal{O}}_P\cong\hat{\mathcal{O}}_Q$.

例 5.6.1 如果 $P\in X$ 和 $Q\in Y$ 解析同构，则 $\dim X=\dim Y$. 这是基于 (5.4A) 和如下事实：簇在一点的局部环的维数等于此簇的维数(习题 3.12).

例 5.6.2 若 $P\in X,Q\in Y$ 是簇上的非异点，$\dim X=\dim Y$，则 P 和 Q 解析同构. 这可由 (5.4A) 和 (5.5A) 推出. 这个例子是下面事实的代数类比：维数相同的两个(拓扑、微分或者复)流形是局部同构的.

例 5.6.3 设 X 是由方程 $y^2=x^2(x+1)$ 给出的平面三次结点曲线，Y 是 $\mathbf{A}^2$ 中由方程 $xy=0$ 定义的代数集合. 我们要证明 X 上点 $O=(0,0)$ 解析同构于 Y 上点 O (因为我们没有发展可约代数集合在一点局部环的一般理论，我们规定定义 $\mathcal{O}_{O,Y}=(k[x,y]/(xy))_{(x,y)}$. 于是 $\hat{\mathcal{O}}_{O,Y}\cong k[[x,y]]/(xy)$). 这个例子对应于如下几何事实：$X$ 在点 O 附近很像是两条相交直线.

为证上述结果,我们考虑完备化 $\hat{\mathcal{O}}_{O,X}$,它同构于 $k[[x,y]]/(y^2-x^2-x^3)$. 关键在于:方程的主要部分 y^2-x^2 分解成两个不同的因子 $y+x$ 和 $y-x$ (假设 $\operatorname{char} k \neq 2$). 我们断言 $k[[x,y]]$ 中存在形式幂级数

$$g = y + x + g_2 + g_3 + \cdots, \quad h = y - x + h_2 + h_3 + \cdots,$$

(其中 g_i, h_i 为 i 次齐次多项式). 使得 $y^2 - x^2 - x^3 = gh$. 我们逐步构造 g 和 h. 为决定 g_2 和 h_2,需要

$$(y-x)g_2 + (y+x)h_2 = -x^3.$$

这是可能的,因为 $y-x$ 和 $y+x$ 生成 $k[[x,y]]$ 中极大理想. 为决定 g_3 和 h_3 我们需要

$$(y-x)g_3 + (y+x)h_3 = -g_2h_2,$$

这也同样是可能的,如此等等.

于是 $\hat{\mathcal{O}}_{O,X} = k[[x,y]]/(gh)$. 由于 g 和 h 的开始部分是线性无关线性型,从而存在 $k[[x, y]]$ 中自同构将 g 和 h 分别变成 x 和 y. 这就证明了所需结果 $\hat{\mathcal{O}}_{O,X} \cong k[[x,y]]/(xy)$.

注意在这个例子中 $\mathcal{O}_{O,X}$ 为整环,但是它的完备化不是整环.

我们再叙述一个代数结果,它在下面(习题 5.15)会用到.

定理 5.7A(消去理论) 设 $f_1, \cdots, f_r$ 是 $x_0, \cdots, x_n$ 的齐次多项式,系数为 a_{ij},则存在以诸 a_{ij} 为未定元的整系数多项式 $g_1, \cdots, g_t$,它们对每个 f_i 的诸系数都是齐次的,并且具有以下性质:对任一域 k 和任何特殊值 $a_{ij} \in k$,诸 f_i 有不为$(0, \cdots 0)$的公共零点的充要条件是 $\{a_{ij}\}$ 是 $g_1, \cdots, g_t$ 的公共零点.

证明 Van der Waerden[1, 第 II 卷, §80, p. 8].

习 题

5.1 对于 $\mathbf{A}^2$ 中下列曲线决定其奇点并给出其大致图形(假设 $\operatorname{char} k \neq 2$). 图 4 中的曲线分别是哪个?

(a) $x^2 = x^4 + y^4$;

(b) $xy = x^6 + y^6$;

(c) $x^3 = y^2 + x^4 + y^4$;

图 4　单面曲线的奇异特性

(d) $x^2y + xy^2 = x^4 + y^4$。

5.2　决定 $\mathbf{A}^3$ 中下列曲面的奇点并描绘其奇异特性(假设 char $k \neq 2$) 图 5 中的曲面分别是哪个?

(a) $xy^2 = z^2$;

(b) $x^2 + y^2 = z^2$;

(c) $xy + x^3 + y^3 = 0$。

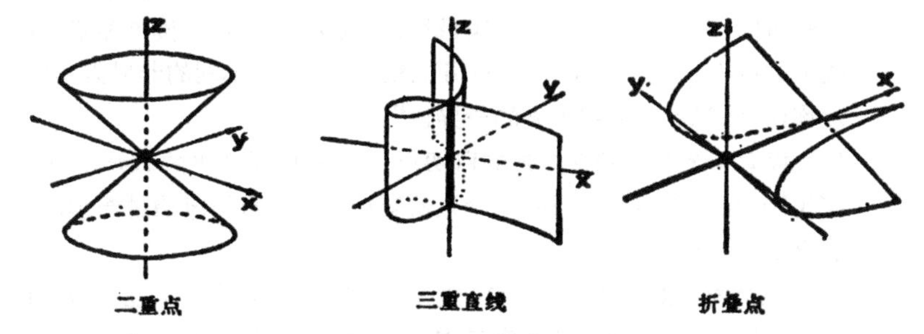

图 5　曲面的奇异特性

5.3　**重数**. 设 $Y \subseteq \mathbf{A}^2$ 是由方程 $f(x,y) = 0$ 定义的曲线. $P = (a,b)$ 为 $\mathbf{A}^2$ 中一点. 作坐标线性变换使 P 变到点$(0,0)$. 则 $f = f_0 + f_1 + \cdots + f_d$, 其中 f_i 为关于 x 和 y 的 i 次齐次多项式. 定义 P 在 Y 上的**重数**(表示成 $\mu_P(Y)$) 为使 $f_r \neq 0$ 成立的最小 r. (注意 $P \in Y \Leftrightarrow \mu_P(Y) > 0$.) f_r 的一次因子叫做 Y 在 P 的**切线方向**.

(a) 求证: $\mu_P(Y) = 1$, 当且仅当 P 为 Y 的非异点.

(b) 求上面习题 5.1 中每个奇点的重数.

5.4　**相交重数**. 如果 Y 和 Z 是 $\mathbf{A}^2$ 中分别由方程 $f = 0$ 和 $g = 0$ 定义的两个不同的曲线. $P \in Y \cap Z$. 定义 Y 和 Z 在 P 的**相交重数** $(Y \cdot Z)_P$ 为 $\mathcal{O}_P$ 模 $\mathcal{O}_P/(f,g)$ 的长度.

(a) 求证 $(Y\cdot Z)_P$ 有限,并且 $(Y\cdot Z)_P\geqslant\mu_P(Y)\cdot\mu_P(Z)$.

(b) 如果 $P\in Y$,求证对于几乎所有(即除了有限个之外)的过 P 直线 L, $(L\cdot Y)_P=\mu_P(Y)$.

(c) 设 Y 是 $\mathbf{P}^2$ 中 d 次曲线,L 为 $\mathbf{P}^2$ 中直线,$L\neq Y$. 求证 $(L\cdot Y)=d$. 这里我们定义

$$(L\cdot Y)=\sum_{P\in L\cap Y}(L\cdot Y)_P,$$

而 $(L\cdot Y)_P$ 用 $\mathbf{P}^2$ 的适当仿射覆盖来定义.

5.5 对每个次数 $d>0$ 和每个 $p=0$ 或者素数,试给出特征 p 域上 $\mathbf{P}^2$ 中一个 d 次非异曲线的方程.

5.6 胀开曲线奇点.

(a) 设 Y 为习题 5.1 中的尖点曲线或结点曲线. 求证 Y 在 $O=(0,0)$ 的胀开而得到的曲线 $\tilde{Y}$ 是非异的(参见(4.9.1)和习题 4.10).

(b) 平面曲线的一个二重点(即重数为 2 的点)如果具有两个不同的切线方向(习题 5.3),则这点叫做结点(或常二重点). 设 P 为平面曲线 Y 的结点,求证 $\varphi^{-1}(P)$ 由胀开曲线 $\tilde{Y}$ 上两个不同的非异点构成. 这称作"以胀开 P 分解了 P 的奇异性".

(c) 设 $P\in Y$ 为习题 5.1 中的自切点 $\varphi:\tilde{Y}\to Y$ 是在 P 的胀开. 求证 $\varphi^{-1}(P)$ 是一个结点. 利用 (b) 便知每个自切点可以通过连续两个胀开而分介奇异性.

(d) 设 Y 为平面曲线 $y^3=x^5$,它在 O 有"高阶尖点",求证 O 为三重点,并且在 O 的胀开将它变成二重点(何种类型?),再作一次胀开即可分解奇异性.

注 我们以后在(第五章.3.8)将看到,平面曲线每个奇点通过连续作有限次胀开均可分介奇异性.

5.7 设 Y 为 $\mathbf{P}^2$ 中次数>1 的非异平面曲线,由方程 $f(x,y,z)=0$ 所定义. 又设 X 是 $\mathbf{A}^3$ 中由 f 定义的仿射簇(这是 Y 上的圆锥曲线,见习题 2.10). 令 $P=(0,0,0)$ (这是圆锥曲线 X 的顶点). $\varphi:\tilde{X}\to X$ 为 X 在 P 的胀开.

(a) 求证 X 只有一个奇点(即点 P).

(b) 求证 $\tilde{X}$ 为非异的(用开仿射集覆盖 $\tilde{X}$).

(c) 求证 $\varphi^{-1}(P)$ 同构于 Y.

5.8 设 Y 为 $\mathbf{P}^n$ 中 r 维射影簇. $f_1,\cdots,f_t\in S=k[x_0,\cdots,x_n]$ 为生成 Y 的

理想的齐次多项式. $P\in Y$, $P=(a_1,\cdots,a_n)$ 为齐次坐标. 求证 P 为 Y 上非异点，当且仅当矩阵 $\|(\partial f_i/\partial x_j)(a_0,\cdots,a_n)\|$ 的秩为 $n-r$. [提示: (a) 求证这个秩与 P 所选取的齐次坐标无关; (b) 转到包含 P 的一个开仿射簇 $U_i\subseteq \mathbf{P}^n$,利用仿射 Jacobi 阵; (c) 还需要 Euler 引理: 若 f 为 d 次齐次多项式,则 $\Sigma x_i(\partial f/\partial x_i)=d\cdot f$.]

5.9 设 $f\in k[x,y,z]$ 为齐次多项式, $Y=Z(f)$ 为 $\mathbf{P}^2$ 中由 f 定义的代数集合,假设在每个点 $P\in Y$, $(\partial f/\partial x)(P)$,$(\partial f/\partial y)(P)$ 和 $(\partial f/\partial z)(P)$ 不全为 0，求证 f 是不可约的(从而 Y 为非异簇), [提示: 利用习题 3.7]

5.10 对于簇 X 上一点 p,令 $\mathfrak{m}$ 为局部环 $\mathcal{O}_P$ 的极大理想，我们定义 X 在 P 的 Zariski 切空间为 $\mathfrak{m}/\mathfrak{m}^2$ 的对偶 k 向量空间. 求证

(a) 对每点 $P\in X$, $\dim T_P(X)\geqslant\dim X$. 并且 $\dim T_P(X)=\dim X$,当且仅当 P 为非异点.

(b) 每个态射 φ: $X\to Y$ 均自然诱导出 k 线性映射 $T_P(\varphi)$: $T_P(X)\to T_{\varphi(P)}(Y)$.

(c) 设 φ 为抛物线 $x=y^2$ 到 x 轴上的垂直投射，求证在原点的切空间的诱导映射 $T_0(\varphi)$ 为零映射.

5.11 $\mathbf{P}^3$ 中四次椭圆曲线. 设 Y 为 $\mathbf{P}^3$ 中由方程 $x^2-xz-yw=0$ 和 $yz-xw-zw=0$ 定义的代数集合. $P=(x,y,z,w)=(0,0,0,1)$, φ 为从 P 到平面 $w=0$ 的投射. 求证 φ 诱导出 $Y-P$ 与去掉点 $(1,0,-1)$的平面三次曲线 $y^2z-x^3+xz^2=0$ 同构. 再证 Y 为不可约非异曲线,这叫 $\mathbf{P}^3$ 中四次椭圆曲线. 由于它由两个方程定义的，这是完全交(习题 2.17)的又一个例子.

5.12 二次超曲面. 假设 $\operatorname{char}k\neq 2$, f 为关于 $x_0,\cdots,x_n$ 的二次齐次多项式.

(a) 求证通过适当的变量线性变换, f 可变成形式 $f=x_0^2+\cdots+x_r^2$ (对某个 $0\leqslant r\leqslant n$).

(b) 求证 f 不可约,当且仅当 $r\geqslant 2$.

(c) 假设 $r\geqslant 2$, Q 是 $\mathbf{P}^n$ 中由 f 定义的二次超曲面. 求证 Q 的奇点集合 $Z=\operatorname{Sing}Q$ 为 $n-r-1$ 维线性簇(习题 2.11),特别地 Q 为非异的,当且仅当 $r=n$.

(d) 如果 $r<n$,求证 Q 是某非异二次超曲面 $Q'\subseteq\mathbf{P}^r$ 上以 Z 为轴的圆锥. (这个圆锥概念为习题 2.10 中定义的推广. 如果 Y 为 $\mathbf{P}^r$ 的闭

子集，Z 为 $\mathbf{P}^n$ 中 $n-r-1$ 维线性子空间，我们将 $\mathbf{P}^r$ 嵌到 $\mathbf{P}^n$ 中并且 $\mathbf{P}^r\cap Z=\varnothing$，$Y$ 上以 Z 为轴的圆锥定义为联接 Y 中一点和 Z 中一点的全部这种直线之并）.

5.13 每个正则局部环均是整闭整环（Matsuma[2,定理 36 p.121]）. 于是由(5.3)可知，每个簇的正规点全体组成非空开子集（习题 3.17）. 在本习题中，直接（不用(5.3)）证明每个簇的非正规点全体为真闭子集[需要整闭包的有限性结果(3.9A)].

5.14 解析同构的奇点.

(a) 如果 $P\in Y$ 和 $Q\in Z$ 是解析同构平面曲线 X 和 Y 的奇点，求证 $\mu_P(X)=\mu_Q(Y)$（习题 5.3）.

(b) 推广正文例子(5.6.3)以证明：若 $f=f_r+f_{r+1}+\cdots\in k[[x,y]]$，并且 $f_r=g_sh_t$，其中 g_s 和 h_t 分别为 s 次和 t 次齐次多项式并且没有公共一次因子，则存在 $k[[x,y]]$ 中形式幂级数

$$g=g_s+g_{s+1}+\cdots,\qquad h=h_t+h_{t+1}+\cdots,$$

使得 $f=gh$.

(c) 设 Y 为 $\mathbf{A}^2$ 中由方程 $f(x,y)=0$ 定义的，$P=(0,0)$ 为 Y 上 r 重点，于是 f 展成 x 和 y 的多项式时有形式 $f=f_r+$ 高次项. 如果 f_r 为 r 个彼此不同的一次因子之积，则称 P 为常 r 重点. 求证：任意两个常二重点均解析同构. 对于常 3 重点这也成立. 但是，证明存在彼此互不同构的常 4 重点的单参数族.

*(d) 假设 $\operatorname{char}k\neq 2$. 求证一平面曲线的每个 2 重点均解析同构于曲线 $y^2=x^r$（对唯一决定的 $r\geqslant 2$）在(0,0)的奇点. 若 $r=2$ 则这是结点（习题 5.6），若 $r=3$ 则这是尖点，若 $r=4$ 则这是自切点. 进一步讨论参见（第五章，3.9.5）.

5.15 平面曲线族. 关于 x,y,z 的 d 次齐次多项式 f 共有 $\binom{d+2}{2}$ 个系数，令这些系数表示 $\mathbf{P}^N$ 中一点，$N=\binom{d+2}{2}-1=\frac{1}{2}d(d+3)$.

(a) 求证这给出 $\mathbf{P}^N$ 中点与 $\mathbf{P}^2$ 中可由一个 d 次方程定义的代数集合之间的一个对应. 除了 f 有重因子的某些情况之外，这个对应是一对一的.

(b) 在这种对应下，求证 d 次（不可约）非异曲线一一对应于 $\mathbf{P}^N$ 中一个非空 Zariski 开子集中的点. [提示：(1) 将消去理论 (5.7A) 用

于齐次多项式 $\partial f/\partial x_0, \dots, \partial f/\partial x_n$；(2) 利用上面的习题 5.5,5.8 和 5.9.]

6. 非异曲线

非异射影簇是最好的代数簇。基于这种思想，在考虑代数簇分类问题时，我们可以分列成一些小问题：(a) 将簇作双有理等价分类；(b) 在每个双有理等价类中均求出一非异射影簇来；(c) 将一给定双有理等价类中的全部非异射影簇分类。

一般来说，这三个问题都非常困难。但是对于曲线情形则要简单得多。本节我们回答问题 (b) 和 (c)，证明在每个双有理等价类中均有唯一的非异射影曲线。我们还给出例子表明不是所有的曲线均彼此双有理等价(习题 6.2)。于是，对于一给定的超越次数为 1 的有限生成扩张 K/k (这叫 1 维函数域)，我们可论及函数域为 K 的那个非奇异射影曲线 C_K。我们也将看到，若 K_1 和 K_2 均是 1 维函数域，则每个 k-同态 $K_2 \to K_1$ 均可由某个态射 $C_{K_1} \to C_{K_2}$ 诱导出来。

开始我们采用间接的方式定义与一给定函数域相伴的“抽象非异曲线”，它是簇，虽然这不是件显然的事情，但是我们回过头来将会看到我们没有定义出新东西。

首先回忆关于赋值环和 Dedekind 整环的一些基本事实。

定义 设 K 为域，G 为全序 Abel 群。K 上取值于 G 的赋值是指满足以下条件的映射 $v: K - \{0\} \to G$。对于每个 $x, y \in K - \{0\}$，

(1) $v(xy) = v(x)v(y)$；

(2) $v(x+y) \geqslant \min(v(x), v(y))$。

如果 v 为赋值，则集合 $R = \{x \in K \mid v(x) \geqslant 0\} \cup \{0\}$ 为 K 的子环，叫做 v 的赋值环。子集 $\mathfrak{m} = \{x \in K \mid v(x) > 0\} \cup \{0\}$ 为 R 的理想，并且 $(R, \mathfrak{m})$ 为局部环。如果一个整环是它商域对某个赋值的赋值环，则该整环就称作是赋值环。如果 R 是赋值环并且其

商域为 K，则称 R 为 K 的赋值环．如果 k 是 K 的子域并且 $v(x)=0$（对每个 $x\in k-\{0\}$），则称 v 为 K/k 的赋值，而 R 为 K/k 的赋值环（注意赋值环一般不是 Noether 环）．

定义 设 A 和 B 为域 K 中的局部环．如果 $A\subseteq B$ 并且 $\mathfrak{m}_B\cap A=\mathfrak{m}_A$，则称 B 支配 A．

定理 6.1A 设 K 为域，则 K 中局部环 R 是赋值环，当且仅当它是 K 中局部环集合对于支配关系的极大元．K 中每个局部环均由 K 的某个赋值环所支配．

证明 Bourbaki [2，第 6 章，§1，3] 或者 Atiyah-Macdonald [1，第 5 章，p.65 和习题，p.72]．

定义 如果赋值 v 的赋值群 G 是整数加法群 $\mathbf{Z}$，则称 v 为离散赋值，而相应的赋值环叫离散赋值环．

定理 6.2A 设 A 为一维 Noether 局部整环，$\mathfrak{m}$ 为它的极大理想，则下列条件彼此等价．

(i) A 为离散赋值环；

(ii) A 是整闭的；

(iii) A 为正则局部环；

(iv) $\mathfrak{m}$ 为主理想．

证明 Atiyah-Macdonald [1，命题 9.2 p.94]．

定义 一维 Noether 整闭整环叫做 Dedekind 整环．

由于整闭性是局部性质（Atiyah-Macdonald [1，命题5.13，p.63]），可知 Dedekind 整环在非零素理想处的局部化均是离散赋值环．

定理 6.3A 设 A 为 Dedekind 整环，K 为 A 的商域，L/K 为域的有限扩张，则 A 在 L 中的整闭包也是 Dedekind 整环．

证明 Zariski-Samuel [1，第 1 卷，定理 19，p.281]．

现在我们设 k 为固定的代数闭域，而研究 k 上的 1 维函数域 K．我们希望在函数域为 K 的非异曲线和 K/k 的离散赋值环之间建立联系．设 P 为非异曲线 Y 上一点，由(5.1)知局部环 $\mathscr{O}_P$ 是 1 维正则局部环，从而由（6.2A）即知它是离散赋值环．它的商域是

Y 的函数域 K，又由于 $k\subsetneq\mathcal{O}_P$，从而 $\mathcal{O}_P$ 是 K/k 的赋值环。于是 Y 在各点的局部环定义了 K/k 的全体离散赋值环集合 C_K 的一个子集合。这促使我们得到后面关于抽象非异曲线的定义。但是我们还需一些预备知识。

引理 6.4 设 Y 为拟射影簇，$P,Q\in Y$，并且 $O_Q\subseteq O_P$（均为 $K(Y)$ 的子环），则 $P=Q$。

证明 将 Y 嵌到某个 $\mathbf{P}^n$ 之中。通过将 Y 改成它的闭包，我们可设 Y 是射影簇。在 $\mathbf{P}^n$ 中一个适当的坐标线性变换之后，又可设 P 和 Q 均不在由 $x_0=0$ 定义的超平面 H_0 之中。于是 $P,Q\in Y\cap(\mathbf{P}^n-H_0)$。而右边是仿射的，从而我们又可设 Y 是仿射簇。

令 A 为 Y 的仿射坐标环。则有 A 的极大理想 $\mathfrak{m}$ 和 $\mathfrak{n}$，使得 $\mathcal{O}_P=A_{\mathfrak{m}}, O_Q=A_{\mathfrak{n}}$。如果 $O_Q\subseteq O_P$，则 $\mathfrak{m}\subseteq\mathfrak{n}$。但是 $\mathfrak{m}$ 为极大理想，从而 $\mathfrak{m}=\mathfrak{n}$，于是由（3.2b）可知 $P=Q$。

引理 6.5 设 K/k 为 1 维函数域，$x\in K$，则 $\{R\in C_K\mid x\notin R\}$ 为有限集合。

证明 若 R 为赋值环，则 $x\notin R\Longleftrightarrow 1/x\in\mathfrak{m}_R$。于是令 $y=1/x$，我们只需证明：$0\neq y\in K\Rightarrow\{R\in C_K\mid y\in\mathfrak{m}_R\}$ 为有限集合。如果 $y\in k$，则没有这样的 R，以下设 $y\notin k$。

考虑 K 的子环 $k[y]$。由于 k 是代数闭的，可知 y 在 k 上超越，从而 $k[y]$ 是多项式环。进而，由于 K/k 是有限生成的并且超越次数为 1，从而 $K/k(y)$ 为有限次扩张。令 B 为 $k[y]$ 在 K 中的整闭包，由（6.3 ）知 B 是 Dedekind 整环，并且由（3.9A）知 B 也是有限生成 k 代数。

现在若 y 在 K/k 的离散赋值环 R 之中，则 $k[y]\subseteq R$，由 R 在 K 中整闭可知 $B\subseteq R$。令 $\mathfrak{n}=\mathfrak{m}_R\cap B$，则 $\mathfrak{n}$ 为 B 的极大理想，并且 B 由 R 支配。但是 $B_{\mathfrak{n}}$ 也是 K/k 的离散赋值环，由赋值环的极大性（6.1A）可知 $B_{\mathfrak{n}}=R$。

如果又 $y\in\mathfrak{m}_R$，则 $y\in\mathfrak{n}$。现在由(1.4.6)知 B 是某个仿射簇 Y 的仿射坐标环。由于 B 为 Dedekind 整环，可知 Y 维数为 1 并且非异。而 $y\in\mathfrak{n}$ 意味着 y 作为 Y 上的正则函数在 Y 上对应于 $\mathfrak{n}$ 的

点处取值为 0. 由于 $y \neq 0$,它只在有限个点取值为 0,由(3.2)知这些点一一对应于B的全部极大理想,而 $R=B_{\mathfrak{n}}$ 是由极大理想 $\mathfrak{n}$ 决定的。于是只对有限多个 $R\in C_K$, $y\in \mathfrak{m}_R$. 证毕。

系 6.6 K/k 的每个离散赋值环均同构于某个非异仿射曲线在一点的局部环。

证明 给了 R, 令 $y\in R-k$. 由(6.5)证明中的构造方式就给出所需的曲线。

现在定义抽象非奇异曲线。设 K/k 为 1 维函数域(即超越次数为 1 的有限生成扩张)。C_K 为 K/k 的全部离散赋值环构成的集合。C_K 中元素有时叫作点,并且记成 $P\in C_K$, 其中P即指赋值环 R_P. 注意集合 C_K 是无限的, 因为它包含函数域为K的每个非奇异曲线的所有局部环,由(6.4)知这些局部环彼此不同并且共有无限多个(习题 4.8)。取 C_K 的全部有限子集和 C_K 自身作为 C_K 中闭集, 由此将 C_K 作成拓扑空间. 如果U为 C_K 的开集, 我们定义U上正则函数环为 $\mathcal{O}(U)=\bigcap_{P\in U} R_P$.元素 $f\in\mathcal{O}(U)$ 定义出从U到k的函数,办法是对每个 $P\in U$ 令 $f(P)=f(\bmod R_P$ 的极大理想) [注意由 (6.6) 知对每个 $R\in C_K$, R 的剩余类域均为 k].如果 $f,g\in\mathcal{O}(U)$ 定义出同一函数,则对无限多 $P\in C_K$ 均有 $f-g\in\mathfrak{m}_P$, 由(6.5)和它的证明可知 $f=g$. 因此我们可把 $\mathcal{O}(U)$ 中元素等同于从U到k的函数。注意由(6.5)可知每个 $f\in K$均是某个开集U上的正则函数。从而第 3 节中定义的C_K 的函数域正好是 K.

定义 抽象非异曲线是 C_K 的开子集U (其中 K/k 为 1 维函数域)和它的诱导拓扑,连同在U的开子集上诱导的正则函数概念。

注意: 我们事先还不清楚这样一个抽象曲线是一个簇。于是我们加进这些抽象曲线而增大簇范畴。

定义 在抽象非异曲线或簇之间的态射 $\varphi:X\to Y$ 是指φ为连续映射并且对每个开集$V\subseteq Y$和每个正则函数 $f:V\to k$, $f\circ\varphi$

均是 $\varphi^{-1}(V)$ 上的正则函数.

这看起来似乎是增大了范畴. 我们的任务是要证明: 每个非奇异拟射影曲线均同构于某个抽象非奇异曲线, 并且反过来也成立. 特别地,我们将证明 C_K 自己同构于一个非异射影曲线.

命题 6.7 每个非异拟射影曲线 Y 均同构于某个抽象非异曲线.

证明 设 K 为 Y 的函数域. 则由(5.2)和 (6.2A) 可知每个局部环 $\mathscr{O}_P(P\in Y)$ 均是 K/k 的离散赋值环. 又由(6.4)知不同点 P 给出 K 的不同子环. 因此,若令 U 为 Y 的局部环全体组成的集合,则 $\varphi: Y\to U, P\longmapsto \mathscr{O}_P$ 是一一对应.

我们先证 U 是 C_K 的开集. 由于非空开集均是有限集合的补集,从而只需证明 U 包含某个非空开集即可. 由(4.3)可设 Y 是仿射的, 而 A 是它的仿射坐标环. 则 A 是有限生成 k 代数, 又由(3.2) 知 K 为 A 的商域,并且 U 是 A 在它的所有极大理想处的局部化集合. 由于这些局部环均是离散赋值环,从而 U 即是由 K/k 包含 A 的那些离散赋值环所组成的. 令 $x_1,\cdots,x_n$ 为 A 在 k 上的生成元集合,则 $A\subseteq R_P$,当且仅当 $x_1,\cdots,x_n\in R_P$.于是 $U=\bigcap\limits_{i=1}^{n} U_i$, 其中 $U_i=\{P\in C_K\mid x_i\in R_P\}$. 但是由(6.5)知 $\{P\in C_K\mid x_i\notin R_P\}$ 是有限集合,从而每个 U_i 均为开集,于是 U 也是开集.

于是我们证明了上面定义的 U 是抽象非异曲线. 为证 φ 是同构,只需验证在每个开集上均有同样的正则函数集合.这一点由正则函数定义和下面事实即可推出: 对每个开集 $V\subseteq Y$, $\mathscr{O}(V)=\bigcap\limits_{P\in V}\mathscr{O}_{P,V}$.

现在我们需要关于从曲线到射影簇的态射扩充的一个结果, 这结果本身也是很有意义的.

命题 6.8 设 X 是抽象非异曲线, $P\in X$, Y 为射影簇, $\varphi: X-P\to Y$ 为态射,则 φ 可扩充成唯一的态射 $\bar{\varphi}: X\to Y$.

证明 将 Y 嵌成某个 $\mathbf{P}^n$ 的闭子集, 我们只需证明 φ 可扩充

成态射 $X \to \mathbf{P}^n$，因为这时其像必然包含在Y之中. 于是我们归结为 $Y = \mathbf{P}^n$ 的情形.

设 $\mathbf{P}^n$ 有齐次坐标 $x_0, \cdots, x_n, U$ 为开集 $\{(x_0, \cdots, x_n) | x_0, \cdots, x_n$ 均不为0$\}$.对 n 作归纳法,我们可假定 $\varphi(X-P) \cap U \neq \varnothing$. 因为若 $\varphi(X-P) \cap U = \varnothing$,则 $\varphi(X-P) \subseteq \mathbf{P}^n - U$. 但是 $\mathbf{P}^n - U$ 为由 $x_i = 0$ 定义的超平面 $H_i (0 \leqslant i \leqslant n)$ 之并.由于 $\varphi(X-P)$ 不可约，从而它包含在某个 H_i 之中，从而 $H_i = \mathbf{P}^{n-1}$,再由归纳法即得结果.因此我们可设 $\varphi(X-P) \cap U \neq \varnothing$.

对每个 i 和 $j, x_i/x_j$ 为U上正则函数,通过φ的拉回，我们得到X的某开集上的正则函数 f_{ij}，而它也看成是X上的有理函数，即 $f_{ij} \in K, K$ 为X的函数域.

设v是K的相伴于赋值环 R_P 的赋值. 令 $r_i = v(f_{i0}) \in \mathbf{Z}, 0 \leqslant i \leqslant n$. 由于 $x_i/x_j = (x_i/x_0)/(x_j/x_0)$,从而

$$v(f_{ij}) = r_i - r_j \quad (0 \leqslant i, j \leqslant n).$$

取k使 $r_k = \min\{r_0, \cdots, r_n\}$. 则对每个 i，$v(f_{ik}) \geqslant 0$. 于是 $f_{0k}, \cdots, f_{nk} \in R_P$. 现在定义 $\bar{\varphi}(P) = (f_{0k}(P), \cdots, f_{nk}(P))$ 和 $\bar{\varphi}(Q) = \varphi(Q)$ (当$Q \neq P$时)，我们断言 $\bar{\varphi}$ 是态射 $X \to \mathbf{P}^n$，并且为φ的扩充，而且 $\bar{\varphi}$ 是唯一的. 由构造方式显然推出 $\bar{\varphi}$ 的唯一性(这也可由(4.1)推出). 为证 $\bar{\varphi}$ 为态射，只需证明 $\bar{\varphi}(P)$ 的邻域上的正则函数均拉回成X上的正则函数. 设 U_k 为 $\mathbf{P}^n$ 中由 $x_k \neq 0$ 决定的开集. 由 $f_{kk}(P) = 1$ 可知 $\bar{\varphi}(P) \in U_k$. 现在 U_k 是仿射的并且其仿射坐标环为

$$k[x_0/xk, \cdots, x_n/xk].$$

函数 $x_0/x_k, \cdots, x_n/xk$ 拉回成 $f_{0k}, \cdots, f_{nk}$，由构造方式知它们在 P 正则. 由此立刻推出对 $\bar{\varphi}(P)$ 的每个小邻域 $V \subseteq U_k$，V 上正则函数均拉回为X上正则函数. 从而 $\bar{\varphi}$ 为态射. 这就证明了命题.

现在证明我们的主要结果.

定理 6.9 设 K/k 为一维函数域，则上面定义的抽象非奇异曲线 C_K 同构于某个非异射影曲线.

证明 证明思想是这样的：首先用一些开子集 U_i 覆盖 $C=C_K$,其中每个 U_i 均同构于非奇异仿射曲线. 令 Y_i 为 U_i 的射影闭包. 然后用(6.8)定义一个态射 $\varphi_i:C\to Y_i$. 再后,我们考虑积映射 $\varphi:C\to\prod Y_i$, 令 Y 为 $\varphi(C)$ 的闭包. 则 Y 为射影曲线，并且证明 φ 是 C 到 Y 上的同构.

首先设 $P\in C$. 由(6.6)可知存在非异仿射曲线 V 和点 $Q\in V$ 使得 $R_P\cong\mathcal{O}_Q$. 于是 V 的函数域为 K, 并且由(6.7)可知 V 同构于 C 的某个开子集. 这就证明了对每个点 $P\in C$ 均有开邻域同构于一个仿射簇.

由于 C 是拟紧的 可知 C 有有限个开子集 U_i 构成的覆盖,每个 U_i 同构于仿射簇 V_i. 将 V_i 嵌到 $\mathbf{A}^{n_i}$ 中,并将 $\mathbf{A}^{n_i}$ 看成是 $\mathbf{P}^{n_i}$ 的开子集. 令 Y_i 为 V_i 在 $\mathbf{P}^{n_i}$ 中的射影闭包, 则 Y_i 为射影簇,并且我们有态射 $\varphi_i:U_i\to Y_i$, 它是 U_i 到 $\varphi(U_i)$ 上的同构.

将(6.8)用于有限集合 $C-U_i$, 便得到态射 $\bar{\varphi}_i:C\to Y_i$ 为 φ_i 的扩充.令 $\prod Y_i$ 为射影簇 Y_i 的积(习题 3.16). 则 $\prod Y_i$ 也是射影簇. 令 $\varphi:C\to\prod Y_i$ 为“对角”映射, $\varphi(P)=\prod\bar{\varphi}_i(P)$, 又令 Y 为 $\varphi(C)$ 的闭包,则 Y 为射影簇,而 $\varphi:C\to Y$ 为态射,并且 $\varphi(C)$ 在 Y 中稠. (从而 Y 为曲线).

我们需要证明 φ 是同构. 对每个点 $P\in C$, 则 $P\in U_i$ (对某个 i). 于是有支配态射的交换图表,

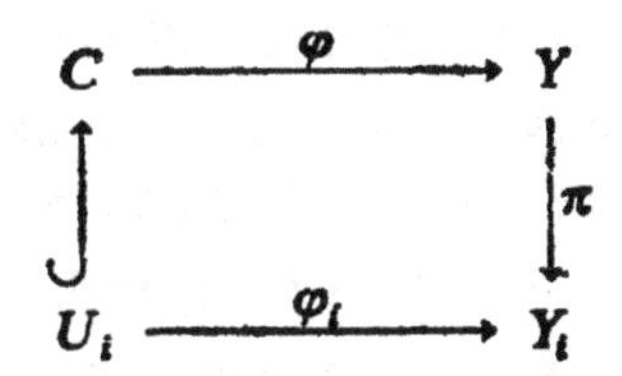

其中 π 是到第 i 个因子的投射. 于是由习题 3.3 便有局部环的包含关系

$$\mathcal{O}_{\varphi_i(P),Y_i}\hookrightarrow\mathcal{O}_{\varphi(P),Y}\hookrightarrow\mathcal{O}_{P,C}.$$

但是左右两个局部环同构，从而它们也与中间的局部环同构. 于

是我们证明了对每点 $P \in C$，映射 $\varphi_P^*: \mathcal{O}_{\varphi(P),Y} \to \mathcal{O}_{P,C}$ 均是同构。

其次令 $Q \in Y$．则 $\mathcal{O}_Q$ 由 K/k 的某个离散赋值环 R 所支配（例如可取 R 为 $\mathcal{O}_Q$ 的整闭包在一个极大理想处的局部化）．但是 $R = R_P$（对某个 $P \in C$），并且 $\mathcal{O}_{\varphi(P)} \cong R$，从而由(6.4)可知 $Q = \varphi(P)$．这表明 φ 是满射．而 φ 显然为单射，因为 C 的不同点对应 K 的不同子环．于是 $\varphi: C \to Y$ 为一一对应的态射，并且对每个 $P \in C$，φ_P^* 均是同构．由习题 3.3b 便知 φ 为同构．

系 6.10 每个抽象非异曲线均同构于某个拟射影曲线．每个非异拟射影曲线均同构于某非异射影曲线的一个开子集．

系 6.11 每个曲线均双有理等价于一个非异射影曲线．

证明 若 Y 为任一曲线，函数域为 K，则 Y 双有理等价于 C_K，而 C_K 为非奇异射影曲线．

系 6.12 下面三个范畴彼此等价．

(i) 非异射影曲线与支配态射；

(ii) 拟射影曲线与支配有理映射；

(iii) k 上 1 维函数域与 k 同态．

证明 从 (i) 到 (ii) 我们有显然的函子．从 (ii) 到 (iii) 有函子 $Y \longmapsto K(Y)$，并且由(4.4)知这是范畴的等价．我们还需构造从 (iii) 到 (i) 的函子．

每个函数域 K，相伴于曲线 C_K，而由定理 6.9 知 C_K 为非异射影曲线．如果 $K_2 \to K_1$ 为同态，由 (ii)～(iii) 可知它诱导出对应曲线上的有理映射．这可表示成态射 $\varphi: U \to C_{K_2}$，其中 U 为 C_{K_1} 的开集．根据(6.8)可将 φ 扩充为态射 $\bar{\varphi}: C_{K_1} \to C_{K_2}$．如果 $K_3 \to K_2 \to K_1$ 是两个同态，由(6.8)的唯一性部分可知相对应的态射 $C_1 \to C_2 \to C_3$ 和 $C_1 \to C_3$ 是相容的．从而 $K \to C_K$ 是从 (iii) 到 (i) 的函子．它显然是前面给出函子 (i) → (ii) → (iii) 的逆，于是为范畴的等价．

习　　题

6.1 回忆：双有理等价于 $\mathbf{P}^1$ 的曲线叫做有理曲线(习题 4.4)．设 Y 为非异有理曲线并且不同构于 $\mathbf{P}^1$.

(a) 求证 Y 同构于 $\mathbf{A}^1$ 的一个开子集.

(b) 求证 Y 是仿射的.

(c) 求证 $A(Y)$ 为唯一因子分解整环.

6.2 椭圆曲线.设 Y 为 $\mathbf{A}^2$ 中曲线 $y^2=x^3-x$,并且设基域 k 的特征 $\neq 2$. 本习题中我们要证明 Y 不是有理曲线，从而 $K(Y)$ 不是 k 的纯超越扩张.

(a) 证明 Y 是非异的,并且 $A=A(Y)\cong k[x,y]/(x^2-x^3+x)$ 是整闭整环.

(b) 设 $k[x]$ 是由 x 在 A 中的像生成的 $K=K(Y)$ 的子环. 求证 $k[x]$ 是多项式环,并且 A 是 $k[x]$ 在 K 中的整闭包.

(c) 求证存在自同构 $\sigma: A\to A$ 使得 $\sigma(y)=-y, \sigma(x)=x$. 对每个 $a\in A$,定义 a 的范为 $N(a)=a\cdot\sigma(a)$. 求证 $N(a)\in k[x]$, $N(1)=1$ 并且对任意 $a,b\in A$, $N(ab)=N(a)N(b)$.

(d) 利用范证明: A 中单位恰好为 k 中非零元素. 证明 x 和 y 均是 A 中不可约元素. 证明 A 不是唯一因子分解整环.

(e) 证明 Y 不是有理曲线(习题 6.1). 关于这一重要结果的其他证明见(第二章,8:20.3)和(第三章,习题 5.3).

6.3 以例子表明如果 (a) $\dim X\geqslant 2$ 或者 (b) Y 不是射影的，则(6.8)结果不对.

6.4 设 Y 为非异射影曲线,求证 Y 上每个不为常数的有理函数 f 均定义出一个满的态射 $\varphi: Y\to\mathbf{P}^1$，并且对每个 $p\in\mathbf{P}^1$, $\varphi^{-1}(p)$ 均只有有限个点.

6.5 设 X 为非奇异射影曲线,并且 X 为簇 Y 的(局部闭的)子簇(习题 3.10). 求证 X 事实上为 Y 的闭子集.关于其推广见 (II,习题 4.4).

6.6 $\mathbf{P}^1$ 的自同构. 将 $\mathbf{P}^1$ 看成 $\mathbf{A}^1\cup\{\infty\}$. 定义 $\mathbf{P}^1$ 的分式线性变换为 $x\mapsto(ax+b)/(cx+d)$, $a,b,c,d\in k$, $ad-bc\neq 0$.

(a) 求证分式线性变换诱导出 $\mathbf{P}^1$ 的自同构，(即 $\mathbf{P}^1$ 到自身的一个同构). 以 PGL(1) 表示全体分式线性变换形式的群.

(b) 令 $\operatorname{Aut}\mathbf{P}^1$ 为 $\mathbf{P}^1$ 的自同构群. 求证 $\operatorname{Aut}\mathbf{P}^1\cong\operatorname{Aut}k(x)$，右边为域 $k(x)$ 的 k 自同构群.

(c) 证明 $k(x)$ 的每个 k 自同构均是线性分式变换，由此得出 $\mathrm{PGL}(1)\to\operatorname{Aut}\mathbf{P}^1$ 是同构. 注: 以后将看到(第二章，7.1.1),类似结果对

$\mathbf{P}^n$ 也成立：$\mathbf{P}^n$ 的每个自同构均由齐次坐标的线性变换给出.

6.7 设 $P_1,\ldots,P_r$, $Q_1,\ldots,Q_s$ 为 $\mathbf{A}^1$ 中彼此不同的点. 如果 $\mathbf{A}^1-\{P_1,\ldots,P_r\}$ 同构于 $\mathbf{A}^1-\{Q_1,\ldots,Q_s\}$，求证 $r=s$. 逆命题是否正确? 参见习题 3.1.

7. 射影空间中的交

本节的目的是研究射影空间中簇的交. 如果 Y 和 Z 均是 $\mathbf{P}^n$ 中的簇，关于 $Y\cap Z$ 我们能说些什么? 我们已经看到 $Y\cap Z$ 不一定是簇(习题 2.16). 但它是代数集合，从而首先可以问它的不可约分支的维数. 从向量空间理论我们可以得到一些启示：如果 U 和 V 分别是 n 维向量空间 W 的 r 维和 s 维子空间，则 $U\cap V$ 是维数 $\geqslant r+s-n$ 的子空间. 此外，如果 U 和 V 处于相当一般的位置，则只要 $r+s-n\geqslant 0$, $U\cap V$ 的维数等于 $r+s-n$. 由向量空间的这个结果立刻推出 $\mathbf{P}^n$ 中线性子空间的类似结果（习题 2.11). 本节第一个结果是：如果 Y 和 Z 是 $\mathbf{P}^n$ 的维数分别为 r 和 s 的子簇，则 $Y\cap Z$ 的每个不可约分支的维数 $\geqslant r+s-n$. 进而若 $r+s-n\geqslant 0$，则 $Y\cap Z\neq\varnothing$.

如果知道了关于 $\dim Y\cap Z$ 的某些信息，我们可以问更精确的问题. 例如若 $r+s=n$ 并且 $Y\cap Z$ 是有限个点，那么 $Y\cap Z$ 共有多少个点? 让我们看一个特殊情形. 如果 Y 是 $\mathbf{P}^2$ 中 d 次曲线，Z 是 $\mathbf{P}^2$ 中一直线，则 $Y\cap Z$ 至多有 d 个点，并且在适当计算重数的时候，$Y\cap Z$ 恰好有 d 个点(习题 5.4). 这个结果推广成著名的 Bézout 定理，这个定理是说，如果 Y 和 Z 分别是 d 次和 e 次的平面曲线，$Y\neq Z$，则在考虑重数之后，$Y\cap Z$ 恰好有 de 个点. 我们在本节后面(7.8)将证明 Bézout 定理.

Bézout 定理推广到 $\mathbf{P}^n$，理想情形应当是这个样子：首先定义任意射影簇的次数. 设 Y 和 Z 为 $\mathbf{P}^n$ 中簇，维数分别为 r 和 s，次数分别为 d 和 e. 假设 Y 和 Z 处于相当一般的位置，使得 $Y\cap Z$ 的所有不可约分支的维数均为 $r+s-n$，并且设 $r+s-n$

$\geqslant 0$. 对 $Y \cap Z$ 的每个不可约分支 W，定义 Y 和 Z 沿着 W 的相交重数 $i(Y, Z; W)$. 那么我们应当有

$$\Sigma i(Y, Z; W) \cdot \deg W = de,$$

其中求和是取 $Y \cap Z$ 的所有不可约分支.

这个推广的最困难部分是如何正确地定义相交重数. （顺便指出，在 Severi[3] 几何地和 Chevalley[1] 与 Weil[1] 代数地给出满意的定义之前，历史上曾经有过许多种尝试.）我们将只对 Z 为超曲面的情形定义相交重数. 关于一般情形见附录 A.

本节中的主要任务是定义 $\mathbf{P}^n$ 中一个 r 维簇的次数. Y 的次数经典定义为 Y 与相当一般的 $n-r$ 维线性空间 L 的交点个数. 但是这个定义使用起来很困难. 依次用 $n-r$ 个相当一般的超平面去截 Y，可以求出一个 $n-r$ 维线性空间 L，使得 L 与 Y 只交于有限个点（习题 1.8），但是交点个数可能依赖于 L. 此外，也很难说清楚什么是"相当一般".

因此，我们将利用射影簇的 Hilbert 多项式给出次数的一种纯代数定义. 这个定义的几何背景不十分明显，但它的好处是精确. 我们在习题中将证明，在特殊情形下它和经典定义是一致的（习题 7.4）.

命题 7.1 （仿射维数定理）设 Y 和 Z 是 $\boldsymbol{A}^n$ 中维数分别为 r 和 s 的簇，则 $Y \cap Z$ 的每个不可约分支的维数均 $\geqslant r+s-n$.

证明 分几步进行. 先设 Z 是由方程 $f=0$ 定义的超曲面. 若 $Y \subseteq Z$ 则证毕. 若 $Y \not\subset Z$，我们要证 $Y \cap Z$ 的每个不可约分支 W 的维数均为 $r-1$. 令 $A(Y)$ 为 Y 的仿射坐标环. 则 $Y \cap Z$ 的不可约分支对应于 $A(Y)$ 中主理想 (f) 的极小素理想 $\mathfrak{p}$. 由 Krull 主理想定理（1.11A），每个这种 $\mathfrak{p}$ 高均是 1，从而由维数定理（1.8A），$\dim A(r)/\mathfrak{p} = r-1$. 由（1.7）可知每个不可约分支 W 的维数均为 $r-1$.

对于一般情形，考虑积 $Y \times Z \subseteq \boldsymbol{A}^{2n}$，由习题 3.15 知这是 $r+s$ 维簇. 令 Δ 为对角形 $\{P \times P \mid P \in \boldsymbol{A}^n\} \subseteq \boldsymbol{A}^{2n}$ 由映射 $P \longmapsto P \times P$ 知 $\boldsymbol{A}^n$ 同构于 Δ，并且在这个同构之下，$Y \cap Z$ 对应于（$Y \times$

$Z)\cap\Delta$. 由于 $\dim\Delta=n$,并且 $r+s-n=(r+s)+n-2n$,从而将问题归结于讨论 $\mathbf{A}^{2n}$ 中两个簇 $Y\times Z$ 和Δ的情形．现在Δ恰好是n个超曲面 $x_1-y_1=0,\cdots,x_n-y_n=0$ 的交，其中 $x_1,\cdots,x_n$, $y_1,\cdots,y_n$ 为 $\mathbf{A}^{2n}$ 的坐标．将前面特殊情形利用n次即得结果．

定理 7.2 (射影维数定理) 设Y和Z为 $\mathbf{P}^n$ 中维数分别为r和s的簇，则 $Y\cap Z$ 的每个不可约分支的维数均$\geqslant r+s-n$. 此外若 $r+s-n\geqslant 0$, 则 $Y\cap Z\neq\varnothing$.

证明 第一个论断由命题 7.1 推出，因为 $\mathbf{P}^n$ 由n维仿射空间覆盖．关于第二个论断，令 $C(Y)$ 和 $C(Z)$ 分别是Y和Z在 $\mathbf{A}^{n+1}$ 中的锥(习题 2.10)． 则 $\dim C(Y)=r+1$, $\dim C(Z)=s+1$. 并且 $C(Y)\cap C(Z)\neq\varnothing$(因为二者均包含原点 $P=(0,\cdots,0)$)．由仿射维数定理知 $\dim C(Y)\cap C(Z)\geqslant(r+1)+(s+1)-(n+1)=r+s-n+1\geqslant 1$,从而 $C(Y)\cap C(Z)$ 中包含某点 $Q\neq P$,即 $Y\cap Z\neq\varnothing$.

现在我们定义射影簇的 Hilbert 多项式．其想法是：对每个射影簇 $Y\subseteq\mathbf{P}_k^n$ 结合一个多项式 $P_Y\in\mathbf{Q}[z]$, 由这个多项式可得到Y的许多数值不变量.我们将从齐次坐标环 $S(Y)$ 来定义 P_Y, 事实上,更一般地,对每个分次 S-模均可定义 Hilbert 多项式,其中 $S=k[x_0,\cdots,x_n]$. 下面几个结果虽然基本上是纯代数的，由于找不到适当参考文献，我们这里仍给出证明．

定义 多项式 $P(z)\in\mathbf{Q}[z]$ 叫做是整值的,是指对充分大的整数 n, $P(n)\in\mathbf{Z}$.

命题 7.3 (a) 若 $P\in\mathbf{Q}[z]$ 为整值多项式,则存在 $C_1,\cdots,C_r\in\mathbf{Z}$,使得

$$P(z)=C_0\binom{z}{r}+C_1\binom{z}{r-1}+\cdots+C_r,$$

其中

$$\binom{z}{r}=\frac{1}{r!}z(z-1)\cdots(z-r+1).$$

特别地，对所有 $n\in\mathbf{Z}$ 均有 $P(n)\in\mathbf{Z}$。

(b) 设 $f: Z\to Z$ 为任意函数，并且存在整值多项式 $Q(z)$，使得对充分大的 n，差分函数 $\Delta f=f(n+1)-f(n)$ 等于 $Q(n)$，则存在整值多项式 $P(n)$，使得对充分大的 $n, f(n)=P(n)$。

证明 (a) 对 $\deg P$ 归纳。$\deg P=0$ 的情形是显然的。由于 $\binom{z}{r}=z^r/r!+\cdots$，我们可将每个 r 次多项式 $P\in\mathbf{Q}[z]$ 表成命题中形式，其中 $C_0,\cdots,C_r\in\mathbf{Q}$。对每个多项式 P 定义差分多项式 ΔP 为 $\Delta P(z)=P(z+1)-P(z)$。由 $\Delta\binom{z}{r}=\binom{z}{r-1}$ 可知

$$\Delta P=C_0\binom{z}{r-1}+C_1\binom{z}{r-2}+\cdots+C_{r-1}.$$

由归纳假设得出 $C_0,\cdots,C_{r-1}\in\mathbf{Z}$ 再由对充分大的 $n, P(n)\in\mathbf{Z}$，从而 $C_r\in\mathbf{Z}$。

(b) 记

$$Q=C_0\binom{z}{r}+\cdots+C_r,$$

其中 $C_0,\cdots,C_r\in\mathbf{Z}$。令

$$P=C_0\binom{z}{r+1}+\cdots+C_r\binom{z}{1},$$

则 $\Delta P=Q$。从而对充分大的 n，$\Delta(f-P)(n)=0$。从而对充分大的 n，$(f-P)(n)=C_{r+1}$（常数）。于是对充分大的 n，

$$f(n)=P(n)+C_{r+1},$$

此即为所求。

其次我们需要分次模的一些知识。设 S 为分次环(参见§2)。一个分次 S-模M是指 M 为 S 模并且有 Abel 群直和分解 $M=\bigoplus_{d\in Z}M_d$，使得 $S_dM_e\subseteq M_{d+e}$。对每个分次 S 模M和每个 $l\in\mathbf{Z}$，定义 $M(l)$ 为向左移 l 位而得到的分次 S 模，即 $M(l)_d=M_{d+l}$，$M(l)$ 称作是M的扭变模。如果M是分次 S 模，定义M的零化子为 $\mathrm{Ann}M=\{s\in S\,|\,sM=0\}$，这是 S 的齐次理想。

下一结果与 Noether 环上有限生成分次模的一个著名结果(Bourbaki[1,第 4 章,§1 No.4]或者 Matsumura [2,p.51])相类似。由于缺乏合适的参考文献,我们给出证明。

命题 7.4 设M为 Noether 分次环S上有限生成分次模,则存在分次子模滤链 $0=M^0\subseteq M^1\subseteq\cdots\subseteq M^r=M$,使得对每个$i$,$M^i/M^{i-1}\cong(S/\mathfrak{p}_i)(l_i)$,其中 $\mathfrak{p}$ 为S的齐次素理想而$l_i\in\mathbf{Z}$。这种滤链不是唯一的,但是每个这样的滤链均有以下性质:

(a) 若 $\mathfrak{p}$ 是S的齐次素理想,则 $\mathfrak{p}\supseteq\operatorname{Ann}M\Longleftrightarrow$ 存在i,使得$\mathfrak{p}\supseteq\mathfrak{p}_i$,特别地,集合 $\{\mathfrak{p}_1,\cdots,\mathfrak{p}_r\}$ 的全部极小元恰好是M的全部极小素理想,即包含 $\operatorname{Ann}M$ 的那些素理想的极小元;

(b) 对于M的每个极小素理想 $\mathfrak{p}$, $\mathfrak{p}$ 在 $\{\mathfrak{p}_1,\cdots,\mathfrak{p}_n\}$ 中出现的个数等于 $S_\mathfrak{p}$ 模 $M_\mathfrak{p}$ 的长度(从而与滤链无关)。

证明 为证滤链的存在性,我们考虑M中具有这种滤链的分次子模的集合。由于 0 模是这种子模从而此集非空。因为 M 为 Noether 模,从而M中有这种极大子模 $M'\subseteq M$。现在考虑 $M''=M/M'$。如果 $M''=0$,则证毕。如果 $M''\neq0$,考虑理想集合 $\mathcal{S}=\{I_m=\operatorname{Ann}(m)\mid m$ 为 M'' 中非零齐次元素$\}$。每个 I_m 都是齐次理想,并且 $I_m\neq S$。由于S为 Noether 环,从而存在$0\neq m\in M''$,使得 I_m 为集合 $\mathcal{S}$ 的极大元。我们断言:I_m 为素理想。设 $a,b\in S$, $ab\in I_m$ 但是 $b\notin I_m$,我们要证明 $a\in I_m$。通过分成齐次分量之和,我们可设a和b均是齐次元素。考虑元素 $bm\in M''$。由于 $b\notin I_m$,从而 $bm\neq0$。但是 $I_m\subseteq I_{bm}$。由 I_m 的极大性可知 $I_m=I_{bm}$。由于 $ab\in I_m$,从而 $abm=0$,于是 $a\in I_{bm}=I_m$,此即为所求。于是 I_m 为S的齐次素理想。将它叫做 $\mathfrak{p}$。设 m 的次数为 l,则由m生成的模 $N\subseteq M''$ 同构于 $(s/\mathfrak{p})(-l)$。设 $N'(\subseteq M)$ 为N在M中的原像,则 $M'\subseteq N'$ 并且 $N'/M'\cong(s/\mathfrak{p})(-l)$。于是 N' 也具有定理所述的滤链。这就与 M' 的极大性相矛盾。从而 $M'=M$。即证明了M的滤链存在性。

现在假设给了 M 的这样一个滤链。显然 $\mathfrak{p}\supseteq\operatorname{Ann}M\Longleftrightarrow\mathfrak{p}\supseteq\operatorname{Ann}(M^i/M^{i-1})$(对某个 i)。但是 $\operatorname{Ann}((s/\mathfrak{p}_i)(l))=\mathfrak{p}_i$。这就证

明了 (a)。

为证 (b) 我们在极小素理想 $\mathfrak{p}$ 处作局部化. 由于 $\mathfrak{p}$ 在$\{\mathfrak{p}_1, \cdots, \mathfrak{p}_n\}$中极小,局部化后,除了 $\mathfrak{p}_i=\mathfrak{p}$ 的 i 之外均有 $M^i_{\mathfrak{p}}=M^{i-1}_{\mathfrak{p}}$, 并且在 $\mathfrak{p}_i=\mathfrak{p}$ 时 $M^i_{\mathfrak{p}}/M^{i-1}_{\mathfrak{p}} \cong (s/\mathfrak{p})_{\mathfrak{p}} = k(\mathfrak{p})$ (右边表示整环 $s/\mathfrak{p}$ 的商域). 这表明 $s_{\mathfrak{p}}$ 模 $M_{\mathfrak{p}}$ 的长度等于 $\mathfrak{p}$ 出现在集合 $\{\mathfrak{p}_1, \cdots, \mathfrak{p}_r\}$ 中的个数.

定义 设 $\mathfrak{p}$ 为分次 S 模M的极小素理想. 定义 M 在 $\mathfrak{p}$ 的重数为 $S_{\mathfrak{p}}$ 模 $M_{\mathfrak{p}}$ 的长度,表示成 $\mu_{\mathfrak{p}}(M)$.

现在我们可以定义多项式环 $S=k[x_0, \cdots, x_n]$ 上分次模M的 Hilbert 多项式. 首先定义M的 Hilbest 函数 φ_M 为对每个 $l\in \mathbf{Z}$,

$$\varphi_M(l)=\dim_k M_l.$$

定理 7.5 (Hilbert-Serre). 设M为有限生成 S 模,$S=k[x_0, \cdots, x_n]$, 则有唯一的多项式 $P_M(z)\in \mathbf{Q}[z]$,使得对充分大的 l, $\varphi_M(l)=P_M(l)$. 此外, $\deg P_M(z)=\dim Z(\operatorname{Ann} M)$,其中 $Z(\mathfrak{a})$ 表示齐次理想 $\mathfrak{a}$ 在 $\mathbf{P}^n$ 中的零点集合(参见第 2 节).

证明 若 $0\to M'\to M\to M''\to 0$ 为短正合序列, 则 $\varphi_M=\varphi_{M'}+\varphi_{M''}$, $Z(\operatorname{Ann} M)=Z(\operatorname{Ann} M')\cup Z(\operatorname{Ann} M'')$. 所以若定理对 M' 和 M'' 成立,则对M也成立. 根据(7.4)M有滤链,其商均有形式 $(S/\mathfrak{p})(l)$,其中 $\mathfrak{p}$ 为齐次素理想, $l\in Z$, 从而我们归结于 $M\cong(S/\mathfrak{p})(l)$ 的情形. 但是平移 l 位对应于多项式作变量代换 $z\longmapsto z+l$,因此只需考虑 $M=S/\mathfrak{p}$ 的情形. 如果 $\mathfrak{p}=(x_0, \cdots, x_n)$,则当 $l>0$ 时 $\varphi_M(l)=0$, 从而对应多项式为 $P_M=0$, 而 $\deg P_M=\dim Z(\mathfrak{p})$ (这里我们规定零多项式次数和空集的维数均为-1).

如果 $\mathfrak{p}\neq(x_0, \cdots, x_n)$,取 $x_i\notin\mathfrak{p}$, 考虑正合序列 $0\to M\xrightarrow{x_i} M\to M''\to 0$,其中 $M''=M/x_iM$. 则 $\varphi_{M''}(l)=\varphi_M(l)-\varphi_M(l-1)=(\Delta\varphi_M)(l-1)$. 另一方面, $Z(\operatorname{Ann} M'')=Z(\mathfrak{p})\cap H$, 其中 H 为超平面 $x_i=0$, 由 x_i 的选取知 $Z(\mathfrak{p})\not\subseteq H$, 从而由(7.2)知 $\dim Z(\operatorname{Ann} M'')=\dim Z(\mathfrak{p})-1$. 现在对 $\dim Z(\operatorname{Ann} M)$

用归纳法，我们可设 $\varphi_{M''}$ 为多项式函数对应于多项式 $P_{M''}$，而 $\deg P_{M''} = \dim Z(\mathrm{Ann} M'')$。由(7.3)即知 φ_M 为多项式函数对应于一个 $\dim Z(\mathfrak{p})$ 次多项式。P_M 的唯一性是显然的。

定义 定理中的多项式 P_M 叫做M的 Hilbert 多项式。

定义 设Y为 $\mathbf{P}^n$ 中r维代数集合，定义Y的 Hilbert 多项式为其齐次坐标环 $S(Y)$ 的 Hilbert 多项式。（根据上述定理，这是r次多项式.）而 P_Y 的首项系数的 $r!$ 倍称作是Y的次数。

命题 7.6 (a) 若 $\varnothing \neq Y \subseteq \mathbf{P}^n$，则$Y$的次数为正整数。

(b) 若 $Y = Y_1 \cup Y_2$，Y_1 和 Y_2 的维数均为 r，并且 $\dim(Y_1 \cap Y_2) < r$，则 $\deg Y = \deg Y_1 + \deg Y_2$。

(c) $\deg \mathbf{P}^n = 1$。

(d) 如果H是 $\mathbf{P}^n$ 中超曲面，且其理想由一个d次齐次多项式生成，则 $\deg H = d$。（换句话说，这个次数定义与早先在(1.4.2)中定义的超曲面次数是一致的.）

证明 (a) 由于 $Y \neq \varnothing$，P_Y 为非零多项式并且 $\deg P_Y = r = \dim Y$。由 (7.3a) 知 $\deg Y = c_0 \in \mathbf{Z}$。因为 l 充分大时 $P_Y(l) = \varphi_{S/I}(l) \geqslant 0$（其中$I$为$Y$的理想），从而 c_0 为正整数。

(b) 设 I_1 和 I_2 为 Y_1 和 Y_2 的理想。则 $I = I_1 \cap I_2$ 为Y的理想。我们有正合序列

$$0 \to S/I \to S/I_1 \oplus S/I_2 \to S/(I_1 + I_2) \to 0.$$

现在 $Z(I_1 + I_2) = Y_1 \cap Y_2$ 的维数小于 r，从而 $\deg P_{S/(I_1+I_2)} < r$。于是 $P_{S/I}$ 的首项系数为 P_{S/I_1} 和 P_{S/I_2} 的首项系数之和。

(c) 我们计算 $\mathbf{P}^n$ 的 Hilbert 多项式。这是 P_S，$S = k[x_0, \cdots, x_n]$. 当 $l > 0$ 时，$\varphi_S(l) = \binom{l+n}{n}$，从而 $P_S = \binom{z+n}{n}$。它的首项系数为 $1/n!$，于是 $\deg \mathbf{P}^n = 1$。

(d) 设 $f \in S$ 为d次齐次元素，则有分次S模的正合序列

$$0 \to S(-d) \xrightarrow{f} S \to S/(f) \to 0,$$

从而

$$\varphi_{S/(f)}(l) = \varphi_S(l) - \varphi_S(l-d),$$

于是H的 Hilbert 多项式为

$$P_H(z)=\binom{z+n}{n}-\binom{z-d+n}{n}=\frac{d}{(n-1)!}z^{n-1}+\cdots,$$

因此 $\deg H=d$。

现在我们讲述关于射影簇与超曲面相交的主要结果，这是 Bézout 定理到高维射影空间的部分推广。设Y为 $\mathbf{P}^n$ 中 r 维射影簇，H为超曲面并且不包含 Y。根据(7.2)可知 $Y\cap H=Z_1\cup\cdots\cup Z_s$，其中 Z_j 均为 $r-1$ 维簇。设 $\mathfrak{p}_j$ 为 Z_j 的齐次素理想，我们定义Y和H沿着 Z_j 的**相交重数**为 $i(Y,H;Z_j)=\mu_{\mathfrak{p}_j}(S/(I_Y+I_H))$，其中 I_Y 和 I_H 分别为Y和H的齐次理想。模 $M=S/(I_Y+I_H)$ 的化零子为 I_Y+I_H，而 $Z(I_Y+I_H)=Y\cap H$，从而 $\mathfrak{p}_j$ 是M的极小素理想并且μ是早先定义的重数。

定理 7.7 设Y是 $\mathbf{P}^n$ 中簇，H 是超曲面并且不包含Y，令 $Z_1,\cdots,Z_s$ 是 $Y\cap H$ 的全体不可约分支，则

$$\sum_{j=1}^{s} i(Y,H;Z_j)\cdot\deg Z_j=(\deg Y)(\deg H).$$

证明 设H由d次齐次多项式f所定义。考虑分次S模的正合序列

$$0\to(S/I_Y)(-d)\xrightarrow{f}S/I_Y\to M\to 0,$$

其中 $M=S/(I_Y+I_H)$。取 Hilbert 多项式即知

$$P_M(z)=P_Y(z)-P_Y(z-d).$$

比较此等式两边的首项系数即可得到结果。设 $\dim Y=r$ 而 $\deg Y=e$。则 $P_Y(z)=(e/r!)z^r+\cdots$，从而右边为

$$\begin{aligned}&(e/r!)z^r+\cdots-[(e/r!)(z-d)^r+\cdots]\\&=(de/(r-1)!)z^{r-1}+\cdots.\end{aligned}$$

现在考虑模 M。由(7.4)知 M 有滤链 $0=M^0\subseteq M^1\subseteq\cdots\subseteq M^q=M$，其中商 $M^i/M^{i-1}\cong(S/\mathfrak{q}_i)(l_i)$。于是 $P_M=\sum_{i=1}^{q}P_i$，P_i 为$(S/\mathfrak{q}_i)(l_i)$ 的 Hilbert 多项式。设 $Z(\mathfrak{q}_i)$ 为 r_i 维 f_i 次射影簇，则

$$P_i=(f_i/r_i!)z^{r_i}+\cdots.$$

注意平移 l_i 位不影响 P_i 的首项系数. 由于我们只关心 P_i 的首项系数,从而可略去 P_i 中次数小于 $r-1$ 的那些项. 我们只保留使 q_i 为 M 的极小素理想的那些 P_i(即 q_i 为对应于某个 $Z_j(1\leqslant j\leqslant s)$ 的素理想 $\mathfrak{p}_j$). 每个 $\mathfrak{p}_j$ 出现 $\mu_{\mathfrak{p}_j}(M)$ 次, 从而 P_M 的首项系数为

$$\left(\sum_{j=1}^{s} i(Y,H;Z_j)\deg Z_j\right)\Big/(r-1)!,$$

将此式与上式相比较即得所证结果.

系 7.8 (Bézout 定理) 设 Y 和 Z 是 $\mathbf{P}^2$ 中两个不同的曲线. 次数分别为 d 和 e. 令 $Y\cap Z=\{P_1,\cdots,P_s\}$, 则

$$\sum_{j=1}^{s} i(Y,Z;P_j)=de.$$

证明 只需注意每个点的 Hilbert 多项式为 1, 从而次数是 1. (第五章,1.4.2)给出另一证明.

注 7.8.1 我们这里用齐次坐标环给出的相交重数定义与早些时候给出的局部定义(习题 5.4)是不同的. 但是不难看出,对于平面曲线相交的情形这两个定义是一致的.

注 7.8.2 容易将(7.8)的证明推广到 Y 和 Z 均是"可约曲线"(即 $\mathbf{P}^2$ 中一维代数集合)的情形, 只要 Y 和 Z 没有公共的不可约分支.

习　　题

7.1 (a) 求 $\mathbf{P}^n$ 在 $\mathbf{P}^N$ 中 d 重分量嵌入(习题 2.12)的次数. [答案: d^n]
(b) 求 $\mathbf{P}^r\times\mathbf{P}^s$ 到 $\mathbf{P}^N$ 中 Segre 嵌入(习题 2.14)的次数. $\left[\text{答案:}\binom{r+s}{r}\right]$

7.2 设 Y 为 $\mathbf{P}^n$ 中 r 维簇,它的 Hilbert 多项式为 P_Y. 称 $p_a(Y)=(-1)^r\times(P_Y(0)-1)$ 为 Y 的算术亏格. 这是一个重要的不变量,并且(在第三章,习题 5.3 中将会看到)它与 Y 的射影嵌入无关.
(a) 求证 $p_a(\mathbf{P}^n)=0$.

(b) 若 Y 为 d 次平面曲线，求证 $p_a(Y) = \frac{1}{2}(d-1)(d-2)$.

(c) 更一般地，若 H 为 $\mathbf{P}^n$ 中 d 次超曲面，则 $p_a(H) = \binom{d-1}{n}$.

(d) 设 Y 是 $\mathbf{P}^3$ 中次数为 a 和 b 的两个曲面的完全交(习题 2.17)，则

$p_a(Y) = \frac{1}{2}ab(a+b-4)+1$.

(e) 设 Y 和 Z 分别是 $\mathbf{P}^n$ 和 $\mathbf{P}^m$ 中射影簇，维数分别为 r 和 s，$Y \times Z \subseteq \mathbf{P}^n \times \mathbf{P}^m \to \mathbf{P}^N$ 为 Segre 嵌入. 求证

$$p_a(Y \times Z) = p_a(Y)p_a(Z) + (-1)^s p_a(Y) + (-1)^r p_a(Z).$$

7.3 对偶曲线. 设 Y 为 $\mathbf{P}^2$ 中曲线，将 $\mathbf{P}^2$ 中全部直线组成的集合看成是另一个射影空间 $(\mathbf{P}^2)^*$，办法是：取 (a_0, a_1, a_2) 为直线 $L: a_0x_0 + a_1x_1 + a_2x_2 = 0$ 的齐次坐标. 对每个非异点 $P \in Y$，求证存在唯一的直线 $T_P(Y)$，它与 Y 在 P 的相交重数 >1. 这是 Y 在 P 的切线. 求证映射 $P \mapsto T_P(Y)$ 定义了态射 $\mathrm{Reg}Y \to (\mathbf{P}^2)^*$，其中 $\mathrm{Reg}Y$ 为 Y 的非异点全体. 这个态射的象的闭包叫作 Y 的对偶曲线 $Y^* \subseteq (\mathbf{P}^2)^*$.

7.4 给了 $\mathbf{P}^2$ 中一条 d 次曲线 Y，求证存在$(\mathbf{P}^2)^*$ (对其 Zariski 拓扑的)非空开子集 U，使得对每个 $L \in U$，L 与 Y 恰好交于 d 点[提示：证明集合 $\{(\mathbf{P}^2)^*$ 中直线 $L \mid L$ 或者与 Y 相切，或者过 Y 一个奇异点$\}$包含在一个真闭子集之中.]这一结果表明，我们可以定义 Y 的次数为 d，使得 $\mathbf{P}^2$ 中几乎所有的直线均与 Y 交于 d 点. 这里"几乎所有"指的是 $\mathbf{P}^2$ 中直线集合(看成 $(\mathbf{P}^2)^*$ 时)的一个非空开子集.

7.5 (a) 求证 $\mathbf{P}^2$ 中次数 $d>1$ 的不可约曲线 Y 不存在重数 $\geqslant d$ 的点(习题 5.3).

(b) 设 Y 为次数 $d>1$ 的不可约曲线并且存在重数为 $d-1$ 的点，则 Y 为有理曲线(习题 6.1).

7.6 线性簇. 求证纯维数为 r (即每个不可约分支的维数均为 r) 的代数集合 Y 的次数为 1，当且仅当 Y 为线性簇(习题 2.11). [指示：首先用(7.7)处理 $\dim Y = 1$ 的情形. 然后与超平面相截并用归纳法处理一般情况.]

7.7 设 Y 为 $\mathbf{P}^n$ 中 r 维和次数 $d>1$ 的簇. P 为 Y 的非异点. 定义 X 为所有直线 $PQ (Q \in Y, Q \neq P)$ 之并的闭包.

(a) 求证 X 为 $r+1$ 维簇.

(b) 求证 $\deg X < d$. [提示：对 $\dim Y$ 归纳.]

7.8 设 Y 为 $\mathbf{P}^n$ 中 2 次 r 维簇．求证 Y 包含在 $\mathbf{P}^n$ 的 $r+1$ 维线性子空间 L 之中．因此 Y 同构于 $\mathbf{P}^{r+1}$ 中的二次超曲面（习题 5.12)．

8. 什么是代数几何？

我们已经接触到一些代数簇，并且介绍了关于它们的某些主要概念，从而现在是问下列问题的时候了：什么是代数几何？什么是这个领域的重要问题？它的发展方向是什么？

为了定义代数几何，我们可以说，它是研究 n 维仿射空间或 n 维射影空间中多项式方程组解的一门学问．换句话说，它是研究代数簇的一门学问．

在数学的每个分支中通常都有一些指导性的问题．这些问题是那样困难，以至于人们不能期望彻底地解决它们．这些问题是大量研究工作的推动力，也是衡量这一领域进步的尺度．在代数几何中，分类问题便是这样一个问题．它的最强形式是：将所有代数簇作同构分类．我们可把这个问题分成一些小问题．第一个小问题是将代数簇作双有理等价分类．我们已经知道，这相当于 k 上函数域(即有限生成扩域)的同构分类问题．第二个小问题是从一个双有理等价类中选出一个好的子集(如非异射影簇全体)并且将这个子集作同构分类．第三个小问题是研究任意代数簇与如上选取出来的好的代数簇相距多远．特别地我们想知道：(a) 一个非射影簇加进多少东西能得到一个射影簇？(b) 奇点具有什么样的结构？如何分解奇点从而得到一个非异簇？

代数几何中每个分类问题的答案一般都分成离散部分和连续部分．从而我们可把问题重新叙述成如下形式：定义代数簇的数值不变量和连续不变量，使我们利用它们可将不同构的代数簇区别开来．分类问题的另一个显著特点是：当存在着不同构对象的一个连续族的时候，参量空间自己往往也可赋以代数簇结构．这是一个很有威力的办法，因为这时，代数几何的全部技巧不但可以用来研究那些原来的代数簇，而且也可用来研究参量空间．

让我们通过描述已经学过的(在一固定代数闭域 k 上的)代数曲线分类知识来说明这些思想. 有一个不变量叫做曲线的亏格,这是双有理不变量,并且它的值 g 均是非负整数. 对于 $g=0$,恰有一个双有理等价类,即有理曲线类(双有理等价于 $\mathbf{P}^1$ 的那些曲线).对每个 $g\geqslant 1$,均存在双有理等价类的一个连续族,它们可以参量化为一个不可约代数簇 $\mathfrak{M}g$,称作是亏格 g 的曲线的模簇.当 $g=1$ 时, $\dim\mathfrak{M}g=1$,而 $g\geqslant 2$ 时 $\dim\mathfrak{M}g=3g-3$. $g=1$ 的曲线叫做椭圆曲线. 于是,曲线的双有理分类问题由亏数(这是离散不变量)和模簇(这是连续不变量)中的一点给出解答. 详情见第四章.

关于曲线的第二个问题即描述一给定双有理等价类中的所有非异射影曲线. 这个问题有简单的答案,因为我们已经看到每个双有理等价类中恰好有一条非异射影曲线.

至于第三个问题,我们知道,每个曲线加进有限个点便可作成射影曲线,从而这方面没有太多事情可说. 关于曲线的奇点分类见(第五章,3.9.4).

对于分类问题我还想描述一下另一个特殊情形,这就是在一给定双有理等价类中非异射影曲面的分类问题. 这个问题已有满意的答案,即我们已经知道:(1)曲面的每个双有理等价类中均有一个非异射影曲面. (2)具有给定函数域 K/k 的全部非异射影曲面构成的集合是一个偏序集合,其偏序由双有理态射的存在性给出. (3) 每个双有理态射 $f:X\rightarrow Y$ 均是有限个"在一点胀开"的复合. 最后,(4) 如果 K 不是有理的(即 $K\neq K(\mathbf{P}^2)$) 也不是直纹的(即 $K\neq K(\mathbf{P}^1\times C)$,其中 C 为曲线),则上述偏序集有唯一的极小元,这个极小元称作是函数域 K 的极小模型. (对于有理的和直纹的情形,存在无限多个极小元素,这些极小元素的结构也已知道.)极小模型理论是曲面论的十分美丽的一个分支. 意大利学派就已经知道这些结果,但是对于任意特征的域 k,Zariski[5],[6] 第一个证明了这些结果,详见第五章.

由以上所述不难看出,分类问题是一个非常富有成果的问题,在研究代数几何的时候应当记住这件事. 这使我们提出下一个问题: 怎样定义一个代数簇的不变量? 至今我们已经定义了维数,射影簇的 Hilbert 多项式以及由此得到的次数和算术亏格 p_a. 维数当然是双有理不变量. 但是次数和 Hilbert 多项式与在射影空间中的嵌入方式有关,从而它们甚至不是同构不变量. 可是算术亏格(第三章,习题 5.3)却是同构不变量,并且在多数情形下(例如对于曲线,曲面,特征 0 的非异簇等,见(第五章, 5.6.1))它甚至是双有理不变量,虽然从我们的定义来看这件事并不显然.

再进一步,我们必须研究代数簇的内蕴几何,而在这方面我们至今还未作任何事情. 我们将要研究簇 X 上的**除子**, 每个除子是由余维是 1 的子簇生成的自由 Abel 群中的一个元素. 我们还要定义除子的**线性等价**, 然后形成除子群对线性等价的商群, 叫做 X 的 Picard **群**, 这是 X 的固有不变量. 另一个重要概念是簇 X 上的**微分形式**. 利用微分形式我们可以给出代数簇上切丛和余切丛的内蕴定义.然后可以把微分几何中许多结构移置过来,由此定义一些数值不变量. 例如, 我们可以将曲线的亏格定义为其非奇异射影模型上整体微分形式向量空间的维数. 从这个定义可以清楚地知道曲线亏格是双有理不变量. 见(第二章,第 6,7,8 节).

定义数值不变量的最重要现代技巧是采用上同调工具. 有许多上同调理论, 但是在本书中我们主要谈由 Serre[3] 引进的凝聚层的上同调. 上同调是极有威力的, 有多种用途的一种工具. 它不仅可用来定义数值不变量 (例如曲线 X 的亏格可定义为 $\dim H^1(X,\mathcal{O}_X)$),而且还可用它证明许多重要结果,这些结果初看起来似乎与上同调没有任何联系, 比如关于双有理变换结构的 "Zariski 主定理"就是这样的例子. 为了建立上同调理论需要作许多事情,但是我相信这件事是值得做的. 今后在本书有整整一章(第三章)专门谈上同调理论.上同调也是理解和表达象 Riemann-Roch 定理这样重要结果的一种有益的手段. 很早就有人知道曲线和曲面的 Riemann-Roch 定理,但是在采用上同调之后,Hirzebruch[1] 和 Grothendieck (见 Borel 和 Serre[1])才有可能看清它的含义并将它推广到任意维代数簇上(附录 A).

现在我们稍微知道一点什么是代数几何了，我们还应当讨论一下发展代数几何基础的广度问题. 在本章中我们在代数闭域上处理问题，这是最简单的情形. 有许多理由需要我们研究非代数闭域的情形.其中一个理由是：一个代数簇的子簇的局部环,其剩余类域可以不是代数闭域(习题 3.13)，而这时我们希望对于子簇和点所具有的性质作统一处理. 研究非代数闭域的另一个重要理由是：代数几何中一些重要问题是由数论所推动的，而在数论中则主要是研究有限域或代数数域上方程组的解. 例如 Fermat 问题等价于：当 $n \geqslant 3$ 时,$\mathbf{P}^2$ 中曲线 $x^n + y^n = z^n$ 是否具有 $\mathbf{Q}$ 有理点(即坐标属于 $\mathbf{Q}$ 的点)，使得 $x, y, z \neq 0$.

需要在任意基域上研究代数几何，这一点是由 Zariski 和 Weil 认识到的. 事实上，Weil《代数几何基础》[1]一书的一个主要贡献或许就是它为研究任意域上的代数簇以及基域改变时所产生的各种现象提供了系统的轮廓. Nagata[2] 进而发展了 Dedekind 整环上的代数几何基础.

推广我们基础理论时所需要的另一个方向是要定义某种类型的抽象簇,它一开始就不涉及到在仿射空间或射影空间中的嵌入. 这在研究象构造模簇这类问题时是特别必要的，因为它可以局部地构造，而不需要知道整体嵌入的任何知识. 我们在 § 6 中曾经给出抽象曲线的定义,但是这种方法不能用于高维的情形,因为一个给定的函数域不具有唯一的非奇异模型. 但是每个簇均有仿射簇开覆盖，由此出发我们可以定义抽象簇. 于是可以把抽象簇定义成一个拓扑空间X以及它的一个开覆盖 $\{U_i\}$,每个 U_i 具有仿射簇结构，并且在每个交 $U_i \cap U_j$ 上由 U_i 和 U_j 诱导的簇结构是同构的. 代数簇概念的这种推广并不是多余的,因为当维数$\geqslant 2$时,存在抽象簇不同构于任何拟射影簇(第二章,4.10.2).

在扩展我们代数簇概念时还有第三个有益的方向. 我们在本章中将代数簇定义为仿射空间或者射影空间中的不可约代数集合. 但是允许代数集合是可约的甚至具有重复的不可约分支往往

更为方便.例如我们在第 7 节中讲述的相交理论就建议要这样作，因为两个簇的交可能是可约的，而两个簇的理想之和可能不是这两个簇的交的理想. 于是我们可以试图把 $\mathbf{P}^n$ 中"广义射影簇"定义成 $\langle V, I\rangle$,其中V为 $\mathbf{P}^n$ 中代数集合，$I \subseteq S = k[x_0, \cdots, x_n]$ 是一个理想，使得 $V = Z(I)$. 虽然我们事实上要作的还不是这个样子，但是这给出了一般思想.

上面建议的代数簇概念的所有这三种推广均包含在 Grothendieck 的概型定义之中. 他的出发点是：他看到每个仿射簇对应一个域上有限生成整环(3.8). 然而，为什么我们把注意力非要限制在这样一类特殊的环上呢？于是对于任一交换环 A，他定义了一个拓扑空间 Spec$A$ 和在 Spec$A$ 上的一个环层，这是仿射簇上正则函数环的推广，他将这个环层叫做仿射概型. 然后将许多仿射概型结合在一起便定义出任意概型，这是我们上面所建议的抽象簇概念的推广.

对于在特别一般的情形下做这件事还有一点需要提醒. 在尽可能广泛的范围内发展理论是有许多益处的.对于代数几何来说，毋容置疑，概型的引进是代数几何的一种革命，并且已经给代数几何带来了巨大的进步. 另一方面，跟概型打交道的人们必须背负相当沉重的技术上的包袱：例如层、Abel 范畴、上同调、谱序列等等.另一个更为严重的困难是：有些事情对于代数簇永远成立，但是对概型可能不再正确. 例如即使环为 Noether 环，仿射概型的维数也不一定有限. 因此必须要精通交换代数知识以便支持我们的直觉.

从下章起，我们就用概型语言来发展代数几何基础.

第二章 概　　型

这章和下一章构成本书的技术核心。在这一章,我们按 Grothendieck 的 [EGA] 展开概型的基本理论. 第 1 节到第 5 节是基础,这 5 节的内容有层论(定义概型所必要的)的回顾,概型、态射和凝聚层的基本定义,它们是本书其余部分使用的语言.

在第 6, 7, 8 三节中,我们论述的某些题目是前面用簇的语言已经做过的,但是这里用概型讨论它们更方便. 例如, Cartier 除子的概念和可逆层的概念, 是属于新的语言, 通过它们大大澄清了 Weil 除子和线性系的讨论, Weil 除子和线性系是属于旧的语言.在第 8 节中,把非闭概型点的系统使用在讨论微分层和非奇异簇时有更多的灵活性,改进了(第一章,第 5 节)的处理.

在第 9 节, 我们给出了形式概型的定义, 形式概型在簇论中没有类似的概念. Grothendieck 创造它用于研究"全纯函数"的 Zariski 理论. Zariski 关心古典情形下子簇邻域中全纯函数在抽象代数几何中的类比.

1. 层

层的概念提供了在拓扑空间上掌握局部代数性质的系统方法. 例如,我们将很快看到,第一章中介绍的一个簇的开子集上的正则函数形成一个层. 在研究概型时,层是基本的. 事实上,不用层我们甚至不能定义概型, 所以我们从层开始本章. 关于另外的信息,见 Godement[1] 的书.

定义 令 X 是拓扑空间, X 上 Abel 群的预层 $\mathscr{F}$ 由下述性质定义

(a) 对每个开子集 $U\subseteq X$, 有 Abel 群 $\mathscr{F}(U)$,

(b) 对 X 的开子集的每个包含关系 $V\subseteq U$,

有 Abel 群映射 $\rho_{UV}:\mathscr{F}(U)\to\mathscr{F}(V)$,满足条件

(0) $\mathscr{F}(\varnothing)=0$,这里$\phi$是空集,

(1) ρ_{UU} 是恒同映射 $\mathscr{F}(U)\to\mathscr{F}(U)$,

(2) 如果 $W\subseteq V\subseteq U$ 是 3 个开子集,那么有

$$\rho_{UW}=\rho_{VW}\cdot\rho_{UV}.$$

喜欢范畴语言的读者可以将这个定义改述如下:对于任何拓扑空间 X,我们定义范畴 $\mathfrak{Top}(X)$,它的对象是 X 的开子集,态射包含映射,如果 $V\nsubseteq U$, Hom $(V,U)=\phi$,如果 $V\subseteq U$, Hom (V,U) 只有一个元.由此,预层恰是由范畴 $\mathfrak{Top}$ (X) 到 Abel 群范畴 $\mathfrak{Ab}$ 的反变函子.

我们对环的预层、集合的预层或者在任何固定的范畴 $\mathfrak{C}$ 中取值的预层,只要在上面定义中将词"Abel 群"分别用"环"、"集合"、或"$\mathfrak{C}$ 的对象"代替即可.在这节我们不离开"Abel 群"的情形,对于环、集合等等的情形,请读者进行必要的修改.

从术语上讲,如果 $\mathscr{F}$ 是 X 上的预层,我们把 $\mathscr{F}(U)$ 称作预层 $\mathscr{F}$ 在开集 U 上的截影的集合,有时用记号 $\Gamma(U,\mathscr{F})$ 表示群 $\mathscr{F}(U)$. 称 ρ_{UV} 为限制映射,如果 $s\in\mathscr{F}(U)$,有时我们用符号 $s|_V$ 代替 $\rho_{UV}(s)$.

粗略地说,层是预层,它的截影由局部性质决定.确切地,我们给出下面的定义.

定义 拓扑空间 X 上的预层 $\mathscr{F}$ 是层,如果它满足下面增加的条件:

(3) 如果 U 是开集,$\{V_i\}$ 是 U 的开覆盖,且如果 $s\in\mathscr{F}(U)$ 是一个元,使得对所有的 i $s|_{V_i}=0$,那么 $s=0$;

(4) 如果 U 是开集,$\{V_i\}$ 是 U 的开覆盖,又如果对每个 i 有元素 $s_i\in\mathscr{F}(V_i)$,具有性质:对每个 i, j, $s_i|_{V_i\cap V_j}=s_j|_{V_i\cap V_j}$,那么存在一个元素 $s\in\mathscr{F}(U)$,使得对每个 i, $s|_{V_i}=s_i$. (注意条件 (3) 蕴含着 s 是唯一的.)

注意 根据我们的定义,层是满足某些额外条件的预层,它等

价于在其它某些书中，将层作为 X 上具有某些性质的 X 上的拓扑空间的定义(习题 1.13)。

例 1.0.1 令 X 是域 k 上的簇. 对每个开集 $U\subseteq X$，$\mathscr{O}(U)$ 表示 U 到 k 的正则函数环，对每个 $V\subseteq U$，$\rho_{UV}:\mathscr{O}(U)\to Q(V)$ 是限制映射(在通常意义下)，那么 $\mathscr{O}$ 是 X 上的环层，显然它是环的预层. 为了检验条件 (3) 和 (4)，我们注意，根据正则函数的定义(第一章，第 3 节)，局部是 0 的函数为 0，局部正则的函数是正则的. 我们称 $\mathscr{O}$ 是 X 上的正则函数层.

例 1.0.2 用同样的方法，我们可以定义任何拓扑空间上的连续实值函数层，或者可微流形上的可微函数层，或者复流形上的全纯函数层.

例 1.0.3 令 X 是拓扑空间，A 是 Abel 群. 我们定义由 A 决定的 X 上的常值层如下. 赋于 A 离散拓扑，并对于任何开集 $U\subseteq X$，令 $\mathscr{A}(U)$ 是 U 到 A 的所有连续映射的群. 用通常的限制映射，我们得到层 $\mathscr{A}$. 注意，对每个连通开集 U，$\mathscr{A}(U)\cong A$，从而有"常值层"的命名. 如果 U 是一个开集，而且它的连通分支是开的(对于局部连通拓扑空间总是对的)，则 $\mathscr{A}(U)$ 是一些 A 的直积，每个因子对应于 U 的每个连通分支.

定义 如果 $\mathscr{F}$ 是 X 上的预层，P 是 X 的点，我们定义 $\mathscr{F}$ 在点 P 的茎 $\mathscr{F}_P$ 为所有包含 P 的开集的群 $\mathscr{F}(U)$ 和通过限制映射 ρ 得到的正向极限.

于是偶 $\langle U,s\rangle$ 代表了 $\mathscr{F}_P$ 的一个元，其中 U 是 P 的开邻域，s 是 $\mathscr{F}(U)$ 的元. 两个这样的偶 $\langle U,s\rangle$ 和 $\langle V,t\rangle$ 定义 $\mathscr{F}_P$ 的同一个元，当且仅当存在 P 的一个开邻域 W，$W\subseteq U\cap V$，使得 $s|_W=t|_W$. 因此我们可以将茎 $\mathscr{F}_P$ 的元称为 $\mathscr{F}$ 在点 P 的截影的芽在簇 X 和它的正则函数层 $\mathscr{O}$ 的情形下，在点 P 的茎 $\mathscr{O}_P$ 恰是 X 上 P 的局部环，它的定义在第一章第 3 节已给出.

定义 如果 $\mathscr{F}$ 和 $\mathscr{G}$ 是 X 上的预层，态射 $\varphi:\mathscr{F}\to\mathscr{G}$ 是由每个开集 U 上的 Abel 群映射 $\varphi(U):\mathscr{F}(U)\to\mathscr{G}(U)$ 组成，要求 $\varphi(U)$ 满足性质：若开集 $V\subseteq U$，图

$$\begin{array}{ccc}\mathscr{F}(U) & \xrightarrow{\varphi(U)} & \mathscr{G}(U) \\ \downarrow \rho_{UV} & & \downarrow \rho'_{UV} \\ \mathscr{F}(V) & \xrightarrow{\varphi(V)} & \mathscr{G}(V)\end{array}$$

是交换的，其中 ρ 和 ρ' 是在 $\mathscr{F}$ 和 $\mathscr{G}$ 中的限制映射．如果 $\mathscr{F}$ 和 $\mathscr{G}$ 是 X 上的层，对于层的态射，我们使用相同的定义，同构是具有双方逆的态射．

注意，X 上预层的态射 $\varphi: \mathscr{F} \to \mathscr{G}$，对每个点 $P \in X$，诱导出茎上的映射 $\varphi_P: \mathscr{F}_P \to \mathscr{G}_P$．下面的命题（对于预层是错的）说明层的局部性质．

命题 1.1 令 $\varphi: \mathscr{F} \to \mathscr{G}$ 是拓扑空间 X 上层的射，则 φ 是同构当且仅当对每点 $P \in X$ 茎上的诱导映射 $\varphi_P: \mathscr{F}_P \to \mathscr{G}_P$ 是同构．

证明 如果 φ 是同构，显然每个 φ_P 是同构．反之，若对每个点 P，φ_P 都是同构，那么要证 φ 是同构，只要证对所有的 U，$\varphi(U): \mathscr{F}(U) \to \mathscr{F}(U)$ 都是同构就够了．因为这时我们可以定义逆射 ϕ，对每个 U，$\phi(U) = \varphi(U)^{-1}$．首先我们证明 $\varphi(U)$ 是单的．令 $s \in \mathscr{F}(U)$，并设 $\phi(s) \in \mathscr{G}(U)$ 是 0，那么对每个点 $P \in U$，$\varphi(s)$ 在茎 $\mathscr{G}_P$ 中的像 $\varphi(s)_P$ 是 0．由于 φ_P 对每个 P 是单的，我们得到，对每个 $P \in U$，在 $\mathscr{F}_P$ 中 $s_P = 0$．$s_P = 0$ 意味着 s 和 0 在 $\mathscr{F}_P$ 中有相同的像，这表示存在 P 的开邻域 W_P，$W_P \subseteq U$，使得 $s|_{W_P} = 0$．U 被它全部点的邻域覆盖，由层的性质(3)，s 在 U 上是 0，因此 $\varphi(U)$ 是单的．

下边我们证明 $\varphi(U)$ 是满的，假设我们有截影 $t \in \mathscr{G}(U)$．对于每个 $P \in U$，令 $z_P \in \mathscr{G}_P$ 是它在 P 的芽．由于 φ_P 是满的，我们可以找到 $s_P \in \mathscr{F}_P$ 使得 $\varphi_P(s_P) = t_P$．令在 P 的邻域 V_P 上的截影 $s(P)$ 代表 s_P，那么 $\varphi(s_{(P)})$ 和 $t|_{V_P}$ 是 $\mathscr{G}(V_P)$ 的两个元，它们在 P 的芽相同．因此，如果需要，用 P 的较小的邻域代替 V_P，我们可以假设在 $\mathscr{G}(V_P)$ 中 $\varphi(s(P)) = t|_{V_P}$．现在 U 被开集 V_P 覆盖，并在每个 V_P 上我们有截面 $s(P) \in \mathscr{F}(V_P)$．如果 P，Q 是

两个点，那么 $s(P)|_{V_P\cap V_Q}$ 和 $s(Q)|_{V_P\cap V_Q}$ 是 $\mathscr{F}(V_P\cap V_Q)$ 的两个截影，它们都被 φ 送到 $t|_{V_P\cap V_Q}$. 根据上面证明的 φ 的单射性，它们相等. 于是由层的性质 (4)，对每个 P，存在截影 $s\in\mathscr{F}(U)$，使得 $s|_{V_P}=s(P)$. 最后我们还需要检验 $\varphi(s)=t$. 实际上，$\varphi(s)$ 和 t 是 $\mathscr{G}(U)$ 的两个截影，对每个 P，$\varphi(s)|_{V_P}=t|_{V_P}$. 将层的性质 (3) 用于 $\varphi(s)-t$，我们得到 $\varphi(s)=t$.

我们下面的任务是对层的态射定义核、余核和象.

定义 令 $\varphi:\mathscr{F}\to\mathscr{G}$ 是预层的态射. 我们定义 φ 的预层核，φ 的预层余核和 φ 的预层像分别为由 $U\longmapsto\ker(\varphi(U))$，$U\longmapsto\operatorname{coker}(\varphi(U))$ 和 $U\longmapsto\operatorname{im}(\varphi(U))$ 给出的预层.

注意，如果 $\varphi:\mathscr{F}\to\mathscr{G}$ 是层的态射，那么 φ 的预层核是层，但是 φ 的预层余核和预层象一般不是层，这使得我们有了和预层相伴的层的概念.

命题-定义 1.2 给定预层 $\mathscr{F}$，存在层 $\mathscr{F}^+$ 和态射 $\theta:\mathscr{F}\to\mathscr{F}^+$ 具有性质：对任何层 $\mathscr{G}$ 和任何态射 $\varphi:\mathscr{F}\to\mathscr{G}$，存在唯一的态射 $\psi:\mathscr{F}^+\to\mathscr{G}$，使得 $\varphi=\psi\circ\theta$. 进而，对 $(\mathscr{F}^+,\theta)$ 在唯一的同构意义下是唯一的. 我们称 $\mathscr{F}^+$ 为预层 $\mathscr{F}$ 相伴的层.

证明 构造层 $\mathscr{F}^+$ 如下. 对任何开集 U，令 $\mathscr{F}^+(U)$ 是函数 s 的集合，s 将 U 映到 $\mathscr{F}$ 在 U 的点上的茎的并 $\bigcup_{P\in U}\mathscr{F}_P$，使得 (1) 对每个 $P\in U$，$s(P)\in\mathscr{F}_P$，和 (2) 对每个 $P\in U$，存在 P 的全在 U 中的邻域 V 和一个元 $t\in\mathscr{F}(V)$，使得对所有的 $Q\in V$，t 在 Q 的芽等于 $s(Q)$.

现在我们可以立刻检验 $\mathscr{F}^+$ 和自然限制映射是一个层，并存在自然映射 $\theta:\mathscr{F}\to\mathscr{F}^+$，而且 $\mathscr{F}^+$ 具有所描述的泛性质. 注意，对任何点 P，$\mathscr{F}_P=\mathscr{F}^+_P$，而且如果 $\mathscr{F}$ 本身是层，$\mathscr{F}^+$ 经 θ 同构于 $\mathscr{F}$.

定义 层 $\mathscr{F}$ 的子层是个层 $\mathscr{F}'$，对每个开集 $U\subseteq X$ 使得 $\mathscr{F}'(U)$ 是 $\mathscr{F}(U)$ 的子群，而且 $\mathscr{F}'$ 的限制映射由 $\mathscr{F}$ 的限制映射所诱导. 由此定义，对任何点 P，茎 $\mathscr{F}'_P$ 是 $\mathscr{F}_P$ 的子群.

如果 $\varphi:\mathscr{F}\to\mathscr{G}$ 是层的态射，我们定义φ的核，用 $\ker\varphi$ 表示，是φ的预层核(它是层)，因此 $\ker\varphi$ 是 $\mathscr{F}$ 的子层.

我们说层的态射 $\varphi:\mathscr{F}\to\mathscr{G}$ 是单的，如果 $\ker\varphi=0$. 因此 φ是单的当且仅当诱导映射 $\varphi(U):\mathscr{F}(U)\to\mathscr{G}(U)$ 对X的每个开集是单的.

如果 $\varphi:\mathscr{F}\to\mathscr{G}$ 是层的态射，我们定义φ的象，用 $\operatorname{im}\varphi$ 表示，它是和φ的预层像相伴的层. 由和预层相伴的层的泛性质，存在自然映射 $\operatorname{im}\varphi\to\mathscr{G}$. 实际上这个映射是单的(见习题1.4)，因此 $\operatorname{im}\varphi$ 可以和 $\mathscr{G}$ 的子层等同.

我们说层的态射 $\varphi:\mathscr{F}\to\mathscr{G}$ 是满的，如果 $\operatorname{im}\varphi=\mathscr{G}$.

我们说层和态射的序列 $\cdots\to\mathscr{F}^{i-1}\xrightarrow{\varphi^{i-1}}\mathscr{F}^{i}\xrightarrow{\varphi^{i}}\mathscr{F}^{i+1}\to\cdots$ 是正合的，如果对每个 i, $\ker\varphi^{i}=\operatorname{im}\varphi^{i-1}$. 因此序列 $0\to\mathscr{F}\xrightarrow{\varphi}\mathscr{G}$ 是正合的当且仅当φ是单的，序列 $\mathscr{F}\to\mathscr{G}\to 0$ 是正合的当且仅当φ是满的.

现在令$\mathscr{F}'$是$\mathscr{F}$的子层. 我们定义商层 $\mathscr{F}/\mathscr{F}'$ 是和预层 $U\to\mathscr{F}(U)/\mathscr{F}'(U)$ 相伴的层，由此，对任何点 P，茎 $(\mathscr{F}/\mathscr{F}')_P$ 是商 $\mathscr{F}_P/\mathscr{F}'_P$.

如果 $\varphi:\mathscr{F}\to\mathscr{G}$ 是层的态射，我们定义φ的余核，用 $\operatorname{coker}\varphi$ 表示，是和φ的预层余核相伴的层.

注 1.2.1 我们知道了层的态射 $\varphi:\mathscr{F}\to\mathscr{G}$ 是单的，当且仅当对每个U截面上的映射 $\varphi(U):\mathscr{F}(U)\to\mathscr{G}(U)$ 是单的. 对满态射的相应叙述是不对的，如果 $\varphi:\mathscr{F}\to\mathscr{G}$ 是满的，截影上的映射 $\varphi(U):\mathscr{F}(U)\to\mathscr{G}(U)$ 不一定是满的. 但是可以说，φ是满的，当且仅当对每个P茎上的映射 $\varphi_P:\mathscr{F}_P\to\mathscr{G}_P$ 是满的. 更一般地，层和态射的序列是正合的当且仅当在茎上是正合的（习题 1.2). 这再次说明层的局部性质.

到目前为止，我们只谈到一个拓扑空间上的层. 现在我们定义层上的某些运算，它们与一个拓扑空间到另一个拓扑空间的连续映射相关.

定义 令 $f:X\to Y$ 是拓扑空间的连续映射．对于 X 上的任何层 $\mathscr{F}$，我们定义 Y 上的正像层 $f_*\mathscr{F}$ 为对任何开集 $V\subseteq Y$ 有 $(f_*\mathscr{F})(V)=\mathscr{F}(f^{-1}(V))$．对 Y 上的任何层 $\mathscr{G}$，我们定义 X 上的逆像层 $f^{-1}\mathscr{G}$ 是和预层 $U\longmapsto\lim_{V\supseteq f(U)}\mathscr{G}(V)$ 相伴的层，其中 U 是 X 中的开集，极限是在 Y 的含有 $f(U)$ 的所有开集上取．不要将层 $f^{-1}\mathscr{G}$ 和 $f^*\mathscr{G}$ 混淆，后面将给出对环层空间态射定义的层 $f^*\mathscr{G}$（第 5 节）．

注意，f_* 是 X 上层范畴 $\mathfrak{Ab}(X)$ 到 Y 上层范畴 $\mathfrak{Ab}(Y)$ 的函子．类似地，f^{-1} 是由 $\mathfrak{Ab}(Y)$ 到 $\mathfrak{Ab}(X)$ 的函子．

定义 如果 Z 是 X 的子集，在诱导拓扑下它是 X 的拓扑子空间．如果 $i:Z\to X$ 是包含映射，$\mathscr{F}$ 是 X 上的层，那么我们把 $i^{-1}\mathscr{F}$ 叫做 $\mathscr{F}$ 对 Z 的限制，通常用 $\mathscr{F}|_Z$ 表示．注意，$\mathscr{F}|_Z$ 在任何点 $P\in Z$ 的茎恰是 $\mathscr{F}_P$．

习 题

1.1 令 A 是 Abel 群，定义在拓扑空间 X 上和 A 相伴的常值预层为预层 $U\mapsto A$，(对所有 $U\neq\varnothing$)，且限制映射是恒等映射．证明在课文中定义的常值层 $\mathscr{A}$ 是和这个预层相伴的层．

1.2 (a) 对于任何层的态射 $\varphi:\mathscr{F}\to\mathscr{G}$，证明，对每点 P，$(\ker\varphi)_P=\ker(\varphi_P)$ 和 $(\operatorname{im}\varphi)_P=\operatorname{im}(\varphi_P)$．

(b) 证明 φ 是单的(满的)当且仅当对所有的 P 在茎 φ_P 上的诱导映射是单的(满的)．

(c) 证明层和态射的序列 $\cdots\mathscr{F}^{i-1}\xrightarrow{\varphi^{i-1}}\mathscr{F}^i\xrightarrow{\varphi^i}\mathscr{F}^{i+1}\to\cdots$ 是正合的当且仅当对每个 $P\in X$ 对应的茎的序列作为 Abel 群序列是正合的．

1.3 (a) 令 $\varphi:\mathscr{F}\to\mathscr{G}$ 是 X 上层的态射．证明 φ 是满的，当且仅当下边的条件成立：对每个开集 $U\subseteq X$ 和每个 $s\in\mathscr{G}(U)$，存在 U 的覆盖 $\{U_i\}$，并存在元素 $t_i\in\mathscr{F}(U_i)$，使得对所有 i，$\varphi(t_i)=s|_{U_i}$．

(b) 给出一个层的满态射 $\varphi:\mathscr{F}\to\mathscr{G}$ 的例子，这时存在一个开集 U，使得 $\varphi(U):\mathscr{F}(U)\to\mathscr{G}(U)$ 不是满的．

1.4 (a) 令 $\varphi:\mathscr{F}\to\mathscr{G}$ 是预层的态射，且使得 $\varphi(U):\mathscr{F}(U)\to\mathscr{G}(U)$ 对每个 U 是单的．证明相伴层的诱导映射 $\varphi^+:\mathscr{F}^+\to\mathscr{G}^+$ 是单的．

(b) 用(a)证明，如果 $\varphi: \mathscr{F} \to \mathscr{G}$ 是层的态射，那么正如在课文中提到的，$\operatorname{im}\varphi$ 可以和 $\mathscr{G}$ 的子层自然恒同.

1.5 证明层的态射是同构的当且仅当它同时是单射和满射.

1.6 (a) 令 $\mathscr{F}'$ 是层 $\mathscr{F}$ 的子层. 证明 $\mathscr{F}$ 到商层 $\mathscr{F}/\mathscr{F}'$ 的自然映射是满的，$\mathscr{F}'$ 是它的核，因此存在正合序列

$$0 \to \mathscr{F}' \to \mathscr{F} \to \mathscr{F}/\mathscr{F}' \to 0.$$

(b) 反之，如果 $0 \to \mathscr{F}' \to \mathscr{F} \to \mathscr{F}'' \to 0$ 是正合序列，证明 $\mathscr{F}'$ 同构于 $\mathscr{F}$ 的子层，而 $\mathscr{F}''$ 同构于 $\mathscr{F}$ 模这个子层所得到的商层.

1.7 令 $\varphi: \mathscr{F} \to \mathscr{G}$ 是层的态射.

(a) 证明 $\operatorname{im}\varphi \cong \mathscr{F}/\ker\varphi$.

(b) 证明 $\operatorname{coker}\varphi \cong \mathscr{G}/\operatorname{im}\varphi$.

1.8 对于任何开子集 $U \subseteq X$，证明由 X 的层到 Abel 群的函子 $\Gamma(U, \cdot)$ 是左正合函子，即如果 $0 \to \mathscr{F}' \to \mathscr{F} \to \mathscr{F}''$ 是层的正合序列，那么 $0 \to \Gamma(U, \mathscr{F}') \to \Gamma(U, \mathscr{F}) \to \Gamma(U, \mathscr{F}'')$ 是群的正合序列. 函子 $\Gamma(U, \cdot)$ 不一定是正合的，见下面(习题 1.21).

1.9 直接和. 令 $\mathscr{F}$ 和 $\mathscr{G}$ 是 X 上的层. 证明预层 $U \mapsto \mathscr{F}(U) \oplus \mathscr{G}(U)$ 是层. 称它为 $\mathscr{F}$ 和 $\mathscr{G}$ 的直接和，用 $\mathscr{F} \oplus \mathscr{G}$ 表示. 证明在 X 上阿贝尔群的层范畴中，它起着直接和与直接积的作用.

1.10 正向极限. 令 $\{\mathscr{F}_i\}$ 是 X 上的层和态射的正向系，我们定义正向系 $\{\mathscr{F}_i\}$ 的正向极限，用 $\varinjlim \mathscr{F}_i$ 表示，是和预层 $U \mapsto \varinjlim \mathscr{F}_i(U)$ 相伴的层. 证明这是在 X 上层的范畴中的正向极限，即它有下面的泛性质：对任意给定的层 $\mathscr{G}$ 和与这正向系的映射相容的态射族 $\mathscr{F}_i \to \mathscr{G}$，存在唯一的映射 $\varinjlim \mathscr{F}_i \to \mathscr{G}$，使得对每个 i，通过映射 $\mathscr{F}_i \to \varinjlim \mathscr{F}_i \to \mathscr{G}$ 的合成可以得到映射 $\mathscr{F}_i \to \mathscr{G}$.

1.11 令 $\{\mathscr{F}_i\}$ 是 Noether 拓扑空间 X 上层的正向系，证明在这时预层 $U \mapsto \varinjlim \mathscr{F}_i(U)$ 已经是层了，特别地，$\Gamma(X, \varinjlim \mathscr{F}_i) = \varinjlim \Gamma(X, \mathscr{F}_i)$.

1.12 反向极限. 令 $\{\mathscr{F}_i\}$ 是 X 上层的反向系. 证明预层 $U \mapsto \varprojlim \mathscr{F}_i(U)$ 是层，称它为反向系 $\{\mathscr{F}_i\}$ 的反向极限，用 $\varprojlim \mathscr{F}_i$ 表示，证明在层的范畴中它具有反向极限的泛性质.

1.13 预层的平展空间(这个习题包括建立层的定义和在文献中经常发现的层的另一个定义之间的关系，见 Godement[1, 第 2 章, 第 1, 2 节]). 对给定的 X 上的预层 $\mathscr{F}$，我们定义拓扑空间 $\operatorname{Spe}(\mathscr{F})$，称它为 $\mathscr{F}$ 的平展空间如下：作为集合，$\operatorname{Spe}(\mathscr{F}) = \bigcup_{P \in X} \mathscr{F}_P$. 定义投射映射

$\pi:\mathrm{Spe}'(\mathscr{F})\to X$，它将 $s\in\mathscr{F}_P$ 映到 P. 对每个开集 $U\subseteq X$ 和每个截影 $s\in\mathscr{F}(U)$，我们得到映射 $\bar{s}:U\to\mathrm{Spe}'(\mathscr{F})$，它把 P 映到 s_P，即在 P 的芽，这个映射有性质 $\pi\circ\bar{s}=id_U$. 换句话说，它是 π 在 U 上的"截影". 我们现在使 $\mathrm{Spe}'(\mathscr{F})$ 成为拓扑空间：给予它最强的拓扑，使得对所有的开集 U 和所有的截影 $s\in\mathscr{F}(U)$，所有的映射 $\bar{s}:U\to\mathrm{Spe}'(\mathscr{F})$ 是连续的. 证明层 $\mathscr{F}^+$ 和 $\mathscr{F}$ 相伴可以描述如下：对任何开集 $U\subseteq X$，$\mathscr{F}^+(U)$ 是 $\mathrm{Spe}'(\mathscr{F})$ 的在 U 上的连续截影的集合. 特别地，最初的预层 $\mathscr{F}$ 是层当且仅当对每个 U，$\mathscr{F}(U)$ 是 $\mathrm{Spe}'(\mathscr{F})$ 的在 U 上的所有连续截影的集合.

1.14 支集. 令 $\mathscr{F}$ 是 X 上的层，$s\in\mathscr{F}(U)$ 是在开集 U 上的截影. s 的支集，用 $\mathrm{Supp}\,s$ 表示，是集合 $\{P\in U\mid s_P\neq 0\}$，其中 s_P 表示 s 在茎 $\mathscr{F}_P$ 中的芽. 证明 $\mathrm{Supp}\,s$ 是 U 的闭子集. 我们定义 $\mathscr{F}$ 的支集，$\mathrm{Supp}\,\mathscr{F}$，是集合 $\{P\in X\mid \mathscr{F}_P\neq 0\}$. 它不一定是闭子集.

1.15 层 $\mathscr{H}om$. 令 $\mathscr{F}$ 和 $\mathscr{G}$ 是 X 上的 Abel 群层，对任何开集 $U\in X$，证明限制的层的态射集合 $\mathrm{Hom}(\mathscr{F}|_U,\mathscr{G}|_U)$ 有自然的 Abel 群结构. 证明预层 $U\mapsto\mathrm{Hom}(\mathscr{F}|_U,\mathscr{G}|_U)$ 是层，称它为 $\mathscr{F}$ 到 $\mathscr{G}$ 中的局部态射层，简称"层 hom"，并用 $\mathscr{H}om(\mathscr{F},\mathscr{G})$ 表示.

1.16 松层. 拓扑空间 X 上的层 $\mathscr{F}$ 是松的，如果对每个开集的包含 $V\subseteq U$，限制映射 $\mathscr{F}(U)\to\mathscr{F}(V)$ 是满的.

(a) 证明不可约拓扑空间上的常值层是松的. 关于不可约拓扑空间见(第一章，第 1 节).

(b) 如果 $0\to\mathscr{F}'\to\mathscr{F}\to\mathscr{F}''\to 0$ 是层的正合序列，且如果 $\mathscr{F}'$ 是松的，那么对任何开集 U，Abel 群序列 $0\to\mathscr{F}'(U)\to\mathscr{F}(U)\to\mathscr{F}''(U)\to 0$ 也是正合的.

(c) 如果 $0\to\mathscr{F}'\to\mathscr{F}\to\mathscr{F}''\to 0$ 是层的正合序列，且如果 $\mathscr{F}'$ 和 $\mathscr{F}''$ 是松的，则 $\mathscr{F}''$ 是松的.

(d) 如果 $f:X\to Y$ 是连续映射而 $\mathscr{F}$ 是 X 上的松层，则 $f_*\mathscr{F}$ 是 Y 上的松层.

(e) 令 $\mathscr{F}$ 是 X 上的任何层. 我们定义新层 $\mathscr{G}$，称为 $\mathscr{F}$ 的不连续截影层，如下. 对每个开集 $U\subseteq X$，$\mathscr{G}(U)$ 是使得对每个 $P\in U$，$s(P)\in\mathscr{F}_P$ 的映射 $s:U\to\bigcup_{P\in U}\mathscr{F}_P$ 的集合. 证明 $\mathscr{G}$ 是松层，并存在一个 $\mathscr{F}$ 到 $\mathscr{G}$ 的自然的单态射.

1.17 摩天大楼层. 令 X 是拓扑空间，P 是一个点，A 是 Abel 群，定义 X 上

的层 $i_P(A)$ 如下：如果 $P\in U$，$i_P(A)(U)=A$，否则 $i_P(A)(U)=0$。验证在每个点 $Q\in\{P\}^-$ $i_P(A)$ 的茎是 A，在其它地方是 0，其中 $\{P\}^-$ 表示点 P 组成的集合的闭包. 因此得名"摩天大楼层."证明这个层也可以被描述为 $i_*(A)$，其中 A 表示在闭子空间 $\{P\}^-$ 上的常值层，而 $i:\{P\}^-\to X$ 是包含.

1.18 f^{-1} 的伴随性质. 令 $f:X\to Y$ 是拓扑空间的连续映射，证明对 X 上的任何层 $\mathscr{F}$ 存在自然映射 $f^{-1}f_*\mathscr{F}\to\mathscr{F}$，和对 Y 上的任何层 $\mathscr{G}$ 存在自然映射 $\mathscr{G}\to f_*f^{-1}\mathscr{G}$. 用这些映射证明，对 X 上的任何层 $\mathscr{F}$ 和 Y 上的任何层 $\mathscr{G}$，

$$\mathrm{Hom}_X(f^{-1}\mathscr{G},\mathscr{F})=\mathrm{Hom}_Y(\mathscr{G},f_*\mathscr{F}).$$

因此我们说 f^{-1} 是 f_* 的左伴随，而 f_* 是 f^{-1} 的右伴随.

1.19 用零扩张一个层. 令 X 是拓扑空间，Z 是闭子集，令 $i:Z\to X$ 是包含映射，$U=X-Z$ 是补开子集，令 $j:U\to X$ 是包含映射.

(a) 令 $\mathscr{F}$ 是 Z 上的层. 证明 X 上的正象层的茎 $(i_*\mathscr{F})_P$，当 $P\in Z$ 是 $\mathscr{F}_P$，当 $P\notin Z$ 是 0. 因此我们说 $i_*\mathscr{F}$ 是在 Z 外用 0 扩张得到的层. 就记法的使用，我们有时用 $\mathscr{F}$ 代替 $i_*\mathscr{F}$ 并认为"考虑 $\mathscr{F}$ 作为 X 上的层"是表示"考虑 $i_*\mathscr{F}$".

(b) 令 $\mathscr{F}$ 是 U 上的层. 令 $j_!(\mathscr{F})$ 是和预层：如果 $V\subseteq U$，$V\mapsto\mathscr{F}(V)$，否则 $V\mapsto 0$，相伴的 X 上的层. 证明茎 $(j_!(\mathscr{F}))_P$，如果 $P\in U$ 等于 $\mathscr{F}_P$，如果 $P\notin U$ 是 0，并证明 $j_!\mathscr{F}$ 是具有这个性质的 X 上的唯一的层，它对 U 的限制是 $\mathscr{F}$. 我们称 $j_!\mathscr{F}$ 是 U 外用 0 扩张 $\mathscr{F}$ 得到的层.

(c) 现在令 $\mathscr{F}$ 是 X 上的层. 证明存在在 X 上层的正合序列，

$$0\to j_!(\mathscr{F}|_U)\to\mathscr{F}\to i_*(\mathscr{F}|_Z)\to 0.$$

1.20 有支集的子层. 令 Z 是 X 的闭子集，$\mathscr{F}$ 是 X 上的层. 我们定义 $\Gamma_Z(X,\mathscr{F})$ 是 $\Gamma(X,\mathscr{F})$ 的子群，它由支集（习题 1.14）含在 Z 中的所有截影组成.

(a) 证明预层 $V\mapsto\Gamma_{Z\cap V}(V,\mathscr{F}|_V)$ 是层. 称它为有支集在 Z 中的 $\mathscr{F}$ 的子层，用 $\mathscr{H}^0_Z(\mathscr{F})$ 表示.

(b) 令 $U=X-Z$，$j:U\to X$ 是包含映射. 证明存在 X 上层的正合序列

$$0\to\mathscr{H}^0_Z(\mathscr{F})\to\mathscr{F}\to j_*(\mathscr{F}|_U).$$

进而，如果 X 是松的，映射 $\mathscr{F}\to j_*(\mathscr{F}|_U)$ 是满的.

1.21 簇上层的一些例子. 令 X 如在第一章中是代数闭域 k 上的簇. 令 $\mathscr{O}_X$

是 X 上正则函数层（1，0 1）.

(a) 令 Y 是 X 的闭子簇. 对每个开集 $U \subseteq X$，令 $\mathscr{I}_Y(U)$ 是环 $\mathscr{O}_X(U)$ 中的理想，它由在 $Y \cap U$ 的所有点为 0 的正则函数组成. 证明预层 $U \mapsto \mathscr{I}_Y(U)$ 是层，称它为 Y 的**理想层** $\mathscr{I}_Y$，它是环 $\mathscr{O}_X$ 层的子层.

(b) 证明商层 $\mathscr{O}_X/\mathscr{I}_Y$ 同构于 $i_*(\mathscr{O}_Y)$，其中 $i: Y \to X$ 是包含映射，$\mathscr{O}_Y$ 是 Y 上正则函数层.

(c) 令 $X = \mathbf{P}^1$，Y 是两个不同点 $P, Q \in X$ 的并，因此由 (b) 我们有 X 上层的正合序列

$$0 \to \mathscr{I}_Y \to \mathscr{O}_X \to i_*\mathscr{O}_Y \to 0.$$

证明在整体截影上的诱导映射 $\Gamma(X, \mathscr{O}_X) \to \Gamma(X, i_*\mathscr{O}_Y)$ 却不是满的. 这表明整体截影函子 $\Gamma(X, \cdot)$ 不是正合的（习题 1.8. 指出它是左正合的）.

(d) 仍令 $X = \mathbf{P}^1$，并令 $\mathscr{O}$ 是正则函数层. 令 $\mathscr{K}$ 是和 X 的函数域 K 相伴的 X 上的常值层. 证明存在自然单射 $\mathscr{O} \to \mathscr{K}$. 证明商层 $\mathscr{K}/\mathscr{O}$ 同构于层的直和 $\Sigma_{P \in X} i_P(I_P)$，其中 I_P 是群 $K/\mathscr{O}_P$，$i_P(I_P)$ 表示在 P 点由 I_P 给的摩天大楼层（习题 1.17）.

(e) 最后证明，在情形 (d) 中，序列

$$0 \to \Gamma(X, \mathscr{O}) \to \Gamma(X, \mathscr{K}) \to \Gamma(X, \mathscr{K}/\mathscr{O}) \to 0$$

是正合的.（这与多复变中"第一 Cousin 问题"相类同. 见 Gunning 和 Rossi [1, p.248].）

1.22 **粘合层**. 令 X 是拓扑空间，$\mathfrak{U} = \{U_i\}$ 是 X 的开覆盖，并假设对每个 i 给出 U_i 上的层 $\mathscr{F}_i$，且对每个 i, j 有同构 $\varphi_{ij}: \mathscr{F}_i|_{U_i \cap U_j} \xrightarrow{\sim} \mathscr{F}_j|_{U_i \cap U_j}$ 使得 (1) 对每个 i，$\varphi_{ii} = id$，和 (2) 对每个 i, j, k，在 $U_i \cap U_j \cap U_k$ 上 $\varphi_{ik} = \varphi_{jk} \circ \varphi_{ij}$. 证明存在唯一的 X 上的层 $\mathscr{F}$，有同构 $\psi_i: \mathscr{F}|_{U_i} \xrightarrow{\sim} \mathscr{F}_i$ 使得对每个 i, j，在 $U_i \cap U_j$ 上 $\psi_j = \varphi_{ij} \circ \psi_i$. 不太严格地说，$\mathscr{F}$ 是由层 $\mathscr{F}_i$ 经同构 φ_{ij} 粘合而得到的.

2. 概　　型

在这节我们将解释概型的概念. 首先我们定义仿射概型：对任何环 A（回忆在引言中作的约定），我们将拓扑空间和它上面的

环层合起来称为 Spec$A$. 除了 Spec$A$ 的点相应A的所有素理想而不只是极大理想之外，这个构造平行于仿射簇的构造. 然后我们定义任意概型是某个结构，它局部地看上去像仿射概型. 这个定义在第一章中没有平行的概念. 任何与分次环 S 相关的概型 Proj S 的结构给出了最重要的一类概型，这个结构平行于第一章第 2 节中的射影簇的结构. 最后我们将指出第一章中的簇稍加修改就可以看作概型. 因此概型范畴是簇范畴的扩大.

现在我们构造和环A相伴的空间 Spec A. 作为一个集合，我们定义 Spec A 为A的所有素理想的集合. 若 $\mathfrak{a}$ 是A的任一理想，定义子集 $V(\mathfrak{a})\subseteq \operatorname{Spec} A$ 为包有 $\mathfrak{a}$ 的所有素理想的集合.

引理 2.1

(a) 如果 $\mathfrak{a}$ 和 $\mathfrak{b}$ 是A的两个理想，则 $V(\mathfrak{a}\mathfrak{b}) = V(\mathfrak{a}) \cup V(\mathfrak{b})$.

(b) 如果 $\{\mathfrak{a}_i\}$ 是A的理想的任何集合，则$V(\sum_i \mathfrak{a}_i) = \bigcap V(\mathfrak{a}_i)$.

(c) 如果 $\mathfrak{a}$ 和 $\mathfrak{b}$ 是两个理想，则 $V(\mathfrak{a})\subseteq V(\mathfrak{b})$ 当且仅当 $\sqrt{\mathfrak{a}}\supseteq\sqrt{\mathfrak{b}}$.

证明

(a) 如果 $\mathfrak{p}\supseteq\mathfrak{a}$ 或 $\mathfrak{p}\supseteq\mathfrak{b}$，当然 $\mathfrak{p}\supseteq\mathfrak{a}\mathfrak{b}$. 反之，如果 $\mathfrak{p}\supseteq\mathfrak{a}\mathfrak{b}$ 且若 $\mathfrak{p}\not\supseteq\mathfrak{b}$，那么存在 $b\in\mathfrak{b}\backslash\mathfrak{p}$. 现在对任何 $a\in\mathfrak{a}$，$ab\in\mathfrak{p}$，由于 $\mathfrak{p}$ 是素理想，必定有 $a\in\mathfrak{p}$. 故 $\mathfrak{p}\supseteq\mathfrak{a}$

(b) $\mathfrak{b}$ 含有 $\sum\mathfrak{a}_i$，当且仅当 $\mathfrak{b}$ 含有每个 $\mathfrak{a}_i$，因为 $\sum\mathfrak{a}_i$ 是包有每个理想 $\mathfrak{a}_i$ 的最小理想.

(c) $\mathfrak{a}$ 的根是包含 $\mathfrak{a}$ 的所有素理想的交，所以 $\sqrt{\mathfrak{a}}\supseteq\sqrt{\mathfrak{b}}$，当且仅当 $V(\mathfrak{a})\subseteq V(\mathfrak{b})$.

现在取形式为 $V(\mathfrak{a})$ 的集合为闭子集，定义集合 Spec A 的拓扑. 注意 $V(A)=\phi$，$V((0))=\operatorname{Spec} A$，又引理指出形如 $V(\mathfrak{a})$ 的集合的有限多个并和任意多个交仍是这个形式的集合. 因此对于 Spec A 它们确实构成了一个拓扑的闭集合.

下边我们定义 Spec A 上的环层 $\mathscr{O}$. 对每个素理想 $\mathfrak{p}\subseteq A$，令 $A_\mathfrak{p}$ 是A在 $\mathfrak{p}$ 的局部化. 对开集 $U\subseteq\operatorname{Spec}A$，定义 $\mathscr{O}(U)$ 为函

数 $s: U \longmapsto \coprod_{\mathfrak{p}\in U} A_{\mathfrak{p}}$ 的集合，s 满足：对每个 $\mathfrak{p}$，$s(\mathfrak{p})\in A_{\mathfrak{p}}$ 且 s 局部地是 A 的元素的商．确切地说，我们要求在 U 中存在 $\mathfrak{p}$ 的邻域 V 和 A 的元 a, f，使得对每个 $\mathfrak{q}\in V$，$f\notin\mathfrak{q}$ 而 $s(\mathfrak{q}) = a/f \in A_{\mathfrak{q}}$．(注意和簇上正则函数定义的类似性． 差别是用了到各个不同的局部环的函数而不是到一个域的函数)．

显然这种函数的和与积仍是这种函数，在每个 $A_{\mathfrak{p}}$ 中给出 1 的元 1 是单位元，因此 $\mathcal{O}(U)$ 是有单位元的交换环．如果 $U\subseteq V$ 是两个开集，那么自然限制映射 $\mathcal{O}(U)\to\mathcal{O}(V)$ 是环同态，因此 $\mathcal{O}$ 是预层．最后由定义的局部性质，显然有 $\mathcal{O}$ 是层．

定义 令 A 是环，A 的素谱是由拓扑空间 $\operatorname{Spec} A$ 和上面定义的环层 $\mathcal{O}$ 所组成．

让我们来建立 $\operatorname{Spec} A$ 上层 $\mathcal{O}$ 的某些基本性质． 对任何元 $f\in A$，用 $D(f)$ 表示 $V((f))$ 的开补集．注意形如 $D(f)$ 的开集形成 $\operatorname{Spec} A$ 的拓扑基．实际上，如果 $V(\mathfrak{a})$ 是闭集，$\mathfrak{p}\notin V(\mathfrak{a})$，则 $\mathfrak{p}\not\supseteq\mathfrak{a}$，因此存在 $f\in\mathfrak{a}$，$f\notin\mathfrak{p}$．于是 $\mathfrak{p}\in D(f)$ 且

$$D(f)\cap V(\mathfrak{a}) = \varnothing.$$

命题 2.2 令 A 是环，$(\operatorname{Spec} A, \mathcal{O})$ 是 A 的素谱．

(a) 对任何 $\mathfrak{p}\in\operatorname{Spec} A$，层 $\mathcal{O}$ 的茎 $\mathcal{O}_{\mathfrak{p}}$ 同构于局部环 $A_{\mathfrak{p}}$．

(b) 对任何元 $f\in A$，环 $\mathcal{O}(D(f))$ 同构于局部环 A_f．

(c) 特别地，$\Gamma(\operatorname{Spec} A, \mathcal{O})\cong A$．

证明

(a) 我们先定义由 $\mathcal{O}_{\mathfrak{p}}$ 到 $A_{\mathfrak{p}}$ 的同态，这由将 $\mathfrak{p}$ 的邻域中的局部截影 s 映到值 $s(\mathfrak{p})\in A_{\mathfrak{p}}$ 的映射 φ 给出．φ 是由 $\mathcal{O}_{\mathfrak{p}}$ 到 $A_{\mathfrak{p}}$ 的确有定义的同态映射． φ 是满的，因为 $A_{\mathfrak{p}}$ 的任何元都可表示为商 a/f，$a, f\in A, f\notin\mathfrak{p}$．因此，$D(f)$ 是 $\mathfrak{p}$ 的开邻域，而 a/f 定义了 $\mathcal{O}$ 在 $D(f)$ 上的截影，此截影在 $\mathfrak{p}$ 的值是给定的元．为了证明 φ 是单的，令 U 是 $\mathfrak{p}$ 的邻域，$s, t\in\mathcal{O}(U)$ 是在 $\mathfrak{p}$ 有相同值 $s(\mathfrak{p}) = t(\mathfrak{p})$ 的元．我们可以假设在 U 上，(如果需要可收缩 U)，$s=a/f$，$t=b/g$，其中 $a, b, f, g\in A$ 和 $f, g\notin\mathfrak{p}$．由于 a/f 和 b/g 在 $A_{\mathfrak{p}}$ 中有相同的像，从局部化的定义可知，存在 $h\notin\mathfrak{p}$ 使得在 A 中

$h(ga-fb)=0$. 因此在每个使 $f,g,h\notin\mathfrak{q}$ 的局部环 $A_\mathfrak{q}$ 中，有 $a/f=b/g$. 但这样的 $\mathfrak{q}$ 的集合是含有 $\mathfrak{p}$ 的开集 $D(f)\cap D(g)\cap D(h)$. 于是在 $\mathfrak{p}$ 的整个邻域中，$s=t$, 故在 $\mathfrak{p}$ 有相同的茎. 因此 φ 是同构，证明了 (a).

(b) 和 (c). (c) 是 (b) 中 $f=1$ 的特殊情形，$D(f)$ 是整个空间，因此只要证 (b) 就行了. 我们定义同态 $\psi: A_f\to\mathscr{O}(D(f))$, 它将 a/f^n 映到截影 $s\in\mathscr{O}(D(f))$, s 在每点 $\mathfrak{p}$ 的值是 a/f^n 在 $A_\mathfrak{p}$ 中的像.

我们先证明 ψ 是单射. 如果 $\psi(a/f^n)=\psi(b/f^m)$, 则对每个 $\mathfrak{p}\in D(f)$, a/f^n 和 b/f^m 在 $A_\mathfrak{p}$ 中有相同的像，因此存在元 $h\notin\mathfrak{p}$, 使得在 A 中有 $h(f^ma-f^nb)=0$. 令 $\mathfrak{a}$ 是 f^ma-f^nb 的零化子，于是 $h\in\mathfrak{a}\backslash\mathfrak{p}$, 故 $\mathfrak{a}\subsetneq\mathfrak{p}$. 这对任何 $\mathfrak{p}\in D(f)$ 都成立，故而 $V(\mathfrak{a})\cap D(f)=\varnothing$. 因此 $f\in\sqrt{\mathfrak{N}}$, 有某个幂 $f^l\in\mathfrak{a}$, 于是 $f^l(f^ma-f^nb)=0$, 这表明在 A_f 中 $a/f^n=b/f^m$. 所以 ψ 是单射.

困难的部分是证明 ψ 是满射. 令 $s\in\mathscr{O}(D(f))$. 由 $\mathscr{O}$ 的定义，有开集 V_i 覆盖 $D(f)$, 在 V_i 上 s 可用商 a_i/g_i 表示，使对所有 $\mathfrak{p}\in V_i$ 有 $g_i\notin\mathfrak{p}$, 换句话说，$V_i\subseteq D(g_i)$. 现在形如 $D(h)$ 的开集形成拓扑空间的基，所以我们可以假设有某个 h_i, 使得 $V_i=D(h_i)$. 由于 $D(h_i)\subseteq D(g_i)$, 我们有 $V((h_i))\supseteq V((g_i))$, 由 (2.1c), $\sqrt{(h_i)}\subseteq\sqrt{(g_i)}$, 特别对某个 n, $h_i^n\in(g_i)$. 于是 $h_i^n=cg_i$, $a_i/g_i=ca_i/h_i^n$. 用 h_i^n 代替 h_i (因为 $D(h_i)=D(h_i^n)$) 并用 ca_i 代替 a_i, 我们可以假设 $D(f)$ 被开子集 $D(h_i)$ 覆盖，s 在 $D(h_i)$ 上用 a_i/h_i 代表.

下边我们说 $D(f)$ 可以被有限个 $D(h_i)$ 覆盖，实际上，$D(f)\subseteq\bigcup D(h_i)$ 当且仅当 $V((f))\supseteq\bigcap V((h_i))=V(\sum(h_i))$. 仍由 (2.1c) 知，这等价于 $f\in\sqrt{\sum(h_i)}$ 或者对某个 n, $f^n\in\sum(h_i)$. 这也就意味着 f^n 可以表示成有限和 $f^n=\sum b_ih_i$, $b_i\in A$. 因此有限个 $D(h_i)$ 可以覆盖 $D(f)$. 从现在开始，我们固定有限集 $D(h_1),\cdots,D(h_r)$ 使得 $D(f)\subseteq D(h_1)\cup\cdots\cup D(h_r)$.

下一步，注意到 $D(h_i)\cap D(h_j)=D(h_ih_j)$，有 $A_{h_ih_j}$ 的两个元，即 a_i/h_i 和 a_j/h_j，都表示 s. 因此，将上面证明的 ψ 的单射性用于 $D(h_ih_j)$，则在 $A_{h_ih_j}$ 中必定有 $a_i/h_i=a_j/h_j$. 于是对某个 n,

$$(h_ih_j)^n(h_ja_i-h_ia_j)=0$$

由于只包含有有限个指标，我们可取 n 足够大，使得对所有的 i, j 上式都成立. 改写这方程为

$$h_j^{n+1}(h_i^na_i)-h_i^{n+1}(h_j^na_j)=0.$$

然后用 h_i^{n+1} 代替每个 h_i，用 $h_i^na_i$ 代替 a_i. 那么在 $D(h_i)$ 上 s 仍以 a_i/h_i 表示，进而，对所有的 i, j 我们有 $h_ja_i=h_ia_j$.

现在写 $f^n=\sum b_ih_i$ 如上，这对某个 n 是可能的，因为 $D(h_i)$ 覆盖 $D(f)$. 令 $a=\sum b_ia_i$. 则对每个 j 我们有

$$h_ja=\sum_i b_ia_ih_j=\sum b_ih_ia_j=f^na_j.$$

它是说在 $D(h_j)$ 上 $a/f^n=a_j/h_j$，所以处处 $\psi(a/f^n)=s$，这表明 ψ 是满的，因此 ψ 是同构.

对每个环 A，现在我们有了与它相伴的素谱 (Spec $A,\mathcal{O}$). 我们很想使这个对应是函子式的. 为此我们需要一个空间和它上面环层的适当范畴. 合适的概念是局部环层空间范畴.

定义 环层空间是由拓扑空间 X 和 X 上环层 $\mathcal{O}_X$ 组成的对 $(X,\mathcal{O}_X)$. 由 $(X,\mathcal{O}_X)$ 到 $(Y,\mathcal{O}_Y)$ 的环空间的态射是由连续映射 $f:X\to Y$ 和 Y 上环层的映射 $f^{\#}:\mathcal{O}_Y\to f_*\mathcal{O}_X$ 组成的对 $(f,f^{\#})$ 如果对每个点 $P\in X$，茎 $\mathcal{O}_{X,P}$ 是局部环，则环层空间 $(X,\mathcal{O}_X)$ 是局部环层空间. 局部环层空间的态射是环层空间的射 $(f,f^{\#})$，而且对每个点 $P\in X$，局部环的诱导映射（见下面）$f_P^{\#}:\mathcal{O}_{Y,f(P)}\to\mathcal{O}_{X,P}$ 是局部环的局部同态. 我们解释最后的条件. 首先，给定点 $P\in X$，层的态射 $f^{\#}:\mathcal{O}_Y\to f_*\mathcal{O}_X$ 对在 Y 中的每个开集 V 诱导出环同态 $\mathcal{O}_Y(V)\to\mathcal{O}_X(f^{-1}V)$. 当 V 跑遍 $f(P)$ 的所有开邻域时，$f^{-1}(V)$ 跑过 P 的邻域的子集.

取正向极限，我们得到映射

$$\mathscr{O}_{Y,f(P)}=\varinjlim_{V}\mathscr{O}_Y(V)\to\varinjlim_{V}\mathscr{O}_X(f^{-1}V),$$

后一个极限映到茎 $\mathscr{O}_{X,P}$. 因此我们有诱导同态 $f^{\#}_P:\mathscr{O}_{Y,f(P)}\to\mathscr{O}_{X,P}$. 我们要求它是局部同态：如果$A$和$B$是局部环，$\mathfrak{M}_A$ 和 $\mathfrak{M}_B$ 分别是它们的极大理想，同态 $\varphi:A\to B$ 称为**局部同态**如果有 $\varphi^{-1}(\mathfrak{M}_B)=\mathfrak{M}_A$.

局部环层空间的**同构**是有双边逆的射. 因此射 $(f,f^{\#})$ 是同构当且仅当 f 是承载拓扑空间的同胚且 $f^{\#}$ 是层同构.

命题 2.3

(a) *如果A是环，则* $(\operatorname{Spec}A,\mathscr{O})$ *是局部环层空间.*

(b) *如果* $\varphi:A\to B$ *是环同态，则* φ *诱导出局部环层空间的自然射*

$$(f,f^{\#}):(\operatorname{Spec}B,\mathscr{O}_{\operatorname{Spec}B})\to(\operatorname{Spec}A,\mathscr{O}_{\operatorname{Spec}A}).$$

(c) *如果A和B是环，那么局部环层空间的任何射都可由环同态* $\varphi:A\to B$ *如(b)中那样诱导出来.*

证明

(a) 由 (2.2a) 可得.

(b) 对给定的同态 $\varphi:A\to B$，我们定义映射 $f:\operatorname{Spec}B\to\operatorname{Spec}A$，使得对任何 $\mathfrak{p}\in\operatorname{Spec}B$，$f(\mathfrak{p})=\varphi^{-1}(\mathfrak{p})$. 如果 $\mathfrak{a}$ 是A的理想，则马上有 $f^{-1}(V(\mathfrak{a}))=V(\varphi(\mathfrak{a}))$，所以$f$是连续的. 对每个 $\mathfrak{p}\in\operatorname{Spec}B$，为了得到局部环的局部同态 $\varphi_{\mathfrak{p}}:A_{\varphi^{-1}(\mathfrak{p})}\to B_{\mathfrak{p}}$ 我们可从局部化 φ. 现在对任何开集 $V\subseteq\operatorname{Spec}A$，由 $\mathscr{O}$ 的定义和合成映射 f 与 $\varphi_{\mathfrak{p}}$，得到环同态 $f^{\#}:\mathscr{O}_{\operatorname{Spec}A}(V)\to\mathscr{O}_{\operatorname{Spec}B}(f^{-1}(V))$. 它给出了层的态射 $f^{\#}:\mathscr{O}_{\operatorname{Spec}A}\to f_*(\mathscr{O}_{\operatorname{Spec}B})$. 在茎上的诱导映射 $f^{\#}$ 恰好是局部同态 $\varphi_{\mathfrak{p}}$，所以 $(f,f^{\#})$ 是局部环层空间的射.

(c) 反之，假设给了由 $\operatorname{Spec}B$ 到 $\operatorname{Spec}A$ 的局部环层空间的射 $(f,f^{\#})$. 取整体截影，$f^{\#}$ 诱导出环同态 $\varphi:\Gamma(\operatorname{Spec}A,\mathscr{O}_{\operatorname{Spec}A})\to\Gamma(\operatorname{Spec}B,\mathscr{O}_{\operatorname{Spec}B})$. 由 (2.2c)，这两个环分别是$A$和$B$，所以我们有同态 $\varphi:A\to B$. 对任何 $\mathfrak{p}\in\operatorname{Spec}B$，我们有茎上的诱导局部同态 $\mathscr{O}_{\operatorname{Spec}A,f(\mathfrak{p})}\to\mathscr{O}_{\operatorname{Spec}B,\mathfrak{p}}$ 或者 $A_{f(\mathfrak{p})}\to B_{\mathfrak{p}}$，它们必

定与整体截影上的映射 φ 和局部化同态相容. 换句话说，我们有交换图

$$\begin{array}{ccc} A & \xrightarrow{\varphi} & B \\ \downarrow & & \downarrow \\ A_{f(\mathfrak{p})} & \xrightarrow{f_{\mathfrak{p}}^{\#}} & B_{\mathfrak{p}} \end{array}$$

由于 $f^{\#}$ 是局部同态，得到 $\varphi^{-1}(\mathfrak{p}) = f(\mathfrak{p})$，这表明 f 同由 φ 诱导的映射 $\mathrm{Spec}B \to \mathrm{Spec}\,A$ 是一致的. 现在立刻得出 $f^{\#}$ 也是由 φ 诱导的，所以局部环层空间的射 $(f, f^{\#})$ 肯定由环同态 φ 得到.

注 2.3.0 如果在局部环空间射的定义中，我们不坚持茎上的诱导映射是局部环的局部同态(见下边的 (2.3.2))，则命题的叙述 (c) 将是错误的.

现在我们开始概型的定义.

定义 仿射概型是一个局部环层空间 $(X, \mathcal{O}_X)$，而且它同构于(作为局部环层空间)某个环的谱. 概型是局部环层空间，在它中每点有一个开邻域 U 使得拓扑空间 U 和限制层 $\mathcal{O}_X|_U$ 是仿射概型. 我们把 X 叫做概型 $(X, \mathcal{O}_X)$ 的承载拓扑空间，$\mathcal{O}_X$ 叫做它的结构层. 借用不甚确切的符号，我们常常只用 X 表示概型 $(X, \mathcal{O}_X)$. 如果我们希望谈承载拓扑空间而不考虑它的概型结构，我们写为 $sp(X)$，读作"X 的空间". 概型的态射是指作为局部环层空间的态射. 同构是具有双边逆的射.

例 2.3.1 如果 k 是域，$\mathrm{Spec}k$ 是仿射概型，它的拓扑空间由一点组成，它的结构层由域 k 组成.

例 2.3.2 如果 R 是离散赋值环，那么 $T = \mathrm{Spec}R$ 是仿射概型，它的拓扑空间由二点组成. 一点 t_0 是闭的，相应的局部环是 R；另一点 t_1 是开且稠的，相应的局部环是 R 的商域 K. 包含映射 $R \to K$ 对应于射 $\mathrm{Spec}K \to T$，它把 $\mathrm{Spec}\,K$ 的唯一点映到 t_1. 存在环空间的另一个射 $\mathrm{Spec}\,K \to T$，它把 $\mathrm{Spec}\,K$ 的唯一点映到 t_0，用包含映射 $R \to K$ 定义结构层上的相伴映射 $f^{\#}$. 这个射不是由任何同态诱导出的(如在 2.3b，c 中所讲的)，因为它不是局部环

层空间的射.

例 2.3.3 如果 k 是域，我们定义 k 上的仿射线，$\mathbf{A}_k^1$，为 $\operatorname{Spec} k[x]$. 它有对应于零理想的点 ξ，其闭包是整个空间. 称这个点 ξ 为广点. 对应于 $k[x]$ 中的极大理想的点都是闭点. 它们与非常数且首项系数为 1 的 x 的不可约多项式一一对应.特别地，如果 k 是代数闭的，$\mathbf{A}_k^1$ 的闭点和 k 的元一一对应.

例 2.3.4 令 k 是代数闭域，k 上的仿射平面定义为 $\mathbf{A}_k^2 = \operatorname{Spec} k[x,y]$（图 6）. $\mathbf{A}_k^2$ 的闭点是和 k 的元的有序对一一对应. 进而，$\mathbf{A}_k^2$ 的所有闭点的集合,给予诱导拓扑，是同胚于第一章中称为 $\mathbf{A}^2$ 的簇. 除闭点外，有对应于 $k[x,y]$ 中零理想的广点 ξ，它的闭包是整个空间. 对每个不可约多项式 $f(x,y)$，存在点 η，η 的闭包由 η 和满足 $f(x,y)=0$ 所有闭点 (a,b) 组成. 我们说 η 是曲线 $f(x,y)=0$ 的广点.

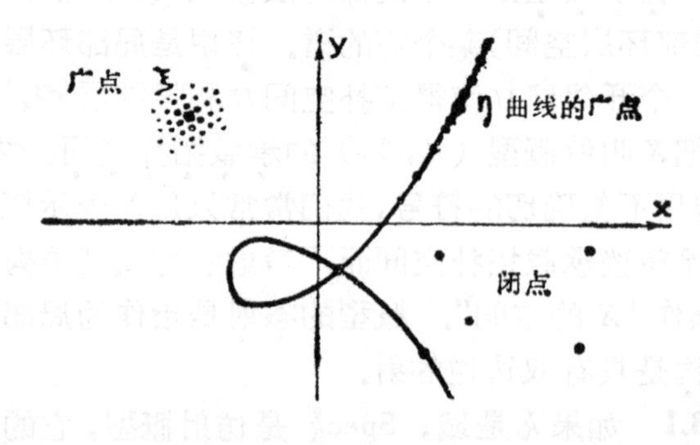

图 6 $\operatorname{Spec} k[x,y]$

例 2.3.5 令 X_1 和 X_2 是概型，$U_1 \subseteq X_1$ 和 $U_2 \subseteq X_2$ 是开子集，令 $\varphi:(U_1, \mathscr{O}_{X_1}|_{U_1}) \to (U_2, \mathscr{O}_{X_2}|_{U_2})$ 是局部环层空间的同构. 我们可以定义一个概型 X 为经过同构 φ，将 X_1 和 X_2 沿着 U_1 和 U_2 粘合得到. X 的拓扑空间由不相交的并 $X_1 \cup X_2$ 对等价关系 $x_1 \sim \varphi(x_1)$，对每个 $x_1 \in U_1$，得到的商，同时赋予商拓扑. 因此存在映射 $i_1: X_1 \to X$ 和 $i_2: X_2 \to X$. 子集 $V \subseteq X$ 是开集当且仅当 $i_1^{-1}(V)$ 在 X_1 中是开的且 $i_2^{-1}(V)$ 在 X_2 中是开的. 结构层 $\mathscr{O}_X$ 定

义如下：对任何开集 $V\subseteq X$，

$$\mathcal{O}_X(V)=\{\langle s_1,s_2\rangle \mid s_1\in\mathcal{O}_{X_1}(i_1^{-1}(V)),s_2\in\mathcal{O}_{X_2}(i_2^{-1}(V)) \text{ 和 } \varphi(s_1|_{i_1^{-1}(V)\cap U_1})=s_2|_{i_2^{-1}(V)\cap U_2}\}.$$

显然 $\mathcal{O}_X$ 是层，$(X,\mathcal{O}_X)$ 是局部环层空间.进而，由于 X_1 和 X_2 是概型，显然 X 的每点有仿射的邻域，因此 X 是概型.

例 2.3.6 作为粘合的一个例子，令 k 是域，$X_1=X_2=\mathbf{A}_k^1$，令 $U_1=U_2=\mathbf{A}_k^1-\{P\}$，$P$ 是和极大理想 (x) 相对应的点，设 $\varphi:U_1\to U_2$ 是恒同映射. 令 X 是 X_1 和 X_2 经 φ 沿着 U_1 和 U_2 粘合得到. 我们得到"有二重点 P 的仿射线."

——— : ———

这是概型而不是仿射概型的例子. 它也是将在后面 (4.0.1) 看到的不可分离概型的例子.

现在我们定义由分次环构造的重要的一类概型，它们是类似于射影簇.

令 S 是分次环. 关于分次环的约定见第一章第 2 节. 我们用 S_+ 表示理想 $\bigoplus_{d>0}S_d$.

我们定义集合 $\operatorname{Proj} S$ 为不包含 S_+ 的所有齐次素理想 $\mathfrak{p}$ 的集合.如果 $\mathfrak{a}$ 是 S 的齐次理想，我们定义子集 $V(\mathfrak{a})=\{\mathfrak{p}\in\operatorname{Proj}S \mid \mathfrak{p}\supseteq\mathfrak{a}\}$.

引理 2.4

(a) 如果 $\mathfrak{a}$ 和 $\mathfrak{b}$ 是 S 中的齐次理想，则有 $V(\mathfrak{ab})=V(\mathfrak{a})\cup V(\mathfrak{b})$.

(b) 如果 $\{\mathfrak{a}_i\}$ 是 S 的任何齐次理想族，则有 $V(\sum\mathfrak{a}_i)=\bigcap V(\mathfrak{a}_i)$.

证明 证明与 (2.1a,b) 相同，只要考虑到齐次理想 $\mathfrak{p}$ 是素的当且仅当对任何两个齐次元 $a,b\in S$，$ab\in\mathfrak{p}$ 蕴含着 $a\in\mathfrak{p}$ 或者 $b\in\mathfrak{p}$ 这一事实.

根据引理，我们可以取形如 $V(\mathfrak{a})$ 的子集合作为闭子集来定义 $\operatorname{Proj} S$ 上的拓扑.

下面我们定义 $\operatorname{Proj} S$ 上的环层 $\mathcal{O}$. 对每个 $\mathfrak{p}\in\operatorname{Proj} S$，在

局部环 $T^{-1}S$ 中我们考虑零次元素的环 $S_{(\mathfrak{p})}$，其中T是 S 的不在 $\mathfrak{p}$ 中的所有齐次元组成的乘法集。对任何开子集 $U\subseteq \operatorname{Proj} S$，我们定义 $\mathcal{O}(U)$ 是函数 $s: U\to \coprod S_{(\mathfrak{p})}$ 的集合，函数 s 满足：对每个 $\mathfrak{p}\in U$，$s(\mathfrak{p})\in S_{(\mathfrak{p})}$ 且 s 局部地是 S 的元的商，即对每个 $\mathfrak{p}\in U$，存在 $\mathfrak{p}$ 在V中的邻域U和S中的有相同次数的齐次元 a，f，使得对所有 $\mathfrak{q}\in V$，$f\notin\mathfrak{q}$，及在 $S_{(\mathfrak{q})}$ 中，$s(\mathfrak{q})=a/f$。现在，显然$\mathcal{O}$是环的预层，有自然限制，并且由定义的局部性质，$\mathcal{O}$是层也很清楚。

定义 如果S是任何分次环，我们定义（$\operatorname{Proj} S,\mathcal{O}$）是拓扑空间及上面构造的环层。

命题 2.5 令 S 是分次环。

(a) 对任何 $\mathfrak{p}\in \operatorname{Proj} S$，茎 $\mathcal{O}_{\mathfrak{p}}$同构于局部环 $S_{(\mathfrak{p})}$。

(b) 对任何齐次的 $f\in S_+$，令 $D_+(f)=\{\mathfrak{p}\in \operatorname{Proj} S\mid f\notin\mathfrak{p}\}$，那么 $D_+(f)$ 是 $\operatorname{Proj} S$ 的开集。进而，这些开集覆盖 $\operatorname{Proj} S$。对每个这样的开集，我们有局部环层空间的同构

$$(D_+(f),\mathcal{O}|_{D_+(f)})\cong \operatorname{Spec} S_{(f)},$$

其中 $S_{(f)}$ 是在局部环 S_f 中零次元素的子环。

(c) $\operatorname{Proj} S$ 是概型。

证明 先注意，(a)说明 $\operatorname{Proj} S$ 是局部环层空间，(b)告诉我们 $\operatorname{Proj} S$ 被开仿射概型覆盖，所以(c)是(a)和(b)的推论。

(a) 的证明实际上等同于上面 (2.2a) 的证明，所以把它留给读者去作。

为了证明 (b)，首先注意 $D_+(f)=\operatorname{Proj} S-V((f))$，故它是开的。由于 $\operatorname{Proj} S$ 的元素是S那些齐次素理想 $\mathfrak{p}$，它们不包含全部 S_+，由此齐次元 $f\in S_+$ 的开集 $D_+(f)$ 覆盖 $\operatorname{Proj} S$。现在固定一个齐次元 $f\in S_+$，我们定义由 $D_+(f)\to \operatorname{Spec} S_{(f)}$ 的局部环层空间的同构 $(\varphi,\varphi^\#)$。存在环的自然同态 $S\to S_f$，而 $S_{(f)}$ 是 S_f 的子环。对任何齐次理想 $\mathfrak{a}\subseteq S$，令 $\varphi(\mathfrak{a})=(\mathfrak{a}S_f)\cap S_{(f)}$。特别，如果 $\mathfrak{p}\in D_+(f)$，则 $\varphi(\mathfrak{p})\in \operatorname{Spec} S_{(f)}$，所以它给出了作为集合的映射 φ。局部化的性质指出，φ 作为由 $D_+(f)$ 到

Spec $S_{(f)}$ 的映射是双边的. 进而, 如果 $\mathfrak{a}$ 是 S 的齐次理想, 那么 $\mathfrak{p}\supseteq\mathfrak{a}$ 当且仅当 $\varphi(\mathfrak{p})\supseteq\varphi(\mathfrak{a})$. 因此 φ 是同胚. 还注意如果 $\mathfrak{p}\in D_+(f)$, 则局部环 $S_{(\mathfrak{p})}$ 和 $(S_{(f)})_{\varphi(\mathfrak{p})}$ 是自然同构的. 这些同构和同胚 φ 诱导出层的自然映射 $\varphi^{\#}: \mathcal{O}_{\mathrm{Spec}S_{(f)}}\to\varphi_*(\mathcal{O}_{\mathrm{Proj}S}|_{D_+(f)})$, 我们立刻知道 $\varphi^{\#}$ 是同构. 因此 $(\varphi,\varphi^{\#})$ 是所要求的局部环层空间的同构.

例 2.5.1 如果 A 是环, 我们定义 A 上的射影 n 空间为概型 $\mathbf{P}_A^n=\mathrm{Proj}A[x_0,\cdots,x_n]$. 特别地, 如果 A 是代数闭域 k, 则 $\mathbf{P}_k^n$ 是概型, 它的闭点的子空间自然同胚于称之为射影 n 空间 (见习题 2.14d) 的簇.

下边我们将指出概型的概念实际上是簇的概念的推广. 说簇是概型并不十分正确. 在上面的例子中我们已经看到, 概型的承载拓扑空间, 如 $\mathbf{A}_k^1$ 或者 $\mathbf{A}_k^2$, 比对应的簇有更多的点. 然而, 我们将说明存在一种自然的方法, 就是将广点 (习题 2.9) 添加到簇的每个不可约子集使得簇成为一个概型.

为了叙述我们的结果, 需要一个定义.

定义 令 S 是一个固定的概型. 概型 X 和射 $X\to S$ 合起来是 S 上的概型. 如果 X 和 Y 是 S 上的概型, X 到 Y 的作为 S 上概型的射, (也叫做 S 射) 是射 $f: X\to Y$, 它与给定的到 S 的射是相容的. 用 $\mathfrak{Sch}(S)$ 表示 S 上概型的范畴. 如果 A 是环, 借用不确切的符号, 我们以 $\mathfrak{Sch}(A)$ 表示 Spec A 上概型的范畴.

命题 2.6 令 k 是代数闭域, 则存在由 k 上簇范畴到 k 上概型范畴的自然完全忠实的函子 $t: \mathfrak{Var}(k)\to\mathfrak{Sch}(k)$. 对任何簇 V, 它的拓扑空间同胚于 $sp(t(V))$ 的闭点的集合, 而它的正则函数层是由这个同胚, 限制 $t(V)$ 的结构层得到的.

证明 首先, 令 Z 是任何拓扑空间, $t(X)$ 是 X 的 (非空的) 不可约闭子集的集合. 如果 Y 是 X 的闭子空, 那么 $t(Y)\subseteq t(X)$. 进而, $t(Y_1\cup Y_2)=t(Y_1)\cup t(Y_2)$ 和 $t(\cap Y_i)=\cap t(Y_i)$. 所以我们可以取形如 $t(Y)$ 的子集作为闭集定义 $t(X)$ 上的拓扑, 其中 Y 是 X 的闭子集. 如果 $f: X_1\to X_2$ 是连续映射, 则我们得到一

个映射 $t(f)$: $t(X_1)\to t(X_2)$，它将不可约闭子集映到它的像的闭包．因此 t 是拓扑空间上的函子．进而，我们可以定义连续映射 α: $X\to t(X)$，它由 $\alpha(P)=\{P\}^-$ 给出．注意，在 X 的开子集的集合和 $t(X)$ 的开子集的集合之间 α 诱导出一个双射．

现在令 k 是代数闭域，V 是 k 上的簇，令 $\mathcal{O}_V$ 是它的正则函数层 (1.0.1)．我们将证明 $(t(V),\alpha_*(\mathcal{O}_V))$ 是 k 上的概型．由于任何簇都可以用开的仿射子簇覆盖（第一章，4.3)，因而只要证明，如果 V 是仿射的则 $(t(V),\alpha_*(\mathcal{O}_V))$ 是概型就够了．令 V 是有仿射坐标环 A 的仿射簇．我们定义一个局部环层空间的射

$$\beta:(V,\mathcal{O}_V)\to X=\operatorname{Spec}A$$

如下． 对每点 $P\in V$，令 $\beta(P)=\mathfrak{M}_P$，其中 $\mathfrak{M}_P$ 是由在 P 点为零的所有正则函数组成的 A 的理想． 由第一章 3.2b，β 是 V 到 X 的闭点集合的双射．容易看到 β 是到它的像上的同胚．现在对任何开集 $U\subseteq X$，我们将定义环同态 $\mathcal{O}_X(U)\to\beta_*(\mathcal{O}_V)(U)=\mathcal{O}_V(\beta^{-1}U)$． 给一截影 $s\in\mathcal{O}_X(U)$ 及点 $P\in\beta^{-1}(U)$，我们定义 $s(P)$ 为 s 在茎 $\mathcal{O}_{X,\beta(P)}$（它同构于局部环 $A_{\mathfrak{M}_P}$）中的像再进入商环 $A_{\mathfrak{M}_P}/\mathfrak{M}_P$（它同构于域 k）的结果． 因此 s 给出由 $\beta^{-1}(U)$ 到 k 的函数． 容易看出这是正则函数，并且这个映射给出同构 $\mathcal{O}_X(U)\cong\mathcal{O}_V(\beta^{-1}U)$．最后， 由于 A 的素理想是和 V 的不可约闭子集一一对应（见第一章，1.4)，这些陈述表明 $(X,\mathcal{O}_X)$ 同构于 $(t(V),\alpha_*\mathcal{O}_V)$，所以后者的确是仿射概型．

为了给出由 $(t(V),\alpha_*\mathcal{O}_V)$ 到 $\operatorname{Spec}k$ 的射，我们只要给出环同态 $k\to\Gamma(t(V),\alpha_*\mathcal{O}_V)=\Gamma(V,\mathcal{O}_V)$ 就行了． 将 $\lambda\in k$ 映到 V 上的常数函数 λ．因此 $t(V)$ 变成 k 上的概型．最后，如果 V 和 W 是两个簇，则我们可检验（习题 2.15）自然映射

$$\operatorname{Hom}_{\mathfrak{Var}(k)}(V,W)\to\operatorname{Hom}_{\mathfrak{Sch}(k)}(t(V),t(W))$$

是双射的．这表明函子 t: $\mathfrak{Var}(k)\to\mathfrak{Sch}(k)$ 是完全忠实的． 特别，它蕴含着 $t(V)$ 同构于 $t(W)$ 当且仅当 V 同构于 W．

由构造来看显然 α: $V\to t(V)$ 诱导出由 V 到 $t(V)$ 的闭点集合之上的同胚，$t(V)$ 有诱导拓扑．

注意，在后面(4.10)我们将看到函子 t 的像是什么。

习　　题

2.1 令 A 是环，$X = \mathrm{Spec}A$，令 $f \in A$，$D(f) \subseteq X$ 是 $V(f)$ 的开补集．证明局部环空间 $(D(f), \mathcal{O}_X|_{D(f)})$ 同构于 $\mathrm{Spec}A_f$．

2.2 令 $(X, \mathcal{O}_X)$ 是概型，$U \subseteq X$ 是任何开集．证明 $(U, \mathcal{O}_X|_U)$ 是概型．我们称它为在开集 U 上的诱导概型结构，并把 $(U, \mathcal{O}_X|_U)$ 看作为 X 的开子概型．

2.3 既约概型．概型 $(X, \mathcal{O}_X)$ 是既约的，如果对每个开集 $U \subseteq X$，环 $\mathcal{O}_X(U)$ 没有幂零元．

(a) 证明 $(X, \mathcal{O}_X)$ 是既约的当且仅当对每点 $P \in X$，局部环 $\mathcal{O}_{X,P}$ 没有幂零元．

(b) 令 $(X, \mathcal{O}_X)$ 是概型．令 $(\mathcal{O}_X)_{\mathrm{red}}$ 是和预层 $U \mapsto \mathcal{O}_X(U)_{\mathrm{red}}$ 相伴的层，这里对任何环 A，我们用 A_{red} 表示 A 对它的幂零元理想的商．证明 $(X, (\mathcal{O}_X)_{\mathrm{red}})$ 是概型．我们称它为和 X 相伴的既约概型，用 X_{red} 表示．证明存在概型的射 $X_{\mathrm{red}} \longrightarrow X$，它在承载拓扑空间上是一个同胚映射．

(c) 令 $f: X \longrightarrow Y$ 是概型的射，并假设 X 是既约的．证明存在唯一的射 $g: X \longrightarrow Y_{\mathrm{red}}$ 使得 f 由 g 和自然映射 $Y_{\mathrm{red}} \longrightarrow Y$ 合成得到．

2.4 令 A 是环，$(X, \mathcal{O}_X)$ 是概型．给定射 $f: X \longrightarrow \mathrm{Spec}\, A$，我们有层上的相伴映射 $f^{\#}: \mathcal{O}_{\mathrm{Spec}A} \longrightarrow f_* \mathcal{O}_X$．取整体截影，我们得到同态 $A \longrightarrow \Gamma(X, \mathcal{O}_X)$．因此存在自然映射

$$\alpha: \mathrm{Hom}_{\mathfrak{Sch}}(X, \mathrm{Spec}A) \longrightarrow \mathrm{Hom}_{\mathfrak{Rings}}(A, \Gamma(X, \mathcal{O}_X)).$$

证明 α 为双射．(对于簇的类似叙述见(I, 3.5))．

2.5 描述 $\mathrm{Spec}\,\mathbf{Z}$，并证明在概型的范畴中它是个终元，即每个概型 X 对 $\mathrm{Spec}\,\mathbf{Z}$ 只有一个射．

2.6 描述零环的谱，并证明它是概型范畴的初元．(根据我们的约定，所有环同态必定将 1 映到 1．由于在零环中 $0=1$，我们看到每个环 R 到零环只有一个同态，但是从零环到 R 没有同态，除非在 R 中 $1=0$．)

2.7 令 X 是概型，对任何 $x \in X$，令 $\mathcal{O}_x$ 是它在 X 的局部环，$\mathfrak{m}_x$ 是它的极大理想．我们定义 x 在 X 上的剩余类域为域 $k(x) = \mathcal{O}_x / \mathfrak{m}_x$．现在令 K 是任何域．证明给出由 $\mathrm{Spec}\, K$ 到 X 的射等价于给出点 $x \in X$ 和包含映射 $k(x) \longrightarrow K$．

2.8 令X是概型．对任何点$x\in K$，我们定义X在点x的 Zariski 切空间T_x为$k(x)$上向量空间$\mathfrak{M}_x/\mathfrak{M}_x^2$的对偶空间.现在假设$X$是域$k$上的概型和令$k[\varepsilon]/\varepsilon^2$是域$k$上对偶数的环.证明给出由 Spec$k[\varepsilon]/\varepsilon^2$到$X$的$k$射等价于给出在$k$上有理的点$x$（即使得$k(x)=k$）$\in X$和$T_x$的一个元.

2.9 如果X是拓扑空间，Z是X的不可约闭子集，则Z的广点ζ是使得$Z=\{\zeta\}^-$的点．如果X是概型，证明每个（非空的）不可约闭子集有唯一的一个广点.

2.10 描述空间 Spec $\mathbf{R}[x]$．它的拓扑空间怎样与集合$\mathbf{R}$比较？怎样与集合$\mathbf{C}$比较？

2.11 令$k=\mathbf{F}_p$是p个元的有限域．描述 Spec $k[x]$．它的点的剩余类域是什么？给定的剩余类域有多少点？

2.12 粘合引理．推广在正文（2.3.5）中描述的粘合过程如下．令$\{X_i\}$是一族概型（可能无限多）.对每个$i\neq j$，假设给一开子集$U_{ij}\subseteq X_i$，并让它有诱导概型结构（习题 2.2）．再假设对每个$i\neq j$给了概型同构$\varphi_{ij}: U_{ij}\longrightarrow U_{ji}$使得（1）对每个$i,j$，$\varphi_{ji}=\varphi_{ij}^{-1}$，和（2）对每个$i,j,k$，$\varphi_{ij}(U_{ij}\cap U_{ik})=U_{ji}\cap U_{jk}$并在$U_{ij}\cap U_{ik}$上$\varphi_{ik}=\varphi_{jk}\circ\varphi_{ij}$.证明存在概型$X$且对每个$i$有射$\psi_i: X_i\longrightarrow X$，使得（1）$\psi_i$是由$X_i$到$X$的开子概型上的同构，（2）$\psi_i(X_i)$覆盖$X$，（3）$\psi_i(U_{ij})=\psi_i(X_i)\cap\psi_j(X_j)$和（4）在$U_{ij}$上有$\psi_i=\psi_j\circ\varphi_{ij}$．我们说$X$是由概型$X_i$沿着同构$\varphi_{ij}$粘合而得到的．当簇$X_i$是任意的，而$U_{ij}$和$\varphi_{ij}$都是空的，这是个有趣的特殊情况，我们称概型$X$是$X_i$的不交并，用$\coprod X_i$表示.

2.13 拓扑空间是拟紧的，如果每个开覆盖有有限子覆盖.

(a) 证明拓扑空间是 Noether 的（第一章，第 1 节）当且仅当每个开子集是拟紧的.

(b) 如果X是仿射概型，证明$s_p(X)$是拟紧的，但是一般来说不是 Noether 的．如果$s_p(X)$是拟紧的．我们说概型X是拟紧的.

(c) 如果A是 Noether 环，证明$s_p(\mathrm{Spec}\,A)$是 Noether 拓扑空间.

(d) 给出一个例子说明既使A不是 Noether 环，$s_p(\mathrm{Spec}\,A)$也可能是 Noether 拓扑空间.

2.14 (a) 令S是分次环．证明 Proj$S=\varnothing$，当且仅当S_+的每个元素是幂零的.

(b) 令 $\varphi: S \longrightarrow T$ 是分次环的分次同态（保持次数）。令 $U = \{\mathfrak{p} \in \operatorname{Proj} T / \mathfrak{p} \not\supseteq \varphi(S_+)\}$。证明 U 是 $\operatorname{Proj} T$ 的开子集，且 φ 决定一个自然射 $f: U \longrightarrow \operatorname{Proj} S$。

(c) 当 φ 不是同构时，射 f 可能是同构。例如，假设对所有的 $d \geqslant d_0$，$\varphi_d: S_d \longrightarrow T_d$ 是同构，其中 d_0 是整数。证明 $U = \operatorname{Proj} T$ 和射 $f: \operatorname{Proj} T \longrightarrow \operatorname{Proj} S$ 是同构。

(d) 令 V 是具有齐次坐标环 S（第一章，第 2 节）的射影簇。证明 $t(V) \cong \operatorname{Proj} S$。

2.15 (a) 令 V 是代数闭域 k 上的簇。证明点 $P \in t(V)$ 是闭点当且仅当它的剩余类域是 k。

(b) 如果 $f: X \longrightarrow Y$ 是 k 上概型的射，又如果 $P \in X$ 是有剩余类域 k 的点，则 $f(P) \in Y$ 也有剩余类域 k。

(c) 证明，如果 V，W 是 k 上的任何两个簇，则自然映射

$$\operatorname{Hom}_{\mathfrak{Var}(k)}(V, W) \longrightarrow \operatorname{Hom}_{\mathfrak{Sch}/k}(t(V), t(W))$$

是双射的。（单射性容易证明，困难的部分是证明它是满射。）

2.16 令 X 是概型，$f \in \Gamma(X, \mathcal{O}_X)$。定义 X_f 是点 $x \in X$ 的集合，点 x 具性质：f 在 x 的茎 f_x 不包含在局部环 $\mathcal{O}_x$ 的极大理想 $\mathfrak{M}_x$ 之中。

(a) 如果 $U = \operatorname{Spec} B$ 是 X 的开仿射子概型，$\bar{f} \in B = \Gamma(U, \mathcal{O}_X|_U)$ 是 f 的限制。证明 $U \cap X_f = D(\bar{f})$。因此 X_f 是 X 的开子集。

(b) 设 X 是拟紧的。令 $A = \Gamma(X, \mathcal{O}_X)$，$a \in A$ 是限制到 X_f 上为 0 的元素。证明对某个 $n > 0$，$f^n a = 0$。[提示：用 X 的开仿射覆盖.]

(c) 设 X 有由开仿射 U_i 构成的有限覆盖，U_i 满足：每个交 $U_i \cap U_j$ 是拟紧的。（例如，$\operatorname{Sp}(X)$ 是 Noether 就满足这假设.）证明对某个 $n > 0$，$f^n b$ 是 A 的一个元的限制，其中 $b \in \Gamma(X_f, \mathcal{O}_{X_f})$。

(d) 用 (c) 的假设，推断 $\Gamma(X_f, \mathcal{O}_{X_f}) \cong A_f$。

2.17 仿射性的判断准则。

(a) 令 $f: X \longrightarrow Y$ 是概型的射，并设 Y 可用开子集 U_i 覆盖，U_i 满足：对每个 i，诱导映射 $f^{-1}(U_i) \longrightarrow U_i$ 是同构。证明 f 是同构。

(b) 概型 X 是仿射的，当且仅当存在有限个元 $f_1, \cdots, f_r \in A = \Gamma(X, \mathcal{O}_X)$，使得开子集 X_{f_i} 是仿射的，且 $f_1, \cdots, f_r$ 在 A 中生成单位理想。[提示：用上边的习题 2.4 和 2.16d.]

2.18 在这个习题中，我们比较环同态和环的谱诱导射的某些性质。

(a) 令 A 是环，$X = \operatorname{Spec} A$，$f \in A$。证明 f 是幂零的，当且仅当

$D(f)$ 是空的.

(b) 令 $\varphi: A \longrightarrow B$ 是环同态，$f: Y = \operatorname{Spec} B \longrightarrow X = \operatorname{Spec} A$ 是仿射概型的诱导射.证明 φ 是单射当且仅当层的映射 $f^{\#}: \mathcal{O}_X \longrightarrow f_* \mathcal{O}_Y$ 是单射. 进而证明,在 φ 是单射时，f 是支配的,即 $f(Y)$ 在 X 中是稠的.

(c) 用上面的记号,证明: 如果 φ 是满射，则 f 是 Y 到 X 的闭子集之上的同胚映射,且 $f^{\#}: \mathcal{O}_X \longrightarrow f_* \mathcal{O}_Y$ 是满射.

(d) 证明 (c) 的逆,即,如果 $f: Y \longrightarrow X$ 是由 Y 到 X 的闭子集上的同胚映射，$f^{\#}: \mathcal{O}_X \longrightarrow f_* \mathcal{O}_Y$ 是满射，则 φ 是满射. [提示: 考虑 $X' = \operatorname{Spec}(A/\ker\varphi)$ 并用 (b) 和 (c).]

2.19 令 A 是环,证明下面的条件是等价的:

(i) $\operatorname{Spec} A$ 是不连通的;

(ii) 存在非零元 $e_1, e_2 \in A$ 使得 $e_1 e_2 = 0$, $e_1^2 = e_1$, $e_2^2 = e_2$, $e_1 + e_2 = 1$ (这些元称之为正交幂等的);

(iii) A 同构于两个非零环的直积 $A_1 \times A_2$.

3. 概型的重要性质

在这一节中我们将给出概型的某些最重要的性质.特别地,我们将讨论开的和闭的子概型，以及概型的积. 在习题中我们介绍可构造子集的概念和研究射的纤维的维数.

定义 一个概型是连通的,是指它的拓扑空间是连通的. 一个概型是不可约的，是指它的拓扑空间是不可约的.

定义 概型 X 是既约的，如果对每个开集 U, 环 $\mathcal{O}_X(U)$ 没有幂零元. 等价地(习题 2.3)，X 是既约的,当且仅当局部环 $\mathcal{O}_P$，对所有的 $P \in X$，都没有幂零元.

定义 概型 X 是整的，如果对每个开集 $U \subseteq X$，环 $\mathcal{O}_X(U)$ 是整环.

例 3.0.1 如果 $X = \operatorname{Spec} A$ 是仿射概型，那么 X 是不可约的当且仅当 A 的幂零根 $\operatorname{nil} A$ 是素的；X 是既约的，当且仅当 A 是整环.

命题 3.1 一个概型是整的,当且仅当它是既约的同时又是不可约的.

证明 显然整概型是既约的. 如果X不是不可约的, 则我们可以找到两个非空的不相交的开子集 U_1 和 U_2. 于是 $\mathscr{O}(U_1 \cup U_2) = \mathscr{O}(U_1) \times \mathscr{O}(U_2)$ 不是整环. 因此整的蕴含着不可约.

反之,设X是既约的和不可约的. 令$U \subseteq X$是开子集,假设存在元 $f, g \in \mathscr{O}(U)$, 使得 $f \cdot g = 0$. 令 $Y = \{x \in U | f_x \in \mathfrak{M}_x\}$ 和 $Z = \{x \in U | g_x \in \mathfrak{M}_x\}$. 于是$Y$和$Z$是闭子集 (习题 2.16a) 且 $Y \cup Z = U$. 但是X是不可约的. 因而U是不可约的, 所以Y和Z之一等于 U, 譬如说, $Y = U$. 然而f对U的任何开仿射子集的限制将是幂零的(习题 2.18a), 于是为零, 从而f是零. 这说明X是整的.

定义 概型X是局部 Noether 的, 如果它可由开仿射子集 Spec A_i 覆盖,其中每个 A_i 是 Noether 环. X是 Noether 的,如果它是局部 Noether 的和拟紧的. 等价地说, X是 Noether 的, 如果它可用有限个开仿射子集 Spec A_i 覆盖,其中每个 A_i 是 Noether 环.

注 3.1.1 如果X是 Noether 概型, 则 $sp(X)$ 是 Noether 拓扑空间,但是反之则不对(习题 2.13 和 3.17).

注意,在这个定义中我们并没有要求每个开仿射子集是 Noether 环的谱. 从定义看 Noether 环的谱为 Noether 概型是显然的,但其逆不显然. 这是证明 Noether 性质是"局部性质"的问题. 我们在后面解释概型性质或概型的射的性质时将常遇到类似的情况,因此为了说明这类情形, 我们将给出 Noether 性质的局部性的细致的叙述和证明.

命题 3.2 概型X是局部 Noether 的当且仅当对每个开仿射子集 $U = \operatorname{Spec} A$, A是 Noether 环. 特别地, 仿射概型 $X = \operatorname{Spec} A$ 是 Noether 概型,当且仅当环A是 Noether 环.

证明 充分性由定义得出, 因此我们只需证明如果A是局部 Noether 的, $U = \operatorname{Spec} A$ 是开仿射子集,则A是 Noether 环. 首先注意. 如果B是 Noether 环,任何局部化 B_f 也是 Noether 环.

开子集 $D(f)\cong \operatorname{Spec} B_f$ 形成 $\operatorname{Spec} B$ 的拓扑基。因此在局部 Noether 概型 X 上有由 Noether 环的谱组成的拓扑基，特别地 Noether 环的谱能覆盖我们的开集 U。

所以我们简化到证明下面的叙述：令 $X=\operatorname{Spec} A$ 是仿射概型，它可用 Noether 环的谱组成的开子集覆盖，那么 A 是 Noether 的。令 $U=\operatorname{Spec} B$ 是 X 的开子集，B 是 Noether 的。于是对某个 $f\in A$，$D(f)\subseteq U$。令 $\bar{f}$ 是 f 在 B 中的象，则 $A_f\cong B_{\bar{f}}$，因此 A_f 是 Noether 的。所以我们可以用开子集 $D(f)\cong \operatorname{Spec} A_f$ 覆盖 X，其中 A_f 是 Noether 的。因为 X 是拟紧的，故有限个 $D(f)$ 就可以覆盖 X。

现在我们已经使其变为纯粹代数问题：A 是环，$f_1,\cdots,f_r$ 是 A 的有限个元，它们生成单位理想，每个局部化 A_{f_i} 是 Noether 的。我们需要证明 A 是 Noether 的。首先我们建立引理。令 $\mathfrak{a}\subseteq A$ 是理想，$\varphi_i: A\to A_{f_i}$ 是局部化映射，$i=1,\cdots,r$。则

$$\mathfrak{a}=\bigcap \varphi_i^{-1}(\varphi_i(\mathfrak{a})\cdot A_{f_i}).$$

包含关系 $\subseteq$ 是显然的。反之，给一包含在交中的元 $b\in A$，对每个 i，在 A_{f_i} 中，我们可写 $\varphi_i(b)=a_i/f_i^{n_i}$，其中 $a_i\in\mathfrak{a}$ $n_i>0$。如果需要就提高幂 n_i，然后我们可使它们都等于固定的 n。这表明，在 A 中对某些 m_i 有

$$f_i^{m_i}(f_i^n b-a_i)=0.$$

象前面那样，我们可以使所有的 $m_i=m$。因此，对每个 i，$f_i^{m+n}b\in\mathfrak{a}$，由于 $f_1,\cdots,f_r$ 生成单位理想，对任何 N，它们的 N 次幂同样生成单位理想。取 $N=n+m$。对适当的 $c_i\in A$，我们有

$$b=\sum c_i f_i^N b\in\mathfrak{a},$$

这正是所需要的。

现在我们容易证明 A 是 Noether 的。令 $\mathfrak{a}_1\subseteq\mathfrak{a}_2\subseteq\cdots A$ 中的理想升链。那么对每个 i，

$$\varphi_i(\mathfrak{a}_1)\cdot A_{f_i}\subseteq\varphi_i(\mathfrak{a}_2)\cdot A_{f_i}\subseteq\cdots$$

是 A_{f_i} 中的理想开链。由于 A_{f_i} 是 Noether 的，这链肯定成为稳定的。只有有限个 A_{f_i}，由引理我们得出原来的链最终是稳定

的，因此A是 Noether 的。

定义 概型的态射 $f:X \to Y$ 为局部有限型的，是指在Y上存在以仿射子集 $V_i = \operatorname{Spec} B_i$ 为开集的覆盖，使得对每个 i，$f^{-1}(V_i)$ 可被开仿射子集 $U_{ij} = \operatorname{Spec} A_{ij}$ 覆盖，其中 A_{ij} 为有限生成的 B_i 代数。另外，若每个 $f^{-1}(V_i)$ 被有限个这样的 U_{ij} 覆盖，则称 f 为有限型的射。

定义 射 $f:X \to Y$ 是有限的，如果存在由开仿射子集 $V_i = \operatorname{Spec} B_i$ 组成的Y的覆盖，使得对每个 i，$f^{-1}(V_i)$ 是仿射的，且等于 $\operatorname{Spec} A_i$，A_i 是 B_i 代数和有限生成 B_i 模。

注意在每个定义中，射 $f:X \to Y$ 的性质是用具有某些性质的Y的开仿射覆盖的存在性定义的。事实上，在每种情形中它都等价于对Y的每个开仿射子集要求给定的性质（习题 3.1 到 3.4）。

例 3.2.1 如果V是代数闭域k上的簇，则相伴的概型 $t(V)$［见（2.6）］是k上有限型的整的 Noether 概型。实际上，V可用有限个开仿射子簇（第一章 4.3）覆盖，所以 $t(V)$ 可用有限个形为 $\operatorname{Spec} A_i$ 的开仿射覆盖，其中 A_i 是整环和有限生成的k代数，因此是 Noether 的。

例 3.2.2 如果P是簇V的一个点，$\mathcal{O}_P$是局部环，则 $\operatorname{Spec}\mathcal{O}_P$ 是整的 Noether 概型，但一般不是k上的有限型。

下边我们讨论开的和闭的子概型。

定义 概型X的开子概型是概型U，其拓扑空间是X的开子集，其结构层 $\mathcal{O}_U$ 同构于X的结构层对U的限制 $\mathcal{O}_X|U$。开浸没是射 $f:X \to Y$，它诱导出X同Y的开子概型的同构。

注意，概型的每个开子集都有唯一的开子概型结构（习题 2.2）。

定义 概型X的闭子概型是概型Y和射 $i:Y \to X$，使得 $sp(Y)$ 是 $sp(X)$ 的闭子集，i是包含映射，进而X上层的诱导映射 $i^{\#}:\mathcal{O}_X \to i_*\mathcal{O}_Y$ 是满的。闭浸没是射 $f:Y \to X$，它诱导出Y到X的一个闭子概型上的同构。

例 3.2.3 令A是环，$\mathfrak{a}$是A的理想，$X = \operatorname{Spec} A$ 和 $Y =$

Spec $A/\mathfrak{a}$. 则环同态 $A \to A/\mathfrak{a}$ 诱导出概型的射 $f: Y \to X$ 是闭浸没。映射 f 是 Y 到 X 的闭子集 $V(\mathfrak{a})$ 之上的同胚，并且结构层的映射 $\mathcal{O}_X \to f_*\mathcal{O}_Y$ 是满的，这是因为它在茎上是满的，而它们的茎分别是 A 和 $A/\mathfrak{a}$ 的局部化（习题 2.18）。

因此，对任何理想 $\mathfrak{a} \subseteq A$，我们得到一个闭子集 $V(\mathfrak{a}) \subseteq X$ 上闭子概型的结构。特别地，X 的每个闭子集 Y 有许多闭子概型结构，因为对应每个理想 $\mathfrak{a}$，使得 $V(\mathfrak{a}) = Y$，都有一个闭子概型结构。事实上，仿射概型 X 的闭子集 Y 上的每个闭子概型结构都可用这种方法从一个理想产生（习题 3.11b 或（5.10））。

例 3.2.4 对某些比较具体的例子。令 $A = k[x, y]$，其中 k 是域。于是 Spec $A = \mathbf{A}_k^2$ 是 k 上的仿射平面。理想 $\mathfrak{a} = (xy)$ 给出由 x 轴和 y 轴的并组成的可约子概型。理想 $\mathfrak{a} = (x^2)$ 给出 y 轴上有幂零元的子概型结构。理想 $\mathfrak{a} = (x^2, xy)$ 给出 y 轴上另一个子概型结构，它只是在原点的局部环中有幂零元。我们说原点是这个子概型的嵌入点。

例 3.2.5 令 V 是域 k 上的仿射簇，W 是闭子簇。于是 W 对应着 V 的仿射坐标环 A 中的素理想 $\mathfrak{q}$（第一章第 1 节）令 $X = t(V)$ 和 $Y = t(W)$ 是相伴的概型。因此 $X = \operatorname{Spec} A$，而 Y 是由 $\mathfrak{q}$ 定义的闭子概型。对每个 $n \geqslant 1$，令 Y_n 是对应于理想 $\mathfrak{q}^n$ 的 X 的闭子概型。那么 $Y_1 = Y$，但是对 $n > 1$，Y_n 是闭集 Y 上的非既约概型结构，且不对应于 V 的任何子簇。我们称 Y_n 是 Y 在 X 中的第 n 个无穷小邻域。概型 Y_n 反映了 Y 在 X 中的嵌入性质。后面（§ 9）我们将研究 Y 在 X 中的“形式完备化”，粗糙地说它就是概型 Y_n 在 $n \to \infty$ 的极限。

例 3.2.6 令 X 是概型，Y 是它的一个闭子集。通常 Y 有许多可能的闭子概型结构。然而，存在一个比任何其它的都“小的”，被称为既约的诱导闭子概型结构，我们现在描述它。

先令 $X = \operatorname{Spec} A$ 是仿射概型，Y 是闭子集。令 $\mathfrak{a} \subseteq A$ 是 Y 中所有素理想之交得到的理想。这是使得 $V(\mathfrak{a}) = Y$ 的最大理想。于是我们取 Y 上的既约诱导结构为 $\mathfrak{a}$ 所确定的那个。

现在令 X 是任何概型，Y 是闭子集. 对每个开仿射子集 $U_i \subseteq X$，考虑 U_i 的闭子集 $Y_i = Y \cap U_i$，和给 Y_i 刚才定义的既约诱导结构(可能依赖 U_i). 我们断定，对任何 i,j，刚在 Y_i 和 Y_j 上定义的两个结构层对 $Y_i \cap Y_j$ 的限制是同构的，进而在 $Y_i \cap Y_j \cap Y_k$ 上的三个这样的同构对所有的 i,j,k 都是相容的，容易把它化简为证明：如果 $U = \operatorname{Spec} A$ 是开仿射的，和如果 $f \in A$ 且 $V = D(f) = \operatorname{Spec} A_f$，则由 A 得到的在 $Y \cap U$ 上的既约诱导结构与由 A_f 得到的一致. 与此相对应的代数事实是，如果 $\mathfrak{a}$ 是 A 的在 Y 中的所有素理想的交，则 $\mathfrak{a}A_f$ 是 A_f 的在 $Y \cap D(f)$ 中的所有素理想的交.

所以现在我们可以粘合 Y_i 上定义的层而得到 Y 上的层(习题 1.22)，它给出所希望的 Y 上的既约诱导子概型结构. 关于既约诱导子概型构的泛性质，参见下面的(习题 3.11).

定义 概型 X 的**维数**，用 $\dim X$ 表示，是它作为拓扑空间的维数(第一章，第1节). 如果 Z 是 X 的不可约闭子集，Z 在 X 中的**余维数**，用 $\operatorname{codim}(Z,X)$ 表示，是整数 n 的上确界，其中 n 是使得存在由 Z 开始的 X 的不同的闭不可约子集链

$$Z = Z_0 < Z_1 < \cdots < Z_n$$

的整数. 如果 Y 是 X 的任何闭子集，我们定义

$$\operatorname{codim}(Y,X) = \inf_{Z \subseteq Y} \operatorname{codim}(Z,X),$$

这里下确界是在 Y 的所有闭的不可约子集上取的.

例 3.2.7 如果 $X = \operatorname{Spec} A$ 是仿射概型，则 X 的维数和 A 的 Krull 维数(第一章，第 1 节)相同.

注 3.2.8 对任意概型应用维数和余维数的概念时必须当心. 我们的概念的直觉是来自域上有限型概型. 在那种情形下，这些概念有良好的性质. 例如，X 是域 k 上有限型的仿射整概型，$Y \subseteq X$ 是任何闭不可约子集，那么(第一章 1.18A)蕴含着 $\dim Y + \operatorname{codim}(Y,X) = \dim X$. 但是对于任意的(甚至是 Noether 的)概型，可能发生古怪的事情. 参见(习题 3.20—3.22)，也可参见

Nagata[7] 和 Grothendieck [EGA IV,§5].

定义 令 S 是概型，X 和 Y 是 S 上的概型，即有到 S 的射的概型. 我们定义 S 上的 X 和 Y 的纤维积，用 $X\times_S Y$ 表示，是一个概型及射 $p_1: X\times_S Y\to X$ 和 $p_2: X\times_S Y\to Y$，使得(1)射 p_1 和 p_2 同给定的射 $X\to S$ 和 $Y\to S$ 作成交换图，(2)如果 Z 是 S 上的给定的任何概型，给定的射 $f: Z\to X$ 和 $g: Z\to Y$ 与射 $X\to S$ 和 $Y\to S$ 作成交换图，则存在唯一的射 $\theta: Z\to X\times_S Y$，使得 $f=p_1\circ\theta$，和 $g=p_2\circ\theta$.

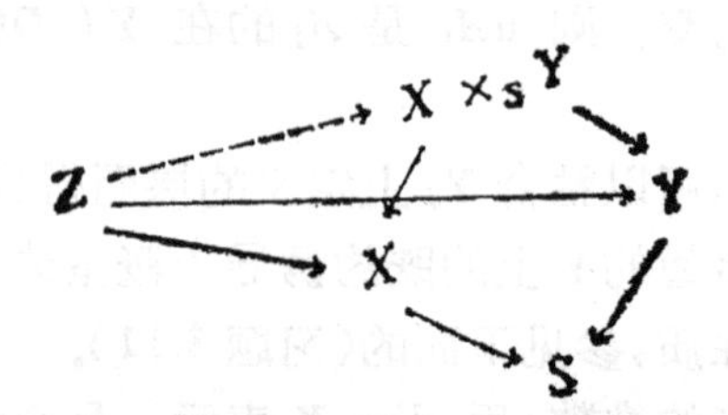

称射 p_1 和 p_2 为纤维积到它的因子上的投射射.

如果 X 和 Y 是概型，没有特别指明任何基概型 S，则取 $S=\operatorname{Spec}\mathbf{Z}$（习题 2.5），定义 X 和 Y 的积，（用 $X\times Y$ 表示）为 $X\times_{\operatorname{Spec}\mathbf{Z}}Y$.

定理 3.3 对概型 S 上的任何二个概型 X 和 Y，则存在纤维积 $X\times_S Y$，它在唯一同构的意义下是唯一的.

证明 我们的思想是先对仿射概型构造其积，然后粘合它们. 分 7 步进行.

第 1 步. 令 $X=\operatorname{Spec}A$, $Y=\operatorname{Spec}B$, $S=\operatorname{Spec}R$ 都是仿射的. 于是 A 和 B 是 R 代数. 我们断言 $\operatorname{Spec}(A\otimes_R B)$ 是 X 和 Y 在 S 上的积. 实际上，对于任何概型 Z，给出 Z 到 $\operatorname{Spec}(A\otimes_R B)$ 的射，根据习题 2.4，它与给出由环 $A\otimes_R B$ 到环 $\Gamma(Z,\mathcal{O}_Z)$ 的同态是相同的. 但是要给出 $A\otimes_R B$ 到任何环的同态与给出 A 和 B 到那个环的同态，使得在 k 上诱导出同样的同态是相同的. 再由习题 2.4，我们知道给出 Z 到 $\operatorname{Spec}(A\otimes_R B)$ 的射与给出 Z 到 X 和 Z 到 Y 的射，使得产生同样的 Z 到 S 的射，是相同的. 因此

Spec($A\otimes_R B$) 是所希望的积。

第2步. 从积的泛性质马上推出，如果乘积存在，则在唯一同构的意义下是唯一的. 当继续证明时，我们需要那些已构造出的乘积的唯一性.

第3步. 粘合射. 我们已经知道怎样粘合层（习题 1.22）和怎样粘合概型（习题 2.12）. 现在我们粘合射。如果 X 和 Y 是概型，给出由 X 到 Y 的射等价于给出 X 的开覆盖 $\{U_i\}$ 和射 $f_i:U_i\to Y$，其中 U_i 有诱导开子概型结构，并且对每个 i,j,f_i 和 f_j 对 $U_i\cap U_j$ 的限制是相同的. 证明是直接的.

第4步. 如果 X 和 Y 是概型 S 上的概型，$U\subseteq X$ 是开子集，且如果积 $X\times_S Y$ 存在，则 $p_1^{-1}(U)\subseteq X\times_S Y$ 是 U 和 Y 在 S 上的积. 实际上，给定概型 Z，和射 $f:Z\to U$ 与 $g:Z\to Y$，则同包含映射合成，f 决定了 Z 到 X 的映射. 因此存在与 f,g 相容的映射 $\theta:Z\to X\times_S Y$. 但由于 $f(Z)\subseteq U$，我们有 $\theta(Z)\subseteq p_1^{-1}(U)$. 所以 θ 可以看作一个射 $Z\to p_1^{-1}(U)$. 它显然是唯一的，于是 $p_1^{-1}(U)$ 是积 $U\times_S Y$.

第5步. 假设给定 S 上的概型 X 和 Y，假设 $\{X_i\}$ 是 X 的开覆盖，且对每个 $i,X_i\times_S Y$ 都存在，那么 $X\times_S Y$ 存在. 实际上，对每个 i,j，令 $U_{ij}\subseteq X_i\times_S Y$ 是 $p_1^{-1}(X_{ij})$，其中 $X_{ij}=X_i\cap X_j$. 则由第4步，U_{ij} 是 X_{ij} 和 Y 在 S 上的积. 因此根据积的唯一性，对每个 i,j，都存在（唯一的）同构 $\varphi_{ij}:U_{ij}\to U_{ji}$ 与所有的投射相容，进而，对每个 i,j,k，这些同构在习题 2.12 的意义下彼此相容. 因此在适当的位置通过同构 φ_{ij} 粘合概型 $X_i\times_S Y$. 根据习题 2.12 我们得到的概型 $X\times_S Y$ 正是所断言的 X 和 Y 在 S 上的积. 投射射 p_1 和 p_2 由粘合从 $X_i\times_S Y$ 到 Y 的投射确定(第3步). 给出概型 Z 和射 $f:Z\to X$，和 $g:Z\to Y$，令 $Z_i=f^{-1}(X_i)$. 于是我们得到映射 $\theta_i:Z_i\to X_i\times_S Y$，因此当与包含映射 $X_i\times_S Y\subseteq X\times_S Y$ 复合，我们便得到映射 $\theta_i:Z_i\to X\times_S Y$. 经检验可知，这些映射在 $Z_i\cap Z_j$ 上是一致的，因此为了得到与投影和 f 及 g 相容的射 $\theta:Z\to X\times_S Y$，我们可以粘合射（第3步）. θ 的唯

一性可以局部地检验.

第6步.从第1步知道,如果 X,Y,S 都是仿射的,则 $X\times_S Y$ 存在. 因此用第5步,对任何X,和仿射的Y与S,积存在. 将X和Y相互交换,再用第5步,我们发现对任何X和任何Y,它们在仿射的S上的积是存在的.

第7步. 给定任意的 X,Y,S, 令 $q:X\to S$ 和 $r:Y\to S$ 是给定的射. 令S_i是 S 的开仿射覆盖, $X_i=q^{-1}(S_i)$ 和 $Y_i=r^{-1}(S_i)$. 则由第6步, $X_i\times_{S_i}Y_i$ 存在. 注意, X_i和Y在S上的积是同样的概型.实际上,给定S上的射 $f:Z\to X_i$ 和 $g:Z\to Y$,g的像一定落在Y_i中.因此对每个 i,$X_i\times_S Y$ 存在,再用第5步,得到 $X\times_S Y$. 到此完成了定理的证明.

也许对于纤维积的重要性和用途作某些一般性的评述,现在是个好机会. 首先,我们可以定义射的纤维.

定义 令 $f:X\to Y$ 是概型的射, $y\in Y$ 是点. 令 $k(y)$是y的剩余类域, $\operatorname{Spec}k(y)\to Y$ 是自然射(习题2.7). 那么我们定义射f在点y上的纤维是概型.

$$X_y=X\times_Y\operatorname{Spec}k(y).$$

纤维X_y是$k(y)$上的概型,我们可以证明它的承载拓扑空间同胚于X的子集 $f^{-1}(y)$(习题3.10).

射的纤维概念允许我们把射看作由像概型的点作参数的概型族(即它的纤维). 反之,这个族的概念是弄懂按代数变化的概型族这个思想的一个好途径. 例如,给定域k上的概型 X_0,我们定义X_0的形变簇是射 $f:X\to Y$ 和点 $y_0\in Y$, 使得 $k(y_0)=k$ 和 $X_{y_0}\cong X_0$, 其中要求Y是连通的. f的其它纤维称为X_0的形变.

$\operatorname{Spec}\mathbf{Z}$ 上的概型X可产生有趣的一类族. 在此情形下,广点上的纤维给出$\mathbf{Q}$上的概型 $X_{\mathbf{Q}}$,而与素数p相应的闭点上的纤维给出有限域$\mathbf{F}_p$上的概型 X_p,我们说X_p是由概型 $X\bmod p$ 约化产生的.

纤维积的另一个重要应用是对于基扩张的概念,令S是一固定的概型，我们把它看作基概型，我们的兴趣在于 S 上概型的范畴. 例如，考虑 $S = \mathrm{Spec}\,k$，k 是域，如果 S' 是另一个基概型和 $S' \to S$ 是射，那么对任何 S 上的概型 X，令 $X' = X \times_S S'$，X' 是 S' 上的概型. 我们说 X' 由 X 通过基扩张 $S' \to S$ 而得到. 例如，考虑 $S' = \mathrm{Spec}\,k'$, k' 是 k 的扩域. 顺便提醒，基扩张是可迁运算：如果 $S'' \to S' \to S$ 是两个射，则 $(X \times_S S') \times_{S'} S'' \cong X \times_S S''$.

这与 Grothendieck 在他的“代数几何原理”([EGA]) 一书中强调的一般原理相配合，因而我们应设法将所有代数几何概念推广为相应的相对形式，应该考虑概型的射 $f: X \to S$，并研究射的性质，而不是总在一个固定基域上工作而且一次只考虑一个簇的性质. 由此，研究在基扩张下 f 性质的行为变得很重要，特别是把研究 f 的性质与其纤维的性质联系起来了. 例如，如果 $f: X \to S$ 是有限型射，$S' \to S$ 是基扩张，则 $f': X' \to S'$ 也是有限型射，其中 $X' = X \times_S S'$. 因此我们说射 f 是有限型的性质在基扩张下是稳定的. 另一方面，例如，$f: X \to S$ 是整概型的射，f 的纤维可以既不是不可约的也不是既约的. 所以概型是整的性质在基扩张下是不稳定的.

例 3.3.1 令 k 是代数闭域，

$$X = \mathrm{Spec}\,k[x, y, t]/(ty - x^2),$$

令 $Y = \mathrm{Spec}\,k[t]$ 而 $f: X \to Y$ 是由自然同态 $k[t] \to k[x, y, t]/(ty - x^2)$ 决定的射. 则 X 和 Y 是 k 上有限型整概型，f 是满射. 我们把 Y 的闭点和 k 的元素等同起来. 对于 $a \in k$，$a \neq 0$，纤维 X_a 是 $\mathbf{A}^2_k$ 中的平面曲线 $ay = x^2$，它是不可约的既约曲线. 但是，对 $a = 0$，纤维 X_0 是由 $\mathbf{A}^2$ 中 $x^2 = 0$ 给出的非即约概型. 因此我们有族(图 7)，具有如下性质：除了一个是非即约的，其余成员都是不可约曲线. 这说明，即使人们主要的兴趣在于簇，非既约概型也会很自然地产生. 可以说在 $\mathbf{A}^2$ 中非既约概型 $x^2 = 0$ 是不可约抛物线 $ay = x^2$ 当 $a \to 0$ 的形变.

例 3.3.2 类似地，如果 $X = \mathrm{Spec}\,k[x, y, t]/(xy - t)$，我们得到一个族，它的普通成员是 $a \neq 0$ 时的不可约抛物线 $xy = a$，

但它的特殊成员 x_0 是由 2 条线组成的可约概型 $xy=0$.

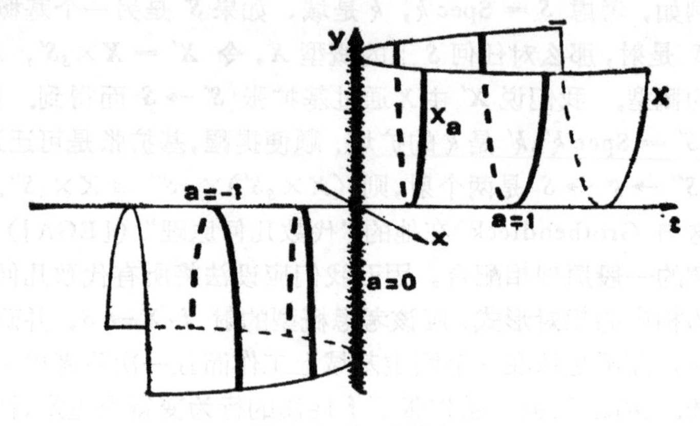

图 7　概型的代数族

习　题

3.1　证明射 $f: X\to Y$ 是局部有限型，当且仅当对于 Y 的每个开仿射子集 $V=\text{Spec}B$，$f^{-1}(V)$ 可用开仿射子集 $U_i=\text{Spec}\,A_i$ 覆盖，其中每个 A_i 是有限生成 B 代数.

3.2　概型的射 $f: X\to Y$ 是拟紧的，如果存在 Y 的开仿射覆盖 V_i，使得对每个 i，$f^{-1}(V_i)$ 是拟紧的. 证明 f 是拟紧的当且仅当对每个开仿射子集 $V\subseteq Y$，$f^{-1}(V)$ 是拟紧的.

3.3　(a) 证明：射 $f: X\to Y$ 是有限型的当且仅当它是局部有限型和拟紧的.

(b) 由此推出 f 为有限型当且仅当对每个 Y 的开仿射子集 $V=\text{Spec}\,B$，$f^{-1}(V)$ 可用有限个开仿射 $U_j=\text{Spec}\,A_j$ 覆盖，其中每个 A_j 是有限生成 B 代数.

(c) 证明：如果 f 有有限型，则对每个开仿射子集 $V=\text{Spec}B\subseteq Y$，对每个开仿射子集 $U=\text{Spec}\,A\subseteq f^{-1}(V)$，$A$ 是有限生成 B 代数.

3.4　证明：射 $f: X\to Y$ 是有限的，当且仅当对 Y 的每个开仿射子集 $V=\text{Spec}\,B$，$(f^{-1}(V)$ 是仿射的，等于 $\text{Spec}\,A$，其中 A 是有限 B 模.

3.5　射 $f: X\to Y$ 是拟有限的，如果对每个点 $y\in Y$，$f^{-1}(y)$ 是有限集.

(a) 证明：有限射是拟有限的.

(b) 证明：有限射是闭的，即任何闭子集的像是闭的.

(c) 用例子说明，一个满的、有限型的，拟有限射不一定是有限的.

3.6 令 X 是整概型. 证明: X 的广点 ξ 的局部环 $\mathcal{O}_\xi$ 是域，称它为 X 的函数域，用 $K(X)$ 表示.而且证明: 如果 $U = \operatorname{Spec} A$ 是 X 的任何开仿射子集，则 $K(X)$ 同构于 A 的商域.

3.7 射 $f: X \to Y$, Y 是不可约的，称为**广点式有限**，指 $f^{-1}(\eta)$ 是有限集，其中 η 是 Y 的广点. 射 $f: X \to Y$ 是**支配的**，如果 $f(X)$ 在 Y 中是稠的.现在令 $f: X \to Y$ 是有限型整概型的支配广点式有限射. 证明: 存在一个开的稠子集 $U \subseteq Y$，使得诱导射 $f^{-1}(U) \to U$ 是有限的. [提示: 先证明 X 的函数域是 Y 的函数域的有限域扩张.]

3.8 **正规化**. 概型是**正规的**，如果所有的它的局部环是整闭整环. 令 X 是整概型. 对 X 的每个开仿射子集 $U = \operatorname{Spec} A$，令 $\tilde{A}$ 是 A 在它的商域中的整闭包，$\tilde{U} = \operatorname{Spec} \tilde{A}$. 说明: 我们可以粘合概型 $\tilde{U}$ 得到正规整概型 $\tilde{X}$. 称 $\tilde{X}$ 为 X 的正规化. 而且证明: 存在有限射 $\tilde{X} \to X$，有下面的泛性质: 对每个正规整概型 z 和每个支配射 $f: Z \to X$，经 $\tilde{X}$ 唯一地分解，这是第一章习题 3.17 的推广.

3.9 **积的拓扑空间**，回忆在簇的范畴中，两个簇的积的 Zariski 拓扑不等于乘积拓扑(第一章，习题 1.4). 现在我们看到，在概型的范畴中，概型积的承载点集甚至不是积集.

(a) 令 k 是域和 $\mathbf{A}_k^1 = \operatorname{Spec} k[x]$ 是 k 上的仿射直线. 证明: $\mathbf{A}_k^1 \times_{\operatorname{Spec} k} \mathbf{A}_k^1 \cong \mathbf{A}_k^2$，并指出积的承载点集不是各因子的承载点集的积(即使 k 是代数闭的).

(b) 令 k 是域，s 和 t 是 k 上的未定元，则 $\operatorname{Spec} k(s)$, $\operatorname{Spec} k(t)$，和 $\operatorname{Spec} k$ 都是一个点的空间. 描述积概型 $\operatorname{Spec} k(s) \times_{\operatorname{spec}(k)} \operatorname{Spec} k(k)$.

3.10 **射的纤维**.

(a) 如果 $f: X \to Y$ 是射，$y \leftarrow Y$ 是点，证明: $S_p(X_y)$ 同胚于有诱导拓扑的 $f^{-1}(y)$.

(b) 令 $X = \operatorname{Spec} k[s,t]/(s - t^2)$, $Y = \operatorname{Spec} k[s]$, $f: X \to Y$ 是将 s 映到 s 定义的射. 如果 $y \in Y$ 是点 $a \in k$, $a \neq 0$，证明: 纤维 X_y 由 2 点组成，有剩余类域 k. 如果 $y \in Y$ 对应 $0 \in k$，证明: 纤维 X_y 是非既约的单点概型. 如果 η 是 Y 的广点，证明: X_η 是单点概型，它的剩余类域是 η 的剩余类域的二次扩张. (假设 k 代数闭的.)

3.11 **闭子概型**.

(a) 闭浸没在基扩张下是稳定的: 如果 $f: Y \to X$ 是闭的浸没，$X' \to X$

是任何射，则 $f': Y\times_X X'\to X'$ 也是闭的浸没.

*(b) 如果 Y 是仿射概型 $X=\operatorname{Spec} A$ 的闭子概型，则 Y 也是仿射的，实际上，Y 是由一个适当的理想 $\mathfrak{a}\subseteq A$ 决定的闭子概型，和闭浸没 $\operatorname{Spec} A/\mathfrak{a}\to\operatorname{Spec} A$ 的像相同. [提示：先证明 Y 可用有限个形如 $D(f_i)\cap Y$ 的开仿射子集覆盖，其中 $f_i\in A$. 如果需要的话，再添加某些使 $D(f_i)\cap Y=\varphi$ 的 f_i，从而指出我们可以假设 $D(f_i)$ 覆盖 X. 下一步证明 $f_1,\cdots,f_r$ 生成 A 的单位理想. 用习题 2.17b 证明 Y 是仿射的，用习题 2.18d 证明 Y 来自理想 $\mathfrak{a}\subseteq A$.] 注意：后面(5.10)用理想层给出这个结果的另一个证明.

(c) 令 Y 是概型 X 的闭子集，并给 Y 既约诱导子概型结构. 如果 Y' 是 X 的任何其它的闭子概型，并与 X 有同样的承载拓扑空间，证明：闭浸没 $Y\to X$ 经 Y' 分解. 我们说既约诱导结构是闭子集上最小子概型结构来表示这个性质.

(d) 令 $f: Z\to X$ 是射. 则存在 X 的具有下面性质的唯一的闭子概型 Y：射 f 经 Y 分解，且如果 Y' 是 X 的任何其它的闭子概型并经它将 f 分解，则 $Y\to X$ 也经 Y' 分解，我们称 Y 为 f 的概型式像. 如果 Z 是既约概型，则 Y 恰是像 $f(Z)$ 的闭包上的既约诱导结构.

3.12 Proj S 的闭子概型.

(a) 令 $\varphi: S\to T$ 是分次环的保持次数的满射同态. 证明：习题 2.14 的开集 U 等于 $\operatorname{Proj} T$，而射 $f: \operatorname{Proj} T\to\operatorname{Proj} S$ 是一个闭浸没.

(b) 如果 $I\subseteq S$ 是齐次理想，取 $T=S/I$，令 Y 是由闭浸没 $\operatorname{Proj} S/I\to X$ 的像所定义的 $X=\operatorname{Proj} S$ 的闭子概型. 证明：不同的齐次理想可以产生相同的闭子概型. 例如，令 d_0 是整数，$I'=\bigoplus_{d\geqslant d_0} I_d$. 证明 I 和 I' 决定相同的闭子概型.

后面(5.16)将看到，X 的每个闭子概型都来自 S 的齐次理想(至少，在 S 是 S_0 上多项式环的情形下).

3.13 有限型射的性质.

(a) 闭浸没是有限型射.

(b) 拟紧的开浸没(习题 3.2)具有有限型.

(c) 两个有限型射的合成具有有限型.

(d) 有限型射在基扩张下是稳定的.

(e) 如果 X 和 Y 是 S 上有限型概型，则 $X\times_S Y$ 在 S 上具有有限型.

(f) 如果 $X\xrightarrow{f} Y\xrightarrow{g} Z$ 是两个射，且如果 f 是拟紧的，$g\circ f$ 具有有限

型，则 f 具有有限型.

(g) 如果 $f: X \longrightarrow Y$ 是有限型射，Y 是 Noether 的，则 X 是 Noether 的.

3.14 如果 X 是域上的有限型概型，证明：X 的闭点是稠的. 用例子说明它对任意概型不正确.

3.15 令 X 是域 k(不必要代数闭)上的有限型概型.

(a) 证明下面的三个条件等价 (这时我们说 X 是几何式不可约的).

(i) $X \times_k \bar{k}$ 是不可约的，这里 $\bar{k}$ 表示 k 的代数闭包. (由借用不确切的符号，可用 $X \times_k \bar{k}$ 表示 $X \times_{\mathrm{spec}\,k} \mathrm{Spec}\,\bar{k}$.)

(ii) $X \times_k k_s$ 是不可约的，这里 k_s 表示 k 的可分闭包.

(iii) 对于 k 的每个扩域 K，$X \times_k K$ 是不可约的.

(b) 证明下面的三个条件是等价的(这时我们说 X 是**几何式既约的**).

(i) $X \times_k \bar{k}$ 是既约的.

(ii) $X \times_k k_p$ 是既约的，这里 k_p 表示 k 的完全闭包.

(iii) 对 k 的所有扩域 K，$X \times_k K$ 是既约的.

(c) 我们说 X 是**几何式整**的，如果 $X \times_k \bar{k}$ 是整的. 给出一个整概型的例子，它既不是几何式不可约的，也不是几何式即约的.

3.16 Noether **归纳法**. 令 X 是 Noether 拓扑空间，$\mathscr{P}$ 是 X 的闭子集的某个性质、假设对 X 的任何闭子集 Y，如果 $\mathscr{P}$ 对 Y 的每个真闭子集成立则 $\mathscr{P}$ 对 Y 成立，(特别地，$\mathscr{P}$ 对空集必须成立.)那么 $\mathscr{P}$ 对 X 成立.

3.17 Zariski **空间**. 拓扑空间 X 是 Zariski **空间**，如果它是 Noether 的，且每个(非空的)闭不可约子集有唯一的广点(习题 2.9).

例如，令 R 是离散赋值环，$T = sp(\mathrm{Spec}\,R)$. 则 T 由两个点：$t_0 =$ 极大理想，$t_1 =$ 零理想，组成. 开子集是 $\phi, \{t_1\}$ 和 T. 这是广点为 t_1 的不可约的 Zariski 空间.

(a) 证明：如果 X 是 Noether 概型则 $sp(X)$ 是 Zariski 空间.

(b) 证明：Zariski 空间的任何极小非空闭子集由一个点组成. 我们称它们为**闭点**.

(c) 证明 Zariski 空间 X 满足公理 T_0：给定 X 的任何两个不同的点，存在一个开集，它包括一个点，而不包括另一个点.

(d) 如果 X 是不可约 Zariski 空间，那么它的广点包在 X 的每个非空开子集中.

(e) 如果 x_0, x_1 是拓扑空间 X 的点，且 $x_0 \in \{x_1\}^-$，则我们说 x_1 **分化**

了 x_0，用 $x_1 \rightsquigarrow x_0$ 表示．我们也说 x_0 是 x_1 的分化或者 x_1 是 x_0 的归属．令 X 是 Zariski 空间．证明：对于如果 $x_1 \rightsquigarrow x_0$ 则 $x_1 > x_0$ 定义的偏序关系，极小点是闭点，极大点是 X 的不可约分支的广点．而且证明闭子集含有它的任何点的每个分化点．（我们说闭子集在分化下是稳定的．）类似地，开子集在归属下是稳定的．

(f) 令 t 是 (2.6) 的证明中引进的拓扑空间上的函子．如果 X 是 Noether 拓扑空间，证明 $t(X)$ 是 Zariski 空间．进而，X 本身是 Zariski 空间，当且仅当映射 $\alpha: X \to t(X)$ 是同胚．

3.18 可构造的集合．令 X 是 Zariski 拓扑空间，X 的可构造子集是一个属于最小子集族 $\mathscr{F}$ 的子集，它满足 (1) 每个开子集在 $\mathscr{F}$ 中，(2) $\mathscr{F}$ 的有限个元的交在 $\mathscr{F}$ 中，和 (3) $\mathscr{F}$ 的一个元的补在 $\mathscr{F}$ 中．

(a) X 的子集是局部闭的，如果它是一个开子集和一个闭子集的交。证明 X 的子集是可构造的当且仅当它可写成有限个局部闭子集的不相交的并．

(b) 证明：不可约 Zariski 空间 X 的可构造子集是稠的当且仅当它含有广点．进而，在那种情形下，它含有非空开子集．

(c) X 的子集 S 是闭的当且仅当它是可构造的和在分化下是稳定的．类似地，X 的子集 T 是开的，当且仅当它是可构造的并在归属下是稳定的．

(d) 如果 $f: X \to Y$ 是 Zariski 空间的连续映射，则 Y 的任何可构造子集的逆像是 X 的可构造子集．

3.19 可构造子集概念的真正的重要性由下面的 Chevalley 定理推出，参见 Cartan 和 Chevalley [1，第 7 章]，Matsumura [2，第 2 章第 6 节]：令 $f: X \to Y$ 是 Noether 概型的有限型射，那么 X 的任何可构造子集的像是 Y 的可构造子集．特别地，$f(X)$，（不必是开或闭的）是 Y 的可构造子集．按下面的步骤证明这个定理．

(a) 化简为证明：如果 X 和 Y 是仿射的整 Noether 概型，且 f 是支配的射，则 $f(X)$ 本身是可构造的．

*(b) 在上面的情形下，用下面的交换代数的结果证明 $f(X)$ 含有 Y 的非空开子集：令 $A \subseteq B$ 是 Noether 整环的包含关系，B 是有限生成 A 代数．则给定非零元 $b \in B$，存在非零元 $a \in A$ 有下面的性质：如果 $\varphi: A \to K$ 是 A 到代数闭域 K 的同态，使得 $\varphi(a) \neq 0$，则 φ 可扩张为 B 到 K 中的同态 φ'，使得 $\varphi'(b) \neq 0$．［提示：对 B 在 A 上生

成元的个数用归纳法证明这个代数结果,对一个生成元的情形，直接证明结果,在应用中,取 $b=1$.]

(c) 对 Y 用 Noether 归纳法完成证明.

(d) 给出代数闭域 k 上簇的态射 $f: X \to Y$ 的一些例子，说明 $f(X)$ 不一定是开的或者闭的.

3.20 维数. 令 X 是域 k（不一定代数闭的）上有限型整概型. 用第一章第1节的适当结果证明下列性质:

(a) 对任何闭点 $P \in X$, $\dim X = \dim \mathcal{O}_P$, 其中对环，始终指 Krull 维数.

(b) 令 $K(X)$ 是 X 的函数域(习题 3.6). 则 $\dim X = \text{tr.d.} K(X)/k$.

(c) 如果 Y 是 X 的闭子集,则 $\operatorname{codim}(Y, X) = \inf\{\dim \mathcal{O}_{P,X} \mid P \in Y\}$.

(d) 如果 Y 是 X 的闭子集,则 $\dim Y + \operatorname{codim}(Y, X) = \dim X$.

(e) 如果 U 是 X 的非空开子集,则 $\dim U = \dim X$.

3.21 令 R 是含有它的剩余类域 k 的离散赋值环. 令 $X = \operatorname{Spec} R[t]$ 是 $\operatorname{Spec} R$ 上的仿射直线. 证明：习题 3.20 的陈述 (a),(d),(e) 对 X 是错的.

***3.22** 射的纤维的维数. 令 $f: X \to Y$ 是域 k 上有限型整概型的支配射.

(a) 令 Y' 是 Y 的闭不可约子集,它的广点 η' 包含在 $f(X)$ 中. 令 Z 是 $f^{-1}(Y')$ 的不可约分支，使得 $f(\eta') \in f(Z)$. 证明 $\operatorname{codim}(Z, X) \leqslant \operatorname{codim}(Y', Y)$.

(b) 令 $e = \dim X - \dim Y$ 是 X 在 Y 上的相对维数. 对任何点 $y \in f(X)$，证明纤维 X_y 每个不可约分支有维数 $\geqslant e$. [提示：令 $Y' = \{y\}^-$, 用 (a) 和习题 3.20b.]

(c) 证明：存在一个稠的开子集 $U \subseteq X$，使得对任何 $y \in f(U)$，$\dim U_y = e$. [提示：先简化为 X 和 Y 是仿射的，譬如 $X = \operatorname{Spec} A$, $Y = \operatorname{Spec} B$. 则 A 是有限生成 B 代数. 取 $t_1, \cdots, t_e \in A$ 形成 $K(X)$ 在 $K(Y)$ 上的超越基并令 $X_1 = \operatorname{Spec} B[t_1, \cdots, t_e]$. 则 X_1 同构于 Y 上的仿射 e 空间，射 $f: X \to Y$ 是广点式有限的. 现在用上边的习题 3.7.]

(d) 回到我们原来的射 $f: X \to Y$,对任何整数 h，令 E_h 为点 $x \in X$ 的集合，令 $y = f(x)$，x 使得存在含有 x 的纤维 X_y 的不可约分支 Z，$\dim Z \geqslant h$. 证明：(1) $E_e = X$（用上边的 (b)）；(2) 如果 $h > e$，则 E_h 在 X 中不稠（用上边的 (c)）；(3) 对所有的 h, E_h 是闭的（对

$\dim X$ 施归纳法).

(e) 证明下边的 Chevalley 定理，见 Cartan 和 Chevalley [1，第 8 章]. 对每个整数 k，令 C_h 是点 $y \in Y$ 的集合，y 使得 $\dim X_y = h$，则子集 C_h 是可构造的，且 C_e 含有 Y 的一个开的稠子集.

3.23 如果 V, W 是代数闭域 k 上的两个簇，$V \times W$ 是它们的积（定义在第一章习题 3.15，3.16），t 是 (2.6) 的函子，则 $t(V \times W) = t(V) \times_{\operatorname{Spec} k} t(W)$.

4. 分离射和本征射

现在我们开始研究与平常拓扑空间的熟知性质相对应的概型的两个性质，确切地说，是概型之间射的两个性质. 可分离性对应着拓扑空间的 Hausdorff 原理. 本征性对应着通常的逆紧性概念，即紧子集的逆像是紧的. 然而通常的定义在抽象代数几何中不适用. 因为 Zariski 拓扑不是 Hausdorff 的，概型的承载拓扑空间也没有确切地反映出它的全部性质. 所以我们将使用在概型范畴中反映射的函子行为的定义. 对于 **C** 上有限型范畴，我们可以证明，如果把这些概型考虑为普通拓扑下的复解析空间（附录 B)，则抽象定义的这些概念实际上和通常的概念相同.

在这节我们将定义分离射和本征射. 使用赋值环给出射是分离的与本征的判别准则. 然后证明任何概型上的射影空间是本征的.

定义 令 $f: X \to Y$ 是概型的射. 对角射是唯一的射 $\Delta: X \to X \times_Y X$，使它同两个投射映射 $p_1, p_2: X \times_Y X \to X$ 的合成都是 X 的单位映射，我们说射 f 是分离的，如果对角射 Δ 是闭浸没. 在那情形下，我们也说 X 在 Y 上分离. 概型 X 是分离的，如果它在 $\operatorname{Spec} \mathbf{Z}$ 上分离.

例 4.0.1 令 k 是域，X 是有二重原点的仿射直线 (2.2.6). 那么 X 在 k 上不是分离的. 实际上，$X \times_k X$ 是有 4 个原点的仿射平面. Δ 的像是有其中 2 个原点的通常的对角线，它不是闭的，因为全部 4 个原点都在 $\Delta(X)$ 的闭包中.

例 4.0.2 后面 (4.10) 我们将看到,如果 V 是代数闭域 k 上的任何簇,则相伴概型 $t(V)$ 在 k 上是分离的.

命题 4.1 如果 $f: X\to Y$ 是仿射概型的任何射,则 f 是分离的.

证明 令 $X=\operatorname{Spec} A$, $Y=\operatorname{Spec} B$. 则 A 是 B 代数, 而 $X\times_Y X$ 由 $\operatorname{Spec} A\otimes_B A$ 给出, 也是仿射的. 对角射 Δ 是由将 $a\otimes a^1\longmapsto aa'$ 所定义的对角同态 $A\otimes_B A\to B$ 产生. 这是环的满射同态,因此 Δ 是闭浸没.

系 4.2 任意射 $f: X\to Y$ 是分离的,当且仅当对角射的像是 $X\times_Y X$ 的闭子集.

证明 一方面是显然的,所以我们只证明, 如果 $\Delta(X)$ 是闭子集,则 $\Delta: X\to X\times_Y X$ 是闭浸没. 换句话说, 我们需要验证 $\Delta: X\to\Delta(X)$ 是同胚,而层的态射 $\mathcal{O}_{X\times_Y X}\to\Delta_*\mathcal{O}_X$ 是满射. 令 $p_1: X\times_Y X\to X$ 是第一个投射. 由 $p_1\circ\Delta=id_X$, 立刻知道 Δ 给出到 $\Delta(X)$ 上的同胚. 注意层的映射 $\mathcal{O}_{X\times_Y X}\to\Delta_*\mathcal{O}_X$ 是满射这是局部问题. 对任何点 $P\in X$, 令 U 是 P 的足够小的开仿射邻域, 使得 $f(U)$ 包含在 Y 的一个开仿射子集之中. 于是 $U\times_V U$ 是 $\Delta(P)$ 的开仿射邻域,根据命题, $\Delta: U\to U\times_V U$ 是闭浸没. 因此我们的层的映射在 P 的邻域是满射,完成了证明.

下边我们讨论可分离性的赋值判别准则. 大致的思想是, 为了使概型 X 是可分的,它应该不包含看上去像双原点曲线(前面例子)的任何子概型. 表明这点的另一个途径是, 如果 C 是曲线, P 是 C 的点,则给定任何 $C-P$ 到 X 之中的射,它应该允许至多一个从整个 C 到 X 的扩张射. (比较第一章 6.8, 在那里我们证明了投射簇有此性质.)

实际上,这个大致的思想还需要加工. 向题是局部的,所以我们用在 P 的局部环代替曲线, 它是离散赋值环. 由于我们的概型可以是相当一般的, 故必需考虑任意的(不一定离散)赋值环. 最后我们给出一个在射的像概型 Y 上的相对的判别准则.

关于赋值环的定义和基本性质,参见第一章第6节.

定理 4.3 (可分性的赋值判别准则) 令 $f: X \to Y$ 是概型的射,假设 X 是 Noether 的,则 f 是分离的当且仅当下面的条件成立:对任何域 K 和以 K 为商域的赋值环 R,令 $T = \operatorname{Spec} R$, $U = \operatorname{Spec} K$,并令 $i: U \to T$ 是由包含关系 $R \subseteq K$ 诱导的射.若给定 T 到 Y 的射和 U 到 X 的射使得下图交换,则存在至多一个 T 到 X 的射使得整个图交换.

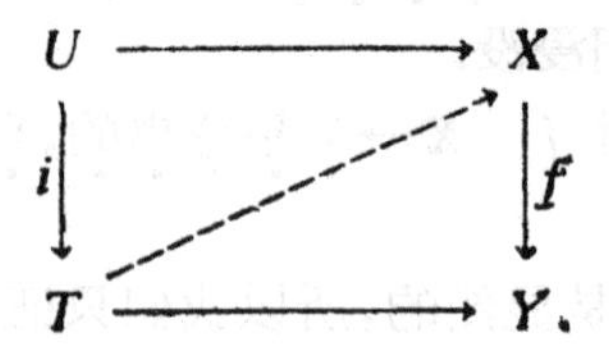

我们需要两个引理.

引理 4.4 令 R 是域 K 的赋值环, $T = \operatorname{Spec} R$, $U = \operatorname{Spec} K$. 要给出 U 到概型 X 的射等价于给一个点 $x_1 \in X$ 和域的包含关系 $k(x_1) \subseteq K$. 要给出 T 到 X 的射等价于给 X 中的两个点 x_0, x_1, 其中 x_0 是 x_1 的分化(参见习题 3.17e),及域的包含关系 $k(x_1) \subseteq K$,使得 R 支配 X 的具有既约诱导结构的子概型 $Z = \{x_1\}^-$ 在点 x_0 的局部环.

证明 U 是结构层为 K 的单点概型.给出局部同态 $\mathcal{O}_{x_1,X} \to K$ 与给出包含关系 $k(x_1) \subseteq K$ 是相同的.所以第一部分是显然的.对第二部分,令 $t_0 = \mathfrak{M}_R$ 是 T 的闭点, $t_1 = (0)$ 是 T 的广点.给定 T 到 X 的射,令 x_0 和 x_1 是 t_0 和 t_1 的像.由于 T 是既约的,射 $T \to X$ 经 Z 分解(习题 3.11).进而, $k(x_1)$ 是 Z 的函数域,因此我们有 $\mathcal{O} = \mathcal{O}_{x_0,Z}$ 到 R 的与包含关系 $k(x_1) \subseteq K$ 相容的局部同态.换句话说, R 支配 $\mathcal{O}$.

反之,给出 X 的两点 x_0 和 x_1,其中 x_0 是 x_1 的限定点,及包含关系 $k(x_1) \subseteq K$,使得 R 支配 $\mathcal{O}$,则包含关系 $\mathcal{O} \to R$ 给出射 $T \to \operatorname{Spec}\mathcal{O}$,它与自然映射 $\operatorname{Spec}\mathcal{O} \to X$ 合成给出所希望的射

$T \to X$.

引理 4.5 令 $f: X \to Y$ 是概型的拟紧射(参见习题 3.2)，则 Y 的子集 $f(X)$ 是闭的，当且仅当它在分化下是稳定的(习题 3.17 e).

证明 一方面是显然的，故我们只需证明如果 $f(X)$ 在分化下是稳定的，则它是闭的. 显然我们可以假设 X 和 Y 都是既约的，且 $f(X)^- = Y$ (用关于 $f(X)^-$ 的既约诱导结构代替 Y). 所以令 $y \in Y$ 是一个点，希望证明 $y \in f(X)$. 可用 y 的仿射邻域代替 Y，因而假设 Y 是仿射的. 由于 f 是拟紧的，X 是开仿射集 X_i 的有限并. 我们知道 $y \in f(X)^-$，于是对某个 i，有 $y \in f(X_i)^-$. 令 $Y_i = f(X_i)^-$ 有既约诱导结构. 那么 Y_i 也是仿射的，考虑诱导仿射概型的支配射 $X_i \to Y_i$. 令 $X_i = \operatorname{Spec} A$，和 $Y_i = \operatorname{Spec} B$. 则相应的环同态 $B \to A$ 是单的，因为射是支配的，点 $y \in Y_i$ 对应着素理想 $\mathfrak{P} \subseteq B$. 令 $\mathfrak{P}' \subseteq \mathfrak{P}$ 是 B 的包含在 $\mathfrak{P}$ 中的极小素理想.(根据 Zorn 引理，极小素理想存在，因为任何一族素理想，以包含关系为全序，其交仍是素理想) 则 $\mathfrak{P}'$ 对应着 Y_i 的点 y'，它分化了 y. 我们断定 $y' \in f(X_i)$. 实际上，令 A 和 B 在 $\mathfrak{P}'$ 局部化. 局部化是正合函子，故 $B_{\mathfrak{P}'} \subseteq A \otimes B_{\mathfrak{P}'}$. 现在 $B_{\mathfrak{P}'}$ 是域，令 $\mathfrak{q}_0'$ 是 $A \otimes B_{\mathfrak{P}'}$ 的任何素理想，则 $\mathfrak{q}_0' \cap B_{\mathfrak{P}'} = (0)$. 令 $\mathfrak{q}' \subseteq A$ 是 $\mathfrak{q}_0'$ 在局部映射 $A \to A \otimes B_{\mathfrak{P}'}$ 下的逆像. 则 $\mathfrak{q}' \cap B = \mathfrak{P}'$. 所以 $\mathfrak{q}'$ 对应点 $x' \in X_i$，$f(x') = y'$. 现在回到射 $f: X \to Y$. 我们有 $x' \in X$，$f(x') = y'$，所以 $y' \in f(X)$. 但是由假设 $f(X)$ 在分化下是稳定的，而 $y' \rightsquigarrow y$，于是 $y \in f(X)$，这正是我们想要证明的.

定理 4.3 的证明 先假设 X 是分离的，并给定图如前面，即存在 T 到 X 的两个射 h, h'，使得整个图交换，则得到 $h'': T \to X \times$

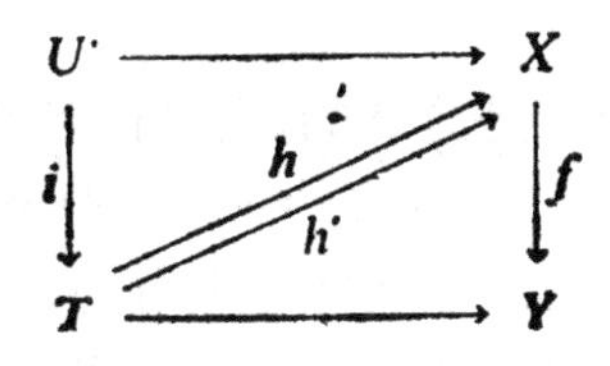

$_YX$. 由于 h 和 h' 对 U 的限制是相同的，T 的广点 t_1 在对角形 $\Delta(X)$ 中有像。由于 $\Delta(X)$ 是闭的，t_0 的像也在 $\Delta(X)$ 中。因此 h 和 h' 把点 t_0, t_1 映到同样的 X 的点 x_0, x_1。因为 h 和 h' 诱导的包含 $k(x_1) \subseteq K$ 也相同，由 (4.4) 得到 h 和 h' 相等。

反之，假设定理的条件满足。要证明 f 是分离的，根据 (4.2)，只要证明 $\Delta(X)$ 是 $X \times_Y X$ 的闭子集就够了。由于我们假设了 X 是 Noether 的，则射 Δ 是拟紧的，由(4.5)，只要证明 $\Delta(X)$ 在限定下是稳定的就够了。令 $\xi_1 \in \Delta(X)$ 是一个点，$\xi_1 \rightsquigarrow \xi_0$ 是分化。令 $K = k(\xi_1)$，$\mathcal{O}$ 是 ξ_0 的关于有既约诱导结构的子概型 $\{\xi_1\}^-$ 的局部环。则 $\mathcal{O}$ 是包含在 K 中的局部环，由第一章 6.1A 知道，存在 K 的赋值环 R，R 支配 $\mathcal{O}$。由 (4.4) 得到 $T = \operatorname{Spec} R$ 到 $X \times_Y X$，把 t_0, t_1 映到 ξ_0, ξ_1 的射。同投射射 p_1, p_2 合成，得到 T 到 X 的两个射，由于 $\xi_1 \in \Delta(X)$，它们对 Y 给出同样的射，而对 $U = \operatorname{Spec} K$ 的限制是相同的。所以，根据条件，T 到 X 的这两个射必须是相同的。因此射 $T \to X \times_Y X$ 通过对角射 $\Delta: X \to X \times_Y X$ 分解，从而 $\xi_0 \in \Delta(X)$。完成证明。注意，在最后一步，只知道 $p_1(\xi_0) = p_2(\xi_0)$ 是不够的。因为通常，如果 $\xi \in X \times_Y X$，则由 $p_1(\xi) = p_2(\xi)$ 推不出 $\xi \in \Delta(X)$。

系 4.6 在下面的叙述中，假设所有的概型都是 Noether 的。

(a) 开浸没和闭浸没都是分离的。

(b) 两个分离射的合成是分离的。

(c) 分离射在基扩张下是稳定的。

(d) 如果 $f: X \to Y$ 和 $f': X' \to Y'$ 是基概型 S 上的概型的分离射，则乘积射 $f \times f': X \times_S X' \to Y \times_S Y'$ 也是分离的。

(e) 如果 $f: X \to Y$ 和 $g: Y \to Z$ 是两个射，且 $g \circ f$ 是分离的，则 f 是分离的。

(f) 射 $f: X \to Y$ 是分离的，当且仅当 Y 可以用开子集 V_i 覆盖，使得对每个 i，射 $f^{-1}(V_i) \to V_i$ 是分离的，

证明 这些叙述由定理条件马上得到。我们通过 (c) 的证明来说明其方法，令 $f: X \to Y$ 是分离射，$Y' \to Y$ 是任何射，$X' =$

$X \times_Y Y'$ 是由基扩张得到的。我们必须证明 $f': X' \to Y'$ 是分离的。故假设给定定理中的T到 Y' 的射和U到 X' 的射，和使下图交换的T到 X' 的两个射。

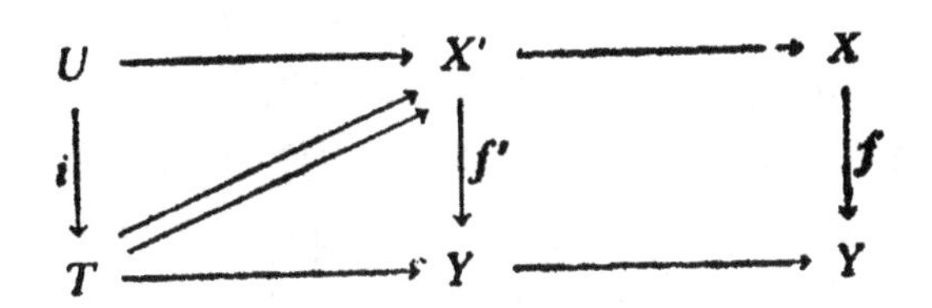

与映射 $X' \to X$ 合成，得到T到X的两个射。因为 f 是分离的，故这两个射是相同的。但是 X' 是X和 Y' 在Y上的纤维积，所以根据纤维积的泛性质，T 到 X' 的两个映射是相同的。因此f'是分离的。

关于 Noether 假设的注。你们大概注意到了，为了应用定理，不需要假设在推论中提到的所有概型都是 Noether 的。实际上，甚至定理本身，可以用比X是 Noether 弱的假设得到(参见 Grothendieck [EGAI，新版 5.5.4])。我的感觉是，如果 Noether 假设使得叙述和证明实际上比较简单，那么即使是不必要的，我也作此假设。我持这种态度的原因是，代数几何中的动力和许多例子来源于域上的有限型概型和用它们得到的结构，实际上用这种方式遇到的全部概型都是 Noether 的。 这种态度在第三章中占主导位置，在那里 Noether 假设是研究上同调的基础之一。希望避免 Noether 假设的读者可以读 [EGA]，特别 [EGA,IV,§ 8]。

定义 射 $f: X \to Y$ 是本征的，如果它是分离的，具有限型和泛闭的。这里我们说射是闭的，如果任何闭子集的像是闭的。射 $f: X \to Y$ 是泛闭的，如果它是闭的且对任何射 $Y' \to Y$，由基扩张得到的相应的射 $f': X' \to Y'$ 也是闭的。

例 4.6.1 令 k 是域，X是 k 上的仿射直线。则X是分离的而且在 k 上有有限型，但是在 k 上它不是本征的。实际上，取基扩张 $X \to k$。 我们得到的映射 $X \times_k X \to X$ 是仿射平面到仿射直线上的投射映射。这不是闭映射。例如，由方程 $xy = 1$ 给出的双曲线是平面的闭子集，但是它在投射映射下的像是由仿射线去掉原点组成的，不是闭的.

当然，在这例子中失去的点是双曲线上的无穷远点，这是显然的. 这使人联想到射影直线在 k 上可能是本征的. 实际上，在后面 (4.9) 我们将看到域上的任何射影簇是本征的.

定理 4.7 （本征性的赋值判别准则）令 $f: X \to Y$ 是有限型的射，X 是 Noether 的. 那么 f 是本征的当且仅当对每个赋值环 R 和形成下面交换图的任何 U 到 X 和 T 到 Y 的射（用 (4.3) 的记号）都存在，使得整个图交换的唯一的射 $T \to X$.

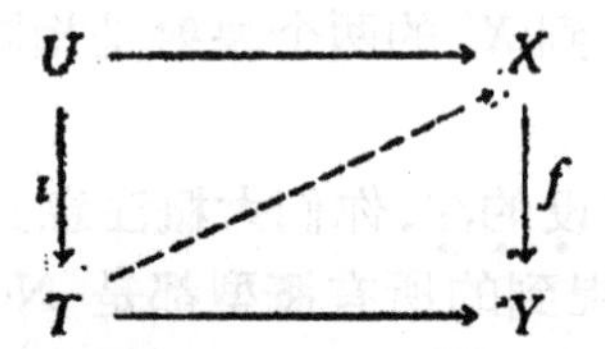

证明 先假设 f 是本征的. 那么由定义知道 f 是分离的，射如果存在，射 $T \to X$ 的唯一性由 (4.3) 得出. 关于存在性，我们考虑基扩张 $T \to Y$，令 $X_T = X \times_Y T$. 由给定的映射 $U \to X$ 和 $U \to T$ 得到映射 $U \to X_T$.

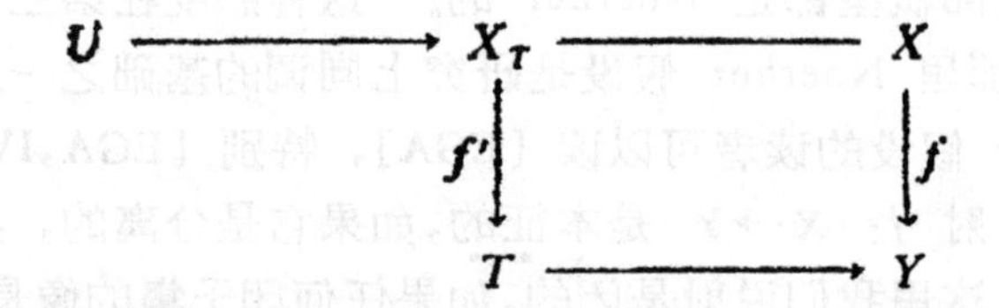

令 ξ_1 是 U 的唯一点 t_1 的像. 令 $Z = \{\xi_1\}^-$. 则 Z 是 X_T 的闭子集. 因为 f 是本征的，它是泛闭的. 所以射 $f': X_T \to T$ 一定是闭的，$f'(Z)$ 是 T 的闭子集. 但是 $f'(\xi_1) = t_1$ 是 T 的广点，于是 $f'(Z) = T$. 因此存在点 $\xi_0 \in Z$，$f'(\xi_0) = t_0$. 我们得到与射 f' 相对应的局部环的局部同态 $R \to \mathcal{O}_{\xi_0,Z}$. 现在 Z 的函数域是 $k(\xi_1)$，由 ξ_1 的构造知道，$k(\xi_1)$ 包含在 K 中，根据第一章 6.1A，得到 T

到 X_T 的射，它把 t_0, t_1 映到 ξ_0, ξ_1. 与映射 $X_T \to X$ 合成，得出希望的 T 到 X 的射.

反之，假设定理的条件成立. 要证明 f 是本征的，只要证明它是泛闭的，因为根据假设它为有限型，由 (4.3) 它是分离的. 所以令 $Y' \to Y$ 是任何射，f': $X' \to Y'$ 是由 f 按基扩张得到的射. 令 Z 是 X' 的闭子集并赋与它既约诱导结构.

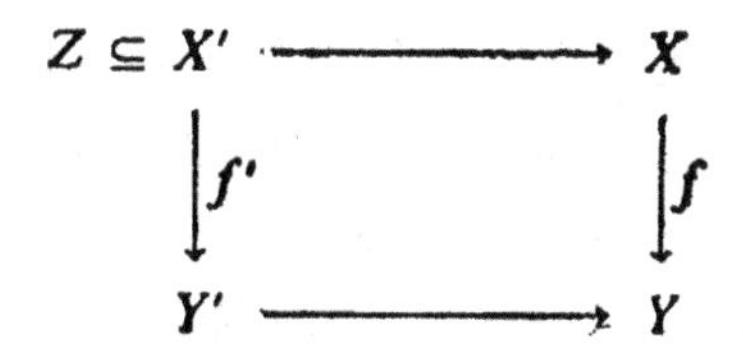

我们需要证明 $f'(Z)$ 在 Y' 中是闭的. 由于 f 具有有限型，故 f' 亦然，f' 对 Z 的限制亦然（习题 3.13). 特别，射 f': $Z \to Y'$ 是拟紧的，由 (4.5) 我们只要证明 $f(Z)$ 在限定下是稳定的. 令 $z_1 \in Z$ 是一个点，$y_1 = f'(z_1)$，并令 $y_1 \rightsquigarrow y_0$ 是分化. 令 $\mathcal{O}$ 是 y_0 关于 $\{y_1\}^-$ 在它的既约诱导结构下的局部环. 则 $\mathcal{O}$ 的商域是 $k(z_1)$ 的子域 $k(y_1)$. 令 $K = k(z_1)$，R 是 K 的支配 $\mathcal{O}$ 的赋值环（由第一章 (6.1A)，它存在).

从这些事实，根据 (4.4)，我们得到射 $U \to Z$ 和 $T \to Y'$ 形成交换图

与射 $Z \to X' \to X$，$Y' \to Y$ 合成，得到可应用定理条件的射 $U \to X$ 和 $T \to Y$. 所以存在射 $T \to X$ 使得图交换. 由于 X' 是纤维积，提升它给出射 $T \to X'$. 由于 Z 是闭的而 T 的广点映到 $z_1 \in Z$. 这个射经分解给出射 $T \to Z$. 现在令 z_0 是 t_0 的像，则 $f'(z_0) = y_0$，于是 $y_0 \in f'(z)$. 完成了证明.

系 4.8 在下面的叙述中,所有的概型都是 Noether 的.

(a) 闭浸没是本征的.

(b) 本征射的合成是本征的.

(c) 本征射在基扩张下是稳定的.

(d) 如 (4.6d) 的情形,本征射的积是本征的.

(e) 如果 $f: X\to Y$ 和 $g: Y\to Z$ 是两个射, $g\circ f$ 是本征的而且 g 是分离的, 那么 f 是本征的.

(f) 如 (4.6f) 的情形, 本征性关于基是局部的.

证明 注意到研究有限型性质的习题 3.13 和 (4.6), 这些结果由定理的条件马上得到. 我们通过 (e) 的证明说明其方法.假设 $g\circ f$ 是本征的,g 是分离的. 由习题 3.13, f 具有有限型.(我们假设 f 是 Noether 的, 于是 f 自动拟紧.) 由 (4.6), f 也是分离的. 所以我们还需要证明, 给定赋值环 R 和构成变换图的射 $U\to X$ 和 $T\to Y$,

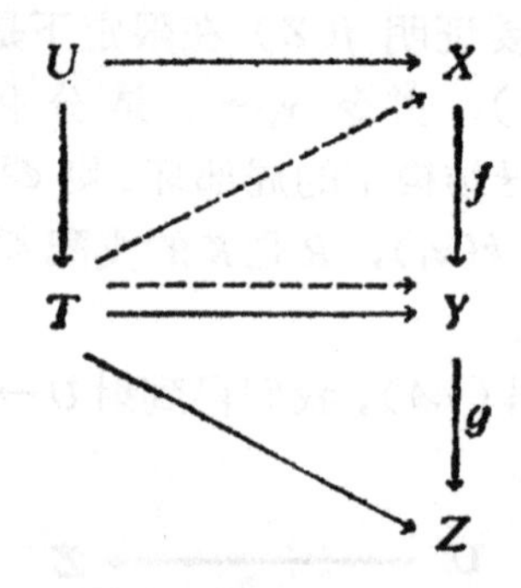

则存在 T 到 X 的射,使得图交换.

令 $T\to Z$ 是合成映射. 由于 $g\circ f$ 是本征的,存在与映射 $T\to Z$ 交换的 T 到 X 的映射. 与 f 合成,得到 T 到 Y 的第二个映射,但因为 g 是分离的,故 T 到 Y 的两个映射是相同的,完成了证明.

我们下一步的目标是定义射影射并证明任何射影射是本征的. 回忆第 2 节中我们定义了任何环 A 上的射影 n 空间 $\mathbf{P}_A^n$ 为 $\operatorname{Proj} A[x_0,\cdots,x_n]$.注意,如果 $A\to B$ 是环同态, $\operatorname{Spec} B\to \operatorname{Spec} A$ 是相应的仿射概型的射,则 $\mathbf{P}_B^n\cong \mathbf{P}_A^n\times_{\operatorname{Spec} A}\operatorname{Spec} B$. 特别地, 对

任何环 A，有 $\mathbf{P}_A^n \cong \mathbf{P}_\mathbf{Z}^n \times_{\operatorname{Spec}\mathbf{Z}} \operatorname{Spec} A$. 这导致了下边对任何概型 Y 的定义。

定义 如果 Y 是任何概型，我们定义 Y 上射影 n 空间，用 $\mathbf{P}_Y^n$ 表示，为 $\mathbf{P}_\mathbf{Z}^n \times_{\operatorname{Spec}\mathbf{Z}} Y$. 概型的射 f: $X \to Y$ 是射影的，如果它分解为闭浸没 i: $X \to \mathbf{P}_Y^n$，对某个 n，和投射 $\mathbf{P}_Y^n \to Y$. 射 f: $X \to Y$ 是拟射影的，如果它分解为开浸没 i: $X \to X'$ 和射影射 g: $X' \to Y$. （这个射影射的定义与 Grothendieck 的 [EGAII, 5.5] 稍有不同. 如果 Y 本身在仿射概型上是拟射影的，则两个定义是等价的.）

例 4.8.1 令 A 是环，S 是分次环，$S_0 = A$，S 作为 A 代数由 S_1 有限生成，则自然射 $\operatorname{Proj} S \to \operatorname{Spec} A$ 是射影射. 实际上，由假设条件，S 是多项式环 $S' = A[x_0, \cdots, x_n]$ 的商. 分次环的满射同态 $S' \to S$ 给出闭浸没 $\operatorname{Proj} S \to \operatorname{Proj} S' = \mathbf{P}_A^n$，这就证明了 $\operatorname{Proj} S$ 在 A 上是射影的(习题 3.12).

定理 4.9 Noether 概型的射影射是本征的. Noether 概型的拟射影射具有有限型且是分离的.

证明 考虑习题 3.13 的结果和 (4.6),(4.8)，只要证明 $X = \mathbf{P}_\mathbf{Z}^n$ 在 $\operatorname{Spec}\mathbf{Z}$ 上是本征的就够了. 回忆 (2.5) 可知 X 是开仿射子集 $V_i = D_+(x_i)$ 的并，V_i 同构于 $\operatorname{Spec}\mathbf{Z}[x_0/x_i, \cdots, x_n/x_i]$. 因此 X 有有限型，为了证明 X 是本征的，我们用 (4.7) 的判别准则，并模仿第一章 6.8 的证明. 假设给定赋值环 R 和射 $U \to X$，$T \to \operatorname{Spec}\mathbf{Z}$ 如图:

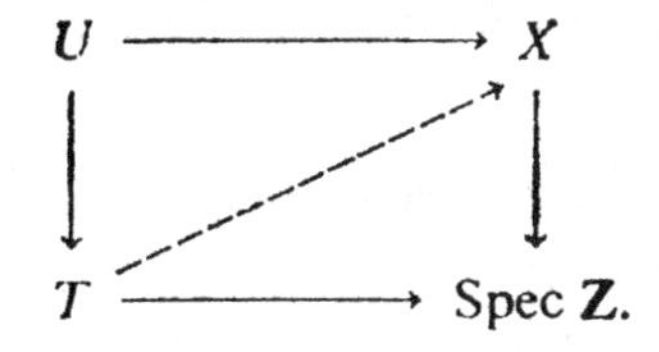

令 $\xi_1 \in X$ 是 U 的唯一点的像. 对 n 施归纳法，我们可以假设 ξ_1 不包含在同构于 $\mathbf{P}^{n-1}$ 的任何超平面 X-V_i 中. 换句话说，可以假设 $\xi_1 \in \cap V_i$，因此所有的函数 x_i/x_j 都是局部环 $\mathcal{O}_{\xi_1}$ 的可逆元.

射$U\to X$给出包含关系 $k(\xi_1)\subseteq K$. 令 $f_{ij}\in K$ 是 x_i/x_j 的像，于是 f_{ij} 是K的非 0 元，对所有的 i,j,k，有 $f_{ik}=f_{ij}\circ f_{jk}$. 令 v: $K\to G$是和赋值环R相伴随的赋值，令 $g_i=v(f_{i0})$，$i=0,\cdots,n$. 选取k使得g_k在集合 $\{g_0,\cdots,g_n\}$ 中，对于G的序是极小的. 因此对每个i，有

$$v(f_{ik})=g_i-g_k\geqslant 0,$$

于是 $f_{ik}\in R$，$i=0,\cdots,n$. 我们可以定义同态

$$\varphi:\ \mathbf{Z}[x_0/x_k,\cdots,x_n/x_k]\to R$$

它把 x_i/x_k 映到 f_{ik}. φ与已给的域包含关系 $k(\xi_1)\subseteq K$ 相容. 同态φ给出射 $T\to V_k$，因此给出了所要求的T到X的射. 这个射的唯一性由其构造和粘合V_i的方法得出.

命题 4.10 令k是代数闭域. (2.6) 的函子 t: $\mathfrak{Var}(k)\to\mathfrak{Sch}(k)$ 的像恰是k上拟射影整概型的集合. 射影簇集合的像是射影整概型集合. 特别地，对任何簇 V，$t(V)$ 是k上有限型的整的分离概型.

证明 在第 3 节中我们已经看到，对任何簇 V，相伴概型 $t(V)$ 是k上整的和有限型的. 由于簇被定义为射影空间的局部闭子集(第一章第 3 节)，显然 $t(V)$ 也是拟射影的.

另一方面，只要证明k上的任何射影整概型Y在t的像中就够了. 令Y是$\mathbf{P}_k^n$ 的闭子概型，V是Y的闭点的集合. 则V是簇$\mathbf{P}^n$的闭子集. 由于V在Y中是稠的(习题 3.14)，我们知道V是不可约的，所以V是射影簇，我们还知道 $t(V)$ 和Y有相同的承载拓扑空间，而且他们都是$\mathbf{P}_k^n$ 的既约闭子概型，因此他们同构（习题 3.11).

定义 抽象簇是代数闭域k上的有限型的整的分离概型. 如果它在k上是本征的，我们也说它是完全的.

注 4.10.1 从现在开始，我们用"簇"代表刚才定义的"抽象簇". 我们将把第一章的簇与它相伴的概型等同起来，把它们看作拟射影簇. 我们使用"曲线"，"曲面"，"3 维体"等等表示维数 1，2，3 等等的抽象簇.

注 4.10.2 抽象簇的概念是 Weil[1] 创造的.他需要它提供曲线的 Jacobi 簇的纯粹代数结构，这个簇是首次出现的抽象簇(Weil[2]). 然后 Chow[3] 给出了 Jacobi 簇的不同结构,证明了实际上它是射影簇. 后来 Weil[6] 自己证明了所有的 Abel 簇都是射影的.

同时 Nagata[1] 找到了完全的抽象非射影簇的例子，证明了实际上新的抽象簇类比射影簇类大.

我们可以概括目前已知的这个课题的结果如下:

(a) 每个完全曲线是射影的(第三章习题 5.8).

(b) 每个非异完全曲面是射影的 (Zariski[5]). 也可参见 Hartshorne [5,II. 4.2].

(c) 存在奇异非射影的完全曲面 (Nagata[3]). 也可参见(习题 7.13) 和(第三章,习题 5.9).

(d) 存在非异完全非射影 3 维体. (Nagata[4], Hironaka[2], 和附录 B).

(e) 每个簇可以嵌入为完全簇的开稠子集 (Nagata[6]).

下面的代数结果将在习题 4.6 中使用.

定理 4.11A 如果 A 是域 K 的子环，则 A 在 K 中的整闭包是 K 的含有 A 的所有赋值环的交.

证明 Bourbaki [1, 第 4 章,第 1 节 No. 3, 定理 3,92 页].

习 题

4.1 证明有限射是本征的.

4.2 令 S 是概型,X 是 S 上的既约概型,Y 是 S 上的分离概型. 令 f 和 g 是 X 到 Y 的两个 S 射,它们在 X 的一个开稠子集上是一致的. 证明 $f=g$. 用例子说明,如果 (a) X 是非既约的,或者 (b) Y 是非分离的,则这个结果不成立.[提示: 考虑由 f 和 g 得到的映射 $h: X\to Y\times_S Y$.]

4.3 令 X 是仿射概型 S 上的分离概型. 令 U 和 V 是 X 的开仿射子集. 则 $U\cap V$ 也是开仿射的. 举例说明如果 X 不是分离的,其结果不成立.

4.4 令 $f: X\to Y$ 是 Noether 概型 S 上有限型分离概型的射. 令 Z 是 X 的闭子概型,它在 S 上是本征的. 证明 $f(Z)$ 在 Y 中闭,具有像子概型的结构(习题 3.11d) 的 $f(Z)$ 在 S 上是本征的. 我们把这结果看作"本征概型的像是本征的". [提示: 分解 f 为图射 Γ_f: $X \to X \times_S Y$ 和第二个投射射 p_2, 证明 Γ_f 是闭浸没.]

4.5 令 X 是域 k 上有限型整概型, 具有函数域 K. 我们说 K/k 的一个赋值在 X 上具有中心 x, 如果它的赋值环 R 支配局部环 $\mathcal{O}_{x,X}$.

(a) 如果 X 是 k 上分离的, 则 K/k 的任何赋值在 X 上的中心 (如果存在) 是唯一的.

(b) 如果 X 在 k 上是本征的, 则 K/k 的每个赋值存在唯一的在 X 上的中心.

*(c) 证明 (a) 和 (b) 的逆. [提示: 由 (4.3) 和 (4.7) 很容易得到 (a) 和 (b), 他们的逆需要将不同域中的赋值进行一些比较.]

(d) 如果 k 是代数闭的, X 在 k 上是本征的, 证明 $\Gamma(X, \mathcal{O}_X) = k$. 这个结果推广了第一章 3.4a. [提示: 令 $a \in \Gamma(X, \mathcal{O}_X)$, 和 $a \notin k$. 证明存在 K/k 的赋值环 R 使得 $a^{-1} \in \mathfrak{M}_R$. 使用 (b), 产生矛盾.]

注意: 如果 X 是 k 上的簇, 有时将 (b) 的逆当作完全簇的定义.

4.6 令 f: $X \to Y$ 是 k 上仿射簇的本征射, 则 f 是有限射. [提示: 用 (4.11A).]

4.7 $\mathbf{R}$ 上的概型. 对 $\mathbf{R}$ 上任何概型 X_0, 令 $X = X_0 \times_{\mathbf{R}} \mathbf{C}$, α: $\mathbf{C} \to \mathbf{C}$ 是复共轭, σ: $X \to X$ 是由保持 X_0 不动, 将 α 用于 $\mathbf{C}$ 得到的自同构. 那么 X 是 $\mathbf{C}$ 上的概型, σ 是半线性自同构, 即我们有交换图

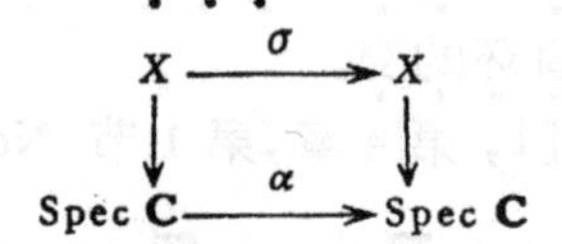

由于 $\sigma^2 = id$, 我们称 σ 为对合.

(a) 现在令 X 是 $\mathbf{C}$ 上有限型分离概型, σ 是关于 X 的半线性对合, 并假设对任何两点 $x_1, x_2 \in X$, 存在同时含有这两个点的开仿射子集. (例如, X 是拟射影的就满足假设.) 证明存在 $\mathbf{R}$ 上唯一的有限型分离概型, 使得 $X_0 \times_{\mathbf{R}} \mathbf{C} \cong X$ 且由这同构可把 X 的给定的对合与上边描述的 $X_0 \times_{\mathbf{R}} \mathbf{C}$ 的对合等同起来.

在下面的叙述中, X_0 表示 $\mathbf{R}$ 上有限型分离概型, X, σ 表示 $\mathbf{C}$ 上相应的概型和对合.

(b) 证明 X_0 是仿射的当且仅当 X 是仿射的.

(c) 如果 X_0, Y_0 是 $\mathbf{R}$ 上的 2 个仿射的有限型分离概型, 则给出射 f_0:

$X_0 \rightsquigarrow Y_0$ 等价于给出与对合交换的射 $f: X \to Y$，$f\circ\sigma_X = \sigma_Y\circ f$.

(d) 如果 $X \cong \mathbf{A}^1_{\mathbf{C}}$，则 $X_0 \cong \mathbf{A}^1_{\mathbf{R}}$.

(e) 如果 $X \cong \mathbf{P}^1_{\mathbf{C}}$，则 $X_0 = \mathbf{P}^1_{\mathbf{R}}$，或者 X_0 同构于由齐次方程 $x_0^2 + x_1^2 + x_2^2 = 0$ 决定的 $\mathbf{P}^2_{\mathbf{R}}$ 中的圆锥曲线.

4.8 令 $\mathscr{P}$ 是概型射的性质，使得:

(a) 闭浸没有 $\mathscr{P}$;

(b) 有 $\mathscr{P}$ 的两个射合成后仍有 $\mathscr{P}$;

(c) $\mathscr{P}$ 在基扩张下是稳定的.

证明:

(d) 有性质 $\mathscr{P}$ 的射的积仍有性质 $\mathscr{P}$;

(e) 如果 $f: X \to Y$ 和 $g: Y \to Z$ 是两个射，使 $g\circ f$ 有性质 $\mathscr{P}$，且 g 是分离的，那么 f 有性质 $\mathscr{P}$;

(f) 如果 $f: X \to Y$ 有性质 $\mathscr{P}$，则 $f_{\text{red}}: X_{\text{red}} \to Y_{\text{red}}$ 有性质 $\mathscr{P}$.

[提示: 对于 (e)，考虑图射 $\Gamma_f: X \to X \times_Z Y$ 和注意它是由对角射 $\Delta: Y \to Y \times_Z Y$ 给出的基扩张得到的.]

4.9 证明射影射的合成是射影的. [提示: 用在第一章习题 2.14 中定义的 Segre 嵌入，并证明它给出闭浸没 $\mathbf{P}^r \times \mathbf{P}^s \to \mathbf{P}^{r+s+rs}$.] 证明射影射具有上面习题 4.8 的性质 (a)—(f).

***4.10** 周引理，这个结果是指本征射相当地接近射影射. 令 X 在 Noether 概型 S 上是本征的，则存在概型 X' 和射 $g: X' \to X$ 使得 X' 在 S 上是射影的，并存在一个开稠子集 $U \subseteq X$，使得 g 诱导出 $g^{-1}(U)$ 到 U 的同构. 按下列步骤证明这个结果.

(a) 简化成 X 是不可约的.

(b) 证明 X 可用有限个开子集 $U_i, i = 1, \ldots, n$，覆盖，其中每个 U_i 是 S 上拟射影的. 令 $U_i \to P_i$ 是 U_i 到在 S 上是射影的概型 P_i 的开浸没.

(c) 令 $U = \cap U_i$，考虑映射

$$f: U \to X \times_S P_1 \times_S \times \cdots \times_S P_n,$$

它是由给定的映射 $U \to X$ 和 $U \to P_i$ 诱导出的. 令 X' 是闭的像子概型结构（习题 3.11d) $f(U)^-$. 令 $g: X' \to X$ 是到第 1 个因子之上的投射，$h: X' \to P = P_1 \times_S \times \cdots \times_S P_n$ 是到其余因子乘积上的投射. 证明 h 是闭浸没，因此 X' 在 S 上是射影的.

(d) 证明 $g^{-1}(U) \to U$ 是同构，于是完成了证明.

4.11 如果你愿意考虑比较困难的交换代数和限于 Noether 概型，则我们只使用离散赋值环就可以表示分离性和本征性的赋值判别准则.

(a) 如果 $\mathcal{O},\mathfrak{m}$ 是商域为K的 Noether 局部整环，L是K的有限生成域扩张，那么存在支配 $\mathcal{O}$ 的L的离散赋值环 R. 分下面几步证明它. 取 $\mathcal{O}$ 上多项式环,化简为L是K的有限扩域. 然后证明适当地选取 $\mathfrak{m}$ 的生成元 $x_1,\ldots,x_n$，使得环 $\mathcal{O}'=\mathcal{O}[x_2/x_1,\ldots,x_n/x_1]$ 中的理想 $\mathfrak{a}=(x_1)$ 不等于单位理想. 令 $\mathfrak{p}$ 是 $\mathfrak{a}$ 的极小素理想，$\mathcal{O}'_{\mathfrak{p}}$ 是 $\mathcal{O}'$ 在 $\mathfrak{p}$ 的局部化. $\mathcal{O}'_{\mathfrak{p}}$ 是维数为 1 且支配 $\mathcal{O}$ 的 Noether 局部整环. 令 $\tilde{\mathcal{O}}'_{\mathfrak{p}}$ 是 $\mathcal{O}'_{\mathfrak{p}}$ 在L中的整闭包. 用 Krull-Akizuki 定理（参见 Nagata [7, p.115]）证明 $\tilde{\mathcal{O}}'_{\mathfrak{p}}$ 是 1 维 Noether 的. 最后，取R为 $\tilde{\mathcal{O}}'_{\mathfrak{p}}$ 在它的一个极大理想的局部化.

(b) 令 $f: X\to Y$ 是有限型 Noether 概型的射. 证明 f 是分离的（本征的),当且仅当 (4.3) 的判别准则 ((4.7) 的判别准则）对所有的离散赋值环都成立.

4.12 赋值环的例子. 令 k 是代数闭域.

(a) 如果K是 k 上 1 维函数域（第一章第 6 节),则 K/k 的每个赋值环(除了K本身）是离散的. 因此全部它们的集合恰是第一章第 6 节的抽象的非奇异曲线 C_K.

(b) 如果 K/k 是 2 维函数域，则存在几个不同类型的赋值. 假设X是函数域为K的完全非奇异曲面.

(1) 如果Y是X上不可约曲线，有广点 x_1，则局部环 $R=\mathcal{O}_{x_1,X}$ 是 K/k_1 的离散赋值环,中心在X的(非闭的)点 x_1.

(2) 如果 $f: X'\to X$ 是双有理射，Y' 是 X' 中的不可约曲线,且它在X中的像是单闭点 x_0，则 Y' 的广点在 X' 上的局部环是 K/k 的离散赋值环,中心在X的闭点 x_0.

(3) 令 $x_0\in X$ 是闭点，f_1: $X_1\to X$ 是 x_0 的胀开，$E_1=f_1^{-1}(x_0)$ 是例外曲线. 选取闭点 $x_1\in E_1$，令 f_2: $X_2\to X_1$ 是 x_1 的胀开，$E_2=f_2^{-1}(x_1)$ 是例外曲线. 重复这个过程,我们得到簇 X_i 和在它上选取的闭点 x_i 的序列,对每个 i，局部环 $\mathcal{O}_{x_{i+1},X_{i+1}}$ 支配 $\mathcal{O}_{x_i,X_i}$. 令 $R_0=\bigcup_{i=0}^{\infty}\mathcal{O}_{x_i,X_i}$. 则 R_0 是局部环，由 1.6.1A, K/k 的某个赋值环R支配它. 证明R是 K/k 非离散赋值环,它在X的中心为 x_0.

注意. 后面（第五章习题 5.6) 我们将看到,(3) 的 R_0 实际上已经是赋值环，所以 $R_0=R$. 进而，K/k 的除去K自身外每个赋值环属于刚才描述的三类之一.

5. 模　　层

到目前为止我们已经讨论了概型和它们之间的射，除了结构层外没有提到任何层. 考虑给定概型上的模层，可以大大提高我们技巧的灵活性. 拟凝聚和凝聚层特别重要，它们起着环上模(分别地，有限生成模)的作用.

在这节我们将阐述拟凝聚层和凝聚层的基本性质. 特别我们要介绍重要的 Serre 关于射影概型的"扭层" $\mathcal{O}(1)$.

我们从定义环层空间的模层开始.

定义 令 $(X,\mathcal{O}_X)$ 是环层空间(见第 2 节). $\mathcal{O}_X$ 模层(或简单地说 $\mathcal{O}_X$ 模)是 X 上的层，使得对每个开子集 $U\subseteq X$，群 $\mathscr{F}(U)$ 是 $\mathcal{O}_X(U)$ 模，对每个开子集的包含关系 $V\subseteq U$，限制同态 $\mathscr{F}(U)\to\mathscr{F}(V)$ 通过环同态 $\mathcal{O}_X(U)\to\mathcal{O}_X(V)$ 和模结构相容. $\mathcal{O}_X$ 模的层的射 $\mathscr{F}\to\mathscr{G}$ 是层的射，使得对每个开集 $U\subseteq X$，映射 $\mathscr{F}(U)\to\mathscr{F}(U)$ 是 $\mathcal{O}_X$ 模的同态.

注意，$\mathcal{O}_X$ 模的射的核、余核和像仍是 $\mathcal{O}_X$ 模. 如果 $\mathscr{F}'$ 是 $\mathcal{O}_X$ 模 $\mathscr{F}$ 的 $\mathcal{O}_X$ 模子层，则商层 $\mathscr{F}/\mathscr{F}'$ 是 $\mathcal{O}_X$ 模. $\mathcal{O}_X$ 模的任何直和、直积、正向极限，反向极限是 $\mathcal{O}_X$ 模. 如果 $\mathscr{F}$ 和 $\mathscr{G}$ 是两个 $\mathcal{O}_X$ 模，用 $\mathrm{Hom}_{\mathcal{O}_X}(\mathscr{F},\mathscr{G})$，如果不会产生混淆有时用 $\mathrm{Hom}_X(\mathscr{F},\mathscr{G})$ 或者 $\mathrm{Hom}(\mathscr{F},\mathscr{G})$ 表示由 $\mathscr{F}$ 到 $\mathscr{G}$ 的射的群. $\mathcal{O}_X$ 模和射的序列是正合的，是指如果它作为 Abel 群的层的序列是正合的.

如果 U 是 X 的开子集，$\mathscr{F}$ 是 $\mathcal{O}_X$ 模，则 $\mathscr{F}|_U$ 是 $\mathcal{O}_X|_U$ 模. 如果 $\mathscr{F}$ 和 $\mathscr{G}$ 是两个 $\mathcal{O}_X$ 模，预层

$$U\longmapsto \mathrm{Hom}_{\mathcal{O}_X|U}(\mathscr{F}|_U,\mathscr{G}|_U)$$

是层，称它为层 $\mathscr{H}om$ (习题 1.15)，用 $\mathscr{H}om_{\mathcal{O}_X}(\mathscr{F},\mathscr{G})$ 表示. 它也是 $\mathcal{O}_X$ 模.

我们定义两个 $\mathcal{O}_X$ 模的张量积 $\mathscr{F}\otimes_{\mathcal{O}_X}\mathscr{G}$ 为和预层 $U\longmapsto \mathscr{F}(U)\otimes_{\mathcal{O}_X(U)}\mathscr{G}(U)$ 相伴的层. 在 $\mathcal{O}_X$ 不讲自明时，我们常简

单地写为 $\mathscr{F}\otimes\mathscr{G}$.

$\mathscr{O}_X$ 模 $\mathscr{F}$ 是自由的，如果它同构于一些 $\mathscr{O}_X$ 的直和. 它是局部自由的，如果 X 能用开集 U 覆盖，而且 $\mathscr{F}|_U$ 是自由 $\mathscr{O}_X|_U$ 一模. 在那种情形下，$\mathscr{F}$ 在这样的一个开集上的秩是构成它所需要的结构层的个数(有限的或无限的). 如果 X 是连通的，局部自由层的秩各处相同. 秩为 1 的局部自由层也叫做可逆层.

X 上的理想层是模层 $\mathscr{I}$，它是 $\mathscr{O}_X$ 的子层. 换句话说，对每个开集 U, $\mathscr{I}(U)$ 是 $\mathscr{O}_X(U)$ 中的理想.

令 $f:(X,\mathscr{O}_X)\to(Y,\mathscr{O}_Y)$ 是环层空间的射（见第 2 节). 如果 $\mathscr{F}$ 是 $\mathscr{O}_X$ 模，则 $f_*\mathscr{F}$ 是 $f_*\mathscr{O}_X$ 模. 由于我们有 Y 上环层的射 $f^{\#}:\mathscr{O}_Y\to f_*\mathscr{O}_X$，这给出 $\mathscr{O}_Y$ 模的自然结构. 称它为由射 f 得到的 $\mathscr{F}$ 的正像.

现在令 $\mathscr{G}$ 是 $\mathscr{O}_Y$ 模层. 那么 $f^{-1}\mathscr{G}$ 是 $f^{-1}\mathscr{O}_Y$ 模. 由于 f^{-1} 的伴随性质(习题 1.18)，我们有 X 上环层的射 $f^{-1}\mathscr{O}_Y\to\mathscr{O}_X$. 定义 $f^*\mathscr{G}$ 为张量积

$$f^{-1}\mathscr{G}\otimes_{f^{-1}\mathscr{O}_Y}\mathscr{O}_X,$$

因此 $f^*\mathscr{G}$ 是 $\mathscr{O}_X$ 模. 我们称它为由射 f 得到的 $\mathscr{G}$ 的逆像.

在(习题 1.18) 中我们已经证明 f_* 和 f^* 是 $\mathscr{O}_X$ 模范畴和 $\mathscr{O}_Y$ 模范畴之间相伴函子. 确切地说，对任何 $\mathscr{O}_X$ 模 $\mathscr{F}$ 和任何 $\mathscr{O}_Y$ 模 $\mathscr{G}$，存在群的自然同构

$$\mathrm{Hom}_{\mathscr{O}_X}(f^*\mathscr{G},\mathscr{F})\cong\mathrm{Hom}_{\mathscr{O}_Y}(\mathscr{G},f_*\mathscr{F}).$$

现在有了环层空间上模层的一般概念，我们把它具体用于概型的情形. 从与环 A 上模 M 相伴的 Spec A 上的模层 $\widetilde{M}$ 的定义开始.

定义 令 A 是环，M 是 A 模. 我们定义 Spec A 上与 M 相伴的层，用 $\widetilde{M}$ 表示，如下：对每个素理想 $\mathfrak{P}\subseteq A$，令 $M_{\mathfrak{P}}$ 是 M 在 $\mathfrak{P}$ 的局部化. 对任何开集 $U\subseteq\mathrm{Spec}\,A$，定义群 $\widetilde{M}(U)$ 为函数 $s:U\to\coprod_{\mathfrak{P}\in U}M_{\mathfrak{P}}$ 的集合，s 满足：对每个 $\mathfrak{P}\in U$，$s(\mathfrak{P})\in M_{\mathfrak{P}}$，且 s 局部地是一个分数 m/f，其中 $m\in M$，$f\in A$. 确切地说，我们要求对每个 $\mathfrak{P}\in U$，存在 $\mathfrak{P}$ 在 U 中的邻域 V 和存在元 $m\in M$,

$f\in A$ 使得对每个 $\mathfrak{q}\in V$，$f\notin\mathfrak{q}$，而 $s(\mathfrak{p})=m/f$ 在 $M_{\mathfrak{q}}$ 中．用显然的限制映射，使得 $\widetilde{M}$ 成为层．

命题 5.1 令 A 是环，M 是 A 模，$\widetilde{M}$ 是与 M 相伴的 $X=\operatorname{Spec}A$ 上的层，则

(a) $\widetilde{M}$ 是 $\mathcal{O}_X$ 模；

(b) 对每点 $\mathfrak{P}\in X$，层 $\widetilde{M}$ 在 $\mathfrak{P}$ 的基 $(\widetilde{M})_{\mathfrak{P}}$ 同构于局部化模 $M_{\mathfrak{P}}$；

(c) 对任何 $f\in A$，A_f 模 $\widetilde{M}(D(f))$ 同构于局部化模 M_f；

(d) 特别地，$\Gamma(X,\widetilde{M})=M$．

证明 回忆第 2 节的结构层 $\mathcal{O}_X$ 的构造，显然 $\widetilde{M}$ 是 $\mathcal{O}_X$ 模．(b),(c),(d) 的证明等同于 (2.2) 的 (a),(b),(c) 的证明，只要在适当的位置用 M 代替 A 就行了．

命题 5.2 令 A 是环，$X=\operatorname{Spec}A$，令 $A\to B$ 是环同态，f: $\operatorname{Spec}A\to\operatorname{Spec}B$ 是相应的谱的射，则

(a) 映射 $M\to\widetilde{M}$ 给出由 A 模范畴到 $\mathcal{O}_X$ 模范畴的正合的、完全忠实的函子；

(b) 如果 M 和 N 是两个 A 模，则 $(M\otimes_A N)^\sim\cong\widetilde{M}\otimes_{\mathcal{O}_X}\widetilde{N}$；

(c) 如果 $\{M_i\}$ 是任何 A 模族，则 $(\bigoplus M_i)^\sim\cong\bigoplus\widetilde{M}_i$；

(d) 对任何 B 模 N，我们有 $f_*(\widetilde{N})\cong({}_AN)^\sim$，其中 ${}_AN$ 表示 N 考虑作 A 模；

(e) 对任何 A 模 M，我们有 $f^*(\widetilde{M})\cong(M\otimes_A B)^\sim$．

证明 映射 $M\to\widetilde{M}$ 显然是函子式的．因为局部化是正合的，故它是正合的，层的正合性可通过基的正合性衡量((习题 1.2)和 (5.1b))．映射 $M\to\widetilde{M}$ 与直和及张量积交换，这是因为直和，张量积都与局部化交换，所谓完全忠实是指对任何 A 模 M 和 N，有 $\operatorname{Hom}_A(M,N)=\operatorname{Hom}_{\mathcal{O}_X}(\widetilde{M},\widetilde{N})$．函子～给出自然映射 $\operatorname{Hom}_A(M,N)\to\operatorname{Hom}_{\mathcal{O}_X}(\widetilde{M},\widetilde{N})$．用 Γ 作用并使用 (5.1d)，给出了另一方向的映射．显然这两个映射是互逆的，因此是同构映射．最后的关于 f_* 和 f^* 的叙述由定义直接得出．

仿射概型上这些形如 $\widetilde{M}$ 的层是我们的拟凝聚层的模型． 概

型 X 上的拟凝聚层是 $\mathcal{O}_X$ 模,且局部地具有形式 $\widetilde{M}$. 在下边几个引理和命题中,我们将证明这是局部性质,而且建立某些拟凝聚层和凝聚层的性质.

定义 令 $(X,\mathcal{O}_X)$ 是概型. $\mathcal{O}_X$ 模层 $\mathscr{F}$ 是拟凝聚的,如果 X 能用开仿射子集 $U_i=\operatorname{Spec} A_i$ 覆盖,使得对每个 i, 存在 A_i 模 M_i 满足 $\mathscr{F}|_{U_i}\cong\widetilde{M}_i$. 我们说 $\mathscr{F}$ 是凝聚的,如果进而每个 M_i 可以取作有限生成 A_i 模.

虽然我们才定义了关于任意概型的拟凝聚层和凝聚层的概念,但是只有概型是 Noether 的, 我们才提凝聚层. 因为关于非 Noether 概型,凝聚的概念根本没有好的性质.

例 5.2.1 对于任何概型 X, 结构层 $\mathcal{O}_X$ 是拟凝聚的 (实际上是凝聚的).

例 5.2.2 如果 $X=\operatorname{Spec} A$ 是仿射概型, $Y\subseteq X$ 是由理想 $\mathfrak{A}\subseteq A$ 定义的闭子概型(3.2.3), 如果 $i: Y\to X$ 是包含射, 则 $i_*\mathcal{O}_Y$ 是拟凝聚的(实际上是凝聚的) $\mathcal{O}_X$ 模. 事实上, 它同构于 $(A/\mathfrak{A})^\sim$.

例 5.2.3 如果 U 是概型 X 的开子概型, $j: U\to X$ 是包含映射,则 U 外用 0 扩张 $\mathcal{O}_U$ 得到的层 $j_!(\mathcal{O}_U)$ (习题 1.19) 是 $\mathcal{O}_X$ 模, 但通常它不是拟凝聚的. 例如,假设 X 是不可约的, $V=\operatorname{Spec} A$ 是 X 的不包含在 U 中的任何开仿射子集, 则 $j_!(\mathcal{O}_U)|_V$ 在 V 上没有整体截影, 但它不是零层. 因此对任何 A 模 M, 它不可能有形式 $\widetilde{M}$.

例 5.2.4 如果 Y 是概型 X 的闭子概型, 则层 $\mathcal{O}_X|_Y$ 一般不是关于 Y 的拟凝聚层. 实际上,一般说来,它甚至不是 $\mathcal{O}_Y$ 模.

• **例 5.2.5** 令 X 是整 Noether 概型, $\mathscr{K}$ 是常值层, 它的群 K 等于 X 的函数域(习题 3.6). 则 $\mathscr{K}$ 是拟凝聚 $\mathcal{O}_X$ 模,且除了 X 约化为一点的情形,它不是凝聚的.

引理 5.3 令 $X=\operatorname{Spec}A$ 是仿射概型,令 $f\in A$, $D(f)\subseteq X$ 是相应的开集, 令 $\mathscr{F}$ 是 X 的拟凝聚层.

(a) 如果 $s\in\Gamma(X,\mathscr{F})$ 是 $\mathscr{F}$ 的整体截影, 而它对 $D(f)$

的限制是零，则对某个 $n>0, f^n s=0$.

(b) 给定 $\mathscr{F}$ 的在开集 $D(f)$ 上的截影 $t\in\mathscr{F}(D(f))$，则对某个 $n>0$，$f^n t$ 可扩张成 $\mathscr{F}$ 的在 X 上的整体截影.

证明 我们先注意,由于 $\mathscr{F}$ 是拟凝聚的,故 X 可用形如 $V=\operatorname{Spec} B$、且存在某个 B 模 M 使得 $\mathscr{F}|_V\cong\widetilde{M}$ 的开仿射子集覆盖. 形如 $D(g)$ 的开集形成拓扑空间 X 的基(参见第 2 节),所以可用形如 $D(g)$，$g\in A$ 的开集覆盖 V. 由 (2.3)，包含关系 $D(g)\subseteq V$ 对应着环同态 $B\to A_g$. 因此由 (5.2)，$\mathscr{F}|_{D(g)}\cong(M\otimes_B A_g)^\sim$. 于是我们证明了如果 $\mathscr{F}$ 关于 X 是拟凝聚的，则 X 可用形如 $D(g_i)$ 的开集覆盖,其中对每个 i，有环 A_{g_i} 上的某个模 M_i，使得 $\mathscr{F}|_{D(g_i)}\cong\widetilde{M}_i$. 由于 X 是拟紧的，X 可用具有上述性质的有限个开集覆盖.

(a) 现在假设给定 $s\in\Gamma(X,\mathscr{F})$，使得 $s|_{D(f)}=0$. 对每个 i，s 的限制给出 $\mathscr{F}$ 在 $D(g_i)$ 上的截影 s_i，换句话说，$s_i\in M_i$ (用 5.1d). 现在 $D(f)\cap D(g_i)=D(fg_i)$，用 (5.1c)，得到 $\mathscr{F}|_{D(fg_i)}=(M_i)_f^\sim$. 因此 s_i 在 $(M_i)_f$ 中的像是零，由局部化的定义，对某个 n，$f^n s_i=0$. 这个 n 可能依赖 i，但由于只有有限个 i，我们可把 n 取得足够大,使得对每个 i 都有 $f^n s_i=0$，于是由 $D(g_i)$ 覆盖 X，得到 $f^n s=0$.

(b) 给一个元 $t\in\mathscr{F}(D(f))$，由它对每个 i 的限制得到 $\mathscr{F}(D(fg_i))=(M_i)_f$ 的元 t，那么由局部化的定义，对某个 n 存在一个元 $t_i\in M_i=\mathscr{F}(D(g_i))$，在 $D(fg_i)$ 上与 $f^n t$ 相同. 整数 n 可以依赖 i，但我们可将 n 取得足够大,使得它对所有的 i 都有效. 现在在交 $D(g_i)\cap D(g_j)=D(g_ig_j)$ 上，我们有 $\mathscr{F}$ 的两个截影 t_i 和 t_j，它们在 $D(fg_ig_j)$ 上是相同的，都等于 $f^n\cdot t$. 于是,由上面的 (a)，存在整数 $m>0$，使得在 $D(g_ig_j)$ 上，$f^m(t_i-t_j)=0$. 这 m 依赖于 i 和 j，但我们取 m 足够大,使对所有的 i 和 j 上式都成立. 现在把 $\mathscr{F}$ 在 $D(g_i)$ 上的局部截影结合起来就给出 $\mathscr{F}$ 的整体截影 s，s 在 $D(f)$ 的限制是 $f^{n+m}t$.

命题 5.4 令 X 是概型，则 $\mathscr{O}_X$ 模是拟凝聚的当且仅当对 X

的每个开仿射子集 $U=\operatorname{Spec} A$，存在 A 模 M 使得 $\mathscr{F}|_U\cong\widetilde{M}$. 如果 X 是 Noether 的，则 $\mathscr{F}$ 是凝聚的当且仅当 M 是有限生成 A 模的条件下，同样的叙述成立.

证明 令 $\mathscr{F}$ 是 X 上的拟凝聚，$U=\operatorname{Spec} A$ 是开仿射的. 如引理的证明，存在开仿射组成的拓扑基，$\mathscr{F}$ 对开仿射子集的限制是与某个模相伴的层. 由此得出 $\mathscr{F}|_U$ 是拟凝聚的，因此我们可以简化为 $X=\operatorname{Spec} A$ 是仿射的情形. 令 $M=\Gamma(X,\mathscr{F})$. 则在任何情形下都有自然映射 $\alpha:\widetilde{M}\to\mathscr{F}$（习题 5.3）. 由于 $\mathscr{F}$ 是拟凝聚的，X 可用开集 $D(g_i)$ 覆盖，而 $D(g_i)$ 使得对某个 A_{g_i} 模 M_i 有 $\mathscr{F}|_{D(g_i)}\cong\widetilde{M}_i$. 现在把引理用到开集 $D(g_i)$ 上，表明 $\mathscr{F}(D(g_i))\cong M_{g_i}$，于是 $M_i=M_{g_i}$. 由此得出映射 α 限制到 $D(g_i)$ 上是一个同构. $D(g_i)$ 覆盖 X，所以 α 是一个同构.

现在假设 X 是 Noether的，$\mathscr{F}$ 是凝聚的. 用上面的记号，我们得到另外的性质：每个 M_{g_i} 是有限生成 A_{g_i} 模，我们要证明 M 是有限生成的. 由于环 A 和 A_{g_i} 是 Noether 的，模 M_{g_i} 是 Noether 的，故我们只要证明 M 是 Noether 的. 为此正好使用 (3.2) 的证明，在使用时只需在适当的地方用 M 代替 A 即可.

系 5.5 令 A 是环，$X=\operatorname{Spec} A$，则函子 $M\longmapsto\widetilde{M}$ 给出 A 模范畴和拟凝聚 $\mathscr{O}_X$ 模范畴的范畴等价. 这个函子的逆是函子 $\mathscr{F}\longmapsto\Gamma(X,\mathscr{F})$. 如果 A 是 Noether 的，同样的函子也给出有限生成 A 模范畴和凝聚 $\mathscr{O}_X$ 模范畴之间的范畴等价.

证明 这里唯一的新的信息是：$\mathscr{F}$ 是在 X 上拟凝聚的当且仅当它具有形式 $\widetilde{M}$，在这情形下 $M=\Gamma(X,\mathscr{F})$. 而它由 (5.4) 得出.

命题 5.6 令 X 是仿射概型，令 $0\to\mathscr{F}'\to\mathscr{F}\to\mathscr{F}''\to 0$ 是 $\mathscr{O}_X$ 模的正合列，并假设 $\mathscr{F}'$ 是拟凝聚的，则序列

$$0\to\Gamma(X,\mathscr{F}')\to\Gamma(X,\mathscr{F})\to\Gamma(X,\mathscr{F}'')\to 0$$

是正合的.

证明 我们已经知道 Γ 是左正合函子（习题 1.8），故只需证明，最后的映射是满射的. 令 $s\in\Gamma(X,\mathscr{F}'')$ 是 $\mathscr{F}''$ 的整体截

影．由于层的映射 $\mathscr{F} \to \mathscr{F}''$ 是满射，则对任何 $x \in X$，存在 x 的一个开邻域 $D(f)$ 使得 $s|_{D(f)}$ 提升到截影 $t \in \mathscr{F}(D(f))$．可断定对某个 $n > 0$，f_s^n 提升为 $\mathscr{F}$ 的整体截影．实际上，我们可用有限个开集 $D(g_i)$ 覆盖 X，而且对每个 i，$s|_{D(g_i)}$ 提升为截影 $t_i \in \mathscr{F}(D(g_i))$． 通过 $D(f) \cap D(g_i) = D(fg_i)$，有两个截影 t，$t_i \in \mathscr{F}(D(g_i))$ 都提升为 s． 因此 $t - t_i \in \mathscr{F}'(D(fg_i))$．由于 $\mathscr{F}'$ 是拟凝聚的，根据（5.3b），对某个 $n > 0$，$f^n(t - t_i)$ 扩张成一个截影 $u_i \in \mathscr{F}'(D(g_i))$．像通常那样，取一个对所有的 i 都适用的 n．令 $t_i' = f^n t_i + u_i$．则 t_i' 是 f_s^n 关于 $D(g_i)$ 的提升，进而 t_i' 和 f_i^n 在 $D(g_i)$ 上是一致的． 现在通过 $D(g_i g_j)$，$\mathscr{F}$ 的两个截面 t_i' 和 t_j' 都提升为 $f^n s$，因此 $t_i' - t_j' \in \mathscr{F}'(D(g_i g_j))$． 进而，$t_i'$ 和 t_j' 在 $D(fg_i g_j)$ 上是相等的，所以由（5.3a）我们有，对某个 $m > 0$，$f^m(t_i' - t_j') = 0$，而且 m 与 i 和 j 的选取无关．粘合 $\mathscr{F}$ 的截面 $f^m t_i'$ 得到 $\mathscr{F}$ 在 X 上的整体截面 t''，它是 $f^{n+m}s$ 的提升．这就证明了论断．

现在用有限个开集 $D(f_i)$，$i = 1, 2, \cdots, r$ 覆盖 X，使得对每个 i，$s|_{D(f_i)}$ 提升为 $\mathscr{F}$ 在 $D(f_i)$ 上的一个截影，那么由上面的论断，我们可以找到一个整数 n（对所有 i 适用）和整体截影 $t_i \in \Gamma(X, \mathscr{F})$ 使得 t_i 是 $f_i^n s$ 的提升．开集 $D(f_i)$ 覆盖 X，所以理想（$f_1^n, \cdots, f_r^n$）是 A 的单位理想，我们可以写 $1 = \sum_{i=1}^{n} a_i f_i^n$，$a_i \in A$．令 $t = \Sigma a_i t_i$．则 t 是 $\mathscr{F}$ 的整体截影．它在 $\Gamma(X, \mathscr{F}'')$ 中的像是 $\Sigma a_i f_i^n s$．这就完成了证明．

注 5.6.1 当我们阐述上同调的技巧时，我们将看到这个命题是下面事实的直接推论：对任何关于仿射概型 X 的拟凝聚层 $\mathscr{F}'$ 有 $H^1(X, \mathscr{F}') = 0$（第三章，3.5）．

命题 5.7 令 X 是概型．拟凝聚层的任何态射的核、余核和像是拟凝聚的．拟凝聚层的任何扩张是拟凝聚的．如果 X 是 Noether 的，同样的论断对凝聚层也是正确的．

证明 问题是局部的，故我们可以假设 X 是仿射的．关于核，余核和像的论断由下面的事实得出：由A模到拟凝聚层的函子$M \longmapsto \widetilde{M}$是正合的和完全忠实的.唯一的非平凡部分是要证明拟凝聚层的扩张是拟凝聚的. 令$0 \to \mathscr{F}' \to \mathscr{F} \to \mathscr{F}'' \to 0$是$\mathcal{O}_X$模的正合列，且$\mathscr{F}'$和$\mathscr{F}''$是拟凝聚的. 由(5.6)，$X$上的整体截影的相应序列，譬如$0 \to M' \to M \to M'' \to 0$是正合的. 用函子～作用，我们得到正合交换图

$$\begin{array}{ccccccccc} 0 & \to & \widetilde{M}' & \to & \widetilde{M} & \to & \widetilde{M}'' & \to & 0 \\ \downarrow & & \downarrow & & \downarrow & & \downarrow & & \downarrow \\ 0 & \to & \mathscr{F}' & \to & \mathscr{F} & \to & \mathscr{F}'' & \to & 0. \end{array}$$

两个外边的箭头是同构，因为$\mathscr{F}'$和$\mathscr{F}''$是拟凝聚的，根据5-引理，中间的一个也是，证明了$\mathscr{F}$是拟凝聚的.

在 Noether 的情形，如果$\mathscr{F}'$和$\mathscr{F}''$是凝聚的，则M'和M''是有限生成的，所以M也是有限生成的，因此$\mathscr{F}$是凝聚的.

命题5.8 令$f: X \to Y$是概型的射.

(a) 如果$\mathscr{G}$是$\mathcal{O}_Y$模的拟凝聚层，则$f^*\mathscr{G}$是$\mathcal{O}_X$模的拟凝聚层.

(b) 如果X和Y是 Noether 的，$\mathscr{G}$是凝聚的，则$f^*\mathscr{G}$是凝聚的.

(c) 假设或者X是 Noether 的，或者f是拟紧的（习题 3.2）和分离的，则如果$\mathscr{F}$是$\mathcal{O}_X$模拟凝聚层，$f_*\mathscr{F}$是$\mathcal{O}_Y$模拟凝聚层.

证明

(a) 问题关于X和Y是局部的，故我们可以假设X和Y都是仿射的. 在这种情形，结果由(5.5)和(5.2e)得出.

(b) 在 Noether 的情形下，同样的证明对凝聚层有效.

(c) 这里问题只关于Y是局部的，故我们可以假设Y是仿射的. 那么X是拟紧的(在上述任何一个假设下)，于是我们可用有限个开仿射子集U_i覆盖X. 在分离的情形下，$U_i \cap U_j$仍是仿射的（习题 4.3）. 记为U_{ijk}. 在 Noether 的情形下，$U_i \cap U_j$至少是拟紧的，因此我们可以用有限个开仿射子集U_{ijk}覆盖它. 现

在对 Y 的任何开子集 V，给 $\mathscr{F}$ 在 $f^{-1}V$ 上的截影 s，并给一组 $\mathscr{F}$ 在 $f^{-1}(V)\cap U_i$ 上的截影 s_i，使得它们对开子集 $f^{-1}(V)\cap U_{ijk}$ 的限制相同，这两者是相同的事情．这恰是层的性质(第 1 节)．因此存在关于 Y 的层的正合序列

$$0\to f_*\mathscr{F}\to\bigoplus_i f_*(\mathscr{F}|_{U_i})\to\bigoplus_{i,j,k}f_*(\mathscr{F}|_{U_{ijk}}),$$

借用不确切的符号我们仍用 f 表示诱导映射 $U_i\to Y$ 和 $U_{ijk}\to Y$，由 (5.2d)，现在 $f_*(\mathscr{F}|_{U_i})$ 和 $f_*(\mathscr{F}|_{U_{ijk}})$ 是拟凝聚的．因此由 (5.7)，$f_*\mathscr{F}$ 是拟凝聚的．

注 5.8.1 如果 X 和 Y 是 Noether 的，凝聚层的 f_* 是凝聚的这一论断一般说来是不正确的(习题 5.5)．然而，如果 f 是有限射(习题 5.5)或是射影射 (5.20) 或(第三章，8.8)，或更一般地是本征射则论断成立：参见 Grothendieck [EGAIII, 3.2.1]．

作为这些概念的第一个应用，我们将讨论闭子概型的理想层．

定义 令 Y 是概型 X 的闭子概型，$i: Y\to X$ 是包含映射．我们定义 Y 的理想层，用 $\mathscr{I}_Y$ 表示，为映射 $i^{\#}:\mathscr{O}_X\to i_*\mathscr{O}_Y$ 的核．

命题 5.9 令 X 是概型．对 X 的任何闭子概型 Y，相应的理想层 $\mathscr{I}_Y$ 是在 X 上的拟凝聚的理想层．如果 X 是 Noether 的，则是凝聚的．反之，在 X 上拟凝聚的理想层是 X 的唯一决定的闭子概型的理想层．

证明 如果 Y 是 X 的闭子概型，则包含映射 $i: Y\to X$ 是拟紧的(显然)和分离的(4.6)，于是由(5.8)，$i_*\mathscr{O}_Y$ 在 X 上是拟凝聚的．因此拟凝聚层射的核 $\mathscr{I}_Y$ 也是拟凝聚的，如果 X 是 Noether 的，则对 X 的任何开仿射子集 $U=\operatorname{Spec}A$，其中环 A 是 Noether 的，理想 $I=\Gamma(U,\mathscr{I}_Y|_U)$ 是有限生成的，因此 $\mathscr{I}_Y$ 是凝聚的．

反之，给定概型 X 和拟凝聚理想层 $\mathscr{T}$，令 Y 是商层 $\mathscr{T}_X/\mathscr{J}$ 的支集．那么 Y 是 X 的子空间，$(Y,\mathscr{O}_X/\mathscr{T})$ 是 X 的具有理想层 $\mathscr{J}$ 的唯一的闭子概型．唯一性是显然的，所以只要检验 $(Y,\mathscr{O}_X/\mathscr{T})$ 是闭子概型．这是局部问题，可以假设 $X=\operatorname{Spec}A$ 是仿射

的. 由于 $\mathscr{T}$ 是拟凝聚的，对某个理想 $\mathfrak{a}\subseteq A$，$\mathscr{T}=\tilde{\mathfrak{a}}$. 那么 $(Y,\mathscr{O}_X/\mathscr{T})$ 恰是由理想 $\mathfrak{a}$ 决定的 X 的闭子概型(3.2.3).

系 5.10 如果 $X=\operatorname{Spec} A$ 是仿射概型,则在 A 的理想 $\mathfrak{a}$ 和 X 的闭子概型 Y 之间存在一一对应，它由 $\mathfrak{a}\longmapsto\operatorname{Spec} A/\mathfrak{a}$ 在 X 中的像给出. 特别地，仿射概型的每个闭子概型是仿射的.

证明 由(5.5), X 上的拟凝聚理想层和 A 的理想一一对应.

我们下边关心的事是研究关于分次环的 Proj 的拟凝聚层. 如 Spec 的情形,在环上的模和空间的层之间存在着联系，但是更复杂.

定义 令 S 是分次环,M是分次 S 模(关于分次模的一般性质参见第一章第 7 节). 我们定义关于 $\operatorname{Proj} S$ 的和M相伴的层，用 $\widetilde{M}$ 表示如下. 对每个 $\mathfrak{P}\in\operatorname{Proj} S$，令 $M_{(\mathfrak{P})}$ 是局部模 $T^{-1}M$ 中零次元素的群，其中 T 是不在 $\mathfrak{P}$ 中的 S 的齐次元的乘法集(参见第 2 节中 Proj 的定义). 对任何开子集 $U\subseteq\operatorname{Proj} S$，我们定义 $\widetilde{M}(U)$ 是由 U 到 $\coprod_{\mathfrak{P}\in U}M_{(\mathfrak{P})}$ 的函数 S 的集合，函数 S 局部地是一个分数. 这意味着，对每个 $\mathfrak{P}\in U$，存在 P 在 U 中的邻域 V 和齐次元 $m\in M$ 及相同次数的 $f\in S$，使得对每个 $\mathfrak{q}\in V$，我们有 $f\notin\mathfrak{q}$ 和在 $M_{(\mathfrak{q})}$ 中 $S(\mathfrak{q})=m/f$. 我们使得 $\widetilde{M}$ 成为具有明显的限制映射的层.

命题 5.11 令 S 是分次环,M是分次 S 模. 令 $X=\operatorname{Proj} S$.

(a) 对任何 $\mathfrak{P}\in X$，基 $(\widetilde{M})_{\mathfrak{P}}=M_{(\mathfrak{P})}$.

(b) 对任何齐次元 $f\in S_+$，经 $D_+(f)$ 和 $\operatorname{Spec} S_{(f)}$ 的同构(见 2.5b)，我们有 $\widetilde{M}|_{D_+(f)}\cong(M_{(f)})^\sim$，其中 $M_{(f)}$ 表示局部模 M_f 中零次元成的群.

(c) $\widetilde{M}$ 是拟凝聚 $\mathscr{O}_X$ 模. 如果 S 是 Noether 的,M是有限生成的，则 $\widetilde{M}$ 是凝聚的.

证明 对于(a)和(b),重复(2.5)的证明,只要用M代替 S. 然后(c)由(b)得到.

定义 令 S 是分次环，$X=\operatorname{Proj} S$. 对任何 $n\in\mathbf{Z}$，我们定义层 $\mathscr{O}_X(n)$ 为 $S(n)^\sim$. 我们称 $\mathscr{O}_X(1)$ 是 Serre 扭层. 对任何

$\mathscr{O}_X$ 模层 $\mathscr{F}$，用 $\mathscr{F}(n)$ 表示扭层 $\mathscr{F}\otimes_{\mathscr{O}_X}\mathscr{O}_X(n)$.

命题5.12 令 S 是分次环，令 $X=\operatorname{Proj} S$. 假设 S_1 作为 S_0 代数生成 S.

(a) 层 $\mathscr{O}_X(n)$ 是 X 上的可逆层.

(b) 对任何分次 S 模 M，$\widetilde{M}(n)\cong(M(n))^\sim$. 特别地，

$$\mathscr{O}_X(n)\otimes\mathscr{O}_X(m)\cong\mathscr{O}_X(n+m).$$

(c) 令 T 是另一个分次环，T_1 作为 T_0 代数生成 T，令 $\varphi: S\to T$ 是一个保持次数的同态，并令 $U\subseteq Y=\operatorname{Proj} T$ 而 $f: U\to X$ 是由 φ 决定的射（习题 2.14），那末 $f^*(\mathscr{O}_X(n))\cong\mathscr{O}_Y(n)|_U$ 和 $f_*(\mathscr{O}_Y(n)|_U)\cong(f_*\mathscr{O}_U)(n)$.

证明

(a) 回忆一下可逆层表示秩 1 的局部自由层. 令 $f\in S_1$，考虑限制 $\mathscr{O}_X(n)|_{D_+(f)}$. 根据上述的命题，$\mathscr{O}_X(n)|_{D_+(f)}$ 同构于在 $\operatorname{Spec} S_{(f)}$ 上的 $S(n)^\sim_{(f)}$. 我们将证明这限制是秩 1 自由的. 实际上，$S(n)_{(f)}$ 是秩 1 的自由 $S_{(f)}$ 模. 由于 $S_{(f)}$ 是 S_f 中零次元群，$S(n)_{(f)}$ 是 S_f 中 n 次元群，则把 s 映到 $f^n s$ 得到 $S_{(f)}$ 和 $S(n)_{(f)}$ 的同构. 由于 f 在 S_f 中是可逆的，对任何 $n\in\mathbf{Z}$，这同构都有意义. 现在因为 S 由 S_1（作为 S_0 代数）生成，X 由开集 $D_+(f)$，$f\in S_1$ 覆盖，因此 $\mathscr{O}(n)$ 是可逆的.

(b) 由下边的事实推出：对任何两个分次 S 模 M 和 N，当 S 由 S_1 生成时，$(M\otimes_S N)^\sim\cong\widetilde{M}\otimes_{\mathscr{O}_X}\widetilde{N}$. 实际上，对任何 $f\in S_1$ 我们有 $(M\otimes_S N)_{(f)}=M_{(f)}\otimes_{S_{(f)}}N_{(f)}$.

(c) 更一般地，对任何分次 S 模 M，$f^*(\widetilde{M})\cong(M\otimes_S T)^\sim|_U$，对任何分次 T 模 N，$f_*(\widetilde{N}|_U)\cong({}_SN)^\sim$. 另外，$X$ 上的层 $\widetilde{T}$ 正是 $f_*(\mathscr{O}_U)$. 对仿射情形，证明是直接的(参见 5.2).

扭运算使得我们能够定义在 $X=\operatorname{Proj} S$ 上的任一模层相伴的分次 S 模.

定义 令 S 是分次环，$X=\operatorname{Proj} S$，$\mathscr{F}$ 是 $\mathscr{O}_X$ 模层. 我们定义与 $\mathscr{F}$ 相伴的分次 S 模，作为群是 $\Gamma_*(\mathscr{F})=\bigoplus_{n\in\mathbf{Z}}\Gamma(X,\mathscr{F}(n))$，我们赋于它分次 S 模的结构如下，如果 $s\in S_d$，则 s 以自

然的方式决定一个整体截影 $s\in\Gamma(X,\mathscr{O}_X(d))$. 然后对任何 $t\in\Gamma(X,\mathscr{F}(n))$ 我们在 $\Gamma(X,\mathscr{F}(n+d))$ 中定义积 $s\cdot t$, 它由张量积 $s\otimes t$ 和自然映射 $\mathscr{F}(n)\otimes\mathscr{O}_X(d)\cong\mathscr{F}(n+d)$ 决定.

命题 5.13 令 A 是环, $S=A[x_0,\cdots,x_r]$, $r\geqslant 1$, 又令 $X=\operatorname{Proj} S$, (这是 A 上射影 r 空间) 则 $\Gamma_*(\mathscr{O}_X)\cong S$.

证明 用开集 $D_+(x_i)$ 覆盖 X. 则给截影 $t\in\Gamma(X,\mathscr{O}_X(n))$ 与对每个 i 给截影 $t_i\in\mathscr{O}_X(n)(D_+(x_i))$ 使得在交 $D_+(x_ix_j)$ 上一致是同样的事情. 现在 t_i 就是局部化环 S_{x_i} 中的 n 次齐次元, 它对 $D_+(x_ix_j)$ 的限制就是那齐次元在 $S_{x_ix_j}$ 中的像. 对所有的 n 求和,我们可以把 $\Gamma_*(\mathscr{O}_X)$ 与 $(v+1)$ 个分量 $(t_0,\cdots,t_r)$ 的集合等同起来,其中对每个 i, $t_i\in S_{x_i}$, 对每个 i,j,t_i 和 t_j 在 $S_{x_ix_j}$ 中的像是相同的.

x_i 不是 S 中的零因子, 因此局部化映射 $S\to S_{x_i}$ 和 $S_{x_i}\to S_{x_ix_j}$ 都是单的,这些环都是 $S'=S_{x_0\cdots x_r}$ 的子环. 于是 $\Gamma_*(\mathscr{O}_X)$ 是交 $\cap\ S_{x_i}$ (在 S' 内取). 现在 S' 的任何齐次元可唯一地写成积 $x_0^{i_0}\cdots x_r^{i_r}f(x_0,\cdots,x_r)$, 其中 $i_j\in\mathbf{Z}$, f 是不能被任何 x_i 除的齐次多项式. 这个元素在 S_{x_i} 中当且仅当对 $j\neq i$ 有 $i_j\geqslant 0$. 由此推出所有的 S_{x_i} 的交(实际上是其中任何两个的交)正好是 S.

注 5.13.1 如果 S 是分次环, 但不是多项式环, 则一般来说 $\Gamma_*(\mathscr{O}_X)=S$ 并不正确(习题 5.14).

引理 5.14 令 X 是概型, $\mathscr{L}$ 是 X 上的可逆层, $f\in\Gamma(X,\mathscr{L})$, 令 X_f 是点 $x\in X$ 的开集, 其中 $f_x\notin\mathfrak{M}_x\mathscr{L}_x$. 再令 $\mathscr{F}$ 是 X 上的拟凝聚层.

(a) 假设 X 是拟紧的, 令 $s\in\Gamma(X,\mathscr{F})$ 是 $\mathscr{F}$ 的整体截影, 且它对 X_f 的限制是 0, 则对某个 $n>0$, 我们有 $f^ns=0$, 其中 f^ns 看作 $\mathscr{F}\otimes\mathscr{L}^{\otimes n}$ 的整体截影.

(b) 进一步假设 X 有由开仿射子集 U_i 组成的有限覆盖,其中 U_i 满足: 对每个 $i,\mathscr{L}|U_i$ 是自由的,对每个 i,j, $U_i\cap U_j$ 是拟紧的. 给定截影 $t\in\Gamma(X_f,\mathscr{F})$, 则对某个 $n>0$, 截影 $f^nt\in\Gamma(X_f,$

$\mathscr{F}\otimes\mathscr{L}^{\otimes n}$）扩张为 $\mathscr{F}\otimes\mathscr{L}^{\otimes n}$ 的整体截影。

证明 这个引理是(5.3)的直接推广，但由于可逆层的存在有了些额外的变化。同时它推广了习题 2.16。为证明 (a)，我们先用有限个(因为X是拟紧的)开仿射 $U=\operatorname{Spec}A$ 覆盖 X，其中U满足：$\mathscr{L}|_U$ 是自由的。令 $\psi:\mathscr{L}|_U\cong\mathscr{O}_U$ 是表示 $\mathscr{L}|_U$ 的自由性的同构。由于 $\mathscr{F}$ 是拟凝聚的，由(5.4)有 A 模 M，使得 $\mathscr{F}|_U\cong\widetilde{M}$。我们的截影 $s\in\Gamma(X,\mathscr{F})$ 的限制给出元 $s\in M$。另一方面，截影 $f\in\Gamma(X,\mathscr{L})$ 的限制给出 $\mathscr{L}|_U$ 的一个截影，它导至元素 $g=\psi(f)\in A$。显然 $X_f\cap U=D(g)$。现在 $s|_{X_f}$ 是零，所以在M中对某个 $n>0$ $g^ns=0$（正如(5.3)的证明)。用同构

$$id\times\psi^{\otimes n}:\mathscr{F}\otimes\mathscr{L}^n|_U\cong\mathscr{F}|_U,$$

得到 $f^ns\in\Gamma(U,\mathscr{F}\otimes\mathscr{L}^n)$ 是零。这个表述是内蕴的(即，与ψ无关)。到目前为止我们所作的都是针对用于覆盖X的每个开集的。取n足够大，使之对所有的这些开集都有效，我们发现在X上有 $f^ns=0$。

为证明 (b)，像在(5.3)的证明中的那样，继续进行下去，同时像上边那样，随时关心由于$\mathscr{L}$引起的变化。$U_i\cap U_j$ 拟紧的假设条件能够使我们用于那里的 (a)。

注 5.14.1 如果X是 Noether 的(这时每个开集是拟紧的)或者X是拟紧的和分离的(这时两个开仿射子集的交仍是仿射的，因而是拟紧的)这两种情形都满足在引理的(a)和(b)中所作的关于X的假设。

命题 5.15 令 S 是分次环，它由 S_1 作为 S_0 代数有限生成。令 $X=\operatorname{Proj}S$，$\mathscr{F}$ 是X上的拟凝聚层。则存在自然同构

$$\beta:\Gamma_*(\mathscr{F})^\sim\to\mathscr{F}.$$

证明 先对任何 $\mathscr{O}_X$ 模 $\mathscr{F}$ 定义态射 β。令 $f\in S_1$。由于在任何情形 $\Gamma_X(\mathscr{F})^\sim$都是拟凝聚的，为了定义 β，只要给出 $\Gamma_*(\mathscr{F})^\sim$在 $D_+(f)$ 上的截影的像（见习题 5.3)。这样的截影用分式 m/f^d 表示，其中 $m\in\Gamma(X,\mathscr{F}(d))$，$d\geqslant 0$ 为某个整数。我们可以把 f^{-d} 当作在 $D_+(f)$ 上定义的 $\mathscr{O}_X(-d)$ 的截影。取m和 f^{-d} 的张量

积，我们得到$\mathscr{F}$的在 $D_+(f)$ 上的截影 $m\otimes f^{-d}$. 这就定义了 β.

现在令 $\mathscr{F}$ 是拟凝聚的，为了证明 β 是同构，我们必须证明模 $\Gamma_*(\mathscr{F})_{(f)}$ 和 $\mathscr{F}$ 的在 $D_+(f)$ 上的截影等同. 应用(5.14)，把 f 看作可逆层 $\mathscr{L}=\mathscr{O}(1)$ 的整体截影. 由于我们假设了 S 是由 S_1 作为 S_0 代数有限生成，故可以找到有限个元 $f_0,\cdots,f_r\in S_1$ 使得开仿射子集 $D_+(f_i)$ 覆盖 X. 交 $D_+(f_i)\cap D_+(f_j)$ 是仿射的并且对每个 i, $\mathscr{L}|_{D_+(f_i)}$ 是自由的，因此满足(5.14)的假设. (5.14)的结论告诉我们 $\mathscr{F}(D_+(f_i))\cong\Gamma_*(\mathscr{F})_{(f_i)}$，这正是我们想要的.

系 5.16 令A是环.

(a) 如果Y是 $\mathbf{P}^r_A$ 的闭子概型，则存在齐次理想 $I\subseteq S=A[x_0,\cdots,x_r]$，使得$Y$是由$I$决定的闭子概型(习题 3.12).

(b) Spec A 上的概型 Y 是射影的当且仅当它同构于Proj S，其中 S 是某个分次环，$S_0=A$，和 S 是由 S_1 作为 S_0 代数有限生成.

证明

(a) 令 $\mathscr{J}_Y$ 是Y在 $X=\mathbf{P}^r_A$ 上的理想层. $\mathscr{J}_Y$ 是 $\mathscr{O}_X$ 的子层，扭函子是正合的，整体截影函子 Γ 是左正合的，因此 $\Gamma_*(\mathscr{J}_Y)$ 是 $\Gamma_*(\mathscr{O}_X)$ 的子模. 但是由(5.13) $\Gamma_*(\mathscr{O}_X)=S$. 所以 $\Gamma_*(\mathscr{J}_Y)$ 是S的齐次理想，称之为I. I决定一个X的闭子概型(习题 3.12)，其理想层是 $\tilde{I}$. 由(5.9) $\mathscr{J}_Y$ 是拟凝聚的，由(5.15)有 $\mathscr{J}_Y\cong\tilde{I}$，因此$Y$是由$I$决定的子概型. 实际上，$\Gamma_*(\mathscr{J}_Y)$ 是S中的定义Y的最大理想(习题 5.10).

(b) 回忆一下，由定义，Y在 Spec A 上是射影的，是指对某个 r，Y同构于 $\mathbf{P}^r_A$ 的闭子概型(第 4 节). 根据(a)，任何这样的Y同构于 Proj S/I，且我们可以取I包含在 $S_+=\oplus_{d>0}S_d$ 中(习题 3.12)，所以 $(S/I)_0=A$. 反之，任何这样的分次环S是一个多项式环的商. 因此 Proj S 是射影的.

定义 对任何概型 Y，我们定义关于 $\mathbf{P}^r_Y$ 的扭层 $\mathscr{O}(1)$ 为 $g^*(\mathscr{O}(1))$，其中 $g:\mathbf{P}^r_Y\to\mathbf{P}^r_{\mathbf{Z}}$ 是自然映射(回忆一下，$\mathbf{P}^r_Y$ 定义为

$\mathbf{P}_Z^r\times_Z Y$)。

注意，如果 $Y=\operatorname{Spec}A$，由（5.12c），这个定义和对 $\mathbf{P}_A^r=\operatorname{Proj}A[x_0,\cdots,x_r]$ 已经定义的 $\mathcal{O}(1)$ 是相同的。

定义 如果 X 是 Y 上的任何概型，X 上的可逆层 $\mathscr{L}$ 相对 Y 是极强的，是指对某个 r 存在浸没 $i:X\to\mathbf{P}_Y^r$，使得 $i^*(\mathcal{O}(1))\cong\mathscr{L}$。我们说射 $i:X\to Z$ 是一个浸没，如果它给出 X 和 Z 的闭子概型的一个开子概型的同构。（这个极强性的定义稍不同于 Grothendieck 中的定义 [EGAII, 4.4.2]）

注 5.16.1 令 Y 是 Noether 概型，则 Y 上的概型 X 是射影的当且仅当它是本征的并在 X 上相对 Y 是极强的层。实际上，如果 X 在 Y 上是射影的，则由（4.9）X 是本征的。另一方面，对某个 r 存在闭浸没 $i:X\to\mathbf{P}_Y^r$，因此 $i^*\mathcal{O}(1)$ 是关于 X 的极强的可逆层。反之，如果 X 在 Y 上是本征的，$\mathscr{L}$ 是极强的可逆层，则对某个浸没 $i:X\to\mathbf{P}_Y^r$ $\mathscr{L}\cong i^*\mathcal{O}(1)$ 但是由（4.4），X 的像是闭的，故实际上 i 是闭浸没，因此 X 在 Y 上是射影的。

然而注意，可能有几个不同构的关于在 Y 上的射影概型 X 的极强层。层 $\mathscr{L}$ 依赖于 X 到 $\mathbf{P}_Y^r$ 的嵌入（习题 5.12）。如果 $Y=\operatorname{Spec}A$，$X=\operatorname{Proj}S$，其中 S 是像在（5.16b）中的分次环，则较早定义的 X 上的层 $\mathcal{O}(1)$ 是 X 的极强层。然而存在具有相同的 Proj 和相同的极强层 $\mathcal{O}(1)$ 的不同构的分次环（习题 2.14）。

我们用 Noether 环上投射概型的层的某些特殊结果来结束本节。

定义 令 X 是概型，$\mathscr{F}$ 是 $\mathcal{O}_X$ 模层。我们说 $\mathscr{F}$ 由整体截影生成，如果存在一族整体截影 $\{s_i\}_{i\in I}$，$s_i\in\Gamma(X,\mathscr{F})$，使得对每个 $x\in X$，s_i 在茎 $\mathscr{F}_x$ 中的像生成 $\mathscr{F}_x$，这时 $\mathscr{F}_x$ 看作 $\mathcal{O}_x$ 一模。

注意 $\mathscr{F}$ 由整体截影生成，当且仅当 $\mathscr{F}$ 可写成自由层的商。实际上，生成截影 $\{s_i\}_{i\in I}$ 定义了一个层的满射态射 $\bigoplus_{i\in I}\mathcal{O}_X\to\mathscr{F}$，反之亦然。

例 5.16.2 仿射概型的任何拟凝聚层均由整体截面生成。实际上，如果在 Spec A 有 $\mathscr{F}=\widetilde{M}$，则$M$作为$A$模的任何生成元集合将生成 $\mathscr{F}$.

例 5.16.3 令 $X=\operatorname{Proj} S$，其中 S 是分次环，由 S_1 作为 S_0 代数生成. 则 S_1 的元给出生成 $\mathscr{O}_X(1)$ 的整体截影.

定理 5.17 (Serre) 令X是 Noether 环A上的射影概型，令$\mathscr{O}(1)$ 是X上的极强可逆层，$\mathscr{F}$ 是凝聚 $\mathscr{O}_X$ 模，则存在整数 n_0，使得对所有的 $n\geqslant n_0$，层 $\mathscr{F}(n)$ 可由有限个整体截影生成.

证明 令 $i:X\to \mathbf{P}_A^r$ 是X到A上投射空间中的闭浸没，使得 $i^*(\mathscr{O}(1))=\mathscr{O}_X(1)$. 那么 $i_*\mathscr{F}$ 关于 $\mathbf{P}_A^r$ 是凝聚的（习题5.5），且 $i_*(\mathscr{F}(n))=(i_*\mathscr{F})(n)$ (5.12) 或(习题 5.1d)，$\mathscr{F}(n)$ 由整体截影生成，当且仅当 $i_*(\mathscr{F}(n))$ 由整体截影生成(实际上，它们的整体截影是相同的)，于是我们化成情形 $X=\mathbf{P}_A^r=\operatorname{Proj} A[x_0,\cdots,x_r]$.

现用开集 $D_+(x_i)$，$i=v,\cdots,r$ 覆盖 X. 由于 $\mathscr{F}$ 是凝聚的，对每个 i 存在 $B_i=A[x_0/x_i,\cdots,x_n/x_i]$ 上的有限生成模 M_i 使得 $\mathscr{F}|_{D_+(x_i)}\cong\widetilde{M}_i$. 对每个 i，取生成 M_i 的有限个元 $S_{ij}\in M_i$. 由(5.14)，存在整数 n 使得 $x_i^n S_{ij}$ 扩张成 $\mathscr{F}(n)$ 的整体截影 t_{ij}. 象通常那样，我们取 n 足够大使对所有的 i，j 都适合. 现在 $\mathscr{F}(n)$ 对应一个关于 $D_+(x_i)$ 的 B_i 模 M_i'，映射 $x_i^n:\mathscr{F}\to\mathscr{F}(n)$ 诱导出 M_i 到 M_i' 的同构. 因此截影 $x_i^n S_{ij}$ 生成 M_i'，整体截影 $t_{ij}\in\Gamma(X,\mathscr{F}(n))$ 生成层 $\mathscr{F}(n)$.

系 5.18 令X是 Noether 环A上的射影概型，则X上的任何凝聚层 $\mathscr{F}$ 可写成层 $\mathscr{E}$ 的商，其中 $\mathscr{E}$ 是不同整数 n_i 的扭结构层 $\mathscr{O}(n_i)$ 的有限直和.

证明 令 $\mathscr{F}(n)$ 由有限个整体截影生成. 则我们有满映射 $\bigoplus_{i=1}^N\mathscr{O}_X\to\mathscr{F}(n)\to 0$. 用 $\mathscr{O}_X(-n)$ 作张量积，我们得到要求的满射映射 $\bigoplus_{i=1}^N\mathscr{O}_X(-n)\to\mathscr{F}\to 0$.

定理 5.19 令k是域，A是有限生成k代数，X是A上的射影概型，$\mathscr{F}$ 是凝聚 $\mathscr{O}_X$ 模，则 $\Gamma(X,\mathscr{F})$ 是有限生成A模. 特别地，如果 $A=k$，$\Gamma(X,\mathscr{F})$ 是有限维k向量空间.

证明 先写 $X = \operatorname{Proj} S$，其中 S 是分次环，$S_0 = A$，S 由 S_1 作为 S_0 代数有限生成 (5.16b)。令 M 是分次 S 模 $\Gamma_*(\mathscr{F})$，则由 (5.15)，有 $\widetilde{M} \cong \mathscr{F}$. 另一方面，由 (5.17)，对 n 足够大，$\mathscr{F}(n)$ 由 $\Gamma(X, \mathscr{F}(n))$ 中的有限个整体截影生成. 令 M' 是 M 的子模，它由这些截影生成，则 M' 是有限生成 S 模. 进一步，包含映射 $M' \hookrightarrow M$ 诱导出层的包含 $\widetilde{M}' \hookrightarrow \widetilde{M} = \mathscr{F}$. 用 n 扭变得到包含映射 $\widetilde{M}'(n) \hookrightarrow \mathscr{F}(n)$，实际上它是同构，因为 $\mathscr{F}(n)$ 由 M' 中的整体截影生成. 用 $-n$ 扭变，我们发现 $\widetilde{M}' \cong \mathscr{F}$. 因此 $\mathscr{F}$ 是和有限生成 S 模相伴的层，我们转化成证明：如果 M 是有限生成 S 模，则 $\Gamma(X, \widetilde{M})$ 是有限生成 A 模.

根据第一章(7.4)，存在 M 的分次子模的有限滤链

$$0 = M^0 \subseteq M' \subseteq \cdots \subseteq M^r = M,$$

其中对每个 i，有某个齐次素理想 $\mathfrak{P}_i \subseteq S$ 和某个整数 n_i 使得 $M^i/M^{i-1} \cong (S/\mathfrak{P}_i)(n_i)$. 这个滤链给出 $\widetilde{M}$ 的滤链和短正合列

$$0 \to \Gamma(X, \widetilde{M}^{i-1}) \to \Gamma(X, \widetilde{M}^i) \to \Gamma(X, \widetilde{M}^i/\widetilde{M}^{i-1}).$$

因此要证明 $\Gamma(X, \widetilde{M})$ 在 A 上是有限生成的，只要对每个 $\mathfrak{P}$ 和 n 证明 $\Gamma(X, (S/\mathfrak{P})^{\sim}(n))$ 是有限生成的就足够了. 于是我们简化为下面的特殊情形：令 S 是分次整环，由于 S_1 作为 S_0 代数为有限生成，其中 $S_0 = A$ 是 k 上有限生成整环. 则对任何 $n \in \mathbf{Z}$，$\Gamma(X, \mathscr{O}_X(n))$ 是有限生成 A 模.

令 $x_0, \cdots, x_r \in S_1$ 是 S_1 作为 A 模的生成元集合. 因为 S 是整环，用 x_0 乘，对任何 n，给出单射 $S(n) \to S(n+1)$. 因此对任何 n 有单射 $\Gamma(X, \mathscr{O}_X(n)) \to \Gamma(X, \mathscr{O}_X(n+1))$. 于是只要对所有足够大的 n，不妨设 $n \geqslant 0$，来证明 $\Gamma(X, \mathscr{O}_X(n))$ 有限生成就够了.

令 $S' = \bigoplus_{n \geqslant 0} \Gamma(X, \mathscr{O}_X(n))$. 则 S' 是环，它含有 S 同时包含在局部环的交 $\bigcap_{i=1}^{r} S_{x_i}$ 之中，其中 S_{x_i} 是 S 在 x_i 的局部化.（用与 (5.13) 的证明中所作的相同的讨论.）我们将证明 S' 在 S 上是整的.

令 $s'\in S'$ 是 $d\geqslant 0$ 次齐次的. 对每个 i, 由于 $s'\in S_{x_i}$, 我们可找到整数 n 使得 $x_i^n s'\in S$. 选取 n 使之对所有的 i 都适用. 由于 x_i 生成 S_1, 对任何 m, x_i 的 m 次单项式生成 S_m. 所以取比较大的 n, 可假设对所有 $y\in S_n$ 有 $ys'\in S$. 实际上,由于 s' 有正次数, 我们可以说,对任何 $y\in S_{\geqslant n}=\bigoplus_{d\geqslant n}S_d$ 有 $ys'\in S_{\geqslant n}$. 现在归纳地得出,对任何 $q\geqslant 1$ 和任何 $y\in S_{\geqslant n}$, $y\cdot(s')^q\in S_{\geqslant n}$. 例如取 $y=x_0^n$. 则对每个 $q\geqslant 1$, 我们有 $(S')^q\in(1/x_0^n)S$. 这是 S' 的商域的有限生成子 S 模. 由熟知的整相关的判别准则(Atiyah-Macdonald [1, p.59]) 得到 S' 在 S 上是整的. 因此 S' 包含在 S 在它的商域中的整闭包之中.

为了完成证明, 我们使用整闭包的有限性定理(第一章 3.9A). 由于 S 是有限生成 k 代数, S' 将是有限生成 S 模. 由此得出,对每个 n, S'_n 是有限生成 S_0 模,这正是我们想要证明的. 实际上,我们的证明指出, 对所有足够大的 n, $S'_n=S_n$.[(习题 5.9)和(习题 5.14)]

注 5.19.1 这个证明是第一章, (3.4a) 证明的推广.在后面, 我们用上同调(第三章, 5.2.1)给出这个定理的另一个证明.

注 5.19.2 假设"A 是有限生成 k 代数", 只是为了能够应用(第一章 3.9A). 因此只假设 A 是在 Matsumura [2, p.231] 意义下的"Nagata 环"就可以了 (也可参见同一书中的 Th. 72, p.240).

系 5.20 令 $f\colon X\to Y$ 是域 k 上有限型概型的射影射, $\mathscr{F}$ 是 X 上的凝聚层, 则 $f_*\mathscr{F}$ 是 Y 上的凝聚层.

证明 问题关于 Y 是局部的, 故我们可以假设 $Y=\operatorname{Spec}A$, 其中 A 是有限生成的 k 代数. 那么在任何情形下, $f_*\mathscr{F}$ 是拟凝聚的 (5.8c), 所以 $f_*\mathscr{F}=\Gamma(Y,f_*\mathscr{F})=\Gamma(X,\mathscr{F})^\sim$. 但是根据定理, $\Gamma(X,\mathscr{F})$ 是有限生成的 A 模,于是 $f_*\mathscr{F}$ 是凝聚的.另一个证明和推广参见(第三章, 8.8).

习　　题

5.1 令 $(X,\mathcal{O}_X)$ 是环层空间，$\mathcal{E}$ 是有限秩的局部自由 $\mathcal{O}_X$ 模．我们定义 $\mathcal{E}$ 的对偶，用 $\check{\mathcal{E}}$ 表示，是层 $\mathcal{H}om_{\mathcal{O}_X}(\mathcal{E},\mathcal{O}_X)$.

(a) 证明 $(\check{\mathcal{E}})^{\vee}\cong\mathcal{E}$.

(b) 对任何 $\mathcal{O}_X$ 模 $\mathcal{F}$，$\mathcal{H}om_{\mathcal{O}_X}(\mathcal{E},\mathcal{F})\cong\check{\mathcal{E}}\otimes_{\mathcal{O}_X}\mathcal{F}$.

(c) 对任何 $\mathcal{O}_X$ 模 $\mathcal{F}$，$\mathcal{G}$，$\mathrm{Hom}_{\mathcal{O}_X}(\mathcal{E}\otimes\mathcal{F},\mathcal{G})\cong\mathrm{Hom}_{\mathcal{O}_X}(\mathcal{F},\mathcal{H}om_{\mathcal{O}_X}(\mathcal{E},\mathcal{G}))$.

(d)（投射公式）．如果 $f:(X,\mathcal{O}_X)\to(Y,\mathcal{O}_Y)$ 是环层空间的射，$\mathcal{F}$ 是 $\mathcal{O}_X$ 模，$\mathcal{E}$ 是有限秩的局部自由 $\mathcal{O}_Y$ 模，则存在自然同构

$$f_*(\mathcal{F}\otimes_{\mathcal{O}_X}f^*\mathcal{E})\cong f_*(\mathcal{F})\otimes_{\mathcal{O}_Y}\mathcal{E}.$$

5.2 令 R 是离散赋值环，其商域为 K，令 $X=\mathrm{Spec}\,R$.

(a) 给出 $\mathcal{O}_X$ 模等价于给出 R 模 M，K 向量空间 L 和同态 $\rho:M\otimes_R K\to L$.

(b) 上面的 $\mathcal{O}_X$ 模是拟凝聚的，当且仅当 ρ 是同构．

5.3 令 $X=\mathrm{Spec}\,A$ 是仿射概型．证明函子～和 Γ 在下面的意义下是相伴的．

对任何 A 模 M 和任何 $\mathcal{O}_X$ 模层 $\mathcal{F}$，存在自然同构

$$\mathrm{Hom}_A(M,\Gamma(X,\mathcal{F}))\cong\mathrm{Hom}_{\mathcal{O}_X}(\widetilde{M},\mathcal{F}).$$

5.4 证明关于概型 X 的 $\mathcal{O}_X$ 模层 $\mathcal{F}$ 是拟凝聚的，当且仅当 X 的每个点有邻域 U，使得 $\mathcal{F}|_U$ 同构于 U 上自由层的态射的余核。如果 X 是 Noether 的，则 $\mathcal{F}$ 是凝聚的，当且仅当它局部地是有限秩的自由层态射的余核．（这些性质原是拟凝聚和凝聚层的定义．）

5.5 令 $f:X\to Y$ 是概型的射．

(a) 用例说明，如果 $\mathcal{F}$ 在 X 上是凝聚的，那么 $f_*\mathcal{F}$ 不一定是在 Y 上是凝聚的，甚而 X 和 Y 是域 k 上的簇，$f_*\mathcal{F}$ 关于 Y 也不一定是凝聚的．

(b) 证明闭浸没是有限射(第 3 节)．

(c) 如果 f 是 Noether 概型的有限射，$\mathcal{F}$ 在 X 上是凝聚的，则 $f_*\mathcal{F}$ 在 Y 上是凝聚的．

5.6 支集．回忆习题 1.14 和习题 1.20 中层的截影的支集，层的支集和有支集的子层的概念．

(a) 令 A 是环，M 是 A 模，$X=\mathrm{Spec}A$，$\mathcal{F}=\widetilde{M}$．对任何 $m\in M=\Gamma(X,\mathcal{F})$，证明 $\mathrm{Supp}\,m=V(\mathrm{Ann}\,m)$，其中 $\mathrm{Ann}\,m=\{a\in A\mid am=0\}$

是m的零化子.

(b) 现在设A是 Noether 的，M是有限生成的. 证明 $\operatorname{Supp}\mathscr{F}=V(\operatorname{Ann}M)$.

(c) Noether 概型上的凝聚层的支集是闭的.

(d) 对任何理想 $\mathfrak{a}\subseteq A$，我们用 $\Gamma_{\mathfrak{a}}(M)=\{m\in M\,|\,\mathfrak{a}^n m=0$，对某个 $n>0\}$ 定义M的子模 $\Gamma_{\mathfrak{a}}(M)$. 假设A是 Noether 的,M是任何A模. 证明 $\Gamma_Z(M)^{\sim}\cong\mathscr{H}_Z^0(\mathscr{F})$，其中 $Z=V(\mathfrak{a})$，$\mathscr{F}=\widetilde{M}$. [提示：用习题1.20和习题5.8证明 $\mathscr{H}_Z^0(\mathscr{F})$ 是拟凝聚的，然后证明 $\Gamma_{\mathfrak{a}}(M)\cong\Gamma_Z(\mathscr{F})$.]

(e) 令X是 Noether 概型,Z是一个闭子集. 如果$\mathscr{F}$是拟凝聚的（分别地凝聚）$\mathscr{O}_X$模,则 $\mathscr{H}_Z^0(\mathscr{F})$ 也是拟凝聚的(分别地凝聚).

5.7 令X是 Noether 概型,$\mathscr{F}$是凝聚层.

(a) 对某个点 $x\in X$，如果茎 $\mathscr{F}_x$ 是自由 $\mathscr{O}_X$ 模,则存在x的邻域U，使得 $\mathscr{F}|_U$ 是自由的.

(b) $\mathscr{F}$是局部自由的,当且仅当对所有的 $x\in X$，它的茎$\mathscr{F}_x$是自由$\mathscr{O}_x$模.

(c) $\mathscr{F}$是可逆的(即,秩为1的局部自由层)当且仅当存在凝聚层$\mathscr{G}$使得$\mathscr{F}\otimes\mathscr{G}\cong\mathscr{O}_X$.（这表明所说可逆的是指$\mathscr{F}$在由凝聚层对运算$\otimes$所成的么半群中是可逆元,因而是合理的.）

5.8 仍令X是 Noether 概型,$\mathscr{F}$是X上的凝聚层. 我们考虑函数

$$\varphi(x)=\dim_{k(x)}\mathscr{F}_x\otimes_{\mathscr{O}_x}k(x),$$

其中 $k(x)=\mathscr{O}_x/\mathfrak{M}_x$ 是在点x的剩余类域. 用 Nakayama 引理证明下面的结果.

(a) 函数φ是上半连续的，即，对任何 $n\in\mathbf{Z}$ 集合 $\{x\in X\,|\,\varphi(x)\geqslant n\}$ 是闭的.

(b) 如果$\mathscr{F}$是局部自由的,且X是连通的,则φ是常值函数.

(c) 反之,如果X是既约的,φ是常值函数,则$\mathscr{F}$是局部自由的.

5.9 令S是分次环，它由作为S_0代数的S_1生成. 令M是分次S模，$X=\operatorname{Proj}S$.

(a) 证明：存在自然同态 $\alpha:M\to\Gamma_*(\widetilde{M})$.

(b) 现假设 $S_0=A$ 是某个域k上的有限生成k代数,S_1是有限生成A模,M是有限生成S模.证明映射α在所有足够大的次数的分量上是同构的,即,存在 $d_0\in\mathbf{Z}$，使得对所有的 $d\geqslant d_0$，α_d: $M_d\to\Gamma(X,\widetilde{M}(d))$

是同构．[提示：用（5.19）的证明方法．]

(c) 和 (b) 的假设相同，在分次 S 模上我们定义等价关系$\approx$．所谓 $M\approx M'$，是指存在整数 d 使得 $M_{\geq d}\cong M'_{\geq d}$，这里 $M_{\geq d}=\bigoplus_{n\geq d}M_n$．我们说分次 S 模 M 是拟有限生成的，如果它等价于有限生成模．现在证明函子$\sim$和 Γ_* 诱导出范畴等价，它使拟有限生成分次 S 模模等价关系$\approx$的范畴与凝聚 $\mathscr{O}_X$ 模的范畴等价．

5.10 令 A 是环，$S=A[X_0,\cdots,X_r]$，$X=\operatorname{Proj}S$．我们已经看到 S 中的齐次理想 I 定义一个 X 的闭子概型（习题 3.12），相反地，X 的每个闭子概型可用这种方式产生（5.16）．

(a) 对任何齐次理想 $I\subseteq S$，我们定义 I 的浸润 $\bar{I}$ 为集合 $\{s\in S|$ 对每个 $i=0,\cdots,r$，存在 n 使得 $x_i^n s\in I\}$．我们说 I 是浸润的，如果 $I=\bar{I}$．证明 $\bar{I}$ 是 S 的齐次理想．

(b) S 的两个齐次理想 I_1 和 I_2 定义 X 的相同的闭子概型当且仅当它们有相同的浸润．

(c) 如果 Y 是 X 的任何闭子概型，则理想 $\Gamma_*(\varphi_Y)$ 是浸润的．因此它是定义子概型 Y 的最大齐次理想．

(d) 在 S 的浸润理想和 X 的闭子概型之间存在着一一对应．

5.11 令 S 和 T 是两个分次环，且 $S_0=T_0=A$．我们定义笛卡儿积 $S\times_A T$ 为分次环 $\bigoplus_{d\geq 0}S_d\otimes_A T_d$．如果 $X=\operatorname{Proj}S$ 和 $Y=\operatorname{Proj}T$，证明 $\operatorname{Proj}(S\times_A T)\cong X\times_A Y$，并证明在 $\operatorname{Proj}(S\times_A T)$ 上的层 $\mathscr{O}(1)$ 同构于 $X\times Y$ 上的层 $p_1^*(\mathscr{O}_X(1))\times p_2^*(\mathscr{O}_Y(1))$．

环的笛卡尔积用下面的方式与射影空间的 Segre 嵌入相联．如果 $x_0,\cdots,x_r$ 是 A 上 S_1 的生成元集合，对应于射影嵌入 $X\hookrightarrow\mathbf{P}_A^r$，如果 $y_0,\cdots,y_s$ 是 T_1 的生成元集合，对应于射影嵌入 $Y\hookrightarrow\mathbf{P}_A^s$，则 $\{x_i\otimes y_j\}$ 是$(S\times_A T)_1$ 的生成元集合，因此定义了投射嵌入 $\operatorname{Proj}(S\times_A T)\hookrightarrow\mathbf{P}_A^N$，其中 $N=rs+r+s$．这正是 $X\times Y\subseteq\mathbf{P}^r\times\mathbf{P}^s$ 在它的 Segre 嵌入中的像．

5.12 (a) 令 X 是概型 Y 上的概型，令 $\mathscr{L}$，$\mathscr{M}$ 是 X 上的两个极强可逆层．证明 $\mathscr{L}\otimes\mathscr{M}$ 也是极强的．[提示：用 Segre 嵌入．]

(b) 令 $f:X\to Y$，$g:Y\to Z$ 是两个概型的射．$\mathscr{L}$ 是相对于 Y 的 X 上的极强可逆层，$\mathscr{M}$ 是相对 Z 的 Y 上的极强可逆层．证明 $\mathscr{L}\otimes f^*\mathscr{M}$ 是相对 Z 的 X 上的极强可逆层．

5.13 令 S 是分次环，S_1 作为 S_0 代数生成 S．对任何整数 $d>0$，令 $S^{(d)}$ 是

分次环 $\bigoplus_{n\geq 0}S_n^{(d)}$，其中 $S_n^{(d)}=S_{nd}$. 令 $X=\mathrm{Proj}\,S$. 证明 $\mathrm{Proj}\,S^{(d)}\cong X$，且 $\mathrm{Proj}\,S^{(d)}$ 上的层 $\mathscr{O}(1)$ 通过这个同构对应于 $\mathscr{O}_X(d)$. 这个结构按下面的方式和 d 重分量嵌入（第一章，习题 2.12）相关. 如果 $x_0,\cdots,x_r$ 是 S_1 的生成元集合，对应于嵌入 $X\hookrightarrow\mathbf{P}_A^r$，则 x_i 的 d 次单项式的集合是 $S_1^{(d)}=S_d$ 的生成元集合. 这确定了 $\mathrm{Proj}\,S^{(d)}$ 的一个射影嵌入，而在 $\mathbf{P}_A^r$ 的 d 重分量嵌入下，它恰好是 X 的像.

5.14 令 A 是环，X 是 $\mathbf{P}_A^r$ 的闭子概型. 对给定的嵌入，我们定义 X 的齐次坐标环 $S(X)$ 为 $A[x_0,\cdots,x_r]/I$，其中 I 是 (5.14) 的证明中构造的理想 $\Gamma_*(\varphi_X)$.（当然，如果 A 是域而 X 是簇，这同第一章第 2 节中给出的定义一致）回忆概型 X 是正规的，如果它的局部环是整闭整环. 对给定嵌入，一个闭子概型 $X\subseteq\mathbf{P}_A^r$ 是射影式正规的，是指它的齐次坐标环 $S(X)$ 是整闭整环（参见第一章习题 3.18）. 现在假设 A 是某个域 k 上的有限生成 k 代数，X 是 $\mathbf{P}_A^r$ 的连通、正规闭子概型. 证明，对某个 $d>0$，X 的 d 重分量嵌入是射影式正规的，具体如下.

(a) 令 S 是 X 的齐次坐标环，和 $S'=\bigoplus_{n\geq 0}\Gamma(X,\mathscr{O}_X(n))$. 证明 S 是整环，S' 是它的整闭包. [提示：先证明 X 是整的. 然后将 S' 看作关于 X 的环层 $\mathscr{S}=\bigoplus_{n\geq 0}\mathscr{O}_X(n)$ 的整体截影，并证明 $\mathscr{S}$ 是整闭整环的层.]

(b) 用习题 5.9 证明，对所有足够大的 d，$S_d=S'_d$.

(c) 证明：对足够大的 d，$S^{(d)}$ 是整闭的，因此推出 X 的 d 重分量嵌入是射影式正规的.

(d) 作为 (a) 的推论，证明闭子概型 $X\subseteq\mathbf{P}_A^r$ 是射影式正规的，当且仅当它是正规的，并且对每个 $n\geq 0$，自然映射 $\Gamma(\mathbf{P}^r,\mathscr{O}_{\mathbf{P}^r}(n))\to\Gamma(X,\mathscr{O}_X(n))$ 是满射的.

5.15 凝聚层的扩张. 我们分几步证明下面的定理：令 X 是 Noether 概型，U 是开子集，$\mathscr{F}$ 是 U 上的凝聚层. 则存在 X 上的凝聚层 $\mathscr{F}'$，使得 $\mathscr{F}'|_U=\mathscr{F}$.

(a) 在 Noether 仿射概型上，每个拟凝聚层是它的凝聚子层的并.

(b) 令 X 是仿射 Noether 概型，U 是开子集，$\mathscr{F}$ 是关于 U 的凝聚层. 则存在关于 X 的凝聚层 $\mathscr{F}'$ 使得 $\mathscr{F}'|_U=\mathscr{F}$. [提示：令 $i: U\to X$ 是包含映射. 证明 $i_*\mathscr{F}$ 是拟凝聚的，然后用 (a).]

(c) X, U, $\mathscr{F}$ 如 (b) 中的那样. 另外还假设给出了 X 上的拟凝聚层 $\mathscr{G}$，使得 $\mathscr{F}\subseteq\mathscr{G}|_U$. 证明我们能找到 $\mathscr{G}$ 的凝聚子层 $\mathscr{F}'$，使得

$\mathscr{F}'|_U \cong \mathscr{F}$. [提示：用 (b) 中的方法，但将 $i^*\mathscr{F}$ 用 $\rho^{-1}(i_*\mathscr{F})$ 代替，其中 ρ 是自然映射 $\mathscr{G} \to i_*(\mathscr{G}|_U)$.]

(d) 现在令 X 是任何 Noether 概型，U 是开子集，$\mathscr{F}$ 是 U 上的凝聚层，$\mathscr{G}$ 是 X 上的拟凝聚层且 $\mathscr{F} \subseteq \mathscr{G}|_U$. 证明存在 X 上的凝聚子层 $\mathscr{F}'$，使得 $\mathscr{F}'|_U \cong \mathscr{F}$. 取 $\mathscr{G} = i_*\mathscr{F}$，证明在开始时宣布的结果. [提示：用开仿射覆盖 X，并且逐一扩张.]

(e) 作为一个额外的推论，证明在 Noether 概型上，任何拟凝聚层 $\mathscr{F}$ 是它的凝聚子层的并. [提示：如果 S 是在开集 U 上 $\mathscr{F}$ 的截影. 把 (d) 用于由 S 生成的 $\mathscr{F}|_U$ 的子层.]

5.16 层的张量运算. 我们先回忆关于模的各种张量运算的定义. 令 A 是环，M 是 A 模. 令 $T^n(M)$ 是 M 本身 n 次的张量积 $M \otimes \cdots \otimes M$，其中 $n \geq 1$. 对于 $n = 0$，我们令 $T^0(M) = A$. 那么 $T(M) = \bigoplus_{n \geq 0} T^n(M)$ 是一个(非交换的) A 代数，称它为 M 的张量代数. 我们定义 M 的对称代数 $S(M) = \bigoplus_{n \geq 0} S^n(M)$ 为 $T(M)$ 模所有的表达式 $x \otimes y - y \otimes x$，$x, y \in M$，所生成的双边理想得到的商. 则 $S(M)$ 是交换 A 代数. 它的 n 次分量 $S^n(M)$ 被称为 M 的第 n 个对称积. 对任何 $x, y \in M$，用 xy 表示 $x \otimes y$ 在 $S(M)$ 中的像. 例如，如果 M 是秩为 r 的自由 A 模，则 $S(M) \cong A[x_1, \cdots, x_r]$.

我们定义 M 的外代数 $\Lambda(M) = \bigoplus_{n \geq 0} \Lambda^n(M)$ 是 $T(M)$ 模由所有的 $x \otimes x$，$x \in M$，生成的双边理想得到的商. 注意，这个理想包含所有形如 $x \otimes y + y \otimes x$ 的表达式，因此 $\Lambda(M)$ 是反交换分次 A 代数. 这表明，如果 $u \in \Lambda^r(M)$，$v \in \Lambda^s(M)$，则 $u \wedge v = (-1)^{rs} v \wedge u$（这里，我们用 $\wedge$ 表示这个代数中的乘法；所以 $x \otimes y$ 在 $\Lambda^2(M)$ 中的像用 $x \wedge y$ 表示). 称第 n 个分量 $\Lambda^n(M)$ 为 M 的第 n 个外幂.

现在令 $(X, \mathscr{O}_X)$ 是环层空间，$\mathscr{F}$ 是 $\mathscr{O}_X$ 模层. 对每个开集 U，$\mathscr{F}(U)$ 看作 $\mathscr{O}_X(U)$ 模. 把相应的张量运算分别用于 $\mathscr{F}(U)$ 得到预层. 我们定义和这些预层相伴的层分别为 $\mathscr{F}$ 的张量代数、对称代数和外代数. 结果是 $\mathscr{O}_X$ 代数，对每个次数的分量是 $\mathscr{O}_X$ 模.

(a) 假设 $\mathscr{F}$ 是秩为 n 的局部自由的. 则 $T^r(\mathscr{F})$，$S^r(\mathscr{F})$ 和 $\Lambda^r(\mathscr{F})$ 也是局部自由的，其秩分别为 n^r，$\binom{n+r-1}{n-1}$ 和 $\binom{n}{r}$.

(b) 仍令 $\mathscr{F}$ 是秩为 n 的局部自由的. 则乘法映射 $\Lambda^r\mathscr{F} \otimes \Lambda^{n-r}\mathscr{F} \to \Lambda^n\mathscr{F}$，对任何 r，是完全配对的，即，它诱导出 $\Lambda^r\mathscr{F}$ 和 $(\Lambda^{n-r}\mathscr{F})^\vee \otimes$

$\Lambda^n\mathscr{F}$ 的同构.作为一个特殊情形,如果 $\mathscr{F}$ 有秩 2,则 $\mathscr{F}\cong\mathscr{F}^{\vee}\otimes\Lambda^2\mathscr{F}$.

(c) 令 $0\to\mathscr{F}'\to\mathscr{F}\to\mathscr{F}''\to 0$ 是局部自由层的正合序列.则对任何 r,存在 $S^r(\mathscr{F})$ 的有限滤链

$$S^r(\mathscr{F})=F^0\supseteq F^1\supseteq\cdots\supseteq F^r\supseteq F^{r+1}=0,$$

对每个 p,有商

$$F^p/F^{p+1}\cong S^p(\mathscr{F}')\otimes S^{r-p}(\mathscr{F}'').$$

(d) 在(c)中用外幂次代替对称幂次,有同样的结果.特别地,如果 $\mathscr{F}',\mathscr{F},\mathscr{F}''$ 的秩分别为 n',n,n'',则存在同构 $\Lambda^n\mathscr{F}\cong\Lambda^{n'}\mathscr{F}'\otimes\Lambda^{n''}\mathscr{F}''$.

(e) 令 $f: X\to Y$ 是环层空间的射,$\mathscr{F}$ 是 $\mathscr{O}_Y$ 模.则 f^* 同 $\mathscr{F}$ 上的所有张量运算交换,即,$f^*(S^n(\mathscr{F}))=S^n(f^*\mathscr{F})$ 等等.

5.17 仿射射.概型的射 $f: X\to Y$ 是仿射的,如果存在 Y 的开仿射覆盖 $\{V_i\}$,使得对每个 i,$f^{-1}(V_i)$ 是仿射的.

(a) 证明 $f: X\to Y$ 是仿射射,当且仅当对每个开仿射 $V\subseteq Y$,$f^{-1}(V)$ 是仿射的.[提示:化简到 Y 是仿射的情形,用(习题 2.17).]

(b) 仿射射是拟紧的和分离的.任何有限射是仿射的.

(c) 令 Y 是概型,$\mathscr{A}$ 是 $\mathscr{O}_Y$ 代数的拟凝聚层(即为环层,同时它又是 $\mathscr{O}_Y$ 模的拟凝聚层).证明存在唯一的概型 X 和射 $f: X\to Y$,使得对每个开仿射 $V\subseteq Y$,$f^{-1}(V)\cong\operatorname{Spec}\mathscr{A}(V)$,且对 Y 的每个开仿射的包含关系 $U\hookrightarrow V$,射 $f^{-1}(U)\hookrightarrow f^{-1}(V)$ 对应限制同态 $\mathscr{A}(V)\to\mathscr{A}(U)$.称这个概型 X 为 $\mathbf{Spec}\,\mathscr{A}$.[提示:将概型 $\operatorname{Spec}\mathscr{A}(V)$,其中 V 是 Y 中的开仿射,粘合起来构造出 X.]

(d) 如果 $\mathscr{A}$ 是拟凝聚 $\mathscr{O}_Y$ 代数,则 $f: X=\mathbf{Spec}\,\mathscr{A}\to Y$ 是仿射射,且 $\mathscr{A}\cong f_*\mathscr{O}_X$.反之,如果 $f: X\to Y$ 是仿射射,则 $\mathscr{A}=f_*\mathscr{O}_X$ 是 $\mathscr{O}_Y$ 代数的拟凝聚层,且 $X=\mathbf{Spec}\,\mathscr{A}$.

(e) 令 $f: X\to Y$ 是仿射射,$\mathscr{A}=f_*\mathscr{O}_X$.证明 f_* 诱导出由拟凝聚 $\mathscr{O}_X$ 模范畴到拟凝聚 $\mathscr{A}$ 模范畴(即,拟凝聚 $\mathscr{O}_Y$ 模有 $\mathscr{A}$ 模的结构)的范畴等价.[提示:对任何拟凝聚 $\mathscr{A}$ 模 $\mathscr{M}$,构造拟凝聚 $\mathscr{O}_X$ 模 $\tilde{\mathscr{M}}$,并证明函子 f_* 和~是彼此互逆.]

5.18 向量丛.令 Y 是概型.一个 Y 上的秩为 n 的(几何)向量丛是概型 X 和射 $f: X\to Y$,以及 Y 的开覆盖 $\{U_i\}$ 和同构 $\psi_i: f^{-1}(U_i)\to\mathbf{A}^n_{U_i}$,使得对任何 i,j 和任何开仿射子集 $V=\operatorname{Spec}A\subseteq U_i\cap U_j$,$\mathbf{A}^n_V=\operatorname{Spec}A[x_1,\cdots,x_n]$ 的自同构 $\psi=\psi_j\circ\psi_i^{-1}$ 由 $A[x_1,\cdots,x_n]$ 的线性自

同构 θ 给出，即对任何 $a \in A$，$\theta(a) = a$ 且 $\theta(x_i) = \Sigma a_{ij} x_j$，其中 $a_{ij} \in A$ 是适当的一些元.

一个秩为 n 的向量丛和另一个秩为 n 的向量丛的同构 $g:(X, f, \{U_i\}, \{\psi_i\}) \to (X', f', \{U'_i\}, \{\psi'_i\})$ 是一个概型上的同构 $g: X \to X'$，使得 $f = f' \circ g$，以及 X，f 与由所有的 U_i 和 U'_i 组成的 Y 的覆盖，和同构 ψ_i 和 $\psi'_i \circ g$ 一起，也是 X 上的一个向量丛结构.

(a) 令 $\mathscr{E}$ 是概型 Y 上的秩为 n 的局部自由层，$S(\mathscr{E})$ 是 $\mathscr{E}$ 上的对称代数，$X = \mathbf{Spec}\, S(\mathscr{E})$，具有投射 $f: X \to Y$. 对每个开仿射子集 $U \subseteq Y$，它使 $\mathscr{E}|_U$ 是自由的，选取 $\mathscr{E}$ 的基，并令 $\psi: f^{-1}(U) \to \mathbf{A}_U^n$ 是由把 $S(\mathscr{E}(U))$ 和 $\mathscr{O}(U)[x_1, \cdots, x_n]$ 等同起来的同构. 那么 $(X, f, \{U\}, \{\psi\})$ 是 Y 上秩为 n 的向量丛，（在同构的意义下）它不依赖于 $\mathscr{E}_U$ 的基的选取. 我们称它为与 $\mathscr{E}$ 相伴的几何向量丛，用 $\mathbf{V}(\mathscr{E})$ 表示.

(b) 对任何射 $f: X \to Y$，开集 $U \subseteq Y$ 上的 f 的截影是射 $s: U \to X$，使得 $f \circ s = id_U$. 怎样把截影限制在较小的开集上，或怎样粘合它们都是显然的，因此我们知道预层 $U \mapsto \{f$ 在 U 上截影的集合$\mathscr{S}$ 是 Y 上集合的层，用 $\mathscr{S}(X/Y)$ 表示它. 证明：如果 $f: X \to Y$ 是秩为 n 的向量丛，则截影层 $\mathscr{S}(X/Y)$ 有自然的 $\mathscr{O}_Y$ 模结构，并使它成为秩为 n 的局部自由 $\mathscr{O}_Y$ 模. [提示：只要局部地确定模结构就行了，所以我们可以假设 $Y = \operatorname{Spec} A$ 是仿射的，和 $X = \mathbf{A}_Y^n$. 于是由 A 代数同态 $\theta: A[x_1, \cdots, x_n] \to A$ 依次决定 A 的有序的 n 个元素 $\langle \theta(x_1), \cdots, \theta(x_n) \rangle$ 得到截影 $s: Y \to X$. 用截影 s 和 A 的有序的 n 个元素之间的这个对应定义模结构.]

(c) 仍令 $\mathscr{E}$ 是 Y 上秩为 n 的局部自由层，$\mathscr{S} = \mathscr{S}(X/Y)$ 是 X 在 Y 上的截影层. 按下面的方法证明 $\mathscr{S} \cong \mathscr{E}^V$.

给一个任何开集 V 上的截影 $s \in \Gamma(V, \mathscr{E}^V)$，我们把 s 看作 $\operatorname{Hom}(\mathscr{E}|_V, \mathscr{O}_V)$ 的元. 所以 s 决定一个 $\mathscr{O}_V$-代数同态 $S(\mathscr{E}/_V) \to \mathscr{O}_Y$. 这决定一个谱的映射 $V = \mathbf{Spec}\, \mathscr{O}_V \to \mathbf{Spec}\, S(\mathscr{E}|_V) = f^{-1}(V)$，它是 X/Y 的截影. 证明这个结构给出 $\mathscr{E}^V$ 到 $\mathscr{S}$ 的同构.

(d) 总起来，证明我们建立了 Y 上秩为 n 的局部自由层的同构类和 Y 上秩为 n 的向量丛的同构类之间的一一对应. 因此，如果不会产生混淆，我们有时交替地使用“局部自由层”和“向量丛”.

6. 除　子

除子的概念是研究簇或概型的内蕴几何的重要工具．在这一节我们将介绍除子、线性等价和除子类群．除子类群是 Abel 群，它是簇的一个有趣的和精妙的不变量．在第 7 节将会看到，除子对于研究由给定的簇到射影空间的映射也是重要的．

按行文的先后，我们采用几种不同的方式来定义除子．我们从 Weil 除子开始．从几何学上看，它最容易理解，但它只定义在某些 Noether 整概型上．对于较一般的概型，有 Cartier 除子的概念，这将紧接着讨论．然后我们将解释 Weil 除子、Cartier 除子和可逆层之间的联系．

我们从一个非正式的例子着手．令 C 是在代数闭域 k 上的射影平面 $\mathbf{P}_k^2$ 中的非奇异射影曲线．对 $\mathbf{P}^2$ 中的每条直线，我们考虑 $L\cap C$，它是 C 上的有限点集．如果 C 是 d 次曲线，且如果我们在计算点数时，同时考虑适当的重数，则 $L\cap C$ 正好由 d 个点组成(第一章，习题 5.4)．我们写 $L\cap C=\Sigma n_i p_i$，其中 $p_i\in C$ 是点，n_i 是重数，我们称这个形式和为 C 上的除子．当 L 变化时，我们得到关于 C 的一族除子，它们可用 $\mathbf{P}^2$ 中所有直线的集合，即对偶射影空间 $(\mathbf{P}^2)^*$，参数化．称该除子的集合为 C 上除子的线性系．注意，C 在 $\mathbf{P}^2$ 中的嵌入可由已知的这个线性系重新得到：如果 P 是 C 的点，我们考虑在线性系中包有 P 的除子的集合．它们对应经过 P 的直线 $L\in(\mathbf{P}^2)^*$，同时作为 $\mathbf{P}^2$ 的点 P 被这直线的集合唯一决定．线性系和射影空间中的嵌入之间的联系在第 7 节中将详细研究．

这个例子可足以说明除子的重要性．为了了解线性系中不同除子之间的关系，令 L 和 L' 是 $\mathbf{P}^2$ 中的两条直线，令 $D=L\cap C$，$D'=L'\cap C$ 是相应的除子．如果 L 和 L' 是 $\mathbf{P}^2$ 中的线性齐次方程 $f=0$ 和 $f'=0$ 定义的，则 f/f' 给出 $\mathbf{P}^2$ 上的有理函数，它限制在 C 上为有理函数 g．现在由其构造，g 以 D 的点为零点，以

D' 的点为极点，并算上了它们的重数。重数的意思在后面要准确论述。我们说 D 和 D' 线性等价，而这样的有理函数 g 的存在可以作为线性等价的内在的定义。在下边开始的形式讨论中，我们将使得这些概念更精确。

Weil 除子

定义 我们说概型 X 在余维 1 是正则的（或有时说在余维 1 是非奇异的），如果 X 的每个维数 1 的局部环 $\mathcal{O}_x$ 是正则的。

这种概型的最重要的例子是域上的非异代数簇（第一章，第 5 节）和 Noether 正规概型。关于非异代数簇，每个闭点的局部环是正则的（第一章，5.1），因此所有的局部环是正则的，因为它们是闭点的局部环的局部化。关于 Noether 正规概型，任何 1 维局部环是整闭整环，因此是正则的（第一章，6.2A）。

在这一节中，我们将考虑满足下面条件的概型：

（$*$） X 是 Noether 整的分离概型，而且在余维 1 是正则的。

定义 令 X 满足（$*$）。X 的素除子是余维 1 的闭整子概型。Weil 除子是素除子生成的自由 Abel 群 $\operatorname{Div} X$ 的元。我们把除子表成 $D=\Sigma n_i Y_i$，其中 Y_i 是素除子，n_i 是整数，而且只有有限个 n_i 不为 0。如果所有的 $n_i \geqslant 0$，我们说 D 是有效的。

如果 Y 是 X 的素除子，令 $\eta \in Y$ 是它的广点。则局部环 $\mathcal{O}_{\eta, X}$ 是离散赋值环，其商域为 X 的函数域 K。我们称相应的离散赋值 v_Y 为 Y 的赋值。注意，由于 X 是分离的，因此 Y 由它的赋值唯一决定（习题 4.5）。现在令 $f \in K^*$ 是 X 的任何非零有理函数。则 $v_Y(f)$ 是整数。如果它是正的，我们说 f 有 $v_Y(f)$ 阶的沿 Y 的零点；如果它是负的，我们说 f 有 $-v_Y(f)$ 阶极点。

引理 6.1 令 X 满足（$*$），$f \in K^*$ 是 X 上的非零函数，则所有素除子 Y，除掉其中有限多个外都有 $v_Y(f)=0$。

证明 令 $U=\operatorname{Spec} A$ 是 X 的开仿射子集使得 f 在 U 上是正则的。于是 $Z=X-U$ 是 X 的真闭子集。因为 X 是 Noether 的，Z 最多只能含有有限多个 X 的素除子，所有其它的必定交 U。因此只要证明只存在有限多个 U 的素除子 Y 使得 $v_Y(f) \neq 0$ 就够了. 由于 f 在 U 上是正则的，在任何情况下都有 $v_Y(f)\geqslant 0$. 而 $v_Y(f)>0$，当且仅当 Y 包含在 A 的理想 Af 定义的 U 的闭子集. 因为 $f\neq 0$，这是一个真闭子集，因此它只含有有限多 U 的余维 1 的闭的不可约子集.

定义 令 X 满足 $(*)$，$f\in K^*$. 我们定义 f 的除子，用 (f) 表示,为

$$(f)=\Sigma v_Y(f)\cdot Y,$$

其中求和是对 X 的所有素除子. 由引理它是有限和,因此是除子. 和一个函数的除子相等的除子称为主除子.

注意，如果 f，$g\in K^*$，则由赋值的性质有 $(f/g)=(f)-(g)$. 因此函数 f 映到它的除子 (f) 给出乘法群 K^* 到加法群 $\operatorname{Div}X$ 的同态,而由主除子组成的像是 $\operatorname{Div}X$ 的子群.

定义 令 X 满足$(*)$. 两个除子 D 和 D' 是线性等价的，写成 $D\sim D'$，如果 $D-D'$ 是主除子. 所有除子的群 $\operatorname{Div}X$ 用主除子子群除得到的商群称为 X 的除子类群,用 $\operatorname{Cl}X$ 表示.

概型的除子类群是一个很有趣的不变量. 通常要计算它是不容易的. 但是为了了解它是什么样，在下面的命题和例子中我们将算出几个特殊情况.

命题 6.2 令 A 是 Noether 整环，那么 A 是唯一因子分解整环，当且仅当 $X=\operatorname{Spec}A$ 是正规的，并且 $\operatorname{Cl}X=0$.

证明 (也可见 Bourbaki [1, 第 7 章，第 3 节]). 我们熟知 UFD 是整闭的，故 X 是正规的. 另一方面, A 是 UFD，当且仅当高度 1 的每个素理想是主理想 (第一章，1.12A). 于是我们需要证明,如果 A 是整闭整环,则每个高度 1 的素理想是主理想当且仅当 $\operatorname{Cl}(\operatorname{Spec}A)=0$.

一方面是容易的：如果每个高度 1 的素理想是主理想，考虑素除子 $Y\subseteq X=\operatorname{Spec}A$. Y 对应高度 1 的素理想 $\mathfrak{P}$. 如果 $\mathfrak{P}$ 由元 $f\in A$ 生成，则显然有 f 的除子是 $1\cdot Y$. 因此每个素除子是主的，$\operatorname{Cl}X=0$.

反之，假设 $\operatorname{Cl}X=0$. 令 $\mathfrak{P}$ 是高度 1 的素理想，Y 是与其对

应的素除子. 则有 $f' \in K$, K是A的商域, 使得 $(f) = Y$. 我们将证明实际上 $f \in A$ 并生成 $\mathfrak{P}$. 由于 $v_Y(f) = 1$, 有 $f \in A_{\mathfrak{P}}$ 且 f 生成 $\mathfrak{P}A_{\mathfrak{P}}$. 如果 $\mathfrak{P}' \subseteq A$ 是高度 1 的任何其它素理想,则 $\mathfrak{P}'$ 对应X的素除子 Y', $v_{Y'}(f) = 0$, 于是 $f \in A_{\mathfrak{P}'}$.那么下面 (6.3A) 的代数结果推出 $f \in A$. 实际上, $f \in A \cap A_{\mathfrak{P}} = \mathfrak{P}$. 为了证明 f 生成 $\mathfrak{P}$, 令 g 是 $\mathfrak{P}$ 的任何其它元,则对所有 $Y' \neq Y$, $v_Y(g) \geqslant 1$ 和 $v_{Y'}(g) \geqslant 0$. 因此对所有素除子 Y'(包有 Y), $v_{Y'}(g/f) \geqslant 0$. 于是对高度 1 的所有 $\mathfrak{P}'$, $g/f \in A_{\mathfrak{P}'}$.仍由 (6.3A), $g/f \in A$. 换句话说, $g \in Af$, 这表明 $\mathfrak{P}$ 是由 f 生成的主理想.

命题 6.3A 令A是整闭的 Noether 整环, 则

$$A = \bigcap_{ht\,\mathfrak{P}=1} A_{\mathfrak{P}},$$

其中求交是对高度 1 的所有素理想而言的.

证明 Matsumura [2, 定理 38, p.124].

例 6.3.1 如果X是域k上仿射n空间 $\mathbf{A}_k^n$, 则 $\mathrm{Cl}X = 0$. 实际上, $X = \mathrm{Spec}\, k[x_1, \cdots, x_n]$, 而且多项式环是 UFD.

例 6.3.2 如果A是 Dedekind 整环, 则 $\mathrm{Cl}(\mathrm{Spec}A)$ 就是在代数数论中定义的A的理想类群. 因此 (6.2) 推广了下面的事实: A是 UFD, 当且仅当它的理想类群是 0.

命题 6.4 令X是域k上的射影空间 $\mathbf{P}_k^n$. 对任何除子 $D = \sum n_i Y_i$, 用 $\deg D = \sum n_i \deg Y_i$ 定义D的次数,其中 $\deg Y_i$ 是超曲面 Y_i 的次数. 令 H_i 是超平面 $x_0 = 0$. 则

(a) 如果D是任何d次除子,则 $D \sim dH$;

(b) 对任何 $f \in K^*$, $\deg(f) = 0$;

(c) 次数函数给出同构 $\deg: \mathrm{Cl}X \to \mathbf{Z}$.

证明 令 $S = k[x_0, \cdots, x_n]$ 是X的齐次坐标环. 如果g是d次齐次元,我们可把它分解成不可约多项式之积 $g = g_1^{n_1} \cdots g_r^{n_r}$. 那么 g_i 定义了次数 $d_i = \deg g_i$ 的超曲面 Y_i, 和我们可以定义g的除子为 $(g) = \sum n_i Y_i$. 于是 $\deg(g) = d$. 现在X上的有理函数f是同次数的齐次多项式的商 g/h. 显然 $(f) = (g) - (h)$,

我们得到 $\deg(f)=0$，证明了 (b).

如果D是任何 d 次除子，我们可把它写成次数为 d_1, d_2，且 $d_1-d_2=d$ 的两个有效除子的差 D_1-D_2. 令 $D_1=(g_1)$, $D_2=(g_2)$. 这样做是可能的，因为 $\mathbf{P}^n$ 中的不可约超曲面对应着 S 中的高度 1 的齐次素理想，而这种理想是主理想. 取幂的乘积，我们可得到任何有效除子 (g)，而 g 是某个齐次元. 现在 $D-dH=(f)$，其中 $f=g_1/x_0^d g_2$ 是X上的有理函数. 这证明了 (a). 而 (c) 由 (a), (b)，和 $\deg H=1$ 推出.

命题 6.5 令X满足(*)，Z是X的真闭子集，令 $U=X-Z$. 则

(a) 存在由 $D=\sum n_iY_i\longmapsto\sum n_i(Y_i\cap U)$ (若 $Y_i\cap U=\varnothing$，则将其抹掉) 定义的满射同态 $\mathrm{Cl}X\to\mathrm{Cl}U$;

(b) 如果 $\mathrm{codim}\,(Z,X)\geqslant 2$，则 $\mathrm{Cl}X\to\mathrm{Cl}U$ 是同构;

(c) 如果Z是余维 1 的不可约子集，则存在正合序列

$$\mathbf{Z}\to\mathrm{Cl}X\to\mathrm{Cl}U\to 0,$$

其中第一个映射由 $1\to 1.Z$ 定义.

证明

(a) 如果Y是X上的素除子，则 $Y\cap U$ 或者是空集或者是U上的素除子. 如果 $f\in K^*$ 和 $(f)=\sum n_iY_i$，那么把 f 看作U上的有理函数，我们有 $(f)_U=\sum n_i(Y_i\cap U)$，故实际上我们有同态 $\mathrm{Cl}X\to\mathrm{Cl}U$. 这个同态是满的，因为$U$的每个素除子是它在$X$中闭包的限制.

(b) 群 $\mathrm{Div}\,X$ 和 $\mathrm{Cl}X$ 只依赖于余维 1 的子集，所以去掉余维$\geqslant Z$ 的闭子集不改变任何东西.

(c) $\mathrm{Cl}X\to\mathrm{Cl}U$ 的核是由支集包在Z中的除子组成. 如果Z是不可约的，核就是由 $1.Z$ 生成的 $\mathrm{Cl}X$ 的子群.

例 6.5.1 令Y是 $\mathbf{P}_k^2$ 中 d 次不可约曲线. 则 $\mathrm{Cl}(\mathbf{P}^2-Y)=\mathbf{Z}/d\mathbf{Z}$. 这由 (6.4) 和 (6.5) 马上得出.

例 6.5.2 令k是域，$A=k[x,y,z]/(xy-z^2)$，并令 $X=\mathrm{Spec}\,A$. 则X是 $\mathbf{A}_k^3$ 中的仿射二次锥面. 我们将证明 $\mathrm{Cl}X=\mathbf{Z}/$

$2\mathbf{Z}$，和它由锥的一条母线，譬如 $Y: y = z = 0$ 生成(图 8)。

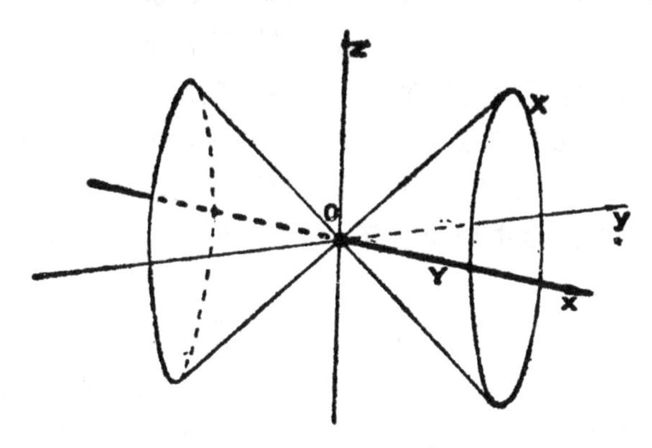

图 8 二次锥的母线

先注意 Y 是素除子，故由 (6.5) 有正合列

$$\mathbf{Z} \to \mathrm{Cl} X \to \mathrm{Cl}(X - Y) \to 0,$$

其中第一个映射由 $1 \longmapsto 1.Y$ 给出．现在由集合论看，Y 可被函数 y 截出．实际上 y 的除子是 $2.Y$，这是因为 $y = 0 \Rightarrow z^2 = 0$，而 z 生成 Y 的广点的局部环中的极大理想．因此 $X - Y = \mathrm{Spec} A_y$．$A_y = k[x, y, y^{-1}, z]/(xy - z^2)$．在 Ay 中，$x = y^{-1}z^2$，于是我们可消去 x，得到 $A_y \cong k[y, y^{-1}, z]$．这是一个 UFD，由 (6.2)，$\mathrm{Cl}(X - Y) = 0$。

这样我们得到 $\mathrm{Cl} X$ 由 Y 生成，而 $2.Y = 0$．剩下要证明 Y 本身不是主除子．由于 A 是整闭的（习题 6.4），这等价于证明 Y 的素理想 $\mathfrak{P} = (y, z)$ 不是主理想(参见 (6.2) 的证明)．令 $\mathfrak{M} = (x, y, z)$ 并注意到 $\mathfrak{M}/\mathfrak{M}^2$ 是由 x, y, z 的像 $\bar{x}, \bar{y}, \bar{z}$ 生成的 k 上的 3 维向量空间．我们有 $\mathfrak{P} \subseteq \mathfrak{M}$ 和 $\mathfrak{P}$ 在 $\mathfrak{M}/\mathfrak{M}^2$ 中的像含有 $\bar{y}$ 和 $\bar{z}$。因此 $\mathfrak{P}$ 不可能是主理想.

命题 6.6 令 X 满足(*)，则 $X \times \mathbf{A}^1 = (X \times_{\mathrm{spec}\mathbf{Z}} \mathrm{Spec}\mathbf{Z}[t])$ 也满足(*)，而且 $\mathrm{Cl} X \cong \mathrm{Cl}(X \times \mathbf{A}^1)$。

证明 显然 $X \times \mathbf{A}^1$ 是 Noether 的，整的和分离的．为证明它在余维 1 是正则的，我们注意有两类 $X \times \mathbf{A}^1$ 上的余维 1 的点．第 1 类点 x 在 X 中的像是余维 1 的点 y．在这种情形下，x

是 $\pi^{-1}(y)$ 的广点，其中 $\pi: X\times \mathbf{A}^1 \to X$ 是投射. 由于 x 的局部环 $\mathcal{O}_x \cong \mathcal{O}_y[t]_{\mathfrak{M}_y}$ 而 $\mathcal{O}_y$ 是离散赋值环，显然 $\mathcal{O}_x$ 是离散赋值环. 相应的素除子 $\{x\}^-$ 就是 $\pi^{-1}(\{y\}^-)$.

第 2 类余维 1 的点 $x\in X\times \mathbf{A}'$ 在 X 中的像是 X 的广点. 这时，$\mathcal{O}_x$ 是 $K[t]$ 在某个极大理想的局部化，其中 K 是 X 的函数域. 由于 $K[t]$ 是主理想整环，故 $\mathcal{O}_x$ 是离散赋值环. 因此 $X\times \mathbf{A}'$ 也满足(*).

我们用 $D=\sum n_iY_i \longmapsto \pi^*D=\sum n_i\pi^{-1}(Y_i)$ 定义映射 $\mathrm{Cl}X\to \mathrm{Cl}(X\times\mathbf{A}^1)$. 如果 $f\in K^*$，把 f 看作 $K(t)$ 的元，则 $\pi^*((f))$ 是 f 的除子，其中 $K(t)$ 是 $X\times\mathbf{A}^1$ 的函数域. 于是我们有同态 $\pi^*: \mathrm{Cl}X\to \mathrm{Cl}(X\times\mathbf{A}^1)$.

为了证明 π^* 是单射，假设 $D\in \mathrm{Div}\,X$ 并对某个 $f\in K(t)$，$\pi^*D=(f)$. 由于 π^*D 只含有第 1 类素除子，f 必定在 K 中. 否则的话，我们可写 $f=g/h$，$g,h\in K[t]$ 且互素. 如果 g,h 不都在 K 中，则 (f) 含有 $X\times\mathbf{A}^1$ 上的某个第 2 类的素除子. 至此，如果 $f\in K$，显然 $D=(f)$，所以 π^* 是单射的.

要证明 π^* 是满射，只要证明 $X\times\mathbf{A}^1$ 上的任何第 2 类素除子线性等价于第 1 类素除子的线性组合. 令 $Z\subseteq X\times\mathbf{A}^1$ 是一个第 2 类素除子. 在 X 的广点局部化，我们得到 $\mathrm{Spec}\,K[t]$ 中的与素理想 $\mathfrak{P}\subseteq K[t]$ 相对应的素除子. 这是主除子，令 f 是生成元. 则 $f\in K(t)$，f' 的除子由 Z 或许加上某些第 1 类的东西组成. 它不能含有任何其它的第 2 类的素除子. 因此 Z 线性等价于纯粹第 1 类的除子. 完成证明.

例 6.6.1 令 Q 是 $\mathbf{P}^3_k$ 中的非异二次曲面 $xy=zw$. 我们证明 $\mathrm{Cl}Q\cong \mathbf{Z}\oplus\mathbf{Z}$. 利用 $Q\cong \mathbf{P}^1\times\mathbf{P}^1$（第一章，习题 2.15）. 令 p_1 和 p_2 是 Q 到两个因子的投射映射，则像 (6.6) 的证明，我们得到同态 $p_1^*, p_2^*: \mathrm{Cl}\mathbf{P}^1\to \mathrm{Cl}Q$. 先证明 p_1^* 和 p_2^* 是单的. 令 $Y=pt\times\mathbf{P}^1$. 则 $Q-Y=\mathbf{A}^1\times\mathbf{P}^1$，合成映射

$$\mathrm{Cl}\mathbf{P}^1 \xrightarrow{p_2^*} \mathrm{Cl}Q \to \mathrm{Cl}(\mathbf{A}^1\times\mathbf{P}^1)$$

是(6.6)的同构。因此 p_2^*(类似地 p_1^*)是单射。

现在对 Y 考虑(6.5)的正合列

$$\mathbf{Z} \to \mathrm{Cl}\,Q \to \mathrm{Cl}(\mathbf{A}^1 \times \mathbf{P}^1) \to 0.$$

在这个序列中,第 1 个映射是 $1 \longmapsto Y$. 但是如果我们通过令 1 是一个点的类把 $\mathrm{Cl}\,\mathbf{P}^1$ 和 $\mathbf{Z}$ 等同起来,那么第 1 个映射就是 p_1^*,因此是单的. 由刚才的结果,p_2^* 的像同构地映入 $\mathrm{Cl}(\mathbf{A}^1 \times \mathbf{P}^1)$,我们得到 $\mathrm{Cl}\,Q \cong \mathrm{Im}\,p_1^* \oplus \mathrm{Im}\,p_2^* \cong \mathbf{Z} \oplus \mathbf{Z}$. 如果 D 是 Q 的任何除子,令 (a,b) 是 $\mathbf{Z}\oplus\mathbf{Z}$ 中的有序整数对,在上边的同构下与 D 的类相对应. 则我们说 D 在 Q 上具有型 (a,b).

例 6.6.2 继续就二次曲面 $Q \subseteq \mathbf{P}^3$ 讨论,我们将证明嵌入诱导出一个同态 $\mathrm{Cl}\,\mathbf{P}^3 \to \mathrm{Cl}\,Q$,而生成 $\mathrm{Cl}\,\mathbf{P}^3$ 的超平面 H 的像是 $\mathrm{Cl}\,Q = \mathbf{Z}\oplus\mathbf{Z}$ 中的元 $(1,1)$. 令 Y 是 $\mathbf{P}^3$ 的不包含 Q 的任何不可约超曲面. 那么为了得到 Q 的除子 $Y \cdot Q$,我们把重数给予 $Y \cap Q$ 的各个不可约分支. 实际上,在 $\mathbf{P}^3$ 的每个标准开集 U_i 上,Y 是由单个函数 f 所定义;我们可以把这函数(限制到 Q 上)对 Q 的素除子的赋值的值来定义除子 $Y \cdot Q$. 为了对 $\mathbf{P}^3$ 的每个除子 $D = \sum n_i Y_i$,其中 Y_i 都不包含 Q,定义 Q 的除子 $D \cdot Q$,我们可根据线性性扩张这个映射. 显然线性等价除子的限制是线性等价的. 由(6.4) $\mathbf{P}^3$ 的任何除子都线性等价于一个除子,使它的每个素除子都不包含 Q,于是我们得到一个有确切定义的同态 $\mathrm{Cl}\,\mathbf{P}^3 \to \mathrm{Cl}\,Q$. 现在如果 H 是超平面 $w = 0$,则 $H \cap Q$ 是由两条直线 $x = w = 0$ 和 $y = w = 0$ 组成的除子. 各在一个族中(第一章,习题 2.15),故 $H \cap Q$ 在 $\mathrm{Cl}\,Q = \mathbf{Z}\oplus\mathbf{Z}$ 中具有型 $(1,1)$. 注意,两个直线族对应着 $pt \times \mathbf{P}^1$ 和 $\mathbf{P}^1 \times pt$,所以它们具有型 $(1,0)$ 和 $(0,1)$.

例 6.6.3 进一步讨论上面的例子,令 C 是位于 Q 上的三次挠线 $x = t^3$, $y = u^3$, $z = t^2u$, $w = tu^2$. 如果 Y 是二次锥面 $yz = w^2$,则 $Y \cap Q = C \cup L$,其中 L 是直线 $y = w = 0$. 由于在 $\mathbf{P}^3$ 上有 $Y \sim 2H$,故 $Y \cap Q$ 是型 $(2,2)$ 的除子. 直线 L 有型 $(1,0)$,故 C 具有型 $(1,2)$. 由此得出不存在任何不包含 Q 的曲面使

得 $Y \cap Q = C$，即使从集论上看也是如此。因为在那种情形下，除子 $Y \cap Q$ 就会是 rC，r 是某个整数且 $r > 0$。这是 $C|Q$ 中型 $(r, 2r)$ 的除子，但如果 Y 是 d 次曲面，$Y \cap Q$ 有型 (d, d)，从而不可能等于 $(r, 2r)$。因此 Y 不存在。

例 6.6.4 在后面（第五章，4.8）我们将看到，如果 X 是 $\mathbf{P}^3$ 中非奇三次曲面，则 $\mathrm{Cl} X \cong \mathbf{Z}^7$。

曲线上的除子

我们将通过特别关心曲线上除子的情况来进一步说明除子类群的概念。 我们将定义曲线上除子的次数并证明对完全非异曲线，在线性等价之下次数是稳定的。关于曲线上除子的进一步研究将在第四章找到。

首先，我们需要一些关于曲线和曲线的映射的基本信息。回忆一下由第 4 节末得到的关于术语的约定。

定义 令 k 是代数闭域，则 k 上的曲线是 k 上有限型的整的分离概型，并有维数 1。如果 X 在 k 上是本征的，我们说 X 是完全的。如果 X 的所有局部环都是正则局部环，我们说 X 是非异的。

命题 6.7 令 X 是 k 上非异曲线且有函数域 K，则下面的条件等价：

(i) X 是射影的；

(ii) X 是完全的；

(iii) $X \cong t(C_K)$，其中 C_K 是第一章第 6 节的抽象非异曲线，t 是 (2.6) 中由代数簇到概型的函子。

证明

(i) ⇒ (ii)。由 (4.9) 推出。

(ii) ⇒ (iii)。如果 X 是完全的，则 K/k 的每个离散赋值环在 X 上有唯一的中心（习题 4.5）。由于 X 在闭点的局部环都是离散赋值环，这蕴含着 X 的闭点与 K/k 的离散赋值环，即 C_K 的点，一一对应，于是显然有 $X \cong t(C_K)$。

(iii) ⇒ (i)。由（第一章，6.9）推出。

命题 6.8 令 X 是 k 上完全非异曲线，Y 是 k 上任何曲线，令

$f: X \to Y$ 是射，则或者 (1) $f(X)$ 是一个点，或者 (2) $f(X) = Y$. 在情形 (2) 中，$K(X)$ 是 $K(Y)$ 的有限扩张，f 是有限态射，Y 也是完全的.

证明 由于 X 是完全的，$f(X)$ 在 Y 中必然是闭的，在 Spec k 上必然是本征的（习题 4.4）. 另一方面，$f(X)$ 是不可约的. 因此或者 (1) $f(X) = pt$，或者 (2) $f(X) = Y$，在情形 (2)，Y 也是完全的.

在情形 (2)，f 是支配的，故它诱导出函数域的包含关系 $K(Y) \subseteq K(X)$. 由于这两个域都是 k 的超越次数 1 的有限生成扩域，故 $K(X)$ 必然是 $K(Y)$ 的有限代数扩张. 为证明 f 是有限态射，令 $V = \operatorname{Spec} B$ 是 Y 的任何开仿射子集. 令 A 是 B 在 $K(Y)$ 中的整闭包. 则 A 是有限 B 模（第一章，3.9A），Spec A 同构于 X 的一个开子集 U（第一章，6.7）. 显然 $U = f^{-1}(V)$，因此这证明了 f 是有限态射.

定义 令 $f: X \to Y$ 是曲线的有限射，我们定义 f 的次数为有限扩张的次数 $[K(X): K(Y)]$.

现在我们研究关于曲线的除子. 如果 X 是非异曲线，则 X 满足上边用的条件(*)，因此我们可谈有关 X 的除子. 一个素除子就是一个闭点，故任意除子可写成 $D = \sum n_i P_i$，其中 P_i 是闭点，$n_i \in \mathbf{Z}$. 我们定义 D 的次数为 $\sum n_i$.

定义 如果 $f: X \to Y$ 是非异曲线的有限射，我们定义同态 f^*: $\operatorname{Div} Y \to \operatorname{Div} X$ 如下. 对任何点 $Q \in Y$，令 $t \in \mathcal{O}_Q$ 是在 Q 的局部参数，即 t 是 $K(Y)$ 的元而且 $v_Q(t) = 1$，其中 v_Q 是离散赋值环 $\mathcal{O}_Q$ 对应的赋值. 我们定义 $f^*Q = \sum_{f(P)=Q} v_P(t) \cdot P$. 由于 f 是有限射，这和是有限和，于是我们得到 X 上的除子. 注意 f^*Q 不依赖于局部参数 t 的选取. 实际上，如果 t' 是在 Q 的另一个局部参数，则 $t' = ut$，其中 u 是 $\mathcal{O}_Q$ 中的单位. 对任何点 $P \in X$，$f(P) = Q$，u 是 $\mathcal{O}_P$ 中的单位，因此 $v_P(t) = v_P(t')$. 我们把这定义线性扩张到 Y 上的所有除子. 容易看到，f^* 保持线性等价，故它诱导出同态 f^*: $\operatorname{Cl} Y \to \operatorname{Cl} X$.

命题 6.9 令 $f: X \to Y$ 是非异曲线的有限射，则对 Y 上的任何除子 D，我们有 $\deg f^*D = \deg f \cdot \deg D$.

证明 只要证明对任何闭点 $Q \in Y$ 有 $\deg f^*Q = \deg f$ 就够了. 令 $V = \operatorname{Spec} B$ 是 Y 的含有 Q 的开仿射子集. 令 A 是 B 在 $K(X)$ 中的整闭包. 则像 (6.8) 的证明中那样，$U = \operatorname{Spec} A$ 是 X 的开子集 $f^{-1}V$. 令 $\mathfrak{M}_Q$ 是 Q 在 B 中的极大理想. 相对乘法集 $S = B - \mathfrak{M}_Q$ 将 B 和 A 局部化，我们得到环扩张 $\mathcal{O}_Q \hookrightarrow A'$，其中 A' 是有限生成 $\mathcal{O}_Q$ 模. 现在 A' 是无挠的，且有秩 $r = [K(X):K(Y)]$，故 A' 是秩为 $r = \deg f$ 的自由 $\mathcal{O}_Q$ 模. 如果 t 是在 Q 的局部参数，得出 A'/tA' 是 r 维的 k 向量空间.

另一方面，X 的点 P_i 使 $f(P_i) = Q$，它和 A' 的极大理想一一对应，而且对每个 i，$A'_{\mathfrak{M}_i} = \mathcal{O}_{P_i}$. 显然 $tA' = \cap_i (tA'_{\mathfrak{m}_i} \cap A')$，因此由中国剩余定理，

$$\dim_k A'/tA' = \sum_i \dim_k A'/(tA'_{\mathfrak{M}_i} \cap A').$$

但是

$$A'/(tA'_{\mathfrak{M}_i} \cap A') \cong A'_{\mathfrak{M}_i}/tA'_{\mathfrak{M}_i} \cong \mathcal{O}_{P_i}/t\mathcal{O}_{P_i},$$

所以上边和式中的维数就等于 $v_{P_i}(t)$. 但是 $f^*Q = \sum v_{P_i}(t) \cdot P_i$，于是我们已经证明了所要求的 $\deg f^*Q = \deg f$，

系 6.10 在完全非异曲线 X 上的主除子有次数零，因而次数函数诱导出一个满射同态 $\deg: \operatorname{Cl} X \to Z$.

证明 令 $f \in K(X)^*$. 如果 $f \in k$，则 $(f) = 0$，故没什么可证明. 如果 $f \notin k$，则域的包含关系 $k(f) \subseteq K(X)$ 诱导出有限射 $\varphi: X \to \mathbf{P}^1$. 由第一章 6.12，它是一个射，由 (6.8) 它是有限的. 现在 $(f) = \varphi^*(\{0\} - \{\infty\})$. 由于 $\{0\} - \{\infty\}$ 是关于 $\mathbf{P}^1$ 的零次除子，我们得到 (f) 在 X 上有次数 0.

因此关于 X 的除子的次数只依赖于它的线性等价类，我们得到所说的同态 $\operatorname{Cl} X \to \mathbf{Z}$. 因为单点的次数是 1，故它是满射.

例 6.10.1 一个完全非异曲线 X 是有理的，当且仅当存在两个不同的点 $P, Q \in X$，使得 $P \sim Q$. 回忆一下，有理的意味着

对 $\mathbf{P}^1$ 是双有理的. 如果 X 是有理的, 则实际上由 (6.7) 它同构于 $\mathbf{P}^1$. 在 $\mathbf{P}^1$ 上, 我们已经知道任何两点是线性等价的 (6.4). 反之, 假设 X 有两点 $P \neq Q$, $P \sim Q$. 则存在有理函数 $f \in K(X)$ 使得 $(f) = P - Q$. 像在 (6.10) 的证明中那样, 考虑由 f 决定的射 $\varphi: X \to \mathbf{P}^1$. 我们有 $\varphi^*(\{0\}) = P$, 故 φ 必定是次数 1 的射. 换句话说, φ 是双有理的, 故 X 是有理的.

例 6.10.2 令 X 是 $\mathbf{P}_k^2$ 中的非异三次曲线 $y^2z = x^3 - xz^2$. 我们已经知道 X 不是有理的(第一章, 习题 6.2). 令 Cl^0X 是次数映射 $\mathrm{Cl}X \to \mathbf{Z}$ 的核. 则由前边的例子, 我们知道 $\mathrm{Cl}^0X \neq 0$. 实际上我们将证明 X 的闭点集合与群 Cl^0X 的元之间有一个自然的一一对应. 一方面这阐明了群 Cl^0X 的结构. 另一方面它给出一个 X 的闭点集的群结构, 使得 X 变成群簇(图 9).

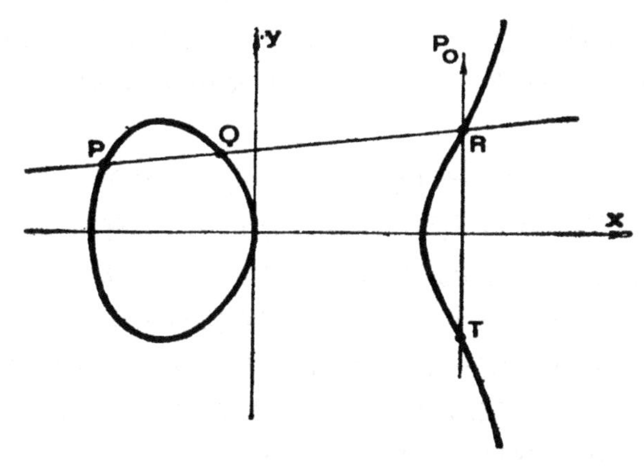

图 9 关于三次曲线的群法则

令 P_0 是 X 上的点 $(0,1,0)$. 它是一个拐点, 故在这点的切线 $z = 0$ 交曲线于除子 $3P_0$. 如果 L 是 $\mathbf{P}^2$ 中的任何其它直线, 交 X 于三点 P, Q, R (可以相同), 则由于 L 在 $\mathbf{P}^2$ 中线性等价于直线 $z = 0$, 像上边 (6.6.2) 中那样, 关于 X 我们有 $P + Q + R \sim 3P_0$.

现在对任何闭点 $P \in X$, 考虑除子 $P - P_0 \in \mathrm{Cl}^0X$. 这个映

射是单的，因为如果 $P-P_0\sim Q-P_0$，则 $P\sim Q$，而且上边的例子知道 X 是有理的，但这是不可能的。

为证明由 X 的闭点集合到 Cl^0X 的映射是满的，我们分几步进行。令 $D\in\mathrm{Cl}^0X$，则 $D=\sum n_iP_i$，同时 $\sum n_i=0$。因此我们也可写 $D=\sum n_i(P_i-P_0)$。现对任何点 R，令直线 P_0R 交 X 于点 T（算相交时始终考虑重数。例如，如果 $R=P_0$，取直线 P_0R 为点 P_0 的切线，则第三个交点 T 也是 P_0），则 $P_0+R+T\sim 3P_0$，于是 $R-P_0\sim-(T-P_0)$。如果 i 是 D 中使得 $n_i<0$ 的标号，取 $P_i=R$。由 T 代替 P_i，我们得到第 i 个系数 $-n_i>0$ 的线性等价除子。重复这个过程，故我们可假设 $D=\sum n_i(P-P_0)$，其中所有 $n_i>0$。现在对 $\sum n_i$ 施归纳法证明：对某个点 P，$D\sim P-P_0$。如果 $\sum n_i=1$，没什么要证明。因而假设 $\sum n_i\geqslant 2$，令 P，Q 是在 D 中出现的 P_i 中的两个点（可以相同）。令直线 PQ 交 X 于 R，线 P_0R 交 X 于 T。那末有

$$P+Q+R\sim 3P_0 \text{ 和 } P_0+R+T\sim 3P_0,$$

所以

$$(P-P_0)+(Q-P_0)\sim(T-P_0),$$

用 T 代替 P 和 Q，我们得到 D 线性等价于另一个有相同形式的但 $\sum n_i$ 少 1 的除子，于是由归纳假设，对某个 P 有 $D\sim P-P_0$。

至此我们证明了群 Cl^0X 和 X 的闭点集有 1-1 对应。我们可直接证明加法法则决定一个映射 $X\times X\to X$，逆法则决定一映射 $X\to X$（例如见 Olson[1]）。因此 X 是在第一章习题 3.21 意义下的群簇。其推广参见（第四章，1.3.6）。

注 6.10.3 这个 3 次曲线的例子说明了一个普遍的事实：代数簇的除子类群有离散分支（在此例中 $\mathbf{Z}$）和本身有代数簇结构的连续分支（在此例中 Cl^0X）。

更明确地，如果 X 是任何完全非异曲线，则群 Cl^0X 同构于被称为 X 的 Jacobi 簇的 Abel 簇的闭点群。Abel 簇是 k 上的完全群簇。Jacobi 簇的维数是曲线的亏格。因此 X 的整个除子类群是 Z 用 X 的 Jacobi 簇的闭点群扩张而得的群。

如果 X 是维数 $\geqslant 2$ 的非异射影簇，则我们可以定义 $\mathrm{Cl}X$ 的子群 $\mathrm{Cl}^0 X$，即代数等价于 0 的除子类的子群，使得 $\mathrm{Cl}X/\mathrm{Cl}^0 X$ 是有限生成 Abel 群，后者称为 Néron-Severi 群，而 $\mathrm{Cl}^0 X$ 同构于称为 X 的 Picard 簇的 Abel 簇的闭点群.

遗憾的是在这本书中我们没有篇幅讨论 Abel 簇的理论和研究给定簇的 Jacobi 簇和 Picard 簇. 关于这个美丽学科的更多的信息和进一步的参考文献参见 Lang[1], Mumford[2], Mumford[5], 和 Hartshorne[6]. 也可见(第四章，第 4 节)和附录 B.

Cartier 除子

现在我们要把除子的概念扩展到任意概型，但用余维 1 的不可约子簇不太有效. 代替它的是以下面的想法作为我们的出发点：除子应该是某个东西，局部地看上去像有理函数的除子. 这不是 Weil 除子的精确推广（我们将看到)，但是它给出了用于任意概型的好概念.

定义 令 X 是概型. 对每个开仿射子集 $U=\operatorname{Spec} A$，令 S 是 A 的非零因子的集合，$K(U)$ 是 A 用乘法集 S 作的局部化. 我们称 $K(U)$ 为 A 的全商环. 当 U 变化时. 环 $K(U)$ 形成环层 $\mathscr{K}$，称它为 $\mathscr{O}$ 的全商环层. 对任意概型，层 $\mathscr{K}$ 取代了整概型的函数域的概念. 我们用 $\mathscr{K}^*$ 表示环层 $\mathscr{K}$ 中可逆元的（乘法群)层. 类似地 $\mathscr{O}^*$ 是 $\mathscr{O}$ 中可逆元层.

定义 关于概型 X 的 Cartier 除子是层 $\mathscr{K}^*/\mathscr{O}^*$ 的整体截影. 考虑商层的性质，我们知道 X 的 Cartier 除子可用 X 的给定的开覆盖 $\{U_i\}$，及对每个 i，$f_i\in\Gamma(U_i,\mathscr{K}^*)$，使得对每个 i,j 用 $f_i/f_j\in\Gamma(U_i\cap U_j,\mathscr{O}^*)$ 来描述. 如果一个 Cartier 除子在自然映射 $\Gamma(X,\mathscr{K}^*)\to\Gamma(X,\mathscr{K}^*/\mathscr{O}^*)$ 的像中，则称它为主除子. 两个 Cartier 除子是线性等价的，如果它们的差是主除子.（尽管关于 $\mathscr{K}^*/\mathscr{O}^*$ 的群运算是乘法，但当谈到 Cartier 除子时，为保持和 Weil 除子的类似，我们使用加群的语言).

命题 6.11 令 X 是整的分离 Noether 概型，它的全部局部环都是唯一因子分解整环(这时，我们说X是局部分解的)，则X上的 Weil 除子群 Div$X$ 同构于 Cartier 除子群 $\Gamma(X,\mathscr{K}^*/\mathscr{O}^*)$，进而，在这个同构之下，主 Weil 除子对应着主 Cartier 除子。

首先注意X是正规的，再由于 UFD 是整闭的，于是X满足(*)这使得谈 Weil 除子有意义。因为X是整的，层$\mathscr{K}$就是和X的函数域K对应的常值层。现在令 Cartier 除子由$\{(U_i,f_i)\}$给出，其中U_i是X的开覆盖，$f_i\in\Gamma(U_i,\mathscr{K}^*)=K^*$。我们定义伴随的 Weil 除子如下.对每个素除子Y，取Y的系数为$v_Y(f_i)$，其中i是使得$Y\cap U_i\neq\varnothing$的任何指标。如果j是另一个这样的指标，则f_i/f_j关于$U_i\cap U_j$是可逆的，故$v_Y(f_i/f_j)=0$，从而$v_Y(f_i)=v_Y(f_j)$。因此我们得到X上确定义的 Weil 除子$D=\Sigma v_Y(f_i)Y$。(由于X是 Noether 的，求和是有限的。)

反之，如果D是关于X的 Weil 除子，令$x\in X$是任何点，则D在局部概型 Spec $\mathscr{O}_x$ 上诱导出一个 Weil 除子 D_x。由于$\mathscr{O}_x$是 UFD，由 (6.2) D_x 是主除子，故对某个 $f_x\in K$，令 $D_x=(f_x)$。至此，X上的主除子(f_x)对 Spec $\mathscr{O}_x$ 与D有相同的限制，因此它们仅在不经过x的素除子处不相同。但在D中或(f_x)中都只有有限多个这种素除子有非零系数。故存在x的开邻域U_x使得D和(f_x)对U_x有相同限制。用这样的开集U_x覆盖X，函数f_x给出了X上的 Cartier 除子。注意，由于X是正规的，如果f,f'在开集U上给出相同的 Weil 除子，则$f/f'\in\Gamma(U,\mathscr{O}^*)$(参见(6.2)的证明)。于是我们有确定定义的 Cartier 除子。

这两个结构是彼此互逆的，故我们看到 Weil 除子群和 Cartier 除子群是同构的。进而，显然有主除子相互对应。

注 6.11.1A 由于正则局部环是 UFD (Matsumura [2, 定理 48, p. 142])，特别这个命题可用于任何正则的整分离的 Noether 概型。一个概型是正则的，如果它的所有局部环是正则局部环。

注 6.11.2 如果X是满足(*)的概型，但未必局部分解，我们可以定义由局部主 Weil 除子组成的 Div X 的子群：D是局部

主的，如果X可用开集U覆盖，而U要满足：$D|_U$是主的。于是上面的证明指出 Cartier 主除子是和局部主 Weil 除子相同。

例 6.11.3 令X是上面（6.5.2）处理的仿射二次锥面 Spec $k[x,y,z]/(xy-z^2)$。母线Y是 Weil 除子，但在锥顶点的邻域，它不是局部主的。实际上，我们早些的证明指出它的素理想$\mathfrak{P}A_{\mathfrak{M}}$在局部环$A_{\mathfrak{M}}$中甚至不是主理想。因此$Y$不对应 Cartier 除子。另一方面，$2Y$是局部主的，实际上是主的。故在这种情形，Cartier 除子模主除子的群是 0，而 $\mathrm{Cl}X \cong \mathbf{Z}/2\mathbf{Z}$。

例 6.11.4 令X是$\mathbf{P}_k^2$中的尖点三次曲线，其中 $\mathrm{ch}\,k \neq 2$。这时X不满足(*)，故我们不能谈关于X的 Weil 除子。但是我们可谈 Cartier 除子类模主除子的群 CaCl X。模仿非奇三次曲线的情形（6.10.2），我们将证明：

（a）存在满射次数同态 deg: $\mathrm{CaCl}X \to \mathbf{Z}$;

（b）在X的非异闭点集和次数映射的核 CaCl^0X 之间存在一一对应，它使得 CaCl^0X 成为群簇。实际上

（c）在 CaCl^0X 和域k的加群$\mathbf{G}_a$（第一章，习题 3.21a）之间有群簇的自然同构。

为了定义关于X的 Cartier 除子的次数，注意任何 Cartier 除子都线性等价于一个除子，其局部函数在奇点 $Z=(0,0,1)$ 的某个邻域中是可逆的。因此这 Cartier 除子在 $X-Z$ 对应 Weil 除子 $D=\Sigma n_iP_i$，我们定义原来的除子的次数为 $\deg D=\Sigma n_i$。(6.10)的证明指出如果 $f\in K$在Z是可逆的，则在 $X-Z$ 的主除子(f)有次数 0。因此X上的 Cartier 除子的次数有了确定的定义，将它过渡到线性等价类上，便给出满同态 deg: $\mathrm{CaCl}X\to\mathbf{Z}$。

类似非异三次曲线的情形，令P_0是点$(0,1,0)$。对每个闭点 $P\in X-Z$，我们给以 Cartier 除子 D_P，它在Z的邻域是 1，而在 $X-Z$ 上对应于 Weil 除子 $P-P_0$。先注意这个映射是单射的：如果$P\neq Q$是 $X-Z$ 中的两个点，和 $D_P\sim D_Q$，则存在 $f\in K^*$，它在Z是可逆的，而在 $X-Z$ $(f)=P-Q$。于是f给出X到$\mathbf{P}^1$的射。此射必定是双有理的。Z在X的局部环将支配$\mathbf{P}^1$的某个

离散赋值环，但这是不可能的，因为 Z 是奇点。

要证明 $\mathrm{CaCl}^0 X$ 中的每个除子线性等价于 D_P，其中 P 是 X-Z 中的某个闭点，我们完全照上边的非异三次曲线的情形进行．唯一的区别是应该注意上面描述的几何构造 $R \longmapsto T$，P，$Q \longmapsto R, T$ 仍保持在 X-Z 的里面． 因此群 $\mathrm{CaCl}^0 X$ 和 X-Z 的闭点集有一一对应关系，这使它成为群簇．

在这种情形下，我们可把群簇等同于 $\mathbf{G}_a$．当然，我们知道 X 是有理曲线，故 $X - Z \cong \mathbf{A}_k^1$（第一章，习题 3.2）． 事实上，如果我们使用正确的参数化方法，则群法则也为对应． 所以用 $t \longmapsto (t,1,t^3)$ 定义由 $\mathbf{G}_a = \operatorname{Spec} k[t]$ 到 X-Z 的射． 这无疑是簇的同构．用一些初等解析几何证明（留给读者）如果 $P = (t,1,t^3)$ 和 $Q = (u,1,u^3)$，则上面构造的点 T 正是 $(t+u,1,(t+u)^3)$．因此把 $\mathrm{CaCl}^0 X$ 的群结构赋予 X-Z，我们得到一个 $\mathbf{G}_a$ 到 X-Z 的群簇的同构．

可逆层

回忆一下在环层空间 X 上，可逆层定义为秩 1 的局部自由 $\mathscr{O}_X$ 模．我们将看到关于概型的可逆层和模线性等价关系得到的除子类密切相关．

命题 6.12 如果 $\mathscr{L}$ 和 $\mathscr{M}$ 是环层空间 X 上的两个可逆层，则 $\mathscr{L} \otimes \mathscr{M}$ 也是环层空间 X 上的可逆层．如果 $\mathscr{L}$ 是 X 上的任何可逆层，则存在 X 上的可逆层 $\mathscr{L}^{-1}$，使得 $\mathscr{L} \otimes \mathscr{L}^{-1} \cong \mathscr{O}_X$．

证明 第一个论述是显然的，因为 $\mathscr{L}$ 和 $\mathscr{M}$ 都是秩 1 的局部自由 $\mathscr{O}_X$- 模和 $\mathscr{O}_X \otimes \mathscr{O}_X \cong \mathscr{O}_X$．关于第二个论述，令 $\mathscr{L}$ 是任何可逆层，取 $\mathscr{L}^{-1}$ 为对偶层 $\mathscr{L}^\vee = \mathscr{H}om(\mathscr{L}, \mathscr{O}_X)$．则由（习题 5.1）$\mathscr{L}^\vee \otimes \mathscr{L} \cong \mathscr{H}om(\mathscr{L}, \mathscr{L}) = \mathscr{O}_X$．

定义 对任何环层 X，我们定义 X 的 Picard 群，用 $\operatorname{Pic} X$ 表示，为 X 上的可逆层的同构类在运算 $\otimes$ 之下成的群．实际上，上面命题已经证明了它是群．

注 6.12.1 后面（第三章，习题 4.5）我们将看到，$\operatorname{Pic} X$ 可表

成上同调群 $H^1(X,\mathscr{O}_X^*)$.

定义 令D是概型X的 Cartier 除子,像前面一样,用$\{(U_i, f_i)\}$表示. 我们定义全商环层$\mathscr{K}$的子层$\mathscr{L}(D)$为在U_i上f_i^{-1}生成的$\mathscr{K}$的子$\mathscr{O}_X$模. 这个定义是确定的,因为f_i/f_j在$U_i\cap U_j$上是可逆的,所以f_i^{-1}和f_j^{-1}生成相同的$\mathscr{O}_X$模. 我们称$\mathscr{L}(D)$为和D相伴的层.

命题6.13 令X是概型,则

(a) 对任何 Cartier 除子D, $\mathscr{L}(D)$是X上的可逆层. 映射$D\longmapsto\mathscr{L}(D)$给出$X$的 Catier 除子与$\mathscr{K}$的可逆子层之间的一一对应;

(b) $\mathscr{L}(D_1-D_2)\cong\mathscr{L}(D_1)\otimes\mathscr{L}(D_2)^{-1}$;

(c) $D_1\sim D_2$,当且仅当作为抽象可逆层(即不管在$\mathscr{K}$中的嵌入)有$\mathscr{L}(D_1)\cong\mathscr{L}(D_2)$.

证明

(a) 由于每个$f_i\in\Gamma(U_i, \mathscr{K}^*)$,由$1\longmapsto f_i^{-1}$定义的映射$\mathscr{O}_{U_i}\to\mathscr{L}(D)|_{U_i}$是同构. 因此$\mathscr{L}(D)$是可逆层. 由$\mathscr{L}(D)$和它在$\mathscr{K}$中的嵌入,通过取$U_i$上的$f_i$为$\mathscr{L}(D)$的局部生成元的逆,可以重新获得 Cartier 除子D. 对$\mathscr{K}$的任何可逆子层,这个构造给出 Cartier 除子,所以我们有要求的一一对应.

(b) 如果D_1是由f_i局部地定义,D_2由g_i局部地定义,则$\mathscr{L}(D_1-D_2)$由$f_i^{-1}g_i$局部地生成,所以作为$\mathscr{K}$的子层$\mathscr{L}(D_1-D_2)=\mathscr{L}(D_1)\cdot\mathscr{L}(D_2)^{-1}$. 这个积明显地同构于抽象张量积$\mathscr{L}(D_1)\otimes\mathscr{L}(D_2)^{-1}$.

(c) 使用(b),只要证明$D=D_1-D_2$是主的当且仅当$\mathscr{L}(D)\cong\mathscr{O}_X$就够了. 如果$D$是由$f\in\Gamma(X,\mathscr{K}^*)$定义的主除子,则$\mathscr{L}(D)$整体地由$f^{-1}$生成,因此$1\longmapsto f^{-1}$给出同构$\mathscr{O}_X\cong\mathscr{L}(D)$.反之,给了这样一个同构,1的象给出$\Gamma(X,\mathscr{K}^*)$的一个元,它的逆定义$D$为主除子.

系6.14 对于任何概型X,映射$D\longmapsto\mathscr{L}(D)$给出 Cartier 除子模线性等价关系的群 CaCl X 到 Pic X 的单射同态.

注 6.14.1 映射 $\text{CaCl}\,X \to \text{Pic}\,X$ 可以不是满射，因为可能存在X的可逆层，它不同构于 $\mathscr{K}$ 的任何可逆子层。对于 Kleiman 的例子，参见 Hartshorne [5, I.1.3, p. 9]。另一方面，这个映射在很普遍的情况下都是同构。 Nakai [2, p.301] 证明了当X是域上射影的时，它是同构。我们现在证明如果X是整的，它是同构。

命题 6.15 如果X是整概型，(6.14) 的同态 $\text{CaCl}X \to \text{Pic}\,X$ 是同构。

证明 我们只要证明每个可逆层同构于$\mathscr{K}$的子层就够了，这时 $\mathscr{K}$ 是常值层 K，其中K是X的函数域。令 $\mathscr{L}$ 是任何可逆层，考虑层 $\mathscr{L}\otimes_{\mathscr{O}_X}\mathscr{K}$。在任何开集$U$上 $\mathscr{L}\cong\mathscr{O}_X$，我们有 $\mathscr{L}\otimes\mathscr{K}\cong\mathscr{K}$，所以它是$U$上的常值层。由于$X$是可逆的，由此推出任何层，如果它限制到$X$的覆盖的每个开集上是常值的则实际上它本身是常值层。因此 $\mathscr{L}\otimes\mathscr{K}$ 同构于常值层 $\mathscr{K}$，映射 $\mathscr{L}\to\mathscr{L}\otimes\mathscr{K}\cong\mathscr{K}$ 把 $\mathscr{L}$ 表为 $\mathscr{K}$ 的子层。

系 6.16 如果X是 Noether 的、整的、分离的局部分解概型，则存在自然同构 $\text{Cl}\,X\cong\text{Pic}\,X$。

证明 由 (6.11) 和 (6.15) 推出。

系 6.17 如果对某个域 k，$X=\mathbf{P}^n_k$，则X的每个可逆层都有某个 $l\in\mathbf{Z}$，使得 $\mathscr{L}$ 同构于 $\mathscr{O}(l)$。

证明 由 (6.4) 知，$\text{Cl}\,X\cong\mathbf{Z}$，故由 (6.16) 得到 $\text{Pic}\,X\cong\mathbf{Z}$。另外，$\text{Cl}\,X$ 的生成元是个超平面，它对应于可逆层 $\mathscr{O}(1)$。因此 $\text{Pic}\,X$ 是由 $\mathscr{O}(1)$ 生成的自由群，且任意可逆层同构于 $\mathscr{O}(l)$，其中 $l\in\mathbf{Z}$ 为某个整数。

我们用关于概型X的余维 1 的闭子概型的一些注记结束这节。

定义 概型X上的 Cartier 除子是有效的，如果它可以用 $\{(U_i,f_i)\}$ 表示，其中所有的 $f_i\in\Gamma(U_i,\mathscr{O}_{U_i})$。在此情形下，我们定义余维 1 的相伴子概型$Y$为由理想层 $\mathscr{I}$ 定义的闭子概型，其中 $\mathscr{I}$ 由 f_i 局部地生成。

注 6.17.1 显然，上面的定义给出X有效的 Cartier 除子和局部主闭子概型Y(即理想层由单一的元局部生成的子概型)之间的一一对应。还注意，如果X是整分离 Noether 局部分介概型，由(6.11) Cartier 除子和 Weil 除子对应，于是有效 Cartier 除子正好与有效 Weil 除子对应。

命题 6.18 令D是概型X上的有效 Cartier 除子，Y是相伴的局部主闭子概型，则 $\mathscr{I}_Y \simeq \mathscr{L}(-D)$。

证明 $\mathscr{L}(-D)$ 是由 f_i 局部生成的 $\mathscr{K}$ 的子层。由于D是有效的，实际上它是 $\mathscr{O}_X$ 的子层，确切地说是Y的理想层 $\mathscr{I}_Y$。

习　　题

6.1 令X是满足(∗)的概型，则 $X \times \mathbf{P}^n$ 也满足(∗)，而且 $\mathrm{Cl}(X \times \mathbf{P}^n) \cong (\mathrm{Cl}X) \times \mathbf{Z}$。

*6.2 射影空间中的代数簇。令 k 是代数闭域，X是 $\mathbf{P}_k^n$ 的在余维数 1 为非奇异的闭子簇（因此满足(∗)）。对X上的任何除子 $D = \Sigma n_i Y_i$，我们定义D的次数为 $\Sigma n_i \deg Y_i$，其中 $\deg Y_i$ 是 Y_i 本身看作射影簇的次数(第一章，第 7 节)。

(a) 令V是 $\mathbf{P}^n$ 中的不包含X的不可约超曲面，Y_i 是 $V \cap X$ 的不可约分支。(由第一章习题 1.8) 它们都有余维数 1。对每个 i，令 f_i 是V在 $\mathbf{P}^n$ 的某个开集 U_i 上的局部方程，其中 U_i 使得 $U_i \cap Y_i \neq \varnothing$，令 $n_i = v_{Y_i}(\bar{f}_i)$，$\bar{f}_i$ 是 f_i 对 $U_i \cap X$ 的限制。那么我们定义除子 $V.X$ 为 $\sum n_i Y_i$。作线性扩张，然后证明这给出一个由 $\mathrm{Div}\,\mathbf{P}^n$ 的子群到 $\mathrm{Div}\,X$ 的定义合理的同态，其中 $\mathrm{Div}\,\mathbf{P}^n$ 的子群由分支都不包含X的除子组成。

(b) 如果D是 $\mathbf{P}^n$ 的主除子，$D.X$ 定义如 (a) 中所给出的那样，证明 $D.X$ 在X上是主的。因此我们得到同态 $\mathrm{Cl}\mathbf{P}^n \to \mathrm{Cl}X$。

(c) 证明 (a) 中定义的整数 n_i 是和第一章第 7 节中定义的相交重数 $i(X,V;Y_i)$ 相同。然后用推广的 Bézout 定理（第一章，7.7）证明：对于 $\mathbf{P}^n$ 的任何除子 D

$$\deg(D.X) = (\deg D) \cdot (\deg X).$$

(d) 如果D是X的主除子，证明存在 $\mathbf{P}^n$ 的有理函数使得 $D = (f).X$。于是有 $\deg D = 0$。因此次数函数定义了一个同态 $\deg: \mathrm{Cl}X \to \mathbf{Z}$。(这

给出(6.10)的另一个证明，因为任何完全非异曲线是射影的.)最后，存在交换图

$$\begin{array}{ccc} \mathrm{Cl}\,\mathbf{P}^n & \longrightarrow & \mathrm{Cl}\,X \\ \cong\downarrow \deg & & \downarrow \deg \\ \mathbf{Z} & \longrightarrow & \mathbf{Z} \end{array},$$

特别地，我们得到映射 $\mathrm{Cl}\,\mathbf{P}^n \to \mathrm{Cl}\,X$ 是单的.

6.3 锥. 在这个习题中，我们将投射簇 V 的类群和它的锥的类群（第一章，习题 2.10）进行比较. 令 V 是 $\mathbf{P}^n$ 中的射影簇，具有维数 $\geqslant 1$ 且在余维数 1 为非异. 令 $X = C(V)$ 是 V 上在 $\mathbf{A}^{n+1}$ 中的仿射锥，$\bar{X}$ 是它在 $\mathbf{P}^{n+1}$ 中的射影闭包. 令 $P \in X$ 是锥的顶点.

(a) 令 $\pi: \bar{X} - P \to V$ 是投射映射. 证明 V 可用开子集 U_i 覆盖，其中对每个 i，v_i 满足 $\pi^{-1}(U_i) \cong U_i \times \mathbf{A}^1$，然后象在(6.6)中那样证明，$\pi^*: \mathrm{Cl}\,V \to \mathrm{Cl}(\bar{X} - P)$ 是同构. 由于 $\mathrm{Cl}\,\bar{X} \cong \mathrm{Cl}(\bar{X} \backslash P)$，我们还有 $\mathrm{Cl}\,V \cong \mathrm{Cl}\,\bar{X}$.

(b) 我们有 $V \subseteq \bar{X}$，可将它看作是在无穷远的超平面截影. 证明除子 V 在 $\mathrm{Cl}\,\bar{X}$ 中的类等于 $\pi^*(V.H$ 的类)，其中 H 是 $\mathbf{P}^n$ 的不包含 V 的任何超平面. 因此使用(6.5)得到：存在正合列

$$0 \to \mathbf{Z} \to \mathrm{Cl}\,V \to \mathrm{Cl}\,X \to 0,$$

其中第一个箭头把1映到 $V.H$，即 $1 \mapsto V.H$，第2个箭头是 π^*，对 $X - P$ 的限制映射和 X 中的包含映射的依次合成. (第一个箭头的单射性由上边的习题推出.)

(c) 令 $S(V)$ 是 V 的齐次坐标环(也是 X 的仿射坐标环). 证明：$S(V)$ 是唯一因子分解整环当且仅当 (1) V 是射影式正规的(习题 5.14)，和 (2) $\mathrm{Cl}\,V \cong \mathbf{Z}$ 且由类 $V.H$ 生成

(d) 令 $\mathcal{O}_p$ 是 p 在 X 的局部环. 证明自然限制映射诱导出同构 $\mathrm{Cl}\,X \to \mathrm{Cl}(\operatorname{Spec}\mathcal{O}_p)$.

6.4 令 k 是特征 $\neq 2$ 的域. 令 $f \in k[x_1, \cdots, x_n]$ 是没有平方因子的非常数多项式，即在 f 的不可约多项式的唯一因子分解中没有重因子. 令 $A = k[x_1, \cdots, x_n, z]/(z^2 - f)$. 证明 A 是整闭环. [提示：A 的商域 K 正是 $k(x_1, \cdots, x_n)[z]/(z^2 - f)$. 它是 $k(x_1, \cdots, x_n)$ 的伽罗华扩张，伽罗华群为 $\mathbf{Z}/2\mathbf{Z}$，它是由 $z \mapsto -z$ 生成. 如果 $\alpha = g + hz \in K$，其中 $g, h \in k(x_1, \cdots, x_n)$，则 α 的极小多项式是 $X^2 - 2gX + (g^2 - h^2 f)$. 现在证明 α 在 $k[x_1, \cdots, x_n]$ 上是整的当且仅当 $g, h \in k[x_1, \cdots, x_n]$. 由

此得到 A 是 $k[x_1,\cdots,x_n]$ 在 K 中的整闭包.]

*6.5 二次超曲面. 令 $\mathrm{char}\, k\neq 2$, X 是仿射二次超曲面 $\mathrm{Spec}\, k[x_0,\cdots,x_n]/(x_0^2+x_1^2+\cdots+x_r^2)$. 参见第一章,习题 5.12.

(a) 证明: 如果 $r\geqslant 2$, 则 X 是正规的(用习题 (6.4)).

(b) 通过坐标的适当的线性变换来证明 X 的方程可写为 $x_0x_1=x_2^2+\cdots+x_r^2$. 现在模仿 (6.5.2) 的方法证明:

(1) 如果 $r=2$, 则 $\mathrm{Cl}X\cong\mathbf{Z}/2\mathbf{Z}$;

(2) 如果 $r=3$, 则 $\mathrm{Cl}X\cong\mathbf{Z}$ (用上边的 (6.6.1) 和(习题 6.3));

(3) 如果 $r\geqslant 4$, 则 $\mathrm{Cl}X=0$.

(c) 令 Q 是 $\mathbf{P}^n$ 中用同样的方程定义的射影二次超曲面. 证明:

(1) 如果 $r=2$, 则 $\mathrm{Cl}Q\cong\mathbf{Z}$ 而且超平面截面 $Q\cdot H$ 的类是 2 倍的生成元;

(2) 如果 $r=3$, 则 $\mathrm{Cl}Q\cong\mathbf{Z}\oplus\mathbf{Z}$;

(3) 如果 $r\geqslant 4$, 则 $\mathrm{Cl}Q\cong\mathbf{Z}$, 由 $Q\cdot H$ 生成

(d) 证明 Klein 定理: 如果 $r\geqslant 4$, Y 是 Q 的余维 1 的不可约子簇,则存在重数 1 的不可约超曲面 $V\subseteq\mathbf{P}^n$ 使得 $V\cap Q=Y$. 换句话说,Y 是一个完全交. (对 $r\geqslant 4$ 先证明齐次坐标环 $S(Q)=k[x_0,\cdots,x_n]/(x_0^2+\cdots+x_r^2)$ 是 UFD.)

6.6 令 X 是 (6.10.2) 的非异平面三次曲线.

(a) 证明: X 的三点 P,Q,R 是共线的, 当且仅当按 X 的群法则有 $P+Q+R=0$. (注意点 $P_0=(0,1,0)$ 在 X 的群结构中是零元素.)

(b) 点 $P\in X$ 在 X 的群定律中的阶为 2, 当且仅当在 P 的切线通过 P_0.

(c) 点 $P\in X$ 在 X 的群定律中的为阶 3, 当且仅当 P 是拐点. (平面曲线的拐点是曲线的非奇异点 P, 它的切线(第一章,习题 7.3) 同曲线在 P 点的相交重数$\geqslant 3$.)

(d) 令 $k=\mathbf{C}$. 证明 X 的坐标在 $\mathbf{Q}$ 中的点形成群 X 的一个子群. 你能清楚地决定这个子群的结构吗?

*6.7 令 X 是 $\mathbf{P}^2$ 中的结点三次曲线 $y^2z=x^3+x^2z$. 模仿 (6.11.4) 证明零次 Cartier 除子群, CaCl^0X, 自然同构于乘法群 $\mathbf{G}_m$.

6.8 (a) 令 $f: X\to Y$ 是概型的射. 证明 $\mathscr{L}\mapsto f^*\mathscr{L}$ 诱导出 Picard 群的同态 f^*: $\mathrm{Pic}Y\to\mathrm{Pic}X$.

(b) 如果 f 是非异曲线的有限射,证明这个同态通过 (6.16) 的同构与

课文中定义的同态 $f^*: \mathrm{Cl}Y \to \mathrm{Cl}X$ 对应.

(c) 如果 X 是 $\mathbf{P}_k^n$ 的局部分解的整闭子概型, $f: X \to \mathbf{P}^n$ 是包含映射, 则 Pic 上的 f^* 经 (6.16) 的同构与(习题 6.2) 中定义的除子类群上的同态一致.

6.9 奇异曲线. 这里我们给出计算奇异曲线的 Picard 群的另一个方法. 令 X 是 k 上的曲线, $\tilde{X}$ 是它的正规化, $\pi: \tilde{X} \to X$ 是投射 (习题 3.8). 对每个点 $P \in X$, 令 $\mathcal{O}_P$ 是其局部环, $\tilde{\mathcal{O}}_P$ 是 $\mathcal{O}_P$ 的整闭包. 我们用 表示环中可逆元的群.

(a) 证明存在正合列

$$0 \to \bigoplus_{P \in X} \tilde{\mathcal{O}}_P^* / \mathcal{O}_P^* \to \operatorname{Pic} X \xrightarrow{\pi^*} \operatorname{Pic} \tilde{X} \to 0.$$

[提示: 把 $\operatorname{Pic} X$ 和 $\operatorname{Pic} \tilde{X}$ 表示成 Cartier 除子模主除子群, 然后用 X 上层的正合列

$$0 \to f_* \mathcal{O}_{\tilde{X}}^* / \mathcal{O}_X^* \to \mathscr{K}^* / \mathcal{O}_X^* \to \mathscr{K}^* / f_* \mathcal{O}_{\tilde{X}}^* \to 0.]$$

(b) 用 (a) 给出下面事实的另一个证明: 如果 X 是平面尖点三次曲线, 则存在正合列

$$0 \to \mathbf{G}_a \to \operatorname{Pic} X \to \mathbf{Z} \to 0,$$

如果 X 是平面结点三次曲线, 则存在正合列

$$0 \to \mathbf{G}_m \to \operatorname{Pic} X \to \mathbf{Z} \to 0.$$

6.10 Grothendieck 群 $K(X)$. 令 X 是 Noether 概型. 我们定义 $K(X)$ 是由所有 X 的凝聚层生成的自由 Abel 群, 模掉由所有表达式 $\mathscr{F} - \mathscr{F}' - \mathscr{F}''$ 生成的子群所得的商群, 其中对表达式要求存在 X 上凝聚层的正合列 $0 \to \mathscr{F}' \to \mathscr{F} \to \mathscr{F}'' \to 0$. 如果 $\mathscr{F}$ 是凝聚层, 我们用 $\gamma(\mathscr{F})$ 表示它在 $K(X)$ 中的像.

(a) 如果 $X = \mathbf{A}_k^1$, 则 $K(X) \cong \mathbf{Z}$.

(b) 如果 X 是任何整概型, $\mathscr{F}$ 是凝聚层, 我们定义 $\mathscr{F}$ 的秩为 $\dim_K \mathscr{F}_\xi$, 其中 ξ 是 X 的广点, $K = \mathcal{O}_\xi$ 是 X 的函数域. 证明秩函数定义了一个满射同态 $\operatorname{rank}: K(X) \to \mathbf{Z}$.

(c) 如果 Y 是 X 的闭子概型, 则存在正合列

$$K(Y) \to K(X) \to K(X - Y) \to 0,$$

其中第一个映射是用零扩张, 第二个映射是限制. [提示: 关于中间的正合性, 证明: 如果 $\mathscr{F}$ 是 X 的凝聚层, 其支集包在 Y 中, 则存在有限滤链 $\mathscr{F} = \mathscr{F}_0 \supseteq \mathscr{F}_1 \supseteq \cdots \supseteq \mathscr{F}_n = 0$, 使得每个 $\mathscr{F}_i / \mathscr{F}_{i+1}$ 是 $\mathcal{O}_Y$ 模.

用(习题 5.15)证明右边的满射性.]

关于 $K(X)$ 的进一步的结果和对广义 Riemann-Roch 定理的应用,参见 Borel-Serre[1], Manin[1], 和附录 A.

***6.11** 非异曲线的 Grothendieck 群. 令 X 是代数闭域 k 上的非异曲线,我们将分几步证明 $K(X)\cong \operatorname{Pic}X\oplus \mathbf{Z}$.

(a) 对任何 X 的除子 $D=\sum n_iP_i$,令 $\psi(D)=\sum n_i\gamma(k(P_i))\in K(X)$,其中 $k(P_i)$ 在 P_i 是摩天大楼层 k,而在其它地方是 0. 如果 D 是有效除子,令 $\mathcal{O}_D$ 是相应的余维 1 的子概型的结构层,证明 $\psi(D)=\gamma(\mathcal{O}_D)$. 然后用(6.18)证明,对任何 D, $\psi(D)$ 只依赖于 D 的线性等价类,因此 ψ 定义了同态 ψ: $\operatorname{Cl}X\to K(X)$.

(b) 对任何 X 上的凝聚层证明,存在局部自由层 $\mathscr{E}_0$ 和 $\mathscr{E}_1$,使得 $0\to\mathscr{E}_1\to\mathscr{E}_0\to\mathscr{F}\to 0$ 正合. 令 $r_0=\operatorname{rank}\mathscr{E}_0$, $r_1=\operatorname{rank}\mathscr{E}_1$, 定义 $\det\mathscr{F}=(\Lambda^{r_0}\mathscr{E}_0)\otimes(\Lambda^{r_1}\mathscr{E}_1)^{-1}\in\operatorname{Pic}X$. 这里 Λ 表示外幂次(习题 5.16). 证明 $\det\mathscr{F}$ 不依赖于分解式的选取,和它给出同态 $\det$: $K(X)\to\operatorname{Pic}X$. 最后证明:如果 D 是除子,则 $\det(\psi(D))=\mathscr{L}(D)$.

(c) 如果 $\mathscr{F}$ 是秩 r 的任何凝聚层,证明存在 X 上的除子 D 和正合列

$$0\to\mathscr{L}(D)^{\oplus r}\to\mathscr{F}\to\mathscr{T}\to 0,$$

其中 $\mathscr{T}$ 是个挠层. 证明如果 $\mathscr{F}$ 是秩 r 的层,则 $\mathscr{F}-r\gamma(\mathcal{O}_X)\in\operatorname{Im}\psi$.

(d) 用映射 ψ, $\det$, rank, 和 $1\mapsto\gamma(\mathcal{O}_X)$ (由 $\mathbf{Z}\to K(X)$), 证明 $K(X)\cong\operatorname{Pic}X\oplus\mathbf{Z}$.

6.12 令 X 是完全非奇曲线. 证明存在唯一的方法定义 X 上任何凝聚层的次数, $\deg\mathscr{F}\in\mathbf{Z}$, 使得

(1) 如果 D 是除子,则 $\deg\mathscr{L}(D)=\deg D$;

(2) 如果 $\mathscr{F}$ 是挠层(是指在广点的茎是零的层),则

$$\deg\mathscr{F}=\sum_{P\in X}\operatorname{length}(\mathscr{F}_P);$$

(3) 如果 $0\to\mathscr{F}'\to\mathscr{F}\to\mathscr{F}''\to 0$ 是正合列,则 $\deg\mathscr{F}=\deg\mathscr{F}'+\deg\mathscr{F}''$.

7. 射影态射

在本节中,我们把涉及到从给定概型到射影空间的态射方面的许多有关课题汇集在一起. 我们将指出,从一个概型 X 到某射影空间的态射怎样被在 X 上给出一个可逆层及其一组整体截影所

决定，还将给出使这个态射为浸没的一些判别准则，而后再研究强可逆层这个紧密相关的题目. 我们还要介绍线性系这个较为经典的语言，从概型的观点看，它只不过是处理可逆层及其整体截影的另外一种术语，然而线性系的概念所提供的几何理解却常常很有价值. 本节末尾，还要在概型X上定义分次代数层的 **Proj**，并给出两个重要的例子，其一是与局部自由层$\mathscr{E}$相关联的射影丛$\mathbf{P}(\mathscr{E})$，另一个是定义对一个凝聚理想层的胀开.

到 $\mathbf{P}^n$ 的态射

设A是一给定环，且考虑A上的射影空间 $\mathbf{P}_A^n=\operatorname{proj} A[x_0,\cdots,x_n]$，在$\mathbf{P}_A^n$上，我们有可逆层 $\mathscr{O}(1)$，而齐次坐标 $x_0,\cdots,x_n$ 成为整体截影 $x_0,\cdots,x_n\in\Gamma(\mathbf{P}_A^n,\mathscr{O}(1))$. 容易看出整体截影 $x_0,\cdots,x_n$ 生成层 $\mathscr{O}(1)$，即对每个点 $P\in\mathbf{P}_A^n$，将层 $\mathscr{O}(1)$ 的茎 $\mathscr{O}(1)_P$ 看作局部环O_P的模时，这些截影的像生成 $\mathscr{O}(1)_P$.

现设X为A上的任一概型，φ: $X\to\mathbf{P}_A^n$ 为X到$\mathbf{P}_A^n$的一个A态射，则 $\mathscr{L}=\varphi^*(\mathscr{O}(1))$ 是X上的可逆层，且整体截影 $s_0,\cdots,s_n$ 生成层$\mathscr{L}$，其中 $s_i=\varphi^*(x_i)$，$s_i\in\Gamma(X,\mathscr{L})$. 反之，我们可以看到$\mathscr{L}$及截影$s_i$决定了$\varphi_i$.

定理 7.1 设A为环，X为A上概型.

(a) 如果 φ: $X\to\mathbf{P}_A^n$ 为A态射，则 $\varphi^*(\mathscr{O}(1))$ 为X上的可逆层，并由整体截影 $s_i=\varphi^*(x_i)$，$i=0,1,\cdots,n$ 生成.

(b) 反之，若$\mathscr{L}$是X上可逆层，并且 $s_0,\cdots,s_n\in\Gamma(X,\mathscr{L})$ 为整体截影，它们生成$\mathscr{L}$，则存在一个唯一的A态射 $\varphi:X\to\mathbf{P}_A^n$，使得 $\mathscr{L}\cong\varphi^*(\mathscr{O}(1))$，且在此同构下 $s_i=\varphi^*(x_i)$.

证明 显然(a)由上面的讨论得到. 下面来证明 (b). 假定给出了$\mathscr{L}$及生成它的整体截影 $s_0,\cdots,s_n$. 对每个i，令 $X_i=\{P\in X\mid(s_i)_P\notin\mathfrak{m}_P\mathscr{L}_P\}$. 那么，正如前面所知，$X_i$是$X$的一个开子集，并且由于$s_i$生成$\mathscr{L}$，这些$X_i$必覆盖$X$.我们定义从$X_i$到$\mathbf{P}_A^n$的标准开集 $U_i=\{x_i\neq 0\}$ 的一个态射如后. 以前已知 $U_i\cong\operatorname{Spec} A[y_0,\cdots,y_n]$，其中 $y_j=x_j/x_i$，而略去了 $y_i=1$. 用

$y_j \longmapsto s_j/s_i$ 定义环同态 $A[y_0,\cdots,y_n] \to \Gamma(X_i,\mathscr{O}_{X_i})$，并使其为 A 线性. 这样做是合理的，因为对每个 $P\in X_i$，$(s_i)_P \notin \mathfrak{m}_P\mathscr{L}_P$，而 $\mathscr{L}$ 又是秩为 1 的局部自由层，故商 s_j/s_i 是 $\Gamma(X_i,\mathscr{O}_{X_i})$ 中确定的元。那么，由习题 2.4 知，这个环同态决定 A 上概型间的一个射 $X_i \to U_i$。显然，这些态射可以粘合起来(参见 (3.3) 证明中的第三步)，从而得到一个态射 φ: $X\to \mathbf{P}_A^n$. 由构造本身可以清楚看出 φ 是个 A 态射，且 $\mathscr{L}\cong\varphi^*(\mathscr{O}(1))$，而在此同构下截影 s_i 对应于 $\varphi^*(X_i)$. 显见具有这些性质的态射必是由这样构造得到的，故而 φ 为唯一.

例 7.1.1 ($\mathbf{P}_k^n$ 的自同构). 如果 $\|a_{ij}\|$ 是元在域 k 中的一个可逆 $(n+1)\times(n+1)$ 矩阵，于是 $x_i' = \sum a_{ij}x_j$ 确定了多项式环 $k[x_0,\cdots,x_n]$ 的一个自同构，从而也就确定了 $\mathbf{P}_k^n$ 的一个自同构. 如果 $\lambda\in k$ 为非零元，则 $\|\lambda a_{ij}\|$ 是 $\mathbf{P}_k^n$ 的同一自同构. 这使我们考虑群 $PGL(n,k)=GL(n+1,k)/k^*$，将它看作是 $\mathbf{P}_k^n$ 的自同构作用群. 通过考虑点 $(1,0,\cdots,0)$, $(0,1,0\cdots0)$, $\cdots$, $(0,0,\cdots,1)$ 及 $(1,1,\cdots,1)$，容易看出此群的作用是忠实的，就是说，当 $g\in \mathrm{PGL}(n,k)$ 诱导了 $\mathbf{P}_k^n$ 的平凡自同构时，g 必为恒同射.

现在我们来证明，反过来，$\mathbf{P}_k^n$ 的每个 k 自同构是 $\mathrm{PGL}(n,k)$ 中一个元. 这是早先在 (第一章，习题 6.6) 中对 $\mathbf{P}_k^1$ 的结果的推广. 令 φ 为 $\mathbf{P}_k^n$ 的一个 k 自同构. 在 (6.17) 中我们已经知道 $\mathrm{Pic}\,\mathbf{P}_k^n\cong\mathbf{Z}$，且由 $\mathscr{O}(1)$ 生成. 自同构 φ 诱导了 $\mathrm{Pic}\,\mathbf{P}^n$ 的自同构，故而 $\varphi^*(\mathscr{O}(1))$ 必为此群的生成元，于是它或是同构于 $\mathscr{O}(1)$ 或是 $\mathscr{O}(-1)$. 但是 $\mathscr{O}(-1)$ 无整体截影，这便得出 $\varphi^*(\mathscr{O}(1))\cong\mathscr{O}(1)$. 由 (5.13) 知 $\Gamma(\mathbf{P}^n,\mathscr{O}(1))$ 是以 $x_0,\cdots,x_n$ 为基的 k 向量空间. 因为 φ 为自同构，$s_i=\varphi^*(x_i)$ 必是此空间的另一组基，从而可写作 $s_i=\sum a_{ij}x_j$，其中 $\|a_{ij}\|$ 是 k 中元组成的可逆矩阵. 由定理我们知道 φ 由 s_i 唯一决定. 从而可知 φ 与 $\mathrm{PGL}(n,k)$ 中元 $\|a_{ij}\|$ 给出的自同构是一样的.

例 7.1.2 如果 X 是 A 上的概型，$\mathscr{L}$ 为可逆层，而 $s_0,\cdots,s_n$ 是任一组整体截影，它不必生成 $\mathscr{L}$，这时我们经常考虑使 s_i 生成

$\mathscr{L}$ 的开集 $U\subseteq X$（可能为空集）。于是 $\mathscr{L}|_U$ 及 $s_i|_U$ 给出态射 $U\to\mathbf{P}_A^n$. 这种情形的一个例子是，如果取 $X=\mathbf{P}_A^{n+1}$, $\mathscr{L}=\mathscr{O}(1)$, $s_i=x_i$, $i=0,\cdots,n$（去掉了 x_{n+1}）。除去点 $P_0=(0,0,\cdots,0,1)$ 外这些截影处处生成 $\mathscr{L}$. 因此 $U=\mathbf{P}^{n+1}-P_0$ 及对应的射 $U\to\mathbf{P}^n$ 恰好是从 P_0 点到 $\mathbf{P}^n$ 的投射(第一章，习题 3.14)。

下面我们要给出到射影空间的态射为闭嵌入的一些判别准则。

命题 7.2 设 $\varphi: X\to\mathbf{P}_A^n$ 为 A 上概型的态射，它对应于 X 上的可逆层 $\mathscr{L}$ 及截影 $s_0,\cdots,s_n\in\Gamma(X,\mathscr{L})$，如上面定理所述，那么 φ 为闭嵌入的充要条件是

(1) 每个开集 $X_i=X_{s_i}$ 为仿射，且

(2) 对每个 i，由 $y_j\longmapsto s_j/s_i$ 定义的环同态 $A[y_0,\cdots,y_n]\to\Gamma(X_i,\mathscr{O}_{X_i})$ 为满。

证明 先假定 φ 为闭嵌入。于是 $X_i=X\cap U_i$ 是 U_i 的闭子概型。因此 X_i 为仿射，且由 (5.10) 知相应的环映射为满。反之，假定条件 (1),(2) 成立。于是每个 X_i 为 U_i 的闭子概型。由于每个 $X_i=\varphi^{-1}(U_i)$，且所有 X_i 覆盖 X，显然 X 为 $\mathbf{P}_A^n$ 的闭子概型。

在更多的假设条件下，可给出更为局部的判别法。

命题 7.3 设 k 为一代数闭域，X 为 k 上的射影概型，又假设 $\varphi: X\to\mathbf{P}_k^n$ 为按上述方式对应于 $\mathscr{L}$ 及 $s_0,\cdots,s_n\in\Gamma(X,\mathscr{L})$ 的 k 上态射。令 $V\subseteq\Gamma(X,\mathscr{L})$ 为 s_i 张成的子空间，则 φ 为闭嵌入，当且仅当

(1) V 的元分离点，即对任意两个不同闭点 $P,Q\in X$，存在 $s\in V$，使得 $s\in\mathfrak{m}_P\mathscr{L}_P$ 但 $s\notin\mathfrak{m}_Q\mathscr{L}_Q$ 或者 $s\in\mathfrak{m}_Q\mathscr{L}_Q$ 但 $s\notin\mathfrak{m}_P\mathscr{L}_P$.

(2) V 的元分离切向量，即对每个闭点 $P\in X$，集合 $\{s\in V\mid s_P\in\mathfrak{m}_P\mathscr{L}_P\}$ 张成 k 向量空间 $\mathfrak{m}_P\mathscr{L}_P/\mathfrak{m}_P^2\mathscr{L}_P$.

证明 如果 φ 为闭嵌入，可将 X 看作 $\mathbf{P}_k^n$ 的闭子概型。这时 $\mathscr{L}=\mathscr{O}_X(1)$，而向量空间 $V\subseteq\Gamma(X,\mathscr{O}_X(1))$ 恰由 $x_0,\cdots,x_n$

$\in \Gamma(\mathbf{P}^n, \mathscr{O}(1))$ 的像张成. 给 X 中闭点 $P \neq Q$，则有超平面包含 P 而不包含 Q，设其方程为 $\sum a_i x_i = 0$，$a_i \in k$，则 $s = \sum a_i x_i$ 在 X 上的限制正好具有 (1) 的性质. 至于 (2)，那些经过 P 点的超平面所产生的截影生成了 $\mathfrak{m}_P \mathscr{L}_P / \mathfrak{m}_P^2 \mathscr{L}_P$. 为简便起见，假定 P 为点 $(1,0,0,\cdots,0)$. 于是在开仿射集 $U_0 \cong \operatorname{Spec} k[y_1, \cdots, y_n]$ 上，$\mathscr{L}$ 为平凡，P 点为 $(0,\cdots,0)$，而 $\mathfrak{m}_P/\mathfrak{m}_P^2$ 正是由 $y_1, \cdots, y_n$ 张成的向量空间. 这里 k 为代数闭的假定保证了 $\mathbf{P}_k^n$ 的每个闭点必具有 $(a_0, \cdots, a_n)$ 的形式，其中 $a_i \in k$ 为某些适当的元，因此点总可以用系数在 k 中的超平面分离.

对于相反方向的证明，令 $\varphi: X \to \mathbf{P}^n$ 满足 (1) 及 (2). 由于 V 的元全是 $\mathbf{P}^n$ 上 $\mathscr{O}(1)$ 截影的拉回，由 (1) 可清楚知道作为集合的映射 φ 为单. 因为 X 在 k 上为射影的，于是本征于 k (4.9)，故而在 $\mathbf{P}^n$ 中的像 $\varphi(X)$ 为闭 (习题 4.4)，且 φ 是本征态射 (4.8e). 特别地，φ 是个闭映射. 然而作为态射，它也是连续的，从而 φ 是 X 到其在 $\mathbf{P}^n$ 中作为闭子集的像 $\varphi(X)$ 上的同胚. 要证明 φ 是闭嵌入，只要再证明层同态 $\mathscr{O}_{\mathbf{P}^n} \to \varphi_* \mathscr{O}_X$ 为满就可以了. 这可在茎上验证. 因而只需对每个闭点 P，证明 $\mathscr{O}_{\mathbf{P}^n, P} \to \mathscr{O}_{X,P}$ 为满. 这两个局部环都具有剩余域 k，而假定 (2) 表明极大理想 $\mathfrak{m}_{\mathbf{P}^n, P}$ 的像生成 $\mathfrak{m}_{X,P}/\mathfrak{m}_{X,P}^2$. 还需利用 (5.20)，它表明 $\varphi_* \mathscr{O}_X$ 是 $\mathbf{P}^n$ 上的凝聚层，因而 $\mathscr{O}_{X,P}$ 是有限生成 $\mathscr{O}_{\mathbf{P}^n, P}$ 模. 现在，我们所要的结果便是下面引理的推论了.

引理 7.4 设 $f: A \to B$ 是局部 Noether 环的局部同态，满足

(1) $A/\mathfrak{m}_A \to B/\mathfrak{m}_B$ 为同构，

(2) $\mathfrak{m}_A \to \mathfrak{m}_B/\mathfrak{m}_B^2$ 为满，且

(3) B 为有限生成 A 模.

则 f 为满.

证明 考虑理想 $\mathfrak{a} = \mathfrak{m}_A B \subset B$. 于是 $\mathfrak{a} \subseteq \mathfrak{m}_B$，且由 (2) 知，$\mathfrak{a}$ 包含了 $\mathfrak{m}_B/\mathfrak{m}_B^2$ 的一组生成元. 因而对局部环 B 及 B 模 $\mathfrak{m}_B$ 用 Nakayama 引理得到 $\mathfrak{a} = \mathfrak{m}_B$. 再对 A 模 B 应用 Nakayama 引

理：由(3)，B为有限生成A模．元 $1\in B$ 给出了 $B/\mathfrak{m}_A B = B/m_B = A/\mathfrak{m}_A$ 的生成元(由(1))，故而作为A模的B由1生成，即f为满．

强可逆层

现在我们已经知道了概型X到射影空间的态射可以这样描述，即在X上给出一个可逆层及其一组适当的整体截影．因而对射影空间中簇的研究可化为研究具有某些可逆层及给定了整体截影的概型．回想在第5节中我们曾定义过X上一个层$\mathscr{L}$为对于Y为极强的概念，其中X是Y上的概型．这就是说，存在一个浸没i：$X\to \mathbf{P}_Y^n$，n为某个整数，使得$\mathscr{L}\cong i^*\mathscr{O}(1)$．如果$Y=\operatorname{Spec} A$，这等于说$\mathscr{L}$具有一组整体截影$s_0,\cdots,s_n$使其对应的射$X\to \mathbf{P}_A^n$为浸没．在(5.17)中我们也看到当$\mathscr{L}$为Noether环$A$上射影概型$X$上的极强可逆层时，有整数$n_0>0$，使得对所有$n\geqslant n_0$，$\mathscr{F}\otimes\mathscr{L}^n$由整体截影生成．我们要用由整体截影生成这个最后的性质来定义强可逆层的概念，它是更为一般的概念，并且在许多方面较之于极强层的概念更方便．

定义 在Noether概型X上的可逆层$\mathscr{L}$为强的，是指对X上每个凝聚层$\mathscr{F}$，存在整数$n_0>0$（依赖于$\mathscr{F}$）使得对每个$n\geqslant n_0$，层$\mathscr{F}\otimes\mathscr{L}^n$由整体截影生成．(这里$\mathscr{L}^n=\mathscr{L}^{\otimes n}$表示$\mathscr{L}$自身的$n$重张量积．)

注 7.4.1 注意，"强"是个绝对的概念，即它仅仅依赖于概型X，而"极强"是个相对的概念，它依赖于态射$X\to Y$．

例 7.4.2 如果X为仿射，则任意可逆层均为强层，这是因为仿射概型上每个凝聚层都为全局截影生成(5.5)．

注 7.4.3 Serre 的定理(5.17)断定，Noether 环A上射影概型X的一个极强层必是强层．其逆不真．但在后面(7.6)中我们会看到，当$\mathscr{L}$为强时，则$\mathscr{L}$的某个张量幂$\mathscr{L}^m$是极强的．因此"强"可看作"极强"的一种不变形式．

注 7.4.4 在第三章中还要给出强可逆层的另一种描述，利用了某些上同调群化零来刻画（第三章 5.3）.

命题 7.5 设 $\mathscr{L}$ 为 Noether 概型 X 上的可逆层，则下列条件等价：

(i) $\mathscr{L}$ 为强；

(ii) 对所有 $m>0$，$\mathscr{L}^m$ 为强；

(iii) 对某个 $m>0$，$\mathscr{L}^m$ 为强.

证明 (i) $\Longrightarrow$ (ii) 由强层的定义立即推出 (ii) $\Longrightarrow$ (iii) 是显然的. 下面来证 (iii) $\Longrightarrow$ (i)，假定 $\mathscr{L}^m$ 为强. 给定 X 上凝聚层 $\mathscr{F}$，则存在 $n_0>0$，使得对所有 $n\geqslant n_0$ 时 $\mathscr{F}\otimes(\mathscr{L}^m)^n$ 为整体截影生成. 再考虑凝聚层 $\mathscr{F}\otimes\mathscr{L}$，则存在 $n_1>0$，使得对所有 $n\geqslant n_1$ 时 $\mathscr{F}\otimes\mathscr{L}\otimes(\mathscr{L}^m)^n$ 为整体截影生成. 同样地，对每个 $k=1,2,\cdots,m-1$，有 $n_k>0$，当 $n\geqslant n_k$ 时都使 $\mathscr{F}\otimes\mathscr{L}^k\otimes(\mathscr{L}^m)^n$ 为整体截影生成. 取 $N=m\cdot\max\{n_i|i=0,1,\cdots,m-1\}$，则 $\mathscr{F}\otimes\mathscr{L}^n$ 对于所有 $n\geqslant N$ 为整体截影生成，故而 $\mathscr{L}$ 为强层.

定理 7.6 设 X 为 Noether 环 A 上的有限型概型，$\mathscr{L}$ 为 X 上可逆层，则 $\mathscr{L}$ 为强当且仅当对某个 $m>0$，$\mathscr{L}^m$ 在 Spec A 上为极强.

证明 先假定对某个 $m>0$，$\mathscr{L}^m$ 为极强，于是有浸没 $i: X\to\mathbf{P}_A^n$ 使得 $\mathscr{L}^m\cong i^*(\mathscr{O}(1))$. 令 $\bar{X}$ 为 X 在 $\mathbf{P}_A^n$ 中的闭包，则 $\bar{X}$ 是 A 上的射影概型. 故而由 (5.17)，$\mathscr{O}_{\bar{X}}(1)$ 在 $\bar{X}$ 上为强层. 现在对 X 上给出的凝聚层 $\mathscr{F}$，按照（习题 5.15），它可扩张为 $\bar{X}$ 上的凝聚层 $\bar{\mathscr{F}}$. 如果 $\bar{\mathscr{F}}\otimes\mathscr{O}_{\bar{X}}(1)$ 为整体截影生成，自然 $\mathscr{F}\otimes\mathscr{O}_X(1)$ 也是整体截影生成的了. 因此可知在 X 上 $\mathscr{L}^m$ 为强，且由 (7.5)，$\mathscr{L}$ 在 X 上也为强.

对于相反方向的证明，假定 $\mathscr{L}$ 在 X 上为强. 给出任意点 $P\in X$，令 U 为 P 的开仿射邻域使得在 U 上 $\mathscr{L}|_U$ 为自由. 令 Y 为闭集 $X-U$，$\mathscr{I}_Y$ 为其既约的诱导概型结构的理想层. 于是 $\mathscr{I}_Y$ 是 X 上的凝聚层，那么对某个 $n>0$，$\mathscr{I}_Y\otimes\mathscr{L}^n$ 由整体截影生成. 特别地，存在截影 $s\in\Gamma(X,\mathscr{I}_Y\otimes\mathscr{L}^n)$ 使 $s_P\notin m_P(\mathscr{I}_Y\otimes$

$\mathscr{L}^n)_P$. 那么 $\mathscr{I}_Y\otimes\mathscr{L}^n$ 是 $\mathscr{L}^n$ 的子层,故可将 s 看作 $\Gamma(X,\mathscr{L}^n)$ 的一个元. 如果 X_s 是开集 $\{Q\in X|s_Q\notin \mathfrak{m}_Q\mathscr{L}_Q^n\}$, 则由我们对 s 的选取, 有 $P\in X_s$, $X_s\subseteq U$. 由于 U 为仿射而 $\mathscr{L}|_U$ 为平凡, 故 s 诱导了元 $f\in\Gamma(U,\mathscr{O}_U)$, 因而 $X_s=U_f$ 也为仿射.

那么我们已经证明了, 对任意点 $P\in X$, 存在 $n>0$ 及截影 $s\in\Gamma(X,\mathscr{L})$ 使得 $P\in X_s$, X_s 为仿射. 由于 X 为拟紧的,可用这些开仿射集中有限个覆盖了 X, 设其对应于截影 $s_i\in\Gamma(X,\mathscr{L}^{n_i})$. 将每个 s_i 换为适当幂次的 $s_i^k\in\Gamma(X,\mathscr{L}^{kn_i})$, 这并不改变 X_{s_i}, 那么可假定所有的 n_i 都等于一个 n. 最后,因为 $\mathscr{L}^n$ 也为强层,而且因为我们只要证明 $\mathscr{L}$ 的某个幂次为极强, 故可以 $\mathscr{L}^n$ 代替 $\mathscr{L}$. 因此现在我们可设我们有整体截影 $s_1,\cdots,s_k\in\Gamma(X,\mathscr{L})$ 使得每个 $X_i=X_{s_i}$ 为仿射而 X_i 覆盖 X.

现在对每个 i, 令 $B_i=\Gamma(X_i,\mathscr{O}_{X_i})$. 因为 X 为 A 上的有限型概型,故每个 B_i 为有限生成 A 代数 (习题 3.3). 那么对于 A 代数 B_i, 令 $\{b_{ij}|j=1,\cdots,k_i\}$ 为一组生成元. 由 (5.14), 对每个 i,j, 存在整数 n 使得 $s_i^nb_{ij}$ 扩张为整体截影 $c_{ij}\in\Gamma(X,\mathscr{L}^n)$. 我们可取一个足够大的 n, 使得对所有 i, j 上述均成立. 现取 X 上可逆层 $\mathscr{L}^n$ 及截影 $\{s_i^n|i=1,\cdots,k\}$ 和 $\{c_{ij}|i=1,\cdots,k;\ j=1,\cdots,k_i\}$, 并利用所有这些截影像上面 (7.1) 所作的那样, 定义 A 上的态射 φ: $X\to\mathbf{P}_A^N$. 因为 X 由 X_i 所覆盖,截影 s_i^n 已经生成了层 $\mathscr{L}^n$, 因而这确是一个态射.

令 $\{x_i|i=1,\cdots,k\}$ 及 $\{x_{ij}|i=1,\cdots,k;\ j=1,\cdots,k_i\}$ 为 $\mathbf{P}_A^N$ 中的齐次坐标, 它们对应上面所说的 $\mathscr{L}^n$ 的截影. 对每个 $i=1,\cdots,k$, 令 $U_i\subseteq\mathbf{P}_A^N$ 为开子集 $x_i\neq 0$. 则 $\varphi^{-1}(U_i)=X_i$, 且仿射环的对应映射

$$A[\{y_i\},\{y_{ij}\}]\to B_i$$

为满, 因为 $y_{ij}\longmapsto c_{ij}/s_i^n=b_{ij}$, 且我们可选取 b_{ij} 使其生成 A 代数 B_i. 因此 X_i 映成 U_i 的闭子概型. 由此可知 φ 给出 X 与闭子模型 $\bigcup_{i=1}^{k}U_i\subseteq\mathbf{P}_A^N$ 的同构,所以 φ 为浸没. 于是 $\mathscr{L}^n$ 相对于 Spec A

为极强层，这即为所求。

例 7.6.1 设 $X = \mathbf{P}_k^n$，k 为域。由定义，$\mathcal{O}(1)$ 为极强。对任意 $d > 0$，$\mathcal{O}(d)$ 对应于 d 重分量嵌入（习题 5.13），故 $\mathcal{O}(d)$ 也是极强的，从而对所有 $d > 0$，$\mathcal{O}(d)$ 为强。另一方面，由于对 $l < 0$，$\mathcal{O}(l)$ 无整体截影，容易看出对 $l \leqslant 0$，层 $\mathcal{O}(l)$ 不为强层。那么在 $\mathbf{P}_k^n$ 上，我们得到：$\mathcal{O}(l)$ 为强 $\Longleftrightarrow$ 极强 $\Longleftrightarrow l > 0$。

例 7.6.2 令 Q 为 $\mathbf{P}_k^3$ 中非异二次曲面 $xy = zw$，k 为域。(6.6.1) 表明了 $\operatorname{Pic} Q \cong \mathbf{Z} \oplus \mathbf{Z}$，故可定义可逆层的型 (a, b)，$a, b \in \mathbf{Z}$。我们有 $Q \cong \mathbf{P}^1 \times \mathbf{P}^1$。如果 $a, b > 0$，考虑 a 重分量嵌入 $\mathbf{P}^1 \to \mathbf{P}^{n_1}$ 及 b 重分量嵌入 $\mathbf{P}^1 \to \mathbf{P}^{n_2}$。取其积并随后复合上 Segre 嵌入，便得到闭嵌入

$$Q = \mathbf{P}^1 \times \mathbf{P}^1 \to \mathbf{P}^{n_1} \times \mathbf{P}^{n_2} \to \mathbf{P}^n,$$

它对应于 Q 上一个 (a, b) 型可逆层。因而对任意 $a, b > 0$，相应的可逆层为极强因而强。另一方面，如果 $\mathscr{L}$ 为型 (a, b)，其中或 $a < 0$ 或 $b < 0$，将其限制在积 $\mathbf{P}^1 \times \mathbf{P}^1$ 的一个纤维上，便知 $\mathscr{L}$ 不为整体截影生成。从而如果 $a \leqslant 0$ 或 $b \leqslant 0$，$\mathscr{L}$ 不是强层。那么在 Q 上，一个 (a, b) 型的可逆层为强 $\Longleftrightarrow$ 极强 $\Longleftrightarrow a, b > 0$。

例 7.6.3 设 X 为 $\mathbf{P}_k^2$ 中的非异三次曲线 $y^2 z = x^3 - xz^2$，这是 (6.10.2) 中讨论过的。令 $\mathscr{L}$ 为可逆层 $\mathscr{L}(P_0)$，则 $\mathscr{L}$ 为强层，这是因为 $\mathscr{L}(3P_0) \cong \mathcal{O}_X(1)$ 为极强。另一方面，$\mathscr{L}$ 不是极强，这是由于 $\mathscr{L}(P_0)$ 不为整体截影生成。如若不然，P_0 就要线性等价于其他某个点 $Q \in X$，这是不可能的，因为 X 不是有理曲线 (6.10.1)。这个例子表明强层不必是极强的。

例 7.6.4 在后面的（第四章，3.3）中我们会看到，如果 D 是一条完全非异曲线 X 上的除子，则 $\mathscr{L}(D)$ 为强，当且仅当 $\deg D > 0$，这是 Riemann-Roch 定理的推论。

线性系

我们很快就会知道，可逆层的整体截影是怎样对应于簇上的

有效除子的．因此给出一个可逆层及其一组整体截影等同于给出一组相互都线性等价的有效除子．这就导出了线性系的概念，这是历史上较为陈旧的概念．为简便起见，我们只在处理代数闭域上非异射影簇时使用这个术语．在更为一般的概型上，与线性系这一概念有关的几何直观可能会使人误入迷津，那么较为保险的方法还是处理可逆层及其整体截影．

设 X 为代数闭域 k 上的非异射影簇．这时，Weil 除子与 Cartier 除子的概念等价(6.11)．另外，由(6.15)知，在除子的线性等价类与可逆层的同构类之间有一个一一对应关系．这种情形下的另一个有用事实是，对 X 上任一可逆层 $\mathscr{L}$，整体截影 $\Gamma(X, \mathscr{L})$ 构成一有限维 k 向量空间(5.19)．

令 $\mathscr{L}$ 为 X 上可逆层，$s \in \Gamma(X, \mathscr{L})$ 为 $\mathscr{L}$ 的一个非零截影．定义一个有效除子 $D=(s)_0$，称为 s 的**零点除子**如下．在任意使 $\mathscr{L}$ 为平凡的开集 $U \subseteq X$ 上，设 $\varphi: \mathscr{L}|_U \xrightarrow{\sim} \mathscr{O}_U$ 为同构．则 $\varphi(s) \in \Gamma(U, \mathscr{O}_U)$．当 U 在 X 的开覆盖上变动时，集 $\{U, \varphi(s)\}$ 确定了 X 上一个 Cartier 除子 D．事实上，φ 除去乘上 $\Gamma(U, \mathscr{O}_U^*)$ 中一个元外被完全确定，故而得到一个确定的 Cartier 除子．

命题 7.7 设 X 是代数闭域 k 上的非异射影簇 D_0 为 X 上的除子，$\mathscr{L} \cong \mathscr{L}(D_0)$ 为其相应的可逆层，则

(a) 对每个非零 $s \in \Gamma(X, \mathscr{L})$，零点除子 $(s)_0$ 是一个线性等价于 D_0 的有效除子；

(b) 每个线性等价于 D_0 的有效除子必是一个 $(s)_0$，s 为 $\Gamma(X, \mathscr{L})$ 中某个元；

(c) 两个截影 $s, s' \in \Gamma(X, \mathscr{L})$ 具有相同的零点除子当且仅当有一 $\lambda \in k^*$，使 $s=\lambda s'$．

证明

(a) 可将 $\mathscr{L}$ 等同于 $\mathscr{K}$ 的子层 $\mathscr{L}(D_0)$．于是 s 对应于一个有理函数 $f \in K$．如果 D_0 着作 Cartier 除子时局部由 $\{U_i, f_i\}$，$f_i \in K^*$ 定义，则 $\mathscr{L}(D_0)$ 由 f_i^{-1} 局部生成，故而乘以 f_i^{-1} 得到局部同构 $\varphi: \mathscr{L}(D_0) \to \mathscr{O}$，所以 D 由 $f_i f$ 局部定义．因此 $D=D_0+$

(f)，这就证明了 $D \sim D_0$。

(b) 如果 $D > 0$，$D = D_0 + (f)$，则 $(f) \geqslant -D_0$。因此 f 给出了 $\mathscr{L}(D_0)$ 的一个整体截影，其零点除子为 D。

(c) 仍运用同样的构造，如果 $(s)_0 = (s')_0$，则 s 及 s' 对应于有理函数 $f, f' \in K$ 使得 $(f/f') = 0$。因而 $f/f' \in \Gamma(X, \mathscr{O}_X^*)$。但由于$X$为代数闭域 k 上的射影簇，$\Gamma(X, \mathscr{O}_X) = k$，所以 $f/f' \in k^*$（第一章，3.4）。

定义 非异射影簇上的一个完全线性系是指线性等价于某个给定除子 D_0 的所有有效除子的集合(可能为空)，记为 $|D_0|$。

由命题知道集合 $|D_0|$ 一一对应于集合 $(\Gamma(X, \mathscr{L}) - \{0\})/k^*$。这给出了 $|D_0|$ 作为 k 上一个射影空间的闭点集的结构。

定义 X 上一个线性系 $\mathfrak{d}$ 是一个完全线性系 $|D_0|$ 的子集，它在 $|D_0|$ 的射影空间结构下是个线性子空间。因而 $\mathfrak{d}$ 对应于子空间 $V \subseteq \Gamma(X, \mathscr{L})$，$V = \{s \in \Gamma(X, \mathscr{L}) \mid (s)_0 \in \mathfrak{d}\} \cup \{0\}$。线性系 $\mathfrak{d}$ 的维数是其作为线性射影簇的维数。那么 $\dim \mathfrak{d} = \dim V - 1$。(由于 $\Gamma(X, \mathscr{L})$ 为有限维向量空间，故这些维数有限。)

定义 点 $P \in X$ 称为线性系 $\mathfrak{d}$ 的基点是指对所有 $D \in \mathfrak{d}$，$P \in \operatorname{Supp} D$。

引理 7.8 设 $\mathfrak{d}$ 为 X 上对应于子空间 $V \subseteq \Gamma(X, \mathscr{L})$ 的线性系，则点 $P \in X$ 是 $\mathfrak{d}$ 的一个基点，当且仅当 $s_P \in \mathfrak{m}_P \mathscr{L}_P$ 对所有 $s \in V$ 成立。特别地，$\mathfrak{d}$ 无基点的充要条件是 $\mathscr{L}$ 为 V 中整体截影生成。

证明 我们知道，对任意 $s \in \Gamma(X, \mathscr{L})$，零点除子 $(s)_0$ 的支集是开集 X_s 的补集。由此立即得到结果。

注 7.8.1 可以用线性系的语言重新叙述 (7.1)：给出从 X 到 $\mathbf{P}_k^n$ 的一个射等价于在 X 上给出一个无基点的线性系 $\mathfrak{d}$ 及一组元 $s_0, \cdots, s_n \in V$，它们张成向量空间 V。通常我们只是说由无基点线性系决定的到射影空间的态射。这时我们可以理解为取了 $s_0, \cdots, s_n$ 为 V 的一组基。如果选取了不同的基，相应的射 $X \to \mathbf{P}^n$ 就仅相差一个 $\mathbf{P}^n$ 的自同构。

注 7.8.2 用线性系的语言重新叙述(7.3)：设$\varphi: X \to \mathbf{P}^n$ 为对应于无基点线性系 $\mathfrak{d}$ 的态射。则φ为闭嵌入,当且仅当

(1) $\mathfrak{d}$ 分离点,即对任意两个不同点 $P, Q \in X$, 存在 $D \in \mathfrak{d}$ 使得 $P \in \operatorname{Supp} D$ 而 $Q \notin \operatorname{Supp} D$, 及

(2) $\mathfrak{d}$ 分离切向量,即给出闭点 $P \in X$ 及切向量 $t \in T_P(X) = (\mathfrak{m}_P/\mathfrak{m}_P^2)'$, 存在一个 $D \in \mathfrak{d}$ 使得 $P \in \operatorname{Supp} D$ 而 $t \notin T_P(D)$. 这里我们把D看作是局部主闭子概型,此时 Zariski 切空间 $T_P(D) = (\mathfrak{m}_{P,D}/\mathfrak{m}_{P,D}^2)'$ 自然地是 $T_P(X)$ 的子空间.

"分离点"及"分离切向量"这两个术语的意思或许可用此几何描述作出某种解释.

定义 设 $i: Y \hookrightarrow X$ 是k上非异射影簇的闭嵌入. 如果 $\mathfrak{d}$ 是X上的线性系,定义$\mathfrak{d}$在Y上的迹, $\mathfrak{d}|_Y$, 如下. 线性系$\mathfrak{d}$对应于X上的可逆层$\mathscr{L}$ 及子空间 $V \subseteq \Gamma(X, \mathscr{L})$. 取 Y 上可逆层 $i^*\mathscr{L} = \mathscr{L} \otimes \mathscr{O}_Y$ 并让 $W \subseteq \Gamma(Y, i^*\mathscr{L})$ 为V在自然映射 $\Gamma(X, \mathscr{L}) \to \Gamma(Y, i^*\mathscr{L})$ 下的像. 则 $i^*\mathscr{L}$ 及W定义了线性系 $\mathfrak{d}|_Y$.

也可以这样几何地描述 $\mathfrak{d}|_Y$: 它由所有 D、Y 除子构成(如(6.6.2)中定义),其中除子 $D \in \mathfrak{d}$ 的支集不包含Y.

注意,既便$\mathfrak{d}$为完全线性系, $\mathfrak{d}|_Y$ 也可以不是完全的.

例 7.8.3 如果 $X = \mathbf{P}^n$, 则次数为 $d > 0$ 的所有有效除子集是个完全线性系,维数等于 $\binom{n+d}{n} - 1$. 事实上它对应于可逆层 $\mathscr{O}(d)$, 其整体截影恰好是由 $X_0, \cdots, X_n$ 的所有d次齐次多项式组成的空间. 这是个 $\binom{n+d}{n}$ 维向量空间,那么完全线性系的维数应少1.

例 7.8.4 可以用线性系的语言重新表达(习题 5.14d):非异射影簇 $X \hookrightarrow \mathbf{P}_k^n$ 为射影式正规,当且仅当对每个 $d > 0$, $\mathbf{P}^n$ 上所有d次除子构成的线性系在X上的迹为完全线性系. 用不严格的语言则可以说成"由 $\mathbf{P}^n$ 中d次超曲面截成的X上线性系是完全的".

例 7.8.5 回想 $\mathbf{P}^3$ 中的扭三次曲线定义为由参数方程 $x_0 = t^3$，$x_1 = t^2u$，$x_2 = tu^2$，$x_3 = u^3$ 定义的曲线．换句话说，它正是 $\mathbf{P}^1$ 在 $\mathbf{P}^3$ 中的 3 重分量嵌入(第一章，习题 2.9，习题 2.12)．现在我们来证明 $\mathbf{P}^3$ 中不包含在任一 $\mathbf{P}^2$ 中的三次非异曲线，如果抽象地同构于 $\mathbf{P}^1$，则可由这条给出的扭三次曲线经过 $\mathbf{P}^3$ 的自同构得到．故而我们称任一条这种曲线为扭三次曲线．

设 X 是这样一条曲线．X 在 $\mathbf{P}^3$ 中的嵌入由 X 的超平面截影线性系 $\mathfrak{d}$ 所决定 (7.1)．这是 X 上一个 3 维线性系，这是因为 $\mathbf{P}^3$ 中的平面构成一个 3 维线性系；而且由于 X 不在任一平面中，故映射 $\Gamma(\mathbf{P}^3, \mathscr{O}(1)) \to \Gamma(X, i^*\mathscr{O}(1))$ 为单．另一方面，因为 X 为 3 次曲线，$\mathfrak{d}$ 是个 3 次线性系．在一完全非异曲线上，线性系的次数是指其任一除子的次数，它不依赖于所选的除子 (6.10)．现将 X 视为 $\mathbf{P}^1$，线性系 $\mathfrak{d}$ 必然对应于一个 4 维子空间 $V \subseteq \Gamma(\mathbf{P}^1, \mathscr{O}(3))$，然而 $\Gamma(\mathbf{P}^1, \mathscr{O}(3))$ 本身的维数为 4，故 $V = \Gamma(\mathbf{P}^1, \mathscr{O}(3))$，从而 $\mathfrak{d}$ 是完全线性系． 由 (7.1) 知这个嵌入由线性系及选出的 V 的基所决定，于是得到结论：除去 V 的基的选取外，X 同于 $\mathbf{P}^1$ 的 3 重分量嵌入．这表明存在 $\mathbf{P}^3$ 的自同构将所给的扭三次曲线变为 X．(可见其推广(第四章，习题 3，4))．

例 7.8.6 定义 $\mathbf{P}^3$ 中的非异有理四次曲线为 $\mathbf{P}^3$ 中一条 4 次非异曲线，它不在任一 $\mathbf{P}^2$ 中且抽象地同构于 $\mathbf{P}^1$．这时我们将看到两条这种曲线不一定是可经 $\mathbf{P}^3$ 中自同构将一条变为另一条．要给出 $\mathbf{P}^1$ 到 $\mathbf{P}^3$ 的态射，使其像具次数 4，并且不含在任一 $\mathbf{P}^2$ 中，我们需要一个 4 维子空间 $V \subseteq \Gamma(\mathbf{P}^1, \mathscr{O}(4))$．后者的维数为 5．那么选取两个不同的子空间 V，V^3，$\mathbf{P}^3$ 中相应的曲线将不会由 $\mathbf{P}^3$ 的自同构相互转变． 要确信其像是非异的，我们来运用 (7.3) 的判别法．例如，容易看出子空间 $V = (t^4, t^3u, tu^3, u^4)$ 及 $V^1 = \{t^4, t^3u + at^2u^2, tu^3, u^4)$，$a \in k^*$ 给出了 $\mathbf{P}^3$ 中的非异有理四次曲线，它们在 $\mathbf{P}^3$ 的自同构下不等价．

Proj, P($\mathscr{E}$) 及胀开

早先我们已定义过分次环的 Proj. 现在来介绍这个构造的一种相对形式,它即概型 X 上的分次代数层 $\mathscr{S}$ 的 **Proj**. 这个构造特别有用,因为它使我们可构造一个局部自由层 $\mathscr{E}$ 相伴的射影空间丛, 并使我们能够给出对任意理想层胀开的定义. 它推广了在(第一章, §4) 中引进的对一个点胀开的概念.

为简便起见, 在定义 **Proj** 之前我们对于概型 X 及分次代数层 $\mathscr{S}$ 总是加上下述条件:

(†) X 为 Noether 概型, $\mathscr{S}$ 是 $\mathscr{O}_X$ 模的拟凝聚层并具有分次 $\mathscr{O}_X$ 代数层的结构. 因此 $\mathscr{S}\cong\bigoplus_{d\geqslant 0}\mathscr{S}_d$, 其中 $\mathscr{S}_d$ 为 d 次齐次部分. 更进一步还假定 $\mathscr{S}_0=\mathscr{O}_X$, $\mathscr{S}_1$ 为凝聚 $\mathscr{O}_X$ 模而 φ 局部由 $\mathscr{S}_1$ 生成为 $\mathscr{O}_X$ 代数(由此可得 $\mathscr{S}_d$ 对所有 $d\geqslant 0$ 为凝聚层).

构造 设 X 为概型, $\mathscr{S}$ 为满足(†) 的分次 $\mathscr{O}_X$ 代数层. 对 X 的每个仿射开子集 $U=\operatorname{Spec} A$, 令 $\mathscr{S}(U)$ 表示分次 A 代数 $\Gamma(U,\varphi|_U)$. 然后考虑 $\operatorname{Proj}\mathscr{S}(U)$ 及其自然同态 $\pi_U:\operatorname{Proj}\mathscr{S}(U)\to U$. 如果 $f\in A$, $U_f=\operatorname{Spec} A_f$, 则由于 $\mathscr{S}$ 为拟凝聚, 得到 $\operatorname{Proj}\mathscr{S}(U_f)\cong\pi_U^{-1}(U_f)$. 由此可知, 当 U, V 为 X 的两个开仿射集时, 则 $\pi_U^{-1}(U\cap V)$ 自然同构于 $\pi_V^{-1}(U\cap V)$; 这里我们把一些技术细节留给读者去做. 这些同构使我们可以将这些概型 $\operatorname{Proj}\mathscr{S}(U)$ 粘合在一起(习题 2.12). 因此得到了一个概型 $\mathbf{Proj}\,\mathscr{S}$ 及态射 $\pi:\mathbf{Proj}\,\mathscr{S}\to X$, 使得对每个开仿射集 $U\subseteq X$, $\pi^{-1}(U)\cong\operatorname{Proj}\mathscr{S}(U)$. 另外在每个 $\operatorname{Proj}\mathscr{S}(U)$ 上的可逆层 $\mathscr{O}(1)$ 在此构造下相容 (5.12c), 故而它们粘合起来给出 $\mathbf{Proj}\,\mathscr{S}$ 上一个可逆层 $\mathscr{O}(1)$, 并且典则地由此构造决定.

因此, 对于任意满足 (†) 的 X, $\mathscr{S}$, 我们已经构造了概型 $\mathbf{Proj}\,\mathscr{S}$, 态射 π: $\mathbf{Proj}\,\mathscr{S}\to X$ 及 $\mathbf{Proj}\,\mathscr{S}$ 上的可逆层 $\mathscr{O}(1)$, 我们对于分次环 S 的 Proj 所说的一切均可扩充到这个相对的情形. 我们不想把它们全都做出来, 而仅仅提及这种新情形的某些方面.

例 7.8.7 如果 $\mathscr{S}$ 是多项式代数 $\mathscr{S}=\mathscr{O}_X[T_0,\cdots,T_n]$，则 $\mathbf{Proj}\mathscr{S}$ 恰是前面第五节定义的相对射影空间 $\mathbf{P}_k^n$ 及其扭层 $\mathscr{O}(1)$.

注 7.8.8 一般来说，$\mathscr{O}(1)$ 在 $\mathbf{Proj}\,\mathscr{S}$ 上并非对于 X 为极强层. 见(7.10)及(习题 7.14).

引理 7.9 令 $\mathscr{S}$ 为概型 X 上满足(†)的分次代数层. 设 $\mathscr{L}$ 为 X 上一个可逆层，并定义一个新的分次代数层 $\mathscr{S}'=\mathscr{S}*\mathscr{L}$ 为 $\mathscr{S}'_d=\mathscr{S}_d\otimes\mathscr{L}^d$，对每个 $d\geqslant 0$，则 $\mathscr{S}'$ 也满足(†)，并且有自然同构 $\varphi: P'=\mathbf{Proj}\,\mathscr{S}'\xrightarrow{\sim}P=\mathbf{Proj}\,\mathscr{S}$，它与到 X 的投射 π 及 π' 可交换且满足性质

$$\mathscr{O}_{P'}(1)\cong\varphi^*\mathscr{O}_P(1)\otimes\pi'^*\mathscr{L}.$$

证明 设 $\theta: \mathscr{O}_U\xrightarrow{\sim}\mathscr{L}|_U$ 为在 X 的一个小仿射开集 U 上的，$\mathscr{O}_U$ 与 $\mathscr{L}|_U$ 的局部同构. 则 θ 诱导了分次环的同构 $\mathscr{S}(U)\cong\mathscr{S}'(U)$，从而有同构 θ^*: $\mathrm{Proj}\mathscr{S}'(U)\cong\mathrm{Proj}\mathscr{S}(U)$. 如果 θ': $\mathscr{O}_U\cong\mathscr{L}|_U$ 是个不同的局部同构，则 θ 与 θ_1 相差一个元 $f\in\Gamma(U,\mathscr{O}_U^*)$，而相应的同构 $\mathscr{S}(U)\cong\mathscr{S}'(U)$ 相差一个 $\mathscr{S}(U)$ 的自同构 ψ，它由在 d 次项乘以 f^d 构成. 这并不影响 $\mathscr{S}(U)$ 中的齐次素理想集. 另外，由于 $\mathrm{Proj}\,\mathscr{S}(U)$ 的结构层由 $\mathscr{S}(U)$ 的各个局部化中的零次元组成，则 $\mathscr{S}(U)$ 的自同构 ψ 诱导了 $\mathrm{Proj}\mathscr{S}(U)$ 的恒同自同构. 换句话说，同构 θ^* 与 θ 的选取无关. 故而这些局部同构 θ^* 粘合起来给出了自然同构 φ: $\mathbf{Proj}\mathscr{S}'\xrightarrow{\sim}\mathbf{Proj}\,\mathscr{S}$，且与 π，π' 可交换. 然而当我们构造层 $\mathscr{O}(1)$ 时，$\mathscr{S}(U)$ 的自同构 ψ 诱导的映射是在 $\mathscr{O}(1)$ 中乘以 f，那么 $\mathscr{O}_{P'}(1)$ 象是 $\mathscr{O}_P(1)$ 加上了 $\mathscr{S}$ 的转移函数. 准确地说，就是 $\mathscr{O}_{P'}(1)\cong\varphi^*\mathscr{O}_P(1)\otimes\pi'^*\mathscr{S}$.

命题 7.10 设 $X,\mathscr{S}$ 满足(†)，$P=\mathbf{Proj}\,\mathscr{S}$，投射为 π: $P\to X$，可逆层为 $\mathscr{O}_P(1)$，一切如上所构造，则

(a) π 为本征态射. 特别地，它是分离的且具有有限型.

(b) 如果 X 具强可逆层 $\mathscr{L}$，则 π 是个射影射，且可将 $\mathscr{O}_P(1)\otimes\pi^*\mathscr{L}^n$ 作为 P 在 X 上的一个极强可逆层，其中 $n>0$ 为某个适当的整数.

证明

(a) 对每个开仿射集 $U\subseteq X$，由(4.8.1)知，态射 π_U: Proj $\mathscr{S}(U)\to U$ 为射影射，从而为本征(4.9)。但是使一个态射为本征的条件对于底空间而言是局部的(4.8f)，故而 π 为本征。

(b) 设 $\mathscr{L}$ 为 X 上的一个强可逆层. 则对某个 $n>0$，$\mathscr{S}_1\otimes\mathscr{L}^n$ 为整体截影生成. 由于 X 为 Noether，而 $\mathscr{L}_1\otimes\mathscr{S}^n$ 为凝聚，可以找出有限个整体截影生成它，换言之，存在 N 使得有满同态 $\mathscr{O}_X^{N+1}\to\mathscr{S}_1\otimes\mathscr{L}^n$. 这使我们可以定义分次 $\mathscr{O}_X$ 代数层的满同态 $\mathscr{O}_X[T_0,\cdots,T_N]\to\mathscr{S}*\mathscr{L}_n$，它便给出了闭嵌入

$$\mathbf{Proj}\,\mathscr{S}*\mathscr{S}^n\hookrightarrow\mathbf{Proj}\,\mathscr{O}_X[T_0,\cdots,T_N]=\mathbf{P}_X^N$$

(习题 3.12). 由(7.9)知 $\mathbf{Proj}\,\mathscr{S}*\mathscr{L}^n\cong\mathbf{Proj}\,\mathscr{S}$，且这个嵌入诱导的极强可逆层正是 $\mathscr{O}_{\mathbf{P}}(1)\otimes\pi^*\mathscr{L}^n$.

定义 设 X 为 Noether 概型，$\mathscr{E}$ 为 X 上局部自由凝聚层，定义与其相伴的射影空间丛 $\mathbf{P}(\mathscr{E})$ 如后. 令 $\mathscr{S}=S(\mathscr{E})$ 为 $\mathscr{E}$ 的对称代数，即 $\mathscr{S}=\bigoplus_{d>0}S^d(\mathscr{E})$ (习题 5.16). 则 $\mathscr{S}$ 是满足(†)的分次 $\mathscr{O}_X$ 代数层，定义 $\mathbf{P}(\mathscr{E})=\mathbf{Proj}\mathscr{S}$. 这样，它便有投射 π: $\mathbf{P}(\mathscr{E})\to X$ 及可逆层 $\mathscr{O}(1)$.

注意，如果 $\mathscr{E}$ 在一开集 U 上为 $n+1$ 秩的自由层，则 $\pi^{-1}(U)\cong\mathbf{P}_U^n$，故而 $\mathbf{P}(\mathscr{E})$ 是 X 上的"相对射影空间".

命题 7.11 设 $X,\mathscr{E},\mathbf{P}(\mathscr{E})$ 如定义中，则

(a) 如果 rank $\mathscr{E}\geqslant 2$，则有一个典则的分次 $\mathscr{O}_X$ 代数同构

$$\mathscr{S}\cong\bigoplus_{l\in\mathbb{Z}}\pi^*(\mathscr{O}(l)),$$

右端以 l 为分次，特别地当 $l<0$，$\pi_*(\mathscr{O}(l))=0$；$l=0$，$\pi_*(\mathscr{O}_{\mathbf{P}(\mathscr{E})})=\mathscr{O}_X$，$l=1$ 时 $\pi_*(\mathscr{O}(1))=\mathscr{E}$.

(b) 存在自然满态射 $\pi^*\mathscr{E}\to\mathscr{O}(1)$.

证明

(a) 正是(5.13)的相对形式，立即可由此推出.

(b) 是论断：$\mathscr{O}(1)$ 在 $\mathbf{P}^n$ 上由整体截影 $x_0,\cdots,x_n$ 生成

(5.16.2)的相对形式.

命题 7.12 设 X, $\mathscr{E}$, $\mathbf{P}(\mathscr{E})$ 如上. 令 $g: Y \to X$ 为任一态射. 则在 X 上给出 Y 到 $\mathbf{P}(\mathscr{E})$ 的一个态射等价于在 Y 给出一个可逆层 $\mathscr{L}$ 及在 Y 上的一个满的层射 $g^*\mathscr{E} \to \mathscr{L}$.

证明 这是(7.1)的局部形式. 首先注意到, 如果 $f: Y \to \mathbf{P}(\mathscr{E})$ 是 X 上的态射, 则 $\mathbf{P}(\mathscr{E})$ 上的满映射 $\pi^*\mathscr{E} \to \mathscr{O}(1)$ 拉回后给出满映射 $g^*\mathscr{E} = f^*\pi^*\mathscr{E} \to f^*\mathscr{O}(1)$, 因此可取 $\mathscr{L} = f^*\mathscr{O}(1)$.

反过来, 给出 Y 上可逆层 $\mathscr{L}$ 及满映射 $g^*\mathscr{E} \to \mathscr{L}$. 可断言有一个唯一的 X 上的态射 $f: Y \to \mathbf{P}(\mathscr{E})$, 使得 $\mathscr{L} \cong f^*\mathscr{O}(1)$ 且映射 $g^*\mathscr{E} \to \mathscr{L}$ 由 $\pi^*\mathscr{E} \to \mathscr{O}(1)$ 经过 f^* 作用得到. 由于所断言的 f 的唯一性, 只要在 X 上局部验证论断就可以了. 取 X 的开仿射子集 $U = \operatorname{Spec} A$, 使其充分小以满足 $\mathscr{E}|_U$ 为自由, 则论断简化到(7.1). 实际上, 如果 $\mathscr{E} \cong \mathscr{O}_X^{n+1}$, 则给出满映射 $g^*\mathscr{E} \to \mathscr{L}$ 等于给出了 $n+1$ 个生成 $\mathscr{L}$ 的整体截影.

注意 对于 $\mathbf{P}(\mathscr{E})$ 的进一步的性质以及概型 X 上射影空间丛的一般概念可参照习题. 对于局部自由层所相伴的向量丛的概念参考(习题 5.18).

现在开始着手推广胀开的概念. 在(第一章, 第 4 节)中我们曾定义了一个簇对于一个点的胀开. 这里我们要定义一个 Noether 概型对于任一闭子概型的胀开. 因为闭子概型对应于凝聚理想层(5.9), 我们也可以说及胀开一个凝聚理想层.

定义. 设 X 为 Noether 概型, $\mathscr{I}$ 为 X 上的凝聚理想层. 考虑分次代数层 $\mathscr{S} = \bigoplus_{d \geq 0} \mathscr{I}^d$, 其中 $\mathscr{I}^d$ 表示理想 $\mathscr{I}$ 的 d 次幂, 并令 $\mathscr{I}^0 = \mathscr{O}_X$. 显然 X, $\mathscr{S}$ 满足(†), 故可考虑 $\tilde{X} = \mathbf{Proj}\,\mathscr{S}$. 定义 $\tilde{X}$ 为 X 对于凝聚理想层 $\mathscr{I}$ 的胀开. 如果 Y 为对应于 $\mathscr{I}$ 的 X 的子概型, 那么我们也称 $\tilde{X}$ 为 X 沿着 Y 或以 Y 为中心的胀开.

例 7.12.1 如果 X 为 $\mathbf{A}_k^n$, $P \in X$ 为原点, 则按刚才定义的 P 的

胀开同构于在(第一章,第4节)中定义的.实际上,这时 $X = \mathrm{Spec} A$, $A = k[x_1, \cdots, x_n]$,而 P 对应于理想 $I = (x_1, \cdots, x_n)$. 故 $\widetilde{X} = \mathrm{Proj}\, S$, $S = \bigoplus_{d \geqslant 0} I^d$.可定义分次环的满映射 $\varphi: A[y_1, \cdots, y_n] \to S$ 为将 y_i 变到 $x_i \in I$,作为 S 中次数为 1 的元. 于是 $\widetilde{X}$ 同构于 $\mathrm{Proj}\, A[y_1, \cdots, y_n] = \mathbf{P}_A^{n-1}$ 的一个闭子概型. 它由那些生成 φ 的核的 y_i 的齐次多项式所定义,容易看出它们就是 $\{x_i y_j - x_j y_i \mid i, j = 1, \cdots, n\}$.

定义 设 $f: X \to Y$ 为概型的态射,$\mathscr{I} \subseteq \mathscr{O}_Y$ 为 Y 上一理想层. 定义逆像理想层如后. 首先将 f 看作拓扑空间 $X \to Y$ 的连续映射,令 $f^{-1}\mathscr{I}$ 为层 $\mathscr{I}$ 的逆像,这是在 §1 定义过的. 那么,$f^{-1}\mathscr{I}$ 是拓扑空间 X 上环层 $f^{-1}\mathscr{O}_Y$ 中的理想层.这时在 X 上有一个环层的自然同态 $f^{-1}\mathscr{O}_Y \to \mathscr{O}_X$,于是我们定义 $\mathscr{I}'$ 为 $f^{-1}\mathscr{I} \cdot \mathscr{O}_X$ 或简单地写为 $\mathscr{I}\mathscr{O}_X$,只要不会引起混淆.

注 7.12.2 如果将 $\mathscr{I}$ 看作 $\mathscr{O}_Y$ 模层,那么在第 5 节中我们已经定义过作为 $\mathscr{O}_X$ 模层的逆像层 $f^*\mathscr{I}$. 但可能有 $f^*\mathscr{I} \neq f^{-1}\mathscr{I} \cdot \mathscr{O}_X$. 其理由在于,$f^*\mathscr{J}$ 定义为

$$f^{-1}\mathscr{I} \otimes_{f^{-1}\mathscr{O}_Y} \mathscr{O}_X.$$

由于张量积函子一般不是左正合的,$f^*\mathscr{I}$ 可以不是 $\mathscr{O}_X$ 的子层. 然而由 $\mathscr{I} \hookrightarrow \mathscr{O}_Y$ 这个包含关系有一个自然映射 $f^*\mathscr{I} \to \mathscr{O}_X$,而 $f^{-1}\mathscr{I} \cdot \mathscr{O}_X$ 正是 $f^*\mathscr{I}$ 在此映射下的像.

命题 7.13 设 X 为 Noether 概型,$\mathscr{I}$ 为凝聚理想层,$\pi: \widetilde{X} \to X$ 为 $\mathscr{I}$ 的胀开,则

(a) 逆像理想层 $\widetilde{\mathscr{J}} = \pi^{-1}\mathscr{I} \cdot \mathscr{O}_{\widetilde{X}}$ 是 $\widetilde{X}$ 上的可逆层.

(b) 若 Y 是对应于 $\mathscr{I}$ 的闭子概型,$U = X - Y$,则 $\pi: \pi^{-1}(U) \to U$ 为同构.

证明

(a) 因为 $\widetilde{X}$ 定义为 $\mathbf{Proj}\, \mathscr{S}$,其中 $\mathscr{S} = \bigoplus_{d \geqslant 0} \mathscr{I}^d$,从而它具有自然的可逆层 $\mathscr{O}(1)$. 对任意开仿射集 $U \subseteq X$,在 $\mathrm{Proj}\, \mathscr{S}(U)$

上层 $\mathscr{O}(1)$ 是对应于分次 $\mathscr{S}(U)$ 模 $\mathscr{S}(U)(1)=\bigoplus_{d\geqslant 0}\mathscr{I}^{d+1}|_U$ 的相伴层，显然它等于由 $\mathscr{I}$ 在 $\mathscr{S}(U)$ 中生成的理想 $\mathscr{I}\cdot\mathscr{S}(U)$. 故而知道逆像层 $\tilde{\mathscr{I}}=\pi^{-1}\mathscr{I}\cdot\mathscr{O}_{\tilde{X}}$ 实际上等于 $\mathscr{O}_{\tilde{X}}(1)$. 因此它是可逆层.

(b) 如果 $U=X-Y$, 则 $\mathscr{I}|_U\cong\mathscr{O}_U$, 故

$$\pi^{-1}U=\mathbf{Proj}\mathscr{O}_U[T]=U.$$

命题 7.14 (胀开的泛性质) 设 X 为 Noether 概型, $\mathscr{I}$ 为凝聚理想层, $\pi:\tilde{X}\to X$ 为对于 $\mathscr{I}$ 的胀开. 如果 $f:\ Z\to X$ 是任一个射, 它使得 $f^{-1}\mathscr{I}\cdot\mathscr{O}_Z$ 为 Z 上的可逆层,则存在唯一的态射 $g:Z\to\tilde{X}$ 分解 f:

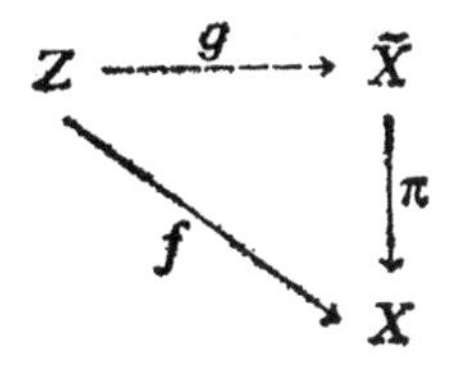

证明 由于所断定的 g 的唯一性，问题对 X 是局部的. 故可设 $X=\operatorname{Spec}A$ 为仿射, A 为 Noether 环, $\mathscr{I}$ 对应于理想 $I\subseteq A$. 于是 $\tilde{X}=\operatorname{Proj}S$, $S=\bigoplus_{d\geqslant 0}I^d$. 令 $a_0,\cdots,a_n\in I$ 为理想 I 的一组生成元则可定义一个分次环的满映射 $\varphi:A[x_0,\cdots,x_n]\to S$, 将 x_i 映为 $a_i\in I$, a_i 看作 S 中次数为 1 的元. 这个同态产生了闭嵌入 $\tilde{X}\hookrightarrow\mathbf{P}^n_A$. $\mathscr{S}$的核是 $A[x_0,\cdots,x_n]$ 中的齐次理想,它由在 A 中使 $F(a_0,\cdots,a_n)=0$ 的齐次多项式 $F(x_0,\cdots,x_n)$ 所生成.

现在令 $f:Z\to X$ 为一使逆像理想层 $f^{-1}\mathscr{I}\cdot\mathscr{O}_Z$ 为 Z 上可逆层 $\mathscr{L}$ 的态射，因为 I 由 $a_0,\cdots,a_n$ 生成，那么把这些元看作 $\mathscr{I}$ 的整体截影时，它们的逆像给出生成了 $\mathscr{L}$ 的整体截影 $s_0,\cdots,s_n$. 于是由 (7.1) 知，存在一个唯一的态射 $g:\ Z\to\mathbf{P}^n_A$ 使得 $\mathscr{L}\cong g^*\mathscr{O}(1)$, 并在此同构下 $s_i=g^{-1}x_i$. 现在可以断定 g 可经由

$\mathbf{P}_A^n$ 的闭子概型 $\widetilde{X}$ 分解.这点容易由下述事实得到:如果 $F(x_0,\cdots,x_n)$ 是 $\ker\varphi$ 中的 d 次齐次元，其中 $\ker\varphi$ 就是决定了 $\widetilde{X}$ 的上述齐次理想,则 $F(a_0,\cdots,a_n)=0$ 在 A 中成立,从而 $F(s_0,\cdots,s_n)=0$ 在 $\Gamma(Z,\mathscr{L}^d)$ 中成立.

这样我们已构造了一个分解 f 的态射 $g: Z\to\widetilde{X}$. 对任何这样的射，必有 $f^{-1}\mathscr{I}\cdot\mathscr{O}_Z=g^{-1}(\pi^{-1}\mathscr{I}\cdot\mathscr{O}_{\widetilde{X}})\cdot\mathscr{O}_Z$，它正好是 $g^{-1}(\mathscr{O}_{\widetilde{X}}(1))\cdot\mathscr{O}_Z$.因此我们有了满映射 $g^*\mathscr{O}_{\widetilde{X}}(1)\to f^{-1}\mathscr{I}\cdot\mathscr{O}_Z=\mathscr{L}$.但在一个局部环层空间上,可逆层之间的满同态必为同构（习题 7.1)，故而 $g^*\mathscr{O}_{\widetilde{X}}(1)\cong\mathscr{L}$. 显而易见，$\mathscr{L}$ 的截影 s_i 必定是 $\mathbf{P}_A^n$ 上 $\mathscr{O}(1)$ 的截影 x_i 的拉回. 因此在我们的条件下，g 的唯一性由 (7.1) 的唯一性论断推出.

系 7.15 设 $f:Y\to X$ 为 Noether概型的射，$\mathscr{I}$ 为 X 上的凝聚理想层。令 $\widetilde{X}$ 为 $\mathscr{I}$ 的胀开，$\widetilde{Y}$ 为 Y 上逆像理想层 $\mathscr{J}=f^{-1}\mathscr{I}\cdot\mathscr{O}_Y$ 的胀开，则有一个唯一的态射 $\tilde{f}:\widetilde{Y}\to\widetilde{X}$

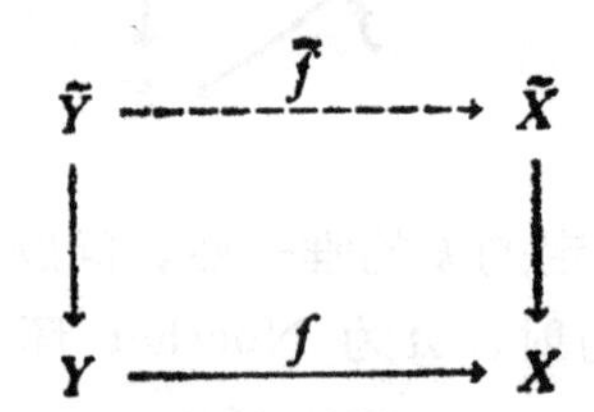

使上图为交换. 又若 f 为闭嵌入，则 $\tilde{f}$ 也是.

证明 $\tilde{f}$ 的存在性与唯一性立即由命题推出. 为了证明当 f 为闭嵌入时 $\tilde{f}$ 也是,我们须回到胀开的定义: $\widetilde{X}=\mathbf{Proj}\,\mathscr{S}$，$\mathscr{S}=\bigoplus\limits_{d\geqslant 0}\mathscr{I}^d$，$\widetilde{Y}=\mathbf{Proj}\,\mathscr{S}'$，$\mathscr{S}'=\bigoplus\limits_{d\geqslant 0}\mathscr{J}^d$. 由于 Y 是 X 的闭子概型，可将 $\mathscr{S}'$ 看为 X 上的分次代数层. 于是有一个分次环的自然满同态 $\mathscr{S}\to\mathscr{S}'$，这给出了闭嵌入 $\tilde{f}$.

定义 在 (7.15) 的情形下，如果 Y 是 X 的闭子概型，我们称 $\widetilde{X}$ 的闭子概型 $\widetilde{Y}$ 为 Y 在胀开 $\pi:\widetilde{X}\to X$ 下的严格变形.

例 7.15.1 如果 Y 是 $X=\mathbf{A}_k^n$ 中经过原点 P 的一个闭子簇

则 Y 在 $\widetilde{X}$ 中的严格变形是个闭子簇，因而假定 Y 不只是 P 点自己，则可恢复 $\widetilde{Y}$，它是 $\pi^{-1}(Y-P)$ 的闭包，其中 $\pi:\pi^{-1}(X-P)\to X-P$ 是个同构 (7.13b)。这表明对于 $\mathbf{A}_k^n$ 的任意闭子簇而言，我们对胀开的新定义等同于第一章，第 4 节中给出的定义。特别地，它表明早先定义的胀开是内蕴的。

现在我们要研究 X 为簇的这个特殊情形下的胀开。回忆（§ 4）中，簇是定义为在代数闭域 k 上的一个有限型的整的可分离的概型。

命题 7.16 设 X 为 k 上簇，$\mathscr{I}\subseteq\mathscr{O}_X$ 为 X 上的非零凝聚理想层，$\pi:\widetilde{X}\to X$ 为对 $\mathscr{I}$ 的胀开，则

(a) $\widetilde{X}$ 也是簇；

(b) π 为双有理、本征、满的态射；

(c) 如果 X 为 k 上拟射影的（分别地，为射影），则 $\widetilde{X}$ 也如此，并且 π 是个射影射。

证明 首先，由于 X 为整的，层 $\mathscr{S}=\bigoplus\limits_{d\geqslant 0}\mathscr{S}^d$ 是 X 上的一个整环层，从而 $\widetilde{X}$ 也是整的。另外由 (7.10)，我们已经知道 π 为本征的。特别地，π 为可分离的，具有限型，故由此推出 $\widetilde{X}$ 也是可分离的，具有有限型，即 $\widetilde{X}$ 是个簇。那么，因为 $\mathscr{I}\neq 0$，相应的闭子概型 Y 不是整个 X，从而开集 $U=X-Y$ 非空。由于 π 诱导出 $\pi^{-1}U$ 到 U 的同构 (7.13)，知 π 为双有理。又由于 π 为本征，它是个闭映射，故而像 $\pi(\widetilde{X})$ 是个包含 U 的闭集，因而必为整个 X，这是因为 X 为不可约的。于是 π 为满射。最后，如果 X 为拟射影（分别地，为射影），则 X 具有一个强层 (7.6)，由 (7.10b) 便知 π 是个射影射。由此推出 $\widetilde{X}$ 也是拟射影的（射影的）（习题 4.9）。

定理 7.17 设 X 为 k 上的拟射影簇。如果 Z 是另一个簇，$f:Z\to X$ 为任一双有理射影射，则在 X 上存在一个凝聚理想层 $\mathscr{I}$，使得 Z 同构于 X 对于 $\mathscr{I}$ 的胀开 $\widetilde{X}$，而在此同构下，f 对应于 $\pi:\widetilde{X}\to X$。

证明 这个证明有点难，我们将其分为若干步骤。

第1步. 由于假定了 f 为射影射，则对某个 n 存在一个闭嵌入 $i:Z \to \mathbf{P}_X^n$.

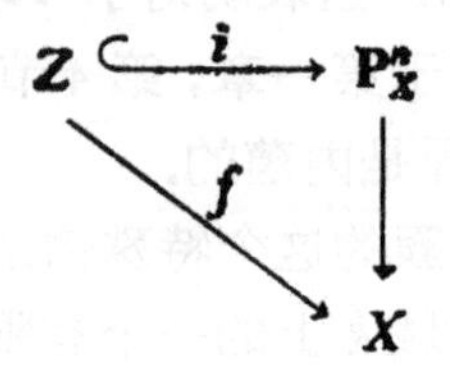

令 $\mathscr{L}$ 为 Z 上的可逆层 $i^*\mathscr{O}(1)$. 现在考虑分次 $\mathscr{O}_X$ 代数层 $\mathscr{S} = \mathscr{O}_X \oplus \bigoplus_{d \geqslant 1} f_*\mathscr{L}^d$. 由 (5.20)，每个 $f_*\mathscr{L}^d$ 为 X 上凝聚层，故 $\mathscr{S}$ 为拟凝聚. 但是 $\mathscr{S}$ 可能不由 $\mathscr{S}_1$ 生成 $\mathscr{O}_X$ 代数.

第2步. 对每个整数 $e > 0$，令 $\mathscr{S}^{(e)} = \bigoplus_{d \geqslant 0} \mathscr{S}_d^{(e)}$，其中 $\mathscr{S}_d^{(e)} = \mathscr{S}_{de}$ (参见习题 5.13)，断定：对于充分大的 e，$\mathscr{S}^{(e)}$ 由 $\mathscr{S}_1^{(e)}$ 生成为 $\mathscr{O}_X$ 代数. 因为 X 是拟紧的，此问题对 X 而言是个局部问题，从而可设 $X = \operatorname{Spec} A$ 为仿射，其中 A 为有限生成 k 代数. 于是 Z 是 $\mathbf{P}_A^n$ 的闭子概型，$\mathscr{S}$ 对应于分次 A 代数 $S = A \oplus \bigoplus_{d \geqslant 1} \Gamma(Z, \mathscr{O}_Z(d))$. 令 $T = A[x_0, \cdots, x_n]/I_Z$，这里 I_Z 是 Z 的定义齐次理想. 因此，运用(习题 5.9，习题 5.14) 的技巧，可以证明 A 代数 S，T 在足够大的次数时相同(细节留给读者). 但作为 A 代数，T 由 T_1 生成，从而 $T^{(e)}$ 由 $T_1^{(e)}$ 生成，而这表明当 e 充分大时 $S^{(e)}$ 也是如此.

第3步. 现在我们将原来的嵌入 i: $Z \to \mathbf{P}_X^n$ 换为 i 后面再复合上一个 e 重分量嵌入的态射，其中 e 充分大. 这样做的效果是把 $\mathscr{L}$ 换为 $\mathscr{L}^e$，$\mathscr{S}$ 换为 $\mathscr{S}^{(e)}$ (习题 5.13). 因此我们这时可假定 $\mathscr{S}$ 是由 $\mathscr{S}_1$ 生成的 $\mathscr{O}_X$ 代数了. 由构造还有 $Z \cong \mathbf{Proj}\,\mathscr{S}$ (参见 (5.16)). 那么，至少我们知道了 Z 同构于某个分次代数层的 **Proj**. 如果 $\mathscr{S}_1 = f_*\mathscr{L}$ 是 $\mathscr{O}_X$ 中的理想层，则我们已完成了证明. 故在下一步里试图做到这点.

第 4 步．这时，$\mathscr{L}$ 是整概型 Z 上的可逆层，于是可找到一个嵌入 $\mathscr{L} \hookrightarrow \mathscr{K}_Z$，这里 $\mathscr{K}_Z$ 是 Z 的函数域常值层(见 6.15 的证明)．因此 $f_*\mathscr{L} \subseteq f_*\mathscr{K}_Z$．现令 $\mathscr{M}$ 为 X 上一个强可逆层，因为 X 假定为拟射影的，这样的 $\mathscr{M}$ 存在．可以断言，存在 $n>0$ 及嵌入 $\mathscr{M}^{-n} \subseteq \mathscr{K}_X$，使得 $\mathscr{M}^{-n}\cdot f_*\mathscr{L} \subseteq \mathscr{O}_X$．事实上，令 $\mathscr{J}$ 为 $f_*\mathscr{L}$ 的分母理想层，其局部的定义为 $\{a\in\mathscr{O}_X \mid a\cdot f_*\mathscr{L} \subseteq \mathscr{O}_X\}$．这是 X 上的非零凝聚理想层，因为 $f_*\mathscr{L}$ 是 $\mathscr{K}_X$ 的凝聚子层，故局部地只要对相应的有限生成模的一组生成元取其公共分母即可．由于 $\mathscr{M}$ 为强层，$\mathscr{J}\otimes\mathscr{M}^n$ 对充分大的 n 为整体截影生成．特别地，对适当的 $n>0$，有一个非零映射 $\mathscr{O}_X \to \mathscr{J}\otimes\mathscr{M}^n$，因而是一个非零映射 $\mathscr{M}^{-n}\to\mathscr{J}$ 于是由构造 $\mathscr{M}^{-n}\cdot f_*\mathscr{L} \subseteq \mathscr{O}_X$.

第 5 步．由于 $\mathscr{M}^{-n}\cdot f_*\mathscr{L} \subseteq \mathscr{O}_X$，它是 X 上的一个凝聚理想层，记为 $\mathscr{I}$ 这便是所需要的理想层，因为我们就要证明 Z 同构于 X 对 $\mathscr{I}$ 的胀开．已知 $Z \cong \mathbf{Proj}\,\mathscr{S}$，因而由(7.9)知 Z 也同构于 $\mathbf{Proj}(\mathscr{S} * \mathscr{M}^{-n})$．这样，要完成证明，只要对任意 $d\geqslant 1$，能使 $(\mathscr{S}*\mathscr{M}^{-n})_d = \mathscr{M}^{-dn}\otimes f_*\mathscr{L}^d$ 与 $\mathscr{I}^d$ 等同就可以了．先注意到，对任意 d 有 $f_*\mathscr{L}^d \subseteq \mathscr{K}_X$，其理由同于上面 $d=1$ 的情形，且由于 $\mathscr{M}$ 为可逆，可用 $\mathscr{M}^{-dn}\cdot f_*\mathscr{L}^d$ 代替$\otimes$．由于 $\mathscr{S}$ 是 $\mathscr{S}_1$ 局部生成的 $\mathscr{O}_X$ 代数，对每个 $d\geqslant 1$，我们有自然的满映射 $\mathscr{I}^d \to \mathscr{M}^{-dn}\cdot f_*\mathscr{L}^d$．又因为它们都是 $\mathscr{K}_X$ 的子层，故必为单，从而为同构．这就最后证明了 $Z \cong \mathbf{Proj}\bigoplus_{d\geqslant 0}\mathscr{I}^d$，证明完毕．

注 7.17.1 自然，定理中的理想层 $\mathscr{I}$ 不是唯一的，这由构造中可清楚地看出，也可见(习题 7.11)．

注 7.17.2 由本定理看出，胀开任意的凝聚理想层是个极为一般的过程．因而在大多数的应用中，只有胀开某些有更多条件的子簇类时才能知道更多的信息．例如，Hironaka 在他的关于奇点分解的文章 [4] 中，只使用了沿着非异子簇的胀开，而且还要求它在嵌入的空间中为“正规地平坦”．第五章中，我们研究的曲面双有理几何也仅只用了在一个点的胀开．事实上，那里的主要结果之一便是：非异射影曲面的任一双有理变换均可以分解为有限个对点的胀开(或压平)。在这里所研究的较为一般的胀开，它的一个重要的应用是 Nagata 的定理[6]：任意(抽象的)簇可以嵌入为一个完全簇的开子集。

例 7.17.3 作为胀开凝聚理想层这个一般概念的例子，我们来指出如何将可逆层决定的有理映射的未定义点消去.设 A 为环，X 为 A 上 Noether 概型，$\mathscr{L}$ 为 X 上一个可逆层而 $s_0,\cdots,s_n\in\Gamma(X,\mathscr{L})$ 是 $\mathscr{L}$ 的一组整体截影。令 U 为 X 的开子集,在 U 上，这些 s_i 生成层 $\mathscr{L}$。于是由(7.1)知,U 上可逆层 $\mathscr{L}|_U$ 及整体截影 $s_0,\cdots,s_n$ 决定了一个 A 态射 $\varphi:U\to\mathbf{P}^n_A$。现在我们来指出怎样胀开 X 上一个理想层 $\mathscr{I}$，这个 $\mathscr{I}$ 对应的闭子概型 Y 的支集为 $X-U$ (即 Y 的承载拓扑空间是 $X-U$)，使得映射 φ 扩张到 $\tilde{X}$ 到 $\mathbf{P}^n_A$ 的态射 $\tilde{\varphi}$。

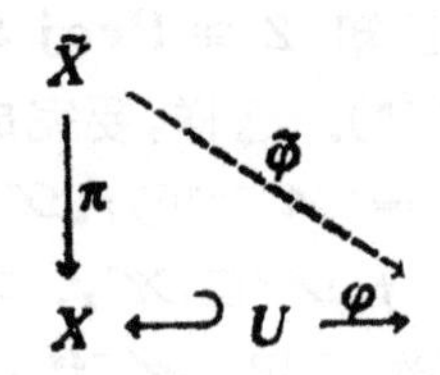

设 $\mathscr{F}$ 为 $s_0,\cdots,s_n$ 生成的 $\mathscr{L}$ 的凝聚子层。定义 X 上的一个凝聚理想层 $\mathscr{I}$ 如后：对每个使 $\mathscr{L}|_V$ 为自由的开集 $V\subseteq X$，令 $\psi:\mathscr{L}|_V\xrightarrow{\sim}\mathscr{O}_V$ 为一同构,并取 $\mathscr{I}|_V=\psi(\mathscr{F}|_V)$。显然,理想层 $\mathscr{I}|_V$ 与 ψ 的选取无关，从而得到 X 上一个确定的凝聚理想层。注意 $\mathscr{I}_{X,x}=\mathscr{O}_{X,x}$，当且仅当 $x\in U$，故而相应的闭子概型 Y 的支集为 $X-U$。令 $\pi:\tilde{X}\to X$ 为 $\mathscr{I}$ 的胀开，则由 (7.13a) 知，$\pi^{-1}\mathscr{I}\cdot\mathscr{O}_{\tilde{X}}$ 是个可逆理想层，所以 $\pi^*\mathscr{L}$ 的整体截影 π^*s_i 生成了 $\pi^*\mathscr{L}$ 的一个可逆凝聚子层 $\mathscr{L}'$。这时 $\mathscr{L}'$ 及其截影 π^*s_i 定义出态射 $\tilde{\varphi}$: $\tilde{X}\to\mathbf{P}^n_A$，在自然同构 $\pi:\pi^{-1}(U)\xrightarrow{\sim}U$ (7.13b) 下,$\tilde{\varphi}$ 在 $\pi^{-1}(U)$ 上的限制对应于 φ。

如果 X 是域上的非异射影簇，则可用线性系的语言重新表达

这个例子．给出的 $\mathscr{L}$ 及截影 s_i 决定了 X 上线性系 $\mathfrak{d}$，它的基点恰是闭集 $X-U$ 的点，而 $\varphi: U\to \mathbf{P}_k^n$ 是 U 上无基点线性系 $\mathfrak{d}|_U$ 决定的．称 Y 为 $\mathfrak{d}$ 的基点概型．那么，我们的例子表明，如果胀开 Y，则 $\mathfrak{d}$ 扩张为 $\tilde{X}$ 上一个无基点线性系 $\tilde{\mathfrak{d}}$．

习　题

7.1 设 $(X,\mathscr{O}_X)$ 为局部环层空间，$f:\mathscr{L}\to\mathscr{M}$ 为 X 上可逆层的满映射，试证 f 为同构．[提示：在茎上观察，化为局部环上模的问题．]

7.2 设 X 为域 k 上概型，$\mathscr{L}$ 为 X 上可逆层，$\{s_0,\cdots,s_n\}$ 及 $\{t_0,\cdots,t_m\}$ 为 $\mathscr{L}$ 的两组截影，它们生成相同的子空间 $V\subseteq\Gamma(X,\mathscr{L})$，并在每点生成层 $\mathscr{L}$．假定 $n\leqslant m$．证明相应的态射 $\varphi:X\to\mathbf{P}_k^n$ 与 $\psi:X\to\mathbf{P}_k^m$ 相差一个适当的线性投射：$\mathbf{P}^m-L\to\mathbf{P}^n$ 及一个 $\mathbf{P}^n$ 的自同构，其中 L 为 $\mathbf{P}^m$ 中的 $m-n-1$ 维线性子空间．

7.3 设 $\varphi:\mathbf{P}_k^n\to\mathbf{P}_k^m$ 为一态射，则：

(a) 或者 $\varphi(\mathbf{P}^n)=$ 点，或者 $m\geqslant n$，$\dim\varphi(\mathbf{P}^n)=n$．

(b) 在第二种情形下，φ 可由后面射的复合得到：(1) 对一个唯一确定的 $d\geqslant1$ 的一个 d 重分量嵌入 $\mathbf{P}^n\to\mathbf{P}^N$，(2) 一个线性投射 $\mathbf{P}^N-L\to\mathbf{P}^m$，及 (3) $\mathbf{P}^m$ 的一个自同构．

7.4 (a) 利用 (7.6) 证明，如果 X 是 Noether 环 A 上的有限型概型，且具有一个强可逆层，则 X 可分离．

(b) 设 X 为域 k 上具有二重原点的仿射直线 (4.0.1) 计算 Pic X，并确定出那些可逆层由全局截影生成，而后，直接证明[不要用 (a)] 在 X 上没有强可逆层．

7.5 建立在 Noether 概型 X 上的强和极强可逆层的下述性质．这里 $\mathscr{L}$，$\mathscr{M}$ 表示可逆层，而在 (d),(e) 中还要假定 X 在 Noether 环 A 上为有限型．

(a) 如果 $\mathscr{L}$ 为强，$\mathscr{M}$ 为整体截影生成，则 $\mathscr{L}\otimes\mathscr{M}$ 为强．

(b) 如果 $\mathscr{L}$ 为强，$\mathscr{M}$ 为任意，则对充分大的 n，$\mathscr{M}\otimes\mathscr{L}^n$ 为强．

(c) 如果 $\mathscr{L}$，$\mathscr{M}$ 均为强，则 $\mathscr{L}\otimes\mathscr{M}$ 也强．

(d) 如果 $\mathscr{L}$ 为极强，$\mathscr{M}$ 为整体截影生成，则 $\mathscr{L}\otimes\mathscr{M}$ 为极强．

(e) 如果 $\mathscr{L}$ 为强，则存在 $n_0>0$，使得对所有 $n\geqslant n_0$，$\mathscr{L}^n$ 为极强．

7.6 Riemann-Roch 问题． 设 X 为代数闭域上的非异射影簇，D 为 X 上除

子．对任意 $n>0$，考虑完全线性系 $|nD|$．则所谓 Riemann-Roch 问题就是：确定作为 n 的函数的 $\dim|nD|$，特别地，确定其在 n 较大时的行为．如果$\mathscr{L}$是其相应的可逆层，则 $\dim|nD| = \dim\Gamma(X,\mathscr{L}^n)-1$，故而等价的问题是确定 n 的函数 $\dim\Gamma(X,\mathscr{L}^n)$．

(a) 试证，如果 D 为极强，$X\hookrightarrow\mathbf{P}_k^n$ 为其相应的到射影空间的嵌入，则对所有充分大的 n，$\dim|nD| = P_X(D)-1$，其中 P_X 是 X 的 Hilbert 多项式（第一章，第 7 节）．因此，在这种情形下，当 n 较大时，$\dim|nD|$ 是个 n 的多项式．

(b) 如果 D 对应于 Pic X 中一个 r 阶挠元，则当 $r|n$ 时 $\dim|nD| = 0$，其余的为 -1．这时此函数为以 r 为周期的周期函数．

由一般 Riemann-Roch 定理知道，只要 D 是个强除子，则对较大的 n，$\dim|nD|$ 是个多项式．见（第四章，1.3.2），（第五章，1.6），及附录 A．在代数曲面情形，Zariski[7] 证明，对任意有效除子 D，存在有限个多项式 $P_1,\dots,P_r$，使得对充分大的 n，$\dim|nD| = P_{i(n)}(n)$，其中 $i(n)\in\{1,\dots,r\}$ 是 n 的函数．

7.7 某些有理曲面．令 $X=\mathbf{P}_k^2$，$|D|$ 为 X 上所有 2 次除子的完全线性系（即圆锥线）．D 对应于可逆层 $\mathcal{O}(2)$，其整体截影空间有一组基 x^2，y^2,z^2,xy,xz,yz，其中 x,y,z 是 X 的齐次坐标．

(a) 完全线性系 $|D|$ 给出 $\mathbf{P}^2$ 到 $\mathbf{P}^5$ 的嵌入，其像为 Veronese 曲面（第一章，习题 2.13）．

(b) 证明由 x^2，y^2，z^2，$y(x-z)$，$(x-y)z$ 定义的子系统给出 X 到 $\mathbf{P}^4$ 中的闭嵌入，其像称之为 $\mathbf{P}^4$ 中的 Veronese 曲面．参见第四章，习题 3.11．

(c) 设 $\mathfrak{d}\subseteq|D|$ 是过固定点 P 的所有圆锥曲线构成的线性系．则 $\mathfrak{d}$ 给出 $U=X-P$ 到 $\mathbf{P}^4$ 的一个浸没．另外，如果我们胀开 P 得到曲面 $\tilde{X}$，则此浸没可扩张为 $\tilde{X}$ 在 $\mathbf{P}^4$ 中的闭嵌入．证明 $\tilde{X}$ 是 $\mathbf{P}^4$ 中的 3 次曲面，而 X 中经过 P 点的直线变成了 $\tilde{X}$ 上不相交的直线．$\tilde{X}$ 是所有这些直线的并，故称 $\tilde{X}$ 是个直纹面（第五章，2.19.1）．

7.8 设 X 为 Noether 概型，$\mathscr{E}$ 为 X 上的局部自由凝聚层，$\pi:\mathbf{P}(\mathscr{E})\to X$ 为其相应的射影空间丛．证明在 π 的截影（即态射 $\sigma: X\to\mathbf{P}(\mathscr{E})$，使 $\pi\circ\sigma=id_X$）与 $\mathscr{E}$ 的商可逆层 $\mathscr{E}\to\mathscr{L}\to 0$ 之间存在自然的一一对应．

7.9 设 X 为正则 Noether 概型，$\mathscr{E}$ 为 X 上局部自由凝聚层．

(a) 证明 $\mathrm{Pic}\,\mathbf{P}(\mathscr{E})\cong\mathrm{Pic}X\times\mathbf{Z}$．

(b) 如果 $\mathscr{E}'$ 是 X 上另一局部自由凝聚层，证明在 X 上 $\mathbf{P}(\mathscr{E})\cong\mathbf{P}(\mathscr{E}')$，当且仅当在 X 上存在可逆层 $\mathscr{L}$ 使 $\mathscr{E}'\cong\mathscr{E}\otimes\mathscr{L}$.

7.10 概型上的 $\mathbf{P}^n$ 丛. 设 X 为 Noether 概型.

(a) 类似于向量丛的定义（习题 5.18），试定义 X 上射影 n 空间丛的概念，作为一个概型 P，它具有态射 π: $p\to X$，使得 P 局部同构于 $U\times\mathbf{P}^n$，$U\subseteq X$ 为开集，而且在 $\operatorname{Spec}A\times\mathbf{P}^n$ 上的转移自同构由齐次坐标环 $A[x_0,\cdots,x_n]$ 的 A 线性自同构给出，即 $x_i'=\Sigma a_{ij}x_j, a_{ij}\in A$.

(b) 如果 $\mathscr{E}$ 是 X 上秩为 $n+1$ 的局部自由层，则 $\mathbf{P}(\mathscr{E})$ 是 X 上的 $\mathbf{P}^n$ 丛.

*(c) 假设 X 为正则，试证 X 上每个 $\mathbf{P}^n$ 丛 P 同构于 $\mathbf{P}(\mathscr{E})$，其中 $\mathscr{E}$ 是 X 上某个局部自由层. [提示：令 $U\subseteq X$ 为开集使 $\pi^{-1}(U)\cong U\times\mathbf{P}^n$，$\mathscr{L}_0$ 为 $U\times\mathbf{P}^n$ 上的可逆层 $\mathscr{O}(1)$. 证明 $\mathscr{L}_0$ 可扩张为 P 上的可逆层 $\mathscr{L}$. 然后证明 $\pi_*\mathscr{L}=\mathscr{E}$ 是 X 上的局部自由层，并且 $P\cong\mathbf{P}(\mathscr{E})$.]

(d) 在 X 正则时推导出，在 X 上的 $\mathbf{P}^n$ 丛与等价关系 $\mathscr{E}'\sim\mathscr{E}$ 下的 $(n+1)$ 秩的局部自由层 $\mathscr{E}$ 的等价类之间有一个一一对应的充要条件是 $\mathscr{E}'\cong\mathscr{E}\otimes\mathscr{M}$，其中 $\mathscr{M}$ 为 X 上某个可逆层.

7.11 在 Noether 概型 X 上，不同的理想层可产生出同构的胀开概型.

(a) 如果 $\mathscr{I}$ 为 X 任意凝聚理想层，证明对任意 $d\geqslant1$，胀开 $\mathscr{I}^d$ 给出了一个概型，它同构于 $\mathscr{I}$ 的胀开（参见习题 5.13）.

(b) 如果 $\mathscr{I}$ 是任意凝聚理想层，且若 $\mathscr{J}$ 是可逆理想层，则 $\mathscr{I}$ 与 $\mathscr{I}\cdot\mathscr{J}$ 给出同构的胀开.

(c) 如果 X 为正则，证明（7.17）可加强为下述结果：设 $U\subseteq X$ 为最大的开集使 $f:f^{-1}U\to U$ 为同构，则 $\mathscr{I}$ 可选取为使其相应的闭子概型 Y 的支集等于 $X-U$.

7.12 设 X 为 Noether 概型，Y，Z 为两个闭子概型，它们相互不包含，令 $\tilde{X}$ 为胀开 $Y\cap Z$（由理想层 $\mathscr{I}_Y+\mathscr{I}_Z$ 定义）得到的概型. 证明 Y 及 Z 在 $\tilde{X}$ 中的严格形变 $\tilde{Y},\tilde{Z}$ 不相交.

***7.13** 完全非射影簇. 令 k 为 $\operatorname{Char}\neq2$ 的代数闭域. $C\subset\mathbf{P}_k^2$ 为尖点三次曲线 $y^2z=x^3$（6.11.4）. 对任意 $a\in k$，$a\neq0$，考虑 $\mathbf{P}^2$ 的自同构：$(x,y,z)\mapsto(ax,y,a^3z)$. 它将 C 变到自己，从而决定了 C 的自同构 φ_a. 回想在（6.11.4）定义过一个 $\mathbf{G}_a$ 与 $C-\{(0,0,1)\}$ 的同构，它将 $t\mapsto(t,1,t^3)$. 注意，在此同构下，φ_a 对应于由 $t\mapsto at$ 给出的 $\mathbf{G}_a$ 的自同构.

现在取两个 $C \times \mathbf{A}^1$，将它们沿 $C \times (\mathbf{A}^1 - \{0\})$，以同构 $\varphi: \langle P, u\rangle \to \langle \varphi_u(P), u^{-1}\rangle$ 粘合起来，其中 $P \in C$，$u \in \mathbf{A}^1 - \{0\}$. 因此得到了一个概型 X，这就是我们的例子. 注意在第二个因子中，我们粘合了两片 $\mathbf{A}^1$，得出了 $\mathbf{P}^1$. 因此有自然的态射 $\pi: X \to \mathbf{P}^1$.

(a) 证明 π 为本征射，因而 X 是 k 上完全簇.

(b) 利用(习题 6.9)的方法证明 $\mathrm{Pic}(C \times \mathbf{A}^1) \cong \mathbf{G}_a \times \mathbf{Z}$，$\mathrm{Pic}(C \times (\mathbf{A}^1 - \{0\})) \cong \mathbf{G}_a \times \mathbf{Z} \times \mathbf{Z}$. [提示：如果 A 为环，并以*表示单位群，则 $(A[u])^* \cong A^*$，$(A[u, u^{-1}])^* \cong A^* \times \mathbf{Z}$.]

(c) 证明限制映射 $\mathrm{Pic}(C \times \mathbf{A}^1) \to \mathrm{Pic}(C \times (\mathbf{A}^1 - \{0\}))$ 具有 $\langle t, n\rangle \mapsto \langle t, 0, n\rangle$ 的形式，且 $C \times (\mathbf{A}^1 - \{0\})$ 的自同构 φ 在其 Picard 群上诱导出形如 $\langle t, d, n\rangle \mapsto \langle t, d+n, n\rangle$ 的形式.

(d) 推导出 $\mathrm{Pic} X \cong \mathbf{G}_a$，因此不是 k 上的射影簇且 π 不是射影射.

7.14 (a) 给出例子，说明有一个 Noether 概型 X 及一个局部自由凝聚层 $\mathscr{E}$，使得在 $\mathbf{P}(\mathscr{E})$ 上可逆层 $\mathscr{O}(1)$ 相对于 X 不是极强的.

(b) 设 $f: X \to Y$ 为射，$\mathscr{L}$ 为 X 上的极强可逆层(相对于 Y)，$\mathscr{S}$ 是满足(+)的分次 $\mathscr{O}_X$ 代数层. 令 $P = \mathbf{Proj}\mathscr{S}$，$\pi: P \to X$ 为投射，$\mathscr{O}_P(1)$ 为相伴的可逆层. 试证对所有 $n \gg 0$，P 上层 $\mathscr{O}_P(1) \otimes \pi^* \mathscr{L}^n$ 相对于 Y 为极强. [提示：利用(7.10)及(习题 5.12)]

8. 微　分

在这一节中我们定义一个概型在另一个概型上的相对微分形式(的)层. 对于 $\mathbf{C}$ 上非异簇的情况(它类似于复流形)，其微分形式层本质上与微分几何中定义的切丛的对偶相同. 但是在抽象代数几何中，我们先用纯粹代数的方法定义微分层，然后定义切丛作为它的对偶. 这一节开始，先回顾一下一个环在另一个环上的微分模. 作为微分层的应用，我们将描述域上有限型概型中的非异簇. 进而，用非奇异簇的微分层定义它的切层，典则层，和几何亏格，几何亏格是簇的一个重要的数值不变量.

Kähler 微分

这里我们复习 Kähler 微分的代数理论，主要的参考文献是

Matsumura [2, 第10章], 许多证明也可在 Cartan 和 Chevalley 的书中由 Cartier 与 Godement 写的报告中找到 [1, exposés 13,17] 或者在 Grothendieck 的 [EGA0_{IV}, § 20.5] 中找到.

令 A 是含有幺元的交换环, B 是一个 A 代数, M 是一个 B 模.

定义 B 到 M 中的 A 求导是一个映射 $d: B \to M$, 满足下面的三个性质: (1) d 是加性的, (2) $d(bb') = bdb' + b'ab$, (3) $da = 0$, 对所有的 $a \in A$.

定义 我们定义 B 在 A 上的相对微分形式模为 $\langle \Omega_{B/A}, d\rangle$, 其中 $\Omega_{B/A}$ 是 B 模, d 是 A 求导, $d: B \to \Omega_{B/A}$, 而且它们满足泛性质: 对任何 B 模 M 和任何 A 求导 $d': B \to M$, 都存在唯一的一个 B 模同态 $f: \Omega_{B/A} \to M$, 使得 $d' = f \circ d$.

显然, 构造模 $\Omega_{B/A}$ 的一个途径是取由符号 $\{db | b \in B\}$ 生成的自由 B 模 F, 再模由形如 (1) $d(b + b') - db - db'$, 其中 $b, b' \in B$, (2) $d(bb') - bdb' - b'db$, 其中 b, $b' \in B$, (3) da, 其中 $a \in A$, 的所有表示式生成的子模. 求导 $d: B \to \Omega_{B/A}$ 由 b 映到 db 给出. 因此 $\Omega_{B/A}$ 存在, 由 $\langle \Omega_{B/A}, d\rangle$ 的定义知道它在唯一同构的意义下是唯一的, 作为上面构造的一个推论, 我们得到 $\Omega_{B/A}$ 作为 B 模由 $\{db | b \in B\}$ 生成.

命题 8.1A 令 B 是 A 代数, $f: B \otimes_A B \to B$ 是由 $f(b \otimes b') = bb'$ 定义的"对角"同态, $I = \ker f$. 考虑 $B \otimes_A B$ 为左乘的 B 模, 则 I/I^2 继承了 B 模的结构. 定义映射 $d: B \to I/I^2$, 由 $db = 1 \otimes b - b \otimes 1 (\text{modulo} I^2)$ 给出, 则 $\langle I/I^2, d\rangle$ 是 B/A (即 B 在 A 上) 的相对微分模.

证明 Matsumura [2, p.182]

命题 8.2A 如果 A' 和 B 是 A 代数, 令 $B' = B \otimes_A A'$, 则 $\Omega_{B'/A'} \cong \Omega_{B/A} \otimes_B B'$. 进而, 如果 S 是 B 中的乘法集, 则 $\Omega_{S^{-1}B/A} \cong S^{-1}\Omega_{B/A}$.

证明 Matsumura [2, p.186]

例 8.2.1 如果 $B = A[x_1, \cdots, x_n]$ 是 A 上多项式环, 则 $\Omega_{B/A}$ 是由 $dx_1, \cdots, dx_n$ 生成的秩 n 的自由 B 模. (Matsumura

[2, p.184]).

命题 8.3A （第一正合序列）令 $A\to B\to C$ 是环和同态. 则存在 C 模的自然正合序列

$$\Omega_{B/A}\otimes_B C\to\Omega_{C/A}\to\Omega_{C/B}\to 0.$$

证明 Matsumura [2, Th.57 p.186].

命题 8.4A （第二正合序列）令 B 是 A 代数，I 是 B 的理想，$C=B/I$，则存在 C 模自然正合序列

$$I/I^2\xrightarrow{\delta}\Omega_{B/A}\otimes_B C\to\Omega_{C/A}\to 0,$$

其中对任何 $b\in I$，如果 $\bar{b}$ 是 b 在 I/I^2 中的象，则 $\delta\bar{b}=db\otimes 1$. 特别 I/I^2 有 C 模的自然结构，δ 是 C 线性映射，虽然 δ 是经求导 d 定义的.

证明 Matsumura [2, Th.58, p.187].

系 8.5 如果 B 是有限生成 A 代数，或者 B 是有限生成 A 代数的局部化，则 $\Omega_{B/A}$ 是有限生成 B 模.

证明 实际上，B 是多项式环的商（或者局部化），于是其结果由 (8.4A)，(8.2A) 推出，多项式环本身就是一个例子.

现在在域扩张和局部环的情形下，考虑微分模. 回忆（第一章，第 4 节），我们说域 k 的扩域 K 是可分生成，是指如果对 K/k 存在超越基 $\{x_\lambda\}$，使得 K 是 $k(\{x_\lambda\})$ 的可分代数扩张.

定理 8.6A 令 K 是域 k 的有限生成扩域，则 $\dim_K\Omega_{K/k}\geqslant$ tr.d. K/k，进而等式成立当且仅当 K 在 k 上是可分生成的.（这里 $\dim_K$ 表示作为 K 向量空间的维数）

证明 Matsumura [2, Th.59, p.191]. 特别注意，如果 K/k 是有限代数扩张，则 $\Omega_{K/k}=0$ 的充分必要条件是 K/k 是可分的.

命题 8.7 令 B 是局部环，而且含有一个和它的剩余类域 $B/\mathfrak{m}$ 同构的域 k，则 (8.4A) 的映射 δ: $\mathfrak{m}/\mathfrak{m}^2\to\Omega_{B/k}\otimes_B k$ 是同构映射.

证明 根据 (8.4A)，Coker $\delta=\Omega_{K/k}=0$，因此 δ 是满射，

要证明 δ 是单射，只要证明对偶向量空间的映射

$$\delta: \operatorname{Hom}_k(\Omega_{B/k}\otimes k, k) \to \operatorname{Hom}_k(\mathfrak{m}/\mathfrak{m}^2, k)$$

是满的就够了. $\operatorname{Hom}_k(\Omega_{B/k}\otimes k, k) \cong \operatorname{Hom}_k(\Omega_{B/k}, k)$，根据微分的定义，映射的左边可以和 B 到 k 的 k 求导集合 $Der_k(B, k)$ 等同起来，如果 $d: B \to k$ 是一个求导，则通过 d 对 $\mathfrak{m}$ 限制得到 $\delta'(d)$ 和 $d(\mathfrak{m}^2) = 0$. 为了证明 δ' 是满射，令 $h \in \operatorname{Hom}(\mathfrak{m}/\mathfrak{m}^2, k)$. 对任何 $b \in B$，我们可用唯一的方法把 b 表成 $b = \lambda + c$, $\lambda \in k$, $c \in \mathfrak{m}$. 定义 $db = h(\bar{c})$，其中 $\bar{c} \in \mathfrak{m}/\mathfrak{m}^2$ 是 c 的像，容易验证 d 是 B 到 k 的 k 求导，和 $\delta(d) = h$. 因此，正如被要求的，δ 是满射的.

定理 8.8 令 B 是局部环，而且含有与它的剩余类域同构的域 k. 进一步假设 k 是完全的，B 是一个有限生成 k 代数的局部化，则 $\Omega_{B/k}$ 是秩为 $\dim B$ 的自由 B 模的充分必要条件为 B 是正则局部环.

证明 先假设 $\Omega_{B/k}$ 是秩为 $\dim B$ 的自由 B 模则由 (8.7)，我们有 $\dim_k \mathfrak{M}/\mathfrak{M}^2 = \dim B$，按定义，这就是说 B 是正则局部环（第一章，第 5 节）. 特别注意，它蕴含着 B 是整环.

反之，假设 B 是维数为 r 的正则局部环. 于是 $\dim \mathfrak{M}/\mathfrak{M}^2 = r$，由 (8.7)，我们得到 $\dim_k \Omega_{B/k}\otimes k = r$. 另一方面，令 K 是 B 的商域. 则由 (8.2A) 有 $\Omega_{B/k}\otimes_B K = \Omega_{K/k}$. 因为 k 是完全的，K 是 k 的可分生成的扩域（第一章 1.8A）. 最后，由 (8.5)，$\Omega_{B/k}$ 是有限生成 B 模. 使用下面的熟知的引理，我们得到 $\Omega_{B/k}$ 是秩 r 的自由 B 模.

引理 8.9 令 A 是 Noether 局部整环，k 是它的剩余类域，K 是它的商域. 如果 M 是有限生成 A 模，且如果 $\dim_k M\otimes_A k = \dim_K M\otimes_A K = r$，则 M 是秩 r 的自由 A 模

证明 由于 $\dim_k M\otimes k = r$，Nakayama 引理告诉我们 M 可由 r 个元素生成. 因此存在满射 $\varphi: A^r \to M \to 0$. 令 R 是 φ 的核，则我们得到正合序列

$$0 \to R\otimes K \to K^r \to M\otimes K \to 0.$$

由于 $\dim_K M\otimes K = r$，我们有 $R\otimes K = 0$，但是R是无挠的，于是$R = 0$从而M同构于A^r.

微分层

现在我们对概型定义微分模. 令 $f: X\to Y$ 是概型的射. 考虑对角射 $\Delta: X\to X\times_Y X$. 根据(4.2)的证明，Δ给出由X到它的象 $\Delta(X)$ 之上的同构，$\Delta(X)$ 是 $X\times_Y X$ 的局部闭子概型，即是 $X\times_Y X$ 的一个开子集W的闭子概型.

定义 令$\mathscr{I}$是W中 $\Delta(X)$ 的理想层. 则我们定义X在Y上的相对微分层为X上的层 $\Omega_{X/Y} = \Delta^*(\mathscr{I}/\mathscr{I}^2)$.

注 8.9.1 先注意 $\mathscr{I}/\mathscr{I}^2$ 具有 $\mathscr{O}_{\Delta(X)}$ 模的自然结构. 由于Δ诱导出X到 $\Delta(X)$ 的同构，$\Omega_{X/Y}$ 有$\mathscr{O}_X$模的自然结构. 进而，由(5.9)，$\Omega_{X/Y}$ 是拟凝聚的；如果Y是 Noether 的且f是有限型射，则 $X\times_Y X$ 也是 Noether 的，所以 $\Omega_{X/Y}$ 是凝聚的.

注 8.9.2 如果 $U=\operatorname{Spec} A$ 是Y的开仿射子集，$V=\operatorname{Spec} B$ 是X的开仿射子集，而且 $f(V)\subseteq U$，则 $V\times_U V$ 是 $X\times_Y X$ 的同构于 $\operatorname{Spec}(B\otimes_A B)$ 的开仿射子集，而 $\Delta(X)\cap(V\times_U V)$ 是由对角同态 $B\otimes_A B\to B$ 的核定义的闭子概型. 因此 $\mathscr{I}/\mathscr{I}^2$ 是和(8.1A)的模 I/I^2 相伴的层. 于是 $\Omega_{V/U}\cong(\Omega_{B/A})^\sim$. 从而在仿射的情形中，$X/Y$ 的微分层的定义，通过函子$\sim$，与上面定义的微分模是相容的. 这还说明，通过用上面的开仿射子集U和V覆盖X和Y，并粘合相应的层 $(\Omega_{B/A})^\sim$ 可以定义 $\Omega_{X/Y}$ 求导 $d: B\to\Omega_{B/A}$ 和X上的 *Abel* 群层的映射 $d:\mathscr{O}_X\to\Omega_{X/Y}$ 密切相连，映射d在每点的局部环是一个求导.

因此，我们可以把代数的结果搬到层上，得到下面的结果.

命题 8.10 令 $f: X\to Y$ 是射，$g: Y'\to Y$ 是另一个射，令 $f': X'=X\times_Y Y'\to Y'$ 是由基扩张得到的射，则 $\Omega_{X'/Y'}\cong g'^*(\Omega_{X/Y})$，其中 $g': X'\to X$ 是第一分量的投射.

证明 由(8.2A)得到.

命题 8.11 令 $f: X\to Y$ 和 $g: Y\to Z$ 是概型的射，则存在

X上的层的正合序列

$$f^*\Omega_{Y/Z}\to\Omega_{X/Z}\to\Omega_{X/Y}\to 0。$$

证明 由（8.3A）得到

命题 8.12 令 $f:X\to Y$ 是一个射，Z 是 X 的闭子概型，具有理想层 $\mathscr{I}$ 则存在 Z 上层的正合序列

$$\mathscr{I}/\mathscr{I}^2\xrightarrow{\delta}\Omega_{X/Y}\otimes\mathscr{O}_Z\to\Omega_{Z/Y}\to 0。$$

证明 由（8.4A）得到。

例 8.12.1 如果 $X=\mathbf{A}^n_Y$，则 $\Omega_{X/Y}$ 是由整体裁量 $dx_1,\cdots,dx_n$ 生成的秩为 n 的自由 $\mathscr{O}_X$ 模，其中 $x_1,\cdots,x_n$ 是 $\mathbf{A}^n$ 的仿射坐标。

下面我们给出一个正合序列，它将关于射影空间的微分层和我们已知的层联系起来。这是一个基本的结果，涉及到射影簇微分的所有的进一步的计算都将依据它。

定理 8.13 令 A 是环，$Y=\operatorname{Spec} A$，$X=\mathbf{P}^n_A$，则存在 X 上层的正合序列

$$O\to\Omega_{X/Y}\to\mathscr{O}_X(-1)^{n+1}\to\mathscr{O}_X\to 0。$$

（中间项的指数 $n+1$ 表明 $n+1$ 个 $\mathscr{O}_X(-1)$ 作直和）

证明 令 $S=A[x_0,\cdots,x_n]$ 是 X 的齐次坐标环．令 E 是分次 S 模 $S(-1)^{n+1}$，$e_0,\cdots,e_n$ 是基，而且它们的次数都为 1．定义分次 S 模的(零次)同态 $E\to S$，它由 $e_i\longmapsto x_i$ 给出。令 M 是其同态核，则由分次 S 模的正合列

$$O\to M\to E\to S$$

产生一个关于 X 的层的正合列

$$O\to\widetilde{M}\to\mathscr{O}_X(-1)^{n+1}\to\mathscr{O}_X\to 0。$$

注意，$E\to S$ 不是满射的，但对于次数 $\geqslant 1$ 它是满射的，因此相应的层的映射是满射的。

继续证明 $\widetilde{M}\cong\Omega_{X/Y}$。先注意，如果我们在 x_i 作局部化，则 $E_{x_i}\to S_{x_i}$ 是自由 S_{x_i} 模满射同态，于是 M_{x_i} 是由 $\{e_j-(x_j/x_i)e_i\mid j\neq i\}$ 生成的秩为 n 的自由模。由此得出，如果 U_i 是由 x^i

定义的标准开集，则 $\widetilde{M}|_{U_i}$ 是由截影 $(1/x_i)e_j-(x_j/x_i^2)e_i$，$j\neq i$，生成的自由 $\mathscr{O}_{U_i}$ 模(为了得到模 M_{x_i} 中的零次元，这里我们需要附加因子 $1/x_i$)。

定义映射 $\varphi_i:\Omega_{X/Y}|_{U_i}\to\widetilde{M}|_{U_i}$ 如下. 回忆 $U_i\cong \operatorname{Spec} A[x_0/x_i,\cdots,x_n/x_i]$，所以 $\Omega_{X/Y}|_{U_i}$ 是由 $d(x_0/x_i),\cdots,d(x_n/x_i)$ 生成的自由 $\mathscr{O}_{U_i}$ 模，我们用

$$\varphi_i(d(x_j/x_i))=(1/x_i^2)(x_ie_j-x_je_i)$$

定义 φ_i. φ_i 是一个同构. 我们断言粘合同构 φ_i 可得到关于整个 X 的同构 φ: $\Omega_{X/Y}\to\widetilde{M}$. 这只需作一个简单的计算. 在 $U_i\cap U_j$ 上，对任何 k，我们有 $(x_k/x_i)=(x_k/x_j)\cdot(x_j/x_k)$.因此在 $\Omega|_{U_i\cap U_j}$ 中有

$$d\left(\frac{x_k}{x_i}\right)-\frac{x_k}{x_j}d\left(\frac{x_j}{x_i}\right)=\frac{x_j}{x_i}d\left(\frac{x_k}{x_j}\right).$$

现在将 φ_i 作用到左边，φ_j 作用到右边，两个途径得到相同的结果，即 $(1/x_ix_j)(x_je_k-x_ke_j)$.于是同构 φ_i 可粘合，完成了证明.

非异簇

我们将微分层主要用于非异簇. 在第一章第 5 节我们定义非异拟投射簇是一个簇，它的局部环都是正则局部环，这里，把这个定义扩展到抽象簇.

定义 代数闭域 k 上的(抽象)簇 X 是非异的，如果它的所有局部环都是正则局部环.

注意，这里显然地要求较多，因为在第一章中我们只有闭点，现在我们的簇还有非闭点. 但是，这两个定义是等价的，因为每个在非闭点的局部环都是在闭点的局部环的局部化. 我们有下面的代数结果.

定理 8.14A 正则局部环在素理想的局部化仍是正则局部环.

证明 Matsumura [2, p.139].

下面的结果给出非奇异性和微分之间的联系.

定理 8.15 令X是代数闭域k上有限型的不可约分离概型，则$\Omega_{X/k}$是秩为$n=\dim X$的局部自由层当且仅当X在k上是非异簇.

证明 如果$x\in X$是闭点，则局部环$B=\mathcal{O}_{x,X}$有维数n，剩余类域k，而且是有限型k代数的局部化．进而，B在k上的微分模$\Omega_{B/k}$等于层$\Omega_{X/k}$的茎$(\Omega_{X/k})_x$．因此我们可以用(8.8)得到$(\Omega_{X/k})_x$是秩为n的局部自由的，当且仅当B是正则局部环．现在由(8.14A)和(习题5.7)得到定理.

系 8.16 如果X是k上的簇，则存在X的开稠子集U是非异的.

证明 (这给出第一章5.3的一个新的证明.) 如果$n=\dim X$，则X的函数域K在k上的超越次数为n，而且是有限生成扩域，由(第一章 4.8A) K为可分成．因此由(8.6A)，$\Omega_{K/k}$是n维K向量空间．现在$\Omega_{K/k}$恰是层$\Omega_{X/k}$在X的一般点的茎.于是由习题5.7，$\Omega_{X/k}$在广点的某个领域是秩为n的局部自由的，即在一非空开集U上是秩为n的局部自由的．根据定理则U是非奇异的.

定理 8.17 令X是k上的非异簇，令$Y\subseteq X$是由理想层$\mathscr{I}$定义的不可约闭子概型，则Y是非异的当且仅当

(1) $\Omega_{Y/k}$是局部自由的，和

(2) (8.12)的序列也是左正合的:

$$0\to \mathscr{I}/\mathscr{I}^2\to \Omega_{X/k}\otimes\mathcal{O}_Y\to\Omega_{Y/k}\to 0.$$

进而，在这种情况下，$\mathscr{I}$是由$r=\operatorname{codim}(Y,X)$个元素局部生成，$\mathscr{I}/\mathscr{I}^2$是$Y$上的秩为$r$的局部自由层.

证明 先假设(1)和(2)成立.于是$\Omega_{Y/k}$是局部自由的，根据(8.15)，我们只需证明$\operatorname{rank}\Omega_{Y/k}=\dim Y$.令$\operatorname{rank}\Omega_{Y/k}=q$.我们已知$\Omega_{X/k}$是秩$n$的局部自由的，由(2)推出$\mathscr{I}/\mathscr{I}^2$在$Y$上秩为$n-q$的局部自由层．因此由Nakayama引理，$\mathscr{I}$可由$n-q$个元局部地生成，并由此得出$\dim Y\geqslant n-(n-q)=q$(第一章习题1.9)．另一方面，考虑任何闭点$y\in Y$，由(8.7)有

$q=\dim_k(\mathfrak{M}_y/\mathfrak{M}_y^2)$，由（第一章 5.2A）有 $q\geqslant\dim Y$。于是 $q=\dim Y$。这表明Y是非异的，与此同时，由于我们有了 $n-q=\operatorname{codim}(Y,X)$，建立了定理最后的叙述。

反之，假设Y是非异的。于是 $\Omega_{Y/k}$ 是秩为 $q=\dim Y$ 的局部自由层，马上得到(1)，由(8.12)我们有正合序列

$$\mathscr{I}/\mathscr{I}^2\xrightarrow{\delta}\Omega_{X/k}\otimes\mathscr{O}_Y\xrightarrow{\varphi}\Omega_{Y/k}\to 0.$$

考虑闭点 $y\in Y$ 则 $\ker\varphi$ 在 y 是秩为 $r=n-q$ 的局部自由层，所以在 y 的一个适当的邻域中选取裁影 $x_1,\cdots,x_r\in\mathscr{I}$，使得 $dx_1,\cdots,dx_r$ 生成 $\ker\varphi$ 是可能的，令 $\mathscr{I}'$ 是由 $x_1,\cdots,x_r$ 生成的理想层，令 Y' 是相应的闭子概型。那么按构造，在 y 的邻域，$dx_1,\cdots,dx_r$ 生成 $\Omega_{X/k}\otimes\mathscr{O}_{Y'}$ 的秩为 r 的自由子层。由此得到，对 Y' 而言的(8.12)的正合列

$$\mathscr{I}'/\mathscr{I}'^2\xrightarrow{\delta}\Omega_{X/k}\otimes\mathscr{O}_{Y'}\to\Omega_{Y'/k}\to 0$$

中，δ 是单射(因为它的象是自由的有秩 r)，$\Omega_{Y'/k}$ 是秩为 $n-r$ 的局部自由层. 现在由前面已经证明的事实，得到 Y' 是维数为 $n-r$ 的非异概型。但是 $Y\subseteq Y'$，而且Y和Y'是具有相同维数的整概型，因此必有 $Y=Y'$，$\mathscr{I}=\mathscr{I}'$，这说明映射

$$\mathscr{I}/\mathscr{I}^2\xrightarrow{\delta}\Omega_{X/k}\otimes\mathscr{O}_Y$$

正如所要求的是单射。

下面的结果告诉我们，在适当的条件下，射影空间中的非异簇的超平面裁影仍然是非奇异的。实际上有一大类这样的结果。它们说：如果射影簇有某个性质，则一般的超平面裁影也有相同的性质。在这里我们给出的结果不是最强的，但是它对许多应用来说已足够了。在特征 0 时的另一种说法可参见(第三章 10.9)。

定理 8.18 (Bertini 定理) 令X是 $\mathbf{P}_k^n$ 的非异闭子簇，其中 k 是代数闭域，则存在不含有X的超平面 $H\subseteq\mathbf{P}_k^n$，使得概型$H\cap X$在每一点都是正则的(实际上，我们在后面(第三章，7.9.1)将看到，如果 $\dim X\geqslant 2$，则$H\cap X$是连通的，因此是不可约的，即$H\cap X$是一个非异簇，进而，具有这个性质的超平面的集合形成完全线性

系统 $|H|$ 的开稠子集，这里 $|H|$ 看作是射影空间.

证明 对于闭点 $x\in X$，考虑集合 $B_x=\{$超平面 $H|H\supseteq X$ 或者 $H\not\supseteq X$，但是 $x\in H\cap X$ 且 x 不是 $H\cap X$ 的正则点$\}$（图 10）. 这些超平面相对点 x 而言是不好的. 现在超平面 H 由非零整体截影 $f\in V=\Gamma(\mathbf{P}^n,\mathcal{O}_{\mathbf{P}^n}(1))$ 决定. 我们固定一个 $f_0\in V$，使得 $x\notin H_0$，H_0 是由 f_0 定义的超平面. 于是我们能够定义一个 k 向量空间的映射

$$\varphi_x:V\to\mathcal{O}_{x,X}/\mathfrak{M}_x^2$$

如下：给定 $f\in V$，则 f/f_0 是 $\mathbf{P}^n-H_0$ 上的正则函数，它诱导出 $X-X\cap H_0$ 上的一个正则函数. 取 $\varphi_x(f)$ 为 f/f_0 在局部环 $\mathcal{O}_{x,X}$ 模 $\mathfrak{M}_x^2$ 中的象. 概型 $H\cap X$ 在 x 由 f/f_0 在 $\mathcal{O}_x$ 中生成的理想确定. 所以 $x\in H\cap X$ 当且仅当 $\varphi_x(f)\in\mathfrak{M}_x$；$x$ 在 $H\cap X$ 是非正则的当且仅当 $\varphi_x(f)\in\mathfrak{M}_x^2$，因为在那种情形下，局部环 $\mathcal{O}_x/(\varphi(f))$ 不是正则的. 于是我们得到的超平面 $H\in B_x$ 正好对应 $\ker\varphi_x$ 的元（注意 $\varphi(f)=0\Longleftrightarrow H\supseteq X$.）

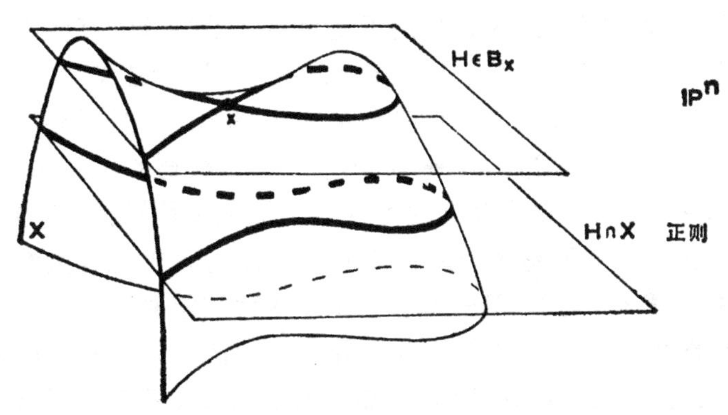

图 10 非奇异簇的超平面截面

因为 x 是一个闭点，k 是代数闭域，$\mathfrak{M}_x$ 由坐标环中的线性型生成，所以 φ_x 是满射. 如果 $\dim X=r$，则 $\dim_k\mathcal{O}_x/\mathfrak{M}_x^2=r+1$ 我们有 $\dim V=n+1$，于是 $\dim\ker\varphi_x=n-r$. 这表明 B_x 是 $n-r-1$ 维的超平面的线性系（在第 7 节的意义下）.

现在，把完全线性系 $|H|$ 作为射影空间，考虑由所有的对 $\langle x,H\rangle$ 组成的 $X\times|H|$ 的子集 $B\subseteq X\times|H|$，使得 $x\in X$ 是闭点和 $H\in B_x$。显然 B 是 $X\times|H|$ 的一个闭子集的闭点的集合，仍用 B 表示它，并赋予它既约诱导概型结构。我们已经看到第一个投射 $p_1: B\to X$ 是满射的，有维数 $(n-r-1)+r=n-1$。因此，考虑第二个投射 $p_2: B\to|H|$，有 $\dim p_2(B)\leqslant n-1$。由于 $\dim|H|=n$，我们得到 $p_2(B)<|H|$。如果 $H\in|H|-p_2(B)$，则 $H\not\supseteq X$ 和 $H\cap X$ 的每个点是正则的，因此 H 满足定理的要求。最后注意，由于 X 是射影的，则 $p_2: X\times|H|\to|H|$ 是本征射；由于 B 在 $X\times|H|$ 中是闭的，则 $p_2(B)$ 在 $|H|$ 中是闭的。因此 $|H|-p_2(B)$ 是 $|H|$ 的开稠子集，这证明了定理的最后叙述。

注 8.18.1 如果 X 有有限个奇点，这结果仍然成立，因为含有 X 的任何一个奇点的超平面集合是 $|H|$ 的真闭子集。

应用

现在我们将前面的思想用于定义域上非异簇的某些不变量。

定义 令 X 是域 k 上的非奇异簇。我们定义 X 的切层为 $\mathscr{T}_X=\mathscr{H}om_{\mathcal{O}_X}(\Omega_{X/k},\mathcal{O}_X)$，它是秩 $n=\dim X$ 的局部自由层。我们定义 X 的典则层为 $\omega_X=\Lambda^n\Omega_{X/k}$，即微分层的第 n 次外幂次，其中 $n=\dim X$。它是 X 上的可逆层。如果 X 是射影和非异的，我们定义 X 的几何亏格为 $p_g=\dim_k\Gamma(X,\omega_X)$，它是非负整数。

注 8.18.2 前面(第一章，习题 7.2) 我们定义了射影空间中一个簇的算术亏格 p_a。在射影非奇异曲线的情形，算术亏格和几何亏格一致。这是 Serre 对偶定理 [将在后面 (第三章，7.12.2) 证明它]的推论，然而对于维数$\geqslant 2$ 的簇，p_a 和 p_g 不一定相等 (习题 8.3)。(参见第三章，7.12.3)

注 8.18.3 由于微分层、切层、典则层都是内蕴性的定义，由它们定义的任何数，如几何亏格，都是在同构意义下的 X 的不变量。事实上，我们现在要证明几何亏格是非异射影簇的双有理不变量，这使得它对分类问题极端重要.

定理 8.19 令 X 和 X' 是域 k 上的两个双有理等价的非异射影簇，则 $p_g(X)=p_g(X')$.

证明. 回忆（第一章，第 4 节）一下 X 和 X' 是双有理等价的，是指存在由 X 到 X' 的有理映射，和 X' 到 X 的有理映射，它们是彼此互逆的. 考虑由 X 到 X' 的映射，令 $V\subseteq X$ 是最大开子集，使得存在代表这个有理映射的射 $f:V\to X'$. 由 (8.11) 我们有映射 $f^*\Omega_{X'/k}\to\Omega_{V/k}$. 它们是有相同秩 $n=\dim X$ 的局部自由层，于是我们得到外幂次上的诱导映射：$f^*\omega_{X'}\to\omega_V$. 这个映射又诱导出整体裁影空间上的映射 $f^*:\Gamma(X',\omega_{X'})\to\Gamma(V,\omega_V)$. 由于 f 是双有理的，根据（第一章，4. 5），存在开集 $U\subseteq V$，使得 $f(U)$ 在 X' 中是开的，且 f 诱导出由 U 到 $f(U)$ 的同构. 因此经 f 得到 $\omega_V|_U\cong\omega_{X'}|_{f(U)}$. 由于可逆层的非零整体截面在稠开集上不可能为零，我们得到向量空间的映射 $f^*:\Gamma(X',\omega_{X'})\to\Gamma(V,\omega_V)$ 必需是单射.

下边我们比较 $\Gamma(V,\omega_V)$ 和 $\Gamma(X,\omega_X)$. 首先我们说 $X-V$ 在 X 中有余维 $\geqslant 2$. 实际上，这由本征性的赋值判别准则 (4.7) 得到. 如果 $P\in X$ 是余维 1 的一个点，则 $\mathcal{O}_{P,X}$ 是离散赋值环（因为 X 是非异的）. 我们已经有了 X 的广点到 X' 的映射，而 X 是射影的，因此在 k 上是本征的，于是存在与给定的双有理映射相容的唯一的射 $\operatorname{Spec}\mathcal{O}_{P,X}\to X'$. 它扩张成 P 的某个邻域到 X' 的射，所以根据 V 的定义我们必需有 $P\in V$.

现在我们可以证明自然限制映射 $\Gamma(X,\omega_X)\to\Gamma(V,\omega_X)$ 是双射. 这只要证明，对任何开仿射子集 $U\subseteq X$，使得 $\omega_X|_U\cong\mathcal{O}_U$ 时，映射 $\Gamma(U,\mathcal{O}_U)\to\Gamma(U\cap V,\mathcal{O}_{U\cap V})$ 是双射. 由于 X 是非异的，因此是正规的，由于 $U-U\cap V$ 在 U 中余维 $\geqslant 2$，这是 (6.3A) 的直接推论.

合并我们的结果，有 $p_g(X')\leqslant p_g(X)$ 由对称性得到反向不等式. 因此有 $p_g(X')=p_g(X)$.

下边，我们对簇 X 的非异子簇研究切层和典则层的行为.

定义 令 Y 是域 k 上非异簇 X 的非异子簇. 我们称 (8.17) 的局部自由层为 Y 在 X 中的余法层. 称它的对偶 $\mathscr{N}_{Y/X}=\mathscr{H}om_{\mathscr{O}_Y}(\mathscr{I}/\mathscr{I}^2,\mathscr{O}_Y)$ 为 Y 在 X 中的法层. 它是秩 $r=\operatorname{codim}(Y,X)$ 的局部自由层.

注意, 如果我们取 (8.17) 中给的 Y 的局部自由层的正合列的在 Y 上的对偶, 我们得到正合列

$$0\to\mathscr{T}_Y\to\mathscr{T}_X\otimes\mathscr{O}_Y\to\mathscr{N}_{Y/X}\to 0.$$

这表明我们刚才定义的法层对应于通常的法向量是所嵌入空间的切向量模去子空间的切向量的几何概念.

命题 8.20 令 Y 是域 k 上非异簇 X 中的余维为 r 的非异子簇, 则 $\omega_Y\cong\omega_X\otimes\Lambda^r\mathscr{N}_{Y/X}$ 特别地 $r=1$. 把 Y 看作除子, 并令 $\mathscr{L}$ 是在 X 上的相应可逆层, 则 $\omega_Y\cong\omega_X\otimes\mathscr{L}\otimes\mathscr{O}_Y$.

证明 在正合列

$$0\to\mathscr{I}/\mathscr{I}^2\to\Omega_X\otimes\mathscr{O}_Y\to\Omega_Y\to 0$$

中我们取局部自由层的最高外幂次 (习题 5.16d). 于是得到 $\omega_X\otimes\mathscr{O}_Y\cong\omega_Y\otimes\Lambda^Y(\mathscr{I}/\mathscr{I}^2)$. 由于取最高外幂次和取对偶层交换, 得到 $\omega_Y\cong\omega_X\otimes\Lambda^r\mathscr{N}_{Y/X}$. 在 $r=1$ 的特殊情况下, 由 (6.18) 我们有 $\mathscr{I}_Y\cong\mathscr{L}^{-1}$. 因此 $\mathscr{I}/\mathscr{I}^2=\mathscr{L}^{-1}\otimes\mathscr{O}_Y$ 和 $\mathscr{N}_{Y/X}\cong\mathscr{L}\otimes\mathscr{O}_Y$ 对 $r=1$ 用前面的结果, 我们得到 $\omega_Y\cong\omega_X\otimes\mathscr{L}\otimes\mathscr{O}_Y$.

例 8.20.1 令 $X=\mathbf{P}^n_k$. 取 (8.13) 的正合列的对偶, 给出与 $\mathbf{P}^n$ 的切层有关的正合列:

$$0\to\mathscr{O}_X\to\mathscr{O}_X(1)^{n+1}\to\mathscr{T}_X\to 0.$$

为了得到 $\mathbf{P}^n$ 的典则层, 我们取 (8.13) 的正合列的最高外幂次, 发现 $\omega_X\cong\mathscr{O}_X(-n-1)$. 由于对 $l<0\mathscr{O}(l)$ 没有整体裁影, 对任何 $n\geqslant 1$ 我们有 $p_g(\mathbf{P}^n)=0$. 回想一下, 有理簇被定义为双有理等价于 $\mathbf{P}^n$ 的簇, 其中 n 是某个正整数(第一章习题 4.4). 由 (8.19) 我们得到如果 X 是任何非奇异投射的有理簇, 则 $p_g(X)=0$. 这个事实使我们能够论证对所有维数均存在非有理簇.

例 8.20.2 令 $X=\mathbf{P}^n_k$, $n\geqslant 2$. 对任何整数 $d\geqslant 1$, 除子 dH, H 是超平面, 是一个极强除子 (7.6.1). 在适当的射影嵌入

下（d 重分量嵌入），dH 成为 X 的超平面截面．可以用 Bertini 定理（8.18）．找到子概型 $Y \in |dH|$，在它的每一点都正则．如果 Y 有至少 2 个不可约分支，叫 Y_1 和 Y_2，那么由于 $n \geqslant 2$，它们的交 $Y_1 \cap Y_2$ 是非空的（第一章，7.2）．但是 Y 在 $Y_1 \cap Y_2$ 的任何点都是奇异的．故这不可能发生，实际上我们得到 Y 是不可约的，因此是非奇异的，于是对任何 $d \geqslant 1$ 存在在 $\mathbf{P}^n$ 中的 d 次非异超曲面．实际上，它们形成完全线性系 $|dH|$ 的稠开子集．（这推广了第一章习题 5.5）

例 8.20.3 令 Y 是 $\mathbf{P}^n$ 中 d 次非异超曲面，$n \geqslant 2$，则由（8.2）和上面的第一个例子，得到 $\omega_Y \cong \mathcal{O}_Y(d-n-1)$．让我们看看某些特殊情形．

$n=2$，$d=1$．Y 是 $\mathbf{P}^2$ 中的直线，故 $Y \cong \mathbf{P}^1$，我们得到已经知道的 $\omega_Y \cong \mathcal{O}_Y(-2)$．

$n=2$，$d=2$．Y 是 $\mathbf{P}^2$ 中的二次曲线和 $\omega_Y \cong \mathcal{O}_Y(-1)$．这时 Y 是 $\mathbf{P}^1$ 的 2 重分量嵌入，把 ω_Y 拉回到 $\mathbf{P}^1$，再次给出我们已经知道的 $\omega_{\mathbf{P}^1} \cong \mathcal{O}_{\mathbf{P}^1}(-2)$．

$n=2$，$d=3$．Y 是非奇异的平面三次曲线，$\omega_Y \cong \mathcal{O}_Y$．因此 $p_g(Y)=\dim \Gamma(Y,\mathcal{O}_Y)=1$，我们看到 Y 不是有理的，这推广了（第一章习题 6.2），在那里我们给出了一个非奇异二次曲线的例子，并用不同的方法证明了它不是有理的．

$n=2$，$d \geqslant 4$．Y 是 d 次非异平面曲线，和 $\omega_Y \cong \mathcal{O}_Y(d-3)$，$d-3>0$．因此 $p_g>0$ 从而 Y 不是有理的．实际上，$p_g=\frac{1}{2}(d-1)(d-2)$（习题 8.4f），于是我们得到不同次数 $d,d' \geqslant 3$ 的两个平面曲线彼此不是双有理的．得到这个结果的另一个方法如下，对任何非奇异射影曲线，我们可以考虑典则层的次数．由于一个非奇异射影曲线在它的双有理等价类中是唯一的（第一章 §6），这个（次）数实际上是双有理不变量．现在它的值是 $d(d-3)$，因为 $\mathcal{O}(1)$ 在 Y 上有次数 d．这些数对不同的 $d,d' \geqslant 3$ 也是不冈的．这表明存在无限多互相不是双有理等价的曲线．

$n=3$, $d=1$. 这给出我们已知的 $Y\cong\mathbf{P}^2$, $\omega_Y\cong\mathcal{O}_Y(-3)$.

$n=3$, $d=2$. 这里 Y 是非异二次曲面，$\omega_Y\cong\mathcal{O}_Y(-2)$. 我们有 $p_g(Y)=0$，这与 Y 是有理的事实（第一章，习题 4.5）一致. 根据同构 $Y\cong\mathbf{P}^1\times\mathbf{P}^1$, ω_Y 对应型 $(-2,-2)$ 的除子类. 参见(6.6.1). 这说明了关于非奇异簇直积的典则层就是两个因子的典则层的拉回的张量这一一般事实(习题 8.3).

$n=3$, $d=3$. Y 是 $\mathbf{P}^3$ 中的非异三次曲面，$\omega_Y\cong\mathcal{O}_Y(-1)$ 和有 $p_g(Y)=0$. 这种情况，在后面(第五章)我们将看到 Y 也是有理曲面，

$n=3$, $d=4$. 这时 $\omega_Y\cong\mathcal{O}_Y$. 典则层是平凡的，所以 $p_g=1$. 这不是有理曲面，它属于"K3 曲面"类.

$n=3$, $d\geqslant 5$. 这时 $\omega_Y\cong\mathcal{O}_Y(d-4)$, $d-4>0$. 因此 $p_g>0$, Y 不是有理的，像这些曲面，它们的典则层是极强的，属于"一般型曲面"

$n=4$, $d=3,4$. 在 $\mathbf{P}^4$ 中的三次和四次的 3 维簇都有 $p_g=0$, 但是最近已经证明（用不同的方法）它们一般不在有理簇范围内. 对于 3 次 3 维簇，参考 Clemens 和 Griffiths[1]. 对于中次 3 维簇，参考 Iskovskih 和 Manin[1].

任意 n, $d\geqslant n+1$. 这时我们得到 $\mathbf{P}^n$ 中的非异超曲面 Y, 和 $\omega_Y\cong\mathcal{O}_Y(d-n-1)$, $d-n-1\geqslant 0$, 因此 $p_g(Y)\geqslant 1$, 于是 Y 不是有理的. 这证明在所有的维数都存在非有理簇.

某些局部代数

这里我们汇集一些局部代数的结果，主要涉及到在代数几何中有用的深度和 Cohen-Macaulay 环. 然后我们把它们和局部完全交的几何概念联系起来，并用于胀开. 证明参见 Matsumura [2, 第 6 章].

如果 A 是环，M 是 A 模，回想一下 A 的元素序列 $x_1,\cdots,x_r$ 称为对 M 的正则序列，如果 x_1 不是 M 的零因子，和对 $i=2,\cdots,r$, x_i 不是 $M/(x_1,\cdots,x_{i-1})M$ 的零因子. 如果 A 是局部环，$\mathfrak{m}$ 是它

的极大理想，则M的深度是M的正则序列 $x_1, \cdots, x_r$ 的最大长度，其中所有的 $x_i \in \mathfrak{m}$。将这些定义用于环A本身，我们说局部 Noether 环A是 Cohen-Macaulay，如果 $\operatorname{depth} A = \dim A$。现在列出 Cohen-Macaulay 的某些性质。

定理 8.21A 令A是局部 Noether 环，有极大理想 $\mathfrak{m}$。

(a) 如果A是正则的，则它是 Cohen-Macaulay。

(b) 如果A是 Cohen-Macaulay，则A在素理想的任何局部化也是 Cohen-Macaulay。

(c) 如果A是 Cohen-Macaulay，则 $\mathfrak{m}$ 的元素 $x_1, \cdots, x_r$ 的集合形成对A的正则序列当且仅当

$$\dim A/(x_1, \cdots, x_r) = \dim A - r.$$

(d) 如果A是 Cohen-Macaulay，和 $x_1, \cdots, x_r \in \mathfrak{m}$ 是对A的正则序列，则 $A/(x_1, \cdots, x_r)$ 也是 Cohen-Macaulay。

(e) 如果A是 Cohen-Macaulay，和 $x_1, \cdots, x_r \in \mathfrak{m}$ 是正则序列，令 I 是理想 $(x_1, \cdots, x_r)$，则自然映射 $(A/I)[t_1, \cdots, t_r] \to \operatorname{gr}_I A = \bigoplus_{n \geqslant 0} I^n/I^{n+1}$，把 t_i 映到 x_i，即 $t_i \longmapsto x_i$，是同构映射。换句话说，I/I^2 是秩为 r 的自由 A/I 模，且对每个 $n \geqslant 1$，自然映射 $S^n(I/I^2) \to I^n/I^{n+1}$ 是同构，其中 S^n 表示第 n 个对称幂。

证明 Matsumura [2: (a) p.121; (b) p.104; (c) p.105; (d) p.104; (e) p.110]。

和与概型有关的术语保持一致（习题 3.8），我们说 Noether 环A是正规的，如果对每个素理想 $\mathfrak{p}$，局部化 $A_\mathfrak{p}$ 是整闭整环。正规环是整闭整环的有限直积。

定理 8.22A (Serre) Noether 环A是正规的，当且仅当它满足下面的两个条件：

(1) 对每个高度 1 的素理想 $\mathfrak{p} \subseteq A$，$A_\mathfrak{p}$ 是正则的（因此是离散赋值环）；和

(2) 对每个高度$\geqslant 2$ 的素理想 $\mathfrak{p} \subseteq A$，我们有 $\operatorname{depth} A_\mathfrak{p} \geqslant 2$。

证明 Matsumura [2，定理 39，p.125]。条件 (1)' 有时被称

为“R_1”或“在余维 1 下正则”. 条件 (2) 加上补充要求：对于 ht$\mathfrak{p}=1$，有 depth $A_\mathfrak{p}=1$（在我们的情形中，它是(1)的推论.）被称为“Serre 的条件 S_2”.

现在我们把这些结果用于代数几何. 我们说一个概型是 Cohen-Macaulay，如果它的所有的局部环是 Cohen-Macaulay.

定义 令 Y 是 k 上非异簇 X 的一个闭子概型. 我们说 Y 是 X 中的一个局部完全交，如果 Y 在 X 中的理想层 $\mathscr{I}_Y$ 可以被 $r=\operatorname{codim}(Y,X)$ 个元在每点局部地生成.

例 8.22.1 如果 Y 本身是非异的，则由 (8.17) 它是在包含它的任何非奇异簇 X 里面的局部完全交.

注 8.22.2 实际上，局部完全交的概念是概型 Y 的内在的性质，即与包含它的非奇异簇无关. 这可用上面引进的相对微分概念的推广——射的余切复形（参见 Lichtenbaum 和 Schlessinger[1]）证明. 后面我们不用这个事实.

命题 8.23 令 Y 是 k 上非异簇 X 的局部完全交子概型，则

(a) Y 是 Cohen-Macaulay;

(b) Y 是正规的，当且仅当它在余维 1 是正则的.

证明

(a) 由于 X 是非异的，根据(8.21Aa) 它是 Cohen-Macaulay. 由于 $\mathscr{I}_Y$ 是由 $r=\operatorname{codim}(Y,X)$ 个元局部生成的，根据 (8.21Ac) 这些元局部形成 $\mathscr{O}_X$ 中的一个正则序列，由 (8.21Ad) Y 是 Cohen-Macaulay.

(b) 我们已经知道正规蕴含着在余维 1（第一章 6.2A）时正则. 至于其逆，把 (8.22A) 用于 Y 的局部环. 条件 (1) 是我们的假设，因为 Y 是 Cohen-Macaulay，条件 (2) 自动成立.

作为我们的最后的应用，考虑非异簇沿着非异子簇的胀开. (关于胀开的定义参见 § 7). 下面的定理在比较 X 和 $\widetilde{X}$ 的不变量时使用(习题 8.5).

定理 8.24 令 X 是 k 上非异簇，令 $Y\subseteq X$ 是非异闭子簇，有理想层 $\mathscr{I}$. 令 $\pi:\widetilde{X}\to X$ 是 $\mathscr{I}$ 的胀开，$Y'\subseteq\widetilde{X}$ 是由逆像理想层

$\mathscr{I}' = \pi^{-1}\mathscr{I}\cdot\mathscr{O}_{\tilde{X}}$ 定义的子概型，则

(a) $\tilde{X}$ 也是非异的；

(b) Y' 连同诱导投射映射 $\pi: Y' \to Y$ 同构于 $\mathbf{P}(\mathscr{I}/\mathscr{I}^2)$，其中$\mathbf{P}(\mathscr{I}/\mathscr{I}^2)$ 是与Y上的（局部自由)层 $\mathscr{I}/\mathscr{I}^2$ 相伴的射影空间丛.

(c) 在上面的同构下,法层 $\mathscr{N}_{Y'/\tilde{X}}$ 同构于 $\mathscr{O}_{\mathbf{P}(\mathscr{I}/\mathscr{I}^2)}(-1)$.

证明 我们先证明(b).由于 $\tilde{X} = \mathbf{Proj} \bigoplus \mathscr{I}^d$，有

$$Y' \cong \mathbf{Proj} \bigoplus (\mathscr{I}^d \otimes \mathscr{O}_X/\mathscr{I}) = \mathbf{Proj} \bigoplus \mathscr{I}^d/\mathscr{I}^{d+1}.$$

但是Y是非异的,所以 $\mathscr{I}$ 由 $\mathscr{O}_X$ 中的正则序列局部地生成，并能运用（8.21Ae）推出 $\mathscr{I}/\mathscr{I}^2$ 是局部自由的，而且对每个 $n \geqslant 1$ 有 $\mathscr{I}^n/\mathscr{I}^{n+1} \cong S^n(\mathscr{I}/\mathscr{I}^2)$.因此 $Y' \cong \mathbf{Proj} \bigoplus S^d(\mathscr{I}/\mathscr{I}^2)$，按定义后者是 $\mathbf{P}(\mathscr{I}/\mathscr{I}^2)$.

特别地，Y'局部地同构于 $Y \times \mathbf{P}^{r-1}$，其中 $r = \operatorname{codim}(Y, X)$，所以$Y'$也是非奇异的.由于$Y'$在$\tilde{X}$中是局部主的(7.13a)，从而$\tilde{X}$也是非奇异的：如果 Noether 局部环用一个非零因子除得到的商是正则的,那么局部环本身是正则的.

为了证明（c)，我们回忆，由(7.13)的证明中知道 $\mathscr{I}' = \pi^{-1}(\mathscr{I})\cdot\mathscr{O}_{\tilde{X}}$ 同构于 $\mathscr{O}_{\tilde{X}}(1)$.由此推出 $\mathscr{I}'/\mathscr{I}'^2 \cong \mathscr{O}_{Y'}(1)$，于是 $\mathscr{N}_{Y'/\tilde{X}} \cong \mathscr{O}_{Y'}(-1)$.

在习题中我们将用下面的代数结果.

定理 8.25A (I. S. Cohen) 令A是含有域k的完备局部环.假设剩余类域 $k(A) = A/\mathfrak{m}$ 是k的可分生成扩张.则存在含有k的子域 $K \subseteq A$，使得 $K \to A/\mathfrak{m}$ 是同构.（子域K称为A的表现域）

证明 Matsumura [2, p.205].

习 题

8.1 我们在这里加强课文的结果，以包括一个概型X在非闭点的微分层的信息.

(a) 推广(8.7)如下.令B是包含域k的局部环，并假设B的剩余类

域 $k(B)=B/\mathfrak{M}$ 是 k 的可分生成的扩域. 则 (8.4A) 的正合列,

$$0\to\mathfrak{M}/\mathfrak{M}^2\xrightarrow{\delta}\Omega_{B/k}\otimes k(B)\to\Omega_{k(B)/k}\to 0$$

也是左正合的. [提示: 照 (8.7) 的证明,先讨论完备局部环 $B/\mathfrak{M}^2$, 然后用 (8.25A) 选择一个 $B/\mathfrak{M}^2$ 的表现域.]

(b) 推广 (8.8) 如下. B, k 如上, 进而假设 k 是完全的, B 是 k 上有限型代数的局部化证明 B 是正则局部环当且仅当 $\Omega_{B/k}$ 是秩 $=\dim B+\mathrm{tr.d.}k(B)/k$ 的自由模.

(c) 加强 (8.15) 如下, 令 X 是完全域 k 上的有限型的不可约概型, 令 $\dim X=n$. 对任何点 $x\in X$ (不一定闭), 证明局部环 $\mathcal{O}_{x,X}$ 是正则局部环, 当且仅当在 x 的微分层的茎 $(\Omega_{X/k})_x$ 是秩 n 的自由模.

(d) 加强 (8.16) 如下. 如果 X 是代数闭域 k 上的簇, 则 $U=\{x\in X\mid \mathcal{O}_x$ 是正则局部环$\}$ 是 X 的开稠子集.

8.2 令 X 是 k 上 n 维簇. 令 $\mathscr{E}$ 是 X 上的秩 $>n$ 的局部自由层, $V\subseteq\Gamma(X,\mathscr{E})$ 是生成 $\mathscr{E}$ 的一个整体裁影的向量空间. 证明存在元 $s\in V$ 使得对每个 $x\in X$ 有 $s_x\notin\mathfrak{M}_x\mathscr{E}_x$. 推断出存在射 $\mathcal{O}_x\to\mathscr{E}$, 它产生正合列

$$0\to\mathcal{O}_x\to\mathscr{E}\to\mathscr{E}'\to 0,$$

其中 $\mathscr{E}'$ 也是局部自由的. [提示: 用证明 Bertini 定理 (8.18) 的类似方法.]

8.3 乘积概型.

(a) 令 X 和 Y 是另一个概型 S 上的概型. 使用 (8.10) 和 (8.11) 证明 $\Omega_{X\times_S Y/S}\cong p_1^*\Omega_{X/S}\otimes p_2^*\Omega_{Y/S}$.

(b) 如果 X 和 Y 是域 k 上的非异簇, 证明 $\omega_{X\times Y}\cong p_1^*\omega_X\otimes P_2^*\omega_Y$.

(c) 令 Y 是非异平面三次曲线, X 是曲面 $Y\times Y$. 证明 $p_g(X)=1$, 但是 $p_a(X)=-1$ (第一章习题 7.2). 这表明非异射影簇的算术亏格和几何亏格可以是不同的.

8.4 $\mathbf{P}^n$ 中的完全交. 我们称 $\mathbf{P}_k^n$ 中的闭子概型 Y 为(严格的, 整体的) 完全交, 如果 Y 在 $S=k[x_0,\cdots,x_n]$ 中的齐次理想 I 可以被 $r=\mathrm{codim}(Y,\mathbf{P}^n)$ 个元生成(第一章习题 2.17).

(a) 令 Y 是 $\mathbf{P}^n$ 中余维为 r 的闭子概型. 则 Y 是完全交当且仅当存在超曲面(即余维 1 的局部主的子概型) $H_1,\cdots,H_r$, 使得作为概型 $Y=H_1\cap\cdots\cap H_r$, 即 $\mathscr{I}_Y=\mathscr{I}_{H_1}+\cdots+\mathscr{I}_{H_r}$. [提示: 用 S 中非混合性定理成立的事实 (Matsumura [2, p. 107])]

(b) 如果 Y 是 $\mathbf{P}^n$ 中维数$\geqslant 1$ 的完全交，且 Y 是正规的，则 Y 是射影式正规的(习题 5.14).[提示：将 (8.23) 用于 Y 上的仿射锥.]

(c) 假设和 (b) 相同，推断出对所有 $l \geqslant 0$，自然映射 $\Gamma(\mathbf{P}^n, \mathcal{O}_{\mathbf{P}^n}(l)) \to \Gamma(Y, \mathcal{O}_Y(l))$ 是满射的. 特别地，取 $l = 0$，证明 Y 是连通的.

(d) 现在假设给定整数 $d_1, \cdots, d_r \geqslant 1$ 和 $r < n$. 使用 Bertini 定理 (8.18) 证明在 $\mathbf{P}^n$ 中存在非奇异超曲面 $H_1, \cdots, H_r$, $\deg H_i = d_i$，使得概型 $Y = H_1 \cap \cdots \cap H_r$ 是 $\mathbf{P}^n$ 中余维为 r 的不可约的和非异的.

(e) 如果 (d) 中的 Y 是非异完全交，证明 $\omega_Y \cong \mathcal{O}_Y(\sum d_i - n - 1)$.

(f) 如果 Y 是 $\mathbf{P}^n$ 中 d 次非异超曲面，用上面的 (c) 和 (e) 证明 $p_g(Y) = \binom{d-1}{n}$. 因此 $p_g(Y) = p_a(Y)$ (第一章习题 7.2). 特别地，如果 Y 是 d 次非奇异平面曲线，则 $p_g(Y) = \frac{1}{2}(d-1)(d-2)$.

(g) 如果 Y 是 $\mathbf{P}^3$ 中的非异曲线，且它是 d 次和 e 次的非奇异曲面的完全交，则 $p_g(Y) = \frac{1}{2}de(d+e-4)+1$. 而且几何亏格和算术亏格相同(第一章习题 7.2).

8.5 胀开非异子簇. 如 (8.24) 中，令 X 是非异簇，Y 是余维 $r \geqslant 2$ 的非异子簇，令 $\pi: \tilde{X} \to X$ 是 X 沿 Y 的胀开，并令 $Y' = \pi^{-1}(Y)$.

(a) 证明映射 $\pi^*: \operatorname{Pic} X \to \operatorname{Pic} \tilde{X}$ 和由 $n \mapsto nY'$ 的类定义的映射 $\mathbf{Z} \to \operatorname{Pic} \tilde{X}$ 产生同构 $\operatorname{Pic} \tilde{X} \cong \operatorname{Pic} X \oplus \mathbf{Z}$

(b) 证明 $\omega_{\tilde{X}} \cong f^*\omega_X \otimes \mathscr{L}((r-1)Y')$. [提示：根据 (a)，在任何情形下我们都可以写 $\omega_{\tilde{X}} \cong f^*\mathscr{M} \otimes \mathscr{L}(qY')$ 其中 $\mathscr{M}$ 是关于 X 的某个可逆层，q 是某个整数. 限制到 $\tilde{X} - Y' \cong X - Y$，证明 $\mathscr{M} \cong \omega_X$. 为了决定 q，按下面的步骤继续进行. 先证明 $\omega_{Y'} \cong f^*\omega_X \otimes \mathcal{O}_{Y'}(-q-1)$. 然后取一个闭点 $y \in Y$ 并令 Z 是 Y' 在 y 上的纤维. 证明 $\omega_Z \cong \mathcal{O}_Z(-q-1)$. 但是由于 $Z \cong \mathbf{P}^{r-1}$，我们有 $\omega_Z \cong \mathcal{O}_Z(-r)$，所以 $q = r-1$.]

8.6 无穷小提升性质. 下面的结果在研究非奇异簇的形变中是非常重要的. 令 k 是代数闭域，A 是有限生成 k 代数，使得 $\operatorname{Spec} A$ 是 k 上的非异簇. 令 $0 \to I \to B' \to B \to 0$ 是正合列，其中 B' 是 k 代数，I 是理想而且$I^2 = 0$. 最后假设给定一个 k 代数同态 $f: A \to B$. 则存在一个 k-代数同态 $g: A \to B'$ 使得下图交换.

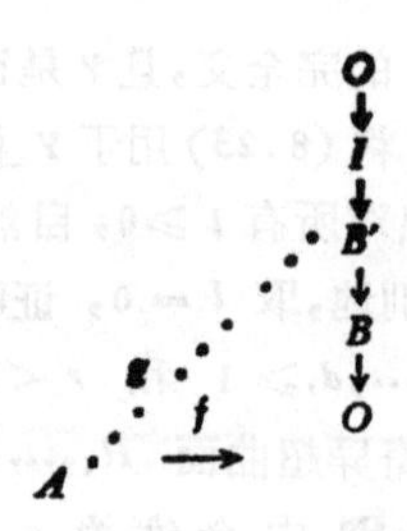

我们把这个结果叫做 A 的无穷小提升性质。我们分几步证明这个性质。

(a) 先假设 g: $A \to B'$ 是给定的提升 f 的同态。如果 g': $A \to B'$ 是另一个这样的同态，证明 $\theta = g - g$ 是 A 到 I 中的 k 求导，我们可以把它看作 $\mathrm{Hom}_A(\Omega_{A/k}, I)$ 的元。注意由于 $I^2 = 0$，I 有自然的 B 模结构，因此也有 A 模结构，反之，对任何 $\theta \in \mathrm{Hom}(\Omega_{A/k}, I)$，$g' = g + \theta$ 是另一个提升 f 的同态。（对于这步，你们不必假设 Spec A 是非异的。）

(b) 现在令 $P = k[x_1, \dots, x_n]$ 是 k 上多项式环，A 是 P 的商环，J 是核，证明存在同态 h: $P \to B'$ 使得下图交换，

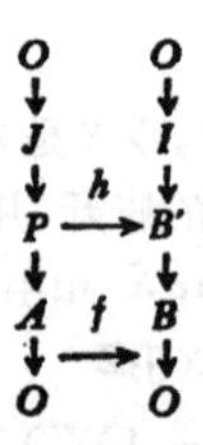

并证明 h 诱导一个 A 线性映射 $\bar{h}$: $J/J^2 \to I$。

(c) 现在用 Spec A 是非奇异的假设和 (8.17) 得到正合列

$$0 \to J/J^2 \to \Omega_{P/k} \otimes A \to \Omega_{A/k} \to 0.$$

进一步证明作用函子 $\mathrm{Hom}_A(\cdot, I)$ 给出正合列

$$0 \to \mathrm{Hom}_A(\Omega_{A/k}, I) \to \mathrm{Hom}_A(\Omega_{P/k}, I) \to \mathrm{Hom}_A(J/J^2, I) \to 0.$$

令 $\theta \in \mathrm{Hom}_P(\Omega_{P/k}, I)$ 是一个元，它的象给出 $\bar{h} \in \mathrm{Hom}_A(J/J^2, I)$。然后令 $h = h - \theta$，证明 h' 是 $P \to B'$ 的同态，而且使得 $h'(J) = 0$。因此 h' 诱导希望的同态 g: $A \to B'$。

8.7 作为无穷小提升性质的一个应用，我们考虑下面的一般问题．令 X 是 k 上有限型概型，$\mathscr{F}$ 是 X 上的凝聚层． 我们试图把在 k 上的概型 X' 分类，这种 X' 有理想层 $\mathscr{I}$，使得 $\mathscr{I}^2=0$ 和 $(X',\mathscr{O}_{X'}/\mathscr{I})\cong(X,\mathscr{O}_X)$，而且 $\mathscr{I}$ 连同它所产生的 $\mathscr{O}_X$ 模的结构同构于给定的 $\mathscr{F}$ 层．我们称这样的对 $X',\mathscr{I}$ 为概型 X 经过层 $\mathscr{F}$ 的无穷小扩张．这样的一个平凡扩张用下面的方法得到． 取 $\mathscr{O}_{X'}=\mathscr{O}_X\oplus\mathscr{F}$ 作为 Abel 群层，用 $(a\oplus f)\cdot(a'\oplus f')=aa'\oplus(af'+a'f)$ 定义乘法，则拓扑空间 X 同环层 $\mathscr{O}_{X'}$ 是 X 经 $\mathscr{F}$ 的无穷小扩张．

把 X 经 $\mathscr{F}$ 的扩张进行分类的一般问题可能是相当困难的．直到现在，只证明了下面的特殊情形：如果 X 是仿射的和非奇异的，则 X 经凝聚层 $\mathscr{F}$ 的任何扩张都同构于平凡扩张．另外一个情形，参见（第三章习题 4.10）．

8.8 令 X 是 k 上射影的非异族．对任何 $n>0$ 我们定义 X 的第 n 个复合亏格为 $P_n=\dim_k\Gamma(X,\omega_X^{\otimes n})$．特别地，$P_1=p_g$．对任何 q，$0\leqslant q\leqslant\dim X$，我们定义整数 $h^{q,0}=\dim_k\Gamma(X,\Omega^q_{X/k})$，其中 $\Omega^q_{X/k}=\Lambda^q\Omega_{X/k}$ 是 X 上的正则 q 形的层．特别地对 $q=\dim X$，我们再次重新获得几何亏格． 称整数 $h^{q,0}$ 为 Hodge 数．
用 (8.19) 的方法，证明 P_n 和 $h^{q,0}$ 是 X 的双有理不变量，即如果 X 和 X' 是双有理等价的非异射影族，则 $P_n(X)=P_n(X')$ 和 $h^{q,0}(X)=h^{q,0}(X')$．

9. 形式概型

在概型的结构层中可能有幂零元这一性质是概型理论明显地不同于较熟悉的簇论的一个特性．特别地，如果 Y 是簇 X 的闭子簇，它由理想层 $\mathscr{I}$ 定义，则对任何 $n\geqslant1$ 我们可以考虑由理想层 $\mathscr{I}$ 的 n 次幂 $\mathscr{I}^n$ 定义的闭子概型 Y_n． 对于 $n\geqslant2$，这是有幂零元的概型，它具有关于 Y 及其在 X 中嵌入的无穷小性质的信息．

Y 在 X 中的形式完备化（下边我们将确切定义）是同时带有 Y 的所有无穷小邻域 Y_n 信息的事物，因此它比任何 Y_n 厚，但它包含在 Y 在 X 中的任何实在的开邻域里面．我们可称它为 Y 在 X 中的形式邻域．

考虑形式完备化的思想在 Zariski[3] 的回忆录中已经蕴含，在那里为了证明连通性原理，他使用了"沿子簇的全纯函数"。在第三章第 11 节中，我们将使用上同调给出 Zariski 的某些结果的不同的证明。形式概型作为界于子簇和它所嵌入的簇中间的某种结构，有一个引人注目的应用是在 Grothendieck 关于 Pic 和 π_1 的 Lefschetz 定理的证明中 [SGA2]。在 Hartshorne [5，第 4 章]中也解释了这点。

我们将定义任意形式概型为某个结构，使它看上去局部地象一个普通概型沿着一个闭子概型的完备化。

Abel 群的反向极限

先回忆反向极限的概念。Abel 群的**反向系**是由一组 Abel 群 A_n，$n \geqslant 1$，和同态 $\varphi_{n'n}$: $A_{n'} \to A_n$，$n' \geqslant n$ 所组成，而且若 $n'' \geqslant n' \geqslant n$，则同态满足 $\varphi_{n''n} = \varphi_{n'n} \circ \varphi_{n''n'}$。我们用 $(A_n, \varphi_{n'n})$ 表示反向系，而在 φ 不讲自明时，简单地用 (A_n) 表示。如果 (A_n) 是 Abel 群的反向系，我们定义反向极限 $A = \varprojlim A_n$ 为序列 $\{a_n\} \in \prod A_n$ 的集合，其中序列 $\{a_n\}$ 要求满足：对任何 $n' \geqslant n$，$\varphi_{n'n}(a_{n'}) = a_n$。显然 A 是一个群。反向极限 A 可以用下面的泛性质描述：若给群 B 和同态 ψ_n: $B \to A_n$，对每个 n，使得对任何 $n' \geqslant n$，$\psi_n = \varphi_{n'n} \circ \psi_{n'}$，则存在唯一的同态 ψ: $B \to A$，使得对每个 n，$\psi_n = p_n \circ \psi$，其中 p_n: $A \to A_n$ 是第 n 个投射映射 $\prod A_n \to A_n$ 的限制。

如果群 A_n 有域 k 上向量空间的加法结构，或环 R 上模的加法结构，则上面的讨论对于 k 向量空间范畴或者 R 模范畴有意义。

下面我们研究反向极限的正合性质（参见 Atiyah-Macdonald [1，第 10 章]）。Abel 群的反向系的**同态** $(A_n) \to (B_n)$ 是一组同态 f_n: $A_n \to B_n$，（对每个 n），且满足和反向系映射相容，即对每个 $n' \geqslant n$，有交换图

$$\begin{array}{ccc} A_{n'} & \xrightarrow{f_{n'}} & B_{n'} \\ \downarrow \varphi_{n'n} & & \downarrow \psi_{n'n} \\ A_n & \xrightarrow{f_n} & B_n \end{array}$$

反向系的同态序列

$$0 \to (A_n) \to (B_n) \to (C_n) \to 0$$

是正合的，如果对每个 n，相应的群序列都是正合的．给了这样一个反向系的正合序列，我们容易看到反向极限序列

$$0 \to \varprojlim A_n \to \varprojlim B_n \to \varprojlim C_n$$

也是正合的．但是最后一步不一定是满射的．因此我们说 $\varprojlim$ 是左正合函子．

为了得到 $\varprojlim$ 关于右正合性的判别准则，我们给出下边的定义：反向系（$A_n, \varphi_{n'n}$）满足 Mittag-Leffler 条件（ML），是指对每个 n，A_n 的子群 $\{\varphi_{n'n}(A_{n'}) \subseteq A_n \mid n' \geqslant n\}$ 是稳定的．换句话说，对每个 n，存在 $n_0 \geqslant n$，使得对所有的 n'，$n'' \geqslant n_0$，$\varphi_{n'n}(A_{n'}) = \varphi_{n''n}(A_{n''})$ 作为 A_n 的子群相等．

假设反向系（A_n）满足（ML），那么对每个 n，令 $A'_n \subseteq A_n$ 是稳定像 $\varphi_{n'n}(A_{n'})$（对任何 $n' \geqslant n_0$），根据定义 A'_n 存在，容易看出（A'_n）也是反向系，其同态是诱导映射，而且新系统（A'_n）的映射都是满射．进而，显然 $\varprojlim A'_n = \varprojlim A_n$．因此 $A = \varprojlim A_n$ 映到每个 A'_n 之上，并是满的．

命题 9.1 令

$$0 \to (A_n) \xrightarrow{f} (B_n) \xrightarrow{g} (C_n) \to 0$$

是 Abel 群反向系的短正合列，那么

(a) 如果（B_n）满足（ML），则（C_n）亦满足（ML）．

(b) 如果（A_n）满足（ML），则反向极限序列

$$0 \to \varprojlim A_n \to \varprojlim B_n \to \varprojlim C_n \to 0$$

是正合的．

证明 （也可参见 Grothendieck [EGA0_{III}，13.2]．）

(a) 对每个 $n' \geqslant n$，$B_{n'}$ 在 B_n 中的像满射地映到 $C_{n'}$ 在 C_n 中的像，因此由（B_n）满足（ML）立即推出（C_n）满足（ML）

(b) 唯一不明显的部分是证明最后的映射是满射．令 $\{c_n\} \in \varprojlim C_n$．对每个 n，令 $E_n = g^{-1}(c_n)$．于是 E_n 是 B_n 的子集，且（E_n）是集合的反向系．进而，由于序列 $0 \to A_n \to B_n \to C_n \to 0$ 的正合性，每个 E_n 以非典则的方式，双射地映到 A_n 上．因此由（A_n）满足（ML），容易看到（E_n）作为集合的反向系（同样的定义）满足（ML）．由于每个 E_n 是非空的，考虑上面谈的稳定像的反向系，得出 $\varprojlim E_n$ 也是非空的．取 $\varprojlim E_n$ 的任何元便给出了映射到 $\{c_n\}$ 的 $\varprojlim B_n$ 的一个元．

例 9.1.1 如果所有的映射 $\varphi_{n'n}$：$A_{n'} \to A_n$ 都是满射的，则（A_n）满足（ML），于是可用（9.1b）．

例 9.1.2 如果（A_n）是域上有限维向量空间的反向系，或更一般地，是环上具有降链条件模的反向系，则（A_n）满足（ML）．

层的反向极限

在任何范畴 $\mathfrak{C}$ 中，我们照上面 Abel 群的反向极限的泛性质来定义反向极限的概念．因此如果（$A_n, \varphi_{n'n}$）是 $\mathfrak{C}$ 的对象的反向系（与上面同样的定义），那么反向极限 $A = \varprojlim A_n$ 是 $\mathfrak{C}$ 的一个对象与一组映射 p_n：$A \to A_n$（对每个 n），且若 $n' \geqslant n$，$p_n = \varphi_{n'n} \circ p_{n'}$，它们满足下面的泛性质：给定 $\mathfrak{C}$ 的任何对象 B 和对每个 n 有映射 ψ_n：$B \to A$，使得对每个 $n' \geqslant n$，$\psi_n = \varphi_{n'n} \circ \psi_{n'}$，则存在唯一的映射 ψ：$B \to A$，使得对每个 n，$\psi_n = p_n \circ \psi$．显然反向极限如果存在必唯一．但是存在性问题依赖于所考虑的特殊范畴．

命题 9.2 令 X 是拓扑空间，$\mathfrak{C}$ 是 X 上 Abel 群层的范畴，则在 $\mathfrak{C}$ 中反向极限存在．进而，如果（$\mathscr{F}_n$）是 X 上层的反向系，$\mathscr{F} = \varprojlim \mathscr{F}_n$ 是（$\mathscr{F}_n$）的反向极限，则对任何开集 U，在 Abel 群范畴中我们有 $\Gamma(U, \mathscr{F}) = \varprojlim \Gamma(U, \mathscr{F}_n)$．

证明 对于已给的 X 上层的反向系，我们考虑预层 $U \mapsto \varprojlim \Gamma(U, \mathscr{F}_n)$，其中反向极限是在 Abel 群范畴中所取. 对每个 $\mathscr{F}_n$ 用层的性质，马上验证出这个预层是层. 称它为 $\mathscr{F}$. 现在给出任何其它层 $\mathscr{G}$ 和一组相容映射 $\psi_n: \mathscr{G} \to \mathscr{F}_n$（对每个 n），由 Abel 群的反向极限的泛性质推出，对每个 U，我们得到唯一的映射 $\Gamma(U, \mathscr{G}) \to \Gamma(U, \mathscr{F})$. 这些映射给出层的映射 $\mathscr{G} \to \mathscr{F}$，到此验证了 $\mathscr{F}$ 是 $\mathscr{F}_n$ 在 $\mathfrak{C}$ 中的反向极限.

注 9.2.1 虽然在拓扑空间上 Abel 层的范畴中反向极限存在，我们必须小心使用由 Abel 群范畴推导出的直观结果. 特别地，(9.1b) 的叙述在 $\mathfrak{C}$ 中是错误的，即使在反向系 (A_n) 中的所有映射都是满射. 因此在研究正合性问题时，我们总是讨论开集上的截影，所以化简为关于 Abel 群的问题. 关于在 $\mathfrak{C}$ 中 $\varprojlim$ 正合性的更详细的讨论，参见 Hartshorne [7, 第 1 章, 第 4 节].

环的完备化

反向极限的一个重要应用是定义环相对理想的完备化. 这推广了第一章第 5 节中讨论的局部环的完备化概念. 对于下面要谈的关于一个概型沿着闭子概型的完备化，它提供了代数模型.

令 A 是有幺元的交换环（总是如此假定），I 是 A 的理想. 用 I^n 表示理想 I 的 n 次幂. 于是我们有自然同态

$$\cdots \to A/I^3 \to A/I^2 \to A/I,$$

使得 (A/I^n) 成为环的反向系. 反向极限环 $\varprojlim A/I^n$ 用 $\hat{A}$ 表示，称它为 A 相对 I 的完备化或者称为 A 的 I 进完备化. 对每个 n，我们有自然映射 $A \to A/I^n$，于是由泛性质得到同态 $A \to \hat{A}$.

类似地，如果 M 是任何 A 模，我们定义 $\hat{M} = \varprojlim M/I^n M$，称它为 M 的 I 进完备化. 它具有 $\hat{A}$ 模的自然结构.

定理 9.3A 令 A 是 Noether 环，I 是 A 的理想. 我们用 $\wedge$ 表示上面的 I 进完备化. 那么

(a) $\hat{I}=\varprojlim I/I^n$ 是 $\hat{A}$ 的一个理想，对任何 n，$\hat{I}^n=I^n\hat{A}$，和 $\hat{A}/\hat{I}^n\cong A/I^n$；

(b) 如果M是有限生成A模，则 $\hat{M}\cong M\otimes_A\hat{A}$；

(c) 函子 $M\longmapsto\hat{M}$ 是有限生成A模范畴上的正合函子.

(d) $\hat{A}$ 是 Noether 环.

(e) 如果(M_n)是反向系，其中每个 M_n 是有限生成 A/I^n 模,每个 $\varphi_{n'n}: M_{n'}\longmapsto M_n$ 是满射,且 $\ker\varphi_{n'n}=I^nM_{n'}$，则 $M=\varprojlim M_n$ 是有限生成$\hat{A}$模,并对每个 n，$M_n\cong M/I^nM$.

证明

(a) Atiyah-Macdonald [1, p. 109].

(b) [Ibid., p. 108].

(c) [Ibid., p. 108].

(d) [Ibid., p. 113].

(e) Bourbaki [1, 第 3 章,第 2 节,第 11, 命题和推论 14].

形式概型

我们开始定义一个概型沿着闭子概型的完备化. 由于技术上的原因,我们的讨论局限于 Noether 概型.

定义 令X是 Noether 概型，Y是由理想层$\mathscr{I}$ 定义的闭子概型. 则我们定义X沿着Y的形式完备化,用 $(\hat{\mathfrak{X}},\mathcal{O}_{\hat{\mathfrak{X}}})$ 表示，为下面的环层空间：取拓扑空间Y和它上面的环层 $\mathcal{O}_{\hat{\mathfrak{X}}}=\varprojlim\mathcal{O}_X/\mathscr{I}^n$. 这里我们把每个 $\mathcal{O}_X/\mathscr{I}^n$ 看作Y上的环层，并用自然的方法使他们成为反向系.

注 9.3.1 $\hat{\mathfrak{X}}$ 的结构层$\mathcal{O}_{\hat{\mathfrak{X}}}$ 实际上只依赖于闭子集 Y,而不依赖于Y上的特殊概型结构. 因为如果 $\mathscr{T}$ 是另一个定义Y上闭子概型结构的理想层,则由于X是 Noether 概型,存在整数 m, n 使得 $\mathscr{I}\supseteq\mathscr{T}^m$ 和 $\mathscr{I}\supseteq\mathscr{T}^n$. 因此反向系 $\mathcal{O}_X/\mathscr{T}^n$ 和 $\mathcal{O}_X/\mathscr{I}^m$ 是互为共尾的,故有相同的反向极限.

易见,层$\mathcal{O}_{\hat{\mathfrak{X}}}$ 的茎是局部环,实际上 $(\hat{\mathfrak{X}},\mathcal{O}_{\hat{\mathfrak{X}}})$ 是局部环空间. 如果 $U=\operatorname{Spec}A$ 是X的开仿射子集，$I\subseteq A$ 是理想 $\Gamma(U,\mathscr{I})$,

则由(9.2)得出A的I进完备化 $\hat{A}=\Gamma(\hat{\mathfrak{X}}\cap U, \mathscr{O}_{\hat{\mathfrak{X}}})$. 因此$X$沿着$Y$的完备化过程类似于上面讨论的环的$I$进完备化.然而,应注意$\hat{\mathfrak{X}}$的局部环一般地是不完备的,且它们的维数($=\dim X$)不等于承载拓扑空间$Y$的维数.

定义 $X, Y, \mathscr{I}$ 和上面的定义相同,令$\mathscr{F}$是X上的凝聚层.我们定义$\mathscr{F}$沿Y的完备化,用$\hat{\mathscr{F}}$表示,是Y上的层 $\varprojlim \mathscr{F}/\mathscr{I}^n\mathscr{F}$. 它有$\mathscr{O}_{\hat{\mathfrak{X}}}$模的自然结构.

定义 Noether 形式概型是满足下面条件的局部环空间$(\mathfrak{X}, \mathscr{O}_{\mathfrak{X}})$:有有限开覆盖$\{\mathfrak{U}_i\}$,使得对每个$i$,对$(\mathfrak{U}_i, \mathscr{O}_{\mathfrak{X}}|_{\mathfrak{U}_i})$作为局部环空间同构于某个 Noether 概型$X_i$沿着一个闭子概型$Y_i$的完备化. Noether 形式概型的射是作为局部环空间的射. $\mathscr{O}_{\mathfrak{X}}$模层$\mathscr{F}$是凝聚的,如果存在上面说的有限开复盖$\mathfrak{U}_i$,使得 $\mathfrak{U}_i\cong\hat{\mathfrak{X}}_i$,并对每个$i$存在$X_i$上的凝聚层$\mathscr{F}_i$,使得作为$\mathscr{O}_{\hat{\mathfrak{X}}_i}$模经给出的同构 $\hat{\mathfrak{X}}_i\cong\mathfrak{U}_i$ 得到$\mathscr{F}|_{\mathfrak{U}_i}\cong\hat{\mathscr{F}}_i$.

例 9.3.2 如果X是任何 Noether 概型,Y是一个闭子概型,则它的完备化$\hat{\mathfrak{X}}$是形式概型. 由单一 Noether 概型沿着一闭子概型的完备化得到的这样一个形式概型称为可代数化的. 不易给出、但是存在不可代数化的 Noether 形式概型. 参见 Hironaka 和 Matsumura [1, 第5节] 或 Hartshorne [5, 第V章, 3.3, p. 205].

例 9.3.3 如果X是 Noether 概型,取 $Y=X$, 则 $\hat{\mathfrak{X}}=X$. 因此 Noether 形式概型范畴包含所有的 Noether 概型.

例 9.3.4 如果X是 Noether 概型,Y是一个闭点P,则$\hat{\mathfrak{X}}$是一点空间$\{P\}$,其结构层是在P的局部环的完备化 $\hat{\mathscr{O}}_P$. $\hat{\mathscr{O}}_P$-模M,当作$\hat{\mathfrak{X}}$上的层,是凝聚的当且仅当M是有限生成模. 实际上,凝聚显然蕴含着有限生成. 而且其逆也对,因为$\hat{\mathfrak{X}}$可由概型 $\operatorname{Spec}\hat{\mathscr{O}}_P$ 在其闭点的完备化得到,而任何有限生成$\hat{\mathscr{O}}_P$模M对应关于 $\operatorname{Spec}\hat{\mathscr{O}}_P$ 的凝聚层.

下边我们研究形式概型的凝聚层结构. 按照第5节研究普通概型的凝聚层的方法,我们先分析在仿射的情况下发生什么.

定义 仿射（Noether）形式概型是由单一仿射 Noether 概型沿一闭子概型完备化得到的形式概型。如果 $X=\operatorname{Spec} A$，$Y=V(I)$，和 $\mathfrak{X}=\hat{X}$，那么对任何有限生成A模 M，我们定义 $\mathfrak{X}$ 上的层 M^{Δ} 是X的凝聚层 $\widetilde{M}$ 的完备化。因此根据定义，M^{Δ} 是 $\mathfrak{X}$ 上的凝聚层。

命题 9.4 令A是 Noether 环，I是A的理想，$X=\operatorname{Spec} A$，$Y=V(I)$，和 $\mathfrak{X}=\hat{X}$。那么

(a) $\mathfrak{I}=I^{\Delta}$ 是 $\mathcal{O}_{\mathfrak{X}}$ 中的理想层，和对任何 n，作为Y的层 $\mathcal{O}_{\mathfrak{X}}/\mathfrak{I}^n\cong(A/I^n)^{\sim}$；

(b) 如果M是有限生成A模，则 $M^{\Delta}=\widetilde{M}\otimes_{\mathcal{O}_X}\mathcal{O}_{\mathfrak{X}}$；

(c) 函子 $M\longmapsto M^{\Delta}$ 是从有限生成A模范畴到凝聚 $\mathcal{O}_{\mathfrak{X}}$ 模范畴的正合函子。

证明 在每种情况，我们有关于 $\mathfrak{X}$ 的层的叙述。由于X的开仿射子集形成X的拓扑基，它们与Y的交形成Y的拓扑基，因此只要对任何这样的开集上的截影建立相应的性质就够了。所以令 $U=\operatorname{Spec} B$ 是X的开仿射子集，令 $J=\Gamma(U,\tilde{I})$，和对任何有限生成A模M，令 $N=\Gamma(U,\widetilde{M})$。则$B$是 Noether 环(3.2)，$N$是有限生成$B$模(5.4)，而函子 $M\longmapsto N$ 是由A模到B模的正合函子(5.5)。

我们先证明 (c)。令M是有限生成A模。那么由定义，$M^{\Delta}=\varprojlim \widetilde{M}/\tilde{I}^n\widetilde{M}$，于是由(9.2)，$\Gamma(U,M^{\Delta})=\varprojlim\Gamma(U,\widetilde{M}/\tilde{I}^n\widetilde{M})$。而这等于说 $\varprojlim N/J^nN=\hat{N}$，其中∧表示$B$模的$J$进完备化。现在函子 $M\longmapsto N$，如上面我们看到的，是正合的，而根据 (9.3A) $N\longmapsto\hat{N}$ 是正合的。因此 $M\longmapsto\Gamma(U,M^{\Delta})$ 对每个U是正合的，所以 $M\longmapsto M^{\Delta}$ 是正合的。

(a) 对任何上面的 U，$\Gamma(U,I^{\Delta})=\varprojlim\Gamma(U,\tilde{I}/\tilde{I}^n)=\hat{J}$。进而，类似地有 $\Gamma(U,\mathcal{O}_{\mathfrak{X}})=\hat{B}$。但是根据 (9.3A)，$\hat{J}$ 是 $\hat{B}$ 的理想，于是证明了 $\mathfrak{I}=I^{\Delta}$ 是 $\mathcal{O}_{\mathfrak{X}}$ 中的理想层。

现在我们考虑A模的正合序列

$$0 \to I^n \to A \to A/I^n \to 0.$$

根据我们已经证明的(c)，这给出 $\mathcal{O}_{\mathfrak{X}}$ 模的正合列

$$0 \to \mathfrak{I}^n \to \mathcal{O}_{\mathfrak{X}} \to (A/I^n)^{\Delta} \to 0.$$

观察那个定义 $(A/I^n)^{\Delta}$ 为 $(A/I^n)^{\sim}$ 的完备化的反向系，它是最终稳定的，这是因为 $\tilde{I}^n$ 零化这个层.因此 $(A/I^n)^{\Delta}=(A/I^n)^{\sim}$，从而我们得到要求的 $\mathcal{O}_{\mathfrak{X}}/\mathfrak{I}^n \cong (A/I^n)^{\sim}$.

(b) 在我们的叙述中，符号上稍微有些毛病. 由于 $\widetilde{M}$ 和 $\mathcal{O}_{\mathfrak{X}}$ 是 X 上的层，实际上应该写为 $M^{\Delta} \cong \widetilde{M}|_Y \otimes_{\mathcal{O}_{X|Y}} \mathcal{O}_{\mathfrak{X}}$. 但是根据 Y 外用零扩张(习题 1.19)，我们把 M^{Δ} 和 $\mathcal{O}_{\mathfrak{X}}$ 简单地看作 X 上的层. 对任何有限生成 A 模 M 和上面的开集 U，如前，我们有 $\Gamma(U, M^{\Delta})=\hat{N}$. 另一方面，$\widetilde{M}\otimes_{\mathcal{O}_X}\mathcal{O}_{\mathfrak{X}}$ 是和预层

$$U \longmapsto \Gamma(U,\widetilde{M})\otimes_{\Gamma(U,\mathcal{O}_X)}\Gamma(U,\mathcal{O}_{\mathfrak{X}})=N\otimes_B\hat{B}.$$

相伴的层. 由于 $\hat{N}\cong N\otimes_B\hat{B}$ (根据 9.3A)，我们得到相应的层也是同构的：$M^{\Delta}\cong\widetilde{M}\otimes_{\mathcal{O}_X}\mathcal{O}_{\mathfrak{X}}$.

定义 令 $(\mathfrak{X},\mathcal{O}_{\mathfrak{X}})$ 是 Noether 形式概型.理想层 $\mathfrak{I}\subseteq\mathcal{O}_{\mathfrak{X}}$ 称为 $\mathfrak{X}$ 的定义理想，如果 $\operatorname{Supp}\mathcal{O}_{\mathfrak{X}}/\mathfrak{I}=\mathfrak{X}$ 并且局部环空间 $(\mathfrak{X},\mathcal{O}_{\mathfrak{X}/\mathfrak{I}})$ 是 Noether 概型.

命题 9.5 令 $(\mathfrak{X},\mathcal{O}_{\mathfrak{X}})$ 是 Noether 形式概型.

(a) 如果 $\mathfrak{I}_1$ 和 $\mathfrak{I}_2$ 是两个定义理想，则存在整数 $m,n>0$，使得 $\mathfrak{I}_1\supseteq\mathfrak{I}_2^m$ 和 $\mathfrak{I}_2\supseteq\mathfrak{I}_1^n$.

(b) 存在唯一的最大定义理想 $\mathfrak{I}$，它由 $(\mathfrak{X},\mathcal{O}_{\mathfrak{X}}/\mathfrak{I})$ 是既约概型所描述. 特别地，定义理想存在.

(c) 如果 $\mathfrak{I}$ 是定义理想，则对任何 $n>0$，$\mathfrak{I}^n$ 也是定义理想.

证明

(a) 令 $\mathfrak{I}_1$ 和 $\mathfrak{I}_2$ 是两个定义理想. 则关于拓扑空间 $\mathfrak{X}$，我们有环层的满射影射 f_1：$\mathcal{O}_{\mathfrak{X}}\to\mathcal{O}_{\mathfrak{X}}/\mathfrak{I}_1$ 和 f_2：$\mathcal{O}_{\mathfrak{X}}\to\mathcal{O}_{\mathfrak{X}}/\mathfrak{I}_2$. 对任何点 $P\in\mathfrak{X}$，$\mathfrak{I}_2$ 在 P 的茎 $(\mathfrak{I}_2)_P$ 包含在 $\mathfrak{M}_P$ 中，其中 $\mathfrak{M}_P$ 是局部环 $\mathcal{O}_{\mathfrak{X},P}$ 的极大理想.实际上，$\mathcal{O}_{\mathfrak{X},P}/(\mathfrak{I}_2)_P$ 是 P 关于概型 $(\mathfrak{X},\mathcal{O}_{\mathfrak{X}}/\mathfrak{I}_2)$ 的局部环. 特别地，它是非零的，于是 $(\mathfrak{I}_2)_P\subseteq\mathfrak{M}_P$. 现在我们考虑在概型 $(\mathfrak{X},\mathcal{O}_{\mathfrak{X}}/\mathfrak{I}_1)$ 上的理想层 $f_1(\mathfrak{I}_2)$. 对每个点 P，它的茎包含

在局部环的极大理想里面. 因此 $f_1(\mathfrak{I}_2)$ 的每个局部截影是幂零的(习题 2.18),由于 $(\mathfrak{X},\mathcal{O}_{\mathfrak{X}}/\mathfrak{I}_1)$ 是 Noether 概型, $f_1(\mathfrak{I}_2)$ 本身是幂零的. 这表明对某个 $m>0$, $\mathfrak{I}_1\supseteq\mathfrak{I}_2^m$. 另一部分由对称性得出.

(b) 假设 $(\mathfrak{X},\mathcal{O}_{\mathfrak{X}}/\mathfrak{I}_1)$ 是既约概型. 则在(a)的证明中,我们得到 $f_1(\mathfrak{I}_2)=0$, 所以 $\mathfrak{I}_1\supseteq\mathfrak{I}_2$. 于是这个 $\mathfrak{I}_1$ 如果存在, 是最大的. 由于它是唯一的, 存在性变成了局部问题. 因此我们可以假设 $\mathfrak{X}$ 是仿射 Noether 概型 X 沿着闭子概型 Y 的完备化. 根据(9.3.1),可以假设 Y 有既约诱导结构. 令 $X=\operatorname{Spec} A$, $Y=V(I)$. 由(9.4), $\mathfrak{I}=I^{\Delta}$ 是 $\mathcal{O}_{\mathfrak{X}}$ 中的理想, $\mathcal{O}_{\mathfrak{X}}/\mathfrak{I}\cong(A/I)^{\sim}=\mathcal{O}_Y$. 因此 $\mathfrak{I}$ 是定义理想,而且 $(\mathfrak{X},\mathcal{O}_{\mathfrak{X}}/\mathfrak{I})$ 是既约的. 这证明了最大定义理想的存在.

(c) 令 $\mathfrak{I}$ 是任意的定义理想,并假设给定 $n>0$. 令 $\mathfrak{I}_0$ 是唯一的最大定义理想, 则由(a), 存在整数 r 使得 $\mathfrak{I}\supseteq\mathfrak{I}_0^r$, 于是 $\mathfrak{I}^n\supseteq\mathfrak{I}_0^{nr}$. 先注意 $\mathfrak{I}_0^{nr}$ 是定义的理想. 实际上, 这可以局部地检验. 如果 $\mathfrak{I}_0=I^{\Delta}$ 是 $\mathcal{O}_{\mathfrak{X}}$ 中的理想, 用(b)的符号, 则由(9.4) $\mathcal{O}_{\mathfrak{X}}/\mathfrak{I}_0^{nr}\cong(A/I^{nr})$, 于是 $(\mathfrak{X},\mathcal{O}_{\mathfrak{X}}/\mathfrak{I}_0^{nr})$ 是有支集 Y 的概型. 称这概型为 Y', 令 $f:\mathcal{O}_{\mathfrak{X}}\to\mathcal{O}_{Y'}$ 是相应的层的态射. 由假设 $(Y',\mathcal{O}_{Y'}/f(\mathfrak{I}))=(\mathfrak{X},\mathcal{O}_{\mathfrak{X}}/\mathfrak{I})$ 是 Noether 概型,于是 $f(\mathfrak{I})$ 是凝聚层. 因此 $f(\mathfrak{I}^n)=f(\mathfrak{I})^n$ 也是凝聚的, 我们得到 $(Y',\mathcal{O}_{Y'}/f(\mathfrak{I}^n))=(\mathfrak{X},\mathcal{O}_{\mathfrak{X}}/\mathfrak{I}^n)$ 也是 Noether 概型.

命题 9.6 令 $\mathfrak{X}$ 是 Noether 形式概型, $\mathfrak{I}$ 是定义理想. 对每个 $n>0$, 我们用 Y_n 表示概型 $(\mathfrak{X},\mathcal{O}_{\mathfrak{X}}/\mathfrak{I}^n)$.

(a) 如果 $\mathfrak{F}$ 是 $\mathcal{O}_{\mathfrak{X}}$ 模的凝聚层,那么对每个 n, $\mathscr{F}_n=\mathfrak{F}/\mathfrak{I}^n\mathfrak{F}$ 是 $\mathcal{O}_{Y_n}$ 模的凝聚层, 并且 $\mathfrak{F}\cong\varprojlim\mathscr{F}_n$.

(b) 反之, 假设对每个 n 给定凝聚层 $\mathcal{O}_{Y_n}$ 模 $\mathscr{F}_n$, 及对每个 $n'\geqslant n$ 给出满射映射 $\varphi_{n'n}:\mathscr{F}_{n'}\to\mathscr{F}_n$ 使得 $\{\mathscr{F}_n\}$ 成为层的反向系. 进而假设, 对每个 $n'\geqslant n$, $\ker\varphi_{n'n}=\mathfrak{I}^n\mathscr{F}_{n'}$, 则 $\mathfrak{F}=\varprojlim\mathscr{F}_n$ 是凝聚的 $\mathcal{O}_{\mathfrak{X}}$ 模层且对每个 n, $\mathscr{F}_n\cong\mathfrak{F}/\mathfrak{I}^n\mathfrak{F}$.

证明

(a) 问题是局部的，因此可假设 $\mathfrak{X}$ 是仿射的，且等于 $X=\operatorname{Spec} A$ 沿 $Y=V(I)$ 的完备化，同时可假设对某个有限生成 A 模 M，$\mathfrak{F}=M^{\Delta}$. 那么从 (9.4a) 的证明，我们看到，对每个 n，$\mathfrak{F}/\mathfrak{J}^n\cong(M/I^nM)^{\sim}$. 因此 $\mathscr{F}_n$ 关于 $Y_n=\operatorname{Spec}(A/I^n)$ 是凝聚的，且 $\mathfrak{F}\cong\varprojlim\mathscr{F}_n$.

(b) 问题仍是局部的，因此像上边一样可假设 $\mathfrak{X}$ 是仿射的. 进而我们假设 A 是 I 进完备，因为用 $\hat{A}$ 代替 A 并不改变 $\hat{X}$. 对每个 n，令 $M_n=\Gamma(Y_n,\mathscr{F}_n)$. 于是 (M_n) 是模的反向系，且满足 (9.3Ae) 的假设条件. 因此我们得到 $M=\varprojlim M_n$ 是有限生成 A 模（因为 A 是完备的），并且对每个 n，$M_n\cong M/I^nM$. 但是 $\mathfrak{F}=\varprojlim\mathscr{F}_n$ 恰是 M^{Δ}，所以它是凝聚 $\mathscr{O}_{\mathfrak{X}}$ 模. 进而 $\mathfrak{F}/\mathfrak{J}^n\mathfrak{F}\cong(M/I^nM)^{\sim}$ （如 (a) 中），于是 $\mathfrak{F}/\mathfrak{J}^n\mathfrak{F}\cong\mathscr{F}_n$.

定理 9.7 令 A 是 Noether 环，I 是理想，并假设 A 是 I 进完备. 令 $X=\operatorname{Spec}A$，$Y=V(I)$，和 $\mathfrak{X}=\hat{X}$，则函子 $M\longmapsto M^{\Delta}$ 和 $\mathfrak{F}\longmapsto\Gamma(\mathfrak{X},\mathfrak{F})$ 分别在有限生成 A 模范畴和凝聚 $\mathscr{O}_{\mathfrak{X}}$ 模范畴上为正合函子，而且彼此互逆，因此它们建立了范畴的等价. 特别地，每个凝聚 $\mathscr{O}_{\mathfrak{X}}$ 模 $\mathfrak{F}$ 具有形式 M^{Δ}（对某个 M）.

证明 我们已经知道 $M\longmapsto M^{\Delta}$ 是正合的 (9.4). 如果 M 是有限型 A 模，则由于 A 是完备的 (9.3Ab)，$\Gamma(\mathfrak{X},M^{\Delta})=\varprojlim M/I^nM=\hat{M}$，和 $\hat{M}=M$. 因此两个函子的合成是恒等函子.

反之，令 $\mathfrak{F}$ 是凝聚 $\mathscr{O}_{\mathfrak{X}}$ 模，$\mathfrak{J}=I^{\Delta}$. 则由 (9.6a)，$\mathfrak{F}\cong\varprojlim\mathscr{F}_n$，其中对每个 $n>0$，$\mathscr{F}_n=\mathfrak{F}/\mathfrak{J}^n\mathfrak{F}$. 现在层的反向系 $(\mathscr{F}_n)$ 满足 (9.6b) 的假设，(9.6b) 的证明实际上指出了，对某个有限生成 A 模 M，有 $\mathfrak{F}\cong M^{\Delta}$. 进而由 (9.2)，$\Gamma(\mathfrak{X},\mathfrak{F})=\varprojlim\Gamma(Y,(M/I^nM)^{\sim})=\varprojlim M/I^nM=\hat{M}$，由于 A 是完备的，$\hat{M}=M$. 这证明了 $\Gamma(\mathfrak{X},\mathfrak{F})$ 是有限生成 A 模，和 $\mathfrak{F}\cong\Gamma(\mathfrak{X},\mathfrak{F})^{\Delta}$. 因此两个函子的另一个合成也是恒等函子.

剩下要证明函子 $\Gamma(\mathfrak{X},\cdot)$ 作用在凝聚 $\mathscr{O}_{\mathfrak{X}}$ 模范畴上是正合

的. 令

$$0 \to \mathfrak{F}_1 \to \mathfrak{F}_2 \to \mathfrak{F}_3 \to 0$$

是凝聚 $\mathcal{O}_{\mathfrak{X}}$ 模的正合列. 对每个 i, 令 $M_i = \Gamma(\mathfrak{X}, \mathfrak{F}_i)$. 则 M_i 是有限生成 A 模,我们至少有一个左正合列

$$0 \to M_1 \to M_2 \to M_3.$$

令 R 是上边序列左边的余核. 作用函子, Δ 我们得到关于 $\mathfrak{X}$ 的正合列

$$0 \to M_1^{\Delta} \to M_2^{\Delta} \to M_3^{\Delta} \to R^{\Delta} \to 0.$$

但是对每个 i, 如上边看到的, $M_i^{\Delta} \cong \mathfrak{F}_i$, 于是我们断定 $R^{\Delta} = 0$. 然而仍由上面可知 $R = \Gamma(\mathfrak{X}, R^{\Delta})$, 所以 $R = 0$. 这证明了 $\Gamma(\mathfrak{X}, \cdot)$ 是正合的,完成了定理的证明.

系 9.8 如果 X 是任何 Noether 概型, Y 是一个闭子概型, $\mathfrak{X} = \hat{X}$ 是 X 沿 Y 的完备化,则函子 $\mathscr{F} \mapsto \hat{\mathscr{F}}$ 是由凝聚 $\mathcal{O}_X$ 模到凝聚 $\mathcal{O}_{\mathfrak{X}}$ 模的正合函子. 进而, 如果 $\mathscr{I}$ 是 Y 的理想层, $\hat{\mathscr{I}}$ 是 $\mathscr{I}$ 的完备化, 则对每个 n, 我们有 $\hat{\mathscr{F}}/\hat{\mathscr{I}}^n\hat{\mathscr{F}} \cong \mathscr{F}/\mathscr{I}^n\mathscr{F}$, 和 $\hat{\mathscr{F}} \cong \mathscr{F} \otimes_{\mathcal{O}_X} \mathcal{O}_{\mathfrak{X}}$.

证明 这些问题都是局部的,它们简化成(9.4).

系 9.9 Noether 形式概型上,凝聚层的态射的任何核、余核、或像仍是凝聚的.

证明 这些问题也是局部的,可由(9.7)得到它们.

注 9.9.1 在 Noether 形式概型上的凝聚层的扩张是凝聚的这一命题也是正确的 (习题 9.4). 另一方面, 在通常概型上的凝聚层的某些性质不可搬到形式概型上. 例如, 如果 $\mathfrak{X}$ 是射影簇 $X \subseteq \mathbf{P}_k^n$ 沿闭子簇 Y 的完备化, 且如果 $\mathcal{O}_{\mathfrak{X}} = \mathcal{O}_X(1)^{\wedge}$, 则可能存在 $\mathfrak{X}$ 上的非零凝聚层 $\mathfrak{F}$ 使得对所有 $v \in \mathbf{Z}$ 有 $\Gamma(\mathfrak{X}, \mathfrak{F}(v)) = 0$. 特别地,没有由整体截影生成的 $\mathfrak{F}$ 的扭层(第三章,习题 11.7).

习 题

9.1 令 X 是 Noether 概型, Y 是闭子概型, $\hat{X}$ 是 X 沿 Y 的完备化. 我们称 $\Gamma(\hat{X}, \mathcal{O}_{\hat{X}})$ 为 X 沿 Y 的形式-正则函数环. 在这个习题中, 我们证明如

果 Y 是连通的，非异的，具有正维数的子簇，它在 $X=\mathbf{P}_k^n$ 中，其中 k 为代数闭域．则 $\Gamma(\hat{X},\mathcal{O}_{\hat{X}})=k$．

(a) 令 $\mathscr{I}$ 是 Y 的理想层．用 (8.13) 和 (8.17) 证明存在 Y 上层的包含关系 $\mathscr{I}/\mathscr{I}^2 \hookrightarrow \mathcal{O}_Y(-1)^{n+1}$．

(b) 证明：对任何 $r\geqslant 1$，$\Gamma(Y,\mathscr{I}^r/\mathscr{I}^{r+1})=0$。

(c) 用正合列

$$0\to\mathscr{I}^r/\mathscr{I}^{r+1}\to\mathcal{O}_X/\mathscr{I}^{r+1}\to\mathcal{O}_X/\mathscr{I}^r\to 0$$

和对 r 施归纳法证明：对所有 $r\geqslant 1$，$\Gamma(Y,\mathcal{O}_X/\mathscr{I}^r)=k$。 [用 (8.21 Ae)。]

(d) 证明：$\Gamma(\hat{X},\mathcal{O}_{\hat{X}})=k$。(实际上，不假设 Y 是非异的，同样的结果成立，但是证明比较复杂．参见 Hartshorne [3,(7.3)])。

9.2 用习题 9.1 的结果证明下面的几何结果．令 $Y\subseteq X=\mathbf{P}_k^n$ 和习题 9.1 中相同，令 f：$X\to Z$ 是 k 簇的映射．假设 $f(Y)$ 是单闭点 $P\in Z$。则 $f(X)=P$。

9.3 对形式概型证明 (5.6) 的类似结果，即如果 $\mathfrak{X}$ 是仿射形式概型，

$$0\to\mathfrak{F}'\to\mathfrak{F}\to\mathfrak{F}''\to 0$$

是 $\mathcal{O}_{\mathfrak{X}}$ 模的正合列，和如果 $\mathfrak{F}'$ 是凝聚的，则整体截面影列

$$0\to\Gamma(\mathfrak{X},\mathfrak{F}')\to\Gamma(\mathfrak{X},\mathfrak{F})\to\Gamma(\mathfrak{X},\mathfrak{F}'')\to 0$$

是正合的，其证明分下面几步进行．

(a) 令 $\mathfrak{I}$ 是 $\mathfrak{X}$ 的定义理想，对每个 $n>0$ 考虑正合列

$$0\to\mathfrak{F}'/\mathfrak{I}^n\mathfrak{F}'\to\mathfrak{F}/\mathfrak{I}^n\mathfrak{F}'\to\mathfrak{F}''\to 0.$$

将 (5.6) 稍微修改一下用来证明：对每个开仿射子集 $\mathfrak{U}\subseteq\mathfrak{X}$，序列

$$0\to\Gamma(\mathfrak{U},\mathfrak{F}'/\mathfrak{I}^n\mathfrak{F}')\to\Gamma(\mathfrak{U},\mathfrak{F}/\mathfrak{I}^n\mathfrak{F}')\to\Gamma(\mathfrak{U},\mathfrak{F}'')\to 0$$

是正合的．

(b) 现在过渡到极限，用 (9.1)，(9.2) 和(9.6)．证明 $\mathfrak{F}\cong\varprojlim\mathfrak{F}/\mathfrak{I}^n\mathfrak{F}'$ 和上面的整体截影序列是正合的．

9.4 用习题 9.3 证明：如果

$$0\to\mathfrak{F}'\to\mathfrak{F}\to\mathfrak{F}''\to 0$$

是 Noether 形式概型 $\mathfrak{X}$ 的 $\mathcal{O}_{\mathfrak{X}}$ 模的正合序列，且 $\mathfrak{F}',\mathfrak{F}''$ 是凝聚的，则 $\mathfrak{F}$ 也是凝聚的．

9.5 如果 $\mathfrak{F}$ 是 Noether 形式概型 $\mathfrak{X}$ 上的凝聚层，而且可由整体截影生成，证明实际上它可由有限个整体截影生成．

9.6 令 $\mathfrak{X}$ 是 Noether 形式概型，$\mathfrak{I}$ 是定义理想，和对每个 n，令 Y_n 是概型

$(\mathfrak{X},\mathcal{O}_{\mathfrak{X}}/\mathfrak{J}^n)$. 假设群的反向系 $(\Gamma(Y_n,\mathcal{O}_{Y_n}))$ 满足 Mittag-Leffler 条件,那么证明 $\operatorname{Pic}\mathfrak{X}=\varprojlim\operatorname{Pic}Y_n$. 如概型的情形,我们定义 $\operatorname{Pic}\mathfrak{X}$ 为秩是 1 的局部自由 $\mathcal{O}_{\mathfrak{X}}$ 模在运算 $\otimes$ 之下成的群. 按下面的步骤进行.

(a) 使用 $\ker(\Gamma(Y_{n+1},\mathcal{O}_{Y_{n+1}})\to\Gamma(Y_n,\mathcal{O}_{Y_n}))$ 是幂零理想的事实来证明各自环中的单位元的反向系 $(\Gamma(Y_n,\mathcal{O}^*_{Y_n}))$ 也满足 (ML).

(b) 令 $\mathfrak{F}$ 是 $\mathcal{O}_{\mathfrak{X}}$ 模的凝聚层, 假设对每个 n 存在某个同构 φ_n: $\mathfrak{F}/\mathfrak{J}^n\mathfrak{F}\cong\mathcal{O}_{Y_n}$. 那么证明存在同构 $\mathfrak{F}\cong\mathcal{O}_{\mathfrak{X}}$. 要小心,因为 φ_n 在两个反向系 $(\mathfrak{F}/\mathfrak{J}^n\mathfrak{F})$ 和 $(\mathcal{O}_{Y_n})$ 中可能和映射不相容.证明自然映射 $\operatorname{Pic}\mathfrak{X}\to\varprojlim\operatorname{Pic}Y_n$ 是单射.

(c) 对每个 n,给定 Y_n 上的可逆层 $\mathscr{L}_n$ 和同构 $\mathscr{L}_{n+1}\otimes\mathcal{O}_{Y_n}\cong\mathscr{L}_n$, 对每个 $n'\geqslant n$ 构造映射 $\mathscr{L}_{n'}\to\mathscr{L}_n$ 以得到反向系并证明 $\mathfrak{L}=\varprojlim\mathscr{L}_n$ 是 $\mathfrak{X}$ 上的凝聚层. 然后证明 $\mathfrak{L}$ 是秩 1 的局部自由层, 并因此断定映射 $\operatorname{Pic}\mathfrak{X}\to\varprojlim\operatorname{Pic}Y_n$ 是满的. 仍要小心,因为即使每个 $\mathscr{L}_n$ 是秩 1 的局部自由层, 但为了使它们是自由的所需要的开集可以随着 n 愈来愈小.

(d) 证明: 如果 $\mathfrak{X}$ 是仿射的,或者每个 Y_n 在域 k 上是射影的,则假设条件"$(\Gamma(Y_n,\mathcal{O}_{Y_n})$ 满足 (ML)" 被满足.

注意: 进一步的例子和应用参见(第三章,习题 11.5 -11.7).

第三章 上 同 调

本章要定义拓扑空间上 Abel 群层的上同调一般概念，而后再详尽讨论 Noether 概型上凝聚层与拟凝聚层的上同调.

有许多不同的方法引进上同调，但其最终结果通常是一样的. 这些方法包括在多复变论中常用的良层分解方法（可见于 Gunning-Rossi[1]）；Serre 用过的 Čech 上同调，他首先将其用于抽象代数几何；Godement[1]的典则松层分解；还有 Grothendieck[1] 的导出函子法. 每种方法都有其自身的重要性.

我们将采用整体截影函子的导出函子作为基本定义（§ 1,2），这是最具一般性的定义，尤其适用于理论问题，像第 7 节中 Serre 对偶定理的证明. 可是它实际上不能计算，所以我们在第 4 节引进 Čech 上同调，并在第 5 节中，用它以显式来计算射影空间 $\mathbf{P}^r$ 上层 $\mathscr{O}(n)$ 的上同调.

为证明 Čech 上同调与导出函子上同调的一致性，我们需要知道仿射概型上拟凝聚层的高阶上同调全为 0. 我们仅就 Noether 概型情形在第 3 节证明这一点，因为就技巧性而言，它比任意仿射概型的情形（[EGAIII, § 1]）要简单得多. 因此在涉及上同调的所有定理中，我们总是约定加上了 Noether 性的条件.

作为应用，我们证明了射影簇 X 的算术亏格（在第一章第 7 节中定义，它依赖于 X 的射影嵌入）可以经由上同调群 $H^i(X,\mathscr{O}_X)$ 计算，从而是内蕴的（习题 5.3）. 也证明了在一个正规射影簇的族中，算数亏格为常值（9.13）.

另一个应用是 Zariski 主定理（11.4），它在簇的双有理的研究中是重要的定理.

本章最后一部分（第 8—12 节）专门研究概型族，即讨论态射的纤维. 特别还包括了关于平坦态射的一节及光滑态射的一节. 虽然这两个内容可不用上同调来处理，但放在这里也是合适的，因为利用上同调可更好地理解平坦性(9.9)。

1. 导 出 函 子

本章中我们假定读者是熟悉同调代数的基本技巧的. 由于不同知识来源的符号与术语各不相同，这一节中我们汇集了所需要的基本定义与结果. 进一步的细节可在下列文献中找到: Godement [1, 特别是第1章 §1,1.1—1.8, 2.1—2.4, 5.1—5.3], Hilton-Stammbach [1,第 II, IV, IX 章], Grothendieck [1,第II章,§1,2,3],Cartan - Eilenberg [1,第 III, V 章], Rotman[1, §6].

定义 一个 Abel 范畴是一个范畴 $\mathfrak{A}$, 使得: 对每个 $A, B \in Ob\mathfrak{A}$, Hom(A,B) 具有一个 Abel 群结构，且复合法则是线性的，有限直和存在，每个态射有核及余核，每个单一态射是其余核的核而每个外附态射是其核的余核. 最后，每个态射均可分解为一个外附态射复合上一个单一态射 (Hilton-Stammbach[1,p.78]).

下面的例子全是 Abel 范畴.

例 1.0.1 $\mathfrak{Ab}$, Abel 群范畴.

例 1.0.2 $\mathfrak{Mod}(A)$, 环 A (具单位元的交换环) 上的模范畴.

例 1.0.3 $\mathfrak{Ab}(X)$, 拓扑空间 X 上 Abel 群层范畴.

例 1.0.4 $\mathfrak{Mod}(X)$, 环层空间 $(X,\mathcal{O}_X)$ 上 $\mathcal{O}_X$ 模层范畴.

例 1.0.5 $\mathfrak{Qco}(X)$, 概型 X 上, $\mathcal{O}_X$ 模拟凝聚层范畴. (第二章, 5.7)

例 1.0.6 $\mathfrak{Coh}(X)$, Noether 概型 X 上 $\mathcal{O}_X$ 模凝聚层范畴. (第二章, 5.7)

例 1.0.7 $\mathfrak{Coh}(\mathfrak{X})$ Noether 形式概型 $(\mathfrak{X}, \mathcal{O}_\mathfrak{X})$ 上的 $\mathcal{O}_\mathfrak{X}$ 模凝聚层范畴.

本节后面我们要在任意 Abel 范畴的范围内叙述一些同调代数的基本结果. 但在大多数的书中，仅仅对环上的模范畴进行证明，证明的方法多采用所谓"图形追逐"法：给出一个元素，然后依图形追逐其像与原像。因为在任意的 Abel 范畴中，图形追逐毫无意义，这会引起用心的读者的困惑。至少有三种办法来对付这个难点。(1) 从 Abel 范畴的公理出发，根本不提及任何一个元素，而对所有的结果给出一个内蕴的证明。这固然繁琐，但能够做到，例如可见 Freyd[1]。(2) 注意到我们所用到的每个范畴中，(大部分都在上面举出的例子中) 实际上可用图形追逐法给出证明。或者(3)，承认"完全嵌入定理" (Freyd [1, 第 7 章])，粗略地说，它表明任一 Abel 范畴均等价于 $\mathfrak{Ab}$ 的一个子范畴。这意味着，任何一个范畴论的论断(例如 5-引理)，如果能在 $\mathfrak{Ab}$ 中得到证明(例如用图形追逐法)，则它也在任意 Abel 范畴中成立。

现在开始复习同调代数。一个 Abel 范畴 $\mathfrak{A}$ 中的一个**复形** $A^\cdot$，是对象 $A^i, i \in \mathbf{Z}$ 及态射 $d^i: A^i \to A^{i+1}$ 的集，对所有 i，满足 $d^{i+1} \circ d^i = 0$。如果对象 A^i 仅限定在某个范围内，例如 $i \geqslant 0$，则对其他的 i，置 $A^i = 0$。复形间的一个**态射** $f: A^\cdot \to B^\cdot$ 是态射 $f^i: A^i \to B^i$，对每个 i 的集合，这些态射与上边缘映射 d^i 可交换。

复形 $A^\cdot$ 的第 i 个**上同调元** $h^i(A^\cdot)$ 定义为 $\ker d^i / \operatorname{im} d^{i-1}$。当 $f: A^\cdot \to B^\cdot$ 为复形间态射，则 f 诱导了一个自然映射 $h^i(f): h^i(A^\cdot) \to h^i(B^\cdot)$。当 $0 \to A^\cdot \to B^\cdot \to C^\cdot \to 0$ 是一个复形间的短正合序列时，存在一个自然映射 $\delta^i: h^i(C^\cdot) \to h^{i+1}(A^\cdot)$，并给出一个长正合序列

$$\cdots \to h^i(A^\cdot) \to h^i(B^\cdot) \to h^i(C^\cdot) \xrightarrow{\delta^i} h^{i+1}(A^\cdot) \to \cdots.$$

复形间两个态射 $f, g: A^\cdot \to B^\cdot$ 称为**同伦**(记为 $f \sim g$)，是指存在一系列态射 $k^i: A^i \to A^{i-1}$，以 i 为指标，(不必与 d^i 可换) 使得 $f - g = dk + kd$。这一系列的态射 $k = (k^i)$ 称作是一个**同伦算子**。当 $f \sim g$，则 f 与 g 在每第 i 个上同调元间诱导出相同的态射 $h^i(A^\cdot) \to h^i(B^\cdot)$。

由一个 Abel 范畴到另一个 Abel 范畴的协变函子 $F: \mathfrak{A} \to \mathfrak{B}$，如果对 $\mathfrak{A}$ 中任意两个对象 A, A'，所诱导的映射 Hom $(A,$

$A')\to \mathrm{Hom}(FA,FA')$为 Abel 群间的同态，则称此函子为可加的．如果F是可加的，且对每个$\mathfrak{A}$中短正合序列

$$0\to A'\to A\to A''\to 0,$$

序列

$$0\to FA'\to FA\to FA''$$

在$\mathfrak{B}$中为正合，则称它为左正合．如在上述中将左边的0换到右边，称F为右正合．如果其同时为左正合与右正合，则称F为正合．如果仅中间部分 $FA'\to FA\to FA''$ 为正合，称F是中间正合．

对于逆变函子可作相似的定义．例如 $F:\mathfrak{A}\to\mathfrak{B}$ 为左正合表示它为可加的，且对上面的任意短正合序列，序列

$$0\to FA''\to FA\to FA'$$

在$\mathfrak{B}$中为正合．

例 1.0.8 若$\mathfrak{A}$为一 Abel 范畴，A为其中一个给定的对象，则函子 $B\to\mathrm{Hom}(A,B)$（通常以 $\mathrm{Hom}(A,\cdot)$ 表示）为$\mathfrak{A}$到$\mathfrak{Ab}$的协变左正合函子．函子 $\mathrm{Hom}(\cdot,A)$为$\mathfrak{A}$到$\mathfrak{Ab}$的逆变左正合函子．

转而叙述分解及导出函子．如果$\mathfrak{A}$中一对象I使函子 $\mathrm{Hom}(\cdot,I)$ 为正合，称I为内射．$\mathfrak{A}$中对象A的一个内射分解是一复形$I^{\cdot}$，对次数 $i\geqslant 0$ 定义，同时有一个态射 $\varepsilon:A\to I^0$，使得对每个 $i\geqslant 0$，I^i 是$\mathfrak{A}$中的内射对象，且使序列

$$0\to A\xrightarrow{\varepsilon} I^0\to I^1\to\cdots$$

为正合．

如果$\mathfrak{A}$中任一个对象均同构于$\mathfrak{A}$中某内射对象的子对象，则说$\mathfrak{A}$具足够的内射元．当$\mathfrak{A}$具足够的内射元，则任一对象都有内射分解．另外，有一个周知的引理表明，任两个内射分解必同伦等价．

现设$\mathfrak{A}$为具足够内射元的 Abel 范畴，$F:\mathfrak{A}\to\mathfrak{B}$ 是一个协变正合函子，我们可构造F的右导出函子 R^iF，$i\geqslant 0$ 如下．对$\mathfrak{A}$的每个对象A，选定其一个内射分解$I^{\cdot}$，我们定义 $R^iF(A)=$

$h^i(F(I^{\cdot}))$.

定理 1.1 A 设$\mathfrak{A}$为具足够内射元的 Abel 范畴，$F:\mathfrak{A}\to\mathfrak{B}$ 是到另一个 Abel 范畴$\mathfrak{B}$的协变左正合函子，则

(a) 对每个 $i\geqslant 0$，上面定义的 R^iF 是由 $\mathfrak{A}$ 到$\mathfrak{B}$的可加函子，并且它与用到的内射分解的选取无关；（在函子的自然同构范围内）

(b) 存在自然同构 $F\cong R^0F$；

(c) 对每个短正合序列$0\to A'\to A\to A''\to 0$及每个 $i\geqslant 0$ 有一个自然态射 δ^i: $R^iF(A'')\to R^{i+1}F(A')$，并得到一个长正合序列

$$\cdots\to R^iF(A')\to R^iF(A)\to R^iF(A'')\xrightarrow{\delta^i}R^{i+1}F(A')\to R^{i+1}F(A)\to\cdots$$

(d) 当给出 (c) 中正合序列到另一个正合序列 $0\to B'\to B\to B''\to 0$ 的态射时，这些δ便给出了一个交换图形

$$\begin{array}{ccc}R^iF(A'') & \xrightarrow{\delta^i} & R^{i+1}F(A')\\ \downarrow & & \downarrow\\ R^iF(B'') & \xrightarrow{\delta^i} & R^{i+1}F(B')\end{array}$$

(e) 对$\mathfrak{A}$中每个内射对象 I 及每个 $i>0$，有 $R^iF(I)=0$.

定义 对定理中的 $F:\mathfrak{A}\to\mathfrak{B}$，称 $\mathfrak{A}$ 中对象 J 对 F 为零调，是指对所有 $i>0$ 有 $R^iF(J)=0$.

命题 1.2 A 设 $F:\mathfrak{A}\to\mathfrak{B}$ 如（1.1A）中，且存在正合序列

$$0\to A\to J^0\to J^1\to\cdots$$

其中每个J^i对F及 $i\geqslant 0$ 为零调（称 $J^{\cdot}$ 为A的一个 F 零调分解）．则对每个 $i\geqslant 0$，有自然同构 $R^iF(A)\cong h^i(F(J^{\cdot}))$.

我们让读者自己去做下面一些类似的定义：投射对象，投射分解，具有足够投射元的 Abel 范畴，协变右正合函子的左导出函子．还有左正合逆变函子的右导出函子(利用投射分解)以及右正合逆变函子的左导出函子(利用内射分解).

下面要给出导出函子的一个泛性质．为此，我们以下面定义稍稍作一点推广．

定义 设$\mathfrak{A},\mathfrak{B}$为 Abel 范畴．由$\mathfrak{A}$到$\mathfrak{B}$的一个(协变) δ 函子是指一系列的函子 $T=(T^i)_{i\geq 0}$ 以及对任意短正合列 $0\to A'\to A\to A''\to 0$ 有态射 $\delta^i: T^i(A'')\to T^{i+1}(A')$，满足：

(1) 对每个上述短正合列，存在长正合列

$$0\to T^0(A')\to T^0(A)\to T^0(A'')\xrightarrow{\delta^0} T^1(A')\to\cdots\to$$
$$T^i(A)\to T^i(A'')\xrightarrow{\delta^i} T^{i+1}(A')\to T^{i+1}(A)\to\cdots;$$

(2) 对每个上述短正合列到另一个 $0\to B'\to B\to B''\to 0$ 的态射，这些 δ 给出交换图形

$$\begin{array}{ccc} T^i(A'') & \xrightarrow{\delta^i} & T^{i+1}(A') \\ \downarrow & & \downarrow \\ T^i(B'') & \xrightarrow{\delta^i} & T^{i+1}(B') \end{array}$$

定义 δ 函子 $T=(T^i): \mathfrak{A}\to\mathfrak{B}$ 称为泛的，是指对给定的另一个任意 δ 函子 $T'=(T'^i):\mathfrak{A}\to\mathfrak{B}$ 及给出函子间态射 $f^0: T^0\to T'^0$，对 $i\geq 0$ 存在唯一的一系列态射 $f^i: T^i\to T'^i$，其初始项为所给出的 f^0．而且对每个短正合列，它与 δ^i 可交换．

注 1.2.1 当 $F:\mathfrak{A}\to\mathfrak{B}$ 为协变可加函子，则由定义知道，最多只存在一个(在同构下唯一的)泛 δ 函子 T 使 $T^0=F$．若 T 存在，这些 T^i 有时被称作 F 的右从属函子．

定义 设 $F:\mathfrak{A}\to\mathfrak{B}$ 为可加函子．如果对每个$\mathfrak{A}$的对象 A，存在单态射 $u: A\to M$，M 为$\mathfrak{A}$中某元，使得 $F(u)=0$，则称 F 为可消抹的．如果对每个 A，存在满态射 $u: P\to A$，使 $F(u)=0$，则称 F 为上可消抹的．

定理 1.3A 设 $T=(T^i)_{i\geq 0}$ 为$\mathfrak{A}$到$\mathfrak{B}$的协变 δ 函子．若对每个 $i>0$，T^i 可消抹，则 T 为泛 δ 函子．

证明 Grothendieck [1,II,2.21]．

系 1.4 假设$\mathfrak{A}$具足够的内射元，则对任一左正合函子 F:

$\mathfrak{A}\to\mathfrak{B}$，其导出函子 $(R^iF)_{i\geq 0}$ 是一个泛 δ 函子使 $F\cong R^0F$. 反之，若 $T=(T^i)_{i\geq 0}$ 为任一泛 δ 函子，则 T^0 为左正合，且对每个 $i\geq 0, T^i$ 同构于 R^iT^0.

证明 若 F 为左正合函子，则由 (1.1A)，$(R^iF)_{i\geq 0}$ 是一个 δ 函子. 又对任一对象 A，令 $u: A\to I$ 为 A 到内射对象的单态射. 于是由(1.1A),对 $i>0$ 有 $R^iF(I)=0$，故 $R^iF(u)=0$. 因此 R^iF 对每个 $i>0$ 为可消抹的. 由定理得到(R^iF)为泛的.

另一方面,对给出的泛 δ 函子 T，由 δ 函子的定义知道 T^0 为左正合. 由于 $\mathfrak{A}$ 具足够的内射元,则导出函子 R^iT^0 存在. 我们刚刚知道了 (R^iT^0) 是另一个泛 δ 函子. 于是,因为 $R^0T^0=T^0$，则由(1.21)知,对每个 i 有 $R^iT^0\cong T^i$.

2. 层的上同调

本节中要用整体截影函子的导出函子来定义层的上同调，然后,作为上同调一般技巧的应用我们将证明 Grothendieck 的一个定理,它是关于在 Noether 拓扑空间上上同调为零的定理. 首先，我们必须验证所用到的范畴具有足够的内射元.

命题 2.1A 若 A 为环,则任意 A 模同构于一个 A 内射 A 模的子模.

证明 Godement[1,I,1.2.2] 或 Hilton-Stammbach[1,I,8.3]

命题 2.2 设 $(X,\mathcal{O}_X)$ 为一环层空间，则 $\mathcal{O}_X$ 模层的范畴 $\mathfrak{Mod}(X)$ 具足够的内射元.

证明 设$\mathscr{F}$为一 $\mathcal{O}_X$ 模层. 对每个点 $x\in X$，茎 $\mathscr{F}_x$ 为 $\mathcal{O}_{x,X}$ 模. 因而有一个单同态 $\mathscr{F}_x\to I_x$，其中 I_x 是内射 $\mathcal{O}_{X,x}$ 模 (2.1A). 对每点 x，令 j 表示单点空间 $\{x\}$ 到 X 内的包含映射，并考虑层 $\mathscr{I}=\Pi_{x\in X}j_*(I_x)$. 其中 I_x 看作单点空间 $\{x\}$ 上的层，j_* 表示正像函子(第二章第 1 节).

由直积的定义，对任一 $\mathcal{O}_X$ 模层 $\mathscr{G}$ 成立 $\mathrm{Hom}_{\mathcal{O}_X}(\mathscr{G},\mathscr{I})=\Pi\mathrm{Hom}_{\mathcal{O}_X}(\mathscr{G},j_*(I_x))$. 另外，对每个点 $x\in X$，有 $\mathrm{Hom}_{\mathcal{O}_X}(\mathscr{G},$

$j_*(I_x)) \cong \mathrm{Hom}_{\mathscr{O}_{x,X}}(\mathscr{G}_x, I_x)$，这个同构是容易看出来的，因此我们的第一个结论是，由局部映射 $\mathscr{F}_x \to I_x$ 得到了一个 $\mathscr{O}_X$ 模层间的自然态射 $\mathscr{F} \to \mathscr{I}$． 它显然是单的． 第二个结论是函子 $\mathrm{Hom}_{\mathscr{O}_X}(\cdot, \mathscr{I})$ 是那些正合的茎函子 $\mathscr{G} \longmapsto \mathscr{G}_x$ 复合上 $\mathrm{Hom}_{\mathscr{O}_{x,X}}(\cdot, I_x)$ 后再对所有 $x \in X$ 取直积，其中 $\mathrm{Hom}_{\mathscr{O}_{x,X}}(\cdot, I_x)$，因为 I_x 为内射 $\mathscr{O}_{x,X}$ 模，也为正合函子．于是，$\mathrm{Hom}(\cdot, \mathscr{I})$ 是一个正合函子．从而 $\mathscr{I}$ 是内射 $\mathscr{O}_X$ 模．

系 2.3 当 X 为任一拓扑空间，则 X 上的 Abel 群层范畴 $\mathfrak{Ab}(X)$ 具足够的内射元．

证明 若令 $\mathscr{O}_X$ 表常值环层 $\mathbf{Z}$，则 $(X, \mathscr{O}_X)$ 是一环层空间，且 $\mathfrak{Mod}(X) = \mathfrak{Ab}(X)$．

定义 设 X 为一拓扑空间． $\Gamma(X, \cdot)$ 表示 $\mathfrak{Ab}(X)$ 到 $\mathfrak{Ab}$ 的整体截影函子．我们定义上同调函子 $H^i(X, \cdot)$ 为 $\Gamma(X, \cdot)$ 的右导出函子．对任意层 $\mathscr{F}$，群 $H^i(X, \mathscr{F})$ 就称为 $\mathscr{F}$ 的上同调群．注意，既便 X 及 $\mathscr{F}$ 还有一些其他的结构，譬如 X 为概型，$\mathscr{F}$ 为拟凝聚层，上同调仍然是现在的意思，即将 $\mathscr{F}$ 只看作所在拓扑空间上的 Abel 群层．

请读者写出长正合列来． 它可由导出函子的一般性质得到 (1.1A)．

回想一下(第二章，习题 1.16)，拓扑空间 X 上的层 $\mathscr{F}$ 称为松的，是指对任一开集的包含映射 $V \subseteq U$，限制映射 $\mathscr{F}(U) \to \mathscr{F}(V)$ 总为满．

引理 2.4 如 $(X, \mathscr{O}_X)$ 为环层空间，则任一内射 $\mathscr{O}_X$ 模是松的．

证明． 对任意开子集 $U \subseteq X$，令 $\mathscr{O}_U$ 表示层 $j_!(\mathscr{O}_X|_U)$，它是由 $\mathscr{O}_X$ 限制到 U 上，再在 U 外作零扩张得到(第二章，习题1.19)．设 $\mathscr{I}$ 是一个内射 $\mathscr{O}_X$ 模，$V \subseteq U$ 为开集，则有 $\mathscr{O}_X$ 模层的包含映射 $0 \to \mathscr{O}_V \to \mathscr{O}_U$． 由于 $\mathscr{I}$ 为内射，故有满同态 $\mathrm{Hom}(\mathscr{O}_U, \mathscr{I}) \to \mathrm{Hom}(\mathscr{O}_V, \mathscr{I}) \to 0$． 然而 $\mathrm{Hom}(\mathscr{O}_U, \mathscr{I}) = \mathscr{I}(U)$，$\mathrm{Hom}(\mathscr{O}_V, \mathscr{I}) = \mathscr{I}(V)$，故 $\mathscr{I}$ 为松．

命题 2.5 若 $\mathscr{F}$ 为拓扑空间 X 上的松层，则 $H^i(X,\mathscr{F})=0$ 对所有 $i>0$ 成立.

证明 将 $\mathscr{F}$ 嵌入到 $\mathfrak{Ab}(X)$ 中的内射对象 $\mathscr{I}$ 中，令 $\mathscr{G}$ 为商层：

$$0\to\mathscr{F}\to\mathscr{I}\to\mathscr{G}\to 0.$$

由假设，$\mathscr{F}$ 为松，又由(2.4)知 $\mathscr{I}$ 为松，故由第二章，习题 1.16 c，$\mathscr{G}$ 为松层. 因为 $\mathscr{F}$ 为松，故有正合序列(第二章，习题 1.16b)

$$0\to\Gamma(X,\mathscr{F})\to\Gamma(X,\mathscr{I})\to\Gamma(X,\mathscr{G})\to 0.$$

另一方面，因为 $\mathscr{I}$ 为内射，对 $i>0$ 有 $H^i(X,\mathscr{I})=0$(1.1Ae)，从而，由上同调的长正合列得到 $H^1(X,\mathscr{F})=0$，并对每个 $i\geqslant 2$，有 $H^i(X,\mathscr{F})\cong H^{i-1}(X,\mathscr{G})$，但 $\mathscr{G}$ 也是松的，故对 i 进行归纳得到结果.

注 2.5.1 这个结果告诉我们，松层对于函子 $\Gamma(X,\cdot)$ 为零调. 因而可以用松层分解去计算上同调(1.2A). 特别，有下面结果.

命题 2.6 设 $(X,\mathscr{O}_X)$ 为环层空间，则由 $\mathfrak{Mod}(X)$ 到 $\mathfrak{Ab}$ 的函子 $\Gamma(X,\cdot)$ 的导出函子与上同调函子 $H^i(X,\cdot)$ 相同.

证明 作为由 $\mathfrak{Mod}(X)$ 到 $\mathfrak{Ab}$ 的函子 $\Gamma(X,\cdot)$，是用范畴 $\mathfrak{Mod}(X)$ 中的内射分解来计算导出函子的. 但任意内射对象为松(2.4)，而松层为零调(2.5)，故这个分解给出了通常的上同调函子(1.2A).

注 2.6.1 设 $(X,\mathscr{O}_X)$ 为环层空间，$A=\Gamma(X,\mathscr{O}_X)$，则对任意 $\mathscr{O}_X$ 模层 $\mathscr{F}$，$\Gamma(X,\mathscr{F})$ 具有自然的 A 模结构. 特别地，由于可用范畴 $\mathfrak{Mod}(X)$ 的分解去计算上同调，$\mathscr{F}$ 的所有上同调群都有自然的 A 模结构，相关的那些正合序列也都是 A 模序列，等等. 例如，对某个环 B，及 $\operatorname{Spec}B$ 上有概型 X，任意 $\mathscr{O}_X$ 模 $\mathscr{F}$ 的上同调群有自然的 B 模结构.

Grothendieck 的消灭定理

定理 2.7 (Grothendieck[1]) 设 X 为 n 维 Noether 拓扑空间，

则对所有 $i > n$ 及 X 上所有 Abel 群层，成立 $H^i(X, \mathscr{F}) = 0$.

在证明之前，我们需要一些主要涉及正向极限的结果. 若 $\{\mathscr{F}_\alpha\}$ 是由正向集 A 作指标集的，X 上层的正向系，我们已定义过正向极限 $\varinjlim \mathscr{F}_\alpha$（第二章，习题 1.10).

引理 2.8 在一 Noether 拓扑空间上，松层的正向极限仍为松.

证明 设 $(\mathscr{F}_\alpha)$ 为一松层的正向系，则对任意开子集间包含关系 $V \subseteq U$ 及任意 α，有 $\mathscr{F}_\alpha(U) \to \mathscr{F}_\alpha(V)$ 为满. 由于 $\varinjlim$ 是个正合函子，得到.

$$\varinjlim \mathscr{F}_\alpha(U) \to \varinjlim \mathscr{F}_\alpha(V)$$

也为满同态. 但在 Noether 拓扑空间上，对任意开子集成立 $\varinjlim \mathscr{F}_\alpha(U) = (\varinjlim \mathscr{F}_\alpha)(U)$（第二章，习题 1.11)，故有

$$(\varinjlim \mathscr{F}_\alpha)(U) \to (\varinjlim \mathscr{F}_\alpha)(V)$$

为满，所以 $\varinjlim \mathscr{F}_\alpha$ 为松层.

命题 2.9 设 X 是个 Noether 拓扑空间，$(\mathscr{F}_\alpha)$ 是一 Abel 层的正向系，则对每个 $i \geqslant 0$ 存在自然同构

$$\varinjlim H^i(X, \mathscr{F}_\alpha) \to H^i(X, \varinjlim \mathscr{F}_\alpha).$$

证明 对每个 α 有自然映射 $\mathscr{F}_\alpha \to \varinjlim \mathscr{F}_\alpha$，它诱导出上同调间的映射，然后再取其正向极限. 当 $i = 0$，结果已经证明（第二章，习题 1.11). 对一般情形，考虑范畴 $\mathfrak{Ind}_A(\mathfrak{Ab}(X))$，它是由以 A 为指标集的 $\mathfrak{Ab}(X)$ 中所有正向系构成. 这是个 Abel 范畴. 又由于 $\varinjlim$ 是正合函子，我们得到由 $\mathfrak{Ind}_A(\mathfrak{Ab}(X))$ 到 $\mathfrak{Ab}$ 的 δ 函子间的自然变换

$$\varinjlim H^i(x, \cdot) \to H^i(X, \varinjlim \cdot).$$

它们在 $i = 0$ 时相等，故要证明它们相同，只要证明其对 $i > 0$ 时均为可消抹的. 这样，由(1.3)，它们都是泛的从而必为同构.

让 $(\mathscr{F}_\alpha)\in \mathfrak{ind}_A(\mathfrak{Ab}(X))$. 对每个 α, 令 $\mathscr{G}_\alpha$ 代表 $\mathscr{F}_\alpha$ 的不连续截影层(第二章, 习题 1.16e). 于是 $\mathscr{G}_\alpha$ 为松层且有自然的包含关系 $\mathscr{F}_\alpha\to\mathscr{G}_\alpha$. 另外,因为 $\mathscr{G}_\alpha$ 的构造具有函子性,故 $\mathscr{G}_\alpha$ 也形成一个正向系,从而在范畴 $\mathfrak{ind}_A(\mathfrak{Ab}(X))$ 中得到一个单态射 $u:(\mathscr{F}_\alpha)\to(\mathscr{G}_\alpha)$. 但 $\mathscr{G}_\alpha$ 全为松, 故 $H^i(X,\mathscr{I}_\alpha)=0$ 对 $i>0$ 成立(2.5). 因此 $\varinjlim H^i(X,\mathscr{G}_\alpha)=0$, 且左端函子对 $i>0$ 为可消抹的. 另一方面,由(2.8)知, $\varinjlim\mathscr{G}_\alpha$ 也是松的. 从而对 $i>0$, $H^i(X,\varinjlim\mathscr{G}_\alpha)=0$, 它表明了右端的函子也是可消抹的. 证明完成.

注 2.9.1 作为特殊情形,知道上同调与无限直和可交换.

引理 2.10 设 Y 为 X 的一个闭子集, $\mathscr{F}$ 为 Y 上的 Abel 群层, $j:Y\to X$ 表示包含, 则 $H^i(Y,\mathscr{F})=H^i(X,j_*\mathscr{F})$, 其中 $j_*\mathscr{F}$ 为 $\mathscr{F}$ 在 Y 外的零扩张(第二章,习题 1.19).

证明 设 $\mathscr{I}^\cdot$ 为 $\mathscr{F}$ 在 Y 上的一个松层分解,于是 $j_*\mathscr{I}^\cdot$ 是 $j_*\mathscr{F}$ 在 X 的松层分解, 且对每个 i, 有 $\Gamma(Y,\mathscr{I}^i)=\Gamma(X,j_*\mathscr{I}^\cdot)$. 故而得到相同的上同调群.

注 2.10.1 沿用先前的借用符号(第二章,习题 1.19),我们常以 $\mathscr{F}$ 来替代 $j_*\mathscr{F}$. 引理表明,对于上同调而言上述用法不会引起误解.

(2.7) 的证明 先给定一些记号. 若 Y 为 X 的一个闭子集,对 X 上任一层 $\mathscr{F}$, 令 $\mathscr{F}_Y=j_*(\mathscr{F}|_Y)$, $j:Y\to X$ 为包含映射. 当 U 为 X 的开子集, 令 $\mathscr{F}_U=i_!(\mathscr{F}|_U)$, 其中 $i:U\to X$ 为包含. 特别地,若 $U=X-Y$, 我们有正合序列

$$0\to\mathscr{F}_U\to\mathscr{F}\to\mathscr{F}_Y\to 0.$$

(第二章,习题 1.19)

我们将分若干步,对 $n=\dim X$ 进行归纳来证明.

第 1 步. 化为 X 为不可约的情形. 若 X 可约, 令 Y 为其一个不可约分支,并令 $U=X-Y$. 于是,对任意 $\mathscr{F}$,有正合列

$$0\to\mathscr{F}_U\to\mathscr{F}\to\mathscr{F}_Y\to 0.$$

由上同调的长正合列知道，只要证明当 $i>n$ 时 $H^i(X,\mathscr{F}_Y)=0$，$H^i(X,\mathscr{F}_U)=0$ 就可以了．但 Y 为闭不可约，而 $\mathscr{F}_U$ 可看作闭子集 $\bar{U}$ 上的层，其中 $\bar{U}$ 的不可约分支数少于 X 的．因而用(2.10)并对不可约分支数进行归纳，就化到 X 为不可约的情形．

第2步．设 X 为0维不可约．于是 X 的开子集只有 X 及空集．否则 X 就会有一个真不可约闭子集，从而有 $\dim X\geqslant 1$．因此 $\Gamma(X,\cdot)$ 诱异出范畴间的等价：$\mathfrak{Ab}(X)\to\mathfrak{Ab}$．特别地，$\Gamma(X,\cdot)$是一个正合函子，因而对 $i>0$ 及所有 $\mathscr{F}$，有 $H^i(X,\mathscr{F})=0$。

第3步．现在设 X 为不可约的，维数是 n，令 $\mathscr{F}\in\mathfrak{Ab}(X)$．令 $B=\bigcup_{U\subseteq X}\mathscr{F}(U)$，$A$ 为 B 中有限子集的集合．$\alpha\in A$，$\mathscr{F}_\alpha$ 为 $\mathscr{F}$ 的在 α 中的(各个开子集上的)截影生成的子层．于是，A 为正向集，而 $\mathscr{F}=\varinjlim\mathscr{F}_\alpha$，故由(2.9)，只要证明对 $\mathscr{F}_\alpha$ 的上同调为零就可以了．若 α' 是 α 的子集，则有正合列

$$0\to\mathscr{F}_{\alpha'}\to\mathscr{F}_\alpha\to\mathscr{G}\to 0$$

其中 $\mathscr{G}$ 是由 $\#(\alpha-\alpha')$ 个某些开集上的截影生成的．因而，用上同调的长正合列并对 $\#(\alpha)$ 归纳，我们将问题化到 $\mathscr{F}$ 是某个开集 U 上单个截影生成的层的情形．这时，$\mathscr{F}$ 是层 $\mathbf{Z}_U$ 的商层(其中 $\mathbf{Z}$ 表示 X 上的常层 $\mathbf{Z}$)．令 $\mathscr{R}$ 表其核，有正合列

$$0\to\mathscr{R}\to\mathbf{Z}_U\to\mathscr{F}\to 0.$$

再用上同调长正合列，则只要证明对 $\mathscr{R}$ 及 $\mathbf{Z}_U$ 消灭定理成立就可以了．

第4步．设 U 为 X 的开子集，$\mathscr{R}$ 为 $\mathbf{Z}_U$ 的子层．对每个 $x\in U$，茎 $\mathscr{R}_x$ 是 $\mathbf{Z}$ 的子群．对 $\mathscr{R}=0$ 的情形留到第5步去解决．若 $\mathscr{R}\neq 0$，令 d 为所有 $\mathscr{R}_x$ 中的最小正整数．于是存在一个非空开子集 $V\subseteq U$，使得 $\mathscr{R}|_V\cong d\cdot\mathbf{Z}|_V$，它是 $\mathbf{Z}|_V$ 的子层．因此 $\mathscr{R}_V\cong\mathbf{Z}_V$ 且有正合列

$$0\to\mathbf{Z}_V\to\mathscr{R}\to\mathscr{R}/\mathbf{Z}_V\to 0.$$

这时层 $\mathscr{R}/\mathbf{Z}_V$ 的支集在 X 的闭子集 $(U-V)^-$ 上，因为 X 不可

约，$(U-V)^-$ 的维数 $<n$。用(2.10)及归纳假设，我们知道，当 $i\geqslant n$ 时 $H^i(X,\mathscr{R}/\mathbf{Z}_V)=0$。故而由上同调的长正合列，只要证明对 $\mathbf{Z}_V$的消抹性了。

第5步．要完成证明只须证明对任意开子集 $U\subseteq X$，当 $i>n$ 时 $H^i(X,\mathbf{Z}_V)=0$。令 $Y=X-U$，于是有正合序列

$$0\to\mathbf{Z}_V\to\mathbf{Z}\to\mathbf{Z}_Y\to 0.$$

因为X不可约，有 $\dim Y<\dim X$，故由(2.10)及归纳假设，我们有 $H^i(X,\mathbf{Z}_Y)=0$ 对 $i\geqslant n$ 成立。另外，$\mathbf{Z}$ 是不可约空间上的常层，故为松的(2.5)。因此从上同调的长正合列得到 $i>n$ 时 $H^i(X,\mathbf{Z}_u)=0$。证毕。

历史注记本节中定义的导出函子上同调是由 Grothendieck[1] 引进的，并用于［EGA］中的理论。在代数几何中使用层的上同调，由 Serre 开始[3]。在那篇文章及以后的文章[4]中，Serre 在赋与了 Zariski 拓扑的代数簇上，对凝聚层使用 Čech 上同调。它与导出函子论的等价性可由“Leray 定理”推出（习题 4.1)。使用 Cartan 的“定理 B”，以同样的论证表明，在一个复解析空间上，凝聚解析层的 Čech 上同调等于导出函子上同调。Gunning-Rossi[1] 用了一种可在仿紧 Hausdorff 空间上的层的良层分解来计算的上同调。它与我们所用理论的等价性在 Godement[1，定理 4.7.1，181 页。及 263 页的习题 7.2.1]有证明，他同时证明了上述两种理论与他的用典则松层分解定义的理论是一致的。Godement 还证明了[1，288 页，定理 5.10.1] 在仿紧 Hausdorff 空间上他的理论等同于 Čech 上同调。这就提供了一座桥梁以连接具常系数的标准拓扑理论，这在 Spanier[1] 的书中有所展示。他证明了在仿紧拓扑空间上，Čech 上同调，Alexander 上同调及奇异上同调全都吻合(见 Spanier [1，314，327，334页])。

消灭定理(2.7)由 Serre[3] 先对在代数曲线及射影代数簇上的凝聚层证明，尔后，在[5]中对抽象代数簇又证明了。它类似于在一个(实) n 维流形上奇异上同调在次数 $i>n$ 时为零的定理。

习　题

2.1 (a) 设 $X=\mathbf{A}_k^1$ 为无限域 k 上的仿射直线．P，Q 是 X 的两个不同闭点，$U=X-\{P,Q\}$，证明 $H^1(X,\mathbf{Z}_U)\neq 0$。

*(b) 更一般地，设 $Y\subseteq X=\mathbf{A}_k^n$ 为 $n+1$ 个占最广位置的超平面的并，$U=X-Y$，证明 $H^n(X,\mathbf{Z}_U)\neq 0$．因此 (2.7) 是最好的能得到的结果．

2.2 设 $X=\mathbf{P}_k^1$ 为代数闭域 k 上的射影直线．证明(第二章，习题 1.21d)的正合列 $0\to\mathcal{O}\to\mathcal{K}\to\mathcal{K}/\mathcal{O}\to 0$ 是 $\mathcal{O}$ 的一个松层分解并由第二章，习题1.21e 得出对所有 $i>0$ 有 $H^i(X,\mathcal{O})=0$ 的结论．

2.3 具有支集的上同调 (Grothendieck[7]) 设 X 为一拓扑空间，Y 为闭子集，$\mathcal{F}$ 是一个 Abel 群层．让 $\Gamma_Y(X,\mathcal{F})$ 表示 $\mathcal{F}$ 的支集在 Y 中的截影群．(第二章，习题 1.20)

(a) 证明 $\Gamma_Y(X,\ )$ 是由 $\mathfrak{Ab}(X)$ 到 $\mathfrak{Ab}$ 的一个左正合函子

以 $H_Y^i(X,\cdot)$ 表示函子 $\Gamma_Y(X,\cdot)$ 的右导出函子，它们就是系数在所给层中的，具 Y 中支集的 X 的上同调群．

(b) 若 $0\to\mathcal{F}'\to\mathcal{F}\to\mathcal{F}''\to 0$ 为层的正合序列，其中 $\mathcal{F}'$ 为松层．证明

$$0\to\Gamma_Y(X,\mathcal{F}')\to\Gamma_Y(X,\mathcal{F})\to\Gamma_Y(X,\mathcal{F}'')\to 0$$

为正合．

(c) 证明当 $\mathcal{F}$ 为松时，对所有 $i>0$，$H_Y^i(X,\mathcal{F})=0$ 成立．

(d) 若 $\mathcal{F}$ 为松，证明序列

$$0\to\Gamma_Y(X,\mathcal{F})\to\Gamma(X,\mathcal{F})\to\Gamma(X-Y,\mathcal{F})\to 0$$

为正合．

(e) 令 $U=X-Y$．试证，对任意 $\mathcal{F}$，有上同调群的长正合序列

$$0\to H_Y^0(X,\mathcal{F})\to H^0(X,\mathcal{F})\to H^0(U,\mathcal{F}|_U)\to H_Y^1(X,\mathcal{F})\to$$
$$H^1(X,\mathcal{F})\to H^1(U,\mathcal{F}|_U)\to H_Y^2(X,\mathcal{F})\to\cdots.$$

(f) 切除．令 V 为 X 中包含 Y 的开集，则有自然函子同构

$$H_Y^i(X,\mathcal{F})\cong H_Y^i(V,\mathcal{F}|_V)$$

对所有 i 及于成立．

2.4 Mayer-Vietoris 序列．令 Y_1,Y_2 为 X 中两个闭子集．则存在具有支集上同调的长正合序列

$$\cdots\to H_{Y_1\cap Y_2}^i(X,\mathcal{F})\to H_{Y_1}^i(X,\mathcal{F})\oplus H_{Y_2}^i(X,\mathcal{F})\to H_{Y_1\cup Y_2}^i(X,\mathcal{F})\to$$

$H^{i+1}_{Y_1 \cap Y_2}(X, \mathscr{F}) \to \cdots$.

2.5 设 X 为一 Zariski 空间(第二章,习题 3.17), $P \in X$ 为一闭点且 X_P, 表示那些点 $Q \in X$ 使 $P \in \{Q\}^-$ 的集合. 称 X_P 为 X 在 P 的局部空间,并给予诱导拓扑. 令 $j: X_P \to X$ 为包含映射,对任一 X 上层 $\mathscr{F}$, 令 $\mathscr{F}_P = j^*\mathscr{F}$. 试证,对所有 $i, \mathscr{F}$, 我们有 $H^i_P(X, \mathscr{F}) = H^i_P(X_P, \mathscr{F}_P)$.

2.6 设 X 为一 Noether 拓扑空间, $\{\mathscr{I}_\alpha\}_{\alpha \in A}$ 为 X 上内射 Abel 群层的正向系. 则 $\varinjlim \mathscr{I}_\alpha$ 也是内射的. [提示: 先证一个层 $\mathscr{I}$ 为内射的充要条件是, 对每个开集 $U \subseteq X$, 每个子层 $\mathscr{R} \subseteq \mathbf{Z}_U$ 及对每个映射 $f: \mathscr{R} \to \mathscr{I}$, 存在 f 到映射 $\mathbf{Z}_U \to \mathscr{I}$ 的扩张. 其次,证明任意这种层 $\mathscr{R}$ 均为有限生成,从而任意映射 $\mathscr{R} \to \varinjlim \mathscr{I}_\alpha$ 可经由某个 $\mathscr{I}_\alpha$ 分解.]

2.7 设 S^1 为圆(具有通常的拓扑), $\mathbf{Z}$ 为常层.

(a) 用我们的上同调定义,证明 $H^1(S^1, \mathbf{Z}) \cong \mathbf{Z}$.

(b) 设 $\mathscr{R}$ 表示 S^1 上连续实函数第层. 证明 $H^1(S^1, \mathscr{R}) = 0$.

3. Noether 仿射概型的上同调

本节将证明,当 $X = \operatorname{Spec} A$ 为一 Noether 仿射概型时, 对所有 $i > 0$ 及所有拟凝聚 $\mathscr{O}_X$ 模层 $\mathscr{F}$ 有 $H^i(X, \mathscr{F}) = 0$. 关键点在于证明当 I 为内射 A 模时, $\operatorname{Spec} A$ 上层 $\tilde{I}$ 为松. 先作些代数准备.

命题 3.1A (Krull 定理) 设 A 为一 Noether 环, $M \subseteq N$ 为有限生成 A 模令 $\mathfrak{a}$ 为 A 的一个理想, 则 M 上的 $\mathfrak{a}$ 进拓扑为 N 上的 $\mathfrak{a}$ 进拓扑所诱导,特别地,对任意 $n > 0$, 存在一个 $n' \geqslant n$ 使得 $\mathfrak{a}^n M \supseteq M \cap \mathfrak{a}^{n'} N$.

证明 Atiyah-Macdonald [1,10.11] 或 Zariski-Samuel[1, 第 II 卷,第 VIII 章,定理 4].

回想一下(第二章,习题 5.6), 对任意环 A 及任意理想 $\mathfrak{a} \subseteq A$, 任意 A 模 M, 我们曾定义了子模 $\Gamma_\mathfrak{a}(M)$ 为 $\{m \in M \mid \mathfrak{a}^n m = 0$ 对某个 n 成立$\}$.

引理 3.2 设 A 为一 Noether 环, $\mathfrak{a}$ 为 A 的一个理想, I 为一

内射 A 模，则子模 $J=\Gamma_{\mathfrak{a}}(I)$ 也是内射 A 模。

证明 要证 J 为内射，只要证明对任意理想 $\mathfrak{b}\subseteq A$ 及任意同态 $\varphi:\mathfrak{b}\to J$，存在 φ 的扩张同态 $\psi:A\to J$。(这是对内射模的熟知的判别法——Godement[1, I, 1.41])因为 A 为 Noether，$\mathfrak{b}$ 必为有限生成。另外，J 中每个元被 $\mathfrak{a}$ 的某次冥消去，故存在 $n>0$ 使 $\mathfrak{a}^n\varphi(\mathfrak{b})=0$，或等价地表示为 $\varphi(\mathfrak{a}^n\mathfrak{b})=0$。现将 (3.1A) 用于包含关系 $\mathfrak{b}\subseteq A$，则找到一个 $n'\geqslant n$ 使 $\mathfrak{a}^n\mathfrak{b}\supseteq\mathfrak{b}\cap\mathfrak{a}^{n'}$。因此 $\varphi(\mathfrak{b}\cap\mathfrak{a}^{n'})=0$，于是映射 $\varphi:\mathfrak{b}\to J$ 可经由 $\mathfrak{b}/(\mathfrak{b}\cap\mathfrak{a}^{n'})$ 分解。现在，考虑下图：

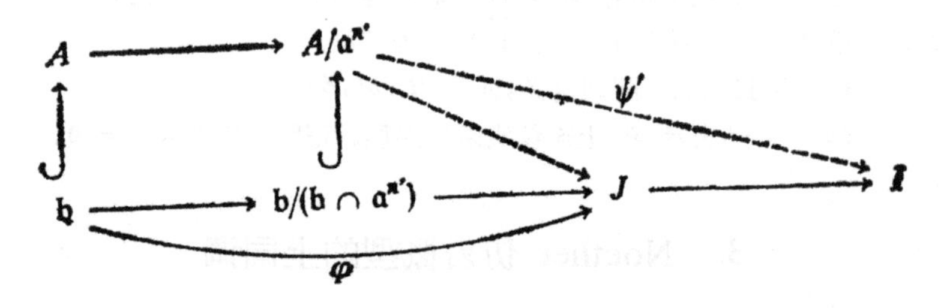

因为 I 为内射，$\mathfrak{b}/(\mathfrak{b}\cap\mathfrak{a}^{n'})$ 到 I 的复合映射扩张到某个映射 $\psi':A/\mathfrak{a}^{n'}\to I$。但 ψ' 的像被 $\mathfrak{a}^{n'}$ 消去，故含于 J 中。与自然映射 $A\to A/\mathfrak{a}^{n'}$ 复合时，我们便得到了所要求的 φ 的扩张映射 $\psi:A\to J$。

引理 3.3 设 I 为 Noether 环 A 上的一个内射模，则对任一 $f\in A$，I 到其局部化 I_f 的自然映射为满。

证明 对每个 $i>0$，令 $\mathfrak{b}_i$ 为 f^i 在 A 中的化零子。则 $\mathfrak{b}_1\subseteq\mathfrak{b}_2\subseteq\cdots$，由于 A 为 Noether，存在 r，使 $\mathfrak{b}_r=\mathfrak{b}_{r+1}=\cdots$。令 $\theta:I\to I_f$ 为自然映射，令 $x\in I_f$ 为任意元，于是，由局部化的定义，有一个 $y\in I$ 及 $n\geqslant 0$ 使 $x=\theta(y)/f^n$。我们定义由 A 的理想 (f^{n+r}) 到 I 的映射 φ，将 f^{n+r} 映成 f^ry。因为 f^{n+r} 的化零子为 $\mathfrak{b}_{n+r}=\mathfrak{b}_r$，而 $\mathfrak{b}_r$ 为将 f^ry 化为零，这样定义是可以的。由于 I 为内射，φ 扩张为映射 $\psi:A\to I$。置 $\psi(1)=z$，便有 $f^{n+r}z=f^ry$，但这表明 $\theta(z)=\theta(y)/f^n=x$。因此，$\theta$ 为满。

命题 3.4 令 I 为 Noether 环 A 上的一个内射模，则 $X=\operatorname{Spec}A$ 上的层 $\tilde{I}$ 为松层.

证明 我们在 $Y=(\operatorname{Supp}\tilde{I})^-$ 上应用 Noether 归纳法. 支集的概念见(第二章，习题 1.14). 若 Y 由 X 的单个闭点构成，则 $\tilde{I}$ 为摩天大厦层(第二章，习题 1.17)，它显然为松层.

一般情形下要证明 $\tilde{I}$ 是松的，只要证明对任意开集 $U\subseteq X$，$\Gamma(X,\tilde{I})\to\Gamma(U,\tilde{I})$ 为满就可以了. 当 $Y\cap U=\varnothing$，无需证明. 当 $Y\cap U\neq\varnothing$，则可找到一个 $f\in A$ 使开集 $X_f=D(f)$ (第二章，§2)含于 U 中，且 $X_f\cap Y\neq\varnothing$. 令 $Z=X-X_f$ 并考虑下面图形：

$$\begin{array}{ccccc}\Gamma(X,\tilde{I}) & \to & \Gamma(U,\tilde{I}) & \to & \Gamma(X_f,\tilde{I})\\ \uparrow & & \uparrow & & \\ \Gamma_Z(X,\tilde{I}) & \to & \Gamma_Z(U,\tilde{I}) & & \end{array}$$

其中 Γ_Z 表示支集在 Z 内的截影群(第二章，习题 1.20). 取一截影 $s\in\Gamma(U,\tilde{I})$，考虑其在 $\Gamma(X_f,\tilde{I})$ 中的像 s'. 因 $\Gamma(X_f,\tilde{I})=I_f$ (第二章，5.1)，故由(3.3)，存在 $t\in I=\Gamma(X,\tilde{I})$，限制后为 s'. 令 t 在 $\Gamma(U,\tilde{I})$ 的限制为 t' 则 $s-t'$ 在 $\Gamma(X_f,\tilde{I})$ 中变为 0，从而其支集在 Z 中，因而只要证明 $\Gamma_Z(X,\tilde{I})\to\Gamma_Z(U,\tilde{I})$ 为满就可完成证明.

令 $J=\Gamma_Z(X,\tilde{I})$. 若 $\mathfrak{a}$ 为 f 生成的理想，则 $J=\Gamma_{\mathfrak{a}}(I)$ (第二章，习题 5.6)故由(3.2)，J 也是个内射 A 模. 又 J 的支集含于 $Y\cap Z$ 中，后者严格地小于 Y. 因此，由我们的归纳假定，$\tilde{J}$ 是个松层. 由于 $\Gamma(U,\tilde{J})=\Gamma_Z(U,\tilde{I})$ (第二章，习题 5.6)，我们得到所要的结论：$\Gamma_Z(X,\tilde{I})\to\Gamma_Z(U,\tilde{I})$ 为满.

定理 3.5 设 $X=\operatorname{Spec}A$ 为 Noether 环 A 的素谱，则对 X 上的所有拟疑聚层 $\mathscr{F}$ 及所有 $i>0$，成立 $H^i(X,\mathscr{F})=0$.

证明 给定 $\mathscr{F}$，令 $M=\Gamma(X,\mathscr{F})$，并在 A 模范畴中取 M 的一个内射分解 $0\to M\to I^{\cdot}$. 则我们得到 X 上的一个层的正合序列 $0\to\tilde{M}\to\tilde{I}^{\cdot}$. 这时，$\mathscr{F}=\tilde{M}$ (第二章，5.5)且由 (3.4) 知每个 $\tilde{I}^i$ 为松层，故可用 $\mathscr{F}$ 的这个分解去计算上同调(2.5.1). 用函

子Γ作用，又恢复为A模正合序列 $0 \to M \to I^{\cdot}$. 因此 $H^0(X, \mathscr{F}) = M$，且对 $i > 0, H^i(X, \mathscr{F}) = 0$.

注 3.5.1 没有 Noether 性的假定,则这个结果也对，但是证明更加困难 [EGA,III,1.3.1]

系 3.6 设X为 Noether 概型，$\mathscr{F}$ 为X上的拟凝聚层，则$\mathscr{F}$可以嵌入到一个松的拟凝聚层$\mathscr{G}$中.

证明 用有限个开仿射集 $U_i = \operatorname{Spec} A_i$ 覆盖 X，并对每个 i 记 $\mathscr{F}|_{U_i} = \widetilde{M}_i$. 将 M_i. 嵌入一个内射 A_i 模 I_i. 对每个 i，令 f: $U_i \to X$ 为包含映射，$\mathscr{G} = \oplus f_*(\tilde{I}_i)$，对每个 i 有一个层的单映射 $\mathscr{F}|_{U_i} \to \tilde{I}_i$. 因此,得到映射$\mathscr{F} \to f_*(\tilde{I}_i)$. 对 i 取直和,给出了映射 $\mathscr{F} \to \mathscr{G}$，它显然是单的. 另一方面，对每个 i，$\tilde{I}_i$ 为 U_i 上松层(3.4)且拟凝聚因而 $f_*(\tilde{I}_i)$ 也为松(第二章，习题 1.16d)且拟凝聚(第二章，5.8)，作它们的直和可以看出 $\mathscr{G}$ 是松的和拟凝聚的.

定理 3.7 (Serre[5]) 设X为 Noether 概型,则下列条件等价：

(i) X为仿射；

(ii) 对所有拟凝聚层 $\mathscr{F}$ 及所有 $i > 0$，$H^i(X, \mathscr{F}) = 0$；

(iii) 对所有凝聚理想层 $\mathscr{F}$，$H^1(X, \mathscr{F}) = 0$.

证明 (i) ⇒ (ii) 即(3.5). (ii) ⇒ (iii) 平凡，故只需证(iii) ⇒ (i)采用(第二章，习题 2.17) 的判别法. 首先证明X可以被形如 X_f 的仿射开子集所覆盖,其中 $f \in A = \Gamma(X, \mathscr{O}_X)$. 令$P$为$X$的一个闭点,$U$为$P$的开仿射邻域，$Y = X - U$. 则我们有正合序列

$$0 \to \mathscr{G}_{Y \cup \{P\}} \to \mathscr{G}_Y \to k(P) \to 0,$$

其中 $\mathscr{G}_Y$ 与 $\mathscr{G}_{Y \cup \{P\}}$ 分别是闭集Y与 $Y \cup \{P\}$ 的理想层，商层是P处的摩天大厦层 $k(P) = \mathscr{O}_P / \mathfrak{M}_P$，于是有正合列

$$\Gamma(X, \mathscr{G}_Y) \to \Gamma(X, k(P)) \to H^1(X, \mathscr{G}_{Y \cup \{P\}}) = 0.$$

故存在元 $f \in \Gamma(X, \mathscr{G}_Y)$ 它在 $k(P)$ 中变为1，即 $f_P \equiv 1 (\bmod \mathfrak{M}_P)$. 由于 $\mathscr{G}_Y \subseteq \mathscr{O}_X$，可视$f$为$A$中元. 于是由构造知道，我们有 $P \in X_f \subseteq U$. 又，$X_f = U_{\bar{f}}$，其中$\bar{f}$表f在 $\Gamma(U, \mathscr{O}_U)$

中的象。故 X_f 为仿射。

因此，X 的每个闭点都有一个形如 X_f 的开仿射邻域。由拟紧性，可由对应于 $f_1,\cdots,f_r\in A$ 的有限个这样的开邻域覆盖 X。

现由(第二章，习题 2.17)知，要证明 X 为仿射我们只需验证这些 $f_1,\cdots,f_r$ 在 A 中生成单位理想。用 $f_1,\cdots,f_r$ 定义一个映射 $\alpha:\mathcal{O}_X^r\to\mathcal{O}_X$，把 $\langle a_1,\cdots,a_r\rangle$ 映到 $\sum f_ia_i$。因为这些 X_{f_i} 覆盖了 X，它是层间的满映射。令 $\mathscr{F}$ 为其核：

$$0\to\mathscr{F}\to\mathcal{O}_X^r\xrightarrow{\alpha}\mathcal{O}_X\to 0.$$

给 $\mathscr{F}$ 一个如下的滤链：

$$\mathscr{F}=\mathscr{F}\cap\mathcal{O}_X^r\supseteq\mathscr{F}\cap\mathcal{O}_X^{r-1}\supseteq\cdots\supseteq\mathscr{F}\cap\mathcal{O}_X$$

以 $\mathcal{O}_X^r$ 的因子的适当排序为序。这滤链的每个商为 $\mathcal{O}_X$ 的凝聚理想层。因此用假设(iii)及上同调的长正合列，沿滤链往上递推，推出 $H^1(X,\mathscr{F})=0$。然而 $\Gamma(X,\mathcal{O}_X^r)\xrightarrow{\alpha}\Gamma(X,\mathcal{O}_X)$ 为满，这表明 $f_1,\cdots,f_r$ 生成了 A 中单位理想。证毕。

注 3.7.1 这个结果类似于 Serre 在复解析几何中的另一个定理。那个定理用凝聚解析层的上同调的消灭性质，描述了 Stein 空间的特征。

习 题

3.1 令 X 为 Noether 概型。试证 X 为仿射当且仅当 X_{red}（第二章，习题 2.3)为仿射。[提示：用 (3.7)，且对 X 上每个凝聚层 $\mathscr{F}$，考虑滤链 $\mathscr{F}\supseteq\mathscr{N}\cdot\mathscr{F}\supseteq\mathscr{N}^2\cdot\mathscr{F}\supseteq\cdots$ 其中 $\mathscr{N}$ 为 X 上的幂零元层.]

3.2 令 X 为一既约 Noether 概型。证明 X 为仿射当且仅当每个不可约分支为仿射.

3.3 设 A 为 Noether 环，$\mathfrak{a}$ 为 A 的理想。

(a) 证明 $\Gamma_{\mathfrak{a}}$ (⊙) (第二章，习题 5.6)为由 A 模范畴到自己的左正合函子。我们以 $H_{\mathfrak{a}}^i(\cdot)$ 表其在 $\mathfrak{Mod}(A)$ 中计算的右导出函子.

(b) 设 $X=\operatorname{Spec}A$，$Y=V(\mathfrak{a})$。证明对任意 A 模 M，

$$H_{\mathfrak{a}}^i(M)=H_Y^i(X,\widetilde{M}),$$

其中 $H_Y^i(X,\cdot)$ 表示支集在 Y 中的上同调(习题 2.3)。

(c) 对任意 i，证明 $\Gamma_{\mathfrak{a}}(H^i_{\mathfrak{a}}(M)) = H^i_{\mathfrak{a}}(M)$.

3.4 深度的上同调解释. 若 A 为环，$\mathfrak{a}$ 为理想，M 为 A 模，则所有 $x_i \in \mathfrak{a}$ 的 M 正则序列 $x_1,\dots,x_r$ 的最大长度就是 $\operatorname{depth}_{\mathfrak{a}} M$. 它推广了（第二章，§8）中引进的深度概念.

(a) 设 A 为 Noether 环. 证明若 $\operatorname{depth}_{\mathfrak{a}} M \geqslant 1$，则 $\Gamma_{\mathfrak{a}}(M) = 0$，且当 M 为有限生成时其逆也真. [提示：当 M 为有限生成时，这两个条件都等于说 $\mathfrak{a}$ 不包含在 M 的任意相伴素理想中].

(b) 当 M 为有限生成时，归纳证明，对任意 $n \geqslant 0$，下述条件等价:

(i) $\operatorname{depth}_{\mathfrak{a}} M \geqslant n$;

(ii) $H^i_{\mathfrak{a}}(M) = 0$ 对所有 $i < n$ 成立.

更加详细的有关结果，见 Grothendieck[7].

3.5 设 X 为 Noether 概型，P 为 X 的一个闭点. 证明下列条件等价:

(i) $\operatorname{depth} \mathcal{O}_P \geqslant 2$;

(ii) 设 U 为 P 的任一开邻域，则 $\mathcal{O}_X$ 在 $U-P$ 上的每个截影可唯一扩张为 $\mathcal{O}_X$ 在 U 上的截影.

由于（第二章，8.22A），这个命题推广了（第一章，习题 3.20）

3.6 设 X 为一 Noether 概型

(a) 证明，(3.6) 的证明中所构造的层 $\mathcal{G}$ 是 X 上拟凝层范畴 $\mathfrak{Qco}(X)$ 中的内射对象. 因而 $\mathfrak{Qco}(X)$ 具足够的内射元.

*(b) 证明 $\mathfrak{Qco}(X)$ 中任一内射对象为松层. [提示：(2.4)的证明方法这里不能用，因为一般来说，$\mathcal{O}_U$ 不是 X 的拟凝聚层. 替代的方法是，用（第二章，习题 5.15）证明当 $\mathcal{I} \in \mathfrak{Qco}(X)$ 为内射，$U \subseteq X$ 为开子集时，$\mathcal{I}|_U$ 为 $\mathfrak{Qco}(U)$ 的内射对象. 于是用仿射开集覆盖 X…]

(c) 推出这样结论：可用函子 $\Gamma(X,\cdot)$ 的导出函子计算上同调，其中 $\Gamma(X,\cdot)$ 看作 $\mathfrak{Qco}(X)$ 到 $\mathfrak{Ab}$ 的函子.

3.7 令 A 为 Noether 环；$X = \operatorname{Spec} A$，$\mathfrak{a} \subseteq A$ 为理想，$U \subseteq X$ 为开集 $X - V(\mathfrak{a})$.

(a) 对任意 A 模，建立下面的 Deligne 公式

$$\Gamma(U, \widetilde{M}) \cong \varinjlim_n \operatorname{Hom}_A(\mathfrak{a}^n, M).$$

(b) 将 (a) 用于内射 A 模 I，给出(3.4)的另一证明.

3.8 没有 Noether 性的假定时，则(3.3)与(3.4)不成立. 令 $A = k[x_0, x_1,$

$x_2,\cdots]$,对 $n=1,2\cdots$ 满足关系 $x_0^n x_n=0$. 设 I 为包含 A 的内射 A 模. 证明 $I\to I_{x_0}$ 不是满同态.

4. Čech 上同调

本节中，要在拓扑空间 X 上相对于一个给定的开覆盖，构造 Abel 群层的 Čech 上同调群. 并且证明，当 X 为一 Noether 分离概型,且层为拟凝聚而覆盖为开仿射覆盖时,这些 Čech 上同调群与 § 2 定义的上同调群吻合. 这个结果的价值在于,它给出计算概型上拟凝聚层上同调的可行方法.

设 X 为拓扑空间，$\mathfrak{u}=(U_i)_{i\in I}$ 为 X 的一个开覆盖. 完全固定一个良序指标集 I，对任意有限个指标 $i_0,\cdots,i_p\in I$，以 $U_{i_0,\cdots i_p}$ 记交集 $U_{i_0}\cap\cdots\cap U_{i_p}$.

现令 $\mathscr{F}$ 为 X 上的一个 Abel 群层. 定义下面的 Abel 群的复形 $C^{\cdot}(\mathfrak{u},\mathscr{F})$. 对每个 $p\geqslant 0$，令

$$C^p(\mathfrak{u},\mathscr{F})=\prod_{i_0<\cdots<i_p}\mathscr{F}(U_{i_0,\cdots,i_p}).$$

因此,一个元 $\alpha\in C^p(\mathfrak{u},\mathscr{F})$ 由对每个 I 中元素的 $(p+1)$ 长的列 $i_0<\cdots<i_p$，给出一个元

$$\alpha_{i_0,\cdots,i_p}\in\mathscr{F}(U_{i_0,\cdots,i_p})$$

的方式决定. 我们定义上边缘映射 $d:C^p\to C^{p+1}$ 为

$$(d\alpha)_{i_0,\cdots,i_{p+1}}=\sum_{k=0}^{p+1}(-1)^k\alpha_{i_0,\cdots,\hat{i}_k,\cdots,i_{p+1}}|_{U_{i_0,\cdots,i_{p+1}}}.$$

这里记号 $\hat{i}_k$ 表示略去了 i_k. 因为 $\alpha_{i_0,\cdots\hat{i}_k,\cdots,i_{p+1}}$ 是 $\mathscr{F}(U_{i_0\cdots\hat{i}_k\cdots,i_{p+1}})$ 中元,限制在 $U_{i_0,\cdots,i_{p+1}}$ 时得到了 $\mathscr{F}(U_{i_0,\cdots,i_{p+1}})$ 的一个元，容易验证，$d^2=0$ 故而确实定义了一个 Abel 群的复形.

注 4.0.1 设 $\alpha\in C^p(\mathfrak{u},\mathscr{F})$，有时为了方便，我们把符号 $\alpha_{i_0,\cdots,i_p}$ 对 I 中元素的所有 $(p+1)$ 长的列均给了定义. 如果在集合 $\{i_0,\cdots,i_p\}$ 中有重复的指标,就定义 $\alpha_{i_0,\cdots,i_p}=0$. 如果这些指标全不相同，定义 $\alpha_{i_0,\cdots,i_p}=(-1)^\sigma\alpha_{\sigma i_0,\cdots,\sigma i_p}$，其中 σ 为一置

换,使得$\sigma i_0 < \cdots < \sigma i_p$. 在这些约定下可以验证上述对 $d\alpha$ 的公式,对 I 中元素的 $(p+2)$ 长的列 $i_0, \cdots, i_{p+1}$ 仍然成立.

定义 设X为拓扑空间,$\mathfrak{u}$为X的一个开覆盖. 对X上任意 Abel 群层$\mathscr{F}$, 相对于覆盖$\mathfrak{u}$的,$\mathscr{F}$的第p个 Čech 上同调群定义为

$$\check{H}^p(\mathfrak{u}, \mathscr{F}) = h^p(C^{\cdot}(\mathfrak{u}, \mathscr{F})).$$

注 4.0.2 保持X及 $\mathfrak{u}$ 不动, 当 $0 \to \mathscr{F}' \to \mathscr{F} \to \mathscr{F}'' \to 0$ 为X上 Abel 群层的短正合序列时, 一般不能得到 Čech 上同调群的长正合序列.换句话说,函子 $\check{H}^p(\mathfrak{u}, \cdot)$不是$\delta$函子(§ 1).例如,当 $\mathfrak{u}$ 由一个开集X组成时, 整体截影函子 $\Gamma(X, \cdot)$ 不为正合这个事实就表明了这点.

例 4.0.3 要解释为什么 Čech 上同调相当适合于计算,我们来计算些例子. 令 $X = \mathbf{P}_k^1$,$\mathscr{F}$ 为微分层Ω(第二章, § 8),开覆盖$\mathfrak{u}$包含了两个开集: $U = \mathbf{A}^1$ 以x为仿射坐标, $V = \mathbf{A}^1$ 以 $y = \dfrac{1}{x}$ 为仿射坐标. 则这个 Čech 复形只有两项

$$C^0 = \Gamma(U, \Omega) \times \Gamma(V, \Omega)$$
$$C^1 = \Gamma(U \cap V, \Omega).$$

但

$$\Gamma(U, \Omega) = k[x]dx$$
$$\Gamma(V, \Omega) = k[y]dy$$
$$\Gamma(U \cap V, \Omega) = k\left[x, \frac{1}{x}\right] dx$$

而映射 $d: C^0 \to C^1$ 由

$$x \longmapsto x$$
$$y \longmapsto \frac{1}{x}$$
$$dy \longmapsto -\frac{1}{x^2}\, dx$$

给出. 故 kerd 满足

$$f(x) = -\frac{1}{x^2} g\left(\frac{1}{x}\right)$$

的配对$\langle f(x)dx, g(y)dy\rangle$的集合. 仅当$f = g = 0$它才能成立,这是因为等式的一边是$x$的一个多项式而另一边是不具有常值项的$\frac{1}{x}$的多项式. 故$\check{H}^0(\mathfrak{u}, \Omega) = 0$.

要计算H^1, 我们注意到d的像是形如

$$\left(f(x) + \frac{1}{x^2} g\left(\frac{1}{x}\right)\right) dx$$

表达式的集合, 其中f及g均为多项式. 它是$k\left[x, \frac{1}{x}\right] dx$, 中由$x^n dx, n \in \mathbf{Z}, n \neq -1$生成的子向量空间,因此, $\check{H}^1(\mathfrak{u}, \Omega) \cong k$,由$x^{-1}dx$的像生成.

例 4.0.4 设S^1为圆(具通常拓扑), $\mathbf{Z}$表示常层$\mathbf{Z}$, $\mathfrak{u}$为两个开半圆构成的开覆盖,它们在每个端点相互重叠, 故$U \cap V$由两个小区间组成. 于是,

$$C^0 = \Gamma(U, \mathbf{Z}) \times \Gamma(V, \mathbf{Z}) = \mathbf{Z} \times \mathbf{Z}$$
$$C^1 = \Gamma(U \cap V, \mathbf{Z}) = \mathbf{Z} \times \mathbf{Z}$$

而映射$d: C^0 \to C^1$将$\langle a, b\rangle$映为$\langle b - a, b - a\rangle$. 因此$\check{H}^0(\mathfrak{u}, \mathbf{Z}) = \mathbf{Z}, \check{H}^1(\mathfrak{u}, \mathbf{Z}) = \mathbf{Z}$. 由于我们知道这是个正确的答案 (习题 2.7),它就解释了一个一般法则,即只要开覆盖取得足够细, 使得其中任一个开集的上同调消失, 则 Čech 上同调等同于通常的上同调(习题 4.11).

现在要研究 Čech 上同调群的一些性质.

引理 4.1 对任意上述的 $X, \mathfrak{u}, \mathscr{F}$, 有 $\check{H}^0(\mathfrak{u}, \mathscr{F}) \cong \Gamma(X, \mathscr{F})$.

证明 $\check{H}^0(\mathfrak{u}, \mathscr{F}) = \ker(d: C^0(\mathfrak{u}, \mathscr{F}) \to C^1(\mathfrak{u}, \mathscr{F}))$,若$\alpha \in C^0$由$\{\alpha_i \in \mathscr{F}(U_i)\}$给出,则对每个$i < j$, $(d\alpha)_{ij} = \alpha_j - \alpha_i$. 故$d\alpha = 0$表示截影$\alpha_i$与$\alpha_j$在$U_i \cap U_j$上相等. 因而由层的公理得到$\ker d = \Gamma(X, \mathscr{F})$.

下面，我们定义 Čech 复形的一个"层化"形式．对任一开集 $V\subseteq X$，令 $f:V\to X$ 表包含映射．给出上述的 $X,\mathfrak{u},\mathscr{F}$，在 X 上构造一个层的复形 $\mathscr{C}^{\cdot}(\mathfrak{u},\mathscr{F})$ 如下．对每个 $p\geqslant 0$，令

$$\mathscr{C}^{p}(\mathfrak{u},\mathscr{F})=\prod_{i_0<\cdots<i_p} f_*(\mathscr{F}|_{U_{i_0,\cdots,i_p}})$$

并定义

$$d:\mathscr{C}^{p}\to\mathscr{C}^{p+1}$$

等同于上述公式．注意，由构造知，对每个 p 有 $\Gamma(X,\mathscr{C}^{p}(\mathfrak{u},\mathscr{F}))=C^{p}(\mathfrak{u},\mathscr{F})$．

引理 4.2 对 X 上任意 Abel 群层，复形 $\mathscr{C}^{\cdot}(\mathfrak{u},\mathscr{F})$ 是 $\mathscr{F}$ 的一个分解，即存在自然映射 $\varepsilon:\mathscr{F}\to\mathscr{C}^{0}$ 使得层的序列

$$0\to\mathscr{F}\xrightarrow{\varepsilon}\mathscr{C}^{0}(\mathfrak{u},\mathscr{F})\to\mathscr{C}^{1}(\mathfrak{u},\mathscr{F})\to\cdots$$

为正合．

证明 对每个 $i\in I$ 有自然映射 $\mathscr{F}\to f_*(\mathscr{F}|_{U_i})$，取其乘积来定义 $\varepsilon:\mathscr{F}\to\mathscr{C}^{0}$．第一步的正合性由 $\mathscr{F}$ 的层的公理得到．

要证明对 $p\geqslant 1$ 时复形 $\mathscr{C}^{\cdot}$ 的正合性，只要在茎上验证就可以了．于是，令 $x\in X$，并设 $x\in U_j$．对每个 $p\geqslant 1$，定义映射

$$k:\mathscr{C}^{p}(\mathfrak{u},\mathscr{F})_x\to\mathscr{C}^{p-1}(\mathfrak{u},\mathscr{F})_x$$

如下．给出 $\alpha_x\in\mathscr{C}^{p}(\mathfrak{u},\mathscr{F})_x$，它可由 x 的一个邻域 V 上的截影 $\alpha\in\Gamma(V,\mathscr{C}^{p}(\mathfrak{u},\mathscr{F}))$ 代表，且选取充分小的 V 满足 $V\subseteq U_j$．对任意 p 长列 $i_0<\cdots<i_{p-1}$，置

$$(k\alpha)_{i_0,\cdots,i_{p-1}}=\alpha_{j,i_0,\cdots,i_{p-1}},$$

这里用了(4.0.1)的约定符号．因为 $V\cap U_{i_0,\cdots,i_{p-1}}\subset V\cap U_{j,i_0,\cdots,i_{p-1}}$，上式有意义．现在，对任意 $p\geqslant 1,\alpha\in\mathscr{C}^{p}_x$，可验证

$$(dk+kd)(\alpha)=\alpha$$

成立．因此 k 是复形 $\mathscr{C}^{\cdot}_x$ 的一个同伦算子，从而证明了恒同映射同伦于零映射．由(§1)知，这个复形的上同调群 $h^{p}(\mathscr{C}^{\cdot}_x)$ 对 $p\geqslant 1$ 为 0．

命题 4.3 设 X 为一拓扑空间，$\mathfrak{u}$ 为开覆盖，$\mathscr{F}$ 为 X 上松的

Abel 群层，则对所有 $p > 0$ 有 $\check{H}^p(\mathfrak{U}, \mathscr{F}) = 0$.

证明 考虑(4.2)给出的分解 $0 \to \mathscr{F} \to \mathscr{C}^{\cdot}(\mathfrak{U}, \mathscr{F})$. 因为 $\mathscr{F}$ 为松层,则 $\mathscr{C}^p(\mathfrak{U}, \mathscr{F})$ 对每个 $p \geqslant 0$ 也为松层. 事实上，对任意 $i_0, \cdots, i_p, \mathscr{F}|_{U_{i_0,\cdots,i_p}}$ 是 $U_{i_0,\cdots,i_p}$ 上的松层；f_* 又保持了松层不变(第二章,习题 1.16d),同时松层的积仍为松. 故由(2.5.1)知,可用此分解来计算 $\mathscr{F}$ 的通常的上同调群. 但 $\mathscr{F}$ 为松,故由(2.5),对 $p > 0$ 有 $H^p(X, \mathscr{F}) = 0$. 另外由这个分解得到的答案是

$$h^p(\Gamma(X, \mathscr{C}^{\cdot}(\mathfrak{U}, \mathscr{F}))) = \check{H}^p(\mathfrak{U}, \mathscr{F}).$$

因此对 $p > 0$ 得到 $\check{H}^p(\mathfrak{U}, \mathscr{F}) = 0$.

引理 4.4 设 X 为一拓扑空间, $\mathfrak{U}$ 为开覆盖，则对每个 $p \geqslant 0$ 存在一个自然映射

$$\check{H}^p(\mathfrak{U}, \mathscr{F}) \to H^p(X, \mathscr{F}),$$

它对 $\mathscr{F}$ 具有函子性.

证明 设 $0 \to \mathscr{F} \to \mathscr{I}^{\cdot}$ 为 $\mathscr{F}$ 在 $\mathfrak{Ab}(X)$ 中的一个内射分解. 将它与(4.2)的分解 $0 \to \mathscr{F} \to \mathscr{C}^{\cdot}(\mathfrak{U}, \mathscr{F})$ 进行比较,由复形的一个一般性结果 (Hilton-Stammbach[1,IV,4.4]) 可以推出,存在一个复形间的态射 $\mathscr{C}^{\cdot}(\mathfrak{U}, \mathscr{F}) \to \mathscr{I}^{\cdot}$, 它在 $\mathscr{F}$ 上诱导出恒同映射且在同伦下唯一. 用函子 $\Gamma(X, \cdot)$ 及 h^p 作用,就得到所要的映射.

定理 4.5 设 X 为一 Noether 分离概型， $\mathfrak{U}$ 为 X 的一个仿射开覆盖，$\mathscr{F}$ 为 X 上拟凝聚层. 则对所有 $p \geqslant 0$,(4.4) 的自然映射给出了同构

$$\check{H}^p(\mathfrak{U}, \mathscr{F}) \xrightarrow{\sim} H^p(X, \mathscr{F}).$$

证明 当 $p = 0$, 由(4.1)给出了同构. 对一般情形，将 $\mathscr{F}$ 嵌入到一个松的拟凝聚层 $\mathscr{G}$ 中(3.6),令 $\mathscr{R}$ 为商层:

$$0 \to \mathscr{F} \to \mathscr{G} \to \mathscr{R} \to 0.$$

对每个 $i_0 < \cdots < i_p$, 开集 $U_{i_0,\cdots,i_p}$ 是仿射的,这是因为它是一个分离概型上仿射开集的交集(第二章,习题 4.3). 由于 $\mathscr{F}$ 为拟凝聚层,我们得到了 Abel 群的一个正合列[由 (3.5) 或(第二章,

5.6)]

$$0 \to \mathscr{F}(U_{i_0,\cdots,i_p}) \to \mathscr{G}(U_{i_0,\cdots,i_p}) \to \mathscr{R}(U_{i_0,\cdots,i_p}) \to 0.$$

作它们的乘积,我们发现相应的 Čech 复形序列

$$0 \to C^{\cdot}(\mathfrak{u},\mathscr{F}) \to C^{\cdot}(\mathfrak{u},\mathscr{G}) \to C^{\cdot}(\mathfrak{u},\mathscr{R}) \to 0$$

为正合. 因此得到 Čech 上同调群的一个长正合列. 由于 $\mathscr{G}$ 为松层,由(4.3)知,对 $p>0$ 其 Čech 上同调化为零,故有一个正合列

$$0 \to \check{H}^0(\mathfrak{u},\mathscr{F}) \to \check{H}^0(\mathfrak{u},\mathscr{G}) \to \check{H}^0(\mathfrak{u},\mathscr{R}) \to \check{H}^1(\mathfrak{u},\mathscr{F}) \to 0$$

及同构

$$\check{H}^p(\mathfrak{u},\mathscr{R}) \xrightarrow{\sim} \check{H}^{p+1}(\mathfrak{u},\mathscr{F}),$$

其中 $p \geqslant 1$. 将其与上述短正合列的通常上同调的长正合列进行比较,并用到 $p=0$ 的情形及(2.5),我们推出结论: 自然映射

$$\check{H}^1(\mathfrak{u},\mathscr{F}) \to H^1(X,\mathscr{F})$$

为同构. 但 $\mathscr{R}$ 也是拟凝聚层(第二章,5.7),故由归纳,对所有的 p 都得到结果.

习　　题

4.1 设 $f:X\to Y$ 为 Noether 分离概型间的仿射射(第二章,习题 5.17). 证明对 X 上任意拟凝聚层,对所有 $i\geqslant 0$, 有自然同构

$$H^i(X,\mathscr{F}) \cong H^i(Y,f_*\mathscr{F}).$$

[提示: 应用(第二章,5.8)]

4.2 证明 Chevalley 定理: 设 $f:X\to Y$ 为 Noether 分离概型之间的一个有限满射,且 X 为仿射. 则 Y 为仿射.

(a) 令 $f:X\to Y$ 为整 Noether 概型间的有限满射. 证明存在 X 上一个凝聚层 $\mathscr{M}$ 及层间映射 $\alpha:\mathscr{O}_Y^r\to f_*\mathscr{M}$, r 为大于零的某个数,使得 α 在 Y 的广点为同构.

(b) 对 Y 上任意凝聚层 $\mathscr{F}$,证明在 X 上有一个凝聚层 $\mathscr{G}$ 及一射 $\beta:\mathscr{F}^r\to f_*\mathscr{G}$, 它在 Y 的广点为同构. [提示: 将 $\mathrm{Hom}(\cdot,\mathscr{F})$ 用于 α,并用(第二章,习题 5.17e).]

(c) 现在证明 Chevalley 定理. 先用(习题 3.1)及(习题 3.2) 化到 X 与 Y 为整的情形. 然后用(3.7),习题(4.1),考虑 $\ker\beta$, $\mathrm{Coker}\beta$, 并

在 Y 上用 Noether 归纳法.

4.3 令 $X=\mathbf{A}_k^2=\operatorname{Spec}k[x,y]$, $U=X-\{(0,0)\}$. 用 U 的一个适当的仿射覆盖证明 $H^1(U,\mathcal{O}_U)$ 同构于 $\{x^iy^j|i,\ j<0\}$ 所张成的 k 向量空间. 特别地,它是无限维的. (用 3.5) 这给出了 U 非仿射的另一个证明. (参见第一章,习题 3.6)

4.4 在具任意 Abel 层 $\mathscr{F}$ 的任意拓扑空间 X 上, Čech 上同调可以给出导出函子上同调不同的结果. 但是这里我们要证明,对 H^1, 如果对所有的覆盖取极限,则存在同构.

(a) 令 $\mathfrak{U}=(U_i)_{i\in I}$ 为拓扑空间 X 的一个开覆盖. $\mathfrak{U}$ 的一个**细分**是一个覆盖 $\mathfrak{V}=(V_j)_{j\in J}$ 及指标集间的一个映射 $\lambda:J\to I$,使对每个 $j\in J$ 有 $V_j\subseteq U_{\lambda(j)}$. 若 $\mathfrak{V}$ 是 $\mathfrak{U}$ 的一个细分,证明对任意 Abel 层 $\mathscr{F}$ 及任意 i,有一个 Čech 上同调间的自然诱导映射

$$\lambda^i:\check{H}^i(\mathfrak{U},\mathscr{F})\to\check{H}^i(\mathfrak{V},\mathscr{F}).$$

X 的覆盖对细分而言形成一个偏序集，故可考虑 Čech 上同调的极限

$$\varinjlim_{\mathfrak{U}}\check{H}^i(\mathfrak{U},\mathscr{F}).$$

(a) 对 X 上任意 Abel 层 $\mathscr{F}$，每个开覆盖的自然映射 (4.4)

$$\check{H}^i(\mathfrak{U},\mathscr{F})\to H^i(X,\mathscr{F})$$

与上述细分映射相容.

(c) 现在证明下面定理. 设 X 为一拓扑空间,$\mathscr{F}$ 为 Abel 群层,则自然映射

$$\varinjlim_{\mathfrak{U}}\check{H}^1(\mathfrak{U},\mathscr{F})\to H^1(X,\mathscr{F})$$

为同构. [**提示**: 将 $\mathscr{F}$ 嵌入一个松层 $\mathscr{G}$ 中,并令 $\mathscr{R}=\mathscr{G}/\mathscr{F}$,从而有正合列

$$0\to\mathscr{F}\to\mathscr{G}\to\mathscr{R}\to0.$$

由序列

$$0\to C^\cdot(\mathfrak{U},\mathscr{F})\to C^\cdot(\mathfrak{U},\mathscr{G})\to D^\cdot(\mathfrak{U})\to0$$

定义一个复形 $D^\cdot(\mathfrak{U})$. 则可用这个复形的正合序列的正合上同调序列及复形间自然映射

$$D^\cdot(\mathfrak{U})\to C^\cdot(\mathfrak{U},\mathscr{R}),$$

并观察在细分下出现的情况.]

4.5 对任意环层空间 $(X,\mathcal{O}_X)$, 令 $\operatorname{Pic}X$ 为可逆层的同构类群 (第二章,

§6). 证明 $\operatorname{Pic}X\cong H^1(X,\mathcal{O}_X^*)$，其中 $\mathcal{O}_X^*$ 表示一个层，它在开集 U 上的截影为环 $\Gamma(U,\mathcal{O}_X)$ 中的单位，并以乘法作为群运算. [提示：对 X 上任意可逆层 $\mathscr{L}$，用使$\mathscr{L}$为自由的那些开集 U_i 覆盖 X，并取定同构 $\varphi_i:\mathcal{O}_{U_i}\xrightarrow{\sim}\mathscr{L}|U_i$。于是，在$U_i\cap U_j$上得到 $\mathcal{O}_{U_i\cap U_j}$ 自身的一个同构 $\varphi_i^{-1}\circ\varphi_j$。这些同构给出了 $\check{H}^1(\mathfrak{U},\mathcal{O}_X^*)$ 中的一个元素。现在可用(习题4.4)]

4.6 设 $(X,\mathcal{O}_X)$ 为一环层空间，$\mathscr{I}$ 为一理想层满足 $\mathscr{I}^2=0$，X_0 表环层空间 $(X,\mathcal{O}_X/\mathscr{I})$。证明在 X 上有一个 Abel 群层的正合序列

$$0\to\mathscr{I}\to\mathcal{O}_X^*\to\mathcal{O}_{X_0}^*\to 0,$$

其中 $\mathcal{O}_X^*$（相应地，$\mathcal{O}_{X_0}^*$）表示环层 $\mathcal{O}_X$（相应地，$\mathcal{O}_{X_0}$）中单位元的(乘法)群层；映射 $\mathscr{I}\to\mathcal{O}_X^*$ 定义为 $a\mapsto 1+a$，而 $\mathscr{I}$ 具其通常的(加法)群结构. 推出存在 Abel 群层间正合序列

$$\cdots\to H^1(X,\mathscr{I})\to\operatorname{pic}X\to\operatorname{pic}X_0\to H^2(X,\mathscr{I})\to\cdots$$

的结论.

4.7 令 X 为 $\mathbf{P}_k^2$ 中由单个 d 次齐次方程 $f(x_0,x_1,x_2)=0$ 定义的子概型. (没有假定 f 为不可约)假定(1,0,0)不在 X 上.证明 X 可被两个开仿射子集 $U=X\cap\{x_1\neq 0\}$ 及 $V=X\cap\{x_2\neq 0\}$ 所覆盖. 试明确地算出 Čech 复形

$$\Gamma(U,\mathcal{O}_X)\oplus\Gamma(V,\mathcal{O}_X)\to\Gamma(U\cap V,\mathcal{O}_X),$$

从而证明

$$\dim H^0(X,\mathcal{O}_X)=1$$

$$\dim H^1(X,\mathcal{O}_X)=\frac{1}{2}(d-1)(d-2).$$

4.8 上同调维数 (Hartshorne[3]) 令 X 为一 Noether 分离概型. 我们给出 X 的上同调维数的定义并以 $\operatorname{cd}(X)$ 表示. 它是对所有拟凝聚层 $\mathscr{F}$ 及所有 $i>n$ 时均有 $H^i(X,\mathscr{F})=0$ 的最小的整数 n. 例如，Serse 的定理(3.7)表示 $\operatorname{cd}(X)=0$ 的充要条件为 X 是仿射的. 而 Grothendieck 的定理(2.7)表明 $\operatorname{cd}(X)\leqslant\dim X$.

(a) 证明，在 $\operatorname{cd}(X)$ 的定义中，只要考虑 X 上的凝聚层就可以了. 用(第二章，习题 5.15) 及(2.9).

(b) 若 X 是域 k 上的拟射影概型，甚至于只需考虑 X 上的局部自由凝聚层就行了. 用(第二章，5.18).

(c) 假定 X 可被 $r+1$ 个仿射开集所覆盖，应用 Čech 上同调证明 $\operatorname{cd}(X)\leqslant\dim X$.

*(d) 当 X 为域 k 上的 r 维拟射影簇，则 X 可被 $r+1$ 个仿射开集所覆盖. 不用(2.7)去证明 $\mathrm{cd}(X)\leqslant\dim X$.

(e) 设 Y 为 $X=\mathbf{P}_k^n$ 中余维为 r 的集合形式的完全交(第一章，习题 2.17)证明 $\mathrm{cd}(X-Y)\leqslant r-1$.

4.9 令 $X=\mathrm{Spec}k[x_1,x_2,x_3,x_4]$ 为 k 上的 4 维仿射空间，令 Y_1 为平面 $x_1=x_2=0$，Y_2 为平面 $x_3=x_4=0$ 证明 $Y=Y_1\cup Y_2$ 不是 X 中集合式的完全交. 因此它在 $\mathbf{P}_k^4$ 中的射影闭包也不是一个集合式的完全交. [用一个(习题 4.8e)的仿射模拟，而后应用习题(2.3)及习题(2.4)去证明 $H^2(X-Y,\mathcal{O}_X)\neq 0$. 当 $P=Y_1\cap Y_2$ 时，模仿(习题 4.3)去证明 $H^3(X-P,\mathcal{O}_X)\neq 0$.]

*4.10 令 X 为代数闭域 k 上的一个非异簇，$\mathscr{F}$ 为 X 上的凝聚层，证明经 $\mathscr{F}$ 的 X 的无穷小扩张，在同构分类下的集合(第二章，习题 8.7)与群 $H^1(X,\mathscr{F}\otimes\mathscr{T})$ 之间存在一一对应.其中 $\mathscr{T}$ 为 X 的切层(第二章，第8节). [提示：应用第二章，习题(8.6)与(4.5).]

4.11 这个习题要证明，当一个层在任一开集上上同调为零时，Čech 上同调与通常的上同调是一样的. 更准确地说，令 X 为一拓扑空间，$\mathscr{F}$ 为 Abel 群层，$\mathfrak{U}=(U_i)$ 是一个开覆盖. 假定覆盖中开集的任意有限交 $V=U_{i_0}\cap\cdots\cap U_{i_p}$ 上，对任意 $k>0$ 有 $H^k(V,\mathscr{F}|_V)=0$. 那么，证明，对所有 $p\geqslant 0$，自然映射(4.4)

$$\check{H}^p(\mathfrak{U},\mathscr{F})\to H^p(X,\mathscr{F})$$

为同构. 还要证明，作为更一般结果的推论，可重新给出(4.5).

5. 射影空间的上同调

本节中，我们要对一个适当的仿射开覆盖，用 Čech 上同调来作射影空间上，对层 $\mathcal{O}(n)$ 的上同调的显式计算. 这些计算，是关于射影簇上凝聚层的上同调的各种广泛结果的基础.

设 A 为一 Noether 环，$S=A[x_0,\cdots x_r]$，$X=\mathrm{Proj}S$ 是 A 上的射影空间 $\mathbf{P}_A^r$. 令 $\mathcal{O}_X(1)$ 为 Serre 的扭层(第二章，第 5 节). 对任意 $\mathcal{O}_X$ 模层 $\mathscr{F}$，以 $\Gamma_*(\mathscr{F})$ 表示分次 S 模 $\bigoplus_{n\in\mathbf{Z}}\Gamma(X,\mathscr{F}(n))$(见第二章，第 5 节).

定理 5.1 设 A 为 Noether 环，$X=\mathbf{P}_A^r$，$r\geqslant 1$，则

(a) 自然映射 $S \to \Gamma_*(\mathcal{O}_X) = \oplus_{n\in\mathbf{Z}} H^0(X, \mathcal{O}_X(n))$ 是分次 S 模间的同构；

(b) $H^i(X, \mathcal{O}_X(n)) = 0$，当 $0 < i < r$ 及所有 $n \in \mathbf{Z}$；

(c) $H^r(X, \mathcal{O}_X(-r-1)) \cong A$；

(d) 自然映射

$H^0(X, \mathcal{O}_X(n)) \times H^r(X, \mathcal{O}_X(-n-r-1)) \to H^r(X, \mathcal{O}_X(-r-1)) \cong A$

对每个 $n \in \mathbf{Z}$，是有限生成自由 A 模间的完全配对.

证明 令 $\mathscr{F}$ 表示拟凝聚层 $\oplus_{n\in\mathbf{Z}} \mathcal{O}_X(n)$. 因为在 Noether 拓扑空间上，上同调与任意直和可交换，$\mathscr{F}$ 的上同调必为层 $\mathcal{O}(n)$ 的上同调的直和. 故我们将计算 $\mathscr{F}$ 的上同调，并处处留意以 n 标出的分次，使我们最终能把各个部分分离出来。还要注意一下，问题中所有的上同调群均有自然的 A 模结构(2.6.1)。

对每个 $i = 0, \cdots, r$，令 U_i 为开集 $D_+(x_i)$. 于是每个 U_i 为 X 的仿射开集且 (U_i) 覆盖了 X，故由 (4.5)，我们可用开覆盖 $\mathfrak{U} = (U_i)$ 的 Čech 上同调来计算 $\mathscr{F}$ 的上同调. 对任意指标集 $i_0, \cdots, i_p$，开集 $U_{i_0, \cdots, i_p}$ 恰为 $D_+(x_{i_0} \cdots x_{i_p})$，故由(第二章, 5.11) 我们有

$$\mathscr{F}(U_{i_0, \cdots, i_p}) \cong S_{x_{i_0} \cdots x_{i_p}},$$

右端为 S 对 $x_{i_0} \cdots x_{i_p}$ 的局部化. 而且 $\mathscr{F}$ 的分次在此同构下对应于 $S_{x_{i_0} \cdots x_{i_p}}$ 的自然分次. 因此，$\mathscr{F}$ 的 Čech 复形由

$$C^{\cdot}(\mathfrak{U}, \mathscr{F}): \prod S_{x_{i_0}} \to \prod S_{x_{i_0} x_{i_1}} \to \cdots \to S_{x_0 \cdots x_r}$$

给出，所有这些模都有自然的分次，它与$\mathscr{F}$ 的分次相匹配.

这时，第一个映射的核是 $H^0(X, \mathscr{F})$. 正如我们早先看到的(第二章, 5.13)那样，它正是 S. (a) 得证.

再考虑 $H^r(X, \mathscr{F})$. 它是此 Čech 复形的最后一个映射的余核，即

$$d^{r-1}: \prod_k S_{x_0 \cdots \hat{x}_k \cdots x_r} \to S_{x_0 \cdots x_r}.$$

我们将 $S_{x_0 \cdots x_r}$ 看作以 $x_0^{l_0} \cdots x_r^{l_r}$，$l_i \in \mathbf{Z}$ 为基的自由 A 模. d^{r-1} 的

像是至少有一个 $l_i \geqslant 0$ 的那些基中元素生成的自由子模. 因而 $H^r(X, \mathscr{F})$ 便是以"负"单项式

$$\{x_0^{l_0} \cdots x_r^{l_r} \mid l_i < 0 \text{ 对每个 } i \text{ 成立}\}$$

为基的自由 A 模,且以 Σl_i 为其分次. 次数为 $-r-1$ 的这种单项式仅仅一个,即 $x_0^{-1} \cdots x_r^{-1}$, 故而 $H^r(X, \mathscr{O}_X(-r-1))$ 是秩为 1 的自由 A 模. (c)得证.

证明(d). 首先注意当 $n < 0$ 时,由 (a),$H^0(X, \mathscr{O}_X(n)) = 0$ 又因 $-n-r-1 > -r-1$, 正如刚刚看到的, 没有这个次数的负单项式存在, 从而 $H^r(X, \mathscr{O}_X(-n-r-1)) = 0$. 所以对 $n < 0$,(d) 的论断是平凡的. 至于 $n \geqslant 0$ 的情形, $H^0(X, \mathscr{O}_X(n))$ 以通常的 n 次单项式为基,即 $\{x_0^{m_0} \cdots x^{m_r} \mid m_i \geqslant 0 \text{ 且 } \Sigma m_i = n\}$. 到 $H^r(X, \mathscr{O}_X(-r-1))$ 的与 $H^r(X, \mathscr{O}_X(-n-r-1))$ 的自然配对由

$$(x_0^{m_0} \cdots x_r^{m_r}) \cdot (x_0^{l_0} \cdots x_r^{l_r}) = x_0^{m_0+l_0} \cdots x_r^{m_r+l_r}$$

所决定,其中 $\Sigma l_i = -n-r-1$,而右端只要有一个 $m_i + l_i \geqslant 0$ 就为0. 很清楚,我们有了一个完全配对, 使 $x_0^{m_0} \cdots x_r^{m_r}$ 的对偶基为 $x_0^{-m_0-1} \cdots x_r^{-m_r-1}$.

只剩下 (b) 还未证明. 我们用对 r 的归纳法来进行. 当 $r=1$ 时,无需证,故设 $r>1$. 如果把复形 $C^{\cdot}(\mathfrak{U}, \mathscr{F})$ 对 x_r 作局部化并看作分次 S 模,我们就得到 $\mathscr{F}|_{U_r}$ 在空间 U_r 上, 对于仿射开覆盖 $\{U_i \cap U_r \mid i = 0, \cdots, r\}$ 的 Čech 复形. 由(4.5)知, 这个复形给出了 $\mathscr{F}|_{U_r}$ 在 U_r 上的上同调,对 $i > 0$ 它为0(3.5). 由于局部化是正合函子,从而对 $i > 0$ 有 $H^i(X, \mathscr{F})_{x_r} = 0$. 换句话说, 当 $i > 0$, $H^i(X, \mathscr{F})$ 中每个元都被 x_r 的某次幂化为0.

为完成 (b) 的证明, 我们将证明对 $0<i<r$,以 x_r 相乘诱导了 $H^i(X, \mathscr{F})$ 到自身的一一映射. 从而推出这个模为 0.

考虑分次 S 模的正合序列

$$0 \to S(-1) \xrightarrow{x_r} S \to S/(x_r) \to 0.$$

它给出了X上层的正合序列

$$0 \to \mathcal{O}_X(-1) \to \mathcal{O}_X \to \mathcal{O}_H \to 0,$$

其中H为超平面 $x_r = 0$. 对所有 $n \in \mathbf{Z}$ 作扭变并取直和,得到

$$0 \to \mathscr{F}(-1) \to \mathscr{F} \to \mathscr{F}_H \to 0,$$

其中 $\mathscr{F}_H = \bigoplus_{n \in \mathbf{Z}} \mathcal{O}_H(n)$. 取上同调,我们有长正合列

$$\cdots \to H^i(X, \mathscr{F}(-1)) \to H^i(X, \mathscr{F}) \to H^i(X, \mathscr{F}_H) \to \cdots.$$

将 $H^i(X, \mathscr{F}(-1))$ 看作分次 S 模时,它恰是 $H^i(X, \mathscr{F})$ 移动了一位,而正合序列中的映射 $H^i(X, \mathscr{F}(-1)) \to H^i(X, \mathscr{F})$ 正是乘以 x_r.

现在, H同构于 $\mathbf{P}_A^{r-1}$, $H^i(X, \mathscr{F}_H) = H^i(H, \oplus \mathcal{O}_H(n))$, (2.1). 故可对 $\mathscr{F}_H$ 应用归纳假设,求出了对 $0 < i < r-1$, 成立 $H^i(X, \mathscr{F}_H) = 0$. 又当 $i = 0$ 时, 由 (a) 知, 我们有正合列

$$0 \to H^0(X, \mathscr{F}(-1)) \to H^0(X, \mathscr{F}) \to H^0(X, \mathscr{F}_H) \to 0,$$

因为这时 $H^0(X, \mathscr{F}_H)$ 正是 $S/(x_r)$. 正合列的另外一端上,有

$$0 \to H^{r-1}(X, \mathscr{F}_H) \xrightarrow{\delta} H^r(X, \mathscr{F}(-1)) \xrightarrow{x_r} H^r(X, \mathscr{F}) \to 0.$$

事实上,我们已经描述过 $H^r(X, \mathscr{F})$ 了. 它是以 $x_0, \cdots, x_r$ 的负单项式为基的自由A模,从而 x_r 为满.另外, x_r 的核应是由 $l_r = -1$ 的负单项式 $x_0^{l_0} \cdots x_r^{l_r}$ 生成的自由子模. 由于 $H^{r-1}(X, \mathscr{F}_H)$ 是以 $x_0, \cdots, x_{r-1}$ 的负单项式为基的自由A模, δ 又是除以 x_r 的映射,从而这个序列是正合的. 特别地, δ 是单的.

将这些结果合在一起, 这个上同调的长正合列就表明, 乘以 x_r 的映射 $x_r: H^i(X, \mathscr{F}(-1)) \to H^i(X, \mathscr{F})$, 当 $0 < i < r$ 时为所需要的一一映射. 证毕.

定理 5.2 (Serre[3]) 设X为 Noether 环A上的一个射影概型, $\mathcal{O}_X(1)$为X上对于 Spec A 的一个极强可逆层. 令 $\mathscr{F}$ 是X上的一个凝聚层. 则

(a) 对每个 $i \geq 0$, $H^i(X, \mathscr{F})$ 是有限生成A模;

(b) 存在整数 n_0 (依赖于$\mathscr{F}$), 使得对每个 $i > 0$ 及每个 $n \geq n_0$, $H^i(X, \mathscr{F}(n)) = 0$.

证明 因为 $\mathscr{O}_X(1)$ 为 X 上对 $\operatorname{Spec}A$ 的极强层，故存在一个 r 及一个在 $\operatorname{Spec}A$ 上的闭嵌入 $i: X \to \mathbf{P}_A^r$，使得 $\mathscr{O}_X(1) = i^* \mathscr{O}_{\mathbf{P}^r}(1)$，见(第二章，5.16.1)。当 $\mathscr{F}$ 为 X 上凝聚层，则 $i_*\mathscr{F}$ 为 $\mathbf{P}_A^r$ 上凝聚层(第二章，习题 5.5)，且有同样的上同调(2.10)。于是定理化到 $X = \mathbf{P}_A^r$ 的情形。

对 $X = \mathbf{P}_A^r$，我们可以看出 (a),(b) 对形如 $\mathscr{O}_X(q)$, $q \in \mathbf{Z}$, 的层是对的. 这一点立刻由显式计算 (5.1) 得到. 从而对这些层的有限直和也是对的.

要证明对任意凝聚层定理成立，我们对 i 进行往下的归纳法. 当 $i > r$，因为 X 可被 $r+1$ 个仿射开集覆盖，故有 $H^i(X, \mathscr{F}) = 0$ (习题 4.8)，这种情形下结论是显见的.

一般情形下，给出 X 上一个凝聚层 $\mathscr{F}$，我们可以把 $\mathscr{F}$ 写成一个层 $\mathscr{E}$ 的商层，其中 $\mathscr{E}$ 是 $\mathscr{O}(q_i)$ 对各个整数 q_i 的有限直和(第二章，5.8)。令 $\mathscr{R}$ 为核:

$$0 \to \mathscr{R} \to \mathscr{E} \to \mathscr{F} \to 0,$$

于是 $\mathscr{R}$ 也为凝聚层. 由此得到一个 A 模正合列

$$\cdots \to H^i(X, \mathscr{E}) \to H^i(X, \mathscr{F}) \to H^{i+1}(X, \mathscr{R}) \to \cdots.$$

现在，左端的模为有限生成，这是因为上面已经说明 $\mathscr{E}$ 是 $\mathscr{O}(q_i)$ 的直和. 右端由归纳假设也是有限生成模. 因为 A 为 Noether 环，故中间的模也是有限生成的. (a)得证.

要证 (b)，作扭变并再写出长正合的一段

$$\cdots \to H^i(X, \mathscr{E}(n)) \to H^i(X, \mathscr{F}(n)) \to H^{i+1}(X, \mathscr{R}(n)) \to \cdots,$$

因为 $\mathscr{E}$ 为 $\mathscr{O}(q_i)$ 的直和当 $n \gg 0$ 时，左端的模化为零. 由归纳假设，右端也为零. 从而当 $n \gg 0$, $H^i(X, \mathscr{F}(n)) = 0$. 由于论断 (b) 仅涉及到有限个 i，即 $0 < i \leqslant r$，故只要分别对每个 i 确定一个 n_0 就可以了. (b) 得证.

注 5.2.1 作为 (a) 的特殊情形，对 X 上任意凝聚层 $\mathscr{F}$ 我们看到 $\Gamma(X, \mathscr{F})$ 是个有限生成 A 模。它推广了 (第二章，5.19) 并给出它的一个新的证明.

作为应用,我们给出可逆层为强层(第二章,第7节)的一个上同调判别法.

命题 5.3 设A为 Noether 环, X为 Spec$A$ 上的本征概型. 设$\mathscr{L}$为X上一个可逆层. 则下述条件等价:

(i) $\mathscr{L}$为强层;

(ii) 对X上每个凝聚层$\mathscr{F}$,存在(依赖于$\mathscr{F}$的)整数n_0,使对每个$i>0$及每个$n\geqslant n_0$,有$H^i(X,\mathscr{F}\otimes\mathscr{L}^n)=0$.

证明 (i)$\Rightarrow$(ii). 若$\mathscr{L}$为X上的强层,则由(第二章, 7.6)对某个$m>0$,$\mathscr{L}^m$为X上对 Spec$A$ 的极强层. 因为X对 Spec$A$为本征,它必为射影的(第二章,5.16.1).现将(5.2)用于$\mathscr{F}$,$\mathscr{F}\otimes\mathscr{L}$,$\mathscr{F}\otimes\mathscr{L}^2$,$\cdots$,$\mathscr{F}\otimes\mathscr{L}^{m-1}$就给出了(ii). 相似的证明技巧见(第二章,7.5).

(ii)$\Rightarrow$(i). 要证$\mathscr{L}$为强层, 我们将证明对X上任意凝聚层$\mathscr{F}$,存在一个整数n_0使当$n\geqslant n_0$时$\mathscr{F}\otimes\mathscr{L}^n$由整体截影生成这是强层的定义(第二章, §7).

给定$\mathscr{F}$,设P为X的一个闭点,$\mathscr{I}_P$为闭集$\{P\}$的理想层. 于是有正合序列

$$0\rightarrow\mathscr{I}_P\mathscr{F}\rightarrow\mathscr{F}\rightarrow\mathscr{F}\otimes k(P)\rightarrow 0$$

其中$k(P)$为摩天大厦层$\mathscr{O}_X/\mathscr{I}_P$. 以$\mathscr{L}^n$作张量积得到

$$0\rightarrow\mathscr{I}_P\mathscr{F}\otimes\mathscr{L}^n\rightarrow\mathscr{F}\otimes\mathscr{L}^n\rightarrow\mathscr{F}\otimes\mathscr{L}^n\otimes k(P)\rightarrow 0$$

由假定(ii), 存在n_0使对$n_0\geqslant n_0$有$H^1(X,\mathscr{I}_P\mathscr{F}\otimes\mathscr{L}^n)=0$. 因此

$$\Gamma(X,\mathscr{F}\otimes\mathscr{L}^n)\rightarrow\Gamma(X,\mathscr{F}\otimes\mathscr{L}^n\otimes k(P))$$

对所有$n\geqslant n_0$为满. 由局部环$\mathscr{O}_P$上的 Nakayama 引理得到$\mathscr{F}\otimes\mathscr{L}^n$在$P$点的茎为整体截影生成. 由于$\mathscr{F}\otimes\mathscr{L}^n$为凝聚层,从而可推出对每个$n\geqslant n_0$, 存在$P$的开邻域$U$(依赖于$n$),使它的整体截影在$U$中每点都生成这个层.

特别取$\mathscr{F}=\mathscr{O}_X$, 可找到整数$n_1>0$及$P$点的开邻域$V$,使$\mathscr{L}^{n_1}$由$V$上的整体截影生成. 另一方面, 对每个$r=0,1,\cdots,n_1-1$,上述论断给出了$P$的邻域$U_r$,使$\mathscr{F}\otimes\mathscr{L}^{n_0+r}$由$U_r$上

的整体截影生成．现令

$$U_P = V \cap U_0 \cap \cdots \cap U_{n_1-1}.$$

于是在 U_P 上，对 $n \geqslant n_0$，所有的层 $\mathscr{F} \otimes \mathscr{L}^n$ 由整体截影生成．实际上，任一这样的层可写为张量积

$$(\mathscr{F} \otimes \mathscr{L}^{n_0+r}) \otimes (\mathscr{L}^{n_1})^m$$

其中 $0 \leqslant r \leqslant n_1, m \geqslant 0$.

现用有限个开集 U_P 覆盖 X，P 为一些闭点，并令 n_0 为对应于那些 P 点的 n_0 的最大数．于是 $\mathscr{F} \otimes \mathscr{L}^n$ 对 $n \geqslant n_0$ 由整个 X 上的整体截影生成．证毕．

习　　题

5.1 设 X 为域 k 上一个射影概型，$\mathscr{F}$ 为 X 上一个凝聚层． 定义 $\mathscr{F}$ 的 Euler 示性数为

$$\chi(\mathscr{F}) = \Sigma(-1)^i \dim_k H^i(X, \mathscr{F}).$$

如果

$$0 \to \mathscr{F}' \to \mathscr{F} \to \mathscr{F}'' \to 0$$

是 X 上凝聚层的短正合序列，证明 $\chi(\mathscr{F}) = \chi(\mathscr{F}') + \chi(\mathscr{F}'')$.

5.2 (a) 设 X 为域 k 上一个射影概型，$\mathscr{O}_X(1)$ 为 X 上对于 k 的一个极强可逆层，$\mathscr{F}$ 为 X 上的凝聚层． 证明存在一个多项式 $P(z) \in \mathbf{Q}[z]$ 使对所有 $n \in \mathbf{Z}$ 有 $\chi(\mathscr{F}(n)) = P(n)$. 称 P 为 $\mathscr{F}$ 对于层 $\mathscr{O}_X(1)$的 Hilbert 多项式［提示：运用对 dim Supp $\mathscr{F}$ 的归纳法，数论多项式的一般性质(第一章，7.3)以及适当的短正合序列

$$0 \to \mathscr{R} \to \mathscr{F}(-1) \to \mathscr{F} \to \mathscr{Q} \to 0.]$$

(b) 现令 $X = \mathbf{P}_k^r$, $M = \Gamma_*(\mathscr{F})$，$M$ 看为分次的 $S = k[x_0, \ldots, x_r]$模．用 (5.2) 去证明刚刚定义的 Hilbert 多项式与 (第一章，§ 7) 定义的 Hilbert 多项式是一样的．

5.3 算术亏格．令 X 为域 k 上的 r 维射影概型定义．X 的算术亏格 p_a 为

$$p_a(X) = (-1)^r(\chi(\mathscr{O}_X) - 1).$$

注意它仅依赖于 X 而与任何射影嵌入无关．

(a) 当 X 为整概型，k 为代数闭域，证明 $H^0(X, \mathscr{O}_X) \cong k$，故

$$p_a(X) = \sum_{i=0}^{r-1} (-1)^i \dim_k H^{r-i}(X, \mathcal{O}_X).$$

特别地，当 X 为曲线时我们有

$$p_a(X) = \dim_k H^1(X, \mathcal{O}_X).$$

[提示：用第一章，3.4]

(b) 若 X 为 $\mathbf{P}_k^r$ 的一个闭子簇. 证明这个 $\mathbf{P}_a(X)$ 与第一章，习题 7.2中定义的相吻合，而后者显然依赖于射影嵌入.

(c) 当 X 为代数闭域 k 上的一条非异射影曲线，证明 $p_a(X)$ 实际上是一个双有理不变量. 推出次数 $d \geqslant 3$ 的非异平面曲线不是有理曲线.（这给出了（第二章，8.20.3）的另一个证明，原来的证明中我们用了几何亏格.）

5.4 由（第二章，习题6.10），回想一下一个 Noether 概型上 Grothendieck 群 $K(X)$ 的定义.

(a) 设 X 为域 k 上的一个射影概型，$\mathcal{O}_X(1)$ 为 X 上一个极强可逆层. 证明有一个（唯一的）加法同态

$$P: K(X) \to \mathbf{Q}[z],$$

使得对 X 上每个凝聚层 $\mathscr{F}$，$P(\gamma(\mathscr{F}))$ 为 $\mathscr{F}$ 的 Hilbert 多项式（习题5.2）

(b) 现设 $X = \mathbf{P}_k^r$. 对每个 $i = 0, 1, \ldots, r$，令 L_i 为 X 中一个 i 维线性空间. 证明

(1) $K(X)$ 是由 $\{\gamma(\mathcal{O}_{L_i}) \mid i = 0, \ldots, r\}$ 生成的自由 Abel 群；

(2) 映射 $P: K(X) \to \mathbf{Q}[z]$ 为单.

[提示：证明(1)$\Longrightarrow$(2)然后运用（第二章，习题 6.10c)，由对 n 的归纳同时证明(1)及(2)]

5.5 设 k 为一域，$X = \mathbf{P}_k^r$，Y 为维数 $q \geqslant 1$ 的闭子概型，并为一完全交（第二章，习题 8.4)，则

(a) 对所有 $n \in \mathbf{Z}$，自然映射

$$H^0(X, \mathcal{O}_X(n)) \to H^0(Y, \mathcal{O}_Y(n))$$

为满.（这给出（第二章，习题 8.4c）的新证明及推广，原来的命题假定了 Y 为正规）.

(b) Y 为连通；

(c) $H^i(Y, \mathcal{O}_Y(n)) = 0$ 当 $0 < i < q$ 及所有 $n \in \mathbf{Z}$ 时成立；

(d) $p_a(Y) = \dim_k H^q(Y, \mathcal{O}_Y)$.

[提示：运用正合列，并由 $Y = X$ 的情形即（5.1）出发，对余维进行归纳.]

5.6 非异二次曲面上的曲线. 设 Q 为域 k 上 $X = \mathbf{P}_k^3$ 中的非异二次曲面 $xy = zw$. 我们将考虑 Q 的局部主闭子概型. 由(第二章，6.17.1）它们对应于 Q 上的 Cartier 除子. 另一方面，我们知道 $\operatorname{Pic} Q \cong \mathbf{Z} \oplus \mathbf{Z}$，故可以论及（$a,b$）型的 Y（第二章，6.16)及(第二章，6.6.1). 让我们以 $\mathcal{O}_Q(a,b)$ 来表示可逆层 $\mathscr{L}(Y)$. 因而对任意 $n \in \mathbf{Z}, \mathcal{O}_Q(n) = \mathcal{O}_Q(n, n)$

(a) 运用 Y 为 Q 中 q 条直线 $\mathbf{P}^1$ 的不交并的（$q,0$),($0,q$)，$q>0$ 的特殊情形，证明

(1) 当 $|a-b| \leqslant 1$ 时有 $H^1(Q, \mathcal{O}_Q(a,b)) = 0$;

(2) 当 $a,b<0$ 则 $H^1(Q, \mathcal{O}_Q(a,b)) = 0$;

(3) 当 $a \leqslant -2$ 则 $H^1(Q, \mathcal{O}_Q(a,0)) \neq 0$.

(b) 现在，用这些结果去证明

(1) 若 Y 为（a,b）型的局部主闭子概型，$a,b>0$，则 Y 为连通；

(2) 假设 k 为代数闭. 则对任意 $a,b>0$ 必存在一条（a,b)型的不可约非异曲线. 运用(第二章，7.6.2)及(第二章，8.1.8).

(3) Q 上一个（a,b）型，$a,b>0$ 的非异不可约曲线 Y 为射影式正规(第二章，习题 5.14)的充要条件为 $|a-b| \leqslant 1$. 特别地，它给了许多非异而不是射影式正规的 $\mathbf{P}^3$ 中曲线的例子. 最简单的是一个(1,3)型的曲线，它正是有理 4 次曲线(第一章，习题 3.18)

(c) 若 Y 为 Q 上（a,b)型的局部主子概型，证明 $p_a(Y) = ab - a - b + 1$. [提示：算出某些适当层的 Hilbert 多项式，再用到 q 个 $\mathbf{P}^1$ 不交并的特殊情形（$q,0$）型. 其他证法见(第五章，1.5.2).]

5.7 令 X(相应地，Y)为 Noether 环 A 上的本征概型. $\mathscr{L}$ 为一个可逆层.

(a) 若 $\mathscr{L}$ 在 X 上为强层，Y 为 X 上任一闭子概型，则 $i^*\mathscr{L}$ 为 Y 上强层，其中 $i: Y \to X$ 为包含.

(b) $\mathscr{L}$ 在 X 为强层的充要条件是 $\mathscr{L}_{\text{red}} = \mathscr{L} \otimes \mathcal{O}_{\text{red}}$ 在 X_{red} 上为强.

(c) 设 X 为既约. 则 $\mathscr{L}$ 在 X 为强层，当且仅当对 X 的每个不可约分支 $X_i, \mathscr{L} \otimes \mathcal{O}_{X_i}$ 为 X_i 上的强层.

(d) 令 $f: X \to Y$ 为一有限满射，$\mathscr{L}$ 为 Y 上可逆层. 则 $\mathscr{L}$ 在 Y 上为强层

的充要条件是 $f^*\mathscr{L}$ 在 X 上为强.

[提示: 运用(5.3)并比较(习题 3.1,3.2,4.1,4.2). 更详细的也可见 Hartshorne [5,第 I 章, §4].]

5.8 证明在一代数闭域 k 上的每个一维本征概型 X 为射影的:

(a) 如果 X 为不可约及非异,则由(第二章,6.7) X 为射影.

(b) 如果 X 为整的, 令 $\tilde{X}$ 为其正规化(第二章,习题 3.8). 证明 $\tilde{X}$ 为完全且非异,从而由 (a), 它是射影. 令 $f:\tilde{X}\to X$ 为投射, $\mathscr{L}$ 为 $\tilde{X}$ 上一个极强可逆层. 证明在 $\tilde{X}$ 上有一个有效除子 $D=\Sigma P_i$ 使 $\mathscr{L}(D)\cong\mathscr{L}$, 并对每个 i 使 $f(P_i)$ 为 X 的非异点. 推出结论: 在 X 上存在一个可逆层 $\mathscr{L}_0$, 使 $f^*\mathscr{L}_0\cong\mathscr{L}$. 然后用(习题 5.7d)(II,7.6)及 (II,5.16.1)去证明 X 为射影.

(c) 如果 X 既约但不一定不可约, 令 $X_1,\dots,X_r$ 为 X 的不可约分支. 运用习题 4.5 证明 $\mathrm{Pic}X\to\bigoplus\mathrm{Pic}X_i$ 为满. 然后用习题 5.7c 证明 X 为射影.

(d) 最后,当 X 为 k 上任何一维本征概型时, 用 (2.7)及(习题 4.6)去证 $\mathrm{Pic}X\to\mathrm{Pic}X_{red}$ 为满. 然后用(习题 5.7b)证明 X 为射影.

5.9 一个非射影概型. 我们要证明(习题 5.8) 的结果在二维情形不成立. 令 k 为特征零的代数闭域, $X=\mathbf{P}_k^2$, ω 为微分2-形式层(第二章,§8). 由下面定义的一个元 $\xi\in H^1(X,\omega\otimes\mathscr{T})$ 来定义 X 经 ω 的一个无穷小扩张为 X' (习题 4.10). 令 x_0,x_1,x_2 为 X 的齐次坐标, U_0,U_1,U_2 为其标准开覆盖. 并令 $\xi_{ij}=(x_j/x_i)d(x_i/x_j)$. 它给出取值于 Ω_X^1 中的一个一维 Čech 上闭链,由于 $\dim X=2$, 有 $\omega\otimes\mathscr{T}\cong\Omega^1$ (第二章, 习题 5.16b). 现在用(习题 4.6)的中正合列

$$\cdots\to H^1(X,\omega)\to\mathrm{Pic}X'\to\mathrm{Pic}X\xrightarrow{\delta}H^2(X,\omega)\to\cdots,$$

并证 δ 为单. 由(第二章, 8.20.1) 有 $\omega\cong\mathscr{O}_X(-3)$, 故 $H^2(X,\omega)=k$. 因为 $\mathrm{Char}k=0$, 只需证明 $\delta(\mathscr{O}(1))\neq0$ 即可,而这一点可由 Čech 上同调的计算中得到. 由于 $H^1(X,\omega)=0$, 我们便知道 $\mathrm{Pic}X'=0$. 特别地, X' 无强可逆层,从而它是非射影的.

注. 事实上,这个结果可推广证明对在特征 0 的代数闭域 k 上的任意非异射影曲面 X, 存在 X 经 ω 的一个无穷小扩张为 X', 使 X' 在 k 上不是射影的. 实际上,令 D 为 X 上一个强除子. 则 D 决定了一个元 $c_1(D)\in H^1(X,\Omega^1)$, 我们可用它像前面一样来定义 X'. 于是对 X 上任意除子

E 可以证明 $\delta(\mathscr{L}(E))=(D.E)$,其中 $(D.E)$ 是相交数(第五章),看作 k 中元. 因此当 E 为强层时 $\delta(\mathscr{L}(E))\neq 0$. 于是 X' 无强除子.

另一方面,在特征 $p>0$ 的域上,一个本征概型 X 为射影,当且仅当 X_{red} 是射影.

5.10 设 X 为 Noether 环 A 上的一个射影概型,$\mathscr{F}^1\to\mathscr{F}^2\to\cdots\to\mathscr{F}^r$ 为 X 上凝聚层间的一个正合列. 证明存在整数 n_0,对所有 $n\geqslant n_0$,整体截影的序列

$$\Gamma(X,\mathscr{F}^1(n))\to\Gamma(X,\mathscr{F}^2(n))\to\cdots\to\Gamma(X,\mathscr{F}^r(n))$$

为正合.

6. Ext 群与层

本节中我们将阐述 Ext 群及层的性质,在对偶定理中要用到它们. 我们处理的是一个环层空间 $(X,\mathscr{O}_X)$,所有的层都是 $\mathscr{O}_X$ 模层.

如果 $\mathscr{F}$ 与 $\mathscr{G}$ 是 $\mathscr{O}_X$ 模,以 $\mathrm{Hom}(\mathscr{F},\mathscr{G})$ 表示 $\mathscr{O}_X$ 模同态群,以 $\mathscr{H}om(\mathscr{F},\mathscr{G})$ 表示 Hom 层(第二章,§5). 如有必要,将以下标 X 表示所在空间: $\mathrm{Hom}_X(\mathscr{F},\mathscr{G})$. 对固定的 $\mathscr{F}$, $\mathrm{Hom}(\mathscr{F},\cdot)$ 是由 $\mathfrak{Mod}(X)$ 到 $\mathfrak{Mod}(X)$ 的一个左正合协变函子. 由于 $\mathfrak{Mod}(X)$ 具足够的内射元(2.2),可以作下面的定义.

定义 设 $(X,\mathscr{O}_X)$ 为一环层空间,$\mathscr{F}$ 为 $\mathscr{O}_X$ 模. 定义 $\mathrm{Ext}^i(\mathscr{F},\cdot)$ 为 $\mathrm{Hom}(\mathscr{F},\cdot)$ 的右导出函子,$\mathscr{E}xt^i(\mathscr{F},\cdot)$ 为 $\mathscr{H}om(\mathscr{F},\cdot)$ 的右导出函子.

因此,由导出函子的一般性质(1.1A),有 $\mathrm{Ext}^0=\mathrm{Hom}$,有对第二个变量的短正合序对应的一个长正合列,有对 $i>0$, $\mathscr{G}$ 为 $\mathfrak{Mod}(X)$ 中内射元时 $\mathrm{Ext}^i(\mathscr{F},\mathscr{G})=0$. 对层 $\mathscr{E}xt$ 也有相同结论.

引理 6.1 *若 $\mathscr{I}$ 为 $\mathfrak{Mod}(X)$ 中的内射元,则对任意开子集 $U\subseteq X$, $\mathscr{I}|_U$ 是 $\mathfrak{Mod}(U)$ 中的内射元.*

证明 令 $j:U\to X$ 为包含映射. 则给出包含 $\mathscr{F}\subseteq\mathscr{G}$ 于

mod(X) 中及一个映射 $\mathscr{F} \to \mathscr{I}|_U$ 后，我们得到包含 $j_!\mathscr{F} \subseteq j_!\mathscr{G}$ 及映射 $j_!\mathscr{F} \to j_!(\mathscr{I}|_U)$，其中 $j_!$ 为零扩张（第二章，习题 1.19）。但是 $j_!(\mathscr{I}|_U)$ 是 $\mathscr{I}$ 的子层，故有映射 $j_!\mathscr{F} \to \mathscr{I}$。由于 $\mathscr{I}$ 为 mod(X) 中内射元，它可扩张为 $j_!\mathscr{G}$ 到 $\mathscr{I}$ 的一个映射。限制在 U 便给出 $\mathscr{G}$ 到 $\mathscr{I}|_U$ 的所需映射。

命题 6.2 对任意开子集 $U \subseteq X$，我们有

$$\mathscr{E}xt^i_X(\mathscr{F}, \mathscr{G})|_U \cong \mathscr{E}xt^i_U(\mathscr{F}|_U, \mathscr{G}|_U).$$

证明 运用 (1.3A)，上式两端都给出由 mod(X) 到 mod(U) 的对 $\mathscr{G}$ 的 δ 函子。它们在 $i=0$ 时相等，对 $i>0$ 及 $\mathscr{G}$ 为内射时两边都为零(6.1)，故而它们相等。

命题 6.3 对任意 $\mathscr{G} \in$ mod(X)，有

(a) $\mathscr{E}xt^0(\mathscr{O}_X, \mathscr{G}) = \mathscr{G}$;

(b) $\mathscr{E}xt^i(\mathscr{O}_X, \mathscr{G}) = 0$ 当 $i > 0$;

(c) $\mathrm{Ext}^i(\mathscr{O}_X, \mathscr{G}) \cong H^i(X, \mathscr{G})$ 当 $i \geqslant 0$.

证明 函子 $\mathscr{H}om(\mathscr{O}_X, \cdot)$ 是恒同函子，故对 $i>0$ 其导出函子为 0。(a)与 (b) 得证。函子 $\mathrm{Hom}(\mathscr{O}_X, \cdot)$ 与 $\Gamma(X, \cdot)$ 相等，故作为 mod(X) 到 $\mathfrak{Ab}$ 的函子，其导出函子也是相同的。然后用(2.6)就可以了。

命题 6.4 若 $0 \to \mathscr{F}' \to \mathscr{F} \to \mathscr{F}'' \to 0$ 是 mod(X) 中一个短正合列，则对任意 $\mathscr{G}$ 我们有长正合列

$$0 \to \mathrm{Hom}(\mathscr{F}'', \mathscr{G}) \to \mathrm{Hom}(\mathscr{F}, \mathscr{G}) \to \mathrm{Hom}(\mathscr{F}', \mathscr{G}) \to$$
$$\to \mathrm{Ext}^1(\mathscr{F}'', \mathscr{G}) \to \mathrm{Ext}^1(\mathscr{F}, \mathscr{G}) \to \cdots;$$

对于 $\mathscr{E}xt$ 层有相似结果。

证明 设 $0 \to \mathscr{G} \to \mathscr{I}^\cdot$ 为 $\mathscr{G}$ 的一个内射分解。对任意内射层 $\mathscr{I}$，函子 $\mathrm{Hom}(\cdot, \mathscr{I})$ 为正合，故得到一个复形的短正合列

$$0 \to \mathrm{Hom}(\mathscr{F}'', \mathscr{I}^\cdot) \to \mathrm{Hom}(\mathscr{F}, \mathscr{I}^\cdot)$$
$$\to \mathrm{Hom}(\mathscr{F}', \mathscr{I}^\cdot) \to 0$$

取上同调 h^i 的相应长正合列，就给出了 Ext^i 的序列。

相似地，用(6.1)知道 $\mathscr{H}om(\cdot, \mathscr{I})$ 是由 mod(X) 到 mod(X)

的正合函子．因此同样的论证给出 $\mathscr{E}xt^i$ 的正合序列．

命题 6.5 假设

$$\cdots \to \mathscr{L}_1 \to \mathscr{L}_0 \to \mathscr{F} \to 0$$

是 $\mathfrak{mod}(X)$ 中一个正合序列，其中 $\mathscr{L}_i$ 为有限秩的局部自由层（这时，我们称 $\mathscr{L}_{\cdot}$ 是 $\mathscr{F}$ 的一个局部自由分解），则对任意 $\mathscr{G} \in \mathfrak{mod}(X)$ 我们有

$$\mathscr{E}xt^i(\mathscr{F},\mathscr{G}) \cong h^i(\mathscr{H}om(\mathscr{L}_{\cdot},\mathscr{G})).$$

证明 两边都是由 $\mathfrak{mod}(X)$ 到 $\mathfrak{mod}(X)$ 对 $\mathscr{G}$ 的 δ 函子．由于 $\mathscr{H}om(\cdot,\mathscr{G})$ 是逆变左正合的，当 $i=0$ 时它们相同．由于 $\mathscr{G}$ 为内射时 $\mathscr{H}om(\cdot,\mathscr{G})$ 为正合，故对 $i>0$ 及 $\mathscr{G}$ 为内射时两端都化零．由（1.3A）知它们相等．

例 6.5.1 设 X 为 $\operatorname{Spec}A$ 上的拟射影概型，其中 A 为 Noether 环．则由（第二章，5.18），X 上任意凝聚层是某个局部自由层的商层．因而 X 上的任一凝聚层均有一个局部自由分解．故（6.5）告诉我们可对第一个变量取其局部自由分解来计算 $\mathscr{E}xt$．

注 6.5.2 结论（6.4）及（6.5）不表明 $\mathscr{E}xt$ 可由对第一个变量的导出函子来构造．事实上，我们甚至不能定义对第一变量的 Hom 或 $\mathscr{H}om$ 的右导出函子，因为范畴 $\mathfrak{mod}(X)$ 不具有足够的投射元（习题 6.2）．然而可以有某种泛性质，见（习题 6.4）．

引理 6.6 如 $\mathscr{L} \in \mathfrak{mod}(X)$ 为有限秩的局部自由层，$\mathscr{I} \in \mathfrak{mod}(X)$ 为内射，则 $\mathscr{L}\otimes\mathscr{I}$ 仍为内射．

证明 我们必须证明函子 $\operatorname{Hom}(\cdot,\mathscr{L}\otimes\mathscr{I})$ 为正合．但是它与函子 $\operatorname{Hom}(\cdot\otimes\mathscr{L}^\vee,\mathscr{I})$ 相等（第二章，习题 5.1），由于 $\otimes\mathscr{L}^\vee$ 为正合，$\mathscr{I}$ 为内射，故它为正合．

命题 6.7 设 $\mathscr{L}$ 为局部自由层，令 $\mathscr{L}^\vee = \mathscr{H}om(\mathscr{L},\mathscr{O}_X)$ 为其对偶，则对任意 $\mathscr{F}$，$\mathscr{G} \in \mathfrak{mod}(X)$，我们有

$$\operatorname{Ext}^i(\mathscr{F}\otimes\mathscr{L},\mathscr{G}) \cong \operatorname{Ext}^i(\mathscr{F},\mathscr{L}^\vee\otimes\mathscr{G}),$$

而对层 $\mathscr{E}xt$ 我们有

$$\begin{aligned}\mathscr{E}xt^i(\mathscr{F}\otimes\mathscr{L},\mathscr{G}) &\cong \mathscr{E}xt^i(\mathscr{F},\mathscr{L}^\vee\otimes\mathscr{G})\\ &\cong \mathscr{E}xt^i(\mathscr{F},\mathscr{G})\otimes\mathscr{L}^\vee.\end{aligned}$$

证明　$i=0$ 的情形由(第二章，习题 5.1)得到．对一般情形，只要注意到它们对 $\mathscr{G}$ 而言都是由 $\mathfrak{mod}(X)$ 到 $\mathfrak{Ab}$ (相应地，到 $\mathfrak{mod}(X)$) 的 δ 函子，这是因为以 $\mathscr{L}^{\vee}$ 作张量积是个正合函子．由(6.6)，对 $i>0$ 及 $\mathscr{G}$ 为内射，它们又都为零．故由(1.3A)它们相等．

下面我们要给出一些对概型特有的性质．

命题 6.8　设 X 为一 Noether 概型，$\mathscr{F}$ 为 X 上的凝聚层，$\mathscr{G}$ 为任意 $\mathscr{O}_X$ 模，$x\in X$ 为一点，则对任意 $i\geqslant 0$ 有

$$\mathscr{E}xt^i(\mathscr{F},\mathscr{G})_x\cong \operatorname{Ext}^i_{\mathscr{O}_x}(\mathscr{F}_x,\mathscr{G}_x)$$

其右端是局部环 $\mathscr{O}_x$ 上的 Ext.

证明　自然，环 A 上的 Ext 是定义为由 $\mathfrak{mod}(A)$ 到 $\mathfrak{mod}(A)$ 的函子 $\operatorname{Hom}_A(M,\cdot)$ 的右导出函子，其中 M 为任一 A 模．然而当考虑一个单点空间并赋与环 A 时，它就是上面定义的环层空间上 Ext 的特殊情况．

由于我们的问题是局部的，故由(6.2)可设 X 为仿射．于是 $\mathscr{F}$ 具有局部自由(甚至于是自由)的分介 $\mathscr{L}_.\to\mathscr{F}\to 0$，它在 x 的茎上给出一个自由分解 $(\mathscr{L}_.)_x\to\mathscr{F}_x\to 0$．故由(6.5)可用这些分解去计算两端．由于 $\mathscr{H}om(\mathscr{L},\mathscr{G})_x=\operatorname{Hom}_{\mathscr{O}_x}(\mathscr{L}_x,\mathscr{G}_x)$，其中 $\mathscr{L}$ 是局部自由层，并由于茎函子为正合，故而得到这些 Ext 的等式．

注意，既便在 $i=0$ 的情形，不对 $\mathscr{F}$ 作某些特殊假设如像 $\mathscr{F}$ 为凝层，这个命题也是不对的．

命题 6.9　设 X 为 Noether 环 A 上的射影概型，$\mathscr{O}_X(1)$ 是一个极强可逆层，$\mathscr{F},\mathscr{G}$ 为 X 上的凝聚层，则存在一个整数 $n_0>0$，依赖于 $\mathscr{F}$ 及 $\mathscr{G}$，使对每个 $n\geqslant n_0$，有

$$\operatorname{Ext}^i(\mathscr{F},\mathscr{G}(n))\cong\Gamma(X,\mathscr{E}xt^i(\mathscr{F},\mathscr{G}(n)))$$

证明　当 $i=0$，它对任意 $\mathscr{F},\mathscr{G},n$ 成立．当 $\mathscr{F}=\mathscr{O}_X$，则由(6.3)，左端是 $H^i(X,\mathscr{G}(n))$．若 $n\gg 0$ 及 $i>0$，由(5.2)知其为 0．另一方面，由(6.3)，对 $i>0$ 右端总为 0，故在 $\mathscr{F}=\mathscr{O}_X$ 的情形得到结果．

当$\mathscr{F}$为局部自由层时，由(6.7)，可化到 $\mathscr{F}=\mathscr{O}_X$ 的情形。

最后，设$\mathscr{F}$为任意凝聚层，将它写为局部自由层$\mathscr{E}$的商(第二章，5.18)并令$\mathscr{R}$为核：

$$0\to\mathscr{R}\to\mathscr{E}\to\mathscr{F}\to 0.$$

由于$\mathscr{E}$为局部自由，由早先的结果，对 $n\gg 0$ 我们有正合序列

$$0\to \mathrm{Hom}(\mathscr{F},\mathscr{G}(n))\to \mathrm{Hom}(\mathscr{E},\mathscr{G}(n))\to$$

$$\mathrm{Hom}(\mathscr{R},\mathscr{G}(n))\to \mathrm{Ext}^1(\mathscr{F},\mathscr{G}(n))\to 0,$$

而对所有 $i>0$ 有同构

$$\mathrm{Ext}^i(\mathscr{R},\mathscr{G}(n))\simeq \mathrm{Ext}^{i+1}(\mathscr{F},\mathscr{G}(n)).$$

对于层 $\mathscr{H}om$ 及 $\mathscr{E}xt$ 有类似的结果。现在，由(习题 5.10)，在稍许扭变后，这个层序列的整体截影为正合。故而用(6.7)，由 $i=0$ 的情形得到对$\mathscr{F}$的 $i=1$ 的情形。但是$\mathscr{R}$也是凝聚层。因此用归纳法得到一般结果。

注 6.9.1 更一般地，在任意环层空间X上，整体 Ext 与层 $\mathscr{E}xt$ 之间的关系可用一个谱序列来表示。(见 Grothendieck[1] 或 Godement[1,II,7.3.3])

为以后的参考，现在回想一下环上的一个模的投射维数的概念。令A为一环，M为一A模。M的一个投射分解是一个投射A模的复形 $L_.$，使

$$\cdots\to L_2\to L_1\to L_0\to M\to 0$$

正合。如果对 $i>n$ 有 $L_i=0$ 而 $L_n\neq 0$，则说它具长n，那么，定义M的投射维数为M的投射分解的最小长。(当无有限投射分介时为$+\infty$)，并以 $pd(M)$ 表之。

命题 6.10A 设A为环，M为A模，则

(a) M为投射模当且仅当对所有A模 N, $\mathrm{Ext}^1(M,N)=0$;

(b) $pd(M)\leqslant n$ 当且仅当对所有 $i>n$ 及所有A模 N, $\mathrm{Ext}^i(M,N)=0$。

证明 Matsumura[2,127—128 页]。

命题 6.11 设 A 为 n 维正则局部环，M 为一有限生成 A 模，则有

$$pd(M)+\operatorname{depth}M=n.$$

证明 Matsumura[2,113 页,习题 4]或 Serre[11, IVD, 命题 21].

习　题

6.1 设 $(X,\mathscr{O}_X)$ 为环层空间，$\mathscr{F}'$，$\mathscr{F}''\in\mathfrak{mod}(X)$. $\mathscr{F}''$ 用 $\mathscr{F}'$ 的扩张是 $\mathfrak{mod}(X)$ 中的一个短正合序列

$$0\to\mathscr{F}'\to\mathscr{F}\to\mathscr{F}''\to 0.$$

两个扩张数为同构，如果它们的短正合列之间存在一个同构且它在 $\mathscr{F}'$ 与 $\mathscr{F}''$ 上诱导了恒同映射. 给出一个如上的扩张，考虑从 Hom$(\mathscr{F}'',\cdot)$产生的长正合列,特别是映射

$$\delta:\operatorname{Hom}(\mathscr{F}'',\mathscr{F}'')\to\operatorname{Ext}^1(\mathscr{F}'',\mathscr{F}'),$$

并令 $\xi\in\operatorname{Ext}^1(\mathscr{F}'',\mathscr{F}')$ 为 $\delta(1_{\mathscr{F}''})$. 证明这个步骤给出了 $\mathscr{F}''$ 用 $\mathscr{F}'$ 的扩张的同构类与群 $\operatorname{Ext}^1(\mathscr{F}'',\mathscr{F}')$ 中元间的一一对应. 更详细的可见于 Hilton 及 Stammbach[1,第 III 章]或其他书.

6.2 设 $X=\mathbf{P}^1_k$,k 为一无限域.

(a) 证明不存在投射元 $\mathscr{P}\in\mathfrak{mod}(X)$及满映射 $\mathscr{P}\to\mathscr{O}_X\to 0$. [提示: 考虑形如 $\mathscr{O}_V\to k(X)\to 0$ 的满映射,其中 $x\in X$是闭点，V是 x 的一个开邻域，$\mathscr{O}_V=j_!(\mathscr{O}_X|_V)$，其中 $j:V\to X$ 为包含映射.]

(b) 证明在 $\mathfrak{Qco}(X)$ 或 $\mathfrak{Coh}(X)$ 中都不存在投射元$\mathscr{P}$及满映射 $\mathscr{P}\to\mathscr{O}_X\to 0$. [提示: 考虑形如 $\mathscr{L}\to\mathscr{L}\otimes k(X)\to 0$ 的满映射,其中 $x\in X$为闭点,$\mathscr{L}$为 X 上可逆层.]

6.3 设X为 Noether 概型，$\mathscr{F},\mathscr{G}\in\mathfrak{mod}(X)$.

(a) 若 $\mathscr{F},\mathscr{G}$ 均为凝聚层,则对所有 $i\geqslant 0$，$\mathscr{E}xt^i(\mathscr{F},\mathscr{G})$ 也是凝聚层.

(b) 若$\mathscr{F}$为凝聚，$\mathscr{G}$ 为拟凝聚,则对所有 $i\geqslant 0$，$\mathscr{E}xt^i(\mathscr{F},\mathscr{G})$为拟凝聚.

6.4 设X为 Noether 概型，且假定X上所有凝聚层都是局部自由层的商. 这时我们称 $\mathfrak{Coh}(X)$ 具有足够局部自由元.那么,对任意 $\mathscr{G}\in\mathfrak{mod}(X)$ 证明由 $\mathfrak{Coh}(X)$ 到 $\mathfrak{mod}(X)$ 的 δ 函子 $(\mathscr{E}xt^i(\cdot,\mathscr{G}))$ 是一个逆变泛 δ 函子. [提示: 证明对 $i>0$，$\mathscr{E}xt^i(\cdot,\mathscr{G})$是个上可消抹函子(§1).]

6.5 设 X 为 Noether 概型并假定 $\mathfrak{Coh}(X)$ 具足够局部自由元(习题6.4). 则对任一凝聚层 $\mathscr{F}$，我们定义 $\mathscr{F}$ 的同调维数为 $\mathscr{F}$ 的局部自由分解的最小长.（当无有限分解时为 $+\infty$),并以 $hd(\mathscr{F})$ 表之. 证明:

(a) $\mathscr{F}$ 为局部自由 $\Longleftrightarrow \mathscr{E}xt^1(\mathscr{F},\mathscr{G})=0$ 对所有 $\mathscr{G}\in\mathfrak{Mod}(X)$ 成立;

(b) $hd(\mathscr{F})\leqslant n\Leftrightarrow\mathscr{E}xt^i(\mathscr{F},\mathscr{G})=0$ 对所有 $i>n$ 及所有 $\mathscr{G}\in\mathfrak{Mod}(X)$ 成立;

(c) $hd(\mathscr{F})=\operatorname{Sup}_x pd_{\mathscr{O}_x}(\mathscr{F}_x)$.

6.6 令 A 为正则局部环，M 为有限生成 A 模，这时可加强(6.10A)的结果如下.

(a) M 为投射模,当且仅当对所有 $i>0$，有 $\operatorname{Ext}^i(M,A)=0$ [提示: 运用(6.11A)及对 i 的往下归纳来证明对所有 $i>0$ 及有限生成 A 模 N $\operatorname{Ext}^i(M,N)=0$ 成立. 然后证明 M 是一个自由 A 模的直和因子(Matsumura[2,129页])].

(b) 用(a)证明对任意 n, $pdM\leqslant n$ 当且仅当对所有 $i>n$ 成立 $\operatorname{Ext}^i(M,A)=0$.

6.7 设 $X=\operatorname{Spec}A$ 为仿射 Noether 概型. 令 M,N 为 A 模,其中 M 为有限生成. 则

$$\operatorname{Ext}^i_X(\widetilde{M},\widetilde{N})\cong\operatorname{Ext}^i_A(M,N)$$

且

$$\mathscr{E}xt^i_X(\widetilde{M},\widetilde{N})\cong\operatorname{Ext}^i_A(M,N)^{\sim}.$$

6.8 证明后面的 Kleiman 定理(见 Borelli[1]):如果 X 为 Noether, 整的分离的局部可分解因子的概型,则 X 上每个凝聚层是一个局部自由层(具有有限秩)的商.

(a) 首先证明对各个 $s\in\Gamma(X,\mathscr{L})$ 与各种 X 上可逆层 $\mathscr{L}$，形如 X_s 的开集是 X 的拓扑基. [提示: 取一闭点 $x\in X$ 及 x 的一个开邻域 U,要证明存在一个 $\mathscr{L},s$ 使 $x\in X_s\subseteq U$, 先化成 $Z=X-U$ 为不可约的情形. 然后令 ζ 为 Z 的广点，$f\in K(X)$ 为有理函数使 $f\in\mathscr{O}_x, f\notin\mathscr{O}_\zeta$. 令 $D=(f)_\infty$ 及 $\mathscr{L}=\mathscr{L}(D)$，$s\in\Gamma(X,\mathscr{L}(D))$ 对应于 D(第二章,§6)].

(b) 现在用(第二章，5.14)证明,任一凝聚层是直和 $\oplus\mathscr{L}_i^{n_i}$ 的商,其中 $\mathscr{L}_i$ 为一些可逆层，n_i 为一些整数.

6.9 令 X 为一 Noether, 整分离正则概型.（称一概型为正则是指它所有的局部环为正则局部环）回想一下由（第二章，习题 6.10）定义的

Grothendieck 群 $K(X)$. 相似地我们用局部自由层可定义另一个群 $K_1(X)$: 它是所有局部自由(凝聚)层生成的自由 Abel 群对一个子群的商群，这个子群由形如 $\mathscr{E}-\mathscr{E}'-\mathscr{E}''$ 的表达式生成而 $0\to\mathscr{E}'\to\mathscr{E}\to\mathscr{E}''\to 0$ 是局部自由层的短正合列. 显然，有一个自然的群同态 $\varepsilon: K_1(X)\to K(X)$. 按下面证明 ε 是个同构 (Borel 及 Serre[1,§4]).

(a) 给出一个凝聚层 $\mathscr{F}$,用 (习题 6.8) 证明它有一个局部自由分解 $\mathscr{E}_0\to\mathscr{F}\to 0$. 然后用 (6.11A) 及(习题 6.5)证明它有一个有限的局部自由分解

$$0\to\mathscr{E}_n\to\cdots\to\mathscr{E}_1\to\mathscr{E}_0\to\mathscr{F}\to 0.$$

(b) 对每个 $\mathscr{F}$ 选一个有限的局部自由分解 $\mathscr{E}_\cdot\to\mathscr{F}\to 0$,并令 $\delta(\mathscr{F})=\Sigma(-1)^i\gamma(\mathscr{E}_i)$ 属于 $K_1(X)$. 证明 $\delta(\mathscr{F})$ 与所选的分解无关，且定义了 $K(X)$ 到 $K_1(X)$ 的一个同态,最后证明它是 ε 的逆.

6.10 对有限平坦态射的对偶

(a) 设 $f:X\to Y$ 为 Noether 概型间的一个有限射,对任一拟凝聚 $\mathscr{O}_Y$ 模 $\mathscr{G}$, $\mathscr{H}om_Y(f_*\mathscr{O}_X,\mathscr{G})$ 是一个拟凝聚 $f_*\mathscr{O}_X$ 模，因而对应了一个拟凝聚 $\mathscr{O}_X$ 模,称之为 X $f^!\mathscr{G}$(第二章,习题5.17e).

(b) 证明对 X 上任意凝聚层及 Y 上任意拟聚层 $\mathscr{G}$,有一个自然同构

$$f_*\mathscr{H}om_X(\mathscr{F},f^!\mathscr{G})\simeq\mathscr{H}om_Y(f_*\mathscr{F},\mathscr{G}).$$

(c) 对每个 $i\geqslant 0$, 存在自然映射

$$\varphi_i:\mathrm{Ext}^i_X(\mathscr{F},f^!\mathscr{G})\to\mathrm{Ext}^i_Y(f_*\mathscr{F},\mathscr{G}).$$

[提示: 首先构造映射

$$\mathrm{Ext}^i_X(\mathscr{F},f^!\mathscr{G})\to\mathrm{Ext}^i_Y(f_*\mathscr{F},f_*f^!\mathscr{G}).$$

然后再复合上一个适当的由 $f_*f^!\mathscr{G}$ 到 $\mathscr{G}$ 的映射.]

(d) 现在假定 X,Y 均为分离的,且 $\mathfrak{Coh}(X)$ 具足够局部自由元并假定 $f_*\mathscr{O}_X$ 在 Y 上为局部自由(这等于说 f 为平坦,见§9). 证明对所有 i,所有 X 上凝聚层 $\mathscr{F}$, 所有 Y 上拟凝聚层 $\mathscr{G}$, φ_i 为同构[提示: 先做 $i=0$, 再用(习题4.1)做 $\mathscr{F}=\mathscr{O}_X$ 的情形,进而做 $\mathscr{F}$ 为局部自由的情形. 对一般情形,把$\mathscr{F}$写为局部自由层的商并对 i 实行归纳.]

7. Serre 对偶定理

本节中要证明在影概型上凝聚层的上同调的 Serre 对偶定

理.我们先就射影空间本身证明,这时很容易由第5节的显式计算得到.然后,在任意射影概型上我们将指出存在一个凝聚层 ω_X^0,它在对偶理论中的作用与一个非异簇的典则层相似. 特别当 X 为 Cohen-Macaulay 时,它给出的对偶定理正如同射影空间的对偶定理一样. 最后,当 X 是代数闭域上的非异簇时,我们要证明对偶化层 ω_X^0 与典则层 ω_X 相等. 末尾部分我们还要提及对偶与微分形式的留数间的联系.

设 k 为域, $X = \mathbf{P}_k^n$ 为 k 上 n 维射影空间, $\omega_X = \Lambda^n \Omega_{X/k}$ 是 X 上的典则层(第二章,第8节).

定理 7.1 (P_k^n 上的对偶) 令 $X = \mathbf{P}_k^n, k$ 为域,则

(a) $H^n(X, \omega_X) \cong k$, 现取定这样的一个同构;

(b) 对 X 上任意凝聚层 $\mathscr{F}$,自然配对

$$\operatorname{Hom}(\mathscr{F}, \omega) \times H^n(X, \mathscr{F}) \to H^n(X, \omega) \cong k$$

是一个 k 上有限维向量空间的完全配对;

(c) 对每个 $i \geqslant 0$, 存在一个自然的函子式同构

$$\operatorname{Ext}^i(\mathscr{F}, \omega) \simeq H^{n-i}(X, \mathscr{F})',$$

其中,表示对偶向量空间. 当 $i = 0$ 时, 就是(b)中配对所诱导的同构.

证明 (a)由(第二章,8.13)得到 $\omega_X \cong \mathscr{O}_X(-n-1)$(见第二章,8.20.1). 因此由(5.1c)推出(a).

(b) $\mathscr{F}$ 到 ω 的一个同态诱导了上同调群间一个映射 $H^n(X, \mathscr{F}) \to H^n(X, \omega)$. 它给出了这个自然配对. 如果 $\mathscr{F} \cong \mathscr{O}(q)$, $q \in \mathbf{Z}$, 则 $\operatorname{Hom}(\mathscr{F}, \omega) \cong H^0(X, \omega(-q))$, 故由 (5.1d) 推出结果. 于是(b)对形如 $\mathscr{O}(q_i)$ 层的有限直和时也成立.若 $\mathscr{F}$ 为任意凝聚层,将其写成余核 $\mathscr{E}_1 \to \mathscr{E}_0 \to \mathscr{F} \to 0$, 其中每个 $\mathscr{E}_i$ 是层 $\mathscr{O}(q_i)$ 的直和. 然而 $\operatorname{Hom}(\cdot, \omega)$ 与 $H^n(X, \cdot)'$ 均为左正合逆变函子,故由5-引理得到同构 $\operatorname{Hom}(\mathscr{F}, \omega) \xrightarrow{\sim} H^n(X, \mathscr{F})'$.

(c) 两端都是以 $i \geqslant 0$ 为指标,对 $\mathscr{F} \in \mathfrak{Coh}(X)$ 的逆变 δ 函

子. 当 $i=0$, 由 (b) 得到同构. 因而要证明它们为同构,用(1.3 A), 只要证明两端对 $i>0$ 均为上可消抹的就行了.给出凝聚层 $\mathscr{F}$,由(第二章,5.18)及其证明, 我们可将$\mathscr{F}$写成某个层 $\mathscr{E}=\oplus_{i=1}^{N}\mathscr{O}(-q),q\gg 0$的商层. 于是 $\operatorname{Ext}^i(\mathscr{E},\omega)=\oplus H^i(X,\omega(q)),i>0$(5.1). 另一方面, $H^{n-i}(X,\mathscr{E})'=\oplus H^{n-i}(X,\mathscr{O}(-q))'$, 再由(5.1)可看出,当 $i>0$, $q>0$ 时它为 0. 因此两端对 $i>0$ 都是上可消抹的,故这些 δ 函子是泛的,从而它们同构.

注 7.1.1 人们会问, 为什么费事地用层 ω_X 去叙述(7.1)而不简单地写成 $\mathscr{O}_X(-n-1)$, 究竟在证明中用了哪一个? 道理之一在于, 定理的这种形式便于推广. 更为深刻的理由是写成这种形式后,可以构造 (a) 中的同构,使它与 $\mathbf{P}^n$ 的基的选取无关, 从而在 $\mathbf{P}^n$ 的自同构下稳定. 因此, 它确为一个自然同构. 为证实这点,考虑 $C^n(\mathfrak{U},\omega)$ 中的 Čech 上闭链

$$\alpha=\frac{x_0^n}{x_1\cdots x_n}d\left(\frac{x_1}{x_0}\right)\Lambda\cdots\Lambda d\left(\frac{x_n}{x_0}\right),$$

其中 $\mathfrak{U}$ 为标准开覆盖. 然后, 可以证明 α 决定了 $H^n(X,\omega)$ 中一个生成元,它在变量改变时稳定.

在推广(7.1)到其他概型时,我们以性质 (a) 及 (b) 为准绳,并作如下定义.

定义 设 X 为域 k 上的 n 维本征概型. X 的一个对偶化层是 X 的一个凝聚层 ω_X^0 及一个迹态射 $t:H^n(X,\omega_X^0)\to k$, 使对 X 上所有凝聚层 $\mathscr{F}$,自然配对

$$\operatorname{Hom}(\mathscr{F},\omega_X^0)\times H^n(X,\mathscr{F})\to H^n(X,\omega_X^0)$$

复合 t 后给出了同构

$$\operatorname{Hom}(\mathscr{F},\omega_X^0)\simeq H^n(X,\mathscr{F})'.$$

命题 7.2 设 X 为 k 上的本征概型, 则 X 的对偶化层如果存在必唯一. 更准确地说, 若 ω^0 及其迹映射 t 为一个对偶化层而 ω',t' 为另一个, 则存在一个唯一的同构 $\varphi:\omega^0\simeq\omega'$ 使 $t=t'\circ H_C^n\varphi$).

证明 因为 ω' 为对偶化层,有同构 $\operatorname{Hom}(\omega,\omega')\cong H^n(\omega^0)'$

故存在唯一的态射 $\varphi:\omega^0\to\omega'$ 对应于元素 $t\in H^n(\omega^0)'$，即使得 $t'\circ H^n(\varphi)=t$。同样地，利用 ω^0 为对偶化层，有唯一的态射 $\psi:\omega\to\omega^0$，使得 $t\circ H^n(\psi)=t'$。从而得到 $t\circ H^n(\psi\circ\varphi)=t$。又因 ω^0 为对偶化层，这表明 $\psi\circ\varphi$ 为 ω^0 的恒同映射。同样地，$\varphi\circ\psi$ 是 ω' 的恒同映射，从而 φ 为同构。（这个证明是函子的表示元唯一性的特殊情形(见 Grothendieck [EGAI, 新版，第 0 章 §1])。因为由定义，(ω^0,t) 表示了由 $\mathfrak{Coh}(X)$ 到 $\mathfrak{Mod}(k)$ 的函子 $\mathscr{F}\longmapsto H^n(X,\mathscr{F})'$）。

对偶化层的存在性问题要困难得多。事实上对 k 上的任何本征概型 X 它都存在，但是这里我们仅对射影概型证其存在性。首先需要一些预备知识

引理 7.3 令 X 为 $P=\mathbf{P}_k^N$ 中一个余维 r 的闭子概型，则 $\mathscr{E}xt_P^i(\mathscr{O}_X,\omega_P)=0$ 对所有 $i<r$ 成立。

证明 对任意的 i，层 $\mathscr{F}^i=\mathscr{E}xt_P^i(\mathscr{O}_X,\omega_P)$ 是 P 上的凝聚层（习题 6.3），故在扭变足够大的整数 q 后，它为整体截影生成（第二章，5.17）。因此要证明 $\mathscr{F}^i$ 为零，只要证明对所有 $q\gg0$ 时 $\Gamma(P,\mathscr{F}^i(q))=0$ 就行了。但由(6.7)与(6.9)，有

$$\Gamma(P,\mathscr{F}^i(q))\cong \operatorname{Ext}_P^i(\mathscr{O}_X,\omega_P(q))$$

对 $q\gg0$ 成立。另外由(7.1)，最后一个 Ext 群对偶于 $H^{N-i}(P,\mathscr{O}_X(-q))$。当 $i<r$ 时 $N-i>\dim X$，故由(2.7)或（习题 4.8 d)这个群为零。

引理 7.4 在(7.3)的相同假定下，令 $\omega_X^0=\mathscr{E}xt_P^r(\mathscr{O}_X,\omega_P)$，则对任意 $\mathscr{O}_X$ 模 $\mathscr{F}$，存在一个函子式同构

$$\operatorname{Hom}_X(\mathscr{F},\omega_X^0)\cong \operatorname{Ext}_P^r(\mathscr{F},\omega_P).$$

证明 设 $0\to\omega_P\to\mathscr{I}^\cdot$ 为 ω_P 在 $\mathfrak{Mod}(P)$ 中的一个内射分解。则可用复形 $\operatorname{Hom}_P(\mathscr{F},\mathscr{I}^\cdot)$ 的上同调群来计算 $\operatorname{Ext}_P^i(\mathscr{F},\omega_P)$。但 $\mathscr{F}$ 是 $\mathscr{O}_X$ 模，故任意态射 $\mathscr{F}\to\mathscr{I}^i$ 可经过 $\mathscr{J}^i=\mathscr{H}om_P(\mathscr{O}_X,\mathscr{I}^i)$ 分解。因而有

$$\operatorname{Ext}_P^i(\mathscr{F},\omega_P)=h^i(\operatorname{Hom}_X(\mathscr{F},\mathscr{J}^\cdot)).$$

现在,每个 $\mathscr{I}^i$ 是一个内射 $\mathscr{O}_X$ 模. 实际上, 对 $\mathscr{F} \in \mathfrak{Mod}(X)$ $\mathrm{Hom}_X(\mathscr{F}, \mathscr{I}^i) = \mathrm{Hom}_P(\mathscr{F}, \mathscr{I}^i)$, 因而 $\mathrm{Hom}_X(\cdot, \mathscr{I}^i)$ 是正合函子. 又由(7.3),对 $i < r$ 我们有 $h^i(\mathscr{I}^\cdot) = 0$, 故复形 $\mathscr{I}^\cdot$ 在 r 步之前为正合. 这表明可以将此复形写作两个内射复形的直和 $\mathscr{I}^\cdot = \mathscr{I}_1^\cdot \oplus \mathscr{I}_2^\cdot$,其中 $\mathscr{I}_1^\cdot$ 的次数在 $0 \leqslant i \leqslant r$ 中且为正合, $\mathscr{I}_2^\cdot$ 的次数 $i \geqslant r$. 由此得到 $\omega_X^0 = \ker(d^r: \mathscr{I}_2^r \to \mathscr{I}_2^{r+1})$, 且对任意 $\mathscr{O}_X$ 模 $\mathscr{F}$,

$$\mathrm{Hom}_X(\mathscr{F}, \omega_X^0) \cong \mathrm{Ext}_P^r(\mathscr{F}, \omega_P).$$

(它也推出对 $i < r, \mathrm{Ext}_P^i(\mathscr{F}, \omega_P) = 0$, 但我们不需要它.)

命题 7.5 设 X 为域 k 上一个射影概型, 则 X 有一个对偶化层.

证明 将 X 嵌入 $P = \mathbf{P}_k^N$ 为一个闭子概型, N 为某个整数, 设其余维为 r, 并令 $\omega_X^0 = \mathscr{E}xt_P^r(\mathscr{O}_X, \omega_P)$. 于是由(7.4), 对任意 $\mathscr{O}_X$ 模 $\mathscr{F}$ 我们有同构

$$\mathrm{Hom}_X(\mathscr{F}, \omega_X^0) \cong \mathrm{Ext}_P^r(\mathscr{F}, \omega_P).$$

另一方面,当 $\mathscr{F}$ 为凝聚层时, P 的对偶定理(7.1)给出了同构

$$\mathrm{Ext}_P^r(\mathscr{F}, \omega_P) \cong H^{N-r}(P, \mathscr{F})'.$$

但 $N - r = n$ 是 X 的维数, $\mathscr{F}$ 是 X 上的层,于是对 $\mathscr{F} \in \mathfrak{Coh}(X)$ 我们得到一个函子式同构

$$\mathrm{Hom}_X(\mathscr{F}, \omega_X^0) \cong H^n(X, \mathscr{F})'.$$

特别取 $\mathscr{F} = \omega_X^0$, 元素 $1 \in \mathrm{Hom}(\omega_X^0, \omega_X^0)$ 给出一个同态 $t: H^n(X, \omega_X^0) \to k$, 将它作为我们的迹映射. 那么很清楚,由函子性知 (ω_X^0, t) 便是 X 的对偶化层.

现在证明射影概型 X 上的对偶定理. 回想一下, 一个概型当其所有局部环为 Cohen-Macaulay 环时称作 Cohen-Macaulay 的. (第二章,第 8 节).

定理 7.6(射影概型上的对偶) 设 X 为代数闭域 k 上的一个 n 维射影概型. ω_X^0 为 X 上一个对偶化层, $\mathscr{O}(1)$ 为 X 的一个极强层. 则

(a) 对所有 $i \geqslant 0$ 及 X 上凝聚层 $\mathscr{F}$，有一个自然的函子性映射

$$\theta^i: \mathrm{Ext}^i(\mathscr{F}, \omega_X^0) \to H^{n-i}(X, \mathscr{F})',$$

使 θ^0 为上面对偶化层的定义中的映射.

(b) 下列条件等价:

(i) X 为 Cohen-Macaulay 并为匀维（即所有不可约分支有同一维数）;

(ii) 对 X 上任意局部自由层 $\mathscr{F}$，对 $i < n$ 及 $q \gg 0$ 成立

$$H^i(X, \mathscr{F}(-q)) = 0;$$

(iii) (a) 中的映射 θ^i 对所有 $i \geqslant 0$ 及 X 上所有凝聚层 $\mathscr{F}$，均为同构.

证明

(a) 像(7.10)证明中一样，可以把任一凝聚层写成层 $\mathscr{E} = \oplus_{i=1}^N \mathscr{O}_X(-q)$ 的商，$q \gg 0$. 于是 $\mathrm{Ext}^i(\mathscr{E}, \omega_X^0) \cong \oplus H^i(X, \omega_X^0(q))$，当 $i > 0, q \gg 0$ 时，由(5.2)知其为 0. 因此函子 $\mathrm{Ext}^i(\cdot, \omega_X^0)$ 对 $i > 0$ 为上可消抹的，故由 (1.3A)，我们有一个泛逆变 δ 函子. 在右端我们也有以 $i \geqslant 0$ 为指标的逆变 δ 函子，从而存在唯一的 δ 函子间的态射 (θ^i)，并当 $i = 0$ 化为所给出 θ^0.

(b) (i) ⇒ (ii). 将 X 嵌入为 $P = \mathbf{P}_k^N$ 的一个闭子概型. 则对 X 上任意局部自由层 $\mathscr{F}$ 及任意闭点 $x \in X$，我们有 depth $\mathscr{F}_x = n$，这是由于 X 是 Cohen-Macaulay 并是维数 n 的匀维. 令 $A = \mathscr{O}_{P,x}$ 为 X 在 P 中的局部环. 则 A 为 N 维的正则局部环. (由于 k 代数闭，x 对 k 为有理. 故可直接看出 A 是正则的. 或者可由 P 为 k 上非异簇，推出这点(第二章，第 8 节).)然而不管是在 $\mathscr{O}_{X,x}$ 上还是在 A 上计算，depth$\mathscr{F}_x$ 都是一样的. 因此由(6.12A)推出 $Pd_A \mathscr{F}_x = N - n$. 从而由(6.8)与 (6.10A)我们有

$$\mathscr{E}xt_P^i(\mathscr{F}, \cdot) = 0$$

对 $i > N - n$ 成立.

另一方面，运用 (7.1)，我们发现 $H^i(X, \mathscr{F}(-q))$ 对偶于

$\mathrm{Ext}_P^{n-i}(\mathscr{F}, \omega_P(q))$. 由(6.9)知，当 $q \gg 0$ 时这个 Ext 同构于 $\Gamma(P, \mathscr{E}xt_P^{N-i}(\mathscr{F}, \omega_P(q)))$.因为 $N-i > N-n$，正如刚才所知道的,它为 0．换句话说对 $i<n$ 及 $q \gg 0, H^i(X, \mathscr{F}(-q))=0$。

(ii) ⇒ (i). 将上面论证往回推，并用条件 (ii) 于 $\mathscr{F}=\mathscr{O}_X$，我们得到,对 $i>N-n$ 有

$$\mathscr{E}xt_P^i(\mathscr{O}_X, \omega_P)=0.$$

这表明在上述的局部环 $A=\mathscr{O}_{P,x}$ 上,我们有 $\mathrm{Ext}_A^i(\mathscr{O}_{X,x}, A)=0$ 对所有 $i>N-n$ 成立。因此由(习题 6.6)有 $Pd_A\mathscr{O}_{X,x} \leqslant N-n$,故而从 (6.12A)得到 $\mathrm{depth}\mathscr{O}_{X,x} \geqslant n$.但由于 $\dim X=n$，必然对 X 的每个闭点等号成立。用(第二章,8.21Ab),这就证明了 X 是 Cohen-Macaulay 且匀维的。

(ii) ⇒ (iii). 由于我们已经知道 $\mathrm{Ext}^i(\cdot, \omega_X^0)$ 是个泛逆变 δ 函子,要证明 θ^i 为同构只要证明 δ 函子 $(H^{n-i}(X, \cdot)')$是泛的就够了．为此由(1.3A)只要证明对 $i>0$ $H^{n-i}(X, \cdot)'$ 是上可消抹的．于是对给出的凝聚层 $\mathscr{F}$,写其为 $\mathscr{E}=\bigoplus\mathscr{O}(-q)$ 的商,其中 $q \gg 0$。于是由 (ii)，对 $i>0$ $H^{n-i}(X, \mathscr{E})'=0$，故此函子为上可消抹。

(iii) ⇒ (ii). 如果 θ^i 为同构,则对任意局部自由层$\mathscr{F}$,我们有

$$H^i(X, \mathscr{F}(-q)) \cong \mathrm{Ext}^{n-i}(\mathscr{F}(-q), \omega_X^0)'.$$

但这个 Ext 群同构于 $H^{n-i}(X, \mathscr{F}^\vee \otimes \omega_X^0(q))$(6.3)及(6.7)，故由(5.2)知,当 $n-i>0$ 及 $q \gg 0$ 时它为 0．证毕.

注 7.6.1 特别地，当 X 在 k 上非异或更一般地为局部完全交,则 X 为 Cohen-Macaulay (第二章, 8.21A)及(第二章,8.23)，故 θ^i 为同构．这两种情形下,可以直接证明(参见下面(7.11)的证明) $pd_P\mathscr{O}_X=N-n$，从而避免使用 (6.12A) 及 (习题 6.6) 这些代数结果。

系 7.7 设 X 为 k 上的匀维 n 的一个射影Cohen-Macaulay 概型，则对 X 上任意局部自由层 $\mathscr{F}$ 有自然同构

$$H^i(X,\mathscr{F})\cong H^{n-i}(X,\mathscr{F}^\vee\otimes\omega_X^0)'.$$

证明 运用(6.3)及(6.7).

系 7.8 (Enriques-Severi-Zariski 引理(Zariski[4])) 设X为维数$\geqslant 2$的正规射影概型，则对X上任意局部自由层$\mathscr{F}$，$q\gg 0$，有

$$H^1(X,\mathscr{F}(-q))=0.$$

证明 因为X是维数$\geqslant 2$且正规的，故对每个闭点$x\in X$有$\operatorname{depth}\mathscr{F}_x\geqslant 2$(第二章,8.22A). 于是用(7.66)中证明 (i) ⇒ (ii)的同样方法得出结论.

系 7.9 设X为代数闭域k上整的、维数$\geqslant 2$的正规射影簇，Y是一个余维1的子簇，并且是一个有效强除子的支集，则Y为连通.

证明 由(第二章, 7.6)可设Y是一个极强除子D的支集. 令$\mathscr{O}(1)$为相应的极强可逆层. 对每个$q>0$,令Y_q为对应于除子qD的，支集为Y的闭子概型(第二章，6.17.1). 于是我们有正合列(第二章,6.18)

$$0\to\mathscr{O}_X(-q)\to\mathscr{O}_X\to\mathscr{O}_{Y_q}\to 0.$$

取上同调并应用(7.8),我们发现当$q\gg 0$时

$$H^0(X,\mathscr{O}_X)\to H^0(Y,\mathscr{O}_{Y_q})\to 0$$

为满. 但$H^0(X,\mathscr{O}_X)=k$(第一章,3.4a)且$H^0(Y,\mathscr{O}_{Y_q})$包含k,故而有$H^0(Y,\mathscr{O}_{Y_q})=k$. 因此$Y$为连通. (否则，对每个连通分支至少会有一个$k$的因子.)

注 7.9.1 这表明当$\dim X\geqslant 2$时,在 Bertini 定理(第二章, 8.18)中提到的概型$H\cap X$实际上为不可约与非异的，事实上由(7.9)它们是连通的. 另外由(第二章,8.18)它们是正则的，因此局部环全为整环,从而不可能有两个不可约分支交于一点.

现在我们已经证明了对偶定理(7.6), 下一个任务是要在某些特殊情形下给出有关对偶化层ω_X^0的更多信息. 我们仍需要些代数预备知识.

设A为环，$f_1,\cdots,f_r\in A$. 定义 Koszul 复形$K.(f_1,\cdots,$

f_r)如下：K_1是以 $e_1,\cdots,e_r$ 为基的秩 r 自由A模. 对每个 $p=0,\cdots,r$, $K_p=\Lambda^p K_1$. 由在基向量上的作用来定义边缘映射 $d: K_p\to K_{p-1}$,

$$d(e_{i_1}\wedge\cdots\wedge e_{i_p})=\sum(-1)^{j-1}f_{i_j}e_{i_1}\wedge\cdots\wedge\hat{e}_{i_j}\wedge\cdots\wedge e_{i_p}.$$

因此 $K_.(f_1,\cdots,f_r)$ 是个A模(同调)复形. 若M为任一A模,令 $K_.(f_1,\cdots,f_r;M)=K_.(f_1,\cdots,f_r)\otimes_A M$.

命题 7.10A 设A为环，$f_1,\cdots,f_r\in A$, M 为A模，若这些f_i形成一个对M的正则序列，则

$$h_i(K_.(f_1,\cdots,f_r;M))=0 \text{ 当 } i>0$$

而

$$h_0(K_.(f_1,\cdots,f_r;M))\cong M/(f_1,\cdots,f_r)M.$$

证明 Matsumura [2,定理43,135页]或 Serre [11,IV.A].

定理 7.11 设X为 $P=\mathbf{P}_k^N$ 的一个闭子概型并为余维 r 的局部完全交,令$\mathscr{I}$为X的理想层,则 $\omega_X^0\cong\omega_P\otimes\Lambda^r(\mathscr{I}/\mathscr{I}^2)^\vee$. 特别地,$\omega_X^0$是$X$上的一个可逆层.

证明 必须计算 $\omega_X^0=\mathscr{E}xt_P^r(\mathscr{O}_X,\omega_P)$. 令$U$为一开仿射子集使$\mathscr{I}$在它上面可由 r 个元 $f_1,\cdots,f_r\in A=\Gamma(U,\mathscr{O}_U)$ 生成. 于是，因为X具余维 r 且A为局部 Cohen-Macaulay, $f_1,\cdots,f_r$ 形成A的一个正则序列(第二章,8.21A). 因此 Koszul 复形 $K_.(f_1,\cdots,f_r)$ 给出了 $A/(f_1,\cdots,f_r)$ 在A上的一个自由分解. 取其相应的层就得到 $\mathscr{O}_X$ 在U上的一个自由分解,我们以$K_.(f_1,\cdots,f_r;\mathscr{O}_P)$表示. 也可以用这个分解来计算$U$上的$\mathscr{E}xt_P^r(\mathscr{O}_X,\omega_P)$(6.5). 我们得到

$$h^r(\mathscr{H}om(K_.(f_1,\cdots,f_r;\mathscr{O}_P),\omega_P))\cong\omega_P/(f_1,\cdots,f_r)\omega_P.$$

换句话说,在U上

$$\mathscr{E}xt_P^r(\mathscr{O}_X,\omega_P)\cong\omega_P\otimes\mathscr{O}_X.$$

但是,这个同构依赖于$\mathscr{I}$的基 $f_1,\cdots,f_r$ 的选取.若 $g_i=\sum c_{ij}f_j$, $i=1,\cdots,r$ 是另一组基，则矩阵 $\|c_{ij}\|$ 的外幂积给出了 Koszul 复形间的同构. 特别在 K_r 上有因子 $\det|c_{ij}|$，故 $\mathscr{E}xt^r$ 间的同构改变了一个 $\det|c_{ij}|$.

为弥补这种情形，我们考虑X上的层$\mathscr{I}/\mathscr{I}^2$，它为秩$r$的局部自由层(第二章,8.12A)．特别地,在$U$上它为自由并以$f_1,\cdots,f_r$为基．从而$\Lambda^r(\mathscr{I}/\mathscr{I}^2)$为秩1的自由层，以$f_1\wedge\cdots\wedge f_r$为基．如果改变基为$g_1,\cdots,g_r$，这个元也改变了$\det|c_{ij}|$．因此，以这个秩1的自由层作张量积就得到一个内蕴的同构（验证其变化）

$$\mathscr{E}xt_P^r(\mathscr{O}_X,\omega_P)\cong\omega_P\otimes\mathscr{O}_X\otimes\Lambda^r(\mathscr{I}/\mathscr{I}^2)^\vee.$$

定义在U上的这个同构与基的选取无关．因此当用这些开集覆盖P时，这些同构粘合一起就得到所要的同构$\omega_X^0\cong\omega_P\otimes\Lambda^r(\mathscr{I}/\mathscr{I}^2)^\vee$．

系 7.12 若X为代数闭域k上的一个射影非异簇，则对偶化层ω_X^0同构于典则层ω_X．

证明 将X嵌入$P=\mathbf{P}_k^N$中,则X在P中为局部完全交（第二章,8.17)且$\omega_X\cong\omega_P\otimes\Lambda^r(\mathscr{I}/\mathscr{I}^2)^\vee$．(第二章，8.20)．

注 7.12.1 因此对射影非异簇X,对偶定理(7.6)及其系(7.7)对ω_X代替ω_X^0时成立．特别地，我们得到同构$H^n(X,\omega_X)\cong k$，其存在性远非平凡．

注 7.12.2 如果X为一射影非异曲线,我们发现$H^1(X,\mathscr{O}_X)$与$H^0(X,\omega_X)$为对偶向量空间．因此，算术亏格$p_a=\dim H^1(X,\mathscr{O}_X)$与几何亏格$p_g=\dim\Gamma(X,\omega_X)$相等．参见（习题5.3a)与(第二章,8.18.2)．

注 7.12.3 当X为射影非异曲面，则$H^0(X,\omega_X)$对偶于$H^2(X,\mathscr{O}_X)$,故$p_g=\dim H^2(X,\mathscr{O}_X)$．另一方面，$p_a=\dim H^2(X,\mathscr{O}_X)-\dim H^1(X,\mathscr{O}_X)$（习题5.3a)．因此$p_g\geqslant p_a$．其差$p_g-p_a=\dim H^1(X,\mathscr{O}_X)$通常以$q$表示，称为$X$的非正则度．例如(第二章,习题8.3c)的曲面具有非正则度2．

系 7.13 设X为n维非异射影簇．对任意$p=0,1,\cdots,n$，令$\Omega^p=\Lambda^p\Omega_{X/k}$为微分$p$形式层．则对每个$p,q=0,1,\cdots,n$，我们有自然同构

$$H^q(X,\Omega^p)\cong H^{n-q}(X,\Omega^{n-p})'.$$

证明 事实上对每个 $p, \Omega^{n-p} \cong (\Omega^p)^\vee \otimes \omega$（第二章，习题5.16b）。然后用(7.7)。

注 7.13.1 数 $h^{p,q} = \dim H^q(X, \Omega^p)$ 是簇 X 的重要的双正则不变量。

注 7.14（曲线上微分的留数） 我们所证明的对偶定理的一个不足之处在于，甚至对非异射影簇，我们对于迹映射 $t: H^n(X, \omega) \to k$ 也不知道更多的东西。我们仅仅知道它是存在的。在曲线情形下，有另外一种证明对偶定理的方法，它用了留数，改进了这个不足之处。

设 X 为代数闭域 k 上的一条完全非异曲线，令 K 为 X 的函数域。Ω_X 为 X 在 k 上的微分层，并且对一个闭点 $P \in x$，令 Ω_P 为其在 P 点的茎。令 Ω_K 为 K 在 k 上的微分模，那么，首先证明：

定理 7.14.1（留数的存在性） 对每个闭点 $P \in X$，有一个唯一的 k 线性映线射 $\mathrm{res}_P: \Omega_K \to k$ 满足下列性质：

(a) 对所有 $\tau \in \Omega_P, \mathrm{res}_P(\tau) = 0$;

(b) 对所有 $f \in K^*$，所有 $n \neq -1$，$\mathrm{res}_P(f^n df) = 0$;

(c) $\mathrm{res}_P(f^{-1}df) = v_P(f) \cdot 1$，其中 v_P 是关于 P 点的赋值。

由这些性质我们立刻就明白该怎样来计算任一微分的留数。实际上令 $t \in \mathscr{O}_P$ 为一个一致化参数。则 dt 是 Ω_K 作为 K 向量空间的一个生成元，故而任何 $\tau \in \Omega_K$ 均可写为 $g\,dt, g \in K$。又因为 $\mathscr{O}_P$ 是赋值环，我们可写 $g = \sum_{i<0} a_i t^i + h$，其中 $a_i \in k, h \in \mathscr{O}_P$，而这个和为有限项。于是 $\tau = \sum a_i t^i dt + h dt$。现由线性性与(a),(b),(c)我们得到。

(d) $\mathrm{res}_P \tau = a_{-1}$。

因此 res_P 的唯一性清楚了。

存在性更为困难。一种是 Serre 的办法[7，第 II 章]，他将(d)作为留数的定义。那么人们就要烦锁地去证明它与一致化参数 t 的选取无关，在特征 $p > 0$ 的情形中尤其如此。另一种是 Tate 的办法[2]，他灵巧地运用了 K 的某个 k 线性变换，给出了留数映射的一个内蕴定义。

关于留数的基本结果是:

定理 7.14.2 (留数定理) 对任意 $\tau \in \Omega_K$，我们有

$$\sum_{P\in X} \mathrm{res}_P \tau = 0.$$

在 Serre 的方法中，这个定理首先在 $\mathbf{P}^1$ 上用显式计算得证. 而后在一般情形中，运用一个有限射 $X \to \mathbf{P}^1$，并研究在两个概型上的留数间关系从而得到结果. 在 Tate 的方法中，留数定理直接由留数映射的构造推出.

一旦建立了留数理论，X上的留数定理就能用细分割的 Weil 方法证明. 这个经典叙述的细节可参考前面提到的 Serre 与 Tate 的清晰易懂的文章.

它与我们的方法的关联可解释如下. 正合序列

$$0 \to \mathcal{O}_X \to \mathcal{K}_X \to \mathcal{K}_X/\mathcal{O}_X \to 0$$

是 $\mathcal{O}_X$ 的一个松层分解，其中 $\mathcal{K}_X$ 为常值层 K_X. 又

$$\mathcal{K}_X/\mathcal{O}_X \cong \bigoplus_{P\in X} i_*(K_X/\mathcal{O}_P),$$

其中将 $K_X/\mathcal{O}_P$ 视为 $\mathcal{O}_P$ 模，$i:\{P\} \to X$ 为包含映射. 以 Ω_X 作张量积，得到 Ω_X 的一个松层分解:

$$0 \to \Omega_X \to \Omega_X \otimes \mathcal{K}_X \to \bigoplus_{P\in X} i_*(\Omega_K/\Omega_P) \to 0$$

取其上同调，我们有正合序列

$$\Omega_K \to \bigoplus_{P\in X} \Omega_K/\Omega_P \to H^1(X,\Omega_X) \to 0.$$

作所有映射 $\mathrm{res}_P:\Omega_K/\Omega_P \to k$ 的和，便定义了映射

$$\bigoplus_{P\in X} \Omega_K/\Omega_P \to k.$$

于是由(7.14.2)这个映射在 Ω_K 的像上化零，从而过渡到商空间上就给出了映射 $t:H^1(X,\Omega_X) \to k$. 即我们对偶定理的迹映射，它现在具有了更为明晰的形式.

注 7.15 (Kodaira 消灭定理) 如果不提到 Kodaira 消灭定理，我们对于射影簇上同调的讨论便不是完整的. 它是说，当 X 为 $\mathbf{C}$ 上的 n 维非异射影簇，$\mathcal{L}$ 为 X 上的一个强可逆层时，下式成立:

(a) 对 $i>0, H^i(X, \mathscr{L}\otimes\omega)=0$

(b) 对 $i<n$, $H^i(X,\mathscr{L}^{-1})=0$.

当然,由 Serre 对偶,(a)与(b)互为等价. 这个定理是用复解析微分几何证明的. 目前还没有纯代数的证法. 另一方面, Raynaud 最近指出这个结果在特征 $p>0$ 的域上不成立.

首次证明是由 Kodaira[1] 给出的. 至于其他的证明, 包括 Nakano 的推广,可见于 Wells [1, VI 章, § 2], Mumford[3], 及 Ramanujam[1]. 这个定理的一个相对形式见于 Grauert 与 Riemenschneider[1].

对偶定理的参考文献.对偶定理首先由(Serre[2](7.7)的形式)对紧复流形上的局部自由层证明,而抽象代数几何的情形是在 Serre[2]中证明的. 我们的证明依照了 Grothendieck[5]及 Grothendieck [SGA2, 第 XII 篇]并加上了 Lipman 建议的一些改进. 对偶定理与留数理论已由 Grothendieck 推广到任意本征态射的情形中,见 Grothendieck[4] 及 Hartshorne[2]. Deligne 给出一个对偶化层存在性的另一个证明, Verdier[1] 指出对非异簇,它与层 ω 相同. 对 k 上整射影概型 X, Kunz[1]利用微分给出了对偶化层 ω_X^0 的另外的构造法.

对偶定理也已推广到复解析空间的逆紧映射情形中, 可见 Ramis-Ruget[1] 及 Ramis-Ruget-Verdier[1]. 对于非紧复情形的推广,见 Suominen[1].

曲线的情形,对偶定理是 Riemann-Roch 定理证明中最重要的组成部分(第四章, 第 1 节). 这个研究方向的历史参见 Serre [7,II],而以紧 Riemann 面的语言叙述的证明见 Gun ning[1].

习　题

7.1 设 X 为域 k 上维数$\geqslant 1$ 的整射影概型, $\mathscr{F}$ 为 X 上的强可逆层, 则 $H^0(X,\mathscr{L}^{-1})=0$ (这是 Kodaira 消灭定理的一个容易的特殊情形.)

7.2 设 $f: X\to Y$ 为域 k 上射影概型间的有限态射, ω_Y^0 为 Y 上的对偶化层.

(a) 证明 $f^!\omega_Y^0$ 是 X 的对偶化层，其中 $f^!$ 定义于(习题 6.10).

(b) 当 X,Y 均为非异，k 为代数闭时，推出存在自然迹映射 $t:f_*\omega_X\to\omega_Y$.

7.3 设 $X=\mathbf{P}_k^n$. 证明当 $p\neq q$ 时 $H^q(X,\Omega_X^p)=0$；当 $p=q$, $0\leqslant p,q\leqslant n$ 时等于 k.

*7.4 **子簇的上同调类**. 设 X 为代数闭域 k 上的 n 维非异射影簇. Y 为余维 p（因而维数 $n-p$）的非异子簇. 由（第二章，8.2）的自然映射 $\Omega_X\otimes\mathscr{O}_Y\to\Omega_Y$，我们推导出映射 $\Omega_X^{n-p}\to\Omega_Y^{n-p}$，从而诱导了上同调映射 $H^{n-p}(X,\Omega_X^{n-p})\to H^{n-p}(Y,\Omega_Y^{n-p})$. 然而 $\Omega_Y^{n-p}=\omega_Y$ 是 Y 的对偶化层，故有迹映射 t_Y: $H^{n-p}(Y,\Omega_Y^{n-p})\to k$. 复合后得到线性映射 $H^{n-p}(X,\Omega_X^{n-p})\to k$. 由（7.13）它对应了一个元 $\eta(Y)\in H^p(X,\Omega_X^p)$ 称之为 Y 的**上同调类**.

(a) 当 $P\in X$ 为闭点，证明 $t_X(\eta(P))=1$，其中 $\eta(P)\in H^n(X,\Omega^n)$，$t_X$ 为迹映射.

(b) 设 $X=\mathbf{P}^n$，由(习题 7.3)将 $H^p(X,\Omega^p)$ 等同于 k，证明 $\eta(Y)=(\deg Y)\cdot 1$，其中 $\deg Y$ 表示作为射影簇的**次数**(第一章，第7节). [**提示**：以一超平面 $H\subseteq X$ 相截，并用 Bertini 定理(第二章，8.18)化到 Y 是有限点集情形.]

(c) 对任意的 k 上有限型概型 X，定义一个 Abel 群层之间的同态 $d\log:\mathscr{O}_X^*\to\Omega_X$ 为 $d\log(f)=f^{-1}df$. 其中 $\mathscr{O}^*$ 是个乘群而 Ω_X 是加群. 它诱导了上同调间映射 $\operatorname{Pic}X=H^1(X,\mathscr{O}_X^*)\to H^1(X,\Omega^X)$. 我们以 c 表示. 见(习题 4.5).

(d) 回到上述假定，设 $p=1$. 证明 $\eta(Y)=c(\mathscr{L}(Y))$，其中 $\mathscr{L}(Y)$ 是对应于除子 Y 的可逆层.

进一步的讨论可见 Matsumura[1].

8. 层的高次正像

本章剩余部分将用来研讨概型族. 再回顾一下前面内容(第二章，第3节). 一个概型族只是一个态射 $f:X\to Y$，而族中的元是在各个点 $y\in Y$ 上的纤维 $X_y=X\times_Y\operatorname{Spec}k(y)$. 研究一个族，我们需要某种形式的"$X$对于$Y$的相对上同调"或"沿着$X$在$Y$上纤维的上同调".这个概念可由下面要定义的高次正像函子R^if_*来规定．这些函子与纤维 X_y 的上同调之间的准确关系将在§11，12 中研究．

定义 设 $f:X\to Y$ 为拓扑空间间的连续映射．则定义正像函子 f_*（第二章，第 1 节）的右导出函子 $R^if^*:\mathfrak{Ab}(X)\to\mathfrak{Ab}(Y)$ 为*高次正像函子*.

由于 f_* 显然为左正合，且 $\mathfrak{Ab}(X)$ 具足够内射元，故这个定义有意义．

命题 8.1 *对每个 $i\geqslant 0$ 及每个 $\mathscr{F}\in\mathfrak{Ab}(X)$，$R^if_*(\mathscr{F})$ 是 Y 上预层*.

$$V\longmapsto H^i(f^{-1}(V),\mathscr{F}|_{f^{-1}(V)})$$

的相伴层.

证明 以 $\mathscr{H}^i(X,\mathscr{F})$ 表示上述预层的相伴层．由于对预层取其相伴层的运算为正合，因而函子 $\mathscr{H}^i(X,\cdot)$ 形成了由 $\mathfrak{Ab}(X)$ 到 $\mathfrak{Ab}(Y)$的 δ 函子． 当 $i=0$，由 f_* 的定义有 $f_*\mathscr{F}=\mathscr{H}^0(X,\mathscr{F})$．对内射对象 $\mathscr{I}\in\mathfrak{Ab}(X)$，我们有 $R^if_*(\mathscr{F})=0$ 对 $i>0$ 成立，这是因为 R^if_* 是个导出函子．另一方面，对每个 V，$\mathscr{I}|f^{-1}(V)$ 是 $\mathfrak{Ab}(f^{-1}(V))$ 中的内射元，(6.1)(将X看作具有常层 $\boldsymbol{Z}$的环层空间)，故有 $\mathscr{H}^i(X,\mathscr{I})=0$ 对 $i>0$ 也成立．因此存在唯一的 δ 函子间同构 $R^if_*(\cdot)\cong\mathscr{H}^i(X,\cdot)$(1.3A).

系 8.2 设 $V\subseteq Y$ *为任一开子集，则*

$$R^if_*(\mathscr{F})|_V=R^if'_*(\mathscr{F}|f^{-1}(V)),$$

其中 $f':f^{-1}(V)\to V$ *为* f *的限制映射*.

证明 显然．

系 8.3 *若*$\mathscr{F}$*是*X*上的松层，则* $R^if_*(\mathscr{F})=0$ *对所有*$i>0$ *成立*.

证明 因为松层限制在开子集时仍为松层，故由(2.5)得到结果．

命题 8.4 *设* $f:X\to Y$ *为环层空间间的态射，则函子* R^if_*

可以在 $\mathfrak{Mod}(X)$ 上作为 $f_*:\mathfrak{Mod}(X)\to\mathfrak{Mod}(Y)$ 的导出函子进行计算.

证明 要在 $\mathfrak{Mod}(X)$ 上计算 f_* 的导出函子，应该用 $\mathfrak{Mod}(X)$ 中内射对象作成的分解. 由(2.4)，$\mathfrak{Mod}(X)$ 中任意内射元均为松的，从而由(8.3)知，在 $\mathfrak{Ab}(X)$ 上对 f_* 为零调，故由 (1.2A) 它们可用来计算 R^if_*.

命题 8.5 设 X 为 Noether 概型，$f:X\to Y$ 为 X 到仿射概型 $Y=\operatorname{Spec}A$ 的态射，则对 X 上任意拟凝聚层 $\mathscr{F}$ 有

$$R^if_*(\mathscr{F})\cong H^i(X,\mathscr{F}).$$

证明 由 (第二章，5.8)，$f_*\mathscr{F}$ 是 Y 上的拟凝聚层. 从而 $f_*\mathscr{F}\cong\Gamma(Y,f_*\mathscr{F})^\sim$. 但 $\Gamma(Y,f_*\mathscr{F})=\Gamma(X,\mathscr{F})$. 当 $i=0$ 时我得到了一个同构.

因为 $\sim$ 是 $\mathfrak{Mod}(A)$ 到 $\mathfrak{Mod}(Y)$ 的正合函子，故而两端都是由 $\mathfrak{Qco}(X)$ 到 $\mathfrak{Mod}(Y)$ 的 δ 函子. 又由 (3.6)，X 上任意拟凝聚层 $\mathscr{F}$ 均可嵌入于一个松的拟凝聚层中. 从而两端对 $i>0$ 均为可消抹的. 从(1.3A)可推出结论：存在一个唯一的上述 δ 函子间的同构，且在 $i=0$ 时化为已给出的那个同构.

请注意，我们必须在 $\mathfrak{Qco}(X)$ 中进行讨论，因为当 $\mathscr{F}$ 不是拟凝聚时，在 $i=0$ 的情形就已经不成立了.

系 8.6 令 $f:X\to Y$ 为概型间的态射，X 为 Noether 概型，则对 X 上任意拟凝聚层 $\mathscr{F}$，层 $R^if_*(\mathscr{F})$ 在 Y 上为拟凝聚.

证明 这是个对于 Y 为局部的问题，故可运用(8.5).

命题 8.7 设 $f:X\to Y$ 为分离 Noether 概型间的态射，$\mathscr{F}$ 为 X 上的拟凝聚层，$\mathfrak{U}=(U_i)$ 为 X 的一个仿射开覆盖，$\mathscr{C}^\cdot(\mathfrak{U},\mathscr{F})$ 为 (4.2) 给出的 $\mathscr{F}$ 的 Čech 分解，则对每个 $p\geqslant 0$，

$$R^pf_*(\mathscr{F})\cong h^p(f_*\mathscr{C}^\cdot(\mathfrak{U},\mathscr{F})).$$

证明 对任意仿射开子集 $V\subseteq Y$，X 的开子集 $U_i\cap f^{-1}(V)$ 都是仿射的(请验证. 参见(第二章，习题 4.3)). 因此，证明可以化到 Y 为仿射的情形. 层 $\mathscr{C}^p(\mathfrak{U},\mathscr{F})$ 全是拟凝聚的，故由 (第二章，5.8) 有

$$f_*\mathscr{C}^{\cdot}(\mathfrak{U},\mathscr{F})\cong C^{\cdot}(\mathfrak{U},\mathscr{F})^{\sim}.$$

那么,结果可从(4.6)及(8.5)得到.

定理 8.8 设 $f: X\to Y$ 为 Noether 概型间的射影态射, $\mathcal{O}_X(1)$是X在Y上的一个极强层,$\mathscr{F}$为X上的凝聚层,则

(a) 对所有 $n\gg 0$, 自然映射 $f^*f_*(\mathscr{F}(n))\to\mathscr{F}(n)$ 为满;

(b) 对所有 $i\geqslant 0$, $R^if_*(\mathscr{F})$ 为Y上凝聚层;

(c) 对 $i>0$ 及 $n\gg 0$, $R^if_*(\mathscr{F}(n))=0$.

证明 因为Y为拟紧的,它们对于Y是个局部问题,故可设Y为仿射,设 $Y=\operatorname{Spec}A$. 于是用(8.5),(a)是说 $\mathscr{F}(n)$ 为整体截影生成,这就是(第二章,5.17). (b)表示 $H^i(X,\mathscr{F})$ 是有限生成A模,它就是(5.2a). 最后,(c)是说 $H^i(X,\mathscr{F}(n))=0$, 这就是(5.2b).

注 8.8.1 定理的(b)部分对于更一般的情形, 即对 Noether 概型间的本征态射也是对的. 参见 Grothen dieck [EGAIII. 3.2.1]. 对复解析空间的逆紧映射的类似定理由 Grauert[1] 所证明.

习 题

8.1 设 $f: X\to Y$ 为拓扑空间的连续映射,$\mathscr{F}$为X上的 Abel 群层,并假定 $R^if_*(\mathscr{F})=0$ 对所有 $i>0$ 成立. 证明对每个 $i\geqslant 0$,存在自然同构

$$H^i(X,\mathscr{F})\cong H^i(Y,f_*\mathscr{F}).$$

(这是 Leray 谱序列的一个退化情形,参考 Godement(1,II,4.17.1)).

8.2 设 $f: X\to Y$ 为概型间的仿射态射(第二章, 习题 5.17), X为 Noether 概型, $\mathscr{F}$ 为X上的拟凝聚层证明 (习题 8.1) 的假设成立,因而对每个 $i\geqslant 0$, $H^i(X,\mathscr{F})\cong H^i(Y,f_*\mathscr{F})$. (这给出了 (习题 4.1) 的一个新证明.)

8.3 设 $f: X\to Y$ 为环层空间的态射,$\mathscr{F}$为$\mathcal{O}_X$模,$\mathscr{E}$为有限秩的局部自由$\mathcal{O}_Y$模. 证明投射公式(参考第二章,习题 5.1))

$$R^if_*(\mathscr{F}\otimes f^*\mathscr{E})\cong R^if_*(\mathscr{F})\otimes\mathscr{E}.$$

8.4 设Y为一 Noether 概型,$\mathscr{E}$为秩 $n+1$ 的局部自由$\mathcal{O}_Y$模, $n\geqslant 1$. $X=$

$\mathbf{P}(\mathscr{E})$(第二章,第 7 节)具有可逆层 $\mathscr{O}_X(1)$ 及投影态射 $\pi: X \to Y$.

(a) 则 $\pi_*(\mathscr{O}(l)) \cong S^l(\mathscr{E})$, 当 $l \geqslant 0$; $\pi_*(\mathscr{O}(l)) = 0$, 当 $l < 0$ (第二章,7.11); $R^i\pi_*(\mathscr{O}(l)) = 0$,当$0 < i < n$ 及所有 $l \in Z$; $R^n\pi_*(\mathscr{O}(l)) = 0$, 当 $l > -n-1$.

(b) 证明存在正合列

$$0 \to \Omega_{X/Y} \to \pi^*\mathscr{E}(-1) \to \mathscr{O} \to 0,$$

参见(第二章,8.13),并推出结论: 相对典则层 $\omega_{X/Y} = \Lambda^n\Omega_{X/Y}$ 同构于 $(\pi^*\Lambda^{n+1}\mathscr{E})(-n-1)$. 进而证明存在自然同构 $R^n\pi_*(\omega_{X/Y}) \cong \mathscr{O}_Y$ (参见(7.1.1)).

(c) 证明对任意 $l \in \mathbf{Z}$ 有

$$R^n\pi_*(\mathscr{O}(l)) \cong \pi_*(\mathscr{O}(-l-n-1))^\vee \otimes (\Lambda^{n+1}\mathscr{E})^\vee.$$

(d) 证明$p_a(X) = (-1)^n p_a(Y)$ (利用(习题 8.1))及 $p_g(X) = 0$(利用(II,8.11.)).

(e) 特别地,当 Y 为亏格 g 的非异射影曲线,$\mathscr{E}$ 为秩是 2 的局部自由层时,X 是一个射影曲面,并且 $p_a = -g$, $p_g = 0$, 非正则度为 g(7.12.3). 这类曲面称之为几何直纹面(第五章, 第 2 节).

9. 平 坦 态 射

本节中将引进概型的平坦态射的概念，取一平坦射的纤维就得到了平坦概型族的概念，这就给出了“概型的连续族”这一直观想法的简洁而正式的阐述. 通过各式各样的结果与例子，我们将指出为什么平坦性是加在概型族上的既自然又合宜的条件.

首先回顾一下平坦模的代数概念. 设 A 为环，M 为一 A 模. 如果函子 $N \longmapsto M \otimes_A N$ 是对 $N \in \mathfrak{mod}(A)$ 的正合函子，则称 M 平坦于 A. 如果 $A \to B$ 是个环同态，且 B 作为 A 模是平坦的则说 B 平坦于 A.

命题 9.1A

(a) A 模 M 为平坦，当且仅当对每个有限生成理想 $\mathfrak{A} \subseteq A$, 映射 $\mathfrak{A} \otimes M \to M$ 为单的.

(b) 底扩张: 若 M 为平坦 A 模, $A \to B$ 为同态, 则 $M \otimes_A B$

是个平坦 B 模.

(c) 传递性：若 B 是个平坦 A 代数，N 为平坦 B 模，则 N 作为 A 模也为平坦.

(d) 局部化：M 平坦于 A，当且仅当对所有 $\mathfrak{p} \in \operatorname{Spec} A$，$M_\mathfrak{p}$ 平坦于 $A_\mathfrak{p}$.

(e) 设 $0 \to M' \to M \to M'' \to 0$ 为 A 模的一个正合列. 若 M' 与 M'' 都为平坦，则 M 也为平坦；如果 M 与 M'' 都平坦，则 M' 也为平坦.

(f) 局部 Noether 环 A 上的有限生成模 M 为平坦，当且仅当它是个自由 A 模.

证明 Matsumura [2, 第 2 章 § 3] 或 Bourbaki [1, 第 I 章].

例 9.1.1 若 A 是个环，$S \subseteq A$ 是一个乘法集，则局部化 $S^{-1}A$ 是个平坦 A 代数. 若 $A \to B$ 为环同态，M 是个 B 模且平坦于 A，又设 S 是 B 中的一个乘法集，则 $S^{-1}M$ 平坦于 A.

例 9.1.2 若 A 为 Noether 环，$\mathfrak{A} \subseteq A$ 为理想，则 $\mathfrak{A}$ 进完备化 $\hat{A}$ 是个平坦 A 代数(第二章，9.3A).

例 9.1.3 设 A 为一主理想整环. 则一个 A 模 M 为平坦，当且仅当它为无挠. 实际上，由 (9.1Aa) 必须验证对每个理想 $\mathfrak{A} \subseteq A$，$\mathfrak{A} \otimes M \to M$ 为单同态. 但 $\mathfrak{A}$ 为主理想，让 t 为其生成元，这恰好表明 t 不是 M 的零因子，即 M 为无挠.

定义 设 $f: X \to Y$ 为概型间射，$\mathscr{F}$ 为 $\mathscr{O}_X$ 模. 我们说 $\mathscr{F}$ 在点 $x \in X$ 对 Y 为平坦，如果其茎 $\mathscr{F}_x$ 是个平坦 $\mathscr{O}_{y,Y}$ 模，其中 $y = f(x)$ 且将 $\mathscr{F}_x$ 通过自然映射 $f^{\#}: \mathscr{O}_{y,Y} \to \mathscr{O}_{x,X}$ 看作一个 $\mathscr{O}_{y,Y}$ 模. 如果它在 X 的每个点均为平坦就简单地说 $\mathscr{F}$ 平坦于 Y. 如果 $\mathscr{O}_X$ 平坦于 Y 则说 X 平坦于 Y.

命题 9.2

(a) 开浸没为平坦.

(b) 底变换：设 $f: X \to Y$ 为态射，$\mathscr{F}$ 为 $\mathscr{O}_X$ 模它平坦于 Y，而 $g: Y' \to Y$ 为任意态射. 令 $X' = X \times_Y Y'$，$f': X' \to Y'$ 为第二个投影，$\mathscr{F}' = p_1^*(\mathscr{F})$，则 $\mathscr{F}'$ 平坦于 Y'.

(c) 传递性：设 $f: X \to Y$ 及 $g: Y \to Z$ 为态射. $\mathscr{F}$ 为 $\mathscr{O}_X$ 模平坦于 Y 且 Y 平坦于 Z，则 $\mathscr{F}$ 平坦于 Z.

(d) 令 $A \to B$ 为环同态，M 为 B 模，$f: X = \operatorname{Spec} B \to Y = \operatorname{Spec} A$ 为相应的仿射概型间态射，$\mathscr{F} = \widetilde{M}$，则 $\mathscr{F}$ 平坦于 Y 当且仅当 M 平坦于 A.

(e) 设 X 为一个 Noether 概型，$\mathscr{F}$ 为凝聚 $\mathscr{O}_X$ 模，则 $\mathscr{F}$ 平坦于 X 当且仅当它为局部自由.

证明 这些性质均可由模的相应性质得出，并还需考虑到函子～与⊗相容(第二章，5.2).

作为平坦态射是个合宜概念的注释，下面我们要证明"上同调与底扩张可交换".

命题 9.3 设 $f: X \to Y$ 是 Noether 概型间的有限型分离态射，$\mathscr{F}$ 为 X 上一个拟凝聚层. 又设 $u: Y' \to Y$ 为 Noether 概型间的平坦射，

$$\begin{array}{ccc} X' & \xrightarrow{v} & X \\ \downarrow{\scriptstyle g} & & \downarrow{\scriptstyle f} \\ Y' & \xrightarrow{u} & Y \end{array}$$

为 f 在底扩张下的图形，则对所有 $i \geqslant 0$，存在自然同构

$$u^* R^i f_*(\mathscr{F}) \cong R^i g_*(v^* \mathscr{F}).$$

证明 这是个在 Y 及 Y' 上的局部问题，故可假定它们均为仿射，譬如 $Y = \operatorname{Spec} A$，$Y' = \operatorname{Spec} A'$. 则由(8.5)我们必须证明

$$H^i(X, \mathscr{F}) \otimes_A A' \cong H^i(X', \mathscr{F}').$$

由于 X 是分离与 Noether 的，$\mathscr{F}$ 又是拟凝聚的，故而可用 X 的一个仿射开覆盖对应的 Čech 上同调来计算 $H^i(X, \mathscr{F})$. 另一方面，$\{v^{-1}(U) \mid U \in \mathfrak{U}\}$ 形成 X' 的一个仿射开覆盖 $\mathfrak{U}'$. 因此 Čech 复形 $C^\cdot(\mathfrak{U}', v^* \mathscr{F})$ 显然正是 $C^\cdot(\mathfrak{U}, \mathscr{F}) \otimes_A A'$. 由于 A' 平坦于 A，函子 $\cdot \otimes_A A'$ 便与取 Čech 复形上同调的运算交换，故得到结果. 要注意由底扩张，g 也是分离与有限型的，从而 X' 也是 Noether 与分离的，使我们能够在 X' 应用(4.5).

注 9.3.1 甚至在 u 不是平坦时，这个证明也表明存在一个自然映射 $u^*R^if_*(\mathscr{F}) \to R^ig_*(v^*\mathscr{F})$.

系 9.4 设 $f: X \to Y$ 与 $\mathscr{F}$ 同于(9.3)，并假定 Y 为仿射. 对每个点 $y \in Y$，令 X_y 为 y 上的纤维，$\mathscr{F}_y$ 为其上的诱导层. 另外，令 $k(y)$ 表示在 Y 的闭子集 $\{y\}^-$ 上的常层 $k(y)$，则对所有 $i \geqslant 0$ 存在自然同构

$$H^i(X_y, \mathscr{F}_y) \cong H^i(X, \mathscr{F} \otimes k(y)).$$

证明 首先令 $Y' \subseteq Y$ 为 $\{y\}^-$ 上的既约的诱导子概型结构，令 $X' = X \times_Y Y'$，它是 X 的闭子概型，于是我们所想证明的同构的两端仅仅依赖于 X' 上层 $\mathscr{F}' = \mathscr{F} \otimes k(y)$. 因而我们可以用 $X', Y', \mathscr{F}'$ 替换 $X, Y, \mathscr{F}$，即可假设 Y 是个整仿射概型而 $y \in Y$ 为其广点. 这种情形下，$\operatorname{Spec} k(y) \to Y$ 是个平坦射，故可运用(9.3)并推出了

$$H^i(X_y, \mathscr{F}_y) \cong H^i(X, \mathscr{F}) \otimes k(y).$$

但是在我们的简化条件下，$H^i(X, \mathscr{F})$ 已经是一个 $k(y)$ 模了，故而以 $k(y)$ 作张量积对它并没有改变，便得到所要的结果.（这个结果将用于 § 12.）

平坦族

许多理由表明，找到一个簇或概型的代数族的好定义是重要的. 最直觉的定义或许就用一个态射的纤维. 但是要得到一个好概念应该要求某些数值不变量在族中保持常值，譬如说纤维的维数. 如果我们处理的是域 k 上的非异(甚至正规)簇，这个直觉的定义原来已经是个好概念了. 证据是定理(9.13)，在这样一个族中，算术亏格保持不变.

另一方面，如果我们处理的是非正规簇或更为一般的概型，这个直觉定义就不好了. 故而我们考虑概型的平坦族，就是说一个平坦态射的纤维，这是个非常好的概念. 为什么在结构层上加上平坦性这个代数条件就会给出一个族的好定义，仍然有点神秘. 但是通过证明平坦族具有许多好性质，通过在某些特殊情况下给出了

平坦性的充要条件，至少会表明这种选择的合理性．特别地，我们将证明射影空间的闭子概型的族（对一个整概型）为平坦的充要条件是纤维的 Hilbert 多项式相同．

命题 9.5 设 $f: X \to Y$ 为 Noether 概型间的有限型平坦射．对任意点 $x \in X$，令 $y = f(x)$．则

$$\dim_x(X_y) = \dim_x X - \dim_y Y.$$

这里对任意概型 X 及任意点 $x \in X$，以 $\dim_x X$ 表示局部环 $\mathscr{O}_{x,X}$ 的维数．

证明 首先做一个底变换 $Y' \to Y$，其中 $Y' = \operatorname{Spec}\mathscr{O}_{y,Y}$，并考虑新的态射 $f': X' \to Y'$ 其中 $X' = X \times_Y Y'$．于是由 (9.2)，f' 仍为平坦，同时 x 提升到 X' 而命题中涉及的那三个数未变．因此我们可以假定 y 是 Y 的闭点且 $\dim_y Y = \dim Y$．

现对 $\dim Y$ 用归纳法．当 $\dim Y = 0$，则 X_y 由 X 中一个幂零理想定义，故而 $\dim_x(X_y) = \dim_x X$，同时 $\dim_y Y = 0$．

如果 $\dim Y > 0$，作一个到 Y_{red} 的底扩张．这时什么都没有改变，故而可以假定 Y 是既约的．于是我们能找到一个元 $t \in \mathfrak{m}_y \subseteq \mathscr{O}_{y,Y}$ 使 t 不是个零因子．令 $Y' = \operatorname{Spec}\mathscr{O}_{y,Y}/(t)$ 并作底扩张 $Y' \to Y$．于是由（第一章，1.8A）及（第一章，1.11A），有 $\dim Y' = \dim Y - 1$．由于 f 为平坦，$f^{\#}t$ 也不是零因子．故而由同样的理由，$\dim_x X' = \dim_x X - 1$．自然，在底扩张下纤维 X_y 并没有改变，故我们只要对 $f': X' \to Y'$ 来证明公式就行了．但这由归纳假定得到，故证毕．

系 9.6 设 $f: X \to Y$ 为域 k 上的有限型概型间的一个平坦态射，Y 为不可约，则下面条件等价：

(i) X 的每个不可约分支的维数等于 $\dim Y + n$；

(ii) 对 Y 中任一点 $y \in Y$（闭或非闭），纤维 X_y 的每个不可约分支的维数等于 n．

证明

(i) $\Rightarrow$ (ii)．取 $y \in Y$，令 $Z \subseteq X_y$ 为一不可约分支，并令 $x \in Z$ 是个闭点，它不属于 X_y 的其他不可约分支．应用(9.5)，我

们有

$$\dim_x Z = \dim_x X - \dim_y Y.$$

因为 x 是个闭点，有 $\dim_x Z = \dim Z$（第二章，习题3.20）. 另外，由于 Y 不可约而 X 为匀维的，且双方都在 k 上为有限型，我们有（第二章，习题 3.20）

$$\dim_x X = \dim X - \dim\{x\}^-$$

$$\dim_y Y = \dim Y - \dim\{y\}^-.$$

最后，因为 x 是纤维 X_y 的一个闭点，$k(x)$ 必是 $k(y)$ 的一个有限代数扩张，故

$$\dim\{x\}^- = \dim\{y\}^-.$$

所有这些合在一起并用(i)便求得 $\dim Z = n$.

(ii) ⇒ (i). 这一回，令 Z 为 X 的一个不可约分支，$x \in Z$ 是一个闭点，且不含在 X 的其他任何不可约分支中. 于是用(9.5)得

$$\dim_x(X_y) = \dim_x X - \dim_y Y.$$

但由(ii) $\dim_x(X_y) = n$，又有 $\dim_x X = \dim Z$，并且因为 $y = f(x)$ 必为 Y 中闭点，还有 $\dim_y Y = \dim Y$. 因此

$$\dim Z = \dim Y + n$$

为所求.

定义 概型 X 的点 x 称作 X 的一个相伴点是指在 $\mathcal{O}_{x,X}$ 中极大理想 $\mathfrak{m}_x$ 是 0 的相伴素理想，或者说 $\mathfrak{m}_x$ 的每个元均为零因子.

命题 9.7 设 $f: X \to Y$ 为概型间态射，Y 具有维数 1，整且正则，则 f 为平坦当且仅当每个相伴点 $x \in X$ 都映成 Y 的广点. 特别地，当 X 为既约时，这说明 X 的每个不可约分支支配 Y.

证明 先假定 f 为平坦，设 $x \in X$ 的像 $y = f(x)$ 是 Y 的闭点. 于是 $\mathcal{O}_{y,Y}$ 是个离散赋值环. 设 $t \in \mathfrak{m}_y - \mathfrak{m}_y^2$ 是个一致化参数. 则 t 在 $\mathcal{O}_{y,Y}$ 中不是零因子. 由于 f 为平坦，$f^{\#}t \in \mathfrak{m}_x$ 也不是零因子，从而 x 不是 X 的相伴点.

反之，假定 X 的每个相伴点都映成 Y 的广点. 要证明 f 为平坦，我们必须证明对每个 $x \in X$ 若令 $y = f(x)$，则局部环 $\mathcal{O}_{x,X}$ 平坦于 $\mathcal{O}_{y,Y}$. 如果 y 是广点则 $\mathcal{O}_{y,Y}$ 是个域，不需再证明什么了. 如

果 y 是个闭点，$\mathscr{O}_{y,Y}$ 则是个离散赋值环，故由(9.1.3)我们必须证明 $\mathscr{O}_{x,X}$ 是个无挠模．若非如此，则 f^*t 必是在 $\mathfrak{m}_x$ 中的一个零因子，其中 t 是 $\mathscr{O}_{y,Y}$ 中的一个一致化参数．因此 $f^\# t$ 必在 $\mathscr{O}_x$ 中(0)的某个相伴素理想 $\mathfrak{p}$ 内（Matsumura[2，系 2，p. 50]）．那么，$\mathfrak{p}$ 决定了一个点 $x' \in X$，它是 X 的一个相伴点且在 f 下的像为 y，矛盾．

最后，应注意当 X 既约时，它的相伴点恰是其不可约分支的广点，从而我们的条件是指 X 的每个不可约分支支配了 Y．

例 9.7.1 设 Y 为有一个结点的曲线，$f: X \to Y$ 为 Y 的正规化到它的映射．则 f 不是平坦的．因为如果是这样，则 $f_*\mathscr{O}_x$ 便是一个平坦的 $\mathscr{O}_Y$ 模层．由于它是凝聚的，由(9.2e)它将为局部自由．最后，由于它的秩是 1，它是 Y 上的一个可逆层．但是在 X 上存在两点 P_1, P_2 都映成 Y 的结点 Q，故 $(f_*\mathscr{O}_x)_Q$ 作为 $\mathscr{O}_Y$ 模需要有两个生成元，从而它不会是局部自由的．

例 9.7.2 当 Y 为正则，维数 > 1 时，(9.7)的结果也不成立．例如 $Y = \mathbf{A}^2$，X 由对一点的胀开得到．则 X, Y 都是非异且 X 支配 Y，但 f 不是平坦的，因为在胀开点上的纤维的维数太大了(9.5)．

命题 9.8 设 Y 为一维正则、整概型，$P \in Y$ 是个闭点，$X \subseteq \mathbf{P}^n_{Y-P}$ 是个闭子概型，它平坦于 $Y-P$，则存在一个唯一的闭子概型 $\bar{X} \subseteq \mathbf{P}^n_Y$，平坦于 Y 且限制到 $\mathbf{P}^n_{Y-P}$ 上为 X．

证明 取 $\bar{X}$ 为 X 在 $\mathbf{P}^n_Y$ 中的概型式闭包（第二章，习题 3.11 d)．则 $\bar{X}$ 的相伴点恰是 X 的那些相伴点，故由(9.7)，$\bar{X}$ 平坦于 Y．又因为 X 到 $\mathbf{P}^n_Y$ 的任何其他扩张总会有某些相伴点映到 P，故而 $\bar{X}$ 唯一．

注 9.8.1 这个命题说明，当我们有一个在挖去一个点的曲线上的 $\mathbf{P}^n$ 中闭子簇的平坦族时，可以"过渡到极限"去，从而它蕴含着"Hilbert 概型为本征的"．所谓 Hilbert 概型是个概型 H，它对 $\mathbf{P}^n_k$ 中所有闭子概型赋与参数．它有这样的性质：给出一个闭子概型 $X \subseteq \mathbf{P}^n_T$，它平坦于 T，而 T 为任意概型，等价于给出了一

个态射 $\varphi: T \to H$. 这里自然表明,对任意 $t \in T$, $\varphi(t)$ 是 H 中对应于纤维 $X_t \subseteq \mathbf{P}^n_{k(t)}$ 的点。

一旦知道了 Hilbert 概型是存在的 (见 Grothendieck [5, exp. 221]), 则其本征性问题就可用本征性的赋值判别法 (第二章, 4.7) 来决定. 刚刚所证明的结果正是证明 H 的每个连通分支本征于 k 时所需要的本质之处.

例 9.8.2 尽管在平坦族中纤维的维数不变,我们却不能期望像"不可约"或"既约"这些性质在平坦族中会保持不变. 例如在(第二章, 3.3.1)及(第二章, 3.3.2)中给出的族即为如此. 在这两种情形中,总空间 X 是整的,底空间 Y 是非异曲线而射 $f: X \to Y$ 为满,故而族为平坦. 同样,两个族中大部分纤维都是整的,但是特殊的纤维在一个族中为双重直线(非既约), 在另一个族中为两条直线(非不可约).

例 9.8.3 (从一点投影) 利用 (9.8)我们可以对从一点投影的几何过程有一些新的深入了解(第一章, 习题 3.14). 令 $P=(0, 0, \cdots, 0, 1) \in \mathbf{P}^{n+1}$, 考虑投影 $\varphi: \mathbf{P}^{n+1}-\{P\} \to \mathbf{P}^n$, 它由 $(x_0, \cdots, x_{n+1}) \longmapsto (x_0, \cdots, x_n)$ 定义. 对每个 $a \in k$, $a \neq 0$, 考虑以 $(x_0, \cdots, x_{n+1}) \longmapsto (x_0, \cdots, x_n, a x_{n+1})$ 定义的 $\mathbf{P}^{n+1}$ 的自同构 σ_a. 令 X_1 为 $\mathbf{P}^{n+1}$ 中不含 P 的闭子概型. 对每个 $a \neq 0$, 令 $X_a = \sigma_a(X_1)$. 则 X_a 是个以 $\mathbf{A}^1-\{0\}$ 为参数空间的平坦族. 之所以为平坦是因为作为抽象概型这些 X_a 均为同构, 事实上如果不管在 $\mathbf{P}^{n+1}$ 中的嵌入,整个族同构于 $X_1 \times (\mathbf{A}^1-\{0\})$.

现由(9.8) 这个族可唯一扩张到定义于整个 $\mathbf{A}^1$ 上的一个平坦族,且显然在 0 上的纤维 X_0, 至少从集合论的角度讲,它与 X_1 的投影 $\varphi(X_1)$ 是一样的. 因此我们看到了有这样一个 $\mathbf{A}^1$ 上的平坦族, 它在所有 $a \neq 0$ 处的纤维均同构于 X_1 而在 0 的纤维是以 $\varphi(X_1)$ 的空间为承载空间的某个概型.

例 9.8.4 现在来计算刚才所描述的平坦族的特殊情形, 这时 X_1 是 $\mathbf{P}^3$ 中的三次扭曲线, φ 是到 $\mathbf{P}^2$ 的投射而 $\varphi(X_1)$ 是 $\mathbf{P}^2$ 中一条结点三次曲线. 这个计算的显著结果是, 这个平坦族的特殊纤

维 X_0 由曲线 $\varphi(X_1)$ 及在二重点上的某些幂零元组成！ 我们说 X_0 是个具嵌入点的概型. 由于具有指向平面外的这些幂零元，似乎概型 X_0 仍保留了空间曲线族极限的信息. 特别地，X_0 不是 $\mathbf{P}^2$ 中闭子概型（图 11）.

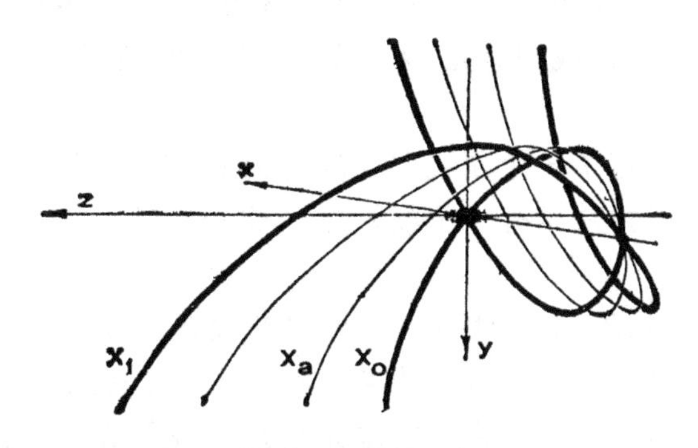

图 11 $\mathbf{P}^3$ 中子概型的一个平坦族

现在来计算. 我们只对二重点附近出现的情况感兴趣，故而使用 $\mathbf{A}^2$ 中仿射坐标 x,y 及 $\mathbf{A}^3$ 中仿射坐标 x,y,z. 设 X_1 由参数方程给出

$$\begin{cases} x = t^2 - 1, \\ y = t^3 - t, \\ z = t. \end{cases}$$

因为 $t = z$，$t^2 = x + 1$，$t^3 = y + z$，我们知道这就是 $\mathbf{A}^3$ 中的三次扭曲线(第一章，习题 1.2).

对任一 $a \neq 0$，概型 X_a 由下面方程给出

$$\begin{cases} x = t^2 - 1, \\ y = t^3 - t, \\ z = at. \end{cases}$$

设 $\bar{X}$ 为扩张到整个 $\mathbf{A}^1$ 的全部族. 要得到 $\bar{X}$ 的定义理想 $I \subseteq k[a,x,y,z]$，我们只要从这些参数方程中消去 t，并且还应该明确 a 不是 $k[a,x,y,z]/I$ 的零因子，故而才能得到 $\bar{X}$ 为平坦族.

我们求出

$$I=(a^2(x+1)-z^2,\ a^3y+a^2z-z^3, xz-ay,\ y^2-x^2(x+1))$$

令 $a=0$，由此得到 X_0 的理想 $I_0\subset k[x,y,z]$，它是

$$I_0=(z^2,z^3,xz,y^2-x^2(x+1))$$

因此 X_0 是个概型其支集等于结点三次曲线 $y^2=x^2(x+1)$. 在 $x\neq 0$ 的点上，z 必在理想中，从而 X_0在这些点为既约. 但是在结点(0,0,0)上，我们有元 z，满足 $z^2=0$，它是个非零的幂零元.

于是这里有了一个曲线平坦族的例子，其一般成员为非异而特殊成员为奇异并具有一个嵌入点. 也可见(9.10.1)及（第四章，习题 3.5).

例 9.8.5（除子的代数族） 设 X 为代数闭域 k 上的有限型概型，T 为 k 上的非异曲线，D 为 $X\times T$ 上的一个有效 Cartier 除子(第二章，§ 6). 于是可将 D 看作 $X\times T$ 的一个闭子概型，它在一个小开集 U 上可局部描述为单个元 $f\in\Gamma(U,\mathscr{O}_U)$ 的零点而 f 不是零因子. 对每个闭点 $t\in T$，令 $X_t(\cong X)$ 为 $X\times T$ 在 t 上的纤维. 如果对 X_t 的每个点，D 的局部方程 f 在 $\Gamma(U\cap X_t,\mathscr{O}_{X_t})$ 中的象 $\bar{f}$ 不是个零因子，我们则说相交除子 $D_t=D.X_t$ **有定义**. 这时，开覆盖 $\{U\cap X_t\}$ 及元 $\bar{f}$ 定义了 X_t 上的一个 Cartier 除子 D_t. 如果 D_t 对所有 t 有定义，则说除子 $\{D_t|t\in T\}$ 形成一个**以 T 作参数的 X 上的一个除子代数族**.

这个定义就 Cartier 除子而言是自然的，而它与平坦性以下面方式相联系：看作是 T 上概型的原来那个 Cartier 除子，它平坦于 T，当且仅当 $D_t=D.X_t$ 对每个 $t\in T$ 有定义. 实际上，令 $x\in D$为任一点，$A=\mathscr{O}_{x,X\times T}$ 为 x 在 $X\times T$ 上的局部环，$f\in A$ 为 D 的一个局部方程，并设 $p_1(x)=t, u\in\mathscr{O}_{t,T}$ 为一个一致化参数. 于是 $D.X_t$ 在 x 有定义，当且仅当 $\bar{f}\in A/uA$ 不是零因子. 由于 u 在 A 中自动地为非零因子，这就等价于说 (u,f) 在 A 中为正则序列(第二章，§ 8). 另一方面，D 对 T 在 x 为平坦，当且仅当 $\mathscr{O}_{x,D}$ 平坦于 $\mathscr{O}_{t,T}$. 由(9.13)它等价于 $\mathscr{O}_{x,D}$ 无挠，即 u 不是$\mathscr{O}_{x,D}$的零因子，但 $\mathscr{O}_{x,D}\cong A/fA$，故而这表明 (f,u) 为 A 中正则序列.

因为正则序列这一序列与序列的次序无关（Matsumura [2, 定理 28, p.102]），这两个条件等价.

定理 9.9 设 T 为整的 Noether 概型. $X \subseteq \mathbf{P}_T^n$ 为一闭子概型. 对每个点 $t \in T$，将纤维 X_t 看作为 $\mathbf{P}_{k(t)}^n$ 的闭子概型，设其 Hilbert 多项式为 $P_t \in \mathbf{Q}[z]$. 则 X 平坦于 T 当且仅当 Hilbert 多项式 P_t 与 t 无关.

证明 回顾一下.我们曾在(第一章,第7节)中定义了 Hilbert 多项式而在(习题 5.2)中用另外的方法进行了计算.我们将采用当 $m \gg 0$ 时

$$P_t(m) = \dim_{k(t)} H^0(X_t, \mathcal{O}_{X_t}(m))$$

作为定义性质.

首先以 $\mathbf{P}_T^n$ 上的任意凝聚层 $\mathscr{F}$ 代替 $\mathcal{O}_X$，并采用 $\mathscr{F}_t$ 的 Hilbert 多项式对上述情形作推广. 因此，我们可以假设 $X = \mathbf{P}_T^n$. 其次,这个问题对 T 是局部的. 事实上，将任意点与广点作比较,看出只要考虑 $T = \operatorname{Spec} A$，$A$ 为局部 Noether 环的情形就够了.

于是现在设 $T = \operatorname{Spec} A$, A 为局部 Noether 整环, $X = \mathbf{P}_T^n$, $\mathscr{F}$ 为 X 上的凝聚层. 我们将证明下列条件等价:

(i) $\mathscr{F}$ 平坦于 T;

(ii) 对所有 $m \gg 0$, $H^0(X, \mathscr{F}(m))$ 为有限秩自由 A 模;

(iii) $\mathscr{F}_t$ 在 $X_t = \mathbf{P}_{k(t)}^n$ 的 Hilbert 多项式 P_t，对任意 $t \in T$ 与 t 无关.

(i) $\Rightarrow$ (ii). 用 X 的标准开仿射覆盖 $\mathfrak{U}$ 的 Čech 上同调来计算 $H^i(X, \mathscr{F}(m))$，则

$$H^i(X, \mathscr{F}(m)) = h^i(C^{\cdot}(\mathfrak{U}, \mathscr{F}(m))).$$

因为$\mathscr{F}$为平坦，Čech 复形的每一项 $C^i(\mathfrak{U}, \mathscr{F}(m))$ 是平坦 A 模. 另一方面，如果 $m \gg 0$ 则由(5.2)，对 $i > 0$ 有 $H^i(X, \mathscr{F}(m)) = 0$. 因而复形 $C^{\cdot}(\mathfrak{U}, \mathscr{F}(m))$ 是 A 模 $H^0(X, \mathscr{F}(m))$ 的一个分解：我们有正合列

$$0 \to H^0(X, \mathscr{F}(m)) \to C^0(\mathfrak{U}, \mathscr{F}(m)) \to C^1(\mathfrak{U}, \mathscr{F}(m)) \to$$

$$\cdots \to C^n(\mathfrak{U}, \mathscr{F}(m)) \to 0.$$

将它分裂为短正合列，并用(9.1Ae)与 C^i 全为平坦的事实，我们得到 $H^0(X, \mathscr{F}(m))$ 是个平坦 A 模．然而它也是有限生成(5.2)，从而由(9.1Af)它为有限秩自由模．

(ii) ⇒ (i)．令 $S = A[x_0, \cdots, x_n]$，M 为多次 S 模

$$M = \bigoplus_{m \geqslant m_0} H^0(X, \mathscr{F}(m)),$$

其中 m_0 选取得足够大，使对 $m \geqslant m_0$ 时 $H^0(X, \mathscr{F}(m))$ 全为自由．然而由(第二章，5.15)有 $\mathscr{F} = \widetilde{M}$．只要注意到$M$与 $\Gamma_*(\mathscr{F})$在次数 $m \geqslant m_0$ 时相同，从而 $\widetilde{M} = \Gamma_*(\mathscr{F})^\sim$． 由于$M$为自由(从而平坦) A 模，我们得到$\mathscr{F}$平坦于 A(9.1.1)．

(ii) ⇒ (iii)．只要证明对 $m \gg 0$，

$$P_t(m) = \operatorname{rank}_A H^0(X, \mathscr{F}(m))$$

就够了．要证明这点，我们将指出，对所有 $m \gg 0$，有

$$H^0(X_t, \mathscr{F}_t(m)) \cong H^0(X, \mathscr{F}(m)) \otimes_A k(t).$$

首先设 $T' = \operatorname{Spec} A_\mathfrak{p}$，其中 $\mathfrak{p}$ 是对应于 t 的素理想，并作平坦的底扩张 $T' \to T$．于是由(9.3)，我们可以归结于 t 是T中闭点的情形．以 X_0 表闭纤维 X_t，$\mathscr{F}_0$ 表 $\mathscr{F}_t$，k 表 $k(t)$．取k在A上的一个表现

$$A^q \to A \to k \to 0.$$

于是得到X上层的一个正合列

$$\mathscr{F}^q \to \mathscr{F} \to \mathscr{F}_0 \to 0.$$

现由(习题 5.10)，对 $m \gg 0$ 得到正合列

$$H^0(X, \mathscr{F}(m)^q) \to H^0(X, \mathscr{F}(m)) \to H^0(X_0, \mathscr{F}_0(m)) \to 0.$$

另方面，可用 $H^0(X, \mathscr{F}(m))$ 对序列 $A^q \to A \to k \to 0$ 作张量积．比较它们，我们推导出，当 $m \gg 0$ 时

$$H^0(X_0, \mathscr{F}_0(m)) \cong H^0(X, \mathscr{F}(m)) \otimes_A k.$$

这正是所需要的．

(iii) ⇒ (ii)．根据（第二章，8.9）我们可以验证 $H^0(X, \mathscr{F}(m))$ 的自由性．即比较它在T的广点与闭点处的秩．因而上面

(ii) ⇒ (iii) 的论点可以倒转过来.

系 9.10 设 T 为一连通 Noether 概型，$X\subseteq \mathbf{P}_T^n$ 为平坦于 T 的闭子概型. 对任意 $t\in T$，令 X_t 表其纤维并将其看作 $\mathbf{P}_{k(t)}^n$ 的闭子概型. 则 X_t 的维数、次数、算术亏数全都与 t 无关.

证明. 底扩张到 T 的不可约分支上，分支上给予其既约的诱导结构，于是归结到 T 为整概型. 那么从这个定理，(第一章，§ 7) 的事实及(习题 5.3)得到了结果，

$$\dim X_t = \deg P_t,$$

$$\deg X_t = (r!)\cdot(P_t \text{ 的首项系数}),$$

其中 $r = \dim X$，及

$$p_a(X_t) = (-1)^r(P_t(0) - 1).$$

定义. 设 k 为一代数闭域，$f: X\to T$ 为 k 上簇间的满映射，并假定对每个闭点 $t\in T$，有

(1) $f^{-1}(t)$ 为不可约，且

(2) 若 $\mathfrak{m}_t\subseteq \mathcal{O}_{t,T}$ 为极大理想，$\zeta\in f^{-1}(t)$ 为广点，则 $f^{\#}\mathfrak{m}_t$ 生成极大理想 $\mathfrak{m}_\zeta\subseteq\mathcal{O}_{\zeta,X}$.

在这些条件下，令 $X_{(t)}$ 为簇 $f^{-1}(t)$ (具有既约诱导结构)，我们称 $X_{(t)}$ 形成以 T 参数化的簇的代数族，第二个条件对保证 $X_{(t)}$ 在族中以"重数 1"出现是必要的. 它等价于概型式纤维 X_t 在其广点处既约.

例 9.10.1 在(9.8.4)的平坦族中，如果让纤维具有其既约诱导结构，则得到由 $\mathbf{A}^1$ 作参数的簇的代数族 $X_{(t)}$. 对 $t\neq 0$ 它是条非异有理曲线；对 $t=0$ 它是平面结点三次曲线. 请注意算术亏格在此族中不是常值：$p_a(X_{(t)})=0$ 当 $t\neq 0$ 而 $p_a(X_{(0)})=1$. 这是由于在概型式纤维 X_0 中出现了幂零元的原因. 因为由 (9.10)，在概型的平坦族中 p_a 应是常值，是在 0 的嵌入点改变了 Hilbert 多项式的常数项，故而有了 $p_a(X_0)=0$.

定理 9.11 设 T 是代数闭域 k 上的非异曲线，$X_{(t)}$ 为以 T 参数化了的正规簇的代数族，则 $X_{(t)}$ 是概型的平坦族.

证明 设 $f: X\to T$ 为此族的定义态射. 则由(9.7)，f 是平

坦射．因此我们仅须证明对每个闭点 $t\in T$，概型式纤维 X_t 同于簇 $X_{(t)}$．换句话说必须证明 X_t 为既约．对任意点 $x\in X$，令 $A=\mathcal{O}_{x,X}$ 为其局部环，$f(x)=t$，并仍以 t 表局部环 $\mathcal{O}_{t,T}$ 的一致化参数．于是，A/tA 是 x 在 X_t 的局部环．由假定，X_t 不可约，故而 t 在 A 中有一个唯一的极小素理想 $\mathfrak{p}$．又 t 生成 X_t 的广点在 X 中局部环的极大理想，就是说 t 生成 $A_{\mathfrak{p}}$ 的极大理想．最后，x 在 $X_{(t)}$ 的局部环为 $A/\mathfrak{p}$，我们的假定条件表明 $A/\mathfrak{p}$ 为正规．现在我们的结论便是下面引理的一个结果，它告诉我们 $\mathfrak{p}=tA$，故 $X_{(t)}=X_t$．

引理 9.12 (Hironaka 引理[1]) 设 A 为局部 Noether 整环且为某个域 k 上一个有限型代数的局部化．令 $t\in A$，并假定

(1) tA 仅有一个极小相伴素理想 $\mathfrak{p}$，

(2) t 生成 $A_{\mathfrak{p}}$ 的极大理想，

(3) $A/\mathfrak{p}$ 为正规．

则 $\mathfrak{p}=tA$ 且 A 为正规．

证明 令 $\tilde{A}$ 为 A 的正规化，则由(第一章，3.9A) $\tilde{A}$ 为有限生成 A 模．我们要证明映射

$$\varphi: A/tA\to\tilde{A}/t\tilde{A}$$

及

$$\psi: A/tA\to A/\mathfrak{p}$$

都为同构．

首先作对 $\mathfrak{p}$ 的局部化．于是由假设，ψ 在 $\mathfrak{p}$ 为同构．因此 $A_{\mathfrak{p}}$ 是个离散赋值环从而正规．故 $\tilde{A}_{\mathfrak{p}}=A_{\mathfrak{p}}$，得到 φ 在 $\mathfrak{p}$ 也是同构．

现在假设 φ，ψ 中至少有一个不是同构．则在某个适当的素理想作局部化后，可以假设 φ,ψ 在每个 $\mathfrak{q}\neq\mathfrak{m}$(极大理想)的局部化 $A_{\mathfrak{q}}$ 上均为同构，但 φ,ψ 中至少有一个在 $\mathfrak{m}$ 不是同构，由第一步所证，有 $\mathfrak{p}<\mathfrak{m}$，故 $\dim A\geqslant 2$．那么，$\tilde{A}$ 正规且维数 $\geqslant 2$，故而 depth $\geqslant 2$ (第二章，8.22A)，所以 $\tilde{A}/t\tilde{A}$ 具有 depth $\geqslant 1$．因此它不能以 $\mathfrak{m}$ 为相伴素理想．另一方面，$\tilde{A}/t\tilde{A}$ 与 $A/\mathfrak{p}$ 在 $\mathfrak{m}$ 以外

的素理想上均一样，于是得出 $\tilde{A}/t\tilde{A}$ 是个整环。因此有自然映射 $(A/tA)_{red} \to \tilde{A}/t\tilde{A}$。但 $(A/tA)_{red} \cong A/\mathfrak{p}$，因为 ψ 在 $\mathfrak{m}$ 之外为同构。从而 $\tilde{A}/t\tilde{A}$ 是有限生成 $A/\mathfrak{p}$ 模并具相同的商域。由假设 $A/\mathfrak{p}$ 为正规，我们推导出 $\tilde{A}/t\tilde{A} \cong A/\mathfrak{p}$。那么 φ 便为满，故可写成 $\tilde{A} = A + t\tilde{A}$。由 Nakayama 引理有 $A = \tilde{A}$。因此 $A/tA \cong A/\mathfrak{p}$ 且 φ 与 ψ 都是同构。引出了矛盾，故而证明了在未局部化的原来环 A 上，φ 及 ψ 已经是同构了。

最后，因 ψ 是同构，得到 $\mathfrak{p} = tA$。因 φ 是同构，得到 $\tilde{A} = A + t\tilde{A}$，像前面一样用 Nakayama 引理推出 $A = \tilde{A}$，从而 A 为正规。

系 9.13 (Igusa[1]) 令 $X_{(t)}$ 是 $\mathbf{P}_k^n$ 中正规簇的代数族，以簇 T 为参数化，则 $X_{(t)}$ 的 Hilbert 多项式，从而算术亏格 $p_a(X_{(t)})$，与 t 无关。

证明 T 中任两个闭或是在某个态射 $g: T' \to T$ 的像中，其中 T' 为一条非异曲线，或是可用有限条这样的曲线连接。故而通过底扩张，可化到 T 为非异曲线的情形，于是从(9.10)与(9.11)推出结论。

例 9.13.1 (无穷小形变) 我们已经看到了平坦性对于簇的代数族而言是个自然的条件，现在转到概型的范畴中，考虑一个重要的非经典的平坦性例子。设 X_0 为域 k 上的有限型概型。令 $D = k[t]/t^2$ 是 k 上的对偶数环。X_0 的一个无穷小形变是指一个概型 X，平坦于 D 且满足 $X \otimes_D k \cong X_0$。

从几何上讲它们是以下述方式产生的。若 $X \to T$ 为任一平坦族，有一个点 $t \in T$ 使 $X_t \cong X_0$，我们则说 X 是 X_0 的一个(整体)形变。现在在 T 于 t 的 Zariski 切空间中给出一个元，则得到一个射 $\operatorname{Spec} D \to T$ (第二章，习题 2.8)。于是由底扩张，我们得到 X'，它平坦于 $\operatorname{Spec} D$ 并有闭纤维 X_0。所以研究 X_0 的无穷小形变最终会对研究整体形变有所帮助。

例 9.13.2 依同一想法继读讨论。常常可以对概型 X 的无穷小形变分类。特别地，X 在代数闭域 k 上为非异时，我们将证明，

X的无穷小形变在同构下的集合一一对应于上同调群$H^1(X,\mathscr{T}_x)$的元，其中$\mathscr{T}_x$是切层。

实际上，给出了X'平坦于D，考虑D模的正合序列

$$0\to k\xrightarrow{t} D\to k\to 0.$$

由平坦性，得到了$\mathscr{O}_{X'}$模的正合序列

$$0\to\mathscr{O}_X\xrightarrow{t}\mathscr{O}_{X'}\to\mathscr{O}_X\to 0.$$

因此X'是经层$\mathscr{O}_X$的概型X的无穷小扩张，这是在(II，习题8.7)的意义下的。反之，这样的一个扩张给出了X'平坦于D。现在由(习题4.10)知道，这些扩张由$H^1(X,\mathscr{T}_X)$分类。

注 9.13.3 有一个整个的科目称作为形变理论，致力于研究域k上给定概型X_0的形变。它与模簇问题紧密相关。在模簇问题中人们试图对所有的簇进行分类，并将它们置于代数族中。我们在这里仅仅研究那些与所给X_0靠近的簇。

形变理论是代数几何的一个领域，在那里概型的影响相当大。因为既便一个人主要兴趣是个k上的簇X_0，当在概型的范畴中讨论时，他就可能考虑具剩余域k的任意 Artin 环上的平坦族，它以X_0为闭纤维。取 Artin 环的极限，他就可能研究完备局部环上的平坦族。这两类族均介于X_0本身与一个整体形变$f:X\to T$之间，其中T是另一个簇。因此它们是研究X_0的所有形变的有力工具。形变理论的一些文献见 Schlessinger[1] 或 Morrow 及 Kodaira [1，第4章]。

习　题

9.1 Noether 概型间的有限型平坦射$f:X\to Y$为开，即对任意开子集$U\subseteq X$，$f(U)$开于Y。[提示：证明$f(U)$为可构造的且在广点化下稳定(第二章，习题3.18)及(第二章，习题3.19)。]

9.2 对(第一章，习题3.14)的曲线进行(9.8.4)的计算。证明在平面三次曲线的尖点上得到一个嵌入点。

9.3 一些平坦与非平坦的例子。

(a) 若$f:X\to Y$是代数闭域k上的非异簇间的有限满射，则f为平坦。

(b) 设 X 为交于一点的两个平面的并，其每个平面都同构地映到一个平面 Y. 证明 f 不是平坦的. 例如，令 $Y = \operatorname{Spec}k[x, y]$, $X = \operatorname{Spec}k[x,y,z,w]/(z,w)\cap(x+z,y+w)$.

(c) 仍令 $Y = \operatorname{Spec}k[x,y]$ 但 $X = \operatorname{Spec}k[x,y,z,w]/(z^2,zw,w^2,xz-yw)$. 证明 $X_{\text{red}}\cong Y$ 且 X 无嵌入点，但是 f 不是平坦的.

9.4 平坦性的开性质. 设 $f: X\to Y$ 为 Noether 概型间的有限型态射. 则 $\{x\in X\mid f \text{平坦于} x\}$ 是 X 的一个开集(可能为空). 见Grothendieck[EGA IV$_3$, 11.1.].

9.5 极平坦族. 对任意闭子概型 $X\subseteq \mathbf{P}^n$, 以 $C(X)\subseteq\mathbf{P}^{n+1}$ 表示 X 上的射影锥(第一章，习题 2.10). 若 $I\subseteq k[x_0,\cdots,x_n]$ 是 X 的(最大)齐次理想，则 $C(X)$ 由 I 在 $k[x_0,\cdots,x_{n+1}]$ 生成的理想所定义.

(a) 用例子证明，若 $\{X_t\}$ 是 $\mathbf{P}^n$ 中闭子概型的平坦族则 $\{C(X_t)\}$ 不必是 $\mathbf{P}^{n+1}$ 中的平坦族.

(b) 为弥补这种情况，作下面定义. 设 $X\subseteq\mathbf{P}^n_T$ 是个闭子概型，T 是个 Noether 整概型. 对每个 $t\in T$, 令 $I_t\subseteq S_t = k(t)[x_0,\cdots,x_n]$ 为 X_t 在 $\mathbf{P}^n_{k(t)}$ 中的齐次理想，称族 $\{X_t\}$ 为极平坦，如果对所有 $d\geqslant 0$,

$$\dim_{k(t)}(S_t/I_t)_d$$

与 t 无关. 这里$()_d$表示 d 次齐次部分.

(c) 若 $\{X_t\}$ 为 $\mathbf{P}^n$ 中极平坦族，证其为平坦. 又证明 $\{C(X_t)\}$ 是 $\mathbf{P}^{n+1}$ 中的一个极平坦族，因而平坦.

(d) 若 $\{X_{(t)}\}$ 为 $\mathbf{P}^n_k$ 中的射影式正规簇的代数族，以代数闭域 k 上的非异曲线参数化，则 $\{X_{(t)}\}$ 是概型的极平坦族.

9.6 设 $Y\subseteq\mathbf{P}^n$ 为维数$\geqslant 2$的代数闭域 k 上的非异簇. 假设 $\mathbf{P}^{n-1}$ 是 $\mathbf{P}^n$ 中一个不包含 Y 的超平面，并使 $Y' = Y\cap\mathbf{P}^{n-1}$ 也为非异. 证明 Y 在 $\mathbf{P}^n$ 中为完全交，当且仅当 Y' 在 $\mathbf{P}^{n-1}$ 中为完全交. [提示: 参见(第二章，习题 8.4)并将(9.12)运用 Y 及 Y' 上的仿射锥.]

9.7 令 $Y\subseteq X$ 为闭子概型，其中 X 为域 k 上的有限型概型. 设 $D = k[t]/(t^2)$为对偶数环，定义作为 X 的闭子概型的 Y 的无穷小形变是个闭子概型 $Y'\subseteq X\times_k D$, 且其平坦于 D, 闭纤维为 Y. 证明这些 Y' 由$H^0(Y, \mathscr{N}_{Y/X})$ 分类，其中

$$\mathscr{N}_{Y/X} = \mathscr{H}om_{\mathscr{O}_Y}(\mathscr{I}_Y/\mathscr{I}_Y^2, \mathscr{O}_Y).$$

***9.8** 设 A 为有限生成 k 代数. 将 A 写为 k 上一个多项式环的商，J 为核:

$$0\to J\to P\to A\to 0.$$

考虑(第二章,8.4A)的正合序列

$$J/J^2\to \Omega_{P/k}\otimes_P A\to \Omega_{A/k}\to 0.$$

运用函子 $\mathrm{Hom}_A(\cdot,A)$ 并令 $T'(A)$ 为余核:

$$\mathrm{Hom}_A(\Omega_{P/k}\otimes A,A)\to \mathrm{Hom}_A(J/J^2,A)\to T'(A)\to 0.$$

现在利用(第二章,习题8.6)的构造证明, $T'(A)$ 将 A 的无穷小形变分类,即那些平坦于 $D=k[t]/t^2$ 的代数 A' 使 $A'\otimes_D k\cong A$. 由此得到: $T'(A)$ 与将 A 作为多项式环商的表现无关.(更详细的内容,见 Lichtenbaum 与 Schlessinger[1]).

9.9 k 代数 A, 如果它没有无穷小形变或等价地由(习题 9.8), 如果 $T'(A)=0$, 则称 A 是*刚性的*. 设 $A=\mathrm{spec}(k[x,y,z,w]/(x,y)\cap(z,w))$,证 A 是刚性的. 这对应于 $\mathbf{A}^4$ 中交于一点的两个平面.

9.10 k 上的概型 X_0 称为*刚性的*,如果它没有无穷小形变.

(a) 用 (9.13.2),证明 $\mathbf{P}^1_k$ 是刚性的.

(b) 人们可能会想,如果 X_0 在 k 上是刚性的, 则 X_0 的每个整体形变就应是局部平凡的. 证明并非如此. 采用下面方法: 构造一个本征的平坦态射 $f:X\to \mathbf{A}^1$ 于代数闭域 k 上, 使 $X_0\cong \mathbf{P}^1_k$, 但不存在 0 在 $\mathbf{A}^1$ 中的开邻域 U 使 $f^{-1}(U)\cong U\times \mathbf{P}^1$.

*(c)但是,请证明在下述意义下,经平坦底扩张后可将 $\mathbf{P}^1$ 的一个整体形变平凡化,这是指 $f:X\to T$ 是平坦的射影态射且 T 是代数闭域 k 上的一条非异曲线. 假定有个闭点 $t\in T$ 使 $X_t\cong \mathbf{P}^1_k$. 则存在一条非异曲线 T' 及平坦射 $g:T'\to T$, 其像包含了 t, 使得当 $X'=X\times_T T'$ 为底扩张时则新的族 $f':X'\to T'$ 同构于 $\mathbf{P}^1_{T'}\to T'$.

9.11 设 Y 是 $\mathbf{P}^n_k$ 中的 d 次非异曲线, k 为代数闭域. 证明:

$$0\leqslant p_a(Y)\leqslant \frac{1}{2}(d-1)(d-2).$$

[*提示*: 如同(9.8.3)与(9.8.4)一样,将 Y 与 Y 在 $\mathbf{P}^2$ 中适当的投射相比较.]

10. 光滑态射

光滑态射的概念是域上非异簇概念的一种相对形式. 本节中

将给出关于光滑态射的一些基本结果.作为应用,我们要给出特征 0 的 Bertini 定理的 Kleiman 的漂亮的证明.关于光滑及平展态射的进一步知识可参见 Altman 及 Kleiman[1,第 VI, VII章], Matsumura [2,11 章] 及 Grothendieck [SGA1, exp. I,II,III].

为简便起见，我们假定本节中所有概型都是在域 k 上的有限型.

定义 k 上有限型概型间的态射 $f: X \to Y$ 相对维数 n 光滑,如果

(1) f 为平坦;

(2) 如果 $X' \subseteq X$, $Y' \subseteq Y$ 为不可约分支使 $f(X') \subseteq Y'$, 则 $\dim X' = \dim Y' + n$;

(3) 对每个点 $x \in X$ (闭与否),

$$\dim_{k(x)}(\Omega_{X/Y} \otimes k(x)) = n.$$

例 10.0.1 对任意 Y, $\mathbf{A}_Y^n$ 及 $\mathbf{P}_Y^n$ 均为 Y 上相对维数 n 光滑.

例 10.0.2 若 X 为整的,则条件(3)等于说 $\Omega_{X/Y}$ 在 X 上局部自由具秩 n (第二章, 8.9)

例 10.0.3 若 $Y = \operatorname{Spec} k$, k 为代数闭,则 X 光滑于 k, 当且仅当 X 正则,具有维数 n. 特别地, 若 X 在 k 上是不可约分离的,则它光滑,当且仅当它是非异簇. 参照(第二章, 8.8)及 (第二章, 8.15).

命题 10.1

(a) 开浸没相对维数 0 光滑.

(b) 底变换: 设 $f: X \to Y$ 相对维数 n 光滑, $g: Y' \to Y$ 为任意态射, 则由底扩张得到的射 $f': X' \to Y'$ 也相对维数 n 光滑.

(c) 复合: 若 $f: X \to Y$ 相对维数 n 光滑, $g: Y \to Z$ 具相对维数 m 光滑, 则 $g \circ f: X \to Z$ 具相对维数 $n+m$ 光滑.

(d) 积: 若 X 及 Y 均对 Z 光滑, 分别具有相对维数 n 及 m, 则 $X \times_Z Y$ 相对维数 $n+m$ 在 Z 上光滑.

证明

(a) 平凡.

(b) 由(9.2)，f' 为平坦．依照(9.6)，光滑性定义中的条件(2)等于说 f 的每个纤维 X_y 的不可约分支都是 n 维．而这个条件在底扩张下不变．最后，$\Omega_{X/Y}$ 在底扩张下稳定(第二章，8.10)，从而 $\dim_{k(x)}(\Omega_{X/Y}\otimes k(x))$ 也不变．因此 f' 光滑．

(c) 由(9.2)，$g\circ f$ 平坦．若 $X'\subseteq X$，$Y'\subseteq Y$，$Z'\subseteq Z$ 为不可约分支，使 $f(X')\subseteq Y'$，$g(Y')\subseteq Z'$，则显然由假定有 $\dim X' = \dim Z' + n + m$．至于最后一个条件，我们用(第二章，8.11)的正合序列

$$f^*\Omega_{Y/Z}\to\Omega_{X/Z}\to\Omega_{X/Y}\to 0.$$

以 $k(x)$ 张量积有

$$f^*\Omega_{Y/Z}\otimes k(x)\to\Omega_{X/Z}\otimes k(x)\to\Omega_{X/Y}\otimes k(x)\to 0.$$

由假定，这序列第一项的维数是 m，最后的为 n 维．故中间项有维数 $\leqslant m+n$．

另一方面．令 $z=g(f(x))$．则由于相对微分与底扩张可交换，有

$$\Omega_{X/Z}\otimes k(x)=\Omega_{X_z/k(z)}\otimes k(x).$$

令 X' 为 X_z 的包含了 x 的一个不可约分支，并具有其既约诱导结构．于是我们由(第二章，8.12)有一个满映射

$$\Omega_{X_z/k(z)}\otimes k(x)\to\Omega_{X'/k(z)}\otimes k(x)\to 0.$$

然而由(9.6)，X' 是 $k(z)$ 上 $n+m$ 维的有限型整概型，故由(第二章，8.6A)，$\Omega_{X'/k(z)}$ 是秩 $\geqslant n+m$ 的凝聚层．因此在每点至少需要 $n+m$ 个生成元，于是

$$\dim_{k(x)}(\Omega_{X'/k(z)}\otimes k(x))\geqslant n+m.$$

结合这些不等式，得到所要的

$$\dim_{k(x)}(\Omega_{X/Z}\otimes k(x))=n+m.$$

(d) 这个论断是(b)与(c)的结果，因为它可以分解为 $X\times_Z Y\xrightarrow{p_2}Y\to Z$．

定理 10.2 设 $f:X\to Y$ 为 k 上有限型概型间态射，则 f 具相对维数 n 光滑，当且仅当

(1) f 平坦，且

(2) 对每个点 $y\in Y$，令 $X_{\bar{y}}=X_y\otimes_{k(y)}k(y)^-$，其中 $k(y)^-$ 是 $k(y)$ 的代数闭包，则 $X_{\bar{y}}$ 为 n 维匀维且正则（这时称"f 的纤维为几何正则，具有匀维 n"）.

证明 设 f 光滑，具有相对维数 n，则在任意底扩张仍如此. 特别地，$X_{\bar{y}}$ 光滑于 $k(y)^-$，具有相对维数 n，从而为正则(10.0.3).

反之，设(1)与(2)满足. 由(1) f 为平坦. 由(2)我们推出 X_y 的每个不可约分支具有维数 n，由(9.6)它给出了光滑性定义中的条件(2). 最后，因为 $k(y)^-$ 为代数闭，$X_{\bar{y}}$ 的正则性表明 $\Omega_{X_{\bar{y}}/k(y)^-}$ 为局部自由，秩为 n(10.0.3). 从而表示 $\Omega_{X_y/k(y)}$ 为秩 n 的局部自由层.（譬如参见 Matsumura [2,(4.E), p. 29]，故而对每个 $x\in X$，

$$\dim_{k(x)}(\Omega_{X/Y}\otimes k(x))=\dim_{k(x)}(\Omega_{X_y/k(x)}\otimes k(x))=n$$

为所求.

下面将研究非异簇的一个态射何时为光滑. 回忆(第二章，习题2.8)，对概型 X 的一个点 x，我们定义 Zariski 切空间 T_x 为 $k(x)$ 向量空间 $\mathfrak{M}_x/\mathfrak{M}_x^2$ 的对偶空间. 当 $f:X\to Y$ 为一态射，$y=f(x)$，则有个切空间的自然的诱导映射

$$T_f:T_x\to T_y\otimes_{k(y)}k(x).$$

在叙述我们的判别法前，回顾一个代数事实.

引理 10.3.A 设 $A\to B$ 为局部 Noether 环的局部同态. 令 M 为一有限生成 B 模，$t\in A$ 是个非零因子. 则 M 平坦于 A 当且仅当

(1) t 不是 M 的零因子，且

(2) M/tM 平坦于 A/tA.

证明 这是"平坦性局部判别法"的一个特殊情形. 见 Bourbaki[1,III,§5] 或 Altman 及 Kleiman[1,V,§3].

命题 10.4 设 $f:X\to Y$ 为代数闭域 k 上非异簇间的态射. 令 $n=\dim X-\dim Y$. 则下列条件等价:

(i) f 为具有相对维数 n 且光滑;

(ii) $\Omega_{X/Y}$ 为 X 上 n 秩的局部自由层;

(iii) 对每个闭点 $x\in X$，Zariski 切空间上的诱导映射 T_f: $T_x\to T_y$ 为满。

证明

(i)⇒(ii). 因为 X 为整的，故可由光滑性的定义推出(10.0.2)。

(ii)⇒(iii). 对(第二章,8.11)的正合列以 $k(x)$ 作张量积，我们有

$$f^*\Omega_{Y/k}\otimes k(x)\to\Omega_{X/k}\otimes k(x)\to\Omega_{X/Y}\otimes k(x)\to 0.$$

由于 X 及 Y 均光滑于 k，故这些向量空间的维数分别等于 $\dim Y$，$\dim X$ 及 n。因此左边的映射必为单。但是对一个闭点 x，有 $k(x)\cong k$，故利用(第二章，8.7)我们看出这个映射正是由 f 诱导的自然映射

$$\mathfrak{M}_y/\mathfrak{M}_y^2\to\mathfrak{M}_x/\mathfrak{M}_x^2.$$

在 k 上取对偶空间,求得 T_f 为满。

(iii)⇒(i). 首先证明 f 为平坦。为此由平坦的局部性，只要对每个闭点 $x\in X$ 及 $y=f(x)$ 证明 $\mathscr{O}_x$ 平坦于 $\mathscr{O}_y$。因为 X 及 Y 非异,这些都是正则局部环。又因为 T_f 是满的，则如上述一样，$\mathfrak{M}_y/\mathfrak{M}_y^2\to\mathfrak{M}_x/\mathfrak{M}_x^2$ 为单。令 $t_1,\cdots,t_r$ 为 $\mathscr{O}_y$ 的正则参数系，于是它们在 $\mathscr{O}_x$ 中的像形成 $\mathscr{O}_x$ 的部分正则参数系。由于 $\mathscr{O}_x/(t_1,\cdots,t_r)$ 自动地平坦于 $\mathscr{O}_y/(t_1,\cdots,t_r)=k$,我们用(10.3A)对 i 进行往下归纳,证明 $\mathscr{O}_x/(t_1,\cdots,t_i)$ 对每个 i,平坦于 $\mathscr{O}_y/(t_1,\cdots,t_i)$。特别当 $i=0$ 时，$\mathscr{O}_x$ 平坦于 $\mathscr{O}_y$。因此 f 为平坦。

现在,可以将 (ii)⇒(iii) 论证倒过来往上读,便得到对每个闭点 $x\in X$，有

$$\dim_{k(x)}(\Omega_{X/Y}\otimes k(x))=n.$$

另一方面由于 f 平坦，它必为支配，于是对 X 的广点 $\zeta\in X$，我们从(第二章，8.6A)有

$$\dim_{k(\zeta)}(\Omega_{X/Y}\otimes k(\zeta))\geqslant n.$$

于是推出了 $\Omega_{X/Y}$ 是秩 $\geqslant n$ 的凝聚层,故由(第二章，8.8)，它必为秩 n 的局部自由层。因此 $\Omega_{X/Y}\otimes k(x)$ 在 X 的每点上具维数 n,从

而 f 是具相对维数 n 光滑的.

接着，我们要给出仅在特征零才有的关于光滑性的某些特殊结果.

引理 10.5 设 k 为一特征 0 代数闭域，$f: X \to Y$ 为 k 上有限型整概型间的态射，则存在一个非空开集 $U \subseteq X$，使得 $f: U \to Y$ 为光滑.

证明 以适当的开子集代替 X 及 Y；可设它们均为 k 上非异簇(第二章, 8.16). 又因是特征 0 情形，$K(X)$ 是 $K(Y)$ 的可分生成的域扩张,(第一章, 4.8A). 故由 (第二章, 8.6 A), $\Omega_{X/Y}$ 在 X 的广点是秩 $n = \dim X - \dim Y$ 的自由模. 因而它必在某个非空开子集 $U \subseteq X$ 上为局部自由且秩为 n. 由 (10.4)我们得到 $f: U \to Y$ 为光滑.

例 10.5.1 设 k 是特征 p 的代数闭域，$X = Y = \mathbf{P}_k^1$, $f: X \to Y$ 为 Frobenius 态射(第一章, 习题 3.2)，则 f 在任一开子集上都不光滑. 事实上,因为 $d(t^p) = 0$，自然映射 $f^*\Omega_{Y/k} \to \Omega_{X/k}$ 必为 0 映射,从而 $\Omega_{X/Y} \cong \Omega_{X/k}$ 是秩 1 的局部自由层. 但 f 具相对维数 0，所以它处处不光滑.

命题 10.6 设 k 为特征 0 的代数闭域，$f: X \to Y$ 是 k 上有限型概型间的态射. 对任意 r，令

$$X_r = \{\text{闭点 } x \in X \mid \operatorname{rank} T_{f,x} \leqslant r\},$$

则

$$\dim \overline{f(X_r)} \leqslant r.$$

证明 令 Y' 为$\overline{f(X_r)}$的任意一个不可约分支，X' 为 $\bar{X}_r$ 中支配了 Y' 的一个不可约分支. 赋与 X', Y' 以其既约的诱导结构并考虑诱导的支配射 $f': X' \to Y'$. 于是，由 (10.5) 存在非空开集 $U' \subseteq X'$ 使 $f': U' \to Y'$ 为光滑. 现令 $x \in U' \cap X_r$ 且考察 Zariski 切空间之间映射的交换图

$$\begin{array}{ccc} T_{x,U'} & \to & T_{x,X} \\ \downarrow{\scriptstyle T_{f',x}} & & \downarrow{\scriptstyle T_{f,x}} \\ T_{y,Y'} & \to & T_{y,Y}. \end{array}$$

因为 U' 及 Y' 分别是 X 及 Y 的局部闭子概型，图中水平箭头为单的. 另一方面,因 $x\in X_r$, $\mathrm{rank}T_{f,x}\leqslant r$；因 f' 为光滑, $T_{f',x}$ 为满的(10.4),由此推出 $\dim T_{y,Y'}\leqslant r$ 从而 $\dim Y'\leqslant r$.

系 10.7(一般光滑性) 设 $f: X\to Y$ 为特征 0 代数闭域 k 上簇间的射,并设 X 为非异,则存在非空开子集 $V\subseteq Y$,使 $f_*: f^{-1}V\to V$ 为光滑.

证明 由(第二章, 8.16). 可设 Y 为非异. 令 $r=\dim Y$, $X_{r-1}\subseteq X$ 为(10.6)中定义的子集. 于是 $\dim\overline{f(X_{r-1})}\leqslant r-1$ (10.6),故而把它从 Y 中去掉,就可以假定在 X 的每个闭点上 rank $T_f\geqslant r$. 但由于 Y 是 r 维非异簇,这表明在 X 的每个闭点上 T_f 为满. 于是,由(10.4), f 是光滑的.

注意,如果原来的 f 不是支配的，则可取 $V\subseteq Y-\overline{f(x)}$, $f^{-1}V$ 就是个空集.

为了下一个结果的需要,我们回想一下群簇的概念,(第一章,习题 3.21). 代数闭域 k 上的一个群簇 G 是个簇 G, 同时具有态射 $\mu: G\times G\to G$ 及 $\rho: G\to G$, 使 G 的 k 有理点集合 $G(k)$ (由于 k 为代数闭，它恰是 G 的所有闭点的集)在由 μ 诱导的运算下,是个群,它依 ρ 给出逆元.

如果有态射 $\theta: G\times X\to X$, 它诱导了群的同态: $G(k)\to\mathrm{Aut}X$, 则称群簇作用于簇 X.

一个齐性空间是个簇 X 及一个作用于它的群簇 G,使群 $G(k)$ 在 X 的 k 有理点集 $X(k)$ 上的作用为可迁的.

注 10.7.1 任意群簇均为齐性空间，只要让它以左乘积作用于自己.

例 10.7.2 射影空间 $\mathbf{P}_k^n$ 在 $G=\mathrm{PGL}(n)$ 作用下是个齐性空间. 参见(第二章,7.1.1).

例 10.7.3 齐性空间必为非异簇. 实际上,由(第二章,8.16),它有一个非异的开子集. 然而我们有一个自同构的可迁群作用,故而它处处非异.

定理 10.8 (Kleiman[3]) 设 G 为特征 0 代数闭域 k 上的群

簇，X是在G下的齐性空间．设$f:Y\to X$及 $g:Z\to X$ 是非异簇Y,Z到X的态射．对任意 $\sigma\in G(k)$，令Y^{σ}表示有到X的态射$\sigma\circ f$的Y．于是，存在一个非空开子集 $V\subseteq G$，使得对每个 $\sigma\in V(k)$，$Y^{\sigma}\times_X Z$ 为非异，它或是空集或是维数为

$$\dim Y+\dim Z-\dim X.$$

证明 首先考虑由f与群作用 $\theta:G\times X\to X$ 复合成的态射

$$h:G\times Y\to X.$$

由于G是群簇，它为非异(10.7.3)，又由假设Y为非异，从而由(10.1)，$G\times Y$为非异．因为 $\operatorname{char}k=0$，可应用一般光滑定理(10.7)于h并推导出，存在非空开集$U\subseteq X$使 $h:h^{-1}(U)\to U$ 为光滑．现在G以对G左乘作用于 $G\times Y$，G经θ作用于X，这两个作用均与态射h相容．因此，对任意 $\sigma\in G(k)$，$h:h^{-1}(U^{\sigma})\to U^{\sigma}$ 也光滑．由于U^{σ}覆盖了X，则推出h处处光滑．

其次，我们考虑纤维积

$$W=(G\times Y)\times_X Z,$$

它有到$G\times Y$及Z的映射g'及h'，如图所示

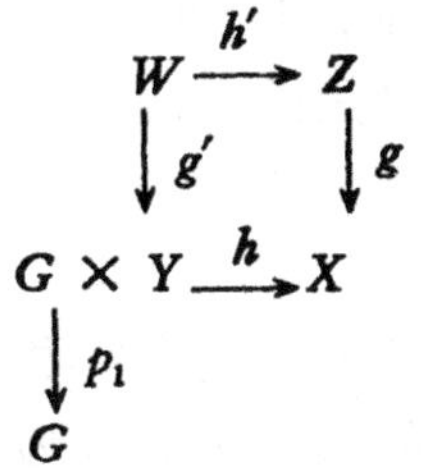

$$\begin{array}{ccc}
W & \xrightarrow{h'} & Z \\
\downarrow{\scriptstyle g'} & & \downarrow{\scriptstyle g} \\
G\times Y & \xrightarrow{h} & X \\
\downarrow{\scriptstyle p_1} & & \\
G & &
\end{array}$$

因为h为光滑，由底扩张(10.1)h'也为光滑．因为Z为非异，它光滑于k，故由复合(10.1)，W也光滑于k．从而W为非异．

现考虑射

$$q=p_1\circ g':W\to G.$$

再用一般光滑性(10.7)，我们知道存在非空开子集 $V\subseteq G$ 使 $q:q^{-1}(V)\to V$ 为光滑．因此若 $\sigma\in V(k)$ 为任意闭点，纤维W_{σ}必为非异，但W_{σ}正是 $Y^{\sigma}\times_X Z$，这就是我们要证明的．请注意，

W_σ 可能是可约的，但我们的结果证明了每个连通分支是不可约簇。

为求出 W_σ 的维数，首先要注意 h 是光滑的，具有相对维数

$$\dim G + \dim Y - \dim X,$$

因此 h' 有同样的相对维数，并知道了

$$\dim W = \dim G + \dim Y - \dim X + \dim Z.$$

如果 W 非空，则在 $q^{-1}(V)$ 上，q 具有相对维数 $\dim W - \dim G$，故对每个 σ，

$$\dim W_\sigma = \dim Y + \dim Z - \dim X.$$

系 10.9 (Bertini) 设 X 是特征 0 的代数闭域 k 上的非异射影簇．令 $\mathfrak{d}$ 是个无基点线性系．则 $\mathfrak{d}$ 中几乎每个元，将它看作 X 的闭子概型时，都是非异的（但可能是可约的）.

证明. 设 $f: X \to \mathbf{P}^n$ 为由 $\mathfrak{d}$ 决定的态射（第二章，7.8.1）．我们将 $\mathbf{P}^n$ 看作在 $G = \mathrm{PGL}(n)$ 作用下的齐性空间(10.7.2)．取 $g: H \to \mathbf{P}^n$ 为超平面 $H \cong \mathbf{P}^{n-1}$ 的包含映射，我们来运用定理．便推出结论：对几乎所有的 $\sigma \in G(k)$，$X \times H^\sigma = f^{-1}(H^\sigma)$ 为非异．然而这些除子 $f^{-1}(H^\sigma)$ 恰是线性系 $\mathfrak{d}$ 的元，这可由 f 的构造知道．因此 $\mathfrak{d}$ 的几乎所有元都是非异的.

注 10.9.1 后面我们将知道(习题 11.3)，如果 $\dim f(X) \geqslant 2$，则 $\mathfrak{d}$ 的所有除子都是连通的．因此几乎所有的除子是不可约且非异的.

注 10.9.2 如果我们论及的是个有限维的线性系，则假设"X 为射影的"不是必要的．特别地，如果 X 为射影但 $\mathfrak{d}$ 为具基点 Σ 的线性系，则通过考虑 $X-\Sigma$ 上的无基点线性系，我们可得到更一般的论断"$\mathfrak{d}$ 的一般元仅在基点上可能有奇点."

注 10.9.3 在特征 $p > 0$ 时这个结果不对．例如(10.5.1)中的射 f 对应于一维线性系 $\{pP \mid P \in \mathbf{P}^1\}$．因而 $\mathfrak{d}$ 的每个除子都是重数为 p 的一个点.

注 10.9.4 请将这个结果与早先的 Bertini 定理（第二章，8.18)作比较.

习　　题

10.1 在一个非完全域上，光滑与正则不等价．例如，令 k_0 为特征 $p>0$ 的域，$k=k_0(t)$，$X\subseteq\mathbf{A}_k^2$ 为曲线 $y^2=x^p-t$．试证 X 的每个局部环是正则局部环，但 X 不光滑于 k．

10.2 设 $f:X\to Y$ 为 k 上簇的本征，平坦射．假定对某个 $y\in Y$，纤维 X_y 光滑于 $k(y)$．证明存在 y 在 Y 中邻域 U 使 $f:f^{-1}(U)\to U$ 为光滑．

10.3 k 上有限型概型间态射 $f:X\to Y$ 称为**平展的**，如果它具相对维数 0 光滑．称为**无歧的**，如果对每个 $x\in X$，令 $y=f(x)$ 时有 $\mathfrak{M}_y\cdot\mathcal{O}_x=\mathfrak{M}_x$，且 $k(x)$ 是 $k(y)$ 的可分代数扩张．证明下列条件等价：

(i) f 为平展；

(ii) f 为平坦且 $\Omega_{X/Y}=0$；

(iii) f 为平坦且无歧．

10.4 k 上有限型概型间的态射 $f:X\to Y$ 为平展，当且仅当满足下列条件：对每个 $x\in X$，令 $y=f(x)$，并设 $\hat{\mathcal{O}}_x$ 及 $\hat{\mathcal{O}}_y$ 为 x 与 y 处局部环的完备化．选取表现域（第二章，8.25A）$k(x)\subseteq\hat{\mathcal{O}}_x$ 及 $k(y)\subseteq\hat{\mathcal{O}}_y$，故通过自然映射 $\hat{\mathcal{O}}_y\to\hat{\mathcal{O}}_x$ 有 $k(y)\subseteq k(x)$．则我们的条件是：对每个 $x\in X$，$k(x)$ 是 $k(y)$ 的可分代数扩张，且自然映射

$$\hat{\mathcal{O}}_y\otimes_{k(y)}k(x)\to\hat{\mathcal{O}}_x$$

为同构．

10.5 若 x 是概型 X 的一个点，我们定义 x 的**平展邻域**是个平展射 $f:U\to X$ 及一个点 $x'\in U$ 使 $f(x')=x$．作为平展邻域用途的一个例子，证明下述论断：如 $\mathscr{F}$ 是 X 上凝聚层且若 X 的每点有个平展邻域 $f:U\to X$ 使 $f^*\mathscr{F}$ 为自由 $\mathcal{O}_U$ 模，则 $\mathscr{F}$ 在 X 上局部自由．

10.6 设 Y 是平面结点三次曲线 $y^2=x^2(x+1)$．证明 Y 有一个二次平展

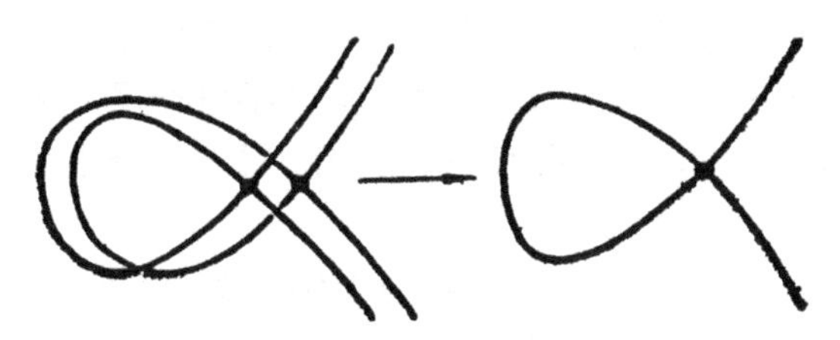

图 12　有限平展复叠

复叠 X，它是两个不可约分支的并而每个分支都同构于 Y 的正规化(图 12)。

10.7 (Serre) 带活动奇点的线性系．设 k 为特征是 2 的代数闭域．令 $P_1, \dots, P_7 \in \mathbf{P}_k^2$ 为素域 $\mathbf{F}_2 \subseteq k$ 上的射影平面的那七个点．令 $\mathfrak{d}$ 为 $X = \mathbf{P}_k^2$ 中经过 $P_1, \dots, P_7$ 的所有三次曲线的线性系．

(a) $\mathfrak{d}$ 是个二维线性系,以 $P_1, \dots, P_7$ 为基点．它决定了从 $X-\{P_i\}$ 到 $\mathbf{P}^2$ 的一个 2 次不可分态射．

(b) 每条曲线 $C \in \mathfrak{d}$ 为奇异．更准确地说,C 或由三条都经过 P_i 中一点的直线组成，或是一条不可约尖点型三次曲，其尖点 $P \neq$ 任一个 P_i。又 $C \mapsto C$ 的奇点的对应是 $\mathfrak{d}$ 与 $\mathbf{P}^2$ 之间的一一对应．因此 $\mathfrak{d}$ 中元素的奇点经过所有的点．

10.8 带有包含在基点集的活动奇点的线性系（任意特征）．在以 x, y, z 为坐标的三维仿射空间中,令 C 为 xy 平面中的二次曲线 $(x-1)^2 + y^2 = 1$,P 为 z 轴上点 $(0,0,t)$．令 Y_t 为以 P 作顶点的 C 上锥在 $\mathbf{P}^3$ 中的闭包．证明当 t 变动时，曲面$\{Y_t\}$形成了一维线性系，并以 P 为活动奇点．这个线性系的基点集为二次曲线 C 加上 z 轴．

10.9 设 $f: X \to Y$ 为 k 上簇间态射．假设 Y 为正则，X 为 Cohen-Macaulay，且 f 的每个纤维的维数等于 $\dim X - \dim Y$，则 f 为平坦．[提示：运用(第二章,8.21A),模仿 (10.4) 的证明．

11. 形式函数定理

在本节中,我们要证明所谓的形式函数定理及其系理：Zariski 主定理和 Stein 分解定理．定理本身比较了射影态射纤维的无穷小邻域的上同调与高次正向层的茎．然而这些系理仅仅用到了定理中 $i=0$ 的情形(它可以不用上同调来叙述)，定理的证明是对 i 进行向下的归纳法,因而对上同调手段作了本质性的运用．Zariski 对他的“主定理”的第一个证明[2]用了完全不同的方法,没有用到上同调．

设 $f: X \to Y$ 是 Noether 概型间的一个射影态射，$\mathscr{F}$ 为 X 上一个凝聚层,$y \in Y$ 是个点．对每个 $n \geq 1$ 我们定义

$$X_n = X \times_Y \mathrm{Spec}\,\mathscr{O}_y/\mathfrak{M}_y^n.$$

于是，当 $i=1$，我们得到纤维 X_y；当 $n>1$，我们得到一个有幂零元的概型，它与 X_y 有相同的承载空间。它是 X 在 y 点上的一种“加厚了的纤维.”考虑图

$$\begin{array}{ccc} X_n & \xrightarrow{v} & X \\ \downarrow{\scriptstyle f'} & & \downarrow{\scriptstyle f} \\ \mathrm{Spec}\,\mathscr{O}_y/\mathfrak{M}_y^n & \rightarrow & Y \end{array}$$

设 $\mathscr{F}_n = v^*\mathscr{F}$，其中 $v: X_n \to X$ 就是自然映射. 因此由(9.3.1)，对每个 n 我们有

$$R^i f_*(\mathscr{F}) \otimes \mathscr{O}_y/\mathfrak{M}_y^n \to R^i f'_*(\mathscr{F}_n).$$

因为 $\mathrm{Spec}\,\mathscr{O}_y/\mathfrak{M}_y^n$ 是集中在一个点上的仿射概型，由(8.5)上式右端恰是群 $H^i(X_n, \mathscr{F}_n)$. 当 n 变动时，两端都形成了反向系(关于反向系与反向极限的梗概请看第二章，第 9 节). 因此可取反向极限，得到了

$$R^i f_*(\mathscr{F})^\wedge_y \to \varprojlim H^i(X_n, \mathscr{F}_n).$$

定理 11.1(形式函数定理) 设 $f: X \to Y$ 为 Noether 概型间的射影态射，$\mathscr{F}$ 为 X 上的凝聚层，$y \in Y$，则自然映射

$$R^i f_*(\mathscr{F})^\wedge_y \to \varprojlim H^i(X_n, \mathscr{F}_n)$$

对所有 $i \geqslant 0$ 为同构.

证明 第一步，将 X 嵌入于某个射影空间 $\mathbf{P}_Y^N$ 中，并将 $\mathscr{F}$ 看为 $\mathbf{P}_Y^N$ 上的凝聚层. 于是化为 $X = \mathbf{P}_Y^N$ 的情形.

其次，令 $A = \mathscr{O}_y$ 并作平坦底扩张 $\mathrm{Spec}\,A \to Y$. 因此利用(9.3)，我们化到了 Y 为仿射的情形，它是局部环 A 的素谱，y 为其闭点. 于是，再用(8.5)，我们可将我们的结果重新叙述为一个 A 模同构

$$H^i(X, \mathscr{F})^\wedge \simeq \varprojlim H^i(X_n, \mathscr{F}_n).$$

现假定 $\mathscr{F}$ 是 $X = \mathbf{P}_A^N$ 上的 $\mathscr{O}(q)$ 状的层，$q \in \mathbf{Z}$ 为某个整数. 那么 $\mathscr{F}_n$ 就是 $X_n = \mathbf{P}_{A/\mathfrak{m}^n}^N$ 上的 $\mathscr{O}(q)$. 故由(5.1)的

显式计算我们知道，对每个 n 有

$$H^n(X_n, \mathscr{F}_n) \cong H^n(X, \mathscr{F}) \otimes_A A/\mathfrak{M}^n.$$

显然，同样的计算对 $\mathscr{O}(q_i)$ 状层的有限直和也是成立的.

我们现在用对 i 的向下归纳来证明，对 X 上的任意凝聚层定理成立. 当 $i > N$ 时，因为 X 可被 $n+1$ 个仿射开集覆盖，两端全都为 0（习题 4.8）. 故可假定定理对 $i+1$ 及任意凝聚层已成立.

给定了 X 上凝聚层 $\mathscr{F}$，由(第二章，5.18)知，可以将 $\mathscr{F}$ 写为层 $\mathscr{E}$ 的商层，而 $\mathscr{E}$ 是层 $\mathscr{O}(q_i)$ 对适当的 $q_i \in \mathbf{Z}$ 的有限直和. 令 $\mathscr{R}$ 为核：

$$0 \to \mathscr{R} \to \mathscr{E} \to \mathscr{F} \to 0. \tag{1}$$

可惜，以 $\mathscr{O}_{X_n}$ 作张量积不是个正合函子，它仅为右正合，故而得到对每个 n 的 X_n 上层的正合列

$$\mathscr{R}_n \to \mathscr{E}_n \to \mathscr{F}_n \to 0.$$

引进映射 $\mathscr{R}_n \to \mathscr{E}_n$ 的象层 $\mathscr{T}_n$ 及核层 $\mathscr{S}_n$，从而有正合序列

$$0 \to \mathscr{S}_n \to \mathscr{R}_n \to \mathscr{T}_n \to 0 \tag{2}$$

与

$$0 \to \mathscr{T}_n \to \mathscr{E}_n \to \mathscr{F}_n \to 0. \tag{3}$$

我们现在考虑下面图形：

$$\begin{array}{ccccc}
H^i(X,\mathscr{R})^\wedge & \to & H^i(X,\mathscr{E})^\wedge & \to & H^i(X,\mathscr{F})^\wedge \to \\
\downarrow \alpha_1 & & & & \\
\varprojlim H^i(X_n,\mathscr{R}_n) & & \downarrow \alpha_2 & & \downarrow \alpha_3 \\
\downarrow \beta_1 & & & & \\
\varprojlim H^i(X_n,\mathscr{T}_n) & \to & \varprojlim H^i(X_n,\mathscr{E}_n) & \to & \varprojlim H^i(X_n,\mathscr{F}_n) \to \\
H^{i+1}(X,\mathscr{R})^\wedge & \to & H^{i+1}(X,\mathscr{E})^\wedge & & \\
\downarrow \alpha_4 & & & & \\
\varprojlim H^{i+1}(X_n,\mathscr{R}_n) & & \downarrow \alpha_5 & & \\
\downarrow \beta_2 & & & & \\
\varprojlim H^{i+1}(X_n,\mathscr{T}_n) & \to & \varprojlim H^{i+1}(X_n,\mathscr{E}_n). & &
\end{array}$$

顶端的行由(1)的同调序列的完备化得到. 因为它们全是有限生成 A 模(5.2),完备化是个正合函子(第二章,9.3A). 底部的行由(3)的上同调序列取反向极限得到. 这些群都是有限生成 $A/\mathfrak{M}^n$-模,从而满足子模的 d.c.c. 条件. 因而这些反向系都满足 Mittag-Leffler 条件(第二章,9.1.2),故底部的行都正合(第二章,9.1). 垂直的箭头均是定理中的映射. 由于$\mathscr{E}$是层 $\mathscr{O}(q_i)$ 的和, α_2 是同构; α_4 与 α_5 由归纳假定也是同构. 最后; β_1,β_2 是由序列(2)诱导的. 下面,我们将证明 β_1 与 β_2 为同构.

现在暂时承认它是对的,那么由精细的 5-引理推出 α_3 为满. 但这应对 X 上任意凝聚层都对, 故而 α_1 必为满. 转过来又意味着 α_3 为同构. 这就是要证明的.

剩下来要证明 β_1,β_2 为同构. 取(2)的上同调序列. 并过渡到反向极限,再用(第二章,9.1),现在只要证明,对所有 $i\geqslant 0$ 有

$$\varprojlim H^i(X_n,\mathscr{S}_n)=0$$

就可以了. 为此, 我们将证明对任意 n, 存在一个 $n'>n$ 使层映射 $\zeta_{n'}\to\mathscr{S}_n$ 是零映射. 由拟紧性,问题对 X 是局部性的, 故可设 $X=\operatorname{spec}B$ 是仿射的. 以 R,E,S_n 表示对应于层$\mathscr{R},\mathscr{E},\mathscr{S}_n$ 的 B 模,以 $\mathfrak{a}$ 表示理想 $\mathfrak{m}B$.

想到 R 是 E 的子模且

$$S_n=\ker(R/\mathfrak{a}^nR\to E/\mathfrak{a}^nE)$$

则有

$$S_n=(R\cap\mathfrak{a}^nE)/\mathfrak{a}^nR.$$

但由 Krull 定理 (3.1A), R 上的 $\mathfrak{a}$ 进拓扑是由 E 上的 $\mathfrak{a}$ 进拓扑诱导的. 换句话说,对任意 n, 存在一个 $n'>n$ 使

$$R\cap\mathfrak{a}^{n'}E\subseteq\mathfrak{a}^nR.$$

这时映射 $S_{n'}\to S_n$ 为零. 证毕.

注 11.1.1 在 Grothendieck [EGA III, §4] 中,更一般地,对于本征态射证明了这个定理.

注 11.1.2 这个定理的许多应用只用到 $i=0$ 的情形. 这

时，右端等于 $\Gamma(\hat{\mathfrak{X}},\hat{\mathscr{F}})$，其中 $\hat{\mathfrak{X}}$ 是 X 沿 X_y 的形式完备化，$\hat{\mathscr{F}}=\mathscr{F}\otimes\mathscr{O}_{\hat{\mathfrak{X}}}$（第二章，9.2）。特别地，当 $\mathscr{F}=\mathscr{O}_X$，我们得到 $\Gamma(\hat{\mathfrak{X}},\hat{\mathscr{O}}_{\hat{\mathfrak{X}}})$ 是 X 沿 X_y 的 形式正则函数环（也称为全纯函数环），这就是定理名字的来源。

注 11.1.3 也可以在形式概型 $\hat{\mathfrak{X}}$ 上引进 $\hat{\mathscr{F}}$ 的上同调 $H^i(\hat{\mathfrak{X}},\hat{\mathscr{F}})$，并证明它同构于定理中另外两个量。［EGA III，§4］

系 11.2 设 $f:X\to Y$ 为 Noether 概型间的射影射，令 $r=\max\{\dim X_y\mid y\in Y\}$，则对所有 $i>r$ 及所有 X 上凝聚层 $\mathscr{F}$，$R^if_*(\mathscr{F})=0$。

证明 对任意 $y\in Y$，X_n 是个概型其承载拓扑空间与 X_y 的相同。因此由(2.7)，对 $i>r$ 时

$$H^i(X_n,\mathscr{F}_n)=0.$$

由此得到 $R^if_*(\mathscr{F})^\wedge_y=0$ 对所有 $y\in Y$，$i>r$ 成立。因此由于 $R^if_*(\mathscr{F})$ 是个凝聚层(8.8)，它必为0。

系 11.3 设 $f:X\to Y$ 为 Noether 概型间的射影射，假定 $f_*\mathscr{O}_X=\mathscr{O}_Y$，则 $f^{-1}(y)$ 对每个 $y\in Y$ 为连通。

证明 设若相反，$f^{-1}(y)=X'\cup X''$，其中 X' 及 X'' 为不交非空闭子集。则对任意 n，我们便有

$$H^0(X_n,\mathscr{O}_n)=H^0(X'_n,\mathscr{O}_{X_n})\oplus H^0(X''_n,\mathscr{O}_{X_n}).$$

由定理，我们有

$$\hat{\mathscr{O}}_y=(f_*\mathscr{O}_X)^\wedge_y=\varprojlim H^0(X_n,\mathscr{O}_n).$$

因而 $\hat{\mathscr{O}}_y=A'\oplus A''$，其中

$$A'=\varprojlim H^0(X'_n,\mathscr{O}_{X_n})$$

及

$$A''=\varprojlim H^0(X''_n,\mathscr{O}_{X_n}).$$

但这是不可能的，因为一个局部环不会是两个其他非零环的直和。事实上，设 e'，e'' 各为 A'，A'' 的单位元。则在 $\hat{\mathscr{O}}_y$ 中 $e'+e''=1$。另一方面，$e'e''=0$，于是 e'，e'' 都是非可逆的，因而包含在 $\hat{\mathscr{O}}_y$ 的极大理想中，所以其和不为 1，（参照（第二章，习题 2.19））。

系 11.4（Zariski 主定理） 设 $f: X \to Y$ 为 Noether 整概型间的双有理射影射，并设 Y 为正规，则对每个 $y \in Y$，$f^{-1}(y)$ 为连通.（也可见第五章，5.2）

证明 由先前结果，我们仅需验证 $f_*\mathcal{O}_X = \mathcal{O}_Y$. 这是个对 Y 的局部问题，故可设 Y 为仿射，等于 Spec$A$. 于是 $f_*\mathcal{O}_X$ 是 $\mathcal{O}_Y$ 代数凝聚层，因而 $B = \Gamma(Y, f_*\mathcal{O}_X)$ 是个有限生成 A 模. 但 A 及 B 是整环并有相同的商域，A 又是整闭，故而必有 $A = B$. 因此 $f_*\mathcal{O}_X = \mathcal{O}_Y$.

系 11.5（Stein 分解） 设 $f: X \to Y$ 为 Noether 概型间的射影态射，则可将 f 分解为 $g \circ f'$，其中 $f': X \to Y'$ 是个有连通纤维的射影射，$g: Y' \to Y$ 是个有限射.

证明 令 $Y' = \mathbf{Spec}\, f_*\mathcal{O}_X$（第二章，习题 5.17）. 则因为 $f_*\mathcal{O}_X$ 是 $\mathcal{O}_Y$ 代数凝聚层，自然映射 $g: Y' \to Y$ 为有限. 另一方面，f 显然可通过 g 分解，故得到态射 $f': X \to Y'$. 由于 g 为分离的，我们用（第二章，习题 4.9）得到 f' 是射影的结论.

习　题

11.1 证明(11.2)的结果在没有射影的假定时不成立. 例如，令 $X = \mathbf{A}_k^n$，$P = (0, \cdots, 0)$，$U = X - P$，$f: U \to X$ 为包含映射. 则 f 的纤维全是零维的，但是 $R^{n-1}f_*\mathcal{O}_U \neq 0$.

11.2 证明具有有限纤维的(＝拟有限(第二章，习题 3.5))的射影射是个有限态射.

11.3 令 X 为代数闭域 k 上的正规射影簇. $\mathfrak{d}$ 是一个(有效 Cartier 除子的)线性系，且无基点. 并设 $\mathfrak{d}$ 未与一个束复合，它的含意是，当 $f: X \to \mathbf{P}_k^n$ 是 $\mathfrak{d}$ 决定的态射时，$\dim f(X) \geqslant 2$. 证明 $\mathfrak{d}$ 中每个除子为连通. 它改进了 Bertini 定理(10.9.1). [提示：利用(11.5)，(习题 5.7)及(7.9).]

11.4 连通性原理. 设 $\{X_t\}$ 是 $\mathbf{P}_k^n$ 的闭子簇的平坦族，以 k 上有限型不可约曲线 T 参数化. 假设有一个非空开集 $U \subseteq T$，使对所有闭点 $t \in U$，X_t 为连通. 则证明对所有 $t \in T$，X_t 也连通.

*11.5 设 Y 为 $X = \mathbf{P}_k^N$ 中的超平面，其中 $N \geqslant 4$. 令 $\hat{X}$ 为 X 沿 Y 的形式完

备化(第二章,第9节). 证明自然映射 $\mathrm{Pic}\hat{X}\to\mathrm{Pic}Y$ 是同构. [提示: 运用(第二章,习题9.6), 然后利用(习题4.6)及(习题5.5)研究对每个 n 的映射 $\mathrm{Pic}X_{n+1}\to\mathrm{Pic}X_n$.]

11.6 仍以 Y 表示 $X=\mathbf{P}_k^N$, 不过这次 $N\geqslant 2$.

(a) 若 $\mathscr{F}$ 是 X 上的局部自由层,证明自然映射

$$H^0(X,\mathscr{F})\to H^0(\hat{X},\hat{\mathscr{F}})$$

为同构.

(b) 证明下述条件等价:

(i) 对 $\hat{X}$ 上每个局部自由层 $\mathfrak{F}$, 存在 X 上一个凝聚层 $\mathscr{F}$ 使 $\mathfrak{F}\cong\hat{\mathscr{F}}$ (即 $\mathfrak{F}$ 是可代数化的).

(ii) 对 $\hat{X}$ 上每个局部自由层 $\mathfrak{F}$, 存在整数 n_0, 使得 $n\geqslant n_0$ 时 $\mathfrak{F}(n)$ 为整体截影生成.

[提示: 对 (ii)⇒(i), 证明可以找到 X 上层 $\mathscr{E}_0$, $\mathscr{E}_1$, 它们为 $\mathscr{O}(-q_i)$ 状的层的直和, 并且有正合序 $\hat{\mathscr{E}}_1\to\hat{\mathscr{E}}_0\to\mathfrak{F}\to 0$ 于 $\hat{X}$ 上. 然后把(a) 运用于层 $\mathscr{H}om(\mathscr{E}_1,\mathscr{E}_0)$.]

(c) 证明(b)中条件(i)与(ii)表明自然映射 $\mathrm{Pic}X\to\mathrm{Pic}\hat{X}$ 为同构.

注. 事实上,(i)及(ii)当 $N\geqslant 3$ 时总成立. 这个事实结合(习题11.5)便导致了 Grothendieck 对 Lefschetz 定理的证明 [SGA 2], 这个定理说,当 Y 是 $\mathbf{P}_k^N$ 中超曲面, $N\geqslant 4$ 时, 则 $\mathrm{Pic}Y\cong\mathbf{Z}$, 且由 $\mathscr{O}_Y(1)$ 生成. 见 Hartshorne [5,第 IV 章]的详细描述.

11.7 设 Y 为 $X=\mathbf{P}_k^2$ 中曲线.

(a) 用(习题11.5)的方法证明 $\mathrm{Pic}\hat{X}\to\mathrm{Pic}Y$ 为满,且其核是 k 上的一个无限无限维向量空间.

(b) 推出结论: 在 $\hat{X}$ 上存在可逆层 $\mathscr{L}$, 它不能代数化.

(c) 推出结论: 在 $\hat{X}$ 上存在局部自由层 $\mathscr{F}$ 使得没有一个 $\hat{\mathscr{F}}(n)$ 为整体截影生成. 参照(第二章,9.9.1).

11.8 设 $f:X\to Y$ 为射影射, $\mathscr{F}$ 为 X 上凝聚层,它平坦于 Y,并假定对某个 i 及某个 $y\in Y$, 有 $H^i(X_y,\mathscr{F}_y)=0$. 那么证明在 y 的一个邻域上 $R^if_*(\mathscr{F})$ 为 0.

12. 半连续定理

本节中, 我们考虑一个射影态射 $f:X\to Y$ 及 X 上一个凝聚

层$\mathscr{F}$，它平坦于Y。我们问，沿纤维的上同调$H^i(X_y, \mathscr{F}_y)$作为$y \in Y$的函数时是怎样变动的？我们的技巧是找出这些群与层$R^i f_*(\mathscr{F})$之间的关系。主要的结果是半连续定理(12.8)及上同调和底变换定理(12.11)。

因为这是Y上的局部问题，我们通常把注意力集中在$Y = \operatorname{Spec} A$为仿射的情形。然后我们比较$A$模$H^i(X, \mathscr{F})$与$H^i(X_y, \mathscr{F}_y)$。利用(9.4)，纤维的上同调等于$H^i(X, \mathscr{F} \otimes k(y))$。Grothendieck的想法是研究更为一般的$H^i(X, \mathscr{F} \otimes_A M)$，其中$M$为任意$A$模，并将其看作为$A$模上的函子。

定义 令A为Noether环，$Y = \operatorname{Spec} A$，$f: X \to Y$为一个射影态射，$\mathscr{F}$为$X$上的凝聚层，它平坦于$Y$，(这些条件在本节中保持不变)则对每个$A$模$M$，定义

$$T^i(M) = H^i(X, \mathscr{F} \otimes_A M)$$

其中所有$i \geqslant 0$。

命题 12.1 每个T^i是由A模到A模的可加协变函子，它为中间正合。集$(T^i)_{i \geqslant 0}$构成一个δ函子(第1节)。

证明 每个T^i显然是个可加协变函子。因为$\mathscr{F}$平坦于Y，对任意A模正合序列

$$0 \to M' \to M \to M'' \to 0$$

我们得到X上层的正合序列

$$0 \to \mathscr{F} \otimes M' \to \mathscr{F} \otimes M \to \mathscr{F} \otimes M'' \to 0.$$

那么，上同调的长正合列表明每个T^i为中间正合，并且合在一起形成了一个δ函子。

用下面的结果，我们可将函子T^i的计算归结为仅仅涉及到A模的一个计算过程。

命题 12.2 在上述假设下，存在一个有限生成自由A模的复形$L^{\cdot}$，并囿于上(即对$n \gg 0$，$L^n = 0$)，使得

$$T^i(M) \cong h^i(L^{\cdot} \otimes_A M)$$

对任意A模M及任意$i \geqslant 0$成立，并且它是δ函子的一个同构。

证明 对任意A模，层$\mathscr{F}\otimes_A M$是X上拟凝聚的，故可用 Čech 上同调来计算$H^i(X,\mathscr{F}\otimes_A M)$。令$\mathfrak{U}=(U_i)$为$X$的一个开覆盖，$C^{\cdot}=C^{\cdot}(\mathfrak{U},\mathscr{F})$为$\mathscr{F}$的 Čech 复形(§4)。于是对任意$i_0,\cdots,i_p$，我们有

$$\Gamma(U_{i_0,\cdots,i_p},\mathscr{F}\otimes_A M)=\Gamma(U_{i_0,\cdots,i_p},\mathscr{F})\otimes_A M,$$

故而

$$C^{\cdot}(\mathfrak{U},\mathscr{F}\otimes_A M)=C^{\cdot}(\mathfrak{U},\mathscr{F})\otimes_A M.$$

因此我们有

$$T^i(M)=h^i(C^{\cdot}\otimes_A M)$$

对每个M成立。

由于$C^{\cdot}$为有界A模复形，这是朝正确方向迈出的一步。但是这些C^i几乎都不是有限生成A模。然而复形$C^{\cdot}$有好的性质，即对每个i，C^i是平坦A模（因为$\mathscr{F}$平坦于Y），且对每个i，$h^i(C^{\cdot})=H^i(X,\mathscr{F})$是有限生成$A$模，这是由于$\mathscr{F}$为凝聚层，$f$为射影的缘故。那么，命题的结论便是下述代数引理的结果。

引理 12.3 设A为 Noether 环，$C^{\cdot}$为一A模复形，囿于上，使对每个i，$h^i(C^{\cdot})$是有限生成A模。则有一个有限生成自由A模复形$L^{\cdot}$也囿于上，并有一个复形间态射$g:L^{\cdot}\to C^{\cdot}$，使所诱导的映射$h^i(L^{\cdot})\to h^i(C^{\cdot})$对所有$i$是个同构。又若每个$C^i$是平坦$A$模，则映射

$$h^i(L^{\cdot}\otimes M)\to h^i(C^{\cdot}\otimes M)$$

对任意A模M是同构。

证明 先确定记号。对任意复形$N^{\cdot}$，令

$$Z^n(N^{\cdot})=\ker(d^n:N^n\to N^{n+1})$$

及

$$B^n(N^{\cdot})=\operatorname{im}(d^{n-1}:N^{n-1}\to N^n).$$

因而有

$$h^n(N^{\cdot})=Z^n(N^{\cdot})/B^n(N^{\cdot}).$$

对较大的n，我们有$C^n=0$，故在这些地方定义$L^n=0$。假设归纳地，复形$L^{\cdot}$及复形的射$g:L^{\cdot}\to C^{\cdot}$已在次数$i>n$被

定义且满足

$$h^i(L^\cdot) \simeq h^i(C^\cdot) \text{ 对所有 } i > n+1 \text{ 成立}, \qquad (1)$$

$$\text{且 } Z^{n+1}(L^\cdot) \to h^{n+1}(C^\cdot) \text{ 为满}. \qquad (2)$$

那么我们将构造 L^n，$d: L^n \to L^{n+1}$ 及 $g: L^n \to C^n$，并将这些性质向前推进一步.

选取 $h^n(C^\cdot)$ 的一个生成元组 $\bar{x}_1, \cdots, \bar{x}_r$; 这是可能的,因为 $h^n(C^\cdot)$ 为有限生成. 将它们提升成一组元 $x_1, \cdots, x_r \in Z^n(C^\cdot)$. 另一方面,设 $y_{r+1}, \cdots, y_s$ 是 $g^{-1}(B^{n+1}(C^\cdot))$的一组生成元,由于它是 L^{n+1} 的子模,故而也是有限生成的. 令 $g(y_i) = \bar{y}_i \in B^{n+1}(C^\cdot)$, 将 $\bar{y}_i$ 提升到 C^n 中一组元 $x_{r+1}, \cdots, x_s$.

现取 L^n 为 s 个生成元 $e_1, \cdots, e_s$ 生成的自由 A 模. 定义 d: $L^n \to L^{n+1}$为,当 $i = 1, \cdots, r$ 时 $de_i = 0$ 而当 $i = r+1, \cdots, s$ 时 $de_i = y_i$. 又定义 $g: L^n \to C^n$ 为 $ge_i = x_i$ 对所有 i.

然而容易验证 g 与 d 可交换以及 $h^{n+1}(L^\cdot) \to h^{n+1}(C^\cdot)$为同构，$Z^n(L^\cdot) \to h^n(C^\cdot)$ 为满. 故归纳地可构出所要的复形 $L^\cdot$.

现在假定每个 C^i 是平坦 A 模. 我们将用对 i 的往下归纳,证明对所有 A 模 M

$$h^i(L^\cdot \otimes M) \to h^i(C^\cdot \otimes M)$$

是个同构. 当 $i \gg 0$，L^i 及 C^i 为 0,故两端为 0. 假定这对 $i+1$ 为真. 现只要对有限 A 模证明结论就可以了，因为任意 A 模是有限生成 A 模的正向极限， 而$\otimes$与 h^i 均与正向极限可交换. 于是,给出有限生成的 M，将其写成自由有限生成 A 模 E 的商,并令 R 为核:

$$0 \to R \to E \to M \to 0.$$

因为由假设，C^i 为平坦且因 L^i 为自由,也为平坦，所以我们得到了一个复形的正合、交换图

$$\begin{array}{ccccccccc} 0 & \longrightarrow & L^\cdot \otimes R & \longrightarrow & L^\cdot \otimes E & \longrightarrow & L^\cdot \otimes M & \longrightarrow & 0 \\ & & \downarrow & & \downarrow & & \downarrow & & \\ 0 & \longrightarrow & C^\cdot \otimes R & \longrightarrow & C^\cdot \otimes E & \longrightarrow & C^\cdot \otimes M & \longrightarrow & 0. \end{array}$$

运用 h^i，得到一个长正合序列的交换图. 由归纳，结论对 $i+1$ 成立；又因为 E 为自由且 $h^i(L^\cdot)\to h^i(C^\cdot)$ 是同构，由精细的 5-引理可推出，对任意 M 结论成立.

现在我们要研究使一个函子 T^i 为左正合，右正合及正合的条件. 对任意复形 $N^\cdot$，定义

$$W^i(N^\cdot)=\mathrm{Coker}(d^{i-1}:N^{i-1}\to N^i),$$

故有正合列

$$0\to h^i(N^\cdot)\to W^i(N^\cdot)\to N^{i+1}.$$

命题 12.4 下列条件等价：

(i) T^i 为左正合；

(ii) $W^i=W^i(L^\cdot)$ 为投射 A 模；

(iii) 存在有限生成 A 模 Q，使得对所有 M，有

$$T^i(M)=\mathrm{Hom}_A(Q,M).$$

又，(iii)中的 Q 是唯一的.

证明 由于张量积是右正合函子，对任意 A 模 M 有

$$W^i(L^\cdot\otimes M)=W^i(L^\cdot)\otimes M.$$

我们把 $W^i(L^\cdot)$ 简写为 W^i. 因而

$$T^i(M)=\ker(W^i\otimes M\to L^{i+1}\otimes M).$$

设 $0\to M'\to M$ 是个包含映射. 于是得到一个正合的可交换图

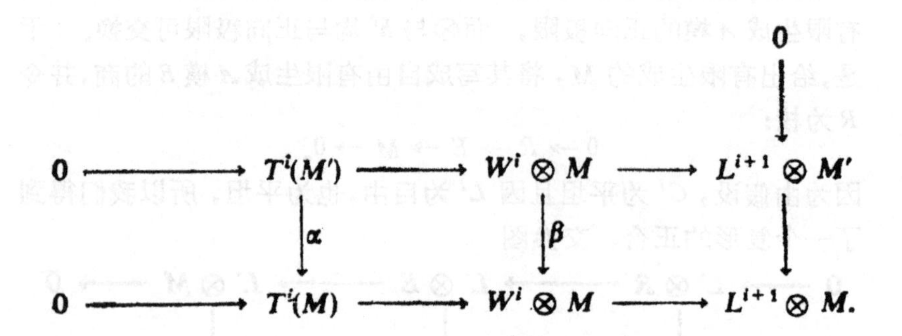

因为 L^{i+1} 为自由，第三个垂直箭头是个单同态. 简单的图形追逐表明 α 为单的充要条件是 β 也为单. 由于这个性质对任意选取

的 $0 \to M' \to M$ 都成立，故知道 T^i 为左正合当且仅当 W^i 为平坦.（记住，任何情况下 T^i 总是中间正合的(12.1).）然而 W^i 为有限生成，这就等价于 W^i 为投射模 (9.1A). 证明了 (i)$\Leftrightarrow$(ii).

(iii) $\Rightarrow$ (i) 显然.

为证明 (ii) $\Rightarrow$ (iii)，令 $\check{L}^{i+1}$ 与 $\check{W}^i$ 为对偶的投射模. 定义

$$Q = \operatorname{Coker}(\check{L}^{i+1} \to \check{W}^i).$$

于是对每个 A 模 M，有

$$0 \to \operatorname{Hom}(Q, M) \to \operatorname{Hom}(\check{W}^i, M) \to \operatorname{Hom}(\check{L}^{i+1}, M).$$

但最后的两个群分别是 $W^i \otimes M$ 及 $L^{i+1} \otimes M$，故而 $\operatorname{Hom}(Q, M) = T^i(M)$.

要明了 Q 的唯一性，令 Q' 为另一个模使 $T^i(M) = \operatorname{Hom}(Q', M)$ 对所有 M 成立. 于是对所有 M，

$$\operatorname{Hom}(Q, M) = \operatorname{Hom}(Q', M).$$

特别地，元

$$1 \in \operatorname{Hom}(Q, Q) = \operatorname{Hom}(Q', Q)$$

及

$$1' \in \operatorname{Hom}(Q', Q') = \operatorname{Hom}(Q, Q')$$

给出了 Q 与 Q' 的互逆的同构且此同构是典则定义的.

注 12.4.1 有个一般性定理是说，A 模上的任意一个左正合函子，如果与直和可换，则必为 $\operatorname{Hom}(Q, \cdot)$ 的形式，其中 Q 为某个 A 模. 但是既便 T 把有限生成模变到有限生成模，Q 也不必是有限生成的. 因此在上面(iii)中的 Q 是有限生成这一点，是关于函子 T^i 的一个强的性质.

例如，令 A 是个具有无限多个极大理想 $\mathfrak{m}_i$ 的 Noether 环. 令 $Q = \sum A/\mathfrak{m}_i$，$T$ 为函子 $\operatorname{Hom}(Q, \cdot)$，那么 Q 不是有限生成，然而对任意有限生成 A 模 M，$T(M)$ 为有限生成；这是因为 $\operatorname{Hom}(A/\mathfrak{m}_i, M) \neq 0$ 当且仅当 $\mathfrak{m}_i \in \operatorname{Ass} M$，它是个有限集.

命题 12.5 对任一 M，存在自然映射

$$\varphi: T^i(A) \otimes M \to T^i(M).$$

又，下列条件等价:

(i) T^i 为右正合；

(ii) φ 对所有 M 为同构；

(iii) φ 对所有 M 为满.

证明 因为 T^i 是函子，故对任意 M 有自然映射

$$M = \mathrm{Hom}(A, M) \xrightarrow{\psi} \mathrm{Hom}(T^i(A), T^i(M)).$$

令

$$\varphi\left(\sum a_i \otimes m_i\right) = \sum \psi(m_i) a_i$$

给出了 φ.

由于 T^i 及 $\otimes$ 与正向极限交换，故只需考虑有限生成 A 模 M. 写出

$$A^r \to A^s \to M \to 0.$$

于是我们有图

$$\begin{array}{ccccccc}
T^i(A) \otimes A^r & \longrightarrow & T^i(A) \otimes A^s & \longrightarrow & T^i(A) \otimes M & \longrightarrow & 0 \\
\downarrow & & \downarrow & & \downarrow \varphi & & \\
T^i(A^r) & \longrightarrow & T^i(A^s) & \longrightarrow & T^i(M) & &
\end{array}$$

其中底部的行未必正合. 它的头两个垂直箭头为同构. 因此，若 T^i 为正合，φ 必为同构. 这就证明了 (i) $\Rightarrow$ (ii). 蕴含关系(ii) $\Rightarrow$ (iii)是显然的，故只需再证 (iii) $\Rightarrow$ (i). 我们必须证明当

$$0 \to M' \to M \to M'' \to 0$$

是个 A 模的正合序列时，则

$$T^i(M') \to T^i(M) \to T^i(M'') \to 0$$

正合. 由(12.1)它中间正合，故只需证明 $T^i(M) \to T^i(M'')$ 为满. 这一点可从图形

$$\begin{array}{ccc}
T^i(A) \otimes M & \to & T^i(A) \otimes M'' \to 0 \\
\downarrow \varphi(M) & & \downarrow \varphi(M'') \\
T^i(M) & \to & T^i(M'')
\end{array}$$

及 $\varphi(M'')$ 为满这个事实得到.

系 12.6 下述条件等价:

(i) T^i 为正合;

(ii) T^i 为右正合,且 $T^i(A)$ 为投射 A 模.

证明 任一种条件下,T^i 总是右正合的. 故由 (12.5) 有 $T^i(M)\cong T^i(A)\otimes M$ 对任意 A 模 M 成立. 因此 T^i 为正合,当且仅当 $T^i(A)$ 为平坦. 但 $T^i(A)$ 是个有限生成 A 模,从而它等价于局部自由 (9.1A),故为投射.

现在我们想把上面的讨论局部化. 对任意点 $y\in Y=\operatorname{Spec}A$,以 T^i_y 表示函子 T^i 在 $A_{\mathfrak{p}}$ 模范畴上的限制,其中 $\mathfrak{p}\subseteq A$ 是对应于 y 的素理想. 于是我们说"T^i 在 y 为左正合"意味着 T^i_y 为左正合,对右正合或正合也有相似的说法. 要注意,对任意 $A_{\mathfrak{p}}$ 模 N,$T^i_y(N)=H^i(L_{\mathfrak{p}}\otimes N)$. 还需注意到 T^i 为左正合,当且仅当它在所有点 $y\in Y$ 为左正合;对右正合或正合也有相似结论. 最后,因为上同调与平坦底扩张交换(9.3),我们知道 T^i_y 就是关于 $f':X'\to Y'$ 的 T^i,其中 f' 是由 f 经过平坦底扩张 $Y'=\operatorname{Spec}\mathscr{O}_y\to Y$ 得到. 故而我们可以将结果(12.4),(12.5),(12.6)局部地用于每个 T^i_y.

命题 12.7 若 T^i 为左正合(相应地,右正合,正合)于某个点 $y_0\in Y$,则在 y_0 的一个适当开邻域中的所有点 y 上,T^i 仍具此性质.

证明 由(12.4),T^i 在 y_0 为左正合,当且仅当 $\widetilde{W}^i_{y_0}$ 为自由. 但由于 $\widetilde{W}^i$ 为 Y 上凝聚层,它表明在 y_0 的某个邻域 U 中 $\widetilde{W}^i$ 为局部自由,故而 T^i 在 U 的所有点上为左正合.

又由(12.1)的长正合序列知道,T^i 在一点 y 为右正合,当且仅当 T^{i+1} 在此点为左正合. 故第二个论断由对 T^{i+1} 的第一个论断得到.

T^i 在一点正合当且仅当其既左正合又右正合,故第三个论断是前两个的结合.

定义 设 Y 是个拓扑空间.称函数 $\varphi:Y\to\mathbb{Z}$ 为上半连续的,如果对每个 $y\in Y$,存在 y 的开邻域 U 使得对每个 $y'\in U$ 有

$\varphi(y') \leqslant \varphi(y)$. 直观地说，就是$\varphi$在指定的点上可能变大。

注 12.7.1 函数 $\varphi: Y \to \mathbf{Z}$ 为上半连续，当且仅当对每个 $n \in \mathbf{Z}$, 集合 $\{y \in Y \mid \varphi(y) \geqslant n\}$ 是Y的闭子集。

例 12.7.2 设Y为 Noether 概型，$\mathscr{F}$ 为Y上凝聚层。则函数

$$\varphi(y) = \dim_{k(y)}(\mathscr{F} \otimes k(y))$$

为上半连续。实际上，由 Nakayama 引理，$\varphi(y)$ 等于 $\mathscr{O}_y$ 模 $\mathscr{F}_y$ 的极小生成元数。但是当 $s_1, \cdots, s_r \in \mathscr{F}_y$ 为一个极小生成元组时，由于$\mathscr{F}$是凝聚的，则它们可扩张为y的某邻域上$\mathscr{F}$的截影并在某邻域中生成$\mathscr{F}$。所以当y'在这个邻域中时，$\varphi(y')$作为$\mathscr{F}_{y'}$的极小生成元数必$\leqslant r = \varphi(y)$。

定理 12.8（半连续性） 设 $f: X \to Y$ 为 Noether 概型间的射影射，$\mathscr{F}$ 为X上的凝聚层且平坦于Y，则对每个 $i \geqslant 0$，函数

$$h^i(y, \mathscr{F}) = \dim_{k(y)} H^i(X_y, \mathscr{F}_y)$$

为Y上的一个上半连续函数。

证明 这是对Y为局部的问题，故可设 $Y = \operatorname{Spec} A$ 为仿射，A为 Noether 环。因此我们可运用本节早先的结果了。由 (9.4) 有

$$h^i(y, \mathscr{F}) = \dim_{k(y)} T^i(k(y)).$$

如同(12.4)证明中的一样，我们有

$$T^i(k(y)) = \ker(W^i \otimes k(y) \to L^{i+1} \otimes k(y)).$$

另一方面，有正合序列

$$W^i \to L^{i+1} \to W^{i+1} \to 0,$$

以 $k(y)$ 作张量积，我们得到一个含四项的正合序列

$$0 \to T^i(k(y)) \to W^i \otimes k(y) \to L^{i+1} \otimes k(y) \to W^{i+1} \otimes k(y) \to 0.$$

因此，计算维数我们有

$$h^i(y, \mathscr{F}) = \dim_{k(y)} W^i \otimes k(y) + \dim_{k(y)} W^{i+1} \otimes k(y) - \dim_{k(y)} L^{i+1} \otimes k(y).$$

然而W^i与 W^{i+1} 为有限生成A模，那么由(12.7.2)这个和式的前两

项是 y 的上半连续函数. 又 L^{i+1} 是个自由 A 模, 故是后一项是 y 的常值函数. 结合起来就知道 $h^i(y,\mathscr{F})$ 为上半连续.

系 12.9 (Grauert) 除与定理相同的假设外, 又设 Y 为整的且对某个 i, 函数 $h^i(y,\mathscr{F})$ 在 Y 上为常数, 则 $R^if_*(\mathscr{F})$ 在 Y 上为局部自由, 且对每个 y, 自然映射

$$R^if_*(\mathscr{F})\otimes k(y)\to H^i(X_y,\mathscr{F}_y)$$

为同构.

证明 与前面一样, 可设 Y 为仿射. 利用定理证明中 $h^i(y,\mathscr{F})$的表达式, 我们推导出函数 $\dim W^i\otimes k(y)$ 与 $\dim W^{i+1}\otimes k(y)$ 必须都为常数. 然而由(第二章, 8.9), 它意味着 $\widetilde{W}^i$ 与 $\widetilde{W}^{i+1}$ 都是 Y 上局部自由层. 故由(12.4), T^i 与 T^{i+1} 都是左正合, 从而 T^i 为正合. 再用 (12.6), 知 $T^i(A)$ 是投射模. 但 $R^if_*(\mathscr{F})$ 就是 $T^i(A)^\sim$, 故它是局部自由层. 最后, 由(12.5)知

$$R^if_*(\mathscr{F})\otimes k(y)\to H^i(X_y,\mathscr{F}_y)$$

对所有 $y\in Y$ 为同构.

例 12.9.1 设 $\{X_t\}$ 是 $\mathbf{P}_k^n$ 中整曲线的平坦族, 其中 k 为代数闭域. 于是, 对每个闭点 $t\in T$, $H^0(X_t,\mathscr{O}_{X_t})=k$. 另外, 算术亏格 $p_a=1-\chi(\mathscr{O}_{X_t})$, 由(9.10), 为常值. 故此时函数 $h^0(t,\mathscr{O}_X)$与 $h^1(t,\mathscr{O}_X)$ 都是 T 上常值.

例 12.9.2 在(9.8.4)的平坦族中, 我们有当 $t\neq 0$ 时 $h^0(X_t,\mathscr{O}_{X_t})=1$; 当 $t=0$ 时等于 2, 这是由于幂零元的缘故. 另外, 由于 $t\neq 0$ 时 X_t 为有理, 有 $h^1(X_t,\mathscr{O}_{X_t})=0$, 又因为 $(X_0)_{\text{red}}$ 是条平面三次曲线, 有 $h^1(X_0,\mathscr{O}_{X_0})=h^1(X_0,(\mathscr{O}_{X_0})_{\text{red}})=1$. 故此时函数 h^0,h^1 均在 $t=0$ 时有跳跃.

例 12.9.3 若 $\{X_t\}$ 是 $\mathbf{C}$ 上非异射影簇的代数族, 以簇 T 参数化, 则函数 $h^i(X_t,\mathscr{O}_{X_t})$ 对于所有 i 实际上都是常值. 此结果的证明需用到超越方法即 Hodge 谱序列的退化情形. 参见 Deligne[4].

现在我们希望对于映射

$$T^i(A)\otimes k(y)\to T^i(k(y))$$

何时为同构这个问题，给出一些更精确的信息。此处，在我们的证明中，要用到一个新的成分即形式函数定理(11.1)。

命题 12.10 假设对某个 i, y，映射

$$\varphi: T^i(A)\otimes k(y) \to T^i(k(y))$$

为满，则 T^i 在 y 为右正合。(由(12.5)，其逆也成立)

证明 如有必要，可通过平坦底扩张 $\operatorname{Spec}\mathcal{O}_y \to Y$ 使我们可以设 y 是 Y 的一个闭点，那么 A 是个局部环，以 $\mathfrak{m}$ 为极大理想，则 $k(y) = k = A/\mathfrak{m}$。由(12.5)，只要证明

$$\varphi(M): T^i(A)\otimes M \to T^i(M)$$

对所有 A 模 M 为满。因为 T^i 及张量积与正向极限交换，故只要考虑有限生成模 M 就够了。

首先看具有限长的 A 模 M，用对 M 长的归纳法证明 $\varphi(M)$ 为满。当长为 1 时，$M = k$，于是由假设条件 $\varphi(k)$ 为满。一般地，写为

$$0 \to M' \to M \to M'' \to 0,$$

其中 M' 与 M'' 的长小于 M 的长。然后用(12.1)，我们有一个具正合行的交换图

$$\begin{array}{ccccccc}
T^i(A)\otimes M' & \longrightarrow & T^i(A)\otimes M & \longrightarrow & T^i(A)\otimes M'' & \longrightarrow & 0 \\
\downarrow & & \downarrow & & \downarrow & & \\
T^i(M') & \longrightarrow & T^i(M) & \longrightarrow & T^i(M'') & &
\end{array}$$

由归纳假定，两个外边的垂直箭头为满，于是中间一个也为满。

现在设 M 为有限生成 A 模。对每个 n，$M/\mathfrak{m}^n M$ 是个具有限长的模，故由前面的情形，

$$\varphi_n: T^i(A)\otimes M/\mathfrak{m}^n M \to T^i(M/\mathfrak{m}^n M)$$

为满。注意到 $\ker\varphi_n$ 是个有限长的 A 模，故而反向系 $(\ker\varphi_n)$ 满足 Mittag-Leffler 条件(第二章，9.1.2)。因此由(第二章，9.1)映射

$$\lim_{\leftarrow} \varphi_*: (T^i(A)\otimes M)^\wedge \to \lim_{\leftarrow} T^i(M/\mathfrak{m}^n M)$$

为满。但将形式函数定理（11.1）用于 X 上层 $\mathscr{F}\otimes_A M$，右端恰是 $T^i(M)^\wedge$。从而得到满同态

$$(T^i(A)\otimes M)^\wedge \to T^i(M)^\wedge.$$

由于完备化对于有限生成 A 模是个忠实的正合函子，得到了

$$\varphi(M): T^i(A)\otimes M \to T^i(M)$$

为满，这是要证明的。

将它与我们先前的结果结合起来，我们得到下面的定理。

定理 12.11（上同调与底变换） 设 $f: X\to Y$ 为 Noether 概型间的仿射态射，$\mathscr{F}$ 为 X 上一个凝聚层，它平坦于 Y。设 y 为 Y 中一点。则：

(a) 如果自然映射

$$\varphi^i(y): R^i f_*(\mathscr{F})\otimes k(y) \to H^i(X_y, \mathscr{F}_y)$$

为满，则它是一个同构，且在 y 的一个适当的邻域中的所有 y' 上，同样的结论也成立。

(b) 设 $\varphi^i(y)$ 为满，则下述条件等价：

(i) $\varphi^{i-1}(y)$ 也为满；

(ii) $R^i f_*(\mathscr{F})$ 在 y 的一个邻域中局部自由。

证明 (a) 可由 (12.10)，(12.7) 及 (12.5) 推出。(b) 由 (12.10)，(12.6)，及(12.5)并用 T^i 为正合的充要条件是 T^{i-1} 及 T^i 都是右正合的这个事实推出。

关于第 12 节**的参考文献** 半连续定理首先由 Grauert[1] 在复解析情形下得证。在代数情形下这些定理归功于 Grothendieck [EGA III, 7.7]。我们的证明遵循了 Grothendieck 证明的主要想法，并依 Mumford [5, II, §5] 作了些简化。

习　题

12.1 设 Y 为代数闭域 k 上的有限型概型。证明函数

$$\varphi(y) = \dim_k(\mathfrak{M}_y/\mathfrak{M}_y^2)$$

为 Y 的闭点集合上的上半连续函数。

12.2 令 $\{X_t\}$ 为 $\mathbf{P}_k^n$ 中具相同次数的超曲面族. 证明对每个 i, 函数 $h^i(X_t, \mathcal{O}_{X_t})$ 是 t 的常值函数.

12.3 设 $X_1 \subseteq \mathbf{P}_k^4$ 为有理正规 4 次曲线(它是 $\mathbf{P}^1$ 在 $\mathbf{P}^4$ 中的 4 重分量嵌入). 设 $X_0 \subseteq \mathbf{P}_k^3$ 中如同(第一章, 习题 3.18*b*) 中的那条一样的非异有理 4 次曲线. 利用 (9.8.3) 构造 $\mathbf{P}^4$ 中曲线的平坦族 $\{X_t\}$, 由 $T = \mathbf{A}^1$ 参数化,并在 $t = 1$ 及 $t = 0$ 为给定的纤维 X_1, X_0.

令 $\mathscr{F} \subseteq \mathcal{O}_{\mathbf{P}_T^4}$ 是总族 $X \subseteq \mathbf{P}^4 \times T$ 的定义理想. 证明 $\mathscr{F}$ 平坦于 T. 然后证明

$$h^0(t, \mathscr{F}) = \begin{cases} 0 & 对\ t \neq 0 \\ 1 & 对\ t = 0 \end{cases}$$

及

$$h^1(t, \mathscr{F}) = \begin{cases} 0 & 对\ t \neq 0 \\ 1 & 对\ t = 0 \end{cases}$$

这给出了上同调群在特定点有跳跃的另一个例子.

12.4 设 Y 为代数闭域 k 上的有限型整概型. 设 $f: X \to Y$ 为一平坦射影射, 且其纤维全是整概型. 设 $\mathscr{L}, \mathscr{U}$ 为 X 上可逆层, 并假定对每个 $y \in Y$ 在纤维 X_y 上有 $\mathscr{L}_y \cong \mathscr{U}_y$. 证明存在 Y 上的可逆层 $\mathscr{N}$, 使 $\mathscr{L} \cong \mathscr{U} \otimes f^* \mathscr{N}$. [提示: 利用本节结果, 证明 $f_*(\mathscr{L} \otimes \mathscr{U}^{-1})$ 为 Y 秩 1 的局部自由层.]

12.5 设 Y 为代数闭域 k 上的有限型整概型. $\mathscr{E}$ 为 Y 上的局部自由层, $X = \mathbf{P}(\mathscr{E})$(第二章, §7). 证明 $\operatorname{Pic} X \cong (\operatorname{Pic} Y) \times \mathbf{Z}$. 它强化了(第二章, 习题 7.9) 的结果.

*12.6 设 X 为代数闭域 k 上的一个整射影概型, 假定 $H^1(X, \mathcal{O}_X) = 0$. 设 T 为 k 上的一个连通的有限型概型

(a) 若 $\mathscr{L}$ 是 $X \times T$ 上一个可逆层. 证明在 $X = X \times \{t\}$ 上的所有可逆层 $\mathscr{L}_t$ 均同构,其中 $t \in T$ 为任意闭点.

(b) 证明 $\operatorname{Pic}(X \times T) = \operatorname{Pic} X \times \operatorname{Pic} T$. (没有假定 T 为既约) 参考(第四章, 习题 4.10)及(第五章, 习题1.6), 它们是 $\operatorname{Pic}(X \times T) \neq \operatorname{Pic} X \times \operatorname{Pic} T$的例子. [提示: 将 (12.11)的 $i = 0$, 1 的情形应用于 $X \times T$ 上恰当的可逆层.]

第四章　曲　　线

本章中，我们运用前面学过的技巧来研究曲线．但事实上，除了在 Riemann-Roch 定理(1.3)的证明中用到 Serre 对偶外，我们很少运用概型及上同调这种漂亮而玄虚的方法．因此读者如果愿意接受 Riemann-Roch 定理的论断，他就可以在学习代数几何的很早阶段阅读本章．从教育法的角度说，这或许不是个坏主意，因为这样一来他能看到一般理论的某些应用，特别能增进对 Riemann-Roch 定理重要意义的认识．相比之下，Riemann-Roch 定理的证明倒不怎么富于启发性．

在第 1 节中复习要用到的本书前面的内容，之后，我们在第2，3节中研究一条曲线的各种显式表示的方法．其一是将曲线表示为 $\mathbf{P}^1$ 的一个分歧复叠．故而在第 2 节中我们对将一曲线表示为另一曲线的分歧复叠作了一般性的研究．其中心结果是 Hurwitz 定理(2.4)，它对这两条曲线的典则除子作了比较．

第 3 节中我们给出表示曲线的另两种方法．我们证明任意一条非异射影曲线可以嵌入在 $\mathbf{P}^3$ 内，也可双有理映入 $\mathbf{P}^2$，使其像仅以结点为奇点．后一个定理的证明，在特征 $p>0$ 时出现一个有趣的出人意料的曲折．

第 4 节讨论了亏格 1 的曲线这种特殊情形，称之为椭圆曲线．它自身就是一个完整的课题，与本章其余部分关系不大．由于篇幅所限，仅能就此吸引人的理论的某些方面作短暂的浏览．

在第 5，6 节中我们讨论了典则嵌入，并讨论了对于抽象曲线以及 $\mathbf{P}^3$ 中曲线的某些分类问题．

1. Riemann-Roch 定理

在这一章中，我们以**曲线**这个词表示在一代数闭域 k 上的完全非异曲线．换句话说（第二章，第 6 节），一条曲线是个一维整概型，它本征于 k，且其所有局部环都是正则的．这样一条曲线必定是射影的（第二章，6.7）．我们如果要考虑另一类更广的曲线，就使用“概型”这个词再加上适当的修饰，譬如“一个一维的，k 上有限型的整概型”．我们总是以点这个字表示闭点，除非特别指明了广点．

我们着手复习本书前面引进的一些概念，它们在曲线的研究中要用到．

一条曲线的最重要的离散不变量是它的亏格．有许多等价的方法来定义它．由于曲线 X 是射影的，我们有算术亏格 $p_a(X)$，定义为 $1-P_X(0)$，其中 P_X 为 X 的 Hilbert 多项式（第一章，习题 7.2）．另外还有几何亏格 $p_g(X)$，定义为 $\dim_k\Gamma(X,\omega_X)$，其中 ω_X 为典则层（第二章 8.18.2）．

命题 1.1 若 X 为曲线，则

$$p_a(X)=p_g(X)=\dim_k H^1(X,\mathcal{O}_X),$$

故简单地称此数为 X 的亏格并以 g 表示．

证明 在（第三章，习题 5.3）中已证明了等式 $p_a(X)=\dim H^1(X,\mathcal{O}_X)$，而等式 $p_g=\dim H^1(X,\mathcal{O}_X)$ 是 Serre 对偶（第二章，7.12.2）的结果．

注 1.1.1 从 $g=p_g$，我们知道曲线的亏格总是非负的．反之，对任意 $g\geqslant 0$ 必存在亏格为 g 的曲线．例如在非异二次曲面上取一个 $(g+1,2)$ 型的除子．确实存在一个不可约且非异的这种除子，而它们有 $p_a=g$（第三章，习题 5.6）．

曲线 X 上一个（Weil）除子是由 X 的点集生成的自由 Abel 群中的一个元素（第二章，第 6 节）．将一个除子写成 $D=\sum n_iP_i$，$n_i\in\mathbf{Z}$．它的次是 $\sum n_i$．两个除子线性等价是指它们的差是一个有理函数的除子．我们也已知道除子的次仅仅依赖于它的线性等价类（第二章，6.10）．由于 X 是非异的，对每个除子 D 有一个相伴的可逆层 $\mathscr{L}(D)$，且对应关系 $D\longmapsto\mathscr{L}(D)$ 给出了除子在线性等价下的群 $\mathrm{Cl}(X)$ 到可逆层的同构类群 $\mathrm{Pic}X$ 之间的同构（第

二章 6.16).

X上除子 $D=\sum n_i P_i$，当所有 $n_i\geqslant 0$ 时称为有效的. 与一个给定除子D线性等价的所有有效除子的集合称为一个完全线性系(第二章,第 7 节)并以$|D|$表示. $|D|$中的元一一对应于空间

$$(H^0(X,\mathscr{L}(D))-\{0\})/k^*,$$

故 $|D|$ 具有某个射影空间的闭点集一样的结构(第二章,7.7).以 $l(D)$ 表示 $\dim_k H^0(X,\mathscr{L}(D))$，因此 $|D|$ 的维数为 $l(D)-1$. $l(D)$ 是个有限数(第二章,5.19)或(第三章,5.2).

作为这个对应关系的推论，我们有下面的初等却有用的结果.

引理 1.2 设D是曲线X的除子，则当 $l(D)\neq 0$ 时必有 $\deg D\geqslant 0$. 又若 $l(D)\neq 0$ 且 $\deg D=0$，必有 $D\sim 0$，即 $\mathscr{L}(D)\cong\mathscr{O}_X$.

证明. 若 $l(D)\neq 0$，则完全线性系 $|D|$ 非空. 因此D线性等价于某个有效除子. 由于次仅依赖于线性等价类而有效除子的次为非负数,故有 $\deg D\geqslant 0$. 若 $\deg D=0$ 则D线性等价于一个 0 次有效除子,只有唯一的一个这种除子即零除子.

我们以 $\Omega_{X/k}$ 或简单地以 Ω_X 表示X对k的相对微分层(第二章,§8). 因为X为一维,故它是X上的可逆层,从而等于X上的典则层 ω_X. 它对应的线性等价类中的任一除子都称作一个典则除子,以K表示. (有时我们也用K表示X的函数域. 但从内容上应该清楚指的是哪一个意思.)

定理 1.3 (Riemann-Roch) 设 X 为亏格 g 的曲线，D为X上的除子，则

$$l(D)-l(K-D)=\deg D+1-g.$$

证明 除子$K-D$对应于可逆层 $\omega_X\otimes\mathscr{L}(D)^\vee$. 由于$X$为射影(第二章,6.7),我们可用 Serre 对偶(第三章，7.12.1)推出向量空间 $H^0(X,\omega_X\otimes\mathscr{L}(D)^\vee)$ 对偶于 $H^1(X,\mathscr{L}(D))$. 因此我们必须证明,对任意D成立

$$\chi(\mathscr{L}(D))=\deg D+1-g,$$

其中 $\chi(\mathscr{F})$ 表示对 X 上任意凝聚层 $\mathscr{F}$ 的 Euler 示性数：

$$\chi(\mathscr{F}) = \dim H^0(X,\mathscr{F}) - \dim H^1(X,\mathscr{F}).$$

先考虑 $D = 0$ 的情形. 这时我们的公式是说

$$\dim H^0(X,\mathscr{O}_X) - \dim H^1(X,\mathscr{O}_X) = 0 + 1 - g.$$

由于 $H^0(X,\mathscr{O}_X) = k$ 对任意射簇都成立(第一章,3.4),且由(1.1) $\dim H^1(X,\mathscr{O}_X) = g$，故这时公式是对的.

其次，令 D 为任意除子，P 为任意点.我们要证明，这个公式成立，当且仅当它对 $D+P$ 成立. 由于任何一个除子 D 总可由 0 除子经过有限步每次加或减去一个点达到，这样就能对所有的 D 证明了结果.

将 P 看为 X 的一个闭子概型. 它的结构层即位于点 P 的摩天大厦层 k，以 $k(P)$ 表之，由(第二章，6.18)知它的理想层是 $\mathscr{L}(-P)$. 因此有正合序列

$$0 \to \mathscr{L}(-P) \to \mathscr{O}_X \to k(P) \to 0.$$

以 $\mathscr{L}(D+P)$ 作张量积得到

$$0 \to \mathscr{L}(D) \to \mathscr{L}(D+P) \to k(P) \to 0.$$

(由于 $\mathscr{L}(D+P)$ 为秩 1 的局部自由层,故而以它作张量积不影响层 $k(P)$.) 然而 Euler 示性数对于短正合列是可加的(第三章,习题 5.1),且 $\chi(k(P)) = 1$，故有

$$\chi(\mathscr{L}(D+P)) = \chi(\mathscr{L}(D)) + 1.$$

另一方面，$\deg(D+P) = \deg D + 1$，所以我们的公式成立,当且仅当它对 $D+P$ 成立. 这就是要证明的.

注 1.3.1 设 X 为 $\mathbf{P}^n$ 中的 d 次曲线，D 为一个超平面截影 $X \cap H$，故而 $\mathscr{L}(D) = \mathscr{O}_X(1)$，于是 Hilbert 多项式(第三章,习题 5.2)告诉我们

$$\chi(\mathscr{L}(D)) = d + 1 - p_a.$$

这是 Riemann-Roch 定理的特殊情形.

注 1.3.2 Riemann-Roch 定理使我们能够解决对曲线 X 上除子 D 的"Riemann-Roch 问题"(第二章,习题 7.6).如果 $\deg D < 0$ 则 $\dim|nD| = -1$ 对所有 $n > 0$ 成立. 如果 $\deg D = 0$，则

$\dim|nD|$ 为 0 或 1，依 $nD \sim 0$ 与否而定。 如果 $\deg D > 0$，则由(1.2)，只要 $n \cdot \deg D > \deg K$ 便有 $l(K - nD) = 0$，故当 $n \gg 0$ 我们有

$$\dim|nD| = n\deg D - g.$$

例 1.3.3 在亏格为 g 的曲线 X 上，典则除子 K 的次为 $2g-2$. 实际上，用(1.3)于 $D = K$. 由于 $l(K) = p_g = g$，$l(0) = 1$，故有

$$g - 1 = \deg K + 1 - g,$$

因此 $\deg K = 2g - 2$。

例 1.3.4 如果 $l(K - D) > 0$，则称除子 D 是**特殊的**并称 $l(K - D)$ 为其**特殊指数**。否则称 D 为**非特殊的**。如果 $\deg D > 2g - 2$，于是由(1.3.3)知 $\deg(K - D) < 0$，故 $l(K - D) = 0$ (1.2)。因此 D 为非特殊的.

例 1.3.5 回想在(第一章，习题 6.1)中，一条曲线称为**有理的**是指它双有理同构于 $\mathbf{P}^1$。因为由定义，本章中的曲线都是完全非异的，故曲线 X 为有理，当且仅当 $X \cong \mathbf{P}^1$ (第一章，6.12)。那么，利用(1.3)我们可以证明 X 为有理的充分必要条件是 $g = 0$. 由(第一章，习题 7.2)已知 $p_a(\mathbf{P}^1) = 0$，于是反过来，设给出了一条亏数 0 的曲线 X. 令 P, Q 为 X 的两个不同点并将 Riemann-Roch 定理用于 $D = P - Q$ 的情形. 由于 $\deg(K - D) = -2$，利用上面的(1.3.3)，有 $l(K - D) = 0$。从而求得 $l(D) = 1$. 但 D 是 0 次除子，故从(1.2)得到 $D \sim 0$ 即 $P \sim Q$. 这表明 X 是有理的(第二章，6.10.1)。

例 1.3.6 若 $g = 1$ 则称曲线 X 为**椭圆的**。在椭圆曲线上，典则除子 K 的次为 0(1.3.3)。另外，$l(K) = p_g = 1$ 故由(1.2)得到 $K \sim 0$。

例 1.3.7 设 X 为一椭圆曲线，P_0 是 X 的一点，$\mathrm{Pic}^0 X$ 表示 $\mathrm{Pic} X$ 中对应于 0 次除子的子群. 映射 $P \longmapsto \mathscr{L}(P - P_0)$ 给出了 X 的点的集合与群 $\mathrm{Pic}^0 X$ 的元间的一一对应。 因此在 X 的点的集合上有一个群结构 (以 P_0 为单位元)，它推广了(第二章，

6.10.2)的结果。

要明白这点，只要证明对任意 0 次除子 D，存在唯一的一点 P 使 $D \sim P - P_0$ 就足够了。用 Rieman-Roch 于 $D + P_0$，得到

$$l(D + P_0) - l(K - D - P_0) = 1 + 1 - 1.$$

但 $\deg K = 0$，故 $\deg(K - D - P_0) = -1$，因此 $\deg(K - D - P_0) = 0$。所以 $l(D + P_0) = 1$。就是说 $\dim|D + P_0| = 0$。它表明只有唯一的一个有效除子线性等价于 $D + P_0$。因为它的次为 1，它必是一个单个的点 P。于是我们证明了有唯一的点 P 使 $P \sim D + P_0$ 即 $D \sim P - P_0$。

注 1.3.8 Riemann-Roch 定理的其他证明可见 Serre [7，第 II 章] 及 Fulton[1]。

习　　题

1.1 设 X 为一曲线，$P \in X$ 为点，则存在一个非常值有理函数 $f \in K(X)$，它在 P 之外处处正则。

1.2 仍设 X 为曲线，$P_1, \dots, P_r \in X$ 为一些点。则存在一个有理函数 $f \in K(X)$ 以每个 P_i 为某次极点并在其他点处处正则。

1.3 设 X 是整的、分离的、正则的 k 上一维有限型概型，它不是本征于 k 的。则 X 为仿射概型。[提示：将 X 嵌于一个 k 上本征曲线 $\bar{X}$ 中，并且利用(习题 1.2)构造态射 $f: \bar{X} \to \mathbf{P}^1$ 使 $f^{-1}(\mathbf{A}^1) = X$.]

1.4 证明一个分离的 k 上有限型一维概型，如果它的每个不可约分支没有一个本征于 k 时，为一个仿射概型。[提示：运用（习题1.3)及（第三章，习题 3.1，习题 3.2，习题 4.2).]

1.5 对在亏数 g 的曲线 X 上的一个有效除子 D，证明 $\dim|D| \leqslant \deg D$。进而，等号成立，当且仅当 $D = 0$ 或 $g = 0$.

1.6 设 X 为亏格 g 的曲线。证明存在次数 $\leqslant g + 1$ 的有限态射 $f: X \to \mathbf{P}^1$。(回想在第二章，第 6 节中，对于曲线间的有限态射 $f: X \to Y$ 定义了它的次为域扩张的次 $[K(X): K(Y)]$.)

1.7 若曲线 X 的亏格 $g \geqslant 2$ 且存在一个 2 次有限射 $f: X \to \mathbf{P}^1$，则称 X 为超椭圆曲线.

(a) 设曲线亏格 $g = 2$，证明它的典则除子定义了一个 2 次 1 维的无

基点线性系．利用(第二章，7.8.1)推导出 X 是超椭圆的．

(b) 证明(1.1.1)中所构造的曲线全部具有一个到 $\mathbf{P}^1$ 的 2 次态射．因此对任意 $g \geq 2$ 存在以 g 为亏格的超椭圆曲线．

注．在后面的(习题 3.2) 中我们将看到存在非超椭圆的曲线，在(第五章，习题 2.10) 中也有这种例子．

1.8 奇异曲线的 p_a． 设 X 为域 k 上的一维整射影概型， $\tilde{X}$ 为其正规化(第二章，习题 3.8)．则有正合的 X 上层序列

$$0 \to \mathcal{O}_X \to f_* \mathcal{O}_{\tilde{X}} \to \sum_{P \in X} \tilde{\mathcal{O}}_P / \mathcal{O}_P \to 0,$$

其中 $\tilde{\mathcal{O}}_P$ 是 $\mathcal{O}_P$ 的整包．对每个 $P \in X$，令 $\delta_P = \text{length}(\tilde{\mathcal{O}}_P / \mathcal{O}_P)$．

(a) 证明 $p_a(X) = p_a(\tilde{X}) + \sum_{P \in X} \delta_P$．[提示：运用(第二章，习题 4.1) 及(第三章，习题 5.3)．]

(b) 若 $p_a(X) = 0$，证明 X 已为非异，事实上它同构于 $\mathbf{P}^1$．这就强化了(1.3.5)的结果．

*(c) 如果 P 是结点或常尖点(第一章，习题 5.6，习题 5.14)，证明 $\delta_P = 1$．[提示：先证明 δ_P 仅仅依赖于 P 作为奇点的解析同构类，然后再计算某些适当平面曲线的结点，尖点的 δ_P．其他方法可见第五章，3.9.3.]

*1.9 奇异曲线的 Riemann-Roch 定理． 设 X 为 k 上的一维整射影概型． X_{reg} 代表 X 的正则点集．

(a) 设 $D = \sum n_i P_i$ 为支集于 X_{reg} 的除子，即所有 $P_i \in X_{\text{reg}}$． 定义 $\deg D = \sum n_i$．设 $\mathscr{L}(D)$ 为其相伴的 X 上可逆层，证明

$$\chi(\mathscr{L}(D)) = \deg D + 1 - p_a$$

(b) 证明 X 上任一 Cartier 除子是两个极强 Cartier 除子的差．(利用(第二章，习题 7.5)．)

(c) 推导出 X 上任一同逆层同构于 $\mathscr{L}(D)$，其中 D 为某个支集在 X_{reg} 中的除子．

(d) 再假定 X 为某射影空间中的局部完全交．则由(第三章，7.11)知对偶化层 ω_X^0 是 X 上的可逆层．定义典则除子 K 为对应于 ω_X^0 的支集于 X_{reg} 的除子．于是 (a) 中公式变为

$$l(D) - l(K - D) = \deg D + 1 - p_a.$$

1.10 设 X 为 k 上的一维整射影概型，并为局部完全交，其 $p_a = 1$．固定一个点 $P_0 \in X_{\text{reg}}$．模仿(1.3.7)证明映射 $P \mapsto \mathscr{L}(P - P_0)$给出 X_{reg} 中点

与 Pic$X$ 中元的一一对应. 它推广了(第二章,6.11.4)及(第二章,习题6.7).

2. Hurwitz 定理

本节中考虑曲线间的有限态射 $f: X \to Y$, 研究它们的典则除子间的关系. 最终的公式称作 Hurwitz 定理,它涉及到 X 的亏格, Y 的亏格及分歧点的个数.

回忆在(第二章,§6)中,有限射 $f: X \to Y$ 的**次**定义为函数域扩张的次 $[K(X):K(Y)]$.

对任意点 $P \in X$, 我们定义**分歧指数** e_P 如下. 令 $Q=f(P)$, $t \in \mathscr{O}_Q$ 为在 Q 的一个局部参数,并通过自然映射 $f^{\#}: \mathscr{O}_Q \to \mathscr{O}_P$ 将 t 看作 $\mathscr{O}_P$ 中的元,定义

$$e_P = v_P(t),$$

其中 v_P 为赋值环 $\mathscr{O}_P$ 的相应赋值. 当 $e_P > 1$, 则称 f 在 P 处**分歧**而 Q 称为 f 的一个**分歧点**(图 13). 当 $e_P = 1$ 则称 f 在 P 处**无分歧**. 这个定义与先前定义的无分歧(第三章, 习题 10.3)是一致的,这是因为基域 k 是代数闭的,从而对 X 中每个 P 点有 $k(P) = k(Q)$. 特别当 f 处处无分歧时它是平展的,因为由(第三章,9.7)它总是平坦的.

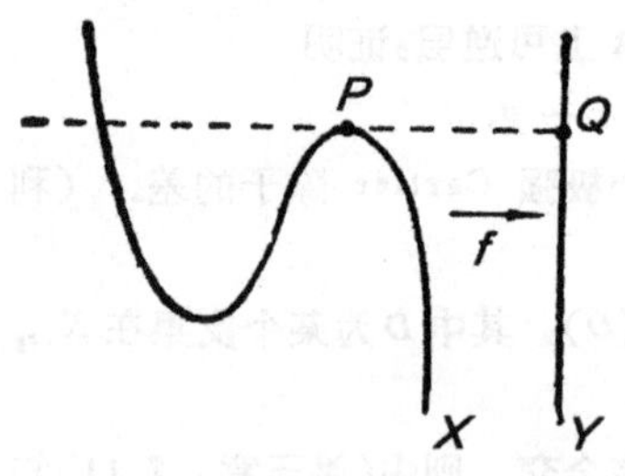

图 13 曲线间的有限态射

如果 Char$k = 0$ 或 Char$k=p$ 但 p 不除尽 e_P, 我们称此分歧为**良性的**. 如果 p 除尽 e_P, 则称其为**恶性的**.

回想在(第二章, §6)中我们对任意点 $Q \in Y$, 以

$$f^*(Q) = \sum_{P \to Q} e_P \cdot P$$

作线性扩张定义了除子群间的同态 $f^*: \mathrm{Div}Y \to \mathrm{Div}X$. 当 D 是 Y 上的除子时则有 $f^*(\mathscr{L}(D)) \cong \mathscr{L}(f^*D)$(第二章, 习题 6.8),于

是在除子间的 f^* 与可逆层间的同态 $f^*:\mathrm{Pic}Y\to\mathrm{Pic}X$ 是相容的。

当态射 $f:X\to Y$ 使 $K(X)$ 为 $K(Y)$ 的可分扩张时，称此态射为可分的。

命题 2.1 设 $f:X\to Y$ 为曲线间的有限可分射，则存在 X 上层的正合序列

$$0\to f^*\Omega_Y\to\Omega_X\to\Omega_{X/Y}\to 0.$$

证明 由(第二章，8.11)知，我们已有上述正合序列，只是缺少左端的 0。故而只须证 $f^*\Omega_Y\to\Omega_X$ 为单射。由于它们都是 X 上的可逆层，只要这个映射在广点处非零即可。但 $K(X)$ 对 $K(Y)$ 可分，于是由(第二章，8.6A)，$\Omega_{X/Y}$ 在 X 的广点处为 0。因此 $f^*\Omega_Y\to\Omega_X$ 在广点处为满。

由于 Ω_Y 及 Ω_X 分别对应于 Y 及 X 上的典则除子。我们看出相对微分层 $\Omega_{X/Y}$ 度量了它们之间的差异。所以我们要研究这个层。对任意点 $P\in X$，令 $Q=f(P)$，t 为 Q 处的局部参数，u 为 P 的局部参数。于是 dt 是自由 $\mathcal{O}_Q$ 模 $\Omega_{Y,Q}$ 的生成元，du 是自由 $\mathcal{O}_P$ 模 $\Omega_{X,P}$ 的生成元，(第二章，8.7)及(第二章，8.8)。特别地，存在唯一的元 $g\in\mathcal{O}_P$ 使 $f^*dt=g\cdot du$。我们以 dt/du 表示它。

命题 2.2 设 $f:X\to Y$ 为曲线间的有限可分射，则

(a) $\Omega_{X/Y}$ 为 X 上的一个挠层，其支集等于 f 的分歧点集。特别地 f 仅在有限个点上有分歧；

(b) 对每个 $P\in X$，茎 $(\Omega_{X/Y})_P$ 是个具有限长的主 $\mathcal{O}_P$ 模，其长度等于 $v_P(dt/du)$；

(c) 如 f 在 P 为良性分歧，则

$$\mathrm{length}(\Omega_{X/Y})_P=e_P-1.$$

如果 f 为恶性分歧，则长度 $>e_P-1$。

证明

(a) 由于 $f^*\Omega_Y$ 及 Ω_X 均为 X 上可逆层，从(2.1)便可推出 $\Omega_{X/Y}$ 是个挠层。利用前面的符号，知道 $(\Omega_{X/Y})_P=0$，当且仅当

f^*dt 是 $\Omega_{X,P}$ 的生成元。而这点当且仅当 t 是 $\mathcal{O}_P$ 的局参数时才会发生,这即 f 在 P 无分歧。

(b) 实际上,由(2.1)的正合序列知道 $(\Omega_{X/Y})_P \cong \Omega_{X,P}/f^*\Omega_{Y,Q}$,它作为 $\mathcal{O}_P$ 模,同构于 $\mathcal{O}_P/(dt/du)$。

(c) 若 f 具分歧指数 $e = e_P$,则可记 $t = au^e$,其中 $a \in \mathcal{O}_P$ 是个单位。于是

$$dt = aeu^{e-1}du + u^e da.$$

当分歧为良性时,e 是 k 中非零元,故而有 $v_P(dt/du) = e - 1$。否则,$v_P(dt/du) \geqslant e$。

定义 设 $f: X \to Y$ 为曲线间的有限可分射。则定义 f 的**分歧除子**为

$$R = \sum_{P \in X} \text{length}(\Omega_{X/Y})_P \cdot P$$

命题 2.3 设 $f: X \to Y$ 为曲线间的有限可分态射.令 K_X 及 K_Y 各为 X 及 Y 的典则除子.则

$$K_X \sim f^*K_Y + R.$$

证明 将除子 R 看作 X 的闭子概型,于是由(2.2)知其结构层 $\mathcal{O}_R$ 同构于 $\Omega_{X/Y}$。以 Ω_X^{-1} 对(2.1)的正合序列作张量积,因而得到一个正合序列

$$0 \to f^*\Omega_Y \otimes \Omega_X^{-1} \to \mathcal{O}_X \to \mathcal{O}_R \to 0.$$

但由(第二章,6.18),R 的理想层同构于 $\mathscr{L}(-R)$,因此

$$f^*\Omega_Y \otimes \Omega_X^{-1} \cong \mathscr{L}(-R).$$

故而在上式中取每个层的相伴的除子,便得出结果.(也可运用第二章,习题 6.11 中的 det 算子于正合列(2.1)来证明此命题)

系 2.4 (Hurwitz) 设 $f: X \to Y$ 为曲线间的有限可分态射,$n = \deg f$,则

$$2g(X) - 2 = n(2g(Y) - 2) + \deg R.$$

另外,如果 f 只有良性分歧,则

$$\deg R = \sum_{P \in X} (e_P - 1).$$

证明 在(2.3)中取每个除子的次数．由(1.3.3)，典则除子为 $2g-2$ 次；f^* 为对次数乘以 n（第二章，6.9），且当 f 的分歧全为良性时，利用(2.2)，知 R 的次数为 $\sum(e_P-1)$．

在我们讨论有限态射的末尾，要描述在纯不可分情形下产生的现象．首先定义 Frobenius 态射．

定义 设 X 为一概型，其所有局部环均具有特征 p（即包含 $\mathbf{Z}/p$）．定义 Frobenius 态射 $F:X\to X$ 如下：在 X 的拓扑空间上 F 是恒同映射，而 $F^\#:\mathcal{O}_X\to\mathcal{O}_X$ 是取 p 次幂的映射．由于局部环全部是特征 p，则 $F^\#$ 在每个局部环上诱导出局部同态，故 F 确为一个态射．

注 2.4.1 设域 k 为特征 p，$\pi:X\to\operatorname{Spec}k$ 是 k 上概型，则 $F:X\to X$ 不是 k-线性的．相反，我们有交换图

$$\begin{array}{ccc} X & \xrightarrow{F} & X \\ \downarrow{\scriptstyle\pi} & & \downarrow{\scriptstyle\pi} \\ \operatorname{Spec}k & \xrightarrow{F} & \operatorname{Spec}k \end{array}$$

使 F 与 $\operatorname{Spec}k$ 的 Frobenius 态射交换（它对应于 k 到自己的取 p 次幂的映射）．

我们定义 k 上的一个新的概型 X_p，它是同一个概型 X，不过具有结构态射 $F\circ\pi$．因此 k 在 $\mathcal{O}_{X_p}$ 的作用是 k 中 p 次幂．于是 F 变为一个 k 线性态射 $F':X_p\to X$．称其为 k 线性 Frobenius 态射．

例 2.4.2 若 X 是 k 上概型，则 X_p 作为 k 上概型可以同构于 X 也可以不同构．例如当 $X=\operatorname{spec}k[t]$，其中 k 为完全域，则 X_p 同构于 X，这是因为取 p 次幂的映射 $k\to k$ 为双射．在这个 X_p 与 X 的等同下，k 线性 Frobenius 态射 $F':X\to X$ 对应于 $t\longmapsto t^p$ 定义的同态 $k[t]\to k[t]$．这即（第一章，习题 3.2）中给出的态射．

例 2.4.3 设 k 为特征 p 的代数闭域，X 为 k 上曲线，则 $F':X_p\to X$ 是个 p 次有限射．它对应于域的包含映射 $K\hookrightarrow K^{1/p}$，其

中K为X的函数域，$K^{1/p}$是K在某个给定的K的代数闭包中，取p次根的域。

命题 2.5 设 $f:X\to Y$ 为曲线间的有限射，并设 $K(X)$ 是 $K(Y)$ 的纯不可分域扩张，则X与Y作为抽象概型为同构，且f为k线性 Frobenius 态射复合而成。特别地，$g(X)=g(Y)$。

证明 设f的次数为 p^r。则 $K(X)^{p^r}\subseteq K(Y)$ 或者表示为 $K(X)\subseteq K(Y)^{1/p^r}$。另一方面，考虑$k$线性 Frobenius 射

$$Y_{p^r}\xrightarrow{F'}Y_{p^{r-1}}\to\cdots\to Y_p\xrightarrow{F'}Y,$$

其中对每个 $i,Y_{p^i}=(Y_{p^{i-1}})_p$。 它们的复合是态射 $f':Y_{p^r}\to Y$，也为 p^r 次。因为 $K(X)\subseteq K(Y)^{1/p^r}$，并且它们在 $K(Y)$ 上有相同的次数，从而得到 $K(X)=K(Y)^{1/p^r}$。由于曲线由其函数域唯一决定(第一章，6.12)，所以 $X\cong Y_{p^r},f=f'$。 因此作为抽象概型，X与Y同构且它们的亏数(它不依赖于k结构)相同。

例 2.5.1 若 $X=Y_p$，$f:X\to Y$ 为k线性 Frobenius 射，则f处处分歧，具有分歧指数 p。实际上f是点集间的恒同映射，在结构层间是p次幂映射。 于是当 $t\in\mathscr{O}_P$ 为局部参数时，$f^{\#}t=t^p$。因为 $d(t^p)=0$，映射 $f^*\Omega_Y\to\Omega_X$ 必为零映射，从而 $\Omega_{X/Y}\cong\Omega_X$。

例 2.5.2 若 $f:X\to Y$ 为可分，则分歧除子的次数总是个偶数。这从(2.4)的公式推出。

例 2.5.3 概型Y的一个平展复叠是一个概型X同时加上一个有限的平展态射 $f:X\to Y$。当X同构于Y的有限个不交并时，称这个复叠为平凡的。如果Y没有非平凡的平展复叠，则称Y是单连通的。

我们现在证明 $\mathbf{P}^1$ 是单连通的。实际上，令 $f:X\to\mathbf{P}^1$ 是个平展复叠。不妨假定X是连通的。由于f为平展，那么，X光滑于k(第三章，10.1)，又因f为有限，则X本征于 k，所以X是条曲线(注意，连通加上正则得到不可约)。又因f平展，知f为可分，所以可以运用 Hurwitz 定理。由于f非歧，得到 $R=0$，故而有

$$2g(X)-2=n(-2).$$

但 $g(X)\geqslant 0$。唯一的可能性是 $g(X)=0$ 与 $n=1$。因此 $X=\mathbf{P}^1$。

例 2.5.4 设 $f:X\to Y$ 是曲线的任一有限射，则 $g(X)\geqslant g(Y)$。我们可以将域扩张 $K(Y)\subseteq K(X)$ 分明为一个可分扩张接着一个纯不可分扩张。因为对纯不可分扩张亏格不变(2.5)，故可化为 f 是可分的情形．若 $g(Y)=0$，当然对，不妨设 $g(Y)\geqslant 1$。那么，(2.4)的公式可重写为

$$g(X)=g(Y)+(n-1)(g(Y)-1)+\frac{1}{2}\deg R.$$

由于 $n-1\geqslant 0$，$g(Y)-1\geqslant 0$ 及 $\deg R\geqslant 0$，便得到所要的证明。另外，它还证明了要使 $g(X)=g(Y)$ 成立（当 f 为可分时）只有 $n=1$ 或 $g(Y)=1$ 且 f 为非歧。

例 2.5.5（Lüroth 定理）定理说，当 L 是 k 的纯超越扩张 $k(t)$ 中包含 k 的子域时，L 也是纯超越扩张。可以假定 $L\neq k$，故 L 对 k 具超越度 1。于是 L 是一条曲线 Y 的函数域，而 $L\subseteq k(t)$ 对应于有限射 $f:\mathbf{P}^1\to Y$。用(2.5.4)推出 $g(Y)=0$，故由(1.3.5)，$Y\cong\mathbf{P}^1$。从而 $L\cong k(u)$ 对某个 u 成立。

注 这里仅对 k 为代数闭域时给出了证明，事实上定理对任意域 k 均成立。在 k 为代数闭的情形时对 2 维有相似的结果。而 3 维的相应论断不成立，因为存在 $\mathbf{C}$ 上的 3 维单有理簇它不是有理的，见 Clemenes 及 Griffiths[1] 与 Iskovskih 及 Manin[1]。

习　　题

2.1 利用(2.5.3)证明 $\mathbf{P}^n$ 为单连通。

2.2 亏格为 2 的曲线分类取定一个特征 $\neq 2$ 的代数闭域 k。

(a) 设 X 为 k 上亏数 2 的曲线，于是典则线性系 $|K|$ 决定了一个 2 次有限射 $f:X\to\mathbf{P}^1$（习题1.7）。证明它正好在 6 个点分歧，每点有分歧指数2。注意，f 在差一个 $\mathbf{P}^1$ 的自同构因子下唯一被确定，从而 X 唯一决定了 6 个(无序)点的集合在 $\mathbf{P}^1$ 自同构下的等价类。

(b) 反之，给出六个不同的点 $\alpha_1,\cdots,\alpha_6\in k$，令 K 为方程 $z^2=(x-\alpha_1)$

$\cdots(x-\alpha_6)$ 决定的 $k(X)$ 的域扩张，设 $f:X\to \mathbf{P}^1$ 是对应的曲线间态射. 证明 $g(X)=2$，映射 f 同于由典则线性系决定的，并且 f 只在 $\mathbf{P}^1$ 的六个点 $x=\alpha_i$ 上分歧，没有其他分歧点. (参照第二章，习题 6.4)

(c) 利用(第一章，习题 6.6)证明当 P_1,P_2,P_3 为 $\mathbf{P}^1$ 中三个不同点时，存在唯一的 $\varphi\in \mathrm{Aut}\mathbf{P}^1$ 使 $\varphi(P_1)=0,\varphi(P_2)=1,\varphi(P_3)=\infty$. 因此如果在 (a) 中把 6 个 $\mathbf{P}^1$ 点排序，并将前三个点分别映到 $0,1,\infty$ 使它具有法形式，则可设 X 在 $0,1,\infty,\beta_1,\beta_2,\beta_3$ 6 个点分歧，其中 β_1,β_2,β_3 为 k 中三个不同的、不等于 $0,1$ 的元.

(d) 设 $\sum_6$ 为 6 个符号的对称群. 定义 $\sum_6$ 在 k 中 $\neq 0,1$ 的三个不同元 β_1,β_2,β_3 的作用如后：对 $\sigma\in\sum_6$ 作用于序集 $0,1,\infty,\beta_1,\beta_2,\beta_3$，对得到的序集重新如 (c) 一样法化，使前三个又变为 $0,1,\infty$. 那么后三个便是新的 $\beta_1',\beta_2',\beta_3'$.

(e) 综合起来，推出结论：在 k 上亏数 2 的曲线同构类集合与 k 中 $\neq 0,1$ 的三个不同元的有序集在 (d) 中描述的 $\sum_6$ 作用下的等价类集合之间，存在一个一一对应. 特别地，它表明存在许多不同构的亏格 2 曲线. 我们可以将上述结果说成是亏格 2 的曲线依赖于三个参数，因为它们对应于 $\mathbf{A}_k^3$ 在一有限群作用下得到的商空间中的一个开集的点.

2.3 平面曲线设 X 是 $\mathbf{P}^2$ 中一条 d 次曲线. 对每个点 $P\in X$，令 $T_P(X)$ 为 X 在 P 的切线(第一章，习题 7.3)，将 $T_P(X)$ 看作对偶射影平面 $(\mathbf{P}^2)^*$ 中的点，则映射 $P\mapsto T_P(X)$ 给出了 X 到它在 $(P^2)^*$ 中对偶曲线 X^* 的态射(第一章，习题 7.3). 要留意，甚至当 X 为非异时，X^* 一般会有奇点. 下面假定 $\mathrm{Char}k=0$.

(a) 取定直线 $L\subseteq \mathbf{P}^2$，它不切于 X. 定义态射 $X\to L$ 为 $\varphi(P)=T_P(X)\cap L$，P 为 X 中任意点. 证明 φ 在 P 分歧，当且仅当，或(1) $P\in L$ 或 (2) P 是 X 的拐点，就是说在 P 点，$T_P(X)$ 与 X 的相交重数(第一章，习题 5.4) $\geqslant 3$. 推出：X 只有有限个拐点.

(b) $\mathbf{P}^2$ 中一条直线如果与 X 有一个以上的切点，称它为 X 的重切线. 如果它与 X 只切于两个点，称为双切线. 设 L 为 X 的重切线，与 X 切于点 $P_1,\cdots,P_r$ 并且没有一个 P_i 是拐点，证明在 X^* 上的对应点是个常 r 重点，也就是具有 r 个不同切方向的一个重数为 r 的点(第一章，习题 5.3). 推出结论：X 只有有限条重切线.

(c) 设 $O\in\mathbf{P}^2$ 是不在 X 上的一个点，它也不在 X 的拐点切线或重切线上. L 为不过 O 的一条直线. 设 $\psi:X\to L$ 是由 O 作投射定义的态射.

证明ψ在一点 $P\in X$ 分歧当且仅当直线 OP 在P切于 X。这时其分歧指数等于 2。利用 Hurwitz 定理及(第一章，习题 7.2)证明正好有 $d(d-1)$ 条X的切线经过O。因此对偶曲线的次数(有时称它为X的类)是$d(d-1)$。

(d) 证明除去X上有限个点外，X上的任一点O正好在X的 $(d+1)(d-2)$ 条切线上,这些切线不包括O的切线。

(e) 证明 (a) 中态射φ的次数是 $d(d-1)$。并证明当$d\geqslant 2$时，在适当的计数规则下,X正好有 $3d(d-2)$ 个拐点。(当 $T_P(X)$ 在P点与X的相交重数为r时应当将P算作$r-2$个拐点。而$r=3$时称为常拐点。)再证明X的常拐点对应于对偶曲线 X^* 的常尖点。(f) 设X为次数$d\geqslant 2$的平面曲线,并设对偶曲线 X^* 的奇点只有结点和常尖点(对于充分一般的 X，它总是对的)。证明X恰好有

$$\frac{1}{2}d(d-2)(d-3)(d+3)$$

条双切线。[提示：证明X是 X^* 的正规化，然后用两种方法计算$p_a(X^*)$：一种是作为 $d(d-1)$ 次平面曲线，另外一种是利用(习题(1.8)。]

(g) 例如，平面三次曲线正好有 9 个常拐点。任意两个拐点的连线一定交曲线于第三个拐点。

(h) 一条平面四次曲线正好有 28 条双切线(甚至对有四重切线的曲线也成立,这时对偶曲线 X^* 有一个自切点。)

2.4 特征p时的一条古怪曲线。 设X为特征 3 的域上的四次曲线 $x^3y+y^3z+z^3x=0$。证明X为非异,但X的每一点都是拐点,而其对偶曲线 X^* 同构于 X，自然映射 $X\to X^*$ 为纯不可分。

2.5 亏格$\geqslant 2$ 曲线的自同构。证明 Hurwitz 的定理[1]： 亏格$g\geqslant 2$的特征O域上的曲线 X，最多只有$84(g-1)$个自同构。以后,我们将在(习题 5.2)及(第五章,习题 1.11)看到群 $G=\mathrm{Aut}X$ 是有限群。令G的阶为n。G作用于函数域 $K(X)$ 上。 设L为其不变域，则域扩张 $L\subseteq K(x)$ 对应于曲线间的n次有限态射 $f:X\to Y$。

(a) 若 $P\in X$ 是个分歧点，$e_P=r$.证明 $f^{-1}(f(P))$ 正好由 n/r 个点组成,每个点的分歧指数都是 r。设 $P_1,\dots,P_s$ 是Y的不同点上的，X的最大分歧点集,并设 $e_{P_i}=r_i$。则证明 Hurwitz 定理蕴含了

$$(2g-2)/n=2g(Y)-2+\sum_{i=1}^{s}(1-1/r_i).$$

(b) 由于 $g\geqslant 2$，方程的左端则>0. 证明当 $g(Y)\geqslant 0$，$s\geqslant 0$，$r_i\geqslant 2$，$i=1,\dots,s$ 为满足

$$2g(Y)-2+\sum_{i=1}^{s}\left(1-\frac{1}{r_i}\right)>0$$

的一组整数时，此表达式的最小值为 1/42. 从而推出 $n\leqslant 84(g-1)$. 取得最大值的例子可在(习题 5.7)中找到.

注 已经知道对无限多个 g 的值，这个最大值都可达到(Macebeath[1])、对特征 $p>0$ 的域上，只要 $p>g+1$，也有同样的上界，但须除去一个特殊情形即超椭圆曲线 $y^2=x^p-x$，其中 $p=2g+1$；这条曲线有 $2p(p^2-1)$ 个自同构 (Roquette[1]). 等于特征 p 时自同构群的阶的其他界可见 Singh[1] 与 Stichtenoth[1].

2.6 除子的 f_*. 设 $f:X\to Y$ 为 n 次有限射，其中 X,Y 为曲线. 对 X 上任意除子 $D=\Sigma n_ip_i$，定义同态 $f_*:\mathrm{Div}X\to\mathrm{Div}Y$ 为 $f_*(\Sigma n_ip_i)=\Sigma n_if(p_i)$.

(a) 对 Y 上任一局部自由的 n 秩层 $\mathscr{E}$，定义 $\det\mathscr{E}=\Lambda^r\mathscr{E}\in\mathrm{Pic}Y$(第二章，习题 6.11). 特别地，对 X 上任意可逆层 $\mathscr{M}$，$f_*\mathscr{M}$ 是 Y 上 n 秩的局部自由层，从而 $\det f_*\mathscr{M}\in\mathrm{Pic}Y$. 证明对 X 上任一除子 D，有

$$\det(f_*\mathscr{L}(D))\cong(\det f_*\mathscr{O}_X)\otimes\mathscr{L}(f_*D).$$

特别要留意，一般来说 $\det(f_*\mathscr{L}(D))\not\cong\mathscr{L}(f_*D)$! [提示：先考虑有效除子 D，将 f_* 运用于正合序列 $0\to\mathscr{L}(-D)\to\mathscr{O}_X\to\mathscr{O}_D\to 0$，再利用(第二章，习题6.11)]

(b) 推断出 f_*D 仅依赖于 D 的线性等价类，从而有诱导同态 $f_*:\mathrm{Pic}X\to\mathrm{Pic}Y$. 证明 $f_*\circ f^*:\mathrm{Pic}Y\to\mathrm{Pic}Y$ 就是乘以 n 的同态.

(c) 利用对于有限态射的对偶(第三章，习题 6.10)及(第三章，习题 7.2)证明

$$\det f_*\Omega_X\cong(\det f_*\mathscr{O}_X)^{-1}\otimes\Omega_Y^{\otimes n}.$$

(d) 假设 f 为可分的，于是有分歧除子 R. 定义分歧除子 B 为 Y 上的除子 f_*R. 证明

$$(\det f_*\mathscr{O}_X)^2\cong\mathscr{L}(-B).$$

2.7 2 次平展复叠设 Y 为特征$\neq 2$ 的域 k 上曲线. 我们要证明在 2 次有限平展复叠 $f:X\to Y$ 与 $\mathrm{Pic}Y$ 中的 2 阶挠元 (即 Y 上的可逆层 $\mathscr{L}$ 满足 $\mathscr{L}^2\cong\mathscr{O}_Y$) 之间存在一一对应.

(a) 给定一个 2 次平展态射 $f:X\to Y$，则有一个自然映射 $\mathscr{O}_Y\to f_*\mathscr{O}_X$. 设 $\mathscr{L}$ 为其余核，于是 $\mathscr{L}$ 是 Y 上可逆层 $\mathscr{L}\cong\det f_*\mathscr{O}_X$. 从而由(习题

2.6)得 $\mathscr{L}^2\cong\mathscr{O}_Y$. 因此一个2次平展复叠决定了 PicY 中一个2阶挠元.

(b) 反之,给出 PicY 中一个2阶挠元 $\mathscr{L}$, 可在 $\mathscr{O}_Y\oplus\mathscr{L}$ 上定义一个 $\mathscr{O}_Y$ 代数结构: $\langle a,b\rangle\cdot\langle a',b'\rangle=\langle aa'+\varphi(b\otimes b'),ab'+a'b\rangle$, 其中 φ 是 $\mathscr{L}\otimes\mathscr{L}\to\mathscr{O}_Y$ 的一个同构. 然后取 $X=\mathbf{Spec}(\mathscr{O}_Y\oplus\mathscr{L})$ (第二章, 习题5.17). 证明 X 是 Y 的一个平展复叠.

(c) 证明过程 (a) 与 (b) 互为逆.[提示: 设 $\tau:X\to X$ 为交换 f 的纤维中点的对合映射. 利用由 $f_*\mathscr{O}_X$ 到 $\mathscr{O}_Y$ 的迹映射 $a\mapsto a+\tau(a)$, 证明 (a)中 $\mathscr{O}_Y$ 模的序列

$$0\to\mathscr{O}_Y\to f_*\mathscr{O}_X\to\mathscr{L}\to 0$$

为分裂的正合序列.]

注 这是更为一般的结果的特殊情形,那个结果说,对 $(n,\operatorname{char}k)=1$, 具群 $\mathbf{Z}/n\mathbf{Z}$ 的 Y 的平展 Galois 复叠由平展上同调 $H^1_{et}(Y,\mathbf{Z}/n\mathbf{Z})$ 分类,而它等于 PicY 中的 n 阶挠元组成的群,见 Serre[6].

3. 在射影空间中的嵌入

本节研究曲线在射影空间中的嵌入. 我们将证明任意曲线可嵌入 $\mathbf{P}^3$ 中. 还将进一步证明,任意曲线可双有理映入 $\mathbf{P}^2$ 中,使其象至多以结点为奇点.

回忆在(第二章,第5节)中,当曲线 X 上一个可逆层 $\mathscr{L}$, 对 X 到某射影空间中的浸没下,同构于 $\mathscr{O}_X(1)$, 就称 $\mathscr{L}$ 为极强层, 若对 X 上任意凝聚层 $\mathscr{F}$, 当 $n\gg 0$ 时,层 $\mathscr{F}\otimes\mathscr{L}^n$ 为整体截影生成,就称 $\mathscr{L}$ 为强层(第二章, 7.6). 若 D 为 X 上的除子, 如果 $\mathscr{L}(D)$ 为强或极强层就称 D 是强除子或极强除子.

回忆一下, 一个线性系 $\mathfrak{d}$ 是一个有效除子的集合,它构成某个完全线性系 $|D|$ 的线性子空间,如果点 P 对所有 $D\in\mathfrak{d}$ 有 $P\in\operatorname{Supp}D$, 称 P 是线性系 $\mathfrak{d}$ 的一个基点. 我们已经知道,完全线性系 $|D|$ 无基点当且仅当 $\mathscr{L}(D)$ 为整体截影生成(第二章,7.8).

我们的第一个结果是(第二章, 第7节)的判别法在曲线情形的重新解释, 这个判别法是关于何时一个线性系能产生到射影空

间的闭浸没。

命题 3.1 设D是曲线X上的除子，则

(a) 完全线性系 $|D|$ 无基点，当且仅当对每个点 $P\in X$ 成立

$$\dim|D-P|=\dim|D|-1;$$

(b) D 为极强除子，当且仅当对任意两个点 $P,Q\in X$（包括 $P=Q$ 的情形）成立

$$\dim|D-P-Q|=\dim|D|-2.$$

证明 首先考虑层的正合序列

$$0\to\mathscr{L}(D-P)\to\mathscr{L}(D)\to k(P)\to 0.$$

取其整体截影，有

$$0\to\Gamma(X,\mathscr{L}(D-P))\to\Gamma(X,\mathscr{L}(D))\to k,$$

所以可以知道，$\dim|D-P|$ 或等于 $\dim|D|$ 或等于 $\dim|D|-1$。另外，将除子E变到$E+P$定义了线性映射

$$\varphi:|D-P|\to|D|,$$

它显然是单的. 因此这两个线性系的维数相等的充分必要条件是φ为满. 但φ为满，当且仅当P是 $|D|$ 的基点。(a) 得证.

要证 (b)，我们可以设 $|D|$ 无基点. 实际上，当D为极强时这时对的. 另方面，如果 D 满足 (b) 的条件，我们对每个 $P\in X$ 更有

$$\dim|D-P|=\dim|D|-1,$$

从而 $|D|$ 无基点.

现在设 $|D|$ 无基点，于是它决定了X到 $\mathbf{P}^n$ 的一个态射(第二章，7.1)及(第二章，7.8.1)，因此问题在于这个态射是否为闭浸没。运用(第二章，7.3)及(第二章，7.8.2)的判别准则. 我们必须知道 $|D|$ 是否分离点及分离切向量. 第一个条件是说对任意两个不同点 $P,Q\in X,Q$ 不是 $|D-P|$ 的基点. 由 (a)，这等价于说

$$\dim|D-P-Q|=\dim|D|-2.$$

第二个条件是说，对任意点 $P\in X$，存在除子 $D'\in|D|$ 使P在

D' 中以重数 1 出现. 这是因为 $\dim T_P(X)=1$,而当 P 在 D' 中为重数 1 时 $\dim T_P(D')=D$, 但当 P 在 D' 中具高重数时, $\dim T_P(D')=1$. 这就是说 P 不是 $|D-P|$ 的基点, 或者再用 (*) 可以表示为

$$\dim|D-2P|=\dim|D|-2.$$

因此结果由(第二章, 7.3)推出.

系 3.2 设 D 为亏格 g 的曲线 X 上的除子.

(a) 如果 $\deg D\geqslant 2g$, 则 $|D|$ 无基点;

(b) 如果 $\deg D\geqslant 2g+1$, 则 D 为极强.

证明 在情况 (a) 下, D 与 $D-P$ 为非特殊除子(1.3.4), 故由 Riemann-Roch 定理, $\dim|D-P|=\dim|D|-1$. (b) 的情形中, D 与 $D-P-Q$ 都是非特殊的, 又由 Riemann-Roch 定理得 $\dim|D-P-Q|=\dim|D|-2$.

系 3.3 X 为曲线, 其上除子 D 为强除子当且仅当 $\deg D>0$.

证明 若 D 为强除子, 则其某个倍数为极强(第二章, 7.6). 故 $nD\sim H$, H 是某个射影嵌入下的超平面截影, 故 $\deg H>0$, 于是 $\deg D>0$. 反之, 若 $\deg D>0$, 则对 $n\gg 0$, $\deg nD\geqslant 2g(X)+1$, 故由(3.2)知 nD 为极强, 于是 D 为强除子.

例 3.3.1 若 $g=0$ 则 D 为强 $\Leftrightarrow$ 极强 $\Leftrightarrow$ $\deg D>0$. 由于 $X\cong\mathbf{P}^1$(1.3.5), 这就正是(第二章, 7.6.1).

例 3.3.2 设 X 为曲线, D 为 X 上一个极强除子, 它对应于闭浸没 $\varphi: X\to\mathbf{P}^n$. 则对在(第一章, §7)中定义的射影簇的次数概念而言, $\varphi(X)$ 的次就等于 $\deg D$(第二章, 习题 6.2).

例 3.3.3 设 X 为一椭圆曲线, 即 $g=1$(1.3.6). 则任意 3 次除子均为极强. 这种除子为非特殊的, 故由 Riemann-Roch 定理, $\dim|D|=2$. 因此我们看出, 任一条椭圆曲线可以嵌入 $\mathbf{P}^2$, 作为一条三次曲线. (自然, 反过来, 由亏格公式(第一章, 习题 7.2)知, 任一条平面三次非异曲线也是椭圆的.)

在 $g=1$ 时, 实际上可以说 D 为极强层, 当且仅当 $\deg D\geqslant 3$.

因为若 $\deg D = 2$，则由 Riemann-Roch 定理，有 $\dim|D| = 1$，从而 D 定义了 X 到 $\mathbf{P}^1$ 的一个射，它不可能是个闭嵌入。

例 3.3.4 若 $g = 2$，则任意 5 次除子为极强。由 Riemann-Roch 定理，$\dim|D| = 3$，故而任意亏格 2 的曲线可以作为 5 次曲线嵌入在 $\mathbf{P}^3$ 内。

例 3.3.5 (3.2)的结果，一般说来不是最好的可能结果。例如，当 X 是一条 4 次平面曲线时，$D = X.H$ 是个极强除子，次数为 4，但 $g = 3$，即 $2g + 1 = 7$。

我们的下一个目标是要证明任意曲线可嵌入 $\mathbf{P}^3$ 中。为此，考虑曲线 $X \subseteq \mathbf{P}^n$，取一点 $O \notin X$，并从 O 投射 X 到 $\mathbf{P}^{n-1}$ 内 (I，习题 3.14)。这给出 X 到 $\mathbf{P}^{n-1}$ 中的一个态射，我们要研究它什么时候是个闭嵌入。

设 P, Q 为 X 中两个不同点，$\mathbf{P}^n$ 中连接 P, Q 的直线称为由 P 及 Q 决定的**割线**。设 P 为 X 的一点，定义 X 在 P 点的**切线**为过 P 的一条唯一直线 $L \subseteq \mathbf{P}^n$，使它的切空间 $T_P(L)$ 等于 $T_P(\mathbf{P}^n)$ 的子空间 $T_P(X)$。

命题 3.4 *设 X 为 $\mathbf{P}^n$ 中曲线，O 为不在 X 上的一点，$\varphi: X \to \mathbf{P}^{n-1}$ 为从 O 作投射决定的态射，则 φ 为闭浸没当且仅当*

(1) O 不在 X 的任何割线上，且

(2) O 不在 X 的任何切线上。

证明 由(第二章，7.8.1)，态射 φ 对应于 $\mathbf{P}^n$ 中过 O 的超平面 H 在 X 上截出来的线性系。从而 φ 为闭浸没当且仅当这个线性系在 X 上分离点并分离切向量(第二章，7.8.2)。若 P, Q 为 X 上两个不同点，则 φ 分离它们的充要条件是存在一个 H，包含 O 及 P 点但不包含 Q。而这种情形出现，当且仅当 O 不在直线 PQ 上。若 $P \in X$，则 φ 分离 P 点的切向量，当且仅当存在一个 H，包含 O 及 P 点，并在 P 与 X 的交具重数1。这种情形出现的充要条件是 O 不在 P 点切线上。

命题 3.5 *若 X 是 $\mathbf{P}^n$ 中曲线，其中 $n \geqslant 4$，则存在一个点 $O \notin X$ 使从 O 的投射给出 X 到 $\mathbf{P}^{n-1}$ 的一个闭浸没。*

证明 令 $\mathrm{Sec}X$ 表示 X 的所有割线的(点的)并集. 称它为 X 的割线簇. 它是 $\mathbf{P}^n$ 的局部闭集,维数 $\leqslant 3$,因为(至少局部地)它是由 $(X\times X-\Delta)\times\mathbf{P}^1$ 到 $\mathbf{P}^n$ 的一个射的像,这个态射将 $\langle P,Q,t\rangle$ 映到经过 P,Q 点,给了适当参数的割线上的点 t.

令 $\mathrm{Tan}X$ 表示 X 的切线簇,它是 X 的所有切线的(点集)并. 因为局部地为 $X\times\mathbf{P}^1$ 的像,所以它是 $\mathbf{P}^n$ 中维数 $\leqslant 2$ 的闭子集.

由于 $n\geqslant 4$, $\mathrm{Sec}X\cup\mathrm{Tan}X\neq\mathbf{P}^n$,从而可以找到许多个点 O 都不在 X 的任意割线或切线上. 于是根据(3.4),从 O 的投射给出了所需的闭浸没.

系 3.6 任意曲线可嵌入 $\mathbf{P}^3$ 内.

证明 首先将 X 嵌入任一射影空间 $\mathbf{P}^n$ 中. 例如,取一个次数 $d\geqslant 2g+1$ 的除子 D,然后利用(3.2). 由于 D 为极强,完全线性系 $|D|$ 确定了 X 在 $\mathbf{P}^n$ 中的一个嵌入,其中 $n=\dim|D|$. 如果 $n\leqslant 3$,则可视 $\mathbf{P}^n$ 为 $\mathbf{P}^3$ 的子空间,故而无须再证. 如果 $n\geqslant 4$,反复利用(3.5),从一个点作投射直至 X 嵌入在 $\mathbf{P}^3$ 中.

下面研究 $\mathbf{P}^3$ 中曲线 X 到 $\mathbf{P}^2$ 的投射. 一般说来,割线簇要充满整个 $\mathbf{P}^3$,故而我们不能避开所有的割线,因此投射曲线要为奇异. 但是我们将会看到,可以选取投射中心 O 使所得的从 X 到 $\mathbf{P}^2$ 的态射是到它像上的双有理映射,并使像 $\varphi(X)$ 最多以结点为奇点.

回忆第一章,习题 5.6,结点是一条平面曲线的二重奇点,它具有不同的切方向. 定义 X 的重割线为 $\mathbf{P}^3$ 中直线,它与 X 交于三个以上的点. 定义具共面切线的割线为连接 X 的两点 P,Q 的割线,使切线 L_P,L_Q 在同一平面中,或者等价地说,L_P 与 L_Q 相交.

命题 3.7 设 X 为 $\mathbf{P}^3$ 中曲线,O 为不在 X 上的一点,φ 为从 O 作投射决定的射,则 φ 双有理映成它的像,且 $\varphi(X)$ 最多以结点为奇点的充要条件是

(1) O 仅在 X 的有限条割线上,

(2) O 不在 X 的任一条切线上，

(3) O 不在 X 的任一条重割线上，且

(4) O 不在任一条具共面切线的割线上。

证明 返回到(第二章,7.3)的证明,条件(1)是说 φ 几乎处处是一一对应的,从而为双有理。当 O 确在一条割线上时,条件(2),(3),(4)告诉我们这条直线只交于两个点 P,Q,并且在这两个点处不切于 X,而 P,Q 处的切线映成 $\mathbf{P}^2$ 中不同的直线。因此,像 $\varphi(X)$ 在那个点上有个结点。

为证明满足(3.7)的(1)—(4)的点 O 存在,我们象(3.5)的证明一样,计算坏点的维数。困难之处在于证明不是所有割线都是重割线也不是所有割线都具有共面切线。如果是在复域 C 上,可以由微分几何了解这点。然而我们要给出适合一切特征下的另一个证明,它是由 Hurwitz 定理的一个有趣的应用得到的。

命题 3.8 设 X 为 $\mathbf{P}^3$ 中曲线,它不在任何一个平面中。设有下面两个条件之一成立:

(a) X 的每条割线均为重割线,或者

(b) 对任意两个点 $P,Q\in X$,切线 L_P,L_Q 共面。

则存在一个点 $A\in\mathbf{P}^3$,它在 X 的每条切线上。

证明 先证明条件(a)蕴含(b)。固定 X 中一点 R,并考虑从 R 作的投射所诱导的态射 ϕ: $X-R\rightarrow\mathbf{P}^2$。因为每条割线都是重割线,$\phi$ 是个多对一的映射。当 ϕ 为不可分时,则对任意点 $P\in X$,X 的切线 L_P 必过 R。这就立即给出了(b)及结论,因此可以假定每个这样的 ϕ 是可分的。这时,令 T 是 $\phi(X)$ 的非异点,且在 T 处 ϕ 为非歧的。若 $P,Q\in\phi^{-1}(T)$,则 X 的切线 L_P,L_Q 均被投射到 $\phi(X)$ 在 T 的切线 L_T,故 L_P 及 L_Q 都在 R 与 L_T 张成的平面中,因而共面。

那么,我们已经证明了对任意 R 及对几乎所有使 P,Q,R 共线的点 P,Q,有 L_P 与 L_Q 共面。然而 L_P 与 L_Q 共面这个性质是个闭条件,所以我们得出结论:对所有 $P,Q\in X,L_P$ 与 L_Q 共面。这即为(b)。

现在假定有条件（b）。任取两个有不同切线的点 $P,Q\in X$，令 $A=L_P\cap L_Q$。由假定，X不在任一平面内，因而特别地，当π是 L_P 及 L_Q 张成的平面时，$X\cap\pi$ 是个有限点集。对任意点 $R\in X-X\cap\pi$，切线 L_R 必与 L_P 及 L_Q 相交。但是 $L_R\not\subset\pi$，因此它必过 A。于是使 $A\in L_R$ 的那些R点构成了X中的开集。但是，这又是个闭条件，所以最后有结论：对所有 $R\in X$ 有 $A\in L_R$。

定义 $\mathbf{P}^n$ 中一条曲线X称为奇特的是指存在一个点，它在X的每条切线上。

例 3.8.1 $\mathbf{P}^1$ 是奇特的。事实上任一点的切线都是同一 $\mathbf{P}^1$，故任意 $A\in\mathbf{P}^1$ 都满足要求。

例 3.8.2 在特征 2 的域上，$\mathbf{P}^2$ 中一条二次曲线是奇特的。例如考虑圆锥线 $y=x^2$。则 $dy/dx=0$，故所有切线都是水平线，从而都经过 x 轴上的无穷远点。

定理 3.9（Samuel[2]） 在任一 $\mathbf{P}^n$ 中，仅有的奇特曲线是直线(3.8.1)及特征 2 时的圆锥线(3.8.2)。

证明．我们可设X在 $\mathbf{P}^3$ 中，因为若有必要，可经由投射做到这点。在 $\mathbf{P}^3$ 中选取一个 $\mathbf{A}^3$，以 x,y,z 为仿射坐标使有

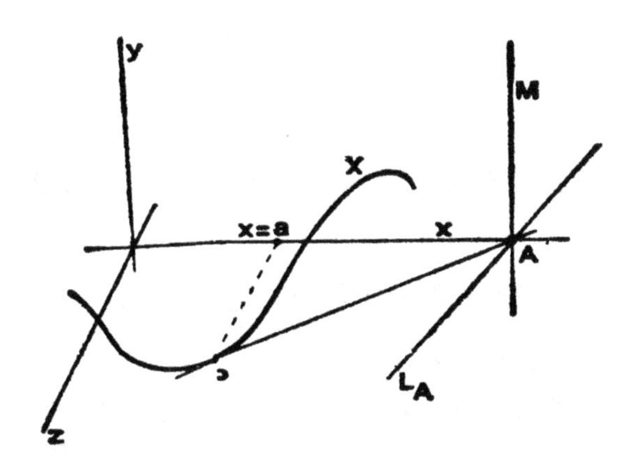

图 14 (3.9)的证明

（1）A 是 x 轴上的无穷远点，

（2）若 $A\in X$，则切线 L_A 不在 xz 平面中，

（3）z 轴不与 X 相交，

（4）除了可能在 A 点外，X 不与 xz 平面的无穷远直线相交（图 14）。

首先从 A 投射到 yz 平面上。由于 A 在 X 的所有切线上，则相应的 X 到 $\mathbf{P}^2$ 的射处处分歧，故而或者其像是一个点（这时 X 是条直线）或者它为不可分(2.2)。我们由此推出函数 y 及 z 限制在 X 上时在 $K(X)^p$ 中，其中 $\mathrm{Char}\,k=p>0$。

其次，我们从 z 轴投射到 xy 平面的无穷远直线 M。换句话说，对每点 $P\in X$，定义 $\varphi(P)$ 为 P 与 z 轴张成的平面与直线 M 的交点。这给出了一个 $d=\deg X$ 次态射 $\varphi:X\to M$。请注意，φ 正好在 xz 平面的有限部分的 X 的点上分歧，而不在 A 上。

我们要将 Hurwitz 定理(2.4)用于态射 φ。对任意点 $P\in X\cap xz$ 平面，取 $u=x-a$ 为局部坐标，其中 $a\in k$，$a\neq 0$。取 $t=y/x$ 为 A 在 M 上的局部坐标。那么由(2.2)必须计算 $v_P(dt/du)$。将 x 写为 $u+a$，故 $t=y(u+a)^{-1}$。因为 $y\in K(X)^p$，故 $\dfrac{dy}{du}=0$，所以

$$dt/du=-y(u+a)^{-2}.$$

但 $u+a$ 在局部环 $\mathcal{O}_P$ 中为单位，从而

$$v_P(dt/du)=v_P(y).$$

如果 $P_1,\cdots,P_r$ 为 $X\cap xz$ 平面中所有有限点，则由 Hurwitz 定理有

$$2g-2=-2d+\sum_{i=1}^{r}v_{P_i}(y).$$

现在考虑两种情形。

情形1 若 $A\notin X$，xz 平面与 X 仅交于这些 P_i 点。因为此平面由方程 $y=0$ 所定义，故可用 X 与这平面的相交点数来计算 X 的次数，即

$$d = \sum_{i=1}^{r} v_{p_i}(y).$$

代入上式，得到

$$2g - 2 = -d$$

这仅能在 $g = 0$ 且 $d = 2$ 时成立. 于是作为抽象曲线 $X \cong \mathbf{P}^1$ (1.3.5)，而它的嵌入是由一个 2 次除子 D 决定的. 由 Riemann-Roch 定理有 $\dim|D| = 2$，故 X 是 $\mathbf{P}^2$ 中的圆锥线. 因为这个圆锥线是奇特的，必须有 Char $k = 2$.

情形 2. 若 $A \in X$，因为 xz 平面与 X 横截相交于 A，我们相似地可得到

$$d = \sum_{i=1}^{r} v_{p_i}(y) + 1,$$

故

$$2g - 2 = -d - 1,$$

这只能 $g = 0, d = 1$，这就是直线.

定理 3.10 设 X 为 $\mathbf{P}^3$ 中曲线，则存在点 $O \notin X$ 使从 O 的投射所决定的态射是由 X 到其在 $\mathbf{P}^2$ 中像上的双有理态射 φ，并且其像最多以结点为奇点.

证明 如果 X 已在一平面内，那么不在这平面上的任意点 O 都为所求. 故设 X 不在任何平面中. 特别，X 既不是直线也不能是圆锥线，因此由(3.9)知，X 不是奇特的. 因而由(3.8)，X 有一条非重割线的割线，还有一条无共面切线的割线. 由于邻近这两种割线的其他割线仍具有相同的性质，从而 $X \times X$ 中 $\langle P, Q\rangle$ 点的集合，其中过 P 及 Q 的割线既非重割线又非具共面切线，是一个开子集. 于是 $X \times X$ 中那些 $\langle P, Q\rangle$ 点，使过 P, Q 的割线或为重割线或具共面切线，它们构成一个真子集，其维数 $\leqslant 1$. 因此在 $\mathbf{P}^3$ 中这些相应割线的并集的维数 $\leqslant 2$，与 X 的切线簇维数 $\leqslant 2$ (见(3.5))这个事实结合起来就知道满足(3.7)中(2),(3)及(4)的点 O 是 $\mathbf{P}^3$ 中的开子集.

要完成证明，由(3.7)，我们必须证明可以选取 O 仅在 X 的有

限条割线上．为此，考虑态射 $(X\times X-\Delta)\times\mathbf{P}^1\to\mathbf{P}^3$（至少是局部有定义），它将 $\langle P,Q,t\rangle$ 映到点 t，这是过 P,Q 的割线上的点．如果其像的维数 <3，则可选出 O 不在任一割线上．如果其像的维数 $=3$，则因为它是在两个同维数簇之间的射，故而可运用（第二章，习题 3.7），找到 $\mathbf{P}^3$ 中一个开点集，其上的纤维为有限．这些点仅在有限条割线上，因而得证．

系 3.11 任意曲线均双有理同构于一条最多以结点为奇点的平面曲线．

证明 (3.6)与(3.10)合起来即可．

注 3.11.1 由于(3.11)，解决曲线分类问题的一种方法是对任意 d 及 r，研究带有 r 个结点的 d 次平面曲线族．所有 d 次平面曲线构成的族是一个 $\frac{1}{2}d(d+3)$ 维线性系，故而以同维的射影空间作为参数空间．在此射影空间中，具有 r 个结点的（不可约）曲线构成一个局部闭子集 $V_{d,r}$．若 X 是条这样的曲线，则其正规化 $\tilde{X}$ 的亏格由（习题 1.8），等于

$$g=\frac{1}{2}(d-1)(d-2)-r.$$

故而要使 $V_{d,r}$ 非空，必有

$$0\leqslant r\leqslant\frac{1}{2}(d-1)(d-2).$$

还可进一步推断，两个端点值是可以达到的．用 Bertini 定理（第二章，8.20.2），我们已经知道，对任意 d 存在一条 $\mathbf{P}^2$ 中 d 次不可约非异曲线，这给出了 $r=0$ 的情形．另外，对任意 d，可将 $\mathbf{P}^1$ 嵌入 $\mathbf{P}^d$ 中成为一条 d 次曲线（习题 3.4），然后由(3.5)及(3.10)，将它投射到 $\mathbf{P}^2$ 中成为仅有结点的曲线 X，且 $g(\tilde{X})=0$．于是得到 $r=\frac{1}{2}(d-1)(d-2)$．

但是 $V_{d,r}$ 的结构这种一般性问题是极难的．Severi [2，附录 F]断言，对每个满足 $0\leqslant r\leqslant\frac{1}{2}(d-1)(d-2)$ 的 d,r，代数集

$V_{d,r}$ 为不可约，非空，具维数 $\frac{1}{2}d(d+3)-r$，然而他的证明是不完全的。

习　　题

3.1 设 X 为亏格 2 的曲线，证明除子 D 为极强，当且仅当 $\deg D\geqslant 5$。它加强了(3.3.4)的结果。

3.2 设 X 是条 4 次平面曲线。

(a) 证明 X 上的有效典则除子正好是除子 $X.L$，其中 L 为 $\mathbf{P}^2$ 中直线。

(b) 若 D 是 X 的任一 2 次有效除子，证明 $\dim|D|=0$。

(c) 推出 X 不为超椭圆(习题 1.7)的结论。

3.3 设 X 为亏数 $\geqslant 2$ 的曲线，它在某个 $\mathbf{P}^n$ 中为完全交(第二章，习题 8.4)，证明其典则除子 K 为极强。由此推出亏格 2 的曲线在任意 $\mathbf{P}^n$ 中都不是完全交。参见(习题 5.1)

3.4 设 X 为 $\mathbf{P}^1$ 在 $\mathbf{P}^d$ 中的 d 重分量嵌入，$d\geqslant 1$(第一章，习题 2.12)。我们称 X 为 $\mathbf{P}^d$ 中的 d 次有理正规曲线。

(a) 证明 X 是射影正规的，且其齐次理想可由 2 次形式生成。

(b) 若 X 为 $\mathbf{P}^n$ 中任一条不在任意 $\mathbf{P}^{n-1}$ 中的 d 次曲线，$d\leqslant n$。证明必有 $d=n, g(X)=0$ 且 X 与 d 次有理正规曲线仅差一个 $\mathbf{P}^d$ 的自同构。参见(第二章，7.8.5)。

(c) 特别地，任一 $\mathbf{P}^n$ 中的 2 次曲线必是某个 $\mathbf{P}^2$ 中的圆锥线。

(d) 任一 $\mathbf{P}^n$ 中的三次曲线，或是一条平面三次曲线或是 $\mathbf{P}^3$ 中的扭变三次曲线。

3.5 设 X 为 $\mathbf{P}^3$ 中曲线且不在任意平面中。

(a) 设点 $O\notin X$ 使从 O 的投射诱导了由 X 到其 $\mathbf{P}^2$ 中像的双有理射 φ。证明 φ 必为奇异。[提示：用两种方式计算 $\dim H^0(X,\mathcal{O}_X(1))$。]

(b) 若 X 为 d 次亏格 g，证明 $g<\frac{1}{2}(d-1)(d-2)$。(用(习题 1.8)。)

(c) 设 $\{X_t\}$ 是由此投射诱导的曲线平坦族，(第三章，9.8.3)，它的纤维在 $t=1$ 为 X，在 $t=0$ 为纤维 X_0，其中 X_0 是个以 $\varphi(X)$ 为支集的概型。证明 X_0 必有幂零元。因此(第三章，9.8.4)是典型的例子.

3.6 4次曲线

(a) 设X是某个$\mathbf{P}^n$中的4次曲线，证明X必为下列情形之一：

(1) $g=0$，这时X或为$\mathbf{P}^4$中的有理正规4次曲线（习题3.4）或为$\mathbf{P}^3$中的有理4次曲线(第二章，7.8.6)，

(2) $X\subseteq\mathbf{P}^2$，这时 $g=3$

(3) $X\subseteq\mathbf{P}^3$，且 $g=1$.

(b) 在$g=1$的情形，证明X是$\mathbf{P}^3$中两个不可约二次曲面的完全交(第一章，习题5.11). [提示：利用正合序列$0\to\mathscr{I}_X\to\mathscr{O}_{P^3}\to\mathscr{O}_X\to0$计算 $\dim H^0(\mathbf{P}^3,\mathscr{I}_X(2))$，因此推出$X$至少包含在两个不可约二次曲面中.]

3.7 由于(3.10)，可以反过来问，是否每条具结点的平面曲线都是$\mathbf{P}^3$中一条非异曲线的投射像？证明曲线$xy+x^4+y^4=0$(在特征$k\neq2$时)是个反例.

3.8 称$\mathbf{P}^n$中一条(奇异)曲线是奇特的是指存在一个点，它在曲线的所有非异点的切线上.

(a) 存在许多条奇异奇特曲线，例如在特征$p>0$的域上由参数给出的曲线$x=t,\ y=t^p, z=t^{2p}$.

(b) 但是当$\mathrm{Char}k=0$时，证明除$\mathbf{P}^1$外没有其他的奇异奇特曲线.

3.9 证明后面的Bertini引理：若X是$\mathbf{P}^3$中的一条d次曲线，它不在任意平面中. 则对几乎所有的平面$H\subseteq\mathbf{P}^3$（即对偶射影空间$(\mathbf{P}^3)^*$中的一个Zariski开子集)，交集$X\cap H$仅由d个不同点组成，且它们中没有三个点共线.

3.10 推广论断"不是每条割线均为重割线"如下：若X为$\mathbf{P}^n$中曲线，且不在任意$\mathbf{P}^{n-1}$中，又$\mathrm{char}k=0$. 证明对X上几乎所有的$n-1$个点$P_1,\cdots,P_{n-1}$，它们张成的线性空间L^{n-2}不再包含X中其他点.

3.11 (a) 若X为$\mathbf{P}^n$中的r维不可约簇，且$n>2r+1$. 证明存在点$O\notin X$使得从O的投射诱导了X到$\mathbf{P}^{n-1}$中的一个闭浸没.

(b) 若X是$\mathbf{P}^5$中的Veronese曲面，它是$\mathbf{P}^2$的2重分量嵌入(第一章，习题2.13). 证明X的每条割线的任意点均在无限条割线上. 因此X的割线簇为4维，于是此时存在一个投射为X到$\mathbf{P}^4$的闭浸没(第二章，习题7.7). (Severi[1]的一个定理说，Veronese曲面是$\mathbf{P}^5$中唯一的曲面可以经投射，闭浸没于$\mathbf{P}^4$. 一般的情形会得到有限个

具横截切平面的二重点.

3.12 对 $d=2,3,4,5$ 的每个数及满足 $0\leqslant r\leqslant\frac{1}{2}(d-1)(d-2)$ 的 r，证明存在一条 d 次不可约平面曲线，它具有 r 个结点而无其他奇点.

4. 椭圆曲线

椭圆曲线(即亏格为 1 的曲线)理论是丰富多彩的. 它是一个很好的例子，反映出抽象代数几何、复分析和数论之间的深刻联系. 本节将简要地讨论与椭圆曲线有关的一些课题，由此介绍这一理论的一些思想. 首先我们定义 j 不变量，用它将椭圆曲线作同构分类. 其次讨论椭圆曲线上的群结构，证明椭圆曲线是它自己的 Jacobi 簇. 然后我们不加证明地叙述复椭圆函数论的主要结果，由此推出 $\mathbf{C}$ 上椭圆曲线的各种结果. 接下来我们定义特征 p 域上椭圆曲线的 Hasse 不变量，最后考虑 $\mathbf{Q}$ 上定义的椭圆曲线的有理点群.

为简单起见，我们略去基域特征为 2 的情形. 本节的多数结果对于特征为 2 的基域也是对的，但是证明需要一些特殊的考虑. 可见 Tate[3]，或者在 Birch 与 Kuyk[1] 中 Deligne 和 Tate 的"公式汇编".

j 不变量

我们第一个课题是定义椭圆曲线的 j 不变量，并且证明它可将椭圆曲线作同构分类. 由于 j 可以是基域 k 中任意元素，这就证明了仿射直线 $\mathbf{A}_k^1$ 是 k 上椭圆曲线的模簇.

设 X 是代数闭域 k 上的椭圆曲线. $P_0\in X$ 为一点，考虑 X 上线性系 $|2P_0|$. 由于除子 $2P_0$ 是非特殊的，由 Riemann-Roch 定理可知 $\dim|2P_0|=1$. 它没有基点，否则 X 就会是有理曲线了. 于是它定义了一个 2 次态射 $f:X\rightarrow\mathbf{P}^1$，通过 $\mathbf{P}^1$ 中坐标变换可使 $f(P_0)=\infty$.

现在设 $\mathrm{char} k \neq 2$. 由 Hurwitz 定理可知 f 恰好在 4 个点处分歧,而 P_0 为其中之一. 设 $x=a,b,c$ 是 $\mathbf{P}^1$ 中除∞之外的其余 3 个分歧点，则 $\mathbf{P}^1$ 有唯一的自同构将∞不动同时将 a 和 b 分别变到 0 和 1，这个自同构即是 $x'=(x-a)/(b-a)$. 作用这个自同构之后,现在可假设 f 在 $\mathbf{P}^1$ 中的分歧点为 $0,1,\lambda$ 和∞, 其中 $\lambda\in k,\lambda\neq 0,1$. 由此决定出元素 λ. 我们定义 $j=j(\lambda)$ 为

$$j=2^8\cdot(\lambda^2-\lambda+1)^2/\lambda^2(\lambda-1)^2.$$

这是曲线 X 的 j 不变量. (加进系数 2^8,尽管看起来多余，实则为使在特征 2 时能适用)我们的主要结果为

定理 4.1 设 k 是特征不为 2 的代数闭域，则

(a) 对于 k 上每个椭圆曲线 X,j 只依赖于 X.

(b) k 上两个椭圆曲线 X 和 X' 同构当且仅当 $j(X)=j(X')$.

(c) k 中每个元素均是 k 上某个椭圆曲线的 j 不变量.

于是,在 k 上椭圆曲线同构类和 k 中元素之间,由 $X\longmapsto j(X)$ 给出一一对应关系.

在证明这定理之前先要得到一些预备性结果.

引理 4.2 给了两个点 $P,Q\in X$ (可能 $P=Q$), 存在 X 的自同构 σ, 使得 $\sigma^2=id$, $\sigma(P)=Q$, 并且对每个 $R\in X$, $R+\sigma(R)\sim P+Q$.

证明 线性系 $|P+Q|$ 的维数是 1 并且没有基点，从而定义了一个 2 次态射 $g:X\to\mathbf{P}^1$.由于 $X\not\cong\mathbf{P}^1$ 可知这个态射是可分的(2.5),从而 $K(X)$ 是 $K(\mathbf{P}^1)$ 的 Galois 扩张. 设 σ 为 $K(X)$ 在 $K(\mathbf{P}^1)$ 上的 2 阶非平凡自同构. 则 σ 交换 g 的每个纤维的两个点. 从而 $\sigma(P)=Q$, 并且对每个 $R\in X$, $R+\sigma(R)$ 是 g 的一个纤维,从而 $R+\sigma(R)\in|P+Q|$,即 $R+\sigma(R)\sim P+Q$.

系 4.3 X 的自同构群 $\mathrm{Aut}(X)$ 是可迁群.

引理 4.4 设 $f_1,f_2:X\to\mathbf{P}^1$ 是两个 2 次态射,则存在 $\sigma\in\mathrm{Aut}X$ 和 $\tau\in\mathrm{Aut}\mathbf{P}^1$, 使得 $f_2\circ\sigma=\tau\circ f_1$.

$$\begin{array}{ccc} X & \xrightarrow{\sigma} & X \\ f_1 \downarrow & & \downarrow f_2 \\ \mathbf{P}^1 & \xrightarrow{\tau} & \mathbf{P}^1 \end{array}$$

证明 设 $P_1, P_2 \in X$ 分别是 f_1 和 f_2 的分歧点。由(4.3)可知存在 $\sigma \in \operatorname{Aut} X$，使得 $\sigma(P_1) = P_2$。另一方面，f_1 和 f_2 分别由线性系 $|2P_1|$ 和 $|2P_2|$ 所决定。由于 σ 将 $|2P_1|$ 变成 $|2P_2|$，从而 f_1 和 $f_2 \circ \sigma$ 对应同一个线性系，即它们只相差 $\mathbf{P}^1$ 中一个自同构 τ（第二章，7.8.1）。

引理 4.5 假定对称群 Σ_3 在 $k - \{0,1\}$ 上的作用为：给了 $\lambda \in k, \lambda \neq 0,1$，用 $\alpha \in \Sigma_3$ 置换数 $0,1,\lambda$，然后再用 x 的线性变换将前两个数分别变成 0 和 1，定义 $\alpha(\lambda)$ 为第三个数在此线性变换下的像，则 λ 的轨道为

$$\left\{\lambda, \frac{1}{\lambda}, 1-\lambda, \frac{1}{1-\lambda}, \frac{\lambda}{\lambda-1}, \frac{\lambda-1}{\lambda}\right\}.$$

证明 将 a 和 b 变成 0 和 1 的线性变换为 $x' = (x-a)/(b-a)$，从而只须对 a,b,c 为 $0,1,\lambda$ 的任意排列时计算 $(c-a)/(b-a)$。

命题 4.6 设 X 是 k 上椭圆曲线，$\operatorname{char} k \neq 2$，$P_0 \in X$ 为一给定点，则存在闭浸没 $X \to \mathbf{P}^2$，使得像为曲线

$$y^2 = x(x-1)(x-\lambda),$$

其中 λ 为 k 中某个元素，并且使得 P_0 映成 y 轴上无穷远点$(0,1,0)$。此外，这里的 λ 与早先定义的 λ 只相差(4,5)中定义的 Σ_3 中某元素的作用。

证明 由线性系 $|3P_0|$ 将 X 嵌到 $\mathbf{P}^2$ 中，这给出一个闭浸没(3.3.3)。如下选取我们的坐标，将向量空间 $H^0(\mathscr{O}(nP_0))$ 看成有如下包含关系

$$k = H^0(\mathscr{O}) \subseteq H^0(\mathscr{O}(P_0)) \subseteq H^0(\mathscr{O}(2P_0)) \subseteq \cdots$$

由 Riemann-Roch 定理可知当 $n > 0$ 时

$$\dim H^0(\mathscr{O}(nP_0)) = n.$$

取 $x \in H^0(\mathcal{O}(2P_0))$，使得 $1, x$ 为此空间的基，取 $y \in H^0(\mathcal{O}(3P_0))$，使 $1, x, y$ 为空间 $H^0(\mathcal{O}(3P_0))$ 的基，则

$$1, x, y, x^2, xy, x^3, y^2$$

均属于 $H^0(\mathcal{O}(6P_0))$. 但是这向量空间维数是 6，从而它们是线性相关的，并且 x^3 和 y^2 的系数均不为 0，因为只有它们在 P_0 处有 6 阶极点. 于是将 x 和 y 改变一适当常因子之后，总可使它们系数是 1，即存在适当 $a_i \in k$，使得

$$y^2 + a_1xy + a_3y = x^3 + a_2x^2 + a_4x + a_6.$$

现在用坐标线性变换使方程化为所需形式. 首先将左边配方（这里使用了 $\operatorname{char} k \neq 2$ 这一事实），即 y 改成

$$y' = y + \frac{1}{2}(a_1x + a_3).$$

新的方程为 y^2 等于 x 的一个三次多项式，即可写成

$$y^2 = (x - a)(x - b)(x - c), \quad a, b, c \in k.$$

再对 x 作线性变换使 a, b 变成 $0, 1$，则方程变为

$$y^2 = x(x - 1)(x - \lambda).$$

此即为所求.

由于 P_0 为 x 和 y 的极点，从而 P_0 映成曲线上唯一的无穷远点$(0,1,0)$.

如果从 P_0 向 x 轴投射，则给出一个 2 次有限态射，它将 P_0 映成∞，并且在 $0, 1, \lambda, \infty$ 处分歧. 从而 λ 与早先定义的一致.

定理(4.1)的证明

(a) 为证 j 只依赖于 X，我们取两个基点 $P_1, P_2 \in X$. f_1, $f_2: X \to \mathbf{P}^1$ 是相应的态射，由(4.4)可求出 $\sigma \in \operatorname{Aut} X$ 和 $\tau \in \operatorname{Aut} \mathbf{P}^1$，使得 $f_2 \circ \sigma = \tau \circ f_1$. 并且还可使 $\sigma(P_1) = P_2$，于是 $\tau(\infty) = \infty$. 从而 τ 将 f_1 的分歧点 $0, 1, \lambda_1$ 以某种次序映成 f_2 的分歧点 $0, 1, \lambda_2$. 于是由(4,5)可知 λ_1 和 λ_2 只相差 Σ_3 中一元素的作用. 于是只需再证对每个 $\alpha \in \Sigma_3$，$j(\lambda) = j(\alpha(\lambda))$. 由于 Σ_3 是由任意

两个 2 阶元素生成的,从而只需证明

$$j(\lambda)=j(1/\lambda),\ j(\lambda)=j(1-\lambda).$$

而这由直接计算即知是对的. 从而 j 只依赖于 X.

(b) 设 X 和 X' 是对应于 λ 和 λ' 的两条椭圆曲线, 并且 $j(\lambda)=j(\lambda')$. 首先注意 j 是 λ 的 6 次有理函数,即 $\lambda\longmapsto j$ 定义出 6 次态射 $\mathbf{P}^1\to\mathbf{P}^1$. 而且这是 Galois 覆叠, 在上述作用下其 Galois 群为 Σ_3. 于是 $j(\lambda)=j(\lambda')\Longleftrightarrow\lambda$ 和 λ' 相差 Σ_3 中元素的作用.

根据(4 6), X 和 X' 可嵌入到 $\mathbf{P}^2$ 中,并且二者有方程 $y^2=x(x-1)(x-\lambda)$ 和 $y^2=x(x-1)(x-\lambda')$. 由于 λ 和 λ' 只相差 Σ_3 中元素的作用,通过变量 x 的线性变换可使 $\lambda=\lambda'$, 从而 X 和 X' 同构于 $\mathbf{P}^2$ 中同一曲线.

(c) 给了任意 $j\in k$, 解关于 λ 的多项式方程

$$2^8(\lambda^2-\lambda+1)^3-j\lambda^2(\lambda-1)^2=0,$$

求出 λ 值必然不为 0 和 1. 于是方程 $y^2=x(x-1)(x-\lambda)$ 定义出 $\mathbf{P}^2$ 中一个 3 次非异曲线,从而是椭圆曲线,并且 j 是它的 j 不变量.

例 4.6.1 (第一章,习题 6.2)中曲线 $y^2=x^3-x$ 在任何特征不为 2 的域上均是非异的. $\lambda=-1$, 从而 $j=2^6\cdot3^3=1728$.

例 4.6.2 "Fermat 曲线" $x^3+y^3=z^3$ 在任意特征不为 3 的域 k 上均是非异的. 通过坐标变换 $x=x'+z$, 再令 $x'=-1/3$, 则方程变为

$$z^2-\frac{1}{3}z=y^3-\frac{1}{27}.$$

像 (4.6) 的证明中那样再把它化成标准形式, 则 $\lambda=-\omega$ 或者 $-\omega^2$, 其中 $\omega^3=1$, 于是 $j=0$.

系 4.7 设 X 是 k 上椭圆曲线, $\operatorname{char}k\neq2$, $P_0\in X$, $G=\operatorname{Aut}(X,P_0)$是固定 P_0 的 X 之自同构全体,则 G 为有限群,其阶为

$$|G| = \begin{cases} 2, \text{如果 } j \neq 0,\ 1728, \\ 4, \text{如果 } j = 1728 \text{ 而 char}k \neq 3, \\ 6, \text{如果 } j = 0 \text{ 而 char}k \neq 3, \\ 12, \text{如果 } j = 0 (= 1728) \text{ 而 char}k = 3. \end{cases}$$

证明 像前面那样令 $f: X \to \mathbf{P}^1$ 是 2 次态射，$f(P_0) = \infty$，并且 f 的分歧点为 $0, 1, \lambda, \infty$。对于 $\sigma \in G$，由(4.4)知存在 $\mathbf{P}^1$ 的自同构 τ 使得 $f \circ \sigma = \tau \circ f$ 并且 $\tau(\infty) = \infty$。特别地，τ 将 $\{0, 1, \lambda\}$ 依某种次序映成 $\{0, 1, \lambda\}$。如果 $\tau = id$，则 $\sigma = id$ 或者 σ 是交换 f 的两个层的自同构。所以在任何情形下 G 中至少有两个元素。

如果 $\tau \neq id$，则 τ 置换 $\{0, 1, \lambda\}$，从而 λ 等于(4.5)中后五个表达式中的某一个。这只能为如下一些情形：

(1) $\lambda = -1, 1/2$ 或者2，而 char$k \neq 3$。则 λ 与 Σ_3-轨道中另一元素相等，于是 $|G| = 4$，这时 $j = 1728$。

(2) $\lambda = -\omega$ 或者 $-\omega^2$ 而 char$k \neq 3$。则 λ 与 Σ_3-轨道中另外两个元素相等，于是 $|G| = 6$，这时 $j = 0$。

(3) 如果 char$k = 3$ 而 $\lambda = -1$，则 Σ_3-轨道中所有 6 个元素均相等，于是 $|G| = 12$，而这时 $j = 0 = 1728$。

群结构

设 X 为椭圆曲线，$P_0 \in X$ 是一个固定点。作为 Riemann-Roch 定理(1.3.7)的推论，我们已经知道映射 $P \longmapsto \mathscr{L}(P - P_0)$ 给出 X 的点集合与群 $\mathrm{Pic}^0 X$ 的一一对应。由此使 X 的点集合形成群，P_0 为零元素，而加法为：$P + Q = R$，当且仅当作为 X 上的除子，$P + Q \sim R + P_0$。这是 (X, P_0) 上的群结构。

如果由线性系 $|3P_0|$ 将 X 嵌到 $\mathbf{P}^2$ 中，则象中三点 P, Q, R 共线，当且仅当 $P + Q + R \sim 3P_0$ 它又等价于在群结构中 $P + Q + R = 0$。这说明由嵌入后的几何特性也可得出群运算法则。(第二章，6.10.2)曾经用几何定义群的运算，这里是它的推广。

现在我们证明在(第一章，习题 3.21)的意义下 X 是群簇。

命题 4.8 设 (X,P_0) 是椭圆曲线连同它的群结构，则映射 $\rho: X\to X$，$P\longmapsto -P$ 和映射 $\mu: X\times X\to X, \langle P,Q\rangle\longmapsto P+Q$ 均是态射.

证明 先将(4.2)用于 $P=Q=P_0$ 的情形. 则有 X 的自同构 σ 使得对每个 $R\in X$，$R+\sigma(R)\sim 2P_0$. 换句话说，在群结构中 $\sigma(R)=-R$，从而 σ 就是 ρ.

再将(4.2)用于 P 和 P_0，则有 X 的自同构 σ 使得 $R+\sigma(R)\sim P+P_0$，即在群中 $\sigma(R)=P-R$. 于是 $\sigma\circ\rho(R)=P+R$，即对每个 P，平移 P 作用是态射.

现在取 X 上两个不同点 P,Q，由 $|3P_0|$ 将 X 嵌到 $\mathbf{P}^2$ 中. 写出连接 P 和 Q 的直线 L 的方程，此方程只依赖于 P 和 Q 的坐标. L 与 X 相交得到按 L 参数化的一个三次方程，我们已经知道了两个交点，从而第三个交点 R 的坐标是 P 和 Q 的坐标的有理函数. 由于在群中 $R=-P-Q$，这表明由 $\langle P,Q\rangle\longmapsto -P-Q$ 决定的映射 $(X\times X-\Delta)\to X$ 是态射. 将它与 ρ 合成，即知对于 X 中不同点对，μ 是态射.

为证 μ 在 $\langle P,P\rangle$ 处也是态射，我们任取一点 $Q\neq 0$. 先将 $\langle P,P\rangle$ 的第二变量平移 Q，然后将 μ 用于 $\langle P,P+Q\rangle$，最后再平移 $-Q$. 由于平移均是态射，从而 μ 在 $\langle P,P\rangle$ 处也是态射.

例 4.8.1 反复用 μ，可知对每个整数 n，"乘 n" 作用 $n_X: X\to X$ 是态射. 以后可知对每个 $n\neq 0, n_X$ 是 n^2 次有限态射，它的核在 $(n,p)=1$ $(p=\operatorname{char}k)$ 时同构于 $\mathbf{Z}/n\times\mathbf{Z}/n$，而在 $n=p$ 时按 X 的 Hasse 不变量的不同情况 $\operatorname{Ker}n_X$ 同构于 $\mathbf{Z}/p$ 或者 0. 见(4.10),(4.17)，习题 4.6,4.7 和 4.15.

例 4.8.2 设 P 为 X 作为群的 2 阶点，则 $2P\sim 2P_0$，从而 P 是由 $|2P_0|$ 决定的态射 $f: X\to\mathbf{P}^1$ 的分歧点. 这表明在任何情形下，X 只有有限多个 2 阶点. 如果 $\operatorname{char}k\neq 2$，则恰有 4 个 2 阶点. 于是 2_X 永远是有限态射，并且当 $\operatorname{char}k\neq 2$ 时，$\operatorname{Ker}2_X\cong\mathbf{Z}/2\times\mathbf{Z}/2$.

例 4.8.3 设 P 是 X 上 3 阶点，则 $3P_0\sim 3P$，从而 P 是由

$|3P_0|$ 决定的嵌入 $X \to \mathbf{P}^2$ 的拐点. 如果 char$k \neq 2,3$, 由习题 2·3 可知 X 上恰有 9 个拐点,于是 3_X 的次数为 9 并且 $\mathrm{Ker}3_X \cong \mathbf{Z}/3 \times \mathbf{Z}/3$. 顺便我们得到如下一个有趣的几何事实: 如果 P 和 Q 是 X 的两个拐点,则直线 PQ 与 X 的交点是 X 的第三个拐点 R. 这是由于 $R = -P-Q$, 从而 R 也是 3 阶点.

引理 4.9 设 (X,P_0) 和 (X',P_0') 是两个椭圆曲线. 如果 $f: X \to X'$ 是态射, 并且 $f(P_0) = P_0'$, 则 f 是群同态.

证明 如果在 X 上 $P+Q=R$, 则作为除子 $P+Q \sim R+P_0$. 从而由习题 2.6 可知 $f(P)+f(Q) \sim f(R)+f(P_0)$. 但是 $f(P_0) = P_0'$, 从而在群 X' 中 $f(P)+f(Q)=f(R)$.

定义 若 f,g 是椭圆曲线 (X,P_0) 到自身的两个态射,并且 $f(P_0)=g(P_0)=P_0$, 我们定义态射 $f+g$ 是 $f\times g: X\times X \to X$ 与 μ 的合成,即 $(f+g)(P)=f(P)+g(P)$. 又定义 $f\cdot g$ 为 $f\circ g$. 则 $\mathrm{End}(X,P_0)=\{$态射 $f: X\to X \mid f(P_0)=P_0\}$ 形成环,叫做 (X,P_0) 的自同态环. 它的零元素 0 是将整个 X 均映成 P_0 的态射. 而幺元素 1 是恒等映射. 逆态射 ρ 是 -1. 由(4.9) f 是同态, 可推出分配律 $f\cdot(g+h)=f\cdot g+f\cdot h$.

命题 4.10 假设 char$k \neq 2$, 则映射 $\mathbf{Z} \to \mathrm{End}(X,P_0)$, $n \longmapsto n_X$ 是环的单同态. 特别对每个 $n \neq 0$, n_X 是有限态射.

证明 我们对 $n \geq 1$ 归纳证明 $n_X \neq 0$. 然后由(第二章, 6.8)即知 n_X 是有限态射. $n=1$ 的情形显然, 由(4.8.2)可知 $n=2$ 时也成立. 下设 $n>2$. 如果 n 为奇数, 令 $n=2r+1$. 假如 $n_X=0$, 则 $(2r)_X=\rho$. 但是 ρ 的次数为 1, 而 $(2r)_X=2_X\cdot r_X$ 是次数 ≥ 4 的有限态射(对 r 用归纳假设而由(4.8.2)知 2_X 的次数为 4), 从而导出矛盾.

若 n 为偶数, 令 $n=2r$, 由归纳假设即知 $n_X=2_X\cdot r_X$ 是有限态射.

注 4.10.1 自同态环 $R=\mathrm{End}(X,P_0)$ 是椭圆曲线的重要不变量, 但是它不容易计算. 目前我们只能告诉大家, R 的单位群 R^* 是(4.7)中研究的群 $G=\mathrm{Aut}(X,P_0)$. 特别若 $j=0$ 或者 1728,

则 R^* 比$\{\pm 1\}$要大，从而R肯定比 $\mathbf{Z}$ 大。

Jacobi 簇

椭圆曲线上的群运算使它成为群簇，现在我们给出这一事实的另一种或许更自然的证明．早先的证明使用了在 $\mathbf{P}^2$ 中嵌入的几何性质，现在则证明群 $\mathrm{Pic}^0 X$ 具有代数簇结构，并且这个结构非常自然，以致于 $\mathrm{Pic}^0 X$ 本身就是群簇．这种方法对于任意亏格的曲线都是可行的，它引出曲线的 Jacobi 簇．其思想是求 0 次除子类的泛参数空间．

设X是k上曲线．对于k上任一概形 T，定义$\mathrm{Pic}^0(X\times T)$为 $\mathrm{Pic}(X\times T)$ 的子群，它由那些限制在每个纤维 $X_t, t\in T$，为 0 次的可逆层构成．设 $p: X\times T\to T$ 为到第二分量的投射．对于T上每个可逆层 N，$p^*N\in\mathrm{Pic}^0(X\times T)$，因为事实上它在每个纤维上均是平凡的．定义 $\mathrm{Pic}^0(X/T)=\mathrm{Pic}^0(X\times T)/p^*\mathrm{Pic}T$，其中每个元素看作是"由$T$参数化的$X$上 0 次可逆层簇"，这是由于：若$T$在$k$上是有限型的整概形，并且 $\mathscr{L},\mathscr{U}\in\mathrm{Pic}(X\times T)$，则对每个 $t\in T$，在 X_t 上$\mathscr{L}_t\cong\mathscr{U}_t$ 当且仅当 $\mathscr{L}\otimes\mathscr{U}^{-1}\in p^*\mathrm{Pic}T$（第三章，习题 12.4）。

定义 设X为k上(任意亏格)的曲线．X 的 Jacobi 簇是k上一个有限型概型 $\mathscr{J}$ 与一个元素 $\mathscr{L}\in\mathrm{Pic}^0(X/J)$，并且满足如下的泛性质： 对于$k$上任意有限型概型$T$和任意 $\mathscr{U}\in\mathrm{Pic}^0(X/T)$，均存在唯一的态射 $f: T\to J$，使得在 $\mathrm{Pic}^0(X/T)$ 中 $f^*\mathscr{L}\cong\mathscr{U}$．（注意 $f: X\times T\to X\times J$ 诱导出同态 $f^*: \mathrm{Pic}^0(X/J)\to\mathrm{Pic}^0(X/T)$。）

注 4.10.2 使用可表示函子语言，这个定义是说：J表示函子 $T\to\mathrm{Pic}^0(X/T)$。

注 4.10.3 由于J是用泛性质定义的，所以它若存在则必唯一．下面我们要证明当 X 是椭圆曲线的时候，J 存在并且事实上可取 $J=X$．对于亏格 $\geqslant 2$ 的曲线，Jacobi 簇的存在性问题要困难得多．可见 Chow [3]，Mumford[2] 或者 Grothendieck

[5].

注 4.10.4 假设 J 存在,则它的闭点一一对应于群 $\mathrm{Pic}^0 X$ 中元素. 事实上,给出 J 的一个闭点与给出一个态射 $\mathrm{Spec}\,k \to J$ 是一回事,而由泛性质,这又相当于 $\mathrm{Pic}^0(X/k) = \mathrm{Pic}^0 X$ 中一个元素.

定义 概型 X 与 X 到另一个概型 S 的态射称作是 S 上的一个群概型,是指存在一个截影 $e: S \to X$(这是幺元素),S 上态射 $\rho: X \to X$(这是逆)和 S 上态射 $\mu: X \times X \to X$(这是群运算),使得

(1) 合成 $\mu \circ (id \times \rho): X \to X$ 等于投射 $X \to S$ 然后再复合 e;

(2) 态射 $\mu \circ (\mu \times id)$ 和 $\mu \circ (id \times \mu): X \times X \times X \to X$ 相等.

注 4.10.5 群概型是早先群簇概念的推广(第一章,习题 3.21). 事实上,若 $S = \mathrm{Spec}\,k$,而 X 是 k 上簇,取 e 为点 0,则可验证 X 的闭点满足性质(1)和(2). 而(1)是说 ρ 是将每点变成它的逆元素,而(2)是说群运算满足结合律.

注 4.10.6 曲线 X 的 Jacobi 簇 J 自然是 k 上的群概型. 因为由 J 的泛性质,通过取 $0 \in \mathrm{Pic}^0(X/k)$ 定义出 $e: \mathrm{Spec}\,k \to J$. 再由取 $\mathscr{L}^{-1} \in \mathrm{Pic}^0(X/J)$ 定义出 $\rho: J \to J$. 最后由取 $p_1^* \mathscr{L} \otimes p_2^* \mathscr{L} \in \mathrm{Pic}^0(X/J \times J)$ 定义出 $\mu: J \times J \to J$. 由 J 的泛性质可直接验证性质(1)和(2)成立.

注 4.10.7 我们按下述方式决定 J 在 0 处的 Zariski 切空间. 给出这个 Zariski 切空间中一个元素相当于给出一个态射 $T = \mathrm{Spec}\,k[\varepsilon]/\varepsilon^2 \to J$ 使得 $\mathrm{Spec}\,k \longmapsto 0$(第二章,习题 2.8). 根据 J 的定义,这又等价于给出 $\mathscr{U} \in \mathrm{Pic}^0(X, T)$,使得它在 $\mathrm{Pic}^0(X/k)$ 的限制为0. 但是由(第三章,习题 4.6)知道有正合序列 $0 \to H^1(X, \mathscr{O}_X) \to \mathrm{Pic}\,X[\varepsilon] \to \mathrm{Pic}\,X \to 0$,其中 $X[\varepsilon]$ 即 $X_k \times \mathrm{Spec}\,k[\varepsilon]/\varepsilon^2$. 所以 J 在 0 处的 Zariski 切空间就是 $H^1(X, \mathscr{O}_X)$.

注 4.10.8 J 在 K 上是本征的. 我们利用(第二章, 4.7)中关于本征性的赋值判别法,即只需证明(第二章,习题 4.11): 若 R 是

包含k的一个离散赋值环并且商域为K，则态射 $\mathrm{Spec}K \to J$ 可唯一地扩充成态射 $\mathrm{Spec}R \to J$. 换句话说，我们需要证明：$X \times \mathrm{Spec}K$ 上的可逆层 $\mathscr{U}$ 均可唯一地扩充成 $X \times \mathrm{Spec}R$ 上的可逆层.由于 $X \times \mathrm{Spec}R$ 是正则概型,这可由(第二章,6.5)得出(注意：$X \times \mathrm{Spec}R$ 在 $\mathrm{Spec}R$上的闭纤维作为$X \times \mathrm{Spec}R$上的除子线性等价于0).

注 4.10.9 如果固定一个基点 $P_0 \in X$，则对每个 $n \geqslant 1$，均存在由"$\langle P_1, \cdots, P_n\rangle \longmapsto \mathscr{L}(P_1 + \cdots + P_n - nP_0)$"定义的态射 φ_n: $X^n \to J$（这意味着要造出 $X \times X^n$ 上适当的层来定义φ_n).设X的亏格为 g，则$n \geqslant g$时 φ_n 为满射,因为由 Riemann-Roch 定理,次数$\geqslant g$ 的每个除子类均包含有效除子. φ_n在J中一点上的纤维是使除子 $P_1 + \cdots + P_n$ 形成一个完全线性系的所有 n-排列 $\langle P_1, \cdots, P_n\rangle$ 组成.

如果 $n = g$，则对于多数选择的 $P_1, \cdots, P_g$，均有 $l(P_1 + \cdots + P_g) = 1$. 因为由 Riemann-Roch 定理,

$$l(P_1 + \cdots + P_g) = g + 1 - g + l(K - P_1 - \cdots - P_g).$$

但是 $l(K) = g$.取 P_1 不为K的基点,则 $l(K - P_1) = g - 1$.以后每步均取 P_i 不是 $K - P_1 - \cdots - P_{i-1}$ 的基点，则 $l(K - P_1 - \cdots - P_g) = 0$. 于是，$\varphi_g$ 的多数纤维都只是一点. 从而J是不可约的并且 $\dim J = g$.另一方面,由(4.10.7)可知J在0处的 Zariski 切空间是 $H^1(X, \mathscr{O}_X)$，而后者维数是 g，从而J在点0处非奇异. 由于J是群概形,从而J为齐性空间,即J处处非奇异. 于是J为非奇异簇.

定理 4.11 设X是椭圆曲线，固定一点 $P_0 \in X$,取 $J = X$,并取$X \times J$上 $\mathscr{L}$ 为 $\mathscr{L}(\Delta) \otimes p_1^*\mathscr{L}(-P_0)$，其中$\Delta$是$X \times X$的对角集合. 则 $(J, \mathscr{L})$为X的 Jacobi 簇. 此外,J上由此得出的群簇结构(4.10.6)与早先定义的(X, P_0)上群结构相同.

证明 由定义可知最后一个论断是显然的. 于是我们只需证明：若T是k上任意一个有限型概型而 $\mathscr{U} \in \mathrm{Pic}^0(X/T)$,则存在唯一的态射 $f: T \to J$ 使得 $f^*\mathscr{L} \cong \mathscr{U}$.

令 $p: X \times T \to T$ 为到第二分量的投射，$q: X \times T \to X$ 是到第一分量的投射。定义 $\mathscr{U}' = \mathscr{U} \otimes q^*\mathscr{L}(P_0)$。则 $\mathscr{U}'$ 沿着纤维是一次的。从而对每个闭点 $t \in T$，在 $X_t = X$ 上均可对 $\mathscr{U}'_t$ 用 Riemann-Roch 定理。从而求出

$$\dim H^0(X, \mathscr{U}'_t) = 1, \dim H^1(X, \mathscr{U}'_t) = 0.$$

由于 p 是射影态射，而 $\mathscr{U}'$ 在 T 上是平坦的，从而可利用上同调理论和基变换定理（第三章，12.11）。先看 $R^1p_*(\mathscr{U}')$。由于沿着纤维的上同调是0，从而（第三章，12.11）中映射 $\varphi^1(t)$ 自然是满射，从而为同构，于是 $R^1p_*(\mathscr{U}')$ 恒为 0。特别地它是局部自由的，从而由定理（第三章，12.11）的 (b) 可知 $\varphi^0(t)$ 也是满射，于是它也是同构。由于 $\varphi^{-1}(t)$ 永远是满射，从而 $p_*(\mathscr{U}')$ 是局部自由的并且秩为 1。

现在将 $\mathscr{U}$ 改成 $\mathrm{Pic}^0(X/T)$ 中的 $\mathscr{U} \otimes p^*p_*(\mathscr{U}')^{-1}$，从而可设 $p_*(\mathscr{U}') \cong O_T$。截影 $1 \in \Gamma(T, O_T)$ 给出截影 $s \in \Gamma(X \times T, \mathscr{U}')$，而后者定义出一个有效 Cartier 除子 $Z \subseteq X \times T$。由构作方式可知，Z 与 p 的每个纤维均恰好交于一点，并且容易看出限制了的态射 $p: Z \to T$ 是同构。从而给出一个截影 $s: T \to Z \subseteq X \times T$。将它与 q 合成就得到所需的态射 $f: T \to X$。

事实上，由于 Z 是 f 的图，从而 $Z = f^*\Delta$，其中 Δ 为 $X \times X$ 的对角集合。从而相应的可逆层间对应于 $\mathscr{U}' \cong f^*\mathscr{L}(\Delta)$。以 $-P_0$ 作扭变即得出所求的 $\mathscr{U} \cong f^*\mathscr{L}$。基于同样理由可知 f 是唯一的。

椭圆函数

不讲复椭圆函数论，讨论椭圆曲线是困难的。复分析中的这个古典课题给出 **C** 上椭圆曲线理论一些深入了解，而它们是不能用纯代数技巧得到的。所以我们现在不加证明地叙述复椭圆函数论中一些定义和结果（在这些论述的编号中加上字母 B 来表示），并给出在椭圆曲线上的某些应用。证明可见 Hurwitz-Courant 的书[1]。

固定一个复数 $\tau \notin \mathbf{R}$.设 Λ 是复平面中的格 $\{n+m\tau \mid n,m\in \mathbf{Z}\}$（图 15）.

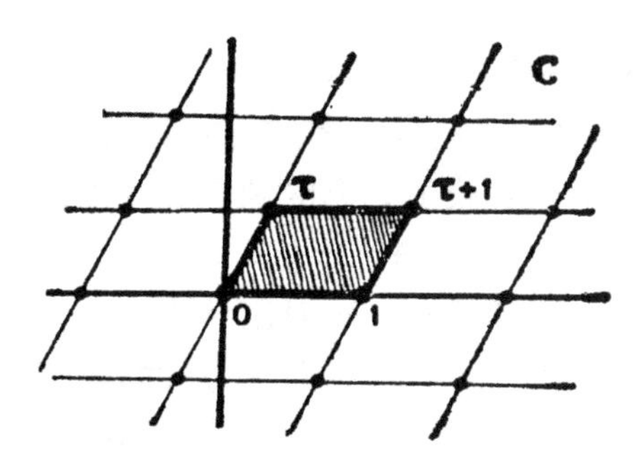

图 15 C 中格和它的一个周期四边形

定义 （对于格 Λ 的）椭圆函数是复变量子的一个半纯函数 $f(z)$，并且对每个 $\omega\in\Lambda$，$f(z+\omega)=f(z)$.（有时这种 f 叫作双周期函数,因为它们有周期 1 和 τ.）

由周期性可知一个椭圆函数由它在一个周期四边形，例如以 $0,1,\tau,\tau+1$ 为顶点的平行四边形,（图 15）中的取值听完全决定.

椭圆函数的一个例子是如下定义的 Weierstrass $\wp$ 函数

$$\wp(z)=\frac{1}{z^2}+\sum_{\omega\in\Lambda'}\left(\frac{1}{(z-\omega)^2}-\frac{1}{\omega^2}\right),$$

其中 $\Lambda'=\Lambda-\{0\}$. 可以证明（Hurwitz-Courant[1,II,1,§6]）这个级数对所有 $z\notin\Lambda$ 均收敛,从而定义出一个半纯函数，Λ 中每个点均是它的二阶极点,并且 $\wp(z)$ 是椭圆函数,它的微商

$$\wp'(z)=\sum_{\omega\in\Lambda}\frac{-2}{(z-\omega)^3}$$

是另一个椭圆函数.

周期为 Λ 的两个椭圆函数相加、减、乘、除仍是这种椭圆函数. 从而周期为 Λ 的全部椭圆函数形成一个域.

定理 4.12B 周期为 Λ 的椭圆函数域是由 Weiestrass $\wp$ 函数及其微商 $\wp'$ 在 **C** 上生成的. 而 $\wp$ 和 $\wp'$ 之间有如下代数关系.

$$(\wp')^2=4\wp^3-g_2\wp-g_3,$$

其中

$$g_2 = 60\sum_{\omega\in\Lambda'}\omega^{-4},\ g_3 = 140\sum_{\omega\in\Lambda'}\omega^{-6}.$$

证明 Hurwitz-Courant[1,II,1,§8,9].

于是,如果定义映射 $\varphi: \mathbf{C}\to\mathbf{P}_C^2$ 在仿射坐标下为 $z\longmapsto(\wp(z), \wp'(z))$ 则得到一个全纯映射,它的像在曲线 X 之中,X 是由方程

$$y^2 = 4x^3 - g_2x - g_3$$

所定义的. 事实上,φ 诱导出一一对应 $\mathbf{C}/\Lambda\to X$ (见 Hurwitz-Courant[1,II,5,§1]),而 X 是非异的,从而是椭圆曲线. 在这个映射之下,椭圆函数域等同于曲线 X 的函数域. 从而对每个椭圆函数,我们可谈它的除子 $\Sigma n_i(a_i)$,其中 $a_i\in\mathbf{C}/\Lambda$.

定理 4.13B 给了 q 个不同的点 $a_1,\cdots,a_q\in\mathbf{C}/\Lambda$ 和 q 个整数 $n_1,\cdots,n_q$,则存在除子为 $\Sigma n_i(a_i)$ 的椭圆函数的充要条件是 $\Sigma n_i = 0$,并且在群 $\mathbf{C}/\Lambda$ 中 $\Sigma n_ia_i = 0$.

证明 Hurwitz-Courant[1,II,1,§5,14].

特别地,这表明 $a_1 + a_2 \equiv b(\mathrm{mod}\Lambda)$,当且仅当存在椭圆函数其零点为 a_1 和 a_2 而极点为 b 和0. 由于这个函数是曲线 X 上的有理函数,从而作为 X 上的除子,$\varphi(a_1)+\varphi(a_2)\sim\varphi(b)+\varphi(0)$. 令 $p_0 = \varphi(0)$,(这是 y 轴上的无穷远点)并且 X 赋以具有零元素 P_0 的群结构,则对于 X 的这个群结构有 $\varphi(a_1)+\varphi(a_2)=\varphi(b)$. 换句话说,$\varphi$ 是加法群 $\mathbf{C}/\Lambda$ 与群 X 的同构.

定理 4.14B 给了 $g_2, g_3\in\mathbf{C}$,使 $\Delta = g_2^3 - 27g_3^2 \neq 0$,则存在 $\tau\in\mathbf{C}-\mathbf{R}$,使得对于格,

$$\Lambda = (1,\tau),\ g_2 = 60\sum_{\omega\in\Lambda'}\omega^{-4},\ g_3 = 140\sum_{\omega\in\Lambda'}\omega^{-6}.$$

证明 Hurwitz-Courant[1,II,4,§4].

这表明 $\mathbf{C}$ 上每个曲线均可由前面通过格 Λ 而得到. 事实上,若 X 是任一椭圆曲线,我们可将 X 嵌到 $\mathbf{P}^2$ 中并且有方程 $y^2 = x(x-1)(x-\lambda)$,$\lambda\neq 0,1$(4.6). 由对 x 作线性变换,使此方程有形式 $y^2 = 4x^3 - g_2x - g_3$,其中 $g_2 = (\sqrt[3]{4}/3)(\lambda^2-\lambda+1)$, $g_3=$

$(1/27)(\lambda+1)(2\lambda^2-5\lambda+2)$. 于是 $\Delta=\lambda^2(\lambda-1)^2\neq 0$（因为 $\lambda\neq 0,1$）. 另一种看法是：**C** 上椭圆曲线是一维紧致复 Lie 群，从而它是形如 $\mathbf{C}/\Lambda$ 的环面（对某个格 Λ）.

现在定义 $J(\tau)=g_2^3/\Delta$. 则过去定义的 X 的 j 变量为 $j=1728\cdot J(\tau)$. 从而 $J(\tau)$ 可将 **C** 上椭圆曲线作同构分类.

定理 4.15 B 设 $\tau,\tau'\in\mathbf{C}$, 则 $J(\tau)=J(\tau')$, 当且仅当存在 $a,b,c,d\in\mathbf{Z}, ad-bc=\pm 1$, 使得

$$\tau'=(a\tau+b)/(c\tau+d).$$

此外，给了任意 τ', 在区域 G 中均存在唯一一点 τ, 使得 $J(\tau)=J(\tau')$, 其中 G 定义为（图 16）

$$-\frac{1}{2}\leqslant \operatorname{Re}\tau<\frac{1}{2}$$

并且当 $\operatorname{Re}\tau\leqslant 0$ 时, $|\tau|\geqslant 1$; 而当 $\operatorname{Re}\tau>0$ 时, $|\tau|>1$.

证明 Hurwitz-Courant[1,II,4,§3].

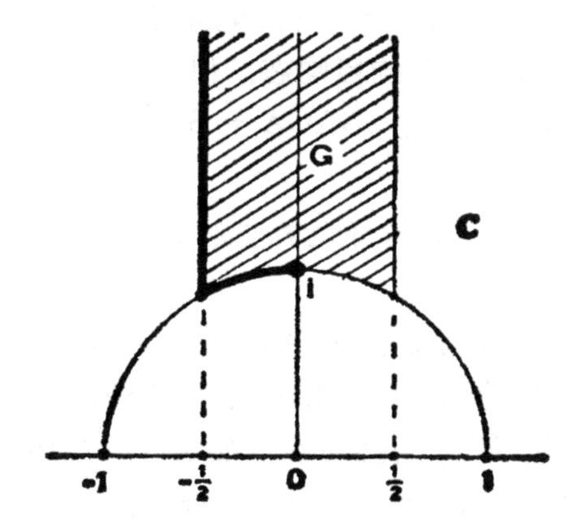

图 16 区域 G

现在开始讲述上述理论的一些推论.

定理 4.16 设 X 是 **C** 上椭圆曲线，则作为抽象群 $X\cong\mathbf{R}/\mathbf{Z}\times\mathbf{R}/\mathbf{Z}$. 特别地对每个自然数 n, n 阶点子群同构于 $\mathbf{Z}/n\times\mathbf{Z}/n$.

证明 我们已经知道群 X 同构于 $\mathbf{C}/\Lambda$, 而后者又同构于 $\mathbf{R}/$

$\mathbf{Z}\times\mathbf{R}/\mathbf{Z}$. 全部 n 阶点可表示成 $(a/n)+(b/n)\tau, 0\leqslant a,b\leqslant n-1$. 坐标不是 1, τ 的有理组合的点其阶为无穷.

系 4.17 "乘 n" 态射 $n_X: X\to X$ 是 n^2 次有限态射.

证明 由于 n_X 是可分的并且是群同态,从而 $\deg n_X=\ker n_X$ 的阶$=n^2$.

设 X 是由周期为 $1,\tau$ 的椭圆函数决定的椭圆曲线,现在我们研究 X 的自同态环 $R=\mathrm{End}(X,P_0)$.

命题 4.18 自同态 $f\in R$ 与复数 $\alpha\in\mathbf{C}$, 使 $\alpha\cdot\Lambda\subseteq\Lambda$ 之间存在一一对应, 并且这个对应给出环的单同态 $R\to\mathbf{C}$.

证明 给了 $f\in R$, 由(4.9)可知 $f:X\to X$ 是群同态. 从而将 X 等同于 $\mathbf{C}/\Lambda$ 之后便给出群同态 $\bar{f}:\mathbf{C}\to\mathbf{C}$ 使得 $\bar{f}(\Lambda)\subseteq\Lambda$.另一方面, 由于 f 是态射, 从而诱导映射 $\bar{f}:\mathbf{C}\to\mathbf{C}$ 是全纯的. 在 0的某个邻域将 $\bar{f}$ 展成幂级数,由于对所有 z,w 均应满足 $\bar{f}(z+w)=\bar{f}(z)+\bar{f}(w)$, 即知 $\bar{f}$ 必然是"乘以某个复数 α".

反之,给了 $\alpha\in\mathbf{C}$ 使得 $\alpha\cdot\Lambda\subseteq\Lambda$,则乘 α 诱导出群同态 $f:\mathbf{C}/\Lambda\to\mathbf{C}/\Lambda$, 从而诱导出 X 的自同态. 但是 f 也是全纯的,因此 $f: X\to X$ 事实上是态射 (由 GAGA = Serre[4], 见附录 B, 习题 6.6).

在上述对应之下, R 的环运算显然对应于复数的 加 法 和 乘 法.

注 4.18.1 特别地,态射 $n_X\in R$ 对应于 $\mathbf{C}$ 中乘以 n. 这就对 $\mathbf{C}$ 上椭圆曲线的情形给出(4.10)的另一证明.

定义 设 X 是 $\mathbf{C}$ 上椭圆曲线. 如果自同态环 R 大于 $\mathbf{Z}$,则称 X 有复乘法. (4.18)可解释这个术语的含义.

定理 4.19 如果 X 有复乘法,则存在 $d\in\mathbf{Z}, d>0$, 使得 $\tau\in\mathbf{Q}(\sqrt{-d})$. 并且在这个时候, $R(\neq\mathbf{Z})$ 是域 $\mathbf{Q}(\sqrt{-d})$ 的整数环的子环. 反之, 若 $\tau=r+s\sqrt{-d}, r, s\in\mathbf{Q}$, 则 X 有复乘法. 事实上,

$$R=\{a+b\tau\mid a,b\in\mathbf{Z}, 2br, b(r^2+ds^2)\in\mathbf{Z}\}.$$

证明 给了 τ，我们可决定 $R=\{\alpha\in\mathbf{C}|\alpha\cdot\Lambda\subseteq\Lambda\}$. $\alpha\cdot\Lambda\subseteq\Lambda$ 的充要条件是存在 $a,b,c,e\in\mathbf{Z}$，使得

$$\alpha=a+b\tau,$$
$$\alpha\tau=c+e\tau.$$

如果 $\alpha\in\mathbf{R}$，则 $\alpha\in\mathbf{Z}$，从而 $R\cap\mathbf{R}=\mathbf{Z}$. 另一方面，如果$X$有复乘法，即有 $\alpha\notin\mathbf{R}$，这时 $b\neq 0$.

由上面方程组消去 α，得到

$$b\tau^2+(a-e)\tau-c=0.$$

从而 τ 属于二次数域. 由于 $\tau\notin\mathbf{R}$，因此必是虚二次数域，即 $\tau\in\mathbf{Q}(\sqrt{-d}),d\in\mathbf{Z},d>0$.

由上面方程组消去 τ，得到

$$\alpha^2-(a-e)\alpha+(ae-bc)=0,$$

从而 α 在 $\mathbf{Z}$ 上整. 于是R为$\mathbf{Q}(\sqrt{-d})$ 的整数环的子环.

反之，设 $\tau=r+s\sqrt{-d},r,s\in\mathbf{Q}$. 则 $R=\{\alpha=a+b\tau|a,b\in\mathbf{Z},\alpha\tau\in\Lambda\}$. 由于 $\alpha\tau=a\tau+b\tau^2$，从而 $b\tau^2\in\Lambda$. 但是

$$\tau^2=r^2-ds^2+2rs\sqrt{-d}=-(r^2+ds^2)+2r\tau.$$

于是 $b\tau^2\in\Lambda$ 必定有 $2br\in\mathbf{Z}$，并且 $b(r^2+ds^2)\in\mathbf{Z}$. 这是些充分必要条件，故给出R的表达式. 特别地 $R>\mathbf{Z}$，故X有复乘法.

系 4.20 只有可数多个值 $j\in\mathbf{C}$，其对应的椭圆曲线X具有复乘法.

证明 因为所有二次数域的元素只有可数个.

例 4.20.1 如果 $\tau=i$，则$R=\mathbf{Z}[i]$ (Gauss 整数环). 这时，R的单位群 $R^*=\{\pm 1,\pm i\}$，从而 $R^*\cong\mathbf{Z}/4$. 这表明X的自同构群是四阶群. 由(4.7)可知 $j=1728$. 从而我们由 $\tau=i$ 绕了一个大圈子得到 $J(\tau)=1$. 下面是另一种方法：由于 $\Lambda=\mathbf{Z}\oplus\mathbf{Z}i$，格$\Lambda$在乘以 i 下稳定. 因此，

$$g_3=140\sum_{\omega\in\Lambda'}\omega^{-6}=140\sum_{\omega\in\Lambda'}i^{-6}\omega^{-6}=-g_3,$$

从而 $g_3=0$，由此即知 $J(\tau)=1$. X 的方程可写成 $y^2=x^3-Ax$。

例 4.20.2 如果 $\tau=\omega$，$\omega^3=1$，则 $R=\mathbf{Z}[\omega]$，这是域 $\mathbf{Q}(\sqrt{-3})$ 的整数环. 这时 $R^*=\{\pm 1, \pm\omega, \pm\omega^2\}\cong\mathbf{Z}/6$. 又由(4.7)可知 $j=0$. 由(4.20.1)推出 $g_2=0$ 也可直接证明 $j=0$。X 的方程可写成 $y^2=x^3-B$。

例 4.20.3 如果 $\tau=2i$，则 $R=\mathbf{Z}[2i]$. 这时 R 是二次域 $\mathbf{Q}(i)$ 的整数环的真子环，其导子为 2（习题 4.21)。

注 4.20.4 虽然利用 τ 不难判别是否有复乘法，但是 τ 和 j 之间的联系不是容易计算的. 因此，如果给了一个曲线在 $\mathbf{P}^2$ 中的方程或者给了它的 j 不变量，不容易判别此曲线是否有复乘法. 见习题 4.5 和习题 4.12.有许多文献论及复乘法与类域论的关系，例如见 Deuring[2] 或者 Cassels 和 Fröhlich[1,第 XIII 章]中的 Serre 文章。以下是这方面的一些基本结果：设椭圆曲线 X 有复乘法，令 $R=\operatorname{End}(X,P_0)$，$K=\mathbf{Q}(\sqrt{-d})$ 为 R 的商域 (4.19)。j 为 X 的 j 不变量. 则

(1) j 是代数整数。

(2) 域 $K(j)$ 是 K 的 $h_R=\#\operatorname{Pic}R$ 次 Abel 扩张。

(3) $j\in\mathbf{Z}$，当且仅当 $h_R=1$，并且恰好有 13 个 j 属于 $\mathbf{Z}$。

Hasse 不变量

设 k 为特征 $p>0$ 的域，X 为 k 上椭圆曲线，我们如下定义 X 的一个重要不变量：设 $F:X\to X$ 是 Frobenius 态射(2.4.1).则 F 诱导出上同调群的映射

$$F^*:H^1(X,\mathcal{O}_X)\to H^1(X,\mathcal{O}_X).$$

这不是线性映射，但它是 p 线性的，即对于每个 $\lambda\in k, a\in H^1(X,\mathcal{O}_X)$，$F^*(\lambda a)=\lambda^p F^*(a)$。由于 X 是椭圆曲线，$H^1(X,\mathcal{O}_X)$ 是一维向量空间. 又由于 k 是完全域，从而映射 F^* 或者为零映射或者为一一对应。

定义 如果 $F^*=0$，称 X 的 Hasse 不变量为 0，或者 X 称

作是超奇异的，否则称 X 的 Hasse 不变量为 1.

关于 Hasse 不变量的其他解释可见习题 4.15 和习题 4.16.

命题 4.21 设 X 为椭圆曲线，它为 $\mathbf{P}^2$ 中嵌成由齐次方程 $f(x, y, z) = 0$ 给出的三次曲线，则：X 的 Hasse 不变量为 0，当且仅当 f^{p-1} 中 $(xyz)^{p-1}$ 的系数是 0.

证明 X 的理想层同构于 $\mathcal{O}_{\mathbf{P}}(-3)$，从而有正合序列

$$0 \to \mathcal{O}_{\mathbf{P}}(-3) \xrightarrow{f} \mathcal{O}_{\mathbf{P}} \to \mathcal{O}_X \to 0.$$

将它取上同调群，即由于 $H^i(\mathcal{O}_{\mathbf{P}}) = 0 (i = 1, 2)$，从而得出同构

$$H^1(X, \mathcal{O}_X) \simeq H^2(\mathcal{O}_{\mathbf{P}}(-3)).$$

由(第三章，5.1)还知道 $H^2(\mathcal{O}_{\mathbf{P}}(-3))$ 只以 $(xyz)^{-1}$ 为自然基的一维向量空间.

利用这个嵌入现在可计算 Frobenius 作用. 设 F_1 是 $\mathbf{P}^2$ 上的 Frobenius 态射，则 $F_1^*: \mathcal{O}_X \to \mathcal{O}_{X^p}$，其中 X^p 是由 $f^p = 0$ 定义的 $\mathbf{P}^2$ 的子概形. 另一方面，X 是 X^p 的闭子概形，从而有交换图表

$$\begin{array}{ccccccccc}
0 & \to & \mathcal{O}_{\mathbf{P}}(-3p) & \to & \mathcal{O}_{\mathbf{P}} & \to & \mathcal{O}_{X^p} & \to & 0 \\
 & & \downarrow {\scriptstyle f^{p-1}} & & \downarrow & & \downarrow & & \\
0 & \to & \mathcal{O}_{\mathbf{P}}(-3) & \to & \mathcal{O}_{\mathbf{P}} & \to & \mathcal{O}_X & \to & 0
\end{array}$$

从而又有交换图表

$$\begin{array}{ccc}
H^1(X, \mathcal{O}_X) & \simeq & H^2(\mathbf{P}^2, \mathcal{O}_{\mathbf{P}}(-3)) \\
\downarrow {\scriptstyle F_1^*} & & \downarrow {\scriptstyle F_1^*} \\
H^1(X^p, \mathcal{O}_{X^p}) & \simeq & H^2(\mathbf{P}^2, \mathcal{O}_{\mathbf{P}}(-3p)) \\
\downarrow & & \downarrow {\scriptstyle f^{p-1}} \\
H^1(X, \mathcal{O}_X) & \simeq & H^2(\mathbf{P}^2, \mathcal{O}_{\mathbf{P}}(-3))
\end{array}$$

（左侧纵向复合箭头为 F^*）

其中 F 是 X 的 Frobenius 态射. 现在 $F_1^*((xyz)^{-1}) = (xyz)^{-p}$，而它在 $H^2(\mathcal{O}_{\mathbf{P}}(-3))$ 中的像是 $f^{p-1} \cdot (xyz)^{-p}$. 另一方面，$H^2(\mathcal{O}_{\mathbf{P}}(-3))$ 有基元 $(xyz)^{-1}$，并且关于 x, y 或 z 有非负指数的单项式只有 0. 于是上面像元素恰好是 $(xyz)^{-1}$ 乘以 $(xyz)^{p-1}$ 在 f^{p-1} 中的系数. 从而 X 的 Hasse 不变量由此系数是否为 0 而决定.

系 4.22 假设 $p \neq 2$，X 是由方程 $y^2 = x(x-1)(x-\lambda)$，$\lambda \neq 0,1$ 给出的椭圆曲线．则 X 的 Hasse 不变量为 0，当且仅当 $h_p(\lambda) = 0$，其中

$$h_p(\lambda) = \sum_{i=0}^{k} \binom{k}{i}^2 \lambda^i, \; k = (P-1)/2.$$

证明 利用(4.21)中的判别法．这时 $f = y^2z - x(x-z)(x-\lambda z)$．为求 f^{p-1} 中 $(xyz)^{p-1}$ 的系数，需要 $(y^2z)^k$ 和 $(x(x-z)(x-\lambda z))^k$．而 $((x-z)(x-\lambda z))^k$ 中需要 x^kz^k 的系数，因而需要 $(x-z)^k$ 中 x^iz^{k-i} 的系数和 $(x-\lambda z)^k$ 中 $x^{k-i}z^i$ 的系数．综合上述，f^{p-1} 中 $(xyz)^{p-1}$ 的系数为

$$(-1)^k \binom{p-1}{k} \sum_{i=0}^{k} \binom{k}{i}^2 \lambda^i = h_p(\lambda),$$

这是因为 $(-1)^k \binom{p-1}{k} \equiv 1 \pmod p$．

系 4.23 对于给定的 p，k 上只有有限多椭圆曲线(同构类)其 Hasse 不变量为 0．事实上，这样的曲线至多有 $\left[\frac{p}{12}\right] + 2$ 个．

证明 多项式 $h_p(\lambda)$ 对 λ 的次数是 $k = \frac{1}{2}(p-1)$，从而至多有 k 个不同的根．特别地，只有有限多相应的 j 值．由于 $\lambda \longmapsto j$ 是 6 个对应 1 个，但是除了两个例外，因此至多有 $k/6 + 2$ 个可能的 j 值，即 j 值至多有 $[p/12] + 2$ 个．

注 事实上，Igusa[2] 证明了 $h_p(\lambda)$ 的根是两两不同的．由此可计算 Hasse 不变量为 0 的 j 的确切个数：$j = 0 \Longleftrightarrow p \equiv 2 \pmod 3$ (习题 4.14)；$j = 1728 \Longleftrightarrow p \equiv 3 \pmod 4$ (4.23.5)；而 $j \neq 0$ 和 1728 的个数恰好为 $[p/12]$．对于小素数 p，Deuring[1] 或 Birch 和 Kuyk [1,表 6]给出 j 值表．

例 4.23.1 设 $p = 3$，则 $h_p(\lambda) = \lambda + 1$．解为 $\lambda = -1$，它对应 $j = 0 = 1728$．

例 4.23.2 设 $p = 5$，$h_p(\lambda) = \lambda^2 + 4\lambda + 1 \equiv \lambda^2 - \lambda + 1$

(mod 5). 在 $\mathbf{F}_p$ 的二次扩域中有根 $-\omega$, $-\omega^2$, 其中 $\omega^3=1$. 于是 $j=0$.

例 4.23.3 设 $p=7$, 则

$$h_p(\lambda)=\lambda^3+9\lambda^2+9\lambda+1.$$

根为−1,2,4,对应 $j=1728$.

注 4.23.4 如果"固定曲线而 p 变化", 则产生一个非常有兴趣的问题. 为此, 设 X 是 $\mathbf{P}_{\mathbf{Z}}^2$ 中由方程 $f(x,y,z)=0$ 定义的三次曲线, $f(x,y,z)\in\mathbf{Z}[x,y,z]$, 并且设 X 作为 $\mathbf{C}$ 上曲线是非异的. 于是对几乎所有系数 p, 将 f 的系数模 p 得到的曲线 $X_{(p)}\subseteq\mathbf{P}_{\mathbf{F}_p}^2$ 在 $k_{(p)}=\bar{\mathbf{F}}_p$ 上是非异的. 于是可考虑集合

$\mathfrak{B}=\{$素数 $p\,|\,X_{(p)}$ 在 $k_{(p)}$ 上非异并且 Hasse 不变量为 0$\}$.

关于这个集合我们能说些什么? 事实是: 如果 X 作为 $\mathbf{C}$ 上曲线有复乘法,则 $\mathfrak{B}$ 的密度是 $\frac{1}{2}$ (证明从略), 这里一个素数集合 $\mathfrak{B}$ 的**密度**定义为

$$\lim_{x\to\infty}\#\{p\in\mathfrak{B}\,|\,p\leqslant x\}/\#\{\text{素数 } p\,|\,p\leqslant x\}.$$

事实上,如果 $X_{(p)}$ 非奇异, 则 $X_{(p)}$ 的 Hasse 不变量为 0, 当且仅当 p 分歧或者在包含 X 的复乘法环的虚二次域中 p 仍为素的 (Deuring[1]). 如果 X 没有复乘法,则 $\mathfrak{B}$ 的密度为 0, 但是即使对每条单个的椭圆曲线我们也不知道 $\mathfrak{B}$ 是有限集合还是无限集合. 然而, 大量数据支持 Lang 和 Trotter[1] 的猜想: $\mathfrak{B}$ 应当是无限集合,更确切地,存在某个常数 $c>0$ 使得当 $x\to\infty$时,

$$\#\{p\,|\,p\in\mathfrak{B},p\leqslant x\}\sim c\cdot\sqrt{x}/\log x.$$

例 4.23.5 设 X 为曲线 $y^2=x^3-x$. 则 $j=1728$,由(4.20.1)可知 X 有复乘法 i. 对于每个奇素数 p, $X_{(p)}$ 是非异的,并且可用(4.21)中判别法计算它的 Hasse 不变量. 令 $k=(p-1)/2$, 我们需要 $(x^2-1)^k$ 中 x^k 的系数. 当 k 为奇数时它是 0, 而当 k 为偶数时, $k=2m$, 则它为$(-1)^m\binom{k}{m}\neq 0$. 从而

$$p \equiv 1 \pmod 4 \Rightarrow \text{Hasse 不变量为} 1,$$

$$p \equiv 3 \pmod 4 \Rightarrow \text{Hasse 不变量为} 0.$$

于是 $\mathfrak{B} = \{\text{素数 } p \mid p \equiv 3 \pmod 4\}$. 根据算术级数中素数的 Dirichlet 定理(可见 Serre [14,第 VI 章,§4]),此素数集合的密度是 1/2,特别地,这样的素数有无限多个. 注意 $p \equiv 3 \pmod 4$,当且仅当 p 在高斯整数环 $\mathbf{Z}[i]$ 中仍是素的.

例 4.23.6 设 X 是曲线 $y^2 = x(x-1)(x+2)$,则 $\lambda = -2$, $j = 2^6 \cdot 3^{-2} \cdot 7^3$. 于是 $p \neq 2,3$ 时 $X_{(p)}$ 是非异的. 根据 (4.22) 中判别法用计算器可以验证: 对于 $p \leqslant 73$ 只有 $p = 23$ 时 Hasse 不变量为 0. 因此我们可以猜想 $\mathfrak{B}$ 的密度为 0, 而 X 没有复乘法, 但是这些均没能证明. 更进一步的计算可见 Lang 和 Trotter[1].

椭圆曲线上的有理点

设 X 是代数闭域 k 上的椭圆曲线, P_0 是一个固定点,由线性系 $|3P_0|$ 将 X 嵌到 $\mathbf{P}_k^2$ 中. 假设 X 可由方程 $f(x,y,z) = 0$ 定义, 而 $f(x,y,z)$ 的系数属于更小的域 $k_0 \subseteq k$, 而点 P_0 的坐标也属于 k_0, 这时我们说 (X, P_0) **定义在** k_0 **上**. 这时, 由 X 上群运算的几何特性可知, X 中坐标属于 k_0 的全部点组成的集合 $X(k_0)$ 是 X 的全体点组成之群的子群. 一个有趣的算术问题是决定这个子群的特性.

特别令 $k = \mathbf{C}, k_0 = \mathbf{Q}$. 由于 x,y,z 是 $\mathbf{P}^2$ 中齐次坐标,我们可设方程 $f(x,y,z) = 0$ 有整系数,而我们要寻求整数解 x,y,z. 从而这是三个变量的三次不定方程问题.

Mordell 一个定理是说, $X(\mathbf{Q})$ 是有限生成 Abel 群. 我们不给出这个定理的证明,但是给出一些例子. Cassels[1] 和 Tate[3] 是这方面的两篇很好的综述文章.

例 4.23.7 Fermat 曲线 $x^3 + y^3 = z^3$ 定义在 $\mathbf{Q}$ 上. 由于指数为 3 的 Fermat 猜想成立,从而 $X(\mathbf{Q})$ 只有 3 个点$(1,-1,0)$, $(1,0,1)$, $(0,1,1)$. 它们是 X 的拐点, 取其中任何一个为基

点，则群 $X(\mathbf{Q})$ 同构于 $\mathbf{Z}/3$。

例 4.23.8 曲线 $y^2+y=x^3-x$ 定义于 $\mathbf{Q}$ 上。像通常那样，取 $P_0=(0,1,0)$ 为群的零元素，根据 Tate[3]，$X(\mathbf{Q})$ 是由仿射坐标为$(0,0)$的点 P 生成的无限循环群。图 17 绘出这条曲线，其中对各种整数 n，nP 表示成 n。

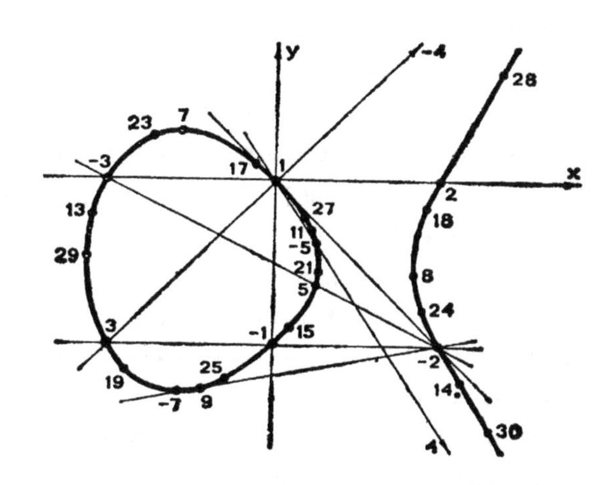

图 17 曲线 $y^2+y=x^3-x$ 上的有理点

习 题

4.1 设 X 是 k 上椭圆曲线，$\operatorname{char}k\neq 2$，$P$ 为 X 上一点，R 为分次环

$$R=\bigoplus_{n\geqslant 0}H^0(X,\mathscr{O}_X(nP)).$$

求证对适当选取的 t,x,y 有分次环同构

$$R\cong k[t,x,y]/(y^2-x(x-t^2)(x-\lambda t^2)),$$

其中 $k[t,x,y]$ 的分次是取 $\deg t=1$，$\deg x=2$，$\deg y=3$。

4.2 设 D 是椭圆曲线 X 上次数 $\geqslant 3$ 的除子，如果 X 由完全线性系 $|D|$ 嵌入 $\mathbf{P}^n$ 中，求证 X 在 $\mathbf{P}^n$ 中的像是射影式正规的。

注记 更一般地，如果 D 是亏格为 g 的一条曲线上次数 $\geqslant 2g+1$ 的除子，则由 $|D|$ 所给出的 X 的嵌入是射影式正规的。见 Mumford [4，第 55 页]。

4.3 设椭圆曲线 X 在 $\mathbf{P}^2$ 中的嵌入有方程 $y^2=x(x-1)(x-\lambda)$。求证：

X的每个固定 $P_0=(0,1,0)$ 的自同构均可由 $\mathbf{P}^2$ 的这样一个自同构诱导出来,即仿射 (x,y) 平面的变换

$$\begin{cases} x^1 = ax + b \\ y^1 = cy \end{cases}$$

决定的自同构.

对于(4.7)中所述四种情形的每一种，用显式描述 $\mathbf{P}^2$ 的这些自同构.由此可决定群 $G = \mathrm{Aut}(X, P_0)$ 的结构.

4.4 设 $\mathbf{P}^2$ 中椭圆曲线X由方程

$$y^2 + a_1xy + a_3y = x^3 + a_2x^2 + a_4x + a_6$$

给出. 证明 j 不变量是诸 a_i 的有理函数并且系数属于 $\mathbf{Q}$. 特别地,如果 a_i 均在域 $k_0 \subseteq k$ 中,则 j 也属于 k_0. 此外,对每个 $\alpha \in k$, 均存在 k_0上椭圆曲线,使得 j 不变量为 α.

4.5 设椭圆曲线 (X, P_0) 有 2 次自同态 $f: X \to X$.

(a) 如果用在 P_0 处分歧的态射 $\pi: X \to \mathbf{P}^1$ 将X表示成 $\mathbf{P}^1$ 的 2 对 1 的覆盖，则象(4.4)那样证明存在另一个态射 $\pi': X \to \mathbf{P}^1$ 和 2 次态射 g: $\mathbf{P}^1 \to \mathbf{P}^1$, 使得 $\pi \circ f = g \circ \pi'$.

(b) 在两个 $\mathbf{P}^1$ 中适当选取坐标,证明 g 可取成态射 $x \mapsto x^2$.

(c) 证明 g 在π的两个分歧点上分歧，而π的另外两个分支点在 g 下的逆像由 π' 的 4 个分歧点组成. 推导出X的不变量 λ 的一个关系式.

(d) 从以上问题的解答来证明：恰好有 3 个 j 值，其对应的椭圆曲线有 2 次自同态. 求对应的 λ 和 j 值. [答案: $j = 2^6 \cdot 3^3$, $2^6 \cdot 5^3$ 和 $-3^3 \cdot 5^3$.]

4.6 (a) 设X为亏格 g 的曲线,它双有理地嵌成 $\mathbf{P}^2$ 中为具有 r 个结点的 d 次曲线. 将习题 2.3 中方法加以推广,证明X有 $6(g-1)+3d$ 个拐点. 注意结点不算作拐点,并且假设 $\mathrm{char}\,k = 0$.

(b) 现在设X为亏格 g 的曲线，它嵌成 $\mathbf{P}^n$ 中 d 次曲线，$n \geqslant 3$，并且不包含在任何 $\mathbf{P}^{n-1}$ 之中. 对每点 $P \in X$，存在唯一的超平面H包含P,使得在交集 $H \cap X$ 中 P 至少算作n 次. H叫做在P的密切超平面,它是 $\mathbf{P}^2$ 中曲线的切线概念的推广. 如果P在$H \cap X$中至少算作$n+1$次,则称H为超密切超平面，而P叫做超密切点. 利用 Hurwitz 定理对 n 归纳证明: X有 $n(n+1)(g-1)+(n+1)d$ 个超接触点.

(c) 如果X是椭圆曲线,并且嵌成 $\mathbf{P}^{d-1}$ 中 d 次曲线，$d \geqslant 3$. 求证群X中恰好有 d^2 个 d阶点.

4.7 态射的对偶. 设 (X,P_0) 和 (X',P_0') 为 k 上椭圆曲线.

(a) 如果 $f:X\to X'$ 是态射,利用(4.11)证明 $f^*:\text{Pic}X'\to\text{Pic}X$ 诱导出同态 $\hat{f}:(X',P_0')\to(X,P_0)$。$\hat{f}$ 叫做 f 的对偶.

(b) 如果 $f:X\to X'$ 和 $g:X'\to X''$ 是两个态射,则 $(g\circ f)^\wedge=\hat{f}\circ\hat{g}$.

(c) 假设 $f(P_0)=P_0'$, $n=\deg f$. 求证若 $Q\in X$, $f(Q)=Q'$,则 $\hat{f}(Q')=n_X(Q)$. (分别考虑可分情形与纯不可分情形,然后组合成一般情形)于是 $f\circ\hat{f}=n_{X'}$, $\hat{f}\circ f=n_X$.

*(d) 设 $f,g:X\to X'$ 是两个态射, $f(P_0)=g(P_0)=P_0'$, 则 $(f+g)^\wedge=\hat{f}+\hat{g}$. [提示: 只需证明对每个 $\mathscr{L}\in\text{Pic}X'$, $(f+g)^*\mathscr{L}\cong f^*\mathscr{L}\otimes g^*\mathscr{L}$. 对每个 f, 令 $\Gamma_f:X\to X\times X'$ 是图态射. 则(对 $\mathscr{L}'=P_2^*\mathscr{L}$)只需证明

$$\Gamma_{f+g}^*(\mathscr{L}')=\Gamma_f^*\mathscr{L}'\otimes\Gamma_g^*\mathscr{L}'.$$

令 $\sigma:X\to X\times X'$ 是截影 $x\mapsto(x,P_0')$. 定义 $\text{Pic}(X\times X')$ 的子群

$$\text{Pic}_\sigma=\left\{\mathscr{L}\in\text{Pic}(X\times X')\ \middle|\ \begin{array}{l}\mathscr{L}\text{ 沿着 }P_1\text{ 的每个纤维均是 0 次,}\\ \text{并且在 Pic}X\text{ 中 }\sigma^*\mathscr{L}=0\end{array}\right\}.$$

利用 Jacobi 簇的定义可知这个群同构于群 $\text{Pic}^0(X'/X)$. 从而在态射 $f:X\to X'$ 和元素 $\mathscr{L}_f\in\text{Pic}_\sigma$ 之间存在一一对应,由此定义$\mathscr{L}_f$. 再通过显式计算可证对任何 f,g, $\Gamma_g^*(\mathscr{L}_f)=\Gamma_f^*(\mathscr{L}_g)$.

利用 $\mathscr{L}_{f+g}=\mathscr{L}_f\otimes\mathscr{L}_g$ 和"对 X' 上每个 $\mathscr{L}$, $P_2^*\mathscr{L}\in\text{Pic}_\sigma^0$" 即可证得结果.]

(e) 利用 (d) 证明: 对每个 $n\in\mathbf{Z}$, $\hat{n}_X=n_X$. 于是 $\deg n_X=n^2$.

(f) 对每个 f 证明 $\deg\hat{f}=\deg f$.

4.8 对每个曲线 X, 代数基本群 $\pi_1(X)$ 定义为 $\varprojlim\text{Gal}(K'/K)$, 其中 K 是 X 的函数域,而 K' 过所有在 X 上平展的曲线 X' 的相应函数域并使 K'/K 为 Galois 扩张(第三章,习题 10.3)。例如 $\pi_1(\mathbf{P}^1)=1$ (2.5.3)。对于椭圆曲线 X, 求证

$$\pi_1(X)=\begin{cases}\prod\limits_{l:\text{素数}}(\mathbf{Z}_l\times\mathbf{Z}_l), & \text{如果 char}k=0.\\ \prod\limits_{l\neq p}(\mathbf{Z}_l\times\mathbf{Z}_l), & \text{如果 char }k=p\text{ 并且 Hasse 不变量为 0,}\\ \mathbf{Z}_p\times\prod\limits_{l\neq p}(\mathbf{Z}_l\times\mathbf{Z}_l), & \text{如果 char}k=p\text{ 并且 Hasse 不变量为 1.}\end{cases}$$

其中 $\mathbf{Z}_l=\varprojlim\mathbf{Z}/l^n$ 是 l 进整数环.

[提示: 椭圆曲线的平展 Galois 覆叠 X' 仍是椭圆曲线. 如果 X' 在

X 上的次数与 p 互素，则存在某个整数 $n,(n,p)=1$，使得 X' 可被覆叠 $n_X: X\to X$ 所支配，覆叠 n_X 的 Galois 群是 $\mathbf{Z}/n\times\mathbf{Z}/n$。只有在 Hasse 不变量不为 0 时才会有次数被 p 除尽的平展覆叠.]

注记 更一般地，Grothendieck[SGA1,X,2.6,第 272 页]证明了：任意亏格为 g 的曲线的代数基本群均同构于亏格 g 的紧 Riemann 曲面通常的拓扑基本群对于有限指数子群的完备化. 上述拓扑基本群以 $a_1,\ldots,a_g,b_1,\ldots,b_g$ 为生成元集合并且有一个定义关系 $(a_1b_1a_1^{-1}b_1^{-1})\cdots(a_gb_ga_g^{-1}b_g^{-1})=1$ 的群.

4.9 两个椭圆曲线 X 和 X' 称作是同源的是指存在有限态射 $f:X\to X'$.

(a) 求证同源是等价关系.

(b) 对每个椭圆曲线 X，证明只有可数多个椭圆曲线(同构类) X' 与 X 是同源的. [提示：X' 由 X 和 $\operatorname{Ker}f$ 所决定.]

4.10 设 X 是椭圆曲线，求证存在正合序列

$$0\to p_1^*\operatorname{Pic}X\oplus p_2^*\operatorname{Pic}X\to\operatorname{Pic}(X\times X)\to R\to 0,$$

其中 $R=\operatorname{End}(X,P_0)$. 特别地 $\operatorname{Pic}(X\times X)$ 比两个 X 的 Picard 群之和要大. 参见(第三章，习题 12.6)，(第五章，习题 1.6).

4.11 设 X 为 $\mathbf{C}$ 上椭圆曲线并且由周期为 $1,\tau$ 的椭圆函数所定义. 令 R 为 X 的自同态环.

(a) 如果 $f\in R$ 是对应于复乘法 α 的自同态(象(4.18)中那样)，求证 $\deg f=|\alpha|^2$.

(b) 仍设 $f\in R$ 对应于 α，求证 f 的对偶(习题 4.7)对应于 $\bar{\alpha}$(α 的复共轭).

(c) 如果 $\tau\in\mathbf{Q}(\sqrt{-d})$ 在 $\mathbf{Z}$ 上整，求证 $R=\mathbf{Z}[\tau]$.

4.12 仍设 X 是由周期为 $1,\tau$ 的椭圆函数所决定的 $\mathbf{C}$ 上椭圆曲线，并设 τ 在 (4.15B) 的区域 G 之中.

(a) 如果 X 有 ±1 以外的自同构. 固定 P_0，求证 $\tau=i$ 或者 $\tau=\omega$ [即为(4.20.1)和(4.20.2)]. 这就给出(4.7)中如下事实的另一个证明：只有两个椭圆曲线(同构类)其自同构群大于 $\{\pm1\}$.

(b) 现在可证明恰好有 3 个 τ 值，其对应的椭圆曲线 X 有 2 次自同态. 你能将它们与习题4.5中决定的三个 j 值对应起来吗？[答案：

$$\tau=i,\sqrt{-2}\ \text{和}\ \frac{1}{2}(-1+\sqrt{-7}).]$$

4.13 如果 $p=13$，则恰好有一个 j 值，其对应曲线的 Hasse 不变量是 0.

决定这个 j 值. [答案: $j\equiv 5(\mathrm{mod}13)$.]

4.14 对每个 $p\neq 3$, Fermat 曲线 $X: x^3+y^3=z^3$ 在特征 p 域上是非异的. 决定集合 $\mathfrak{P}=\{p\neq 3 \mid X_{(p)}$ 的 Hasse 不变量为 $0\}$,利用 Dirichlet 算术级数中素数定理证明 $\mathfrak{P}$ 的密度为 1/2.

4.15 设 X 是特征 p 域 k 上的椭圆曲线. $F':X_p\to X$ 是 k 线性的 Frobenius 态射(2.4.1).利用(4.10.7)证明: 对偶态射 $\hat{F}':X\to X_p$ 是可分的,当且仅当 X 的 Hasse 不变量为 1. 现在用习题 4.7 证明: 当 Hasse 不变量为 1 时 X 的 p 阶点子群同构于 $\mathbf{Z}/p$, 而当 Hasse 不变量为 0 时这个子群是 0.

4.16 仍设 X 是特征 p 域 k 上的椭圆曲线, 并且 X 定义在 q 的域 $\mathbf{F}_q$ 上, $q=p^r$, 即 $X\subseteq\mathbf{P}^2$ 可由系数属于 $\mathbf{F}_q$ 的一个方程所定义. 再设 X 在 $\mathbf{F}_q$ 上具有有理点. 令 $F':X_q\to X$ 是对于 q 的 k 线性 Frobenius 态射.

(a) 求证作为 k 上概型 $X_q\cong X$. 在这个等同之下,将 X 嵌到 $\mathbf{P}^2$ 中之后, $F':X\to X$ 是将 X 中点的坐标映成它的 q 次幂.

(b) 求证 $1_X-F'$ 是可分态射,它的核恰好是 $X(\mathbf{F}_q)$ (坐标属于 $\mathbf{F}_q$ 的 X 中点构成的集合).

(c) 利用习题 4.7 证明 $F'+\hat{F}'=a_X$, 其中 a 是某个整数, 而 $N=q-a+1$, 其中 $N=\#X(\mathbf{F}_q)$.

(d) 利用事实"对所有 $m,n\in\mathbf{Z},\deg(m+nF')>0$" 证明

$$|a|\leqslant 2\sqrt{q}.$$

这是 Hasse 对椭圆曲线上 Riemann 猜想给出的证明(附录 C, 习题 5.6).

(e) 现在设 $q=p$, 证明 X 的 Hasse 不变量为 0,当且仅当 $a\equiv 0(\mathrm{mod}\ p)$. 于是当 $p\geqslant 5$ 时, X 的 Hasse 不变量为 0,当且仅当 $N=p+1$.

4.17 设 X 为(4.23.8)中的曲线 $y^2+y=x^3-x$.

(a) 如果 $Q=(a,b)$ 是曲线上一点, $P=(0,0)$, 计算点 $P+Q$ 的坐标(作为 a 和 b 的函数),由此公式求 nP 的坐标,其中 $n=1,2,\cdots,10$. [验算: $6P=(6,14)$.]

(b) 对所有 $p\neq 37$, 此方程定义出 $\mathbf{F}_p$ 上非异曲线.

4.18 设 X 为曲线 $y^2=x^3-7x+10$. 这个曲线至少有 26 个具有整数坐标的点. (利用计算器) 求出这些点并且验证它们均在由 $P=(1,2)$ 和 $Q=(2,2)$ 生成的子群之中(这个子群可能等于 $X(\mathbf{Q})$?).

4.19 设 (X,P_0) 是 $\mathbf{Q}$ 上椭圆曲线，它作为 $\mathbf{P}^2$ 中一条曲线可由一个整系数方程来定义．则 X 可看成是 $\operatorname{Spec}\mathbf{Z}$ 上一个概型 $\bar{X}$ 在广点上的纤维．令 $T\subseteq\operatorname{Spec}\mathbf{Z}$ 是开子集 $T=\{$素数 $p\geqslant 3\mid\bar{X}$ 在 p 上的纤维 $X_{(p)}$ 是非异的.$\}$ 对每个 n，证明 $n_X:X\to X$ 可定义于 T 上并且是平坦态射．证明 $\operatorname{Ker}n_X$ 在 T 上也平坦．于是，对每个 $p\in T$，当 $(n,p)=1$ 时，n_X 在有理点群上诱导出来的自然映射 $X(\mathbf{Q})\to X_{(p)}(\mathbf{F}_p)$ 将 $X(\mathbf{Q})$ 的 n 阶点群单射到 $X_{(p)}(\mathbf{F}_p)$ 的挠子群之中．由这个方法容易证明习题 4.17 和习题 4.18 中的群 $X(\mathbf{Q})$ 是无挠的.

4.20 设 X 是域 k 上椭圆曲线，$\operatorname{char}k=p>0$，$R=\operatorname{End}(X,P_0)$ 为自同态环.

(a) 设 X_p 是通过改变 X 的 k 结构而定义的 k 上曲线(2.4.1)．求证 $j(X_p)=j(X)^{1/p}$．于是在 k 上 $X\cong X_p$，当且仅当 $j\in\mathbf{F}_p$.

(b) 求证 p_X 在 R 中分解成两个 p 次元素之积 $\pi\hat{\pi}$，当且仅当 $X\cong X_p$．并且在这种情形下，X 的 Hasse 不变量为 0，当且仅当 π 和 $\hat{\pi}$ 在 R 中相伴(即相差一个 R 中单位因子)．(利用(2.5))

(c) 如果 X 的 Hasse 不变量为 0，求证在任何情形下均有 $j\in\mathbf{F}_{p^2}$.

(d) 每个 $f\in R$ 诱导出映射 $f^*:H^1(\mathscr{O}_X)\to H^1(\mathscr{O}_X)$．$f^*$ 一定是"乘以 k 中某个元素 λ_f"．于是得出环同态 $\varphi:R\to k,f\mapsto\lambda_f$．求证每个 $f\in R$ 均与(非线性的)Frobenius 态射 $F:X\to X$ 可交换，因此若 X 的 Hasse 不变量不为 0，则 φ 的像是 $\mathbf{F}_p$．从而 R 有素理想 $\mathfrak{p}$，使得 $R/\mathfrak{p}\cong\mathbf{F}_p$.

4.21 设 $\mathscr{O}$ 为二次域 $Q(\sqrt{-d})$ 的整数环．求证对于每个子环 $R\subseteq\mathscr{O}$，$R\neq\mathbf{Z}$，均有唯一决定的自然数 f，使得 $R=\mathbf{Z}+f\cdot\mathscr{O}$．称 f 为环 R 的导子.

***4.22** 设 $X\to\mathbf{A}^1_{\mathbf{C}}$ 是一个椭圆曲线族，并且它具有一个截影，求证这个族是平凡的．[提示：利用这个截影固定每个纤维上的群结构．证明这些纤维上的 2 阶点形成 $\mathbf{A}^1_{\mathbf{C}}$ 的一个平展复叠，由于 $\mathbf{A}^1_{\mathbf{C}}$ 是单连通的，从而这个复叠一定是平凡的．由此可知 λ 可以定义在这个族上，从而给出映射 $\mathbf{A}^1_{\mathbf{C}}\to\mathbf{A}^1_{\mathbf{C}}-\{0,1\}$．每个这种映射必然是映成一固定常数，于是 λ 是常数，即此族是平凡的.]

5. 典则嵌入

现在回来研究任意亏格的曲线，我们研究由典则线性系决定的曲线到射影空间中的有理映射. 对于亏格 $g \geqslant 3$ 的非超椭圆曲线,我们将证明这是嵌入,称作是典则嵌入. 与此有密切关系的是关于特殊线性系维数的 Clifford 定理(即后边定理 5.4). 利用这些结果,可以得到曲线分类的某些知识.

在本节中, X 均表示代数闭域 k 上亏格为 g 的曲线. 我们考虑典则线性系 $|K|$. 如果 $g=0$, 则$|K|$ 为空集. 如果 $g=1$, 则 $|K|=0$,从而决定一个常数映射将X映为一点. 对于 $g \geqslant 2$, 则我们要证 $|K|$ 是没有基点的有效线性系,从而它决定从曲线到射影空间的一个态射, 称作是**典则态射**.

引理 5.1 如果 $g \geqslant 2$, 则典则线性系 $|K|$ 没有基点.

证明 根据(3.1)可知只需证明对每个 $P \in X$, $\dim|K-P|=\dim|K|-1$. 现在 $\dim|K|=\dim H^0(X,\omega_X)-1=g-1$. 另一方面,由于$X$不是有理曲线, 对每点 P, $\dim|P|=0$. 于是由 Riemann-Roch 定理可知 $\dim|K-P|=g-2$, 此即为所求.

回忆: 亏格 $g \geqslant 2$ 的曲线X叫做**超椭圆曲线**(习题 1.7),是指存在 2 次有限态射 $f: X \rightarrow \mathbf{P}^1$. 考虑相应的线性系,可知: X是超椭圆曲线当且仅当X有一维 2 次的线性系. 为方便起见我们引进一个古典记号.我们以**符号** g_d^r 表示"一个 r 维 d 次的线性系".于是: X为超椭圆曲线是指X有 g_2^1.

如果X是亏格为 2 的曲线,则它的典则线性系 $|K|$ 是 g_2^1(习题 1.7),从而X必为超椭圆曲线并且典则态射 $f: X \rightarrow \mathbf{P}^1$ 是超椭圆曲线定义中的 2 对 1 映射.

命题 5.2 设X是亏格 $g \geqslant 2$ 的曲线, 则 $|K|$ 是极强的, 当且仅当X不是超椭圆曲线.

证明 利用(3.1)中判别法.由于 $\dim|K|=g-1$, 从而$|K|$为极强的充要条件是对任意 $P, Q \in X$ (可以相等),有 $\dim|K-P-Q|=g-3$. 将 Riemann-Roch 定理用于除子 $P+Q$,则有

$$\dim|P+Q|-\dim|K-P-Q|=2+1-g.$$

于是,是否为极强的问题取决于是否 $\dim|P+Q|=0$. 如果X是超椭圆的,则对 g_2^1 的任意除子 $P+Q$, 有 $\dim|P+Q|=1$.

反之,若 $\dim|P+Q|>0$ 对某个 (P,Q) 成立,则线性系 $|P+Q|$ 包含了一个 g_2^1(实际上就是一个 g_2^1),故而 X 为超椭圆的.证毕.

定义 设 X 为亏格 $g\geqslant 3$ 的非超椭圆曲线,由其典则线性系决定的嵌入 $X\to \mathbf{P}^{g-1}$ 称为 X 的典则嵌入(在 $\mathbf{P}^{g-1}$ 的自同构因子下唯一决定),它的像曲线的次数为 $2g-2$,并称为典则曲线.

例 5.2.1 设 X 为亏格 3 的非超椭圆曲线,则其典则嵌入是 $\mathbf{P}^2$ 中一条 4 次曲线. 反之, $\mathbf{P}^2$ 中任一条非异 4 次曲线 X, 有 $\omega_X\cong\mathscr{O}_X(1)$(第二章,8.20.3), 故它是条典则曲线. 特别地, 这说明了存在亏格为 3 的非超椭圆曲线.(也可见(习题 3.2))

例 5.2.2 设 X 是亏格 4 的非超椭圆曲线,则其典则嵌入是 $\mathbf{P}^3$ 中的 6 次曲线. 我们将证明 X 包含在一个唯一的不可约二次曲面 Q 中,且为 Q 与另一个不可约三次曲面的完全交. 反过来,如果 X 是 $\mathbf{P}^3$ 中的一条非异曲线并为一个二次与三次曲面的完全交, 则 $\deg X=6,\omega_X=\mathscr{O}_X(1)$(第二章,习题 8.4),故 X 是亏格 4 的典则曲线. 特别地,由 Bertini 定理(第二章,习题 8.4)存在这样的非异完全交,故而存在亏格为 4 的非超椭圆曲线.

现在来证明上述断言. 设 X 为 $\mathbf{P}^3$ 中亏格 4 的典则曲线, $\mathscr{I}$ 为其理想层,则有正合列

$$0\to\mathscr{I}\to\mathscr{O}_\mathbf{P}\to\mathscr{O}_X\to 0.$$

以 2 作扭变并取上同调,我们得到

$$0\to H^0(\mathbf{P},\mathscr{I}(2))\to H^0(\mathbf{P},\mathscr{O}_\mathbf{P}(2))\to H^0(X,\mathscr{O}_X(2))\to\cdots.$$

由 (III,5.1) 知,中间的那个向量空间的维数等于 10,又由 X 上的 Riemann-Roch 定理知,右端向量空间的维数是 9(注意 $\mathscr{O}_X(2)$ 对应于除子 $2K$, 它是 12 次的非特殊除子). 故推出了

$$\dim H^0(\mathbf{P},\mathscr{I}(2))\geqslant 1.$$

空间 $H^0(\mathbf{P},\mathscr{I}(2))$ 中有一个元是个 2 次形式, 其零点集是包含 X 的二次曲面 $Q\subseteq\mathbf{P}^2$. 因为 X 不在任意 $\mathbf{P}^2$ 中,Q 必为不可约(且既约). 又,曲线 X 不能在两个不同的非异二次曲面 Q 与 Q' 中,否则 X 在 $Q\cap Q'$ 中, 后者是一条 4 次曲线,但 $\deg X=6$, 这是不

可能的。于是X只在一个唯一的不可约二次曲面Q中。

对同一序列以3作扭变并取上同调，相似的计算表明

$$\dim H^0(\mathbf{P}, \mathscr{I}(3)) \geqslant 5.$$

在空间 $H^0(\mathbf{P}, \mathscr{I}(3))$ 中，由上述二次形式乘上一个一次形式所得到的三次形式全体构成一个4维子空间。因此在这个空间中有一个不可约的三次形式，故而X包含在一个不可约三次曲面F中。那么X必在完全交 $Q \cap F$ 中，但它们的次数都为6，因而X等于此完全交。

命题5.3 设X是亏格$g \geqslant 2$的超椭圆曲线，则X有一个唯一的g_2^1。如果 $f_0: X \to \mathbf{P}^1$ 是相应的2次射，则典则射 $f: X \to \mathbf{P}^{g-1}$ 由 f_0 与 $(g-1)$ 重分量嵌入：$\mathbf{P}^1 \to \mathbf{P}^{g-1}$ 复合而成。特别地，像 $X' = f(X)$ 是 $g-1$ 次有理正规曲线(习题3.4)，而f是到 X' 上的二次态射。最后，X上的任一有效典则除子是在这个唯一的 g_2^1 中的$g-1$个除子的和，故而记为 $|K| = \sum_1^{g-1} g_2^1$。

证明 先考虑典则射 $f: X \to \mathbf{P}^{g-1}$，令 X' 为其像。因为X为超椭圆，根据定义它有一个 g_2^1。但我们还不知道它是唯一的，姑且取定一个。对任意除子 $P + Q \in g_2^1$，(5.2)的证明表明Q是 $|K-P|$ 的基点，从而 $f(P) = f(Q)$。由于 g_2^1 中有无限多个除子，故而f不会是双有理的。令 $f: X \to X'$ 的次数为 $\mu \geqslant 2$，$d = \deg X'$。则由于 $\deg K = 2g-2$，我们有 $d \cdot \mu = 2g-2$，于是 $d \leqslant g-1$。

其次，设 $\tilde{X}'$ 是 X' 的正规化，$\mathfrak{d}$ 是对应于态射 $\tilde{X}' \to X' \subseteq \mathbf{P}^{g-1}$ 的 $\tilde{X}'$ 上的线性系，那么 $\mathfrak{d}$ 是d次$g-1$维线性系。由于 $d \leqslant g-1$，我们由(习题1.5)得到 $d = g-1$ 且 $\tilde{X}'$ 的亏数为0，于是 $\tilde{X}' \cong \mathbf{P}^1$ 而 $\mathfrak{d}$ 是 $\mathbf{P}^1$ 上唯一的次数$g-1$的完全线性系，即 $|(g-1)P|$。因此 X' 是 $\mathbf{P}^1$ 的 $(g-1)$ 重分量嵌入。特别地，它是非异的，即是(习题3.4)中的有理正规曲线。

再次，由 $d\mu = 2g-2$，得到 $\mu = 2$。由于f已经把我们上面选出的 g_2^1 的一对点映成一个点，它必是这个 g_2^1 决定的映射

$f_0: X \to \mathbf{P}^1$ 与 $\mathbf{P}^1$ 的 $(g-1)$ 重分量嵌入的复合. 于是 g_2^1 由 f 决定从而是唯一的.

最后, X 上的一个有效典则除子 K 是 X' 的某个超平面截影在 f 下的逆像. 因此必是这个 g_2^1 中 $(g-1)$ 个除子的和. 反之, X' 上任意 $g-1$ 个点的集合是一超平面截影, 故可将典则线性系 $|K|$ 与 g_2^1 中 $g-1$ 个除子和的集合看成一样的. 因此记

$$|K| = \sum_{1}^{g-1} g_2^1.$$

现在来证明 Clifford 定理. 其想法是, 对曲线 X 上的一个非特殊除子 D, 我们可用 Riemann-Roch 定理准确地将 $\dim|D|$ 表示为 $\deg D$ 的函数. 但是对一个特殊除子 $\dim|D|$ 就不仅仅依赖于 $\deg D$ 了. 因此得到 $\dim|D|$ 的一个界是有用的, Clifford 定理给出了一个上界.

定理 5.4 (Clifford) 设 D 是曲线 X 上的一个有效特殊除子, 则

$$\dim|D| \leqslant \frac{1}{2}\deg D.$$

又等号成立的充要条件是, $D=0$, 或 $D=K$, 或 X 为超椭圆而 D 是 X 上那个唯一的 g_2^1 的倍数.

引理 5.5 设 D, E 是曲线 X 上的有效除子, 则

$$\dim|D| + \dim|E| \leqslant \dim|D+E|.$$

证明 定义集合间映射

$$\varphi: |D| \times |E| \to |D+E|$$

为 $\langle D', E'\rangle \longmapsto D'+E'$, 其中 $D' \in |D|, E' \in |E|$. 因为一个有效除子只有有限种方式写为两个有效除子的和, 故映射 φ 是有限对一的. 另外, φ 对应于向量空间之间的自然双线性映射

$$H^0(X, \mathscr{L}(D)) \times H^0(X, \mathscr{L}(E)) \to H^0(X, \mathscr{L}(D+E)),$$

于是, 当我们赋与 $|D|, |E|$ 及 $|D+E|$ 以相应的射影空间结构时, φ 是个态射. 因此, 这个有限对一的 φ, 其像的维数正好是 $\dim|D| + \dim|E|$. 由此得到结果.

(5.4)的证明（按照 Saint-Donat [1,§1]）若D是有效、特殊的，那么$K-D$也是有效的，于是可以运用引理得到

$$\dim|D|+\dim|K-D|\leqslant\dim|K|=g-1.$$

另一方面，由 Riemann-Roch 定理有

$$\dim|D|-\dim|K-D|=\deg D+1-g.$$

将这两个表达式相加，得到

$$2\dim|D|\leqslant\deg D$$

即

$$\dim|D|\leqslant\frac{1}{2}\deg D.$$

这是定理的第一部分.对于$D=0$或$D=K$时，显然等号成立。

要证第二个结论，我们可假设$D\neq 0,K$，且

$$\dim|D|=\frac{1}{2}\deg D.$$

那么我们必须证明X为超椭圆曲线而D是g_2^1的倍除子。对$\deg D$（必为偶数）进行归纳. 如果$\deg D=2$，则$|D|$自己就是一个g_2^1，从而X是超椭圆的，无须再证.

故现设$\deg D\geqslant 4$，从而$\dim|D|\geqslant 2$. 取定一个除子$E\in|K-D|$及两个点$P,Q\in X$使$P\in\operatorname{Supp}E$，$Q\notin\operatorname{Supp}E$. 由于$\dim|D|\geqslant 2$，可以找到一个除子$D\in|D|$使$P,Q\in\operatorname{Supp}D$. 令$D'=D\cap E$，它的意思是$D$与$E$所含有的公共的最大除子. 用这个$D'$可以完成我们的归纳.

首先注意到，由于$Q\in\operatorname{Supp}D$但$Q\notin\operatorname{Supp}E$，故而$Q\notin\operatorname{Supp}D'$，于是$\deg D'<\deg D$. 另外因为$P\in\operatorname{Supp}D'$，所以$\deg D'>0$.

其次，从D'的构造，我们有正合序列

$$0\to\mathscr{L}(D')\to\mathscr{L}(D)\oplus\mathscr{L}(E)\to\mathscr{L}(D+E-D')\to 0,$$

这里我们把上面这些项都看成X上常层$\mathscr{K}$的子层，其中第一个映射是相加，第二个是相减.（将$\Gamma(\times,\mathscr{L}(D))$看为$\{f\in K(X)\mid(f)\geqslant -D\}$），因此考虑这个序列的整体截影，得到

$$\dim|D|+\dim|E|\leqslant\dim|D'|+\dim|D+E-D'|.$$

但是 $E \sim K - D, D + E - D' \sim K - D'$，故而左端等于

$$\dim|D| + \dim|K - D|,$$

又因为由假定 $\dim|D| = \frac{1}{2}\deg D$，故 $\dim|D| + \dim|K - D| = \dim|K| = g - 1$。另一方面，将(5.5)用于 D'，得到右端$\leqslant g - 1$. 从而必须等号成立，即 $\dim|D'| + \dim|K - D'| = g - 1$. 像上面一样，我们推出了 $\dim|D'| = \frac{1}{2}\deg D'$. 现由归纳假定得出，$X$ 是超椭圆曲线。

最后，仍设 $D \neq 0, K$，且 $\dim|D| = \frac{1}{2}\deg D$. 令 $r = \dim|D|$. 考虑线性系 $|D| + (g - 1 - r) \cdot g_2^1$，它的次数是 $2g - 2$，而维数由(5.5)知，$\geqslant g - 1$. 因而它必为典则线性系 $|K|$. 但在(5.3)我们已知 $|K| = (g - 1)g_2^1$，从而 $|D| = rg_2^1$. 证毕。

曲线的分类

要将曲线分类，我们首先定出曲线的亏格，在(1.1.1)中已知它可为任意非负整数 $g \geqslant 0$. 若 $g = 0, X$ 同构于 $\mathbf{P}^1$(1.3.5)，故无需再多说什么了。若 $g = 1$，X 由它的 j 不变量进行同构分类(4.1)，故此时分类问题也有了满意的答案. 在 $g \geqslant 2$ 的情形中，变得非常困难，除少数特殊情形外(例如(习题 2.2))，都不能给出明确的答案。

令集合 $\mathfrak{M}_g$ 表示所有亏格 g 的曲线，则当 $g \geqslant 3$ 时，可以按照曲线是否具有给定次数与维数的线性系来划分 $\mathfrak{M}_g$. 例如，如果 X 具有 g_2^1，我们曾定义它为超椭圆曲线，还知道对每个 $g \geqslant 2$，总有亏格 g 的超椭圆曲线(习题 1.7)，以及至少在 $g = 3$ 及 4 的情形下，存在非超椭圆曲线(5.2.1)及(5.2.2)。

更一般地，我们可以根据是否含有一个 g_d^1，d 为某个数，来划分曲线. 当 X 有一个 g_3^1 时称为三角系.

注 5.5.1 有下列一些事实. 对任意 $d \geqslant \frac{1}{2}g + 1$，任意亏

格 g 的曲线都有一个 g_d^1；对 $d<\frac{1}{2}g+1$，存在亏格 g 的曲线没有 g_d^1。其证明及讨论可见 Kleiman 及 Laksov[1]。注意，它特别表明了对每个 $g\geqslant 3$ 总存在非超椭圆曲线（第五章，习题 2.10）。我们给出这个结果的一些例子。

例 5.5.2 对于 $g=3,4$ 上述结果表明，存在非超椭圆曲线（这点已经知道了）并且每条这样的曲线有一个 g_3^1。若 X 为超椭圆的，只要对 g_2^1 加一个点就可以了，这是平凡的。若 X 为亏格 3 的非超椭圆时，它的典则嵌入是一条平面四次曲线（5.2.1）从 X 上任一点作投射到 $\mathbf{P}^1$，我们就得到一个 g_3^1。因此，X 有无限多个 g_3^1。

若 X 为亏格为 4 的非超椭圆曲线，则其在 $\mathbf{P}^3$ 中的典则嵌入含于一个唯一的不可约二次曲面 Q 中（5.2.2）。当 Q 为非异时，X 在 Q 上为 (3.3) 型（第二章，6.6.1），且 Q 上的这两个直线族中每一个都截出 X 上的一个 g_3^1。因而这时 X 有两个 g_3^1。（要明白它们是仅有的两个，可照搬下面（5.5.3）的论证）。如果 Q 是奇异的，它必是一个二次锥面，则 Q 上的那个直线族截出了 X 上一个唯一的 g_3^1。

例 5.5.3 设 $g=5$，于是（5.5.1）说明每条亏格为 5 的曲线有一个 g_4^1 且存在这种曲线没有 g_3^1。设 X 是亏格为 5 的非超椭圆曲线，在典则嵌入下看作是 $\mathbf{P}^4$ 中的 8 次曲线。首先证明 X 有一个 g_3^1 的充要条件是在此嵌入下，它有一条三重割线。令 $P,Q,R\in X$。于是 Riemann-Roch 定理给出

$$\dim|P+Q+R|=\dim|K-P-Q-R|-1.$$

另一方面，由于 X 看作它的典则嵌入，$\dim|K-P-Q-R|$ 是 $\mathbf{P}^4$ 中包含了 P,Q,R 的超平面线性系的维数。从而 $\dim|P+Q+R|=1$ 的充要条件是 P,Q,R 在一个 2 维超平面族中，即 P,Q,R 共线。于是 X 有一个 g_3^1，当且仅当它有一条三重割线（这时它就有一个单参数的三重割线族）。

现在令 X 为 $\mathbf{P}^4$ 中三个二次超曲面的非异完全交. 于是 dey$X$ $=8$，$\omega_X\cong\mathcal{O}_X(1)$，从而 X 是亏格 5 的典则曲线。如果 X 有三重

割线 L，则 L 必与每个二次超曲面交于三点，从而应在这三个曲面内，因此，$L\subseteq X$，这是不可能的．故存在亏格为 5 的曲线不含有 g_3^1.

将这条 X 从其自己的一个点 P 上投射到 $\mathbf{P}^3$，得到一条 7 次曲线 $X'\subseteq\mathbf{P}^3$，它是非异的(因为 X 无三重割线)．这条新的曲线 X' 必有三重割线，否则从其上一个点投射，将给出 $\mathbf{P}^2$ 中的 6 次非异曲线，其亏数不是 5．矛盾．于是可令 Q,R,S 在 X' 在一条三重割线上的点，它们在 X 上的逆像再加上 P 点，都在 $\mathbf{P}^4$ 中一个平面上．用前面相同的论证可证明这些点给出了一个 g_4^1.

再回到一般分类问题上来．对给定的 g，令 $\mathfrak{M}_g$ 为亏格 g 的曲线同构类集，欲赋以 $\mathfrak{M}_g$ 一个代数结构，这时便称 $\mathfrak{M}_g$ 为亏格 g 曲线的模簇．$g=1$ 的情形即如此，这时 j 不变量构成一条仿射直线.

规定 $\mathfrak{M}_g$ 上代数结构的最好方式，似乎是应该要求它对于亏格 g 的曲线族是下述意义下的泛参数簇：要求存在一个亏格 g 曲线的平坦族 $\mathscr{X}\to\mathfrak{M}_g$，使得对其他的亏格 g 曲线的平坦族 $X\to T$，有一个唯一的态射 $T\to\mathfrak{M}_g$，使 X 等于 $\mathscr{X}$ 在此态射下的逆．这时我们称 $\mathfrak{M}_g$ 为细模簇．可惜，有许多理由表明这种泛族不存在．理由之一是存在非平凡的曲线族，它所有的纤维却相互同构(第三章，习题 9.10).

然而，Mumford 证明了对于 $g\geqslant 2$，有一个粗模簇 $\mathfrak{M}_g$，它具有下列性质（Mumford [1，定理 5.11]）：

（1）$\mathfrak{M}_g$ 的闭点集一一对应于亏格 g 曲线的同构类集；

（2）若 $f\colon X\to T$ 是亏格 g 曲线的任意平坦族，则有态射 $g\colon T\to\mathfrak{M}_g$，使对每个闭点 $t\in T$，纤维 X_t 的曲线同构类，由点 $g(t)\in\mathfrak{M}_g$ 确定.

在 $g=1$ 的情形，仿射 j 直线是具一个截影的椭圆曲线族的粗模簇．可以用 j 是曲线的平面嵌入方程的系数的有理函数(习题 4.4)这一点来验证条件(2).

注 5.5.4 事实上，Deligne-Mumford[1] 已经证明，当 $g\geqslant 2$

时，$\mathfrak{M}_g$ 是任意给定代数闭域上的 $3g-3$ 维不可约拟射影簇。

例 5.5.5 假定 $\mathfrak{M}_g$ 存在，则可找出它的某些性质。譬如，利用(习题 2.2)的方法，可以证明亏格 g 的超椭圆曲线可以由 $\mathbf{P}^1$ 上的二重复叠决定，这种二重复叠在 $0,1,\infty$ 及另外 $2g-1$ 个点上分歧，并可相差某个有限群的作用。因此，超椭圆曲线对应于 $\mathfrak{M}_g$ 中一个 $2g-1$ 维不可约子簇。当 $g=2$ 时它就是整个空间 $\mathfrak{M}_2$，由此证实了 $\mathfrak{M}_2$ 是 3 维不可约簇。

例 5.5.6 设 $g=3$。于是超椭圆曲线构成 $\mathfrak{M}_3$ 中一个 5 维不可约子簇。亏格 3 的非超椭圆曲线是非异的平面 4 次曲线，由于嵌入是典则的，故而两条这样的曲线作为抽象曲线为同构的充要条件是它们相差一个 $\mathbf{P}^2$的自同构。因为一个 4 次形式具 15 个系数，所有这些曲线的族由 $\mathbf{P}^N$ 中一个开集 U 参数化，其中 $N=14$。因此有射 $U\to\mathfrak{M}_3$，其纤维是群 PGL(2) 的像，PGL(2) 的维数为 8。由于单个曲线只有有限个自同构(习题 5.2)，从而纤维的维数等于 8，那么 U 的像为 $14-8=6$ 维。故 $\mathfrak{M}_3$ 为 6 维是正确的。

习　　题

5.1 证明超椭圆曲线在任何射影空间中都不是个完全交。参照(习题3.3)。

5.2 设 X 为特征 0 域上的亏格$\geqslant 2$ 的曲线。证明 X 的自同构群 Aut$X$ 是有限群。[提示：若 X 为超椭圆的，利用那个唯一的 g_2^1 并证明 Aut$X$ 交换二重复叠 $X\to\mathbf{P}^1$ 的分歧点，当 X 不是超椭圆时，证明 Aut$X$ 交换其典则嵌入的超密切点(习题 4.6)。参照(习题 2.5)。

5.3 亏格 4 曲线的模簇。亏格 4 的超椭圆曲线形成一个不可约 7 维族，而非超椭圆的形成一个不可约 9 维族。只有一个 g_3^1 的亏格 4 曲线形成一个不可约 8 维族。[提示：利用(5.2.2)计算有多少完全交 $Q\cap F_3$]

5.4 区分亏格 g 曲线的另一种方式是问，只以结点为奇点的双有理平面曲线模型的最小次数等于多少(3.11)？设 X 是亏格 4 的非超椭圆曲线。则：

(a) 若 X 有两个 g_3^1，它可表现为具有二个结点的平面 5 次曲线；反之

(b) 如果 X 有一个 g_3^1，则它可表现为具有一个自切点的平面 5 次曲

线(第一章，习题 5.14d)，但是仅具有结点的平面表现的最小次数为 6.

5.5 亏格 5 的曲线.

(a) 在 $\mathbf{P}^4$ 中的典则模型为完全交 F_2, F_2, F_2 的亏格 5 的曲线构成一个 12 维族.

(b) X 有一个 g_3^1 的充要条件是它可表现为有一个结点的平面 5 次曲线. 它们构成一个 11 维不可约族. [提示: 若 $D \in g_3^1$, 利用 $K-D$ 作映射 $X \to \mathbf{P}^2$.]

*(c) 在 (b) 的情形下,经过结点的圆锥线截出了典则系(不计在结点的不动点). 用此圆锥线的线性系作映射 $\mathbf{P}^2 \to \mathbf{P}^4$, 证明 X 的典则曲线含在一个三次曲面 $V \subseteq \mathbf{P}^4$ 中，这个 V 同构于 $\mathbf{P}^2$ 在一点的胀开(第二章,习题 7.7). 另外,V 是对应于 g_3^1 的 X 的所有三重割线的并(5.5.3)，故而 V 包含在所有过 X 的二次超曲面的交中. 因此 V 及 g_3^1 都是唯一的.

注. 反之,若 X 没有 g_3^1，则同 (a)，它的典则嵌人是个完全交. 更一般地,有 Enriques 及 Petri 的一个经典定理,它证明了亏格 $g \geqslant 3$ 的非超椭圆曲线的典则模型为射影式正规,且除去 X 有一个 g_3^1 或 $g=6$ 且 X 有一个 g_5^2 外，X 是二次超曲面的交. 可见 Saint-Donat[1].

5.6 证明非异的 5 次平面曲线没有 g_3^1. 证明存在亏格 6 的非超椭圆曲线，不能表现为非异平面 5 次曲线.

5.7 (a) 亏格 3 的曲线的任意自同构均由$\mathbf{P}^2$的自同构经由典则嵌人诱导.

*(b) 若曲线 X 由方程

$$x^3y + y^3z + z^3x = 0$$

定义,则 Aut$X$ 是 168 阶单群,这个阶数就是(习题 2.5)允许的最大值 $84(g-1)$. 可见 Burnside[1,§232] 或 Klein[1].

*(c) 大部分亏格 3 曲线,除了恒同映射外没有自同构.[提示: 对每个 n,计算有一个 n 阶自同构 T 的曲线族的维数. 例如,当 $n=2$ 时,适当选取坐标 T 可表示为 $x \mapsto -x$, $y \mapsto y$, $z \mapsto z$. 于是有一个在 T 下不变的 8 维曲线族;交换坐标得到这种 T 的 4 维族,故而具有一个 2 阶自同构的曲线构成 12 维族，它是所有 4 次平面曲线的 14 维族中的子族.

注. 更一般地(至少在 $\mathbf{C}$ 上),对任意 $g \geqslant 3$,亏格 g 的"充分一般的"曲线,除恒同映射外都没有自同构. 见 Baily[1].

6. $\mathbf{P}^3$ 中曲线的分类

1882 年，一项奖金（Steiner 奖)奖给了关于空间曲线分类方面最好的工作. 它由 Max Noether 与 G. Halphen 所共享. 他们每一个人都写了关于这个课题的 200 页论文（Noether[1], Halphen[1]). 每个人都证明了一系列的一般性结果，然后为了解释他们的理论，还构造了低次曲线的一些罗列无遗的表格（大约有 20 页).

如今，这个问题的理论方面已是很清楚了，利用周(炜良)簇或者 Hilbert 概型，可以证明 $\mathbf{P}^3$ 中给定了次数 d，亏数 g 的非异曲线是由有限个拟射影簇的并为其参数化空间，而且这种表现方式是非常自然的. 但是对每个 d, g 确定这些参数簇的个数及维数的更为具体的课题还没有解决，甚至连对那些整数偶 d, g 存在一条 $\mathbf{P}^3$ 中 d 次 g 亏格的曲线也不完全清楚.（尽管 Halphen 提出了这个问题的解答，然而他的证明实难通过.)

本节将给出 $\mathbf{P}^3$ 中曲线的少许几个基本结果，然后通过 $\mathbf{P}^3$ 中次数$\leqslant 7$ 的曲线分类来解释它们.

开始先研究什么时候曲线有一个给定次数的非特殊极强除子. 在 $g=0,1$ 的情形下，由(3.3.1)及(3.3.3)给出答案，故而只考虑 $g \geqslant 2$ 的情形.

命题 6.1 (Halphen) 亏格 $g \geqslant 2$ 的曲线 X 有一个非特殊的 d 次极强除子 D 的充要条件是 $d \geqslant g+3$.

证明 先证必要性. 若 D 是 d 次非特殊极强除子，由 Riemann-Roch 定理知 $\dim|D| = d-g$ 且 $|D|$ 给出 X 在 $\mathbf{P}^{d-g}$ 中的嵌入. 由于 $X \not\cong \mathbf{P}^1$，必有 $d-g \geqslant 2$ 即 $d \geqslant g+2$. 但若 $d=g+2$，则 X 是条 d 次平面曲线. 这时 $\omega_X \cong \mathscr{O}_X(d-3)$，故而为使 D 为非特殊必有 $d \leqslant 3$. 于是 $g=0$ 或 1，与假设相违背. 因此得到 $d \geqslant g+3$.

现在给定 $d \geqslant g+3$，我们来找一个 d 次非特殊极强除子 D.

为使D为极强除子，由(3.1)，其充要条件是对所有 $P,Q\in X$，有

$$\dim|D-P-Q|=\dim|D|-2.$$

由于D非特殊，由 Riemann-Roch 定理，这等于说$D-P-Q$也为非特殊．以D的一个线性等价除子 D' 代替 D，我们总可设 $D'-P-Q$ 为有效．

现考虑X的自身d次乘积 X^d．我们将每个点 $\langle P_1,\cdots,P_d\rangle\in X^d$ 及其所有置换点与一个有效除子D联系起来，则可借用符号，记为 $D\in X^d$．令S为除子 $D\in X^d$ 的一个集合，$D\in S$，当且仅当存在除子 $D'\sim D$ 及点 $P,Q\in X$ 使 $E=D'-P-Q$ 为有效特殊除子．我们要证明S的维数 $\leqslant g+2$．这样，由于 $d\geqslant g+3$，就表明 $S\neq X^d$．于是任意$D\notin S$就是一个d次非特殊极强除子．

令E为$d-2$次的有效特殊除子．由于 $\dim|K|=g-1$ 且有效特殊除子是一个有效典则除子的子集，从而所有这种E的集合，作为 X^{d-2} 的子集合，其维数$\leqslant g-1$．因此形如$E+P+Q$的除子在 X^d 中的集合其维数$\leqslant g+1$．因为 X^d 中的特殊除子的子集合维数$\leqslant g-1$，出于同一理由，可以忽略掉，故可设$E+P+Q$为非特殊．

因为E为特殊，故 $\dim|E|\geqslant d-1-g$(Riemann-Roch 定理)．另一方面，因$E+P+Q$为非特殊，故有 $\dim|E+P+Q|=d-g$．两者之差为1，从而可以明了线性等价于某个形如$E+P+Q$的除子 $D\in X^d$ 的集合其维数$\leqslant g+2$，这是所需的结果．

系 6.2 在 $\mathbf{P}^3$ 中存在d次亏格g的曲线使其超平面截影D为非特殊的当且仅当下面条件中任一个成立：

(1) $g=0$ 且 $d\geqslant 1$，

(2) $g=1$ 且 $d\geqslant 3$，

(3) $g\geqslant 2$ 且 $d\geqslant g+3$．

证明 立即由 (3.3.1)，(3.3.3)及本命题得到．给定D在X上为极强，完全线性系 $|D|$ 给出了X在某个 $\mathbf{P}^n$ 中的嵌入．如果 $n>3$ 则投射到 $\mathbf{P}^3$ 中(3.5)．

命题 6.3 设 X 为 $\mathbf{P}^3$ 中的曲线，它不在任一平面中，且它的超平面截影 D 为特殊除子，则 $d \geqslant 6, g \geqslant \frac{1}{2}d+1$. 另外，$d=6$ 的唯一的这种曲线是亏格 4 的典则曲线.

证明 若 D 为特殊，则由 Clofford 定理(5.4)知

$$\dim|D| \leqslant \frac{1}{2}d.$$

因为 X 不在任意平面内，于是 $\dim|D| \geqslant 3$，所以 $d \geqslant 6$. 另外由于 D 为特殊，有 $d \leqslant 2g-2$，因此 $g \geqslant \frac{1}{2}d+1$. 如果 $d=6$ 则 Clifford 定理中等号成立. 于是或者 $D=0$ (不可能)；或者 $D=K$，这时 X 为亏格 4 的典则曲线；或者 X 是超椭圆曲线，且 $|D|$ 是 g_2^1 的经除子，这也不可能，否则 $|D|$ 便不能分离点，从而不是极强的.

下面的结果是关于给定次数的空间曲线，其亏数的界限.

定理 6.4(Castelnuovo[1]) 设 X 为 $\mathbf{P}^3$ 中 d 次 g 亏格的曲线，且不在任何平面中，则 $d \geqslant 3$，且

$$g \leqslant \begin{cases} \frac{1}{4}d^2-d+1, \text{当 } d \text{ 为偶数}, \\ \frac{1}{4}(d^2-1)-d+1, \text{当 } d \text{ 为奇数}. \end{cases}$$

另外，对每个 $d \geqslant 3$，上式中的等号总可达到，而使等号成立的曲线必在一个二次曲面内.

证明 给出 X，令 D 为其超平面截影. 证明的想法是对任意 n 作 $\dim|nD|-\dim|(n-1)D|$ 的估值然后再相加. 首先，我们这样选取超平面截影 $D=P_1+\cdots+P_d$ 使没有三个 P_i 中点为共线. 因为不是 X 的每条割线都是重割线(3.8),(3.9),(习题 3.9)，这是可以做到的.

我们断言，对每个 $i=1,2,\cdots,\min(d,2n+1)$，$P_i$ 不是线性系 $|nD-P_1-\cdots-P_{i-1}|$ 的基点. 为此，只要找到 $\mathbf{P}^3$ 中一个 n 次曲面，它包含 $P_1,\cdots,P_{i-1}$ 但不包含 P_i 就可以了. 事实

上,取 n 个平面的并就可以. 先取一平面包含 P_1 及 P_2, 不包含其他 P_i. 这是可能的,因为无三个 P_i 点共线. 再取第二个平面包含 P_3 及 P_4, 不包含其他 P_i, 等等直到我们取出的平面包含了 $P_1,\cdots,P_{i-1}$. 最后余下平面取为不包含任意 P_i. 对于满足 $i-1\leqslant 2n$ 的任何 i, 这是可以做到的, 自然这时 $i\leqslant d$, 因为总共只有 d 个 P_i 点.

于是对任意 $n\geqslant 1$, 有

$$\dim|nD|-\dim|(n-1)D|\geqslant\min(d,2n+1),$$

这是因为 $(n-1)D=nD-P_1-\cdots-P_d$, 而每从一个线性系中去掉一个不是基点的点时, 它的维数减少了 1.

现取 $n\gg 0$, 将这些不等式从 $n=1$ 一直加到 n, 并用到 $\dim|0\cdot D|=0$. 若令 $r=\left[\frac{1}{2}(d-1)\right]$, 相加的结果是

$$\dim|nD|\geqslant 3+5+\cdots+(2r+1)+(n-r)d$$

或者写成

$$\dim|nD|\geqslant r(r+2)+(n-r)d.$$

另一方面, 对充分大的 n 除子 nD 为非特殊, 由 Riemann-Roch 定理可得

$$\dim|nD|=nd-g.$$

结合起来,则有

$$g\leqslant rd-r(r+2).$$

分两种情形考虑. 若 d 为偶数,则 $r=\frac{1}{2}d-1$, 有

$$g\leqslant\frac{1}{4}d^2-d+1.$$

若 d 为奇数则 $r=\frac{1}{2}(d-1)$, 有

$$g\leqslant\frac{1}{4}(d^2-1)-d+1,$$

这就是定理所说的上界.

如果 X 是一条使等号成立的曲线，那么必定在上面推导的每一步中等号都成立．特别可以看出 $\dim|2D|=8$（若 $d<5$,则应小于 8)．由此我们可以推出 X 含在一个二次曲面内．事实上，从正合序列

$$0\to \mathscr{I}_X\to \mathscr{O}_{\mathbf{P}}\to \mathscr{O}_X\to 0$$

得到

$$0\to H^0(\mathscr{I}_X(2))\to H^0(\mathscr{O}_{\mathbf{P}}(2))\to H^0(\mathscr{O}_X(2))\to\cdots.$$

由于 $\dim H^0(\mathscr{O}_{\mathbf{P}}(2))=10, \dim H^0(\mathscr{O}_X(2))=9$（或小于 9)于是 $H^0(\mathscr{I}_X(2))\neq 0$，因此 X 含于一个二次曲面内．

最后证明等号可以达到，为此考察非异二次曲面 Q 上某些曲线．若 d 为偶数,记 $d=2s$,取一条 (s,s) 型曲线,由(第三章,习题 5.6)知其次数为 d，亏格为 $s^2-2s+1=\frac{1}{4}d^2-d+1$．这时 X 是 Q 与另一个 s 次曲面的完全交．如果 d 为奇数,记 $d=2s+1$，在 Q 上取一 $(s,s+1)$ 型曲线,其次数为 d，亏格为

$$s^2-s=\frac{1}{4}(d^2-1)-d+1.$$

注 6.4.1 现在将我们对 $\mathbf{P}^3$ 中曲线所知道的一切汇集起来．首先回忆一下已知存在的各类曲线．

(a) 对每个 $d\geqslant 1$，存在非异的 d 次平面曲线,且亏格

$$g=\frac{1}{2}(d-1)(d-2).$$

见(第二章,8.20.2)及(第二章,习题 8.4)．

(b) 对每对 $a,b\geqslant 1$，存在 $\mathbf{P}$ 中 a,b 次曲面的完全交,它是条非异曲线．次数 $d=ab$，亏格

$$g=\frac{1}{2}ab(a+b-4)+1$$

(第二章,习题 8.4)．

(c) 对每对 $a,b\geqslant 1$，在非异二次曲面上存在非异的 (a,b) 型曲线，次数 $d=a+b$，亏格 $g=ab-a-b+1$（第三章,

习题5.6)。

(d) 以后(第五章,习题2.9)会知道,若X是二次锥面Q上的曲线,则有两种情形. 若d为偶数$2a$,则X是Q — a次曲面的完全交,故 $g = a^2 - 2a + 1$. 若d为奇数$2a + 1$,则X的亏格$g = a^2 - a$. 将它与上面的(c)比较,知道这些d与g的值都是在非异二次曲面上允许的值中.

例6.4.2 现在可以进行 $\mathbf{P}^3$ 中次数$\leqslant 7$的曲线分类.

$d = 1$. 唯一的$d = 1$曲线为 $\mathbf{P}^1$ (第一章,习题7.6).

$d = 2$. 唯一的2次曲线是 $\mathbf{P}^2$ 中的圆锥线(第一章,习题7.8).

$d = 3$. 这时有$g = 1$的平面三次曲线及$g = 0$的 $\mathbf{P}^3$ 中扭变三次曲线. 由(习题3.4)知这是所有的可能情形.

$d = 4$. 平面四次曲线,亏格为3;在 $\mathbf{P}^3$ 中为有理四次曲线及椭圆四次曲线,后者为两个二次曲面的完全交(习题3.6).

$d = 5$. 平面五次曲线,亏格为6;在 $\mathbf{P}^3$ 中有以$\mathscr{O}(1)$为非特殊截影,亏格为0,1,2的五次曲线(6.2),并由(6.3)知这是所有的五次曲线.

$d = 6$. 平面六次曲线,亏格为10. 在 $\mathbf{P}^3$ 中,由(6.2)知,有以$\mathscr{O}(1)$为非特殊截影的,亏格为0,1,2,3的六次曲线,以及一条亏格4的典则曲线.它是二次曲面与三次曲面的完全交(6.3).

$d = 7$. 平面七次曲线,亏格为15. 在 $\mathbf{P}^3$ 中有以$\mathscr{O}(1)$为非特殊截影的,亏格为0,1,2,3,4的七次曲线且任意的$g \leqslant 4$的七次曲线均为非特殊的.另一方面存在于非异二次曲面上的(3,4)型曲线为七次曲线,亏格$g = 6$. 这是七次曲线的最大亏格(6.4),故任意$g = 6$的七次曲线必在二次曲面上.

还没有解决的问题是,是否存在次数为7亏格$g = 5$的曲线? 由(6.4.1)知,在二次曲面上没有这种曲线. 我们从另一个角度来处理这个问题:给了一条亏格5的抽象曲线X,是否可将它嵌入 $\mathbf{P}^3$ 为一条7次曲线? 我们需要一个7次极强除子D,且$\dim|D| \geqslant 3$. 由Riemann-Roch定理知其必为特殊除子. 由于 $\deg K =$

8，可记 $D=K-P$，故必定 $\dim|D|=3$. 为使D为极强，必须对所有 $Q,R\in X$ 有

$$\dim|K-P-Q-R|=\dim|K-P|-2.$$

再由 Riemann-Roch 定理．它等于说对所有 Q,R 有

$$\dim|P+Q+R|=0.$$

然而要使它成立，当且仅当X没有 g_3^1. 事实上，若X没有 g_3^1，则 $\dim|P+Q+R|=0$ 对所有 P,Q,R成立. 另一方面若X有一个 g_3^1，则对任意 P，存在 Q,R 使 $\dim|P+Q+R|=1$.

总之，亏数 5 的抽象曲线X具有到 $\mathbf{P}^3$ 内的 7 次嵌入，当且仅当X无 g_3^1. 由(5.5.3)知存在这样的曲线，故而次数 7 亏格 5 的 $\mathbf{P}^3$ 中曲线存在. 当我们试图要解决 $\mathbf{P}^3$ 中较高次数和亏格的曲线分类时，通过这个例子应该对其错综复杂的情形有所认识.

图 18 总结了运用本节结果所知道的，$\mathbf{P}^3$ 中d次g亏格曲线的存在情况，其中 $d\leqslant 10,g\leqslant 12$. 进一步的知识可见(第五章，4.13.1)及(第五章，习题 4.14).

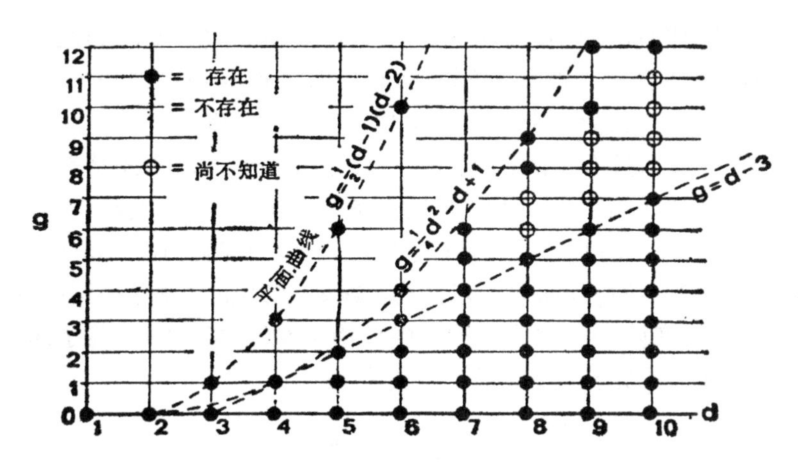

图 18 $\mathbf{P}^3$ 中d次、g亏格的曲线

例 6.4.3 另一个例子是考虑 $\mathbf{P}^3$ 中 9 次、10 亏格的曲线X. 这里我们将第一次遇见一种情形，即有相同次数与亏格的两个不同的曲线族，每一个都不是另一个的特殊情形.

类型 1 是两个三次曲面的完全交．这时 $\omega_X \cong \mathcal{O}_X(2)$（第二章，习题8.4），故 $\mathcal{O}_X(2)$为特殊，$\dim H^0(\mathcal{O}_X(2)) = 10$．又 X 为射影式正规（第二章，习题 8.4），故自然映射 $H^0(\mathcal{O}_{\mathbf{P}}(2)) \to H^0(\mathcal{O}_X(2))$ 为满．由于 $\dim H^0(\mathcal{O}_{\mathbf{P}}(2)) = 10$，得到 $H^0(\mathscr{I}_X(2)) = 0$，故 X 不在任一二次曲面中．

类型 2 是非异二次曲面 Q 上的(3.6)型曲线．这时．利用（第三章，习题 5.6）的上同调计算，由正合列

$$0 \to \mathcal{O}_Q(-3,-6) \to \mathcal{O}_Q \to \mathcal{O}_X \to 0$$

并以 2 作扭变再取上同调，则有 $\dim H^0(\mathcal{O}_X(2)) = 9$．因而 $\mathcal{O}(2)$ 为非特殊的．另一方面，由于 X 不能包含在两个不同的二次曲面中，又有 $\dim H^0(\mathscr{I}_X(2)) = 1$．

因为上同调群的维数在分化下只能增大（半连续性定理（第三章，12.8）），可知这两种类型没有一个是另一个的分化．事实上，$\dim H^0(\mathscr{I}_X(2))$ 由类型 1 增至类型 2 而 $\dim H^0(\mathcal{O}_X(2))$ 却减小．

为完成我们的描述，我们要证明任一 9 次亏格 10 的曲线必为上述两类型之一．如果 $\mathcal{O}(2)$ 为非特殊则 $\dim H^0(\mathcal{O}(2)) = 9$，故 X 必在一二次曲面 Q 内．检验 d 与 g 的可能情形(6.4.1)，知 Q 必为非异而 X 必为 Q 上的(3.6)型．另一方面，若 $\mathcal{O}(2)$ 为特殊，则 X 可能在二次曲面内（否则它就会是类型 2，此时 $\mathcal{O}(2)$ 为非特殊）．因为 $\mathcal{O}(3)$ 为非特殊（其次数 $> 2g-2$），则 $\dim H^0(\mathcal{O}_X(3)) = 18$，故有 $\dim H^0(\mathscr{I}_X(3)) \geqslant 2$．对应的三次曲面必不可约，故 X 含在两个三次曲面的交中；由于次数的原因，X 等于这两个三次曲面的完全交，从而 X 为类型 1．

习　　题

6.1 $\mathbf{P}^3$ 中一条 4 次有理曲线含在一个唯一的二次曲面 Q，且 Q 必为非异．

6.2 $\mathbf{P}^3$ 中一条 5 次有理曲线总含在一个三次曲面中，但存在这种曲线不在任何二次曲面中．

6.3 $\mathbf{P}^3$ 中一条 5 次、亏格 2 的曲线必含在一个唯一的二次曲面 Q 中．证

明对任意亏数 2 的抽象曲线，存在到 $\mathbf{P}^3$ 的 5 次嵌入使 Q 为非异，同时也存在其他的 5 次嵌入使 Q 为奇异.

6.4 $\mathbf{P}^3$ 中没有 9 次、亏数 11 的曲线. [提示: 证明若有必在一二次曲面内，然后利用(6.4.1)].

6.5 若 X 为 $\mathbf{P}^3$ 中 a, b 次曲面的完全交，则 X 不在任意次数 $<\min(a,b)$ 的曲面上.

6.6 设 X 为 $\mathbf{P}^3$ 中一条射影正规曲线，不含在任何平面内. 若 $d=6$，则 $g=3$ 或 4. 若 $d=7$ 则 $g=5$ 或 6. 参见第二章，习题 8.4及第三章，习题 5.6.

6.7 $\mathbf{P}^3$ 中的直线，圆锥线，扭变三次曲线及椭圆四次曲线都无重割线. $\mathbf{P}^3$ 中每条其他的曲线都有无穷多条重割线. [提示: 考虑由曲线上一点到 $\mathbf{P}^2$ 的投射.]

6.8 亏数 g 的曲线 X，有一个 d 次非特殊除子 D 使 $|D|$ 无基点当且仅当 $d \geqslant g+1$.

第五章　曲　　面

本章是研究代数曲面的一个引言．它包含有关曲面上的几何及曲面间的双有理变换的基本内容．我们也要处理两个特殊的曲面类，即直纹面和 $\mathbf{P}^3$ 中的非异三次曲面．它们不但作为例子说明了一般理论，而且也是进行更详细研究各类曲面的第一步．

本章应该作为阅读更深入的著作的适当准备，诸如 Mumford[2], Zariski[5], Shafarevich[1], Bombieri 及 Husemoller[1] 这些文献．我们仅仅在 §6 中很简短地提到曲面的分类，因为更适宜在其他场合中去处理．

第1,3,5节是一般性的内容．这里我们阐述了曲面上的相交理论并证明了Riemann-Roch定理，作为应用，给出了 Hodge 指数定理及强除子的 Nakai-Moishezon 判别准则．在 §3 中，研究了在单个的独异变换下，即胀开一个点时，曲面及其上面的曲线的行为．然后在§5中，我们证明双有理态射分解为独异变换的定理，并还要证明第一类例外曲线可收缩的 Castelnuovo 判别准则．

在第 2 节中，讨论了直纹面．这里曲线论提供了有力的手段，因为直纹面的许多性质与底曲线上的某些线性系紧密相关．同时，曲线 C 上的直纹面与 C 上的秩 2 局部自由层之间也有紧密联系，从而作为附带结果，我们也得到曲线上这类局部自由层分类的某些知识．

在第 3 节中，研究了 $\mathbf{P}^3$ 中的非异三次曲面及这些曲面上著名的 27 条直线．将这种曲面表示为 $\mathbf{P}^2$ 对 6 个点的胀开时，研究三次曲面上的线性系就可化为研究平面曲线构成的某种具有事先指定了基点的线性系．这是一个相当经典的课题，对此可以写成整整一本书，这里我们用现代语言重写一下．

1. 曲面上的几何

我们首先研究曲面的内蕴几何. 曲面上一个除子是曲线的和,因此(由于没有一个射影嵌入)谈论除子的次数毫无意义;这与曲线情形不同. 然而我们却可以谈论曲面上两个除子的交, 这就引出了相交理论. 曲面的 Riemann-Roch 定理给出了一个完全线性系 $|D|$ 的维数与曲面上某些相交数之间的联系, 而这个维数实质上是个上同调不变量. 像曲线的情形一样, Riemann-Roch 定理是对曲面所有进一步研究的基础,对分类问题尤其如此.

本章从头至尾, 曲面这个词指的是在一个代数闭域 k 上的非异射影曲面. 尽管每个完全的非异曲面确为射影的,但由于我们不证明它, 故而总假设曲面是射影的. 曲面上的一条曲线是指曲面上的任一有效除子. 特别地,它可以是奇异的,可约的, 甚至可以有重分支. 一个点是指一个闭点,除非另有声明.

设 X 为一曲面. 我们相对 X 上任两除子 C, D 这样来定义相交数 $C.D$, 使得它是(第一章,习题 5.4) 及(第一章, §7)中定义的相交重数的推广. 若 C 与 D 是 X 上的曲线, $P\in C\cap D$ 是 C 与 D 的交点, 我们称 C 与 D 在 P 横截相交是指 C 及 D 在 P 的局部方程 f 及 g 生成了 $\mathscr{O}_{P,X}$ 的极大理想 $\mathfrak{m}_P$. 附带说一句,它也表明了 C 与 D 在 P 都是非异的, 这是因为 f 生成了 P 在 $\mathscr{O}_{P,D}=\mathscr{O}_{P,X}/(g)$ 中的极大理想,反之也如此.

如果 C 及 D 为两条非异曲线, 它们横截相交于有限个点 $P_1,\cdots,P_r$, 那么很清楚, 相交数 $C.D$ 应该是 r. 所以我们将这个条件作为出发点, 同时加上相交双线性偶应该满足的一些自然性质来定义我们的相交理论. 以 $\operatorname{Div}X$ 表 X 上所有除子的群,以 $\operatorname{Pic}X$ 表示可逆层的同构类群, 它同构于除子群对线性等价的商群.

定理 1.1 存在一个唯一的配对 $\operatorname{Div}X\times\operatorname{Div}X\to\mathbf{Z}$, (对任两个除子 C, D 以 $C.D$ 表示)满足:

(1) 若 C 及 D 为非异曲线它们，横截相交，则 $C.D=\#(C\cap D)$，即 $C\cap D$ 中点的个数.

(2) 它为对称：$C.D=D.C$，

(3) 它为可加：$(C_1+C_2).D=C_1.D+C_2.D$，且

(4) 它仅仅依赖于线性等价类：若 $C_1\sim C_2$，则 $C_1.D=C_2.D$.

证明之前，需要一些辅助结果. 我们的主要工具是 Bertini 定理，我们用它把任一除子，在线性等价下表示为非异曲线的差.

引理 1.2 设 $C_1,\cdots,C_r$ 为曲面 X 上的非异曲线，D 为一极强除子，则完全线性系 $|D|$ 中几乎所有的曲线 D' 都是不可约、非异的，且与每个 C_i 横截相交.

证明 利用极强除子 D，将 X 嵌入到射影空间 $\mathbf{P}^n$. 然后同时对 X 及曲线 $C_1,\cdots,C_r$ 运用 Bertini 定理(第三章，8.18)及(第三章，7.9.1). 由此推出，大多数 $D'\in|D|$ 为 X 中非异曲线，并且 $C_i\cap D'$ 为非异，即重数 1 的一些点，这表明 C_i 与 D' 横截相交. 由于我们并没有假定 C_i 为非异，需要用到(第二章，8.18.1).

引理 1.3 设 C 为 X 上一条不可约非异曲线，D 为任一条与 C 横截相交的曲线，则

$$\#(C\cap D)=\deg_C(\mathscr{L}(D)\otimes\mathscr{O}_C).$$

证明 自然，这里 $\mathscr{L}(D)$ 是对应于 D 的 X 上可逆层(第二章，§7)，$\deg_C$ 代表可逆层 $\mathscr{L}(D)\otimes\mathscr{O}_C$ 在 C 上的次数(第四章，§1). 利用(第二章，6.18)的事实，即 $\mathscr{L}(-D)$ 是 D 在 X 上的理想层，因此以 $\mathscr{O}_C$ 作张量积，有正合序列

$$0\to\mathscr{L}(-D)\otimes\mathscr{O}_C\to\mathscr{O}_C\to\mathscr{O}_{C\cap D}\to 0$$

其中 $C\cap D$ 这里表示概型式相交. 因而 $\mathscr{L}(D)\otimes\mathscr{O}_C$ 是 C 上对应于除子 $C\cap D$ 的可逆层. 由于相交是横截的，除子 $C\cap D$ 的次数正好是交点的个数 $\#(C\cap D)$.

(1.1)的证明 先证唯一性. 取定 X 上一个强除子 H. 给出 X 上两个除子 C,D，可以找到整数 $n>0$，使 $C+nH$，$D+nH$ 及 nH 全为极强除子. 实际上，首先选取 $k>0$ 使 $\mathscr{L}(C+kH)$，

$\mathscr{L}(D+kH)$ 及 $\mathscr{L}(kH)$ 全为整体截影生成. 由强层的定义(第二章, §7) 这是可能的. 然后选取 $l>0$ 使 lH 为极强(第二章, 7.6). 取 $n=k+l$ 便得到 $C+nH$, $D+nH$ 及 nH 全为极强(第二章,习题 7.5).

现在利用(1.2), 选取非异曲线

$C' \in |C+nH|$;

$D' \in |D+nH|$, 且横截于 C';

$E' \in |nH|$, 且横截于 D';

$F' \in |nH|$, 且横截于 C' 与 E'.

于是, $C \sim C'-E'$, $D \sim D'-F'$, 由定理中 (1)—(4) 的性质推出

$$C.D = \#(C' \cap D') - \#(C' \cap F') - \#(E' \cap D') + \#(E' \cap F').$$

这表明任两除子的相交数完全由(1)—(4)所决定, 故而相交配对是唯一的.

至于存在性, 我们采用同样的方法并检验其每一项都是意义明确的. 简明起见, 我们分两步进行. 令 $\mathfrak{P} \subseteq \operatorname{Div} X$ 为极强除子的集合. 于是, $\mathfrak{P}$ 是锥,也就是说任两个极强除子的和仍是极强. 对于 $C, D \in \mathfrak{P}$, 定义相交数 $C.D$ 如下: 由(1.2)选取 $C' \in |C|$ 为非异,选取 $D' \in |D|$ 为非异且横截于 C'. 定义 $C.D = \#(C' \cap D')$.

要证明这个定义是意义明确的, 首先固定 C' 并令 $D'' \in |D|$ 为另一条非异曲线并横截于 C'. 于是由(1.3)得到

$$\#(C' \cap D') = \deg \mathscr{L}(D') \otimes \mathscr{O}_{C'},$$

对 D'' 有相似的等式. 但 $D' \sim D''$, 故 $\mathscr{L}(D') \cong \mathscr{L}(D'')$. 于是 $\#(C' \cap D') = \#(C' \cap D'')$. 因此我们的定义与 D' 的选取无关. 现在假定 $C'' \in |C|$ 是另一条非异曲线,由于刚刚证明的结果, 可以假定 D' 与 C' 及 C'' 都为横截. 于是,限制在曲线 D' 上的相同论证,给出了 $\#(C' \cap D') = \#(C'' \cap D')$.

现在我们有了一个意义明确的配对 $\mathfrak{P} \times \mathfrak{P} \to \mathbf{Z}$, 它显然是对

称的，并由定义它仅依赖于除子的线性等价类．又由(1.3)知它是可加的，这是因为有 $\mathscr{L}(D_1+D_2)\cong\mathscr{L}(D_1)\otimes\mathscr{L}(D_2)$ 而在曲线上次数是可加的．最后从构造本身就知道 $\mathfrak{P}\times\mathfrak{P}$ 上的这个配对满足条件(1)．

来对整个 Div$X$ 定义相交配对．设 C,D 为任意两个除子．于是像上面一样，可以写为 $C\sim C'-E'$, $D\sim D'-F'$，其中 C', D', E', F' 全在 $\mathfrak{P}$ 中．我们定义

$$C.D=C'.D'-C'.F'-E'.D'+E'.F'.$$

譬如，我们若采用另外的表达式 $C\sim C''-E''$，其中 C'', E'' 也为极强，则

$$C'+E''\sim C''+E',$$

于是由 $\mathfrak{P}$ 上配对的已知性质得到

$$C'.D'+E''.D'=C''.D'+E'.D'$$

同样以 F' 代替 D' 上式也对．因此所得到的 $C.D$ 的两个表达式相等．这就表明相交配对 $C.D$ 在整个 Div$X$ 上意义明确．

由构造及 $\mathfrak{P}$ 中相应性质可知这个定义满足条件(2)，(3)，(4)．至于条件(1)只要再用一下(1.3)就可以了．证毕．

现在相交配对已经定义了，要是再有个办法，不需要移动曲线就可计算它，就实用了．设 C,D 为无公共不可约分支的曲线，$P\in C\cap D$，我们定义 C 及 D 在 P 的**相交重数** $(C.D)_P$ 为 $\mathscr{O}_{P,X}/(f,g)$ 的长度，其中 f, g 为 C, D 在 P 处的局部方程(第一章，习题5.4)，**长度**与 k 向量空间的维数相同．

命题 1.4 *设 C 及 D 是 X 上无公共不可约分支的曲线，则*

$$C.D=\sum_{P\in C\cap D}(C.D)_P.$$

证明 像(1.3)的证明一样，令 $\mathscr{L}(D)$ 为相应于 D 的可逆层．则有正合序列

$$0\to\mathscr{L}(-D)\otimes\mathscr{O}_C\to\mathscr{O}_C\to\mathscr{O}_{C\cap D}\to 0,$$

其中 $C\cap D$ 是个概型．它的支集是 $C\cap D$ 的点，且对任意这种点 P，其结构层为 k 代数 $\mathscr{O}_{P,X}/(f,g)$．因此

$$\dim_k H^0(X, \mathscr{O}_{C\cap D}) = \sum_{P\in C\cap D}(C.D)_P.$$

另一方面可以由上述正合列的上同调序列来计算这个 H^0. 得到

$$\dim H^0(X, \mathscr{O}_{C\cap D}) = \chi(\mathscr{O}_C) - \chi(\mathscr{L}(-D)\otimes\mathscr{O}_C),$$

像通常一样,对凝聚层 $\mathscr{F}$, 以

$$\chi(\mathscr{F}) = \sum(-1)^i \dim_k H^i(x, \mathscr{F})$$

表其 Euler 示性数(第三章,习题 5.1).

这就表明表达式 $\sum(C.P)_P$ 仅依赖于D的线性等价类. 由对称性, 它也仅依赖于C的线性等价类. 将C及D换为非异曲线的差,并如(1.1)的证明中的那样,使它们相互横截, 则可看出这个量就等于(1.1)中定义的相交数 $C.D$.

例 1.4.1 设D为曲面X上任一除子, 可以定义自交数 $D.D$, 通常以 D^2 表示. 甚至当C是X的非异曲线也不能用(1.4)的直接方法去计算自交数 C^2. 必须利用线性等价. 然而由(1.3)知, $C^2 = \deg_C(\mathscr{L}(C)\otimes\mathscr{O}_C)$. 重新解释这个公式. 注意到, 由于$C$在$X$上的理想层$\mathscr{I}$是$\mathscr{L}(-C)$(第二章, 6.18),我们有 $\mathscr{I}/\mathscr{I}^2 \cong \mathscr{L}(-C)\otimes\mathscr{O}_C$. 因此 $\mathscr{L}(C)\otimes\mathscr{O}_C$ 的对偶同构于法层 $\mathscr{N}_{C/X}$ 即 $\mathrm{Hom}_X(\mathscr{T}/\mathscr{T}^2, \mathscr{O}_C)$(第二章, §8). 因而得到 $C^2 = \deg_C \mathscr{N}_{C/X}$.

例 1.4.2 设 $X = \mathbf{P}^2$. 则 $\mathrm{Pic}X \cong \mathbf{Z}$, 取一直线的类 h 为生成元. 因为任两条直线为线性等价且两条不同的直线只交于一点,故有 $h^2 = 1$. 由线性性质,它决定了$\mathbf{P}^2$上的相交配对. 因此,若C, D 各为 n, m 次曲线,有 $C\sim nh$, $D\sim mh$, 于是 $C.D = nm$. 若C及D无公共分支, 它可用(1.4)的局部相交重数来解释, 从而得到了 Bézout 定理(第一章, 7.8)的新证明.

例 1.4.3 设X为 $\mathbf{P}^3$ 中的非异二次曲面. 则 $\mathrm{Pic}X \cong \mathbf{Z}\oplus\mathbf{Z}$(第二章, 6.6.1), 取(1,0)型直线 l 与(0,1)型直线m为生成元,它们各属于不同的族. 因为属于同一族的两条直线为交错, 而在不同族中两条直线交于一点, 故 $l^2 = 0$, $m^2 = 0$, $lm = 1$. 这就定出了X上的相交配对. 例如当C为 (a, b) 型, D为 (a', b') 型,则 $C.D = ab' + a'b$.

例 1.4.4 利用自交数，可以定义曲面的一个新的数值不变量。令 $\Omega_{X/k}$ 为 X/k 的微分层，$\omega_X = \Lambda^2\Omega_{X/k}$ 的典则层，即第二章，第 8 节中的定义。对应于 ω_X 的除子线性等价类的任一除子 K 称为一个典则除子。则典则除子的自交数 K^2 仅依赖于 X。例如 $X = \mathbf{P}^2$，$K = -3h$，则 $K^2 = 9$。若 X 为二次曲面(1.4.3)，则 K 为 $(-2, -2)$ 型(第二章，习题 8.4)故 $K^2 = 8$。

命题 1.5(从属公式) 设 C 是曲面 X 上的亏格 g 的非异曲线，K 为 X 的典则除子，则

$$2g - 2 = C.(C + K)。$$

证明 根据(第二章，8.20)有 $\omega_C \cong \omega_X \otimes \mathscr{L}(C) \otimes \mathscr{O}_C$。$\omega_C$ 的次数是 $2g - 2$ (第四章，1.3.3)另外由(1.3)有

$$\deg_C(\omega_X \otimes \mathscr{L}(C) \otimes \mathscr{O}_C) = C.(C + K)。$$

例 1.5.1 这就给出曲面上曲线亏格的迅速的计算方法。例如 C 为 $\mathbf{P}^2$ 中 d 次曲线，则

$$2g - 2 = d(d - 3),$$

所以 $g = \frac{1}{2}(d - 1)(d - 2)$。参照第二章，习题 8.4。

例 1.5.2 设 C 为二次曲面上的 (a, b) 型曲线，则 $C + K$ 为 $(a - 2, b - 2)$ 型，故

$$2g - 2 = a(b - 2) + (a - 2)b,$$

所以 $g = ab - a - b + 1$。参照第三章，习题 5.6。

现在考虑 Riemann-Roch 定理。对曲面 X 上任意除子 D，令 $l(D) = \dim_k H^0(X, \mathscr{L}(D))$。于是 $l(D) = \dim|D| + 1$，其中 $|D|$ 是 D 的完全线性系。定义剩余量 $s(D)$ 为 $\dim H^1(X, \mathscr{L}(D))$。之所以采用这个术语，是因为在上同调理论出现之前，Riemann-Roch 公式仅仅写出了 $l(D)$ 与 $l(K - D)$，而剩余量是公式不成立的计量。再回想在(第三章，习题 5.3)中曾定义 X 的算术亏格 $p_a = \chi(\mathscr{O}_X) - 1$。

定理 1.6 (Riemann-Roch) 若 D 是曲面 X 上任意除子，则

$$l(D)-S(D)+l(K-D)$$
$$=\frac{1}{2}D.(D-K)+1+p_a.$$

证明 由 Serre 对偶(第三章，7.7)有

$$l(K-D)=\dim H^0(X,\mathscr{L}(D)^\vee\otimes\omega_X)=\dim H^2(X,\mathscr{L}(D)).$$

因此公式左端恰是 Euler 示性数，故而我们必须对任意D证明

$$\chi(\mathscr{L}(D))=\frac{1}{2}D.(D-K)+1+p_a.$$

由于两端都只依赖于D的线性等价类，故可像(1.1)中一样，将D写成两条非异曲线的差 $C-E$. 计算如下. 因为C, E 的理想层各为$\mathscr{L}(-C)$, $\mathscr{L}(-E)$, 在用$\mathscr{L}(C)$张量积后得到正合序列

$$0\to\mathscr{L}(C-E)\to\mathscr{L}(C)\to\mathscr{L}(C)\otimes\mathscr{O}_E\to 0$$

及

$$0\to\mathscr{O}_X\to\mathscr{L}(C)\to\mathscr{L}(C)\otimes\mathscr{O}_C\to 0.$$

由于χ在短正合列上是可加的(第三章，习题 5.1)，有

$$\chi(\mathscr{L}(C-E))=\chi(\mathscr{O}_X)+\chi(\mathscr{L}(C)\otimes\mathscr{O}_C)$$
$$-\chi(\mathscr{L}(C)\otimes\mathscr{O}_E).$$

由p_a的定义得到 $\chi(\mathscr{O}_X)=1+p_a$. 利用对曲线 C, E 的 Riemann-Roch 定理(第四章，1.3)并用(1.3)求次数得到

$$\chi(\mathscr{L}(C)\otimes\mathscr{O}_C)=C^2+1-g_C$$

及

$$\chi(\mathscr{L}(C)\otimes\mathscr{O}_E)=C.E+1-g_E.$$

最后利用(1.5)计算C与E的亏格:

$$g_C=\frac{1}{2}C.(C+K)+1$$

及

$$g_E=\frac{1}{2}E.(E+K)+1.$$

将这些结合起来便得到所要的

$$\chi(\mathscr{L}(C-E))=\frac{1}{2}(C-E).(C-E-K)+1+p_a.$$

注 1.6.1 还有一个公式，有时也看作 Riemann-Roch 定理的组成部分，即

$$12(1+p_a)=K^2+c_2,$$

其中 c_2 是 X 的切层的第二陈类，这是广义 Grothendieck-Hirzebruch-Riemann-Roch 定理的推论(附录 A,4.1.2)。

作为 Riemann-Roch 定理的应用，我们要证明 Hodge 指数定理与 Nakai 的强除子判别准则。

注 1.6.2 在下文中要留意，如果在曲面 X 上取定了一个极强除子 H，则相交数 $C.H$ 正好等于在由 H 决定的射影嵌入下 C 的次数（习题 1.2)，特别地，它是个正数。更一般地，在取定 X 上强除子 H 后，数 $C.H$ 的作用相当于曲线上除子次数的作用。

引理 1.7 设 H 为曲面 X 上一个强除子，则存在整数，n_0，使对任意除子 D，如果有 $D.H>n_0$，则 $H^2(X,\mathscr{L}(D))=0$。

证明 由 X 上的 Serre 对偶，对于任一除子 D 有 $\dim H^2(X,\mathscr{L}(D))=l(K-D)$。若 $l(K-D)>0$，则除子 $K-D$ 为有效，从而 $(K-D).H>0$，即 $D.H<K.H$。故而只要令 $n_0=K.H$ 就得到结果。

注 1.7.1 这个结果可以看作曲线 X 的一个结果在曲面上的类比。那个结果是，存在整数 n_0 (即 $2g_X-2$) 使得当 $\deg D>n_0$ 时则 $H^1(X,\mathscr{L}(D))=0$（第四章，1.3.4)。

系 1.8 设 H 为 X 上的强除子，D 为除子，满足 $D.H>0$ 及 $D^2>0$，则对所有 $n\gg0$，nD 为有效除子。

证明 对 nD 运用 Riemann-Roch 定理。由于 $D.H>0$，则对 $n\gg0$，有 $nD.H>n_0$，故由(1.7)，$l(K-nD)=0$。因为 $s(nD)\geqslant0$，由 Riemann-Roch 知

$$l(nD)\geqslant\frac{1}{2}n^2D^2-\frac{1}{2}nD.K+1+p_a.$$

由于 $D^2>0$，对 $n\gg0$ 右端可充分大，即当 $n\to\infty$ 时 $l(nD)\to\infty$。特别地对所有 $n\gg0$，nD 为有效。

定义 曲面 X 上一个除子 D，如果对所有除子 E 成立 $D.E=$

0，则称D数值等价于零，记为$D\equiv 0$. 如果对任意两个除子D，E满足$D-E\equiv 0$，称D及E为数值等价，记为$D\equiv E$.

定理 1.9（Hodge 指数定理） 设H是曲面X上的强除子，D是个除子满足$D\not\equiv 0$且$D.H=0$，则$D^2<0$.

证明 设若相反，$D^2\geqslant 0$. 考虑两种情形. 若$D^2>0$，令$H'=D+nH$. 如同(1.1)的证明中一样，对$n\gg 0$，则H'为强层. 又有$D.H'=D^2>0$，故由(1.8)，对$m\gg 0$有mD为有效除子的结论. 于是便有$mD.H>0$（考虑H的倍除子定义的射影嵌入），因此$D.H>0$，引出矛盾.

如果$D^2=0$，由$D\not\equiv 0$的假设，可以找到除子E使$D.E\neq 0$. 以$E'=(H^2)E-(E.H)H$替换E，可进一步假设$E.H=0$. 现在设$D'=nD+E$. 于是$D'.H=0$，$D'^2=2nD.E+E^2$. 因为$D.E\neq 0$，适当选取$n\in\mathbf{Z}$可使$D'^2>0$. 于是将上面的论证用于D'，又引出矛盾.

注 1.9.1 我们解释一下定理标题的意思. 设$\mathrm{Pic}^{n}X$为$\mathrm{Pic}X$中数值等价于零的除子类的子群，并令$\mathrm{Num}X=\mathrm{Pic}X/\mathrm{Pic}^{n}X$. 显然相交配对诱导出一个非退化双线性配对$\mathrm{Num}X\times\mathrm{Num}X\to\mathbf{Z}$. 由Néron-Severi 定理（习题 1.7）可以推出$\mathrm{Num}X$是有限生成自由Abel 群（也可见（习题 1.8））. 故而可以考虑$\mathbf{R}$上向量空间$\mathrm{Num}X\otimes_{\mathbf{Z}}\mathbf{R}$及其上诱导的双线性形式. Sylvester 定理（Lang [2, XIV, §7, 365 页]）说，这样的双线性形式可以对角化，使在对角线上仅为± 1，并且$+1$的个数与-1的个数都是不变量. 这两个数的差称为这个双线性形式的符号差或指数. 在这个意义下，(1.9)是说对角化了的相交配对只有一个$+1$，它对应于H的某个(实数)倍，而其余的全为-1.

例 1.9.2 在二次曲面X(1.4.3)上，可取H为(1,1)型，D为(1,—1)型，则$H^2=2$，$H.D=0$，$D^2=-2$，且D，H是$\mathrm{Pic}X$的一组基. 这时数值等价于零的除子是0，故$\mathrm{Pic}X=\mathrm{Num}X$. 在$\mathrm{Num}X\otimes_{\mathbf{Z}}\mathbf{R}$上的配对由基$(1/\sqrt{2})H$，$(1/\sqrt{2}D)$所对角化.

定理 1.10（Nakai-Moishezon 判别法） 曲面X上的除子D

为强除子，当且仅当 $D^2>0$，且对 X 中所有不可约曲线 C 满足 $D.C>0$。

证明 必要性很清楚，因为若 D 为强除子，则对某个 $m>0$，mD 为极强，这时 m^2D^2 便是相应嵌入下 X 的次数，$mD.C$ 是 C 的次数，它们都必须是正数(习题 1.2)。

反之，假设 $D^2>0$ 且对所有不可约曲线 C 有 $D.C>0$。设 H 是 X 上一个极强除子，则 H 可用一条不可约曲线代表，由假设 $D.H>0$ 因此(1.8)表明对某个 $m>0$，倍除子 mD 有效。用 mD 代替 D，可设 D 为有效除子。于是我们把 D 看作 X 上一条曲线但它可以是奇异的，可约的，非既约的。

现在令 $\mathscr{L}=\mathscr{L}(D)$。我们要证明 $\mathscr{L}\otimes\mathscr{O}_D$ 在概型 D 上是强层，这只要证明 $\mathscr{L}\otimes\mathscr{O}_{D_{red}}$ 在既约概型 D_{red} 上为强层就可以了(第三章，习题 5.7)。如果 D_{red} 是不可约曲线 $C_1,\cdots,C_r$ 的并，则只要证明 $\mathscr{L}\otimes\mathscr{O}_{C_i}$ 在每条 C_i 上为强层即可(第三章，习题 5.7)。最后，若 $f:\tilde{C}_i\to C_i$ 为 C_i 的正规化，则只须证明 $f^*(\mathscr{L}\otimes\mathscr{O}_{C_i})$ 为 $\tilde{C}_i$ 上强层，这是因为 f 是有限满态射(第三章，习题 5.7)。然而 $\deg f^*(\mathscr{L}\otimes\mathscr{O}_{C_i})$ 正是 $D.C_i>0$，这是因为可以将 $\mathscr{L}$ 表为两条非异曲线的差，其中每条都与 C_i 横截相交，从而 f^* 保持次数不变。由于次数这时为正数，此层在非异曲线 $\tilde{C}_i$ 上为强(第四章，3.3)。因此，$\mathscr{L}\otimes\mathscr{O}_D$ 是 D 上强层。

下面要证明对 $n\gg0$，$\mathscr{L}^n$ 为整体截影生成。利用正合序列

$$0\to\mathscr{L}^{-1}\to\mathscr{O}_X\to\mathscr{O}_D\to0$$

以 $\mathscr{L}^n$ 作张量积，其上同调正合序列为

$$0\to H^0(X,\mathscr{L}^{n-1})\to H^0(X,\mathscr{L}^n)\to H^0(D,\mathscr{L}^n\otimes\mathscr{O}_P)\to$$
$$H^1(X,\mathscr{L}^{n-1})\to H^1(X,\mathscr{L}^n)\to H^1(D,\mathscr{L}^n\otimes\mathscr{O}_P)\to\cdots.$$

由于 $\mathscr{L}\otimes\mathscr{O}_D$ 在 D 上为强层，故而 $n\gg0$ 时 $H^1(D,\mathscr{L}^n\otimes\mathscr{O}_D)=0$(第三章，5.3)。因此对每个 n，

$$\dim H^1(X,\mathscr{L}^n)\leqslant\dim H^1(X,\mathscr{L}^{n-1}).$$

因为它们是有限维向量空间，这些维数最终必相等。所以对所有 $n\gg0$，映射

$$H^0(X, \mathscr{L}^n) \to H^0(D, \mathscr{L}^n \otimes \mathscr{O}_D)$$

为满．又由于 $\mathscr{L} \otimes \mathscr{O}_D$ 在D上为强，层 $\mathscr{L}^n \otimes \mathscr{O}_D$ 对所有 $n \gg 0$ 为整体截影生成．刚才已证明，这些截影可提升为 $\mathscr{L}^n$ 在X上的截影，故由 Nakayama 引理，$\mathscr{L}^n$ 的整体截影生成D中每点的茎．然而 $\mathscr{L} = \mathscr{L}(D)$，它的截影只能在$D$上为零，故 $\mathscr{L}^n$ 处处为整体截影生成．

取定一个n使 $\mathscr{L}^n$ 为整体截影生成，因此得到一个由 $\mathscr{L}^n$ 定义的态射 $\varphi: X \to \mathbf{P}^N$（第二章，7.1）．下面要证态射$\varphi$具有限纤维．如若不然，就在$X$上有一条不可约曲线$C$使 $\varphi(C) =$ 一个点．这时，在 $\mathbf{P}^N$ 中取一个超平面不经过这个点，于是便有一个有效除子 $E \sim nD$ 满足 $E \cap C = \varnothing$．因此 $E.C = 0$，这与假设 $D.C > 0$ 对所有C成立相矛盾．从而φ具有有限纤维．

于是作为 Stein 分解定理第三章，11.5，的推论，φ实际上是有限态射（第三章，习题 11.2）．故由第三章，习题 5.7，$\varphi^*(\mathscr{O}(1)) = \mathscr{L}^n$ 为X的强层，由此推得D为强除子．证毕．

例 1.10.1 在二次曲面X上(1.4.3)，有效除子具有(a,b)型，其中 $a,b \geqslant 0$．故 (a,b) 型的除子D为强，当且仅当 $a = D.(1,0) > 0$，$b = D.(0,1) > 0$（第二章，7.6.2）．这时条件 $D.C > 0$ 对一切非异曲线成立意味着 $D^2 > 0$．但是 Mumford 有个例子，说明存在曲面X，它上面一个除子D对一切不可约曲线C满足 $D.C > 0$，但 $D^2 = 0$，从而D不是强层．见 Hartshorne[5, I, 10.6]．

第1节的参考文献．曲面上相交理论的其他处理方法可见 Mumford[2]．Riemann-Roch 定理的证明我们是按照 Serre[7，第IV章，No.8]．Hodge 指数定理的证明归于 Grothendieck[2]．强除子的这个判别法归于 Nakai[1] 及与他独立的 Moishezon[1]．至于更高维情形下的相交理论与 Riemann-Roch 定理可见附录 A．

习　　题

1.1　设C，D为曲面X上两个除子，其对应的可逆层为$\mathscr{L}$，μ．证明

$$C.D = \chi(\mathcal{O}_X) - \chi(\mathscr{L}^{-1}) - \chi(\mu^{-1}) + \chi(\mathscr{L}^{-1}\otimes\mu^{-1}).$$

1.2 设H为曲面X上一个极强除子，对应于射影嵌入$X\subseteq \mathbf{P}^N$。如果将X的Hilbert 多项式(第三章，习题(5.2)写成

$$P(z) = \frac{1}{2}az^2 + bz + c,$$

证明 $a = H^2$，$b = \frac{1}{2}H^2 + 1 - \pi$，其中$\pi$是$H$的代表非异曲线的亏数，$c = 1 + p_a$。因此$X$在$\mathbf{P}^N$中（由第一章，第7节所定义的）次数正是$H^2$。再证，若$C$为$X$上任意曲线，则$C$在$\mathbf{P}^N$中的次数恰为$C.H$。

1.3 回忆(第三章，习题5.3)，一维射影概型D的算术亏数定义为$p_a = 1 - \chi(\mathcal{O}_D)$

(a) 若D是曲面X上的有效除子，利用(1.6)证明 $2p_a - 2 = D.(D + K)$。

(b) $p_a(D)$ 仅依赖于D在X上的线性等价类。

(c) 更一般地，对X上任意除子D定义*拟算术亏格*为同一公式 $2p_a - 2 = D.(D + K)$。（当D为有效除子时它就是通常的算术亏数）。证明对任意两个除子C，D我们有

$$p_a(-D) = D^2 - p_a(D) + 2$$

及

$$p_a(C + D) = p_a(C) + p_a(D) + C.D - 1.$$

1.4 (a) 设$\mathbf{P}^3$中一个d次曲面X包含一条直线 $C = \mathbf{P}^1$，证明 $C^2 = 2 - d$。

(b) 假定 Char$k = 0$，证明对任意 $d\geqslant 1$，在$\mathbf{P}^3$中存在d次非异曲面X包含了直线 $x = y = 0$。

1.5 (a) 设X为$\mathbf{P}^3$中d次曲面，则 $K^2 = d(d - 4)^2$。

(b) 若X是两条亏格各为g，g'的非异曲线的积，则 $K^2 = 8(g - 1)\times(g' - 1)$。参照(第二章，习题8.3)。

1.6 (a) 设C为亏格g的曲线，证明对角线 $\Delta\subseteq C \times C$ 其自交数 $\Delta^2 = 2 - 2g$（利用(第二章，§8)中 $\Omega_{C/k}$ 的定义）。

(b) 设 $l = C \times \{一点\}$，$m = \{一点\}\times C$。若 $g\geqslant 1$，证明 l，m，Δ 在 Num$(C \times C)$ 中线性无关。因此 Num$(C \times C)$ 的秩 $\geqslant 3$，特别 $\mathrm{Pic}(C \times C)\neq p_1^*\mathrm{Pic}C\oplus p_2^*\mathrm{Pic}C$。参照(第三章，习题12.6)，(第四章，习题4.10)。

1.7 *除子的代数等价性*。设X为曲面。回忆在(第三章，9.8.5)中，我们定

义了 X 上以非异曲线 T 作参数化的，有效除子的代数族，那就是 $X \times T$ 上的一个有效除子 D，它平坦于 T。这时 X 的对应于两个闭点 $0, 1 \in T$ 的除子 D_0, D_1 称为预代数等价。对于任意两个除子：如果它们的差可以表示为预代数等价有效除子的差，也称为预代数等价。如果对两个给定除子 D, D'，存在除子的有限序列 $D = D_0, D_1, \ldots, D_m = D'$，使得对每个 i，D_i 与 D_{i+1} 为预代数等价，则称 D, D' 为**代数等价**。

(a) 证明代数等价于 0 的除子是 $\mathrm{Div}X$ 的子群。

(b) 证明线性等价的除子必为代数等价。[提示：如果(f)是 X 的一个主除子，考虑 $X \times \mathbf{P}^1$ 上的主除子 $(tf - u)$，其中 t, u 为 $\mathbf{P}^1$ 的齐次坐标。]

(c) 证明代数等价的除子为数值等价。[提示：利用第三章，9.9 证明对每个极强除子 H，若 D, D' 为代数等价，则 $D.H = D'.H$。]

注 Néron-Severi 定理的内容是，除子的代数等价类群为有限生成 Abel 群。这个群称为 Néron-Severi 群。在 $\mathbf{C}$ 上这个定理用超越方法容易证得，或如下面(习题 1.8)的证法。对任意特征的域上，其证明可见 Lang 及 Néron[1]。进一步的讨论可见 Hartshorre[6]。由于 $\mathrm{Num}X$ 是 Néron-Severi 群的商群，从而它也是有限生成的，于是为自由 Abel 群，因为由构造知其无挠。

1.8 **除子的上同调类**。对曲面 X 上任一除子 D，利用第三章，习题 4.5 的同构 $\mathrm{Pic}X \cong H^1(X, \mathcal{O}_X^*)$ 及第三章，习题 7.4c 的层同态 $\mathrm{dlog}: \mathcal{O}^* \to \Omega_X$，定义 D 的同构类 $c(D) \in H^1(X, \Omega_X)$。于是得到群同态 $c: \mathrm{Pic}X \to H^1(X, \Omega_X)$。另一方面，由 Serre 对偶第三章，7.13，$H^1(X, \Omega)$ 与自己对偶，故而有非退化双线性映射

$$\langle , \rangle: H^1(X, \Omega) \times H^1(X, \Omega) \to k.$$

(a) 证明这个双线性映射与相交配对相容，它的意思是说对 X 上任两个除子 D, E，在 k 中有

$$\langle c(D), c(E) \rangle = (D.E) \cdot 1.$$

[提示：化为 D, E 为非异曲线并横截相交的情形。然后考虑类似的映射 $c: \mathrm{Pic}D \to H^1(D, \Omega_D)$ 并利用第三章，习题 7.4 的结果：在 $H^1(D, \Omega_D)$ 与 k 的自然同构下，c (一点)成为 1。]

(b) 若 $\mathrm{Char}\,k = 0$，利用 $H^1(X, \Omega_X)$ 为有限维向量空间这一事实证明 $\mathrm{Num}X$ 为有限生成的自由 Abel 群。

1.9 (a) 若 H 为曲面 X 上一个强除子，D 为任意除子，证明

$$(D^2)(H^2)\leqslant(D.H)^2.$$

(b) 现在设 X 为两曲线的积 $X=C\times C'$. $m=\{点\}\times C'$, $l=C\times\{点\}$. 对 X 上任意除子 D, 令 $a=D.l$, $b=D.m$. 则称 D 为 (a, b) 型. 若 D 具 (a, b) 型, $a, b>0$, 证明 $D^2\leqslant 2ab$,

且等号成立的充要条件是 $D\equiv bl+am$. [提示: 证明 $H=bl+am$ 为强层并运用(a). 这是不等式是由 Castelnuovo 及 Severi 得到的. 见 Grothendieck[2].]

1.10 曲线的 Riemann 猜想类比的 Weil 证明[2]. 设 C 为定义在有限域 $\mathbf{F}_q$ 上的亏格 g 的曲线, N 为 C 的对 $\mathbf{F}_q$ 的有理点数. 则 $N=1-a+q$, 其中 $|a|\leqslant 2g\sqrt{q}$. 为证此,我们将 C 看作 $\mathbf{F}_q$ 的代数闭包 k 上的曲线. 设 $f:C\to C$ 为取 q 次幂的 k 线性 Frobenius 态射. 因为 C 定义在 $\mathbf{F}_q$ 上,这个映射确有定义,故而 $X_q\cong X$ (第四章 2.4.1). 令 $\Gamma\subseteq C\times C$ 为 f 的图像, $\Delta\subseteq C\times C$ 为对角线. 证明 $\Gamma^2=q(2-2g)$ 及 $\Gamma.\Delta=N$. 然后的(习题 1.9) 用于 $D=r\Gamma+s\Delta$, 其中 r, s 为所有整数,从而得到结果. 它的另外的解释可见(附录 C, 习题 5.7).

1.11 设 X 为使 $\mathrm{Num}X$ 为有限生成的曲面(如果承认 Néron-Severi 定理(习题 1.7), 这就是任意曲面).

(a) 若 H 为 X 上的强除子, $d\in\mathbf{Z}$, 证明满足 $D.H=d$ 的有效除子的数值等价类集是个有限集 [提示: 利用从属公式及不可约曲线的 $p_a\geqslant 0$, 还有相交配对于 $\mathrm{Num}X$ 的 $H^\perp$ 上为负定这些性质.]

(b) 设 C 为亏格 $g\geqslant 2$ 的曲线, 并利用(a)可证明 C 的自同构群为有限. 证法如下: 给出 C 的一个自同构 σ, 令 $\Gamma\subseteq X=C\times C$ 为其图像, 首先利用 $g\geqslant 2$ 时 $\Delta^2<0$ 的性质(习题 1.6) 证明若 $\Gamma\equiv\Delta$, 则 $\Gamma=\Delta$. 然后利用(a). 参照(第四章习题 2.5).

1.12 设 D 是曲面 X 的一个强除子且 $D'\equiv D$, 证明 D' 也为强除子. 但试用例子证明,当 D 为极强时 D' 不必为极强.

2. 直 纹 面

本节中,我们通过研究一类特殊的曲面即直纹面,来说明第 1 节中讨论过的某些一般概念. 利用曲线论中一些结果,我们可有效地掌握这些曲面,并能相当清晰地描述它们以及在其上的曲线.

先建立直纹面的一些一般性质，然后定义一个不变量 e 并给出一些例子．这以后，将给出椭圆直纹面的分类，以及有理直纹面的详细描述，还要决定任意亏格的直纹面上的强除子．

定义 几何直纹面或简称为直纹面是一个曲面 X，同时还有一个到(非异)曲线 C 的满态射 $\pi: X \to C$，使得对每个点 $y \in C$，纤维 X_y 同构于 $\mathbf{P}^1$ 并且 π 具有一个截影(即一个态射 $\sigma: C \to X$ 使 $\pi \circ \sigma = id_C$)．

注：事实上利用 Tsen 的定理可以证明，存在一个截影的条件是定义中其他假设的推论．譬如，可见 Shafarevich [1，24 页]．

例 2.0.1 设 C 为曲线，则 $C \times \mathbf{P}^1$ 及它到第一分量的投射是一个直纹面． 特别 $\mathbf{P}^3$ 中的二次曲面在两个投射下都是直纹面．以后，当我们提到直纹面的时候总表明 π，C 已经给定．

引理 2.1 设 $\pi: X \to C$ 为直纹面，D 为 X 上的除子，并假定对 π 的某个纤维 f 有 $D.f = n \geqslant 0$，则 $\pi_*\mathscr{L}(D)$ 是 C 上的秩为 $n+1$ 的局部自由层．特别地，$\pi_*\mathcal{O}_X = \mathcal{O}_C$．

证明 首先注意到 π 的任意两个纤维是 X 上的代数等价除子，这是由于它们均由曲线 C 参数化．从而它们为数值等价(习题 1.7)，故 $D.f$ 与纤维的选取无关．

现在对任意 $y \in C$，考虑纤维 X_y 上的层 $\mathscr{L}(D)_y$，它是 $X_y \cong \mathbf{P}^1$ 上一个 n 次的可逆层，故 $H^0(\mathscr{L}(D)_y)$ 的维数等于 $n+1$，它与 y 无关，因此由 Grauert 定理(第三章，12.9)，$\pi_*\mathscr{L}(D)$ 的局部自由，秩为 $n+1$．

若 $D=0$，$\pi_*\mathcal{O}_X$ 是秩 1 的局部自由层，但(第三章，12.9)还表明自然映射

$$\pi_*\mathcal{O}_X \otimes k(y) \to H^0(X_y, \mathcal{O}_X)$$

对每个 y 为同构，这时右端典则同构于 k．因此 $\mathcal{O}_C$ 的整体截影 1 通过结构映射 $\mathcal{O}_C \to \pi_*\mathcal{O}_X$ 的像生成了每点的茎，这就证明了 $\pi_*\mathcal{O}_X \cong \mathcal{O}_C$．

命题 2.2 设 $\pi: X \to C$ 为直纹面，则存在 C 上秩 2 的局部自由层 $\mathscr{E}$，使在 C 上 $X \cong \mathbf{P}(\mathscr{E})$．($\mathbf{P}(\mathscr{E})$的定义见第二章第 7 节)．

反之，每个这样的 $\mathbf{P}(\mathscr{E})$ 是C上的直纹面如果$\mathscr{E}$，$\mathscr{E}'$ 为C上两个秩 2 的局部自由层，则作为C上直纹面 $\mathbf{P}(\mathscr{E})$ 与 $\mathbf{P}(\mathscr{E}')$ 为同构，当且仅当存在C上可逆层$\mathscr{L}$使 $\mathscr{E}'\cong\mathscr{E}\otimes\mathscr{L}$.

证明. 给出直纹面 $\pi: X\to C$，按定义π有截影σ. 令 $D=\sigma(C)$，于是D是X的除子且对任意纤维有 $D.f=1$. 由引理知 $\mathscr{E}=\pi_*\mathscr{L}(D)$ 为C上秩 2 的局部自由层. 另外，有X上的自然映射 $\pi^*\mathscr{E}=\pi^*\pi_X\mathscr{L}(D)\to\mathscr{L}(D)$，这是个满映射. 事实上，由 Nakayama 引理，只要在每个纤维上验证就可以了. 但 $X_y\cong\mathbf{P}^1$，$\mathscr{L}(D)$ 为次数 1 的可逆层并为整体截影生成，由(第三章，12.9)知 $\mathscr{E}\otimes k(y)\to H^0(\mathscr{L}(D)_y)$ 为满.

现由(第二章，7.12)知，满映射 $\pi^*\mathscr{E}\to\mathscr{L}(D)\to 0$ 决定了C上一个态射 $g: X\to\mathbf{P}(\mathscr{E})$，使 $\mathscr{L}(D)\cong g^*\mathscr{O}_{P(\mathscr{E})}(1)$，由于$\mathscr{L}(D)$ 在每个纤维上为极强，故g在每个纤维上为同构，从而g为同构.

反之，设$\mathscr{E}$为C上秩 2 的局部自由层，$X=\mathbf{P}(\mathscr{E})$，$\pi: X\to C$ 为投射. 于是X为k上非异射影曲面，且π的每个纤维同构于$\mathbf{P}^1$. 要证π有一个截影，令$U\subseteq C$为开子集使$\mathscr{E}$在上为自由. 于是 $\pi^{-1}(U)=U\times\mathbf{P}^1$，故可定义截影 $\sigma: U\to\pi^{-1}(U)$ 为 $y\longmapsto y\times\{点\}$. 因为$X$为射影簇，于是由(第一章，6.8)知，存在$\sigma$在$C$到$X$的唯一扩张，它必为一截影.

最后一个论断，见于(第二章，习题 7.9).

注 2.2.1 曲面X称为双有理直纹面是指存在曲线C，使X双有理等价于 $C\times\mathbf{P}^1$.（它包括了有理曲面，因为$\mathbf{P}^2$双有理等价于 $\mathbf{P}^1\times\mathbf{P}^1$.）由(2.2)知道，每个直纹面均为双有理直纹面.

命题 2.3. 设 $\pi: X\to C$ 为直纹面，$C_0\subseteq X$ 为一截影，f为一纤维，则

$$\operatorname{Pic}X\cong\mathbf{Z}\oplus\pi^*\operatorname{Pic}C,$$

其中 $\mathbf{Z}$ 由 C_0 生成. 又有

$$\operatorname{Num}X\cong\mathbf{Z}\oplus\mathbf{Z},$$

它由 C_0，f 生成，且满足 $C_0\cdot f=1$，$f^2=0$.

证明 由于 C_0 与 f 只交于一个点，并横截于此，显然有 $C_0.f=1$. 又因为两个不同的纤维不相交，所以 $f^2=0$.

若 $D\in\operatorname{Pic}X$, $n=D.f$, 令 $D'=D-nC_0$ 则 $D'.f=0$. 因此由(2.1)知，$\pi_*(\mathscr{L}(D'))$ 是 C 上可逆层，显然有 $\mathscr{L}(D')\cong\pi^*\pi_*(\mathscr{L}(D'))$. 因为 $\pi^*:\operatorname{Pic}C\to\operatorname{Pic}X$ 为单同态，那么 $\operatorname{Pic}X\cong\mathbf{Z}\oplus\pi^*\operatorname{Pic}C$. 于是，由于任两纤维为数值等价，便有 $\operatorname{Num}X\cong\mathbf{Z}\oplus\mathbf{Z}$, 它由 C_0 及 f 生成。还可参见(第二章，习题 7.9)与(第三章，习题 12.5).

引理 2.4 设 D 为直纹面 X 上的除子，满足 $D.f\geqslant 0$, 则 $R^i\pi_*\mathscr{L}(D)=0$ 对 $i>0$ 成立；而对所有 i，有

$$H^i(X,\mathscr{L}(D))\cong H^i(C,\pi_*\mathscr{L}(D)).$$

证明 因为 $\mathscr{L}(D)_y$ 是次数 $D.f\geqslant 0$ 的 $X_y\cong\mathbf{P}^1$ 上的可逆层，故 $H^i(X_y,\mathscr{L}(D)_y)=0$ 对所有 $i>0$ 成立，于是 $R^i\pi_*\mathscr{L}(D)=0$ 也对 $i>0$ 成立。(第三章，习题 11.8)或(第三章，12.9). 第二个论断来自(第三章，习题 8.1).

系 2.5 设 C 的亏格为 g，则

$$p_a(X)=-g,\quad p_g(X)=0,\quad q(X)=g.$$

证明 算术亏格 p_a 由 $1+p_a=\chi(\mathscr{O}_X)$ 定义. 同为 $\pi_*\mathscr{O}_X=\mathscr{O}_C$(2.1)，故由(2.4) $\dim H^0(X,\mathscr{O}_X)=1$, $\dim H^1(X,\mathscr{O}_X)=g$, $\dim H^2(X,\mathscr{O}_X)=0$. 所以 $p_a=-g$. 由(第三章，7.12.3)几何亏格 $p_g=\dim H^2(X,\mathscr{O}_X)=0$. 非正则度 $q=\dim H^1(X,\mathscr{O}_X)=g$. 也可见(第三章，习题 8.4).

命题 2.6 设 $\mathscr{E}$ 为曲线 C 上秩 2 的局部自由层，X 为直纹面 $\mathbf{P}(\mathscr{E})$. $\mathscr{O}_X(1)$ 为可逆层 $\mathscr{O}_{\mathbf{P}(\mathscr{E})}(1)$(第二章，第 7 节)，则截影 $\sigma:C\to X$ 与满同态 $\mathscr{E}\to\mathscr{L}\to 0$ 之间存在一一对应，其中 $\mathscr{L}=\sigma^*\mathscr{O}_X(1)$ 为 C 上可逆层，在此对应下，若 $\mathscr{N}=\ker(\mathscr{E}\to\mathscr{L})$, 则 $\mathscr{N}$ 为 C 上可逆层，且 $\mathscr{N}\cong\pi_*(\mathscr{O}_X(1)\otimes\mathscr{L}(-D))$, 其中 $D=\sigma(C)$, $\pi^*\mathscr{N}\cong\mathscr{O}_X(1)\otimes\mathscr{L}(-D)$.

证明 截影 σ 与满映射 $\mathscr{E}\to\mathscr{L}\to 0$ 之间的对应由(第二章，7.12)给出. (也可见第二章，习题 7.8). 给出 σ，令 $\sigma(C)=$

D，考虑正合序列

$$0 \to \mathscr{O}_X(1)\otimes\mathscr{L}(-D) \to \mathscr{O}_X(1) \to \mathscr{O}_X(1)\otimes\mathscr{O}_D \to 0.$$

取其直像 π_*，有

$$0 \to \pi_*(\mathscr{O}_X(1)\otimes\mathscr{L}(-D)) \to \mathscr{E} \to \mathscr{L} \to 0,$$

其右端为 0 是因为 $R^1\pi_*(\mathscr{O}_X(1)\otimes\mathscr{L}(-D)) = 0$(第二章,7.11)，右端的项为 $\mathscr{L}$ 是因为 $\mathscr{O}_X(1)\otimes\mathscr{O}_D$ 是 $D\cong C$ 上的层而 σ^* 与 π_* 作用相同，于是 $\mathscr{N}\cong\pi_*(\mathscr{O}_X(1)\otimes\mathscr{L}(-D))$. 由于沿纤维层 $\mathscr{O}_X(1)\otimes\mathscr{L}(-D)$ 为零次，故用(2.3)知其同构于 $\pi^*\mathscr{N}$，且 $\mathscr{N}$ 为可逆层(2.1).

系 2.7 曲线 C 上任一秩为 2 的局部自由层 $\mathscr{E}$ 是可逆层的扩张

证明 由于 $\mathbf{P}(\mathscr{E})$ 有一截影(2.2)，我们有正合序列 $0\to\mathscr{N}\to\mathscr{E}\to\mathscr{L}\to 0$，其中 $\mathscr{L}$，$\mathscr{N}$ 均为可逆层. 这也可由(第二章，习题 3.3)得到.

注 2.7.1 对于任意秩的局部自由层有相同的结果（习题(3.3).

命题 2.8 设 $\pi: X\to C$ 为直纹面，则可将 X 表为 $X\cong\mathbf{P}(\mathscr{E})$，其中 $\mathscr{E}$ 为 C 上局部自由层，满足 $H^0(\mathscr{E})\neq 0$，但对于 C 上任意可逆层 $\mathscr{L}$，$\deg\mathscr{L}<0$，有 $H^0(\mathscr{E}\otimes\mathscr{L})=0$. 这时整数 $e=-\deg\mathscr{E}$ 是 X 的不变量. 另外，此时存在截影 $\sigma_0: C\to X$，$\sigma_0(C)=C_0$，使 $\mathscr{L}(C_0)\cong\mathscr{O}_X(1)$.

证明 首先由(2.2)记 $X\cong\mathbf{P}(\mathscr{E}')$，$\mathscr{E}'$ 为 C 上一个局部自由层，然后可选取 C 上适当的可逆层 $\mathscr{M}$，以 $\mathscr{E}=\mathscr{E}'\otimes\mathscr{M}$ 代替 $\mathscr{E}'$，使得 $H^0(\mathscr{E})\neq 0$ 而对 $\deg\mathscr{L}<0$ 的任意可逆层 $\mathscr{L}$ 有 $H^0(\mathscr{E}\otimes\mathscr{L})=0$. 这是可以办到的，因为 C 上一个正次数的可逆层总是强的(第四章,3.3)，只要使 $\deg\mathscr{M}$ 充分大，就有 $H^0(\mathscr{E})\neq 0$. 另一方面，由于 $\mathscr{E}'$ 是可逆层的扩张(2.7)，且次数为负的可逆层没有整体截影，故而当 $\deg\mathscr{M}$ 充分负时 $H^0(\mathscr{E})=0$. 于是我们取 $\mathscr{M}$，使它具有使 $H^0(\mathscr{E}'\otimes\mathscr{M})\neq 0$ 的最小次数，就得到结果.

因为由(2.2)知，X 的所有形如 $\mathbf{P}(\mathscr{E})$ 的表示均由 $\mathscr{E}=\mathscr{E}'\otimes$

$\mathscr{M}$ 给出，所以整数 $e=-\deg\mathscr{E}$ 仅仅依赖于 X．（$\mathscr{E}$ 的次数定义为可逆层 $\Lambda^2\mathscr{E}$ 的次数(第二章，习题 6.12))．

最后，设 $s\in H^0(\mathscr{E})$ 为非零截影，它决定了单同态 $0\to\mathscr{O}_C\to\mathscr{E}$．断言：商 $\mathscr{L}=\mathscr{E}/\mathscr{O}_C$ 是 C 上可逆层．事实上，由于 C 为非异曲线，$\mathscr{L}$ 的秩总为 1，故只要证明 $\mathscr{L}$ 无挠即可．否则，设 $\mathscr{F}\subseteq\mathscr{E}$ 为在映射 $\mathscr{E}\to\mathscr{L}\to 0$ 下 $\mathscr{L}$ 的挠层的逆像，于是 $\mathscr{F}$ 为 C 上秩 1 的无挠层，从而可逆．又 $\mathscr{O}_C\subsetneqq\mathscr{F}$，故 $\deg\mathscr{F}>0$．于是由 $\mathscr{F}\subseteq\mathscr{E}$ 得出 $H^0(\mathscr{E}\otimes\mathscr{F}^\vee)\neq 0$，$\deg\mathscr{F}^\vee<0$．这与 $\mathscr{E}$ 的选取矛盾．

因为 $\mathscr{L}$ 为可逆，由(2.6)知，它给出一个截影 $\sigma_0: C\to X$．令 C_0 为其像．用(2.6)的记号，便有 $\mathscr{N}=\mathscr{O}_C$，从而 $\mathscr{O}_X(1)\otimes\mathscr{L}\times(-C_0)\cong\mathscr{O}_X$，证得 $\mathscr{L}(C_0)\cong\mathscr{O}_X(1)$．

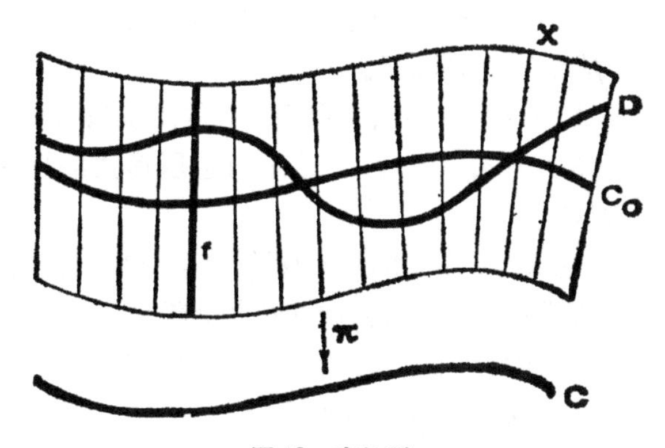

图 19　直纹面

记 2.8.1　在本节后文中，我们确定下面一些记号（图 19）．C 为亏格 g 的曲线，$\pi: X\to C$ 为 C 上的直纹面．记 $X\cong\mathbf{P}(\mathscr{E})$，$\mathscr{E}$ 满足(2.8)的条件，这时称 $\mathscr{E}$ 为法化的．它不能唯一确定 $\mathscr{E}$，但确定了 $\deg\mathscr{E}$．令 $\mathfrak{e}$ 为对应于可逆层 $\Lambda^2\mathscr{E}$ 的 C 上除子，故 $e=-\deg\mathfrak{e}$．(这里的负号是沿袭历来的习惯．)固定 X 的一个截影 C_0，满足 $\mathscr{L}(C_0)\cong\mathscr{O}_{\mathbf{P}(\mathscr{E})}(1)$．若 $\mathfrak{b}$ 是 C 上任一除子，我们借用记号 $\mathfrak{b}f$ 表示 X 上除子 $\pi^*\mathfrak{b}$．因此 $\operatorname{Pic}X$ 中任一元可写成 $aC_0+\mathfrak{b}f$，其中 $a\in\mathbf{Z}$，$\mathfrak{b}\in\operatorname{Pic}C$．而 $\operatorname{Num}X$ 中任一元可写成 aC_0+bf，a，$b\in\mathbf{Z}$．

命题 2.9 设D为对应于满映射 $\mathscr{E} \to \mathscr{L} \to 0$ 的X的任一截影，$\mathscr{L} = \mathscr{L}(\mathfrak{d})$，$\mathfrak{d}$为$C$上除子，则 $\deg\mathfrak{d} = C_0.D$，且

$$D \sim C_0 + (\mathfrak{d} - \mathfrak{e})f.$$

特别地有 $C_0^2 = \deg\mathfrak{e} = -e$.

证明 因为 $\mathscr{L} = \sigma^*(\mathscr{L}(C_0) \otimes \mathscr{O}_D)$，由 (1.1)，(1.3) 得 $\deg\mathscr{L} = C_0.D$. 写出

$$0 \to \mathscr{N} \to \mathscr{E} \to \mathscr{L} \to 0,$$

由(2.6)及 C_0 的选取(2.8.1)，我们有 $\mathscr{L}(C_0 - D) \cong \pi^*\mathscr{N}$. 但 $\mathscr{N} = \mathscr{L}(\mathfrak{e} - \mathfrak{d})$，所以在 $\operatorname{Pic}X$ 中 $D \sim C_0 + (\mathfrak{d} - \mathfrak{e})f$. 最后，当 $D = C_0$ 时，$\mathscr{N} = \mathscr{O}_C$，故 $\mathfrak{d} = \mathfrak{e}$，从而 $C_0^2 = \deg\mathfrak{e} = -e$.

引理 2.10 X的典则除子K由

$$K \sim -2C_0 + (\mathfrak{k} + \mathfrak{e})f$$

给出，其中 $\mathfrak{k}$ 是C的典则除子.

证明 令 $K \sim aC_0 + \mathfrak{b}f$. 对纤维 f 运用从属公式(1.5)，则有$-2=f(f + K) = a$. 再对 C_0 运用可逆层形式的从属公式(第二章,8.20)，则有

$$\omega_{C_0} \cong \omega_X \otimes \mathscr{L}(C_0) \otimes \mathscr{O}_{C_0} \cong \mathscr{L}(-C_0 + \mathfrak{b}f) \otimes \mathscr{O}_{C_0}.$$

经π将 C_0与C等同，对C上除子的相应论断是 $\mathfrak{k} = -\mathfrak{e} + \mathfrak{b}$，即 $\mathfrak{b} = \mathfrak{e} + \mathfrak{k}$. 也可以由(第三章,习题 8.4)得此结果.

系 2.11 对于数值等价，我们有

$$K \equiv -2C_0 + (2g - 2 - e)f,$$

因此

$$K^2 = 8(1 - g).$$

证明 由(第四章,1.3.3)有 $\deg\mathfrak{k} = 2g - 2$，另外 $\deg\mathfrak{e} = -e$ 于是用(2.3)，(2.9)计算 K^2 得结果.

例 2.11.1 对于任意曲线 C，直纹面 $X = C \times \mathbf{P}^1$ 对应于C上的(法化)局部自由层 $\mathscr{E} = \mathscr{O}_C \oplus \mathscr{O}_C$. 这时$e = 0$，$C_0$是第二分量投射的任一纤维.

例 2.11.2 如果C为亏格$\geqslant 1$ 的曲线且 $\mathscr{E} = \mathscr{O}_C \oplus \mathscr{L}$，其中 $\mathscr{L} \neq \mathscr{O}_C$，$\deg\mathscr{L} = 0$. 则法化的$\mathscr{E}$有$\mathscr{E}$与 $\mathscr{E} \otimes \mathscr{L}^{-1}$ 两个选择，

这时 $e=0$，$\deg e=0$，但 e 可以相差一个符号，也正好有两种可能选取的 C_0，但都有 $C_0^2=0$。

例 2.11.3 在任一曲线 C 上，令 $\mathscr{E}=\mathscr{O}_C\oplus\mathscr{L}$，满足 $\deg\mathscr{L}<0$。则法化的 $\mathscr{E}$ 唯一，$\mathscr{L}=\mathscr{L}(e)$，e 也唯一. 截影 C_0 满足 $C_0^2=-e<0$ 也唯一。这时，$e=-\deg\mathscr{L}>0$。

例 2.11.4 令 C 为嵌入在 $\mathbf{P}^n$ 中的曲线，次数为 d. X_0 为 $\mathbf{P}^{n+1}$ 中 C 上的锥，顶点为 P_0（第一章，习题 2.10）. 如果胀开 P_0 点，我们则可证明得到了一个 C 上的直纹面，它为上面(2.11.3)的类型，其 $\mathscr{L}\cong\mathscr{O}_C(-1)$。特别地，$e=d$，且 P_0 在 X 中的逆像是截影 C_0，满足 $C_0^2=-d$。

首先证明 $\mathbf{P}^{n+1}$ 在一点胀开同构于 $\mathbf{P}^n$ 上的 $\mathbf{P}(\mathscr{O}\oplus\mathscr{O}(1))$. 事实上，设 $x_0,\cdots,x_{n+1}$ 为 $\mathbf{P}^{n+1}$ 的坐标，对点 $P_0=(1,0,\cdots,0)$ 胀开，于是得到簇 $V\subseteq\mathbf{P}^n\times\mathbf{P}^{n+1}$，由方程 $x_iy_j=x_jy_i$，$i,j=1,2,\cdots,n+1$ 定义，其中 $y_1,\cdots,y_{n+1}$ 是 $\mathbf{P}^n$ 为坐标（第二章，7.12.1）. 另一方面，设 $\mathscr{E}=\mathscr{O}\oplus\mathscr{O}(1)$ 为 $\mathbf{P}^n$ 上层，则 $\mathbf{P}(\mathscr{E})$ 即为 $\mathbf{Proj}S(\mathscr{E})$，其中 $S(\mathscr{E})$ 为 $\mathscr{E}$ 的对称代数（第二章，第 7 节）. $\mathscr{E}$ 由 $\mathscr{O}$ 的整体截影 1 及 $\mathscr{O}(1)$ 的整体截影 $y_1,\cdots,y_{n+1}$ 生成. 因此 $S(\mathscr{E})$ 是多项式代数 $\mathscr{O}[x_0,\cdots,x_{n+1}]$ 在映射 $x_0\longmapsto 1$，$x_i\longmapsto y_i$，$i=1,\cdots,n+1$ 下的商层. 映射的核是由 $x_iy_j-x_jy_i$ $i=1,\cdots,n+1$ 生成的理想. 因此 $\mathbf{P}(\mathscr{E})$ 同构于 $\mathbf{P}^n\times\mathbf{P}^{n+1}$ 中由这些方程定义的子概型，它就是上面定义的簇 $V\subseteq\mathbf{P}^n\times\mathbf{P}^{n+1}$. 其第一分量投射使 V 看起来象 $\mathbf{P}(\mathscr{E})$，而第二个投射使 V 看起来像一点的胀开.

现在设 Y 为 $\mathbf{P}^n$ 中任意子簇，X_0 为其在 $\mathbf{P}^{n+1}$ 中的锥，以 P_0 为顶点. 如果在 X_0 上将 P_0 胀开，则得到一个簇 X，它是 X_0 在 V 中的严格变形，（第二章，7.15.1）. 另一方面，簇 X 显然是在投射 $\pi:V\cong\mathbf{P}(\mathscr{E})\to\mathbf{P}^n$ 下，Y 的逆像，故而得到 $X\cong\mathbf{P}(\mathscr{O}_Y\oplus\mathscr{O}_Y(1))$. 以 $\mathscr{O}_Y(-1)$ 作扭变，我们得到同一簇，故 $X\cong\mathbf{P}(\mathscr{O}_Y\oplus\mathscr{O}_Y(-1))$。

特别地，当 Y 为 $\mathbf{P}^n$ 中 d 次非异曲线 C 时，$\mathscr{L}=\mathscr{O}_C(-1)$ 的次数为 $-d$。

例 2.11.5 作为(2.11.4)的特殊情形，可知 $\mathbf{P}^2$ 对一点的胀开同构于 $\mathbf{P}^1$ 上由 $\mathscr{E}=\mathscr{O}\oplus\mathscr{O}(-1)$ 定义的有理直纹面，其 $e=1$.

例 2.11.6 第一个 $e<0$ 的直纹面的例子. 令 C 为椭圆曲线，$P\in C$ 为一点，定义一个秩为 2 的局部自由层 $\mathscr{E}$，它是对应于一个非零元 $\xi\in\operatorname{Ext}^1(\mathscr{L}(P),\mathscr{O})$ 的扩张

$$0\to\mathscr{O}\to\mathscr{E}\to\mathscr{L}(P)\to 0$$

(第三章.习题 6.1)，这时 $\operatorname{Ext}^1(\mathscr{L}(P),\mathscr{O})\cong H^1(C,\mathscr{L}(-P))$(第三章，6.3)及(第三章，6.7). 它又对偶于 $H^0(C,\mathscr{L}(P))$，其维数等于 1. 因此 ξ 在相差一个数量因子下唯一确定，从而 $\mathscr{E}$ 在同构下唯一确定.

我们断定 $\mathscr{E}$ 是法化的. 由构造知 $H^0(\mathscr{E})\neq 0$. 若 $\mathscr{M}$ 为任意可逆层，则有正合序列

$$0\to\mathscr{M}\to\mathscr{E}\otimes\mathscr{M}\to\mathscr{L}(P)\otimes\mathscr{M}\to 0.$$

若 $\deg\mathscr{M}<0$，有 $H^0(\mathscr{M})=0$，$H^0(\mathscr{L}(P)\otimes\mathscr{M})=0$，因此 $H^0(\mathscr{E}\otimes\mathscr{M})=0$，除非 $\mathscr{M}=\mathscr{L}(-P)$ 这个例外情形，在这个情形下考虑上同调序列

$$0\to H^0(\mathscr{M})\to H^0(\mathscr{E}\otimes\mathscr{M})\to H^0(\mathscr{L}(P)\otimes\mathscr{M})$$
$$\xrightarrow{\delta} H^1(\mathscr{M})\to\cdots.$$

$1\in H^0(\mathscr{L}(P)\otimes\mathscr{M})=H^0(\mathscr{O}_C)$ 在 δ 下的像正是用来定义 $\mathscr{E}$ 的像(第三章，习题 6.1)，它不为零. 因此 δ 为单同态，于是仍有 $H^0(\mathscr{E}\otimes\mathscr{M})=0$. 这就表明 $\mathscr{E}$ 是法化的.

取 $X=\mathbf{P}(\mathscr{E})$，我们有一个 $e=-1$ 的椭圆直纹面.

现在，我们已建立了直纹面的一些一般性质并给出了一些例子，我们可以更深一步考察某些特殊情形了. 先讨论不变量 e 的可能取值范围.

定理 2.12 设 X 是亏格 g 的曲线 C 上的直纹面，它由法化局部自由层 $\mathscr{E}$ 决定.

(a) 若 $\mathscr{E}$ 可分解(即为两个可逆层的直和)，则 $\mathscr{E}\cong\mathscr{O}_C\oplus\mathscr{L}$，其中 $\mathscr{L}$ 满足 $\deg\mathscr{L}\leqslant 0$. 因此 $e\geqslant 0$. 且所有 $e\geqslant 0$ 值都是可

能的.

(b) 若 $\mathscr{E}$ 不可分解,则 $-2g \leqslant e \leqslant 2g-2$.(事实上还有对 e 更强的限制(习题 2.5))

证明 设 $\mathscr{E}$ 可分解，于是 $\mathscr{E} \cong \mathscr{L}_1 \oplus \mathscr{L}_2$，$\mathscr{L}_1, \mathscr{L}_2$ 为 C 上两个可逆层. 由法化条件(2.8)，必有 $\deg \mathscr{L}_i \leqslant 0$ 并且至少有一个 $H^0(\mathscr{L}_i) \neq 0$. 因此它们中有一个必为 $\mathscr{O}_C$，从而 $\mathscr{E} \cong \mathscr{O}_C \oplus \mathscr{L}$，$\deg \mathscr{L} \leqslant 0$. 由(2.11.1)，(2.11.2)及(2.11.3)知 e 可取所有 $\geqslant 0$ 的值.

现设 $\mathscr{E}$ 不可分解. 于是对应于截影 C_0，我们有正合序列

$$0 \to \mathscr{O}_C \to \mathscr{E} \to \mathscr{L} \to 0,$$

其中 $\mathscr{L}$ 为某个可逆层(2.8). 它必是个非平凡扩张，故而对应于非零元 $\xi \in \operatorname{Ext}^1(\mathscr{L}, \mathscr{O}_C) \cong H^1(C, \mathscr{L}^\vee)$ (第三章,习题 6.1). 特别 $H^1(\mathscr{L}^\vee) \neq 0$，故而必有 $\deg \mathscr{L}^\vee \leqslant 2g-2$ (第四章，1.3.4). 因为 $e = -\deg \mathscr{L}$，所以 $e \leqslant 2g-2$.

另一方面,对所有 $\deg \mathscr{M} < 0$，由法化条件知 $H^0(\mathscr{E} \otimes \mathscr{M}) = 0$. 特别取 $\deg \mathscr{M} = -1$，我们有

$$0 = H^0(\mathscr{E} \otimes \mathscr{M}) \to H^0(\mathscr{L} \otimes \mathscr{M}) \to H^1(\mathscr{M}) \to \cdots,$$

因此我们得到

$$\dim H^0(\mathscr{L} \otimes \mathscr{M}) \leqslant \dim H^1(\mathscr{M}).$$

因为 $\deg \mathscr{M} < 0$，$H^0(\mathscr{M}) = 0$，故由 Riemann-Roch 定理得到 $\dim H^1(\mathscr{M}) = g$. 另外,由 Riemann-Roch 定理也可得到

$$\dim H^0(\mathscr{L} \otimes \mathscr{M}) \geqslant \deg \mathscr{L} - 1 + 1 - g.$$

相结合便得到 $\deg \mathscr{L} \leqslant 2g$，从而 $e \geqslant -2g$.

系 2.13 若 $g = 0$，则 $e \geqslant 0$，且对每个 $e \geqslant 0$ 正好存在一个有理直纹面其不变量为 e，并由 $C = \mathbf{P}^1$ 上的 $\mathscr{E} = \mathscr{O} \oplus \mathscr{O}(-e)$ 给出.

证明 若 $g = 0$，(2.12) 的情形(b)不会发生. 因此 $\mathscr{E} \cong \mathscr{O}_C \oplus \mathscr{L}$. 但是 $\mathbf{P}^1$ 上仅有的那些可逆层是 $\mathscr{O}(n)$，$n \in \mathbf{Z}$ (第二章，6.4). 因此对每个 $e \geqslant 0$ 正好只有一个可能性.

系 2.14 $\mathbf{P}^1$ 上每个局部自由的秩 2 层 $\mathscr{E}$ 是可分解的.

证明 以一个适当的可逆层作张量积后它可法化，这时同构于 $\mathscr{O}\oplus\mathscr{O}(-e)$(2.13)．(习题 2.6)是其推广．

定理 2.15 设 X 是椭圆曲线 C 上的直纹面，它对应于一个可分解层 $\mathscr{E}$，则 $e=0$ 或 -1，且对 e 的这两个值中每一个恰好只有一个这样的 C 上直纹面．

证明 根据(2.12)，必有 $e=0,-1,-2$．若 $e=0$，则有正合序列

$$0\to\mathscr{O}_C\to\mathscr{E}\to\mathscr{L}\to 0,$$

使 $\deg\mathscr{L}=0$．这个扩张对应于一个非零元 $\xi\in H^1(\mathscr{L}^\vee)$．特别有 $H^1(\mathscr{L}^\vee)\neq 0$．它对偶于 $H^0(\mathscr{L})$，从而 $\mathscr{L}\cong\mathscr{O}_C$．反之，取 $\mathscr{L}=\mathscr{O}_C$，由于 $\dim H^1(\mathscr{O}_C)=1$，故在同构下只有一个非零元 $\xi\in H^1(\mathscr{O}_C)$ 可取，它对应于非平凡扩充

$$0\to\mathscr{O}_C\to\mathscr{E}\to\mathscr{O}_C\to 0.$$

显然这个 $\mathscr{E}$ 是法化的．又此 $\mathscr{E}$ 不可分解，否则由于它已法化，从而同构于 $\mathscr{O}_C\oplus\mathscr{L}$，$\mathscr{L}$ 为某个可逆层(2.12)．但 $\Lambda^2\mathscr{E}\cong\mathscr{O}_C$，所以 $\mathscr{L}\cong\mathscr{O}_C$．于是这个扩张实际上是可裂的，这不可能，因此在 $e=0$ 时只有唯一的一个椭圆直纹面 X，且其 $\mathscr{E}$ 不可分解．

如果 $e=-1$，则有一个正合序列

$$0\to\mathscr{O}_C\to\mathscr{E}\to\mathscr{L}(P)\to 0,$$

其中 $P\in C$ 为一点，这是因为 C 上次数 1 的可逆层具有 $\mathscr{L}(P)$ 的形式(第四章，1.3.7)．又由(2.11.6)知，对每个 P 总存在一个这样的法化层，它在同构下唯一．为证明正好有一个椭圆直纹面使 $e=-1$，只要证明当 $\mathscr{E}$ 由 P 依上述方法定义，$\mathscr{E}'$ 由 $Q\neq P$ 同样定义，则存在 C 上可逆层 $\mathscr{M}$，使 $\mathscr{E}'\cong\mathscr{E}\otimes\mathscr{M}$．

取点 $R\in C$ 使得 $2R\sim P+Q$．这是可能的，因为线性系 $|P+Q|$ 定义了 C 到 $\mathbf{P}^1$ 的二对一的映射，它在四个点分歧(假定 $\mathrm{Char}\,k\neq 2$)，只要取 R 为这四个点中一个即可(第四章，§4)．我们来证明 $\mathscr{E}'\cong\mathscr{E}\otimes\mathscr{L}(R-P)$．我们有正合序列

$$0\to\mathscr{L}(R-P)\to\mathscr{E}\otimes\mathscr{L}(R-P)\to\mathscr{L}(R)\to 0.$$

由于 $H^0(\mathscr{L}(R))\neq 0$，$H^1(\mathscr{L}(R-P))=0$，故而 $H^0(\mathscr{E}\otimes\mathscr{L}($

$(R-P))\neq 0$. 于是得到正合列

$$0\to\mathscr{O}_C\to\mathscr{E}\otimes\mathscr{L}(R-P)\to\mathscr{N}\to 0,$$

像(2.8)的证明中一样,可证商层 $\mathscr{N}$ 必为可逆. 从而有

$$\mathscr{N}\cong\Lambda^2(\mathscr{E}\otimes\mathscr{L}(R-P))\cong(\Lambda^2\mathscr{E})\otimes\mathscr{L}(2R-2P).$$

因为 $\Lambda^2\mathscr{E}\cong\mathscr{L}(P)$, 所以 $\mathscr{N}\cong\mathscr{L}(2R-P)\cong\mathscr{L}(Q)$. 因此 $\mathscr{E}\otimes\mathscr{L}(R-P)\cong\mathscr{E}'$ 为所求. 这样便证明了 $e=-1$ 的椭圆直纹面的唯一性.

最后要证 $e=-2$ 的情形不会发生. 如果出现这种情形, 则就会有一个法化层 $\mathscr{E}$ 及正合序列

$$0\to\mathscr{O}_C\to\mathscr{E}\to\mathscr{L}(P+Q)\to 0$$

其中 $P,Q\in C$ 为两个点, 这是因为其上任意 2 次可逆层必具 $\mathscr{L}(P+Q)$ 的形式. 现取一对点 $R,S\in C$ 满足 $R+S\sim P+Q$, 并令 $\mathscr{M}=\mathscr{L}(-R)$. 由于 $\mathscr{E}$ 为法化的,那么 $H^0(\mathscr{E}\otimes\mathscr{M})=0$, 所以映射 $\gamma:H^0(\mathscr{L}(P+Q-R)\to H^1(\mathscr{L}(-R))$ 为单同态, 另方面,设 $\xi\in H^1(\mathscr{L}(-P-Q))$ 是定义扩张 $\mathscr{E}$ 的元,则当我们将 $\mathscr{L}(P+Q-R)$ 写为 $\mathscr{L}(S)$ 时有交换图

$$\begin{array}{ccc}H^0(\mathscr{O}_C)&\xrightarrow{\delta}&H^1(\mathscr{L}(-P-Q))\\ {\scriptstyle\alpha}\downarrow&&\downarrow{\scriptstyle\beta}\\ H^0(\mathscr{L}(S))&\xrightarrow{\gamma}&H^1(\mathscr{L}(-R)),\end{array}$$

其中 $\delta(1)=\xi$, $\alpha(1)=t$ 是定义除子 S 的截影, β 是对应于 t 的映射 $\mathscr{O}_C\to\mathscr{L}(S)$ 诱导的同态. 那么,β 对偶于映射

$$\beta':H_0(\mathscr{L}(R))\to H^0(\mathscr{L}(P+Q)),$$

它也由 t 诱导. $H^0(\mathscr{L}(R))$ 中任意非零元在 β' 下的像是 $H^0(\mathscr{L}(P+Q))$的截影,它对应于有效除子 $R+S\in|P+Q|$.

当 R 及 S 变动时, 我们得到线性系 $|P+Q|$ 中所有的除子. 因此当 R 变动时, β' 的像填满了整个的 2 维向量空间 $H^0(\mathscr{L}(P+Q))$. 特别地,可以选取 R 使 β' 的像落在 ξ 的核中,这里我们将 ξ 看作是 $H^0(\mathscr{L}(P+Q))$ 上的线性泛函. 这样, $\beta(\xi)=0$, 它与 γ 的单射性质矛盾.于是 $e=-2$ 的情形不可能.

注 2.15.1 这个证明的第一部分中有一点应当留意. 对于一个秩 2 的局部自由层，如果它是两个可逆层的非平凡扩张，有可能它仍是可分解的. 例如，$\mathbf{P}^1$ 上的微分层同构于 $\mathscr{O}(-2)$，于是有正合列(第二章，8.13)

$$0 \to \mathscr{O}(-2) \to \mathscr{O}(-1) \oplus \mathscr{O}(-1) \to \mathscr{O} \to 0.$$

这个序列不是可裂的(例如，可由 $H^0(\mathscr{O}(-1) \oplus \mathscr{O}(-1)) = 0$ 知道)，但是中间的层却可分解.

系 2.16 (Atiyah) 对每个整数 n，在椭圆曲线 C 上 n 次的秩 2 不可分解局部自由层的集合与 C 的点的集合之间，存在一个自然的一一对应. (对应关系由下面证明中明确表出)

证明 取定点 $P_0 \in C$. 依照(2.2),(2.8)及(2.15),若 $\mathscr{E}'$ 为 C 上秩 2 的不可分解局部自由层，于是有一个 C 上(唯一的)可逆层 $\mathscr{L}$ 使 $\mathscr{E}' \otimes \mathscr{L}$ 或为 (a) $\mathscr{O}_C$ 由 $\mathscr{O}_C$ 的唯一非平凡扩张 $\mathscr{E}_0$，或者(b) $\mathscr{L}(P_0)$ 由 $\mathscr{O}_C$ 的唯一非平凡扩张 $\mathscr{E}_1$. (第一种情形对应于 $\deg \mathscr{E}'$ 为偶数,第二种情形对应于 $\deg \mathscr{E}'$ 为奇数.)由于固定次数的可逆层的同构类一一对应于 C 的点(第四章,第 4 节),便得结果.

注 2.16.1 更一般地，对任意亏格 g 的曲线 C 可以考虑 C 上局部自由层 $\mathscr{E}$ 的同构分类问题. 秩 r 与次数 d (即 $\deg \Lambda^r \mathscr{E}$) 为数值不变量. 对于固定的 r 及 d，我们希望有某种连续族存在. 当 $g = 0$，所有局部自由层为可逆层的直和(习题 2.6). 当 $g = 1$ 时的一般分类问题由 Atiyah[1] 完成,它类似于我们刚刚做过的秩为 2 情形. 当 $g \geq 2$，情况复杂得多. 在不可分解局部自由层中必须要区分出 Mamford[1] 称之为稳定的一类来(习题 2.8). 稳定的元构成了漂亮的代数族而其他的则不行. 例如可见于 Narasimhan 及 Sehadri[1]. 类似地，对于直纹面本身，$e < 0$ 的是稳定的构成了漂亮的代数族,而其他的则不行.

下面要研究有理直纹面,在(2.13)中已对它分了类.

定理 2.17 对每个 $e \geq 0$，令 X_e 表示 $C = \mathbf{P}^1$ 上由 $\mathscr{E} = \mathscr{O} \oplus \mathscr{O}(-e)$ 定义的有理直纹面 (2.13)，则

(a) 存在截影 $D \sim C_0 + nf$ 的充要条件是 $n = 0$ 或 $n \geq e$.

特别地，存在截影 $C_1 \sim C_0 + ef$ 使 $C_0 \cap C_1 = \emptyset$，$C_1^2 = e$；

(b) 线性系 $|C_0 + nf|$ 无基点的充要条件是 $n \geq e$；

(c) 线性系 $|C_0 + nf|$ 为极强的充要条件是 $n > e$.

证明

(a) 根据(2.6)及(2.9)，给出截影 $D \sim C_0 + nf$ 等价于给出满映射 $\mathscr{E} \to \mathscr{L} \to 0$，使 $\deg \mathscr{L} = C_0.D = n - e$. 因此在 $\mathbf{P}^1$ 上，这就表明有满映射

$$\mathscr{O} \oplus \mathscr{O}(-e) \to \mathscr{O}(n-e) \to 0.$$

如果 $n < e$，则没有 $\mathscr{O}$ 到 $\mathscr{O}(n-e)$ 的非零映射，故映射 $\mathscr{O}(-e) \to \mathscr{O}(n-e)$必为同构，于是 $n = 0$.这时对应于截影 C_0，它在 $e > 0$ 时唯一.剩下来是 $n \geq e$ 的情形，要证任一个这样的 n 都是可能的，我们只有取映射 $\mathscr{O} \to \mathscr{O}(n-e)$ 及 $\mathscr{O}(-e) \to \mathscr{O} \times (n-e)$，它们对应于$C$上不相交的 $(n-e)$ 次与 n 次的有效除子，这时相应的映射 $\mathscr{O} \oplus \mathscr{O}(-e) \to \mathscr{O}(n-e)$ 必为满.

特别当我们取 $n = e$ 时，有一个截影 $C_1 \sim C_0 + ef$. 于是 $C_1^2 = e$，$C_0.C_1 = 0$，故 $C_0 \cap C_1 = \emptyset$.

(b) 若 $|C_0 + nf|$ 无基点，则 $C_0.(C_0 + nf) \geq 0$，所以 $n \geq e$. 反之，若 $n \geq e$，则 $C_0 + nf \sim C_1 + (n-e)f$，但由于 $C_0 \cap C_1 = \emptyset$ 且这些 f 都相互线性等价，所以对任意给定的点总可以找到一个形如 $C_0 + nf$ 或 $C_1 + (n-e)f$ 的除子不含有这个点.

(c) 若 $D = C_0 + nf$ 为极强除子，则必有 $D.C_0 > 0$，故 $n > e$，反之设 $n > e$. 我们将证明线性系 $|D|$ 分离点及切向量，从而就证明了 D 是极强的(第二章，7.8.2).

情形 1. 设 $P \neq Q$ 为不全在 C_0 上的两个点，且也不全在同一纤维中. 于是一个形如 $C_0 + nf$ 的除子可以分离它们，其中 f 为适当选取的纤维.

情形 2. 设 P 为一点，t 为在 P 的一个切向量，使得 P，t 不全在 C_0 中也不全在同一纤维中. 则对适当选取的纤维 f_i，有一个形如 $C_0 + \sum_{i=1}^{n} f_i$ 的除子包含 P 但不包含 t.

情形 3. 设 P, Q 或者 P, t 都在 C_0 中,则形如 $C_1+\sum_{i=1}^{n-e} f_i$ 的除子可分离它们.

情形 4. 设 P, Q 或者 P, t 都在同一纤维 f 中.由于 $D.f=1$, 可逆层 $\mathscr{L}(D)\otimes\mathscr{O}_f$ 在 $f\cong \mathbf{P}^1$ 上为极强.因此要分离 P, Q 或者 P, t, 只要证明自然映射 $H^0(X,\mathscr{L}(D))\to H^0(f,\mathscr{L}(D)\otimes\mathscr{O}_f)$ 为满就可以了. 这个映射的余核落在 $H^1(X, \mathscr{L}(D-f))$ 中, 由(2.4)知后者同构于 $H^1(C,\pi_*\mathscr{L}(D-f))$. 另一方面, $D-f\sim C_0+(n-1)f$, 所以由投射公式(第二章,习题 5.1)有

$$\pi_*(\mathscr{L}(D-f))\cong\pi_*(\mathscr{L}(C_0))\otimes\mathscr{O}_c(n-1).$$

但 $\pi_*(\mathscr{L}(C_0))\cong\mathscr{E}$(2.8) 及(第二章, 7.11), 于是得

$$\pi_*(\mathscr{L}(D-f))\cong\mathscr{O}(n-1)\oplus\mathscr{O}(n-e-1).$$

由于 $n>e\geqslant 0$, 有 $n-1\geqslant 0$ 及 $n-e-1\geqslant 0$. 故 $H^1=0$, 从而上面的映射为满. 证毕.

系 2.18 设 D 为有理直纹面 X_e 上的除子 aC_0+bf, $e\geqslant 0$, 则

(a) D 为极强 $\Leftrightarrow D$ 为强 $\Leftrightarrow a>0$ 且 $b>ae$;

(b) 线性系 $|D|$ 包含一条不可约非异曲线 $\Leftrightarrow$ 它包含一条不可约曲线 $\Leftrightarrow a=0$, $b=1$(即为 f); 或者 $a=1$, $b=0$(即为 C_0); 或者 $a>0$, $b>ae$; 或者 $e>0$, $a>0$, $b=ae$.

证明

(a) 若 D 为极强,自然为强除子(第二章,7.4.3). 若 D 为强则 $D.f>0$, 故 $a>0$ 还有 $D.C_0>0$, 故 $b>ae$(1.6.2).现设 $a>0, b>ae$,则可将 D 写为 $D=(a-1)(C_0+ef)+(C_0+(b-ae+e)f)$. 因为 $|C_0+ef|$ 无基点, 而 $C_0+(b-ae+e)f$ 为极强(2.17),从而推出 D 也为极强(第二章,习题 7.5).

(b) 若 $|D|$ 含有不可约非异曲线, 自然含有不可约曲线. 若 D 是不可约曲线,则 D 可能是 f(这时 $a=0$, $b=1$) 或者 C_0(这时 $a=1, b=0$). 除此而外的情形, π 总将 D 映满 C, 故 $D.f=a>0$, 又 $D.C_0\geqslant 0$, 故 $b\geqslant ae$. 如果 $e=0$ 且 $b=ae$, 则 $b=$

0，故 $D=aC_0$。但这时 X_0 是 $\mathbf{P}^1\times\mathbf{P}^1$，$C_0$ 是一条直纹，于是要使 D 为不可约必须 $a=1$。因此这些对 a，b 的限制条件都是必要的。 要完成证明还必须证当 $a>0$，$b>ae$ 或 $e>0$，$a>0$，$b=ae$ 时，$|D|$ 含有不可约非异曲线。在第一种情形下，由(a)知 D 为极强，故将 Bertini 定理(第二章，8.18)用于 X 便得到结果。在第二种情形下，我们用(2.11.4)，知道 X_e 可以这样得到，即是 $\mathbf{P}^e$ 中的 e 次非异有理曲线 C 上的锥 Y 对于顶点的胀开。 这时 X_e 上的曲线 C_1 是 Y 的超平面截影 H 的严格变形。 将 Bertini 定理用于 Y 上的极强除子 aH（第二章，8.18.1)，我们可以在线性系 $|aH|$ 中找到一条不经过 Y 的顶点的不可约非异曲线，它在 X_e 上的严格变形便是线性系 $|aC_1|=|D|$ 中的一条不可约非异曲线。

注 2.18.1 在 $e=0$ 的情形下，我们得到了关于非异二次曲面(同构于 X_0）上曲线的已知结果的新证明(第二章，7.6.2)，(第三章，习题 5.6)，(1.10.1)。

系 2.19 对每个 $n>e\geqslant 0$，有理直纹面 X_e 可以嵌入到 $\mathbf{P}^{d+1}$ 中，成为一个 $d=2n-e$ 次的有理涡形曲面.（涡形曲面是嵌入在 $\mathbf{P}^N$ 中的一个直纹曲面，它所有的纤维都具次数 1.）

证明 利用极强除子 $D=C_0+nf$，则 $D.f=1$，故 X_e 在 $\mathbf{P}^N$ 中的像是涡形的，又 $D^2=2n-e$，从而像曲面的次数 $d=2n-e$。为求 N，需计算 $H^0(X,\mathscr{L}(D))$。如同(2.17)的证明一样，我们有

$$H^0(X,\mathscr{L}(D))=H^0(C,\pi_*\mathscr{L}(D))=H^0(C,\mathscr{E}\otimes\mathscr{O}(n))$$
$$=H^0(\mathscr{O}(n)\oplus\mathscr{O}(n-e)).$$

它的维数是 $2n+2-e$，故 $N=2n+1-e=d+1$。

例 2.19.1 对 $e=0$，$n=1$，我们重新得到 $\mathbf{P}^3$ 中非异二次曲面。

对 $e=1$，$n=2$，得到 $\mathbf{P}^4$ 中一个 3 次有理涡形曲面，它同构于 $\mathbf{P}^2$ 对一点的胀开(第二章，习题 7.7)。

在 $\mathbf{P}^5$ 中有两个不同类型的 4 次涡形曲面，对应于 $e=0$，$n=2$ 及 $e=2$，$n=3$。

注 2.19.2 事实上，已经知道 $\mathbf{P}^{d+1}$ 中的所有 d 次非异的，不在任意超平面中的曲面只有下面几种：或是那些有理涡形曲面(2.19)之一，或是 $\mathbf{P}^2\subseteq\mathbf{P}^2$($d=1$ 的情形)，或是 $\mathbf{P}^5$ 中的 Veronese 曲面(第一章，习题 2.13)。例如可参阅 Nagata[5,I，定理 7,365 页]。

作为 Nakai 判别准则的应用，我们想要确定直纹面上的强除子，这个直纹面定义在一条任意亏格的曲线上。为运用 Nakai 判别法，我们需要知道曲面上哪些除子的数值等价类包含了一条非异曲线。在一般的直纹面上，我们不能期望得到类似有理直纹面时对这个问题的精确答案(12.18)，但至少我们可以得到某些估值，使我们能够成功地运用 Nakai 判别法。

命题 2.20 设 X 是曲线 C 上的直纹面，其不变量 $e\geqslant 0$。

(a) 若 $Y\equiv aC_0+bf$ 是条不等于 C_0 或 f 的不可约曲线，则 $a>0$，$b\geqslant ae$。

(b) 除子 $D\equiv aC_0+bf$ 为强除子，当且仅当 $a>0$，$b>ae$。

证明

(a) 由于 $Y\neq f$，则 $\pi: Y\to C$ 为满，故 $Y.f=a>0$。又由于 $Y\neq C_0$，$Y.C_0=b-ae\geqslant 0$。

(b) 若 D 为强除子，则 $D.f=a>0$，$D.C_0=b-ae>0$。反之，若 $a>0$，$b-ae>0$，则 $D.f>0$，$D.C_0>0$，$D^2=2ab-a^2e>0$，且若 $Y\equiv a'C_0+b'f$ 是条不为 C_0，f 的任意不可约曲线，则

$$D.Y=ab'+a'b-aa'e>aa'e+aa'e-aa'e=aa'e\geqslant 0。$$

因此由(1.10)得出 D 为强层的结论。

命题 2.21 设 X 为亏格 g 的曲线 C 上的直纹面，其不变量 $e<0$，并进一步假设 $\mathrm{Char}\,k=0$ 或者 $g\leqslant 1$。

(a) 如果 $Y\equiv aC_0+bf$ 是不为 C_0，f 的不可约曲线，则或

者 $a=1$, $b\geqslant 0$, 或者 $a\geqslant 2$, $b\geqslant \frac{1}{2}ae$.

(b) 除子 $D=aC_0+bf$ 为强,当且仅当 $a>0$, $b>\frac{1}{2}ae$.

证明

(a) 我们利用 Hurwitz 定理(第四章, 2.4)来得出 Y 的某些知识.设 $\widetilde{Y}$ 为 Y 的正规化,并考虑自然映射 $\widetilde{Y}\to Y$ 与投射 $\pi: Y\to C$ 的复合. 如果 $\operatorname{Char}k=0$, 这个映射为 a 次有限可分映射, 故由(第四章, 2.4)有

$$2g(\widetilde{Y})-2=a(2g-2)+\deg R,$$

其中 R 是(有效的)分歧除子. 另一方面,由(第四章, 习题 1.8)有 $p_a(Y)\geqslant g(\widetilde{Y})$, 故而有

$$2p_a(Y)-2\geqslant a(2g-2).$$

此外,这最后的不等式当 $g=0$, 1 时对任意特征总成立, 这是因为这时成立 $p_a(Y)\geqslant g$ (第四章, 2.5.4).

由从属公式(1.5)知

$$2p_a(Y)-2=Y.(Y+K).$$

用 $Y\equiv aC_0+bf$ 及(2.11)的 $K\equiv -2C_0+(2g-2-e)f$ 代入上式并结合上面的不等式,我们求出

$$b(a-1)\geqslant \frac{1}{2}ae(a-1).$$

因此若 $a\geqslant 2$, 便有所要的 $b\geqslant \frac{1}{2}ae$. 因为不管什么情况我们总有 $Y\cdot f=a>0$, 所以只要再证明当 $a=1$ 时 $b\geqslant 0$ 就行了. 当 $a=1$ 时, Y 是一个截影,它对应于满映射 $\mathscr{E}\to\mathscr{L}\to 0$. 由于 $\mathscr{E}$ 是法化的, 故必有 $\deg\mathscr{L}\geqslant\deg\mathscr{E}$. 但 $\deg\mathscr{L}=C_0.Y$(2.9), 所以 $b-e\geqslant -e$, 从而 $b\geqslant 0$.

(b) 若 D 为强除子, 则 $D.f=a>0$, $D^2=2ab-a^2e>0$, 所以 $b>\frac{1}{2}ae$. 反之, 若 $a>0$, $b>\frac{1}{2}ae$, 则 $D.f>0$, $D^2>0$, $D.C_0=b-ae>-\frac{1}{2}ae>0$, 且设 $Y\equiv a'C_0+b'f$

是任一不为 C_0, f 的不可约曲线，则

$$D.Y = ab' + a'b - aa'e.$$

现在，如果 $a' = 1$，则 $b' \geqslant 0$，所以

$$D.Y > \frac{1}{2}ae - ae = -\frac{1}{2}ae > 0.$$

如果 $a' \geqslant 2$，则 $b' \geqslant \frac{1}{2}a'e$，所以

$$D.Y > \frac{1}{2}aa'e + \frac{1}{2}aa'e - aa'e = 0.$$

因此由(1.10)知D为强除子.

注 2.21.1 对剩下的情形：$e < 0$，而 $\mathrm{Char}\,k = p > 0$ 且 $g \geqslant 2$，我们得不出D为强除子充要条件，但可以得到部分性的某些结果(习题 2.14)及(习题 2.15).

注 2.22.2 在亏格 $g \geqslant 1$ 曲线上的直纹面上，要确定极强除子比在有理情形(2.18)更加繁琐，这是因为它不仅仅依赖于除子的数值等价类(习题 2.11)及(习题 2.12).

第 2 节的参考文献. 由于直纹面的理论非常古典，我不能在这里追溯这些结果的起源. 代之，我只列出一点近期的文献：Atiyah[1]，Hartshorne[4]，Maruyama[1]，Nagata[5]，Shafarevich [1，第IV，V 章]，Tjurin[1],[2].

习　　题

2.1 设X为双有理直纹面. 证明使X双有理等价于 $C \times \mathbf{P}^1$ 的曲线C在同构下是唯一的.

2.2 设X为曲线C上的直纹面 $\mathbf{P}(\mathscr{E})$. 证明 $\mathscr{E}$ 可分解当且仅当存在X的两个截影 C', C'' 使 $C' \cap C'' = \varnothing$.

2.3 (a) 若 $\mathscr{E}$ 是(非异)曲线C上的秩 r 的局部自由层，则有子层的序列

$$0 = \mathscr{E}_0 \subseteq \mathscr{E}_1 \subseteq \cdots \subseteq \mathscr{E}_r = \mathscr{E}$$

使对每个 $i = 1, \ldots, r$, $\mathscr{E}_i/\mathscr{E}_{i-1}$ 为可逆层. 我们称 $\mathscr{E}$ 是可逆层的一个逐次扩张. [提示：利用(第 2 章，习题 8.2).]

(b) 证明对维数$\geqslant 2$的簇，这个论断不对. 特别地，$\mathbf{P}^2$ 上的微分层 Ω 不

是可逆层的扩张.

2.4 设 C 为亏格 g 的曲线，X 为直纹面 $C\times\mathbf{P}^1$. 考虑问题：对什么整数 $r\in\mathbf{Z}$，存在一个 X 的截影 D 满足 $D^2=s$？首先证明 s 总是一个偶数 $s=2r$.

(a) 证明 $r=0$ 与所有 $r\geqslant g+1$ 都是可取的值.

(b) 如果 $g=3$，证明 r 不能为 1，而 2，3 中只有一个数为可能，是哪一个要取决于 C 是否为超椭圆曲线.

2.5 *e* 的值. 设 C 为亏格 $g\geqslant 1$ 的曲线.

(a) 证明当 $0\leqslant e\leqslant 2g-2$ 时，存在 C 上直纹面以 e 为不变量，并对应于一个不可分解的 $\mathscr{E}$. 参照(2.12).

(b)设 $e<0$，D 为 $d=-e$ 次除子，$\xi\in H^1(\mathscr{L}(-D))$ 是一个非零元，定义了扩张

$$0\longrightarrow\mathscr{O}_C\longrightarrow\mathscr{E}\longrightarrow\mathscr{L}(D)\longrightarrow 0.$$

令 $H\subseteq|D+K|$ 为 $\ker\xi$ 定义的余维 1 的子线性系，其中 ξ 看作是 $H^0(\mathscr{L}(D+K))$ 上的线性泛函. 对任意 $d-1$ 次有效除子 E，令 $L_E\subseteq|D+K|$ 为子线性系 $|D+K-E|+E$. 证明 $\mathscr{E}$ 为法化的，当且仅当对每个上面的 E，有 $L_E\nsubseteq H$. 参照(2.15)的证明.

(c) 证明当 $-g\leqslant e<0$ 时，存在 C 上直纹面 X 以 e 为不变量. [*提示*：对 (b) 中每个给定的 D 证明存在一个合适的 ξ. 证法可用类似于(第二章，8.18)证明中的论证].

(d) 对 $g=2$，证明 $e\geqslant -2$ 也是 X 存在的必要条件.

注. 已经证明对任意直纹面有 $e\geqslant -g$(Nagata[8]).

2.6 证明 $\mathbf{P}^1$ 上任一有限秩的局部自由层同构于可逆层的直和. [*提示*：选取最大次数的子可逆层并对秩进行归纳.]

2.7 在(2.11.6)的椭圆直纹面 X 上，证明满足 $C_0^2=1$ 的截 C_0 构成了一个一维代数族，它以底曲线 C 的点参数化，且没有两个这种截影为线性等价.

2.8 曲线 C 上的局部自由层 $\mathscr{E}$ 称为*稳定的*，是指对局部自由层的任一商层 $\mathscr{E}\longrightarrow\mathscr{F}\longrightarrow 0$，$\mathscr{F}\neq\mathscr{E}$，$\mathscr{F}\neq 0$，满足

$$(\deg\mathscr{F})/\operatorname{rank}\mathscr{F}>(\deg\mathscr{E})/\operatorname{rank}\mathscr{E}.$$

如果将 $>$ 换为 $\geqslant$，就称其为*半稳定的*.

(a) 可分解的 $\mathscr{E}$ 总不稳定.

(b) 如果 $\mathscr{E}$ 的秩为 2 且已法化，则 $\mathscr{E}$ 为稳定的(相应地，半稳定的)，当

且仅当 $\deg\mathscr{E}>0$ (相应地,$\geqslant 0$).

(c) 证明秩 2 的不可分解局部自由层 $\mathscr{E}$ 且不是半稳定的,可以按如下方式进行同构分类:给出(1)一个整数 $0<e\leqslant 2g-2$,(2)一个 $-e$ 次元 $\mathscr{L}\in \operatorname{Pic}C$,(3) 一个非零元 $\xi\in H^1(\mathscr{L}^V)$,它可以差一个非零的常数因子.

2.9 设 Y 是 $\mathbf{P}^3$ 中二次锥面 X_0 上的一条曲线. 证明或者 Y 是 X_0 与一个 a 次曲面的完全交,其中 $a\geqslant 1$. 这时 $\deg Y=2a$, $g(Y)=(a-1)^2$, 或者 $\deg Y$ 为奇数 $2a+1$, $g(Y)=a^2-a$. 参照(第四章, 6.4.1)[提示:利用(2.11.4).]

2.10 对任意 $n>e\geqslant 0$,令 X 为(2.19)给出的有理涡形曲面,它在 $\mathbf{P}^{d+1}$ 中且次数为 $d=2n-e$. 如果 $n\geqslant 2e-2$,证明 X 包含了一条亏格 $g=d+2$ 的非异曲线 Y,且在此嵌入下是条典则曲线. 由此推出,对每个 $g\geqslant 4$,存在一条亏数 g 的非超椭圆曲线且它有一个 g_3^1. 参照(第四章,第 5 节).

2.11 设 X 为曲线 C 上的直纹面,它由法化层 $\mathscr{E}$ 定义,并设 $\mathfrak{e}$ 为 C 上除子使 $\mathscr{L}(\mathfrak{e})\cong\Lambda^2\mathscr{E}$(2.8.1). 令 $\mathfrak{b}$ 为 C 上任一除子.

(a) 若 $|\mathfrak{b}|$ 与 $|\mathfrak{b}+\mathfrak{e}|$ 都无基点, $\mathfrak{b}$ 为非特殊,则存在截影 $D\sim C_0+\mathfrak{b}f$,且 $|D|$ 无基点.

(b) 若 $\mathfrak{b}$ 与 $\mathfrak{b}+\mathfrak{e}$ 在 C 上都为极强,并对每点 $P\in C$, $\mathfrak{b}-P$ 与 $\mathfrak{b}+\mathfrak{e}-P$ 都是非特殊的,则 $C_0+\mathfrak{b}f$ 为极强.

2.12 设 X 是椭圆曲线 C 上的直纹面,具有不变量 e, 设 $\mathfrak{b}$ 是 C 上的除子.

(a) 存在截影 $D\sim C_0+\mathfrak{b}f$,使 $|D|$ 无基点的充要条件是 $\deg\mathfrak{b}\geqslant e+2$.

(b) 线性系 $|C_0+\mathfrak{b}f|$ 为极强的充要条件是 $\deg\mathfrak{b}\geqslant e+3$.

注. $e=-1$ 的情形需要特别留意.

2.13 对每个 $e\geqslant -1$ 及 $n\geqslant e+3$,存在一个在 $\mathbf{P}^{d-1}$ 中的 $d=2n-e$ 次的椭圆涡形面. 特别在 $\mathbf{P}^4$ 中存在 5 次椭圆涡形面.

2.14 设 X 为亏格 g 的曲线 C 上的直纹面,具不变量 $e<0$,并假定 $\operatorname{Char}k=p>0$, $g\geqslant 2$.

(a) 若 $Y\equiv aC_0+bf$ 是不为 C_0, f 的不可约曲线,则或者 $a=1$, $b\geqslant 0$,或者 $2\leqslant a\leqslant p-1$, $b\geqslant \frac{1}{2}ae$,或者 $a\geqslant p$, $b\geqslant\frac{1}{2}ae+1-g$.

(b) 若 $a>0$ 且 $b>a\left(\frac{1}{2}e+(1/p)(g-1)\right)$,则任意除子 $D\equiv$

aC_0+bf 为强除子．另一方面，若 D 为强，则 $a>0$，$b>\frac{1}{2}ae$．

2.15 特征 p 时的古怪行为． 设 C 为特征 3 的域 k 上的平面曲线 $x^3y+y^3z+z^3x=0$．（第四章，习题 2.4）

(a) 证明在 $H^1(C,\mathcal{O}_C)$ 上，k 线性 Frobenius 射的作用恒为零．（参照第四章，4.21）

(b) 取定一点 $P\in C$，证明存在一个非零的 $\xi\in H^1(\mathscr{L}(-P))$，使得 $f^*\xi$ 在 $H^1(\mathscr{L}(-3P))$ 中为零．

(c) 将 ξ 看作是个扩张，它定义了 $\mathscr{E}$

$$0\longrightarrow\mathcal{O}_C\longrightarrow\mathscr{E}\longrightarrow\mathscr{L}(P)\longrightarrow0,$$

设 X 为相应的 C 上直纹面． 证明 X 包含了一条非异曲线 $Y\equiv3C_0-3f$，使 π: $Y\to C$ 为纯不可分． 再证明除子 $D=2C_0$ 满足(2.21b)的假定，但不是强除子．

2.16 设 C 为非异仿射曲线． 证明具有相同秩的两个局部自由层 $\mathscr{E}$，$\mathscr{E}'$ 为同构当且仅当它们在 Grothendieck 群 $K(X)$ 中的类(第二章，习题 6.10)，(第二章，习题 6.11)相等．但对于射影曲线，论断不成立．

***2.17** (a) 设 φ: $\mathbf{P}_k^1\to\mathbf{P}_k^3$ 为 3 重分量嵌入(第一章，习题 2.12)．令 $\mathscr{I}$ 为 φ 的像的理想层，其像是扭变三次曲线 C． 于是 $\mathscr{I}/\mathscr{I}^2$ 是 C 上局部自由的秩 2 层，故 $\varphi^*(\mathscr{I}/\mathscr{I}^2)$ 是 $\mathbf{P}^1$ 上的秩 2 局部自由层． 因此，由(2.14)知 $\varphi^*(\mathscr{I}/\mathscr{I}^2)\cong\mathcal{O}(l)\oplus\mathcal{O}(m)$ 对某些 $l,m\in\mathbf{Z}$ 成立． 试定出 l,m．［答案： 若 $\mathrm{Char}k\neq3$，则 $l=m=-5$；若 $\mathrm{Char}k=3$，则 $l,m=-4,-6$．］

(b) 设嵌入 φ: $\mathbf{P}^1\to\mathbf{P}^3$ 由 $x_0=t^4$，$x_1=t^3u$，$x_2=tu^3$，$x_3=u^4$ 定义，其像是非异的有理四次曲线．对 φ 重复(a)中问题．

3. 独 异 变 换

定义曲面 X 的独异变换为胀开单个点 P 的运算．之所以采用这个新术语，是为了把它与对任意闭子概型胀开(第二章，§7)的更一般的过程区分出来．在文献中它还冠有许多其他的名字：局部二次变换，膨胀，σ 过程，Hopf 映射等等．

在以后的(5.5)我们会知道，曲面的双有理变换可以分解为一些独异变换及它们的逆．因此对于曲面的双有理研究，独异变换是基础.

本节要研究在单个独异变换下产生的现象. 作为应用, 要指出如何用独异变换来分解曲面上曲线的奇点, 并初步研究曲线奇点的不同类型.

首先确定记号. 令 X 为曲面, P 为曲面的一点. 以 P 为中心的独异变换记为 $\pi: \widetilde{X} \to X$. 那么由(第一章,第 4 节)或(第二章,第 7 节)知, π 诱导出 $\widetilde{X} - \pi^{-1}(P)$ 到 $X - P$ 上的同构. P 的逆像是条曲线 E,称之为例外曲线(第一章, 4.9.1).

命题 3.1 新得到的簇 $\widetilde{X}$ 仍为非异射影曲面曲线 E 同构于 $\mathbf{P}^1$. E 在 $\widetilde{X}$ 上的自交数 $E^2 = -1$.

证明 由于单个点是非异簇,则可运用(第二章, 8.24). 这表明 $\widetilde{X}$ 是非异的,又由(第二章, 7.16)已知 $\widetilde{X}$ 具有维数 2 射影的并双有理等价于 X. 我们也可由(第二章,8.24)推出 $E \cong \mathbf{P}^1$, 这是因为它对应于二维向量空间 $\mathfrak{m}_P/\mathfrak{m}_P^2$ 的 P 点上的射影空间丛. 最后,法层 $\mathscr{N}_{E/\widetilde{X}}$ 正是 $\mathscr{O}_E(-1)$, 故由(1.4.1)有 $E^2 = -1$.

注 3.1.1 后面(5.7)要证明这个命题的逆, 即曲面 X' 上任一条曲线 E, 如果 $E \cong \mathbf{P}^1$ 且 $E^2 = -1$, 则必是曲面的另一个独异变换下的例外曲线.

命题 3.2 自然映射 $\pi^*: \operatorname{Pic} X \to \operatorname{Pic} \widetilde{X}$ 与 $1 \to 1.E$ 定义的映射 $\mathbf{Z} \to \operatorname{Pic} \widetilde{X}$ 给出了同构 $\operatorname{Pic} \widetilde{X} \cong \operatorname{Pic} X \oplus \mathbf{Z}$. $\widetilde{X}$ 上的相交理论由下述规则决定:

(a) 若 $C, D \in \operatorname{Pic} X$, 则 $(\pi^* C).(\pi^* D) = C.D$;

(b) 若 $C \in \operatorname{Pic} X$, 则 $(\pi^* C).E = 0$;

(c) $E^2 = -1$.

最后,若 $\pi_*: \operatorname{Pic} \widetilde{X} \to \operatorname{Pic} X$ 表示到第一分量的投射, 则有

(d) 若 $C \in \operatorname{Pic} X$, $D \in \operatorname{Pic} \widetilde{X}$, 则 $(\pi^* C.D) = C.(\pi_* D)$.

证明 (也可参照第二章, 习题 8.5) 由 (第二章, 6.5)知, $\operatorname{Pic} X \cong \operatorname{Pic}(X - P)$. 但 $X - P \cong \widetilde{X} - E$, 故仍由(第二章,6.5)得到正合序列

$$\mathbf{Z} \to \operatorname{Pic} \widetilde{X} \to \operatorname{Pic} X \to 0,$$

其中的第一个映射将 1 变为 $1.E$.因为对任意 $n \neq 0$ 有 $(nE)^2 = -n^2 \neq 0$，它为单同态。 另外 π^* 使此序列可裂，故而 $\mathrm{Pic}\widetilde{X} \cong \mathrm{Pic}X \oplus \mathbf{Z}$。

我们已经知道了 $E^2 = -1$.要证明(a)与(b),我们利用第 1 节的结果,即 C 与 D 线性等价于非异曲线的差,且它们不经过 P 点而处处横截相交.因为在(1.2)的证明中,我们也可以要求 D' 不经过任意有限个给定的点,于是 π^* 并不影响他们的相交数，这就证明了(a)。另外也很清楚，π^*C 不与 E 相交，故而 $(\pi^*C).E = 0$。因为我们可以假设 C 是不经过 P 点的曲线差，所以相同的论证也证明了(d)。

命题 3.3 $\widetilde{X}$ 的典则除子 $K_{\widetilde{X}} = \pi^*K_X + E$，因此 $K_{\widetilde{X}}^2 = K_X^2 - 1$。

证明 (也可见(第二章，习题 8.5))由于在 $\widetilde{X} - E$ 与 $X - P$ 上的典则层相同,显然 $K_{\widetilde{X}} = \pi^*K_X + nE$, n 为 $\mathbf{Z}$ 中一个数.我们利用对 E 的从属公式(1.5)来确定 n。它表明 $-2 = E.(E + K_{\widetilde{X}})$，故用(3.2)求出 $n = 1$。 K^2 的公式直接从(3.2)得到.

注 3.3.1 由此可知,曲面的不变量 K^2 不是双有理不变量. 举个特殊例子： $\mathbf{P}^2$ 的 $K^2 = 9$(1.4.4)，有理直纹面 X_1 的 $K^2 = 8$ (2.11)，但 X_1 同构于 $\mathbf{P}^2$ 的一个独异变换(2.11.5)。

下面我们要证明在独异变换下算术亏格 p_a 保持不变。为此，必须比较 X 与 $\widetilde{X}$ 结构层的上同调。我们将利用形式函数定理(第三章,11.1)来计算 $R^i\pi_*\mathcal{O}_{\widetilde{X}}$。

命题 3.4 我们有 $\pi_*\mathcal{O}_{\widetilde{X}} = \mathcal{O}_X$，$i > 0$ 时有 $R^i\pi_*\mathcal{O}_{\widetilde{X}} = 0$。因而 $H^i(X, \mathcal{O}_X) \cong H^i(\widetilde{X}, \mathcal{O}_{\widetilde{X}})$ 对所有 $i \geq 0$ 成立。

证明 由于 π 是 $\widetilde{X} - E$ 到 $X - P$ 上的同构,很清楚,自然映射 $\mathcal{O}_X \to \pi_*\mathcal{O}_{\widetilde{X}}$ 除了可能在 P 点外,是个同构。也很清楚 $\mathcal{F}^i = R^i\pi_*\mathcal{O}_{\widetilde{X}}$，$i > 0$ 的支集只可能在 P 点。 我们利用形式函数定理(第三章,11.1)计算这些 $\mathcal{F}^i$。定理表明(在取 P 处茎的完备化时)

$$\widehat{\mathcal{F}}^i \cong \lim H^i(E_n, \mathcal{O}_n),$$

如果令 $\mathcal{J}$ 表示 E 的定义理想， 这里的 E_n 表示 $\widetilde{X}$ 中由 $\mathcal{J}^n$ 定义

的闭子概型，则对每个 n，有一个自然的正合序列

$$0 \to \mathscr{J}^n/\mathscr{J}^{n+1} \to \mathscr{O}_{E_{n+1}} \to \mathscr{O}_{E_n} \to 0.$$

又由(第二章，8.24)知 $\mathscr{J}/\mathscr{J}^2 = \mathscr{O}_E(1)$，再由(第二章，8.21$A$e)得 $\mathscr{J}^n/\mathscr{J}^{n+1} \cong S^n(\mathscr{J}/\mathscr{J}^2) \cong \mathscr{O}_E(n)$。但 $E \cong \mathbf{P}^1$，故对 $i > 0$ 及所有 $n > 0$，成立 $H^i(E, \mathscr{O}_E(n)) = 0$。因为 $E_1 = E$，由上同调的长正合列并对 n 进行归纳，我们推出对所有 $i > 0$，$n > 0$ 有 $H^i(\mathscr{O}_{E_n}) = 0$。于是对 $i > 0$ 成立 $\hat{\mathscr{F}}^i = 0$。由于 $\mathscr{F}^i$ 是支集在 P 的凝聚层，故 $\mathscr{F}^i = \hat{\mathscr{F}}^i$，所以 $\mathscr{F}^i = 0$。

$\mathscr{O}_X \cong \pi_* \mathscr{O}_{\tilde{X}}$ 直接由 X 的正规性与 π 为双有理映射推出。参照(第三章，11.4)的证明。

于是由(第三章，习题 8.1)，我们得到 $H^i(X, \mathscr{O}_X) \cong H^i(\tilde{X}, \mathscr{O}_{\tilde{X}})$ 对所有 $i \geqslant 0$ 成立。

系 3.5 设 $\pi: \tilde{X} \to X$ 为独异变换，则 $p_a(X) = p_a(\tilde{X})$。

证明 由(第三章，习题 5.3)知 $p_a(X) = \dim H^2(X, \mathscr{O}_X) - \dim H^1(X, \mathscr{O}_X)$，同样对 $p_a(\tilde{X})$ 有类似表达式。

注 3.5.1 仍可由(3.4)推出 X 与 $\tilde{X}$ 有相同的非正则度 $q(X) = \dim H^1(X, \mathscr{O}_X)$ 及相同的几何亏格 $p_g = \dim H^2(X, \mathscr{O}_X)$ (第三章，7.12.3)。p_g 的不变性自然也是(第二章，8.19)中 p_g 为双有理不变量的一般性质的推论。

下一步我们要考察在独异变换下一条曲线所产生的现象。设 C 是 X 上一个有效除子，$\pi: \tilde{X} \to X$ 是以 P 点为中心的独异变换。回忆在(第二章，7.15)中我们定义 C 的严格变形 $\tilde{C}$，为在 C 上胀开 P 得到的 $\tilde{X}$ 中闭子概型。它也是 $\pi^{-1}(C \cap (X - P))$ 在 $\tilde{X}$ 中的闭包(第二章，7.15.1)。于是显然地，$\tilde{C}$ 可以由 $\pi^* C$ 中去掉 E 得到(不管 E 在 $\pi^* C$ 中重数如何)。

E 在 $\pi^* C$ 中重数依赖于 C 在 P 点的行为。因此我们给出下面的重数定义，它推广了(第一章，习题 5.3)中对平面曲线的定义。

定义 设 C 为曲面 X 上一个有效除子，f 为 C 在 P 点的局部方程。则定义 C 在 P 点的重数为使 $f \in \mathfrak{m}_P^r$ 的最大整数 r，其中 $\mathfrak{m}_P \subseteq \mathscr{O}_{P,X}$ 是极大理想。以 $\mu_P(C)$ 表此重数。

注 3.5.2 由于 $f\in\mathcal{O}_{P,X}$，我们总有 $\mu_P(C)\geqslant 0$。又 $\mu_P(C)\geqslant 1$，当且仅当 $P\in C$，等式成立当且仅当 C 在 P 点非异，这是因为此时 $\mathfrak{m}_{P,C}$ 是个主理想，故 $f\notin\mathfrak{m}_{P,X}^2$。

命题 3.6 设 C 为 X 上的有效除子，P 为 C 上一个重数 r 的点，$\pi:\ \tilde{X}\to X$ 是以 P 为中心的独异变换，则

$$\pi^*C=C+rE.$$

证明 我们回到胀开的定义，显式地计算出在 P 点邻域出现的情况，使我们可以寻求 C 在 X 中的局部方程与 π^*C 在 $\tilde{X}$ 中的局部方程。

设 $\mathfrak{m}$ 为 P 在 X 上的理想层。则 $\tilde{X}$ 定义为 $\mathbf{Proj}\varphi$，其中 φ 是分次代数层 $\varphi=\bigoplus_{d\geqslant 0}\mathfrak{m}^d$（第二章，第 7 节）。令 x，y 为 P 点的局部参数，则在 P 的某个邻域 U 中，x，y 生成 $\mathfrak{m}$，我们假定这个邻域是仿射的，$U=\operatorname{Spec}A$。Koszul 复形（第三章，7.10A）给出了 $\mathfrak{m}$ 在 U 上的一个分解：

$$0\to\mathcal{O}_U\to\mathcal{O}_U^2\to\mathfrak{m}\to 0.$$

这里，以 t，u 表示 $\mathcal{O}_U^2$ 的两个生成元，映射将 t 变为 x，u 变为 y。于是，核由 $ty-ux$ 生成。因此在 U 上 φ 是对应于 A 代数 $A[t,u]/(ty-ux)$ 的层，而 $\tilde{X}$ 是 $\mathbf{P}_U^1$ 中 $ty-ux$ 定义的闭子概型，其中 t，u 是 $\mathbf{P}^1$ 的齐次坐标。（留意一下，这个构造是怎样推广（第一章，4.9.1）例子的。

现设 f 为 C 在 U 中的局部方程（若有必要可缩小 U）。于是由重数的定义，可以写为

$$f=f_r(x,y)+g,$$

其中 f_r 为 r 次非零齐次多项式，系数在 k 中，$g\in\mathfrak{m}^{r+1}$。事实上，$f\in\mathfrak{m}^r$，$f\notin\mathfrak{m}^{r+1}$ 而 $\mathfrak{m}^r/\mathfrak{m}^{r+1}$ 是以 $x^r,x^{r-1}y,\cdots,y^r$ 为基的 k 向量空间。

考虑 $\mathbf{P}_U^1$ 中由 $t=1$ 定义的仿射开子集 V。在 $\tilde{X}\cap V$ 上有 $y=\mu x$，故可写为

$$\pi^*f=x^r(f^r(1,u)+xh),$$

其中 $h\in A[u]$。事实上，$\mathfrak{m}^{r+1}A[u]$ 由 x^{r+1}，$x^{r+1}u,\cdots,x^{r+1}u^{r+1}$ 生

成，所以π^*g可被x^{r+1}除尽。

但是，x是E的局部方程，$f_r(1,u)$仅在E的有限个点上为零，从而E在π^*C中正好有重数r，其中π^*C局部由π^*f定义。

系 3.7 在命题同样的假设下，$\tilde{C}.E=r$，$p_a(\tilde{C})=p_a(C)-\frac{1}{2}r(r-1)$。

证明 因为$\tilde{C}=\pi^*C-rE$，所以由(3.2)得$\tilde{C}.E=r$。我们用从属公式(1.5)及(习题1.3)计算$p_a(\tilde{C})$，

$$
\begin{aligned}
2p_a(\tilde{C})-2&=\tilde{C}.(\tilde{C}+K_{\tilde{X}})\\
&=(\pi^*C-rE).(\pi^*C-rE+\pi^*K_X+E)\\
&=2p_a(C)-2-r(r-1),
\end{aligned}
$$

所以

$$p_a(\tilde{C})=p_a(C)-\frac{1}{2}r(r-1).$$

命题 3.8 设C是曲面X上的不可约曲线，则存在独异变换(具有适当的中心)的有限序列$X_n\to X_{n-1}\to\cdots\to X_1\to X_0=X$，使$C$在$X_n$上的严格变形$C_n$为非异。

证明 若C已是非异的，取$n=0$。否则令P为一奇点，$r\geq 2$为其重数。令$X_1\to X$为以P为中心的独异变换，C_1为C的严格变形。于是由(3.7)知$p_a(C_1)<p_a(C)$。若C_1为非异的，则证完。否则，再选C_1的一个奇点，继续进行。如此，便得到一个独异变换的序列

$$\cdots\to X_2\to X_1\to X_0=X,$$

使C在X_i上的严格变形C_i对所有i满足$p_a(C_i)<p_a(C_{i-1})$。因为任意不可约曲线的算术亏格是个非负整数($p_a(C_i)=\dim\times H^1(\mathscr{O}_{C_i})$，(第三章，习题5.3))，这个过程必在有限步后终止。因此存在n，使C_n为非异。

注 3.8.1 奇点分解的一般性问题是，对给出的一个簇V，求一个双有理的本征态射$f: V'\to V$使V'为非异。若V为曲线，我们知道这是可以办到的，因为曲线的每个双有理等价类中含有

一条唯一的非异射影曲线(第一章，6.11). 事实上，这时只要取V'为V的正规化就行了. 但是高维情形不能用这种方法.

因此我们采用下面的方法处理这个一般问题. 当V为奇异时，将奇点集的某个子簇胀开，得到一个态射 f_1: $V_1 \to V$. 然后(这是困难的部分)找出某种定量的方式证明V_1的奇异性较之V的要小. 于是重复此过程，最终必得一非异簇.

有两点是完全明白的: 第一，为了使奇异性得到合理的控制，应该只对那些自身为非异的子簇进行胀开(例如一个点)；第二，为了能够实行对V的维数的归纳法，应该也考虑所谓嵌入分解的问题. 这个问题是说，给出一个包含在非异簇W中的子簇V，要找一个双有理的本征态射 g: $W' \to W$，W' 为非异，使得不仅V在W'中的严格变形$\widetilde{V}$是非异的，而且整个逆像$g^{-1}(V)$是个正规交叉除子，它的意思是 $g^{-1}(V)$ 的每个不可约分支是非异的，且当$g^{-1}(V)$ 的 r 个不可约分支交于点P时，Y_i的局部方程$f_1,\cdots,f_r$组成P点的部分正则参数系(即 $f_1,\cdots,f_r(\bmod \mathfrak{m}_P^2)$为线性无关.)

刚刚证明的(3.8)表明，当C是非异曲面的一条曲线时，可经过逐次的独异变换分解C的奇点. 在下面(3.9)我们将证明对于曲面中曲线的更强的嵌入分解定理.

一般分解问题的状况是这样的: 曲线的分解在19世纪后期已经知道. 曲面(在$\mathbf{C}$上)的分解已为意大利学派所了解，但是第一个"严格"证明由 Walker 在1935年给出. 1939年 Zariski 给了曲面分解 (Char$k=0$) 的第一个纯代数的证明. 然后在1944年他证明了曲面的嵌入分解与三维簇的分解定理 (Char$k=0$). 1956年，Abhyankar 对特征$p>0$的情形证明了曲面的分解，1966年他又对特征$p>5$的三维簇证明了分解定理. 同时，在1964年，Hironaka 证明了特征0时，在所有维数下的分解与嵌入分解定理.分解问题的更详细的情形和精确的参考文献可见 Lipman[1]，Hironaka[4] 以及 Zariski[8] 中 Hironaka 所写的 Zariski 关于分解的论文选的导言.

定理 3.9(曲面中曲线的嵌入分解) 设Y为曲面X中的曲线，

则存在独异变换的有限序列 $X' = X_n \to X_{n-1} \to \cdots \to X_0 = X$，使得当 $f: X' \to X$ 表示它们的复合时，整个逆像 $f^{-1}(Y)$ 是个正规交叉除子。

证明 显然可以假定 Y 是连通的。又因为正规交叉的定义并没有涉及到不可约分支的重数，故而可设 Y 为既约的，也就是说每个分支的重数都是 1。现在，对任一双有理态射 $f: X' \to X$，以 $f^{-1}(Y)$ 表示既约的逆像除子 $f^*(Y)_{\text{red}}$。换句话说，$f^{-1}(Y)$ 是 $f^*(Y)$ 中所有不可约分支的和，每个分支的重数为 1。如果 f 是些独异变换的复合，则 $f^{-1}(Y)$ 也是既约与连通的，所以 $H^0(\mathcal{O}_{f^{-1}(Y)}) = k$，$p_a(f^{-1}(Y)) = \dim H^1(\mathcal{O}_{f^{-1}(Y)}) \geqslant 0$。

设 $\pi: \widetilde{X} \to X$ 为在点 P 的独异变换，$\mu_P(Y) = r$。则由 (3.6)，$\pi^{-1}(Y)$ 就是 $\widetilde{Y} + E = \pi^*(Y) - (r-1)E$。故可利用从属公式像(3.7)中一样计算算术亏格，求出

$$p_a(\pi^{-1}(Y)) = p_a(Y) - \frac{1}{2}(r-1)(r-2).$$

依下述步骤证明结果。首先对 Y 的每个不可约分支运用 (3.8)。因而将问题化到了 Y 的每个不可约分支都是非异的情形，这是因为我们添加的所有例外曲线都已是非异的。于是，如果总的曲线 Y 有一个非结点的奇点，我们就把它胀开。

如果 $\mu_P(Y) \geqslant 3$，则 $p_a(\pi^{-1}(Y)) < p_a(Y)$。所以只有有限步能有此种情形。如果 $\mu_P(Y) = 2$，则 $p_a(\pi^{-1}(Y)) = p_a(Y)$，于是我们必须更深入地考察。由(3.7)，$\widetilde{Y}.E = 2$。有三种可能性。一个是 $\widetilde{Y}$ 与 E 横截相交于两个不同点，这时就可停止进一步分解。第二种是 $\widetilde{Y}$ 与 E 相交于一点 Q，它是 $\widetilde{Y}$ 的非异点，但是 $\widetilde{Y}$ 与 E 在 Q 的相交重数为 2。这时胀开 Q 便出现了一个三叉点（请验证！），故进一步胀开使 $p_a(Y)$ 又变小。第三种可能性 $\widetilde{Y}$ 与 E 相交于一点 Q，但它是 $\widetilde{Y}$ 的二重奇点。这是 $\widetilde{Y} + E$ 在 Q 点的重数为 3，这时胀开 Q 点又使 p_a 变小。

因此我们看到，除结点外的任一类奇点都有一个独异变换或独异变换的有限序列，一定使 p_a 减少。于是这个过程必定终止。

这时 $f^{-1}(Y)$ 就是一个正规交叉的除子，因为这时每个不可约分支是非异的而总曲线 $f^{-1}(Y)$ 的奇点仅仅是结点．

例 3.9.1 设 Y 是平面类点曲线 $y^2 = x^3$，则 Y 的奇点可由一个独异变换分解．但是，要使 $f^{-1}(Y)$ 为正规交叉，需要三个独异变换(图 20)．

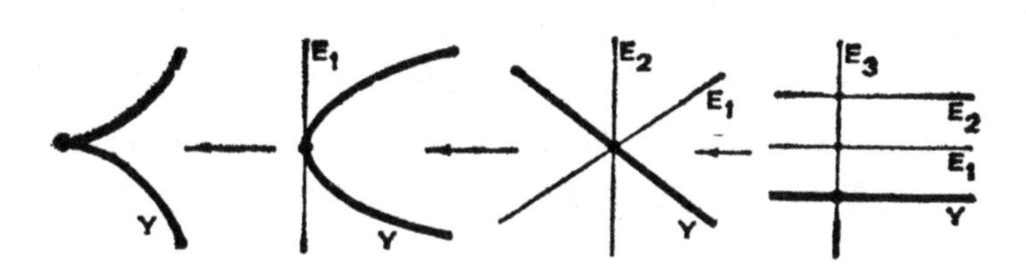

图 20　类点的嵌入分解

由于逐次独异变换方面的原因，为方便起见引进无限邻近点的用语．

定义 设 X 为曲面 X' 为由 X 经有限次逐次独异变换得到的任意曲面．称 X' 上任一点为 X 的一个无限邻近点．若 $g: X'' \to X'$ 为进一步的逐次独异变换，$Q'' \in X''$ 是在使 g 为同构的开集中的一点，则作为 X 的无限邻近点将 Q'' 与 $g(Q'')$ 视为相同．特别地，X 的所有普通点均包括在无限邻近点中．如果 P 是某个 X' 上的点，Q 在胀开 P 得到的例外曲线 E 上，则说"Q 无限邻近 P"．若 C 是 X 中曲线，$Q' \in X'$ 是 X 的一个无限邻近点，而 Q' 又是 C 在 X' 上的严格变形中的点，则称 Q' 是 C 的无限邻近点．

例 3.9.2 设 C 是曲面 X 上的非异曲线，C 为其正规化．则有

$$g(\widetilde{G}) = p_a(C) - \sum_P \frac{1}{2} r_P(r_P - 1),$$

其中 r_P 是重数，和号是对 C 的所有奇点 P，包括无限邻近奇点取的．事实上，由(3.8)知我们可以由 C 逐次胀开奇点，直到没有奇点为止．(3.7) 表明我们每作一次胀开，算术亏格就减少了 $\frac{1}{2}r \cdot (r-1)$．

例 3.9.3 特别地，同时处理一点无穷小邻域时，则(第四章，习题 1.8)中的整数 δ_P 可以用 $\sum \frac{1}{2} r_Q(r_Q-1)$ 计算，它对 P 上的所有无限邻近点 Q(包括 P)取和。

注 3.9.4 (曲线奇点的分类)利用本节的想法可以着手于曲面上(既约)曲线的所有可能奇点的新分类，它较之(第一章，5.6.1)及(第一章，习题 5.14)引进的解析同构分类为弱(见习题 3.6)。参考文献可见 Walker [1,第 III 章，§7]及 Zariski [10,第 I 章]。

我们对曲线 C(总假定在曲面 X 上)的奇点 P，以它的重数作为第一个不变量。其次有 C 的无限邻近奇点的重数以及它们在 P 点周围的相对位置。这些条件已足以决定 δ_P(3.9.3)。

我们再定义奇点（或一组奇点）的一个稍许复杂的离散不变量，即在下述等价关系下的等价类。设 C 是曲面 X 的开集 U 中的(既约)曲线，$C'\subseteq U'\subseteq X'$ 是另一条。如果存在一系列独异变换 $U_n\to U_{n-1}\to\cdots\to U_0=U$ 及另一列 $U'_n\to U'_{n-1}\to\cdots\to U'_0=U'$ 各为 C 与 C' 的嵌入分解，并且存在一个一一对应关系使它们的总变形的不可约分支之间对应，每一步分解的奇点之间对应，并保持了重数、相互关联不变，也与每个 i 的映射 $U_i\to U_{i-1}$ 及$U'_i\to U'_{i-1}$ 相容，就称这个 C 与 C' 等价。容易验证这确为等价关系，单个奇点 $P\in C$ 的等价类就定义为在取 U 充分小使 $C\cap U$ 不含其他奇点时的等价类。

例 3.9.5 要解释这个概念，我们来对所有二重点等价分类。设 $P\in C$ 是个二重点，$\pi:\tilde{X}\to X$ 为中心在 P 的独异变换，于是像(3.9)证明中的一样，有三种可能性：(a) $\tilde{C}$ 与 E 横截相交于两个点，这时 P 是结点；(b) $\tilde{C}$ 与 E 交于一点且切于此点，这时 P 是尖点；(c) $\tilde{C}$ 为奇异曲线，有一个二重点 Q。由于 $\tilde{C}.E=2$，这时 E 必穿过 Q，其方向不同于 Q 处的任一切方向，因此 Q 的等价类决定了 P 的等价类。

那么，我们可以按照使 $\tilde{C}$ 为非异所需胀开的次数 n 以及上面(a)或(b)的行为，对二重点分类。

这时也会碰到等价分类与解析同构分类相同的情形，但一般说来并不相同(习题 3.6)。事实上，在解析同构下，任一二重点可由 $y^2 = x^r$, $r \geqslant 2$ 给出(第一章，习题 5.14d)。为作胀开，令 $y = ux$。则得到 $u^2 = x^{r-2}$。故而可以归纳地看出，其等价类由 $n = [r/2]$ 及 r 为偶数时的类型 (a)，r 为奇数时的类型(b)给出。

习 题

3.1 令 X 为任意维数的非异射影簇，Y 为其非异子簇，$\pi: \tilde{X} \to X$ 由胀开 Y 得到. 证明 $p_a(\tilde{X}) = p_a(X)$.

3.2 设 C 及 D 为曲面 X 上的曲线，相交于 P 点，$\pi: \tilde{X} \to X$ 是以 P 为中心的独异变换. 证明 $\tilde{C}.\tilde{D}_/ = C.D - \mu_P(C) \cdot \mu_P(D)$. 由此推出 $C.D = \Sigma\mu_P(C)\mu_P(D)$，它是对 C 与 D 的所有交点，包括无限邻近的相交取和.

3.3 设 $\pi: \tilde{X} \to X$ 是独异变换，D 为 X 上的极强除子. 证明 $2\pi^*D - E$ 是 $\tilde{X}$ 的强除子. [提示: 对 $\mathbf{P}^n$ 中曲线利用(第一章，习题 7.5) 的适当推广.]

3.4 局部环的重数. (参阅 Nagata [7,第三章,§23]或 Zariski-Samuel[1, 2 卷,第 VIII 章,§10])设 A 为 Noether 局部环，$\mathfrak{m}$ 为其极大理想.对任意 $l > 0$，令 $\psi(l) = \text{length}(A/\mathfrak{m}^l)$.称 ψ 为 A 的 Hilbert-Samuel 函数.

(a) 证明存在多项式 $P_A(z) \in Q[z]$，使对 $l \gg 0$ 有 $P_A(l) = \psi(l)$. 这是 A 的 Hilbert-Samuel 多项式. [提示: 考虑分次环 $gr_{\mathfrak{m}}A = \bigoplus_{d \geqslant 0}\mathfrak{m}^d/\mathfrak{m}^{d+1}$ 并运用(第一章,7.5).]

(b) 证明 $\deg P_A = \dim A$.

(c) 设 $n = \dim A$. 则定义 A 的重数 $\mu(A) = n! \cdot (P_A$ 的首项系数. 若 P 是一个 Noether 概型 X 中的点，定义 P 在 X 上的重数 $\mu_P(X)$ 为 $\mu(\mathcal{O}_{P,X})$.

(d) 证明当 P 是曲面 X 上的曲线 C 的点时，这里定义的 $\mu_P(C)$ 与刚才正文中(3.5.2)前定义的相一致.

(e) 设 Y 是 $\mathbf{P}^n$ 中的 d 次簇，证明 Y 上锥的顶点是个 d 重点.

3.5 设 $a_1, \cdots, a_r, r \geqslant 5$ 是 k 中不同元，C 为 $\mathbf{P}^2$ 中由(仿射)方程 $y^2 = \prod_{i=1}^{r}(x - a_i)$ 定义的曲线. 证明 y 轴上的无限远点 P 是个奇点. 设 $\tilde{Y}$ 为 Y 的正规化，试比较 δ_P 与 $g(\tilde{Y})$. 证明由此方式可得到每个亏格 $g \geqslant 2$ 的超椭圆曲线.

3.6 证明解析同构的曲线奇点(第一章，5.6.1)是(3.9.4)中所说的等价奇点，但反过来不对.

3.7 对下述每条曲线在平面中(0,0)点的奇点，给出其嵌入分解，计算 δ_P，并决定哪些是等价的.

(a) $x^3 + y^5 = 0$.

(b) $x^3 + x^4 + y^5 = 0$.

(c) $x^3 + y^4 + y^5 = 0$.

(d) $x^3 + y^5 + y^6 = 0$.

(e) $x^3 + xy^3 + y^5 = 0$.

3.8 证明下面的两个奇点有相同的重数，其无限邻近点有相同的相对位置，也有相同的重数，因而有相同的 δ_P，但是它们不等价.

(a) $x^4 - xy^4 = 0$.

(b) $x^4 - x^2y^3 - x^2y^5 + y^8 = 0$.

4. $\mathbf{P}^3$ 中的三次曲面

像第2节一样，本节考虑很特殊的一类曲面，用以解释一些一般原理.我们的主要结果是说，射影平面对六个点的胀开同构于$\mathbf{P}^3$中一个非异三次曲面. 我们利用这个同构研究三次曲面上的曲线几何. 这个同构是利用了具六个基点的平面三次曲线的线性系得到的，故而我们开始先对具基点的线性系作些一般性注释.

设 X 为曲面，$|D|$ 为 X 上的曲线的完全线性系，$P_1,\cdots,P_r$ 是 X 的点. 然后，我们来考虑由经过 $P_1,\cdots,P_r$ 点的除子 $D\in|D|$ 构成的子线性系 $\mathfrak{d}$，以 $|D-P_1-\cdots-P_r|$ 表之，称 $P_1,\cdots,P_r$ 为 $\mathfrak{d}$ 的派定基点.

设 $\pi: X'\to X$ 是由胀开 $P_1,\cdots,P_r$ 得到的态射，$E_1,\cdots,E_r$ 为例外曲线. 则在 X 上的 $\mathfrak{d}$ 的元与 X' 上的完全线性系 $\mathfrak{d}'=|\pi^*D-E_1-\cdots-E_r|$ 的元之间存在自然的一一对应，它由 $D\longmapsto\pi^*D-E_1-\cdots-E_r$ 给出. 这是因为后一个除子在 X' 上为有效，当且仅当 D 经过 $P_1,\cdots,P_r$.

X' 上的新线性系 $\mathfrak{d}'$ 可能有也可能没有基点，我们将 $\mathfrak{d}'$ 的基点

看为 X 的无限邻近点，并称之为 $\mathfrak{d}$ 的**非派定基点**。

如果某些 P_i 本身就是 X 的无限邻近点，或者它们的重数大于 1，上述的定义仍然适用。例如，当 P_2 无限邻近 P_1 时，则 $D \in \mathfrak{d}$ 表明它满足 $P_1 \in D$ 且 $\pi_1^* D - E_1$ 包含 P_2，其中 π_1 是对 P_1 的胀开。另外，若 P_1 有重数 $r \geqslant 1$，则要求 D 在 P_1 至少是个 r 重点，这时在 $\mathfrak{d}'$ 的定义中应取 $\pi^* D - rE_1$。

（注意，如果我们派定的基点 $Q_1, \cdots, Q_s$ 无限邻近点 P，则每个包含 $Q_1, \cdots, Q_s$ 的除子本身在 P 点至少有一个 s 重点。于是我们约定每个 P 点必须派定一个重数，它至少等于无穷邻近 P 的派定点重数的和。）

这个术语的好处在于，给我们一种谈论在 X 的各种胀开模型上线性系的方式，即使用 X 上某个适当的具派定基点的线性系这种特殊的字眼。

注 4.0.1 使用这个术语，我们可以重新表达一个完全线性系 $|D|$ 为极强的条件（第二章，7.8.2）如后：$|D|$ 为极强，当且仅当（a）$|D|$ 无基点，（b）对每个 $P \in X$，$|D - P|$ 无非派定基点。实际上，$|D|$ 分离 P, Q 点，当且仅当 Q 不是 $|D - P|$ 的基点；而 $|D|$ 分离 P 点的切向量，当且仅当 $|D - P|$ 没有无限邻近 P 的非派定基点。

注 4.0.2 如果我们看出，当我们派定一个基点它又不是线性系的非派定基点时，线性系维数正好减少 1，则我们可以以（第四章，3.1）提示的那种形式，重新表达这个条件：$|D|$ 为极强，当且仅当对任意两点 $P, Q \in X$，包括 Q 是 P 的无限邻近点情形，成立

$$\dim |D - P - Q| = \dim |D| - 2.$$

注 4.0.3 将（4.0.1）运用于 X 的一个胀开模型上，我们看出如果 $\mathfrak{d} = |D - P_1 - \cdots - P_r|$ 是 X 上派定基点的线性系，则在 X' 上相关联的线性系 $\mathfrak{d}'$ 为极强，当且仅当（a）$\mathfrak{d}$ 无非派定基点，（b）对每个 $P \in X$，包括 X' 上的无限邻近点，$\mathfrak{d} - P$ 无非派定基点。

现在转到本节的特定情形，即具派定基点的固定次数的平面曲线线性系。我们要问是否它们有非派定基点，如果没有，我们便研究胀开模型到某射影空间的对应态射。要得到 $\mathbf{P}^3$ 中的三次曲面，我们将利用具有六个基点的三次平面曲线的线性系。然而首先需要考虑带基点的圆锥线线性系。这里圆锥线（相应地，三次曲线）表示平面中次数为 2（相应地，3）的平面有效除子。

命题 4.1 设 $\mathfrak{d}$ 是 $\mathbf{P}^2$ 中圆锥线的线性系，它有派定基点 $P_1, \cdots, P_r$，并设没有三个 P_i 点共线。如果 $r \leqslant 4$，则 $\mathfrak{d}$ 无非派定基点。当 P_2 无限邻近 P_1 时，这个结果仍然成立。

证明 显然只要考虑 $r = 4$ 的情形就够了。先设 P_1, P_2, P_3, P_4 都是普通点，令 L_{ij} 表示包含 P_i, P_j 的直线，则 $\mathfrak{d}$ 包含了 $L_{12} + L_{34}$ 与 $L_{13} + L_{24}$。因为没有三个 P_i 共线，这两个除子的交由点 P_1, P_2, P_3, P_4 构成，每个的重数都是 1，故没有非派定基点。

现在设 P_2 无限邻近 P_1。这时 $\mathfrak{d}$ 包含了 $L_{12} + L_{34}$ 与 $L_{13} + L_{14}$（这里的 L_{12} 自然表示一条过 P_1 的直线而方向为 P_2 给出的切线方向.）其交仍恰为 $\{P_1, P_2, P_3, P_4\}$，故没有其他基点。

系 4.2 在同样假设下，有

(a) 如果 $r \leqslant 5$，则 $\dim \mathfrak{d} = 5 - r$；

(b) 如果 $r = 5$，则存在唯一的圆锥线经过 $P_1, \cdots, P_5$ 且它必为不可约。

又当 P_5 无限邻近 $P_1, \cdots, P_4$ 中任一点时，上述结果仍成立。

证明 (a) 在一个无非派定基点的线性系上，每规定一个基点，其维数就减少 1. 由于 $\mathbf{P}^2$ 中所有圆锥线的线性系具维数 5，故由(4.1)推出结论。

(b) 若 $r = 5$，则 $\dim \mathfrak{d} = 0$，故存在唯一的圆锥线包含了 $P_1, \cdots, P_5$。由于无三个 P_i 点共线，它必为不可约。

注 4.2.1 最后一个论断(b)是个经典的结果：圆锥线为 5 个给定点唯一决定；而 4 个点与它们中任一点的切方向，或 3 个点及在其中两个点的切方向，或 3 个点及其中一个点上的切方向与二阶切方向（当 P_5 无限邻近 P_2 它也无限邻近 P_1）都唯一决定了圆锥线。

例 4.2.2 若 $r=1$，则 $\mathfrak{d}$ 无非派定基点，且对任意点 P，$\mathfrak{d}-P$ 无非派定基点。故由(4.0.3)知 $\mathfrak{d}'$ 为 X' 上的极强除子。因为 $\dim\mathfrak{d}'=4$，它将 X' 嵌入 $\mathbf{P}^4$ 为 3 次曲面，这个次数等于 $\mathfrak{d}$ 中两个除子的非派定相交点的个数。事实上，X' 恰是 $e=1$ 的有理直纹面，而这个嵌入是有理三次涡形面(2.19.1)。

例 4.2.3 若 $r=3$，则 X' 是 $\mathbf{P}^2$ 对三个点的胀开，且 $\dim\mathfrak{d}=2$。因为 $\mathfrak{d}'$ 无基点，它决定 X' 到 $\mathbf{P}^2$ 的态射 ψ。我们可取此三点为 $P_1=(1,0,0)$，$P_2=(0,1,0)$，$P_3=(0,0,1)$。于是对应于 $\mathfrak{d}$ 的向量空间 $V\subseteq H^0(\mathscr{O}_{\mathbf{P}^2}(2))$ 由 x_1x_2，x_0x_2 及 x_0x_1 张成，故 ψ 可由 $y_0=x_1x_2$，$y_1=x_0x_2$，$y_2=x_0x_1$ 定义，其中 y_i 是新的 $\mathbf{P}^2$ 的齐次坐标，将它看作 $\mathbf{P}^2$ 到 $\mathbf{P}^2$ 的有理映射，它只不过是(第一章，习题 4.6)中的二次变换 φ。

现在我们证明 ψ 等同于第二个 $\mathbf{P}^2$ 对三个点 $Q_1=(1,0,0)$，$Q_2=(0,1,0)$，$Q_3=(0,0,1)$ 的胀开 X' 到 $\mathbf{P}^2$ 的映射，使得例外曲线 $\psi^{-1}(Q_i)$ 等于第一个 $\mathbf{P}^2$ 中 P_j，P_k 连线 L_{jk} 的严格变形，其中 (i,j,k) 等于(1,2,3)的某个排列。另外 $\psi(E_i)$ 是连接 Q_j，Q_k 的直线 M_{jk}，其中 (i,j,k) 同上，因此我们可以说二次变换 φ 恰是"胀开点 P_1，P_2，P_3，然后再压平直线 $\tilde{L}_{12}$，$\tilde{L}_{13}$，$\tilde{L}_{23}$"(图 21)。

为了证明这些，我们考虑 $\mathbf{P}^2\times\mathbf{P}^2$ 中由双齐次方程 $x_0y_0=$

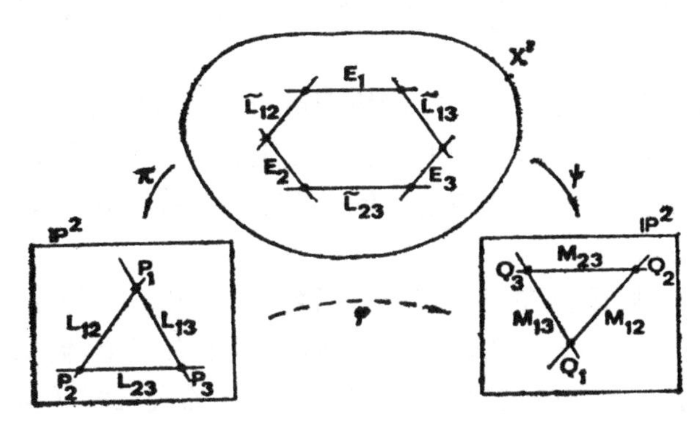

图 21 $\mathbf{P}^2$ 的二次变换

$x_1y_1 = x_2y_2$ 定义的簇 V. 断言第一个投射 $p_1: V \to \mathbf{P}^2$ 将 V 等同于 X'. 这是个局部问题，其理由在于胀开一点仅仅依赖于此点的邻域，故考虑由 $x_0 = 1$ 定义的开集 $U \subseteq \mathbf{P}^2$. 于是 $U = \operatorname{Spec} A$, $A = k[x_1, x_2]$, 而 $p_1^{-1}(U)$ 可写成

$$p_1^{-1}(U) = \operatorname{proj} A[y_0, y_1, y_2]/(y_0 - x_1y_1, x_1y_1 - x_2y_2).$$

由此分次环中消去 y_0, 得到

$$p_1^{-1}(U) \cong \operatorname{Proj} A[y_1, y_2]/(x_1y_1 - x_2y_2).$$

但这表明了 $p_1^{-1}(U)$ 同构于 U 对点 $(x_1, x_2) = (0,0)$ 的胀开，就像(3.6)的证明中所做的一样.

对于 $\mathbf{P}^2$ 中开集 $x_1 = 1$ 与开集 $x_2 = 1$ 作同样的考虑，便知道通过第一个投射，V 正是 $\mathbf{P}^2$ 对 P_1, P_2, P_3 点的胀开，故 $V \cong X'$. 由对称性知，通过第二个投射，V 是第二个 $\mathbf{P}^2$ 对 Q_1, Q_2, Q_3 点的胀开，所以 $p_2 \circ p_1^{-1}$ 给出 $\mathbf{P}^2$ 自身的双有理变换. 对 $x_0, x_1, x_2 \neq 0$ 解出方程 $x_0y_0 = x_1y_1 = x_2y_2$, 得到 $y_0 = x_1x_2$, $y_1 = x_0x_2$, $y_2 = x_0x_1$, 于是这个变换又是上面所说的二次变换 φ.

由此我们推出 $\psi: X' \to \mathbf{P}^2$ 与 $p_2: V \to \mathbf{P}^2$ 是相同的，从而 φ 正是胀开三个点，压平三条直线. 最后，由方程式清楚表明 $p_2^{-1}(\tilde{L}_{ij}) = Q_k$, $p_2(E_i) = M_{jk}$ 对每个 i, j, k 成立.

命题 4.3 设 $\mathfrak{d}$ 是具有派定基点 $P_1, \cdots, P_r$ 的平面 3 次曲线的线性系，并设无 4 个 P_i 共线，无 7 个 P_i 在一条圆锥线上. 如果 $r \leqslant 7$, 则 $\mathfrak{d}$ 无非派定基点，如果 P_2 无限邻近 P_1, 这个结果也成立.

证明 只要考虑 $r = 7$ 的情形就行了. 我们首先证明若 $P_1, \cdots, P_7$ 全为普通点，则 $\mathfrak{d}$ 没有非派定普通基点，为此只要表明对每个不等于任何 P_i 的点 Q, 有一条三次曲线包含了 $P_1, \cdots, P_7$ 但不包含 Q 即可.

情形 1. 假设存在三个 P_i 点，譬如 P_1, P_2, P_3 与 Q 在一条直线 L^* 上. 点 P_4, P_5, P_6, P_7 不共线，故至少有三个，譬如 P_4, P_5, P_6 不共线. 于是经过 P_1, P_2, P_4, P_5, P_6 的圆锥线 Γ_{12456} 与经过 P_3, P_7 的直线 L_{37}, 合起来形成一条经过 $P_1, \cdots, P_7$ 而不经过 Q

的三次曲线。事实上，如果 $Q \in L_{37}$，则 $P_7 \in L^*$，那么 P_1, P_2, P_3, P_7 共线，这是矛盾的。

情形 2. 设 Q 不与任何三个 P_i 点共线，但 Q 在一条包含了 6 个 P_i 点的圆锥线 Γ^*（必为不可约）上，不妨设这 6 个点为 $P_1, \cdots, P_6$。于是 $\Gamma_{12347} + L_{56}$ 是条不含 Q 的三次曲线。事实上，若 $Q \in \Gamma_{12347}$，则 P_1，P_2，P_3，P_4，Q 既在此圆锥线上也在 Γ^* 上。由 (4.2) 知 $\Gamma_{12347} = \Gamma^*$。于是 $P_1, \cdots, P_7$ 全在 Γ^* 上，矛盾。若 $Q \in L_{56}$，则 Γ^* 为可约，又矛盾。

情形 3. Q 不与任何三个 P_i 点共线也不在一条包含了 6 个 P_i 点的圆锥线上。考虑三条三次曲线 $C_i = \Gamma_{1234i} + L_{jk}$，其中 $(i, j, k) = (5, 6, 7)$ 的某个排列。我们证明它们中的一条不含 Q。如果 $Q \in L_{56}$，则 $Q \notin L_{57}$，$Q \notin L_{67}$，这是因为不管那种情形都会使 P_5，P_6，P_7，Q 共线。所以去掉 C_7，可以设 $Q \notin L_{57}$，$Q \notin L_{67}$。那么，如果 $Q \in C_5$，$Q \in C_6$，则有 $Q \in \Gamma_{12345}$ 与 $Q \in \Gamma_{12346}$。考虑圆锥线 $\Gamma' = \Gamma_{1234Q}$。若 Γ' 不可约，那么由 (4.2) 知所有三条圆锥线都相等，从而 $Q \in \Gamma_{123456}$，矛盾。如果 Γ' 可约，适当标号时，则或 (a) $\Gamma' = L_{123} + L_{4Q}$，或 (b) $\Gamma' = L_{12Q} + L_{34}$。在情形(a)中，$\Gamma_{12345} = L_{123} + L_{45}$，$\Gamma_{12346} = L_{123} + L_{46}$，故 P_4，P_5，P_6，Q 共线，矛盾。在情形(b)中，$\Gamma_{12345} = L_{12} + L_{345}$，$\Gamma_{12346} = L_{12} + L_{346}$，于是 P_3，P_4，P_5，P_6 共线，又矛盾。

$P_1, \cdots, P_7, Q$ 全为普通点的情形已证毕。在 P_2 无限邻近 P_1，或 Q 无限邻近一个 P_i，或这两种同时存在的这些情形下，可进行与上面相同的证明。有时必须标明 P_i 使所作的构造有意思，也必须利用 (4.2) 的无限邻近点的情形，详细证明留给读者。

系 4.4 在同样的假设下，有

(a) 如果 $r \leqslant 8$，则 $\dim \mathfrak{d} = 9 - r$，及

(b) 如果 $r = 8$，$\dim \mathfrak{d} = 1$ 且 $\mathfrak{d}$ 中几乎所有的曲线都是不可约的。

证明 对 $r \leqslant 7$，没有非派定基点，故每一步使维数减少 1。无基点的三次曲线构成一个 9 维线性系，这证明了 (a)，要证明

(b)，我们看到，由于无 4 点共线，无 7 点共一圆锥线，故而只有有限种方式使它为 3 条直线，或者为一条直线与过 8 个点的非异二次曲线。

系 4.5 在平面上给出 8 个点 $P_1,\cdots,P_8$，无 4 点共线，无 7 点共一条二次曲线，则存在一个唯一决定的点 P_9（可能是无限邻近点）使得所有经过 $P_1,\cdots,P_8$ 的三次曲线也必经过 P_9。如果 P_2 无限邻近 P_1，且 P_8 无限邻近 $P_1,\cdots,P_7$ 中的一个点，则结果也成立。

证明 从(4.4)知，经过 $P_1,\cdots,P_8$ 的所有三次曲线构成的线性系 $\mathfrak{d}$ 其维数为 1，故可以选取两条不同的不可约曲线 C, $C'\in\mathfrak{d}$。于是由 Bézout 定理(1.4.2)(参照习题 3.2)，C 与 C' 交于 9 个点，其中 8 个是 $P_1,\cdots,P_8$。因此确定了第九个点 P_9，它可能为无限邻近点。但是由于 $\dim\mathfrak{d}=1$，任意其他曲线 $C''\in\mathfrak{d}$，不管是否不可约，都是 C 与 C' 的线性组合，因此 C'' 必过，P_9 于是，P_9 是 $\mathfrak{d}$ 的一个非派定基点。

注 4.5.1 这个经典结果有不少有趣的几何推论。见（习题 4.4)，(习题 4.5)。

定理 4.6 设 $\mathfrak{d}$ 为具派定（普通）基点 $P_1,\cdots,P_r$ 的平面 3 次曲线线性系，并设无 3 个 P_i 共线，无 6 个 P_i 共一条圆锥线。如果 $r\leqslant 6$，则在由 $\mathbf{P}^2$ 胀开 $P_1,\cdots,P_r$ 得到的曲面 X' 上，对应的线性系 $\mathfrak{d}'$ 为极强。

证明 按照(4.0.3)，我们必须验证 $\mathfrak{d}$ 无非派定基点且对每个点 P，可能是无限邻近点，$\mathfrak{d}-P$ 无非派定基点。第一个论断是(4.3)的直接推论。至于第二个论断，注意到无 3 个 P_i 共线，无 6 个 P_i 共一条圆锥线，故而 $r+1$ 个点 $P_1,\cdots,P_r,P$ 满足(4.3)的假定，因此这种情形也从(4.3)推出。

系 4.7 在同样假设条件下，对每个 $r=0,1,\cdots,6$，得到一个 X' 在 $\mathbf{P}^{9-r}$ 中的嵌入，其像是一个 $9-r$ 次曲面，其典则层 $\omega_{X'}$ 同构于 $\mathcal{O}_{X'}(-1)$。特别当 $r=6$ 时，我们得到 $\mathbf{P}^3$ 中一个非异的三次曲面。

证明 经极强线性系 $\mathfrak{d}'$ 将 X' 嵌入 $\mathbf{P}^N$. 由于(4.4)知 $\dim\mathfrak{d}=\dim\mathfrak{d}'=9-r$, 故有 $N=9-r$. 如果 L 是 $\mathbf{P}^2$ 中直线,则 $\mathfrak{d}'=|\pi^*3L-E_1-\cdots-E_r|$, 故对任意 $D'\in\mathfrak{d}'$, 我们有 $D'^2=9-r$. 因而 X' 在 $\mathbf{P}^N$ 中次数是 $9-r$. 最后,因为 $\mathbf{P}^2$ 上典则除子是 $-3L$, 可由(3.3)得到 $K_{X'}=-\pi^*3L+E_1+\cdots+E_r$, 它正是 $-D'$. 因此,在所给射影嵌入下 $\omega_{X'}\cong\mathcal{O}_{X'}(-1)$.

注 4.7.1 定义 Del Pezzo 曲面为 $\mathbf{P}^d$ 中一个 d 次曲面 X 使 $\omega_X\cong\mathcal{O}_X(-1)$. 因此(4.7)构造了次数 $d=3,4,\cdots,9$ 的 Del Pezzo 曲面. 经典的结果表明每个 Del Pezzo 曲面或是由(4.7)在适当选取点 $P_i\in\mathbf{P}^2$ 时给出, 或是 $\mathbf{P}^3$ 中二次曲面的 2 重分量嵌入, 它是 $\mathbf{P}^8$ 中的 8 次 Del Pezzo 曲面. 特别地, $\mathbf{P}^3$ 中每个三次曲面均可由平面对 6 个点的胀开得到. 事实上,对 $\mathbf{P}^3$ 中的三次曲面,条件 $\omega_X\cong\mathcal{O}_X(-1)$ 是自然满足的(第二章, 习题 8.4).其证明可见 Manin[第 3 章, §24], Nagata [5,I, 定理 8,p. 366]等.

注记 4.7.2 在 $\mathbf{P}^3$ 中三次曲面情形,经计算维数可以证明一个稍弱的结果.在平面上 6 个点的选取需要 12 个参数.去掉 $\mathbf{P}^2$ 的自同构(8 个参数)再加上 $\mathbf{P}^3$ 中的自同构 (15 个参数), 因此由(4.7)给出的 $\mathbf{P}^3$ 中的三次曲面构成一个 19 维族. 但 $\mathbf{P}^3$ 中所有三次曲面族的维数等于 $\dim H^0(\mathcal{O}_{P^3}(3))-1$, 它仍为 19, 因此至少可以知道,几乎所有的非异三次曲面均可由(4.7)产生.

记号 4.7.3 本节剩下的部分专门用来讨论 $\mathbf{P}^3$ 中的三次曲面. 取定记号如下. 令 $P_1,\cdots,P_6$ 为平面上 6 个点, 无 3 个共线, 所有 6 个点不共二次曲线. 令 $\mathfrak{d}$ 为过 $P_1,\cdots,P_6$ 的平面三次曲线线性系, X 为由(4.7)得到的 $\mathbf{P}^3$ 中非异三次曲面, 即 X 同构于 $\mathbf{P}^2$ 对 6 个点 $P_1,\cdots,P_6$ 的胀开. 令 $\pi: X\to\mathbf{P}^2$ 为投射, 令 $E_1,\cdots,E_6\subseteq X$ 为例外曲线, $e_1,\cdots,e_6\in\operatorname{Pic}X$ 为它们相应的线性等价类. $l\in\operatorname{pic}X$ 为 $\mathbf{P}^2$ 中直线在 π^* 下的类.

命题 4.8 设 X 为 $\mathbf{P}^3$ 中一个三次曲面 (4.7.3), 则

(a) $\operatorname{Pic}X\cong\mathbf{Z}^7$, 由 $l,e_1,\cdots,e_6$ 生成;

(b) X 上的相交配对由 $l^2=1$, $e_i^2=-1$, $l.e_i=0$, $e_ie_j=$

$0, i \neq j$ 给出；

(c) 超平面截影 $h = 3l - \Sigma e_i$;

(d) 典则类 $K = -h = -3l + \Sigma e_i$;

(e) 若D为X上有效除子，$D \sim al - \Sigma b_i e_i$，则作为$\mathbf{P}^3$中曲线，$D$的次数为

$$d = 3a - \Sigma b_i;$$

(f) D的自交数 $D^2 = a^2 - \Sigma b_i^2$;

(g) D的算术亏格为

$$p_a(D) = \frac{1}{2}(D^2 - d) + 1$$

$$= \frac{1}{2}(a-1)(a-2) - \frac{1}{2}\Sigma b_i(b_i - 1).$$

证明 所有这些均可由早先的结果得到. (a)及(b)由(3.2)推出，(c)由在$\mathbf{P}^3$中嵌入的定义得到. (d)由(3.3)推出，对(e)，只要注意到D的次数为 $D.h$. (f)直接由(b)得到，(g)由从属公式 $2p_a(D) - 2 = D.(D+K)$(习题1.3)及$D.K = -D.h = -d$ 由 (d) 推出.

注 4.8.1 设C为X的任意不可约曲线，且不是$E_1, \cdots, E_6$，则$\pi(C)$是一条不可约曲线，而C反过来是C_0的严格变形. 设C_0的次数为a，且在每个p_i重数为b_i. 则 $\pi^* C_0 = C + \Sigma b_i E_i$ (3.6). 因为$C_0 \sim a$. (直线)，得到 $C \sim al - \Sigma b_i e_i$. 因此对任意 $a, b_1, \cdots, b_6 \geqslant 0$，$al - \Sigma b_i e_i$ 类中任一条X上的不可约曲线都可以理解为一条d次平面曲线的严格变形，这条平面曲线在每个P_i点的重数为b_i. 所以研究X上的曲线可化为研究某种平面曲线.

定理 4.9 (27 条直线)三次曲面X正好含有27条直线，每一条的自交数为-1，且它们是X上仅有的具负自交数的曲线. 它们是

(a) 例外曲线 $E_i, i = 1, \cdots, 6$ (一共6条).

(b) $\mathbf{P}^2$中连接P_i, P_j的直线的严格变形F_{ij}，其中 $1 \leqslant i < j \leqslant 6$ (一共15条)，以及

(c) $\mathbf{P}^2$ 中过 5 个 P_i 的圆锥线的严格变形 $G_j, i \neq j, j=1,\cdots,6$（一共 6 条）.

证明 首先，如果 L 是 X 上任意直线，于是 $\deg L=1$，$p_a(L)=0$，所以由（4.8）我们有 $L^2=-1$.（也可见（习题 1.4））反之，若 C 是 X 上不可约曲线，满足 $C^2<1$. 于是又由(4.8)，因为 $p_a(C)\geqslant 0$ 必有 $C^2=-1$，$p_a(C)=0$，$\deg C=1$，因此 C 为直线.

其次由(4.8.1)知 $E_i \sim e_i$，$F_{ij}\sim l-e_i-e_j$，$G_j\sim 2l-\sum\limits_{i\neq j} e_i$，于是从(4.8)立刻知道它们中每一条的次数均为 1，即是条直线.

剩下要证明的是，若 C 为 X 上任一不可约曲线，满足 $\deg C=1$，$C^2=-1$，则 C 必是上面列出的 27 条直线之一. 假若 C 不是 E_i 中任一条，可记 $C\sim al-\Sigma b_ie_i$，由(4.8.1)必有 $a>0$，$b_i\geqslant 0$. 另外，

$$\deg C=3a-\Sigma b_i=1,$$
$$C^2=a^2-\Sigma b_i^2=-1.$$

我们要证明，满足所有这些条件的整数 a，$b_1,\cdots,b_6$ 只是那些对应于 F_{ij} 与 G_j 的整数.

回忆 Schwarz 不等式，它表示若 $x_1,x_2,\cdots$; $y_1,y_2,\cdots$为两列实数，则

$$|\Sigma x_iy_i|^2\leqslant|\Sigma x_i^2|\cdot|\Sigma y_i^2|.$$

取 $x_i=1$，$y_i=b_i$，$i=1,\cdots,6$，得到了

$$(\Sigma b_i)^2\leqslant 6(\Sigma b_i^2).$$

以 $\Sigma b_i=3a-1$，$\Sigma b_i^2=a^2+1$ 代入上式，有

$$3a^2-6a-5\leqslant 0.$$

解此二次不等式，表明 $a\leqslant 1+(2/3)\sqrt{6}<3$. 因此 $a=1$ 或 2. 经试算，很快找出 b_i 的所有可能值：若 $a=1$，则 $b_i=b_j=1$，对某些 i,j，其余的 b_k 为 0. 这给出了 F_{ij}. 如果 $a=2$，则所有 $b_i=1$，但其中只有一个 $b_j=0$. 这给出 G_j.

注 4.9.1 有许多经典射影几何的内容与 27 条直线相关. 例如由 $\mathbf{P}^3$ 中 12 条直线构成的图形,其中这些 E_i 相互交错, G_j 相互交错而 E_i 与 G_j 相交的充要条件是 $i \neq j$ 这个图形称为 Schläfli 倍六直线形. 可以证明给出直线 E_1 及与它相交的 5 条直线 $G_2, \cdots, G_6$, 并且它们还处于充分一般的位置, 则其他直线 $E_2, \cdots, E_6$ 及 G_1 是唯一决定的,使它们构成一个倍六直线形. 另外,每个倍六直线形含在一个唯一的非异三次曲面,从而构成一个三次曲面的 27 条直线的部分图形.见 Hilbert 及 Vossen[1,§25]. 这 27 条直线具有极强的对称性,这点可由下面结果看出.

命题 4.10 设 X 为上述的一个三次曲面, $E_1, \cdots, E_6$ 为 X 上 27 条直线中选出的 6 条相互交错直线, 则有另一态射 $\pi': X \to \mathbf{P}^2$, 使 X 同构于 $\mathbf{P}^2$ 对 6 个点 $P_1', \cdots, P_6'$ 的胀开(无 3 点共线且无 6 点共圆锥线),并使 $E_1, \cdots, E_6$ 为 π' 的例外曲线.

证明 我们分步骤进行, 每次考虑一条直线. 首先证明可以找到 π' 使 P_1' 的逆像 E_1' 等于 E_1.

情形 1. 如果 E_1' 是 E_i 中的一个, 取 $\pi' = \pi$ 并重新编号, 使 P_i 成为 P_1'.

情形 2. 如果 E_1' 是 F_{ij} 中的一个, 譬如 $E_1' = F_{12}$, 那么运用以 P_1, P_2, P_3 为中心的二次变换(4.2.3)如后. 令 X_0 为 $\mathbf{P}^2$ 对 P_1, P_2, P_3 的胀开, $\pi_0: X_0 \to \mathbf{P}^2$ 为投射, $\psi: X_0 \to \mathbf{P}^2$ 为(4.2.3)中另一个到 $\mathbf{P}^2$ 的映射,使 X_0 在 ψ 下是 $\mathbf{P}^2$ 对 Q_1, Q_2, Q_3 的胀开. 由于 $\pi: X \to \mathbf{P}^2$ 可表 X 为 $\mathbf{P}^2$ 对 $P_1, \cdots, P_6$ 的胀开, 故 π 可经由 π_0 分解, 记为 $\pi = \pi_0 \circ \theta$, 其中 $\theta: X \to X_0$. 现定义 π' 为 $\psi \circ \theta$. 于是, 利用(4.23)的记号, 有 $\theta(F_{12}) = \tilde{L}_{12}$, 所以 $\pi'(F_{12}) = Q_3$. 另外 π' 将 X 表为 $\mathbf{P}^2$ 对 $Q_1, Q_2, Q_3, P_4, P_5', P_6'$ 的胀开,其中 P_4', P_5', P_6' 为 P_4, P_5, P_6 在 $\psi \circ \pi_0^{-1}$ 下的像. 现在取 $P_1' = Q_3$, P_2', P_3' 为 Q_1, Q_2, 便有 $E_1' = \pi'^{-1}(P_1')$.

我们还需验证 $Q_1, Q_2, Q_3, P_4', P_5', P_6'$ 中无 3 点共线, 无 6 点共圆锥线. 由构造已知 Q_1, Q_2, Q_3 不共线,如果 Q_1, Q_2, P_4' 共线, 则 $\psi^{-1}(P_4') \in E_3$,因而 P_4 要无限邻近 P_3.如果 Q_1, P_4', P_5' 共线,设

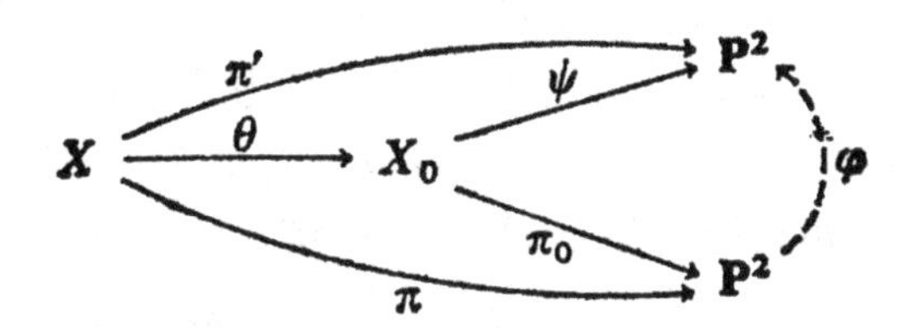

在直线 L' 上，则在 φ^{-1} 下，L' 的严格变形是一条包含了 P_1, P_4, P_5 的直线．事实上，φ^{-1} 是由经过 Q_1, Q_2, Q_3 的圆锥线线性系决定的有理映射．这种圆锥线与 L' 有一个自由的交点，所以 L' 的严格变形是条直线 L．另外，L' 与 M_{23} 相交，故 L 经过 P_1．最后假定 P'_4, P'_5, P'_6 共线．因为 φ 由经过 P_1, P_2, P_3 的圆锥线线性系决定，则包含了 P'_4,P'_5,P'_6 的直线 L' 的严格变形，就会是包含了 $P_1, \cdots$, P_6 的圆锥线 Γ，这是不能的．同样的理由表明，如果 Q_1, Q_2, Q_3, P'_4, P'_5, P'_6 在一圆锥线上，则会使 P_4, P_5, P_6 共线，也矛盾．情形 2 证完．

情形 3. 若 E'_1 是 G_j 中的一个，譬如 $E'_1 = G_6$，仍运用以 P_1, P_2, P_3 为中心的二次变换(4.2.3)．因为 $\pi(G_6)$ 是经过 $P_1, \cdots, P_5$ 的圆锥线，从而 $\pi'(G_6)$ 是经过 P'_4, P'_5 的直线．因此 E'_1 是对于 π' 的曲线 F'_{45}，这就化到了情形 2．

现在我们已将 E'_1 移动到 E_1 的位置了，故可设 $E'_1 = E_1$，并考虑 E'_2． 因为 E'_2 与 E_1 不相交，所以 E'_2 的可能的情形是 $E_2, \cdots$, E_6, F_{ij}, $i, j > 1$，及 G_1． 我们运用上述情形 1,2,3 中同样方法，我们则可将 E'_2 移动到 E_2 而不触动 P_1 点．这就是说，只要利用对 $P_2, \cdots$, P_5 的重新编号或基于 $P_2, \cdots, P_5$ 中三个点的二次变换就可以做到这点．

依此继续进行，最后 $E'_1, \cdots, E'_6$ 代替了 $E_1, \cdots, E_6$ 的位置，从而证明了命题．例如，最后一步是这样的：假定对 $i = 1, 2, 3, 4$, $E'_i = E_i$，这时还剩三条直线与 $E_1, \cdots$, E_4 不相交，即 E_5, E_6, F_{56}．由于 F_{56} 与 E_5 及 E_6 相交，则 E'_5, E'_6 必为 E_5, E_6(可能差一个置换)．因此最后一步，最多只不过变换 5 与 6 即可．

注 4.10.1 此命题说这 27 条直线中任意 6 条相互交错的直线都可充作 $E_1, \cdots, E_6$。表达它的另一种方式是考虑这 27 条直线的构形(不考虑曲面 X)。这就是说仅仅考虑 27 个记为 E_i, F_{ij}, G_j 的元素集合(即直线的集合)及元素间满足的关联关系。这些关联关系容易从(4.8)与(4.9)推导出，明确地说是，当 $i \neq j$ 时 E_i 与 E_j 不相交；E_i 与 F_{jk} 相交，当且仅当 $i = j$ 或 $i = k$；E_i 与 G_j 相交，当且仅当 $i \neq j$；F_{ij} 与 F_{kl} 相交，当且仅当 i, j, k, l 全不相同；F_{ij} 与 G_k 相交，当且仅当 $i = k$ 或 $j = k$；当 $j \neq k$ 时 G_j 不与 G_k 相交。

那么，说 $E'_1, \cdots, E'_6$ 可以充作 $E_1, \cdots, E_6$ 表示有另外的对 27 条直线的标号，从 $E'_1, \cdots, E'_6$ 开始排列，使其满足相同的关联关系。换句话说，存在一个这个构形自同构(即这 27 个元素集合的一个保持关联关系的置换)，它将 $E_1, \cdots, E_6$ 变为 $E'_1, \cdots, E'_6$。还要注意，标明 $E_1, \cdots, E_6$ 则唯一决定了剩下的 21 条直线的名称：F_{ij} 是唯一与 E_i, E_j 相交而不与其他 E_k 相交的直线；G_j 是唯一与除 E_j 外的所有 E_i 相交的直线。

于是 (4.10) 告诉我们对 27 直线中六条相互交错直线的(有序)集，存在这构形的一个唯一的自同构将 $E_1, \cdots, E_6$ 变为这个集的六个元。由于任意自同构必将交错的直线变到交错的直线，我们可以依此得到构形的自同构群 G 的所有元。从关联关系容易算出取六条相互交错直线的选取方式的个数：E_1 有 27 种选择，E_2 有 16 种，E_3 有 10 种，E_4 有 6 种，E_5 有二种，E_6 有一种。故群 G 的阶为 $27 \cdot 16 \cdot 10 \cdot 6 \cdot 2 = 51840$。

可以证明 G 同构于 Weyl 群 E_6，并包含了一个指数 2 的正规子群，它是 25920 阶的单群。见(习题 4.11)及 Manin[3, §25, 26]。

可以利用这 27 条直线的对称性确定三次曲面上的强与极强除子。

定理 4.11 对三次曲面 X 上除子 D，下列条件等价：

(i) D 为极强；

(ii) D 为强；

(iii) $D^2>0$，且对每条直线 $L\subseteq X$，有 $D.L>0$；

(iv) 对每条直线 $L\subseteq X$，$D.L>0$。

证明 利用 Nakai 判别法中的必要性(1.10)，容易得到 (i)⇒(ii)⇒(iii)⇒(iv)。对于 (iv)⇒(i)，我们先证一个引理。

引理 4.12 设 $D\sim al-\Sigma b_ie_i$ 是三次曲面 X 上的除子类。其中 $b_1\geqslant b_2\geqslant\cdots\geqslant b_6>0$，$a\geqslant b_1+b_2+b_5$，则 D 为极强。

证明 我们知道，一个极强除子加上无基点线性系中的任一除子仍是极强除子(II，习题 7.5)。现在考虑除子类

$$D_0=l,$$

$$D_1=l-e_1,$$

$$D_2=2l-e_1-e_2,$$

$$D_3=2l-e_1-e_2-e_3,$$

$$D_4=2l-e_1-e_2-e_3-e_4,$$

$$D_5=3l-e_1-e_2-e_3-e_4-e_5,$$

$$D_6=3l-e_1-e_2-e_3-e_4-e_5-e_6,$$

则 $|D_0|$，$|D_1|$ 对应于 $\mathbf{P}^2$ 中直线的线性系，它有 0 或 1 个派定基点而无非派定基点。$|D_2|$，$|D_3|$，$|D_4|$ 无基点(4.1)，$|D_5|$ 无基点(4.3)，$|D_6|$ 为极强(4.6)。因此它们的任意线性组合 $D=\Sigma c_iD_i$，满足 $c_i\geqslant 0$，$c_6>0$ 时是极强的。

显然 $D_0,\cdots,D_6$ 构成 $\operatorname{Pic}X\cong\mathbf{Z}^7$ 的一组自由基。记 $D\sim al-\Sigma b_ie_i$ 时有 $b_6=c_6$，$b_5=c_5+c_6,\cdots,b_1=c_1+\cdots+c_6$，$a=c_1+2(c_2+c_3+c_4)+3(c_5+c_6)$。于是容易验证条件 $c_i\geqslant 0$，$c_6>0$ 等价于条件 $b_1\geqslant\cdots\geqslant b_6>0$，$a\geqslant b_1+b_2+b_3$。故满足这些条件的所有除子为极强。

(4.11)的证明(续) 设 D 是满足 $D.L>0$ 的除子，其中 $L\subseteq X$ 为任意直线。选取六条相互交错的直线 $E_1',\cdots,E_6'$ 如下：选 E_6' 使 $D.E_6'$ 为使 $D.L$ 取最小值的任一直线 L；选 E_5' 为对与所有不交于 E_6' 的直线 L，使 $D.L$ 取最小值的 L；E_4'，E_3' 类似地选取。正好还剩三条直线与 E_6'，E_5'，E_4'，E_3' 不相交，但它们中每一条与另外两条相交。选取 E_1'，E_2' 使 $D.E_1'\geqslant DE_2'$。

根据(4.10)，可设对所有 i，$E'_i = E_i$. 记 $D \sim al - \Sigma b_i e_i$ 时，有 $D.E_i = b_i$，故由构造得到 $b_1 \geqslant b_2 \geqslant \cdots \geqslant b_6 > 0$. 另一方面，在选取 E_3 时，F_{12} 是满足被选择条件的，所以 $D.F_{12} \geqslant D.E_3$. 换而言之，$a - b_1 - b_2 \geqslant b_3$，即 $a \geqslant b_1 + b_2 + b_3$. 由于 $b_3 \geqslant b_5$，这些条件便推出了引理的条件，故 D 为极强. 证毕.

系 4.13 设 $D \sim al - \Sigma b_i e_i$ 为 X 上一个除子类，则

(a) D 为强⇔极强⇔对每个 i，$b_i > 0$；对每对 i, j，$a > b_i + b_j$，对每个 j，$2a > \sum_{i \neq j} b_i$；

(b) 在满足条件 (a) 的任一除子类中，有一条不可约非异曲线.

证明 利用(4.9)中 27 条直线的列举，(a)不过是(4.11)的转换形式. (b) 是 Bertini 定理(第二章，8.18)及(第三章，7.9.1)的推论.

例 4.13.1 取 $a = 7$，$b_1 = b_2 = 3$，$b_3 = b_4 = b_5 = b_6 = 2$ 我们得到一条不可约非异曲线 $C \sim al - \Sigma b_i e_i$，根据(4.8)，它的次数为 7，亏数为 5. 这给出了(第四章，6.4.2)中的论断：$\mathbf{P}^3$ 中存在一条 7 次的亏数 5 曲线的新证明.

习　　题

4.1 $\mathbf{P}^2$ 中具两个派定基点 P_1, P_2 的圆锥线线性系(4.1)决定了一个 X'（它是 $\mathbf{P}^2$ 对 P_1, P_2 的胀开)到 $\mathbf{P}^3$ 中一个非异二次曲面 Y 的态射 ϕ，另外，通过 ϕ，X' 同构于 Y 对一个点的胀开.

4.2 φ 是(4.2.3)中中心在 P_1, P_2, P_3 的二次变换. 设 C 是 $\mathbf{P}^2$ 中一条 d 次不可约曲线，以 P_1, P_2, P_3 为 r_1, r_2, r_3 重数的点. 则 C 在 φ 下的严格变形 C' 的次数是 $d' = 2d - r_1 - r_2 - r_3$，且在 Q_1 重数为 $d - r_2 - r_3$，在 Q_2 为 $d - r_1 - r_3$，在 Q_3 为 $d - r_1 - r_2$. 这里曲线 C 可以具有任意奇点. [提示：利用(习题 3.2)]

4.3 设 C 为 $\mathbf{P}^2$ 中不可约曲线. 则存在二次变换的有限序列，每个变换以适当的三个点为中心，使得 C 的严格变形只有常奇点，即所有切向量均不同的重点. (第一章，习题 5.14). 利用(3.8).

4.4 (a)利用(4.5)证明下面关于三次曲线的引理：若 C 的不可约平面三次曲线，L 是条与 C 交于 P, Q, R 点的直线，L' 是条与 C 交于 P', Q', R' 点的直线，P'' 是直线 PP' 与 C 的第三个交点，同样定义 Q''，R'' 点。则 P''，Q''，R'' 共线。

(b) 设 P_0 是 C 的一个拐点，我们以几何方法定义 C 的正则点集上的群运算："设直线 PQ 与 C 交于 R，直线 P_0R 与 C 交于 T，则 $P+Q=T$.[1] 这与第二章，6.10.2 及第二章，6.11.4 的定义一样。利用 (a) 证明此运算为可结合的。

4.5 证明 Pascal 定理：若 A, B, C, A', B', C' 为圆锥线上任意六个点，则点 $P=AB'\cdot A'B$，$Q=AC'\cdot A'C$，$R=BC'\cdot B'C$ 共线(图 22)。

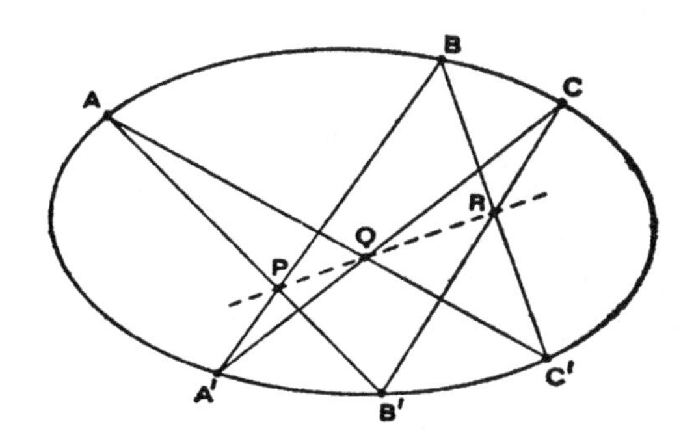

图 22 Pascal 定理

4.6 将(4.5)作如下推广：设出平面中 13 个点 $P_1, \cdots, P_{13}$，有另外三个被确定的点 P_{14}, P_{15}, P_{16}，使得经过 $P_1, \cdots, P_{13}$ 的所有四次曲线必经过 P_{14}, P_{15}, P_{16}. 要使上述论断成立，需对 $P_1, \cdots, P_{13}$ 加上什么假设条件？

4.7 设 D 是三次曲面(4.7.3)上任一 d 次除子，证明

$$p_a(D) \leqslant \begin{cases} \frac{1}{6}(d-1)(d-2), & \text{若 } d \equiv 1, 2 \pmod 3 \\ \frac{1}{6}(d-1)(d-2)+\frac{2}{3}, & \text{若 } d \equiv 0 \pmod 3. \end{cases}$$

再证明对每个 d，有不可约非异曲线达到最大值。

***4.8** 证明：三次曲面上一个除子类 D 包含一条不可约曲线 $\Longleftrightarrow$ 它包含一条不可约非异曲线 $\Longleftrightarrow$ 它或是 (a) 27 条直线之一，或 (b) $l-e_i$，对某个 i。(这些是满足 $D^2=0$ 的圆锥线)或(c) 对每条直线 L 满足 $D.L \geqslant 0$ 且 $D^2>0$. [提示：将(4.11)推广到由 $\mathbf{P}^2$ 胀开 2, 3, 4，或 5 个点得到

的曲面上，并结合我们前面对 $\mathbf{P}^1\times\mathbf{P}^1$ 上曲线的结果及对有理直纹面的结果(2.18)].

4.9 设 C 为三次曲面上的 d 次不可约非异曲线，其亏数 $g>0$。则

$$g\geqslant\begin{cases}\frac{1}{2}(d-6) & \text{若 } d \text{ 为偶数，} d\geqslant 8,\\ \frac{1}{2}(d-3) & \text{若 } d \text{ 为奇数，} d\geqslant 13,\end{cases}$$

且对每个 d，这个 $g>0$ 的极小值可以达到

4.10 (4.11)的推断 (iv)$\Longrightarrow$(iii) 有个奇妙的数值性推论：给定整数 a, $b_1,\ldots,b_6$ 使对每个 i，$b_i>0$，每对 i，j，$a-b_i-b_j>0$，每个 j，$2a-\sum\limits_{i\neq j}b_i>0$，则其必满足 $a^2-\sum b_i^2>0$。利用初等微积分的方法直接证明(假定 $a, b_1,\ldots, b_6\in\mathbf{R}$)。

4.11 Weyl 群．给出由点及它们之间的某些联线组成的图形，用生成元与关系定义一个抽象群如下：每个点代表一个生成元 x_i，关系是对每个 i，$x_i^2=1$；如果 i 及 j 没有联结线段，则有 $(x_ix_j)^2=1$；如果 i 及 j 有联结线段，有 $(x_ix_j)^3=1$。

(a) Weyl 群 $\mathbf{A}_n$ 可用 $n-1$ 个点的图形定义，每个点与相邻点相联。图形是

o—o—o⋯—o.

按下面方式证明它同构于对称群 $\sum_n$：将 $\mathbf{A}_n$ 的生成元映到 $\sum_n$ 中元 $(12),(23),\cdots,(n-1,n)$，得到一个满同态 $\mathbf{A}_n\to\sum_n$。然后计算 $\mathbf{A}_n$ 的元素个数从而证明其事实上是个同构。

(b) Weyl 群 $\mathbf{E}_6$ 用图形

o—o—o—o—o
　　　|
　　　o

定义．记其生成元为 $x_1,\cdots,x_5$ 与 y．证明可以得到 $\mathbf{E}_6$ 到 27 条直线构形的自同构群 G 的满同态 $\mathbf{E}_6\to G$，即将 $x_1,\cdots,x_5$ 分别映到 E_i 间的置换(12)，(23)，⋯，(56)，y 映到由中心在 P_1, P_2, P_3 的二次变换对应的元素．

*(c) 计算 $\mathbf{E}_6$ 的元素个数，从而得到 $\mathbf{E}_6\cong G$。

注：关于 Weyl 群，根系和例外曲线的更详细内容可见 Manin [3, §25,26]。

4.12 利用 (4.11) 证明，如果 D 是三次曲面 X 上任一强除子，则 $H^1(X,$

$\mathscr{O}_X(-D))=0$. 这是对三次曲面的 Kodaira 消灭定理(第三章,7.15).

4.13 设 X 是 $\mathbf{P}^4$ 中的 4 次 Del Pezzo 曲面，它由 $\mathbf{P}^2$ 对五个点的胀开得到(4.7).

(a) 证明 X 包含 16 条直线.

(b) 证明 X 是 $\mathbf{P}^4$ 中两个二次曲面的完全交. (其逆可由(4.7.1)推出.)

4.14 利用(4.13.1)的方法,验证在 $\mathbf{P}^3$ 中存在下述非异曲线: $d=8$, $g=6,7$; $d=9$, $g=7,8,9$; $d=10, g=8,9,10,11$. 将它与第四章,第6节结合起来,便完成了决定 $\mathbf{P}^3$ 中次数 $d\leqslant 10$ 的所有可能曲线的亏格 g 的工作.

4.15 设 $P_1,\cdots,P_r$ 为 $\mathbf{P}^2$ 中(普通)点的有限集，无三点共线. 我们将一个中心在 P_i 中三点(记为 P_1, P_2, P_3) 的二次变换(4.2.3)定义为容许变换. 这就给出了一个新的 $\mathbf{P}^2$，新的 r 个点,即 Q_1, Q_2, Q_3 及 $P_4,\cdots,P_r$ 的像点. 如果 $P_1,\cdots,P_r$ 中无三点共线，并且在有限次容许变换下新的 r 个点也无三点共线，则称 $P_1,\cdots,P_r$ 处于一般位置.

(a) 六个点的集合处于一般位置的充要条件是无 3 点共线, 6 个点不全在任一圆锥线上.

(b) 如果 $P_1,\cdots,P_r$ 处于一般位置,则在任意有限个容许变换下得到的 r 个点仍处于一般位置.

(c) 假定基域 k 不可数. 则对给出的处于一般位置的点集 $P_1,\cdots,P_r$, 存在一个稠子集 $V\subseteq\mathbf{P}^2$，使对任意 $P_{r+1}\in V$，$P_1,\cdots,P_{r+1}$ 仍处于一般位置. [提示: 证明引理: 若 k 不可数，则一个簇不等于可数个真闭子集的并.]

(d) 取 $P_1,\cdots,P_r\in\mathbf{P}^2$ 处于一般位置, X 为由 $\mathbf{P}^2$ 对 $P_1,\cdots,P_r$ 胀开得到的曲面. 如果 $r=7$，证明 X 正好有 56 条不可约非异曲线 C，满足 $g=0$，$C^2=1$，并且它们是仅有的具负自交数的不可约曲线. 对于 $r=8$，有同样的论断,这时数目为 240.

*(e) 对 $r=9$, 证明(d)中定义的 X 有无限多条不可约非异曲线 C, 满足 $g=0$, $C^2=-1$. [提示: 设 L 是联接 P_1, P_2 的直线,证明存在有限个容许变换使 L 的严格变形为具任意高次的平面曲线.] 这个例子显然是由 Kodaira 作出的,见 Nagata [5,II,p. 283].

4.16 对于 Fermat 三次曲面 $x_0^3+x_1^3+x_2^3+x_3^3=0$，求出 27 条直线的显式方程,并验证其关联关系. 这个曲面的自同构群是什么?

5. 双有理变换

至今,我们已经处理了单个的曲面,或者一个曲面和它的独异变换. 现在我们要证明(非异射影)曲面间的任意双有理变换,实际上可分解为独异变换及其逆变换的有限序列. 这使我们坚信,在研究曲面时独异变换起着中心的作用. 这个结果的推论是,曲面的算术亏格是双有理不变量.

本节中,我们还要证明关于收缩第一类例外曲线的Castelnuovo 判别法,并推出曲面的相对极小模型的存在性. 一般性参考资料可见 Shafarevich [1, 第 I, II 章], Zariski[5] 及 Zariski [10, 第 IV 章].

一开始先回忆有关任意维的簇间双有理映射的一般性质,包括 Zariski 主定理.

设 X,Y 为任意维数的射影簇.回忆在(第四章,§4)中,我们说给出X到Y的一个双有理变换T等于说给出了一个开子集$U\subseteq X$及一个态射 $\varphi:U\to Y$,它诱导出函数域间同构 $K(Y)\cong K(X)$. 如果有另一个代表T的开集$V\subseteq X$及态射 $\psi:V\to T$,则φ,ψ在它们的公共定义点上相等,故可以将它们粘合起来得到定义在$U\cup V$上的态射(I, 习题 4.2). 因此存在一个最大的开集$U\subseteq X$,使T在U上由态射 $\varphi:U\to Y$ 代表. 我们称T在U中的点上**有定义**,称$X-U$的点为T的**基本点**.

现在设 $T:X\to Y$ 为双有理变换,它由态射 $\varphi:U\to Y$ 代表. 设 $\Gamma_0\subseteq U\times Y$ 为φ的图, $\Gamma\subseteq X\times Y$ 为 Γ_0 的闭包. 称Γ为Γ_0的图. 对任意子集 $Z\subseteq X$, 定义 $T(Z)$ 为$p_2(p_1^{-1}(Z))$,其中 p_1, p_2 分别是Γ到 X, Y 的投射. 称 $T(Z)$ 为Z的**总变形**. 若T在P点有定义, $T(P)$ 就是$\varphi(P)$. 但是当P是T的基本点时, $T(P)$一般由多于一个的点组成.

引理 5.1 设 $T:X\to Y$ 是射影簇间的双有理变换,并设X为正规,则T的基本点构成一个余维 $\geqslant 2$ 的闭子集.

证明 设 $P \in X$ 是余维为 1 的点，则 $\mathcal{O}_{P,X}$ 是赋值环. 因为 T 在 X 的广点上有定义，Y 为射影从而是本征的，则由本征性的赋值判别法(第二章，4.7)可知，T 在 P 也有定义.（我们在第二章，8.19 的证明中已经用过这种论证去证明几何亏格为双有理不变量.）

例 5.1.1 设 X 为曲面，$\pi: \tilde{X} \to X$ 为以 P 为中心的独异变换. 则 π 处处有定义. 其逆 $\pi^{-1}: X \to \tilde{X}$ 是以 P 为基本点的双有理变换.

定理 5.2 (Zariski 主定理) 设 $T: X \to Y$ 为射影簇的双有理变换，X 为正规. 若 P 是 T 的一个基本点，则总变形 $T(P)$ 连通，维数 $\geqslant 1$.

证明 这只不过是前面的 Zariski 主定理（第三章，11.4)的变形. 令 Γ 为 T 的图，考虑态射 $p_1: \Gamma \to X$. 它是双有理射影态射，故由(第三章，11.4)，$p_1^{-1}(P)$ 连通. 如果它的维数等于 0，则在 P 的一个邻域 V 内，p_1 在每点的逆像维数均为 0（第三章习题 3.22). 这时 $p^{-1}(V) \to V$ 是个具有限纤维的射影双有理射，故它是有限态射(第三章，习题 11.2). 但 V 为正规，故其必为同构. 这就表明 T 在 P 点有定义，矛盾. 从而推出 $p_1^{-1}(P)$ 为连通，维数 $\geqslant 1$. 因为 p_2 将此集合同构地映到 $T(P)$ 上，便得出结论.

现在要证明一个关键的结果，它使我们能够分解曲面的双有理变换.

命题 5.3 设 $f: X' \to X$ 是(非异射影) 曲面间的双有理态射. P 为 f^{-1} 的一个基本点. 则 f 可经由中心为 P 的独异变换 $\pi: \tilde{X} \to X$ 分解.

证明 设 T 是由 $\pi^{-1} \circ f$ 定义的 X' 到 $\tilde{X}$ 的双有理变换. 我们的目标是证明 T 为态射. 如若不然，则它有一个基本(闭)点 P'. 显然 $f(P') = P$. 又由(5.2)知 $T(P')$ 在 $\tilde{X}$ 中，维数 $\geqslant 1$. 因此 $T(P')$ 必为 π 的例外曲线 E.

另一方面，由(5.1)知，除 $\tilde{X}$ 的有限个点外 T^{-1} 处处有定义，故可以找到一个闭点 $Q \in E$ 使 T^{-1} 在 Q 有定义，于是 $T^{-1}(Q) = P'$.

我们要证明由此可导致矛盾.

选取 P 在 X 上的局部坐标 x, y. 于是，象(3.6)的证明中一样,存在 P 的一个开邻域 V 使 $\pi^{-1}(V)$ 由 $\mathbf{P}'_V$ 中方程 $ty - ux$ 定义. 经过对变量 x, y 和对 t, u 的线性变换，可以假定 Q 在 E 中是点 $t = 0$, $u = 1$. 于是 t, y 是 Q 在 $\tilde{X}$ 的局部坐标；E 的局部方程是 $y = 0$, $x = ty$.

因为 P 是 f^{-1} 的一个基本点，从(5.2)便得出 $f^{-1}(P)$ 连通，维数$\geqslant 1$, 所以在 $f^{-1}(P)$ 中有一条不可约曲线 C，它包含了 P' 点. 设 $z = 0$ 为 C 在 P' 的局部方程.

因为 $f^{-1}(P)$ 由 $x = y = 0$ 定义，那么 x, y 在 $\mathcal{O}_{P'}$ 中的像属于 z 生成的理想,所以可以记为 $x = az$, $y = bz$, $a, b \in \mathcal{O}_{P'}$. 另一方面，$\mathcal{O}_Q$ 支配 $\mathcal{O}_{P'}$. (将 $\mathcal{O}_P, \mathcal{O}_{P'}, \mathcal{O}_Q$ 都看作 $X, X', \tilde{X}$ 的公共函数域 K 的子环.) 由于 t, y 为 Q 处的局部坐标，$y \notin m_Q^2$，因而得到在 $\mathcal{O}_{P'}$ 中 $y \notin m_{P'}^2$. 所以 b 是 $\mathcal{O}_{P'}$ 的单位，$t = x/y = a/b$ 便在局部环 $\mathcal{O}_{P'}$ 中. 因为 $t \in m_Q$，必有 $t \in m_{P'}$.

现可利用 $T(P') = E$. 它表明对任意 $w \in m_{P'}$，它在 $\mathcal{O}_Q$ 中的像必含在 y 生成的理想中，这是因为 y 是 E 的局部方程. 特别取 $w = t$ 时则 $t \in (y)$. 由于 t, y 为 Q 处的局部坐标,导出矛盾.

系 5.4 设 $f: X' \to X$ 是曲面的双有理态射. 令 $n(f)$ 为不可约曲线 $C' \subseteq X'$ 使 $f(C')$ 为一个点的条数，则 $n(f)$ 有限,且 f 正好可分解为 $n(f)$ 个独异变换的复合.

证明 如果 $f(C')$ 是点 P，则 P 是 f^{-1} 的一个基本点由(5.1)知，f^{-1} 的基本点组成有限点集,其每一点的逆像 $f^{-1}(P)$ 是 X' 的闭子集,它只有有限个不可约分支. 所以映成一个点的曲线 C' 的集合为有限.

现设 P 是 f^{-1} 的一个基本点. 于是由(5.3)知 f 可经由中心在 P 的独异变换 $\pi: \tilde{X} \to X$ 分解,即 $f = \pi \circ f_1$, $f_1: X' \to \tilde{X}$ 为某个态射. 我们要证 $n(f_1) = n(f) - 1$. 事实上，如果 $f_1(C')$ 是一个点则 $f(C')$ 必是一个点. 反之，如果 $f(C')$ 是一个点，则或者 $f_1(C')$ 是个点或者 $f'(C') = E$ 为 π 的例外曲线. 另外,由于 f_1^{-1} 除去有

限个点外是个态射，故存在一条唯一的不可约曲线 $E' \subseteq X'$ 使 $f_1(E') = E$。因此 $n(f_1) = n(f) - 1$。

如此继续进行，在经过 $n(f)$ 个独异分解后我们化到了一个态射使 $n(f) = 0$。但由(5.2)知，这种态射无基点，从而是个同构。因此，f 被分解为 $n(f)$ 个独异变换。

注 5.4.1 比较一下(5.3)的分解与(第二章，7.14)证明过的胀开的泛性质是颇有趣味的。尽管胀开一个点的特殊情形下，新的结果蕴含了老的结果(因为 $f^{-1}\mathfrak{m}_P \cdot \mathcal{O}_{X'}$ 为可逆层表明 $f^{-1}(P)$ 具维数 1，故 P 是基本点)，但实际上它更强些，这是因为它利用了 Zariski 主定理。因 $f^{-1}\mathfrak{m}_P \cdot \mathcal{O}_{X'}$ 为可逆的这个假设在我们的情形下不能得证，所以不能由(第二章，7.14)推出(5.3)。

注 5.4.2 将(5.4)与前面的定理(第二章，7.17)作比较，我们发现新结果更为精细，因为它只利用了独异变换而不是远为一般的胀开任意理想层的概念。

注 5.4.3 容易看出，对于维数$\geqslant 3$ 的非异射影簇 (5.3) 不成立。例如，设 $f: X' \to X$ 是三维非异射影簇 X 对一条非异曲线 C 的胀开，则任意点 $P \in C$ 都是 f^{-1} 的基本点，然而 f 不能经由中心在 P 的独异变换 $\pi: \widetilde{X} \to X$ 分解，这是因为 $f^{-1}(P)$ 的维数为 1，但 $\pi^{-1}(P)$ 的维数为 2。

注 5.4.4 例(5.4.3)启发我们提出下述修改过的问题：给出一个非异射影簇间的双有理射 $f: X' \to X$，是否能将 f 分解为有限个逐次对非异子簇的独异变换？在维数$\geqslant 3$ 的情形，这也是不对的。见 Sally[1] 及 Shannon[1]。

定理 5.5 设 $T: X \to X'$ 为曲面的双有理变换，则可以将 T 分解为独异变换及其逆的有限序列。

证明 利用(5.4)，只要证明有一个曲面 X'' 及双有理态射 $f: X'' \to X$ 及 $g: X'' \to X'$，使 $T = g \circ f^{-1}$。以下述步骤构造 X''。

令 H' 是 X' 上一个极强除子，C' 是线性系 $|2H'|$ 中一条非异曲线，它不经过 T^{-1} 的任一基本点。换句话说，C' 完全包含在使 T^{-1} 可由态射 $\varphi: U' \to X$ 代表的最大开集 $U' \subseteq X'$ 中。令 $C =$

$\varphi(C')$ 是 C' 在 X 中的像. 定义整数 $m = p_a(C) - p_a(C')$. 因为有一个 C' 到 C 的有限双有理态射,知道 $m \geqslant 0$, $m = 0$ 当且仅当 C' 同构于 C(第四章, 习题 1.8). 还要注意,如果 C' 换为它的线性等价曲线 C'_1, 并且也不经过 T^{-1} 的基本点,则 $C_1 = \varphi(C'_1)$ 线性等价于 C. 事实上,如对 X' 上某有理函数 f 有 $C' - C'_1 = (f)$, 则 $C - C_1 = (f)$. 因为曲线的算术亏数仅仅依赖于它的线性等价类(习题 1.3), 则可知整数 m 仅仅依赖于 T 及 H', 与特别选取的曲线 $C' \in |2H'|$ 无关.

暂且固定 C'. 如果 $m > 0$, 则 C 必为奇异. 设 P 为 C 的一个奇点, $\pi: \widetilde{X} \to X$ 是以 P 为中心的独异变换, $\widetilde{C}$ 为 C 的严格变形, 则由(3.7)得到 $p_a(\widetilde{C}) < p_a(C)$. 因此如果 $\widetilde{T} = T \circ \pi$, 则 $m(\widetilde{T}) < m(T)$.

按此方式继续进行,就像(3.8)的证明一样, 我们由有限个独异变换得到一个态射 $f: X'' \to X$, 使得当 $T' = T \circ f$ 时有 $m(T') = 0$.

我们证明 T' 实际上是个态射. 如若不然, T' 就有个基本点 P, 由(5.2)知, $T'(P)$ 包含一条不可约曲线 $E' \subseteq X'$. 因为 H' 为极强, $E' \cdot H' > 0$, 故 $C'.E' \geqslant 2$ 对任意 $C' \in |2H'|$ 成立. 现在选取 C' 使它不含 T'^{-1} 的任意基本点且 C' 与 E' 横截相交(1.2). 于是 C' 与 E' 至少有两个不同的交点, 所以对应的 X'' 中曲线 C 至少在 P 是个二重点. 这与 $m(T') = 0$ 矛盾.

因此 T' 是 X'' 到 X' 的态射. 所以,正如上面提到的那样, 完成了证明.

系 5.6 非异射影曲面的算术亏格是双有理不变量.

证明 事实上, p_a 在独异变换下不变(3.5), 故直接由定理推出结论.

注 5.6.1 尽管类似于 (5.4.4) 形式的分解定理 (5.5) 在维数 $\geqslant 3$ 时不成立, Hironaka 还是能从下述论断中推出非异射影簇的 p_a 的双有理不变性, 这个论断是对于特征 0 的域上簇成立的, 是他的奇点分解定理的推论: 若 $T: X \to X'$ 是特征 0 的域上非异射影簇的双有理变换，则存在一个态射 $f: X'' \to X$，它是由有限个逐次对非异射影子簇的独异变换得到的，使得双有理映射 $T' = T \circ f$ 是个态射. 对于 $\mathbf{C}$ 上簇，p_g 的双有理不变性有另外一个证明，它是由 Kodaira 及 Spencer[1] 给出的，他们利用了 Hodge 理论中的等式 $h^{0q} = h^{q0}$ 及 h^{q0} 的双有理不变性(第二章，习题 8.8).

现在来证明对于收缩曲面上曲线的 Castelnuovo 判别法. 我们已经知道，当 E 是一个独异变换的例外曲线时，有 $E \cong \mathbf{P}^1$，$E^2 = -1(3,1)$. 一般地，曲面 X 上的任一条曲线 Y，满足 $Y \cong \mathbf{P}^1$，$Y^2 = -1$ 时，传统上被称作第一类例外曲线. 下述定理告诉我们，任一第一类例外曲线是某个独异变换的例外曲线.

定理 5.7 (Castelnuovo) 如果 Y 是曲面 X 上的曲线，满足 $Y \cong \mathbf{P}^1, Y^2 = -1$，则存在到一个(非异射影)曲面 X_0 的态射 $f: X \to X_0$，以及一个点 $P \in X_0$，使得 X 通过 f 同构于 X_0 的以 P 为中心的独异变换，并使 Y 为其例外曲线.

证明 我们要利用 X 到某射影空间的适当态射的像来构造 X_0. 在 X 上选取一个极强除子 H，使得 $H^1(X, \mathscr{L}(H)) = 0$：例如任意极强除子的充分大的倍数(第三章，5.2). 设 $k = H.Y$，并假定 $k \geqslant 2$. 于是可用可逆层 $\mathscr{M} = \mathscr{L}(H + kY)$ 来定义 X 到 $\mathbf{P}^N$ 的态射.

第 1 步. 首先证明 $H^1(X, \mathscr{L}(H + (k-1)Y)) = 0$. 事实上我们将证明更广的结果，即对每个 $i = 0, 1, \cdots, k$ 都有 $H^1(X, \mathscr{L}(H + iY)) = 0$. 当 $i = 0$，由假设条件知其成立，故可对 i 归纳证明. 设其对 $i - 1$ 成立，考虑层的正合序列

$$0 \to \mathscr{L}(H + (i-1)Y) \to \mathscr{L}(H + iY) \to \mathscr{O}_Y \otimes \mathscr{L}(H + iY) \to 0.$$

由于 $Y \cong \mathbf{P}^1$，$(H + iY).Y = k - i$，所以

$$\mathscr{O}_Y \otimes \mathscr{L}(H + iY) \cong \mathscr{O}_{\mathbf{P}^1}(k - i).$$

我们由此得到上同调的正合序列

$$\cdots \to H^1(X, \mathscr{L}(H + (i-1)Y)) \to H^1(X, \mathscr{L}(H + iY)) \to H^1(\mathbf{P}^1, \mathscr{O}_{\mathbf{P}^1}(k - i)) \to \cdots.$$

于是从归纳条件及已知的 $\mathbf{P}^1$ 的上同调群，知道 $H^1(X, \mathscr{L}(H+iY))=0$ 对任意 $i\leqslant k$ 成立。

第2步．其次证明 $\mathscr{M}$ 为整体截影生成．因为 H 是极强除子，对应的线性系 $|H+kY|$ 在 Y 之外无基点，所以 $\mathscr{M}$ 在 Y 之外由整体截影生　．另一方面，自然映射

$$H^0(X, \mathscr{M})\to H^0(Y, \mathscr{M}\otimes\mathscr{O}_Y)$$

为满，这是因为 $\mathscr{M}\otimes\mathscr{I}_Y\cong\mathscr{L}(H+(k-1)Y)$，而由第一步知

$$H^1(X, \mathscr{L}(H+(k-1)Y))=0.$$

另外，$(H+kY)\cdot Y=0$，故 $\mathscr{M}\otimes\mathscr{O}_Y\cong\mathscr{O}_{\mathbf{P}^1}$，它由整体截影 1 生成．将这个截影提升到 $H^0(X, \mathscr{M})$ 并利用 Nakayama 引理，便知道 $\mathscr{M}$ 在 Y 的每点也由整体截影生成．

第3步．因此，$\mathscr{M}$ 决定了一个态射 $f_1: X\to\mathbf{P}^N$（第二章，7.1）．令 X_1 为其像．由于 $f_1^*\mathscr{O}(1)\cong\mathscr{M}$，且 $\mathscr{M}\otimes\mathscr{O}_Y$ 的次数为 0，f_1 必将 Y 映成一个点 P_1．另一方面，因为 H 为极强，则线性系 $|H+kY|$ 必在 Y 之外分离点，分离切向量，同时也将 Y 中的点与 Y 之外的点分离开．所以 f_1 是 $X-Y$ 到 X_1-P_1 的同构（第二章，7.8.2）．

第4步．设 X_0 是 X_1 的正规化（第二章，习题 3.8）．因为 X 是非异的，故为正规，从而分解 f_1，给出了态射 $f: X\to X_0$．由于 Y 非异，则 $f(Y)$ 是点 P，又由于 X_1-P_1 为非异，我们仍有同构 $f: X-Y\to X_0-P$．

第5步．现在证明 X_0 在 P 点为非异．由于 X_0 总是正规的，f 是双有理的，所以有 $f_*\mathscr{O}_X\cong\mathscr{O}_{X_0}$（见第四章，11.4 的证明．）故运用形式函数定理（第三章，11.1）得到

$$\hat{\mathscr{O}}_P\cong\varprojlim H^0(Y_n, \mathscr{O}_{Y_n}),$$

其中 Y_n 是 X 中由 $\mathfrak{M}_P^n\cdot\mathscr{O}_X$ 定义的闭子概型．但是因为 $f^{-1}(P)=Y$，理想层序列 $\mathfrak{M}_P^n\cdot\mathscr{O}_X$ 与理想层序列 $\mathscr{I}_Y^n$ 共尾．所以可用后者代替 Y_n 的定义理想（第二章，9.3.1）．

我们要证明对每个 n，$H^0(Y, \mathscr{O}_{Y_n})$ 同构于截短幂级数环

$A_n = k[[x, y]]/(x, y)^n$。 如已得证，则可推出 $\hat{\mathscr{O}}_P \cong \varprojlim A_n \cong k[[x,y]]$，它是正则局部环.从而表明 $\mathscr{O}_P$ 为正则（第一章，5.4A)，那么 P 是非异点.

对 $n=1$，有 $H^0(Y, \mathscr{O}_Y) = k$，对 $n>1$，利用正合序列

$$0 \to \mathscr{I}_Y^n/\mathscr{I}_Y^{n+1} \to \mathscr{O}_{Y_{n+1}} \to \mathscr{O}_{Y_n} \to 0.$$

因为 $Y \cong \mathbf{P}^1$，$Y^2 = -1$，由(1.4.1)知 $\mathscr{I}/\mathscr{I}^2 \cong \mathscr{O}_{\mathbf{P}^1}(1)$，$\mathscr{I}^n/\mathscr{I}^{n+1} \cong \mathscr{O}_{\mathbf{P}^1}(n)$ 对每个 n 成立，这与(3.4)的证明中一样. 取上同调，有

$$0 \to H^0(\mathscr{O}_{\mathbf{P}^1}(n)) \to H^0(\mathscr{O}_{Y_{n+1}}) \to H^0(\mathscr{O}_{Y_n}) \to 0.$$

对 $n=1$，$H^0(\mathscr{O}_{\mathbf{P}^1}(1))$ 是二维向量空间，取 x, y 为基. 同时 $H^0(\mathscr{O}_{Y_2})$ 总含有 k，所以可看出它同构于 A_2.

归纳地，设 $H^0(\mathscr{O}_{Y_n})$ 同构于 A_n，将 x, y 提升到 $H^0(\mathscr{O}_{Y_{n+1}})$. 因为 $H^0(\mathscr{O}_{\mathbf{P}^1}(n))$ 是以 $x^n, x^{n-1}y, \cdots, y^n$ 为基的向量空间，故而 $H^0(\mathscr{O}_{Y_{n+1}}) \cong A_{n+1}$. 于是如上所说，$P$ 是个非异点.

第6步. 利用分解定理(5.4)完成证明. 因为 X_0 为非异，则可对 $f: X \to X_0$ 运用(5.4)，由构造知 $n(f) = 1$，故 f 必是中心在 P 的独异变换.

第7步. 额外地，我们要指出，事实上 $X_0 = X$，所以正规化是多余的. 自然映射

$$H^0(X, \mathscr{M} \otimes \mathscr{I}_Y) \to H^0(Y, \mathscr{M} \otimes \mathscr{I}_Y/\mathscr{I}_Y^2)$$

是满同态，这是因为上同调序列的后一项为 $H^1(X, \mathscr{L}(H + (k-2)Y))$，从第一步知其为0. 由于 $\mathscr{M} \otimes \mathscr{O}_Y \cong \mathscr{O}_Y$，它表明存在整体截影 $s, t \in H^0(X, \mathscr{M} \otimes \mathscr{I}_Y) \subseteq H^0(X, \mathscr{M})$，映为参数 $x, y \in H^0(\mathscr{O}_{Y_2}) \cong A_2$. 另一方面，截影 s, t 变成 $\mathbf{P}^N$ 中 $\mathscr{O}(1)$的截影，定义了包含 P_1 点的超平面. 所以它们给出 $\bar{s}, \bar{t} \in \mathfrak{m}_{P_1}$，其在 $\mathscr{O}_P$ 中的像生成了极大理想 $\mathfrak{m}_P$. 由于 $\mathscr{O}_P$ 总是有限生成 $\mathscr{O}_{P_1}$ 模，得出 $\mathscr{O}_P \cong \mathscr{O}_{P_1}$（第二章，7.4），因此 $X_0 \cong X_1$.

例 5.7.1 设 $\pi: X \to C$ 为几何直纹面(§2)，P 为 X 的点，L 为 π 的含 P 的纤维. 若 $f: \tilde{X} \to X$ 是中心在 P 的独异变换，则 L 在 $\tilde{X}$ 的严格变形 $\tilde{L}$ 同构于 $\mathbf{P}^1$，$\tilde{L}^2 = -1$.事实上，由(2.3)知 $L^2 = 0$，

P为L的非异点,所以 $\tilde{L} \sim f^*L - E$(3.6)，便推出了 $\tilde{L}^2 = -1$. 于是由定理知，可以压平$\tilde{L}$. 换句话说,有一个态射 $g: \tilde{X} \to X'$, 将 $\tilde{L}$ 映成点Q而 g 是以Q为中心的独异变换.若 $M = g(E)$,则 $M \cong \mathbf{P}^1$, $M^2 = 0$. (与上面的理由相似)还要注意，由π在 $X-L \cong X'-M$ 得到的有理映射实际上是个态射. 因此 $\pi': X' \to C$ 是另一个几何直纹面. 实际上，π' 的纤维全都同构于 $\mathbf{P}^1$，而且由于π有一个截影，它在X'上的严格变形便是π'的截影. 这个新的直纹面称作以P为中心的X的初等变形以 $\mathrm{elm}_P X$ 表示(图23). 在习题 5.5 中可找到它的一些应用.

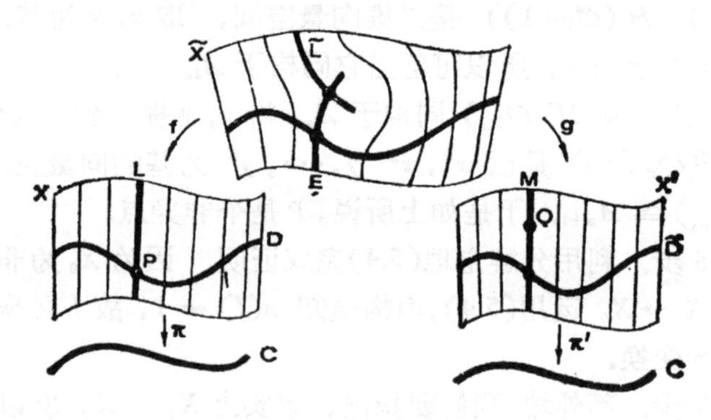

图 23 直纹面的初等变形

注 5.7.2 (广义收缩问题) 考虑到 Castelnuovo 定理(5.7), 可以提出下述的一般性问题:给出簇X及其闭子集Y,求出存在双有理态射 $f: X \to X_0$ 使 $f(Y)$ 为单个点P, 并使 $f: X-Y \to X_0-P$ 为同构的充要条件. 如果这种态射存在，则称 Y 为可缩的. 这个问题的不少特殊情形已经研究过了，然而一般性的解答还不知道. 见 Artin[3],[4]，Grauert[2]，Mumford[6].

在Y是曲面X的非异曲线的情形,已知的结果如下.如果要求X_0为非异,则由(5.7)知，这个充要条件是 $Y \cong \mathbf{P}^1$, $Y^2 = -1$. 如果 X_0 可以有奇点，则有个必要条件 $Y^2 < 0$(习题 5.7). 当 $Y \cong \mathbf{P}^1$ 时这个条件也是充分的(习题 5.2). 如果Y为满足 $Y^2 < 0$ 的任意闭子集,并且基域为 $\mathbf{C}$，则 *Grauert* 有个定理[2]证明,作为复

解析空间，X_0 存在．但是可能不会把 Y 收缩到一个代数簇中，下面是这样的例子．

例 5.7.3 (Hironaka)．设 Y_0 是 $\mathbf{P}^2$ 中的非异三次曲线，定义在一个不可数代数闭域 k 上(例如 $k=\mathbf{C}$)．取定一个拐点作为 Y_0 上群结构的原点．因为 Abel 群 Y_0 不可数，且挠点可数(第四章，4.8.1)，其无挠部分必具有无限秩．因此可以选取 10 个点 $P_1,\cdots,P_{10}\in Y_0$，在群结构下对 $\mathbf{Z}$ 为线性无关．

在 $\mathbf{P}^2$ 中胀开 $P_1,\cdots,P_{10}$，得到曲面 X．设 Y 为 Y_0 的严格变形．因为 $Y_0^2=9$ 且我们已经在 Y 上胀开了 10 个点，所以利用(3.6)得出 $Y^2=-1$．那么由 Grauert 定理(5.7.2)，如果 $k=\mathbf{C}$，则 Y 在 X 中可收缩到一个复解析空间．但是，我们将证明 Y 不能收缩为一个代数簇 X_0 的一个点 P．否则，令 $P\in U\subseteq X_0$ 是 P 的一个仿射开集．设 $C_0'\subseteq U$ 是条不含 P 的曲线，$C_0\subseteq X_0$ 为其闭包，它仍不含 P 点．于是 C_0 在 X 中的逆像 $C\subseteq X$ 是条不与 Y 相交的曲线．C 在 $\mathbf{P}^2$ 中的像 C^* 是条曲线，除去 $P_1,\cdots,P_{10}$ 点外它不与 Y_0 相交．

但是，这不可能．设 $d=\deg C^*$，则由 Bezout 定理(1.4.2)，$C^*.Y_0=3d>0$．故可在 Y_0 上记为

$$C^*.Y_0=\sum_{i=1}^{10}n_iP_i,$$

其中 $n_i\geqslant 0$，$\sum n_i=3d$．但 $C^*\sim dL$，L 为 $\mathbf{P}^2$ 中直线，且 $L.Y_0\sim 3P_0$，故在群结构下有

$$\sum_{i=1}^{10}n_iP_i=0$$

(第四章，1.3.7)．这与 $P_0,\cdots,P_{10}$ 选为 Z 上线性无关的点发生矛盾．

作为本节的结尾，我们证明曲面的相对极小模型的存在性．其想法是在曲面的每个双有理等价类中，找出一个尽可能典则的曲面．由于总可以在等价类中胀开一点，因此与曲线的情形不同，永不会存在函数域的一个唯一的非异射影模型．但是，在支配关

系下可以找到一个极小元． 那么，对于一个(非异射影)曲面 X，如果到另一个(非异射影)曲面 X' 的任意双有理态射 $f:X\to X'$ 都必为同构时，就说 X 是其函数域的一个相对极小模型．如果在其双有理等价类中，X 是唯一的相对极小模型，则称 X 是个极小模型(由于历史的原因，仍然保留了"极小"这个有点不太合适的字眼.)

定理 5.8 每个曲面都有一个到其相对极小模型的双有理态射.

证明 (5.4)与(5.7)合起来便清楚知道，一个曲面是相对极小模型的充要条件是它不含有第一类例外曲线.所以，当给出曲面 X 时，如果它已经是相对极小模型，便停止进行． 如果还不是，令 Y 为其一条第一类例外曲线.由(5.7)知，有态射 $X\to X_1$ 收缩 Y.

依此继续，只要有第一类例外曲线就收缩它，于是得到了双有理态射的序列 $X\to X_1\to X_2\to\cdots$. 必须证明此过程最终停止.

下面的证明是 Matsumura[1] 给出的． 假设我们已经有了如上的 n 个收缩的序列

$$X=X_0\to X_1\to\cdots\to X_n.$$

对每个 $i=1,\cdots,n$，令 $E_i^1\subseteq X_i$ 是收缩映射 $X_{i-1}\to X_i$ 的例外曲线，E_i 为其在 X 上的总变形．于是由(3.2)有 $E_i^2=-1$ 对每个 i 成立，$E_i\cdot E_j=0$ 对每对 $i\neq j$ 成立.

现对每个 i，令 $e_i=c(E_i)$ 为 E_i 在 $H^1(X,\Omega)$ 中的上同调类(习题 1.8).于是由(习题 1.8)知，在 $H^1(X,\Omega)$ 的相交配对中 $\langle e_i,e_j\rangle=0$，$\langle e_i,e_i\rangle=-1$． 从而 $e_1,\cdots,e_n$ 是 k 上向量空间 $H^1(X,\Omega)$ 中的线性无关元.

我们推断出 $n\leqslant\dim_k H^1(X,\Omega)$．因为这是个有限维向量空间，$n$ 必有界，故而收缩的过程必终止.

注 可以证明，每个收缩使 Néron-Severi 群的秩减少 1，故 $n\leqslant \operatorname{rank}NS(X)$，而后者为有限．这是一个新的证明方法．参照(习题 1.7).

注 5.8.1 尽管有此结果，但是断言曲面必定只有有限条第一

类例外曲线是不对的。例如，如果在 $\mathbf{P}^2$ 中，胀开 $r \geqslant 9$ 个处于最广位置的点，则所得曲面有无限多条第一类例外曲线(习题 4.15)。

例 5.8.2 在有理曲面的双有理等价类中，$\mathbf{P}^2$ 是个相对极小模型，同样对每个 $e \geqslant 0$，$e \neq 1$ 的有理直纹面 X_e 也是其相对极小模型。这很容易从定出的 X_e 上所有的不可约曲线(2.18)推出。相反地，X_1 不是相对极小(2.11.5)。

例 5.8.3 设 C 为亏格 $g > 0$ 的曲线。在 $\mathbf{P}^1 \times C$ 的双有理等价曲面类中，每个几何直纹面 $\pi: X \to C$ 都是相对极小模型，事实上，如果 Y 是 X 上任一有理曲线，则由(第四章，2.5.4)知 $\pi(Y)$ 是个点。因此 Y 是 π 的纤维，于是 $Y^2 = 0$，所以 X 无第一类例外曲线。

注 5.8.4 由 Zariski[5],[6],[9] 证明的在任意特征下的一个经典定理说，除去有理曲面和直纹面外，任意曲面都双有理等价于一个(唯一的)极小模型。在有理曲面和直纹面的情形，也可以证明每个相对模型必是(5.8.2)及(5.8.3)列出来的一个。见 Nagata[5] 或 Hartshorne[4]。

习　　题

5.1 设 f 是曲面 X 上的有理函数，证明可以在下述意义下"分解 f 的奇点"。存在一个双有理态射 $g: X' \to X$，使 f 诱导出 X' 到 $\mathbf{P}^1$ 的态射 [提示：记 f 的除子 $(f) = \sum n_i C_i$。然后对曲线 $Y = \cup C_i$ 运用嵌入分解(3.9)只要零点曲线与极点曲线相交，继而进一步作必要的胀开，直至 f 的零点与极点不相交。]

5.2 设 $Y \cong \mathbf{P}^1$ 为曲面 X 上曲线，满足 $Y^2 < 0$。证明 Y 可收缩(5.7.2)到一个射影簇 X_0(一般是奇异的)。

5.3 设 $\pi: \tilde{X} \to X$ 为中心在 P 的独异变换，证明 $H^1(\tilde{X}, \Omega_{\tilde{X}}) \cong H^1(X, \Omega_X) \oplus k$。这给出了(5.8)的另一证明：[提示：利用投射公式(第三章，习题8.3)及(第三章，习题8.1)证明 $H^i(X, \Omega_X) \cong H^i(\tilde{X}, \pi^* \Omega_X)$ 对每个 i 成立。然后利用正合列

$$0 \to \pi^* \Omega_X \to \Omega_{\tilde{X}} \to \Omega_{\tilde{X}/X} \to 0$$

与以坐标的局部计算证明有自然同构 $\Omega_{\tilde{X}/X} \cong \Omega_E$，其中 E 是例外曲线。现在利用上面序列的上同调序列(需要所有的项)及 Serre 对偶得出结

论.]

5.4 设 $f: X \to X'$ 为非异曲面的双有理态射.

(a) 若 $Y \subseteq X$ 是条非异曲线使 $f(Y)$ 为一个点,则 $Y \cong \mathbf{P}^1$ 且 $Y^2 < 0$.

(b) (Mumford[6]) 设 $P' \in X'$ 是 f^{-1} 的一个基本点, $Y_1, \ldots, Y_r$ 是 $f^{-1}(P')$ 的不可约分支. 证明矩阵 $\|Y_i \cdot Y_j\|$ 为负定.

5.5 设 C 为一曲线, $\pi: X \to C$, $\pi': X' \to C$ 为 C 上的两个几何直纹面. 证明存在将 X 变到 X' 的初等变换(5.7.1)的有限序列. [提示: 首先证明, 当 $D \subseteq X$ 是 π 的包含一点 P 的截影, $\tilde{D}$ 是由 elm_P 得到的严格变形, 则 $\tilde{D}^2 = D^2 - 1$ (图 23). 其次证明 X 可以变换到一个具不变量 $e \geqslant 0$ 的几何直纹面上, 然后利用(2.12), 研究直纹面 $\mathbf{P}(\mathscr{E})$ 在 elm_P 下的行为,其中 $\mathscr{E}$ 是可分解的.]

5.6 设 X 是以 K 为函数域的曲面. 证明 K/k 的每个赋值环 R 是 (第二章, 习题 4.12] 所描述的三种类型之一. [提示: 在情形(3)中,令 $f \in R$. 利用(习题 5.1)证明对所有 $i \gg 0$, $f \in \mathcal{O}_{X_i}$, 故实际上 $f \in R_0$.]

5.7 设 Y 是曲面 X 上的不可约曲线, 并设有到二维射影簇的态射 $f: X \to X_0$ 使得 $f(Y)$ 是一个点 P, 且 $f^{-1}(P) = Y$. 证明 $Y^2 < 0$. [提示: 设 $|H|$ 是 X_0 上的极强 (Cartier) 除子类, $H_0 \in |H|$ 是个包含 P 的除子, $H_1 \in H$ 是个不含 P 的除子. 那么,考虑 f^*H_0, f^*H_1 及 $\tilde{H}_0 = f^*(H_0 - P)^-$.]

5.8 曲面奇点. 设 k 为代数闭域, X 为 $\mathbf{A}_k^3$ 中由方程 $x^2 + y^3 + z^5 = 0$ 定义的曲面, 它在原点 $P = (0,0,0)$ 有个孤立奇点.

(a) 证明 X 的仿射坐标环 $A = k[x,y,z]/(x^2 + y^3 + z^5)$ 是个唯一可分解整环. 证法如后. 设 $t = z^{-1}$, $u = t^3x$, $v = t^2y$, 证明 z 在 A 中不可约; $t \in k[u,v]$, $A[z^{-1}] = k[u, v, t^{-1}]$. 由此推断 A 为 UFD.

(b) 证明在 P 的奇点可由八个逐次胀开所分解. 如果 $\tilde{X}$ 是所得到的曲面,则 P 的逆像是 8 条射影直线的并, 它们相互之间的交由 Dynkin 图 $\mathbf{E}_8$ 给出:

```
o—o—o—o—o—o—o
        |
        o
```

这里圆圈代表直线,两个圆圈间的连接线段表明相应的直线相交.

注. 这个奇点与局部代数,不变量理论,拓扑有有趣的联系.

在 $k = \mathbf{C}$ 的情形, Mumford[6] 指出环 A 在极大理想 $\mathfrak{m} = (x, y, z)$的完备化 $\hat{A}$ 也是一个 UFD. 这是值得注意的, 因为一般说来, 局部

UFD 的完备化不一定为 UFD，尽管它的逆命题成立（Mori 的定理），见 Samuel[3]. Brieskorn[2] 证明了对应的解析局部环 $\mathbf{C}\{x,y,z\}/(x^2+y^3+z^5)$ 是唯一的非正则的正规 2 维解析局部环，使它是个 UFD. Lipman[2] 作了以下推广：在特征 $\neq 2,3,5$ 的任意代数闭域上，唯一的非正则的正规 2 维局部环使其是 UFD 的是 $k[[x,y,z]]/(x^2+y^3+z^5)$。见 Lipman[3] 中关于与 UFD 有关的近期工作的报告.

从历史上说，这个奇点来源于 Klein 关于 20 面体的工作，20 面体的旋转群 I 同构于 60 阶单群，自然地作用于 2 维球面，将 2 维球面由球极投射等同于 $\mathbf{P}^1_{\mathbf{C}}$，则群 I 可以看作 $\mathrm{Aut}\mathbf{P}^1_{\mathbf{C}}$ 的有限子群，它的作用提升到 I 在 $\mathbf{C}^2$ 上的作用，它可以用复变量 t_1, t_2 的线性变换表出. Klein [2, I, 2, §13, 62 页] 找到了三个以 t_1, t_2 为变量的不变多项式 x, y, z，它们之间由方程式 $x^2+y^3+z^5=0$ 相联系. 因此曲面 X 可以表现为 $\mathbf{A}^2_{\mathbf{C}}$ 在群 I 作用下的商空间. 特别地，X 在 P 点的局部基本群是单群 I.

至于 $\mathbf{C}$ 上代数簇的拓扑，Mumford[6] 证明，$\mathbf{C}$ 上一个正规代数曲面，它的承载拓扑空间(在其"通常"拓扑下)是一个拓扑流形时，必为非异. Brieskorn 证明在高维情形下这个论断不对. 例如，$\mathbf{C}^4$ 中由 $x_1^2+x_2^2+x_3^2+x_4^3=0$ 定义的超曲面的承载拓扑空间是个流形. 后来，Brieskorn[1] 证明，如果以包围奇点的小球面与这种奇异曲面相交，则可得到一个拓扑球面，其微分结构不是通常的标准结构. 例如，以原点为中心的小球面与 $\mathbf{C}^5$ 中奇异曲面

$$x_1^2+x_2^2+x_3^2+x_4^3+x_5^{6k-1}=0$$

相交时，对 $k=1,2,\cdots,28$，得到 7 维球面上所有 28 种可能的微分结构，见 Hirzebruch 及 Mayer[1] 中关于这个工作的说明.

6. 曲面的分类

在曲线的情形，我们按下面方式得到一个分类. 每个双有理等价类中有一个唯一的非异射影模型. 有一个数值不变量即亏格 g，它可取每个值 $g\geqslant 0$. 对固定的 g，亏格 g 的曲线可由模簇 $\mathfrak{M}_g$ 中的点参数化(第四章，第 5 节).

对于曲面，情况要复杂得多. 首先，非异射影模型不是唯一

的. 但是我们总可以考虑一个相对极小模型来使其标准化. 对于有理曲面及直纹面, 这些相对模型是已知的. 对于其他的双有理类,则存在唯一的极小模型(5.8.4).

另外,我们有双有理不变量 p_a(5.6), p_g(第二章, 8.19),以及 K^2, 如果定出了极小模型, 则后者有明确的意思. 但是还不准确了解哪三个整数可以充作一个曲面的 p_a, p_g, K^2. 至于模簇的存在性,除个别情形外,还是个远未解决的问题.因此,不像曲线的情形,我们必须满足于这些不完整的知识.

本节中我们极简短地提及几个基本结果, 对于更详细与进一步的参考文献, 我们指出 Bombieri 及 Husemoller[1], Shafarevich[1].

首先, 对于 k 上的任意射影簇, 我们定义其 Kodaira 维数 $\kappa(X)$ 为环

$$R=\bigoplus_{n\geqslant 0}H^0(X,\mathscr{L}(nK))$$

对 k 的超越度减 1, 其中 K 是典则除子. 像在第二章, 8.19 的证明中一样, 可以看出 R, 从而 κ 是双有理不变量. 另一种表达方式是说,对某些 $n\geqslant 1$, 在线性系 $|nK|$ 决定的有理映射下, X 在 $\mathbf{P}^N$ 中像的最大维数为 κ, 或者当对所有 $n\geqslant 1$, 总有 $|nK|=\phi$ 时 $\kappa=-1$. 已知对于 n 维簇, κ 可取 -1 到 n 的每一个值. 例如对曲线,有 $\kappa=-1\Longleftrightarrow g=0$; $\kappa=0\Longleftrightarrow g=1$; $\kappa=1\Longleftrightarrow g\geqslant 2$.

我们依照 $\kappa=-1, 0, 1, 2$, 对曲面分类. 对于其中每一组, 下面的一些定理提供了一些更具体的知识.

定理 6.1 $\kappa=-1\Longleftrightarrow|12K|=\phi\Longleftrightarrow X$ 或为有理或为直纹.

定理 6.2 (Castelnuovo). X 为有理曲面 $\Longleftrightarrow p_a=P_2=0$, 其中 $P_2=\dim H^0(X,\mathscr{L}(2K))$ 是第二复合亏格.

证明 对于 $\mathbf{C}$ 上的一个现代证明是 Kodaira 给出的, 见 Serre[13]. 特征 $p>0$ 的情形,其证明属于 Zariski[5],[6],[9].

注 6.2.1 作为 (6.2) 的推论, 可以证明对于维数 2 的类似的 Lüroth 定理(第四章,2.5.5): 设 k 为代数闭域, L 为 k 的纯超越扩

张 $k(t, u)$ 的子域，它包含 k，并使 $k(t, u)$ 是 L 的有限可解扩张。则 L 也是 k 的纯超越扩张。这是 Castelnuovo 的"关于平面对合的有理性"定理。

至于证明，令 X' 为 L 的一个非异射影模型，X 为 $k(t, u)$ 的一个非异射影模型。则像（第二章，8.19）或（第二章，习题 8.8）中一样，利用可分性可以证明 $p_g(X') \leqslant p_g(X)$，$P_2(X') \leqslant P_2(X)$。由于 $P_2(X) = p_g(X) = 0$ 便得到 $P_2(X') = p_g(X') = 0$。还必须证明 $q(X') \leqslant q(X)$，从而断定 $p_a(X') = p_g(X') - q(X') = 0$。于是 X 的有理性由（6.2）推出。见 Serre[13] 及 Zariski[9]。

如果没有 $k(t, u)$ 对 L 是可分的假定，这个结果不成立，见 Zariski[9] 或 Shioda[1]。

定理 6.3 $\kappa = 0 \Longleftrightarrow 12K = 0$。这个类中的曲面必为下列情形之一（假定 $\mathrm{Char}\, k \neq 2, 3$）。

（1）一个 $K3$ 曲面，它是以 $K = 0$ 及非正则度 $q = 0$ 定义的曲面。它们有 $p_a = p_g = 1$；

（2）一个 Enriques 曲面，它有 $p_a = p_g = 0$ 及 $2K=0$；

（3）一个二维 Abel 簇，它有 $p_a = -1$，$p_g = 1$；或

（4）一个超椭圆曲面，它是 $\mathbf{P}^1$ 上纤维以一束椭圆曲线为纤维的曲面，

定理 6.4 $\kappa = 1$ 的曲面是椭圆曲面，即一个曲面 X 及到曲线 C 的态射 π: $X \to C$，使得几乎 π 的所有纤维都是非异椭圆曲线（假定 $\mathrm{Char}\, k \neq 2, 3$）。

定理 6.5 $\kappa = 2$ 的充要条件是对某些 $n > 0$，$|nK|$ 决定了 X 到其在 $\mathbf{P}^N$ 中像的双有理态射，它们被称为一般型曲面。

习　　题

6.1 设 X 为 $\mathbf{P}^n$ 中曲面，$n \geqslant 3$，由 $d_1, \cdots, d_{n-2}$ 次超曲面的完全交定义，其中每个 $d_i \geqslant 2$。证明除去 $(n, d_1, \cdots, d_{n-1})$ 的有限种选取外，曲面 X 为一般型。列举出这些例外情形及它们在分类图表中的位置。

6.2 证明下面陈省身与 Griffiths 的定理：设 X 为 $\mathbf{P}^{n+1}_{\mathbf{C}}$ 中的 d 次非异曲

面，且它不在任意超平面中. 如果 $d<2n$，则 $p_g(X)=0$. 如果 $d=2n$，则或者 $p_g(X)=0$ 或者 $p_g(X)=1$.而 X 是个 K3 曲面. [提示: 以超平面与 X 相截，并利用 Clifford 定理(第四章,5.4). 对最后的论断,利用 X 上的 Riemann-Roch 定理和 Kodaira 消灭定理(第三章, 7.15).]

附录A 相交理论

在此附录中,我们要描述将相交理论及 Riemann-Roch 定理推广到任意维不可约射影簇上的轮廓. 为启发我们的讨论,看一下曲面与曲线的情形,而后了解什么是需要推广的. 对于曲线 X 上的除子 D,如果不考虑 Serre 对偶定理的作用,则可将 Riemann-Roch 定理(第四章,1.3)写成

$$\chi(\mathscr{L}(D)) = \deg D + 1 - g,$$

其中 χ 是 Euler 示性数(第三章,习题 5.1). 在曲面上,可将 Riemann-Roch 定理(第五章,1.6)写成

$$\chi(\mathscr{L}(D)) = \frac{1}{2} D.(D - K) + 1 - p_a.$$

无论哪种情形,其左端的项均是涉及层 $\mathscr{L}(D)$ 的上同调群的某些数,而右端是些数值元,它涉及除子 D,典则除子 K,以及簇 X 的某些不变量. 自然,一个 Riemann-Roch 型的定理,其最终目的是为了对较大的 n 计算线性系 $|D|$ 或 $|nD|$ 的维数(第二章,习题 7.6). 它可通过对 $\chi(\mathscr{L}(D))$ 的一个公式再加上对 $i > 0$ 时 $H^i(X, \mathscr{L}(D))$ 的某些消灭定理来做到. 譬如 Serre (第三章,5.2)或 Kodaira (第三章,7.15)的定理.

现在,我们要推广这些结果,以便在任意维非异射影簇 X 上给出 $\chi(\mathscr{L}(D))$ 的一个表达式. 当我们这样做时,可以不费周折就得到 $\chi(\mathscr{E})$ 的一个公式,其中 $\mathscr{E}$ 是任意的凝聚局部自由层.

为推广右端,我们需要在 X 上的一个相交理论. 例如,这时两个除子的交不再是一个数而是一个余维 2 的环元,即余维 2 子簇的线性组合. 因此,我们将引进环元及有理等价性这些术语(它是除子线性等价性的推广),以便建立我们的相交理论.

我们还需要把可逆层 $\mathscr{L}(D)$ 与除子 D 之间的对应关系加以

推广．这可由陈类理论来完成：对每个 r 秩的局部自由层 $\mathscr{E}$，相伴以陈类 $c_1(\mathscr{E}),\cdots, c_r(\mathscr{E})$，其中 $c_i(\mathscr{E})$ 是余维 i 的环元，它在有理等价下确定．

至于簇 X 的不变量，一般说来，典则除子 K 与算术亏格 p_a 是不够的，因此我们也使用了 X 切层的所有陈类．

于是，广义的 Riemann-Roch 定理将给出 $\chi(\mathscr{E})$ 的一个公式，它通过 $\mathscr{E}$ 的及 X 切层的陈类的某些相交数来表达．

1. 相交理论

曲面上的相交论(第五章，1.1)可以概括为，存在唯一的一个对称双线性配对 $\mathrm{Pic}X\times\mathrm{Pic}X\to\mathbf{Z}$，并通过下述要求来法化，即对于两条横截相交的非异曲线 C, D, $C.D$ 恰是 C 与 D 的交点个数．证明此定理的主要工具是 Bertini 定理，它使我们对任意两个除子，可以在它们的线性等价类中移动它们，使其成为横截相交的不可约非异曲线的差．

高维时的情况相当复杂．相应的活动引理显得弱了一些，所以需要一个较强的法化要求．结果发现展开相交理论的最适当的方式原来是同时对所有的簇都进行讨论，连态射 $f: X\to X'$ 的相伴函子式映射 f_* 及 f^*，也作为结构部分被包括进去．

设 X 为 k 上任意簇．X 上一个余维 r 的环元，是指 X 的余维 r 的闭不可约子簇生成的自由 Abel 群中的一个元．故可将一个环元写为 $Y=\sum n_iY_i$，Y_i 为子簇，$n_i\in\mathbf{Z}$．有时要论及一个有用的概念，即与闭子概型相伴的环元．设 Z 是余维 r 的闭子概型，$Y_1,\cdots,Y_t$ 是 Z 的所有余维 r 的不可约分支，定义 $\sum n_iY_i$ 为相伴于 Z 的环元，其中 n_i 是 Z 在 Y_i 的广点 y_i 的局部环 $\mathscr{O}_{y_i,Z}$ 的长度．

设 $f: X\to X'$ 为簇间的态射，Y 为 X 的子簇．如果 $\dim f(Y)<\dim Y$，令 $f_*(Y)=0$．如果 $\dim f(Y)=\dim Y$，则函数域 $K(Y)$ 是 $K(f(Y))$ 的有限扩张域．令

$$f_*(Y)=[K(Y):K(f(Y))]\cdot\overline{f(Y)}.$$

由线性扩张便定了X上环元的群到X'上环元的群的同态f_*。

现在来定义有理等价性。对X的任意子簇V，设$f:\widetilde{V}\to V$为V的正规化。则$\widetilde{V}$满足(第二章，第6节)的条件(*)，因此论及$\widetilde{V}$上的 Weil 除子及线性等价是有意思的。当D,D'是$\widetilde{V}$上线性等价的 Weil 除子时，称f_*D, f_*D'为X上有理等价的环元。一般的情形，对所有的子簇V，及所有$\widetilde{V}$上线性等价的 Weil 除子D, D'，让$f_*D\sim f_*D'$生成了等价关系。在这个等价关系下，我们定义了X上环元的有理等价性。特别地，当X本身是正规时，余维1的环元的有理等价性与 Weil 除子的线性等价性一致。

对每个r，令$A^r(X)$是X上余维r的环元的有理等价类群。以$A(X)$表示分次群$\bigoplus_{i=0}^{n}A^r(X)$，其中$n=\dim X$。注意，$A^0(X)=\mathbf{Z}$，$r>\dim X$时$A^r(X)=0$。还要注意到，当$X$为完全簇时，有一个自然的群同态，即次数，它从$A^n(X)$到$\mathbf{Z}$，由$\deg(\sum n_iP_i)=\sum n_i$定义，其中$P_i$是点，鉴于(第二章，6.10)的原因，它在有理等价类上意义明确。

在一个给定的簇类$\mathfrak{B}$上，一个相交理论由对每个r，s及每个$X\in\mathfrak{B}$给出一个配对$A^r(X)\times A^s(X)\to A^{r+s}(X)$构成，这些配对应满足下面列出的公理。如果$Y\in A^r(X)$，$Z\in A^s(X)$，我们以$Y.Z$表示其相交环元类。

在叙述公理前，还要给个定义。对$\mathfrak{B}$中簇间的任意态射$f:X\to X'$，假定$X\times X'$仍在$\mathfrak{B}$中，则可定义一个同态$f^*:A(X')\to A(X)$如后：对子簇$Y'\subset X'$，定义

$$f^*(Y')=p_{1*}(\Gamma_f\cdot p_2^{-1}(Y')),$$

其中p_1, p_2分别是$X\times X'$到X, X'的投射，Γ_f是f的图，将它看为$X\times X'$上的环元。

上述诸元必须满足下列要求。

A1. 相交配对使$A(X)$对每个$X\in\mathfrak{B}$成为一个交换的可结合分次环，并具幺元。称为X的周环。

A2. 对$\mathfrak{B}$中簇的任意态射$f:X\to X'$，$f^*:A(X')\to A(X)$是

环同态。如 $g:X'\to X''$ 是另一态射，则 $f^*\circ g^*=(g\circ f)^*$.

A3. 对 $\mathfrak{B}$ 中簇的任意本征态射 $f: X\to X'$, $f_*: A(X)\to A(X')$ 是分次群同态（移动了分次）。如果 $g:X'\to X''$ 是另一个态射，则 $g_*\circ f_*=(g\circ f)_*$.

A4. 投射公式。若 $f:X\to X'$ 是本征态射，$x\in A(X)$, $y\in A(X')$，则

$$f_*(x.f^*y)=f_*(x).y.$$

A5. 化为对角线。如果 Y,Z 为 X 上环元，$\Delta:X\to X\times X$ 为对角态射，则

$$Y.Z=\Delta^*(Y\times Z).$$

A6. 局部特性。如果 Y 与 Z 是 X 的子簇，它们正常相交（即 $Y\cap Z$ 的每个不可约分支的余维等于 $\operatorname{Codim}Y+\operatorname{Codim}Z$），则可记

$$Y.Z=\sum i(Y,Z;W_i)W_i,$$

其中 $\sum$ 是对 $Y\cap Z$ 的所有不可约分支取和，整数 $i(Y,Z;W_i)$ 仅依赖于 W_i 的广点在 X 中的邻域。称 $i(Y,Z;W_i)$ 为 Y 及 Z 在 W_i 的局部相交重数。

A7. 法化。设 Y 是 X 的子簇，Z 是与 Y 正常相交的有效 Cartier 除子，则 $Y.Z$ 恰好是 Y 上 Cartier 除子 $Y\cap Z$ 相伴的环元，其中 $Y\cap Z$ 在 Y 上是由 Z 的局部方程限制在 Y 上定义的子概型。（它特别表明，横截相交的非异子簇的重数为 1.）

定理 1.1. 设 $\mathfrak{B}$ 是某给定代数闭域 k 上非异拟射影簇的类，足则对簇 $X\in\mathfrak{B}$ 上的有理等价环元类，有一个唯一的相交理论，满上面的 A1—A7 公理。

定理的证明中有两个主要的成分。一个是局部相交重数的正确定义；另一个是周炜良的活动引理。有许多方式来定义相交重数。我们只提出 Serre 的定义，从历史的观点说它是最近的，然而却有紧凑简洁的好处。如果 Y,Z 正常相交，W 为 $Y\cap Z$ 的一个不可约分支，定义

$$i(Y,Z;W)=\sum(-1)^i\operatorname{length}\operatorname{Tor}_i^A(A/\mathfrak{a},A/\mathfrak{b}),$$

其中 A 是 W 的广点在 X 上的局部环 $\mathcal{O}_{w,X}$，$\mathfrak{a}$ 及 $\mathfrak{b}$ 是 Y 及 Z 在 A 中的理想. Serre[11] 证明了这是一个非负整数，具有所要求的性质. 尤其要留意，按照曲面上曲线情形的模式，取 $A/(\mathfrak{a}+\mathfrak{b})=A/\mathfrak{a}\oplus A/\mathfrak{b}$ 作为自然的定义对于(1.1.1)是行不通的.

另一个成分是周炜良活动引理，它说的是，如果 Y,Z 是非异拟射影簇 X 上的环元，则存在一个有理等价于 Z 的环元 Z'，使得 Y 与 Z' 正常相交. 另外，如果 Z'' 是另一个这种环元，则 $Y.Z'$ 与 $Y.Z''$ 有理等价. 在 Chevalley[2] 及 Roberts[1] 中有活动引理的证明.

相交理论唯一性的证明如下：给出 X 上环元 Y, Z，由活动引理知道，可以假定它们正常相交，于是利用化为对角线（A5），我们可化为在 $X\times X$ 上计算 $\Delta.(Y\times Z)$ 的情形。它的好处在于 Δ 是个局部完全交. 因为相交重数是局部的，我们可以化到其中一个环元为 Cartier 除子的完全交情形. 于是，重复应用法化条件(A7)便给出了唯一性.

相交理论的一些一般性参考文献是 Weil[1]，Chevalley[2]，Samuel[1]，Serre[11]. 至于环元的一些其他等价关系的讨论以及计算群 $A^i(X)$ 的尝试，可见 Hartshorne[6].

例 1.1.1 要看出高阶 Tor 的必要性，设 Y 是 $\mathbf{A}^4$ 中两个交于一点的平面的并，故 Y 的理想 $(x,y)\cap(z,w)=(xz,xw,yz,yw)$. 令 Z 是平面 $(x-z,y-w)$. 因为 Z 与 Y 的每个分支都交于一个点 P，故由线性性有 $i(Y,Z;P)=2$. 但是如果我们以自然的方式取为 $A/(\mathfrak{a}+\mathfrak{b})$，其中 $\mathfrak{a}$, $\mathfrak{b}$ 为 Y, Z 的理想，得到

$$\begin{aligned}&k[x,y,z,w]/(xz,xw,yz,yw,x-z,y-w)\\&\qquad\cong k[x,y]/(x^2,xy,y^2),\end{aligned}$$

其长度等于 3.

例 1.1.2 我们不能期望在奇异簇上有一个像定理的那种相交理论. 例如，设在 $\mathbf{P}^3$ 中由 $xy=z^2$ 定义二次圆锥上有一个相交理论. 令 L 为直纹线 $x=z=0$，M 为直纹线 $y=z=0$. 则 $2M$ 线性等价于超平面截影，它可以看作 Q 上一条圆锥曲线 C，其

与 L, M 横截相交于一个点，故

$$1 = L.C = L.(2M).$$

由线性性就会有 $L.M = \frac{1}{2}$，这不是整数。

2. 周环的性质

对于任意非异拟射影簇 X，考虑其周环 $A(X)$，并列举它的一些性质，其证明可见 Chevalley[2]。

A8. 由于余维 1 的环元就是 Weil 除子，且对于它们，有理等价性同于线性等价性，又由于 X 为非异，所以 $A^1(X) \cong \operatorname{Pic} X$

因此，举例来说，当 X 是非异射影曲面时，我们可以用配对 $A^1(X) \times A^1(X) \to A^2(X)$ 复合上次数映射恢复（第五章，1.1）的相交理论。

A9. 对于任意仿射空间 $\mathbf{A}^m$，投射 $p: X \times \mathbf{A}^m \to X$ 诱导出同构 $p^*: A(X) \to A(X \times A^m)$。

A10. 正合性。如果 Y 是 X 的非异闭子簇，$U = X - Y$，则有正合序列

$$A(Y) \xrightarrow{i_*} A(X) \xrightarrow{j^*} A(U) \to 0,$$

其中 $i: Y \to X$ 是包含映射，$j: U \to X$ 是另一个包含映射。

上述两个结果的证明相似于除子对应结果的证明（第二章，6.5），（第二章，6.6）。

例 2.0.1 $A(\mathbf{P}^n) \cong \mathbf{Z}[h]/h^{n+1}$，其中 h 是超平面类，次数为 1。其证明可由（A9）及（A10）归纳地进行，或直接地证明 $\mathbf{P}^n$ 中 d 次子簇有理等价于一个同维的线性空间乘以 d（习题 6.3）。

下一个性质对于后面一节中陈类的定义是重要的。

A11. 设 $\mathscr{E}$ 是 X 上秩 r 的局部自由层，$\mathbf{P}(\mathscr{E})$ 为相伴的射影空间丛（第二章，§7），并设 $\xi \in A^1(\mathbf{P}(\mathscr{E}))$ 为对应于 $\mathscr{O}_{\mathbf{P}(\mathscr{E})}(1)$ 的除子类，$\pi: \mathbf{P}(\mathscr{E}) \to X$ 为投射。则 π^* 使 $A(\mathbf{P}(\mathscr{E}))$ 成为由 $1, \xi, \xi^2, \cdots, \xi^{r-1}$ 生成的自由 $A(X)$ 模。

3. 陈　　类

我们在这里按照 Grothendieck[3] 的处理方法。

定义　设 $\mathscr{E}$ 是非异拟射影簇 X 上的秩 r 的局部自由层。对每个 $i=0,1,\cdots,r$ 我们以下述要求定义第 i 个陈类 $c_i(\mathscr{E})\in A^i(X)$，即 $c_0(\mathscr{E})=1$ 及在 $A^r(\mathbf{P}(\mathscr{E}))$ 中满足

$$\sum_{i=0}^{r}(-1)^i\pi^*c_i(\mathscr{E}).\xi^{r-i}=0,$$

这里采用了(A11)的记号。

因为(A11)，这个定义是有意义的，我们可将 ξ^r 表示为 $1,\xi,\cdots,\xi^{r-1}$ 的唯一线性组合，其系数通过 π^* 在 $A(X)$ 中。这里列举陈类的一些性质。为方便起见，我们定义总陈类为

$$c(\mathscr{E})=c_0(\mathscr{E})+c_1(\mathscr{E})+\cdots+c_r(\mathscr{E})$$

及陈多项式为

$$c_t(\mathscr{E})=c_0(\mathscr{E})+c_1(\mathscr{E})t+\cdots+c_r(\mathscr{E})t^r.$$

C1. 若 $\mathscr{E}\cong\mathscr{L}(D)$，$D$ 为某除子，则 $c_t(\mathscr{E})=1+Dt$。实际上此时 $\mathbf{P}(\mathscr{E})=X$，$\mathscr{O}_{\mathbf{P}(\mathscr{E})}(1)=\mathscr{L}(D)$，故 $\xi=D$，由定义便有 $1.\xi-c_1(\mathscr{E}).1=0$，即 $c_1(\mathscr{E})=D$。

C2. 若 $f:X'\to X$ 为态射，$\mathscr{E}$ 为 X 上的局部自由层，则对每个 i

$$c_i(f^*\mathscr{E})=f^*c_i(\mathscr{E}).$$

它立即可由 $\mathbf{P}(\mathscr{E})$ 构造的与 f^* 的函子性质推导出。

C3. 若 $0\to\mathscr{E}'\to\mathscr{E}\to\mathscr{E}''\to 0$ 为 X 上局部自由层的正合序列，则

$$c_t(\mathscr{E})=c_t(\mathscr{E}')\cdot c_t(\mathscr{E}'').$$

暂时把定义搁在一边，我们事实上可以证明存在一个唯一的陈类理论，它对 X 上每个局部自由层 $\mathscr{E}$ 指定一个 $c_i(\mathscr{E})\in A^i(X)$，它满足条件(C1)，(C2)，(C3)。对于这个唯一性的证明，以及(C3)和下面其他性质的证明，都可以利用分裂原理。它是说，给

出了 X 上的 $\mathscr{E}$，存在一个态射 $f: X' \to X$ 使 $f^*: A(X) \to A(X')$ 为单同态，并使 $\mathscr{E}' = f^*\mathscr{E}$ 分裂．就是说有一个滤链 $\mathscr{E}' = \mathscr{E}'_0 \supseteq \mathscr{E}'_1 \supseteq \cdots \supseteq \mathscr{E}'_r = 0$，其相邻层的商层全为可逆．于是，使用下述性质即可．

C4. 如果 $\mathscr{E}$ 分裂，其滤链以可逆层 $\mathscr{L}_1, \cdots, \mathscr{L}_r$ 为商层．则

$$c_t(\mathscr{E}) = \prod_{i=1}^{r} c_t(\mathscr{L}_i).$$

(自然，由(C1)知道每个 $c_t(\mathscr{L}_i)$.)

利用分裂原理，也可以计算张量积、外积和对偶局部自由层的陈类．设 $\mathscr{E}$ 的秩为 r，$\mathscr{F}$ 的秩为 s．记

$$c_t(\mathscr{E}) = \prod_{i=1}^{r} (1 + a_i t)$$

及

$$c_t(\mathscr{F}) = \prod_{i=1}^{s} (1 + b_i t),$$

其中 $a_1, \cdots, a_r, b_1, \cdots, b_s$ 只不过是形式的符号．于是我们有

C5

$$c_t(\mathscr{E} \otimes \mathscr{F}) = \prod_{ij} (1 + (a_i + b_j)t)$$

$$c_t(\Lambda^p \mathscr{E}) = \sum_{1 \leqslant i_1 < \cdots < i_p \leqslant r} (1 + (a_{i_1} + \cdots + a_{i_p})t)$$

$$c_t(\mathscr{E}^\vee) = c_{-t}(\mathscr{E}).$$

因为当我们将这些表达式乘开时，t 的每个幂前的系数都是 a_i 及 b_i 的对称函数，这些表达式是有意义的．这时用熟知的关于对称函数的定理，它们可表为 a_i 及 b_i 的初等对称函数的多项式，这些初等对称函数恰恰是 $\mathscr{E}$ 与 $\mathscr{F}$ 的陈类．对于这个公式表的进一步的参考文献，见 Hirzebruch [1，第 I 章，§4.4]．

C6. 设 $\mathscr{E}$ 是 X 上的秩 r 的局部自由层，$s \in \Gamma(X, \mathscr{E})$ 为其一个整体截影．则 s 定义了同态 $\mathscr{O}_X \to \mathscr{E}$，将 1 映到 s．我们定义 s 的**零点概型**为 X 的一个闭子概型 Y，它由正合序列

$$\mathscr{E}^{\vee} \xrightarrow{s^{\vee}} \mathscr{O}_X \to \mathscr{O}_Y \to 0$$

所定义，其中 $s^{\vee}$ 是映射 s 的对偶. Y 的相伴的环元仍以 Y 表示. 于是，如果 Y 的余维是 r 则有 $c_r(\mathscr{E}) = Y \in A^r(X)$.

它推广了(第二章，7.7)的结果，即可逆层的截影给出了对应的除子.

C7. 自交公式. 设 Y 是 X 的余维 r 的非异子簇，$\mathscr{N}$ 为其法层(第二章，§8). 令 $i: Y \to X$ 为包含映射. 则

$$i^* i_*(1_Y) = c_r(\mathscr{N}).$$

因此运用投射公式(4.4)，在 X 上有

$$i_*(c_r(\mathscr{N})) = Y.Y.$$

这个归功于 Mumford 的结果（见 Lascu, Mumford 及 Scott[1]）推广了曲面上曲线的自交公式(第五章，1.4.1).

4. Riemann-Roch 定理

设 $\mathscr{E}$ 为非异射影簇 X 上的秩 r 局部自由层，X 的维数为 n，令 $\mathscr{T} = \mathscr{T}_X$ 是 X 的切层(第二章，§8). 我们要给出 $\chi(\mathscr{E})$ 的一个表达式，它利用 $\mathscr{E}$ 及 $\mathscr{T}$ 的陈类来表示. 为此目的，我们引进 $A(X)\otimes\mathbf{Q}$ 中的两个元素，它们是由一个层 $\mathscr{E}$ 的陈类的某个泛多项式来定义的. 设

$$c_t(\mathscr{E}) = \prod_{i=1}^{r}(1 + a_i t),$$

象上面一样，a_i 是形式符号. 那么，我们定义指数陈特征为

$$\operatorname{ch}(\mathscr{E}) = \sum_{i=1}^{r} e^{a_i},$$

其中 $e^x = 1 + x + \frac{1}{2}x^2 + \cdots$，再定义 $\mathscr{E}$ 的 Todd 类为

$$\operatorname{td}(\mathscr{E}) = \prod_{i=1}^{r} \frac{a_i}{1 - e^{-a_i}},$$

其中

$$\frac{x}{1-e^{-x}}=1+\frac{1}{2}x+\frac{1}{12}x^2-\frac{1}{720}x^4+\cdots.$$

象前面一样，这些是 a_i 的对称表达式，从而可以表示为 $c_i(\mathscr{E})$ 的有理系数多项式。经由初等却繁琐的计算，由定义可证明

$$\mathrm{ch}(\mathscr{E})=r+c_1+\frac{1}{2}(c_1^2-2c_2)+\frac{1}{6}(c_1^3-3c_1c_2+3c_3)$$
$$+\frac{1}{24}(c_1^4-4c_1^2c_2+4c_1c_3+2c_2^2-4c_4)+\cdots$$

及

$$\mathrm{td}(\mathscr{E})=1+\frac{1}{2}c_1+\frac{1}{12}(c_1^2+c_2)+\frac{1}{24}c_1c_2-\frac{1}{720}(c_1^4$$
$$-4c_1^2c_2-3c_2^2-c_1c_3+c_4)+\cdots,$$

这里 $c_i=c_i(\mathscr{E})$，且当 $i>r$ 时 $c_i=0$。

定理 4.1 (Hirzebruch-Riemann-Roch) 对 n 维非异射影簇 X 上一个 r 秩的局部自由层 $\mathscr{E}$，

$$\chi(\mathscr{E})=\deg(\mathrm{ch}(\mathscr{E}).\mathrm{td}(\mathscr{T}))_n,$$

其中$(\quad)_n$表示 $A(X)\otimes\mathbf{Q}$ 的 n 次部分。

这个定理由 Hirzebruch[1] 在 $\mathbf{C}$ 上证明。在任意代数闭域 k 上，Grothendieck 证明了一个广义的形式(5.3)(见 Borel 及 Serre[1])。

例 4.1.1 设 X 为曲线，$\mathscr{E}=\mathscr{L}(D)$，则有 $\mathrm{ch}(\mathscr{E})=1+D$。切层 $\mathscr{T}_X$ 是 Ω_X 的对偶，因此 $\mathscr{T}_X\cong\mathscr{L}(-K)$，其中 K 为典则除子。于是 $\mathrm{td}(\mathscr{T}_X)=1-\frac{1}{2}K$。所以(4.1)告诉我们

$$\chi(\mathscr{L}(D))=\deg\left((1+D).\left(1-\frac{1}{2}K\right)\right)_1$$
$$=\deg\left(D-\frac{1}{2}K\right).$$

对 $D=0$，它表示 $1-g=-\frac{1}{2}\deg K$，故可将定理写成

$$\chi(\mathscr{L}(D))=\deg D+1-g,$$

这是早先证明过的曲线的 Riemann-Roch 定理(第四章,1.3).

例 4.1.2 现在设 X 为曲面,仍设 $\mathscr{E}=\mathscr{L}(D)$, 则 $\operatorname{ch}(\mathscr{E})=1+D+\frac{1}{2}D^2$. 以 c_1, c_2 表示切层 $\mathscr{T}_X$ 的陈类, 它们仅依赖于 X, 故有时也称其为 X 的陈类. 由于 $\mathscr{T}_X$ 是 Ω_X 的对偶, 以及(C5)给出 $c_1(\Omega_X)=c_1(\Lambda^2\Omega_X)$, 又由于 $\Lambda^2\Omega_X=\omega_X$ 正是 $\mathscr{L}(K)$, K 为典则除子,因此 $c_1(\mathscr{T}_X)=-K$. 但是 c_2(不如说是其次数)是曲面的一个新的不变量,我们以前还没有遇见过.

利用 $c_1=-K$ 及 c_2, 有

$$\operatorname{td}(\mathscr{T}_X)=1-\frac{1}{2}K+\frac{1}{12}(K^2+c_2).$$

相乘再取次数(借用符号, 我们以 D^2 既表示 $A^2(X)$ 中一个类又表示它的次数)可将(4.1)写为

$$\chi(\mathscr{L}(D))=\frac{1}{2}D.(D-K)+\frac{1}{12}(K^2+c_2).$$

特别取 $D=0$, 求出

$$\chi(\mathscr{O}_X)=\frac{1}{12}(K^2+c_2).$$

由算术亏格的定义(第三章,习题 5.3), 这表示

$$1+p_a=\frac{1}{12}(K^2+c_2).$$

所以这个新的曲面的 Riemann-Roch 定理给出了早先的那个(第五章, 1.6), 并由最后一个公式, 额外地得到 c_2 用 p_a, K^2 的表达式.

例 4.1.3 作为应用, 我们推导 $\mathbf{P}^4$ 中曲面的数值不变量间的一个联系公式. 为了深入了解这个问题,注意一下, 当 X 是 $\mathbf{P}^3$ 中 d 次曲面时, 则数值不变量 p_a, K^2, 因而 c_2 都唯一地被 d 所决定(第一章,习题 7.2)及(第五章,习题 1.5). 另一方面, 任意射影曲面都可嵌入到 $\mathbf{P}^5$ 中(第四章,习题 3.11),故而对 $\mathbf{P}^5$ 中曲面, 我们不能期望这些数值不变量之间会有什么特别联系. 然而, 一般来说一个曲面不能嵌入 $\mathbf{P}^4$ 中,故对那些能嵌入 $\mathbf{P}^4$ 的曲面,可以预期

到有一些条件要满足.

那么设X是$\mathbf{P}^4$中的d次非异曲面. 在$\mathbf{P}^4$的周环中, X等价于一个平面的d倍, 故$X.X=d^2$. 另一方面, 可以用自交公式(C7)计算$X.X$, 它等于$\deg c_2(\mathscr{N})$, 其中$\mathscr{N}$是X在$\mathbf{P}^4$中的法丛. 有一个正合序列

$$0 \to \mathscr{T}_X \to i^*\mathscr{T}_{\mathbf{P}^4} \to \mathscr{N} \to 0,$$

其中$i: X \to \mathbf{P}^4$是包含映射. 利用这个序列计算$c_2(\mathscr{N})$, 从而得出我们的条件.

首先利用正合序列

$$0 \to \mathscr{O}_{\mathbf{P}^4} \to \mathscr{O}_{\mathbf{P}^4}(1)^5 \to \mathscr{T}_{\mathbf{P}^4} \to 0.$$

令$h \in A^1(\mathbf{P}^4)$为超平面截影,得到

$$c_t(\mathscr{T}_{\mathbf{P}^4}) = (1+ht)^5 = 1 + 5ht + 10h^2t^2 + \cdots.$$

另一方面,像(4.12)中一样有

$$c_t(\mathscr{T}_X) = 1 - Kt + c_2t^2.$$

以$H \in A^1(X)$表示X的超平面截影类,因此由上面正合序列并利用(C3), 得到

$$(1 - Kt + c_2t^2)(1 + c_1(\mathscr{N})t + c_2(\mathscr{N})t^2)$$
$$= 1 + 5Ht + 10H^2t.$$

比较t与t^2的系数,我们求出

$$c_1(\mathscr{N}) = 5H + K,$$
$$c_2(\mathscr{N}) = 10H^2 - c_2 + 5H.K + K^2.$$

现在取次数并用上$\deg c_2(\mathscr{N}) = d^2$. 还要注意$\deg H^2 = d$, 及(4.12)中$c_2$的表达式. 最后的结果是

$$d^2 - 10d + 5H.K - 2K^2 + 12 + 12p_a = 0.$$

它对于$\mathbf{P}^4$中任意d次非异曲面成立. 它的某些应用见于(习题6.9).

5. 补充与推广

对n维簇提出了一个相交理论之后,则可以问,是否第五章中

对曲面证明过的某些定理也可以扩张. 答案是肯定的.

定理 5.1 (Nakai-Moishezon 判别法) 设 X 是代数闭域 k 上的本征概型, D 是 X 上一个 Cartier 除子, 则 D 为 X 上强除子, 当且仅当对每个闭的整子概型 $Y \subseteq X$ (如果 X 为整, 也包括了 $Y = X$ 的情形), 有 $D^r \cdot Y > 0$, 其中 $r = \dim Y$.

X 为 k 上射影时, 定理由 Nakai[1] 所证明, 与之独立地, Moishezon[1] 证明了 X 为抽象完全簇的情形. Kleiman[1] 整理并简化了证明. 严格地讲, 这个定理使用了与我们已经阐述过的略微不同的相交理论. 因为我们没有假定 X 是非异射影的, 所以没有周活动引理. 另一方面, 我们仅需考虑一些 Cartier 除子与单个闭子概型的相交, 所以要阐明的这个相交理论实际上比 §1 描述的那个要初等得多. 其详情见 Kleiman[1]. 注意, 这个定理扩张了对曲面的那个相应定理(第五章, 1.10), 这是因为取 $Y = X$ 时给出了 $D^2 > 0$, 而对 Y 为曲线时有 $D.Y > 0$.

也可以将 Hodge 指数定理(第五章, 1.9)扩张到 $\mathbf{C}$ 上的非异射影簇 X. 我们考虑其相伴的复流形 X_h (附录 B) 及其复上同调 $H^i(X_h, \mathbf{C})$. 对 X 上的余维 r 的环元 Y, 可定义其上同调类 $\eta(Y) \in H^{2r}(X_h, \mathbf{C})$. 称 Y 同调等价于零, 记为 $Y \sim_{\text{hom}} 0$, 是指 $\eta(Y) = 0$.

定理 5.2 (Hodge 指数定理) 设 X 为 $\mathbf{C}$ 上非异射影簇, 其维数是偶数 $n = 2k$. 令 H 为 X 的一个强除子, Y 为余维 k 的环元, 并设 $Y.H \sim_{\text{hom}} 0$, $Y \nsim_{\text{hom}} 0$. 则 $(-1)^k Y^2 > 0$.

定理是用调和积分的 Hodge 理论证明的. 见 Weil [5, 定理 8, 78 页]. 它推广了对曲面的结果(第五章, 1.9), 这是因为, 对于除子而言, 可以证明同调等价性与数值等价性一致. Grothendieck[9] 猜测, 利用 l 进上同调作为同调等价的定义时, 定理对于任意代数闭域成立. 他也指出, 利用环元的数值等价性时定理也可能成立, 然而甚至在 $\mathbf{C}$ 上也还不知道它是否正确. 见 Kleiman[2] 中关于这些猜想及 Grothendieck 的其他"标准猜想"的讨论.

现在转到 Riemann-Roch 定理的进一步推广. 我们采用

Borel 与 Serre[1] 的方法。第一步是将陈类的定义扩张到 Grothendieck 群 $K(X)$（第二章，习题 6.10）上。对于 X 为非异时，只要利用局部自由层就可以计算 $K(X)$（第三章，习题 6.9）。于是，由于陈类的可加性质(C3)，显然陈多项式 c_t 扩张成一个映射

$$c_t: K(X) \to A(X)[t].$$

因此我们有了定义在 $K(X)$ 上的陈类。指数陈特征 ch 扩张成映射

$$\mathrm{ch}: K(X) \to A(X) \otimes \mathbf{Q}.$$

可证 $K(X)$ 有一个自然的环结构（对局部自由层 $\mathscr{E}$ 及 $\mathscr{F}$，定义为 $\mathscr{E} \otimes \mathscr{F}$），而 ch 是个环同态。如果 $f: X' \to X$ 是非异簇间的态射，对局部自由层 $\mathscr{E}$，以 $\mathscr{E} \mapsto f^*\mathscr{E}$ 定义了一个环同态

$$f^!: K(X) \to K(X').$$

指数陈特征 ch 与 $f^!$ 可交换。

如果 $f: X \to Y$ 为本征态射，定义一个可加映射 $f_!: K(X) \to K(Y)$ 为

$$f_!(\mathscr{F}) = \sum (-1)^i R^i f_*(\mathscr{F}),$$

其中 $\mathscr{F}$ 为凝聚层。

映射 $f_!$ 与 ch 不可交换。这种不可交换的程度就是 Grothendieck 的广义 Riemann-Roch 定理。

定理 5.3 (Grothendieck-Riemann-Roch) 设 $f: X \to Y$ 为非异拟射影簇间的光滑射影态射，则对任意 $x \in K(X)$，在 $A(Y) \otimes \mathbf{Q}$ 中有

$$\mathrm{ch}(f_!(x)) = f_*(\mathrm{ch}(x).\mathrm{td}(\mathscr{T}_f)),$$

其中 $\mathscr{T}_f$ 是 f 的相对切层。

如果 Y 是个点，它化为前面的形式(4.1)。

在 Grothendieck 的巴黎讨论班上 [SGA6]，经过全力对付了棘手的技术障碍之后，这个定理已进一步推广到了下述情形，即 Y 是个具有强可逆层的 Noether 概型，f 是射影的局部完全交态射。这个工作的一个可读的报告可见于 Manin[1]。

我们还应该提到另一个 Riemann-Roch 公式，即对于 $f: X \to Y$ 为闭浸没的情形。这是属于 Jouanolou[1] 的。在闭浸没的情

形，对于 X 上任意凝聚层 $\mathscr{F}$，公式(5.3)给出一个计算陈类 $c_i(f_*\mathscr{F})$ 的方式，使它可用 $f_*(c_i(\mathscr{F}))$ 及 $f_*(c_i(\mathscr{N}))$ 来表示，这里 $\mathscr{N}$ 是法层. 它本来可以利用整系数多项式来做到的，但是(5.3)的证明只给出了 $A(Y)\otimes\mathbf{Q}$ 中的结果，即去掉了挠元. Jouanolou 的结果是说此结果实际上在 $A(Y)$ 本身中成立.

最近，另一类 Riemann-Roch 定理的推广，即推广到奇异簇上，已由 Baum, Fulton 及 MacPherson 发展起来. 见 Fulton[2].

习　　题

6.1 证明§1中的有理等价性的定义等价于下述关系生成的等价关系：X 上两个余维 r 的环元为等价，是指存在一个 $X\times\mathbf{A}^1$ 上的余维 r 的环元 W，它与 $X\times\{0\}$ 及 $X\times\{1\}$ 正常相交，使得 $Y=W.(X\times\{0\})$，$Z=W.(X\times\{1\})$.

6.2 证明关于 Weil 除子的下述结果，它推广了(第四章，习题 2.6)，并且它也是在证明 f_* 在有理等价下有明确定义(A3)时所需要的结果. 设 $f:X\to X'$ 为正规簇间的本征的广点式有限映射，D_1，D_2 为 X 上的线性等价 Weil 除子. 则 f_*D_1 与 f_*D_2 为线性等价的 X' 上 Weil 除子. [提示：从 X' 中移去一个余维 $\geqslant 2$ 的子集，使 f 成为一个有限平坦态射，然后推广(第四章，习题 2.6).]

6.3 利用类似于(第三章，9.8.3)的论证，直接证明 $\mathbf{P}^n$ 中任意 d 次子簇有理等价于一个同维数线性子空间的 d 倍.

6.4 设 $\pi:X\to C$ 为直纹面(第五章，§2)，C 为非异曲线. 证明零—环元的群 $A^2(X)$ 的有理等价类群同构于 $\operatorname{Pic}C$.

6.5 设 X 为曲面，$P\in X$ 为点，$\pi:\tilde{X}\to X$ 是以 P 为中心的独异变换(第五章，§3). 证明 $A(\tilde{X})\cong\pi^*A(X)\oplus\mathbf{Z}$，其中 $\mathbf{Z}$ 由例外曲线 $E\in A^1(X)$ 生成，相交论由 $E^2=-\pi^*(P)$ 决定.

6.6 等 X 为 n 维非异射影簇，$\Delta\subseteq X\times X$ 为对角线. 证明 $c_n(\mathscr{T}_X)=\Delta^2$ 在 $A^n(X)$ 中成立，这时将 X 自然地同构于 Δ.

6.7 设 X 为非异射影三维簇，其陈类为 c_1，c_2，c_3. 证明 $1-p_a=\dfrac{1}{24}c_1c_2$，且对任意除子 D，

$$\chi(\mathscr{L}(D))=\frac{1}{12}D.(D-K).(2D-K)$$

$$+\frac{1}{12}D.c_2+1-p_a.$$

6.8 设 $\mathscr{E}$ 是 $\mathbf{P}^3$ 上秩 2 的局部自由层，其陈类为 c_1, c_2。由于 $A(\mathbf{P}^3)=\mathbf{Z}[h]/h^4$，可以把 c_1, c_2 看作整数。证明 $c_1 \cdot c_2 \equiv 0 \pmod 2$。［提示：在 $\mathscr{E}$ 的 Riemann-Roch 定理中，左端自然是整数，而右端预先只知为有理数。］

6.9 $\mathbf{P}^4$ 中的曲面。

(a) 对于 $\mathbf{P}^4$ 中有理三次涡形面（第五章，2.19.1），验证（4.1.3）的公式。

(b) 设 X 为 $\mathbf{P}^4$ 中的 K3 曲面，证其次数必为 4 或 6。（它们的例子是 $\mathbf{P}^3$ 中的四次曲面，及 $\mathbf{P}^4$ 中二次与三次曲面的完全交。）

(c) 设 X 为 $\mathbf{P}^4$ 中的 Abel 曲面，证其次数必为 10。（Horrocks 及 Mumford[1] 已证此 Abel 曲面存在。）

*(d) 确定那一个有理直纹面 $X_e, e \geq 0$（第五章，§2）有到 $\mathbf{P}^4$ 的嵌入。

6.10 利用 Abel 簇上切层为自由层这个事实，证明不可能将 3 维 Abel 簇嵌入 $\mathbf{P}^5$ 中。

附录B　超越方法

如果X是$\mathbf{C}$上的非异簇，则可将其看作复流形．所有复分析与微分几何的方法都可用来研究这个复流形．如果在抽象代数几何与复流形的用语之间给出了一本合适的字典，这些结果就可以翻译回来，作为原来簇X的结果．

这是个极其有力的方法，它产生过也仍在产生着许多重要的结果，它们是由这些所谓“超越方法”证明的，而且还不知道它们的纯代数的证法．

另一方面的问题是，代数簇在复流形一般理论中应占的位置在哪里，哪些特殊性质能把它们的特征从所有复流形中描述出来？

在这个附录中，我们要对这个广泛而重要的研究领域给出一个极短的报告．

1. 相伴的复解析空间

一个**复解析空间**(在 Grauert 的意义下)是一个拓扑空间$\mathscr{X}$及其上的一个环层$\mathcal{O}_{\mathscr{X}}$，它可被开集覆盖，每个开集，作为局部环层空间同构于下述一类Y：设$U\subseteq\mathbf{C}^n$为多圆盘$\{|z_i|<1|i=1,\cdots,n\}$，$f_1,\cdots,f_q$为U上的全纯函数，$Y\subseteq U$是由$f_1,\cdots,f_q$的公共零点组成的闭子集(在其“通常”拓扑下)，并取$\mathcal{O}_Y$为层$\mathcal{O}_U/(f_1,\cdots,f_q)$，其中$\mathcal{O}_{\mathscr{X}}$是$U$上的全纯函数芽层．注意这个结构层可以有幂零元．复解析空间，凝聚解析层以及上同调一般理论的深入阐述可见 Gunning 及 Rossi[1]，在 Bănică 及 Stănăşilă[1]中也可看到关于复解析空间的上同调中现代技巧的综述，它平行于第三章中的代数技巧．

现设X是$\mathbf{C}$上的有限型概型，定义其**相伴复解析空间**X_h如下．将X用开仿射子集 $Y_i=\mathrm{Spec}A_i$ 覆盖，每个 A_i 是 $\mathbf{C}$ 上有限型代数，可写为 $A_i\cong\mathbf{C}[x_1,\cdots,x_n]/(f_1,\cdots,f_q)$．这里的$f_1,\cdots,f_q$ 是 $x_1,\cdots,x_n$ 的多项式．我们可将它们看作 $\mathbf{C}^n$ 上的全纯函数，故它们的公共零点集是一个复解析子空间 $(Y_i)_h\subseteq\mathbf{C}^n$．概型$X$是由粘合这些开子集 Y_i 得到的，故我们可以用相同的粘合条件来粘合解析空间 $(Y_i)_h$ 成为一个解析空间 X_h．这就是X的相伴复解析空间．

这个构造显然是函子式的，所以得到由 $\mathbf{C}$ 上有限型概型范畴到复解析空间范畴的一个函子 h．类似地，如果 $\mathscr{F}$ 是X的凝聚层，可按下面方式定义其相伴的凝聚解析层 $\mathscr{F}_h$：层 $\mathscr{F}$ 局部地(对于 Zariski 拓扑)是自由层间态射的余核

$$\mathscr{O}_U^m\xrightarrow{\varphi}\mathscr{O}_U^n\to\mathscr{F}\to 0.$$

因为通常拓扑比 Zariski 拓扑更细，于是 U_h 开于 X_h．另外，因为 φ 由 $\mathscr{O}_U$ 的局部截影的矩阵定义，而这些也是 $\mathscr{O}_{U_h}$ 的局部截影，所以我们可以定义 $\mathscr{F}_h$ 为对应的自由凝聚解析层间(局部地)的映射 φ_h 的余核．

可以容易地证明关于概型X与其相伴解析空间 X_h 之间关系的某些基本事实(见 Serre[4])．例如，X在 $\mathbf{C}$ 为分离，当且仅当 X_h 为 Hausdorff．X在 Zariski 拓扑下连通，当且仅当 X_h 在通常拓扑下连通，X在 $\mathbf{C}$ 上光滑，当且仅当 X_h 为复流形．态射 $f:X\to Y$为本征，当且仅当 $f_h:X_h\to Y_h$ 为通常意义下的逆紧映射，即紧集的逆像是紧集．特别X本征于 $\mathbf{C}$，当且仅当 X_h 为紧空间．

也可以比较X与 X_h 上凝聚层的上同调．在它们的承载拓扑空间上有一个连续映射 $\varphi:X_h\to X$，它将 X_h 一一地映到X的闭点集，当然其拓扑是不同的．也有一个结构层之间的自然映射 $\varphi^{-1}\mathscr{O}_X\to\mathscr{O}_{X_h}$，使得$\varphi$成为局部环层空间之间的态射．由我们的定义推出，对任意 $\mathscr{O}_X$ 模凝聚层，$\mathscr{F}_h\cong\varphi^*\mathscr{F}$．由此容易证明，对每个 i，有上同调群间的自然映射

$$\alpha_i:H^i(X,\mathscr{F})\to H^i(X_h,\mathscr{F}_h).$$

这里我们总是采用导出函子意义下的上同调(第三章,§2),但可以证明,在解析空间 X_h 上,它同于文献中使用的其他上同调。见(第三章,§2)末尾的历史注记。

2. 代数范畴与解析范畴的比较

为了促进我们关于 $\mathbf{C}$ 上有限型概型与它们的相伴复解析空间之间进行比较,我们来考虑五个问题,它们都是当仔细考虑函子 h 时自然产生的。

Q1. 给出一个复解析空间 $\mathscr{X}$,是否存在一个概型 X 使得 $X_h \cong \mathscr{X}$?

Q2. 如果 X 与 X' 是两个概型使 $X_h \cong X'_h$,是否 $X \cong X'$?

Q3. 给出概型 X 及 X_h 上一个凝聚解析层 $\mathfrak{F}$,是否存在 X 上的凝聚层 $\mathscr{F}$ 使得 $\mathscr{F}_h \cong \mathfrak{F}$?

Q4. 给出概型 X 及 X 上两个凝聚层 $\mathscr{E}$ 及 $\mathscr{F}$,使在 X_h 上 $\mathscr{E}_h \cong \mathscr{F}_h$,是否 $\mathscr{E} \cong \mathscr{F}$?

Q5. 给出概型 X 及凝聚层 $\mathscr{F}$,是否上同调群的映射 α_i 为同构?

正如预料的那样,当表达为这种概括性的语句时,所有这五个问题的答案为否,十分容易给出 Q1, Q3, 及 Q5 的反例。见(习题 6.1),(习题 6.3),(习题 6.4)。Q2, Q4 要困难得多,所以我们提出下面的例子。

例 2.0.1 (Serre) 设 C 为椭圆曲线, X 为 C 上唯一的不变量 $e=0$ 的非平凡直纹面(第五章 2.15),C_0 为满足 $C_0^2=0$ 的那个截影(第五章 2.8.1)。令 $U=X-C_0$。另一方面,令 $U'=(\mathbf{A}^1-\{0\})\times(\mathbf{A}^1-\{0\})$。则可以证明 $U_h \cong U'_h$, 但是 $U \not\cong U'$,这是因为 U 不是仿射的。特别地,虽然 U 不为仿射,U_h 却是 Stein 空间。另外可以证明 $\operatorname{Pic} U \cong \operatorname{Pic} C$ 而 $\operatorname{Pic} U_h \cong \mathbf{Z}$。特别在 U 上存在不同构的可逆层 $\mathscr{L}$ 及 $\mathscr{L}'$ 使得 $\mathscr{L}_h \cong \mathscr{L}'_h$。详情可见 Hartshorne [5,232页]。

相反地，如果只考虑射影概型，则对所有五个问题的答案为是，这些结果是由 Serre 在他的漂亮的论文 GAGA(Serre[4]) 中证明的．其中的主要定理是:

定理 2.1 (Serre)　设 X 为 $\mathbf{C}$ 上射影概型，则函子 h 诱导出 X 上的凝聚层范畴到 X_h 上凝聚解析层范畴的范畴等价．另外，对 X 上每个凝聚层 $\mathscr{F}$，自然映射

$$\alpha_i: H^i(X, \mathscr{F}) \to H^i(X_h, \mathscr{F}_h)$$

对所有 i 为同构．

这个定理回答了问题 Q3, Q4, 及 Q5．其证明需要知道对所有 i, n, q 的解析上同调群 $H^i(\mathbf{P}_h^n, \mathscr{O}(q))$，它们可用 Cartan 的定理 A 与 B 计算，其答案同于代数的情形(第三章, 5.1)．于是结果可由标准技巧推出，即将 X 嵌入 $\mathbf{P}^n$，并用形如 $\sum \mathscr{O}(q_i)$ 的层来分解 $\mathscr{F}$，这像(第三章，第 5 节)中所做的一样．这个定理也由 Grothendieck[SGA1,XII] 推广到 X 本征于 $\mathbf{C}$ 的情形中．

作为系，Serre 得到周炜良定理[1]的一个新证明．

定理 2.2 (周)　设 $\mathscr{X}$ 为复流形 $\mathbf{P}_{\mathbf{C}}^n$ 的一个紧的解析空间，则存在子概型 $X \subseteq \mathbf{P}^n$ 使 $X_h = \mathscr{X}$．

它回答了射影情形下的 Q1, Q2 留作习题(习题 6.6)．

3. 何时紧复流形为代数的?

如果 $\mathscr{X}$ 是个紧复流形，则可以证明，如果存在一个概型 X 使 $X_h \cong \mathscr{X}$，则其必唯一．当这种 X 存在时，我们简单地说为 $\mathscr{X}$ 是代数的．考虑问题 1 的修改形式:

Q1′. 能否对一个紧复流形为代数的给出适当的充要条件?

这方面的第一个结果是

定理 3.1 (Riemann)　每个一维紧复流形(即紧 Riemann 面)是射影代数的．

这是个深刻的结果．要了解其道理，可回想一下，复流形的概念是非常局部的．它是由小圆盘用全纯转移函数粘合起来的．我

们作了一个整体的假说，即它是紧的．而我们的结论却是它能整体地嵌入某个射影空间中．特别，通过考虑到 $\mathbf{P}^1$ 的投射，可以看出它有非常值半纯函数，这决非事先就能清楚的显然结果，可分两步证明定理．

(a) 证明 $\mathscr{X}$ 具有一个整体的非常值半纯函数．这需要一些很强的分析． 由 Weyl[1] 按照 Hilbert 的方法给出了一个证明，它利用 Dirichlet 的极小原理，证明了调和函数的存在性，因而证明了半纯函数的存在性．另一个由 Gunning[1] 给出的证明，利用分布首先证明凝聚解析层的上同调群的维数有限性，然后推出半纯函数的存在性．

(b) 第二步是在 $\mathscr{X}$ 上取一个非常值半纯函数 f，并将其看作给出的 $\mathscr{X}$ 到 $\mathbf{P}^1$ 的有限态射．然后证明 $\mathscr{X}$ 为非异代数曲线，从而为射影的．

(b) 部分常常称为"Riemann 存在定理"，它较之(a)部分是初等的．它已由 Grauert 及 Remmert[1] 推广到高维情形．近来 Grothendieck [SGA1, XII] 利用 Hironaka 的奇点分解，给出他们推广的一个精巧的证明．这个结果是：

定理 3.2（广义 Riemann 存在定理） 设 X 是个 $\mathbf{C}$ 上有限型正规概型．$\mathscr{X}'$ 为正规复解析空间，同时有一个有限态射 $f: \mathscr{X}' \to X_h$，（定义解析空间的有限态射为具有限纤维的逆紧态射）则有一个唯一的正规概型 X' 及有限态射 $g: X' \to X$，使得 $X'_h \cong \mathscr{X}'$，$g_h = f$．

这个定理的一个系理是，X 的代数基本群 $\pi_1^{\text{alg}}(X)$，（定义为 X 的有限平展复叠的 Galois 群的反向极限（第四章，习题4.8））同构于 X_h 的通常基本群对于有限指数子群的完备化 $\pi_1^{\text{top}}(X_h)^\wedge$．事实上，如果 $\mathfrak{Y}$ 是 X_h 的任一有限非歧拓扑复叠空间，则 $\mathfrak{Y}$ 具有正规解析空间的自然结构，故由定理，它是 X 上代数的（且平展的）复空间．

当维数大于 1 时，每个复流形为代数的这一论断不再成立．但是我们有下述结果，它是个必要条件．

命题 3.3 (Siegel[1]) 设 $\mathscr{X}$ 是 n 维紧复流形，则 $\mathscr{X}$ 的半纯函数域 $K(\mathscr{X})$ 对 $\mathbf{C}$ 的超越度 $\leqslant n$ 且（至少在 $\text{tr.d.}K(\mathscr{X})=n$ 的情形下）它是 $\mathbf{C}$ 的有限生成扩张域.

如果 $\mathscr{X}$ 为代数的，譬如 $\mathscr{X}\cong X_h$，则可以证明 $K(\mathscr{X})=K(X)$，即 X 的有理函数域，故此时必有 $\text{tr. d. }K(\mathscr{X})=n$. 满足 $\text{tr. d. }K(\mathscr{X})=\dim\mathfrak{X}$ 的紧复流形被 Moishezon[2] 研究过，所以称它们为 Moishezon 流形.

在维数 $\geqslant 2$ 时，有紧复流形其上根本没有非常值半纯函数，从而它们不可能是代数的. 例如一个复环 $\mathbf{C}^n/\Lambda$，其中 $\Lambda\cong \boldsymbol{Z}^{2n}$ 是个充分一般的格，$n\geqslant 2$，就具有这种性质. 譬如可见于 Morrow 及 Kodaira[1].

仅考虑 Moishezon 流形时，我们有下述对二维情形的定理.

定理 3.4 (周及 Kodaira[1]) 如果一个二维紧复流形上有两个代数独立的半纯函数，则它是射影代数的.

在维数 $\geqslant 3$ 时，Hironaka[2] 与 Moishezon[2] 都给出 Moishezon 流形不是代数的例子. 这些例子存在于 $\mathbf{C}$ 上维数 $\geqslant 3$ 的代数簇的每一个双有理等价类中. 但是，Moishezon 证明：任意 Moishezon 流形在经过有限个有非异中心点的独异变换后，可成为射影代数的. 所以它们距离成为代数的不太远.

例 3.4.1 (Hironaka[2]) 我们描述具有相似结构的两个例子. 第一个是个 $\mathbf{C}$ 上非异完全的代数三维簇但不是射影的. 第二个是三维 Moishezon 流形但不是代数的.

对第一个例子，令 X 为任意非异射影代数三维簇. 取两条非异曲线 $c, d\subseteq X$，它们横截相交于两点 P, Q，而无其他交点（图 24). 在 $X-Q$ 上，首先胀开曲线 c，然后胀开曲线 d 的严格变形. 在 $X-P$ 上，首先胀开曲线 d，然后胀开曲线 c 的严格变形. 在 $X-P-Q$ 上，(按什么次序都没关系)胀开曲线 c 与 d，故可将我们的胀开簇沿着 $X-P-Q$ 的逆像粘合起来. 结果得到一个非异完全代数簇 $\tilde{X}$. 我们要证明 $\tilde{X}$ 不是射影的. 顺便地，它推出双有理态射 $f:\tilde{X}\to X$ 不能分解为独异变换的任意序列，这是因

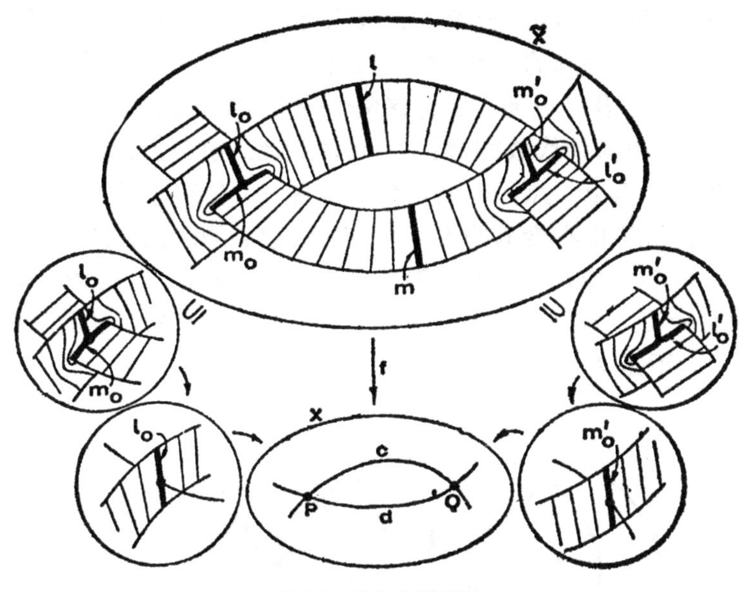

图 24　完全非射影簇

为它不是射影态射.

为此,我们必须检验在 P 点邻域中发生的情况(图 24). 设 l 是 c 的一般点在 $\tilde{X}$ 中的逆像, m 是 d 的一般点的逆像. 注意 l 与 m 是射影直线. 于是, P 的逆像由两条直线 l_0, m_0 组成,并且有环元间代数等价 $l \sim l_0 + m_0$, $m \sim m_0$. 注意其非对称性来源于胀开这两条曲线的次序. 现在,在 Q 的邻域中发生相反的情况.于是 $f^{-1}(Q)$ 是两条直线 l_0', m_0' 的并,并有代数等价 $l \sim l_0'$, $m \sim l_0' + m_0'$. 这些等价关系合起来,得到 $l_0 + m_0' \sim 0$.因为曲线有次数,它是正整数,而次数是可加的,又在代数等价下保持不变. 所以 $\tilde{X}$ 不是射影的.

例 3.4.2　对于第二个例子,我们仍像前面一样,从任一非异代数三维簇开始. 设 c 为 X 上曲线,除了一个二重点 P 外处处非异,且这个两重点具不同的切方向. 在 P 点的一个小解析邻域内,先胀开一个分支,然后再胀开另一分支. 在邻域之外,胀开 c. 把它们粘合起来得到紧复流形 $\mathfrak{X}$.因为 $\mathfrak{X}$ 上的半纯函数与 X 的相同,

明显 $\mathfrak{X}$ 是 Moishezon 流形，我们要证明 $\mathfrak{X}$ 不是抽象代数簇.

使用前面相同的记号(图 25)，我们有同调等价关系 $l \sim l_0 + m_0$，$m \sim m_0$ 及 $l \sim m$，因为这两个分支在 P 之外相会合，故有 $l_0 \sim 0$. 如果 $\mathfrak{X}$ 为代数的，则其不可能如此. 事实上，如其为代数的. 设 T 是 l_0 上一点，于是 T 在 $\mathfrak{X}$ 中有一个仿射邻域. 设 Y 是 U 中一个经过 T 但不含 l_0 的不可约曲面. 取 Y 的闭包扩张为 $\mathfrak{X}$ 中曲面 Y. 现在 Y 与 l_0 相交于有限个点(非空)，故 Y 与 l_0 的相交数有定义且 $\neq 0$. 但是这个相交数是在同调类上定义的，从而不能有 $l_0 \sim 0$. 于是 $\mathfrak{X}$ 不是代数的.

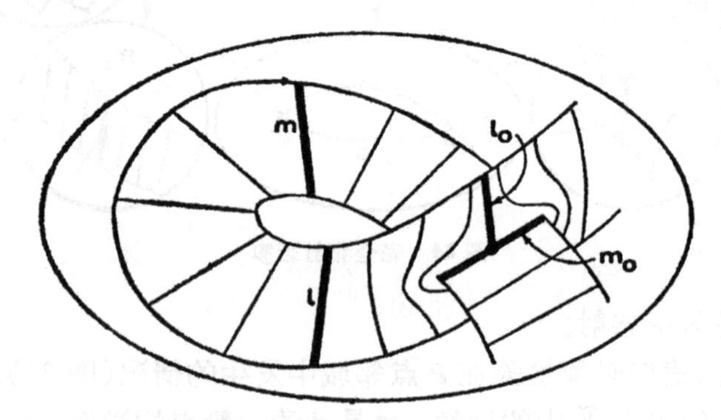

图 25 非代数 Moishezon 流形

注 3.4.3 此时我们应该也提到 Artin[2] 与 Knutson[1] 的代数空间. 在任意域 k 上，他们定义一个代数空间为某种局部是概型对一个平展等价关系的商的空间. 代数空间范畴包含了概型范畴. 如果 X 是 $\mathbf{C}$ 上有限型代数空间，可以定义其相伴的复解析空间 X_h，Artin 证明 $\mathbf{C}$ 上的光滑本征代数空间范畴，通过 h 等价于 Moishezon 流形范畴. 因此每个 Moishezon 流形在代数空间的意义下是"代数的". 特别地，Hironaka 的例子(3.4.2)给出了 $\mathbf{C}$ 上代数空间不是概型的例子.

4. Kähler 流 形

微分几何对于紧复流形因而也是对复域上的代数簇的研究，

提供了强有力的工具. 在微分几何的这些应用中，值得注意的是：Hodge[1] 的调和积分理论及其得到的分解，它将复上同调群分解为它的 (p,q) 成分（也可见 Weil[5]）；Kodaira[1] 及 Nakano[1] 的消灭定理，它最近已由 Grauert 与 Riemenschneider[1] 推广；Griffiths 关于中间 Jacobi 簇与周期映射的工作. 这里我们只提一提 Kähler 流形的定义以及这个概念是如何帮助刻画出代数复流形特征的.

任一复流形具有一个 Hermite 度量（有多种方式）. 一个 Hermite 度量的相伴微分 2 形式是(1,1)型的，如果它是闭的，就称这个度量是 Kähler 的. 具有 Kähler 度量的复流形称作 Kähler 流形. 可以容易地证明，复射影空间有一个自然的 Kähler 度量，因此每个射影代数流形在它的诱导度量下是 Kähler 流形. 如果一个 Kähler 流形 $\mathfrak{X}$ 的度量的相伴微分形式在 $H^2(\mathfrak{X}, \mathbf{C})$ 中的上同调类，落在整系数上同调群 $H^2(\mathfrak{X}, \mathbf{Z})$ 的像中，就称 $\mathfrak{X}$ 是个 Hodge 流形. 基本结果是

定理 4.1 (Kodaira[2]) 每个 Hodge 流形是射影代数的.

它可以看为上面引述的 Riemann 的定理(3.1)的推广，这是因为每个一维的紧复流形显然是个 Hodge 流形. 我们还有

定理 4.2 (Moishezon[2]) 每个 Kähler 的 Moishezon 流形是射影代数的.

总结起来，我们有复流形的性质间的下述蕴含关系，并有例子证明不可能有更多的蕴含关系了.

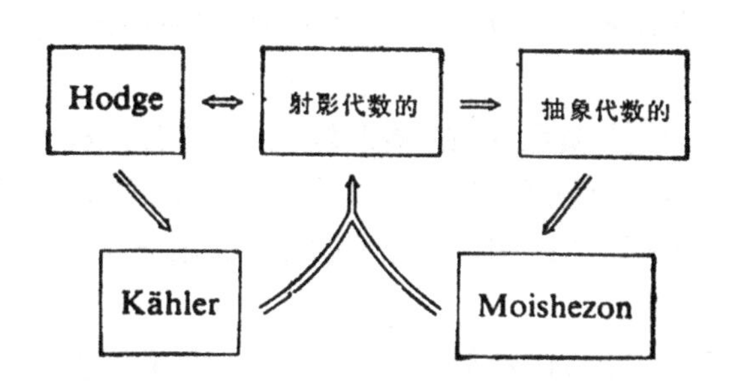

5. 指 数 序 列

通过考虑指数序列,我们给出使用超越方法的一个简单例子.指数函数 $f(x)=e^{2\pi ix}$ 给出 Abel 群的一个正合序列

$$0\to\mathbf{Z}\to\mathbf{C}\xrightarrow{f}\mathbf{C}^*\to 0,$$

其中对 $\mathbf{C}$ 给予加法结构,而对 $\mathbf{C}^*=\mathbf{C}-\{0\}$ 给予乘法结构. 如果 $\mathfrak{X}$ 是任意既约复解析空间,考虑其取值于上面序列的全纯函数,则得到层的正合序列

$$0\to\mathbf{Z}\to\mathscr{O}_{\mathfrak{X}}\xrightarrow{f}\mathscr{O}_{\mathfrak{X}}^*\to 0,$$

其中 $\mathbf{Z}$ 为常值层, $\mathscr{O}_{\mathfrak{X}}$ 为结构层, $\mathscr{O}_{\mathfrak{X}}^*$ 是 $\mathscr{O}_{\mathfrak{X}}$ 中乘法可逆元的层.

这个短正合序列的上同调序列非常有意思. 设 X 是 $\mathbf{C}$ 上的射影簇,将此序列运用于 X_h. 在 H^0 这一段,由于整体全纯函数是常数,故恢复到原来的群正合序列 $0\to\mathbf{Z}\to\mathbf{C}\to\mathbf{C}^*\to 0$. 那么从 H^1 开始,有一个正合序列

$$0\to H^1(X_h,\mathbf{Z})\to H^1(X_h,\mathscr{O}_{X_h})\to H^1(X_h,\mathscr{O}_{X_h}^*)\to$$
$$H^2(X_h,\mathbf{Z})\to H^2(X_h,\mathscr{O}_{X_h})\to\cdots.$$

由 Serre 的定理(2.1)知, $H^i(X_h,\mathscr{O}_{X_h})\cong H^i(X,\mathscr{O}_X)$. 另一方面,由于(第三章,习题 4.5)对于任意环层空间都成立,有

$$H^1(X_h,\mathscr{O}_{X_h}^*)\cong \operatorname{Pic}X_h.$$

但是 Serre 的定理(2.1)也给出了它们凝聚层范畴的等价性,故有 $\operatorname{Pic}X_h\cong\operatorname{Pic}X$。所以可将此序列重新写成

$$0\to H^1(X_h,\mathbf{Z})\to H^1(X,\mathscr{O}_X)\to\operatorname{Pic}X\to H^2(X_h,\mathbf{Z})\to$$
$$H^2(X,\mathscr{O}_X)\to\cdots.$$

唯一的非代数项是 X_h 的整系数上同调群. 因为任意代数簇是可分剖空间(例如可见 Hironaka[5]), 上同调群 $H^i(X_h,\mathbf{Z})$ 则是有限生成 Abel 群. 由此序列可以推导出有关 X 的 Picard 群的某些知识.

首先,容易看出,代数等价的 Cartier 除子给出了 $H^2(X_h,\mathbf{Z})$

中相同的元。因此X的 Néron-Severi 群是 $H^2(X_h, \mathbf{Z})$ 的子群，从而是有限生成的(第五章，习题 1.7)。另一方面，代数等价于零的除子的线性等价类群 $\mathrm{Pic}^\circ X$ 同构于 $H^1(X, \mathscr{O}_X)/H^1(X_h, \mathbf{Z})$。可以证明这是个复环体，实则是个 Abel 簇即$X$的 Picard 簇。

如果X是亏格g的非异曲线，我们可以更清楚看出所发生的情况。这时X_h是亏格g的紧 Riemann 面。作为拓扑空间，它是个紧的定向实二维流形，同胚于装有g个环柄的球面。故有

$$H^0(X_h, \mathbf{Z}) = H^2(X_h, \mathbf{Z}) = \mathbf{Z}$$

及

$$H^1(X_h, \mathbf{Z}) \cong \mathbf{Z}^{2g}.$$

另外，$H^1(X, \mathscr{O}_X) \cong \mathbf{C}^g$，故

$$\mathrm{Pic}^\circ X \cong \mathbf{C}^g/\mathbf{Z}^{2g}.$$

这是X的 Jacobi 簇(第四章，§4)，它是g维 Abel 簇，自然此时 $Ns(X) \cong \mathbf{Z}$，同构由次数函数给出。

习　题

6.1　证明 $\mathbf{C}$ 中单位圆盘不同构于 X_h，其中 X 为任意概型。

6.2　设 $z_1, z_2, \cdots$ 是复数的无限序列，满足 $n \to \infty$ 时 $|z_n| \to \infty$。设 $\mathfrak{T} \subseteq \mathscr{O}_C$ 是在所有 z_n 为零的全纯函数构成的理想层。证明，当 $X = \mathbf{A}_C^1$ 时，不存在凝聚代数理想层 $\mathscr{I} \subseteq \mathscr{O}_X$ 使得在 $\mathfrak{O}_C$ 中作为理想层有 $\mathfrak{T} = \mathscr{I}_h$。另一方面，证明存在 X 上凝聚层 $\mathscr{F}$ 使 $\mathscr{F}_h \cong \mathfrak{T}$，作为凝聚层同构。

6.3　(Serre[12]) 在 $\mathbf{C}^2 - \{0,0\}$ 上，定义可逆解析层 $\mathfrak{L}$ 如下：当 $z \neq 0$，$\mathfrak{L} \cong \mathscr{O}$；当 $w = 0$，$\mathfrak{L} \cong \mathscr{O}$；当 z，$w \neq 0$ 时，这两片 $\mathscr{O}$，在 (z, w) 点的局部环中以 $e^{-1/zw}$ 相乘粘合一起。证明不存在 $\mathbf{A}^2 - \{0,0\}$ 上的可逆代数层 $\mathscr{L}$ 使 $\mathscr{L}_h \cong \mathfrak{L}$。

6.4　直接证明，如果 X 为 $\mathbf{C}$ 上的既约本征概型，则 $H^0(X, \mathscr{O}_X) \cong H^0(X_h, \mathscr{O}_{X_h})$。反之，证明当 X 在 $\mathbf{C}$ 上不为本征时，则存在 X 上凝聚层 $\mathscr{F}$ 使 $H^0(X, \mathscr{F}) \neq H^0(X_h, \mathscr{F}_h)$.

6.5　若 X, X' 是满足 $X_h \cong X'_h$ 的非异仿射代数曲线，证明 $X \cong X'$。

6.6　证明，如果 X，Y 为 $\mathbf{C}$ 上射影概型，$\mathfrak{F}: X_h \to Y_h$ 为解析空间的态射，则存在(唯一的)态射 $f: X \to Y$ 使 $\mathfrak{F} = f_h$。[提示：首先化为 $X = \mathbf{P}^n$ 的情形. 然后考虑 X_h 上的可逆解析层 $\mathfrak{L} = \mathfrak{F}^*\mathscr{O}(1)$，利用(2.1)及(第二章，§7)中的技巧.]

附录C　Weil 猜 想

1949 年，André Weil[4] 叙述了关于有限域上代数方程组解数的著名猜想. 这些猜想提示了有限域上定义的代数簇的算术和复代数簇的拓扑之间的一个深刻联系，Weil 还指出，类似于复代数簇的通常上同调理论，如果能够对抽象代数簇给出适当的上同调理论，那么从上同调理论各种标准的性质就会得到他的猜想. 这种观察是将各种上同调理论引进抽象代数几何的一个主要原因. 1963 年，Grothendieck 终于能够证明，他的 l 进上同调具有足够多的性质来推导出 Weil 猜想的一部分（zeta 函数的有理性). Deligne[3] 于 1973 年证明了 Weil 猜想的其余部分（即"Riemann猜想"的类比），这可看成是从 Grothendieck, M. Artin 和法国学派其他人 [SGA4],[SGA5],[SGA,7] 开始关于 l-进上同调研究工作的积累.

1. Zeta 函数和 Weil 猜想

设 $k=\mathbf{F}_q$ 为 q 元有限域. X 是 k 上有限型的概型. 例如 X 可以是系数属于 k 的有限个多项式的方程组在 k 上仿射或射影空间中的解集合. 令 $\bar{k}$ 是 k 的代数闭包，$\bar{X}=X\times_k\bar{k}$ 为 $\bar{k}$ 上对应的概型. 对于每个整数 $r\geqslant 1$，以 N_r 表示 $\bar{X}$ 的 k_r 有理点数，其中 $k_r=\mathbf{F}_{q^r}$ 为 q^r 元域，换句话说，N_r 是 $\bar{X}$ 上坐标属于 k_r 的点数. 数 $N_1, N_2, N_3, \cdots$ 在研究概型 X 的算术性质时显然是极其重要的. 为了研究这些数，我们(按照 Weil) 作成 X 的 Zeta 函数，它定义为

$$Z(t)=Z(X;t)=\exp\left(\sum_{r=1}^{\infty} N_r\frac{t^r}{r}\right).$$

由定义可知这是具有有理系数的幂级数：$Z(t)\in\mathbf{Q}[[t]]$.

例如对于 $X=\mathbf{P}^1$. 对任意域，$\mathbf{P}^1$ 中点数比该域中元素个数多 1. 从而 $N_r=q^r+1$. 因此

$$Z(\mathbf{P}^1;t)=\exp\left(\sum_{r=1}^{\infty}(q^r+1)\frac{t^r}{r}\right)$$

不难算出其中的级数，从而给出

$$Z(\mathbf{P}^1;t)=\frac{1}{(1-t)(1-qt)}.$$

特别地，它是 t 的有理函数.

现在我们可以叙述 Weil 猜想. 设 X 是 $k=\mathbf{F}_q$ 上 n 维光滑射影簇，$Z(t)$ 是 X 的 zeta 函数. 则

1.1 有理性. $Z(t)$ 是 t 的有理函数，即为有理系数多项式之商.

1.2 函数方程. 设 E 为 $X\times X$ 中对角线 Δ 的自相交数（它也等于 X 的切丛的最高次陈类（见附录 A，习题 6.6），则 $Z(t)$ 满足如下函数方程

$$Z\left(\frac{1}{q^n t}\right)=\pm q^{nE/2}t^E Z(t).$$

1.3 Riemann 猜想的类比. 可以将 $Z(t)$ 写成

$$Z(t)=\frac{P_1(t)P_3(t)\cdots P_{2n-1}(t)}{P_0(t)P_2(t)\cdots P_{2n}(t)},$$

其中 $P_0(t)=1-t$，$P_{2n}(t)=(1-q^n t)$，而对于 $1\leqslant i\leqslant 2n-1$，$P_i(t)$ 是整系数多项式，并且可写成

$$P_i(t)=\prod(1-\alpha_{ij}t),$$

其中 α_{ij} 是代数整数，并且 $|\alpha_{ij}|=q^{i/2}$.（注意这些条件唯一决定了多项式 $P_i(t)$.）

1.4. Betti 数. 假设(1.3)成立，可以将多项式 $P_i(t)$ 的次数定义为第 i 个 Betti 数 $B_i=B_i(X)$. 则我们有 $E=\sum(-1)^i B_i$. 进而，假若 X 是从定义于某代数整数环 R 上的代数簇 Y 通过模素理想 $\mathfrak{r}$ 约化而得到的，则 $B_i(X)$ 等于拓扑空间 $Y_h=(Y\times_R\mathbf{C})_h$

(附录 B) 的第 i 个 Betti 数，即 $B_i(X)$ 是通常上同调群 $H^i(Y_\lambda, \mathbf{Z})$ 的秩。

让我们对于 $X=\mathbf{P}^1$ 验证这些猜想成立。我们已经看到 $Z(t)$ 为有理函数。$\mathbf{P}^1$ 的不变量 E 是 2，可以直接验证对这一情形的函数方程

$$Z\left(\frac{1}{qt}\right)=qt^2Z(t).$$

Riemann 猜想的类比很容易得到，其中 $p_1(t)=1$。于是 $B_0=B_2=1$，$B_1=0$。它们恰好是球 $\mathbf{P}^1_{\mathbf{C}}$ 的通常 Betti 数。最后，$E=\sum(-1)^iB_i$。

2. 关于 Weil 猜想方面工作的历史

Weil 通过考查一些特殊代数簇的 zeta 函数得出他的猜想。关于数论背景和对于"Fermat 超曲面"$\sum a_ix_i^r=0$ 所作的计算可见 Weil[4]。Weil 诸多重要工作之一是对于曲线证明了他的猜想，这在他的书中给出(Weil[2])。从曲线的 Riemann-Roch 定理得到有理性及函数方程，而 Riemann 猜想类比则更为深刻（第五章，习题 1.10)，他是从关于曲线上对应的 Castelnuovo 和 Severi 不等式(第五章，习题 1.9)得到了 Riemann 猜想的类比。这个证明后来由 Mattuck, Tate[1] 和 Grothendieck[2] 简化。Weil[3] 利用 Abel 簇上 Frobenius 的 l 进表示又给出另一证明，这个证明促使建立了后来的上同调方法。近来，Stepanov, Schmidt 和 Bombieri（见 Bombieri[1]）发现了关于曲线上 Riemann 猜想的完全独立的初等证明。

对于高维代数簇，Dwork[1] 采用 p 进分析的方法首先证明了 zeta 函数的有理性及函数方程。关于这个证明还可参见 Serre[8]。

关于 Weil 猜想的大多数其他工作是集中于对于特征 p 域上代数簇寻找好的上同调理论，这种理论会给出如上面(1.4)中所定义的"正确"的 Betti 数。此外，这个上同调理论的系数还应当属

于特征零域，并且按照 Lefschetz 原理，一个态射的不动点数可以计算成在上同调群上的迹和。

Serre[3] 使用凝聚层（第三章）第一个将上同调引入抽象代数几何中。由于系数属于代数簇的定义域从而不满足上述要求，但是它为发展后来的上同调理论奠定基础。Serre[6] 又建议系数是 Witt 向量的一个上同调，但也不能用来证明很多东西。由 Serre 一些思想所启发，Grothendieck 看出，若将代数簇和它的所有非分歧覆叠放在一起考虑，便可得到好的理论。这就是他的平展拓扑理论的开端，后来与 M. Artin 一起对此作了发展，而他又用此定义了 l 进上同调，从而给出 zeta 函数有理性及函数方程的又一个证明，关于这些理论的摘要见 Grothendieck[4]，关于平展上同调基础见 Artin[1] 和 [SGA4]；关于 zeta 函数有理性的证明见 Grothendieck[6]，其中所用的关于 l 进上同调一般性质将出现于 [SGA5]（还未出版）。Lubkin[1] 在某种程度上独立地发展了一种 l 进上同调理论，对于那些能提升到特征零域上的代数簇也可用它来证明有理性及函数方程。Grothendieck[8] 及 Berthelot[1]的晶体上同调给出 Weil 猜想另一个类似的上同调解释。

关于 Riemann 猜想的类比则更难处理。Lang 和 Weil 对于 n 维代数簇建立了一个不等式，对于 $n=1$ 的情形它等价于 Riemann 猜想的类比，但是对于 $n\geqslant 2$ 的情形这个不等式还远远不够用。利用 Hodge 理论的强有力结果，Serre[9] 对于 Kähler 流形上同调上某些算子的特征值建立了 Riemann 猜想的另一个类比。这建议人们利用 Hodge 理论，特别是“强 Lefschetz 定理”和“广义 Hodge 指数定理”，在抽象代数几何中可以建立复流形的某些已知结果。Grothendieck[9] 乐观地把这些叫做“标准猜想”，并且指出由此可直接得出 Riemann 猜想的类比。更详细的讨论这些猜想及它们之间的联系还可见 Kleiman[2]。

在 Deligne[3] 证明 Riemann 猜想的一般类比之前，只知道下面很少的特殊情形：曲线（如上所述），有理三维流形（由Manin[2] 证明，还见 Demazure[1]）；$K3$ 曲面（由 Deligne[2] 证明）以及某些完全交(Deligne[5])。

除了上面给出的文献之外，我还想提一下 Serre 的综述文章[10]和 Tate 的伴随文章[1]，它们进一步建议(虽然没有深入触及)关于特征 p 域上代数簇上环元的一些猜想。此外，对于数论学家来说，Deligne 文章[1]还证明由 Riemann 猜想的类比推出关于 τ 函数的 Ramanujan 猜想。

3. l 进上同调

本节和下节我们要采用 Grothendieck 的 l 进上同调语言描述 Weil 猜想的上同调解释。在具有类似的形式性质的任意上同调理论中都有类似的结果。关于"Weil 上同调理论"的公理化处理方法可见 Kleiman[2]。

设 X 是特征 $p \geqslant 0$ 的代数闭域 k 上有限型的概型。l 为素数，$l \neq p$。$\mathbf{Z}_l = \varprojlim \mathbf{Z}/l^r\mathbf{Z}$ 为 l 进整数环，$\mathbf{Q}_l$ 是它的商域。我们考虑 X 的平展拓扑(见 Artin[1] 或者 [SGA1])，然后利用平展上同调，定义 X 的 l 进上同调为

$$H^i(X, \mathbf{Q}_l) = \varprojlim H^i_{et}(X, \mathbf{Z}/l^r\mathbf{Z}) \otimes \mathbf{Z}_l \mathbf{Q}_l.$$

这里我们不再详细解释这个定义$\left(\text{见}\left[\text{SGA } 4\frac{1}{2}\right]\right)$，而宁愿列举这个 l 进上同调的主要性质。

3.1 群 $H^i(X, \mathbf{Q}_l)$ 为 $\mathbf{Q}_l$ 上的向量空间，除了 $0 \leqslant i \leqslant 2n$ ($n = \dim X$) 之外，它们为零。若 X 在 k 上本征，则它们均有限维(一般情形下均期望它们是有限维的，但是由于特征 $p > 0$ 情形的奇点分解问题，至今未能证明)。

3.2 $H^i(X, \mathbf{Q}_l)$ 为 X 的逆变函子。

3.3 对所有 i, j，均有上积结构

$$H^i(X, Q_l) \times H^j(X, \mathbf{Q}_l) \to H^{i+j}(X, \mathbf{Q}_l).$$

3.4. Poincaré 对偶　若 X 在 k 上光滑并且本征，$\dim X = n$，则 $H^{2n}(X, Q_l)$ 是一维的，并且对每个 i, $0 \leqslant i \leqslant 2n$，上积配对

$$H^i(X, Q_l) \times H^{2n-i}(X, Q_l) \to H^{2n}(X, Q_l)$$
是完全配对的.

3.5 Lefschetz 不动点公式. 设 X 在 k 上光滑并且本征. $f: X \to X$ 是具有孤立不动点的态射. 对每个不动点 $x \in X$, 假定 $1-df$ 在 Ω_X^1 上的作用为单射. 这后一条件是说: 不动点的"重数"均为 1. 令 $L(f, X)$ 为 f 的不动点数. 则

$$L(f, X) = \sum(-1)^i Tr(f^*; H^i(X, Q_l)),$$

其中 f^* 是 f 在 X 的上同调上的诱导映射.

3.6 若 $f: X \to Y$ 为光滑本征态射, 并且 Y 连通, 则对于 $y \in Y$, $\dim H^i(X_y, \mathbf{Q}_l)$ 为常数. 特别在基域扩张时, $\dim H^i(X, Q_l)$ 为常数.

3.7 比较定理 设 X 为 $\mathbf{C}$ 上光滑且本征, 则

$$H^i(X, \mathbf{Q}_l) \otimes_{\mathbf{Q}_l} \mathbf{C} \cong H^i(X_h, \mathbf{C}),$$

其中 X_h 是相伴的复流形(对于它的经典拓扑, 见附录 B).

3.8 环元的上同调类. 设 X 在 k 上光滑且本征, Z 为 codim $= q$ 的子簇, 则 Z 相伴了一个上同调类 $\eta(Z) \in H^{2q}(X, Q_l)$. 这个映射可线性扩充到环元上. 有理等价的环元具有相同的上同调类. 环元的相交对应着上同调类的上积. 换句话说, η 是从周环 $A(X)$ 到上同调环 $H^*(X, \mathbf{Q}_l)$ 的同态. 最后, η 是非平凡的: 若 $P \in X$ 为闭点, 则 $\eta(P) \in H^{2n}(X, \mathbf{Q}_l)$ 不为零.

还有一些性质我们不再罗列. 特别地, 我们没有提到扭系数层, 高次正像, Leray 谱序列等. 关于进一步性质以及上述性质的证明可见 [SGA4] (对于具有挠系数的情形) 和 [SGA5] (通过极限转到系数属于 $\mathbf{Z}_l$ 或 $\mathbf{Q}_l$ 的情形).

4. Weil 猜想的上同调解释

利用上面描述的 l 进上同调, 我们可以给出 Weil 猜想的一个上同调解释. 主要思想是很简单的, 这种思想来源于 Weil. 设 X 是定义在有限域 $k = \mathbf{F}_q$ 上的射影簇. $\bar{X} = X \times_k \bar{k}$ 是定义于

k 的代数闭包 $\bar{k}$ 上的对应射影簇。我们定义 Frobenius 态射 f: $\bar{X}\to\bar{X}$: 它把坐标为 $(a_i)(a_i\in\bar{k})$ 的点 P 映成坐标为 (a_i^q) 的点 $f(P)$. 这是 $\bar{k}$ 线性的 Frobenius 态射，其中 $\bar{X}_q$ 等同于 $\bar{X}$ (第四章，2.4.1). 由于 $\bar{X}$ 是由系数属于 k 的方程组所定义的，从而 $f(P)$ 也是 $\bar{X}$ 中的点，进而，P 为 f 的不动点的充分必要条件是点 P 的坐标均属于 k. 更一般地，P 是迭代映射 f^r 的不动点，当且仅当 P 的坐标均属于域 $k_r=\mathbf{F}_{q^r}$. 所以用 §1 中的记号，我们有

$$N_r=\#\{f^r\text{的不动点}\}=L(f^r,\bar{X}).$$

如果 X 是光滑的，我们可以用 Lefschetz 不动点公式(3.5)来计算这个数，于是有

$$N_r=\sum_{i=0}^{2n}(-1)^i Tr(f^{r*};\cdot H^i(\bar{X},\mathbf{Q}_l)).$$

代入到 zeta 函数的定义中，则有

$$Z(X,t)=\prod_{i=0}^{2n}\left[\exp\left(\sum_{r=1}^{\infty}Tr(f^{r*};H^i(\bar{X},Q_l))\frac{t^r}{r}\right)\right]^{(-1)^i}$$

为了简化这个表达式，我们需要一个初等引理.

引理 4.1 设 φ 是域 K 上有限维向量空间 V 的自同态，则作为 K 上对于未定元 t 的形式幂级数，我们有恒等式

$$\exp\left(\sum_{r=1}^{\infty}T_r(\varphi^r;V)\frac{t^r}{r}\right)=\det(1-\varphi t;V)^{-1}.$$

证明 如果 $\dim V=1$, 则 φ 为乘以 $\lambda\in K$, 上式则为

$$\exp\left(\sum_{r=1}^{\infty}\lambda^r\frac{t^r}{r}\right)=\frac{1}{1-\lambda t},$$

这个初等计算我们在计算 $\mathbf{P}^1$ 的 zeta 函数时已经作过了. 对于一般情形，我们对 $\dim V$ 归纳. 此外，我们显然可以假定 K 是代数闭域，从而 φ 有特征向量，从而有不变子空间 $V'\subseteq V$. 利用正合序列

$$0\to V'\to V\to V/V'\to 0$$

和如下事实：上面等式两边对于向量空间短正合序列都是积性的. 从而由数学归纳法即证结果.

利用这个引理，我们立刻得到如下结果。

定理 4.2 设X为$k=\mathbf{F}_q$上n维光滑射影簇，则

$$Z(X;t)=\frac{P_1(t)\cdots P_{2n-1}(t)}{P_0(t)\cdots P_{2n}(t)},$$

其中 $P_i(t)=\det(1-f^*t;H^i(\overline{X},\mathbf{Q}_l))$，而$f^*$是由 Frobenius 态射 $f:\overline{X}\to\overline{X}$ 在上同调上诱导的映射。

这个定理直接表明 $Z(t)$ 是系数属于 $\mathbf{Q}_l$ 的多项式之商。利用幂级数的一个初等推导可以证明 $\mathbf{Q}[[t]]\cap\mathbf{Q}_l(t)=\mathbf{Q}(t)$（见 Bourbahi [2，第 IV 章，§5，练习 3，p. 66)。由于我们知道 $Z(t)$ 是 $\mathbf{Q}$ 上的幂级数，从而 $Z(t)$ 是有理函数，这就证明了(1.1)。但是要注意，我们还不知道 $P_i(t)$ 是否具有有理系数，我们也不知道它们是否为(1.3)中所说的那种多项式。

从上述定理中我们还可提取一点信息。由于 f^* 在 $H^0(\overline{X},Q_l)$ 上的作用是恒等映射，从而 $P_0(t)=1-t$。此外，我们还可决定 $P_{2n}(t)$。Frobenius 态射是 q^n 次有限态射。从而在 $H^{2n}(X,\mathbf{Q}_l)$ 的某个生成元上的作用必然是乘以 q^n。因此 $P_{2n}(t)=1-q^nt$。如果我们予先定义第 i 个 Betti 数 B_i 为 $\dim H^i(\overline{X},Q_l)$，则 $B_i=\deg P_i(t)$，然后容易证明X的不变量E为

$$E=\sum(-1)^iB^i.$$

因此，我们将E叫做X的 "Euler-Poincaré 拓扑示性数"。我们还不知 Betti 数的这个定义与前面(1.4)给出的定义是否一致。但是，一旦我们知道这二者是一致的，则(1.4)即由 l 进上同调的一般性质(3.6)和(3.7)推出。

接下来，我们要由 Poincaré 对偶原则证明函数方程。这又需要线性代数中一个引理。

引理 4.3 设 $V\times W\to K$ 为K上 r 维向量空间V和W的完全配对 $\lambda\in K$。而 $\varphi:V\to V$ 和 $\psi:W\to W$ 是自同态，使得对每个 $v\in V$，$w\in W$，

$$\langle\varphi v,\psi w\rangle=\lambda\langle v,w\rangle.$$

则

$$\det(1-\psi t; W)=\frac{(-1)^r\lambda^r t^r}{\det(\varphi; V)}\det\left(1-\frac{\varphi}{\lambda t}; V\right)$$

并且

$$\det(\psi, W)=\frac{\lambda^r}{\det(\varphi; V)}.$$

定理 4.4 在(4.2)的假设之下，zeta 函数 $Z(X, t)$ 满足函数方程(4.2).

证明 根据 Poincaré 对偶(3.4)，将上述引理(这个引理的证明是初等的)用于配对

$$H^i(X, \mathbf{Q}_l)\times H^{2n-i}(X, \mathbf{Q}_l)\to H^{2n}(X, \mathbf{Q}_l).$$

利用 f^* 与上积相容这一事实，并且 f^* 在 $H^{2n}(X, \mathbf{Q}_l)$ 上的作用为乘以 q^n，我们得到用P_i表示 P_{2n-i} 的如下表达式：

$$P_{2n-i}(t)=(-1)^{B_i}\frac{q^{nB_i}t^{B_i}}{\det(f^*; H^i)}P_i\left(\frac{1}{q^n t}\right).$$

进而，我们有

$$\det(f^*; H^{2n-i})=\frac{q^{nB_i}}{\det(f^*; H^i)}.$$

将这些代入公式(4.2)并且利用 $E=\sum(-1)^iB_i$，便得到函数方程.

于是我们看到，一旦我们把 zeta 函数解释成(4.2)中的公式，那么由 l 进上同调的形式性质就得到猜想(1.1)，(1.2)和(1.4). 而 Riemann 猜想的类比则要深刻得多.

定理 4.5 (Deligne[3]) 在(4.2)中的假设之下，多项式 $P_i(t)$ 中的系数是不依赖于 l 的整数，并且这些多项式可以写成

$$p_i(t)=\prod(1-\alpha_{ij}t),$$

其中 α_{ij} 为代数整数，并且$|\alpha_{ij}|=q^{i/2}$.

这个结果完全解决了 Weil 猜想. 注意由此推出(4.2)中的多项式 $p_i(t)$ 和(1.3)中的多项式相同，从而 Betti 数的两个定义是一致的.

我们在这里不能描述 Deligne 的证明，只能说：它依赖于在

[SGA4]，[SGA5] 和 [SGA 7] 中所发展的 l 进上同调的一系列深刻性质。特别地，证明中采用了 Lefschetz 技巧将一个代数簇用一个 "Lefschetz 束"作纤维化，并且研究在奇异纤维附近的上同调群上的单值化作用。

习　题

5.1 设 X 是一些局部闭子概型 X_i 的非交并，证明 $Z(X, t) = \prod Z(X_i, t)$。

5.2 设 $X = \mathbf{P}_k^n$，其中 $k = \mathbf{F}_q$。从 zeta 函数的定义证明

$$Z(\mathbf{P}^n, t) = \frac{1}{(1-t)(1-qt)\cdots(1-q^n t)}.$$

对于 $\mathbf{P}^n$ 验证 Weil 猜想。

5.3 设 X 是 $\mathbf{F}_q$ 上有限型概型，$\mathbf{A}^1$ 为仿射直线。证明

$$Z(X \times \mathbf{A}^1, t) = Z(X, qt).$$

5.4 Riemann zeta 函数定义为

$$\zeta(s) = \prod \frac{1}{1-p^{-s}}, \quad s \in \mathbf{C},$$

其中乘积是过所有素数 p。 如果我们将这个函数结合于概型 $\operatorname{Spec} \mathbf{Z}$，那么对于 $\operatorname{Spec} \mathbf{Z}$ 上任意有限型概型 X，自然定义

$$\zeta_X(s) = \prod (1 - N(x)^{-s})^{-1},$$

其中乘积是取所有闭点 $x \in X$，而 $N(x)$ 表示剩余类域 $k(x)$ 中的元素个数。证明：若 X 是 $\mathbf{F}_q$ 上有限型的，则 $\zeta_X(s)$ 与 $Z(X, t)$ 的联系为

$$\zeta_X(s) = Z(X, q^{-s}).$$

[提示：两边作运算 $d\log$，将 q^{-s} 改为 t 并进行比较.]

5.5 设 X 是 k 上亏格 g 的曲线。假设 Weil 猜想(1.1)到(1.4)均成立，证明 $N_1, N_2, \ldots, N_g$ 决定全部 $N_r (r \geqslant 1)$。

5.6 利用(第四章，习题4.16)对于椭圆曲线证明 Weil 猜想。首先注意，对每个 r，

$$N_r = q^r - (f^r + \hat{f}^r) + 1,$$

其中 $f = F'$。然后形式地计算 $Z(t)$ 并且得到

$$Z(t) = \frac{(1-ft)(1-\hat{f}t)}{(1-t)(1-qt)},$$

从而

$$Z(t) = \frac{1 - at + qt^2}{(1-t)(1-qt)},$$

其中 $f+f=a_X$. 这就立刻得到有理性，再验证函数方程. 最后，若记

$$1-at+qt^2=(1-\alpha t)(1-\beta t),$$

证明：$|a|\leqslant 2\sqrt{q}\Leftrightarrow|\alpha|=|\beta|=\sqrt{q}$. 所以 Riemann 猜想的类比正好是(第四章,习题 4.16d).

5.7 利用(第五章习题 1.10)对于 $\mathbf{F}_q$ 上任意亏格 g 的曲线 C 证明 Riemann 猜想的类比(1.3)，记 $N_r=1-a_r+q^r$. 然后由(第五章习题 1.10)可知

$$|a_r|\leqslant 2g\sqrt{q^r}.$$

另一方面,由(4.2)知 C 的 zeta 函数可写成

$$Z(t)=\frac{P_1(t)}{(1-t)(1-qt)},$$

其中

$$P_1(t)=\prod_{i=1}^{2g}(1-\alpha_i t)$$

是 $2g(=\dim H^1(C,\mathbf{Q}_l))$ 次多项式.

(a) 利用 zeta 函数的定义再取 log 可证：对每个 r,

$$a_r=\sum_{i=1}^{2g}\alpha_i^r.$$

(b) 然后证明：

$$|a_r|\leqslant 2g\sqrt{q^r}\text{(对每个 }r)\Leftrightarrow|\alpha_i|\leqslant\sqrt{q}\text{(对每个 }i).$$

[提示：一个方向是容易的,对另一方向则利用幂级数展开

$$\sum_{i=1}^{2g}\frac{\alpha_i t}{1-\alpha_i t}=\sum_{r=1}^{\infty}a_r t^r$$

其中 t 为适当的复数.]

(c) 最后用函数方程(4.4)证明由 $|\alpha_i|\leqslant\sqrt{q}$（对每个 i），可得出 $|\alpha_i|=\sqrt{q}$(对每个 i).

参考文献

Altman, A. and Kleiman, S.

1. *Introduction to Grothendieck Duality Theory*, Lecture Notes in Math. *146* Springer-Verlag, Heidelberg (1970), 185 pp.

Artin, M.

1. *Grothendieck topologies*, Harvard Math. Dept. Lecture Notes (1962).
2. The implicit function theorem in algebraic geometry, in *Algebraic Geometry, Bombay 1968*, Oxford Univ. Press, Oxford (1969), 13–34.
3. Some numerical criteria for contractibility of curves on algebraic surfaces, *Amer. J. Math. 84* (1962) 485–496.
4. Algebraization of formal moduli II: Existence of modifications, *Annals of Math. 91* (1970) 88–135.

Atiyah, M. F.

1. Vector bundles over an elliptic curve, *Proc. Lond. Math. Soc.* (3) VII *27* (1957), 414–452.

Atiyah, M. F. and Macdonald, I. G.

1. *Introduction to Commutative Algebra*. Addison-Wesley, Reading, Mass. (1969), ix + 128 pp.

Baily, W. L., Jr.

1. On the automorphism group of a generic curve of genus >2, *J. Math. Kyoto Univ. 1* (1961/2) 101–108; correction p. 325.

Bănică, C. and Stănăşilă, O.

1. *Algebraic Methods in the Global Theory of Complex Spaces*, John Wiley, New York (1976) 296 pp.

Berthelot, P.

1. *Cohomologie Cristalline des Schémas de Caractéristique p > 0*, Lecture Notes in Math. *407*, Springer-Verlag, Heidelberg (1974), 604 pp.

Birch, B. J. and Kuyk, W., ed.

1. *Modular Functions of One Variable, IV (Antwerp)*, Lecture Notes in Math. *476*, Springer-Verlag, Heidelberg (1975).

Bombieri, E.

1. Counting points on curves over finite fields (d'après S. A. Stepanov), *Séminaire Bourbaki 430* (1972/73).

Bombieri, E. and Husemoller, D.

1. Classification and embeddings of surfaces, in *Algebraic Geometry, Arcata 1974*, Amer. Math. Soc. Proc. Symp. Pure Math. *29* (1975), 329–420.

Borel, A. and Serre, J.-P.

1. Le théorème de Riemann-Roch, *Bull. Soc. Math. de France 86* (1958), 97–136.

Borelli, M.

1. Divisorial varieties, *Pacific J. Math. 13* (1963), 375–388.

Bourbaki, N.
1. *Algèbre Commutative*, Eléments de Math. *27, 28, 30, 31* Hermann, Paris (1961–1965).
2. *Algèbre*, Eléments de Math. *4, 6, 7, 11, 14, 23, 24*, Hermann, Paris (1947–59).

Brieskorn, E.
1. Beispiele zur Differentialtopologie von Singularitäten, *Invent. Math.* *2* (1966) 1–14.
2. Rationale Singularitäten Komplexer Flächen, *Invent. Math.* *4* (1968) 336–358.

Burnside, W.
1. *Theory of Groups of Finite Order*, Cambridge Univ Press, Cambridge (1911); reprinted by Dover, New York.

Cartan, H. and Chevalley, C.
1. *Géométrie Algébrique*, Séminaire Cartan–Chevalley, Secrétariat Math., Paris (1955/56).

Cartan, H. and Eilenberg, S.
1. *Homological Algebra*, Princeton Univ. Press, Princeton (1956), xv + 390 pp.

Cassels, J. W. S.
1. Diophantine equations with special reference to elliptic curves, *J. Lond. Math. Soc.* *41* (1966), 193–291. Corr. *42* (1967) 183.

Cassels, J. W. S. and Fröhlich, A., ed.
1. *Algebraic Number Theory*, Thompson Book Co, Washington D.C. (1967).

Castelnuovo, G.
1. Sui multipli di una serie lineare di gruppi di punti appartenente ad una curva algebrica, *Rend. Circ. Mat. Palermo* *7* (1893). Also in *Memorie Scelte*, pp. 95–113.

Chevalley, C.
1. Intersections of algebraic and algebroid varieties, *Trans. Amer. Math. Soc.* *57* (1945), 1–85.
2. *Anneaux de Chow et Applications*, Séminaire Chevalley, Secrétariat Math., Paris (1958).

Chow, W. L.
1. On compact complex analytic varieties, *Amer. J. of Math.* *71* (1949), 893–914; errata *72*, p. 624.
2. On Picard varieties, *Amer. J. of Math.* *74* (1952), 895–909.
3. The Jacobian variety of an algebraic curve, *Amer. J. of Math.* *76* (1954), 453–476.

Chow, W. L. and Kodaira, K.
1. On analytic surfaces with two independent meromorphic functions, *Proc. Nat. Acad. Sci. USA* *38* (1952), 319–325.

Clemens, C. H. and Griffiths, P. A.
1. The intermediate Jacobian of the cubic threefold. *Annals of Math.* *95* (1972), 281–356.

Deligne, P.
1. Formes modulaires et représentations *l*-adiques, *Séminaire Bourbaki 355*, Lecture Notes in Math. *179*, Springer-Verlag, Heidelberg (1971), 139–172.

2. La conjecture de Weil pour les surfaces K3, *Invent. Math. 15* (1972), 206–226.
3. La conjecture de Weil, I, *Publ. Math. IHES 43* (1974), 273–307.
4. Théorèmes de Lefschetz et critères de dégénérescence de suites spectrales, *Publ. Math. IHES 35* (1968) 107–126.
5. Les intersections complètes de niveau de Hodge un, *Invent. Math. 15* (1972) 237–250.

Deligne, P. and Mumford, D.
1. The irreducibility of the space of curves of given genus, *Publ. Math. IHES 36* (1969), 75–110.

Demazure, M.
1. Motifs des variétés algébriques, *Séminaire Bourbaki 365*, Lecture Notes in Math. *180*, Springer-Verlag, Heidelberg (1971), 19–38.

Deuring, M.
1. Die Typen der Multiplikatorenringe elliptischer Funktionenkörper, *Abh. Math. Sem. Univ. Hamburg 14* (1941), 197–272.
2. *Die Klassenkörper der Komplexen Multiplikation*, Enz. der Math. Wiss., 2nd ed., I_2, Heft 10, II, §23 (1958) 60 pp.

Dieudonné, J.
1. *Cours de Géométrie Algébrique, I. Aperçu Historique sur le Développement de la Géométrie Algébrique*, Presses Univ. France, Collection Sup. (1974), 234 pp.

Dwork, B.
1. On the rationality of the zeta function of an algebraic variety, *Amer. J. Math. 82* (1960), 631–648.

Freyd, P.
1. *Abelian Categories, an Introduction to the Theory of Functors*, Harper & Row, New York (1964), 164 pp.

Fulton, W.
1. *Algebraic Curves*, W. A. Benjamin, New York (1969), xii + 226 pp.
2. Riemann–Roch for singular varieties, in *Algebraic Geometry; Arcata 1974*, Amer. Math. Soc. Proc. Symp. Pure Math *29* (1975), 449–457.

Godement, R.
1. *Topologie Algébrique et Théorie des Faisceaux*, Hermann, Paris (1958).

Grauert, H.
1. Ein Theorem der analytischen Garbentheorie und die Modulräume komplexer Strukturen, *Pub. Math. IHES 5* (1960), 233–292.
2. Über Modifikationen und exzeptionelle analytische Mengen, *Math. Ann. 146* (1962), 331–368.

Grauert, H. and Remmert, R.
1. Komplex Räume, *Math. Ann. 136* (1958), 245–318.

Grauert, H. and Riemenschneider, O.
1. Verschwindungssätze fur analytische Kohomologiegruppen auf komplexen Räumen, *Inv. Math. 11* (1970), 263–292.

Gunning, R. C.
1. *Lectures on Riemann Surfaces*, Princeton Math. Notes, Princeton U. Press, Princeton (1966), 256 pp.

2. Sur une note de Mattuck-Tate, *J. Reine u. Angew. Math.* *200* (1958), 208–215.
3. La théorie des classes de Chern, *Bull. Soc. Math. de France 86* (1958), 137–154.
4. The cohomology theory of abstract algebraic varieties, *Proc. Int. Cong. Math., Edinburgh* (1958), 103–118.
5. *Fondements de la Géométrie Algébrique*, Séminaire Bourbaki 1957–62, Secrétariat Math., Paris (1962).
6. Formule de Lefschetz et rationalité des fonctions *L*, *Séminaire Bourbaki 279* (1965).
7. *Local Cohomology* (notes by R. Hartshorne), Lecture Notes in Math. *41*, Springer-Verlag, Heidelberg (1967), 106 pp.
8. Crystals and the De Rham cohomology of schemes (notes by I. Coates and O. Jussila), in *Dix Exposés sur la Cohomologie des Schémas*, North-Holland, Amsterdam (1968), 306–358.
9. Standard conjectures on algebraic cycles, in *Algebraic Geometry, Bombay 1968*, Oxford University Press, Oxford (1969), 193–199.

Grothendieck, A. and Dieudonné, J.

Eléments de Géométrie Algébrique.

EGA I. Le langage des schémas, *Publ. Math. IHES 4* (1960).

EGA II. Étude globale élémentaire de quelques classes de morphismes, *Ibid. 8* (1961).

EGA III. Étude cohomologique des faisceaux cohérents, *Ibid. 11* (1961), and *17* (1963).

EGA IV. Étude locale des schémas et des morphismes de schémas, *Ibid. 20* (1964), *24* (1965), *28* (1966), *32* (1967).

EGA I. *Eléments de Géométrie Algébrique, I*, Grundlehren *166*, Springer-Verlag, Heidelberg (new ed., 1971), ix + 466 pp.

Grothendieck, A. et al.

Séminaire de Géométrie Algébrique.

SGA 1. *Revêtements étales et Groupe Fondemental*, Lecture Notes in Math. *224*, Springer-Verlag, Heidelberg (1971)

SGA 2. *Cohomologie Locale des Faisceaux Cohérents et Théoremes de Lefschetz Locaux et Globaux*, North-Holland, Amsterdam (1968).

SGA 3. (with Demazure, M.) *Schémas en Groupes I, II, III*, Lecture Notes in Math. *151, 152, 153*, Springer-Verlag, Heidelberg (1970).

SGA 4. (with Artin, M. and Verdier, J. L.) *Théorie des Topos et Cohomologie Étale des Schémas*, Lecture Notes in Math. *269, 270, 305*, Springer-Verlag, Heidelberg (1972–1973)

SGA $4\frac{1}{2}$. (by Deligne, P., with Boutot, J. F., Illusie, L., and Verdier, J. L.) *Cohomologie Etale*, Lecture Notes in Math. *569*, Springer-Verlag, Heidelberg (1977).

SGA 5. *Cohomologie l-adique et fonctions L* (unpublished).

SGA 6. (with Berthelot, P. and Illusie, L.) *Théorie des Intersections et Théoreme de Riemann–Roch*, Lecture Notes in Math. *225*, Springer-Verlag, Heidelberg (1971).

SGA 7 (with Raynaud, M. and Rim, D. S.) *Groupes de Monodromie en Géométrie Algébrique*, Lecture Notes in Math. *288*, Springer-Verlag, Heidelberg (1972). Part II (by Deligne, P. and Katz, N.) *340* (1973).

Grothendieck, A.

1. Sur quelques points d'algèbre homologique, *Tôhoku Math. J. 9* (1957), 119–221

Gunning, R. C. and Rossi, H.

1. *Analytic Functions of Several Complex Variables*, Prentice-Hall (1965), xii + 317 pp.

Halphen, G.

1. Memoire sur la classification des courbes gauches algebriques, *J. Éc. Polyt. 52* (1882), 1–200.

Hartshorne, R.

1. Complete intersections and connectedness, *Amer. J. of Math. 84* (1962), 497–508.
2. *Residues and Duality*, Lecture Notes in Math. *20*, Springer-Verlag, Heidelberg (1966).
3. Cohomological dimension of algebraic varieties, *Annals of Math. 88* (1968), 403–450.
4. Curves with high self-intersection on algebraic surfaces, *Publ. Math. IHES 36* (1969), 111–125.
5. *Ample Subvarieties of Algebraic Varieties*, Lecture Notes in Math. *156*, Springer-Verlag, Heidelberg (1970), xiii + 256 pp.
6. Equivalence relations on algebraic cycles and subvarieties of small codimension, in *Algebraic Geometry, Arcata 1974*, Amer. Math. Soc. Proc. Symp. Pure Math. *29* (1975), 129–164.
7. On the De Rham cohomology of algebraic varieties, *Publ. Math. IHES 45* (1976), 5–99.

Hartshorne, R., ed.

1. *Algebraic Geometry, Arcata 1974*, Amer. Math. Soc. Proc. Symp. Pure Math. *29* (1975).

Hilbert, D. and Cohn-Vossen, S.

1. *Geometry and the Imagination*, Chelsea Pub. Co., New York (1952), ix + 357 pp. (translated from German *Anschauliche Geometrie* (1932)).

Hilton, P. J. and Stammbach, U.

1. *A Course in Homological Algebra*, Graduate Texts in Mathematics *4*, Springer-Verlag, Heidelberg (1970), ix + 338 pp.

Hironaka, H.

1. A note on algebraic geometry over ground rings. The invariance of Hilbert characteristic functions under the specialization process, *Ill. J. Math. 2* (1958), 355–366.
2. On the theory of birational blowing-up, Thesis, Harvard (1960) (unpublished).
3. On resolution of singularities (characteristic zero), *Proc. Int. Cong. Math.* (1962), 507–521.
4. Resolution of singularities of an algebraic variety over a field of characteristic zero, *Annals of Math. 79* (1964). I: 109–203; II: 205–326.
5. Triangulations of algebraic sets, in *Algebraic Geometry, Arcata 1974*, Amer. Math. Soc. Proc. Symp. Pure Math. *29* (1975), 165–184.

Hironaka, H. and Matsumura, H.

1. Formal functions and formal embeddings, *J. of Math. Soc. of Japan 20* (1968) 52–82.

Hirzebruch, F.

1. *Topological Methods in Algebraic Geometry*, Grundlehren *131*, Springer-Verlag, Heidelberg (3rd ed., 1966), ix + 232 pp.

Hirzebruch, F. and Mayer, K. H.

1. *O(n)-Mannigfaltigkeiten; Exotische Sphären und Singularitäten*, Lecture Notes in Math. *57*, Springer-Verlag, Heidelberg (1968)

Hodge, W. V. D.

1. *The Theory and Applications of Harmonic Integrals*, Cambridge Univ. Press, Cambridge (2nd ed., 1952), 282 pp.

Horrocks, G. and Mumford, D.

1. A rank 2 vector bundle on $\mathbf{P}^4$ with 15,000 symmetries, *Topology 12* (1973), 63–81.

Hurwitz, A

1. Über algebraische Gebilde mit eindeutigen Transformationen in sich, *Math. Ann. 41* (1893), 403–442.

Hurwitz, A. and Courant, R.

1. *Allgemeine Funktionentheorie und elliptische Funktionen; Geometrische Funktionentheorie*, Grundlehren *3*, Springer-Verlag, Heidelberg (1922), xi + 399 pp.

Igusa, J. I.

1. Arithmetic genera of normal varieties in an algebraic family, *Proc. Nat. Acad. Sci. USA 41* (1955) 34–37.
2. Class number of a definite quaternion with prime discriminant, *Proc. Nat. Acad. Sci. USA 44* (1958) 312–314.

Iskovskih, V. A. and Manin, Ju. I.

1. Three-dimensional quartics and counterexamples to the Lüroth problem, *Math. USSR—Sbornik 15* (1971) 141–166.

Jouanolou, J. P.

1. Riemann–Roch sans dénominateurs, *Invent. Math. 11* (1970), 15–26.

Kleiman, S. L.

1. Toward a numerical theory of ampleness, *Annals of Math. 84* (1966), 293–344.
2. Algebraic cycles and the Weil conjectures, in *Dix Exposés sur la Cohomologie des Schémas*, North-Holland, Amsterdam (1968), 359–386.
3. The transversality of a general translate, *Compos. Math. 28* (1974), 287–297.

Kleiman, S. L. and Laksov, D.

1. Another proof of the existence of special divisors, *Acta Math. 132* (1974), 163–176.

Klein, F.

1. Ueber die Transformationen siebenter Ordnung der elliptischen Funktionen, *Math. Ann. 14* (1879). Also in Klein, *Ges. Math. Abh. 3* (1923), 90–136.
2. *Lectures on the Icosahedron and the Solution of Equations of the Fifth Degree*, Kegan Paul, Trench, Trübner, London (1913). Dover reprint (1956).

Knutson, D.

1. *Algebraic spaces*, Lecture Notes in Math. *203*, Springer-Verlag, Heidelberg (1971) vi + 261 pp.

Kodaira, K.

1. On a differential-geometric method in the theory of analytic stacks, *Proc. Nat. Acad. Sci. USA 39* (1953), 1268–1273.

2. On Kähler varieties of restricted type. (An intrinsic characterization of algebraic varieties.), *Annals of Math.* *60* (1954), 28-48.

Kodaira, K. and Spencer, D. C.

1. On arithmetic genera of algebraic varieties, *Proc. Nat. Acad. Sci. USA 39* (1953), 641-649.

Kunz, E.

1. Holomorphe Differentialformen auf algebraischen Varietäten mit Singularitäten, I, *Manus. Math. 15* (1975) 91–108.

Lang, S.

1. *Abelian Varieties*, Interscience Pub., New York (1959), xii + 256 pp.
2. *Algebra*, Addison-Wesley (1971), xvii + 526 pp.

Lang, S. and Néron, A.

1. Rational points of abelian varieties over function fields, *Amer. J. Math. 81* (1959), 95–118.

Lang, S. and Trotter, H.

1. *Frobenius Distributions in* GL_2*-Extensions*, Lecture Notes in Math. *504*, Springer-Verlag, Heidelberg (1976)

Lang, S. and Weil, A.

1. Number of points of varieties in finite fields, *Amer. J. Math. 76* (1954), 819–827.

Lascu, A. T., Mumford, D., and Scott, D. B.

1. The self-intersection formula and the "formule-clef," *Math. Proc. Camb. Phil. Soc. 78* (1975), 117–123.

Lichtenbaum, S. and Schlessinger, M.

1. The cotangent complex of a morphism, *Trans. Amer. Math. Soc. 128* (1967), 41–70.

Lipman, J.

1. Introduction to resolution of singularities, in *Algebraic Geometry, Arcata 1974*, Amer. Math. Soc. Proc. Symp. Pure Math. *29* (1975), 187–230.
2. Rational singularities with applications to algebraic surfaces and unique factorization, *Publ. Math. IHES 36* (1969) 195-279
3. Unique factorization in complete local rings, in *Algebraic Geometry, Arcata 1974*, Amer. Math. Soc. Proc. Symp. Pure Math. *29* (1975) 531–546.

Lubkin, S.

1. A *p*-adic proof of Weil's conjectures, *Annals of Math. 87* (1968), 105–194, and *87* (1968), 195–255.

Macbeath, A. M.

1. On a theorem of Hurwitz, *Proc. Glasgow Math. Assoc. 5* (1961) 90–96.

Manin, Yu. I.

1. *Lectures on the K-functor in Algebraic Geometry*, Russian Mathematical Surveys *24* (5) (1969), 1-89.
2. Correspondences, motifs, and monoidal transformations, *Math USSR—Sbornik 6* (1968) 439–470.
3. *Cubic forms: Algebra, Geometry, Arithmetic*, North-Holland, Amsterdam (1974), vii + 292 pp.

Maruyama, M.

1. *On Classification of Ruled Surfaces*, Kyoto Univ., Lectures in Math. *3*, Kinokuniya, Tokyo (1970).

Matsumura, H

1. Geometric structure of the cohomology rings in abstract algebraic geometry, *Mem. Coll. Sci. Univ. Kyoto (A) 32* (1959), 33–84.
2. *Commutative Algebra*, W. A. Benjamin Co., New York (1970), xii + 262 pp.

Mattuck, A. and Tate, J.

1. On the inequality of Castelnuovo-Severi, *Abh. Math. Sem. Univ. Hamburg 22* (1958), 295–299.

Moishezon, B. G.

1. A criterion for projectivity of complete algebraic abstract varieties, *Amer. Math. Soc. Translations 63* (1967), 1–50.
2. On *n*-dimensional compact varieties with *n* algebraically independent meromorphic functions, *Amer. Math. Soc. Translations 63* (1967), 51–177.

Morrow, J. and Kodaira, K.

1. *Complex Manifolds*, Holt, Rinehart & Winston, New York (1971), vii + 192 pp.

Mumford, D.

1. *Geometric Invariant Theory*, Ergebnisse, Springer-Verlag, Heidelberg (1965), vi + 146 pp.
2. *Lectures on Curves on an Algebraic Surface*, Annals of Math. Studies *59*, Princeton U. Press, Princeton (1966).
3. Pathologies, III, *Amer. J. Math. 89* (1967), 94–104.
4. Varieties defined by quadratic equations (with an Appendix by G. Kempf), in *Questions on Algebraic Varieties*, Centro Internationale Matematica Estivo, Cremonese, Rome (1970), 29–100.
5. *Abelian Varieties*, Oxford Univ. Press, Oxford (1970), ix + 242 pp.
6. The topology of normal singularities of an algebraic surface and a criterion for simplicity, *Publ. Math. IHES 9* (1961) 5–22.

Nagata, M.

1. On the embedding problem of abstract varieties in projective varieties, *Mem. Coll. Sci. Kyoto (A) 30* (1956), 71–82.
2. A general theory of algebraic geometry over Dedekind domains, *Amer. J. of Math. 78* (1956), 78–116.
3. On the imbeddings of abstract surfaces in projective varieties, *Mem. Coll. Sci. Kyoto (A) 30* (1957), 231–235.
4. Existence theorems for non-projective complete algebraic varieties, *Ill. J Math. 2* (1958), 490–498.
5. On rational surfaces I, II, *Mem. Coll. Sci. Kyoto (A) 32* (1960), 351–370, and *33* (1960), 271–293.
6. Imbedding of an abstract variety in a complete variety, *J. Math. Kyoto Univ. 2* (1962), 1–10.
7. *Local Rings*, Interscience Tracts in Pure & Applied Math. *13*, J. Wiley, New York (1962).
8. On self-intersection number of a section on a ruled surface, *Nagoya Math. J. 37* (1970), 191–196.

Nakai, Y.
1. A criterion of an ample sheaf on a projective scheme, *Amer. J. Math. 85* (1963), 14–26.
2. Some fundamental lemmas on projective schemes, *Trans. Amer. Math. Soc. 109* (1963), 296–302.

Nakano, S.
1. On complex analytic vector bundles, *J. Math. Soc. Japan, 7* (1955) 1–12.

Narasimhan, M. S. and Seshadri, C. S.
1. Stable and unitary vector bundles on a compact Riemann surface, *Annals of Math.. 82* (1965), 540–567.

Noether, M.
1. *Zur Grundlegung der Theorie der Algebraischen Raumcurven*, Verlag der Königlichen Akademie der Wissenschaften, Berlin (1883).

Olson, L.
1. An elementary proof that elliptic curves are a elian varieties, *Ens. Math. 19* (1973), 173–181.

amanujam, C. P.
1. Remarks on the Kodaira vanishing theorem, *J. Indian Math. Soc. (N.S.) 36* (1972), 41–51.

Ramis, J. P. and Ruget, G.
1. Complexes dualisants et theorème de dualité en géométrie analytique complexe, *Pub. Math. IHES 38* (1970), 77–91.

Ramis, J. P., Ruget, G., and Verdier, J. L.
1. Dualité relative en géometrie analytique complexe, *Invent. Math 13* (1971), 261–283.

Roberts, J.
1. Chow's moving lemma, in *Algebraic Geometry, Oslo 1970* (F Oort, ed.), Wolters-Noordhoff (1972), 89–96.

Roquette, P.
1. Abschätzung der Automorphismenanzahl von Funktionenkörpern bei Primzahlcharakteristik, *Math. Zeit. 117* (1970) 157–163.

Rotman, J. J.
1. *Notes on Homological Algebra*, Van Nostrand Reinhold Math. Studies *26*, New York (1970).

Saint-Donat, B.
1. On Petri's analysis of the linear system of quadrics through a canonical curve, *Math. Ann. 206* (1973), 157–175.

Sally, J.
1. Regular overrings of regular local rings, *Trans. Amer. Math. Soc. 171* (1972) 291–300.

Samuel, P.
1. *Méthodes d'Algèbre Abstraite en Géométrie Algébrique*, Ergebnisse *4*, Springer-Verlag, Heidelberg (1955).
2. *Lectures on old and new results on algebraic curves* (notes by S. Anantharaman),

Tata Inst. Fund. Res. (1966), 127 pp.
3. *Anneaux Factoriels* (rédaction de A. Micali), Soc. Mat. de São Paulo (1963) 97 pp.

Schlessinger, M.
1. Functors of Artin rings, *Trans. Amer. Math. Soc. 130* (1968), 208–222.

Serre, J.-P.
1. Cohomologie et géométrie algébrique, *Proc. ICM* (1954), vol. III, 515–520.
2. Un théorème de dualité, *Comm. Math. Helv. 29* (1955), 9–26.
3. Faisceaux algébriques cohérents, *Ann. of Math. 61* (1955), 197–278.
4. Géométrie algébrique et géométrie analytique, *Ann. Inst. Fourier 6* (1956), 1–42.
5. Sur la cohomologie des variétés algébriques, *J. de Maths. Pures et Appl. 36*, (1957), 1–16.
6. Sur la topologie des varietés algébriques en caractéristique p, *Symposium Int. de Topologia Algebraica*, Mexico (1958), 24–53.
7. *Groupes Algébriques et Corps de Classes*, Hermann, Paris (1959).
8. Rationalité des fonctions ζ des variétés algébriques (d'après B. Dwork) *Séminaire Bourbaki 198* (1960).
9. Analogues kähleriens de certaines conjectures de Weil, *Annals of Math. 71* (1960), 392–394.
10. Zeta and *L* functions, in *Arithmetical Algebraic Geometry* (Schilling, ed.), Harper & Row, New York (1965), 82–92.
11. *Algebre Locale—Multiplicités* (rédigé par P. Gabriel), Lectures Notes in Math. *11*, Springer-Verlag, Heidelberg (1965).
12. Prolongement de faisceaux analytiques cohérents, *Ann. Inst. Fourier 16* (1966), 363–374.
13. Critère de rationalité pour les surfaces algébriques (d'après K. Kodaira), *Séminaire Bourbaki 146* (1957).
14. *A Course in Arithmetic*, Graduate Texts in Math. *7*, Springer-Verlag, Heidelberg (1973) 115 pp.

Severi, F.
1. Intorno ai punti doppi impropri di una superficie generale dello spazio a quattro dimensioni, e a suoi punti tripli apparenti, *Rend. Circ. Matem. Palermo 15* (1901), 33–51.
2. *Vorlesungen über Algebraische Geometrie* (transl. by E. Löffler), Johnson Pub. (rpt., 1968; 1st. ed., Leipzig 1921).
3. Über die Grundlagen der algebraischen Geometrie, *Hamb. Abh. 9* (1933) 335–364.

Shafarevich, I. R.
1. *Algebraic surfaces*, Proc. Steklov Inst. Math. *75* (1965) (trans. by A.M.S. 1967).
2. *Basic Algebraic Geometry*, Grundlehren *213*, Springer Verlag, Heidelberg (1974), xv + 439 pp.

Shannon, D. L.
1. Monoidal transforms of regular local rings, *Amer. J. Math. 95* (1973) 294–320.

Shioda, T.
1. An example of unirational surfaces in characteristic p, *Math. Ann. 211* (1974) 233–236.

Siegel, C. L.
1. Meromorphe Funktionen auf kompakten analytischen Mannigfaltigkeiten *Nach. Akad. Wiss. Göttingen* (1955), 71–77.

Singh, B.
1. On the group of automorphisms of a function field of genus at least two, *J. Pure Appl. Math. 4* (1974) 205–229

Spanier, E. H.
1. *Algebraic Topology*, McGraw-Hill, New York (1966)

Stichtenoth, H.
1. Über die Automorphismengruppe eines algebraischen Funktionenkörpers von Primzahlcharakteristik, *Archiv der Math. 24* (1973) 527–544.

Suominen, K.
1. Duality for coherent sheaves on analytic manifolds, *Ann. Acad. Sci. Fenn (A) 424* (1968), 1–19.

Tate, J. T.
1. Algebraic cycles and poles of the zeta function, in *Arithmetical Algebraic Geometry* (Schilling, ed.), Harper & Row, New York (1965), 93–110.
2. Residues of differentials on curves, *Ann. Sci. de l'E.N.S.* (4) *1* (1968), 149–159.
3. The arithmetic of elliptic curves, *Inv. Math. 23* (1974), 179–206.

Tjurin, A. N.
1. On the classification of two-dimensional fibre bundles over an algebraic curve of arbitrary genus (in Russian) *Izv. Akad. Nauk SSSR Ser. Mat. 28* (1964) 21–52; MR *29* (1965) #4762.
2. Classification of vector bundles over an algebraic curve of arbitrary genus, *Amer. Math. Soc. Translations 63* (1967) 245–279.

Verdier, J.-L.
1. Base change for twisted inverse image of coherent sheaves, in *Algebraic Geometry, Bombay 1968*, Oxford Univ. Press, Oxford (1969), 393–408.

Vitushkin, A. G.
1. On polynomial transformation of $\mathbf{C}^n$, in *Manifolds, Tokyo 1973*, Tokyo Univ. Press, Tokyo (1975), 415–417.

Walker, R. J.
1. *Algebraic Curves*, Princeton Univ., Princeton (1950), Dover reprint (1962).

van der Waerden, B. L.
1. *Modern Algebra*, Frederick Ungar Pub. Co, New York: I (1953), xii + 264 pp.; II (1950), ix + 222 pp.

Weil, A.
1. *Foundations of Algebraic Geometry*, Amer. Math. Soc., Colloquium Publ. *29* (1946) (revised and enlarged edition 1962), xx + 363 pp.
2. *Sur les Courbes Algébriques et les Variétés qui s'en Déduisent*, Hermann, Paris (1948). This volume and the next have been republished in one volume, *Courbes Algébriques et Variétés Abéliennes*, Hermann, Paris (1971), 249 pp.
3. *Variétés Abéliennes et Courbes Algébriques*, Hermann, Paris (1948).
4. Number of solutions of equations over finite fields, *Bull. Amer. Math. Soc. 55* (1949), 497–508.
5. *Variétes Kähleriennes*, Hermann, Paris (1958), 175 pp.
6. On the projective embedding of abelian varieties, in *Algebraic Geometry and Topology (in honor of S. Lefschetz)*, Princeton Univ., Princeton (1957) 177–181.

Wells, R. O., Jr.
1. *Differential Analysis on Complex Manifolds*, Prentice-Hall (1973), x + 252 pp.

Weyl, H.

1. *Die Idee der Riemannschen Fläche*, Teubner (3rd ed., 1955), vii + 162 pp. (1st ed., 1913).

Zariski, O.

1. The concept of a simple point on an abstract algebraic variety, *Trans. Amer. Math. Soc. 62* (1947), 1–52.
2. A simple analytical proof of a fundamental property of birational transformations, *Proc. Nat. Acad. Sci. USA 35* (1949), 62–66.
3. *Theory and Applicctions of Holomorphic Functions on Algebraic Varieties over Arbitrary Ground Fields*, Memoirs of Amer. Math. Soc. New York (1951).
4. Complete linear systems on normal varieties and a generalization of a lemma of Enriques-Severi, *Ann. of Math. 55* (1952), 552–592.
5. *Introduction to the Problem of Minimal Models in the Theory of Algebraic Surfaces*, Pub. Math. Soc. of Japan *4* (1958), vii + 89 pp..
6. The problem of minimal models in the theory of algebraic surfaces, *Amer. J. Math. 80* (1958), 146–184.
7. The theorem of Riemann-Roch for high multiples of an effective divisor on an algebraic surface, *Ann. Math. 76* (1962), 560–615.
8. *Collected papers. Vol. I. Foundations of Algebraic Geometry and Resolution of Singularities*, ed. H. Hironaka and D. Mumford, M.I.T. Press, Cambridge (1972), *xxi* + 543 pp. Vol. II, *Holomorphic Functions and Linear Systems*, ed. M. Artin and D. Mumford, M.I.T. Press (1973), xxiii + 615 pp.
9. On Castelnuovo's criterion of rationality $p_a = P_2 = 0$ of an algebraic surface, *Ill. J. Math. 2* (1958) 303 315.
10. *Algebraic Surfaces*, 2nd suppl. ed., Ergebnisse *61*, Springer-Verlag, Heidelberg (1971).

Zariski, O. and Samuel, P.

1. *Commutative Algebra* (*Vol. I, II*), Van Nostrand, Princeton (1958, 1960).

索　引